国家规划重点图书

水工设计手册

（第2版）

主　编　索丽生　刘　宁
副主编　高安泽　王柏乐　刘志明　周建平

第2卷　规划、水文、地质

主编单位　水利部水利水电规划设计总院
主　　编　梅锦山　侯传河　司富安
主　　审　陈德基　富曾慈　曾肇京　韩其为　雷志栋

内容提要

《水工设计手册》（第2版）共11卷。本卷为第2卷——《规划、水文、地质》，共分7章，其内容分别为：流域规划，工程等级划分、枢纽布置和设计阶段划分，工程地质与水文地质，水文分析与计算，水利计算，泥沙，技术经济论证。

本手册可作为水利水电工程规划、勘测、设计、施工、管理等专业的工程技术人员和科研人员的常备工具书，同时也可作为大专院校相关专业师生的重要参考书。

图书在版编目（CIP）数据

水工设计手册．第2卷，规划、水文、地质/梅锦山，侯传河，司富安主编．—2版．—北京：中国水利水电出版社，2014．6（2021．10重印）
ISBN 978-7-5170-2140-7

Ⅰ．①水… Ⅱ．①梅…②侯…③司… Ⅲ．①水利水电工程-工程设计-技术手册②水利水电工程-水利规划-设计手册③水利水电工程-工程水文学-技术手册④水利水电工程-工程地质-技术手册 Ⅳ．①TV222-62

中国版本图书馆CIP数据核字（2014）第128966号

书　名	水工设计手册（第2版） 第2卷　规划、水文、地质
主编单位	水利部水利水电规划设计总院
主　编	梅锦山　侯传河　司富安
出版发行	中国水利水电出版社 （北京市海淀区玉渊潭南路1号D座　100038） 网址：www. waterpub. com. cn E-mail：sales@ waterpub. com. cn 电话：（010）68367658（营销中心）
经　售	北京科水图书销售中心（零售） 电话：（010）88383994、63202643、68545874 全国各地新华书店和相关出版物销售网点
排　版	中国水利水电出版社微机排版中心
印　刷	北京市密东印刷有限公司
规　格	184mm×260mm　16开本　37.75印张　1278千字
版　次	1984年2月第1版第1次印刷 2014年6月第2版　2021年10月第3次印刷
印　数	5001—7000册
定　价	**265.00**元

《水工设计手册》（第2版）

组织单位

水利部水利水电规划设计总院
水电水利规划设计总院
中国水利水电出版社

《水工设计手册》(第2版)

各卷卷目、主编单位、主编、主审人员

卷目		主编单位	主编	主审
第1卷	基础理论	水利部水利水电规划设计总院 河海大学	刘志明 王德信 汪德爟	张楚汉　陈祖煜 陈德基
第2卷	规划、水文、地质	水利部水利水电规划设计总院	梅锦山 侯传河 司富安	陈德基　富曾慈 曾肇京　韩其为 雷志栋
第3卷	征地移民、环境保护与水土保持	水利部水利水电规划设计总院	陈　伟 朱党生	朱尔明　董哲仁
第4卷	材料、结构	水电水利规划设计总院	白俊光 张宗亮	张楚汉　石瑞芳 王亦锥
第5卷	混凝土坝	水电水利规划设计总院	周建平 党林才	石瑞芳　朱伯芳 蒋效忠
第6卷	土石坝	水利部水利水电规划设计总院	关志诚	林　昭　曹克明 蒋国澄
第7卷	泄水与过坝建筑物	水利部水利水电规划设计总院	刘志明 温续余	郑守仁　徐麟祥 林可冀
第8卷	水电站建筑物	水电水利规划设计总院	王仁坤 张春生	曹楚生　李佛炎
第9卷	灌排、供水	水利部水利水电规划设计总院	董安建 李现社	茆　智　汪易森
第10卷	边坡工程与地质灾害防治	水电水利规划设计总院	冯树荣 彭土标	朱建业　万宗礼
第11卷	水工安全监测	水电水利规划设计总院	张秀丽 杨泽艳	吴中如　徐麟祥

《水工设计手册》第1版组织和主编单位及有关人员

组织单位　水利电力部水利水电规划设计院

主 持 人　张昌龄　奚景岳　潘家铮

（工作人员有李浩钧、郑顺炜、沈义生）

主编单位　华东水利学院

主 编 人　左东启　顾兆勋　王文修

（工作人员有商学政、高渭文、刘曙光）

《水工设计手册》

第1版各卷（章）目、编写、审订人员

卷　目	章　　目		编 写 人	审 订 人
第1卷 基础理论	第1章	数学	张敦穆	潘家铮
	第2章	工程力学	李咏偕　张宗尧 王润富	徐芝纶　谭天锡
	第3章	水力学	陈肇和	张昌龄
	第4章	土力学	王正宏	钱家欢
	第5章	岩石力学	陶振宇	葛修润
第2卷 地质　水文 建筑材料	第6章	工程地质	冯崇安　王惊谷	朱建业
	第7章	水文计算	陈家琦　朱元甡	叶永毅　刘一辛
	第8章	泥沙	严镜海　李昌华	范家骅
	第9章	水利计算	方子云　蒋光明	叶秉如　周之豪
	第10章	建筑材料	吴仲瑾	吕宏基
第3卷 结构计算	第11章	钢筋混凝土结构	徐积善　吴宗盛	周　氐
	第12章	砖石结构	周　氐	顾兆勋
	第13章	钢木结构	孙良伟　周定荪	俞良正　王国周 许政谐
	第14章	沉降计算	王正宏	蒋彭年
	第15章	渗流计算	毛昶熙　周保中	张蔚榛
	第16章	抗震设计	陈厚群　汪闻韶	刘恢先
第4卷 土石坝	第17章	主要设计标准和荷载计算	郑顺炜　沈义生	李浩钧
	第18章	土坝	顾淦臣	蒋彭年
	第19章	堆石坝	陈明致	柳长祚
	第20章	砌石坝	黎展眉	李津身　上官能

卷目	章目		编写人	审订人
第5卷 混凝土坝	第21章	重力坝	苗琴生	邹思远
	第22章	拱坝	吴凤池　周允明	潘家铮　裘允执
	第23章	支墩坝	朱允中	戴耀本
	第24章	温度应力与温度控制	朱伯芳	赵佩钰
第6卷 泄水与过 坝建筑物	第25章	水闸	张世儒　潘贤德 沈潜民　孙尔超 屠　本	方福均　孔庆义 胡文昆
	第26章	门、阀与启闭设备	夏念凌	傅南山　俞良正
	第27章	泄水建筑物	陈肇和　韩　立	陈椿庭
	第28章	消能与防冲	陈椿庭	顾兆勋
	第29章	过坝建筑物	宋维邦　刘党一 王俊生　陈文洪 张尚信　王亚平	王文修　呼延如琳 王麟璠　涂德威
	第30章	观测设备与观测设计	储海宁　朱思哲	经萱禄
第7卷 水电站 建筑物	第31章	深式进水口	林可冀　潘玉华 袁培义	陈道周
	第32章	隧洞	姚慰城	翁义孟
	第33章	调压设施	刘启钊　刘蕴琪 陆文祺	王世泽
	第34章	压力管道	刘启钊　赵震英 陈霞龄	潘家铮
	第35章	水电站厂房	顾鹏飞	赵人龙
	第36章	挡土墙	甘维义　干　城	李士功　杨松柏
第8卷 灌区建 筑物	第37章	灌溉	郑遵民　岳修恒	许志方　许永嘉
	第38章	引水枢纽	张景深　种秀贤 赵伸义	左东启
	第39章	渠道	龙九范	何家濂
	第40章	渠系建筑物	陈济群	何家濂
	第41章	排水	韩锦文　张法思	瞿兴业　胡家博
	第42章	排灌站	申怀珍　田家山	沈日迈　余春和

水利水电建设的宝典

——《水工设计手册》(第2版)序

《水工设计手册》(第2版)在广大水利工作者的热切期盼中问世了，这是我国水利水电建设领域中的一件大事，也是我国水利发展史上的一件喜事。3年多来，参与手册编审工作的专家、学者、工程技术人员和出版工作者，花费了大量心血，付出了艰辛努力。在此，我向他们表示衷心的感谢，致以崇高的敬意！

为政之要，其枢在水。兴水利、除水害，历来是治国安邦的大事。在我国悠久的治水历史中，积累了水利工程建设的丰富经验。特别是新中国成立后，揭开了我国水利水电事业发展的新篇章，建设了大量关系国计民生的水利水电工程，极大地促进了水工技术的发展。1983年，第1版《水工设计手册》应运而生，成为我国第一部大型综合性水工设计工具书，在指导水利水电工程设计、培养水工技术和管理人才、提高水利水电工程建设水平等方面发挥了十分重要的作用。

第1版《水工设计手册》面世28年来，我国水利水电事业发展迈上了一个新的台阶，取得了举世瞩目的伟大成就。一大批技术复杂、规模宏大的水利水电工程建成运行，新技术、新材料、新方法和新工艺广泛应用，水利水电建设信息化和现代化水平显著提升，我国水工设计技术、设计水平已跻身世界先进行列。特别是近年来，随着科学发展观的深入贯彻落实，我国治水思路正在发生着深刻变化，推动着水工设计需求、设计理念、设计理论、设计方法、设计手段和设计标准规范不断发展与完善。因此，迫切需要对《水工设计手册》进行修订完善。2008年2月水利部成立了《水工设计手册》(第2版)编委会，正式启动了修编工作。在编委会的组织领导下，水利水电规划设计总院、水电水利规划设计总院和中国水利水电出版社3家单位，联合邀请全国4家水利水电科学研究院、3所重点高等学校、15个资质优秀的水利水电勘测设计研究院(公司)等单位的数百位专家、学者和技术骨干参与，经过3年多的艰苦努力，《水工设计手册》(第2版)现已付梓。

《水工设计手册》（第2版）以科学发展观为统领，按照可持续发展治水思路要求，在继承前版成果中开拓创新，全面总结了现代水工设计的理论和实践经验，系统介绍了现代水工设计的新理念、新材料、新方法，有效协调了水利工程和水电工程设计标准，充分反映了当前国内外水工设计领域的重要科研成果。特别是增加了计算机技术在现代水工设计方法中应用等卷章，充实了在现代水工设计中必须关注的生态、环保、移民、安全监测等内容，使手册结构更趋合理，内容更加完整，更切合实际需要，充分体现了科学性、时代性、针对性和实用性。《水工设计手册》（第2版）的出版必将对进一步提升我国水利水电工程建设软实力，推动水工设计理念更新，全面提高水工设计质量和水平产生重大而深远的影响。

当前和今后一个时期，是加强水利重点薄弱环节建设、加快发展民生水利的关键时期，是深化水利改革、加强水利管理的攻坚时期，也是推进传统水利向现代水利、可持续发展水利转变的重要时期。2011年中央1号文件《关于加快水利改革发展的决定》和不久前召开的中央水利工作会议，进一步明确了新形势下水利的战略地位，以及水利改革发展的指导思想、目标任务、基本原则、工作重点和政策举措。《国家可再生能源中长期发展规划》、《中国应对气候变化国家方案》对水电开发建设也提出了具体要求。水利水电事业发展面临着重要的战略机遇，迎来了新的春天。

《水工设计手册》（第2版）集中体现了近30年来我国水利水电工程设计与建设的优秀成果，必将成为广大水利水电工作者的良师益友，成为水利水电建设的盛世宝典。广大水利水电工作者，要紧紧抓住战略机遇，深入贯彻落实科学发展观，坚持走中国特色水利现代化道路，积极践行可持续发展治水思路，充分利用好这本工具书，不断汲取学识和真知，不断提高设计能力和水平，以高度负责的精神、科学严谨的态度、扎实细致的作风，奋力拼搏，开拓进取，为推动我国水利水电事业发展新跨越、加快社会主义现代化建设作出新的更大贡献。

是为序。

水利部部长 陈雷

2011年8月8日

序

经过500多位专家学者历时3年多的艰苦努力，《水工设计手册》（第2版）即将问世。这是一件期待已久和值得庆贺的事。借此机会，我谨向参与《水工设计手册》修编的专家学者，向支持修编工作的领导同志们表示敬意。

30年前，为了提高设计水平，促进水利水电事业的发展，在许多专家、教授和工程技术人员的共同努力下，一部反映当时我国水利水电建设经验和科研成果的《水工设计手册》应运而生。《水工设计手册》深受广大水利水电工程技术工作者的欢迎，成为他们不可或缺的工具书和一位无言的导师，在指导设计、提高建设水平和保证安全等方面发挥了重要作用。

30年来，我国水利水电工程设计和建设成绩卓著，工程规模之大、建设速度之快、技术创新之多居世界前列。当然，在建设中我们面临一系列问题，其难度之大世界罕见。通过长期的艰苦努力，我们成功地建成了一大批世界规模的水利水电工程，如长江三峡水利枢纽、黄河小浪底水利枢纽、二滩、水布垭、龙滩等大型水电站，以及正在建设的锦屏一级、小湾和溪洛渡等具有300米级高拱坝的巨型水电站和南水北调东中线大型调水工程，解决了无数关键技术难题，积累了大量成功的设计经验。这些关系国计民生和具有世界影响力的大型水利水电工程在国民经济和社会发展中发挥了巨大的防洪、发电、灌溉、除涝、供水、航运、渔业、改善生态环境等综合作用。《水工设计手册》（第2版）正是对我国改革开放30多年来水利水电工程建设经验和创新成果的总结与提炼。特别是在当前全国贯彻落实中央水利工作会议精神、掀起新一轮水利水电工程建设高潮之际，出版发行《水工设计手册》（第2版）意义尤其重大。

在陈雷部长的高度重视和索丽生、刘宁同志的具体领导下，各主编单位和编写的同志以第1版《水工设计手册》为基础，全面搜集资料，做了大量归纳总结和精选提炼工作，剔除陈旧内容，补充新的知识。《水工设计手册》（第2版）体现了科学性、实用性、一致性和延续性，强调落实科学发展观和人与自然和谐的设计理念，浓墨重彩地突出了生态环境保护和征地移民的要求，彰显了与时俱进精神和可持续发展的理念。手册质量总体良好，技术水平高，是一部权威的、综合性和实用性强的一流设计手册，一部里程碑式的出版物。相信它将为21世纪的中国书写治水强国、兴水富民的不朽篇章，为描绘辉煌灿烂的画卷作出贡献。

我认为《水工设计手册》（第2版）另一明显的特色在于：它除了提供各种先进适用的理论、方法、公式、图表和经验之外，还突出了工程技术人员的设计任务、关键和难点，指出设计因素中哪些是确定性的，哪些是不确定的，从而使工程技术人员能够更好地掌握全局，有所抉择，不致于陷入公式和数据中去不能自拔；它还指出了设计技术发展的趋势与方向，有利于启发工程技术人员的思考和创新精神，这对工程技术创新是很有益处的。

工程是技术的体现和延续，它推动着人类文明的发展。从古至今，不同时期留下的不朽经典工程，就是那段璀璨文明的历史见证。2000多年前的都江堰和现代的三峡水利枢纽就是代表。在人类文明的发展过程中，从工程建设中积累的经验、技术和智慧被一代一代地传承下来。但是，我们必须在继承中发展，在发展中创新，在创新中跨越，才能大大地提高现代水利水电工程建设的技术水平。现在的年轻工程师们一如他们的先辈，正在不断克服各种困难，探索新的技术高度，创造前人无法想象的奇迹，为水利水电工程的经济效益、社会效益和环境效益的协调统一，为造福人类、推动人类文明的发展锲而不舍地奉献着自己的聪明才智。《水工设计手册》（第2版）的出版正值我国水利水电建设事业新高潮到来之际，我衷心希望广大水利水电工程技术人员精心规划，精心设计，精心管理，以一流设计促一流工程，为我国的经济社会可持续发展作出划时代的贡献。

中国科学院院士
中国工程院院士 潘家铮

2011年8月18日

第 2 版 前 言

《水工设计手册》是一部大型水利工具书。自20世纪80年代初问世以来，在我国水利水电建设中起到了不可估量的作用，深受广大水利水电工程技术人员的欢迎，已成为勘测设计人员必备的案头工具书。近30年来，我国水利水电工程建设有了突飞猛进的发展，取得了巨大的成就，技术水平总体处于世界领先地位。为适应我国水利水电事业的发展，迫切需要对《水工设计手册》进行修订。现在，《水工设计手册》（第2版）经10年孕育，即将问世。

一

《水工设计手册》修订的必要性，主要体现在以下五个方面：

第一是满足工程建设的需要。为满足西部大开发、中部崛起、振兴东北老工业基地和东部地区率先发展的国家发展战略的要求，尤其是2011年中共中央国务院作出了《关于加快水利改革发展的决定》，我国水利水电事业又迎来了新的发展机遇，即将掀起大规模水利水电工程建设的新高潮，迫切需要对已往水利水电工程建设的经验加以总结，更好地将水工设计中的新观念、新理论、新方法、新技术、新工艺在水利水电工程建设中广泛推广和应用，以提高设计水平，保障工程质量，确保工程安全。

第二是创新设计理念的需要。30年前，我国水利水电工程设计的理念是以开发利用为主，强调“多快好省”，而现在的要求是开发与保护并重，做到“又好又快”。当前，随着我国经济社会的发展和生产生活水平的不断提高，不仅要注重水利水电工程的安全性和经济性，也更要注重生态环境保护和移民安置，做到统筹兼顾，处理好开发与保护的关系，以实现人与自然和谐相处，保障水资源可持续利用。

第三是更新设计手段的需要。计算机技术、网络技术和信息技术已在水利水电工程建设和管理中取得了突飞猛进的发展。计算机辅助工程

(CAE) 技术已经广泛应用于工程设计和运行管理的各个方面，为广大工程技术人员在工程计算分析、模拟仿真、优化设计、施工建设等方面提供了先进的手段和工具，使许多原来难以处理的复杂的技术问题迎刃而解。现代遥感（RS）技术、地理信息系统（GIS）及全球定位系统（GPS）技术（即“3S”技术）的应用，突破了许多传统的地球物理方法及技术，使工程勘探深度不断加大、勘探分辨率（精度）不断提高，使人们对自然现象和规律的认识得以提高。这些先进技术的应用提高了工程勘测水平、设计质量和工作效率。

第四是总结建设经验的需要。自 20 世纪 90 年代以来，我国建设了一大批具有防洪、发电、航运、灌溉、调水等综合利用效益的水利水电工程。在大量科学研究和工程实践的基础上，成功破解了工程建设过程中遇到的许多关键性技术难题，建成了举世瞩目的三峡水利枢纽工程，建成了世界上最高的面板堆石坝（水布垭）、碾压混凝土坝（龙滩）和拱坝（小湾）等。这些规模宏大、技术复杂的工程的建设，在设计理论、技术、材料和方法等方面都有了很大的提高和改进，所积累的成功设计和建设经验需要总结。

第五是满足读者渴求的需要。我国水利水电工程技术人员对《水工设计手册》十分偏爱，第 1 版《水工设计手册》中有些内容已经过时，需要删减，亟待补充新的技术和基础资料，以进一步提高《水工设计手册》的质量和应用价值，满足水利水电工程设计人员的渴求。

二

修订《水工设计手册》遵循的原则：一是科学性原则，即系统、科学地总结国内外水工设计的新观念、新理论、新方法、新技术、新工艺，体现我国当前水利水电工程科学研究和工程技术的水平；二是实用性原则，即全面分析总结水利水电工程设计经验，发挥各编写单位技术优势，适应水利水电工程设计新的需要；三是一致性原则，即协调水利、水电行业的设计标准，对水利与水电技术标准体系存在的差异，必要时作并行介绍；四是延续性原则，即以第 1 版《水工设计手册》框架为基础，修订、补充有关章节内容，保持《水工设计手册》的延续性和先进性。

三

为切实做好修订工作，水利部成立了《水工设计手册》（第2版）编委会和技术委员会，水利部部长陈雷担任编委会主任，中国科学院院士、中国工程院院士潘家铮担任技术委员会主任，索丽生、刘宁任主编，高安泽、王柏乐、刘志明、周建平任副主编，对各卷、章的修编工作实行各卷、章主编负责制。在修编过程中，为了充分发挥水利水电工程设计、科研和教学等单位的技术优势，在各单位申报承担修编任务的基础上，由水利部水利水电规划设计总院和水电水利规划设计总院讨论确定各卷、章的主编和参编单位以及各卷、章的主要编写人员。主要参与修编的单位有25家，参加人员约500人。全书及各卷的审稿人员由技术委员会的专家担任。

第1版《水工设计手册》共8卷42章，656万字。修编后的《水工设计手册》（第2版）共分为11卷65章，字数约1400万字。增加了第3卷征地移民、环境保护与水土保持，第10卷边坡工程与地质灾害防治和第11卷水工安全监测等3卷，主要增加的内容包括流域综合规划、征地移民、环境保护、水土保持、水工结构可靠度、碾压混凝土坝、沥青混凝土防渗体土石坝、河道整治与堤防工程、抽水蓄能电站、潮汐电站、鱼道工程、边坡工程、地质灾害防治、水工安全监测和计算机应用等。

第1、2、3、6、7、9卷和第4、5、8、10、11卷分别由水利部水利水电规划设计总院和水电水利规划设计总院负责组织协调修编、咨询和审查工作。全书经编委会与技术委员会逐卷审查定稿后，由中国水利水电出版社负责编辑、出版和发行。

四

修订和编辑出版《水工设计手册》（第2版）是一项组织策划复杂、技术含量高、作者众多、历时较长的工作。

1999年3月，中国水利水电出版社致函原主编单位华东水利学院（现河海大学），表达了修订《水工设计手册》的愿望，河海大学及原主编左东启表示赞同。有关单位随即开展了一些前期工作。

2002年7月，中国水利水电出版社向时任水利部副部长的索丽生提出了“关于组织编纂《水工设计手册》（第2版）的请示”。水利部给予了高度重视，但因工作机制及资金不落实等原因而搁置。

2004年8月，水利部水利水电规划设计总院、水电水利规划设计总院和中国水利水电出版社三家单位，在北京召开了三方有关人员会议，讨论修订《水工设计手册》事宜，就修编经费、组织形式和工作机制等达成一致意见：即三方共同投资、共担风险、共同拥有著作权，共同组织修编工作。

2006年6月，水利部水利水电规划设计总院、水电水利规划设计总院和中国水利水电出版社的有关人员再次召开会议，研究推动《水工设计手册》的修编工作，并成立了筹备工作组。在此之后，工作组积极开展工作，经反复讨论和修改，草拟了《水工设计手册》修编工作大纲，分送有关领导和专家审阅。水利部水利水电规划设计总院和水电水利规划设计总院分别于2006年8月、2006年12月和2007年9月联合向有关单位下发文件，就修编《水工设计手册》有关事宜进行部署，并广泛征求意见，得到了有关设计单位、科研机构和大学院校的大力支持。经过充分酝酿和讨论，并经全书主编索丽生两次主持审查，提出了《水工设计手册》修编工作大纲。

2008年2月，《水工设计手册》（第2版）编委会扩大会议在北京召开，标志着修编工作全面启动。水利部部长陈雷亲自到会并作重要讲话，要求各有关方面通力合作，共同努力，把《水工设计手册》修编工作抓紧、抓实、抓好，使《水工设计手册》（第2版）“真正成为广大水利工作者的良师益友，水利水电工程建设的盛世宝典，传承水文明的时代精品”。

修订和编纂《水工设计手册》（第2版）工作得到了有关设计、科研、教学等单位的热情支持和大力帮助。全国包括13位中国科学院、中国工程院院士在内的500多位专家、学者和专业编辑直接参与组织、策划、撰稿、审稿和编辑工作，他们殚精竭虑，字斟句酌，付出了极大的心血，克服了许多困难，他们将修编工作视为时代赋予的神圣责任，3年多来，一直是苦并快乐地工作着。

鉴于各卷修编工作内容和进度不一，按成熟一卷出版一卷的原则，逐步完成全手册的修编出版工作。随着2011年中共中央1号文件的出台和新中国成立以来的首次中央水利工作会议的召开，全国即将掀起水利水电工程建设的新高潮，修编出版后的《水工设计手册》，必将在水利水电工程建设中发挥作用，为我国经济社会可持续发展作出新的贡献。

本套手册可供从事水利水电工程规划、设计、施工、管理的工程技术人员和相关专业的大专院校师生使用和参考。

在《水工设计手册》（第2版）即将陆续出版之际，谨向所有关怀、支持和参与修订和编纂出版工作的领导、专家和同志们，表示诚挚的感谢，并祈望广大读者批评指正。

《水工设计手册》（第2版）编委会

2011年8月

第 1 版 前 言

我国幅员辽阔，河流众多，流域面积在 1000km^2 以上的河流就有 1500 多条。全国多年平均径流量达 27000 多亿 m^3，水能蕴藏量约 6.8 亿 kW，水利水电资源十分丰富。

众多的江河，使中华民族得以生息繁衍。至少在 2000 多年前，我们的祖先就在江河上修建水利工程。著名的四川灌县都江堰水利工程，建于公元前 256 年，至今仍在沿用。由此可见，我国人民建设水利工程有悠久的历史和丰富的知识。

中华人民共和国成立，揭开了我国水利水电建设的新篇章。30 余年来，在党和人民政府的领导下，兴修水利，发展水电，取得了伟大成就。根据 1981 年统计（台湾省暂未包括在内），我国已有各类水库 86000 余座（其中库容大于 1 亿 m^3 的大型水库有 329 座），总库容 4000 余亿 m^3，30 万亩以上的大灌区 137 处，水电站总装机容量已超过 2000 万 kW（其中 25 万 kW 以上的大型水电站有 17 座）。此外，还修建了许多堤防、闸坝等。这些工程不仅使大江大河的洪涝灾害受到控制，而且提供的水源、电力，在工农业生产和人民生活中发挥了十分重要的作用。

随着我国水利水电资源的开发利用，工程建设实践大大促进了水工技术的发展。为了提高设计水平和加快设计速度，促进水利水电事业的发展，编写一部反映我国建设经验和科研成果的水工设计手册，作为水利水电工程技术人员的工具书，是大家长期以来的迫切愿望。

早在 60 年代初期，汪胡桢同志就倡导并着手编写我国自己的水工设计手册，后因十年动乱，被迫中断。粉碎“四人帮”以后不久，为适应我国四化建设的需要，由水利电力部规划设计管理局和水利电力出版社共同发起，重新组织编写水工设计手册。1977 年 11 月在青岛召开了手册的编写工作会议，到会的有水利水电系统设计、施工、科研和高等学校共 26 个单位、53 名代表，手册编写工作得到与会单位和代表的热情支持。这次会议讨论了手册编写的指导思想和原则，全书的内容体系，任务分工，计划进度和要求，以及编写体例等方面的问题，并作出了相应的决定。会后，又委托华东水利学院为主编单位，具体担负手册的编审任务。随着编写单位和编写人员的逐步落实，各章的初稿也陆续写出。1980年4月，由组织、主编和出版三个单位在南京召开了第1卷审稿会。同年8月，三个单位又在北京召开了与坝工有关各章内容协调会。根据议定的程序，手册各章写出以后，一般均打印分发有关单位，采用多种形式广泛征求意见，有的编写单位还召开了范围较广的审稿会。初稿经编写单位自审修改后，又经专门聘请的审订人详细审阅修订，最后由主编单位定稿。在各协作单位大力支持下，经过编写、审订和主编同志们的辛勤劳动，现在，《水工设计手册》终于与读者见面了，这是一件值得庆贺的事。

本手册共有42章，拟分8卷陆续出版，预计到1985年全书出齐，还将出版合订本。

本手册主要供从事大中型水利水电工程设计的技术人员使用，同时也可供地县农田水利工程技术人员和从事水利水电工程施工、管理、科研的人员，以及有关高校、中专师生参考使用。本手册立足于我国的水工设计经验和科研成果，内容以水工设计中经常使用的具体设计计算方法、公式、图表、数据为主，对于不常遇的某些专门问题，比较笼统的设计原则，尽量从简；力求与我国颁布的现行规范相一致，同时还收入了可供参考的有关规程、规范。

这是我国第一部大型综合性水工设计工具书，它具有如下特色：

(1) 内容比较完整。本手册不仅包括了水利水电工程中所有常见的水工建筑物，而且还包括了基础理论知识和与水工专业有关的各专业知识。

(2) 内容比较实用。各章中除给出常用的基本计算方法、公式和设计步骤外，还有较多的工程实例。

(3) 选编的资料较新。对一些较成熟的科研成果和技术革新成果尽量吸收，对国外先进的技术经验和有关规定，凡认为可资参考或应用的，也多作了扼要介绍。

(4) 叙述简明扼要。在表达方式上多采用公式、图表，文字叙述也力求精练，查阅方便。

我们相信，这部手册的问世将对我国从事水利水电工作的同志有一定的帮助。

本手册编成之后，我们感到仍有许多不足之处，例如：个别章的设置和顺序安排不尽恰当；有的章字数偏多，内容上难免存在某些重复；对现代化的设计方法如系统工程、优化设计等，介绍得不够；在文字、体例、繁简程度等方面也不尽一致。所有这些，都有待于再版时加以改进。

本手册自筹备编写至今，历时已近5年，前后参加编写、审订工作的有30多个单位100多位同志。接受编写任务的单位和执笔同志都肩负繁重的设计、科研、教学等工作，他们克服种种困难，完成了手册编写任务，为手册的顺利出版作出了贡献。在此，我们向所有参加手册工作的单位、编写人、审订人表示衷心的感谢，并致以诚挚的慰问。已故水力发电建设总局副总工程师奚景岳同志和水利出版社社长林晓同志，他们生前参加手册发起并做了大量工作，谨在此表示深切的怀念。

最后，我们诚恳地欢迎读者对手册中的疏漏和错误给予批评指正。

水利电力部水利水电规划设计院

华东水利学院

1982年5月

目　　录

第2章 工程等级划分、枢纽布置和设计阶段划分

第3章 工程地质与水文地质

第4章 水文分析与计算

第5章 水利计算

第6章 泥 沙

第7章 技术经济论证

第1章

流 域 规 划

本章为《水工设计手册》（第2版）新增内容，共分18节，主要介绍流域规划的主要内容和总体要求，流域经济社会发展预测与需求分析，流域总体规划，水资源供需平衡分析与配置，防洪、治涝、河道整治、城乡生活及工业供水、灌溉、水力发电、航运、跨流域调水、水土保持、水资源保护等专业规划，以及河流梯级开发规划，流域管理规划，环境影响评价、规划实施效果分析与评价等工作的主要内容、原则与方法。

章主编　仲志余　陈肃利　黄建和

章主审　陈炳金　谭培伦

本章各节编写及审稿人员

<table>
<tr><th>节次</th><th>编　写　人</th><th>审稿人</th></tr>
<tr><td>1.1</td><td>陈炳金</td><td>陈肃利</td></tr>
<tr><td>1.2</td><td>邱忠恩</td><td rowspan="3">陈炳金</td></tr>
<tr><td>1.3</td><td>黄建和</td></tr>
<tr><td>1.4</td><td>王忠静　赵建世　翁文斌</td></tr>
<tr><td>1.5</td><td>胡维忠</td><td rowspan="2">谭培伦</td></tr>
<tr><td>1.6</td><td>顾圣平</td></tr>
<tr><td>1.7</td><td>王永忠</td><td rowspan="6">陈炳金</td></tr>
<tr><td>1.8</td><td>唐德善</td></tr>
<tr><td>1.9</td><td>方国华</td></tr>
<tr><td>1.10</td><td>蒋光明　李书飞</td></tr>
<tr><td>1.11</td><td>唐德善</td></tr>
<tr><td>1.12</td><td>文　丹　毛文耀</td></tr>
<tr><td>1.13</td><td>顾圣平</td><td>史立人</td></tr>
<tr><td>1.14</td><td>尹　炜　童　波　顾圣平　唐德善</td><td>邹家祥</td></tr>
<tr><td>1.15</td><td>黄建和</td><td>陈炳金</td></tr>
<tr><td>1.16</td><td>王忠静　郑　航</td><td>涂善超</td></tr>
<tr><td>1.17</td><td>李志军　方国华</td><td>邹家祥</td></tr>
<tr><td>1.18</td><td>邱忠恩　赵建世　翁文斌</td><td>黄建和</td></tr>
</table>

第1章 流域规划

1.1 流域规划的主要内容和总体要求

1.1.1 流域规划的主要内容

1.1.1.1 基本任务

根据流域规划编制时期经济社会发展形势和可持续发展的需要，按照新的治水思路和理念，深入研究流域自然和经济社会发展规律及存在的问题，统筹协调各涉水部门的利益和矛盾，在充分调查分析的基础上，提出治理开发与保护的方针任务和规划目标，选定流域总体规划布局、开发治理和保护方案，拟定实施程序和保障措施，并阐明规划实施后社会、经济、生态与环境的效益和影响。

1.1.1.2 规划内容

根据《江河流域规划编制规范》（SL 201），编制、修订大江大河和重要中等河流的流域规划，一般包含下列内容：经济社会发展预测与需求分析；总体规划；水资源供需平衡分析与配置；防洪、治涝、河道整治、灌溉、供水、水力发电、航运、跨流域调水、水土保持、水资源保护规划；干流和重要支流、湖泊的治理开发与保护规划；流域管理规划；环境影响评价、规划实施效果评价等。

各流域可根据具体情况，有针对性地选定本流域的规划内容，不要求涉及所有方面。

1.1.2 编制流域规划需要的基本资料

基本资料是流域规划工作的基础，对规划成果的可靠性影响很大，因此对其有以下基本要求。

（1）气象、水文资料。反映流域（或区域）气象、水文的有关特征数据；规划需要的河流水位、流量、泥沙、潮汐等实测、调查资料。其系列年限应基本符合相关规划的要求。

（2）地形、地质资料。流域地形图、区域地质图；专业规划所需的地形图和地质图；主要河道纵横剖面图、地质剖面图及必需的水文地质图、区域地震资料等。

（3）资源资料。水资源、水力资源、光热资源、航运资源、土地资源、矿产资源、物产资源、旅游资源、渔业及其他生物资源等。

（4）土壤资料。一般可利用土壤普查资料，对盐碱化倾向明显的灌区和涝区，还应具备土壤改良的试验资料；对水土流失区，应了解土壤组成物质和特点。

（5）生态环境资料。注重自然保护区、湿地、珍稀动植物、风景名胜区等资料，土地、水生态等方面环境指标及重点污染源等资料。

（6）经济社会资料。有关人口等基本统计资料，现状地区生产总值等经济统计资料，中央和地方有关经济社会发展规划资料，以及主要自然灾害统计资料等。

（7）与规划相关的历史资料。流域内历代治水与主要水系（河道）历史演变资料，以往规划成果与实施情况资料，流域治理开发与保护现状以及主要水利工程设施等有关资料。

作为规划依据的基础资料，应进行系统整理，并进行合理性和可靠性的分析评价，可靠性较差的应进行复查核实，不足的应进行补充。

1.1.3 编制流域规划应遵循的基本原则

编制流域规划应遵循以下基本原则。

（1）编制流域规划必须贯彻《中华人民共和国水法》等法规及国家有关的方针政策。流域规划涉及众多专业部门，国家和各行业也颁布了相应的标准、规范等，因此，编制规划还应遵守上述有关规定。

（2）流域规划应当与国民经济和社会发展规划以及土地利用总体规划、城市总体规划和环境保护规划相协调，兼顾各地区、各行业的需要，为经济社会可持续发展提供支撑和保障。

（3）流域规划应体现“在保护中开发、在开发中保护”的原则。正确处理经济发展与环境保护的关系，流域治理开发应在保护水资源和生态环境的基础上有序进行。

（4）流域规划必须正确处理各项专业规划之间的关系，上下游、左右岸、干支流之间的关系，整体与局部、需要与可能、近期与远景、河流治理与区域发展之间的关系，主体工程与配套工程、工程措施与非工程措施、水利措施与其他措施之间的关系。

（5）水资源的开发利用应当坚持兴利与除害相结合，在服从防洪总体安排的前提下，统筹考虑供水、灌溉、水力发电、航运等需要，并优先满足社会对生活、生态用水安全的要求。

（6）编制流域规划应重视采用新技术、新方法，充分利用有关科研成果。在规划中，应重视有关分析计算和方案比较，使拟定的规划方案更科学合理。

1.1.4 编制流域规划的基本要求

编制流域规划应满足以下基本要求。

1. 目的性

流域规划是开发利用、保护水资源和水生态环境、防治水害的总体安排，是进行江河治理保护和水利建设的基本依据。

流域规划应由开发优先向开发与保护并重的思路转变，使规划的河流既是造福人类的河流，又是生态良好的河流。

水资源是经济社会发展的重要物质基础，水利是基础产业，可为经济社会发展提供防洪安全和水资源安全的保障。规划中要处理好人口、资源、经济、环境等之间的相互关系，做到水资源的可持续利用，以保障经济社会的可持续发展。

2. 针对性

各条江河的具体情况不同、问题不同、各地区的要求不同，因而规划的复杂程度也不同，编制规划必须根据流域（河流）特性以及治理开发与保护要求，有针对性地进行。规划应突出重点，兼顾一般，不要求涉及所有方面。

3. 公众参与性

流域规划应广泛听取各方面的意见和要求，提倡公众参与，妥善处理协调各方面的关系，取得有关方面的配合和认可。

4. 综合性

按照自然规律和经济规律，处理好各方面关系，兼顾各方面要求，认真论证流域总体规划，使提出的规划布局和方案符合客观规律，技术上可行，并获得尽可能大的经济社会和环境效益。

1.1.5 流域规划报告的结构体系

流域规划报告的结构体系是编制流域规划报告的框架，一般应包括以下内容。

1.1.5.1 流域基本状况

流域基本状况是流域规划编制的基础，要弄清流域自然特性、经济社会特点，以及水资源治理开发与保护中需要解决的主要问题。

1.1.5.2 流域经济社会发展预测与需求分析

流域经济社会发展预测与需求分析是确定流域规划任务和规划目标的重要依据。通过对流域经济社会现状分析和发展趋势预测，明确经济社会各部门对流域治理开发与保护的要求。

1.1.5.3 流域总体规划

流域总体规划是流域规划的核心。总体规划应确定流域治理开发与保护的指导思想和原则、规划范围和规划水平年、规划目标和规划任务、河流功能分区、控制指标、总体布局等。

（1）指导思想和原则。流域规划指导思想是指规划的基本思路与观念，包括用于指导流域规划编制的理论、规划编制的总体思路、要达到的规划成果目标或规划目的等。规划的原则是解决流域规划问题受到什么约束、遵循什么法则或标准等。

（2）规划范围和规划水平年。规划范围是流域规划中进行分析研究和拟定规划方案的范围，规划水平年是编制规划和实现规划目标的年份，包括基准年、现状水平年、近期水平年、远期水平年等，应根据规划需要合理确定。

（3）规划目标和规划任务。规划目标与规划水平年相对应，一般分为近期目标和远期目标。目标是分层次的，有总体目标和分项目标，一般下一层次的目标也是达到上一层次目标需要完成的任务。不同流域的各项规划任务的重要性和迫切性是不一致的，应分清主次，突出重点，有序进行安排。

（4）河流功能分区。河流功能分区可根据河流自身特点，以国家主体功能分区为依据，合理拟定河流功能分区体系。一般可按生态功能和服务功能划分。

（5）控制指标。流域水资源开发利用应处于可控状态，应对用水总量、用水效率和主要污染物入河湖总量提出控制指标；为保障人民生命与财产防洪安全，应对防洪提出防洪控制水位或安全泄流量指标；为水资源可持续利用和保障经济社会可持续发展，对水资源和生态环境保护应提出河流纳污控制量等约束性指标。

（6）总体布局。根据流域特点、经济社会发展要求和现已形成的治理开发与保护格局，研究确定流域总体规划布局，提出流域治理开发与保护总体方案的要点，用以指导和规范专业规划。

1.1.5.4 专业规划

专业规划是流域规划的主体。一般可将各专业规划划归为四大体系：防洪减灾体系、水资源综合利用体系、水资源及水生态与环境保护体系、流域综合管理体系。

(1) 防洪减灾体系。该体系一般包含防洪(防凌、防潮)、治涝(防渍、改碱)、河道治理等内容。

(2) 水资源综合利用体系。该体系一般包含水资源供需分析与配置、城乡生活及工业供水、灌溉、水力发电、航运和跨流域调水等内容。

(3) 水资源及水生态与环境保护体系。该体系一般包括水资源保护、水生态与环境保护(修复)和水土保持等内容。流域内涉及与水利有关的地方病防治(如水利血防)也可列入。

(4) 流域综合管理体系。该体系一般包括流域管理体制、管理运行机制、管理制度体系等内容。

1.1.5.5 干流及主要支流与湖泊规划

在流域总体规划指导下,结合各专业规划对河流开发的要求,拟定对干流及主要支流与湖泊的治理开发与保护任务及其规划布局。

(1) 干流规划。由于大江大河的干流流经区域的地形地质条件不同,河谷形态各异,经济社会条件差别较大,因而各河段治理开发与保护的任务亦各有侧重。应在干流功能分区的基础上,按各河段的特点与要求,分段进行规划。

(2) 主要支流与湖泊规划。主要支流与湖泊可根据其大小及在经济社会中的地位和作用合理选取。

1.1.5.6 环境影响评价

对流域规划方案及其实施进行环境影响评价。

在流域规划中,还应提出规划实施意见,确定近期工程,并对今后工作提出建议。

1.2 流域经济社会发展预测与需求分析

经济社会发展预测与需求分析的目的是对规划流域和有关地区的经济社会发展与生产力布局进行分析预测和需求分析,弄清各有关地区和部门对流域治理、开发、利用与保护的要求,以此作为确定规划目标和任务的基本依据。主要内容一般应包括流域经济社会发展现状的调查与分析、流域经济社会发展态势和主要发展指标预测、流域经济社会发展对河流治理开发与保护的要求。

1.2.1 流域经济社会发展现状的调查与分析

在流域规划中,流域经济社会基本资料的统计一般应以流域为基本单元,大的流域一般涉及几个至十几个省级行政区的全部或其中的一部分区域;小河流也有涉及多个地(市)、县的。由于我国经济统计和发展规划多以行政区为基本单元,在按流域统计和发展预测时,应在认真调查研究的基础上进行合理划分。在对成果精度影响不大的情况下,也可将流域中相关(或主要的)省、地(市)、县内完整的行政区划作为研究对象。其主要内容一般包括以下几方面。

(1) 流域经济社会发展的过程、各发展阶段的经济结构和特点。

(2) 流域经济社会在流域内各区域(如上、中、下游地区)的分布特点及变化情况。

(3) 流域内的主要自然资源及其开发利用情况。

(4) 河流的水资源开发利用和洪、涝、旱灾害对流域经济社会发展的影响。

(5) 流域规划基准年的经济社会主要统计指标,主要包括流域行政区总人口、农村人口、城镇人口、城市化率;土地面积;地区生产总值、财政收入、工业总产值增加值及其主要工业产品产量,农业总产值及其主要产品产量、第三产业总产值。

1.2.2 流域经济社会发展预测

流域经济社会发展预测的地区范围一般为规划的江河流域,当影响超过本流域时,应扩大到主要影响地区。当流域规划中对不同功能有不同要求时,还应开展不同功能影响范围的经济社会发展预测与需求分析研究,例如,防洪规划需研究流域内防洪保护区的经济社会发展,河道治理规划需研究沿江地区的经济社会发展,水力发电规划需研究供电范围内的经济社会发展,有跨流域调水要求时还要分析受水区经济社会发展等。根据流域规划的需要确定分析预测的内容,一般主要包括流域经济社会发展态势和布局分析、流域规划水平年经济社会发展主要指标预测。

1.2.2.1 流域经济社会发展态势和布局分析

流域经济社会发展态势和布局分析一般包括以下几方面。

(1) 流域人口增长与城市化发展趋势和水平。

(2) 流域经济社会整体发展态势、特征及其在国家或地区经济社会发展中的地位;流域经济发展与国家或地区经济发展的关系。

(3) 流域产业结构调整和生产力布局设想,流域经济在流域内各地区(如上、中、下游地区)的分布特点、分区发展态势。

(4) 流域各主要国民经济部门发展的轮廓设想:包括农业、工业(钢铁、有色金属、化学、煤炭、石油、电力等)、交通运输(铁路、公路、航运等)、旅游等部门的发展趋势。

1.2.2.2 流域规划水平年经济社会发展主要指标预测

流域规划水平年经济社会发展指标主要包括各规划水平年(一般分为近期与远景两个水平年)全流域的总人口、农村人口、城镇人口、城市化率;地区生产总值、工业总产值及其主要产品产量、农业总产值及其主要产品产量（如钢铁、粮食、需电量、需水量及反映本流域经济特点的其他产品产量）；产业结构优化变化的指标，如第一产业、第二产业、第三产业比例变化指标等。

1.2.3 流域经济社会发展对河流治理开发与保护的要求

根据流域经济社会发展预测和规划河流存在的主要问题，研究提出经济社会发展对河流治理开发与保护的要求，以维护健康河流和保障流域经济社会可持续发展。这些要求一般包括以下几个方面。

(1) 完善防洪减灾体系，保障防洪（涝）安全。

(2) 优化水资源配置，保障供水安全。

(3) 合理开发水能，增加能源供应。

(4) 改善航道条件，提高航运能力。

(5) 加强水资源与水生态环境保护，保障生态安全。

(6) 强化流域综合管理，保障水资源可持续利用，支撑经济社会可持续发展。

由于各流域的情况不同，编制流域规划时，应根据流域的具体情况选择规划研究的重点。

1.2.4 流域经济社会发展预测方法

江河流域规划是国家和地区国土规划、国民经济发展规划的一部分，在进行流域经济社会发展预测时，应在以上规划的基础上进行。在缺乏上述规划资料时，可根据流域的历史、现状和近期经济社会发展趋势，参考有关科研单位和专家、学者的研究成果，对流域经济社会发展趋势进行合理估计。在必要和有条件时，可委托国家（对涉及多个省级行政区的河流）或地区［对涉及多个地（市）、县级行政区的中小河流］有权威的研究部门，采用多种方法进行专题研究。

在根据国家和地区经济社会统计资料和发展规划资料统计和预测规划流域现状指标和发展指标时，应只计入在本流域面积内的指标，其方法如下。

(1) 当某省、地（市）、县的全部面积都在规划流域面积的地区时，其有关指标全部计入规划流域经济社会统计和发展指标。

(2) 当某省、地（市）、县只有部分面积在流域内的地区时，对其中在行政区内分布较均匀的指标（如农村人口、耕地面积及主要农产品产量），可按该行政区在流域内的面积占整个行政区面积的比例计算；对其中在行政区内分布不均匀的指标（如城市、城市人口、工业产品产量以及专业设施等），则应在调查研究的基础上，通过具体分析，合理确定其在规划流域内的有关指标值。

(3) 检查预测成果是否与国家和有关地区对规划地区的治理开发要求和政策相适应，是否符合流域和相关地区的实际情况。

(4) 与国家和地方主管部门、水利、电力、交通（主要是水运）、环保等部门进行协调，征求意见，必要时可召开座谈会或研讨会，根据协调意见，进行修改调整。

在上述核定与分析的基础上，根据不同规划目标的要求，提出相应的预测成果。

1.3 流域总体规划

流域总体规划主要是制定流域治理、开发和保护的总体规划方案，主要内容包括确定规划范围与规划水平年；根据流域经济社会发展需求、资源与环境条件等确定流域治理、开发、保护和管理的指导思想与规划原则，制定目标和任务；进行河流功能分区；确定控制指标；安排流域治理开发与保护的总体布局。

1.3.1 规划范围与规划水平年

1.3.1.1 规划范围

流域一般由干流和支流水系的集雨范围组成，规划范围一般要涵盖整个流域，但亦应突出重点，明确重点规划的河流，或者经批准的规划任务书指定的范围。

1.3.1.2 规划水平年

规划水平年一般分为现状水平年、基准年、近期水平年和远期水平年。

(1) 现状水平年是进行基本资料统计采用的年份，一般取与规划编制时间临近的、能获得大多数基本资料的年份。规划编制周期较长时，现状水平年可根据需要更改。

(2) 基准年是进行发展预测采用的水平年，一般取与规划编制时间最近的经济社会发展五年规划采用的基准年，以便与经济社会发展规划协调和方便选取预测参数；也可以取与现状水平年一致，但预测数据必须与经济社会发展规划协调。基准年一旦确定，一般不轻易改动。

(3) 近期水平年是制定规划近期目标的水平年，一般为规划编制时（或规划编制完成时）往后的10年，并与经济社会发展五年规划取用的水平年协调，如2025年、2030年……

(4) 远期水平年是制定规划远期目标的水平年，一般为近期水平年推后10年。

1.3.2 规划目标与任务

1.3.2.1 规划目标

流域规划目标可以分为两个层面：一是流域层面应达到的总体目标或综合目标，是对流域治理、开发、保护和管理的总体要求；二是为达到总体目标需要对治理、开发与保护各方面提出的目标，用以指导各方面专项规划的编制，并为确定总体目标提供佐证。在时间上，分为近期目标和远期目标。一般是在分析流域资源，特别是水资源的特点、经济社会发展目标与需求和保护生态与环境的需要等基础上，按照资源、经济社会与环境协调发展的原则，合理制定规划水平年要达到的目标。规划目标应以近期为重点，近期目标应具体、明确，并尽可能量化。

在流域规划中，由于涉及面比较广，问题也比较复杂，因此应针对流域特点与治理现状，分析流域需要解决的主要问题，明确总体目标。如21世纪初，长江流域提出了“保障防洪安全、合理开发利用、维系优良生态、稳定河势河床”四大战略目标；黄河流域提出了“规范和有效管理流域治理、开发和保护行为，为保障防洪安全、供水安全、粮食安全、生态安全和能源安全创造条件”的总体目标。

1.3.2.2 规划任务

规划任务是指流域治理、开发与保护需要完成的任务。在确定规划任务时，要分析流域在治理、开发、保护与管理方面现状与存在的问题，根据总体目标的要求，提出流域的总体规划任务。流域各项任务的重要性和迫切性是不同的，规划时要分清主次，突出重点。分序表述各项任务时，任务的排序应体现流域需解决问题的优先性，需优先安排的任务要在控制性工程布局中落实。例如，为减轻长江中下游洪水威胁，《长江流域综合利用规划》(1990年）确定长江的控制性工程——三峡枢纽的首要任务为防洪。

流域规划中确定治理开发与保护任务也是分层次的。总体规划中提出的任务是第一层次，主要是确定流域层面的总体任务。在流域河段及干支流规划中，要根据总体规划任务和有关专业规划的具体需求，按各自特点和资源、环境条件，各有侧重地提出治理开发与保护任务，这是第二层次。第一层次的任务要在总体布局中安排落实，第二层次的任务要在干流和支流规划中安排落实。

1.3.3 河流功能分区

1.3.3.1 河流功能

河流功能一般分为生态功能和服务功能，也有的统称为河流生态系统服务功能。总体上讲，河流功能主要包括洪水宣泄与调蓄、供水与灌溉、水力发电、航运、生物多样性维持、水生物质生产、水的自净化和休闲娱乐等。

1.3.3.2 河流功能分区体系

河流的功能区划单位是河段。河流功能分区体系目前并不成熟，或者说还没有公认的划分体系。现介绍目前的一些研究成果和已编制的规划中采用的一些分区方法，供参考。

对河流开发功能采用保护区、规划保留区、调整修复区和开发利用区等四类功能区划分。对岸线采用禁止开发区、保留区、限制开发区和开发利用区等四类功能区划分；或者采用三类功能区二级划分，即禁止开发区、保留区和开发利用区三类一级区，通过对一级区进行二级区划分或功能定位，将这三类功能区的具体内容细化；或者参考国家主体功能分区的方法，按水资源开发利用各项功能，采用优化开发区、重点开发区、限制开发区和禁止开发区等四类功能区划分。另外，对防洪、水资源、水环境与水生态保护、水土保持防治及生态建设、河道治理等，应按国家有关法律法规和现行规划编制要求进行分区。

1.3.4 控制指标

选取控制指标时，需要根据规划范围的河流特点，研究选取哪些指标、在什么地方设置控制断面、控制标准定多少合适。

1.3.4.1 控制指标与控制标准确定的原则

(1) 选取控制指标时，一般应遵循以下基本原则。

1) 科学性。指标概念必须明确，具有一定的科学内涵，能够客观反映规划河流的基本特征。

2) 综合性。采取定性指标与定量指标相结合的方式，对易于获得的指标应尽可能通过量化指标来反映，对形象性的指标可通过定性描述来反映。

3) 代表性和独立性。指标设置应力求少而精，选取的指标应具有很好的代表性，可以较好地反映规划河流在某方面的状况；各项指标应具有相对的独立性，避免交叉重复。

4) 连续性和动态性。指标能够在一个较长的时期内保持其连续性，并能体现与时俱进，可根据不同发展阶段的要求来调整指标值。

5) 传统性和创新性。要尽可能选取在学术界和技术上已被广泛认可和采用的一些传统指标，同时根据社会经济发展特征、结合科学发展观的内涵提出一些新的指标。

6) 可比性和可操作性。指标内容应简明、直观，要与现有国家统计指标相衔接；指标要易于获取，便于计算，可操作性强。

（2）选取控制标准时，一般应遵循以下基本原则。

1）既要考虑经济社会发展对河流的开发治理需要，又要考虑水资源和水环境的承载能力，按照资源节约、环境友好的要求合理拟定。

2）协调开发与保护的关系。要能保证流域的开发利用处于可控状态，维护河流健康和保障流域水资源可持续利用。

3）兼顾上下游、左右岸和有关地区及各用水部门之间的利益，充分发挥水资源的综合效益，促进区域经济发展。

1.3.4.2 控制指标及其选取需考虑的因素

控制指标是流域管理的重要依据，选择控制指标应根据流域水资源可持续利用和经济社会可持续发展的要求，同时考虑河流开发利用和保护方面的控制需要，根据规划水平年流域管理能力确定。主要应着眼于社会公众关注的生态环境问题、河流开发对上下游及左右岸的利益影响和流域的合理布局等问题拟定控制指标，原则上是考虑结果指标，而非过程指标。例如，水环境的控制应该是控制水质，水质标准是控制目标。具体要考虑的方面有：防洪控制水位、流量，用水总量、用水效率与河流纳污量（三条红线），保障水位等。例如，长江流域提出的控制指标有防洪控制水位、流域各省用水总量、控制断面水资源开发利用率、单位工业增加值用水量、农田灌溉亩均用水量、控制断面生态基流、控制断面水质管理标准、河流纳污量等八项，后来在有关专题中又研究提出了最低保障水位（或预警水位）指标；海河流域、淮河流域、松花江辽河流域、珠江流域等提出的控制指标与长江流域类似；黄河流域提出了基本控制指标和一般控制指标，其中基本控制指标包括防洪（防凌）标准、设防流量、地表水用水量、地表水消耗量、地下水开采量、万元工业增加值用水量、大中型灌区灌溉水利用系数、水质目标、COD入河量、氨氮入河量、河道内生态环境用水量和断面下泄水量等12项，一般控制指标包括防凌库容、平滩流量等2项。

1.3.4.3 控制断面的选取原则

在流域综合管理中，通过分析控制断面的监测数据，与确定的控制标准相比较，以判断当时河流在该断面内的控制状态。控制断面的合理设置，主要遵循以下原则。

（1）断面设置应力求少而精，选取的断面应具有很好的代表性，可以较好地反映区域水文、水资源状况。

（2）控制断面应尽量利用现有的监测断面，以便取得相应的水文资料。

（3）在跨越省级行政区河流的重要边界河段选取断面。

（4）在干流重要河段的分界处及重要支流出口河段选取断面。

（5）在重要水源地或其他重要水功能区、需要重点加强管理的河段选取断面。

1.3.5 流域治理开发与保护总体布局

流域治理开发与保护总体布局包括对规划方案体系的总体布局和控制性措施布局。总体布局为流域治理开发和保护的体系结构或构架，是流域治理开发与保护的总体思路。控制性措施（包括工程措施和非工程措施）布局是针对总体布局在主要措施上的安排。流域总体布局应满足治理开发与保护任务提出的基本要求。控制性措施应在技术上是可行的，并具有较大的经济社会和环境效益。

1.3.5.1 流域治理开发与保护体系总体布局

在进行流域治理开发与保护体系总体布局时，要根据河流特点，针对流域需要解决的主要问题，提出总体规划思路，拟定综合规划方案。总体规划思路包括经济社会发展总体规划与布局，需要研究其对水资源的需求，同时针对水资源和环境的承载力对其规划布局提出要求；按照经济社会可持续发展的要求，研究制定流域治理开发与保护的战略方针、目标和任务，分析提出由控制性工程措施和重要的非工程措施组成的总体布局意见。

综合规划方案应根据总体规划布局安排和流域自身的特点，有序地拟定综合规划体系。当前，一般河流可划分成防洪减灾体系、水资源综合利用体系、水资源及水生态与环境保护体系和流域综合管理体系。各个体系又可由相关的规划任务组成，如防洪减灾体系分列为防洪、治涝及河道整治规划。综合规划中的重点应根据流域实际情况决定，如针对少水、多沙河流，宜将减淤、调水调沙、水资源配置作为重点。

1.3.5.2 流域治理开发与保护体系控制性措施布局

控制性措施为流域面上（重点是干流和支流）的工程措施和非工程措施，包括控制性工程、控制断面监测站点、控制性水文（雨量）站网及防洪预警等，应处理好各种措施相互之间的关系，在综合规划方案的基础上进行布局。根据各专业规划方案提出的干流、支流和相关区域的控制性措施进行布局。在布局上应协调各部门（专业）间关系，如干流河段或支流既布有发电工程，又有供水、灌溉工程，或还有防洪工程，要协调好上下游、左右岸之间的关系，各部门之间的利益关系；应协调好任务分配问题，如防洪、水资源配置，干流工程与非工程措施解决什么，支流工程与非工程措施解决什么，或干支流共同解决什么；应解决好重要任务的工程措施与非工程措施布局之间的关系，如防洪中的干支流水库、堤防工程、分蓄洪工程、河道整治工程、控制断面监测站点、控制性水文（雨量）站网等分布、作用及配合运用等。

1.4 水资源供需平衡分析与配置

水资源供需平衡分析与配置的主要内容包括水资源分区、水资源评价、水资源供需预测及水资源配置等。

1.4.1 水资源分区

流域范围内存在着地形地貌、水文气象、经济发展和文化习惯等差异，经济社会发展和生态环境保护的条件各不相同，对水资源开发利用的要求亦有所不同。因此，在进行水资源供需平衡分析与配置时，除要研究流域总的情况外，还需根据流域内的不同特点进行分区研究，以便制定不同的对策。为此，需首先对流域进行水资源分区。

水资源分区宜采用区域区划的有关规定和方法进行分级分区，上级区中包含若干个下级区。上级区的划分中主要考虑地表水的区域（流域、水系）形成，下级区的划分中主要考虑水资源供需系统及行政区划。分区时要注意水资源分区与行政区域的有机结合，保持行政区和流域区的统一性、组合性与完整性，以适应水资源评价、供需预测及合理配置等工作的需要。

分区中还要特别注意反映水资源及其开发利用条件的地区差别。经济社会发达、供需矛盾突出、水资源开发程度高、需水量大的地区，其分区范围和面积可适当缩小；经济社会发展较慢、水资源开发利用程度低的地区，其分区范围和面积可适当加大，以利于突出重点。

21世纪第一个十年完成的全国水资源综合规划，划定了中国水资源分区的一级区、二级区和三级区。在具体工作中，可根据这一分区框架和具体工作的要求，细化第四级分区及更小单元。

1.4.2 水资源评价

水资源评价是水资源配置的基础。通过评价，摸清流域和区域的水资源禀赋，掌握水资源调蓄和供给能力，分析水资源及生态演变趋势，诊断水资源开发利用与保护存在的问题。其主要工作内容包括水资源现状评价、水资源开发利用现状评价和水生态环境现状评价三部分。

1.4.2.1 水资源现状评价

水资源现状评价是通过对评价区水文和气象数据的整理、整编、统计、分析、预测，核算评价区地表水资源量、地下水资源量和总水资源量，分析水物理和水化学特性，分析其形成、转化和时空分布，研究其历史变化和未来趋势。水资源评价的具体内容及计算方法，可参考本卷第4章相关内容。

1.4.2.2 水资源开发利用现状评价

水资源开发利用现状评价是通过对评价区的经济社会和水资源开发利用状况的系统分析，调查区域内水资源开发利用工程的类别、数量和完好程度，核算水资源的需求量、供给量、利用量、消耗量和排泄量，分析水资源开发利用的程度、效率、水平、供需平衡及历史变化，提出存在的问题，其主要有以下工作。

(1) 收集整理经济社会和水资源开发利用现状及历史资料。经济社会资料主要包括人口及其结构、国内生产总值及其结构、耕地面积和灌溉面积、牲畜数量和粮食产量，以及区域统计年鉴中具有地方特征的资料；水资源开发利用现状资料主要包括各种水利工程，如蓄水工程、引水工程、提水工程和地下水源工程等资料，各行业需水量及各种水源供给量、使用量、消耗量、排泄量等，以及区域水利统计年报中具有地方特征的资料。经济社会和水资源开发利用现状资料应尽可能反映较长的历史时段，对近十年的资料应重点收集整理。

(2) 核算水资源开发利用量。核算内容包括历年和典型频率年的各供水水源和供水工程状况及其供水量，历年和典型频率年各用水部门和分区的需水量、用水量、耗水量、排水量，各供水水源和总水资源的开发利用程度（即水资源开发利用率），各供水工程和用水部门（户）的水资源利用效率，流域和区域的水资源生产力等。

(3) 分析水资源供需平衡。根据现状年水资源供需情况，分析社会经济发展用水活动特征，如各行业用水工艺、用水流程及用水结构等，评价现状节水水平下的缺水量、缺水程度、缺水性质、缺水原因和缺水时空分布，评价缺水所造成的经济社会损失及生态环境影响。

(4) 评价水资源承载能力。核算各主要断面河道外水资源可利用量和现状经济社会水资源耗用量，计算现状经济社会耗用水量与水资源可利用量之比，评价区域水资源承载状态；计算水资源可利用量与现状人均耗水量之比，评价现状水资源生产力下的水资源承载能力；从资源性、工程性、水质性和综合性等方面评价缺水性质。

1.4.2.3 水生态环境现状评价

水生态环境现状评价是通过对评价区与水相关的生态环境的调查分析，评估水污染、水生态、陆域植被生态及荒漠化状况，分析生态环境变化历史及演化趋势，以及与经济社会发展和水资源开发利用的关系，提出存在的问题，其主要有以下工作。

(1) 调查、收集和整理分析水生态环境现状及历史资料。水环境资料主要包括各重要断面的水质状况，如各河段的入河污染物总量和分类值，主要点源污染和面源污染状况；水生态资料主要包括河湖水域的重要生物资源及保护类型，河流湖泊的最小流量、最低水位的现状及历史，影响生态流量和生态水位的主要人类活动；陆域植被资料主要包括天然植被主要类型及覆盖度，人工生态面积及型式，地下水位动态及土地荒漠化状况。

(2) 评估水体污染和水生生物状况。评价主要河段和湖泊水体的水质等级及其年内时程分布，水功能区达标状况，主要污染物负荷指标和污染物来源；评估主要河段和湖泊的生态流量、生态水位的年内满足天数和时程状况，主要水生生物指示物种的数量和品质变化；评价流域及重要断面逐年出境水量、入海水量和进入湿地的水量及其变化等。

(3) 评估陆域植被和荒漠化状况。评估分区陆域天然植被覆盖度及其年际变化，主要植被种类及其变化，地下水位动态及其相应的植被变化；评价分区人工生态（包括种植作物、城市绿地和水域）面积、种类及其变化；评价分区土地利用和土地覆被面积、种类及其变化，分析荒漠化土地利用和土地覆被的面积变化与转化途径。

(4) 分析生态环境影响因素和演化趋势。核算全区域水资源在经济社会和生态环境中的耗用比例，包括生态耗水比例，经济社会用水比例、耗水比例；分析地下水开采及补给平衡状态；分析河道最小生态流量、适宜生态流量的满足比例，湖泊的最低生态水位、适宜生态水位的满足比例；定性评价生态环境的演化趋势。

1.4.3 水资源供需预测

通常情况下，经济社会发展总会引起水资源供需情势的变化。因此，水资源供需平衡及合理配置需首先对这种变化做出正确预测，以便针对未来的水资源供需矛盾进行综合平衡，妥善协调。

1.4.3.1 需水预测分析

需水预测是根据经济社会发展水平和发展趋势，在水资源条件和其他条件共同约束的基础上，分析未来水平年国民经济各部门以及生态环境需水量，其主要有以下工作。

1. 用水定额分类统计分析

需水预测中的用水定额分生活、生产和生态环境三大类，并按城镇和农村分别统计。生活需水包含城镇居民和农村居民的生活用水；生产需水指各类有经济产出的生产活动所需的水量，包括第一、第二和第三产业的需水，对非耗水性河道内生产活动（如水电、航运等），可与河道内生态需水统筹考虑，取外包线作为河道综合需水；生态环境需水分维护生态环境功能和生态环境建设两类，按河道内与河道外用水分别统计。城镇统计口径为国家行政设立的直辖市、市和镇，其他为农村。

2. 经济社会发展及需水预测

需水预测水平年与规划水平年一致，一般分基准年、近期水平年和远期水平年，在不同水平年中还要考虑不同典型频率年（保证率）。经济社会发展预测要结合国民经济发展计划，在考虑不同水资源约束条件下，分析各水平年经济社会各部门的发展情景；需水预测要分方案进行，提出包括“零方案”、“基本节水方案”和“强化节水方案”下的需水预测成果。“零方案”为现状经济发展模式与现状用水模式在各水平年延续所确定的需水方案，是方案比较的基础；“基本节水方案”为现状经济发展模式与一般节水力度下的用水模式在各水平年组合所确定的需水方案；“强化节水方案”则是考虑水资源约束下的经济社会发展模式及加大节水力度下的用水模式双重变化在各水平年组合所确定的需水方案。在“基本节水方案”和“强化节水方案”间可再设若干节水方案，以确定水资源配置的经济性及与其他条件的协调性。

3. 需水预测方法及预测结果修正

需水预测应采用“多种方法、综合分析、合理确定”的原则进行。需水预测的基本方法为定额预测法，但还应采用趋势法、机理法、人均用水量法、弹性系数法等进行复核，经综合分析后确定需水预测成果。预测中要注意正确使用各种方法的预测时长和时间间隔，预测基础数据历时应尽可能长，而预测期则不宜外延过长。要重视结合影响需水的其他因素，如科技进步对节水的贡献以及水资源紧缺对社会经济发展的制约等，进行合理性检查和修正，必要时，还应从宏观上在区域经济增长的总趋势、速度及产业结构等方面修正需水预测成果。

1.4.3.2 供水预测分析

供水预测是根据未来水平年水资源开发利用条件和经济发展状况，分析在经济合理、技术可行和生态适宜的条件下各种水源和各种水利工程的可供水量，提出增加供水的各种水源途径和工程布局，提出节约用水、污水处理回用的措施，其主要有以下工作。

1. 水资源开发利用潜力分析

以水资源评价的水资源可利用量为基础，在综合考虑洪水资源利用以及流域适宜生态需水量后，得出流域和区域的水资源最大可利用量，即开发利用潜力。当水资源最大可利用量不能满足未来经济社会需水时，应进一步强化节水，修正需水预测结果，必要时，应考虑外流域调水。

2. 水资源开发利用方案及供水预测

供水预测水平年也与规划水平年一致，分基准年、近期水平年和远期水平年，在不同水平年中还要考虑不同典型频率年（保证率）。供水预测要结合已有水利工程的挖潜和未来新增水利工程建设，在经济合理和技术可行的原则下进行。要提出“零方案”、“基本供水方案”和“加强供水方案”。“零方案”是以现状工程的供水能力及其挖潜与各水平年需水所组成的方案，是供水方案间比较的基础；“基本供水方案”是在已有供水能力基础上考虑当地新增水利工程及新增供水与未来水平年需水组成的方案；“加强供水方案”则是在基本供水方案的基础上，区域经济社会发展与水资源短缺矛盾仍十分突出时，进一步考虑外流域调水补充当地供水的方案。在“基本供水方案”和“加强供水方案”间可再设置若干个供水方案，以确定水资源配置的经济性及与其他条件的协调性。

3. 供水预测方法及预测结果修正

供水预测应采用“单项计算、系统校核、合理确定”的原则进行。单项计算是根据各计算分区内各已有的和新增的供水工程情况、大型及重要水源工程的分布情况，逐个确定供水节点及其单项可供水量，一般可采用典型年调节计算方法；系统校核是在单项工程基础上，按流域水系绘制节点网络图，考虑各供水节点间的水循环关系，综合确定流域或区域的总可供水量，各主要供水节点原则上要求采用长系列调算和系统优化的方法调算；合理确定是进一步考虑需水因素、气象因素、水文因素和分质供水后，综合确定各分区规划水平年不同保证率的可供水量。

详细的水资源需水预测和供水预测的分类及方法，可参考《全国水资源综合规划技术大纲》及《水资源供需预测分析技术规范》（SL 429）。

1.4.4 水资源配置

水资源配置是按照有利于节约用水、缓解突出矛盾、提高用水效益和提高承载能力的原则进行各水平年不同保证率的水资源供需平衡配置，针对不平衡性质与程度，采用工程与非工程措施对多种可利用水源合理开发，在时空间和部门间调配，协调生活、生产、生态用水，达到抑制需求、有效保障、化解矛盾和保护生态的目的。

1.4.4.1 水资源供需平衡分析

水资源供需平衡的目的是使流域和区域在规划水平年的水资源供需达到平衡，或处于合理的动态平衡状态。供需平衡要拟定多个方案，通过多个方案在经济、技术和生态环境等方面的分析比较，为水资源配置方案提供依据，其主要包括以下工作。

1. 确定水资源供需平衡的目标及原则

通常，供需平衡是在统筹考虑水量和水质的基础上，将流域水循环和水资源利用的供水、用水、耗水、排水过程紧密联系，按照公平、高效和可持续利用的原则进行。一般情况下，应以满足社会发展的生活需水和维持基本生态用水（基本性需水）为第一层目标，以满足农业、工业和第三产业基本生产活动的用水（一般性需水）为第二层目标，以新增的生产性用水和超出基本生态用水以外的生态用水（竞争性需水）为第三层目标。

2. 水资源供需三次平衡分析

一般条件下，水资源供需平衡分析要进行 2～3 次。第一次供需平衡分析是考虑人口自然增长、经济发展、城市化进程和人民生活水平提高等因素，按供需水预测的“零方案”进行。若第一次供需分析有缺口，则考虑采用进一步节水、污水处理回用、挖潜、新增本地水源等工程措施，以及采用合理提高水价、调整产业结构、抑制需求不合理增长和改善生态环境等措施，进行第二次水资源供需平衡分析。若第二次供需分析仍有较大缺口，则应进一步强化节水，加大产业布局和结构的调整力度，当有条件时，可增加外流域调水进行第三次水资源供需平衡分析。

水资源供需分析一般按流域和水系用长系列按月或旬进行调节计算，提出分区平衡方案。对无资料或资料缺乏区域，可只针对重要供水节点和水利工程用典型年法调算。供需平衡方案还要考虑特殊干旱年的应急对策，要考虑水资源需求、资金投入、管理措施等的风险性和不确定性，适度考虑市场对资源配置的作用，在经济、社会、环境以及技术等方面指标综合比较的基础上，提出实现水资源供需基本平衡和水环境容量基本平衡的推荐方案。

条件充分时，可采用宏观经济水资源理论和水资源系统分析方法，将需水预测、供水预测、供需平衡分析和水资源配置联系起来，一次性优化。

1.4.4.2 水资源配置方案比选与推荐

水资源配置方案的比选与推荐是确定规划方案的最后一步，要以保障经济社会和生态环境的健康、协调和可持续发展为原则进行，其主要包括以下工作。

1. 设计评价指标

一般情况下，评价指标包括四类。第一类为合理抑制需求增长的评价指标，包括水资源重复利用率、需水增长率及弹性系数、城镇人均用水量、亩均用水量、经济结构和供水水价等；第二类为有效增加水资源供给的评价指标，包括水资源开发利用率、地表水开发利用率、地下水开发利用率、地表水供水与地下水供水比例等；第三类为改善水生态环境质量的评价指标，包括生态环境用水的保证程度、控制断面水质现状和单位河长纳污能力等；第四类为满足水量需求和水质要求的评价指标，包括缺水率、各行业供水保证率、水环境容量指数和污染负荷削减率等。

2. 方案分析及比对

方案比对要逐类指标逐步进行。根据城镇人均用水量和城市功能分析工业和城镇生活用水的总体节水水平，根据亩均用水量和气候条件分析农业灌溉用水的总体节水水平，综合各类节水水平并考虑水资源重复利用率和供水水价，评价供需方案对合理抑制需求增长的作用；根据不同水平年水资源开发利用程度评价水资源开发利用的宏观合理性，根据地表水、地下水的开发利用率评价水资源开发利用的结构合理性，综合地表水、地下水及其他水源的开发程度及供水组成，分析供水系统的抗风险能力；根据单位河长纳污能力评价河段水环境容量和自净能力，根据生态环境用水的保证程度评价方案在保护环境和改善生态方面所起的作用；根据缺水率和各行业供水保证程度评价方案是否基本达到了水量的供需平衡要求，根据水环境承载能力和污染负荷削减率评价方案是否满足水质的平衡要求。

3. 综合评价及方案确定

在对各方案比较的基础上，有条件时要进行方案的综合定量评价。一般情况下，水资源配置方案的评价是多指标、多目标和多准则的，评价方法也应适应这种要求，要根据具体的规划目标和原则选择适宜的综合评价方法。常用的评价方法有归一化综合指标排序法、主要指标排序法、单一指标阈值法及综合指标与主要指标交互评价法等。当对方案定量评价后，在确定最终推荐方案前，还应与防洪除涝规划、水能利用规划等进行全面协调和综合分析，评价方案的综合效果。

水资源供需平衡分析与配置工作流程如图1.4-1所示。

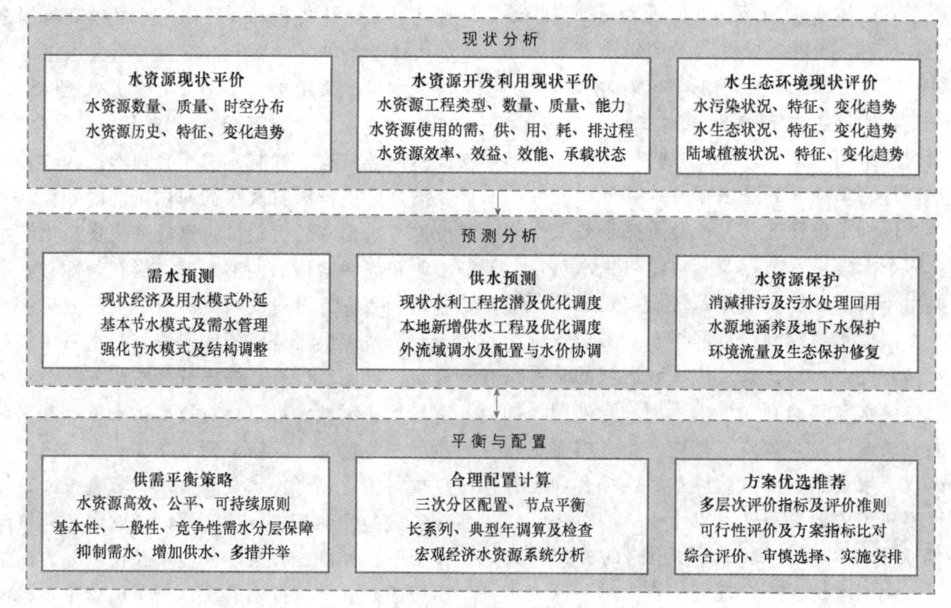

图1.4-1 水资源供需平衡分析与配置工作流程

1.5 防洪规划

防洪规划的主要内容包括以下几方面：分析现状防洪形势，合理划定防洪区划，选定防洪标准，研究防洪总体布局，以及制定防洪工程措施规划和防洪非工程措施规划。

1.5.1 防洪形势分析

1.5.1.1 流域气象与洪水特性分析

分析研究流域气象特征与洪水特性，分析研究历史洪水及成因。

1.5.1.2 现状防洪能力评价

评价流域整体、有防洪保护对象的各河段的现状防洪能力，以及防洪保护区和堤防、水库、排洪闸等工程的现状防洪能力。

内陆地区防洪能力可从防御洪水的重现期、河段的安全泄量或防御水位值等方面，对现状工程的防御能力进行评价。

沿海地区防风暴潮能力，主要依据潮位标准和附加的风力标准，对现状工程的抗御能力进行评价。有凌汛灾害的河流，应按相应标准评价其防凌能力。

1.5.1.3 存在问题分析

对比分析防洪保护区的现状防洪能力与《防洪标准》（GB 50201）的差距；分析流域防洪体系的薄弱环节，包括分析河道泄流能力、水库调蓄能力、湖泊蓄洪能力，体系中主要控制性工程及蓄滞洪区建设与管理状况、防汛抢险等非工程措施建设状况等。

1.5.1.4 经济社会发展对防洪的要求

根据流域和重要区域的经济社会发展和生产力布局，分析经济社会可持续发展对防洪的要求。经济社会发展后，在规划水平年需提高防洪标准时，应予说明。

1.5.2 防洪区划

根据《中华人民共和国防洪法》的规定，“防洪区是指洪水泛滥可能淹及的地区，分为洪泛区、蓄滞洪区和防洪保护区”。洪泛区是指尚无工程设施保护的洪水泛滥所涉及的地区。蓄滞洪区是指包括分洪口在内的河堤背水面以外临时贮存洪水的低洼地区及湖泊等。防洪保护区是指在防洪标准内受防洪工程设施保护的地区。

应根据各地暴雨、洪水、地形、河流水系等自然因素，人口分布、GDP等经济社会因素，以及历史洪水发生情况、灾害影响范围与程度，对受洪水威胁及其形成灾害的程度进行区划，确定主要防洪区域。防洪区划的成果主要用区划图及区内经济社会指标表示。

防洪区是人类经济社会活动与洪水矛盾突出的地区。确定各类防洪区范围是防洪规划的重要任务和防洪建设与管理的基础。规划需在防洪区划的基础上，针对各类防洪区的特点和作用，识别洪水风险，确定防洪保护对象以及治理目标与任务，拟定防洪措施，进行防洪工程总体布局和制定各分区防洪管理的措施。

1.5.3 防洪标准

防洪保护区的防洪标准，应根据其重要性及受灾后影响严重程度区别对待，在《防洪标准》（GB 50201）规定的范围内，从经济社会和环境等多方面综合论证选定。所要求的防洪标准一时难以达到的，可制定分阶段防洪标准。

防洪工程的防洪标准应根据整体防洪方案，结合自身条件，按《防洪标准》（GB 50201）规定，经综合分析比较确定。

1.5.4 防洪总体布局

1.5.4.1 规划原则

防洪规划应坚持以人为本、人水协调，上下游、左右岸、干支流统筹兼顾，全面规划、标本兼治、综合治理，工程措施与非工程措施相结合，蓄泄兼筹、因地制宜，确保重点、兼顾一般，与经济社会发展要求相适应，与改善生态环境相结合。

1.5.4.2 防洪目标

按不同规划水平年，根据流域防洪任务的轻重缓急，综合考虑各方面条件，权衡需要与可能，经分析论证后，分别拟定。

拟定的目标必须符合流域实际，切实可行，要有具体的评价标准，通常以规划方案实施后防洪能力的提高、所能取得的经济社会效益作指标。

1.5.4.3 综合防洪体系

（1）流域综合防洪体系由防洪工程措施和防洪非工程措施组成。防洪工程措施主要包括堤防、水库、蓄滞洪区、河道整治工程、分洪道、挡洪（潮）闸等，具有蓄、泄洪水的作用。防洪非工程措施主要包括防洪管理制度、设施建设和管理、洪水风险管理、防御洪水方案和洪水调度方案等。

（2）完善大江大河干流（特别是干流中下游）、重要支流、重点城市和重要经济区河段的堤防建设；整治河道，恢复、维持和扩大行洪能力；结合兴利建设和完善以控制性防洪水库为主的水沙调控体系；恢复和扩大天然湖泊洼地及洪泛区的蓄滞洪水能力，对蓄滞洪区进行建设；加强水土流失治理；加强防洪管理，降低洪水风险，保障流域防洪安全。

（3）对流域内的重要城镇，应在流域整体防洪安排及城镇建设规划的基础上做出专门规划，使城镇的合理范围达到应有的防洪标准，必要时可设置相对独立的防洪体系。城市防洪建设要与城市交通、市政、环境等建设相协调，避免和控制城市盲目向洪水高风险区发展。流域规划的城市防洪部分只考虑主要城市。

（4）沿海地区以城市和重要经济区以及重要基础设施为重点，统一规划和建设江河防洪、防御风暴潮设施，逐步建成以防御特大风暴潮为目标的高标准海堤，建立风暴潮防御预警和应急指挥系统，提高沿海地区防风暴潮的能力，提高独流入海河流下游及河口地区的防洪能力。

（5）对存在凌汛洪水的河流，应根据冰情特点，合理拟定防凌措施和水库调度运行方案。

（6）对存在严重洪灾的中小河流，防洪治理的重点是保障河流沿岸易发洪涝灾害的县城、重要集镇及大片基本农田等防洪保护对象的防洪安全。防洪治理以河道整治及河势控导、河道疏浚和清淤、堤防护岸等工程措施为主。根据不同河流的特点，因地制宜、经济合理地采取工程措施和非工程措施。

（7）对存在严重山洪灾害的山地和丘陵区，应分情况提出防治方向、原则、措施。应进行灾害普查，查清成因和具体分布；提出专群结合的山洪灾害监测预警体系规划方案，规划监测、预警、规避等措施；必要时，提出应采取的主要工程措施。

1.5.4.4 规划方案比选

（1）按拟定的防洪任务，开展重点防洪地区洪水来量与泄量平衡的分析，研究蓄、滞、泄的关系，考虑不同措施及不同工程规模的组合，进行各种方案的技术研究，其中以防洪为主要任务的枢纽（水库）或承担防洪任务的综合利用工程（水库）等影响流域防洪全局的战略措施是研究重点。将筛选的几个代表性方案，从经济社会和环境等方面进行综合评价，提出整体防洪规划方案。

（2）确定江河主要站点防洪控制水位，核定相应断面的行洪能力，核定防御标准洪水（设计洪水）条件下河道安全泄量以及超额洪量、水库及蓄滞洪区拦（滞）蓄量，估计超标准洪水条件下河道最大可能的宣泄流量、水库及蓄滞洪区拦（滞）蓄量。

（3）防洪是公益性事业，因此，在比较各防洪规划方案的效益时，应着重比较其社会效益，在社会效益相仿的条件下，经济效益和生态与环境效益则成为比选的主要依据。

1.5.5 防洪工程措施规划

1.5.5.1 堤防工程规划

（1）堤防工程应满足流域整体防洪体系的规划要求。堤防规划的任务主要是确定防御标准、选择堤线以及推求建堤后的河道水面线。

（2）堤防防御标准和级别要遵循国家现行的相关规范，按照防洪保护区的防洪标准，协调上下游之间和干支流堤防之间的关系，综合研究确定。蓄滞洪区堤防应根据其任务与等级确定相应的设计标准。

（3）堤线选择要根据堤防保护区的范围，考虑地形、河势变化、水流流向、堤基土质、土源、堤距与堤高的关系等因素确定。

1.5.5.2 水库工程规划

1．新建及扩建水库规划

（1）根据防洪保护对象的防洪要求以及整体防洪方案等，结合水库条件，合理确定水库的防洪任务。

（2）根据设计洪水、下游河道安全泄量，采用符合实际的调洪方式进行水库调洪计算，求出所需的防洪库容。

（3）规划为下游承担防洪任务的水库，在汛期须按防洪要求留足防洪库容；为发挥水库的发电、供水、灌溉等综合效益，可根据洪水的特性和水情测报系统的预见期，在不降低水库防洪要求的前提下，研究是否有条件制定汛期不同时期的分期汛限水位，以促进防洪兴利结合。

（4）由水库群共同承担江河的防洪任务时，应研究各水库和各区间洪水的地区组成，根据水库特性及综合利用要求等条件，研究各自分担的防洪任务，初步确定水库群防洪联合调度方式。

（5）多泥沙河流水库，其防洪调度方式应根据洪水的洪峰、洪量、沙量情况，综合考虑水库和下游河道的冲淤情况，制定洪水调度措施。洪水调度要有利于水库防洪库容的长期使用。

2．病险水库除险加固规划

以病险水库安全鉴定结论为依据，结合实际运行情况，分析存在的主要问题。除险加固应按分级负责建设管理的原则，明确项目的实施程序及要求。

除险加固规划应坚持经济实效、因地制宜的原则，应在现有工程基础上，通过采取综合加固措施，消除病险，确保工程安全和正常使用，恢复和完善水库应有的防洪减灾和兴利效益。

1.5.5.3 蓄滞洪区规划

（1）设置蓄滞洪区是两害相权取其轻所采取的措施，可有效处理超额洪量。应根据流域整体防洪方案，结合蓄滞洪区条件进行方案综合比较，确定蓄滞洪区的总体布局和规划蓄洪量。

（2）根据蓄滞洪区总体布局，按照蓄滞洪区的启用几率和重要性，可将蓄滞洪区分为重要、一般和规划保留三类。不同类型的蓄滞洪区，采用不同的建设模式。蓄滞洪区建设内容包括工程建设、安全建设和管理建设。工程建设包括蓄滞洪区围（隔）堤工程、进退洪口门工程等；安全建设包括安全区、安全台、转移道路等设施建设；管理建设包括管理体制、机制、制度建设等。

（3）确定蓄滞洪区的启用条件。初步拟定蓄滞洪区的运行原则，研究分洪后可能引起的上下游及邻近河流水文、防洪情势的变化，分析其对当地经济社会发展、生态与环境的影响。

(4) 蓄滞洪区的运用方式分为建闸控制运用和扒口运用两种。对建有进洪闸、退洪闸控制的蓄滞洪区，应初步明确进洪闸、退洪闸调度规则；对需临时扒口运用的蓄滞洪区，应明确扒口的地点和扒口口门宽度。

1.5.5.4 河道整治规划

河道整治规划的详细内容详见本章1.7节。

1.5.6 防洪非工程措施规划

防洪非工程措施是指应用政策、法令、行政管理、经济和除兴建工程以外的其他技术手段，以保证防洪安全及减小洪灾损失为目的的措施。

1.5.6.1 管理制度

依据《中华人民共和国水法》、《中华人民共和国防洪法》及相关法规，建立完善的管理体制和体系，建立和完善与防洪管理有关的法规体系，明确各级防洪管理单位的管理任务、内容、责任、权限、资金来源等，实现依法管理，保障防洪管理工作有效进行。

1.5.6.2 设施建设和管理

(1) 水文站网。根据流域防洪任务、地形与降雨特点，合理确定水文站网的密度和数量，调整和确定水文站网的布局。

(2) 防汛指挥调度系统。根据防洪管理的要求，在现有防汛指挥系统的基础上进行完善和改进，主要包括信息化系统、调度决策支持系统、预报和警报系统、行动指挥系统等。在大江大河特别需要注重建立控制性水库联合调度系统。防洪指挥调度系统的建设要统筹规划，上下兼顾，充分利用国家、流域、各级相关政府和部门的系统资源，避免重复建设和资源浪费。

(3) 工程设施管理。对管理范围内的防洪工程实行分类、分级管理。明确各类防洪工程的管理目标、任务、内容和管理单位，制定管理条例；增强设施隐患探测和防洪抢险能力；加强定期检查和汛前检查，保障防汛安全。

(4) 蓄滞洪区安全建设与调度管理。完善蓄滞洪区管理机构和设施，根据蓄滞洪区的实际情况制定相应的管理办法或条例。明确蓄滞洪区的运用条件、防洪转移预案和抢险救灾方案、运用补偿办法等。

1.5.6.3 洪水风险管理

建立全面统一的洪水灾害风险评估方法与风险管理制度，实施在风险区内建设非防洪工程项目时的洪水风险评估和审核制度。

以洪水风险图为依据，实施科学管理；向社会发布洪水风险信息，实施广泛的群众参与；避免高风险区的开发和发展；根据风险的分布与程度合理地进行安全建设，形成人水和谐的经济社会发展模式。

1.5.6.4 防御洪水方案和洪水调度方案的编制

根据流域的洪水特性、防洪现状及防洪标准，结合气象、水文预报，在研究具代表性的防御标准洪水、超标准洪水的防洪调度措施及防洪调度效果的基础上，编制防御洪水方案和洪水调度方案。

1.6 治 涝 规 划

治涝规划主要包括以下内容：分析涝区治涝现状与存在问题，确定治涝规划目标与任务，合理划定治涝片区，选定治涝标准，研究分区治理方式，选定整体治理方案，阐明治涝效益。

1.6.1 治涝现状与存在问题分析

1.6.1.1 治涝现状分析

治涝现状分析主要包括以下内容：涝区自然条件和社会经济的基本情况，渍涝灾害情况，以往治涝规划及实施的过程，涝区已有水利工程的分布、数量、规模，涝区现状达到的治涝标准，现有工程设施的兴建和投入运行的时间、运用方式和工程效益等。

1.6.1.2 存在问题分析

存在问题分析主要包括以下内容：以往治涝规划及实施过程中存在的问题，现有治涝工程在安全及运行管理等方面存在的问题，涝区在治涝管理方面存在的问题等。

1.6.2 治涝规划目标与任务拟定

1.6.2.1 治涝方针

流域治涝规划应贯彻因地制宜、综合治理、内蓄外排兼顾、分期分区实施的方针。合理保留圩区湖泊洼地，过度围垦内湖的圩区适当退田还湖；上下兼顾，自排与提排相结合；以治涝为主，开展综合利用，防洪、治涝与灌溉等统筹考虑。

1.6.2.2 治涝规划目标

应按不同规划水平年，根据治理开发任务的轻重缓急，结合考虑各方面条件，制定出符合自然规律和经济社会发展要求的治涝方案和实施步骤，改善和提高易涝地区的排涝能力，逐步达到规划治涝标准。

1.6.2.3 治涝任务

治涝主要任务是通过工程措施和非工程措施，解除农田涝、渍、盐碱灾害，为农作物稳产高产创造条件。

(1) 排除地表涝水，满足农作物在各个不同生长季节对耐淹水深、耐淹历时的要求。

(2) 降低地下水位至作物适宜生长的深度以下，减免作物渍害。

(3) 在土壤盐碱化地区，应结合盐碱土治理，降低地下水位至临界深度以下，满足防治土壤次生盐碱化和改良盐碱土的要求。

1.6.3 治涝片区划分与治涝标准拟定

1.6.3.1 治涝片区划分

治涝规划应与综合农业区划、区域开发及农田基本建设密切结合，根据涝区地形、水系、承泄区条件合理划定治涝分区。

划定治涝分区时，应根据“高水高排、低水低排、内外水分开、主客水分开、就近排水、有条件时以自排为主、抽排为辅”的原则，适当照顾行政区划和水利土壤改良区划，合理拟定排水分区方案。

一般说来，排水分区的类型主要有以下几种。

(1) 沿江沿湖圩区的排水分区。这类地区，应根据地形特点和外水位条件，适当考虑现有排水系统状况进行分区：地势较高有可能自排的地区，划分为高排区；地势较低、排涝期间外水位长期高出田面高程，需要抽排的地区，划分为低排区；而介于两者之间的地区，则采取自排与抽排相结合的方式。

(2) 半山半圩区的排水分区。这类地区处于丘陵山区和江湖之间，汛期圩外水位高于圩内的农田，同时受客水下压，涝情严重，应在高低分界处规划截流沟或撇洪道，将排水区划分为高排和低排两类地区。

(3) 滨海和感潮河段地区的排水分区。这类地区，应根据潮汐影响程度、时间和范围划分排水区。例如，排水沟道出口建挡潮闸，高于挡潮闸正常蓄水位所相应的设计回水水面线高程以上为自排区或称畅排区；低于挡潮闸设计低水位所相应的设计回水水面线高程以下的地区为抽排区；介于两者之间的为半畅排区。如排水沟道出口无闸，则直接以出口处的设计高潮位及低潮位，分别用排水沟道设计排水流量推算沿程回水水面曲线，并按上述原则划定自排区、抽排区及半畅排区。此外，对这类地区，还可以排水流程最短为原则，尽可能均衡地划分若干排水区，以缩短排水时间。

(4) 易碱、易渍地区的排水分区。对易碱、易渍地区，应根据当地作物种植结构、地形地貌、土壤条件、地下水矿化度以及社会经济水平等有关因素划定排水分区，确定作物设计排渍深度值和控盐地下水临界深值，采取有效排水措施，及时排除土壤耕作层内的过多水分，并通过农、林、水综合治理措施改良土壤，做到治涝与改碱防渍相结合。

1.6.3.2 治涝标准

1. 治涝标准的表达方式

(1) 农田治涝标准通常采用的表达方式是，以涝区发生一定重现期的暴雨时农田不受涝灾为标准，并应合理确定设计暴雨重现期、暴雨历时和排除时间。

(2) 城市治涝标准通常采用的表达方式是，以城市发生一定重现期的暴雨时不成灾为标准，并应合理确定暴雨重现期、暴雨周期和排除时间。

2. 治涝标准的拟定

应根据涝区受灾情况和社会经济发展需要，根据现行规范，从经济社会和环境等方面，综合论证选定治涝设计标准。

(1) 农田排水设计标准。按《农田排水工程技术规范》(SL/T 4—1999) 要求，农田排水标准为5～10年一遇的暴雨重现期。旱作区一般采用1～3d暴雨，在1～3d内排到田面无积水；水稻区为1～3d暴雨，在2～5d内排至作物耐淹水深以下。条件较好的地区或有特殊要求的粮棉基地和大城市郊区治涝设计标准可适当提高，条件较差的地区治涝设计标准可适当降低。

(2) 城市排水设计标准。根据《室外排水设计规范》(GB 50014—2006)，城市排水设计暴雨强度计算采用的设计重现期 P，应根据汇水地区性质、地形特点和气候特征等因素确定。同一排水系统可采用同一重现期或不同重现期。重现期一般采用0.5～3年，重要干道、重要地区或短期积水即能引起较严重后果的地区，一般采用3～5年，并应与道路设计协调。特别重要地区或次要地区排水标准可酌情提高或降低。

当所要求的治涝标准一时难以达到时，可提出分期实施意见。

1.6.4 治涝工程总体布局

1.6.4.1 基本原则

流域治涝规划应根据不同分区的治理要求，按照因地制宜、综合治理的原则，拟定整体治理方案和分区配套治理措施；坚持排、滞、蓄、截相结合，提出排水渠系、截流沟与撇洪渠、蓄涝区、排水闸与挡潮闸、排涝泵站、排涝承泄区等切实可行、经济合理的治涝工程措施，确定治涝工程的总体布局。

1.6.4.2 治涝工程布局

1. 排水渠系

排水渠系层次因涝区面积、地形、水系、排水出口和承泄条件的不同而有差异，一般分为排水干渠、支渠等。排水渠系布局应根据涝区地形特点和外水位条件确定，尽量满足自排要求。排水渠道设计排涝流量应根据治涝标准，并结合考虑滞、蓄能力和作物类别、生长期与耐淹程度等因素分析确定。骨干排水河道的设计排涝水位，应根据排涝效益和缓排面积，经技术经济比较论证选定。

涝区排水除按治涝标准排除地面涝水外，还应考虑为保证作物正常生长对降低地下水位的要求，做到治涝与改碱、防渍相结合。对于易碱地区，应研究合理的地下水埋深，采取农、林、水综合治理措施改良土壤。需大面积采用井排或井灌井排结合降低地下水位时，应就排水效能、工程建设、管理运行等方面进行技术经济论证；采取井排或引水洗盐压碱时，应妥善安排排水出路。对于易渍地区，其改造措施主要是兴建田间地下排水工程，调整改造田间排水渠系，做到灌排分开。可根据土壤和水文地质特点，采取有效的、能及时排除土壤耕作层内过多水分的排水措施。

2. 截流沟与撇洪渠

对于半山半圩区的排水分区，为减少进入圩区的山水，可通过在高低分界处修建截流沟及撇洪渠工程对山水进行拦截并撇走，实现圩区内外水分开排和高低水分开排，减轻圩垸涝灾，减少垸内电排装机。一般可根据涝区的地形条件和实际需要，按规划标准新开挖沟渠或对现有沟渠采取扩大断面、疏浚沟道、渠堤加高加固等措施进行改造。

3. 蓄涝区

为削减规划圩区的排水流量，减少抽排装机，降低排涝成本，可利用圩区内的湖泊、洼地、河道、沟渠、坑塘等蓄水体，合理安排蓄涝区，对涝水进行调蓄。

根据我国江苏、湖南、湖北、江西等省的成功经验，蓄涝区面积以占排涝区总面积的8%～12%为宜；当排涝区没有湖泊、洼地、坑塘等天然蓄涝场所，必须新开辟蓄涝区进行滞蓄时，蓄涝区面积以占排涝区总面积的5%～8%为宜。

蓄涝容积大小应根据集水面积、积水量、排涝站规模以及地形土壤等条件合理确定，尽量与灌溉相结合，同时兼顾渔业、卫生及环境等方面的要求。当涝区内的自然湖泊、洼地、河道、沟渠、坑塘等容积较大时，蓄涝容积可大些；若蓄涝区较小，需新开辟蓄涝区时，蓄涝容积可适当小一些。蓄涝区的正常蓄水位，应根据蓄涝要求及堤坝安全，并结合考虑相关综合利用部门的需要，合理确定。蓄涝区设计低水位的确定，主要考虑满足综合利用要求；对可能造成次生盐碱化的地区，还应考虑控制地下水位的要求。

4. 排水闸与挡潮闸

排水闸与挡潮闸是沟通各级排水渠道、蓄涝区和承泄区的连接工程，其作用是保证涝水排泄畅通，控制地下水位，并拦阻涝区外洪水、潮水入侵。应综合考虑地形、地质条件以及外河（海）水位（潮位）、风浪冲刷和泥沙淤积等因素，选择合适的排水闸与挡潮闸的闸址位置，并应根据所在河段及承泄情况、排水量、抢排时间和对降低地下水位等的要求，分析确定排水闸、挡潮闸的规模和特征值。

5. 排涝泵站

在自排保证率不高的情况下，抽排是主要的治涝保障手段，对特别低洼无法自排的涝区和堤圩水网地区，需建排涝泵站抽排。排涝泵站的布局应根据圩区外河水文和圩内地形、水系等自然条件，结合治涝工程的整体规划，因地制宜地采取集中建站或分散建站等方式。对于排水面积较大但地形平坦，且地势单一倾斜、蓄涝容积大而集中、有骨干排水河道、排水出路单一的地区，以集中建站为宜。对于水网密集、排水面积分散、地势高低不平、高地要灌、低地要排的地区，以分散建站为宜。

6. 排涝承泄区

承泄区是承泄涝水的地方，一般包括海洋、江河、湖泊、洼地以及地下透水层和岩溶区等，可根据实际情况选用。其位置应尽可能与涝区中心接近，且应与排水系统布置相协调。排涝承泄区的水位，应根据承泄区的条件及排水要求经水利计算确定。对于承泄区与排水系统之间的连接，可按畅排和顶托两种情况考虑，因地制宜地采用建闸、建排水站以及建回水堤的连接方式。选择承泄区位置时，应考虑有稳定的河槽，具备排泄或容纳全部涝水的能力，一般尽可能选择水位较低的地方，以争取有较大的自排面积及较小的电排扬程。治涝规划中，承泄区治理主要包括以下内容：采取疏浚河槽和浅滩，清除河道上的阻水工程设施，扩大原有河道或开挖新河，以增加排水流量；有条件时，可在承泄区上游修建水库，通过水库的调蓄作用，适时减少泄量，降低排涝期下游河道水位。

1.6.4.3 总体布局方案的综合分析

治涝规划中，应因地制宜地采取截流、蓄涝、排水等治理方式，选择一种或数种主体治涝工程，配合其他工程及非工程措施，组成多种综合治涝方案。在此基础上，通过初步分析比较，归纳成若干个主要的布局方案，再从技术、经济社会及环境等方面综合分析和论证，选出最优的总体布局方案。

需要注意的是，在拟定治涝方案时，应正确处理治涝工程与有关部门和相邻地区的关系。对于灾情严重且治理工作量很大的涝区，应研究分期治理方案，先按低标准治理，减轻涝灾危害程度，以后分期提高治理标准。

治涝规划中，还应重视非工程措施的作用，包括加强治涝工程管理，制定并实施排涝区优化调度方案，制定超标准涝水防御对策，以及与农业生产相结合的有关措施等。

1.7 河道整治规划

河道整治规划根据规划河流或河段的治理开发与保护任务，按照河道演变规律，采取各种治理措施改善河道边界条件、河道平面（或断面）形态和水流流态，以恢复或改善生态环境，维护河流健康。河道整治规划应根据流域规划的总体安排，研究确定规划整治范围（如长江主要为中下游河段）、整治的重点河段、总体治理方向、规划总体布局、总体实施步骤等，一般应包括以下主要内容。

（1）研究确定河道整治需遵循的基本原则、主要整治任务和不同规划水平年须达到的整治目标。

（2）在调查分析规划河流或河段目前存在的主要问题、河道演变规律及其发展趋势的基础上，根据不同规划水平年经济社会各部门的治理、开发与保护需求，研究确定规划河流或河段的河势控制规划或治导线规划。

（3）根据河势控制规划或治导线规划，研究确定河道整治方案和整治总体布局，在此基础上制定河道整治工程规划。

（4）河道整治具有较强的时效性，上下游、左右岸不同整治工程之间关系密切，应根据总体整治布局、工程的轻重缓急、不同规划水平年的整治目标，研究确定规划分期实施方案。

1.7.1 河道整治规划的任务与整治原则

1.7.1.1 规划任务的确定

根据流域（或河流）综合规划对本河流（或河段）提出的治理、开发与保护任务，研究哪些任务需要通过河道整治来加以实现。由于不同河流的自然特性及所在地区的经济社会发展水平差异较大，其河道整治规划的任务也会有所不同，但一般应包括以下方面的规划任务。

（1）河势控制。采取必要的工程措施，维持河流（或河段）总体河势的稳定，既可避免河势变化引起的崩岸威胁堤防安全以及对沿岸经济布局带来的重大影响，又可更好地为航运发展、岸线利用、引排水、洲滩利用、江砂资源开发提供稳定的河势条件。因此，河势控制是河道整治规划最主要的任务之一。

（2）防洪。河道整治是防洪综合治理的重要措施之一。河道整治规划中要研究整治疏通河道，提高河道泄洪能力，减少崩岸对堤防安全的威胁，调整河势减轻防洪压力等工程措施。

（3）航运。对于通航河流，改善通航条件，更好地发挥水运对经济社会发展的促进作用，是河道整治的重要任务之一。河道整治规划中，应重点研究通过河势控制、河道整治和疏浚等措施，稳定并逐步改善航道及港口条件。

（4）供水灌溉。综合分析沿岸地区供水灌溉对河道整治的要求，研究提出满足这些要求的河道整治措施，如稳定取水口取水条件、改善水质、保证水量及维持最低水位等。

（5）岸线利用。沿岸码头、桥梁、过河管（隧）道、取排水口、临港工业等方面的岸线利用，需要以稳定的河势、优良的水域条件及稳定的岸线为前提。因此，尽可能满足沿岸经济社会各部门对岸线利用的要求，是河道整治规划的任务之一。

（6）水环境保护。通过（或结合）河道整治，增加河流（或河段）水体的纳污能力、消灭钉螺、减轻河口咸潮入侵等，也是河道整治规划中需要实现的任务之一。

1.7.1.2 河道整治规划需遵循的基本原则

河道整治规划一般应遵循“因势利导、全面规划、远近结合、分期实施”的基本原则，具体包括以下方面。

（1）应充分遵循河道的自然演变规律及演变趋势，抓住有利时机，因势利导地将河道整治成为适应沿岸经济社会发展要求的优良河道。

（2）应统筹协调各部门、各地区对利用与保护规划河流（或河段）的各方面要求，妥善处理好上下游、左右岸之间的关系，进行全面规划，综合治理，实现综合利用与保护。

（3）既要考虑近期需要，解决当前迫切需要解决的问题，又要预估将来的发展要求，务使近期整治有利于远期发展而不致成为障碍，做到远近结合。

（4）根据整治任务的轻重缓急，突出重点，优先实施最紧迫、最重要的工程。

1.7.2 河道演变分析

河道演变分析是河道整治规划的一项重要的基础性研究工作，是制定河势控制规划、河道整治方案、整治工程布局和分期实施方案的重要依据。以下所阐述的河道演变的有关要求及分析方法是针对近代冲积平原河流而言的，但也可供山区非冲积河流的演变分析参考。

不同的河型及不同的工程措施，河道演变分析的重点、主要内容、分析的深度要求及采用的分析方法会有所差异，但总的要求均是以能指导河道整治方案的确定为基本原则。

1.7.2.1 分析范围的确定

河道演变分析范围除拟整治的河段外，还需分析影响本河段河道演变的上游河段、大支流入汇段和分流段以及可能受本河段因整治而发生演变影响的下游河段。

1.7.2.2 分析的主要内容

河道演变分析分为历史演变分析和近期演变分析，以近期演变分析为主。

历史演变分析主要是根据有关文献、史志、地貌考证、历史图件记载、有关地形图等资料，通过综合考证、分析，描述现有河道的历史形成过程、演变规律、上下游河段间的演变关系及主要影响因素等宏观演变特征。重点对20世纪50年代之前100年左右的河道演变过程进行描述和概括总结。

近期演变分析一般应包括近期演变过程和演变特征（或演变规律）、主要影响因素、演变趋势预测等三方面内容。近期演变特征主要通过河道深泓线（或水流动力轴线）变化、汊道兴衰、洲滩演变、岸线变化、河道冲淤、纵横断面变化等方面的综合分析，总结归纳近期河道的主要演变过程。影响河道演变的主要因素一般从以下几个方面入手：①河段的来水量及其变化过程；②河段的来沙量、来沙组成及其变化过程；③河床形态变化及边界条件的改变；④人类活动的影响。演变趋势预测主要是在分析河道近期演变规律、主要影响因素的基础上，根据将来可能的变化情况，定性（或粗略定量）预测河道的可能演变趋势，包括河型变化、平面形态变化、主流（或深泓线）变化、分汊河段主支汊的稳定性、岸线的稳定性、河道冲淤变化趋势等。

1.7.2.3 分析的主要方法

河道演变过程是一种极为复杂的现象，影响因素错综复杂，要作出精确的定量分析，现阶段仍较为困难，但定性分析和对某些问题的粗略定量分析是可能的，也是必需的。通常可采用以下几种基本方法进行分析研究。

(1) 原型观测资料分析。采用历年实测河道地形图、有关水文站（水位站）的测验资料、分汊河段分流分沙测验资料、床沙取样资料、历年河道固定断面测量资料、河床及河岸地质资料等，对河道的演变过程、演变特征、主要影响因素及未来演变趋势进行综合分析与预测。

(2) 数学模型计算分析。运用泥沙运动基本理论和河道演变的基本原理，对河床变形进行理论计算与分析。

(3) 河工模型试验。运用河工模型试验的基本理论，通过定床或动床模型试验，对天然河道的自然演变趋势以及河道整治工程实施后的河道演变趋势或水利水电枢纽工程修建后下游的河道演变趋势进行预测。

(4) 类比分析。对于缺乏实测资料的河段，或为了进行对比分析和相互印证，可利用条件相似河段的实测资料，对研究河段的演变过程或演变趋势进行类比分析。

以上方法可以单独运用，也可以联合运用，相互比较，以得到较为可靠的认识。一般对重要河流（或河段）的重大问题，需要尽可能运用多种方法进行综合分析研究；对次要问题，可采用上述基本方法中的原型观测资料分析和数学模型计算分析进行研究。

1.7.3 河势控制规划

河势控制规划是根据规划河段的各项治理要求，经综合分析确定的控制河道平面形态、主流走向和主要汊道分流形势的总体规划，它是制定河道整治方案、确定整治工程布局的基础和主要依据。

河势控制规划的主要任务有以下几方面：对于以维持现有河势稳定为主要整治目标的河段，其主要任务是确定主流的基本走向及需要采取的工程措施；对于需改变河道平面形态或断面形态的河段，其主要任务是制定治导线规划及需要采取的规划整治工程布局；对需要减少分汊的河段，其主要任务是要研究确定所选择的主汊、需封堵的支汊、希望达到的分流态势以及需采取的工程措施布局；对需要进行人工裁弯的河段，其主要任务是研究确定新河的规划方案、裁弯后需采取的河势控制工程布局等。

对具有相当规模采砂的河道，应明确采砂范围、控制线和基本尺度，以防止河势的变化；河道洲滩、边滩的开发利用，应服从总体规划安排，并有利于河势稳定和主泓的控制。

1.7.4 治导线规划

1.7.4.1 治导线的分类

根据河道整治任务的不同，治导线一般可分为洪水治导线、中水治导线和枯水治导线三类。

(1) 洪水治导线。洪水期过大的流量会造成河堤漫决、河岸崩塌或滩地剧烈冲刷，以致威胁堤防安全。为此，需根据总体防洪规划的要求，对洪水河床进行整治，主要包括人工裁弯取直、河道卡口拓宽、修建堤防和护岸等措施。洪水治导线主要用以确定两岸堤防的走向及间距。

(2) 中水治导线。中水整治主要是对受河漫滩河岸约束的河床部分（即平滩水位下的河床部分）进行整治，以达到控制（或改善）河势、保持主流走向基本稳定、稳定洲滩及岸线，并为枯水整治提供基本河势条件。中水治导线用以规定整治后中水平滩河床内的主流基本走向及河道平面形态。

(3) 枯水治导线。枯水整治一般是为满足航运、供水灌溉、生态环境需水等要求所开展的对枯水河床进行的整治活动。枯水治导线用以规定整治后枯水河床内的主流基本走向及河道平面形态。

1.7.4.2 治导线确定的方法及基本要求

1. 洪水治导线

洪水治导线应以所在河段的防洪规划标准为基本依据，根据设计泄洪流量，拟定不同的治导线宽度、走向及线型，通过简化水力学或平面二维数学模型计算，分别计算滩地流速、主槽流速、沿程水位等水力要素，分析不同治导线方案下水流对河岸及堤脚冲淤的影响、沿程水位不同可能带来的不利影响以及水流流态的优劣，经综合比选确定。一般而言，较优的洪水治导线，可尽量减少河岸及滩地的冲淤幅度，满足沿岸行洪对本河段沿程洪水位的要求，使洪水主流顶冲部位尽可能多地与中水主流顶冲部位基本一致。

2. 中水治导线

中水治导线应以所在河段的造床流量（或平滩流量）为基本依据，采用如下方法经对比分析后确定中水整治河宽。

(1) 河相关系法。根据造床流量、来沙量、河床地质组成、河段地形条件等资料，选用合适的河相关系公式，分析中水河槽的河相关系，确定中水治导线的基本河宽。

(2) 优良河段法。根据整治河段的实际情况，选择可供类比的优良河段，点绘水面宽与流量的关系，根据造床流量，推求出相应河宽作为中水整治河宽。

(3) 模型模拟分析法。对于重要河流或问题复杂的河流（或河段）的中水整治，可采用数学模型计算或河工模型试验手段，对不同的规划治导线进行对比分析，选取整治后河势较稳定、整治效果较好、负面影响较小的整治河宽作为规划中水整治河宽。

中水治导线规划还需拟定较为合适的治导线平面形态。其线型的确定，应根据整治的目的和要求，因势利导，从河道特性和河床演变分析得出的结论确定治导线的位置；应尽可能利用已有的整治工程、河道天然节点和抗冲性较强的河岸；应左右岸兼顾，洪、中、枯水统一考虑，并与上下游具有控制作用的河段平顺衔接。

3. 枯水治导线

枯水治导线的宽度可根据航运、供水灌溉和生态环境需水等功能性输水流量，参照中水治导线宽度的确定方法综合分析确定。有通航任务的河段，枯水河槽整治河宽应大于批准的航运规划确定的航道尺度，并满足最低通航水位时航运要求；有灌溉和供水任务的河段，其枯水河槽整治河宽应满足河段设计输水流量、引水流量和引水高程的要求及泵站的设计提水流量和水位的要求；有生态环境需水要求的河段，其枯水河槽整治河宽应满足河道生态环境流量的基本要求。

枯水治导线的线型应在中水治导线的基础上制定，并要求枯水流向与洪水、中水流向的交角不宜太大；应尽量利用较稳定的边滩和江心洲、矶头等作为治导线的控制点；有通航要求的河段，枯水治导线的位置应按集中水流形成具有控制作用的优良枯水航道的要求制定。

1.7.5 不同类型河段河道整治的基本原则与整治措施

1.7.5.1 顺直型河段

对顺直型河段的整治，应以维护、稳定现有河势为主要整治目标。需修筑堤防的，其堤线应平顺，基本与洪水流向一致，并应留出足够的滩地和泄洪断面，以安全通过设计泄洪流量。需要扩大河道时，中水治导线应与现状河道走向基本一致，且规则平顺。整治工程的平面布置及结构型式应与堤线、岸线较为一致，避免采用对水流流向控导作用强的整治工程。进行浅滩整治时，应根据枯水治导线规划，研究采取稳定浅滩、缩窄枯水河槽以及疏浚等整治措施，满足枯水整治要求。

1.7.5.2 分汊型河段

分汊型河段的整治，应根据国民经济各部门的要求、水流泥沙特点和汊道演变规律，研究稳定汊道、塞支强干、改善汊道等整治方案的合理性与可行性。当分汊型河段的发展演变过程处于对国民经济各部门总体有利的状态时，宜采用整治措施将这种有利状态稳定下来；在一些分汊型河段中，为满足国民经济发展的需要，可采取塞支强干的整治措施，但是堵汊对河段的防洪、排涝和其他方面的影响，应充分论证、慎重采用，选择逐渐衰退的汊道加以堵塞；当分汊型河段的发展演变过程出现与国民经济各部门的要求不相适应的情况，又不可能或不允许通过塞支强干加以治理时，可采用相应的整治措施，改善汊道分流形势。

1.7.5.3 游荡型河段

游荡型河段的整治，应以稳定河势流路为前提，采取工程措施逐步限制主流的游荡摆动范围。应综合分析河流的来水来沙特性、河势流路及演变规律，以及该河段上下游已采取的工程措施，合理选择河道整治方案，研究确定规划治导线（主要是中水治导线），并据此研究需采取的控导工程规划布局。

游荡型河段的治理主要包括河槽整治与滩地整治两部分。河槽整治应以修建控导工程为主，即依照治导线规划，积极修建控导工程，控制河势，缩小游荡范围；滩地整治主要是采取工程、生物等措施治理串沟、汊河，或利用含沙洪水漫滩或采取人工措施制造高含沙水流引入滩区，淤高滩地。

1.7.5.4 弯曲型河段

对适度弯曲型河段，宜维护、稳定现有河势，采用防护工程控制凹岸发展，或采用控导工程适当改善弯道形态。

对过度弯曲型河段，应充分论证实施裁弯工程的必要性和可行性。裁弯的规划引河线路，应与上下游河势平顺衔接，不应引起上下游河势的剧烈变化，并根据各种因素进行多方案综合比较，通过河工模型试验论证确定。当引河发展到最终断面后，为巩固裁弯成果，应在凹岸采取适当的护岸工程措施。当需要系统裁弯时，个别裁弯应放在系统裁弯中统一考虑，裁弯顺序宜自下而上进行。

1.7.5.5 河口河段

河口河段所涉及的整治主要是指入海河流的河口段整治。对大江大河的河口段、水流泥沙运动比较复杂的河口段以及在国民经济发展中占重要地位的河口段的整治，都应在河口综合开发利用规划的指导下，深入研究河口段河床演变的规律和演变趋势，开展数学模型计算分析及河工模型试验研究，论证比选整治工程方案，满足河口段近期和远景整治任务的要求。

潮汐河口段的河道整治主要包括河势控制与河道整治、航道整治、堤防的防护、保滩护岸、塞支强干、洲滩并岸、导流输沙、河槽疏浚和防咸潮上溯等。

在潮汐河口实施的维护河口平面形态稳定的河势控制或控导工程、缩窄河宽的围垦工程、保护滩岸的护岸工程、洲滩并岸或塞支强干的堵汊工程和锁坝工程、导流排沙入海的导流堤工程等措施，应统筹兼顾防洪、航运、引排水、土地资源利用、岸线开发利用等近期、远期要求，以中水治导线规划为指导，分阶段逐步实施。

潮汐河口的航道整治工程，应根据航运规划确定的通航标准，以相应的航道整治治导线为指导，采取整治、围垦、疏浚等措施，分阶段达到不同规划水平年的航道建设标准。

对多沙河流的潮汐河口段，除对现行流路进行整治外，应留足河道的摆动范围和预留一定的治沙区域，并应规划若干条备用流路，做到有计划地改道。

1.8 城乡生活及工业供水规划

城乡生活及工业供水规划的主要内容包括拟定规划目标与任务、进行供水分区与供需分析、拟定供水规划方案等。

1.8.1 供水规划目标与任务

1.8.1.1 供水规划目标

供水规划的总体目标是在流域水资源合理配置的基础上，利用各种供水工程经济合理、安全可靠地为各部门、各区域提供充足、优质的水，做好本流域地表水、地下水、外流域调水、经处理的污水、微咸水、海水等多水源在生活、生产等多用水户之间的科学配置，科学安排城乡生活及工业供水，促进水资源的有序开发利用、节约、保护工作，使供需矛盾得到基本解决，切实提高流域城乡生活及工业的供水安全保证程度。

根据流域规划，按照经济社会对城乡生活及工业供水的要求，分别提出近期和远期规划目标。

1.8.1.2 供水规划任务

城乡生活及工业供水规划，应在调查流域内城乡生活、工业供水现状和城乡发展对供水要求的基础上，分析预测不同水平年不同供水对象对水量、水质和供水保证程度的要求，选择供水水源区，拟定供水方案并阐明供水效益。

1.8.2 供水分区与供需分析

城乡生活及工业供水供需分析宜分区进行。供水分区应以流域、水系为主，同时兼顾供需水系统与行政区划。对水资源贫乏、需水量大、供需矛盾突出的，分区宜小些。通过对城乡生活及工业供水现状的调查，为供需分析提供基础资料，分析存在的问题。

城乡生活及工业供水供需分析与评价，按现状基准年、近期水平年和远期水平年进行。基准年与不同水平年均应分别研究丰、平、枯水年等不同典型年的水量及其相应的水质。现状基准年是预测和评价近期、远期水资源供需情况的基础，可选用规划编制期内资料较完整又具有代表性的某一年份。可供水量应在现状实际供水量的基础上，结合考虑现有工程供水能力可能的增减变化和规划新建、配套、扩建工程项目可能增供的水量，并应充分注意水质与水资源的重复利用。需水量宜分部门调查、预测。不同供水对象的单位用水量和需水量，应根据规划区内水资源条件和经济社会发展指标，考虑其经济增长速度、产业结构变化、城市化程度、人民生活水平提高以及现状用水和不同水平年可能达到的供水能力、节水水平等因素，参照相似地区的经验进行分析与预测。预测时应注意在核实现状实际用水的基础上，研究节水措施和科技进步对未来用水的影响以及水资源紧缺对社会经济发展的制约作用，力求使预测成果能较好地符合实际发展情况。缺水严重地区，还应从宏观上对区域经济增长的总趋势、速度及产业结构等的合理性进行必要的论证。城乡生活及工业供水供需分析应以分区供需水量的预测为基础，按节约用水和水资源优化配置原则，分别对不同水平年和不同保证率相对应的水资源进行合理调配，综合平衡。对缺水地区，应针对缺水性质与程度，提出缓解缺水矛盾的对策和措施。当某分区水资源有一定余裕时，可研究向邻近缺水地区实施调水的可能性。当区域水资源不足，且缺水量难以在本区域调剂解决时，可根据邻近区域的水资源情况和引水条件，研究跨区域调水。跨区域调水量，应根据调出区域可调水量和调入区域缺水量，结合调水工程的技术、经济特性，综合分析确定。在对节约用水潜力和水资源开发利用潜力分析的基础上，制定生产、生活以及城乡之间、区域之间、行业之间、供水水源之间的供需平衡表。

1.8.3 供水规划方案

流域供水规划方案，应在分区水资源开发利用与供需平衡分析的基础上合理拟定。方案内容应包括供水范围、供水水源、取水方式、供水数量、供水过程、供水保证率以及水源工程、输水线路与调蓄措施等。对拟定的供水规划方案，应分析对不同供水对象的保证程度。在干旱缺水地区，应对特殊枯水年和连续枯水年及突发性水污染事故的供水提出应急调配方案和相应措施。对饮水困难的乡村地区，应视水源条件和水质情况，按照饮用水标准，研究提出解决途径。对不同水源类型和开发方案，应区别情况进行相应的水量平衡调节计算，并据此拟定主要工程的规模。

1.8.3.1 供水水源规划

对于重要城市的供水，应尽量采取多水源联合供水方案，以提高其供水保证率。采用地下水源时，应注意采补平衡，必要时可辅以相应的补源措施。从多泥沙河道引水，应采取切实可靠的泥沙处理措施。供水水源必须符合规定的水质标准。对划定的水源保护区，必须提出相应的保护措施，防止污染。对城市废污水，应采取措施处理回用或达标排放。

应就近选用水源，只有周围没有可靠水源时才考虑远距离调水。供水水源地应设在水量、水质有保证和易于实施水源环境保护的地段，并需做好生态环境保护和防污染措施。

城市供水水源的卫生标准，应符合《生活饮用水卫生标准》（GB 5749）和《生活饮用水水源水质标准》（CJ 3020）的规定。

选用地表水为城市供水水源时，应按照《城市给水工程规划规范》（GB 50282—98）的规定："枯水流量保证率应根据城市性质和规模确定，可采用90%～97%……当水源的枯水流量不能满足上述要求时，应采取多水源调节或调蓄措施。"

选用地下水水源时，水源地应设在不易受污染、不引起次生灾害的富水地段，符合标准的地下水宜优先作为城市居民生活饮用水水源。

对初拟的各供水水源方案进行供水能力测算，再结合经济、水质、引水方式等条件，拟定供水水源方案。

1.8.3.2 输水工程规划

输水工程是指为了控制输水水流、合理分配水量以及当渠道或管道通过天然或人工障碍时，修建的一系列水利工程。

为了减少输水工程的工程量，输水渠道水面线应大体上与地面一致；输水线路应尽量避开重要设施，并避免占用质量好的土地；输水线路应顺直，以改善水流条件；输水线路应尽量避开不良地质条件区域；输水线路选择时，可适当兼顾渠系建筑物的选型和选址。

1.8.3.3 供水保证率

对拟定的供水规划方案，分析对不同供水对象的保证程度。供水保证率 P 是预期供水量在 M 时段供水中能够得到充分满足的时段数 N 出现的概率，表示为 $P=N/(M+1)$，P 以百分率（%）表示。居民用水的供水保证率较高，一般在95%以上。公共设施与居民生活密切相关，其供水保证率也在95%以上。工业用水的供水保证率在90%以上。农村人畜饮水由于地域广大并受经济条件、自然条件的限制，供水保证率相对较低，但也应在90%以上。当水源短缺时，对供水保证率要求高的用水户应优先供给。

1.8.3.4 应急供水措施

为应对特殊情况或不可预见情况，在供水规划中，还应安排备用水源或在水源水库规划中安排备用供水库容及其他应急供水措施。

1.9 灌溉规划

灌溉规划的主要内容包括灌溉现状与发展需求分析、灌溉发展目标与规划任务拟定、灌溉分区与灌溉设计标准拟定、规划区水土资源供需平衡分析、灌区总体布置与主要工程规划等。

1.9.1 灌溉现状与发展需求分析

调查规划区内农业灌溉现状，调查统计与规划有关的基础资料，分析规划区农业灌溉存在的主要问题及发展需求。

1.9.1.1 农业灌溉现状

调查分析规划区自然地理、水土资源、经济社会、自然灾害、农业生产与发展潜力以及对灌溉的要求等；调查统计规划区总面积、现状耕地面积、作物种植结构、耕地后备资源以及各类灌溉工程的数量、规模、分布；分析现有灌溉工程的总体能力，包括灌溉保证率、有效灌溉面积、灌溉水利用系数、粮食综合生产能力等；分析规划区农业灌溉存在的主要问题。

1.9.1.2 发展需求分析

根据上述农业灌溉现状调查分析，结合区域经济社会发展及其对农业和粮食安全的要求等方面，分析规划区农业灌溉存在的主要问题及灌溉发展需求，作为拟定灌溉规划的主要基础。

1.9.2 灌溉发展目标与规划任务拟定

结合规划区土地利用规划、农业发展规划等相关规划以及农业灌溉存在的主要问题，确定灌溉规划的指导思想和基本原则，制定农业灌溉发展目标和任务。

1.9.2.1 灌溉发展目标

根据规划区地形地貌、水源条件以及农业生产特点和发展要求，结合农业区划、土地利用规划，以发展灌溉面积、改善灌溉条件、合理抑制用水需求、提高灌溉水利用率和粮食综合生产能力为中心，兼顾区内其他生产用水、生活用水和生态用水要求，按山区、丘陵、平原分片确定不同水平年灌溉发展目标。

1.9.2.2 灌溉规划任务

根据灌溉发展目标，灌溉规划的任务应为提出新建和改造水源工程的数量、规模，新建、扩建和续建配套灌区的数量、规模及新增的灌溉面积、节水灌溉面积，由此提高灌溉水利用系数、灌溉保证率等。

1.9.3 灌溉分区与灌溉设计标准拟定

灌溉分区应根据规划区内的自然条件，结合农业区划进行分区；灌溉设计标准应根据水源条件、农业生产要求与相应作物组成和经济社会发展水平等因素，合理选定。

1.9.3.1 灌溉片区划分

当规划区地形、地貌、水系等自然条件等差异较大时，应进行灌溉分区。应以流域或水系为主，结合农业区划和水资源平衡分区，按照水系相对独立、地形地貌一致、水资源和土壤条件基本接近的原则，兼顾行政区划的完整性，划分灌溉片区。对水资源贫乏、需水量大、供需矛盾突出的地区，分区宜小一些。

1.9.3.2 灌溉设计标准

灌溉设计标准综合反映了灌溉水源对灌区用水的保证程度。灌溉设计标准越高，灌溉用水得到水源供水的保证程度越高。目前，灌溉设计标准的指标有灌溉设计保证率和抗旱天数两种。

（1）灌溉设计保证率。灌溉设计保证率是指灌区用水量在多年期间能够得到充分满足的程度，一般以正常供水的年数或供水不破坏的年数占总年数的百分数表示。灌溉设计保证率通常采用经验频率法确定，计算系列年数不宜少于30年。

灌溉设计保证率选定时不仅要考虑水源供水的可能性，同时要考虑作物的需水要求，具体应根据水文气象、水土资源、作物组成、灌区规模、灌水方法及经济效益等因素确定。

（2）抗旱天数。抗旱天数是指作物生长期间遇到连续干旱时，灌溉设施的供水能够保证灌区作物用水要求的天数。用抗旱天数作为设计标准，适用于以当地水源为主的小型灌区。

选取抗旱天数时，应根据当地水资源条件、作物种类及经济状况等，全面考虑，分析论证，以期选择切合实际、经济效益较高的抗旱天数。

1.9.4 规划区水土资源供需平衡分析

明确不同规划水平年各类用地面积、空间布局，合理确定灌区用地和灌区发展范围，进行农用地资源潜力分析。在此基础上，分别分析和预测各灌区可供水量和灌溉用水量，按灌区进行水土资源供需平衡分析，以确定灌区范围及规模和水土资源平衡方案。

1.9.4.1 农用地资源潜力分析

根据规划区或灌区内地形、地貌特点和土地资源利用现状、历年耕地增减情况、耕地后备资源、农业和经济可持续发展等因素，并结合土地利用总体规划，分析土地资源农业利用潜力，主要包括可用于耕地、林地、牧草地、园地等土地资源量以及通过后备资源开发利用形成的农用地，明确不同规划水平年各类农用地面积、空间布局和种植结构。

1.9.4.2 可供水量分析

(1) 地表水资源的可供水量应考虑已建和拟建水源工程的引水、提水、蓄水能力，依据长系列的河流实测流量或入库径流资料等，按下列要求确定。

1) 以河流（包括过境水量）为水源时，灌区总取水量及其在年内的分配比例，应符合供水河道所属流域的整体规划方案或取水分配方案。

2) 以水库为水源时，大型水库和可供水量大的中型水库，可通过长系列法进行水库调节计算确定可供水量；其他中型水库和小型水库，可采用典型年法；小型水库和塘堰，还可采用兴利库容乘复蓄系数法估算。

(2) 地下水资源的可供水量应是可开采水量、开采能力两者中的较小者，深层地下水不应计入可供水量。

(3) 再生水的可供水量应按当地污废水处理利用规划分配给农业的用水量确定。

(4) 灌溉回归水的可供水量通常根据试验资料直接估算，也可通过水量平衡求得。

(5) 可供水量的计算应考虑水质状况，符合灌溉水质标准的水量才能计入可供水量，还应保留灌区及河流下游生态用水量。

1.9.4.3 灌溉用水量分析

1. 作物需水量

作物需水量是确定灌溉制度和灌溉用水量的依据，因受气候条件、土壤含水量与农业措施等因素的影响，各地作物需水量相差悬殊，应根据当地或邻近地区的灌溉试验和群众丰产经验确定。

在水资源短缺的地区，作物需水量在经济分析的基础上可按非充分灌溉要求估算，并优先采用先进的节水灌溉方式和灌水技术。

2. 灌溉制度

灌溉制度是确定农业灌溉用水量、灌溉用水过程和灌溉工程规模的主要依据。农作物灌溉制度指播种前及全生育期内的灌水次数、灌水时间、灌水定额和灌溉定额，需根据当地的具体条件分析确定。通常采用总结群众丰产灌水经验、灌溉试验资料和按水量平衡原理三种方法分析确定。

大中型灌区应采用时历年法确定历年各种主要农作物灌溉制度，选出2～3个符合设计保证率的年份，以其中灌水分配最不利年份的灌溉制度作为设计灌溉制度；小型灌区可根据降水频率分析选出2～3个符合设计保证率的年份，以灌水分配最不利年份的灌溉制度作为设计灌溉制度。

3. 灌溉用水量

灌溉用水量与灌溉面积、作物组成、各种作物的灌溉制度、渠系输水和田间灌水的水量损失等因素有关。

灌溉用水量计算参见本卷第5章5.5节。

根据典型年灌溉用水过程线（灌区各时段毛灌溉用水量）可求得总灌溉用水量。

1.9.4.4 水土资源平衡分析

根据土地利用条件、水资源条件、生态环境要求，结合当地国民经济与社会发展规划、土地利用总体规划，确定各灌溉片区在不同水平年的农业、林业、牧业用地数量结构和空间布局，拟定各灌溉片区的灌溉范围、灌溉面积以及粮食作物、经济作物、饲料作物的种植比例。

水土资源平衡分析与灌区规模论证相互联系、相互影响，需要经过几个过程的反复，才能合理确定灌区规模。新建灌区，可按照以供定需、以水定地的原则，合理确定灌区范围和规模。已建灌区，应根据新的水土资源平衡结论复核灌区范围与规模。

1. 灌区范围和规模

(1) 只有一个水源的灌区，可取水量是一定的，根据可取水量并参考不同灌溉设计保证率时的灌溉定额，可得相应的可灌面积，并结合地形地貌条件，以确定灌区范围和灌溉面积。

(2) 具有多个水源、含有多个灌溉片区的灌区，一般以各灌溉片区水源可用水量为基础，根据作物布局及其不同灌溉设计保证率的灌溉用水量，初步确定各灌溉片区的范围和灌溉面积。当各灌溉片区可供水量余缺差异较大时，应提出各灌溉片区之间的水资源调配方案，据此调整各灌溉片区的范围和灌溉面积。

灌区最终规模确定后，可视实际情况将灌溉工程分为远期、近期工程。近期工程应是投资少且效益显著的工程。

2. 水土资源平衡方案

灌区水资源配置应在优先保证生活用水的前提下，统筹考虑生态环境用水，合理安排农业及国民经济各部门用水，同时科学分析各类用水的节水潜力。

对灌区不同水平年的可供水量、土地资源、土地利用结构和作物种植结构，以及生活用水、农业及各部门生产用水、环境用水等进行综合分析，确定生活用水、农业及各部门生产用水、环境用水的次序，以及不同供水水源的供水次序，并采用长系列或典型年法进行水量平衡计算，对可供选择的组合方案进行对比分析，确定经济合理的水土资源平衡方案。

1.9.5 灌区总体布局与水源工程

应遵循旱、涝、洪、渍、盐、碱、沙综合治理，水土资源合理、高效、持续利用的原则，对灌区和水源工程等进行合理布局，并编制灌区总体布局图，在此基础上布置水源工程。

1.9.5.1 灌区总体布局

应根据规划区的水资源状况、地形地貌、工程地质和水文地质条件等，因地制宜选择灌溉水源和取水方式，进行水源工程布置。

(1) 自然条件有较大差异的灌区，应区别情况，结合社会经济条件确定灌排分区，并分区进行工程布置。

(2) 土壤盐碱化或可能产生土壤盐碱化的地区，应根据水文气象、土壤、水文地质条件以及地下水运动变化规律和盐分积累机理等，进行灌区土壤改良分区，分别提出防治措施。

(3) 提水灌区应根据地形、水源、电源和行政区划等条件，按照总功率最小和便于运行管理的原则，进行分区、分级。

(4) 山区、丘陵区灌区应遵循高水高用、低水低用的原则，采用长藤结瓜式的灌溉系统，并宜利用天然河道与沟溪布置排水系统。

(5) 平原灌区宜分开布置灌溉系统和排水系统；可能产生盐碱化的平原灌区，灌排渠沟经论证可结合使用，但必须严格控制渠沟蓄水位和蓄水时间。

(6) 沿江滨湖圩垸灌区应采取联圩并垸、整治河道、修筑堤防涵闸、分洪蓄涝等工程措施，在确保圩垸防洪安全的前提下，按照以排为主、排蓄结合、内外水分开、高低水分排、自排提排结合和灌排结合的原则，设置灌排系统和必要的截渗工程。

(7) 滨海感潮灌区应在布置灌排渠系的同时，经技术经济论证设置必要的挡潮、防洪海塘、涵闸及引蓄淡水工程，做到拒咸蓄淡，适时灌排。

(8) 排水承泄区应充分利用江河湖淀，并应与灌区内排水分区以及排水系统的布置相协调，排水干沟与承泄河道的交角宜为30°～60°。

(9) 灌溉渠系应结合排水沟系、交通道路规划进行布置，并符合自流灌溉面积最大、渠线顺直、配水方便、工程量节省等原则要求。

1.9.5.2 水源工程

水源工程包括地表水水源工程和地下水水源工程。地表水水源工程一般有蓄水工程、引水工程、提水工程和调水工程等；地下水水源工程一般有井灌工程等。灌溉取水方式随水源类型、水位和水量的状况而定，主要有无坝取水、有坝取水、抽水取水和水库取水四种取水方式。有时综合采用多种取水方式，引取多种水源，形成蓄、引、提结合的灌溉系统。

地表水水源工程一般包括以下几种。

1. 蓄水工程

蓄水工程包括水库、塘坝等。从水库、塘坝中引水或提水，均属蓄水工程供水量。根据灌区需水量及其他综合利用要求，拟定水库或塘坝规模及主要特征指标。

2. 引水工程

引水工程指从河流、湖泊中自流引水的工程，包括无闸引水和有闸引水工程。无闸引水渠首一般由进水闸、冲沙闸和导流堤三部分组成；有闸引水枢纽主要由拦河闸（坝）、进水闸、冲沙闸及防洪堤等建筑物组成。引水工程有如下布置原则。

(1) 根据灌区布局及河道地形地质条件状况，合理选择枢纽工程位置。

(2) 做好水源水沙分析，根据需要和可能合理确定引水规模，以满足用水需求。

(3) 拦河闸（坝）、进水闸和冲沙闸的布置要协调。

3. 提水工程

提水工程是指利用泵站从河道（或湖泊）中直接取水的工程，应根据水位、地形、地质等条件合理布置。根据灌区需水量及其他综合利用要求，拟定提水泵站规模及主要特征指标。

4. 调水工程

调水工程是将多水地区的水调往少水地区的水利工程（见本章1.12节）。

地下水水源工程详细内容见相关文献。

1.10 水力发电规划

水力发电规划的主要内容包括调查与分析流域水能资源量及水电开发现状，初拟供电范围并分析电力供求关系，初拟河流水电开发方案相应工程的规模，提出流域规划阶段要求的水能计算成果以及小水电规划等。

1.10.1 流域水能资源量分析

流域水能资源量以理论蕴藏量、技术可开发量、经济可开发量等指标表示，结合流域水能资源分布特点进行分析。流域水能开发现状可通过调查流域已经建成或正在建设中的水电站资源量进行统计分析。对于《中华人民共和国水力资源复查成果》涉及的流域，其水能资源量可根据已有资料复核后采用。

1.10.1.1 理论蕴藏量

水能资源理论蕴藏量系指河流或湖泊蕴藏的天然水体势能，以年电量和平均功率表示，其值与开发方式、方案无关，一般采用分河段计算后再累计的方法。

1. 计算公式

(1) 按年电量计算：

$$E_0 = KgWH \qquad (1.10-1)$$

其中

$$K = \frac{1}{3600} = 2.778 \times 10^{-4}$$

$$W = \frac{1}{2}(W_上 + W_下)$$

式中 E_0——水能资源理论蕴藏量电量，kW·h；

K——折算系数；

g——重力加速度，取 9.81m/s^2；

W——计算河段多年平均年产水量，一般取河段上下断面多年平均年径流量的平均值，m^3；

$W_上$、$W_下$——上、下断面多年平均年径流量，m^3；

H——计算河段上下断面水位差，m。

(2) 按平均功率计算：

$$P = E_0/8760 \qquad (1.10-2)$$

式中 P——水能资源理论蕴藏量功率，kW。

2. 计算原则和条件

(1) 计算河段内沿程年水量的相应控制流域面积近似成线性变化。一般要求区间无大支流加入，区间产汇流较均匀，上下断面应分别选择在大支流汇入河口附近。

(2) 计算河段水面比降分布尽量均匀，一般要求计算河段内无大的落差集中段。

(3) 上下断面水位落差可取同时枯水水面相应的水位差。

(4) 大支流单独计算，落差集中河段单独分段计算。

1.10.1.2 技术可开发量

水能资源技术可开发量系指河川或湖泊在当前技术水平条件下可开发利用的水能资源量，用河流规划及以前阶段确定的水电站年发电量和装机容量表示。

年发电量为河流规划梯级联合运转情况下各梯级水电站年发电量之和，装机容量为各梯级水电站装机容量之和。

1.10.1.3 经济可开发量

水能资源经济可开发量系指河流或湖泊在当前技术经济条件下，技术可开发量中具有经济开发价值的水能资源量，用年发电量和装机容量表示，是所有在水库淹没、水生态与环境保护等方面无制约性因素的梯级水电站的年发电量或装机容量的合计量。

1.10.1.4 已开发量和在建开发量

流域水能开发现状可用河流已开发量和在建开发量指标表示。已开发量和在建开发量系指河流已经建成或正在建设的水电站的资源量。

1.10.2 供电范围初拟与电力供求分析

1.10.2.1 供电范围初拟

流域水电的供电方向和供电范围可按以下内容进行初拟。

(1) 供电范围。在优先向本地区供电的基础上，研究向外区供电；分析研究输送至供电区的输电线路投资和输电损失以及在技术经济上的可行性，合理确定供电方向和供电距离。

(2) 电力市场空间。根据供电地区经济社会发展规划、电力负荷发展规划，结合流域水电规模，进行地区电力供需平衡计算，分析研究供电区电力市场空间。

(3) 能源需求分析。结合流域水电特性，从供电地区能源储量、分布、结构状况，地区能量建设规划以及能源供需平衡和社会经济可持续发展要求考虑，提出水能资源开发的必要性。

1.10.2.2 设计水平年及负荷特性

设计水平年一般可参照《水利水电工程动能设计规范》(DL/T 5015—1996) 相关规定，采用水电站第一台机组投入后的5～10年为设计水平年，也可采用流域总体规划中的近期水平年。

负荷特性一般由供电区国民经济发展和电力发展规划给定。当缺乏供电区电力发展规划时，可参照供电区电力系统供电现状和地区国民经济发展规划初步推求。

1.10.2.3 电力供求分析

根据初拟的流域水电供电方向，结合供电区电力系统发展规划和设计水平年电源安排，进行供电区电力电量平衡计算，初步分析河流水能开发前景，提出河流梯级水电站电力电量输送的初步意见。

1.10.3 水能计算要点与水电开发工程规模初拟

1.10.3.1 水能计算要点

水能计算的主要成果包括相应水电站设计保证率的保证出力、相应水电站装机规模的多年平均年发电量，以及水轮发电机组运行工况（最大工作水头、最小工作水头、加权平均水头）和初拟运行方式。

1. 径流过程

结合水文资料的情况，入库径流可采用长系列或典型年径流过程。在进行入库径流分析时，应计及其他综合利用部门，包括河道外灌溉和供水以及河道内航运和环境等用水要求的影响，严寒地区还应考虑冰冻、冻害对入库径流的影响。

入库径流采用丰、平、枯三个典型水文年过程时，其中枯水年采用年水量相应设计保证率 P_0 年份，丰水年采用 $(1-P_0)$ 年份，平水年采用 $P=50\%$年份，并按设计年径流量控制进行缩放，作为水能计算的样本。无调节、日调节水电站采用逐日过程，年调节、多年调节水电站采用逐月或逐旬过程。

2. 不同调节性能水电站水能计算

无调节、日调节水电站按逐日天然入库径流计算水电站出力过程，按历时保证率确定保证出力，按装机容量统计多年平均发电量。年调节、多年调节水电站水能计算可采用等流量法或等出力法计算。不同调节性能水电站水能计算的具体步骤参见本卷第5章5.6节。

3. 梯级水电站联合运行水能计算

一般采用梯级水电站联合运转方式，即自上而下逐级进行调节计算，各级水电站按自身运行方式工作。下级水电站入库流量等于上级水电站调节后的下泄流量与它们之间区间来水量之和；对于相距较远的间断梯级，上级水电站下泄流量和区间来水量可考虑传播时间后相加；对于有水位重叠的梯级，应考虑下级水电站库水位对上级水电站尾水位的顶托影响。

1.10.3.2 水电开发工程规模初拟

1. 正常蓄水位初拟

(1) 比较方案初拟。根据坝址和库区地形地质条件、库区淹没、与上游梯级尾水位衔接等因素，初拟正常蓄水位上限；根据水电站最低规模、综合利用部门要求、泥沙淤积等因素，初拟正常蓄水位下限。根据正常蓄水位上下限，初拟若干个方案进行比较。通常在此范围内，在影响因素发生显著变化的高程处选择中间方案；若在此范围内无特殊变化，则可初拟若干等间距的正常蓄水位方案。

(2) 按“一致性”原则拟定各比较方案的配套参数。

(3) 进行各比较方案水能计算。主要指标包括水电站保证出力、多年平均发电量、最大工作水头、最小工作水头、加权平均水头等。

(4) 初拟各比较方案机组机型。

(5) 进行各比较方案工程设计和投资估算。根据工程地形地质条件，考虑料场、施工条件进行各比较方案工程布置、水工建筑物设计、施工组织设计，并进行投资估算。一般要求各方案工程布置、水工建筑物和施工组织设计具有一致性。

(6) 进行各比较方案经济比较。按“电力电量等效、经济费用现值最小”准则进行各方案经济比较，以费用现值最小方案为经济合理方案。

(7) 方案推荐。根据方案经济比较成果，综合分析和全面考虑各影响正常蓄水位选择的因素，初步推荐水电站设计方案的正常蓄水位。

2. 死水位初拟

可按消落深度与最大水头比值（年调节水库20%～30%、多年调节水库30%～35%），同时可结合水库泥沙淤积要求、事故备用库容设置、综合利用关系协调等因素进行综合分析，初拟死水位。

3. 装机容量初拟

可根据水库调节性能、供电区动力资源储量和结构、电力负荷特性与电源组成，以及单独运行和联合运行水能指标等因素进行综合分析，按下述方法初拟装机容量。

(1) 无调节、日调节水电站一般可按装机年利用小时4500～5500h初拟装机容量。①近期上游有年调节以上性能的水库投入时取偏小值，反之取偏大值；②补充单位千瓦投资小、补充电量大的取偏小值，反之取偏大值；③送电距离近的取偏小值，反之取偏大值等。

(2) 年调节、多年调节水电站一般可按装机容量和保证出力倍比数（一般水能资源缺乏地区为5～8倍，丰富地区为3～6倍）初拟装机容量。

(3) 推荐近期开发的大型水电站，可在初拟供电范围的基础上，进行设计负荷水平年的电力电量平衡，通过技术经济比较和综合分析初拟。

(4) 河流上下游梯级水电站装机容量相应的最大过水能力应协调，避免产生无益弃水，造成水能资源的浪费。

4. 机组机型和单机容量初拟

根据规划水电站的水头范围，参照类似的已运行水电站的机组机型，并考虑国内外的机组制造水平进行选择。机组台数不宜过多，且单机尺寸和重量应满足运输的要求。

5. 水库调度运用原则初拟

对调节性能较好的大型水电站，应初步拟定水库调度运用原则，根据枢纽开发任务的主次，处理好发电与防洪、发电与其他兴利任务的关系。推荐近期开发的大型水电站，若泥沙淤积问题严重时，水库运用方式一般应根据蓄清排浑的原则拟定。

1.10.4 小水电规划

小水电规划主要是分析小水电发展规划与农村电气化县建设规划协调关系，研究山区、丘陵与平原区小水电发展方向，并提出发展小水电的原则意见和促进小水电发展的政策建议。

小水电开发应以提高当地人民群众生活水平、加快经济社会发展和改善生态环境为目的，充分考虑当地小水电代替燃料的用电需求，坚持“统筹规划、合理布局、因地制宜、有序开发”的原则，按山区、丘陵区以及平原区分别进行规划。

山区交通不便，大电网难以覆盖，小水电开发具有明显的资源优势和就近消纳的条件。小水电开发应以满足当地用电为重点，向小水电代燃料、初级电气化县发展。水能资源较丰富的中小河流应在注重生态环境保护的基础上，进行集中连片开发，产生规模效应，推动地方经济发展。

丘陵低山区的小水电可作为大电网的重要补充。这类地区应以保护生态环境为前提，以实现农村基本电气化、补充当地供电电源为目标进行规划。

平原区地势较平缓，人口密集、经济发达，供电范围大部分处于大电网的覆盖范围，开发小水电应尽量与其他综合利用相结合。

1.11 航 运 规 划

航运规划应在调查分析航道和航运现状的基础上，预测不同水平年的客货运量，选择通航标准，拟定开辟和改善航道的方案。

1.11.1 航运现状调查与分析

航运现状是指规划基准年航运发展的状况，其调查分析内容主要包括客货运量、航道等级及分布、港口、运输船舶和现有支撑保障系统等，据此提出航运存在的问题与改善航运条件的方向。

1.11.1.1 航运现状调查

（1）流域自然概况调查。包括流域的地理位置、河流水系及主要通航河流的特征值、地形地貌、气象水文等。

（2）流域经济社会调查。包括流域内人口、土地、城镇分布特点，重点是航运涉及的影响范围，经济社会发展状况及资源的分布特点，主要资源的储量和开采情况，有条件利用内河航运（直接或转运）的主要物资及流向。

（3）交通运输现状调查。包括现有交通运输方式和布局情况。收集铁路、公路、航运、空运等的使用现状及运量以及交通发展计划和综合运输网的布局规划资料；分析航运在地区综合运输网中的作用；调查了解与航运有关的水利行业规划等。

（4）航运状况调查。对流域内的主要航道进行调查分析，根据航道现状，提出存在的问题与改善航运条件的方向。

1.11.1.2 航运现状分析

（1）分析经济社会发展对航运的需求。分析航运现状及存在的问题，根据国民经济发展尤其是区域经济发展以及区域综合运输发展的态势，预测对未来航运发展的需求。

（2）分析航运规划要解决的问题。针对影响航运发展存在的主要问题，分析航运规划要解决的以下问题。

1）航运干线通过能力，航道等级达到规定要求的程度。

2）干支流航道连通状况。

3）航道整治工程与航运发展协调性。

4）港口布局及通过能力符合性。

5）水工程建设与航运发展及相关要求等。

1.11.2 拟定航运发展目标与方案

1.11.2.1 航运发展目标

航运发展目标是在规划期内对航运发展水平的总体要求或要达到的目的。在制定航运发展目标时，应充分考虑经济社会发展对物质交流的需求、综合运输体系及航运在综合运输体系中的地位与作用，统筹兼顾航运与防洪、治涝、发电、供水、灌溉等的关系，并与防洪、河道整治等相关规划衔接。在运量预测的基础上，经综合比较后拟定通航标准和通航保证率。根据具体情况拟定航运规划近期、远期目标，包括：提高航道等级，改善通航水流条件，延长航运通航距离；增大港口基础设施建设，优化港口功能布局，完善港口群规划；提高航运的安全与效率；基本形成市场规范、管理现代、服务高效的航运发展格局；显著提升航运服务经济社会发展的能力。

1.11.2.2 航运发展方案

在调查规划区域社会经济发展、交通运输与资源分布状况以及分析河流航运状况和存在的主要问题等基础上，预测不同水平年的客货运量，选择通航标准和通航保证率，拟定开辟和改善航道的方案，阐明航运效益，并提出为保证规划实施的相应政策与措施建议。

1.11.3 航运量预测

根据国民经济和航运量的发展现状及变化趋势、主要产业发展规划、主要航道货源分布情况、综合运输体系发展形势，在综合运输规划的基础上采用适当的预测方法，预测不同规划水平年航运量（货运量、客运量及港口货物吞吐量），并经综合分析论证拟定。

航运量预测有定量预测法与定性预测法。在历史资料较长、精度较高的情况下，可采取定量预测法。定量预测法主要包括从时间序列、影响因素入手对运量进行预测。时间序列趋势外推的关键是趋势的识别与拟合，常用的预测方法有移动平均法、指数平滑法、月度比例系数法、鲍克斯—詹克斯法、普查Ⅱ法、随机时间序列预测模型等。影响因素预测主要通过对过去和现在的指标数据进行分析研究，找出运输需求与相关经济量的关系，常用的预测方法有回归预测法、经济计量模型、投入产出模型、乘车系数法、产值系数法、产运系数法、产销平衡法、比重法等。

在历史资料很少、预测期较长的情况下，可采用定性预测法，即在应用数理方法预测的同时，运用预测者的经验，综合考虑多种影响因素，分析经济活动的特点和构成，对运量进行预测。定性预测法可以与其他预测方式结合使用，如运输市场调查法、德尔菲法、类推法等。

航运量预测成果主要有：货运量与周转量地区构成，港口货物吞吐量地区构成；规划水平年水路运输货物运输量、货物周转量和港口吞吐量；规划水平年航运分货类运量，并按液体散货、干散货、杂货、集装箱、滚装等分类，提出港口分货类吞吐量；规划水平年主要航道的分类货运量，主要港口吞吐量等。

1.11.4 通航标准

依据《内河通航标准》(GB 50139)，分别规划航道、船闸、过河建筑物、通航水位等。内河航道的等级应在规划论证的基础上，通过综合的技术经济比较，合理地确定。不易扩建、改建的永久性工程以及一次建成比较经济合理的工程，应按批准的远期航道等级执行。

除已按国家规定程序划定等级的航道外，其他航道应根据预测的客货运量要求及河流（河段）通航条件，经技术经济论证拟定航道等级。通航标准应干支流、上下游相协调。内河航道按可通航内河船舶的吨级划分为7级。在确定航道等级的基础上，确定通航标准和航道尺度，水深、直线段双线宽度、弯曲半径等。

认真分析水系航运发展现状及需求，结合流域水资源综合利用开发进程，提出各水平年航运发展规划，对航道等级等进行充分论证，提出航运开发方案及航道具体要求。编制航运工程布局图，标明航道、港口等工程位置及等级。总体安排流域内干线、国家高等级航道、地区重要航道及其他航道建设的构架与体系，提出在规划水平年各级航道发展要达到的总里程数。根据上、中、下游河段的不同特点，分区安排航道发展体系和各级航道在规划水平年应达到的里程数。

1.11.5 开辟和改善航道方案

航运规划应妥善协调航运与水利工程综合利用的关系。水利工程建设应满足航运规划两个方面的要求：一是水利工程既要为河段目前的通航服务，也要为航运的长远发展留有余地；二是水利工程的通航建筑物和枢纽上下游航道都必须便于船舶通行，并为提高船舶营运效率和提高航道的运输通过能力创造条件。在规划中应注意处理好如下问题。

(1) 在河道上安排航道渠化或航道整治工程，应结合考虑防洪、治涝、发电、供水、灌溉等要求。

(2) 在通航河流上安排非航运为主的闸、坝工程，应同时设置必要的过船通航设施，合理选择通航建筑物的型式和规模。在多沙河流上还应研究提出防沙措施。

(3) 通航河流上已建的闸、坝工程，如无过船通航措施，应研究复航措施。

(4) 利用天然河流（河段）通航或人工运河的航运用水，应统筹考虑综合利用用水要求，经供需平衡分析，合理分配确定。水利工程枢纽库区航道优于天然的情况，库尾水位应尽量与上一级枢纽的坝下低水位相衔接，保证枯水季航道的水深，并具有合适的通航保证率。水利工程水库下泄的最小流量与对应的通航低水位相适应。

(5) 航运规划应对水利工程下游不稳定水流的状况、水库航道的治理、水库下游航道的冲刷、水库调度服务通航等方面，做出详细的分析和提出相应的规划要求。

1.12 跨流域调水规划

跨流域调水规划包括以下主要内容：拟定供水水源、供水范围与供水目标；分析水源区可调水量，进行受水区水资源配置；完成调水工程总体布局；拟定跨流域调水的调度运行原则，分析因调水引起的对自然环境和社会环境的影响，提出跨流域调水对水源区的影响分析与补偿措施。

1.12.1 拟定供水水源、供水范围与供水目标

在流域总体规划中，应初步研究调水的供水水源与供水范围，具体进行某一项跨流域调水规划时，应进一步明确规划任务和供水目标。一般按技术上可

行、经济上合理且地区间矛盾较易解决、环境与社会影响较少的原则选择调水的供水水源，可为单一水源也可为多水源组合，水源工程可由蓄、引、提等工程组成。

供水范围与供水目标的拟定和调水的供水水源有关，应根据所在地区水资源分布、经济社会发展对水资源的需求，结合技术、经济、生态与环境等因素合理确定，并进行分区。供水范围和供水目标要有明确界定，对于远距离调水，除考虑主要缺水区外，还要适当为沿线地区和部门或生态环境供水。

1.12.2 水源区可调水量分析及受水区水资源配置

调水工程是一个庞大、复杂的水资源系统工程，应通过水利计算进行水源区可调水量分析及受水区水资源配置。调水工程水利计算的目的是结合水源的来水情况确定调水规模、输配水工程的规模、调水量的分配、各用水部门的供水保证率等。

1.12.2.1 水源区可调水量分析及受水区水资源配置计算要点

水源区可调水量分析应充分考虑水量调出区经济社会发展对需水量的增长要求，并考虑天然来水受人类活动影响衰减或增长的可能性，合理计算水源区的水资源量。定量分析调水工程对水源区社会、环境的影响，定量分析调水对下游已建、在建工程效益和河流规划的影响。为了弥补调水的影响，常需要修建一些补偿工程，水利计算要对补偿的作用提出定量分析的结论性意见。

水量调入区（受水区）水资源配置，应根据经济社会发展对需水的增长要求，充分考虑当地水资源和入境水量的开发利用，并采取节约用水和提高水的重复利用率等措施，分析计算需水量和需调入水量。通过水利计算，拟定运行规则，使得调入水与当地水相互补偿，实现水资源的统一调度。

受水区用水概括起来分为城市生活用水、工业用水、农业用水、环境用水和其他类用水。各用水户对于长距离调水的要求和对水价的承受能力相差很大。一般来说，生活用水户、工业用水户对供水的保证率要求较高，对高水价的承受能力也较强；农业用水户对供水保证率的要求相对较低，也很难直接承担高昂的调水水价；环境用水户常常是一个地区的全社会性用水户，但水费承担者不清晰。受水区水利计算要点就是按统一的调度规则、统一的数学模型，解决各种水资源的统一配置问题。对于水价承受能力低的用水户，应使其多利用当地较便宜的水源；反之，对于水价承受能力强的用水户，应使其多使用调入的水。水资源配置一般应尽量利用现有的输配水系统。

1.12.2.2 调水工程水利计算要点

由于调水工程涉及广大的区域，各地区水文丰枯差异很大，因此其水利计算不能简单采用典型年法，也不能将受水区总需水量汇总后与水源的调水量直接进行平衡，因为受水区各用水户的重要程度是不一样的。

调水工程水利计算实际是一个大规模水资源系统调度和水资源配置问题。由于水资源系统的复杂性，优化规划与优化调度往往不能求得满意的方案。调水工程水利计算的详细内容见本卷第5章5.4节。

1.12.3 调水工程总体布局

调水工程线长面广，工程项目多、分段多、接口多。水源与输水工程的衔接、长距离输水工程自身各控制点的协调、输水工程与配套工程的衔接、集中控制方式的实现等，都必须在总体布置方案下进行。以城市供水为主的输水线路必要时可考虑双线输水或部分双线输水。

水源工程的布置与一般的水库工程、泵站工程、水闸工程类似，配套工程与一般的灌区配套工程和城市供水工程类似。

输水工程设计标准对投资的影响很大。一般输水工程都是受水区的补充水源，短时间的停水不会产生大的影响；而且由于输水工程线路长，有时跨过的多个流域所在的各种风险彼此为独立事件，即使每段渠道都按很高的标准设计，总体标准仍会较低。因此，输水工程的标准不宜定得过高。实际规划时，应结合停水对受水区的影响分析以及局部输水工程段遭破坏对周边地区可能造成的危害的分析，确定输水工程的分段设计标准。

输水方式有明渠、管道之分。明渠输水方式为自流输水，建设、运行成本低，便于维修，且由于水面可以一定幅度地波动，从而能调蓄容积，运行控制的灵活性较好。但明渠输水方式的控制响应慢，占地多，对环境影响较大，且受环境的影响也大。

管道输水方式投资大，成本高，且管道基本不具有调蓄能力，故运行控制的灵活性差。但管道输水方式由于压力波传播速度高于明渠，水力响应特性较好，且占地少，易于管理。

1.12.3.1 明渠输水工程总体布置

明渠输水工程总体布置首先要拟定总干渠的线路，其次要拟定渠系建筑物的总体布置，最后是进行水头分配。

1. 总干渠线路的拟定

总干渠的线路布置需在总水头确定的前提下进行。渠首水位与渠末水位之间的连线大致可以视做总干渠的水面线。

总干渠定线时应遵循以下原则。

(1) 为了减少输水工程量，水面线应基本与地面一致，既可以使挖方与填方近于平衡，也可以减少与环境的相互影响。

(2) 线路应尽量避开城镇、村庄、重要的设施及占压良田。

(3) 线路应顺直。调水工程总干渠规模一般都比较大，选线时应尽量减少总干渠转弯的次数，必须转弯时，弯道半径不小于5倍水面宽。

(4) 线路应尽量避开不良地质区域，如软黏土、湿陷性黄土、膨胀土、沙土等不宜修建工程的地基，以及煤矿采空区、山体不稳定区、易产生泥石流等地质灾害的地区。

(5) 线路选择时，可适当兼顾渠系建筑物的选型和选址。一般建筑物的选型与选址应服从总干渠的布置。

选线时应根据不同工程的具体情况、总干渠通过不同地区的特点确定控制点。将总干渠分为若干段，针对不同渠段的特点，分清主次，确定各段渠道的具体线路。

控制点即总干渠必须经过的点，主要由地形、受水区分布等因素决定。

2. 渠系建筑物总体布置

输水渠道上的建筑物主要有跨越河流的河渠交叉建筑物、穿越交通线（铁路、公路）的路渠交叉建筑物、退水闸、分水闸、节制闸等。

(1) 河渠交叉建筑物。总干渠穿越河流时分立交和平交两种方式。立交：交叉点处总干渠与河道不在同一平面上，河水与渠水各行其路，相互不发生混合；平交：交叉点处总干渠与河道在同一平面上，河水与渠水发生混合。

(2) 路渠交叉建筑物。总干渠与公路的交叉是与当地居民关系最直接的建筑物，也是总干渠上数量最多的建筑物。路渠交叉建筑物一般为跨渠桥梁，包括公路桥和生产交通桥。由于桥墩对水流存在阻碍作用，以及桥梁使用中会对总干渠运行管理和水质造成不利影响，因此应严格控制跨渠桥梁的设置。

3. 水头分配

总干渠水头分配反映了渠道纵向布置的设计成果。在总水头一定的情况下，渠道分配多少水头，建筑物分配多少水头，渠道不同段分配多少水头，与地形地质条件、建筑物型式、占地拆迁量、料源分布等因素密切相关。由于建筑物单位长度的造价比渠道单位长度的造价要高得多，因此建筑物的纵比降应比渠道的陡。较陡的纵坡，过水断面小，相应建筑物的规模也较小。需要注意的是，对深挖方渠道，加大纵坡会导致挖深增加，工程量、施工难度、工程投资反而有可能增加。因此，渠道纵坡的确定需要进行水头分配的多方案比较，采用动态规划数学模型，将渠道、建筑物统在一起寻优，从中选择总体投资最小的方案。

1.12.3.2 管道输水工程总体布置

一般情况下，管道输水都是有压的，并需要间隔一定距离布设加压泵站。管道输水对地形的要求远比明渠低，而且可以埋于地下，占压耕地少，受外界影响小，水量损失率低，但管道投资大，运行费用高，检修困难。一般小规模调水工程，或者环境条件恶劣的调水工程可采用管道方式输水。

1. 线路总布置

管道线路仍应避开人口密集的地区，避开不良地质条件区域。管道埋于地下虽不占用地表面积，但管顶地表一定范围内的土地使用方式要受严格限制，这主要是出于检修和安全的考虑。

2. 管道压力线布置

管道的压力线是布置的核心内容。压力线坡度陡，管内流速大，所需管径小，但对管材的要求高，水头损失大，运行费用高。因此，应进行动态经济比较以确定管道的直径，从而确定管道的压力线。

1.12.4 跨流域调水的调度运行原则

跨流域调水的调度运行原则是规划工作的一项重要内容。应考虑调出区的用水要求和有关水文、气象条件以及输水工程类型和工程检修要求，论证并确定调引水的时间，明确外调水与当地水之间的配置关系，初步提出工程总体调度运行的原则。

跨流域调水的调度运行原则主要包括以下几个方面的内容。

(1) 根据来水情况、调入区用水需求、调蓄工程和输水工程规模、工程的任务等，制定包括不同保证率的水量分配计划、汛期防洪调度安排等调度运行计划。

(2) 研究调水工程与相关防洪、治涝、灌溉、航运部门的关系，提出满足各部门功能要求的工程调度运行的原则意见。

(3) 对寒冷区和严寒区应按冰期输水要求提出防治流冰、冰塞、决口等的运行方式，提出冰盖下输水的调度运行方式和工程措施。

1.12.5 跨流域调水对水源区的影响分析与补偿措施

调水工程实施后，将改变调出流域或地区的水文情势，并对与水相联系的各个方面产生影响，其中包括对已建工程和社会及生态环境的影响。对此，应进行必要的研究，内容包括以下几方面：对已建和在建水利水电工程效益损失的估量；对规划待建工程效益损失的估量；对调出流域或地区的农林用水、渔业用水、环境用水、河床演变以及大气环境地区性改变，特别是对调水工程下游可能形成脱水和严重缺水河段的生态环境影响等的估量和评价。根据以上结果，在工程布置中应充分考虑调水对水源区的影响，安排合适的补偿工程，并以此作为方案决策的依据。

1.12.5.1 调水工程影响分析

(1) 对水源区（取水口以上河段）的影响，主要包括因新建水库或加高已有水库大坝带来的移民搬迁的影响；对库区水土保持和环境保护的影响；对水库本身发电、航运、供水带来的影响等。

(2) 对取水口以下河段的影响，主要包括对下游已建枢纽发电、航运的影响；两岸工农业及生活用水的影响；河道内、外生态环境影响等。

(3) 对输水线路沿线区域的影响，主要包括输水渠道利用现有防洪排涝河道输水或与防洪排涝河道交叉带来的防洪影响；输水渠道施工对沿线交叉的公路、铁路、渠道、左（右）岸排水、环保、文物保护带来的影响等。

(4) 对受水区的影响，主要包括调水后新增用水的排污对受水区城镇设施、工业布局、农业用水、环境保护等方面带来的影响。

1.12.5.2 调水工程影响补偿措施安排原则

(1) 跨流域调水，应根据调出水量，分析对调出区已建、在建、拟建工程的发电、工农业及生活用水、航运、生态等造成的影响，并按恢复原有工程的功能和效益，拟定补偿处理工程设施的规模。应特别重视对水源区和水源区上下游河道的影响。

(2) 跨流域调水利用已有水库、河道等蓄水、输水的，应研究论证需增加的调节能力、输水能力，并将调水过程与设计洪水过程叠加，分析调水对已有工程防洪的影响，提出洪水期间停止调水或采取其他措施的调度运行方案。

1.12.6 跨流域调水规划应注意的事项

跨流域调水工程规划必须符合流域规划的安排，同时应以保证水源区各方面利益为前提，水源区利益受到调水影响的应提出合理补偿措施。在跨流域调水规划中应注意处理好以下事项。

(1) 水源区与受水区的利益协调。从水源区调水后，对水源区的生活、生态以及生产用水等造成一定的影响；受水区得到调水后，可改善当地缺水状况，效益显著。应认真研究跨流域调水工程建设对水源区造成的影响，采取必要措施，扩大有利影响，减少不利影响，使水源区与受水区经济社会共同可持续发展。

(2) 资源环境与经济社会发展协调。跨流域调水根本目的是改善和修复受水区的生态环境。同时，在保证水源区可持续发展的基础上，高度重视水源区的生态建设与环境保护。跨流域调水规划应处理好经济社会发展与自然生态保护、资源及环境承载能力的关系。

(3) 调水规模与水资源合理配置协调。在充分考虑节水、治污和挖潜的基础上，本着适度偏紧的原则，合理配置受水区的生活、生态以及生产用水。做好水源区与受水区的水资源供需平衡分析，使水资源得到高效利用和优化配置，科学合理地确定调水规模。

(4) 近期规划与远期发展协调。受水区的需水量增长是一个动态过程，节水、治污和配套工程建设将有一个实施过程，生态建设和环境保护也需要有一个观察和实践的过程。跨流域调水工程应统筹兼顾、全面规划，宜分期实施，正确处理好近期规划与远期发展的关系。

1.13 水土保持规划

水土保持规划主要包括以下内容：调查分析水土流失与水土保持现状，分析水土保持需求并拟定水土保持的目标任务与规模，划分水土保持分区，提出水土保持总体布局，对水土流失预防、治理、监督、监测做出规划，安排重点项目、提出水土保持规划实施的保障措施。水土保持专项规划可能还涉及水土保持管理、近期实施项目安排、实施效果分析等，这些内容一般分别在流域管理、近期工程和规划实施效果评价等章节反映，故在此不阐述，具体可参阅《水工设计手册》（第2版）第3卷。

1.13.1 水土流失与水土保持现状分析

水土流失与水土保持现状分析主要包括以下几方面内容。

(1) 流域自然和社会经济情况。

(2) 水土流失状况。包括水土流失类型、分布、数量、强度、危害、成因，不同时期水土流失面积、强度及动态变化情况，以及适宜治理的水土流失面积。

(3) 水土保持现状。包括说明预防保护、监督管理、生态修复、水土流失综合治理、监测预报与科研示范推广的开展情况，取得的主要经验与教训，存在的主要问题和原因。

1.13.2 水土保持目标、任务与规模

1.13.2.1 水土保持目标

在分析流域水土流失状况、流域经济社会发展、流域管理等的基础上，明确水土保持需求，提出水土保持近期规划目标与远期规划目标。近期规划目标包括以下内容：经济社会发展目标，主要指流域经济社会发展对土地、农林牧产品、农村基础设施等提出的需求中与水土保持相关的目标，如人均标准农田、人均林果牧产品量等；生态保护与建设目标，主要是流域经济社会发展对生态提出的需求中与水土保持相关的目标，如林草植被覆盖率、森林覆盖率等。近期目标应明确预防、治理（含生态修复）、监督、监测、科技支撑等项目的建设规模，提出土壤流失减少量、人为水土流失控制率、林草植被覆盖率等量化指标。远期规划目标可对上述近期规划目标内容进行展望或定性描述。

1.13.2.2 水土保持任务与规模

水土保持的任务与规模主要包括以下几个方面。

（1）预防。全面贯彻落实预防为主、保护优先的方针，对河源区、水源地、边远山区等区域的现有天然和人工水土保持设施实施预防工作，包括封山禁牧、封山育林、建设沼气池和节柴灶、以小水电代燃料、生态移民等配套措施。对饮用水源地应在预防保护的基础上，加大水土流失与面源污染治理，实施清洁型小流域治理。

（2）治理。根据流域水土流失状况和社会经济发展的要求，进行水土保持区划，分区实施水土保持综合治理，综合运用各种工程措施、植物措施以及耕作措施等，提出不同分区的治理模式，达到合理利用与保护水土资源、有效控制水土流失以及发展农村经济的目的。要适应全面建设小康社会、建设社会主义新农村的要求，不断拓宽水土保持工作领域，丰富水土保持生态建设内容，把产业开发、人居环境改善等统筹考虑，将水系、道路、农田、村庄、绿化美化、景观建设一并进行规划和整治，改善城乡人居生活环境。

（3）监督。在水土流失重点预防与治理区划分的基础上，提出容易造成水土流失地区、水土流失严重及生态脆弱区的划分原则，控制水土保持重点预防区、水土流失严重及生态脆弱区和滑坡泥石流易发区的生产建设活动，控制城镇化过程和农业开发中的生态破坏和水土流失，加强对现有植被和治理成果的保护，实现生产建设与保护水土资源、改善生态相协调。

（4）监测。做好水土保持监测包括动态监测、定位监测、监测公告、项目监测等，及时、准确地反映水土流失的动态变化，反映水土保持预防、治理、监督等方面的成效，反映经济社会发展、环境资源成本，为水土保持生态建设宏观决策提供科学依据。

（5）水土保持防治规模。根据水土保持的目标与任务，结合水土流失与水土保持现状分析，合理确定水土流失防治面积。

1.13.3 水土保持分区与总体布局

水土保持分区应在全国水土保持区划三级分区的基础上，根据流域的具体情况进行必要的再分区。如果全国水土保持区划三级分区能够满足流域规划要求，也可不再分区。

水土保持总体布局在上述分区基础上进行，主要是提出分区水土流失防治方向、途径和技术体系。

1.13.4 预防规划

预防规划主要针对生态脆弱区、水源涵养区和水源地保护地等水土流失重点预防区。主要内容包括以下几个方面。

（1）提出预防的原则与目标。

（2）确定预防的位置、范围与面积。

（3）提出实现预防采取的管理与技术性措施，包括相关的规章制度、管理机构、封禁管护、轮封轮牧、舍饲养畜、沼气池、节柴灶、生态移民等必要的治理措施。

（4）饮用水源地应采取清洁型小流域治理的模式，在预防的基础上，强化农村面源污染治理。

1.13.5 综合治理规划

综合治理规划应针对规划区适宜治理的水土流失面积，以江河流域为骨干、县为单位、小流域为单元进行，应根据规划范围内土地利用现状与土地资源评价，考虑农村基础设施建设、人口情况、农业生产水平、农牧业产业化、农村生活水平提高的需要，根据土地利用规划，研究确定农村农、林、牧、副、渔各业用地和其他用地的数量和位置，提出分区治理面积、典型治理模式和治理措施的总体配置等，主要内容如下。

（1）说明规划区内土地利用总体规划成果。

（2）根据土地利用规划，不同分区的水土流失情况，以及农村社会经济发展要求，因地制宜地配置治理措施，并突出各区的配置特点；每一个区分别挑选一两条有代表性的小流域作典型配置模式分析，并提出典型治理措施比配，推算各类型区的综合治理措施配置，汇总后得出规划区的治理措施量。

1）坡耕地治理规划，主要包括坡改梯及其坡面水系工程、退耕还林还草和保土耕作规划。

2）“四荒”地（荒山、荒坡、荒丘、荒滩）治理规划，主要包括造林、种草和封禁治理规划，对水土流失严重地区，采取工程措施与植物措施结合，进行综合治理。

3）沟壑治理规划，应根据“坡沟兼治”的原则，在搞好集水区水土保持规划的基础上进行从沟头到沟口、从支沟到干沟的全面治理规划；分别提出沟头防护工程、谷坊工程、淤地坝、治沟骨干工程、沟道整治工程、小水库（含堰塘）工程、崩岗治理和封沟造林（草）规划等。

4）风沙治理规划，应因地制宜地采取带、片、网相结合的防风固沙林草和沙障等植物措施以及工程措施、其他辅助措施。

5）小型蓄排引水工程规划，主要包括坡面小型蓄排工程，村旁、路旁、沟旁小型蓄水工程、引洪漫地工程规划等。

1.13.6 监督规划

（1）制定对开发建设项目和其他人为不合理活动实行监督管理，防止人为造成水土流失的目标。

（2）确定规划区当前重点实施监督的区域与项目的名称、位置、范围。

（3）提出实现监督管理目标应落实的技术性与政策性措施，包括针对监督区制定的相关规章制度，开发建设项目水土保持方案的编制、报批制度与“三同时”（同时设计、同时施工、同时投产）制度规定，对生产建设项目造成人为水土流失的监督与管理等措施。

1.13.7 监测规划

提出监测站点规划、定位监测规划、动态监测规划、水土保持工程建设项目监测规划等。主要内容包括以下几个方面。

（1）提出水土保持监测站点的总体布局、数量、监测站点性质等。

（2）说明现有监测站点的分布、数量，与全国监测网络的关系，说明建设项目开展水土保持监测的情况，说明拟新建的监测站点名称、布设、数量、监测设施与设备。

（3）明确监测内容、监测设施与监测方法。

（4）动态监测的时段、内容与要求。

（5）水土保持重点工程建设项目的监测时段、内容与要求。

1.13.8 重点项目布局

根据各分区水土流失特点及在生态建设中的重要程度，在水土流失重点预防区与重点治理区布局水土流失重点预防与治理项目。重点项目布局的主要内容包括以下方面。

（1）说明重点预防和治理项目所在水土流失重点预防区或治理区的情况，所在水土保持区划三级区或再分区后所在分区的基本技术要求，阐明在流域水土流失预防与综合治理中的地位与作用，分析确定重点项目建设任务、规模及布设方案。

（2）分别确定项目的类型、名称、位置、数量及分期实施进度。

1.13.9 实施保障措施

提出水土保持规划实施的保障措施，包括组织保障、技术保障和投入保障等。主要内容包括以下方面。

（1）组织保障措施。包括保障规划实施的相关政策、体制机制、机构、人员及经费等。

（2）技术保障措施。包括保障规划实施的相关技术标准、管理、监理、监测、技术培训、新技术研究及推广等。

（3）投入保障措施。包括保障规划实施的资金筹措、劳动力组织和进度控制等。

1.14 水资源保护规划

水资源保护规划是通过水污染调查评价与预测，制定保护水质、合理利用水资源的规划方案，提出污染防治、水生态保护与修复等措施，以指导近期、远期水资源保护工作。水资源保护规划应符合国家法律法规，贯彻执行经济社会发展、资源与环境保护的基本方针政策，与流域综合利用规划、经济社会发展等规划相协调，与水资源保护工作的进度及要求相适应。遵循可持续发展、水质水量和水生态并重、统筹兼顾与突出重点、具有前瞻性等原则。水资源保护规划水平年应与流域规划水平年一致，分近期水平年和远期水平年，以近期水平年为重点。规划的主要任务和内容包括以下方面：现状调查与评价，复核与调整水功能区划成果，拟定规划目标、确定总体布局；核算水域纳污能力，制定污染物限排总量方案；提出入河排污口布局与整治、水源涵养及水源地保护、面源控制与内源治理、地下水水资源保护、水资源保护监测与综合管理、水生态保护与修复等方案及措施。

1.14.1 现状调查与评价

1.14.1.1 现状调查

编制水资源保护规划需进行现状调查，收集规划范围内近期的自然环境、社会环境、水资源、水生态、水功能区及水污染和有关发展规划等基本资料，同时收集规划区内水资源保护监督管理的法规与制度、管理能力建设资料以及水资源保护监测等资料。

自然环境资料和环境监测资料为规划基准年或近三年内的资料，社会环境资料采用近期统计分析资料。检查基本资料是否满足规划任务要求，了解资料来源。基本资料应相互协调、基础一致，分析数据的合理性、规律性。若资料不能满足规划要求，要进行必要的补充调查和监测。

1.14.1.2 现状评价

现状评价包括水质现状评价、生态需水量满足程度评价、饮用水水源地水质评价、污染源及入河（库、湖）排污口评价、水生态状况评价、水资源保护监测及管理现状评价等。

1. 水质现状评价

（1）评价标准和方法。地表水水质现状评价标准及方法应符合《地表水环境质量标准》（GB 3838）和《地表水资源质量评价技术规程》（SL 395）的有关规定，按照河流和湖泊两种水体类型分别进行评价；地下水水质现状评价标准及方法应符合《地下水质量标准》（GB/T 14848）的要求。

（2）水库和湖泊营养状态评价。可分为河流型水库（或水域）和湖泊型水库（或水域）进行营养状态评价，湖泊可按不同类型进行营养状态评价。

（3）水功能区水质达标评价。对已有水功能区划的水域，分全年、汛期和非汛期进行水功能区水质达标评价。水功能区水质达标评价参照水功能区管理目标（水质目标或营养状态目标）评价。

（4）水质趋势分析。重点城市河段、主要边界河段、重要干支流河段和重要（湖、库）水源地，需利用近5～10年实测水质资料，采用季节性肯达尔法进行水质趋势分析。

2. 生态需水量满足程度评价

（1）生态基流满足程度评价。采用年内河道实测日均流量大于生态基流目标流量的天数比例表征。

（2）敏感生态需水满足程度评价。采用敏感期内实际流入生态敏感区的年均水量与生态需水目标水量之比值表征。

3. 饮用水水源地水质评价

（1）饮用水水源地水质安全评价。根据饮用水的功能特征，按照《地表水环境质量标准》（GB 3838）规定，将评价项目分为有毒类污染项目、一般污染项目、营养化状况三类指标，对应五类水体水质标准进行评价。

（2）饮用水水源地水量安全评价。分别对地表水、地下水饮用水水量安全进行评价。地表水饮用水水量安全评价指标包括工程供水能力和枯水年来水量保证率；地下水饮用水水量安全评价指标包括工程供水能力和地下水开采率。饮用水水源地水量安全评价分为合格和不合格两类。

4. 污染源评价

（1）点污染源评价。采用等标排放量及等标率对污染源排入水体（主要为河流局部河段或湖库局部水域）的污染负荷进行评价。明确重点控制的污染源、污染源控制的重点区域及重点行业。

（2）面污染源评价。主要分析面源污染的来源、污染物现状排放量、污染成因及发展趋势。

（3）水体内污染源评价。主要分析底泥污染释放、水产养殖和流动污染线源对水体水质造成的不利影响。

5. 入河（库、湖）排污口评价

采用等标排放量及等标率评价，评价指标采用《地表水环境质量标准》（GB 3838）Ⅲ类水标准。

6. 水生态状况评价

根据评价区域所在的水生态类型及其生态功能，识别主要生态保护对象及关键生态问题，分别针对河湖生态需水满足状况、水环境状况、河湖生境形态状况、水生生物存活状况以及水域景观维护状况等进行评价。

7. 水资源保护监测现状评价

水资源保护监测现状评价主要内容包括监测工作现状评价和监测管理现状评价。监测工作现状评价包括监测站网、监测能力、监测断面（点）、监测参数、监测频次、监测方法、监测成果等；监测管理现状评价包括监测站网管理体系、管理措施、管理成效等。

8. 水资源保护管理现状评价

水资源保护管理现状评价包括监督管理制度体系的现状及执行情况的评价和监督管理能力（人力、资金保障、监控中心体系建设等）的现状评价。

1.14.2 水功能区复核与划分

因经济社会发展、用水需求发生重大改变，或在水功能区管理工作中出现问题和矛盾，使得有些水域功能区划已不能完全满足当前水资源利用和保护的要求，需对水功能区进行复核和优化调整，依照相关规划提出局部调整建议。

1.14.2.1 水功能区复核

根据规划范围确定应进行复核水功能区划的水域。依据国家确定的重要河流湖泊水功能区划成果和跨省（自治区、直辖市）的其他江河、湖泊的水功能区划成果，以及各级地方人民政府批准的水功能区划成果进行复核，主要复核水功能区主导功能定位、水功能区名称、水功能区起止断面、水功能区长度，规划水平年水质管理目标、水质代表断面等是否合理，同时复核相邻水功能区之间的水质是否衔接。

1.14.2.2 水功能区调整与划分

水功能区调整的程序和方法应符合《水功能区划分标准》（GB/T 50594）的要求，并对规划范围内未划分水功能区的水域进行补充划分。水功能区一般包括保护区、缓冲区、开发利用区和保留区，调整的内容和方法有以下几个方面。

（1）保护区。若规划范围内有新增或调整为自然保护区涉及的水域，或有新增的集中供水水源地等水域，这些水域应新划为或调整为保护区。

（2）缓冲区。主要针对部分现状水质较差，且目前划分长度不能满足双方的水事纠纷的省际行政区边界水域，当规划水平年水质不能满足水质管理目标要求时，宜调整缓冲区长度。

（3）开发利用区。因经济社会发展，使得规划范围内原划为保留区域内的用水需求发生重大改变的水域，可调整为开发利用区。开发利用区内的二级区划分应考虑区内各水质目标的衔接。

（4）保留区。根据保护区、缓冲区和开发利用区的调整，相应地调整保留区的范围。

1.14.3 规划目标与总体布局

水资源保护规划应针对规划范围的特点与保护治理开发现状及存在问题，研究拟定规划范围的保护与治理的原则和任务，提出流域水资源保护治理开发目标和总体布局。

1.14.3.1 规划目标的拟定

流域水资源保护规划目标，按不同规划水平年，根据保护、治理任务的轻重缓急，结合考虑各方面条件，经分析论证拟定流域水质、水量、水生态目标。

（1）水质目标。对所有水功能区提出近期、远期水平年应达到的水质目标要求，对保护区、缓冲区和保留区，各规划水平年维持其水质类别不劣于现状水质，并控制污染物不超过现状排放量和入河量。

（2）水量目标。从规划范围内水资源量可持续利用角度，提出生活、生产、生态用水及水源涵养以及水源地保护等目标。

（3）水生态目标。规划范围内河流、湖泊应维持水生态环境良性循环发展状态，满足生态需水的要求，使河流、湖泊生态环境得到有效改善、恢复和保护。同时，明确天然生境保留、河湖连通性维护、生境形态维护与再造、生境条件调控等保护目标。

1.14.3.2 规划的总体布局

1. 原则和要求

按照水功能区划、水质现状及规划水域水质、水量、水生态目标以及经济发展水平，综合确定规划布局的原则和要求。结合各规划水平年，提出规划的时空布局和措施布局，并突出重点规划区域和重点措施。

2. 总体布局

干流和主要支流的上、中、下游各段，按拟定的水资源保护治理目标和任务进行措施总体布局，包括入河排污口布局、水源涵养与水源地保护、面源控制与内源治理、地下水水资源保护、水生态保护与修复等布局。通过方案比选，满足各部门、各地区的基本要求，推荐的方案应具有较大的经济社会与环境的综合效益。在此基础上，对各项任务的措施进行合理布局。

（1）入河排污口布局。结合河段区位功能、生态功能以及水功能区要求，按行政区域或水资源分区提出入河排污口布局的总体安排，对入河排污口整治措施及回用、入管网集中处理以及搬迁、归并、调整入河方式等进行布局。

（2）水源涵养与水源地保护。水源涵养主要是提出涵养林草植被类型的布局及保护要求。水源地保护主要是对区内隔离防护、污染综合整治和生态修复等工程措施进行合理布局。

（3）面源控制与内源治理。面源控制主要在规划范围内按照源头控制、传输阻断、汇集处理的思路对具体措施进行布局；内源治理应提出综合治理和工程示范措施，并进行合理布局。

（4）地下水水资源保护。对具有重要供水及生态保护意义的山丘区浅层地下水的水资源量保护、水质保护和治理修复、管理与监测措施等进行布局。深层承压地下水应严格控制开采。

（5）水生态保护与修复。根据规划区域的主要生态功能、关键水生态问题和主要生态胁迫因子，对生态需水保障、重要生境保护与修复等措施进行布局。

3. 重点区域措施布局

根据水功能区划、水域纳污能力和可持续发展的要求，针对重点规划区域，提出流域（区域）经济结构调整、产业布局优化以及城市（镇）发展规模及布局意见。

1.14.4 水资源保护措施规划

水资源保护措施规划的主要内容有地表水、地下水的水质和水量保护。宜先分析水域纳污能力，提出限制排污总量，在此基础上，针对入河（库、湖）排污口布局与整治，水源地保护，面源与内源控制，地下水水资源保护、监测与综合管理等提出水资源保护措施。

1.14.4.1　水域纳污能力与限制排污总量

1. 水域纳污能力核算

水域纳污能力的计算与核定以水功能区为单元，结合行政区，分河流（水域）统计纳污能力计算成果。

（1）计算项目。河流主要考虑化学需氧量和氨氮；湖泊和水库还要考虑总磷和总氮。如对水域有特殊要求，应根据实际情况计算特征污染物的纳污能力。

（2）计算方法。应符合《水域纳污能力计算规程》（GB/T 25173）的规定。对于北方冰封河流或者季节性河流可根据实际情况，选择不同水期（如丰水期、平水期、枯水期）或者其他保证率（如75%等）的水量条件作为设计水文条件。

2. 污染物入河量预测

（1）预测方法。现状污染物入河量预测方法可采用实测法、调查统计法或者估算法，具体方法应符合《水域纳污能力计算规程》（GB/T 25173）的规定；规划水平年污染物入河量的确定，应根据区域经济社会发展规划、水资源综合规划、水污染防治规划、节能减排规划等相关规划，预测各种途径的污染物排放状况，计算污染物入河量。

（2）预测步骤。通过排污口进入水域的污染物量，根据现状年污染物排放量与入河量之间的关系，推求规划水平年的污染物入河量；通过支流进入水域的污染物量，根据规划水平年支流的纳污状况及其降解作用，求出支流口的污染物浓度，再根据水量计算污染物入河量。计算排污口、支流口输出污染物量之和，即为规划水平年某水域的污染物入河量。

3. 污染物入河量控制方案

（1）入河控制量计算方法。对于现状水质达到管理目标的水功能区，以现状污染物入河量作为污染物入河控制量；现状污染物入河量超过水域纳污能力的水功能区，以水域纳污能力作为污染物入河控制量。

（2）入河量控制方案的拟定。依据现状水平年和规划水平年的污染物入河量和水域纳污能力，拟定污染物入河量控制方案；污染物入河控制量按水功能区和行政区分别列表统计。入河污染物削减量方案按水功能区和行政区分别统计，方案应与区域污染物减排目标相协调；提出污染源治理和控制、区域产业结构调整的意见和建议。

1.14.4.2　入河排污口布局与整治

1. 基本要求

入河排污口布局与整治，应按照水功能区纳污能力及入河控制量要求，结合相关规划，对限制设置水域和允许设置水域，提出排污口布局及整治的原则。

2. 入河排污口布局条件

（1）根据河段区位功能、生态功能以及水功能区要求，按行政区域或水资源分区，提出入河排污口布局的总体安排，以及新建、扩建排污口的原则与限制条件。

（2）根据重点地区或水域排污口基本特征，分析预测排污对环境敏感对象的影响，按照有关规定，提出入河排污口禁止设置水域、限制设置水域和允许设置水域。

3. 整治方案

对现有入河排污口提出优化整治方案，对位于禁止设置水域内的排污口，可采取污染源治理、截污改排、关闭或搬迁污染源等措施；对位于限制设置和允许设置水域内的排污口，以不新增入河污染物为控制目标，可采取产业结构调整、企业废水深度处理、入城镇污水管网集中处理、改道排放、截污后集中远距离输送、污水处理后回用、搬迁排污企业等综合治理措施。

1.14.4.3　水源涵养与水源地保护

1. 水源涵养

主要针对江河源头和以水源涵养为主要功能的保护区，提出涵养林保护及水土流失防治的要求及措施。根据江河源头水源涵养状况调查和评价，明确水源涵养的范围，提出涵养林草植被类型选择及保护要求和措施。在水土流失严重的大型湖库饮用水水源地源头区，提出水土流失综合治理和自然修复措施。

2. 水源地保护

重点是以饮用水为主的集中式供水水源地和调水水源地保护区水质保护。根据水源地现状水质水量调查评价，制定饮用水水源保护区划分方案，明确饮用水水源地保护区和准保护区范围。在水源地保护区内采取隔离防护、污染综合整治和生态修复等工程措施；在饮用水水源地准保护区，提出入河废污水达标排放及总量控制要求。

1.14.4.4　面源控制与内源治理

1. 面源控制

根据流域或区域农业面源污染和农村面源污染状况，分析进入水体的氮、磷负荷，重点提出农业生产中控制化肥、农药施用及流失的要求；从资源化利用的角度，提出农村生活污水和垃圾、畜禽粪便治理的要求；对城镇地表径流，提出截留降雨初期产生地表径流的控制要求。遵循清洁小流域的理念，从源头控制、传输阻断、汇集处理等方面，提出流域面源污染控制与治理的示范措施和技术要求。

2. 内源治理

针对流域或区域内河流湖库底泥污染、水体富营养化、水产不合理养殖、流动污染等，提出治理措施和要求。对内源污染治理难度大的区域，提出内源综合治理的示范措施和技术要求。

1.14.4.5 地下水水资源保护

1. 地下水功能区划

应根据水文地质条件、地下水水质状况、地下水补给和开采条件、区域生态与环境保护的目标要求，结合近期地下水开发利用状况及水资源综合规划，对地下水开发利用的需求以及生态环境保护与修复的要求，按两级划分地下水功能区。其中，一级功能区划分为开发区、保护区、保留区三类。在一级功能区框架内，划分八种二级功能区，其中，开发区划分为集中式供水水源区和分散式开发利用区两种二级功能区；保护区划分为生态脆弱区、地质灾害易发区和地下水水源涵养区三种二级功能区；保留区划分为不宜开采区、储备区和应急水源区三种二级功能区。

2. 地下水水资源保护措施

(1) 地下水水资源量、水质保护。主要以地下水功能区为单元，制定分区分类保护与修复规划方案，并提出水资源量保护、水质保护和治理修复、管理与监测措施等保护措施。

(2) 对地下水超采的区域，采用节约用水、水资源合理配置和联合调度等措施，逐步压缩地下水开采量，实现地下水的补排平衡，修复与保护地下水。

(3) 对地下水遭到污染的区域，采取控制污染源、加强保护与治理修复等措施，根据水质状况和用水户的使用要求，合理安排开发利用。

1.14.4.6 水资源保护监测与综合管理

水资源保护监测与综合管理包括水质、水量和水生态的监测与综合管理。

1. 水资源保护监测

水资源保护监测应遵循“服务于管理”的原则，尽量利用现有监测站点，监测对象应覆盖水资源的各相关要素，监测参数完整，监测频次合理，监测方法应采用国家或行业标准方法。

水资源保护监测应根据《水环境监测规范》(SL 219)、《地下水环境监测技术规范》(HJ/T 164)、《淡水生物资源调查技术规范》(DB43/T 432) 等相关监测技术规范要求确定监测的内容。主要包括水质、水量、水生态等水资源各相关要素，并分别明确水功能区监测、入河排污口监测、水生态调查与监测、地下水监测等内容。监测项目的实施，应明确水资源保护监测的实施主体、工作内容和技术要求。监测能力建设，应结合规划区域的监测工作需求和监测能力现状合理制定。

2. 水资源保护综合管理

(1) 法规与制度建设。包括水资源保护法规体系建设、制度建设、技术标准体系建设等。

(2) 监督管理体制与机制。包括完善监督管理体制、机制、有关政策、水功能区管理、入河排污口管理、突发水污染事件应急管理、生态补偿机制、协调协商协作机制等。

(3) 监测和应急能力建设。包括水功能区监测、入河排污口监测、水生态监测、突发水污染事件应急监测能力建设等。

(4) 科学研究与技术推广应用。包括重点研究领域、重大战略与重要技术理论研究和技术推广应用等。

(5) 监督管理能力建设。包括管理机构建设、队伍建设、设施与装备建设、监督执法能力建设等。

1.14.5 水生态保护与修复规划

1.14.5.1 水生态功能分区

水生态功能分区是对水生态系统服务功能进行划分，进而从功能角度进行流域划分与管理。水生态功能分区，应明确水生态功能区的主导生态系统服务功能，以及生态环境保护的目标，划定对流域生态系统健康起关键作用的重要生态功能区域。

水生态功能区划的方法可按以下步骤进行。

1. 现状调查与变化趋势分析

(1) 基于流域分析，界定流域各子流域的边界与级别。

(2) 基于流域水生态过程分析，评估流域水生态健康问题，识别流域水生态过程的驱动因子。

(3) 基于流域水生态服务功能分析，辨析并明确流域水生态自然系统与人类社会的需求功能。

2. 水生态功能分区指标体系

水生态系统按生态功能可分为水源涵养、物种多样性保护、水域景观维护、河湖生境形态修复、地表水供水保障、拦沙保土和地下水保护等七大类。

水生态功能分区的指标体系要求能够反映出河流生态系统的真正特性，需要对河流生态系统的层次结构与影响因素进行分析，从而选取不同尺度的因子，组成水生态功能分区不同等级的指标体系。

3. 水生态功能分区

结合流域分析，界定流域水生态功能分区边界；根据分区标准整合水生态环境系统在区域和地带等不同尺度上的空间分异特征，由地理信息系统实现分区。

4. 水生态系统管理目标

在上述工作基础上，经示范案例进行反馈与适应性调整分析，提出流域水生态功能分区的水生态系统管理目标，以期恢复流域持续性水生态健康，并在分区单元内达到人类社会综合效益的最大化与可持续发展。

对于规划范围内已划分水生态功能分区的水域，可参照上述原则和方法进行复核，提出优化或调整建议。

1.14.5.2 水生态保护措施

1. 生态需水与保障

(1) 生态需水。结合流域水资源配置现状、流域水生态环境现状、规划目标与功能定位，分析河道内生态环境基本需水量、生态环境汛期需水量，提出流域水资源可利用量及水资源可利用率控制要求、规划范围内主要生态需水对象、河道内生态基流及敏感生态需水目标要求以及重要湖泊湿地适宜的生态水位要求。一般应针对规划河段的重要控制断面提出生态基流目标要求，针对规划范围内的生态敏感区及其敏感期提出敏感生态需水目标要求。

(2) 生态需水保障方案。按照生态需求要求，针对水生态现状，提出生态基流保障、敏感生态需水保障方案和措施，主要包括生态调（补）水措施、生态调度措施等。

1) 生态调（补）水措施。通过水资源的科学合理调配和加强管理，以及适当增加关键区域科学用水比例等措施，逐步恢复原有的水域生境：对生态环境破坏严重的支流提出生态调度方案；对水污染严重或生态缺水的湖泊湿地，提出生态调（补）水方案；对重大水利水电工程，提出相应的下泄水量，并制定重大水利水电工程生态环境需水保障措施；对重要支流生态环境需水量提出管理建议。

2) 生态调度措施。对水资源开发利用程度较高的区域，可通过制定水利工程生态调度方案，控制水质、水量和水文过程，营造接近自然的水文情势和生境通道，减轻和舒缓水资源开发利用对水生态的不利影响，促进水生态系统的自我恢复。

2. 生境保护

(1) 生境保护控制指标。为达到规划目标，根据水生态系统保护内在需求，从维护水生态完整性、生态系统良性发展的角度，提出规划区内生境保护的控制性指标，包括生境的连续性、交替性、多样性和重要生境的连续长度、范围、比例及敏感生态需水的水量、水位、水文过程以及水质指标［参照《渔业水质标准》(GB 11607)］等。

(2) 开发规模与条件限制。结合规划目标，在水生态功能分区基础上，提出规划区域内总的水生境可承受的水土资源开发限制规模。针对不同水生态功能区的生境现状和规划目标，分别划定水生境保护方案，确定适度开发、限制开发和禁止开发区域，提出禁止或限制开发的条件，分解、细化水土资源开发限制规模。

3. 生态修复

对水生态功能退化显著的重点区域，提出生态恢复措施，重点对河流源头、河流附属湖泊、重要支流汇水区、河口等进行生境修复，包括植被修复、栖息地恢复、生境人工模拟、生境连通与生态通道构建等。

(1) 植被修复。通过退田还林、还湖、还泽（沼泽)、还滩、还草及水土保持等措施，改善河流及湖泊周边地区的植被状况和生态条件，逐步恢复原有水域、湿地生境，以改善区域水生态环境状况。

(2) 栖息地恢复。对于重要湿地、珍稀水生动物集中分布区、涉水自然保护区和生物多样性丰富地区等，通过对已退化栖息地进行改良、水体修复，使其生境条件逐渐改善并恢复到接近自然的状态。

(3) 生境人工模拟。对水生生物和鱼类以及珍稀水生动物的栖息地、繁殖场、索饵场、越冬场及洄游通道等重要生境进行人工模拟和改造，构建与自然生境相似的水文和底质条件，促进物种资源的恢复与增殖，如人工越冬场、产卵场的建设等。

(4) 生境连通与生态通道构建，对已实施人工控制的重要江河、湖泊生境以及历史上自然连通的鱼类洄游通道和水生动物活动通道，构建生态通道，重建连通生境，加强江湖水网联系。

4. 水生生物保护

(1) 种群保护。①针对珍稀濒危生物物种或重要的受损鱼类资源，采取人工增殖放流措施，合理确定增殖放流对象、规模、时段、区域等，促进和加速资源天然恢复过程；②实施禁渔、休渔制度，在鱼类产卵、繁殖的特定水域和时期设立禁渔区、禁渔期或休渔期，保护水生生物资源的天然增殖；③加强渔业管理，实施捕捞许可制度，严格控制捕捞规格和捕捞规模，严厉打击酷渔滥捕和非法捕捞。

(2) 个体保护。①对珍稀物种建立救护快速反应体系，对误捕、受伤、搁浅、罚没的水生野生动物及时进行救治、暂养和放生；②对土著物种，在修复栖息地的同时，积极引种防止退化，恢复河流生态多样性；③对具有重要遗传育种价值或特殊生态保护和科研价值的水产种质资源设立水产种质资源保护区，以储备物种、保护生物多样性；④合理规划野生动物繁育中心与濒危水生生物驯养繁殖基地，实施专项物种拯救工程。

5. 外来物种入侵防治

建立外来物种监控和预警机制，构建生态安全风险评价制度和鉴定检疫控制体系，对水生动植物外来物种进行管理。在重点地区和重点水域建设外来物种监控中心和监控点，防范外来物种对水域生态造成的危害。对已发生的外来物种入侵，研究提出针对性的治理方案。

6. 生态敏感区建设

(1) 水生态敏感区。对鱼类及其他水生动物重要的栖息地、繁殖场、索饵场、越冬场、洄游通道及重要湿地、重要涉水景观或风景名胜区、涉水自然保护区、水产种质资源保护区，应加强建设与管理；对已建立的水生态敏感区进行复核，针对现状存在的问题提出建设与管理方案；对规划范围内其他区域提出水生态敏感区建设方案的建议。水生态敏感区的建设方案的内容包括对排污口、居民点、工业排污设施等进行搬迁，生产经营活动、旅游活动等的管理与治理，管理机构和能力建设等。

(2) 重要涉水景观或风景名胜区。对规划范围内稀有的、独特的以及具有重要美学价值的涉水景观（国家级风景名胜区、世界遗产水景观），提出划定保护范围的建议和水景观水量、水质的保障措施，以及污染治理措施和生态修复措施；对其他不同类型的涉水景观，根据其特点提出水土保持措施、需水保障措施、生态修复措施、景观美化措施等。

(3) 水生态保护示范工程。包括水生态保护立法建设、涉水保护区建设、水生态保护与修复工程、水生态监测网络建设、水生态保护宣传教育等。

7. 监控与管理

(1) 水生态保护监测。主要用于跟踪和检测规划方案的具体实施效果，可根据规划目标和主要规划方案，制定具体监测内容，包括水生生境、水生生物与渔业资源、珍稀濒危物种、敏感区、水生态环境综合分析评价等项指标。

(2) 监测能力建设。根据各监测机构承担的工作任务及其监测能力现状，确定建设标准和建设内容，保证规划区域水资源保护监测工作需求。建设内容包括监测站网建设、实验室建设（或改造）、仪器设备建设、自动监测站建设、信息化建设、人员队伍建设等。

(3) 综合管理建设。根据规划实施的需要，提出水生态保护法规与制度建设、监督管理体制与机制建设、科学研究与技术推广应用、监督管理能力建设等内容。

1.15 河流梯级开发规划

河流梯级开发规划，是根据综合规划对河流开发利用的要求，结合河流自身特点及存在的问题，在满足水生态与环境保护要求的前提下，对流域干流及主要支流的开发方案进行规划。规划主要包括以下内容：根据开发利用要求、河流水资源条件、地形地质条件等，拟定河流开发任务、梯级开发方案与各梯级开发任务，并提出重要枢纽工程规划。

1.15.1 河流开发任务拟定

在确定河流开发任务时，应在分析总体规划对河流任务要求的基础上，提出治理开发任务。对于较大的河流，由于流经区域的条件不同，任务各有侧重，通常按上、中、下游分河段提出任务。在安排河流治理开发与保护任务时，应优先安排解决民生问题的任务，例如，在总体布局中，当在本河段附近具有重要的灌溉供水对象，而本河段又有布置调节性水库或适宜的引水条件时，应将灌溉供水任务放在重要位置。

1.15.2 河流梯级开发方案与各梯级开发任务拟定

1.15.2.1 河流梯级开发方案拟定

河流梯级开发方案拟定，一是河流梯级布局（选择代表坝址），二是合理确定河流各梯级正常蓄水位。

在布置梯级前，应收集1：50000或1：10000地形图，有条件时，可实测河流纵剖面图，根据地形图或剖面图，按现场查勘获得的地形地质资料，在总体规划中安排的开发利用区进行梯级布局。规划阶段在规划保留区一般不布置梯级，或布置梯级后说明需要进一步论证的内容。

在梯级布局中，首先安排控制性枢纽工程。控制性枢纽工程，一般是解决本流域主要水问题的关键工程。例如，长江干流三峡工程是解决长江中下游防洪问题的关键工程；黄河小浪底是解决黄河中下游调水调沙的关键工程。其次，根据地形地质条件和淹没情况，布置重要枢纽工程。第三，根据实际情况，安排其他梯级工程，梯级工程布局应有利于实现河流综合开发任务。

在拟定通航河流上梯级正常蓄水位时，应根据航道规划确定的通航等级，满足有关规范规定的通航水深要求，并适当安排上下游梯级的水位衔接，处理好上下游水力发电的关系。一般以上游梯级全部机组1/3引用流量相应的下游天然水位作为下游梯级与上游梯级衔接最低水位。当通航要求较高时，在设计阶段处理好上下游梯级关系后，可适当抬高衔接水位。

在无通航要求的河流上，各梯级的正常蓄水位，应根据地形地质条件、水库淹没情况、生态与环境影响等合理确定。

对于防洪水库，还应通过调节计算，确定防洪限制水位。对其他有调节能力的水库，还应初拟水库死水位。

1.15.2.2 河流各梯级开发任务拟定

河流各梯级开发任务，应根据梯级所在河段的开发任务确定。综合利用的梯级枢纽工程，应分析综合规划中各专业规划对本梯级的开发利用要求和本梯级的能力（如水库的调节能力、控制的水资源量、装机容量等），进行开发任务排序。

1.15.2.3 河流梯级开发方案比选

河流梯级开发方案比选，一般应根据综合利用要求，拟定多组梯级开发方案后进行综合比较，选择代表开发方案。

河流梯级开发方案比选，一般应从以下几个方面着手。

（1）水库淹没影响。应分析开发方案单个水库影响及全部水库的累积影响。有时单个水库如果影响太大，可能会造成该水库方案难以实施，而使整个梯级开发方案不能成立。全部水库的累积影响太大也不能作为推荐方案。在判断影响大小时，应重点分析对少数民族区域淹没和特有民族文化的影响，分析当地或异地移民条件等。

（2）对水生态环境的影响。应分析本河流是否有特有珍稀鱼类保护和敏感的生态问题，应选择能调节改善水生态环境的方案。

（3）综合利用效益。应优先解决防洪、供水、灌溉和航运等水资源利用问题。对有防洪要求的河流，应选择防洪效益大的方案。对有供水和灌溉要求的河流，应选择解决供水和灌溉问题较好的方案。

（4）经济分析。在规划阶段的梯级开发方案比选，经济指标可采用功能等效费用现值最小法进行分析。

（5）综合分析比选。一般而言，应先对上述（1）～（3）项进行分析比较，优先选择不利影响较小、综合利用效益较好的方案。当对（1）～（3）项分析后，各方案无太大差别时，则主要考虑各方案的经济指标，按费用现值最小选择经济指标较优的方案。

1.15.3 河流梯级开发方案和生态与环境保护

为保护下游的生态与环境，在规划阶段，河流梯级开发方案至少应明确各梯级泄放的生态基流。对在水资源综合规划中已有明确规定的河段，可以直接采用其规定的生态基流；对于没有规定的河段，可通过计算确定。在全国水资源综合规划中，生态基流采用河流多年平均流量的某一个百分数（如10%）计算，或根据多年水文径流资料，采用某一种保证率（如90%或95%）相应的最枯月河流平均流量计算。

1.15.4 重要枢纽工程的规划内容

梯级开发代表方案初拟后，应对开发方案中的重要枢纽工程进行必要的规划设计工作。重要枢纽工程包括控制性的综合利用工程、拟推荐的近期工程和其他重要的枢纽工程，应初步评价这些工程的经济可行性和技术可行性。规划阶段枢纽工程规划的主要内容包括以下方面。

（1）根据总体规划提出的要求明确其治理开发任务。

（2）复核实测水文资料的可靠性、合理性；统计分析坝址的径流系列和特征值；复核历史洪水调查资料，统计分析洪水特征值和设计洪水；统计分析泥沙系列及其特征值。

（3）推算坝（厂）址天然情况下的水位流量关系曲线。当缺乏观测资料时，应进行必要的水文观测工作。

（4）按其规划任务，结合工程的具体条件，通过洪水和径流调节计算，拟定所需设置的防洪库容和兴利库容，初步确定其综合利用基本规模及主要特征参数。

（5）按其规模和重要性，确定工程的等别及各种建筑物的级别，并根据工程的水文、泥沙、地形、地质条件，考虑施工、运行、管理等方面的基本要求，初拟枢纽布置方案和水工建筑物型式，初拟各主要建筑物的位置、建筑型式和轮廓尺寸，初拟施工规划，匡算工程量和工程投资。

（6）对拟在近期兴建的重要枢纽，应初步调查主要淹没实物指标、搬迁人口和设施数量，初步分析安置区的环境容量，提出移民安置意见和淹没补偿投资。

（7）进行国民经济评价。

1.16 流域管理规划

流域管理规划是具体制定实施《中华人民共和国水法》规定的流域管理与行政区域管理相结合的水资源管理体制的措施方案。要针对流域的特点和存在的主要管理问题，按照统一管理与分级管理相结合的原则，规定流域内各项水资源管理的工作体制和运行机制，并在法律法规框架下制定相应的制度和条例。流域管理规划是流域管理的基本依据和落实流域规划的基本保障，其主要任务有三项，即管理体制建设规划、运行机制建设规划及制度体系建设规划。

1.16.1 流域管理体制建设规划

流域管理体制建设规划是在流域管理现状调查分析的基础上，系统梳理水利、国土、环境保护、林业、农业、交通等部门涉水管理的职能和作用，分析各管理部门现行的涉水管理体制、管理政策和管理机制，规划协调各部门涉水事务管理的事权划分与责任单位，提出协调可行的统一与分级结合的流域管理模式、流域管理机构及其职能职责的原则意见。管理体制建设规划对流域管理行为主体及责权关系的原则安排，是实施流域管理规划的基础。

流域管理体制建设规划主要包括以下工作内容。

(1) 收集流域水利建设及水资源管理的历史档案及文献资料，分析流域管理的历史沿革；整理流域现行水资源规划、开发、管理与保护的相关制度，摸清流域涉水管理的机构设置、相互关系、工作状况及存在问题，对流域管理现状进行评价。

(2) 结合现状管理中存在的问题，研究提出流域管理与区域管理相结合的流域管理体制总体设计及其实施的阶段划分；根据现行法律、行政法规和国务院授予的水资源管理和监督职责，明确流域管理中涉水事务的范围和职权划分，包括防洪、水资源保护、取水、供水、用水、节水、排水、污水处理中涉及的水量、水质、水域、水能、水生态等方面的内容。

(3) 根据流域管理范围和具体内容，研究提出协调可行的、统一与分级结合的流域管理模式，提出设立流域管理（或协调）委员会和流域管理执行机构的意见。

(4) 研究提出流域管理机构的主要职责。一般情况下，流域管理机构是代表国家和公众执行流域水资源的统一管理，负责协调监督落实流域水量分配方案和取水总量控制目标，代表公共利益确保节水、生态用水和生态保护目标的实现。同时行使流域综合治理和监督职能，对区域内的所有水事活动实施规范有序的管理。

(5) 提出流域管理行政执法与监督工作体制的规划意见。按照管理机构特点和管理体制的要求，针对执法与监督工作的岗位职责、业务与责任划分、执法依据、工作流程、队伍与装备建设、信息公开、监督管理等方面的工作，提出建设规划，确保流域管理工作的顺利实施。

此外，管理体制建设规划可根据各流域的不同情况，提出建立相应管理体制的规划补充意见。

1.16.2 流域管理运行机制建设规划

流域管理运行机制建设规划是在流域管理体制的框架下，提出流域管理机构在实施管理中职能发挥、政策执行、自身完善及信息交流的方式与规则，主要包括涉水事务行政审批的流程、协商听证的途径，水资源开发利用执法监督、调度计量及经济调节的措施，水事纠纷的处理和协商协作，水利投资的筹措与使用规范，管理机构能力提高及信息化建设的规划等。运行机制建设规划对流域管理机构及制度的内在联系、运行方式及具体措施的安排，是实施流域管理规划的主要途径。

流域管理运行机制建设规划主要包括以下工作内容。

(1) 提出流域管理运行机制建设的总体意见。按照确定的流域管理体制及相应的运行机制建设指导思想和原则，研究提出流域管理与区域管理相结合的流域水资源管理决策机制，提出由流域水行政主管部门、地方人民政府及环境保护、林业、交通等相关部门组成的流域管理（协调）委员会，协商决策流域管理重大事项的决策机制，以及流域管理的公众参与和监督机制。

(2) 提出流域管理用水总量控制的行政管理机制的规划意见。一般情况下，流域的取水总量（含地表水和地下水）要在上一级规划确定的框架下，由流域管理机构会商流域内各行政区域的水行政主管部门分级划定，作为流域和区域取水许可颁发的控制边界。

(3) 提出流域管理水量计量与监测的行政管理机制的规划意见。提出完善流域水资源监测网络的建议，一般情况下包括地表水及地下水监测站网的布置区域、监测断面、监测内容和监测时间，增设和完善重点监测站点的规划布局与时间安排，监测成果的确认、备案及发布机制等。

(4) 提出流域水资源统一调度的行政管理机制的规划意见。在流域水量分配方案和总量控制的基础上，研究提出流域主要河流断面水量和地下水位的生态目标及过程控制指标，提出编制流域干流和主要支流的长期、中期、短期用水计划和调度方案及应急调度预案的指导意见，提出编制地下水禁采、限采、控采区域管理及控采量时空分布方案的指导意见。妥善处理水资源调度方案中的供水优先次序，首先保证生活用水、基本生态用水和基本生产用水，妥善处理发电和供水的水资源调度关系。

(5) 提出流域治理开发与保护和可持续管理的资金筹措与使用机制的规划意见。按照责、权、利匹配的原则，研究提出资金投入的机制与可能方式，提出工程运行维护的资金来源与使用的机制及可能方案，投资与受益结合，污染与惩罚挂钩。提出建立合理的水价形成机制所需考虑的因素与建议，在核定流域内各行业及城乡基本水价合理性的基础上，提出流域水价体系改革的建议，包括定额内基本水价、超定额累进加价、阶梯水价、丰枯水价、终端水价等实施方案建议。

（6）提出流域管理公众参与机制的建设意见。定期进行流域管理效果评价，并公布评价结果，包括水资源分析评价、开发利用评价、生态环境监测与评价等；实时公布流域重大建设规划及其他重大事项，促进社会公众参与流域管理，增加决策的透明度。提出加强节水宣传教育、转变社会用水观念、提高公众节水意识的可行措施与工作安排。

1.16.3 流域管理制度体系建设规划

流域管理制度体系建设规划是将流域管理建设的目标、任务及措施等依据合法的程序，通过法律、法规、规章、条例等形式予以明文规定、确立和公示，并针对流域管理实践中存在的问题不断完善，形成一系列适合流域实际情况的流域管理规定，从而对流域多项水事活动实施管理。制度体系建设规划是实施流域管理规划的保障，也是规范公众流域水事活动的基本准则和公众监督流域管理实施的依据。

流域管理制度体系建设规划主要包括以下工作内容。

（1）提出流域管理制度体系建设的总体意见，系统梳理流域管理相关机构的责任、权利、义务、行为规范和工作流程中所需做出明确的规定和所需依靠的法律保障，研究提出流域管理需指定的法律法规、规章制度和管理条例，以及这些制度体系建设的时间安排。流域管理制度建设一是在现有法律法规框架下，提出流域管理机构依法行使其管理职责所需要构建的管理办法的建议；二是针对流域管理存在的突出问题，提出需要构建、修改和完善的法律法规和条例等管理制度的建议，并提出其申请立法、申报审批和协调协商的实施计划。

（2）在国家现行法律法规体系的基础上，依照国家已有的涉水事务的法律，针对流域管理现状和特点，以提高流域管理效率和管理能力为目标，细化流域管理所需的水行政管理办法，提出如用水总量、用水效率和河流纳污控制等的实施办法及水量分配方案、地下水控采方案、打井取水审批办法、鼓励节约用水的奖励办法等一批管理制度的建议，在现行法律法规框架下，不断规范和细化流域管理制度，奠定流域可持续管理的行动指南。

（3）针对流域管理一般问题和特殊问题，提出制定流域管理条例的建议，提出制定条例的目标、指导思想和原则，提出申请立法、申报审批和协调协商的实施计划。流域管理条例要紧紧围绕最严格的水资源管理制度，以水资源可持续管理支撑流域可持续发展，以水资源管理为核心综合考虑流域管理的其他方面，统筹考虑，周密安排。

（4）提出建立流域水量分配和水权管理的制度建议。根据流域水资源配置及规划情况，在民主协商、行政协调的基础上，制定及完善从流域到区域层面的初始水权方案（包括水量分配、监测计量和法律法规），明确各区域用水总量控制指标，并报上级人民政府及水行政主管部门批准。在流域初始水权方案的基础上，提出水权实时管理的方式与措施。

（5）提出建立流域用水效率管理的制度建议。在最严格的水资源管理制度框架下，流域管理机构应在总量控制的基础上，建立流域主要经济社会活动的用水效率评价指标体系，动态调查、评估和公布用水产品生产过程的用水定额，制定淘汰用水效率过低的生产工艺和行业标准，由流域内各地区人民政府负责监督和实施。

（6）提出建立水资源有偿使用及水价形成的制度建议。建立包括水价调整、水资源费收取和水权交易等方面的有偿用水制度，制定相应的管理办法和调整机制，运用价格杠杆调节水资源需求，促进节约用水和水资源效率的提高。

（7）提出建立水资源保护与节水减排的制度建议。在明确流域各功能区水资源保护目标，核定水域纳污总量的基础上，制定分阶段河流纳污控制方案，依法提出限排意见，在保证各功能区水质达标的基础上，确保饮用水源区水质全面达标。为配合水功能区达标的总体要求，要完善入河排污口监督管理办法，提出加强对入河排污口的监督管理的措施，包括对已设排污口进行普查和登记，落实相关监督检查措施，加大执法检查力度等。

1.17 环境影响评价

流域规划环境影响评价依据国家环境保护法律法规、地方规范性文件、技术规范与标准等，应遵循早期介入原则、一致性原则和整体性原则。评价范围包括规划范围和可能影响涉及的其他范围，评价具有明显区域性差异时，宜分区进行评价。评价时段依据规划影响性质和影响特点，结合规划方案的规划水平年确定。评价水平年可分为近期水平年和远期水平年，以近期水平年为主。流域规划环境影响评价主要内容包括环境现状调查与评价、流域规划分析、环境影响分析、预测与评价以及环境保护对策措施等。

1.17.1 环境现状调查与评价

通过环境调查，掌握评价范围内主要资源的利用状况，评价生态与环境质量的总体水平和变化趋势，辨析制约规划实施的主要资源和环境要素。

环境现状调查应遵循以点带面、点面结合、突出重点的原则，针对规划的环境影响特点和环境目标要求，确定调查的具体内容、参数，并对环境敏感区进行重点调查。

1.17.1.1 调查内容

(1) 自然环境调查。包括地质、地形地貌、气候与气象、水文、水环境，陆生生态、水生生态等。

(2) 社会环境调查。包括人口、经济、人群健康、景观、文物及民族与宗教等。

(3) 环境敏感区调查。包括需特殊保护地区、生态敏感与脆弱区、社会关注区等。

1.17.1.2 现状分析与评价

(1) 资源利用现状评价。简述水资源、土地资源等资源的利用率，宏观判断其合理性。

(2) 环境现状评价。重点评价水环境和生态环境质量。

(3) 环境发展趋势分析与评价。重点分析规划实施后水环境和生态环境的变化趋势。

1.17.2 流域规划分析

1.17.2.1 规划协调性分析

(1) 与上层规划的协调性分析。从规划目标、任务、布局等方面分析与上层规划的一致性。

(2) 与区域规划的协调性分析。分析本规划与同一层次的区域经济社会发展规划、资源开发利用规划、生态保护规划、环境保护规划及其他相关规划在资源利用、环境目标等方面的协调性。

(3) 与相关专业规划的协调性分析。分析规划与水功能区划、生态功能区划、水土保持区划等相关功能区划的协调性。重点分析与自然保护区和风景名胜区等法律法规明确保护的敏感区的协调性，指出规划可能存在的环境敏感制约因素。

1.17.2.2 规划不确定性分析

(1) 规划方案的不确定性。重点分析具体规划方案中由于内容不深入、不全面和不明确等问题而引起的规划实施中规划目标、布局、规模及时序等方面可能的变化情况。

(2) 资源条件的不确定性。重点分析规划实施所依托的水资源条件、土地资源条件以及水环境变化的不确定性。

1.17.2.3 制约因素分析

(1) 法律法规制约。重点分析自然保护区管理条例等生态敏感区管理法规对拟实施规划的制约。

(2) 规划制约。重点分析上层规划和水功能区划等对拟实施规划的制约。

1.17.3 环境保护目标与评价指标

1.17.3.1 环境保护目标

遵照有关环境保护法规、政策和标准以及流域、区域与行业环境保护要求，按照流域水资源开发利用、生态功能和环境保护等规划确定的目标，拟定流域规划应满足的环境目标，并作为规划环境影响评价的依据。

环境保护目标，可分解为以下具体目标：流域或规划区域水资源合理开发与可持续利用，土地资源的开发利用与保护，水环境质量改善与水功能区水质目标要求，生态功能和生物多样性保护，社会经济可持续发展、人群健康、民族文化保护等。

1.17.3.2 评价指标

评价指标应依据国家环境保护战略、政策和要求及流域综合规划和专业规划特点，针对相关环境要素和主要环境影响的特征选取和确定。评价指标体系应概念明确，易于统计、比较和量化。

流域综合规划和专业规划的环境目标及相应的评价指标如图1.17-1所示。

图1.17-1中对有关指标有如下定义。

(1) 生态基流。指防止河道断流，避免河流水生生物群落遭受到无法恢复破坏的河道内最小流量。

(2) 敏感生态需水量。指维持河道内生态敏感区在敏感期内正常生态功能，或某些生物生存于繁殖敏感期的生态需水量。

(3) 湖库富营养化指数。指湖泊、水库水体中营养盐类和有机质大量积累，引起藻类和其他浮游生物异常增殖，导致水质恶化、景观破坏的程度。

(4) 下泄水温恢复程度。指规划实施后，大型水温分层型水库或梯级开发水库逐月下泄水流的水温恢复到天然水温，特别是鱼类繁殖和农作物生长要求的水温及其范围。

(5) 河流连通性。包括河流的纵向连通性、横向连通性、垂向透水性。纵向连通性指在河流系统内生态元素在空间结构上的纵向联系程度；横向连通性指河流与侧向水体的连通程度，以具有连通性的水面与总水面的比值表示；垂向透水性指河流地表水与地下水的连通程度。

(6) 鱼类物种多样性指数。指规划流域鱼类物种

图 1.17-1 环境目标及评价指标

的种类及组成状况，反映鱼类的丰富程度。

1.17.4 环境影响分析、预测与评价

按照规划方案布局、规模、实施时序、近期开发治理工程等方面的要求，考虑工程的群体性和关联性特点，分析确定规划的环境影响评价指标体系（见图1.17-2）。

1.17.4.1 规划开发强度分析

（1）水资源开发强度。说明规划方案水资源量需求及其时空分布，依据水资源开发程度、污水治理程度、开发方式，分析不同规划方案水资源开发强度的合理性。

（2）土地资源开发强度。说明规划方案对土地资源的需求，根据土地资源开发程度、开发方式、占用土地数据和基本农田数量，分析不同规划方案土地资源开发强度的合理性。

1.17.4.2 水文水资源影响分析

1. 水文情势影响

分析主要河流的径流过程影响，主要预测年径流、月径流过程变化。重点说明控制性枢纽对洪水和径流的调蓄（如枯水期流量增加，丰水期流量减小），以及年际丰枯的径流变化过程。

（1）洪水特性影响，主要预测洪水位、洪水流量、时段洪量、洪水过程变化，以及防洪水库建设的削峰作用引起的汛期洪水过程的变化。

（2）枯水特性影响，主要预测枯水期特征枯水流量、枯水位变化，分析枯水期河道生态流量的保障程度。

（3）泥沙冲淤影响，主要分析水库泥沙淤积、坝

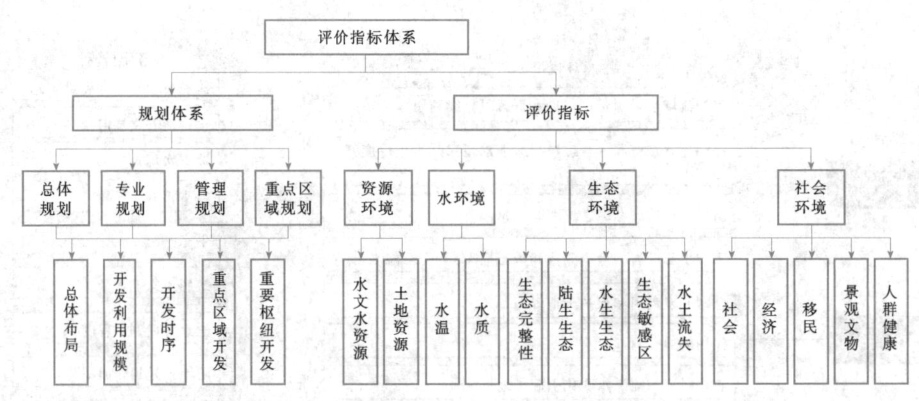

图 1.17－2　环境影响评价指标体系图

下游及梯级河道泥沙与栖息地冲刷淤积的变化趋势。

2. 水资源影响

地表水资源量影响主要预测流域内地表水资源量的时空变化。地下水资源量影响主要分析地下水开采量和地下水位变化。

1.17.4.3　水环境影响分析

1. 水温

预测特大型或控制性水库工程水温结构。选择一维或二维水温数学模型，预测控制性水库工程和流域梯级开发对低温水的叠加影响，以及下泄低温水对水生生物的影响。

2. 水质

(1) 干支流、湖库水质。分析规划方案实施后，对流域内河流、湖泊、水库、河口、近海水域控制性断面水质的影响。预测因子可包括高锰酸盐指数、COD、氨氮以及特征污染物。预测方法为河流可选用一维或二维水质数学模型；湖泊、水库可选用零维、一维或二维湖库水质数学模型；河口水域可采用一维或二维河口水质数学模型；近海水域可采用潮流水质数学模型。对照规划水域的水功能区划，分析规划实施后评价区域水环境质量能否满足水功能区水质目标要求。

(2) 湖、库富营养化。评价规划方案实施后湖、库富营养化状态的变化。预测方法可选择狄龙模型，预测规划实施后的营养指标变化。根据各营养指标的预测值，评价湖、库的营养状态。

(3) 水环境容量。根据评价水域的水功能区划，预测评价水域纳污能力或水环境容量变化。评价方法是按照《水域纳污能力计算规程》(GB/T 25173—2010) 推荐的方法，采用零维、一维或二维数学模型，或实测法、污染负荷法。

1.17.4.4　生态影响分析

1. 生态系统评价

(1) 生物生产力。开展规划范围内的自然系统生产力本底调查，分析规划实施前后生物生产力的变化，评价规划对流域或区域生态系统生产能力的影响性质和程度。

(2) 自然系统稳定性。分析规划实施对生态系统阻抗稳定性和恢复稳定性及其结构与功能的影响。

2. 敏感生态问题评价

(1) 生境的影响。识别敏感生境与规划方案的相互关系，评价规划实施对敏感生境的影响程度。

(2) 物种的影响。分析规划实施对陆生生物、水生态，尤其是珍稀、濒危、特有、重要经济鱼类物种多样性的影响。

(3) 生态敏感区。分析规划方案对自然保护区、重要湿地，珍稀与濒危动植物栖息地或特殊生境，鱼类产卵场、索饵场、越冬场及洄游通道的影响。

1.17.4.5　社会环境影响预测与评价

(1) 社会。分析规划实施对社会稳定与安全、生活质量、人群健康和移民安置环境的影响，以及对地域性民族文化和文物景观等的影响。当规划有跨流域调水工程时，还应分析跨流域调水工程对受水区的水资源短缺状况的改善作用，对水资源优化配置的促进作用。

(2) 经济。分析对宏观经济结构与布局、宏观经济调控的影响，分析防洪、发电、供水、灌溉等规划对区域经济发展的促进作用。

1.17.4.6　可持续发展战略影响分析

(1) 可持续发展能力。分析规划实施后规划范围内基础设施建设及其对可持续发展能力的影响。

(2) 经济社会发展战略。分析规划实施对流域、区域经济社会发展战略与国家及地方环境保护战略的影响。

1.17.4.7　环境敏感区影响

(1) 说明规划实施与环境敏感区的关系以及对其功能的影响，并说明影响范围和需要保护的对象。

（2）分析不同规划方案对自然保护区、饮用水水源保护区、风景名胜区等的影响，评价满足保护要求的程度。

1.17.4.8 水资源、土地资源承载力评价

（1）评估水资源和土地资源承载能力的现状利用水平和累积影响，从宏观层面动态分析不同规划水平年可供规划实施利用的剩余水资源、土地资源承载能力、生态系统可承受能力，重点判定区域水资源、土地资源对规划的支撑能力。

（2）从水资源和土地资源承载能力、生态系统可承受能力的角度，分析规划方案总体布局、规模、开发时序及近期开发治理工程的环境合理性。

1.17.4.9 生态风险分析

（1）分析规划实施对生态较为脆弱或具有重要生态功能价值区域的生态风险。

（2）分析自然保护区、重要湿地、沙漠等区域现状敏感生态问题及发展趋势的影响，从生态脆弱区结构、功能的变化等方面，评估规划实施的生态风险。

1.17.5 规划方案合理性论证

1. 规划目标的合理性

依据国家政策和流域经济发展需求，结合上层规划的目标定位，分析规划目标与发展定位的环境合理性。

2. 规划规模的环境合理性

依据水资源、土地资源和环境承载力，分析规划水资源开发规模、土地资源利用规模和重大建设项目规模的环境合理性。

3. 规划布局的环境合理性

从规划及其影响区域生态安全格局、生态功能区划以及景观生态格局之间的协调性等方面，分析流域水资源配置、规划总体布局和重要枢纽选址规模的环境合理性。

4. 规划环境保护目标的可达性

根据规划环境影响评价结果，结合规划方案调整和环境保护措施，论证流域规划环境保护目标的可达性。

5. 规划方案的优化调整建议

（1）若规划布局及规划包含的重要枢纽项目选址和选线与环境敏感区的保护要求相矛盾，可提出调整规划布局或方案的建议。

（2）若规划中有属于国家明令禁止的项目，建议剔除或提出替代方案。

（3）若规划实施超越水资源、土地资源和环境的承载力，宜提出调整规划方案或规模。

1.17.6 环境保护对策措施

1. 预防措施

（1）建立健全环境管理体系。

（2）划定禁止和限制开发区域。

（3）设定环境准入条件。

（4）建立环境风险防范与应急预案。

2. 最小化措施

通过规划方案目标、规划布局、规划实施时序、规模与开发强度的调整，提出降低不利环境影响并达到最小化的措施。

3. 修复补救措施

（1）水资源保护措施。包括节约用水、控制地表水资源过度开发和地下水过量开采等措施。

（2）水环境保护措施。包括重要河流、水域水质保护，维护和恢复水域功能，防治地下水污染和水温恢复等措施。

（3）土地资源保护措施。包括合理开发利用土地资源及防治土地退化和土壤污染等措施。

（4）生态保护措施。包括生态敏感区保护，珍稀、濒危物种及其生境保护，水生生物繁殖场、索饵场、越冬场（简称“三场”）及洄游通道保护等措施。

1.18 规划实施效果分析与评价

规划实施效果分析对象一般为选定的规划方案和规划方案中关键性（控制性）工程项目。在认真做好调查研究的基础上，以国家产业政策和经济社会发展规划为指导，采用定量分析与定性分析相结合的方法进行分析。通过分析评价，弄清实施流域规划对国家（或地区）带来的社会、经济、生态与环境的效益和影响（包括有利影响和不利影响），供决策参考。规划实施效果分析主要内容包括社会效益分析、经济效益分析和综合分析与评价。

1.18.1 社会效益分析

流域规划涉及的地域范围大，规划项目多，实施时间长，社会效益和影响十分广泛，应根据规划方案中各专业项目群的功能和特点，通过综合分析提出规划实施后的社会效益。

（1）防洪规划。规划方案实施后，将进一步提高河流的防洪能力，减少不同类型洪水的洪灾损失，避免毁灭性的灾害发生，改善洪泛区生态环境；提高防洪区土地利用价值和促进地区经济发展。山洪灾害防治措施的完善，可避免山洪灾害群死群伤事件的发生，为人民安居乐业创造安全的环境。

（2）治涝规划。规划方案实施后，可提高治涝标准，减少涝灾损失，为粮食增产和农民增收提供有力保障，对促进社会和谐发展发挥重要作用。

（3）水力发电规划。规划方案实施后，水能资源开发程度将显著提高，不仅改善能源结构，节省化石能源消耗，减少空气污染，缓解温室效应，而且还将促进经济社会可持续发展。

（4）城乡供水和灌溉规划。规划方案实施后，有利于建立城乡饮水安全保障体系，可提高城乡供水保证率，解决饮水安全问题；增加和改善灌溉面积，改善现存农田的灌溉供水条件，基本保障新增农田灌溉面积的用水，为保障粮食安全创造良好条件，同时也可有力推动社会主义新农村的建设。

（5）航运规划。规划方案实施后，通过梯级渠化和航道整治，将形成水运交通体系，充分发挥水运优势，促进沿江经济产业带发展。

（6）水资源保护规划。规划方案实施后，在改善水质、保障饮水安全、实现水资源可持续利用以及在改善水生态环境、维护水生物多样性和完整性、促进水生态环境良性循环、实现人与自然的和谐发展等方面将发挥重要的作用。

（7）其他。有其他规划任务的河流，应根据其特点分析其社会效益和影响，涉及民族问题、国际关系问题的河流规划应作出专门的社会影响评价。

1.18.2 经济效益分析

流域规划实施方案中的经济效益分析，应包括直接经济效益和间接经济效益。经济效益分析，应尽可能用货币定量计算，难以用货币定量的经济效益，可用实物指标和用文字定性描述。

规划方案中各功能和控制性工程项目的经济效益，采用有、无规划项目对比的原则进行计算分析。

（1）防洪（治涝）规划。通过对防洪保护区（涝区）的人口、耕地、财产和保护区（涝区）防洪（治涝）费用的分析，提出将减少的多年平均洪涝灾害损失和特大洪水年的洪灾损失值，明确防洪（治涝）投资的效益。

（2）供水规划。分析规划水平年增加的供水量，并计算创造的经济效益。

（3）灌溉规划。分析规划水平年新增和改善的灌溉面积，并计算年增产粮食产量及其可创造的经济价值。

（4）水力发电规划。分析规划水平年增加的水电装机容量和年发电量，并与火电比较，计算每年可节省的煤炭数量及其可创造的经济价值。

（5）航运规划。分析所提高的航道通航能力和降低的运输成本，分析带动与水运有关的产业发展，并估算水运的直接经济效益。

（6）其他功能（如水土保持、河道整治、水产养殖、水资源保护等）效益可参考《水利建设项目经济评价规范》（SL 72）计算相关的经济效益指标。

1.18.3 综合分析与评价

综合分析与评价是在社会、经济效益分析的基础上，分析与评价流域规划实施对国家或地区经济社会发展所发挥的重大的、全局性的、综合性的作用和可能产生的影响，一般可采用宏观分析方法，其主要内容包括以下几方面。

（1）流域规划方案实施与国家或地区发展战略和长远发展规划的适应性，对支撑经济社会可持续发展的作用和影响。

（2）流域规划方案实施对缩小流域内经济社会发展水平的地区差距、城乡差距、贫富差距的作用和影响。

（3）流域规划方案实施对合理利用流域土地资源、水资源、能源资源、生物资源的有利和不利影响。

（4）流域规划方案实施对环境和生态平衡的有利和不利影响。

（5）流域规划方案实施对国家或地区物资、资金平衡的影响。

（6）其他需要特别分析和说明的问题。

参考文献

[1] 水利电力部水利水电规划设计院，水利电力部长江流域规划办公室．水利动能设计手册 防洪分册［M］．北京：水利电力出版社，1988.

[2] SL 201—97 江河流域规划编制规范［S］．北京：中国水利水电出版社，1997.

[3] GB 50201—94 防洪标准［S］．北京：中国计划出版社，1994.

[4] 全国山洪灾害防治规划编制组．全国山洪灾害防治规划［R］．2006.

[5] 水利部长江水利委员会．长江流域防洪规划［R］．2008.

[6] 水利部黄河水利委员会．黄河流域防洪规划［M］．郑州：黄河水利出版社，2008.

[7] 水利电力部水利水电规划设计院，水利电力部长江流域规划办公室 水利动能设计手册 治涝分册［M］．北京：水利电力出版社，1988.

[8] GB 50288—99 灌溉与排水工程设计规范［S］．北京：中国计划出版社，1999.

[9] 郭元裕．农田水利学［M］．3版．北京：中国水利

水电出版社，2007.
[10] 华东水利学院．水工设计手册 第8卷 灌区建筑物[M]．北京：水利电力出版社，1987.
[11] 中华人民共和国建设部．城市规划编制办法[R]．1991.
[12] 中华人民共和国建设部．城市规划编制办法实施细则[R]．1995.
[13] 李红．城市排水工程规划编制探讨[J]．城市规划，2003(7).
[14] GB 50282—98 城市给水工程规划规范[S]．北京：中国建筑工业出版社，1999.
[15] 唐德善，王锋．水资源综合规划[M]．南昌：江西高校出版社，2001.
[16] 华东水利学院．水工设计手册 第2卷 地质 水文 建筑材料[M]. 北京：水利电力出版社，1984.
[17] 全国勘察设计注册工程师水利水电工程专业委员会，中国水利水电勘测设计协会．水利水电工程专业案例[M]．郑州：黄河水利出版社，2007.
[18] 唐德善，等．黄河航运发展规划[R]．2010.
[19] 交通部规划研究院，广东省交通咨询服务中心．广东省内河航运发展规划[R]．2009.
[20] SL 335—2006 水土保持规划编制规程[S]．北京：中国水利水电出版社，2006.
[21] SL 190—96 土壤侵蚀分类分级标准[S]．北京：中国水利水电出版社，1997.
[22] GB/T 15772—2008 水土保持综合治理规划通则[S]. 北京：中国标准出版社，2009.
[23] GB/T 16453.1—2008 水土保持综合治理技术规范——坡耕地治理技术[S]．北京：中国标准出版社，2009.
[24] GB/T 16453.2—2008 水土保持综合治理技术规范——荒地治理技术[S]．北京：中国标准出版社，2009.
[25] GB/T 16453.3—2008 水土保持综合治理技术规范——沟壑治理技术[S]．北京：中国标准出版社，2009.
[26] GB/T 16453.4—2008 水土保持综合治理技术规范——小型蓄排引水工程[S]．北京：中国标准出版社，2009.
[27] GB/T 16453.5—2008 水土保持综合治理技术规范——风沙治理技术[S]．北京：中国标准出版社，2009.
[28] GB/T 16453.6—2008 水土保持综合治理技术规范——崩岗治理技术[S]．北京：中国标准出版社，2009.
[29] 崔云鹏，蒋定生．水土保持工程学[M]．西安：陕西人民出版社，1998.
[30] 高辉巧．水土保持[M]．北京：中央广播电视大学出版社，2005.
[31] 长江流域水资源保护局．长江流域综合规划修编水资源保护规划和水生态与水环境保护规划工作手册[M]．武汉：长江出版社，2008.
[32] 水利部水资源司．中国水资源保护30年水资源保护实践与探索[M]．北京：中国水利水电出版社，2011.
[33] 黄艺，蔡佳亮，吕明姬，等．流域水生态功能区划及其关键问题[J]．生态环境学报，2009，18(5).
[34] 马溪平，周世嘉，张远，等．流域水生态功能分区方法与指标体系探讨[J]．环境科学与管理，2010，35(12)：59-64.
[35] 文伏波，洪庆余．长江流域综合利用规划研究[M]. 北京：中国水利水电出版社，2003.
[36] SL 72—94 水利建设项目经济评价规范[S]．北京：中国水利水电出版社，1994.
[37] 国家发展改革委，建设部．建设项目经济评价方法与参数[M]．3版．北京：中国计划出版社，2006.
[38] 国家计委投资研究所，建设部标准定额研究所．投资项目社会评价方法[M]．北京：经济管理出版社，1993.
[39] 中国水利经济研究会，水利部规划计划司．水利建设项目社会评价指南[M]．北京：中国水利水电出版社，1999.

第 2 章

工程等级划分、枢纽布置和设计阶段划分

本章为《水工设计手册》（第 2 版）新增内容，共分 4 节，即水工建筑物的分类、工程等级划分及洪水标准、枢纽布置、工程设计阶段划分及报告编制要求。2.1 节旨在让非水利水电工程专业或非专业人士对水利水电工程中的水工建筑物类型有一个较为全面的认识和了解，便于读者查阅其他卷、章；2.2 节对各种水工建筑物设计时涉及的一些“标准”或“规范”，于此集中介绍，便于读者查找；2.3 节较系统地介绍了水利水电工程枢纽布置的主要影响因素，列出了坝址、闸址、发电厂房及泵站站址选择必须考虑的地形条件、地质条件、施工条件、建筑材料、综合效益等因素，同时列出了我国几十年来在水利水电工程建设中积累起来的高重力坝、高拱坝、高土石坝以及通航河道上大坝枢纽、引水式水电站工程、灌排水利工程等典型枢纽布置的特点及经验；2.4 节分别按水利水电工程、水电工程和有关专项设计（包括节能减排、消防、劳动安全与工业卫生、水利水电工程运行管理等专项设计）介绍设计阶段划分及报告编制要求。

章主编　沈长松

章主审　林益才　徐麟祥

本章各节编写及审稿人员

<table>
<tr><th>节次</th><th>编写人</th><th>审稿人</th></tr>
<tr><td>2.1</td><td>沈长松　陈肃利</td><td rowspan="4">林益才
徐麟祥</td></tr>
<tr><td>2.2</td><td>王润英　陈肃利</td></tr>
<tr><td>2.3</td><td>沈长松　黄建和</td></tr>
<tr><td>2.4</td><td>刘永强　沈长松　黄建和　孙学智
翁映标　杨类琪　刘　宾　蔡爽龙
施震余　田　江　余敏林</td></tr>
</table>

第2章　工程等级划分、枢纽布置和设计阶段划分

水利水电工程是由各种不同类型的水工建筑物所组成的，而每一类型的水工建筑物中又有不同的型式，型式不同其设计洪水标准也不同。本章阐述水工建筑物的分类、水利水电工程等级划分、不同等别工程的洪水标准、水利水电工程枢纽布置、水利水电工程设计阶段划分和各设计阶段报告编制要求，以及节能减排、消防、劳动安全与工业卫生、水利水电工程运行管理等专项设计报告的编制要求等内容。

2.1　水工建筑物的分类

根据功用，水工建筑物可分为挡水建筑物、泄水建筑物、输（引）水建筑物、取水建筑物、水电站建筑物、过坝建筑物和整治建筑物等（见图 2.1-1）。

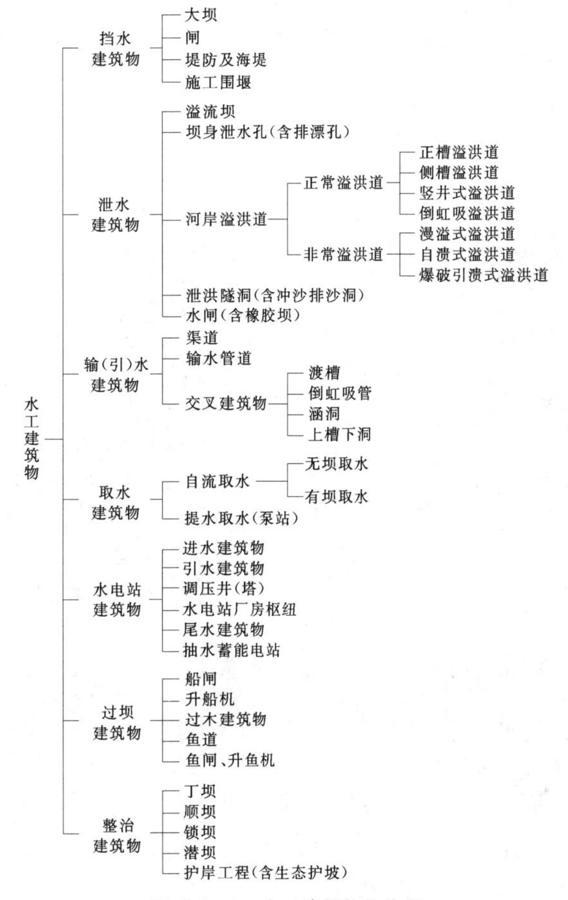

图 2.1-1　水工建筑物的分类

实际上，不少水工建筑物的功用并非单一，如溢流坝、泄水闸都兼具挡水与泄水功能，河床式水电站厂房也承担挡水任务。

按使用期限，水工建筑物还可分为永久性建筑物和临时性建筑物。永久性建筑物是指工程运行期间长期使用的建筑物，根据其重要性又分为主要建筑物和次要建筑物。主要建筑物指失事后将造成下游灾害或严重影响工程效益的建筑物，如拦河坝、溢洪道、引水建筑物、水电站厂房等；次要建筑物指失事后不致造成下游灾害，对工程效益影响不大且易于修复的建筑物，如挡土墙、导流墙、工作桥及护岸等。临时性建筑物是指工程施工期间使用的建筑物，如施工围堰等。

2.1.1　挡水建筑物

挡水建筑物是水工建筑物中最重要的建筑物，它用于拦截或约束水流，并可承受一定水头作用，主要是大坝，也包括闸、堤防及海堤、施工围堰等。大坝的类型很多，既可按结构特性分，也可按筑坝材料和施工方法分（见图 2.1-2），这里介绍常见的几种坝型以及近一二十年发展起来的新坝型。

2.1.1.1　重力坝

重力坝是主要依靠自身重量来抵御水压力而维持稳定的坝。一般用混凝土或浆砌石建成，基本剖面接近直角三角形，上游面近于铅直，下游面坡度在 0.7～0.8 之间。按坝体结构型式分，有实体重力坝、宽缝重力坝和空腹重力坝(见图 2.1-3)；按坝身是否泄水分，有溢流坝和非溢流坝两种型式(见图 2.1-4)。

重力坝结构简单、体积较大，便于机械化施工，也便于各种泄水、取水布置，且安全可靠、耐久性好。但坝基扬压力大，坝体材料强度不能充分利用，施工期混凝土温度控制要求高。因此，在设计中，应注意改进结构型式，尽可能减少工程量，施工中要注

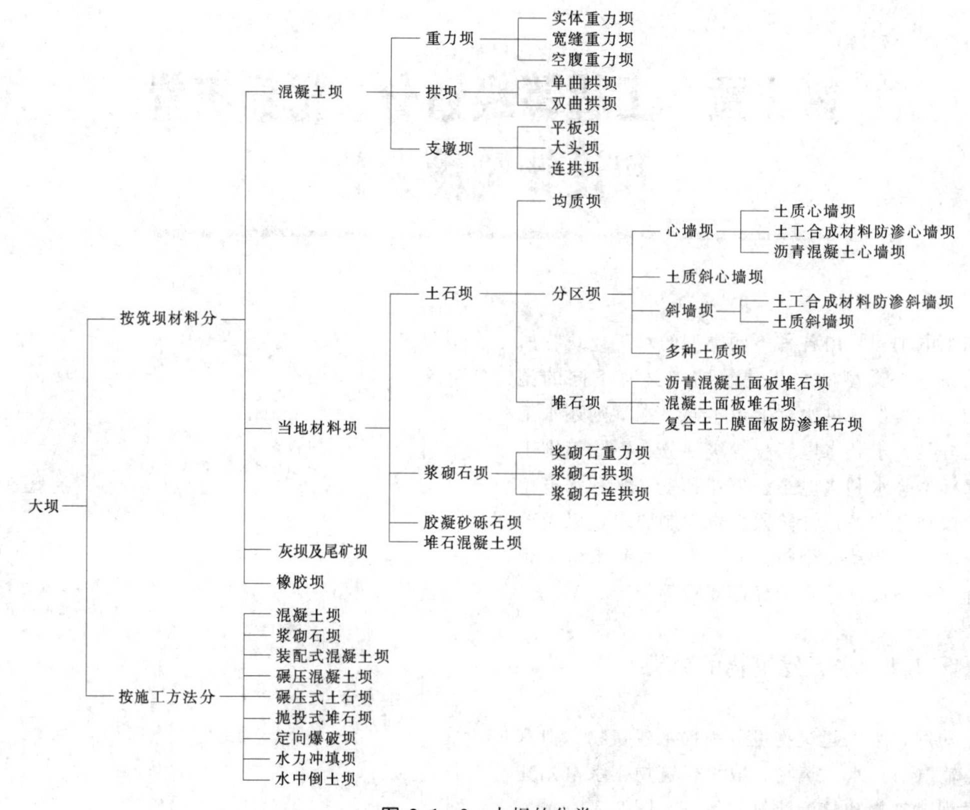

图 2.1-2　大坝的分类

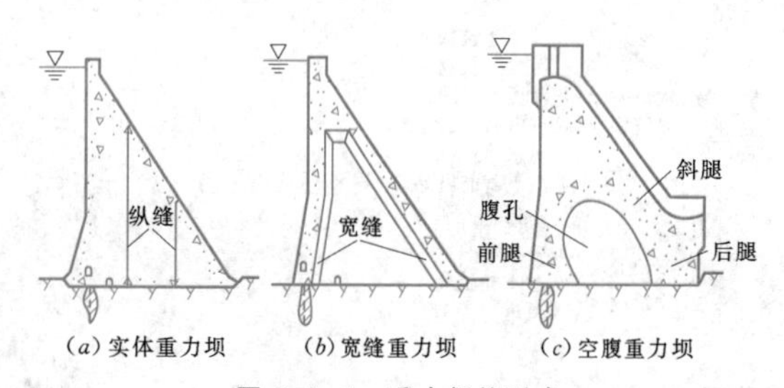

图 2.1-3　重力坝的型式

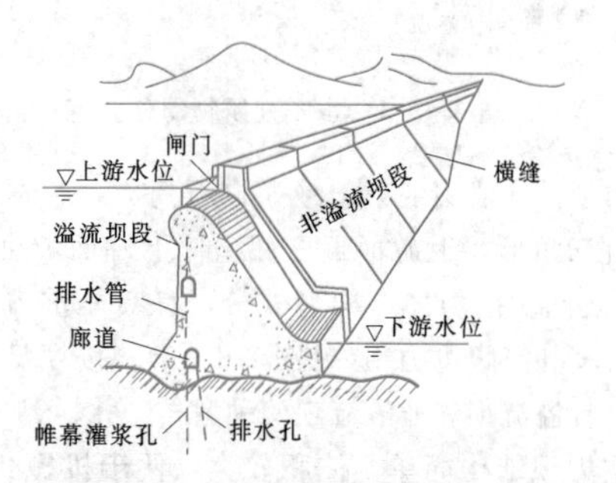

图 2.1-4　溢流坝段和非溢流坝段

意改善混凝土施工工艺。20 世纪 70 年代以来，为降低水泥水化热，在混凝土中掺加粉煤灰，应用振动碾施工碾压技术修建了众多的碾压混凝土重力坝，这种坝型已逐渐成为一种有竞争力的新坝型。

为减小扬压力，将实体重力坝各坝段之间的横缝设置成宽缝即成为宽缝重力坝。宽缝的宽度约占坝段宽度的 20%～35%。坝基中的渗水可从宽缝的底面排出，不仅坝底的渗透压力显著降低，而且扬压力的作用面积也比实体重力坝减小，工程量比同样高度的重力坝可节省 10%～20%。施工期间，宽缝重力坝的优点是宽缝的缝面有助于散热，缺点是模板工程量较大。

在坝体腹部布置纵向大孔洞的重力坝称为空腹重力坝，简称空腹坝。由于纵向大孔洞的存在，地基渗流从孔洞底部排出，大大降低坝底的渗透压力，从而节省坝体混凝土方量；利用坝体内空间可将发电厂房布置于坝内，解决溢流坝同坝后厂房布置上的矛盾，并缩短引水钢管长度、节省厂房的开挖工程量；施工时的散热条件得以改善。但该坝型施工较为复杂，坝体应力状态可能趋于不利，局部需要配置较多的钢筋；坝内布置厂房时，须有较多防渗、防潮、止水措施以及通风给水等设施。

新中国成立以来，我国已成功修建了若干座实体重力坝、宽缝重力坝和少量空腹重力坝，例如，三峡大坝为实体重力坝，新安江、丹江口等为宽缝重力坝，风滩大坝为空腹重力坝。近几十年来，由于施工机械化程度的提高，大泄量泄水孔的布置，施工导流、施工组织以及枢纽布置等方面的综合考虑，重力坝多趋于实体坝。

按筑坝材料及施工方法分，重力坝还可以分为混凝土重力坝、浆砌石重力坝和碾压混凝土重力坝等。近 20 多年来，我国在碾压混凝土坝坝型、筑坝材料、坝体结构设计方面以及施工工艺方面都取得了很大的进展和突破。已建成百米以上的碾压混凝土重力坝有 11 座，目前世界上最高的碾压混凝土重力坝是贵州省北盘江上的光照大坝，坝高 200.5m。

2.1.1.2 拱坝

在平面上拱向上游，借助拱作用把水压力等荷载的大部分传到河谷两岸岩体，剩余部分通过竖直梁的作用传给地基的坝称为拱坝。它主要依靠筑坝材料的抗压强度和两岸拱座岩体的支撑来维持稳定。拱坝的结构作用可视为两个系统，即水平方向的拱系统和竖直方向的梁系统。水压力和温度等荷载的作用由这两个系统共同承担，各自承担荷载的大小视河谷宽高比（坝顶高程处河谷宽度与坝高的比值）而变，宽高比较小时拱的作用大，反之拱的作用小。若按拱梁承受荷载的比例大小所需拱坝的厚薄程度来分，拱坝可分为薄拱坝、一般拱坝和重力拱坝等。若按悬臂梁形状不同来分，拱坝有单曲拱坝和双曲拱坝（见图 2.1-5）：若悬臂梁上游面铅直，坝体只在水平方向呈拱形的，称之为单曲拱坝；若悬臂梁上游面在铅直方向也呈凸向上游的拱形，则称之为双曲拱坝。按筑坝材料不同，拱坝又分为混凝土拱坝、浆砌石拱坝和碾压混凝土拱坝。拱坝的体积小，超载能力强，但地基变形和温度变化对拱坝内力的影响较大，因此对地形地质条件、基础处理、施工质量等要求较高，宜建在山体完整、稳定的峡谷中。

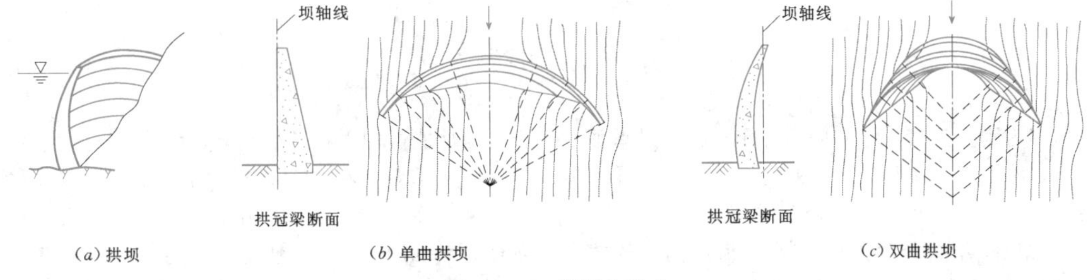

图 2.1-5 拱坝的型式

目前，世界上已建成的最高拱坝是中国的小湾拱坝，坝高 294.5m；其次是苏联英古里双曲拱坝，高 271.5m，坝底厚度 86m，厚高比为 0.33。意大利的瓦依昂（Vajont）拱坝，坝高 261.6m，厚高比为 0.084（该坝已于 1963 年因左岸山体滑坡淤满水库而报废，但它使人们认识到拱坝坝身的泄洪能力）。最薄的拱坝是法国的托拉拱坝，坝高 88m，坝底厚 2m，厚高比为 0.0227。1949 年以来，中国修建了许多拱坝，如首批建成的高拱坝就有高 87.5m 的响洪甸重力拱坝和高 78m 的流溪河溢流双曲拱坝。后又相继建成了高 112.5m 的凤滩空腹重力拱坝、高 149.5m 的白山三心圆重力拱坝、高 178m 的龙羊峡重力拱坝、高 157m 的东江双曲拱坝和高 102m 的紧水滩三心圆双曲拱坝、高 162m 的东风抛物线双曲拱坝、高 165m 的乌江渡拱形重力坝、高 151m 的隔河岩重力拱坝、高 240m 的二滩抛物线双曲拱坝、高 254m 拉西瓦拱坝及高 225m 构皮滩拱坝等，其中拉西瓦拱坝坝高超过了 250m 级，标志着我国在拱坝设计理论、计算方法、结构型式、泄洪消能、施工导流、地基处理及枢纽布置等方面都有了很大进展。目前，在建的高拱坝有溪洛渡（285.5m）、锦屏一级（305m）等工程，反映了 21 世纪中国在高拱坝的勘测、设计、施工和科研方面已达到一个新的水平。

2.1.1.3 支墩坝

由若干支墩和挡水面板所组成的坝称支墩坝。水压力由挡水面板传给支墩，再由支墩传给地基。按挡水面板的型式可分为平板坝、连拱坝和大头坝（见图 2.1-6）。

平板坝通常将挡水平板简支在支墩的托肩上，以适应相邻支墩的不均匀沉陷，并避免挡水平板的上游面出现拉应力。但平板跨中弯矩较大，仅适用于较低的坝，现已很少采用。

大头坝是由支墩上游部分向两侧扩展而形成挡水结构，其头部型式有平头式、圆弧式和钻石式三种。平头式，施工方便，但上游面易产生拉应力；圆弧式，应力条件好，但施工模板复杂；钻石式，兼有平头式和圆弧式两者之优点，故常采用。目前，世界上最高的大头坝是 1975 年巴西、巴拉圭合建的伊泰普大头坝，坝高 196m。我国 1960 年修建的新丰江大头坝，坝高 105m。

连拱坝由若干倾斜的拱形挡水面板和支墩组成，

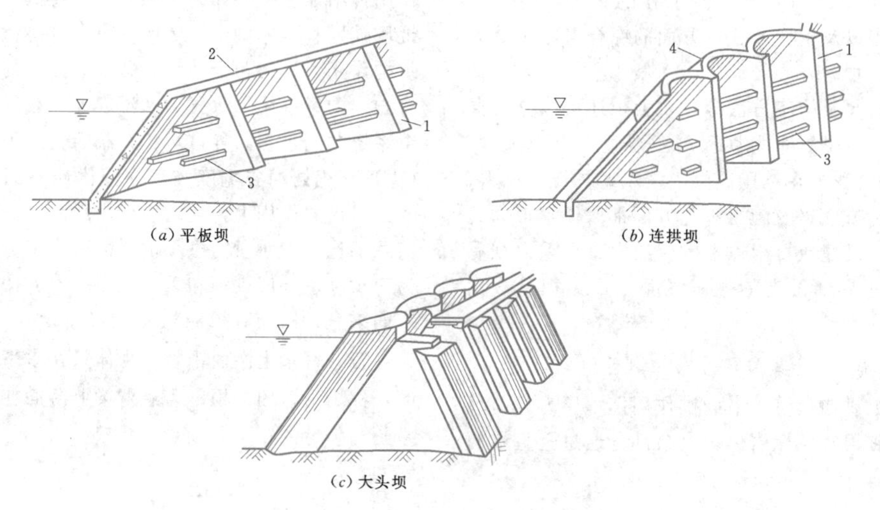

图 2.1-6　支墩坝的型式

1—支墩；2—平面盖板；3—刚性梁；4—拱形盖板

拱与支墩多为刚性连接，是空间超静定结构。拱形面板厚度小、跨度大、用料省，但温度变化和地基变形都会使坝身产生拉应力，故应修建在坚固的岩基上，中国20世纪50年代修建的佛子岭和梅山两座连拱坝，坝高分别为75.9m和88.24m。目前，世界上最高的连拱坝是1968年加拿大修建的丹尼尔·约翰逊连拱坝（又名马尼克Ⅴ级坝），坝高214m。

支墩坝有混凝土用量省、扬压力小和温控措施简单等优点，在我国筑坝史上曾辉煌过多年，但它有侧向稳定性较差、钢筋用量大等不足之处，故近些年来在大中型工程中已较少采用。

2.1.1.4　土石坝

土石坝是利用当地土石料填筑而成的挡水坝，又称当地材料坝，是土坝和堆石坝的统称。土石坝的横断面形状一般为梯形，通常由维持稳定的坝体、控制渗流的防渗体、排水设备和护坡等四部分组成，以保证坝的正常工作。

按施工方法的不同，土石坝可分为碾压式土石坝、抛投式堆石坝、定向爆破坝、水力冲填坝和水中倒土坝，其中应用最广的是碾压式土石坝。

1. 碾压式土石坝

按坝体横断面的防渗材料及其结构，碾压式土石坝可划分为以下几种主要类型。

（1）均质坝。坝体绝大部分由一种抗渗性能较好的土料（如壤土）筑成，如图2.1-7(*a*)所示。坝体整个断面起防渗和稳定作用，不再设专门的防渗体。

均质坝结构简单，施工方便，当坝址附近有合适的土料且坝高不大时可优先采用。值得注意的是：对于抗渗性能好的土料，如黏土，因其抗剪强度低，且施工碾压困难，在多雨地区受含水量影响则压实更难，因而高坝中一般不采用此种型式。我国最高的均质坝是河北邯郸市磁县的岳城水库大坝，最大坝高55.5m。

（2）分区坝。与均质坝不同，在坝体中设置专门起防渗作用的防渗体，采用透水性较大的砂石料作坝壳，防渗体多采用防渗性能好的黏性土，其位置可设在坝体中间［称为心墙坝，见图2.1-7(*b*)］，或将防渗体设在坝体上游面或接近上游面［称为斜墙坝，见图2.1-7(*c*)］，或稍向上游倾斜［称为斜心墙坝，见图2.1-7(*d*)］。

心墙坝由于心墙设在坝体中部，施工时就要求心墙与坝体大体同步上升，因而两者相互干扰大，影响施工进度。又由于心墙料与坝壳料的固结速度不同（砂砾石比黏土固结快），心墙内易产生“拱效应”而形成裂缝，施工时应注意施工进度和质量控制。我国兴建的糯扎渡心墙堆石坝，坝高261.5m，在天然土料中掺加一定量的人工碎石，以改善心墙防渗土料的力学性能。斜墙坝的斜墙设在坝体上游面，可滞后坝体施工，两者相互干扰小，但斜墙的抗震性能和适应不均匀沉陷的能力不如心墙。斜心墙坝可不同程度克服心墙坝和斜墙坝的缺点，我国154m高的小浪底水利枢纽即采用斜心墙型式。

（3）人工防渗材料坝。防渗体采用混凝土、沥青混凝土、钢筋混凝土、土工膜或其他人工材料制成，其余部分用土石料填筑而成。防渗体设在上游面的类似于前述的斜墙坝（或称面板坝），如图2.1-7(*e*)所

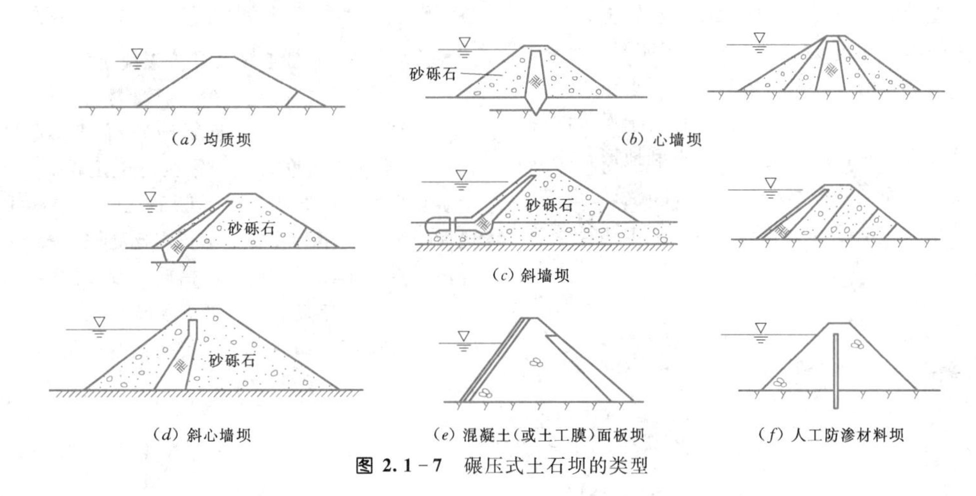

图 2.1-7 碾压式土石坝的类型

示；防渗体设在坝体中央的类似于前述的心墙坝，如图 2.1-7 (*f*) 所示。

采用复合土工膜防渗的土石坝，土工膜的渗透系数小于 $10^{-11}\sim10^{-13}$cm/s，具有很好的防渗性。坝坡可以设计得较陡，使土石工程量减少，从而降低工程造价。这类坝施工方便、工期短，受气候因素影响小，是一种很有发展前景的新坝型。如 1984 年西班牙建成的波扎捷洛斯拉莫斯（Poza de Los Ramos）坝，坝高 97m，后用复合土工膜防渗加高至 134m，至今运行良好。1991 年我国在浙江省鄞县修建的坝高 36m 的小岭头复合土工膜防渗堆石坝，防渗效果较好，下游坝面无渗水。又如云南省楚雄州塘房庙堆石坝（见图 2.1-8），坝高 50m，采用复合土工膜作防渗材料，布置在坝体断面中间，现已竣工运行。也可将复合土工膜设置在上游侧，工作原理与斜墙坝相同。我国用复合土工膜成功加固了坝高达 85m 的石砭峪定向爆破堆石坝，效果很好。

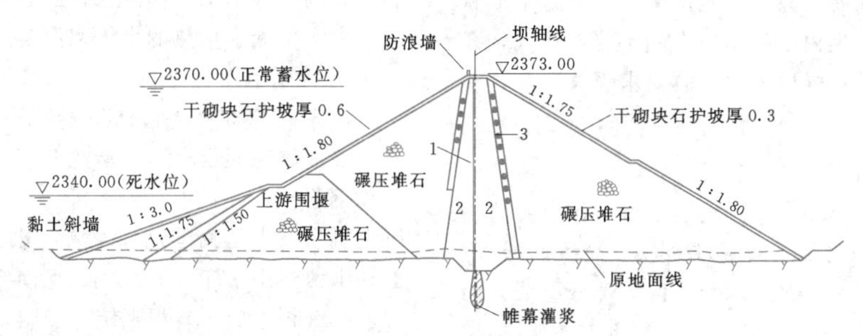

图 2.1-8 塘房庙堆石坝土工膜心墙防渗断面图（单位：m）
1—土工膜；2—风化砂；3—碎石过渡层

2. 抛投式堆石坝

抛投式堆石坝施工时一般先建栈桥，将石块从栈桥上距填筑面 10～30m 高处抛掷下来，靠石块的自重将石料压实，同时用高压水枪冲射，把细颗粒碎石冲填到石块间孔隙中去。采用抛投式填筑成的堆石体孔隙率较大，所以在承受水压力后变形量大，石块尖角容易被压裂或剪裂，抗剪强度较低，在发生地震时沉降量大。随着重型碾压机械的出现，目前此种坝型已很少采用。

3. 定向爆破坝

在河谷陡峻、山体厚实、岩性简单、交通运输条件极为不便的地区修筑堆石坝时，可在河谷两岸或一岸对岩体采取定向爆破，将石块抛掷到河谷坝址，堆筑起大部分坝体，然后修整坝坡，并在抛填堆石体上加高碾压堆石体，直至坝顶，最后在上游坝坡填筑反滤层、斜墙防渗体、保护层和护坡等，故得名定向爆破坝。我国广东南水堆石坝，坝高 81.8m，陕西石砭峪堆石坝，坝高 85m，均采用定向爆破技术施工。

4. 水力冲填坝

借助水力完成土料的开采、运输和填筑全部工序而建成的坝称为水力充填坝。典型的冲填坝是用高压水枪在料场冲击土料使之成为泥浆，然后用泥浆泵将泥浆经输泥管输送上坝，分层淤填，经排水固结成为密实的坝体。这种筑坝方法的优点是不需运输机械和碾压机械，工效高，成本低；缺点是土料的干容重较小，抗剪强度较低，需要平缓的坝坡，坝体土方量较大。图 2.1－9 为自流式水力冲填坝施工布置示意图。我国西北地区建造的一种小型水坠坝实际上也是一种冲填坝。它与典型水力冲填坝的区别仅在于泥浆的输送不是借助水力机械，而是利用天然有利地形，将其开挖成输泥渠，使泥浆在重力作用下自流输送上坝。其土料开采可用水枪冲击，也可用人工挖土配合爆破松土进行。

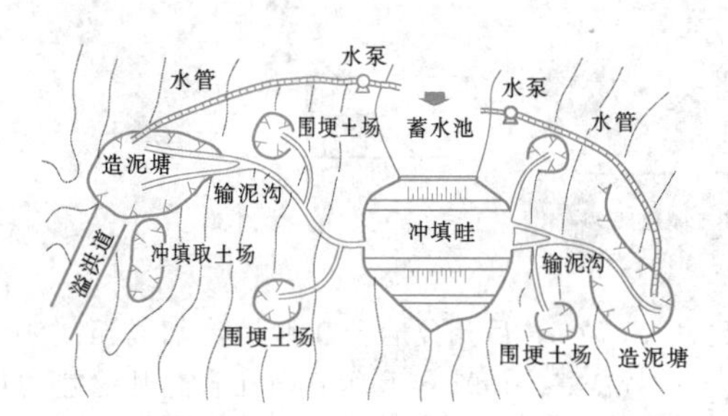

图 2.1－9　自流式水力冲填坝施工布置示意图

5. 水中倒土坝

水中倒土坝施工时一般在填土面内修筑围埂分成畦格，在畦格内灌水并分层填土，依靠土的自重和运输工具压实及排水固结而成。这种筑坝方法不需要有专门的重型碾压设备，只要有充足的水源和易于崩解的土料即可采用。但由于坝体填土的干容重较低，孔隙水压力较高，抗剪强度较小，故要求坝坡平缓，使得坝体工程量增大。

2.1.1.5　混凝土面板堆石坝

以堆石体为支承结构，用钢筋混凝土作上游防渗面板的堆石坝称为混凝土面板堆石坝，简称面板坝。它由面板、垫层区、过渡区和堆石区等部分组成。面板起防渗作用，它斜躺在垫层上，顶部与 L 形挡墙相连，底部与趾板连接构成完整的防渗系统；垫层区起平整面板、避免应力集中以及减少水荷载引起的变形、辅助防渗等作用；过渡区起垫层与堆石区传力、水力过渡和保护垫层的作用；堆石区是承受水荷载的主要支撑体，要求低压缩性、高抗剪强度及较好的透水性和耐久性。

混凝土面板堆石坝对地形和地质条件都有较强的适应能力，并且施工方便、投资省、工期短、运行安全、抗震性好，因而其作为坝型选择具有很大的优势。1968 年澳大利亚成功修建了坝高 110m 的 Cethena 混凝土面板堆石坝。1980 年巴西建成了坝高 160m 的 Foz do Areia 坝。中国应用该项技术修建了目前世界上最高的水布垭混凝土面板堆石坝，坝高 233m，2011 年竣工。

由于混凝土面板堆石坝的诸多优点，使得该坝型已逐渐成为水利枢纽中坝型选择的重要坝型。

2.1.1.6　胶凝砂砾石坝及堆石混凝土坝

采用比碾压混凝土更少的胶凝材料，用土石坝施工方法而建成的坝称为胶凝砂砾石坝（见图 2.1－10）。它是在面板堆石坝和碾压混凝土重力坝基础上发展起来的一种新坝型，其断面比碾压混凝土坝大，比面板堆石坝小。胶凝砂砾石坝比碾压混凝土坝更加经济，少采用或不采用温控措施。胶凝砂砾石筑坝技术是国际上近年发展起来的新型筑坝技术，已在不少国家得到应用，如我国福建省街面水电站的下游围堰就采用了胶凝砂砾石材料。

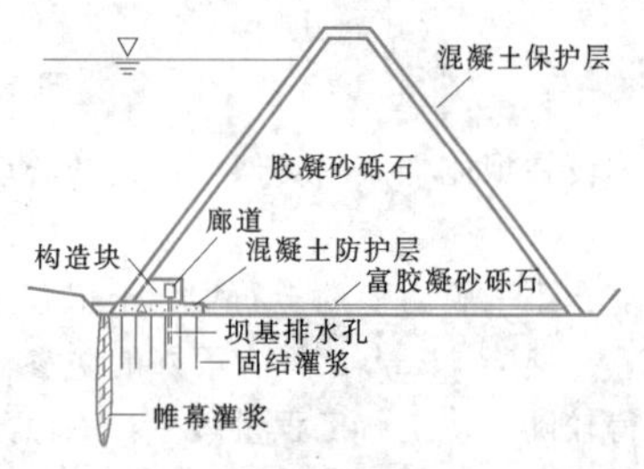

图 2.1－10　胶凝砂砾石坝断面示意图

将堆石直接入仓，再浇筑专用的自密实混凝土，利用其高流动性能，填充到堆石的空隙中，形成完整、密实、低水化热的大体积混凝土，称为堆石混凝土坝。所谓自密实混凝土（self－compacting concrete，简称 SCC）是指浇筑过程中无需施加任何振捣，仅依靠混凝土自重就能完全填充至模板内任何角落和钢筋间隙并且不发生离析泌水的混凝土。堆石混凝土筑坝技术是我国近年发展起来的新型筑坝技术，已在山西恒山水库加固工程、河南宝泉抽水蓄能电站等多个工程中应用。根据统计资料，各国已建成的此类坝有几十座，其中，日本、土耳其、希腊、多米尼加、菲律宾和中国等均开展了相关的工程研究和工程实践，并在永久工程、围堰、挡土墙、渠道的建设中得到应用。

上述两种筑坝技术具有安全可靠、经济性好、施工工艺简单、速度快、环境友好等优点，扩大了坝型选择范围，放宽了筑坝条件，丰富了以土石坝、混凝土坝、砌石坝等为主的筑坝技术体系，对我国量大面广的中小型水利水电工程建设和众多的病险工程的除险加固具有重大的意义。

2.1.1.7　灰坝及尾矿坝

灰坝是承担火电厂燃煤灰渣存储任务的挡灰（水）建筑物，是火电厂的重要组成部分之一。在储灰过程中，若因管理不善或取灰不当等，易造成坝前大量积水，如存在坝体碾压不实及防渗体破损等，将造成坝体的大范围渗漏。因此，应注意灰坝的抗渗稳定性。

尾矿坝是为堆储各种矿石尾料而建的大坝，一般先建一定高度的初期坝，待尾矿料堆积至初期坝顶时，再向上逐级修趾坝（见图2.1-11）。因尾矿料由水力冲填入库，为加速沉淀与固结，初期坝与各级趾坝宜用透水性良好的石料填筑，或在迎料面及底部设置排水带及反滤层。

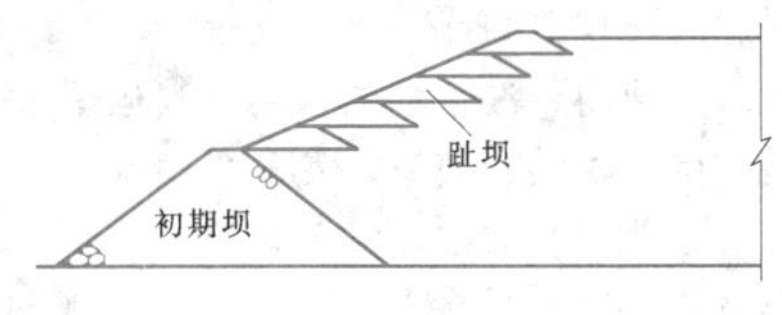

图2.1-11 尾矿坝示意图

2.1.1.8 堤防及海堤

修建在河流两岸的堤防，是防洪工程的重要组成部分，其主要作用是约束水流，抵挡风浪及抗御海潮，属于永久性挡水建筑物。它使同等流量的水深增加，流速增大，有利于输水输沙；修堤围垦或造陆，可扩大人类生产生活空间。

堤防的型式应按照因地制宜、就地取材的原则，根据堤段所在的地理位置、重要程度、堤址地质、筑堤材料、水流及风浪特性、施工条件、运用和管理要求、环境景观、工程造价等因素，经过技术经济比较，综合确定。根据筑堤材料，可选择土堤、石堤、混凝土或钢筋混凝土防洪墙、分区填筑的混合材料堤等；根据堤身断面型式，可选择斜坡式堤、直墙式堤或直斜复合式堤等；根据防渗体设计，可选择均质土堤、斜墙式或心墙式土堤等。与大坝的主要不同之处是挡水高度较小，单位长度造价低，但堤线长，地质条件复杂多样。

沿海岸以块石或条石等砌筑成陡墙形式的挡潮、防浪的堤，称为海堤，用以保护海边滩地。

目前，全国堤防总长度为41万多km，其中5级及以上堤防长度为27万多km，形成我国重要的防洪安全屏障。例如黄河下游的堤防、荆江大堤、洪泽湖大堤及钱塘江海堤等，都是全国防洪的重点工程，有的甚至是经过了数百年乃至数千年而形成的宏大工程。

2.1.1.9 施工围堰

施工围堰是保护大坝、厂房等水工建筑物在干地条件下施工的挡水建筑物，一般属临时性工程，但也常与主体工程结合而成为永久性工程的一部分。按填筑材料不同，施工围堰可分为土石围堰、混凝土围堰、草土围堰、木笼围堰、竹笼围堰、钢板桩格形围堰等；按与水流方向的相对位置，施工围堰可分横向围堰、纵向围堰；按导流期间基坑是否允许被淹没，施工围堰可分为过水围堰、不过水围堰等。过水围堰除需要满足一般围堰的基本要求外，还要满足堰顶过水的要求。

施工围堰高度视河流大小以及施工期来水而定，一般高度较低，但也有高达七八十米以上的，如三峡工程三期碾压混凝土围堰，高度达121m。施工期围堰承担挡水发电任务，按1级建筑物设计，洪水标准按百年一遇设计。

2.1.2 泄水建筑物

用以排放水库、湖泊、河渠的多余水量，防止水流决口漫溢以保证挡水建筑物和其他建筑物安全，必要时或为降低库水位乃至放空水库而设置的水工建筑物称为泄水建筑物。泄水建筑物可设于坝身（如溢流坝、坝身泄水孔等），也可设于河岸（如溢洪道、泄洪隧洞等），是水利枢纽中的重要组成建筑物。设于坝身的泄水建筑物，按其进口高程不同可布置成表孔、中孔、深孔或底孔，其中表孔泄流能力大，运行方便可靠，是溢流坝的主要型式。设于河岸的溢洪道，按地形地质和水流条件可布置成正槽溢洪道、侧槽溢洪道、竖井式溢洪道、虹吸式溢洪道和泄洪隧洞等。

泄水建筑物的设计内容主要有体型布置、孔口型式选择、断面尺寸确定以及消能防冲设计等。

2.1.2.1 溢流坝

溢流坝又称为滚水坝、溢流堰。顶部允许过水，多用混凝土或浆砌石筑成。坝顶一般做成圆滑的曲面（如WES曲线等），使水流平顺下泄，坝顶设工作闸门和检修闸门，下游面用直线与曲线相切连接，直线斜率与非溢流坝下游坡度相同，尾部用反弧与消能设施相连。坝下常用的消能方式有底流消能、挑流消能、面流消能和消力戽消能等。

2.1.2.2 坝身泄水孔（含排漂孔）

坝身泄水孔（含排漂孔）是位于水库水面以下的坝身泄水孔道，包括进口段、孔身段和出口段。按孔内流态不同，分为有压泄水孔和无压泄水孔。按其高程分，有中孔和底孔，中孔位置较高，除可供给下游用水外，常用作泄洪；底孔位置较低，由进水口、孔身段和出口消能段组成，用以调洪预泄和放空水库，或供给下游用水，或辅助泄洪及排沙，甚至兼作施工导流。

多泥沙河流的水利枢纽中为减少水库淤积而设置的坝身泄水孔（洞），可兼作排沙之用，其进口位于水库水面以下和设计淤积高程以下的适当部位，以实现最有效的排沙。布置时应考虑有效排沙和适当的运行方式，以防淤堵及防孔壁、闸门设备的磨蚀。如三峡工程 23 个底孔，孔口尺寸为 7m×9m，进口底板高程为 90.00m，采用“蓄清排浑”的运行方式，达到“门前清”的排沙效果。

除为排泄水流和泥沙布设泄水孔外，河流上游在洪水季节常带有垃圾、动物尸体等漂浮物，故在正常蓄水位处设置排漂孔，以防影响发电或造成水质污染。

2.1.2.3 河岸溢洪道

河岸溢洪道是在水利枢纽中，常布置于河岸，用以宣泄洪水、保证其他建筑物安全的泄水设施。按泄洪的情况，又可分为正常溢洪道和非常溢洪道。正常溢洪道用于平时泄洪，其型式一般有正槽式、侧槽式、竖井式、倒虹吸式等。非常溢洪道只在发生超设计标准洪水时才使用，其型式一般有漫溢式、自溃式、爆破引溃式等。

2.1.2.4 泄洪隧洞（含冲沙排沙洞）

由于地形条件的限制，且当泄量较大、布置坝身泄水建筑物泄量不够或挡水建筑物为土石坝、设岸边溢洪道有困难时，可采用在山体内开挖洞室（即泄洪隧洞）的方法宣泄水库多余水量。根据洞内流态泄洪隧洞可分为有压泄洪隧洞和无压泄洪隧洞。有压泄洪隧洞正常运行时洞内满流；无压泄洪隧洞正常运行时洞身横断面不完全充水，存在与大气接触的自由水面，故亦称明流隧洞。

泄洪隧洞是地下建筑物，其设计、建造和运行条件与承担类似任务的建于地面的水工建筑物相比，应注意地质条件、荷载特性、水流条件、施工作业以及运行排沙等方面的要求。

泄洪隧洞设计主要包括线路选择与布置、洞身的断面型式以及出口消能防冲等内容，详见《水工设计手册》（第 2 版）第 7 卷中相关的内容。

2.1.2.5 水闸

水闸是一种能调节水位、控制流量的低水头水工建筑物，具有挡水和泄（引）水的双重功能，在防洪、治涝、灌溉、供水、航运、发电等水利工程中占有重要地位，尤其在平原地区的水利建设中，更得到了广泛应用。

水闸的类型较多，按其作用可分为进水闸、拦河闸、泄水闸、排水闸、挡潮闸、分洪闸、冲沙闸等，还有排冰闸、排污闸等。实际上，几乎所有的水闸都是一闸多用的，因此水闸的分类没有严格的界限。

水闸由上游连接段、闸室和下游连接段三部分组成。

不同类型的水闸，由于建闸的目的与性质不同，故闸址选择的要求也不尽一致，其具体要求见《水工设计手册》（第 2 版）第 7 卷第 5 章。

2.1.2.6 橡胶坝

橡胶坝是用橡胶和高强锦纶纤维硫化复合而成的胶布，按要求的尺寸，锚固于底板上成封闭状，用水（气）充胀形成的袋式挡水坝（见图 2.1-12），也可起到水闸的作用。橡胶坝可升可降，既可充坝挡水，又可坍坝过流；坝高调节自如，溢流水深可以控制。橡胶坝可以起闸门、滚水坝的作用，其运用条件与水闸相似，可用于防洪、灌溉、发电、供水、航运、挡潮、地下水回灌以及城市园林美化等工程中。橡胶坝具有结构简单、抗震性能好、施工期短、操作灵活、工程造价低等优点。它是 20 世纪 50 年代末，随着高分子合成材料工业的发展而出现的一种新型水工建筑物，很快在许多国家得到了应用和发展，特别是在日本，从 1965 年至今，已建成 2500 多座，中国从 1966 年至今也建成了 400 余座。已建成的橡胶坝高度一般为 0.5～3.0m，最高的是湖北恩施清江河东门橡胶坝，高度已达 6.0m。橡胶坝的缺点是：坝袋坚固性差，橡胶材料易老化，要经常维修，易磨损，不宜在多泥沙河道上修建。

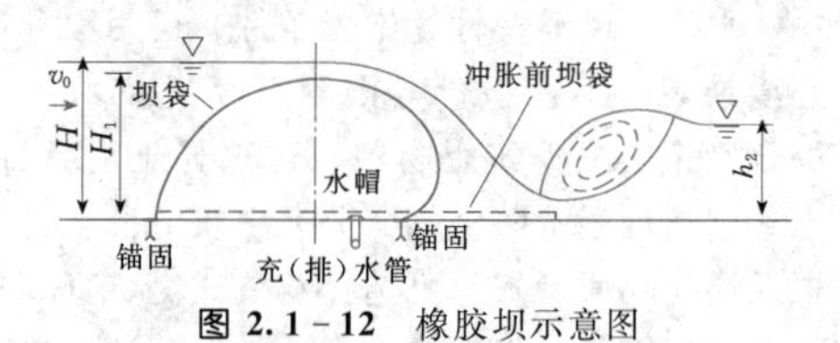

图 2.1-12 橡胶坝示意图

2.1.2.7 泄水建筑物的消能防冲

泄水建筑物的下泄水流具有较大的能量，对河床会产生强烈的冲刷。消能防冲常是泄水建筑物设计要解决的主要问题。

溢流坝坝趾、溢洪道泄槽末端以及各种泄水孔洞出口处明流的常用消能方式有底流水跃消能、挑流消能、面流消能等几类，但某些特殊水流条件下要考虑采用特殊消能方式或兼用两种消能原理的联合消能方式。

1. 底流水跃消能

底流水跃消能是在坝趾下游或闸下设消力池、消力坎等，促使水流在限定范围内产生水跃，通过水流的内部摩擦、掺气和撞击消耗能量的方式。底流水跃消能广泛适用于高、中、低水头各类泄水建筑物，如图 2.1-13 所示。

2. 挑流消能

挑流消能是高水头泄水建筑物最常用的消能方

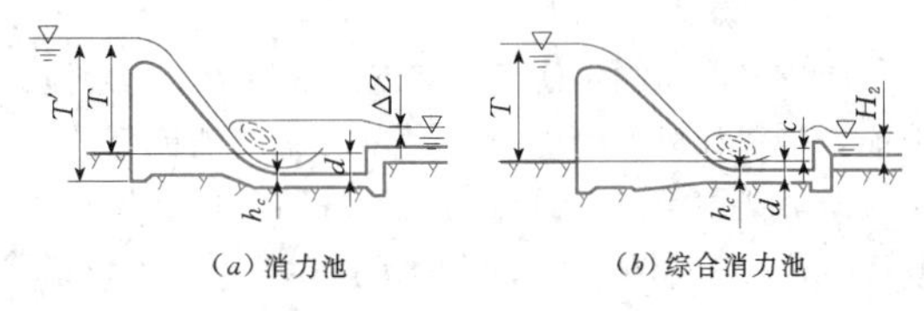

图 2.1-13 底流水跃消能方式示意图

式，它借助设于泄水流程边界末端（溢流坝趾、泄槽末、孔洞出口等）较低部位的挑流鼻坎，使已获得足够流速的急流以仰角斜射向空中，掺气扩散，而后落入与鼻坎相距较远的下游水垫，再经紊动扩散与下游水流衔接，如图 2.1-14 所示。

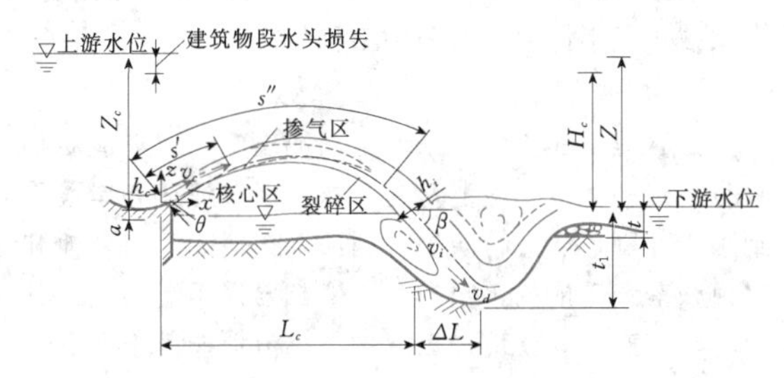

图 2.1-14 挑流消能示意图

挑坎的型式可采用连续式或差动式。为使水流尽可能纵向扩散，窄缝挑坎是一种极具特色的新型消能工。1954 年，葡萄牙高 134m 的卡勃利尔（Cabril）拱坝的泄洪洞首次采用这种收缩式鼻坎，20 世纪六七十年代，伊朗、西班牙、法国等国家的很多高水头溢洪道相继采用，80 年代，我国在东江、东风、龙羊峡等高拱坝枢纽也成功地采用了这种消能工。

3. 面流消能

面流消能也是坝下消能的基本方式，但实用不如底流水跃消能、挑流消能广。面流消能可分两类：跌坎面流消能和戽斗面流消能，如图 2.1-15 所示。

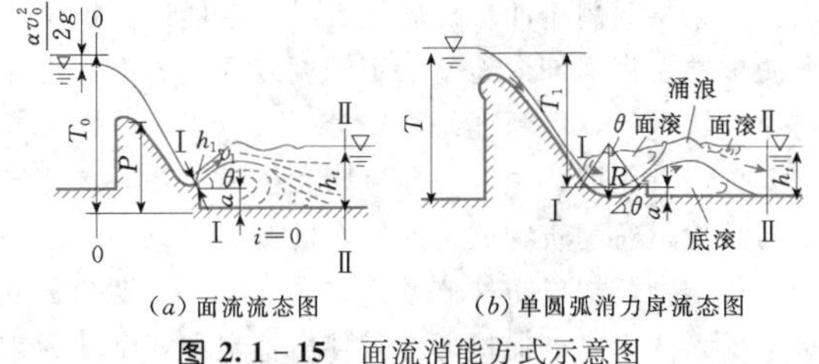

图 2.1-15 面流消能方式示意图

面流消能方式适用的条件较底流水跃消能和挑流消能苛刻，需下游尾水较丰，且水位变幅不大；单宽流量可较大，但上下游水位差不大；下游较长距离内对波浪的限制不严；岸坡稳定性和抗冲能力较好；对下游通航要求不高，可省去建造消力池的费用。我国早期建造的七里垅、西津水电站都采用了坝下面流消能方式，但之后的运行表明，下游波浪问题较严重，属当初设计估计不足。较晚建造的石泉水电站溢流坝，经过多家的试验研究和较充分的论证，最后采用了 45°挑角的单圆弧大戽斗面流消能，建成后运行情况良好。

跌坎面流消能有利于排放漂浮物。龚嘴水电站溢流坝采用面流消能的重要原因就是，便于汛期大量漂木集中过坝。

4. 水垫塘消能

水垫塘消能是在坝趾下游以二道坝蓄水形成水垫，当坝身泄洪孔口水流跌落水垫时，通过淹没冲击射流的扩散作用，使入射水舌在水垫塘内实现动能扩散和水舌冲击分流，在此过程中形成强烈的紊动掺混，消煞能量。该消能方式多在深窄峡谷修建高拱坝时采用。采用水垫塘消能，应使多股入塘水舌在塘内落点合理分布，以提高消能效果和获得良好流态。为使泄流水舌能达到纵向分层、横向扩散、空中碰撞、入水归槽等运行效果，应做好泄水建筑物体型的优化设计，并在此基础上，对水垫塘的深度、长度、底板稳定性等做出合理的选择。我国的二滩、漫湾和溪洛渡等高拱坝，均采用了水垫塘消能型式。

5. 空中对撞消能

空中对撞消能是利用不同高程出流口水股在空中对撞消耗能量的消能型式。如拱坝枢纽布置在两侧的滑雪道，泄流时在空中对撞即可达到消能作用。碰撞后密实集中的水流分散成多股水流下落，从而减轻对下游河床的冲刷（我国东江等水电站即采用该种消能型式）。此外，也可设置高低坎上下挑流型式进行对撞消能，其目的都是为了加强空中的消能作用。流溪河拱坝是我国较早采用高低坎空中对撞消能的实例，它使入水最大流速由 30m/s 降低到 20m/s，对防止下游河床的冲刷有明显的效果。

6. 宽尾墩联合消能

宽尾墩是指墩尾加宽成尾翼状的闸墩（见图 2.1-16），是我国首创的墩型。宽尾墩本身不独立工作，但一系列宽尾墩作为溢流坝闸墩而与底流、挑流或戽流消能组成联合消能，运行后就会产生极佳的水力特性和消能效果。由于过水宽度沿程收缩，墩壁转折对急流的干扰交汇，形成冲击波和水翅，使坝面水深增加 2～3 倍，与空气接触面增加，掺气量相应增大。在宽尾墩作用下，包括水冠在内的挑流水股总厚度达到常规闸墩下挑射水股厚度的 4～5 倍，纵向扩散长度也增大，加上大量掺气，使下游水垫单位面积入水动能减小，从而可减轻对河床的冲刷。在某些情况下，为防止冲刷岸坡，还可采用不对称宽尾墩。

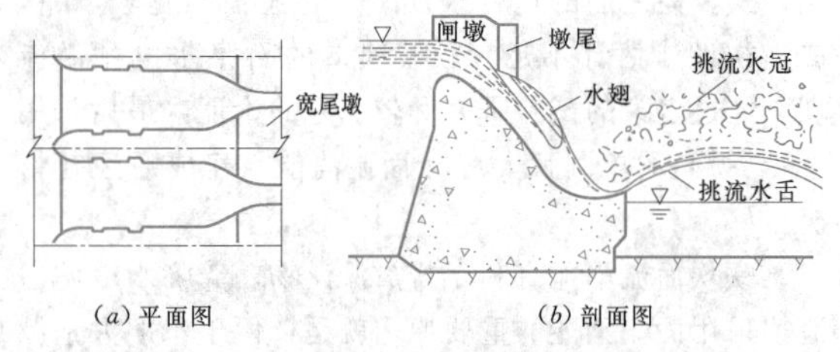

图 2.1-16　宽尾墩挑流式溢流坝水流流态

汉江安康工程坝高128m，建于较软弱的千枚岩上，最大泄洪流量达35430m³/s，泄洪消能成为枢纽布置中最困难的问题。经过多年多方案的试验研究和比较，最后选用了在表孔坝段设宽尾墩与坝下消力池结合的方案，消能效率很高，并使消力池长度缩短1/3。

7. 有压泄水隧洞洞内孔板消能

高水头大流量水利枢纽（尤其是土石坝枢纽）多设河岸泄洪隧洞，特别是利用导流隧洞改建的永久性有压泄洪洞，由于洞身高程低，洞内水头大、流速高，应设法进行洞内消能。而洞内消能可有多种布置型式，从原理上说，利用过水断面的改变，使高速水流通过突然收缩和突然扩散，产生回流旋滚，借主流与回流间的紊动剪切消能。

采用洞内消能，过水能力会有所降低。当将高流速、高水头的削减视为首要解决的问题时，过水能力问题就处于次要地位了。研究表明，洞内消能可采用单级或多级孔板型式，且多级孔板消能效果更好。

黄河小浪底水利枢纽是一座坝高154m的土石坝枢纽，因泄洪流量大，在左岸布置了9条泄洪排沙隧洞和1座溢洪道，其中3条由导流洞改建的泄洪洞有压段就采用了洞内多级孔板消能。导流洞原内径D=14.5m，孔板内径d=10m，孔板共4级，其布置及构造如图2.1-17所示。

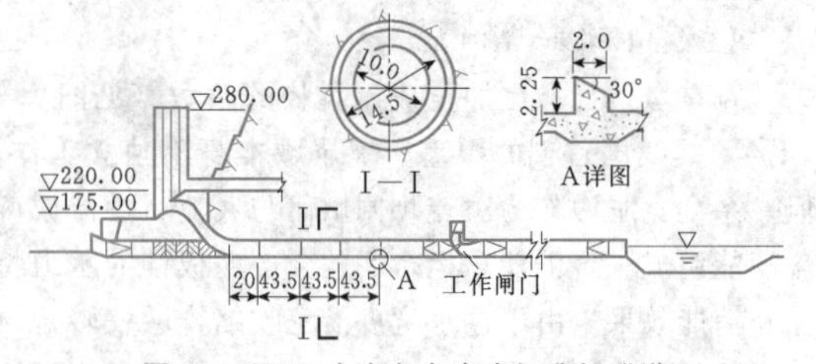

图 2.1-17　小浪底水库多级孔板泄洪隧洞示意图（单位：m）

由于孔板消能用于高水头大型工程尚属首创，加之泄洪运行时通过的是含沙高速水流，未知因素很多，故不少单位对此进行了模型试验研究。小浪底工程在已建的碧口水电站排沙洞中专门增建了二级孔板，作为孔板泄洪洞的大比尺试验洞。

8. 旋流式内消能

旋流式内消能包括竖井旋流式消能和水平旋流式消能，是一种新型消能方式。在旋流式消能型式中，水流既沿泄洪洞向下游流动，又沿轴向做旋转运动，并形成稳定的气腔，在有效的设计体型下，可以消除大部分的水流能量。公伯峡工程采用的水平旋流消能泄洪洞内体型结构包括淹没流进水口、竖井环形掺气坎、起旋室及导流坎、起旋室后收缩环、旋流洞、水垫塘及其末端流线型收缩墩等。水流经过消能以后，泄洪洞出口流速仅7～9m/s，洞内消能率为85%左右，泄洪洞内水流流态平稳，出口水流与河道衔接平顺，避免了高速水流对下游河道的冲刷及雾化问题，大大减小了下游河道的防护工程量。

9. 防冲措施

尽管泄水建筑物都采取了消能设施，但消能后仍具有一定的能量，使泄水建筑物上下游河床和岸坡受到水流冲刷，需进行防护。利用水跃消能的消力池和自由跌落式消能的水垫塘，一般都要采用混凝土或其他材料将底部和岸坡加以保护。挑流消能由于冲刷坑远离坝脚，常不采取专门防护设施。软土地基上的闸坝，其下游一般都有护坦、海漫、防冲槽和护岸及其他防护设施，在需要处进行保护。

护坦的型式和尺寸，可根据水力学计算和水力模型试验确定。有时，为加强消能效果，护坦上还加设各种消力墩、消力槛，甚至二道坝等。

海漫是设在护坦下游，用以调整水流消除剩余能量的柔性或刚性防冲结构，通常是采用各种型式的混凝土块体、干砌块石、铅丝笼等。这种结构能随河床的被淘刷而下沉，并仍不失其护底作用。

防冲槽是设在海漫末端、呈槽形并抛填石块的护底工程。万一下游河床遭受冲刷，可借以支持和保护海漫免遭淘刷坍毁；床面下降时，抛石还可摊开，形成护底，从而制止冲坑扩展。有时，在坝趾、护坦或海漫末端设齿墙伸入地基一定深度或至基岩面，也能防止冲坑下淘，保证建筑物安全。

翼墙、刺墙、边墙、导流墙和护岸等是泄水建筑物与其他枢纽建筑物或边岸结合的连接建筑物，并与护底相结合，构成防冲体系。在拱坝坝身泄洪孔下的水垫塘，两岸岸坡保护通常对坝肩稳定和安全甚为重要。除工程措施外，泄水建筑物的调度，闸门启闭的数目、程序和开度的控制等管理措施，对减轻河床的冲刷、防止折冲水流等都有重要作用。

2.1.3　输（引）水建筑物

为满足灌溉、发电、城市或工业供水等要求，将水从水源输送到目的地而修建的水工建筑物称为输

(引）水建筑物。如输水渠道、管道、隧洞以及渠道穿越河流、洼地、山谷的交叉建筑物（如渡槽、倒虹吸管、输水涵洞）等。其中直接自水源输水的称为引水建筑物。如引水隧洞、渠道等。

输水建筑物的设计应满足水流条件的要求，具有足够的强度和稳定性，且应力求结构简单、施工方便、有利于运行和管理、造价低、外形美观等。

输水建筑物历史悠久，战国时期就有著名的大型灌溉渠道引漳十二渠和郑国渠。目前，已开工建设的南水北调工程是世界上首屈一指的巨型跨流域调水工程。

2.1.3.1 渠道

渠道是一种广为采用的输水建筑物。按其作用可分为灌溉渠道、排水渠道（沟)、航运渠道、发电渠道以及综合利用渠道等。为了综合利用水利资源和充分发挥渠道效用，应力求使渠道能够综合利用。

渠道设计的主要任务是在给定设计流量之后，选择渠道线路和确定断面尺寸。渠道线路选择是渠道设计的关键，应综合考虑地质、地形、施工条件等因素；渠道断面的形状有梯形、多边形、矩形、抛物线形和半圆形等，断面尺寸由水力计算确定（见图 2.1-18 和图 2.1-19)。在方案选择时，还要考虑渠道的不冲、不淤、不长草流速等条件，进行技术经济比较，以选择最优方案。

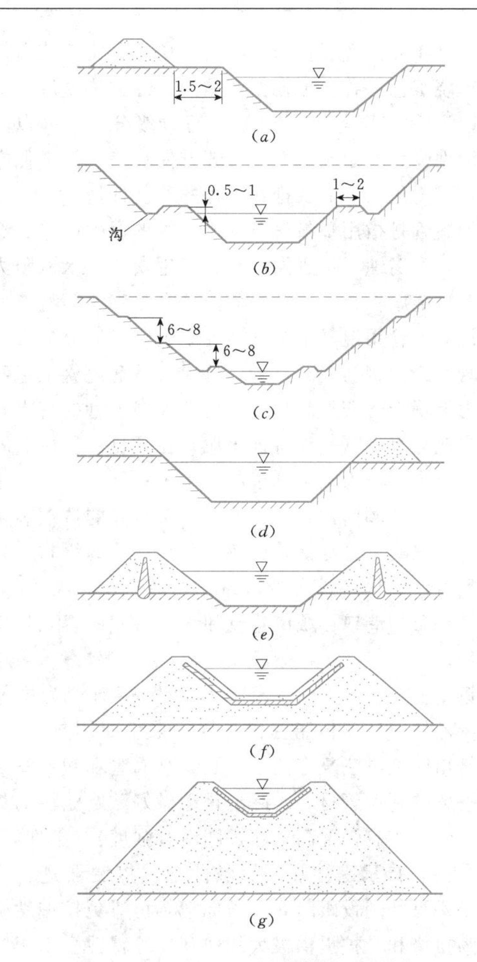

图 2.1-18 平坦地区渠道横断面（单位：m)

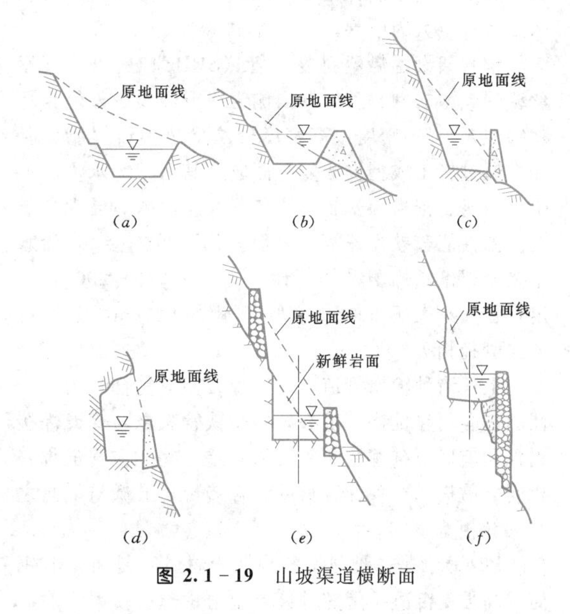

图 2.1-19 山坡渠道横断面

2.1.3.2 输水管道

常用的管道有金属管、非金属管和复合管三大类。金属管又分普通焊接钢管和离心球墨铸铁管；非金属管有各种玻璃钢管、塑料管和混凝土管；复合管有钢塑复合压力管和各种钢骨架塑料复合管（如钢骨架聚乙烯塑料复合管等)。近几年来，又出现了一种预应力钢筒混凝土管（prestressed concrete cylinder pipe，简称 PCCP)。

普通焊接钢管（SP）的最大优点是力学和机械性能优越、强度高、承压大，最大缺点是不耐腐蚀，故必须对内、外壁做防腐涂层，且在计算壁厚时，应考虑 2mm 厚腐蚀余量。钢管防腐质量，尤其是现场焊缝防腐质量，对安全运行和使用寿命均影响较大。

离心球墨铸铁管的主要成分有碳、硅、锰、硫、磷和镁等。按铸造方法不同，可分为连续球墨铸铁管和离心球墨铸铁管。离心球墨铸铁管采用代拉伏法水冷金属型离心机铸造成型。浇铸时需在进口端加入硅钙合金作孕育处理，每次浇铸完毕后，需要在铸型内表面用压缩空气喷涂一层薄薄的干硅钙粉。

玻璃钢管也称玻璃纤维缠绕夹砂管（RPM 管)。主要以玻璃纤维及其制品为增强材料，以高分子成分的不饱和聚酯树脂、环氧树脂等为基体材料，以石英砂及碳酸钙等无机非金属颗粒材料为填料作为主要原料。其制作方法有定长缠绕工艺、离心浇铸工艺以及连续缠绕工艺三种。可根据产品的工艺方法、压力等级（PN）和刚度等级（SN）进行分级分类，并以其耐腐蚀性强、输送流量大、安装方便和综合投资低等优点，成为化工行业及排水工程的最佳选择。

塑料管是指用塑料材质制成的管的通称，它具有自重轻、耐腐蚀、耐压强度高、卫生安全、水流阻力小、节省金属材料、使用寿命长、安全方便等特点。

混凝土管用混凝土或钢筋混凝土制成。分为素混凝土管、普通钢筋混凝土管、自应力钢筋混凝土管和预应力混凝土管四类。自应力钢筋混凝土管的特点是利用自应力水泥（一种特种水泥）在硬化过程中的膨胀作用产生预应力，简化了制造工艺；预应力混凝土管配有纵向和环向预应力钢筋，具有较高的抗裂和抗渗能力。混凝土管与钢管比较，可大量节约钢材，延长使用寿命且建厂投资少、铺设安装方便，在工厂、矿山、油田、港口、城市建设和水利工程中得到广泛的应用。

钢塑复合压力管（PSP）是以焊接钢管为中间层，聚乙烯或环氧树脂为内外层，采用专用热熔胶，通过挤出成型方法复合而成，是集金属管和塑料管优点为一体的新型管材。实际上是已做好防腐涂层的焊接钢管。它具有强度高（超过塑料管强度）、刚性好、抗冲击性和自示踪性强（用磁性金属探测器进行寻踪，不必另外埋设跟踪或保护标记，可避免挖掘性破坏，为抢修和维护提供极大的便利）等特性。由于防腐质量上乘，涂层光滑，其耐腐蚀性能大幅度提高，水力特性也大为改善。

钢骨架聚乙烯塑料复合管（SRPE）是以低碳钢丝绕焊成型的网状骨架（内侧为线形经线、外侧为环状纬线），以中密度或高密度聚乙烯热塑料树脂为基体，通过挤出成型方法复合而成，其力学、水力、卫生、防腐、密封、安装、抗震等性能优越，最大缺点是耐温性能较差。该管材一般采用热熔连接，《给水用钢骨架聚乙烯塑料复合管》（CJ/T 123—2004）规定，管径不大于600mm、管长不大于12m，公称压力与管径相关。

上述诸种输水管道中，钢骨架塑料复合管的综合性能占有明显优势，离心球墨铸铁管次之，普通焊接钢管和玻璃纤维缠绕夹砂管相对差一些。在管道规格相同的前提下，各种管材的综合造价，最低与最高之间大约相差50%。

PCCP管是一种新型的刚性管材。它是将带有钢筒的高强度混凝土管芯缠绕预应力钢丝，喷以水泥砂浆保护层，采用钢制承插口（承插口由凹槽和胶圈形成了滑动式胶圈的柔性接头），与钢筒焊在一起，是钢板、混凝土、高强钢丝和水泥砂浆几种材料组合而成的复合结构，具有钢材和混凝土各自的特性。根据钢筒在管芯中位置的不同，可分为内衬式预应力钢筒混凝土管（PCCPL）和埋置式预应力钢筒混凝土管（PCCPE）两种。PCCP管具有合理的复合结构，可承受较高的内外压，同时具有接头密封性好、抗震能力强、施工方便快捷、防腐性能好、维护方便等特性，广泛应用于长距离输水干线、城市供水工程、工业有压输水管线、电厂循环水工程下水管道、压力排污干管等。我国应用PCCP管的水利工程有：大伙房引水工程、南水北调工程中线北京段、山西万家寨引黄工程、深圳东部引水工程、哈尔滨磨盘山引水工程等。

长距离有压管道输水需考虑非恒定水流影响，必要时需考虑增建平压建筑物。

在输水管道工程中，管道占投资的比重很大，故管材的选择应根据工程的具体情况，从技术、经济、安全、工期等多方面进行分析比较，综合平衡后确定。一般选择管材的原则如下：①根据建设项目的重要程度、输水距离、敷设根数、管道规格、压力大小、外部荷载、地质地形、地震烈度、管材性能以及有无调节设施等，经综合分析后确定；②在满足安全耐久、经济合理、环保卫生、节约电能、接口可靠、施工方便、维护容易的前提下，力争体现“以塑代钢、节约钢材”的精神，与国家的产业政策相一致；③兼顾市场供应、建设工期、运输距离、施工季节等因素。

1. 管径的选择

管道本身的投资大小，一方面由所用材料决定，另一方面就由管道管径大小决定。管径越大，一次性投资的比例越高，相对来说管路的阻力也越小，可节省电能及运行费用。因此，确定管径的合理尺寸是一项十分重要的工作。

2. 管道的压力

管道的压力不同会影响到对管道材料抗压能力的选择，长距离输水管道在每个工作段的压力均不同。可根据管道每个工作段的压力大小，选择适合的管材。而管材的价格通常与抗压能力成正比。因此，确定合适的压力值、选择合适的管材，可使工程更经济。

此外，温度变化和管道埋深等因素，都会影响对管道材料和壁厚的选择。

2.1.3.3　交叉建筑物

渠道与河道、洼地、山梁、道路等相交时所修建的水工建筑物称为交叉建筑物。按相交的空间位置不同可分为平交建筑物和立交建筑物。常用的平交建筑物有滚水坝、水闸等；立交建筑物有渡槽、倒虹吸管、涵洞、隧洞以及跨越渠道的桥梁等。当渠道与另一水道底部高程接近或相等时，多采用平交建筑物，当两者高差较大时，多采用立交建筑物。影响立交建筑物型式选择的因素很多，有地形地质条件、输水流量大小、相对高程差、施工难易程度以及工程量和造价等，设计时，应综合分析比较，选择最优方案，以节省投资。

1. 渡槽

渡槽是为输送渠水跨越渠道、河流、溪谷、洼地及交通道路等而修建的一种交叉建筑物。其主要作用是输送渠道水流，有时也用于通航、排洪、排沙及导流等。渡槽通常由进口、槽身、出口及支承结构等部分组成，进出口将槽身与两端渠道连接起来，如图 2.1-20 所示。渡槽的分类方法较多，按所用材料不同分为木、砖石、混凝土、钢筋混凝土、钢丝网水泥等；

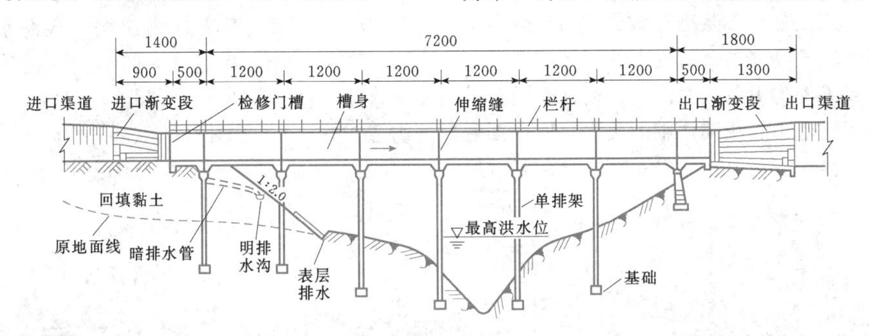

图 2.1-20 渡槽纵剖面图（单位：cm）

按施工方法不同分为现浇整体式和预制装配式等；按支承结构型式不同分为梁式、拱式、桁架拱式、桁架梁式以及斜拉式等，常用的有梁式和拱式两种；按断面形状不同分为矩形、U形、梯形、半圆形、抛物线形、半椭圆形和圆管形，工程中常用矩形和U形两种。渡槽的设计内容包括总体布置、选择槽身断面型式和支承结构型式、水力结构计算等。设计时要通盘考虑，使其既安全可靠又经济耐用、美观大方。

2. 倒虹吸管

倒虹吸管是为输送渠道水流穿过河流、溪谷、洼地及交通道路或另一渠道而设置于地面或地下的压力管道，形状似倒置的虹吸管。适用于交叉高差不大，做渡槽有碍洪水宣泄和车辆、船只通行，或高差虽然较大，但采用渡槽不经济合理的场合。倒虹吸管一般由进口、管身、出口三部分组成（见图 2.1-21）。进口包括进水口、闸门、启闭台、拦污栅、渐变段等；

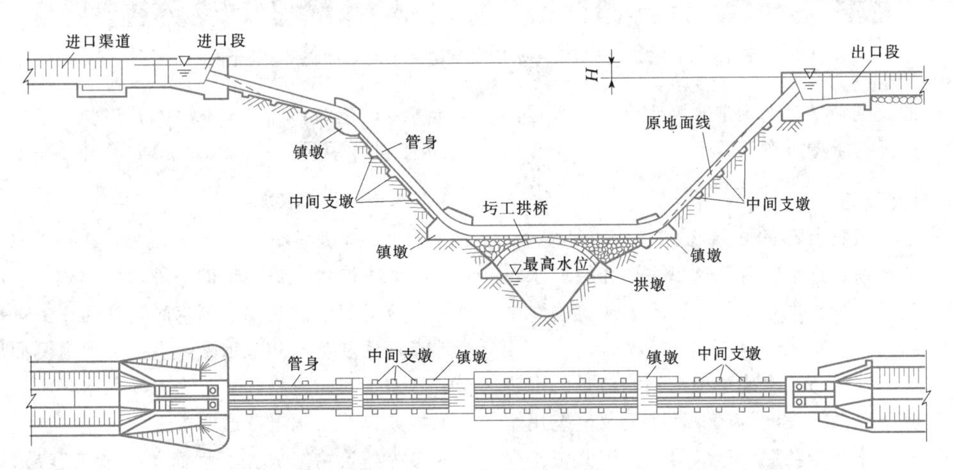

图 2.1-21 桥式倒虹吸管

管身一般沿地面布置以减少开挖工程量，变坡时设镇墩，管身断面一般采用圆形，也可做成矩形或城门洞形，用钢筋混凝土或预应力钢筋混凝土制成，水头较小时也可用砖石、素混凝土建造；出口除在渐变段底部设消力池外，其余布置与进口基本相同。根据地形、交叉建筑物高差及承压水头大小，可采用斜管式倒虹吸管、竖井式倒虹吸管以及桥式倒虹吸管、爬地式倒虹吸管等型式，视具体条件选用。

3. 涵洞

涵洞分有压和无压两种。有压涵洞多采用钢筋混凝土管或铸铁管，适用于内水压力较大、上部填方较厚的情况。无压涵洞常见的有盖板式、箱式与拱式等。盖板式涵洞是用砖石做成两道侧墙，上部用石料或混凝土盖板，施工简单，适用于土压力不大、跨度在 1m 左右的情况。箱式涵洞多为四面封闭的钢筋混凝土结构，静力工作条件好，适应地基不均匀沉陷的性能强，适用于无压或低压的情况。上述两种涵洞若泄流量大，可采用双孔或多孔。拱式涵洞也有单孔和多孔等型式，常用混凝土或浆砌石做成，因其受力条件较好，适用于填土高度高及跨度大的无压涵洞。

当渠道跨越不深的山谷或沟溪时，通常采用填方渠道，此时为了排泄山谷或溪沟中的雨水，应在渠底填方中修建排水涵洞。斗渠和农渠首部的分水闸（通常称为斗门或农门），因过流量很小，常用预制涵管代替开敞式水闸。

4. “上槽下洞”

“上槽下洞”是两水系不能平交且采用渡槽型式不能满足要求的情况下所用的一种交叉建筑物。如淮河入海水道与京杭大运河交叉时，设计采用了“上槽下洞”的立交型式（见图 2.1-22）。该立交工程始建于 2001 年 1 月，建成于 2003 年 10 月，设计流量 2270m³/s。大运河方向为渡槽，入海水道方向为涵洞，15 孔，单孔净宽 6.8m，高 8m，总宽 122.48m，顺水流方向长 108.6m。启闭机共有 5 台，其型式均为 QPPY—2×125kN—8.5m 液压型，启闭能力为 250kN；闸门结构型式为潜孔式平面定轮钢闸门。此后相继建成的太湖流域望虞河泄水河道和京杭大运河立交，都采用了“上槽下洞”式。

图 2.1-22　淮河入海水道与京杭大运河立体交叉实景图

2.1.4　取水建筑物

位于引水建筑物首部的建筑物称为取水建筑物。如取水口、扬水站、进水闸等。这里主要介绍取水口和扬水站，进水闸参见本章“2.1.2 泄水建筑物”中“水闸”的内容。

取水口就是从河道或水库中引取适当流量的水进入渠道，以满足灌溉、发电、工业、生活及生态用水等的需要，并防止粗颗粒泥沙进入渠道。因其位于渠道的首部，故又称为渠首工程。

从河道取水通常有两种方式，一是自流取水，二是提水取水。自流取水又分为无坝取水和有坝取水两种，无坝取水没有拦河建筑物，有坝取水需建壅水坝或拦河闸、进水闸、防沙及冲沙设施等。在综合利用的有坝取水枢纽中，还可能有船闸、电站、鱼道、筏道等专门建筑物［见本章“2.1.5 水电站建筑物”和《水工设计手册》（第 2 版）第 8 卷］。

2.1.4.1　自流取水

1. 无坝取水

无坝取水是最简单的一种取水方式。当河道的水位和流量都能满足取水要求时，在河岸上选择适宜的地点，建取水口和取水渠，直接从河道侧面取水，不需修建拦河建筑物，故称为无坝取水，所建工程称为无坝渠首。无坝渠首通常由进水闸、沉沙池、泄水排沙渠等建筑物组成。工程简单、施工容易、投资省、收效快，且对河床演变影响小，与航运、渔业、过木等其他用水部门的矛盾也较少，因此，在我国应用较广。通常无坝取水适用于枯水期的水位和流量均能满足要求的河流，尤其是在大江、大河的上游或山区河流上采用较多。无坝取水受下列诸因素的影响较大，在设计中必须加以注意。

(1) 受河道水位涨落影响较大。在枯水期，由于天然河道中的水位较低，可能无法引取所需水量，不能满足供水要求，取水保证率较低。在汛期，河道中水位高，含沙量也大，因此，渠首的结构布置既要适应河水涨落的变化，还需采取必要的防沙措施。

(2) 受河床稳定性的影响较大。若取水口处的河床不稳定，就会引起主流摆动。一旦主流远离取水口，就会导致取水口的淤积，使引水不畅，严重时会使取水口被泥沙埋没而报废。因此，在不稳定河流上取水，应谨慎选择取水口的位置，务必使取水口靠近主流，并对床势变化加以观察，必要时应加以整治，以防河床变迁。

(3) 水流转弯的影响。从河床直段的侧面取水时，由于水流的转弯，产生强烈的横向环流，使取水口发生冲刷和淤积。试验表明，水流转弯产生的横向环流，会使表层水流与底层水流发生分离，进入取水口的底层水流宽度大于表层水流宽度，大量推移质泥沙随底流进入渠道，并随引水率（引水流量与河道流量的比值）的增大而增大。当引水率达50%时，河道中的底沙几乎全部进入渠道。因此，国外有的规范规定，引水率不得超过1/4～1/3，我国河套地区的经验认为，引水率不宜大于20%～30%。

2. 有坝取水

有坝取水是当天然河道的水位、流量不能满足用水要求时，就必须在河道适当的地点修建拦河坝（闸），以抬高水位，保证能够引取所需的水量，提高工作可靠性，有坝取水所建工程也称为有坝渠首。

与无坝取水相比，虽然有坝取水工程费用较高，但提高了取水保证率，且便于取水防沙和综合利用，故在我国使用较广。

有坝取水枢纽中的拦河闸（坝）虽然有利于控制河道的水位，但也破坏了天然河道的自然状态，改变了水流、泥沙运动的规律，尤其是在多泥沙河流上，会引起渠首附近上下游河道的变化，影响渠首的正常运行，因此在设计中也必须加以注意。

(1) 对上游河道的影响。上游河道淤积是有坝取水的普遍现象。这是由于上游水位抬高，水流速度减小，水流的挟沙能力相应降低，故造成淤积。这种淤积发展很快，尤其是在多泥沙河流上，往往在1～2年内，甚至经过一次洪水就可能将坝前淤平。这对渠首的工作十分不利，会恶化渠首的工作状态。

拦河坝淤平后，即失去对主流的控制作用，进水闸处于无坝取水的工作状态，不仅使渠首取水得不到保证，而且由于主流的摆动，加剧了上游河岸的冲刷变形，甚至使主流改道，导致工程的失败。此外，拦河坝淤平后，还增加了上游水位的壅高。

(2) 对下游河道的影响。拦河闸（坝）的存在，影响了下泄水流的含沙量，因此引起下游河道的冲刷和淤积。冲刷常发生在有坝渠首的运行初期，大量的泥沙在上游淤积后，下泄水流的含沙量较低，故对下游河道造成冲刷；淤积则发生在渠首的运用期，在上游河道淤高，拦河坝淤平后，下泄水流含沙量增大。加之下游河道流量减小，水流的挟沙能力降低，促使下游河道的淤积，严重时甚至会将拦河闸（坝）淹没。

因此，在进行渠首设计时，应充分注意渠首的工作特点，合理布置枢纽中的建筑物，以保证渠首正常工作。

2.1.4.2 提水取水（泵站）

提水取水适用于水源水位低于需水部门的情形，通过水泵将水提至一定高度后由输水渠道或管道输引至目的地。输水建筑物的内容前已述及，这里主要介绍提水用的水泵及泵房。

对用于灌溉的提水泵站，应根据灌溉面积、土壤类型及分布、农作物的灌溉定额和设计标准等要求，确定提水流量、泵型和扬程等；对用于工业和城市供水的泵站，应根据需水部门的规模，确定流量等参数。

水泵的类型有离心泵、混流泵和轴流泵三种，各适用于不同的场合。

泵房是泵站的主体建筑物，设计时应遵循以下原则：①在满足设备安装、检修及安全运行的前提下，机房尺寸和布置应尽量紧凑；②机房在各种工作条件下应满足稳定要求，构件应满足强度和刚度要求，抗震性能要好；③充分满足通风、散热、采光、防火及低噪声要求；④保证水下部分及输水结构不渗水、不漏水；⑤节省三材、减少投资；⑥整齐美观。

泵房结构有多种型式，它们与所选择的水泵及动力机类型和构造、水源水位变化、站址地基条件、枢纽布置、施工条件以及采用的建筑材料等因素有关。因此，归纳起来，泵房结构可分为固定式和浮动式两大类，其中固定式泵房按其基础及水下结构的特点，又可分为分基式、干室式、湿室式及块基型等四种基本型式，详见《水工设计手册》（第2版）第9卷第6章。

2.1.5 水电站建筑物

典型的水电站枢纽一般包括挡水建筑物（见本章2.1.1）、泄水建筑物（见本章2.1.2）、进水建筑物、引水建筑物、平水建筑物［调压井（塔）］、水电站厂房枢纽［发电、变电和配电建筑物（主厂房、副厂房、变压器场及开关站）］以及尾水建筑物。坝式开发的水电站，主要靠挡水建筑物集中水头，泄水建筑物是防止上游来水过多过大为保证挡水及其他建筑物的安全而设置的。引水式开发的水电站，也可由挡水建筑物提高部分水头，其余水头由引水获得。混合式开发的水电站，需要挡水建筑物提供一定的水头。

抽水蓄能电站是利用水能发电的另一种开发方式，它是利用电网负荷低时的多余电能抽水至上水库，在电力负荷高峰时再放水至下水库发电的水电站。抽水蓄能电站可提高电网供电的可靠性和供电质量。

2.1.5.1 进水建筑物

进水建筑物的功能是把河流中或水库中的水，通过进水建筑物引入厂房。对进水建筑物的基本要求是：在任何工作水位下均能保证发电所需的水量；水流平顺，水头损失小；防止泥沙、漂浮物进入输水道；能控制流量。

根据进水建筑物布置的部位，可分为开敞式进水口和深式进水口。通常称的进水口多指深式进水口。

2.1.5.2 引水建筑物

引水建筑物又称为输水建筑物，用以把水送至厂房。主要由动力渠道和压力水管等组成。

1. 动力渠道

水电站的引水渠道亦称为动力渠道，它的主要作用是输水发电，有时也兼顾灌溉、给水、航运等综合利用的要求。因此，它必须具有足够的输水能力，应能防冲、防淤和减少渗流损失，还应具有能放空检修的功能。

2. 隧洞

当引水建筑物由于地形、地质等条件的限制，不宜采用渠道，或采用隧洞能显著地缩短引水道的长度，或可以兼顾其他功能时（如施工前期的泄水或导流），常采用隧洞。

水力发电的引水隧洞通常采用圆形有压隧洞。其原因是：圆形断面湿周最小，沿程水头损失也最小，同时又适宜承受内、外水压力及其他荷载，施工也较方便。由于发电隧洞要承受巨大的荷载，通常要进行衬砌（钢筋混凝土或钢板），同时由于减小了洞壁的糙率，从而也减小了水头损失。

3. 压力水管

压力水管是指从压力前池、调压室或直接从水库将水流引入水轮机的水管。它的特点是坡陡、内水压力大，而且要承受水锤的动水压力，因此压力水管必须安全可靠。

压力水管的布置有三种基本类型，即坝内埋管、地下埋管和地面明管。根据水电站的实际情况，压力水管的供水方式可分为单元供水、联合供水和分组供水。

2.1.5.3 调压井（塔）

调压井（塔）是一种典型的平水建筑物，用于反射水锤波，减小压力管道中的水锤压力，限制水锤压力向引水道或尾水道传播，并改善机组在负荷变化时的运行条件。

根据调压井与厂房的相对位置不同，可以分为引水调压井（上游调压井）、尾水调压井（下游调压井）、上下游双调压井及上游双调压井。按水力特性，调压井可以分为简单式调压井、阻抗式调压井、双室式调压井、溢流式调压井、差动式调压井、气垫式调压室等。

布置调压井（塔）时，其位置宜靠近厂房，以缩短压力钢管的长度，并结合地形、地质、压力水道布置等因素进行技术经济分析比较；布设在地下的调压井，应避开不利的地质条件，以减轻水电站运行后渗水对围岩及边坡稳定的不利影响；需增设副调压井时，其位置宜靠近主调压井。图2.1-23为引水式电站调压井位置示意图。

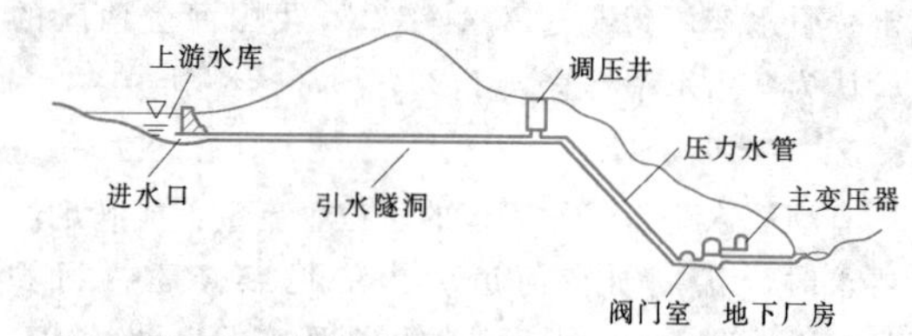

图2.1-23 引水式电站调压井位置示意图

调压井选型的基本原则如下：能有效地反射由压力管道传来的水锤波；调压井的工作必须是稳定的，水位波动迅速衰减；在正常运转时经过调压井与压力水道连接处的水头损失较小；结构简单，经济合理，施工方便。

2.1.5.4 水电站厂房枢纽

水电站厂房枢纽是将水能转换为电能的生产场所，它是水（水工）、机（机械）、电（电气）的综合体。要求通过一系列的工程措施，合理、经济地布置各种主、辅设备，并能便于施工、安装和检修，以及为运行人员创造良好的工作条件。

水电站的厂房枢纽一般可分为厂房和变电站两大部分。厂房是发电建筑物，又可分为主厂房和副厂房；变电、配电建筑物又可分为主变场和开关站（亦称为室外高压配电开关站）。

2.1.5.5 尾水建筑物

尾水建筑物是指水电站厂房至下游河道的输水建

筑物。随着我国西部大开发战略的实施，狭窄河谷高坝大库不断涌现，地下厂房已成为众多大型水利工程的首选。但由于地下厂房的尾水管长度较长，水电站运行水流需满足电网需要而呈非恒定状态。因此，尾水建筑物除满足一般输水建筑物的要求外，还应满足机组丢弃负荷产生的负水击压强以及尾水管进口断面的最小绝对压力不超过规范要求。因此，将尾水洞设计成变顶高型式，其特点是洞顶以某一坡度上翘，当下游水位低于尾水洞出口顶高时，尾水洞中水流被分成满流段和明流段。下游处于低水位时，水轮机的淹没水深比较小，但明流段长，满流段短。随着下游水位升高，尽管明流段的长度逐渐减短，满流段的长度逐渐增长，负水击越来越大，但水轮机的淹没水深逐渐加大，且满流段的平均流速也逐渐减小，正负两方面的作用可相互抵消。变顶高尾水洞的工作原理是在不同的下游水位下，始终满足过渡过程中尾水管进口断面最小绝对压力的要求，起到类似下游调压室的作用。

变顶高尾水洞一般适用于尾水道长度为150～600m，且下游水位变幅较大的水电站，但最终是否采用变顶高尾水洞方案，还需与下游调压室方案作全面的技术经济比较。三峡右岸地下厂房、向家坝右岸地下厂房以及公伯峡等工程均采用变顶高尾水隧洞，其中向家坝为当前世界同类型尾水洞之最，详见《水工设计手册》（第2版）第8卷第3章3.5节。

2.1.5.6 抽水蓄能电站

利用电力系统低谷负荷时的剩余电力抽水到高处蓄存，在高峰负荷时放水发电的水电站称为抽水蓄能电站，其工作原理是以水体为载能介质进行水能和电能的往复转换，在电力系统中主要起调峰填谷作用。

抽水蓄能电站按开发方式可分为纯抽水蓄能电站、混合式抽水蓄能电站和调水式抽水蓄能电站，如图2.1-24所示。

(1) 纯抽水蓄能电站原理是上水库可以没有天然径流来源，其发电量全部来自抽水蓄存的水能。发电的水量等于抽水蓄存的水量，重复循环使用。仅需补充少量蒸发和渗漏损失的水量。补充水量既可以是来自上水库的天然径流，也可以是来自下水库的天然径流。

(2) 混合式抽水蓄能电站原理是厂内既设有抽水蓄能机组，也设有常规水轮发电机组。上水库有天然径流来源，既可利用天然径流发电，也可从下水库抽水蓄能发电。其上水库一般建于河流附近，下水库按抽水蓄能需要的容积觅址另建。

(3) 调水式抽水蓄能电站是水泵站与水电站的某种组合，其原理是上水库建于分水岭高程较高的地

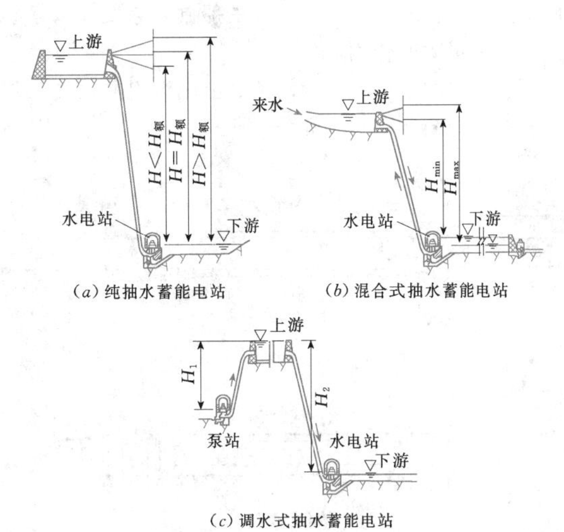

(a) 纯抽水蓄能电站　(b) 混合式抽水蓄能电站

(c) 调水式抽水蓄能电站

图2.1-24 抽水蓄能电站开发方式

方。在分水岭某一侧拦截河流建下水库，并设水泵站抽水到上水库，在分水岭另一侧的河流设常规水电站从上水库引水发电，尾水流入水面高程最低的河流。这种抽水蓄能电站的特点是：①下水库有天然径流来源，上水库没有天然径流来源；②调峰发电量往往大于填谷的耗电量。

抽水蓄能电站的结构型式主要有两种，即二机式和三机式。二机式的主机只有两种机械，即水泵与水轮机合一的可逆式水泵水轮机和发电机与电动机合一的可逆式发电电动机。两机同轴，正转时为水轮发电机组，逆转时为水泵电动机组。二机式投资小、效率高、控制方便，是目前世界上最先进的也是最流行的机组。三机式由发电电动机、水轮机及抽水机三机组成。

我国已建成的抽水蓄能电站有北京十三陵、河北潘家口、西藏羊卓雍湖、浙江天荒坪（1800MW）等抽水蓄能电站。此外，1989年开工建设、2000年全面建成的广州抽水蓄能电站，总装机容量2400MW（8×300MW），成为当前世界上最大的抽水蓄能电站。

2.1.6 过坝建筑物

为水利工程中某些特定的单项任务而设置的建筑物，如专用于通航过坝的船闸、升船机、过木建筑物、鱼道、鱼闸、升鱼机等。

2.1.6.1 船闸

船闸不仅是河流上水利枢纽中常用的一种过船建筑物，而且在通航运河和灌溉干渠上也常被采用，以克服由于地形所产生的落差。船闸是利用闸室中水位的升降将船舶浮运过坝的，船闸的通船能力较强，安全可靠，应用较广。我国南北大运河和其他江河上的

低水头水利枢纽都建造了许多的船闸，为发展水运事业起到了很大的作用。

船闸由闸室、上下游闸首、上下游引航道等三部分组成，如图 2.1-25 所示。

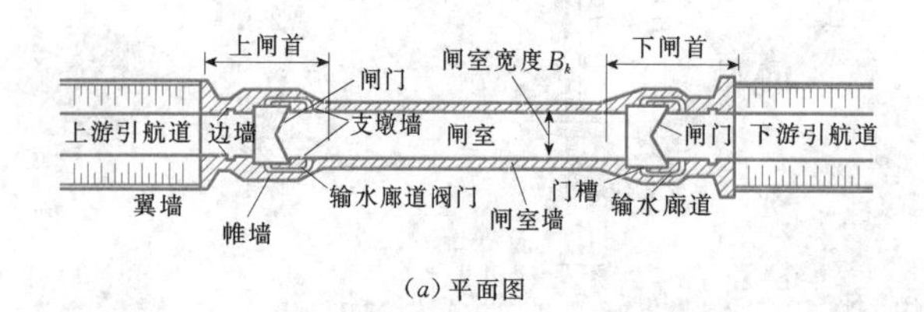

(a) 平面图

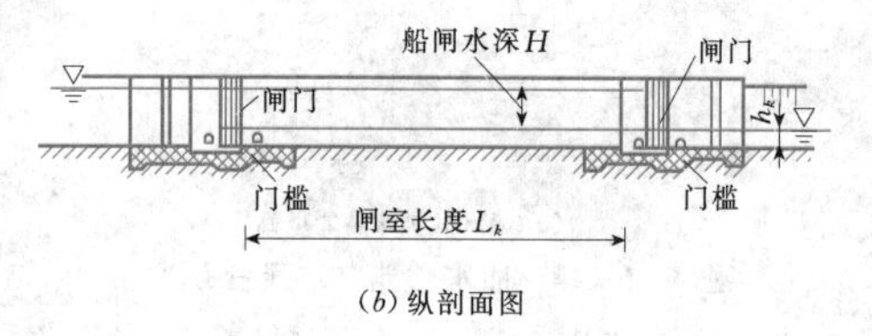

(b) 纵剖面图

图 2.1-25　单级船闸简图

闸室是由上下游闸首内的闸门与两侧闸墙构成一个长方体空间，供过闸船只临时停泊。

闸首是分隔闸室与上下游引航道并控制水流的建筑物，位于上游的称上闸首，位于下游的称下闸首。在闸首内设有工作闸门、输水系统、启闭机械等设备。

上下游引航道是闸首与河道之间的一段航道，用以保证船舶安全进出闸室交错和停靠。引航道内设有导航建筑物和靠船建筑物，前者与闸首相连接，其作用是引导船舶顺利地进出闸室；后者与导航建筑物相连接，供等待过闸船舶停靠使用。

按船闸线数可分为单线船闸和多线船闸。单线船闸是在一个枢纽中只建有一条通航线路的船闸。多线船闸即在一个枢纽中建有两条或两条以上通航线路的船闸。船闸线路的确定，取决于货运量与船闸的通航能力。通常情况下只建单线船闸，只有当通过枢纽的货运量巨大，单线船闸的通航能力不能满足需求时，才修建多线船闸，如葛洲坝水利枢纽采用三线船闸。

根据闸室型式不同，船闸还可分为井式船闸、广厢船闸和具有中间闸首的单级船闸等(见图 2.1-26)。

在综合利用枢纽中，船闸往往只是其中的组成建筑物之一。因此，船闸在枢纽中的位置除应保证船舶航行的安全和方便外，还要考虑整个水利枢纽的运用和施工条件使枢纽布置经济合理。根据这些原则，船闸的布置应使泄水建筑物的泄水和水电站的尾水不影响船舶进出船闸时的安全。船闸的布置要结合地形、地质条件，力求节省枢纽的工程量，并使维护管理和施工既方便又经济。

2.1.6.2　升船机

升船机是利用水力或机械力沿垂直或斜面方向升

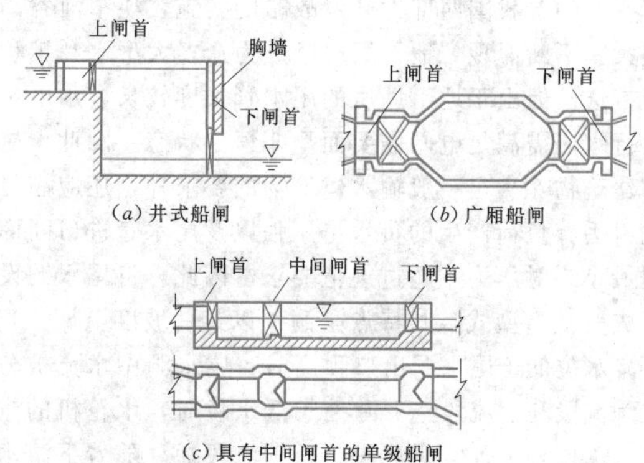

(a) 井式船闸　(b) 广厢船闸

(c) 具有中间闸首的单级船闸

图 2.1-26　几种特殊型式的船闸

降承船厢，运送船舶过坝的设施。升船机与船闸相比，具有耗水量少，一次提升高度大，过船时间短等优点；但由于它的结构复杂，工程技术要求高，钢材用量多，所以不如船闸应用广泛，通常只有在具有岩石河床的高水头、中水头枢纽，且建造升船机较之建造多级（或井式）船闸更经济合理的情况下采用。

升船机按其运行方向，可分垂直升船机和斜面升船机两种。斜面式一般比垂直式经济，施工、管理、维修也方便，但它需要有合适的地形条件，水头高时运行路线长，运输能力较低。升船机按承船厢内是否用水浮托船舶可分为湿运式和干运式。干运式升船机，船舶搁置在无水承船厢内运送，厢内船舶易受碰损，只适于运送小船。

2.1.6.3　过木建筑物

过木建筑物有筏道、漂木道和过木机等三种类型。筏道和漂木道均利用水力输运木材过坝，筏道具有过木量大的优点但需耗费一定的水量，与发电、灌溉用水有矛盾。现代水利枢纽中，采用过木机较多，即利用机械力（卷扬机）牵引装有木材的台车沿斜面轨道升降，输运木材过坝。其型式有链式、架空索道式、斜面卷扬提升式以及桅杆式和塔式起重机等。链式过木机由链条、传动装置、支承结构等部分组成，通常沿土石坝上下游坡面或斜栈桥布置成直线；架空索道式过木机是把木（竹）材提离水面，用封闭环形运动的空中索道将木（竹）材传送过坝，适用于运送距离较长的枢纽；斜面卷扬提升式过木机由轨道、小车、卷扬机等组成，置木（竹）材于小车上，由卷扬机拖动小车在轨道上运动，传送木（竹）材过坝；桅杆式和塔式起重机传送木竹材过坝的工作原理同旋转起重机。在航运量不大，水量充沛的枢纽中，也有利用船闸过木或兴建与船闸类似的筏闸。

2.1.6.4　鱼道

鱼道是水利枢纽中供鱼类洄游的一种过鱼建筑

物。由进口、槽身、出口和诱鱼补给水系统等组成，主要有槽式鱼道、池式鱼道两种。槽式鱼道亦称梯级鱼道，简称鱼梯，断面呈矩形，槽中设很多隔板，利用隔板将水位差分成若干级，形成梯级水面跌落，隔板上设过鱼孔；池式鱼道由一连串分开的水池组成，各水池间用短渠道连接，一般都利用天然地形绕岸修建。鱼道内的流速根据所通过鱼类的洄游习性设计，对淡水鱼流速为0.15～0.4m/s；对强壮的鱼可达0.4～0.8m/s。

2.1.6.5 鱼闸、升鱼机

鱼闸和升鱼机的工作原理分别与船闸和升船机相似，为提高集鱼效果，常在鱼闸进口设置拦鱼、诱鱼和导鱼设施，使分散零星的游鱼汇集起来，提高过鱼效率。现代出现了活动过鱼设施——集运鱼船，以解决游鱼习性较难适应过鱼建筑物固定进出口和造价高的问题。集运鱼船分集鱼船和运鱼船两部分，集鱼船可驶至下游鱼类群集区，利用水流通过船身，以诱鱼进入船内，再通过驱鱼装置将鱼驱入运鱼船，经船闸过坝后，将鱼放入上游水库。其优点是机动性大，造价较低，但运行管理费用大，目前仍处试验研究阶段。

2.1.7 整治建筑物

为改善水流条件，调整河势、稳定或改变河道而修筑的水工建筑物称为整治建筑物，即在河道整治工程中，为防止河岸崩塌、稳定河槽、保证航道和行洪通畅，必须平顺水流、调整水流的方向和改善水流对河床、河岸的作用，常需修建治导与护岸工程，如丁坝、顺坝、锁坝、潜坝及各种护岸工程等。

2.1.7.1 丁坝

丁坝是用来调整水流、控制河宽，防止河床淤积变形，保护河岸不受水流冲刷的结构物。它的起始端与原河岸连接，坝头向河槽延伸或逐段延长至计划治导线。由于坝轴线与原河岸在平面构成“丁”字形，故名丁坝（见图2.1-27）。

图2.1-27 丁坝

2.1.7.2 顺坝

顺坝亦称“导流坝”，它的轴线与水流或河岸接近平行的治导建筑物。上游端的坝根埋入河岸，下游端的坝头与河岸间可留有缺口或直接与河岸连接。顺坝多布置在治导线上，功用是形成新岸线，约束水流，坝体结构型式与丁坝基本相同，如图2.1-28所示。

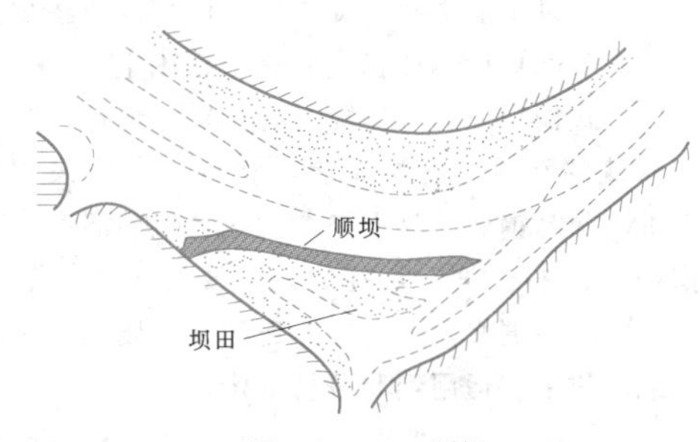

图2.1-28 顺坝

2.1.7.3 锁坝

锁坝是一种拦断河床的整治建筑物，起堵支强干、使支流河床全部断流或在枯水期断流的作用，坝体常用抛石、梢排及泥土建成。

2.1.7.4 潜坝

潜坝是坝顶低于枯水位横向跨河建筑物。常用来调整河床高程和水面比降。在急滩的下游建造潜坝，可壅高水位，消除险滩，增加航深；在急湾深潭处建造潜坝，可调整河床高程，防止河床的局部冲刷。根据不同的情况，可用单个或多个潜坝组成潜坝群，用于整治河段。

2.1.7.5 护岸工程

护岸工程是对受风浪、水流、潮汐等作用可能发生冲刷破坏的河段所采取的防护措施。根据风浪、水流、潮汐、船行波作用及地质地形情况、施工条件、运用要求等因素，河岸防护可选用坡式护岸、坝式护岸、墙式护岸、桩式护岸和生态护岸（坡）等型式。

（1）坡式护岸。坡式护岸其上部护脚部分的结构型式应根据岸坡情况、水流条件和材料来源，采用抛石、石笼、沉排、土工织物枕、模袋混凝土块体、混凝土、钢筋混凝土块体、混合型式等，经技术经济比较选定。

（2）坝式护岸。坝式护岸即选择丁坝、顺坝及丁坝与顺坝相结合的型式。坝式护岸按结构材料、坝高以及与水流、潮流流向的关系，可选用透水、不透水、淹没、非淹没、上挑、正挑、下挑等型式。坝式护岸工程应按治理要求依堤岸修建。丁坝坝头的位置应在规划的治导线上，并宜成组布置，顺坝应沿治导线布置。

（3）墙式护岸。对河道狭窄、堤外无滩、易受水流冲刷、保护对象重要等情况以及受地形条件或已建建筑物限制的塌岸堤段宜采用墙式护岸。墙式护岸的结构型式，临水侧可采用直立式、陡坡式，背水侧可采用直立式、斜坡式、折线式、卸荷台阶式等型式。其墙体结构材料可采用钢筋混凝土、混凝土、浆砌石等，断面尺寸以及墙基嵌入堤岸坡脚的深度应根据具体情况及堤身和堤岸整体稳定计算分析确定。

(4) 桩式护岸。为维护陡岸的稳定、保护堤脚不受强烈水流的淘刷、促淤保堤，桩式护岸可采用木桩、钢桩、预制钢筋混凝土桩、大孔径钢筋混凝土管桩等措施。桩的长度、直径、入土深度、桩距、材料、结构等应根据水深、流速、泥沙、地质等情况通过计算或已建工程运用经验分析确定。

(5) 生态护岸（坡）。生态护岸（坡）是在确保河道或原山坡基本功能前提下，恢复或保持与周边环境的自然景观相协调，改善水域生态环境，改进其亲水性。生态护岸应满足稳定要求，尽量减少刚性结构，增强护岸在视觉中的“软效果”，美化工程环境；对不同的水位变化范围，选择不同植物，以适应不同的区域和部位。

2.2　工程等级划分及洪水标准

我国现行水利水电工程和水电枢纽工程执行的工程等级划分及洪水标准略有不同，故本节分别予以介绍，以便设计人员选用。

随着国民经济的发展和城市化程度的提高，工程等级及洪水标准会作相应的修改和调整。工程实践中确定工程等级和洪水标准时，应随国家有关规范的修改和调整采用相应标准。

2.2.1　工程等别

工程等别是为了适应建设项目不同设计安全标准和分级管理的要求，按一定的分类标准，对不同工程建设规模所进行的分类。

《水利水电工程等级划分及洪水标准》(SL 252—2000) 规定，防洪、灌溉、发电、供水和治涝等水利水电工程的等别，应根据其工程规模、效益以及工程在国民经济中的重要性确定；拦河闸工程，根据其过闸流量的大小确定工程等别；灌溉、排水泵站的等别，应根据其装机流量和装机功率确定。

《水电枢纽工程等级划分及设计安全标准》(DL 5180—2003) 规定，水电枢纽工程（包括抽水蓄能电站）的工程等别，应根据其在国民经济建设中的重要性，按照其水库总库容和装机容量划分。

规模巨大、涉及面广、地位特别重要的水利水电工程的工程等别，在必要时可以进行专门论证，经主管部门批准确定。

2.2.1.1　水利水电工程等别划分

《水利水电工程等级划分及洪水标准》(SL 252—2000) 规定，水利水电工程的等别，根据其工程规模、效益以及工程在国民经济中的重要性划分成Ⅰ、Ⅱ、Ⅲ、Ⅳ、Ⅴ五等，防洪、治涝、灌溉、供水、发电等工程的等别划分见表 2.2-1。

对于综合利用的水利水电工程，当按各综合利用项目的分等指标确定的等别不同时，其工程等别应按其中的最高等别确定。

表 2.2-1　　水利水电工程分等指标[14]

工程等别	工程规模	水库总库容（亿 m^3）	防洪		治涝	灌溉	供水	发电
			保护城镇及工矿企业的重要性	保护农田（万亩）	治涝面积（万亩）	灌溉面积（万亩）	供水对象重要性	装机容量（MW）
Ⅰ	大(1)型	≥10	特别重要	≥500	≥200	≥150	特别重要	≥1200
Ⅱ	大(2)型	10～1.0	重要	500～100	200～60	150～50	重要	1200～300
Ⅲ	中型	1.0～0.10	中等	100～30	60～15	50～5	中等	300～50
Ⅳ	小(1)型	0.10～0.01	一般	30～5	15～3	5～0.5	一般	50～10
Ⅴ	小(2)型	0.01～0.001		<5	<3	<0.5		<10

注　水库总库容是指水库最高水位以下的静库容，一般情况下，指校核洪水位以下的静库容，但某些以防洪为主的水库，其最高水位可能不是校核洪水位；治涝面积、灌溉面积、装机容量等指的是设计值。

灌溉、排水泵站工程，根据其装机流量和装机功率，可分为Ⅰ、Ⅱ、Ⅲ、Ⅳ、Ⅴ五等，按表 2.2-2 确定。

拦河水闸工程，根据其过闸流量的大小共可分为Ⅰ、Ⅱ、Ⅲ、Ⅳ、Ⅴ五等，见表 2.2-3。

《水闸设计规范》(SL 265—2001) 规定，平原区水闸枢纽工程等别应根据水闸最大过闸流量及其防护对象的重要性划分，按表 2.2-4 确定。

《调水工程设计导则》(SL 430—2008) 规定，调水工程等别应根据工程规模与供水对象在地区经济社会中的重要性划分，按表 2.2-5 确定。以城市供水为

表 2.2-2 灌溉、排水泵站工程分等指标[14]

工程等别	工程规模	装机流量（m³/s）	装机功率（MW）
Ⅰ	大（1）型	≥200	≥30
Ⅱ	大（2）型	200～50	30～10
Ⅲ	中型	50～10	10～1
Ⅳ	小（1）型	10～2	1～0.1
Ⅴ	小（2）型	<2	<0.1

注 装机流量、装机功率是指包括备用机组在内的单站指标；当泵站按表中的两个分等指标分属不同的等别时，其等别按其中高的确定；由多级或多座泵站联合组成的泵站系统工程的等别，可按系统的指标确定。

表 2.2-3 拦河水闸工程分等指标[14]

工程等别	工程规模	过闸流量（m³/s）
Ⅰ	大（1）型	≥5000
Ⅱ	大（2）型	5000～1000
Ⅲ	中型	1000～100
Ⅳ	小（1）型	100～20
Ⅴ	小（2）型	<20

表 2.2-4 平原区水闸枢纽工程分等指标[15]

工程等别	工程规模	最大过闸流量（m³/s）	防护对象的重要性
Ⅰ	大（1）型	≥5000	特别重要
Ⅱ	大（2）型	5000～1000	重要
Ⅲ	中型	1000～100	中等
Ⅳ	小（1）型	100～20	一般
Ⅴ	小（2）型	<20	—

表 2.2-5 调水工程分等指标[16]

工程等别	工程规模	供水对象重要性	引水流量（m³/s）	年引水量（亿 m³）	灌溉面积（万亩）
Ⅰ	大(1)型	特别重要	≥50	≥10	≥150
Ⅱ	大(2)型	重要	50～10	10～3	150～50
Ⅲ	中型	中等	10～2	3～1	50～5
Ⅳ	小型	一般	<2	<1	<5

主的调水工程，应按供水对象的重要性、引水流量和年引水量三个指标拟定工程等别，确定等别时至少应有两项指标符合要求；以农业灌溉为主的调水工程，应按灌溉面积指标确定工程等别。

2.2.1.2 水电枢纽工程等别划分

《水电枢纽工程等级划分及设计安全标准》（DL 5180—2003）规定，水电枢纽工程（包括抽水蓄能电站）的工程等别，应根据工程在国民经济建设中的重要性，按照其水库总库容和装机容量划分为一、二、三、四、五共五等，按表 2.2-6 确定。综合利用的水电枢纽工程，当其水库总库容、装机容量分属不同的等别时，工程等别应取其中最高的等别。水电枢纽工程的防洪作用与工程等别的关系，应按照《防洪标准》（GB 50201—1994）的有关规定确定。

表 2.2-6 水电枢纽工程的分等指标[17]

工程等别	工程规模	水库总库容（亿 m³）	装机容量（MW）
一	大（1）型	≥10	≥1200
二	大（2）型	<10 ≥1	<1200 ≥300
三	中型	<1.00 ≥0.10	<300 ≥50
四	小（1）型	<0.10 ≥0.01	<50 ≥10
五	小（2）型	<0.01	<10

2.2.2 水工建筑物级别

水工建筑物级别是指根据水工建筑物所属工程等别及其在该工程中的作用和重要性所体现的对设计安全标准的不同技术要求和安全要求。

根据《水利水电工程等级划分及洪水标准》（SL 252—2000），一般是先确定水利枢纽的等别，然后确定水利枢纽中各组成建筑物的级别。永久性水工建筑物按其所属枢纽等别和建筑物的重要性进行分级。水利水电工程施工期使用的临时性挡水和泄水建筑物的级别，应根据保护对象的重要性、失事后果、使用年限和临时性建筑物的规模确定。规模巨大、涉及面广、地位特别重要的水利水电工程，其建筑物的级别，在必要时可以进行专门论证，经主管部门批准确定。

水利水电工程中其他建筑物的级别，除应符合《水利水电工程等级划分及洪水标准》（SL 252—2000）外，还应该符合国家现行有关标准的规定。例如，堤防工程中建筑物的级别，应符合《堤防工程设计规范》(GB 50286—2013)的规定;海堤工程的级别,应符合《海堤工程设计规范》(SL 435—2008)的规定;水电站厂房的级别,应符合《水电站厂房设计规范》(SL 266—2001)的规定;排灌建筑物的级别,应符合《灌溉与排水工程设计规范》(GB 50288—99)的规定;调水工程中水工建筑物的级别,应符合《调水工程设计导则》(SL 430—2008)的规定。需要说明的是:我国现行规范中,堤防和海堤工程的级别是根据其防洪标准来确定,而不是根据其工程等别确定的。

水电枢纽工程建筑物的级别,应符合《水电枢纽工程等级划分及设计安全标准》(DL 5180—2003)的规定。水电枢纽工程建筑物除发电功能需要的挡水、泄水以及引水发电建筑物外,还有灌溉、供水、通航、过木、鱼道、公路、桥梁、码头等综合利用需要的其他水工建筑物,这些建筑物的级别及其设计安全标准除应满足《水电枢纽工程等级划分及设计安全标准》(DL 5180—2003)的规定外,还应同时满足相关专业部门现行规范的有关规定。

2.2.2.1 水利水电工程的水工建筑物级别

1. 水利水电工程的永久性水工建筑物级别

永久性建筑物是指工程运行期间使用的建筑物,根据其重要性,分为主要建筑物和次要建筑物,主要建筑物是指失事后造成下游灾害或严重影响工程效益发挥的建筑物,如堤坝、泄水建筑物、输水建筑物、水电站厂房及泵站等。次要建筑物是指失事后不致造成下游灾害或对工程效益影响不大并易于修复的建筑物,如失事后不影响主要建筑物和设备运行的导流墙、护岸等。

《水利水电工程等级划分及洪水标准》(SL 252—2000)规定,水利水电工程的永久性水工建筑物级别应根据建筑物所属工程的等别以及建筑物的重要性,按表2.2-7确定。

表2.2-7 水利水电工程的永久性水工建筑物级别[14]

工程等别	主要建筑物级别	次要建筑物级别
Ⅰ	1	3
Ⅱ	2	3
Ⅲ	3	4
Ⅳ	4	5
Ⅴ	5	5

《水利水电工程等级划分及洪水标准》(SL 252—2000)规定,在下述情况下,经过技术经济论证,可提高永久性水工建筑物的级别:①水库大坝按表2.2-7规定为2级、3级的永久性水工建筑物,如果坝高超过表2.2-8中规定的数值,其级别可提高一级,但洪水标准可不提高;②2~5级的永久性水工建筑物,当工程地质条件特别复杂,或采用缺少实践经验的新坝型、新结构时,其级别可提高一级,但洪水标准不予提高;③对规模巨大、涉及面广、地位特别重要的水利水电工程的建筑物级别,必要时可进行专门论证,报行业主管部门批准后确定。

表2.2-8 水库大坝提级指标[14]

级别	坝型	坝高(m)
2	土石坝	90
	混凝土坝、浆砌石坝	130
3	土石坝	70
	混凝土坝、浆砌石坝	100

《堤防工程设计规范》(GB 50286—2013)规定,堤防工程的级别应符合表2.2-9的规定。遭受洪灾或失事后损失巨大,影响十分严重的堤防工程,报行业主管部门批准后,其级别可适当提高;遭受洪灾或失事后损失及影响较小或使用年限较短的临时堤防工程,报行业主管部门批准后,其级别可适当降低;穿堤水工建筑物的级别,不低于堤防级别,按所在堤防工程的级别和与该建筑物规模相应的级别高者确定。

表2.2-9 堤防工程的级别[18]

防洪标准[重现期(a)]	≥100	<100且≥50	<50且≥30	<30且≥20	<20且≥10
堤防工程级别	1	2	3	4	5

《海堤工程设计规范》(SL 435—2008)规定,海堤工程的级别应根据其防潮(洪)标准按表2.2-10确定。遭受潮(洪)灾害或工程失事后损失巨大、对防护区造成严重影响的海堤工程,在充分论证并报行业主管部门批准后,其级别可提高一级;受灾或失事后损失和影响较小的海堤工程,在充分论证并报行业主管部门批准后,其级别可降低一级。海堤工程上的闸、涵、泵站等建筑物和其他构筑物的级别,应不低于海堤工程的级别,并应同时满足相应建(构)筑物规范的规定。

表 2.2-10 海堤工程的级别[19]

防潮(洪)标准[重现期(a)]	≥100	100～50	50～30	30～20	<20
海堤工程级别	1	2	3	4	5

《灌溉与排水工程设计规范》(GB 50288—99)规定，渡槽、隧洞、涵洞、倒虹吸管、跌水及陡坡等灌排建筑物的级别，应根据过水流量的大小，按表2.2-11确定。

表 2.2-11 灌排建筑物的级别[21]

过水流量 (m^3/s)	>300	300～100	100～20	20～5	<5
建筑物级别	1	2	3	4	5

《水电站厂房设计规范》(SL 266—2001) 规定，水电站工程等别及建筑物级别应根据其工程规模、装机容量、效益和在国民经济中的重要性，按《水利水电工程等级划分及洪水标准》(SL 252—2000) 的规定确定。

《调水工程设计导则》(SL 430—2008) 规定，调水工程各单体永久性水工建筑物级别，应根据其所属工程等别和建筑物重要性，按表2.2-12确定。穿堤输水建筑物级别不应低于所在堤防级别。

表 2.2-12 调水工程的永久性水工建筑物级别[16]

工程等别	主要建筑物级别	次要建筑物级别
Ⅰ	1	3
Ⅱ	2	3
Ⅲ	3	4
Ⅳ	4	5

2. 水利水电工程的临时性水工建筑物级别

临时性水工建筑物是指仅在枢纽工程施工期使用的建筑物，如导流洞、导流明渠、围堰、临时挡墙等。

《水利水电工程等级划分及洪水标准》(SL 252—2000) 规定，水利水电工程施工期使用的临时性挡水和泄水建筑物的级别，应根据保护对象的重要性、失事后果、使用年限和临时性建筑物的规模，按表2.2-13确定。对于临时性水工建筑物，当根据表2.2-13中的指标分属不同级别时，其级别应按其中最高级别确定，但对3级临时性水工建筑物，符合该级别规定的指标不得少于两项。利用临时性水工建筑物挡水发电、通航时，经过技术经济论证，3级以下临时性水工建筑物的级别可提高一级。

2.2.2.2 水电枢纽工程的水工建筑物级别

1. 水电枢纽工程的永久性水工建筑物级别

《水电枢纽工程等级划分及设计安全标准》(DL 5180—2003) 规定，水电枢纽工程的永久性水工建筑物级别，根据工程等别及建筑物在工程中的作用和重要性按表2.2-14划分为5级；水电枢纽工程的防洪、灌溉、供水、通航、过木、过鱼、公路、桥梁等建筑物级别和设计安全标准，应同时参照相关专业部

表 2.2-13 水利水电工程的临时性水工建筑物级别[14]

建筑物级别	保护对象	失事后果	使用年限 (a)	临时性水工建筑物规模	
				高度 (m)	库容 (亿 m^3)
3	有特殊要求的1级永久性水工建筑物	淹没重要城镇、工矿企业、交通干线，或推迟总工期及第一台（批）机组发电工期，造成重大灾害和损失	>3	>50	>1.0
4	1级、2级永久性水工建筑物	淹没一般城镇、工矿企业，或影响总工期及第一台（批）机组发电工期，造成较大经济损失	3～1.5	50～15	1.0～0.1
5	3级、4级永久性水工建筑物	淹没基坑，但对总工期及第一台（批）机组发电工期影响不大，经济损失较小	<1.5	<15	<0.1

表 2.2-14　水电枢纽工程的永久性水工建筑物级别[17]

工程等别	主要建筑物级别	次要建筑物级别
一	1	3
二	2	3
三	3	4
四	4	5
五	5	5

门的有关规定确定。

《水电枢纽工程等级划分及设计安全标准》（DL 5180—2003）规定，在下述情况下，经过技术经济论证，可提高永久性水工建筑物的级别。应注意《水电枢纽工程等级划分及设计安全标准》（DL 5180—2003）与《水利水电工程等级划分及洪水标准》（SL 252—2000）在建筑物级别提高时，洪水设计标准和抗震设计标准是否提高方面的规定有一些不同。

(1) 按表 2.2-14 确定为 2～3 级的壅水建筑物，如果坝高超过表 2.2-15 中的数值，其级别可提高一级，洪水设计标准相应提高，但抗震设计标准不提高。

(2) 失事后损失巨大或影响十分严重的水电枢纽工程中的 2～5 级水工建筑物，其级别可提高一级，洪水设计标准相应提高，但抗震设计标准不提高。

表 2.2-15　提高壅水建筑物级别的坝高指标[17]

壅水建筑物原级别		2	3
坝高（m）	土坝、堆石坝	100	80
	混凝土坝、浆砌石坝	150	120

《水电枢纽工程等级划分及设计安全标准》（DL 5180—2003）规定，在下述情况下，可降低永久性水工建筑物的级别。

(1) 当工程等别仅由装机容量决定时，挡水、泄水建筑物级别，经技术经济论证，可降低一级。

(2) 当工程等别仅由水库总库容大小决定时，水电站厂房和引水系统建筑物级别，经技术经济论证，可降低一级。

(3) 仅由水库总库容大小决定工程等别的低水头壅水建筑物（最大水头小于 30m），符合下列条件之一时，1～4 级壅水建筑物可降低一级：①水库总库容接近工程分等指标的下限；②非常洪水条件下，上下游水位差小于 2m；③壅水建筑物最大水头小于 10m。

2. 水电枢纽工程的临时性水工建筑物级别

《水电枢纽工程等级划分及设计安全标准》（DL 5180—2003）规定，施工期临时性挡水、泄水建筑物的级别，应根据保护对象的重要性、失事危害程度、使用年限和临时性建筑物规模，按表 2.2-16 确定。

表 2.2-16　水电枢纽工程的临时性水工建筑物级别[17]

建筑物级别	保护对象	失事危害程度	使用年限（a）	建筑物规模	
				高度（m）	库容（亿 m^3）
3	有特殊要求的 1 级永久性水工建筑物	淹没重要城镇、工矿企业、交通干线，或推迟总工期及第一台机组发电工期，造成重大灾害和损失	>3	>50	>1.0
4	1 级、2 级永久性水工建筑物	淹没一般城镇、工矿企业，或影响总工期及第一台机组发电工期，造成较大经济损失	3～2	50～15	1.0～0.1
5	3 级、4 级永久性水工建筑物	淹没基坑，但对总工期及第一台机组发电工期影响不大，经济损失较小	<2	<15	<0.1

2.2.3　洪水标准

洪水标准是指水工建筑物在规定条件下抗御洪水的能力，一般以洪水重现期表示；与海洋潮位相关的沿海地区水利水电工程及水电枢纽工程的洪水设计标准，用潮位的重现期表示。

永久性水工建筑物所采用的洪水标准，分为设计洪水标准和校核洪水标准。设计洪水又称正常运用洪水，当出现该标准洪水时，能够保证水工建筑物的安全或防洪设施的正常运用；校核洪水又称非常运用洪水，当出现该标准洪水时，采取非常运用措施，在保证主要建筑物安全的前提下，允许次要建筑物遭受破坏。校核洪水是为提高工程安全和可靠程度所拟定的高于设计洪水的标准，用以对主要水工建筑物的安全性进行校核，这种情况下，安全系数允许适当降低。

2.2.3.1 水利水电工程的水工建筑物洪水标准

1. 水利水电工程的永久性水工建筑物洪水标准

《水利水电工程等级划分及洪水标准》(SL 252—2000)规定了各类水利水电工程的永久性水工建筑物洪水标准,山区、丘陵区水利水电工程的永久性水工建筑物洪水标准,按表2.2-17确定;平原区水利水电工程的永久性水工建筑物洪水标准,按表2.2-18确定;潮汐河口段和滨海区水利水电工程的永久性水工建筑物洪水标准,按表2.2-19确定。当山区、丘陵区水利水电工程的永久性水工建筑物挡水高度低于15m,且上下游最大水头差小于10m时,其洪水标准应按平原、滨海区标准确定;当平原、滨海区水利水电工程的永久性水工建筑物挡水高度高于15m,且上下游最大水头差大于10m时,其洪水标准应按山区、丘陵区标准确定。水利水电工程中其他行业的水工建筑物洪水标准,除应符合《水利水电工程等级划分及洪水标准》(SL 252—2000)外,还应符合国家现行的有关标准的规定。规模巨大、涉及面广、地位特别重要的水利水电工程,必要时其洪水标准可以进行专门论证,报行业主管部门批准后确定。

表2.2-17 山区、丘陵区水利水电工程的永久性水工建筑物洪水标准[14]

水工建筑物级别		1	2	3	4	5
设计洪水重现期(a)		1000～500	500～100	100～50	50～30	30～20
校核洪水重现期(a)	土石坝	可能最大洪水(PMF)或10000～5000	5000～2000	2000～1000	1000～300	300～200
	混凝土坝、浆砌石坝	5000～2000	2000～1000	1000～500	500～200	200～100

表2.2-18 平原区水利水电工程的永久性水工建筑物洪水标准[14]

水工建筑物级别		1	2	3	4	5
水库工程	设计洪水重现期(a)	300～100	100～50	50～20	20～10	10
	校核洪水重现期(a)	2000～1000	1000～300	300～100	100～50	50～20
拦河水闸	设计洪水重现期(a)	100～50	50～30	30～20	20～10	10
	校核洪水重现期(a)	300～200	200～100	100～50	50～30	30～20

表2.2-19 潮汐河口段和滨海区水利水电工程的永久性水工建筑物潮水标准[14]

水工建筑物级别	1	2	3	4、5
设计潮水位重现期(a)	≥100	100～50	50～20	20～10

《调水工程设计导则》(SL 430—2008)规定,调水工程的永久性水工建筑物的洪水标准,应根据建筑物的级别按表2.2-20确定。

山区、丘陵区水利水电工程的永久性泄水建筑物消能防冲设计的洪水标准,可以低于泄水建筑物的洪水标准,按表2.2-21,根据泄水建筑物的级别确定。平原区、滨海区水利水电工程的永久性泄水建筑物消能防冲设计的洪水标准,应根据泄水建筑物的级别,分别按表2.2-18和表2.2-19确定。

表2.2-20 调水工程的永久性水工建筑物洪水标准[16]

水工建筑物级别	1	2	3	4	5
设计洪水重现期(a)	100～50	50～30	30～20	20～10	10
校核洪水重现期(a)	300～200	200～100	100～50	50～30	30～20

表2.2-21 山区、丘陵区水利水电工程的消能防冲建筑物洪水标准[14]

永久性泄水建筑物级别	1	2	3	4	5
洪水重现期(a)	100	50	30	20	10

坝体施工期临时度汛洪水标准，按《水利水电工程等级划分及洪水标准》（SL 252—2000）的规定，应根据坝型及拦洪库容，按表 2.2 - 22 确定。必要时，应根据其失事后对下游影响进行论证，洪水标准经过论证可适当提高或降低。应注意，在《水利水电工程施工组织设计规范》（SL 303—2004）中，对于拦洪库容不小于 1.0 亿 m^3 的土石坝，其坝体施工期临时度汛洪水标准重现期要求不小于 100 年，对于拦洪库容不小于 1.0 亿 m^3 的混凝土坝或浆砌石坝，其坝体施工期临时度汛洪水标准重现期要求不小于 50 年，这些要求与《水利水电工程等级划分及洪水标准》（SL 252—2000）略有不同，因此在对相应的工程确定其坝体施工期临时度汛洪水标准时，应进行研究和论证。

导流泄水建筑物封堵后，如果永久性泄洪建筑物还未具备设计泄洪能力，坝体度汛洪水标准应通过分析坝体施工和运行要求，按表 2.2 - 23 确定。

《水利水电工程等级划分及洪水标准》（SL 252—2000）规定，山区、丘陵区水电站厂房的洪水标准应根据厂房的级别，按表 2.2 - 24 确定。应注意，对于同一级别的水电站厂房的洪水标准，《水利水电工程等级划分及洪水标准》（SL 252—2000）与《防洪标准》（GB 50201—94）及《水电站厂房设计规范》（SL 266—2001），对于校核洪水标准的要求是一致的，对于设计洪水标准的要求略有不同。河床式水电站厂房挡水部分的洪水标准，应与工程的主要挡水建筑物的洪水标准一致；水电站厂房的副厂房、主变压器场、开关站、进厂交通等的洪水标准，也可按表 2.2 - 24 确定。平原区水电站厂房的洪水标准，应根据厂房的级别，采用永久性挡水建筑物洪水标准，按表 2.2 - 18 确定。

表 2.2 - 22　水利水电工程的坝体施工期临时度汛洪水标准[14]

拦洪库容（亿 m^3）		＞1.0	1.0～0.1	＜0.1
洪水重现期（a）	土石坝	＞100	100～50	50～20
	混凝土坝、浆砌石坝	＞50	50～20	20～10

表 2.2 - 23　水利水电工程的导流建筑物封堵后坝体度汛洪水标准[14,22]

大坝级别		1	2	3
混凝土坝、浆砌石坝	设计洪水重现期(a)	200～100	100～50	50～20
	校核洪水重现期(a)	500～200	200～100	100～50
土石坝	设计洪水重现期(a)	500～200	200～100	100～50
	校核洪水重现期(a)	1000～500	500～200	200～100

表 2.2 - 24　水电站厂房洪水标准[14]

水电站厂房级别	1	2	3	4	5
设计洪水重现期（a）	200	200～100	100～50	50～30	30～20
校核洪水重现期（a）	1000	500	200	100	50

《水闸设计规范》（SL 265—2001）规定，山区、丘陵区水利水电枢纽工程中的水闸，其洪水标准应与所属枢纽的永久性水工建筑物洪水标准一致。平原区水闸的洪水标准，应根据所在河流流域防洪规划规定的防洪任务，以近期防洪目标为主，并考虑远期发展要求，与表 2.2 - 18 中拦河水闸的确定一致。排灌渠系上的水闸，其洪水标准应按表 2.2 - 25 确定。挡潮闸的设计潮水标准，应按表 2.2 - 26 确定。兼有排涝任务的挡潮闸，其设计排涝标准可按表 2.2 - 25 确定。山区、丘陵区水闸闸下消能防冲的设计洪水标准，可按表 2.2 - 27 确定，并应考虑泄放小于消能防冲设计洪水标准的流量时可能出现的不利情况。平原区水闸闸下消能防冲洪水标准，应与该水闸洪水标准一致，并应考虑泄放小于消能防冲设计洪水标准的流量时可能出现的不利情况。

灌溉和治涝工程的永久性水工建筑物设计洪水标准，应根据其级别，按表 2.2 - 28 确定，其校核洪水标准，可根据具体情况和需要研究确定。

供水工程的永久性水工建筑物洪水标准，应根据其级别，按表 2.2 - 29 确定。

泵站建筑物的洪水标准，应根据其级别，按表 2.2 - 30 确定。

表 2.2-25 排灌渠系上水闸的设计洪水标准[15]

排灌渠系上的水闸级别	1	2	3	4	5
设计洪水重现期（a）	100～50	50～30	30～20	20～10	10

表 2.2-26 挡潮闸设计潮水标准[15]

挡潮闸级别	1	2	3	4	5
设计潮水位重现期（a）	≥100	100～50	50～20	20～10	10

注 当确定的设计潮水位低于当地历史最高潮水位时，应以当地历史最高潮水位作为校核潮水标准。

表 2.2-27 山区、丘陵区水闸闸下消能防冲设计洪水标准[15]

水工建筑物级别	1	2	3	4	5
闸下消能防冲设计洪水重现期（a）	100	50	30	20	10

表 2.2-28 灌溉和治涝工程的永久性水工建筑物洪水标准[14]

永久性水工建筑物级别	1	2	3	4	5
设计洪水重现期（a）	100～50	50～30	30～20	20～10	10

表 2.2-29 供水工程的永久性水工建筑物洪水标准[14]

永久性水工建筑物级别	1	2	3	4
设计洪水重现期（a）	100～50	50～30	30～20	20～10
校核洪水重现期（a）	300～200	200～100	100～50	50～30

表 2.2-30 泵站建筑物洪水标准[14]

永久性水工建筑物级别	1	2	3	4	5
设计洪水重现期（a）	100	50	30	20	10
校核洪水重现期（a）	300	200	100	50	20

堤防工程的洪水标准，应根据防护区内防洪标准较高对象的防洪标准确定。穿堤永久性建筑物的洪水标准，应不低于堤防工程洪水标准。

《海堤工程设计规范》(SL 435—2008)规定，海堤工程防潮（洪）标准，应根据防护对象的规模和重要性，按表 2.2-31 确定，必要时应进行技术经济论证。

2. 水利水电工程的临时性水工建筑物洪水标准

《水利水电工程等级划分及洪水标准》（SL 252—2000）规定，各类水利水电工程的临时性水工建筑物洪水标准，应根据建筑物的结构类型和级别，在表 2.2-32 规定的幅度内，结合风险度综合分析，合理选用。对某些特别重要的、失事后果严重的工程，为了增加安全度，应考虑遭遇超标准洪水的应急措施。

2.2.3.2 水电枢纽工程的水工建筑物洪水设计标准

1. 水电枢纽工程的永久性水工建筑物洪水设计标准

《水电枢纽工程等级划分及设计安全标准》（DL 5180—2003）规定，水电枢纽工程的水工建筑物洪水设计标准，应根据工程所处位置分区，按山区、丘陵区、平原区、潮汐河口段和滨海区分别确定。山区、丘陵区水电枢纽工程（包括抽水蓄能电站工程）的永久性壅水、泄水建筑物的洪水设计标准，按表 2.2-33 确定；平原区水电枢纽工程的永久性壅水、泄水建筑物及水电站厂房的洪水设计标准，按表2.2-34确定；潮汐河口段和滨海区水电枢纽工程的永久性水工建筑物的潮水设计标准，应根据建筑物的级别按表2.2-35确定。对1级、2级建筑物，若按表2.2-35确定的设计潮水位低于当地历史最高潮水位时，应采用历史最高潮水位进行校核。当山区、丘陵区水电枢纽工程的永久性水工建筑物挡水高度低于15m，且上下游最大水头差小于10m时，其洪水标准应按平原区、滨海区标准确定；当平原区、滨海区水电枢纽工程的永久性水工建筑物挡水高度高于15m，且上下游最大水头差大于10m时，其洪水标准应按山区、丘陵区标准确定。

表2.2-31　防护对象与海堤工程防潮（洪）标准[19]

<table>
<tr><td colspan="3" rowspan="2">海堤工程防潮(洪)标准[重现期(a)]</td><td rowspan="2">≥200</td><td rowspan="2">200～100</td><td rowspan="2">100～50</td><td colspan="2">50～20</td><td rowspan="2">20～10</td></tr>
<tr><td>50～30</td><td>30～20</td></tr>
<tr><td rowspan="9">海堤工程防护对象类别与规模</td><td rowspan="2">城市</td><td>重要性</td><td>特别重要城市</td><td>重要城市</td><td>中等城市</td><td colspan="2">一般城镇</td><td>—</td></tr>
<tr><td>城镇人口(万人)</td><td>≥150</td><td>150～50</td><td>50～20</td><td colspan="2">≤20</td><td>—</td></tr>
<tr><td rowspan="2">乡村</td><td>防护区人口(万人)</td><td>—</td><td>—</td><td>≥150</td><td>150～50</td><td>50～20</td><td>≤20</td></tr>
<tr><td>防护区耕地(万亩)</td><td>—</td><td>—</td><td>≥300</td><td>300～100</td><td>100～30</td><td>≤30</td></tr>
<tr><td>工矿企业</td><td>规模</td><td>—</td><td>特大型</td><td>大型</td><td colspan="2">中型</td><td>小型</td></tr>
<tr><td rowspan="4">海堤特殊防护区</td><td>高新农业(万亩)</td><td>—</td><td>≥100</td><td>100～50</td><td>50～10</td><td>10～5</td><td>≤5</td></tr>
<tr><td>经济作物(万亩)</td><td>—</td><td>≥50</td><td>50～30</td><td>30～5</td><td>5～1</td><td>≤1</td></tr>
<tr><td>水产养殖业(万亩)</td><td>—</td><td>≥10</td><td>10～5</td><td>5～1</td><td>1～0.2</td><td>≤0.2</td></tr>
<tr><td>高新技术开发区(重要性)</td><td colspan="2">特别重要</td><td>重要</td><td colspan="2">较重要</td><td>一般</td></tr>
</table>

表2.2-32　水利水电工程的临时性水工建筑物洪水标准[14]

<table>
<tr><td colspan="2">临时性水工建筑物级别</td><td>3</td><td>4</td><td>5</td></tr>
<tr><td rowspan="2">洪水重现期（a）</td><td>土石结构</td><td>50～20</td><td>20～10</td><td>10～5</td></tr>
<tr><td>混凝土、浆砌石结构</td><td>20～10</td><td>10～5</td><td>5～3</td></tr>
</table>

表2.2-33　山区、丘陵区水电枢纽工程的永久性壅水、泄水建筑物洪水设计标准[17]

<table>
<tr><td colspan="2">水工建筑物级别</td><td>1</td><td>2</td><td>3</td><td>4</td><td>5</td></tr>
<tr><td colspan="2">正常运用洪水重现期（a）</td><td>1000～500</td><td>500～100</td><td>100～50</td><td>50～30</td><td>30～20</td></tr>
<tr><td rowspan="2">非常运用洪水重现期（a）</td><td>土坝、堆石坝</td><td>可能最大洪水(PMF)或10000～5000</td><td>5000～2000</td><td>2000～1000</td><td>1000～300</td><td>300～200</td></tr>
<tr><td>混凝土坝、浆砌石坝</td><td>5000～2000</td><td>2000～1000</td><td>1000～500</td><td>500～200</td><td>200～100</td></tr>
</table>

表2.2-34　平原区水电枢纽工程的永久性壅水、泄水建筑物及水电站厂房洪水设计标准[17]

水工建筑物级别	1	2	3	4	5
正常运用洪水重现期（a）	300～100	100～50	50～20	20～10	10
非常运用洪水重现期（a）	2000～1000	1000～300	300～100	100～50	50～20

表2.2-35　潮汐河口段和滨海区水电枢纽工程的永久性水工建筑物潮水设计标准[17]

水工建筑物级别	1	2	3	4、5
设计潮水位重现期（a）	≥100	100～50	50～20	20

当山区、丘陵区土坝、堆石坝及其泄水建筑物失事导致下游发生特别重大的灾害时，1级永久性壅水、泄水建筑物的非常运用洪水标准，应采用可能最大洪水（PMF）或重现期为10000年的洪水；2～4级永久性壅水、泄水建筑物的非常运用洪水标准可提高一级。山区、丘陵区混凝土坝和浆砌石坝，当洪水漫顶造成极严重的损失时，1级永久性壅水、泄水建筑物的非常运用洪水标准，经专门论证并报行业主管部门审批，可采用重现期为10000年的洪水。

山区、丘陵区水电站厂房的洪水设计标准，应根据厂房的级别按表2.2-36确定。河床式水电站厂房的洪水设计标准，应与其壅水建筑物的洪水设计标准一致。水电站副厂房、主变压器场、开关站、出线场和进厂交通洞等附属建筑物的洪水设计标准，应与水电站厂房的洪水设计标准相同。当抽水蓄能电站的装机容量较大，而上水库、下水库库容较小时，若工程失事后对下游危害不大，则挡水、泄水建筑物的洪水设计标准，可根据水电站厂房的级别按表2.2-36的规定确定；若失事后果严重、会长期影响水电站效益，则上水库、下水库挡水、泄水建筑物的洪水设计标准，宜根据表2.2-33规定的下限确定。

山区、丘陵区水电枢纽工程的消能防冲建筑物洪水设计标准，可低于相应泄水建筑物的洪水设计标准，应根据泄水建筑物的级别按表2.2-37确定。在低于正常运用洪水时，泄水建筑物的消能防冲，应避免出现不利的冲刷和淤积；在遭遇超正常运用洪水时，允许消能防冲建筑物出现可修复的局部破坏，并不危及大坝和其他主要建筑物的安全。当消能防冲建筑物的局部破坏有可能危及壅水建筑物安全时，应研究采用正常运用洪水或非常运用洪水进行校核。

水电枢纽工程的坝体施工期临时度汛洪水设计标准，应根据坝型及坝前拦蓄库容，按表2.2-38确定。考虑失事后对下游的影响程度，经技术经济论证，洪水设计标准还可适当提高或降低。

水电枢纽工程的导流泄水建筑物封堵后，如果永久性泄水建筑物还未具备设计泄洪能力，坝体度汛的洪水设计标准应通过分析坝体施工和运行的要求确定，在表2.2-39所规定的范围内确定。

表2.2-36　山区、丘陵区水电站厂房的洪水设计标准[17]

发电厂房的级别	1	2	3	4	5
正常运用洪水重现期（a）	200	200～100	100～50	50～30	30～20
非常运用洪水重现期（a）	1000	500	200	100	50

表2.2-37　山区、丘陵区水电枢纽工程的消能防冲建筑物洪水设计标准[17]

永久性泄水建筑物级别	1	2	3	4	5
正常运用洪水重现期（a）	100	50	30	20	10

表2.2-38　水电枢纽工程的坝体施工期临时度汛洪水设计标准[17]

拦蓄库容（亿 m^3）		>1.0	1.0～0.1	<0.1
洪水重现期（a）	土坝、堆石坝	>100	100～50	50～20
	混凝土坝、浆砌石坝	>50	50～20	20～10

表2.2-39　水电枢纽工程的导流建筑物封堵后坝体度汛洪水设计标准[17]

大坝级别		1	2	3
土坝、堆石坝	正常运用洪水重现期（a）	500～200	200～100	100～50
	非常运用洪水重现期（a）	1000～500	500～200	200～100
混凝土坝、浆砌石坝	正常运用洪水重现期（a）	200～100	100～50	50～20
	非常运用洪水重现期（a）	500～200	200～100	100～50

2. 水电枢纽工程的临时性水工建筑物洪水标准

《水电枢纽工程等级划分及设计安全标准》（DL 5180—2003）规定，临时性水工建筑物的洪水设计标准，应根据建筑物结构类型及其级别，在表2.2-40所规定的范围内综合分析确定。对失事后果严重的，应考虑遭遇超设计标准洪水的应急措施。

2.2.4 建筑物超高

2.2.4.1 水利水电工程的建筑物超高

水利水电工程的永久性挡水建筑物顶部在水库静水位以上的超高，包括波浪爬高、风壅水面增高和安全加高三部分。其中安全加高值应不小于表 2.2-41 中规定的数值。水利水电工程的永久性挡水建筑物顶部高程等于水库静水位与建筑物顶部超高之和，应按规范规定的运用条件计算，取其最大值。

当水利水电工程的永久性挡水建筑物顶部设有稳定、坚固、不透水并且与防渗体紧密结合的防浪墙时，顶部超高可改为对防浪墙顶的要求，但建筑物顶部高程应不低于水库的正常蓄水位，土石坝还要求在非常运用条件下，坝顶高程应不低于校核情况下的静水位。

表 2.2-40　水电枢纽工程的临时性水工建筑物洪水设计标准[17]

临时性水工建筑物级别		3	4	5
洪水重现期（a）	土石类结构	50～20	20～10	10～5
	混凝土类结构	20～10	10～5	5～3

表 2.2-41　水利水电工程的永久性挡水建筑物安全加高[14]　单位：m

建筑物类型及运用情况 \ 永久性挡水建筑物级别			1	2	3	4、5
土石坝	设 计 洪 水		1.5	1.0	0.7	0.5
	校核洪水	山区、丘陵区	0.7	0.5	0.4	0.3
		平原、滨海区	1.0	0.7	0.5	0.3
混凝土闸坝、浆砌石闸坝	设 计 洪 水		0.7	0.5	0.4	0.3
	校 核 洪 水		0.5	0.4	0.3	0.2

土石坝土质防渗体顶部在正常蓄水位或设计洪水位以上的超高，应按表 2.2-42 的规定取值，并且防渗体顶部高程应不低于校核情况下的静水位，还应核算风浪爬高高度的影响。当防渗体顶部与稳定、坚固、不透水的防浪墙紧密结合时，防渗体顶部高程可不受上述限制，但不得低于正常运用情况的静水位。

确定地震区土石坝的顶部超高时，还应另计入按《水工建筑物抗震设计规范》（SL 203—97）确定的地震沉降和地震涌浪高度。当库区有可能发生大体积塌岸和滑坡而引起涌浪时，涌浪高度及对坝面的破坏能力等，应进行专门研究。

表 2.2-42　土石坝正常运用情况下防渗体顶部超高[24]　单位：m

防渗体结构型式	超　高
斜墙	0.8～0.6
心墙	0.6～0.3

堤防工程的顶部高程，应按设计洪水位或设计高潮位加堤顶超高确定。堤顶超高包括设计波浪爬高、设计风壅增水高度和安全加高三部分。其中，安全加高值应不小于表 2.2-43 规定的数值。经统一规划的堤防体系，其堤顶超高应按制定的统一标准确定。流水期容易发生冰塞、冰坝的河段，堤顶高程还应根据历史凌汛水位和风浪情况进行专门分析论证后确定。当土堤临水侧堤肩设有稳定、坚固、不透水的防浪墙时，防浪墙顶高程计算与上述堤防顶高程计算相同，但此时土堤顶面高程应高出设计静水位 0.5m 以上。

表 2.2-43　堤防工程顶部安全加高[14]　单位：m

防浪条件 \ 堤防级别	1	2	3	4	5
不允许越浪	1.0	0.8	0.7	0.6	0.5
允许越浪	0.5	0.4	0.4	0.3	0.3

海堤工程的堤顶高程，应根据设计高潮（水）位、波浪爬高和安全加高值计算，并应高出设计高潮（水）位 1.5～2.0m。其中，安全加高值按表 2.2-44 的规定选取。当海堤堤顶临海侧设有稳定坚固的防浪墙时，堤顶高程可算至防浪墙顶面，但如果不计防浪墙的堤顶高程仍应高出设计高潮（水）位 $0.5h_{1\%}$（$h_{1\%}$ 指累积频率为 1% 的波高）。

水闸既是挡水建筑物，又是泄水建筑物，水闸闸顶高程应根据挡水和泄水两种运用情况确定。挡水时，闸顶高程不应低于水闸正常蓄水位（或最高挡水位）

加波浪计算高度与相应安全加高值之和；泄水时，闸顶高程不应低于设计洪水位（或校核洪水位）与相应安全加高值之和。水闸安全加高下限值见表 2.2-45。

表 2.2-44 海堤工程堤顶安全加高值[19]

单位：m

防浪条件 \ 海堤工程级别	1	2	3	4	5
不允许越浪	1.0	0.8	0.7	0.6	0.5
允许越浪	0.5	0.4	0.4	0.3	0.3

表 2.2-45 水闸安全加高下限值[15] 单位：m

运用情况 \ 水闸级别		1	2	3	4、5
挡水时	正常蓄水位	0.7	0.5	0.4	0.3
	最高挡水位	0.5	0.4	0.3	0.2
泄水时	设计洪水位	1.5	1.0	0.7	0.5
	校核洪水位	1.0	0.7	0.5	0.4

不过水的临时性挡水建筑物的顶部高程，应按设计洪水位加波浪计算高度与相应安全加高值之和确定，其中，安全加高值按表 2.2-46 确定。过水的临时性挡水建筑物的顶部高程，应按设计洪水位加波浪计算高度确定，不需要考虑安全加高。

表 2.2-46 临时性挡水建筑物安全加高[14]

单位：m

临时性挡水建筑物类型 \ 建筑物级别	3	4、5
土石结构	0.7	0.5
混凝土、浆砌石结构	0.4	0.3

2.2.4.2 水电枢纽工程的建筑物超高

水电枢纽工程壅水建筑物的顶部高程，应按正常运用洪水或非常运用洪水下的水库静水位加相应的波浪高度、风壅高度和安全超高确定。其中，安全超高根据水工建筑物类型和级别按表 2.2-47 确定。

表 2.2-47 壅水建筑物安全超高[17] 单位：m

建筑物类型及运用状况 \ 水工建筑物级别		1	2	3	4、5
土石坝、堆石坝	正常运用洪水	1.5	1.0	0.7	0.5
	非常运用洪水	1.0	0.7	0.5	0.3
混凝土坝、浆砌石坝	正常运用洪水	0.7	0.5	0.4	0.3
	非常运用洪水	0.5	0.4	0.3	0.2

混凝土坝、浆砌石坝和混凝土面板堆石坝的顶部设有坚固、稳定和不透水的防浪墙，且与壅水建筑物的防渗体结合可靠时，顶部超高可改为对防浪墙顶的要求，但壅水建筑物顶部高程应不低于正常运用洪水时的水库静水位。

土坝、堆石坝和干砌石坝等的防渗体顶部在水库正常运用洪水水位以上的安全超高，应在表 2.2-48 规定的范围内选取，且防渗体的顶部高程应不低于非常运用洪水时的水库静水位。

表 2.2-48 土坝、堆石坝防渗体顶部在水库正常运用洪水位以上的安全超高[17]

单位：m

防渗体结构型式	安全超高
斜墙	0.8～0.6
心墙	0.6～0.3

在地震基本烈度为Ⅶ度及Ⅶ度以上地区修建土坝、堆石坝时，坝顶超高中应考虑地震涌浪高度。地震涌浪高度可根据设计烈度和坝前水深在 0.5～1.5m 之间选取。抗震设计烈度为 8 度、9 度时，坝顶超高中还应考虑坝体和地基在地震作用下的附加沉陷量。当库区有可能发生大体积塌岸或滑坡并在壅水建筑物前形成涌浪时，坝顶超高应在进行专门研究后确定。

2.3 枢 纽 布 置

为了充分利用水资源，最大限度地满足水利事业各部门（防洪、灌溉、发电、航运及给水等）的需要，应对整个河流和河段进行全面开发和治理的综合利用规划。为实现规划内容，需要修建不同类型和功能的水工建筑物，用以壅水、蓄水、泄水、取水、输水等。若干不同类型的水工建筑物组合在一起，便构成水利枢纽。其任务是实现综合利用规划中对某一河段的治理和水资源开发、利用所提出的要求。

水利枢纽布置应根据已批准的规划内容，选择合适的各类水工建筑物型式，布置在相应河段的所在位置，满足该工程的各项要求，是设计中一项复杂而具有全局性的工作。影响枢纽布置的因素有自然和社会两类，包括地形、地质、水文、施工、环境和运行等。选择合理的枢纽布置对工程的经济效益和安全运行有决定性的作用。但由于各工程的具体情况千差万别，枢纽布置无固定的模式，必须在充分掌握基本资料的基础上，认真分析各种具体条件下多种因素的变化和相互影响，研究坝址和主要建筑物的适宜型式，拟定若干可能的布置方案，从设计、施工、运行、经济、环境等方面进行论证，综合比较，选择最优的布置方案。

2.3.1 影响枢纽布置的因素

影响枢纽布置的因素主要包括以下几个方面。

2.3.1.1 水文气象条件

建设水利水电工程最重要的因素之一就是水文条件，来水量的多少在很大程度上决定工程规模，挡水建筑物和泄水建筑物的规模与来水量直接相关，固体径流量的大小是确定排沙、冲淤建筑物型式和布置的决定性因素；洪水特性、年径流量及其分布是水库水文计算、水库调度、施工导流、度汛等项工作的重要资料，对枢纽布置有重要的影响。

气象因素对枢纽布置的直接影响反映在所选坝型上，天气寒冷或炎热对混凝土的施工都是不利的，连绵阴雨对土石坝土质防渗体施工影响很大，风速大小会影响风浪涌高和坝高等。

2.3.1.2 地形及河道自然条件

坝址地形条件与坝型选择和枢纽布置有着密切的关系，不同坝型对地形的要求也不一样。例如，拱坝要求宽高比小的狭窄河谷；土石坝则要求岸坡比较平缓的宽河谷，且附近两岸有适于布置溢洪道的位置。一般来说，坝址选在河谷狭窄地段，坝轴线较短，可以减少坝体工程量。但对一个具体枢纽来说，还要考虑坝址是否便于布置泄洪、发电、通航等建筑物，以及是否便于施工导流，经济与否要由枢纽总造价来衡量。因此，需要全面分析，综合考虑，选择最有利的地形。例如，对于多泥沙及有漂木要求的河道，应注意河流的水流形态，在选择坝址时，应当考虑如何防止泥沙和漂木进入取水建筑物，坝址位置是否对取水防沙及漂木有利；对有通航要求的枢纽，还要注意布置通航建筑物对河流水流形态的要求，坝址位置要便于上下游引航道与通航过坝建筑物衔接以及通航建筑物与河道的连接。对于引水灌溉枢纽，坝址位置要尽量接近用水区，以缩短引水渠的长度，节省引水工程量。

河谷狭窄，地质条件良好，适宜修建拱坝；河谷宽阔，地质条件较好，可以选用重力坝或支墩坝；河谷宽阔、河床覆盖层深厚或地质条件较差且土石、砂砾等当地材料储量丰富，适于修建土石坝。在高山峡谷地区布置水利枢纽，应尽量减少高边坡开挖。坝址选在峡谷地段，坝轴线短，坝体工程量小，但不利于泄水建筑物等的布置。因此，需要综合考虑，权衡利弊。选用土石坝时，应注意库区有无垭口可供布置岸边溢洪道，上下游有无开阔场地进行施工布置。

水利枢纽一般布置在较为顺直的河段，但对坝身不能过水的土石坝因需布置溢洪道、泄洪隧洞以及布置岸坡式厂房或地下厂房，为使洞长尽可能短，将坝址选在有弯道的河道处则更为经济合理。

2.3.1.3 地质条件

坝址地质因素是枢纽设计的重要依据之一，对坝型选择和枢纽布置往往起决定性的作用。因此，应该将坝址附近的地质情况勘查清楚，并作出正确的评价，以便决定取舍或定出妥善的处理措施。

拱坝和重力坝（低的溢流重力坝除外）需要建在岩基上；土石坝对地质条件要求较低，岩基、土基均可。枢纽布置时要注意以下问题：①有断层破碎带、软弱夹层的，要查明其产状、宽度（厚度）、充填物和胶结情况，避免把水工建筑物布置在活动性断裂上；有垂直水流方向的陡倾角断层的，应尽量避开；有规模较大的垂直水流方向断层或存在活断层的河段，均不应被选作坝址；②在顺河谷方向（指岩层走向与河流方向一致）中，总有一岸是与岩层倾向一致的顺向坡，当岩层倾角小于地形坡角，岩层中又有软弱结构面时，在地形上存在临空面，这种岸坡极易发生滑坡，应当注意；③对于岩溶地区，要掌握岩溶发育规律，特别要注意潜伏溶洞、暗河、溶沟和溶槽，必须查明岩溶对水库蓄水和对建筑物的影响；④对土石坝，应尽量避开细砂、软黏土、淤泥、分散性土、湿陷性黄土和膨胀土等地基。

由于坝型和坝高的不同，对坝基地质条件要求也有所不同。例如，拱坝对地质要求最高，支墩坝和重力坝次之，而土石坝则要求较低；坝的高度越大对地基要求也越高。坝址最好的地质条件是强度高、透水性小、不易风化、无构造缺陷的岩基，但理想的天然地基是很少的。一般来说，坝址在地质上总是存在这样或那样的缺陷。因此，在选择坝址时应从实际出发，针对不同情况采用不同的地基处理方法，以满足工程要求。

选择坝址时，不仅要慎重考虑坝基地质条件，还要对库区及坝址两岸的地质情况予以足够的重视。既要使库区及坝址两岸尽量减少渗漏水量，又要使库区及坝址两岸的边坡有足够的稳定性，以防因蓄水而引起滑坡现象。对地质条件更详细的要求参见本卷第 3 章 3.4 节和 3.5 节的内容。

2.3.1.4 建筑材料

在枢纽附近地区，是否储藏有足够数量和良好质量的建筑材料，直接关系到坝址和坝型的选择。对于混凝土坝，要求坝址附近应有足够供混凝土用的良好骨料；对于土石坝，附近除需要有足够的砂石料外，还应有适于作防渗体的黏性土料或其他代用材料。因此，对建筑材料的开采条件，如料场位置、材料的数量和质量、交通运输以及施工期淹没等情况均应调查清楚，认真考虑。

2.3.1.5 施工条件

在不同坝址和坝型的施工条件方面，应考虑是否便于布置施工场地和内外交通运输，是否易于进行施工导流等。坝址附近，特别是坝轴线下游附近最好要有开阔的场地，以便于布置场内交通、附属企业、生活设施及管理机构。在对外交通方面，要尽量接近交通干线。施工导流直接影响枢纽工程的施工程序、进度、工期及投资。在其他条件相似的情况下，应优先选择施工导流方便的坝址。可与永久电网连接，解决施工用电问题。

2.3.1.6 征地移民

水利水电工程建设不可避免地侵占土地，使原本生活在该范围内的居民动迁。特别是大型水库，因水库淹没损失大、涉及范围广，移民搬迁安置持续时间长，各种交通、供电、电信、广播电视等专业项目恢复改建任务重，补偿投资大。随着人民生活水平的提高，征地移民的费用也越来越高，移民问题越来越成为制约水利水电工程建设的重要因素。工程选址时，应根据我国人多地少的实际情况，尽量减少淹没损失和移民搬迁规模。一旦占地和移民不可避免时，要妥善安置好，并且负责到底。兼顾国家、集体和个人三者利益关系，逐步使移民生活达到或者超过原有水平。

2.3.1.7 生态环境

建坝存在淹没、环境和生态问题，这些因素涉及自然、社会、经济、生态系统和传统习俗等方方面面。选择坝址时，要充分考虑生态平衡与环境保护，保护生物多样性，应尽量减少水库淹没损失，并应避免淹没那些不能淹没的城乡、矿藏、重要名胜古迹和交通设施。还要注意保护水质、生物物种和森林植被，以及在移民安置中要使环境与开发和发展相协调等。水生生物，特别是鱼类的生长与繁殖，对水温、流速、水深以及营养物质等有一定的要求。跨流域调水、修建大坝，不仅改变河流水位与水流状态，阻断河流中洄游鱼类的洄游通道，而且还将使一些鱼类产卵场所消失。这些生态条件的改变，使水生生物资源受到影响。

兴建具有一定库容的水利水电工程会产生以下生态环境问题。

（1）在水库淹没、移民安置中，毁林开荒将造成水土流失；因移民安置不当及其生活环境改变，使移民生活不安定，还会滋生某些社会问题。

（2）水库蓄水后，有可能引起库岸崩塌，诱发水库地震等。河流情势变化将对下游与河口的水体生态环境产生潜在影响。

（3）水库蓄水后，会引起库周地下水位抬高，易导致浸没、内涝或土地盐碱化等。

（4）水库蓄水后，因水流变缓，水体稀释扩散能力降低，水体中污染物浓度增加，库尾与一些库湾地区，易发生富营养化。

（5）水库蓄水后，库内水温可能出现分层，对下游农作物及鱼类产生影响。

（6）水库淹没会影响陆生生物的生存环境；建坝对水生生物，特别是洄游鱼类将产生直接影响。

（7）多泥沙河流，水库回水末端易出现泥沙淤积，导致河床抬高，影响航运。流入水库的支流河口也可能形成拦门沙，影响其行洪能力。河流水力条件的改变，对下游河道原有的冲淤平衡状态产生影响。

（8）水库蓄水后，水面扩大，对库周的气候可能产生影响，引起风速、湿度、降水、气温等气象要素的变化。

（9）库区的文物古迹可能被淹没。

（10）对库区人群健康产生影响，如一些水介疾病会因水面扩大而增加，移民动迁也可能导致某些疾病流行等。

2.3.1.8 综合效益

对不同坝址与相应的坝型选择，不仅要综合考虑防洪、发电、灌溉、航运等各部门的经济效益，还要考虑库区的淹没损失和枢纽上下游的生态影响等，要做到综合效益最大而不利影响最小。

2.3.2 枢纽布置的原则

枢纽布置的任务是合理地确定枢纽中各组成建筑物之间的相互位置，亦即确定各建筑物之间在平面上和高程上的布置。由于影响枢纽布置的因素很多，因此在进行枢纽布置时应深入研究当地条件，全面考虑设计、施工、运用、管理及技术经济等问题。一般应进行多方案的比较，在保证安全可靠的前提下，力求做到运用方便和节省工程量、便于施工、缩短工期，优选技术经济效益最佳的方案。具体地说，应遵守下列布置原则。

2.3.2.1 安全可靠，经济合理

枢纽布置应在技术上可行的条件下，力求最经济合理。在不影响运用且不互相矛盾的前提下，要尽量发挥各建筑物的综合利用功能。

(1) 可利用导流洞改建为泄洪洞、尾水洞。

(2) 导流底孔可改建为深式泄水洞，兼起放空水库的作用。

(3) 利用排沙洞泄洪。

(4) 在河床狭窄，并列布置溢流坝和水电站厂房有困难时，可以考虑采用坝内式厂房、厂房顶溢流或地下式厂房等布置型式。

(5) 要力求缩短枢纽建设工期，考虑提前发电的可能性和分期实施的合理性。

(6) 在尽可能的条件下，尽量采用当地材料，节省水泥、钢材和木材用量，减少外来物资的运量。

(7) 注意采用新技术、新材料等。

(8) 枢纽布置应在满足建筑物的稳定、强度、运用及远景规划等要求的前提下，做到枢纽的总造价和年运转费用最低。

2.3.2.2 保护生态环境

水利枢纽的兴建将使周围生态环境发生明显的改变，特别是大型水库的建成，为发展水电、灌溉、供水、养殖、旅游等水利事业和防治洪涝灾害创造了有利条件，同时也带来了一些不利的影响。水利枢纽布置要求尽量避免或减轻对周围生态环境的不利影响，并充分发挥有利的作用。

(1) 要认真分析蓄水枢纽的泄水和输水方式对上游淤积、淹没、浸没以及下游河床演变等的影响。

(2) 在汛期，要充分利用泄水和输水建筑物进行排沙，以减少水库淤积，延长水库寿命。

(3) 泄水和输水建筑物便于配合使用，以减小淹没及浸没损失，降低防洪投资。

(4) 采用底流或面流消能的溢流坝，在布置上要采取适当措施，以减轻下游河床冲刷、淤积、回流等对尾水的影响。

(5) 水库供水应满足下游用水要求，灌溉取水采用分层取水结构，以防水温对下游农作物产生冷害。

(6) 下游无用水要求时段，应能泄放生态用水。

2.3.2.3 方便运行

枢纽布置首先应满足各建筑物正常运行的要求，同时在各建筑物之间应避免相互干扰，保证在任何工作条件下，都能完成枢纽所担当的任务。

(1) 灌溉取水建筑物在枢纽中的位置视灌区或用水部门位置而定，应保证按照水量及水质的要求供给。

(2) 溢洪道或泄洪隧洞的布置应保证安全泄洪，因此要求进口水流应平顺，出口水流最好与原河道主流方向一致，应尽量减少对其他建筑物正常运行的影响。

(3) 水电站枢纽布置主要应保证水电站运用可靠、水头损失较小，因此要求进口水流平顺、尾水能通畅地排出。

(4) 对通航建筑物的布置，应能使船只顺利通航，有足够的过船能力，船闸的进出口要求水流平顺和水位平稳。

(5) 过鱼建筑物应根据鱼类的洄游习性进行布置，要求能诱导鱼类顺利地通过鱼道、鱼闸等过鱼建筑物。

(6) 过木建筑物的布置也应满足其运用要求，筏道最好布置在水电站的另一岸，以免漂浮木材对水电站进水口和尾水口带来不利的影响。

(7) 枢纽内外交通线路也要合理布置。

2.3.2.4 方便施工，尽早投产

枢纽布置应与施工导流、施工方法和施工进度结合考虑，力求施工方便、技术落实、工期短、便于机械化施工。

(1) 施工设计时要尽可能考虑采用在洪水季节不中断施工的导流方案。

(2) 安排好各建筑物的施工程序和施工期限。

(3) 尽可能设置施工期通航或过坝设施，对采用一次断流的施工方案或下闸蓄水时段，应特别注意在布置导流洞时，要考虑到坝址下游的用水，不能给下游人民的生活用水和农业用水等带来困难。

(4) 合理安排施工场地的运输路线，便于机械化施工，避免相互干扰。

(5) 使枢纽中的部分建筑物及早投入运行，尽快发挥其效益。

2.3.3 枢纽布置的步骤和方案优选

2.3.3.1 枢纽布置的步骤

(1) 根据水利事业各部门对枢纽提出的任务，结合枢纽所在处的地形、地质、水文、气象、建筑材料、交通及施工等条件，确定枢纽中的组成建筑物以及各主要建筑物的型式和尺寸。

(2) 按照枢纽布置的原则和要求，在拟建枢纽河段，研究建筑物与河流、河岸之间以及各建筑物相互之间的可能位置（包括平面和高程位置），编制不同的布置方案及相应的施工导流方案，绘制不同方案的枢纽布置图并进行综合比较。分别从河段、坝址、坝线、坝型等选择的各个方面进行布置。必要时可交叉进行，直至得到满足布置原则和要求的最优方案。

(3) 根据枢纽中各建筑物的主要尺寸和地基开挖

处理等情况，计算工程量与造价，并编制各方案的技术经济指标。

(4) 从技术经济等方面对各方案进行综合分析比较，选出合理的枢纽布置方案。

2.3.3.2 枢纽布置的方案优选

枢纽布置应从不同布置方案中优选出最优方案，原则上应该是技术可行、综合效益好、工程投资省、运用安全可靠及施工方便的方案。但在一般情况下，各比较方案总是各有优缺点，很难十全十美，因此要对各方案进行具体分析、全面论证和综合比较，慎重选定。不同枢纽的情况各不相同，比较的内容和主次也各有差异，通常对以下项目进行比较。

(1) 主要工程量。如土石方、混凝土和钢筋混凝土方、金属结构、机电设备安装、帷幕灌浆、砌石等各项工程量。

(2) 主要建筑材料。如钢筋、钢材、木材、水泥、砂石、炸药等的用量。

(3) 施工条件。主要包括施工导流、施工期限、发电日期、施工难易程度、劳动力和施工机械要求等。

(4) 运用管理。如发电、通航、泄洪是否相互干扰，建筑物和机械设备的检查、维修和运用操作是否方便，对外交通是否便利等。

(5) 经济指标。包括总投资、总造价、淹没损失、年运转费、水电站单位千瓦投资、电能成本、灌溉单位面积投资、通航能力等。

(6) 其他。指按枢纽特定条件尚需专门比较的项目。

上述比较项目中，有些项目（如工程量、造价等）是可以定量计算的。但也有些项目是难以定量的，这就增加了方案选择的复杂性。必须在充分掌握资料的基础上，实事求是，全面论证，综合比较，以求得真正优越的枢纽布置方案。

由上可见，枢纽布置是一项复杂的系统工作，存在着许多非结构化问题，需要借助水工专家的实践经验和综合推理，不是一般确定性算法所能完全解决的。

2.3.4 枢纽场址选择

水利水电工程建设场址选择很大程度上取决于地形、地质、建设场址附近的建筑材料分布、施工条件、交通条件以及施工工期的长短等，同时也必须结合水利枢纽的布置、管理条件和经济条件来考虑。然而在规划河段上满足地形条件的场址可能不止一个，满足地质条件的场址可能也不止一个，这就需要进行综合比较分析，使工程在满足安全和各项功能的前提下最经济合理。对一个流域而言，规划河段不止一段，还需要逐段进行仔细分析，分析工作深度随设计阶段的深入而加深，直到选出最佳河段。河段选择确定后，再进行坝址、闸址、站址等具体位置的确定，并研究枢纽各组成建筑物的相互关系。

(1) 地形决定了建筑物轴线的长短，因为轴线越短，工程造价也就越省。因此，从地形条件看，水利水电工程建设场址应选择在河谷较狭窄的地方。

(2) 场址的地质条件是影响建设场址选择的最重要因素之一，必须将可能修建建筑物的地段分成若干地质特征差别较大的比较地段，进行详细的地质勘探和研究。同时，还要对各可能建设场址分别进行水利枢纽的布置，以备最后作技术经济比较。不仅只研究建设场址的地质条件，尚需研究库区范围内的地质条件，才能全面地进行评价。

(3) 建设场址附近的建筑材料分布情况，往往影响到建设场址的选择，因为建筑材料的种类、数量、质量和分布情况，影响到坝的类型和造价。

(4) 施工条件是选择建设场址的因素之一，较宽的场址易于布置分期围堰，在施工期容易泄放洪水，在流冰时因冰块拥塞而造成的壅水较小。但较宽场址的工程造价往往增加，以此去换取较好的施工条件是否值得，必须对比较方案作出技术经济比较后才能决定。为了施工便利，有时会放弃狭窄坝址而选择较宽的场址。

(5) 建设场址的交通条件对于工程总投资有很明显的影响。交通困难的地方，道路修建费用昂贵。建设场址附近有适合布置施工附属企业和放置设备的场地时，可以降低施工费用。有时，由于建设场址位于山区中，对外交通不方便，往往被迫放弃在各方面都很良好的场址。但对于用当地材料建造起来的土坝来说，这种困难并不是主要的，因为它所需的对外交通运输量并非很大。

(6) 水库及水利枢纽的管理条件也应在选择建设场址时予以应有的注意。对于冰凌或多泥沙河流，更应考虑到冰凌和泥沙对枢纽建筑物施工及将来运用带来的影响。

(7) 施工工期的长短也大大地影响着建设场址的选择。选择工程量小、坝基处理简单的建设场址将会缩短工期。

因此，以上因素必须结合技术经济比较来评价场址的优劣。只有经过全面衡量，才能选定最合理的场址。

枢纽场址确定之后，需对枢纽组成建筑物的具体位置进行布置，综合考虑各种有利和不利因素。例如，坝身泄水建筑物应尽可能布置在河床主流位置；水电站进水口宜布置在河岸能平顺进流一侧，以防泥沙、漂浮物和冰凌堵塞；导流建筑物布置在有合适进出流的位置；通航建筑物布置在便于上下游船只通航的位置等。

2.3.4.1　坝址、坝轴线选择

坝址选择主要是根据地形、地质、施工、建筑材料及综合效益等条件，对选定的场址，通过不同的工程布置方案比较，确定代表性方案。相同坝址不同坝轴线适于选用不同的坝型和枢纽布置。同一坝址也可能有不同的坝型和枢纽布置方案。结合地形、地质条件，选择不同的坝址和相应的坝轴线，作出不同坝型的各种枢纽布置方案，进行技术经济比较，然后才能优选出坝轴线位置及相应的合理坝型和枢纽布置。综合比较各坝址的代表方案，最终选定工程坝址。

坝型不同，对坝址的要求也不一样，选择时除满足场址选择的要求外，还应根据坝型对地形、地质、施工、筑坝材料等要求进行方案比较。更详细的内容，如混凝土坝见《水工设计手册》（第 2 版）第 5 卷，土石坝见《水工设计手册》（第 2 版）第 6 卷。

2.3.4.2　闸址选择

闸址应根椐水闸的功能、特点和运用要求，综合考虑地形、地质、水流、潮汐、泥沙、冻土、冰情、施工、管理、周围环境等因素，经技术经济比较后选定。

（1）闸址宜选择在地形开阔、岸坡稳定、岩土坚实和地下水水位较低的地点。闸址宜优先选用地质条件良好的天然地基，必要时采取人工加固处理措施。

（2）节制闸或泄洪闸闸址宜选择在河道顺直、河势相对稳定的河段，经技术经济比较后也可选择在弯曲河段裁弯取直的新开河道上。

（3）进水闸、分水闸或分洪闸闸址宜选择在河岸基本稳定的顺直河段或弯道凹岸顶点稍偏下游处，但分洪闸闸址不宜选择在险工堤段和被保护重要城镇的下游堤段。

（4）排水闸（排涝闸）或泄水闸（退水闸）闸址宜选择在地势低洼、出水通畅处，排水闸（排涝闸）闸址且宜选择在靠近主要涝区和容泄区的老堤堤线上。

（5）挡潮闸闸址宜选择在岸线和岸坡稳定的潮汐河口附近，且闸址泓滩冲淤变化较小、上游河道有足够的蓄水容积的地点。

（6）若在多支流汇合口下游河道上建闸，选定的闸址与汇合口之间宜有一定的距离；若在平原河网地区交叉河口附近建闸，选定的闸址宜在距离交叉河口较远处；若在铁路桥或Ⅰ级、Ⅱ级公路桥附近建闸，选定的闸址与铁路桥或Ⅰ级、Ⅱ级公路桥的距离不宜太近。

（7）选择闸址应考虑材料来源、对外交通、施工导流、场地布置、基坑排水、施工水电供应等条件。

（8）选择闸址应考虑水闸建成后工程管理维修和防汛抢险等条件。

（9）选择闸址还应考虑下列要求：占用土地及拆迁房屋少；尽量利用周围已有公路、航运、动力、通信等公用设施；有利于绿化、净化、美化环境和生态环境保护；有利于开展综合经营。

关于闸址选择更详细的内容，见《水工设计手册》（第 2 版）第 7 卷第 5 章。

2.3.4.3　水电站厂房厂址选择

水电站厂房厂址应根据地形、地质、环境条件，结合整个枢纽的工程布局等因素，经技术经济比较后选定。

（1）厂址及其上下游衔接，应选择相对优越的地形、地质、水文条件，还必须与枢纽其他建筑物相互协调。

（2）厂房位置宜避开冲沟口和崩塌体。对可能发生的山洪淤积、泥石流或崩塌体等，应采取相应的防御措施。

（3）厂房位于高陡坡下时，对边坡稳定要有充分的论证，并应设有安全保护措施及排水设施。

（4）厂房进水部分设计，应考虑枢纽布置情况，妥善解决泥沙、漂浮物和冰凌等对发电的影响。

（5）地下厂房宜布置在地质构造简单、岩体完整坚硬、上覆岩层厚度适宜、地下水微弱以及山坡稳定的地段。

（6）洞室位置宜避开较大断层、节理裂隙发育区、破碎带以及高地应力区，当不可避免时，应有专门论证。

（7）主要交通在设计洪水标准条件下，应保证畅通；在校核洪水标准条件下，应保证进出厂人行交通不致阻断；穿过泄水雾化地段时，应采取适当的保护措施。

（8）水电站厂房，应尽量少占或不占用农田，保护天然植被，保护环境，保护文物。

更详细的内容见《水工设计手册》（第 2 版）第 8 卷。

2.3.4.4　泵站站址选择

泵站站址应根据流域（地区）治理或城镇建设的总体规划、泵站规模、运行特点和综合利用要求，考虑地形、地质、水源或承泄区、电源、枢纽布置、对外交通、占地、拆迁、施工、管理等因素以及扩建的可能性，经技术经济比较后选定。

（1）山丘区泵站站址宜选择在地形开阔、岩坡适宜、有利于工程布置的地点。

（2）泵站站址宜选择在岩土坚实、抗渗性能良好的天然地基上，不应设在大的和活动性的断裂构造带以及其他不良地质地段。选择站址时，如遇淤泥、流沙、湿陷性黄土、膨胀土等地基，应慎重研究确定基础类型和地基处理措施。

(3) 由河流、湖泊、渠道取水的泵站，其站址应选择在有利于控制提水范围，使输水系统布置比较经济的地点。泵站取水口应选择在主流稳定靠岸，能保证引水，有利于防洪、防沙、防冰及防污的河段，否则应采取相应的措施。由潮汐河道取水的泵站取水口，还应符合淡水水源充沛、水质适宜使用的要求。

(4) 直接从水库取水的灌溉泵站，其站址应根据灌区与水库的相对位置和水库水位变化情况，研究论证库区或坝后取水的技术可靠性和经济合理性，选择在岸坡稳定、靠近取水区、取水方便、少受泥沙淤积影响的地点。

(5) 排水泵站站址应选择在排水区地势低洼、能汇集排水区涝水，且靠近承泄区的地点。排水泵站出口不宜设在迎溜、岸崩或淤积严重的河段。

(6) 取排结合泵站站址，应根据有利于外水内引和内水外排、水源水质不被污染和不致引起或加重土壤盐渍化，并兼顾灌排渠系的合理布置等要求，经综合比较后选定。

2.3.5 小型水利枢纽布置特点和要求

新中国成立后，我国的水利建设有了很大的发展。经过60多年的建设，全国整修和兴建堤防约28万km，兴建水库98000多座，面积10000亩以上的灌区7300多处，水电站装机容量从1949年的16.3万kW发展到目前的2.17亿kW。这些枢纽工程中除了大中型水利枢纽外，小型水利枢纽也占相当的比例，它们为城市、工业供水及农牧区人、畜饮水提供了相当数量的水源，为工农业生产和人民生活提供了电能及其他综合利用效益，为我国的经济建设发挥了重要作用。

小型水利枢纽规模相对较小，它所包含的勘测设计阶段、专业内容、项目数量与大中型水利枢纽几乎相同，所不同的仅是设计标准、工程规模、工程等别及各建筑物级别不同而已。一个小型水电站勘测设计，需包含项目建议书、可行性研究、初步设计、招标设计、技施设计等多个阶段，涉及水文、地质、测量、水工、机电、金属结构、施工、环境评价、水土保持、概算、经济评价等多个专业，要准备地形测量、水文、水利及水能规划、地质勘察、当地建筑材料、水力机械及电气设备、施工条件、工程占地、环境影响等基本资料，并应根据流域规划的要求，确定枢纽的开发任务。

小型水利枢纽布置还会遇到如下一些需要注意的问题。

(1) 资料短缺，应重视对比论证。一般情况下，小型水利枢纽的布置都会存在资料短缺的问题，如水文资料缺乏或系列较短，地质资料钻孔数量有限，勘测范围和深度不足，这些因素都直接影响着枢纽的布置。因此，要特别注意方案的比选，根据仅有资料，充分进行调查研究，用多种方法进行对比论证。对于在计算时所用的来自文献的图、表和曲线的参数，在确定各参数之前，要明确各个参数的意义、适用条件及对计算结果的影响。尤其应注意各参数的敏感程度，对敏感性强的参数，其取值的细微变化会对计算结果产生较大的波动。要做到每个参数的取值都合情合理、有理有据，这样才能为水利枢纽的设计创造可靠的基础条件。

(2) 工程类比，应防止盲目“套用”。小型水利枢纽由于设计周期短，水文、地质等基础资料相对较少，需要参考已建类似工程实例的经验，但要防止简单盲目套用，还需针对该工程的实际情况，认真研究对比，按各设计阶段要求完成设计。

(3) 资金紧缺，应因地因时制宜。小型水利工程投资少、规模小。因此，在设计时应尽可能因地制宜、因时制宜，根据实际条件选择合理的建筑物型式及枢纽布置型式。由于基础资料的缺乏，设计中应留有一定的安全裕度，特别是要留出足够的泄洪设施，以确保大坝的安全。

(4) 工程环境，应注意和谐协调。在充分考虑安全与经济的前提下，还应注意工程形象的美观和与周围自然环境的协调。

2.3.6 典型水利枢纽布置

水利枢纽的类型很多，按其功用可分为防洪枢纽、发电枢纽、航运枢纽、灌溉和取水枢纽等。在很多情况下，水利枢纽大都是多目标的综合利用枢纽，如防洪—发电枢纽、防洪—发电—灌溉枢纽、发电—灌溉—航运枢纽等。不论何种枢纽的布置设计，都应根据水利水电工程的任务和枢纽功能的要求，确定枢纽中应有哪些水工建筑物（如挡水坝、溢流坝、泄水孔、发电厂房、通航建筑物、取水建筑物、过鱼建筑物等），这些建筑物之间的相互关系如何，如何布置这些建筑物方可使其既能独立发挥作用又能相互协调。下面按不同的功能要求，介绍我国几类典型水利枢纽布置的特点及主要经验。

2.3.6.1 高重力坝枢纽的布置特点及主要经验

新中国成立以来，建成了大量的混凝土重力坝枢纽，积累了不少的经验和教训。随着科学技术的发展，筑坝技术的进步和创新，高重力坝枢纽布置形成了以下特色。

1. 高重力坝坝型趋向实体型

(1) 自然特点。

1) 坝址地形多为峡谷，地质条件较好，河谷较窄，两岸边坡较高。

2) 泄洪流量甚大，一般均在 15000～20000m^3/s 以上，三峡工程更高达 86000～98800m^3/s。

3) 水库库容较大，一般均在 25 亿～30 亿 m^3，有的高达 200 亿 m^3 以上，具有较好的调节性能，有的具有年调节或多年调节性能。

4) 由于流域内大面积水土流失，使得河流的含沙量较大。不仅是多泥沙的黄河，而且长江水系以及南方江河的含沙量均较大。

5) 施工导流流量较大，每年枯水季末均有春汛，南方河流即使在非汛期，也有较大洪水。

6) 高坝的下游往往有大、中城市或广大农村，不仅有防洪要求，而且必须考虑大坝对下游安全的影响。

(2) 主要因素。为使峡谷坝址的枢纽总体布置更为经济合理、安全可靠，重力坝坝型逐渐趋向实体坝，设计时需考虑以下主要因素。

1) 大坝安全极为重要，在遇各种险情时应主要以放空水库、降低库水位为对策。除坝顶表孔泄洪、放水外，必须设置相应的中孔和底孔，力求较灵活地控制库水位。实体重力坝可充分适应这一要求。

2) 需要有一定规模的排沙底孔，进行泄洪、排沙，以保持水库的有效库容和水电站进水口的“门前清”。实体重力坝为满足这一要求，可在坝体内布设高程较低、孔口较大的排沙底孔。

3) 为方便施工导流、缩短建设周期，实体重力坝采用明渠导流，并在大坝底部布设大孔径的导流底孔。

4) 在实体重力坝内灵活地布置坝内引水管的坝后厂房，也可布设为坝内厂房，甚至机组进水口可设在表孔闸墩内。

随着科技发展和进步，坝体内各种大孔径的孔口结构，以及高水头、大容量的闸门、启闭机等从前难以解决的关键技术，现在都可以较好的实现，因此重力坝的实体化已成为必然的趋向。

2. 坝体结构型式的变化促进枢纽布置创新

随着实践经验的积累，高速水流、高水头大流量泄洪消能、水力学测试和原型监测以及金属结构设计、制造技术的快速发展，重力坝枢纽布置有了以下很多创新和发展。

(1) 峡谷重力坝的表孔泄洪，由厂房顶溢流发展为跨越厂房顶挑流。厂房顶溢流对坝后厂房结构会有一定的影响。采用跨越厂房顶挑流，避免了泄洪水射对厂房顶的冲击力影响。20 世纪 90 年代初建成的漫湾水电站，在前人实践经验的基础上，枢纽布置又有了以下创新和发展。

1) 表孔孔口很大，弧门加大，为使泄洪水射跨越坝后厂房顶，采取大差动挑坎挑流，下游设水垫塘消能。

2) 大坝横缝及止水结构设在溢流坝段中部表孔间，墩内布设引水钢管和泄水孔。闸墩的加厚有利于表孔大孔口弧门支座结构的加强。

3) 汛期下游尾水位高达副厂房顶部，主副厂房采取封闭墙体结构。

4) 坝体挑流鼻坎下部合理布置主变室及副厂房。

5) 机组进水口两侧分别设置 5m×8m 的泄洪双底孔和 3.5m×3.5m 的冲沙底孔。设计水头高达 69～98m。

(2) 坝顶泄洪表孔的规模和消能结构有很大发展。加大表孔规模，增大超泄能力。若河谷地形布置上允许，地质条件较好，多采取表孔、中孔相结合的消能结构，这样可使下游有更好的水力学条件。

(3) 高重力坝枢纽表孔溢流坝布置的发展趋势。

1) 加大表孔尺寸，增大单宽泄量，优化泄洪前沿长度。

2) 横缝止水结构设在坝段跨中，采用整体闸墩。

3) 表孔采用大跨度弧形闸门。

4) 视河床基岩的地质条件，可采用底流消能或挑流消能。

3. 水电站枢纽广泛采用大容量机组

大江大河上的高坝枢纽，不仅是重力坝，也包括拱坝、土石坝枢纽等，一般总装机容量都在 700～1000MW 以上，以减少厂房的总长度。

重力坝坝后厂房，采用大容量机组，可以缩小引水前沿和河床内所占的宽度，对优化枢纽布置极为重要。为方便施工和加快建设周期，可将引水钢管由坝内埋管设计为坝后背管。

4. 工程导流与枢纽布置紧密结合

高重力坝在采用明渠或隧洞导流的同时，还广泛采用在坝体底部设置大孔径的导流底孔进行导流。根据导流标准和泄量规模，可采用较多数量和较大孔径的导流底孔。

5. 施工布置成为枢纽布置的重要内容

峡谷高重力坝枢纽布置十分重视施工的布置。

(1) 峡谷重力坝枢纽广泛采用大容量缆机浇筑混凝土。缆机型式及其平台高程的优选，特别是进料线道的布置，已是枢纽布置的重要组成部分，与两岸坝肩开挖、坝体结构等紧密结合，不可分割。缆机主要功能除浇筑混凝土外，还可承担引水钢管、闸门启闭机等金属结构的吊运和安装任务，特别是坝顶大容量门机以及高架施工塔机等的安装，可通过在两岸坝肩设置高、低缆机平台或是采用相应的高架缆机来完成。

(2) 重力坝枢纽广泛采取边蓄水、边施工的措施，以争取提前发挥发电、防洪、供水、灌溉等综合利用效益，尽量缩短建设周期。

高重力坝水利枢纽一般多修建在山区河道，其特点是河谷狭窄、施工场地小、拦河坝高、水库容积大，具有较好的调节性能。但我国大部分地区位于温带，水量丰沛，特别是年内水量的分配很不均匀，不少河道洪水暴涨暴落，洪水流量大。因此，泄洪建筑物的型式和布置，往往是影响水利枢纽布置的首要因素。在进行水利枢纽布置时，要妥善解决泄洪建筑物与水电站厂房等建筑物之间的矛盾。

6. 高重力坝枢纽布置实例——三峡水利枢纽

三峡水利枢纽是防洪、发电、航运综合利用的特大型水利枢纽工程，其枢纽布置有以下显著特点。

(1) 泄洪坝段居河床中部，两侧为厂房坝段和非溢流坝段。大坝混凝土总量1480万m^3。大坝在枢纽布置中有三大特点：①泄洪设备多，共有22个表孔、23个深孔、3个泄洪排漂孔和7个排沙孔。②导流设备多，除右岸岸边宽达350m的导流明渠外，在泄洪坝段内尚有23个大孔径导流底孔。③坝后式水电站装机容量大，机组共有26台（每台700MW）；左右两侧厂房坝段总长1106m，泄洪坝段加上排漂孔前缘总长584m，这两部分主要坝段总长为1690m，已超过原河道宽度（约1300m）。因此，左、右两侧水电站的部分厂房是在岸坡内深挖而成。

(2) 工程导流设计标准为百年一遇，泄量为73800m^3/s。坝体深底孔未形成前由右岸导流明渠宣泄；明渠封堵建设右岸坝后厂房时，由坝内导流底孔和永久泄洪深孔联合宣泄。

(3) 为解决工程施工期长江不断航，枯水期由导流明渠通航。另在左岸非溢流坝段布设垂直升船机和临时船闸，以供汛期通航。永久船闸建成通航后，临时船闸改建为泄洪冲沙闸。

(4) 在坝址左岸山体内，开挖双向五级大吨位船闸，可通航万吨级船队，年过坝运输量单向可达5000万t。上下游引航道总长4835m，航道底宽180m。引航道和口门均远离上下游的泄洪区，出口口门距坝轴线4.5km。

三峡水利枢纽工程布置图见《水工设计手册》（第2版）第5卷第1章。

2.3.6.2 高拱坝枢纽的布置特点及主要经验

中国100m以上高拱坝枢纽，除凤滩拱坝是1979年建成外，其余都是1980年以后建成的。中国高拱坝建设最大坝高已突破200m量级，并已在河谷宽高比较大的坝址上和地形地质条件较差及地震烈度较高的坝址上建设高拱坝，并可利用弱风化岩体作为高拱坝坝基等，在高拱坝枢纽布置上积累了经验。

1. 高拱坝坝体泄洪布置的发展

与20世纪六七十年代以前不同，高拱坝已广泛地采用在坝体布置表孔、中孔、底孔组合泄洪，或辅以岸边泄洪洞和溢洪道泄洪。而坝体内开孔规模均很大。充分利用坝体泄洪，在河床进行挑流消能的水利枢纽布置趋势已十分明显。在高拱坝中，为尽可能保持坝顶拱圈的完整，可适当减少表孔数量，增加中孔的数量；或不设表孔，而采用大孔口尺寸的中孔、底孔泄洪。

150～200m高拱坝枢纽较广泛地采用挑流，在河床直接消能。即使是坝后式水电站，也采取滑雪道或岸坡泄流槽型式，在坝后厂房的下游挑流消能。200m以上高拱坝枢纽，如高240m的二滩拱坝，由于水头高、坝体泄洪能量大，下游消能区就采用水垫塘消能型式。

2. 拱坝结构型式的变化促进枢纽布置创新

高拱坝结构型式的改变，使拱坝体型已不是想象中的“完整”单拱或变曲率拱坝实体，而是根据枢纽布置需要，作相应的调整，以下举例说明。

(1) 在坝体内设置有相当数量的大孔口结构。使用现代先进的计算理论和工具，采取孔口钢衬和加强孔口配筋等方法，以保持坝体的完整性。同时充分注意到调整孔口结构的部位，适当分散和在高程上错开，以利于坝体的拱向传力，避免坝体应力过度集中。

(2) 将水电站厂房布置在坝后，缩短了引水管长度，进水口、坝后背管、拦污栅等结构尺寸与坝体组成的结构形状，使拱坝体型已不再是标准的变曲率拱断面。如李家峡、龙羊峡、东江等工程，虽然在结构和施工条件上相对复杂，但枢纽布置紧凑，具有特色。

(3)“下拱上重”的复合拱坝，使拱坝能适应不同的地形条件。如隔河岩拱坝，由于受坝址地形及地质条件的制约，采取坝体下部为拱坝、上部为重力坝的结构型式，丰富了拱坝建设的经验，在枢纽布置上另具特色。当拱坝坝肩因地形、地质条件限制，不满足V形河谷时，常采用重力墩结构，如龙羊峡重力拱坝，由于左右岸缺少基岩地形，两岸坝肩约有35m高的坝体，由重力墩结构传力支撑，约占最大坝高的1/5，是国内高拱坝中少见的。

（4）拱坝坝后厂房采用双排机结构布置，如李家峡拱坝枢纽，原将3台400MW的机组布置在河床，另2台布置在右岸地下。为使右坝肩岩体不受削弱，将右岸2台机组全布设在坝后，组成双排机结构。将2000MW的机组全布置在坝后，十分紧凑，是国内高拱坝枢纽一大特色。此外，坝后厂房水平段引水钢管为一整体的钢筋混凝土结构，又占满整个峡谷河床，厚度20余m，相当于河床坝高的1/6，对拱坝结构的整体稳定有利。

（5）利用水垫塘消能结构，解决了高拱坝泄洪消能的难题。如二滩拱坝最大坝高240m，枢纽泄洪流量达23900m³/s，坝体上部采用大孔径的表孔、中孔泄洪，下游采用水垫塘消能结构，这在峡谷有高地应力坝址中，是颇具特色的消能型式。

3. 施工布置是影响高拱坝枢纽布置的重要因素

（1）广泛采用大直径导流洞导流，尽可能扩大下游基坑，将下游泄洪消能区的防护工程、水垫塘及其二道坝等均布置在下游基坑内，如二滩、李家峡等。

（2）高拱坝不再分设纵缝。即使坝基最大宽度仍然较宽，也采取相应温控措施，不设纵缝。如二滩拱坝坝基最大底宽55.74m，李家峡最大底宽45m，坝身均不设纵缝。

（3）广泛采用大吨位缆机浇筑拱坝及其坝后厂房的混凝土，缆机吨位多为20t，台数多在3～4台以上，有的还设高架缆机，以便于坝顶门机和闸门等金属结构的安装。对于拱坝坝后厂房枢纽，土建、安装等均可发挥缆机在空间上的作用。

（4）广泛采取分期封拱、分期蓄水的措施。为争取高拱坝、大水电站提前发挥蓄水发电效益以及库区移民工程的需要，高拱坝在设计、施工中，较普遍地采取分期封拱、分期蓄水的措施。

4. 高拱坝枢纽布置实例——二滩水电站

二滩水电站拱坝枢纽，坝高240m，为抛物线双曲拱坝，最大泄洪流量23900m³/s，其枢纽布置有以下特点。

（1）采用坝体表孔、中孔及右岸两条泄洪洞三套组合泄洪方式，三套泄洪设施的泄洪能力均能单独宣泄常年遇到的洪水。

（2）表孔、中孔空中对撞消能，专设坝后水垫塘结构进行消能。

（3）水电站厂房和引水发电系统均设在左岸地下，厂房内布设有6台550MW机组，地下厂房长280.29m，宽25.50m，高65.68m。

（4）工程采用大直径导流隧洞和坝体内临时底孔导流。拱坝坝底厚度55.74m，坝身内不设纵缝。枢纽布置图见《水工设计手册》（第2版）第5卷第2章。

2.3.6.3　高土石坝枢纽的布置特点及主要经验

土石坝对地形地质条件的适应性较大，对于不良的地基或覆盖层深厚的坝址，经过工程处理一般均可修建高土石坝。其中，堆石坝可以在严寒低温或炎热多暴雨的地区建造，能适应各种气候条件。随着施工机械和施工技术的快速发展，土石坝工程的导流和泄洪问题已得到较好的解决；地下建筑物综合技术的发展，对高土石坝的采用也起到积极的促进作用。

现代混凝土面板堆石坝，由于不使用土料防渗，更具有很多优点，例如，坝体体积小、投资省、综合经济效益好；坝基适应能力强；坝体可以全年施工，枢纽施工工期较短；安全可靠，抗震性能好，具有较高的稳定性及潜在的安全度；较易解决导流和度汛问题；除混凝土面板下的垫层和过渡层有一定选料要求外，坝身可广泛应用开挖的石方或砾石；坝体耐久性好，也便于检查维修。

高土石坝枢纽的布置特点及主要经验有以下几个方面。

1. 充分利用开挖方量填筑坝体和围堰，挖填平衡，节省投资

已建的天生桥一级178m高的面板堆石坝，采用大开挖的溢洪道，将开挖灰岩的86%（1764万m³）用于大坝的填筑，其余用于混凝土人工骨料，取得石方开挖、填筑的总体平衡。糯扎渡、碛口、公伯峡等水电站，溢洪道和引水发电系统的进口引水渠、出口尾水渠，均采用大明渠开挖方式，将开挖的土石方用于坝体和临时围堰的填筑，取得土石方的总体平衡，不仅是使工程具有造价低、工期短、经济效益好的重要环节，也是水利枢纽布置的显著特点。尤其是在坝址区缺乏心墙土料，两岸又是基岩裸露的坝址，采用混凝土面板堆石坝，更具有优势。

2. 采用坝外表孔、深（底）孔组合布置，便于泄洪排沙

表孔溢洪道因具有较大的超泄能力，因此高土石坝大水库一般都设表孔溢洪道，大部分洪水由表孔宣泄，部分洪水由深（底）孔宣泄。年调节或多年调节水库以及有防洪任务的水库，虽然入库洪水较大，但经水库调节后，最大泄洪量有显著减少，由表孔溢洪道可以满足泄洪要求，但一般仍需设深（底）孔泄洪建筑物，采用表孔、深（底）孔组合泄洪、挑流消能的方式，其枢纽布置有以下特点。

（1）设置深（底）孔进行泄洪排沙。黄河是著名

的多沙河流，大量泥沙来自汛期洪水，为保持水库有效库容以及排泄水电站进水口前淤积的泥沙，需要设置泄洪排沙底孔。全国各地除少数江河支流泥沙含量较少外，大多数河流的含沙量均很可观，水库的“蓄清排浑”运用方式有赖于底孔的设置。

(2) 施工导流和度汛，一般均采用导流隧洞和底孔。坝高在150m以上的枢纽，为确保施工期度汛要求，除一条低高程导流洞外，往往还需要有高程相对较高的导流洞或专设底孔配合度汛。这些导流洞经改建后就成为永久泄洪底孔。

(3) 水库蓄水时需向下游供水。对于库容较大的水库，有长达数月的较长蓄水时段需要向下游放水，以满足灌溉或工业、城镇用水。对于多年调节性能的大水库，蓄水时间更长，当利用初期投产机组的发电尾水向下游供水往往还不能满足下游梯级发电以及大量灌溉用水要求时，水利枢纽中需要设置泄洪放水底孔。

(4) 对于库容相对较小、坝高在100～150m的水库工程，为充分利用水库的有效库容，以满足供水、灌溉需要，也往往利用导流洞改建为“龙抬头”泄洪底孔，兼作放低库水位用。

(5) 水库排沙、导流度汛、下游供水等综合功能的泄水设施，为大坝安全提供了放空水库、降低库水位的有利条件。高土石坝和面板堆石坝的发展已不再需要为上游坝面的维修而专设底孔以放空水库。

3. 高土石坝水电站力求采用最短的引水管道系统

由于高土石坝广泛采用大型施工机械，大坝的施工工期往往不会成为枢纽工程的控制环节，而引水系统和地下厂房则往往会成为控制工期的关键。已建、在建和待建的高土石坝枢纽，几乎普遍采用大容量机组，地下厂房或紧靠下游坝趾的地面厂房布置要求最短的引水管道系统，这不仅有利于形成大坝和引水发电两个各有特色的施工系统，便于分标和招标，也更有利于整个枢纽工期的协调和提前。

对于地质条件良好的坝址，坝高在150～200m及其以上的枢纽，很多采用紧靠坝肩的地下厂房布置型式，尤其是机组台数较多的大型水电站，这种布置很具特色。进口引水渠和尾水明渠采取大开挖，开挖的石方用来填筑坝体；尾水洞则往往采用大型的无压洞，从而缩短引水道长度，力求取消调压井系统，减少引水道系统的水头损失。大型的无压引水洞，又作为地下厂房系统的开挖出渣洞，开挖的石渣又可作为大坝的填筑料。

坝高在100～150m的大坝坝址，较多地采用紧靠下游坝趾的地面厂房。除进口引水明渠采取大开挖外，地面厂房山体边坡及尾水明渠也是大开挖，开挖的石渣可就近上坝，总体布置的目标是力求缩短引水管道系统，减少沿程水头损失，并尽可能取消调压井系统。

以上这种颇具特色的地下或地面厂房枢纽，并不在于进出口明渠大开挖方量的多少，而是着眼于开挖石渣就近上坝，取得石方量的总体平衡；经过大开挖，减短引水管道系统，可缩短工期争取第一批机组提前投产，以取得最大的经济效益。

4. 施工组织设计是枢纽布置的重要环节

已建、在建和待建的高土石坝枢纽十分重视施工组织设计。根据导流标准和导流流量，选用一至两条大直径的导流隧洞。施工组织设计的关键是合理选用坝体填料，严密组织开挖和填筑的有机衔接，尽量减少石渣的临时堆存和二次倒运。为此，大开挖的溢洪道和引水、尾水明渠都尽可能靠近坝体，布设在坝肩的两岸。

整个水利枢纽工程，力求实现大坝边升高、边蓄水、边发电，是施工组织设计中的又一重要课题。已建和在建的高土石坝枢纽，都为实现这一目标采取了各种有效的措施。实践证明，高土石坝枢纽建设周期越短，投资效益越高，比混凝土坝型具有更强的竞争力。

5. 高土石坝枢纽布置实例之一——小浪底水利枢纽

(1) 工程概况。小浪底水利枢纽位于河南省孟津县和济源县境内，黄河中游最后一个峡谷的出口。黄河是一条多泥沙河流，在其干流的关键位置上修建大型水库，问题复杂。几十年前的三门峡水库就有过深刻的教训，同时也为小浪底水库的建设提供了经验。要拦蓄洪水就得有大的库容，要保持库容就要解决排沙问题。所以，该工程的第一个难题是工程泥沙问题。

坝址控制流域面积69.4万km^2，占黄河流域总面积的92.3%，处在控制黄河水沙的关键部位，是治黄总体规划中的七大骨干工程之一。大坝坝型为斜心墙堆石坝，最大坝高154m，总库容126.5亿m^3，是一个以防洪、防凌、减淤为主，兼顾供水、灌溉、发电（装机容量1800万MW、单机300万MW）的综合利用型大型水利工程。

(2) 枢纽布置。枢纽由坐落在厚达70m覆盖层上154m高的斜心墙土石坝、九条泄洪排沙洞、六条发电引水洞及地下厂房组成。由于地形地质条件的限制，枢纽的泄洪、引水、发电等建筑物集中布置在左岸山体内。采用进水集中、洞线集中和出口消能集中的布置方式，保证了“蓄清排浑”的运用条件。洞室群围岩稳定，进口防淤、出口消能都有相当复杂的技术问题。枢纽布置时，需满足防洪、泄洪、防淤堵、调水调沙及兴利等要求，其布置核心是泄水建筑物的布置，难度很大。

根据泄水建筑物总布置的基本要求和坝址区地形地质条件，从1978年开始，研究过许多方案，同时做了几十项科研试验，并利用碧口水电站排沙洞改建为二级孔板泄洪洞，进行孔板泄洪中间试验。经过全面详细的分析论证，最终选定组合泄洪洞方案。该方案泄水和输水建筑物包括：三条内径为14.5m、由施工导流洞改建而成的多级孔板消能泄洪洞；三条明流泄洪洞，断面尺寸分别为10.5m×13m、10m×12m、10m×11.5m，其中3号明流洞在汛期担负主要排漂任务；三条内径为6.5m的排沙、排污压力隧洞；六条内径为7.8m的发电引水洞；一座正常溢洪道，泄槽底宽为28m；一座非常事故备用溢洪道，泄槽底宽为100m；一条北岸灌溉引水洞，内径为3.5m。

1）泄洪排沙洞进口布置。布置时考虑到：16条洞有16个进水口，由于在汛期不可能都同时过水，因此泄洪时高水位用高洞，低水位用低洞。根据黄河泥沙特点，这些隧洞的进水口需设置有效的冲沙措施，将所有进水口集中布置，互相保护，防止泥沙淤堵，这是小浪底工程的重要特点。将16个进水口合理组合和排列，使进水塔群总宽度减到最小，塔基尽量不受断层的影响。经过布置、修改、再修改，最终方案平面布置如图2.3-1所示。16个进水口组成10座进水塔呈“一”字形排列，如图2.3-2所示。

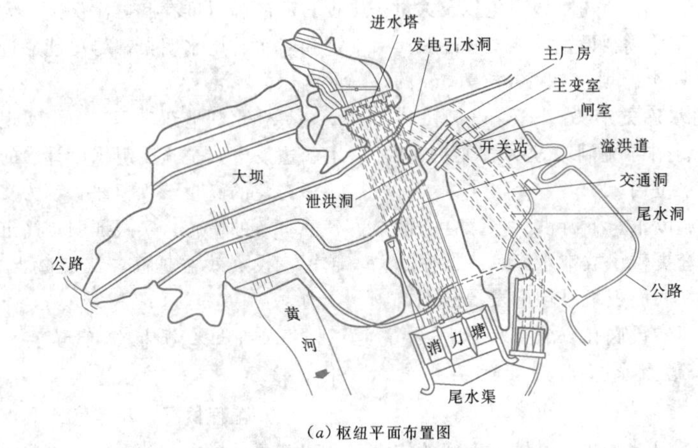

(a) 枢纽平面布置图

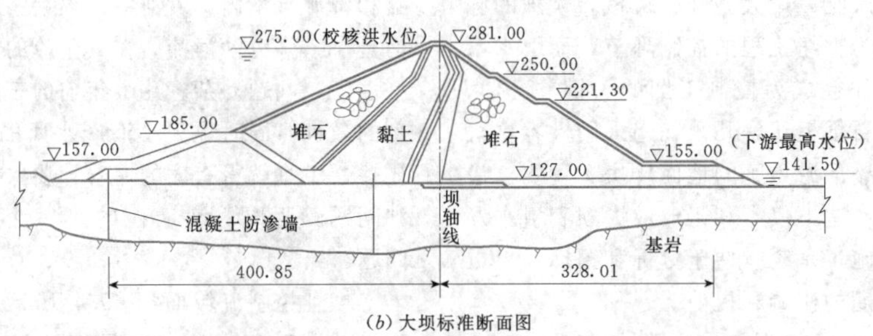

(b) 大坝标准断面图

图2.3-1　小浪底水利枢纽平面布置及大坝标准断面图（单位：m）

1号明流洞布置在进水塔右侧，避免了与发电洞交叉。3号明流洞担负主要排漂任务，布置在进水塔左侧，排漂效果最好。2号明流洞的位置，根据各泄洪排沙建筑物进入三个消力塘的挑流流量应尽量分配均匀和保证2号、3号明流洞有足够大间距的原则，将其布置在3号发电洞与3号孔板洞之间。

为了方便大坝截流，1号导流洞位置应尽可能靠近河边，因此1号孔板洞布置在紧靠1号明流洞的左侧。1号孔板洞与1号明流洞的位置不能互换，否则高程相同的1号明流洞与1号发电洞相距太近，两洞洞壁厚度仅9.5m，不足一倍开挖洞径。

三条由导流洞改建的孔板洞开挖洞径较大，一般为16.5m，尤其是中间闸室开挖跨度达到24.3m，隧洞间距应尽可能拉大。此外，2号、3号导流洞要同时改建成孔板泄洪洞。为了改建方便，其出水口应布置在同一消力塘内，且应尽可能对称布置，以减轻消力塘内的回流影响。根据以上原则，确定将2号孔板洞布置在1号、2号发电与3号、4号发电洞之间，3

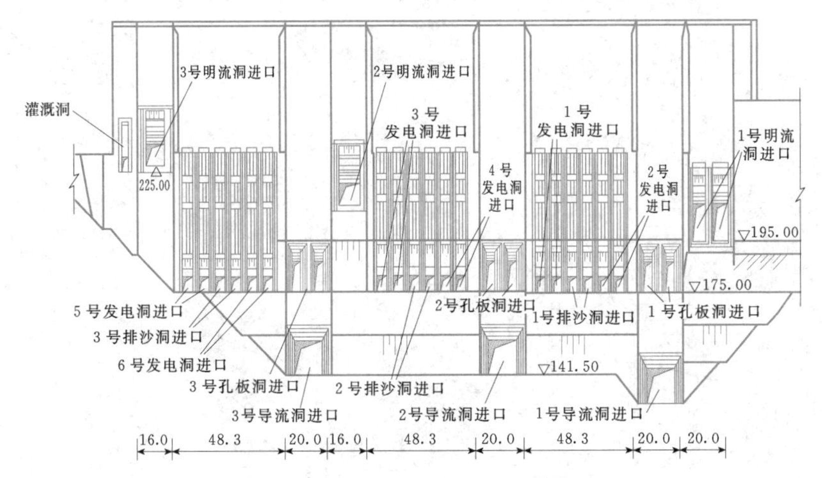

图 2.3-2 进水塔上游立视图（单位：m）

号孔板洞布置在2号明流洞与5号、6号发电洞之间。

2）灌溉洞洞线布置。考虑避免与3号明流洞交叉，将灌溉塔布置在北端。

3）消力塘布置。在进行进水塔布置时，同时也涉及九条泄洪排沙洞和正常溢洪道10股挑流在三个消力塘中的分配问题。根据地形地质条件，唯一可以布置消力塘的地方是葱沟和西沟之间的山梁处，其宽度300～400m，所以三条孔板泄洪洞、三条明流泄洪洞、三条排沙排污洞以及正常溢洪道的水流只能集中在综合消力塘内进行消能。塘中设两道隔墙划分为三个池子，在非汛期各池可以单独进行检修。南池进行1号明流泄洪洞、1号孔板泄洪洞和1号排沙排污洞挑流消能。中池的中部为2号排沙排污洞和2号明流泄洪洞挑流消能，两旁对称布置2号和3号孔板洞挑流消能。北池布置3号排沙排污洞、3号明流泄洪洞和正常溢洪道挑流消能。三个消力池在275.00m库水位各泄水建筑物闸门全部打开的情况下，南池流量4795m³/s，中池流量5858m³/s，北池流量6452m³/s，总流量17105m³/s。

根据地形和地质条件以及水力计算，确定消力塘总宽度为319m，其中南池宽97.6m、中池宽121.3m、北池宽100.1m。两道中隔墙顶高程为138.00m。消力池底部长度为140m和160m。塘底高程为113.00m。消力塘下游设二级消力池，后接70～98m长的钢筋混凝土护坦。

4）泄水建筑物布置主要特点。①进水口的高程分成4层，同时，在平面布置上采取紧密排列，能起到相互保护作用，较好地解决了各进水口的泥沙淤堵问题；②10座进水塔采取“一”字形排列，有利于进水塔的横向抗震稳定；③在常遇库水位240.00～250.00m（出现频率为90%以上），作为主要泄洪排沙建筑物的明流泄洪洞和孔板泄洪洞的洞内流速控制在15～30m/s，属正常范围；④各进水口在立面上布置合理，形成了低位洞排沙、高位洞排漂、中间引水发电的布局，可以减少过机沙量，为汛期发电创造有利条件；⑤六条发电洞的进口两两相联形成通仓式布置，可互相补充水量，增加了进水可靠性；⑥泄洪排沙洞及溢洪道的相对位置合理，从而使得注入消力塘的水流相对均匀。

6. 高土石坝枢纽布置实例之二——糯扎渡水电枢纽

（1）工程概况。糯扎渡水电站位于云南省思茅市和澜沧县交界处的澜沧江下游干流上，是澜沧江中下游河段八个梯级规划的第五级。水电站装机容量为5850MW（9×650MW），保证出力为2406MW，多年平均发电量239.12亿kW·h。工程以发电为主，兼有防洪、灌溉、养殖和旅游等综合利用效益，水库具有多年调节性能。

糯扎渡水电站属大（1）型一等工程，永久性主要水工建筑物为1级建筑物。该工程由心墙堆石坝、左岸溢洪道、左岸泄洪隧洞、右岸泄洪隧洞、左岸地下式引水发电系统及导流工程等建筑物组成。

水库正常蓄水位为812.00m，水库死水位为760.00m，水库汛期限制水位为802.00m，设计洪水位（$P=0.1\%$）为813.80m，校核洪水位（PMF）为815.09m。水库库容为237.03亿m³，调节库容113.00亿m³，防洪库容20.02亿m³。最大坝高261.5m。

（2）枢纽布置。糯扎渡水电枢纽平面布置如图2.3-3所示，其心墙堆石坝最大横剖面图如图2.3-4所示。具体布置如下。

1）心墙堆石坝坝顶高程为821.50m，坝体基本剖

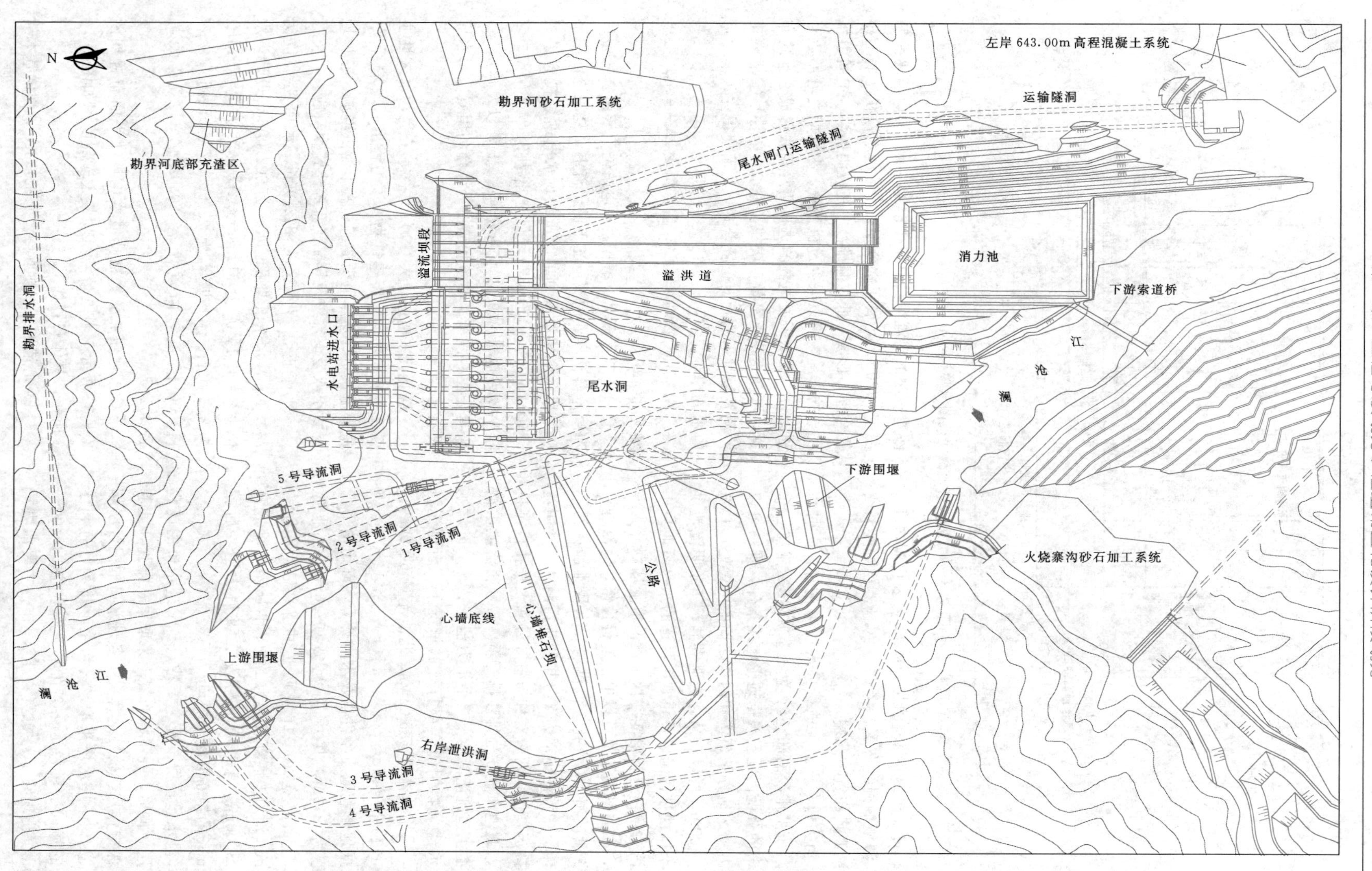

图 2.3-3　糯扎渡水电枢纽平面布置图
（本图由中国人民武装警察部队水电部队提供）

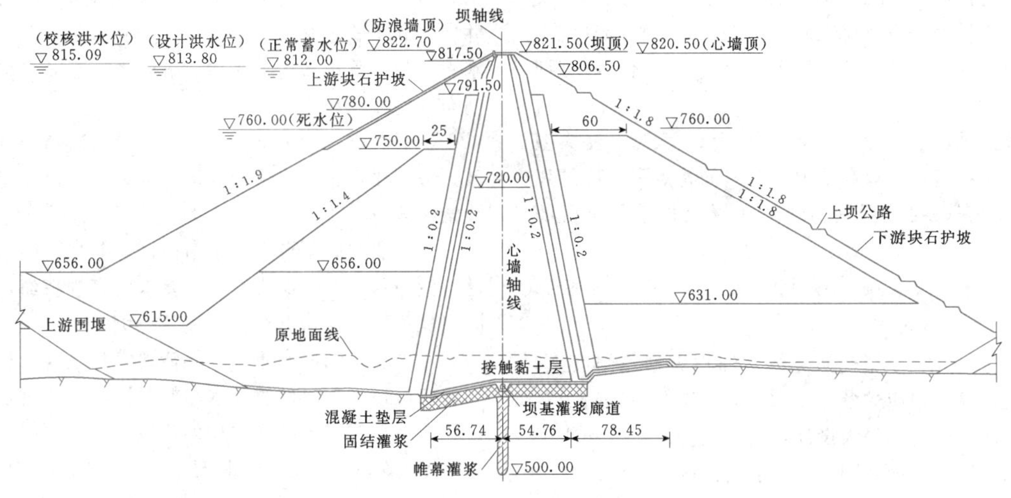

图 2.3-4 心墙堆石坝最大横剖面图（单位：m）

（本图由中国人民武装警察部队水电部队提供）

面为中央直立心墙型式，心墙两侧为反滤层，反滤层以外为堆石体坝壳。坝顶宽度为18m，心墙基础最低建基面高程为560.00m，上游坝坡坡度为1∶1.9，下游坝坡坡度为1∶1.8。为节省工程量，大坝上游与上游围堰相结合，大坝下游局部与下游围堰相结合，下游围堰后期改造成量水堰。

2）开敞式溢洪道布置于左岸平台靠岸边侧部位，采用挑流并设消力塘消能。

进水渠左侧边坡支护由贴坡式挡墙过渡至扭曲面，用挡墙与溢洪道闸体连接，右侧采用椭圆曲线导墙连接进水口闸体与溢洪道闸体。闸室控制段布置于水电站进水口左侧，为避开滑坡堆积体及使水流平顺进入闸室，闸室控制段与水电站进水口错开布置。

泄槽横断面为矩形，用两道中隔墙分为左、中、右三个泄槽。

出口消力塘平面及纵剖面均为梯形断面，末端高程608.00m设置2m高拦沙坎，坎顶高程610.00m，高于水电站满负荷运行时正常尾水位609.05m，既可拦沙又可在不影响发电的情况下，确保枯水期能够对消力塘进行抽水检修。

3）左岸泄洪隧洞为城门洞形，尺寸12m×（16～21）m，其后段与5号导流隧洞结合，出口采用挑流消能。

4）右岸泄洪隧洞，平面转角60°，全长1062m，出口采用挑流消能。

5）水电站进水口引渠长约130～210m，进水塔长225m，塔顶部位因布置门机轨道需要，加长为236.2m。为了减免下泄低温水对下游水生生物的影响，进水口利用检修拦污栅槽设置叠梁门进行分层取水。

6）地下主厂房和副厂房总长418m，跨度29m（吊车梁以下），顶拱跨度31m，顺水流向从右到左依次为副安装场、主机间、安装场及地下副厂房。

7）地下主变室布置在地下主厂房、副厂房下游，两洞室净距45.75m。主变室总长348m，跨度19m，内设主变压器层、气管母线层及GIS层，GIS层为主变室中部高洞段（长度215.9m，高度38.6m），两侧为低洞段（10m×9.75m），与主厂房相连，下游设两条出线竖井（内径7m）通向821.5m平台地面副厂房。

8）地面副厂房、500kV出线场、出线终端塔场地、停机坪台、值守楼、精密仪器库、进排风楼等，布置在主厂房顶821.5m平台上。

9）尾水调压室采用圆筒式调压井。三个圆筒按“一”字形布置，尾水闸门室布置在尾水调压室上游42.5m处。三个调压井后接三条尾水隧洞，洞径为18m，其中1号尾水隧洞与2号尾水隧洞相结合，结合段长334.4m。尾水隧洞出口均布置两孔尾水检修闸门。

10）下游护岸范围从泄洪隧洞出口开始至消力塘末端以下约600m处，总长1300m。

2.3.6.4 通航河道上大坝枢纽的布置特点及主要经验

具有繁重通航任务的水利枢纽，在布置上有下列特点：①坝址河谷较宽，坝型都采用混凝土实体重力坝；②泄洪流量很大，泄洪建筑物是重力坝枢纽的主体，占据河床的中部；③水电站机组台数多，厂房布设在河床的两侧或一侧，为坝后式水电站或河床式水电站（葛洲坝）；④大吨位船闸占据有利的地形，上下游引航道保持有良好的水流条件；⑤工程都有施工期通航的要求，从枢纽布置上结合施工导流，施工期通航得到较完善的解决。

葛洲坝、水口、五强溪、三峡都是大型、特大型的水电站枢纽，具有高重力坝枢纽的特点和相应的建设经验，在大吨位船闸的通航布置上积累了丰富的经验。

1. 高水头大吨位船闸的发展，使大坝枢纽布置更为紧凑合理

自20世纪80年代初建成葛洲坝大型船闸以来，船闸的规模和相应的各项技术发展迅速，在船闸的总设计水头、闸门的最大设计水头、船闸的级数和船闸的有效尺度等方面，均达到当前的国际水平。高水头大吨位船闸的输水系统技术不仅直接控制船闸的通航能力，而且是保证船队（舶）安全过闸的关键，也是直接影响枢纽总体布置的重要环节。三峡工程的双线五级船闸，是世界上总设计水头和阀门水头最大的大型船闸之一。

2. 大型船闸结构型式多样化，为枢纽布置提供了方便

大吨位船闸的主体结构，闸首及闸室一般均采用整体式。对于坝轴线前沿长度受到制约的大型水电站枢纽，多采用整体式结构，以减少船闸所占的前沿长度，从而减少开挖量。如水口三级船闸和五强溪三级船闸等主体结构，虽然地质条件良好，仍采用整体结构。

对于河谷较宽、地质条件相对较差的枢纽，由于大吨位船闸的结构尺寸大，为便于施工，常广泛采用分离式的结构型式。如葛洲坝1号船闸的闸首和闸室，运行多年，情况良好。三峡的临时船闸和永久船闸，也是一种分离式结构。闸室系在坝址左岸山体中切山深挖，岩基坚硬，闸室墙采用衬砌式，衬砌墙下部有40～70m高度不等的直立边坡，用锚筋结构将衬砌墙与岩体联成整体，以充分利用岩体，既减少了岩体开挖又相应节省了混凝土工程量。闸室段最大开挖深度约170m，形成的边坡最高处约160m。

3. 大吨位船闸临岸布置，便于管理和维修

大型水电站和高坝枢纽中的大吨位船闸的布置，在满足枢纽总体规划前提下，应以全面考虑、综合分析、合理布置为原则。总结已运行的大吨位船闸的实践经验，一般考虑下列因素。

(1) 为提高船闸的通过能力，船舶需编队过闸。为此，在上下游引航道的口门外，需按其通航规模布设船舶停泊区和相应的靠船、导航结构，以及木（竹）排筏编排作业区、停泊区和过闸的牵引设施，并应有利于管理和维修。因此，船闸应尽可能远离泄水建筑物而临岸布置。水口、五强溪、三峡等多级船闸布置均如此。

(2) 对于多沙内陆河流，上下游引航道及其口门区，特别要重视满足流速、流态的要求，以及避开泥沙淤积区。

(3) 船闸的下游引航道口门区，应尽可能沿主河道一侧布置。对于经常有泄洪要求的高坝枢纽，上下游引航道口门应避开行洪主流的一侧。

对大型枢纽的布置，为弄清建筑物之间的相互影响，应进行大比尺的整体水力模型试验，这对正确论证和选择船闸在枢纽布置中的位置至关重要。

4. 多沙河流上的水利枢纽布置，应注意船闸引航道和闸室的泥沙淤积问题

我国通航河流主要是长江水系以及南方河流，平均含沙量虽然并不大，但因河流的年径流大，悬移质含量高，泥沙在上下游引航道及其口门区因流速降低而易于淤积；随着闸室的灌水、泄水，悬移质泥沙在闸室内移动，也会在闸室一定范围内引起泥沙淤积。因此，对于大吨位的船闸，在上下游引航道均专设有规模较大的冲沙、排沙设施。通过大比尺的泥沙水力模型试验论证以及分散式输水系统的合理布置，力求避免死水区，较好地解决引航道、口门和闸室内泥沙淤积的问题。

针对长江三峡的双向五级船闸，为妥善解决其上下游引航道、口门区以及闸室内的泥沙淤积，进行了大量的科学实验和研究，多次进行大比尺的泥沙水力模型试验论证，采用冲沙、排沙设施，并采取多种防淤减淤措施，力求将泥沙淤积问题解决好。

5. 综合考虑大吨位船闸的布置和大坝枢纽施工期通航与施工导流的关系

通航河流上大型水电站建设，都十分重视施工总体布置，要善解决好施工期的通航问题，力求避免碍航或大幅减少航运能力。水口、五强溪和三峡工程，一般都采取施工导流明渠进行枯水期的施工通航，力争在中小洪水期也能保持通航。

利用导流明渠在后期布置船闸，从而可减少船闸的基础开挖，节省投资，方便施工，在这些方面都积累了较丰富的经验。

长江是我国的“黄金水道”，为保证三峡施工期的通航能力，除利用导流明渠通航外，还专设了施工期临时船闸。在满足施工期通航能力的同时，后期与冲沙、减淤设施相结合。1997年三峡工程截流后，保证了在施工期长江不断航，长江上行船队及3000t

级客轮，均可从施工期临时船闸通过。

6. 通航河道上大坝枢纽布置实例——葛洲坝工程枢纽

(1) 工程概况及功能。葛洲坝水利枢纽是长江干流上20世纪80年代建成的最大的水利枢纽工程。水电站装机容量2715MW，最大坝高53.8m。葛洲坝水电站位于湖北省宜昌市，在长江三峡出口南津关下游2.3km处，是长江干流上兴建的第一座大型水利枢纽，也是三峡工程的航运梯级，可对三峡水电站下游水位进行反调节，并利用河段落差发电。

葛洲坝工程1970年12月开工，1981年1月实现大江截流，同年6月三江船闸通航，7月二江水电站第1台机组投产发电，1983年二江电厂全部机组建成发电，1986年6月大江第一台机组并网发电。

(2) 枢纽布置。坝址区河道宽2200m，江中有葛洲坝、西坝两座小岛，自右至左把长江分隔为大江、二江和三江，对枢纽总体布置很有利。

枢纽建筑物自左岸至右岸依次为：左岸土石坝、3号船闸、三江冲沙闸、混凝土非溢流坝、2号船闸、混凝土挡水坝、二江水电站、二江泄水闸、大江水电站、1号船闸、大江泄水冲沙闸、右岸混凝土挡水坝、右岸土石坝。图2.3-5为葛洲坝工程枢纽布置图。

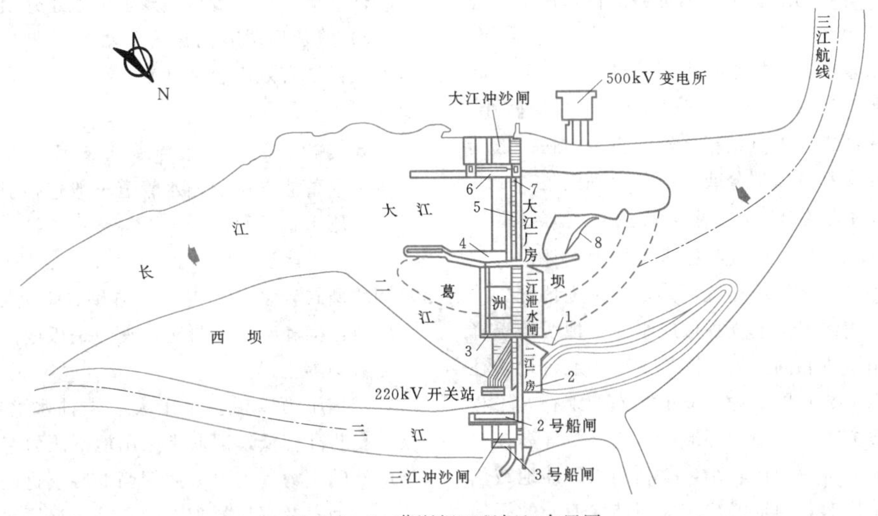

图 2.3-5 葛洲坝工程枢纽布置图

1—导沙坎；2—操作管理楼；3—厂闸导墙（排漂孔）；4—左管理楼；5—中控楼；6—右管理楼；7—右安装场（排漂孔）；8—拦（导）沙坎

坝轴线全长2595.1m，枢纽布置中将泄洪、发电、航运三类建筑物作为主体，整体协调、统筹规划，解决了排漂、冲沙、防淤等复杂的技术问题。

1) 在河床中部、长江的主河道上布设27孔泄水闸，这是枢纽中的主要泄洪建筑物。泄水闸挡水前沿总长498m，最大泄量达83900m³/s。每个闸孔宽12m、高24m，设上下两扇闸门（上为平板门、下为弧形门），底流消能的一级消力池，池长180m，护坦上设两道隔墙，将27孔泄水闸分隔成三个区。

2) 在泄水闸左、右两侧的大江、二江上，各布设两座水电站厂房。其中左侧二江电厂装机7台，共965MW（2×170MW，5×125MW）；右侧大江电厂装机14台，共1750MW（14×125MW），总装机容量达2715MW。

3) 在河床中的西坝和大江右岸台地上，布设220kV和550kV开关站。

4) 在泄水闸和左右侧两座水电站厂房之间设纵向导墙分隔。在纵向导墙的上游及机组进水口的前缘各设拦漂设施，将库内的漂浮物由泄水闸泄出。

5) 左右岸岸边各布设三道大吨位船闸。以上下游引航道为隔流堤，与长江泄洪、发电主河道分离。

6) 为防止航道淤积，在大江电厂和1号船闸右侧设九孔冲沙闸；在三江航道2号、3号船闸间设六孔冲沙闸，并在西坝岛的迎水面建有三江防淤堤，对1号、2号船闸和二江电厂的防淤、冲沙起积极作用。

7) 采用"静水通航、动水冲沙"的运行方式，成功地解决了河势规划和航道淤积问题。

2.3.6.5 抽水蓄能电站的布置特点及主要经验

抽水蓄能电站是利用电力负荷低谷时的电能抽水至上水库，在电力负荷高峰期再放水至下水库发电的水电站。它可将电网负荷低时的多余电能，转变为电网高峰时期的高价值电能，还适于调频、调相，稳定电力系统的周波和电压，且宜为事故备用，还可提高系统中火电站与核电站的效率。

与常规水电站相比，抽水蓄能电站布置具有以下特点：①具有上下两个水库；②水头较高；③机组的装置高程低；④库水位变化频繁；⑤水库渗漏危害大。

因此，抽水蓄能电站的优越站址和布置方案应符合下列要求：①有合适的地形可以建造上水库、下水库；②上水库、下水库的高差大，水平距离近，可以用较短的输水道集中较大的落差；③库区的地质条件好，渗漏问题小，水库（包括坝）的投资省；④输水道沿线和厂区有好的地质条件和足够的覆盖深度，适于采用地下厂房和地下输水道。

由于抽水蓄能电站的水量可以循环使用，不需要大量的水资源，调节周期短，需要的库容相对较小，各站址的选择和常规水电站相比较为自由，在一般情况下，上述要求都可以部分或大部分得到满足。

1. 上水库枢纽的布置特点及主要经验

对于纯抽水蓄能电站，根据水库所处的地形、地质等条件的不同，其枢纽布置可分以下几种情况。

(1) 在河川或溪沟上筑坝形成水库，坝线的选择与常规水电站基本相同。上水库位于山顶或台地，往往要筑环坝以形成水库。为了减小水库的土石方工程量，做到土石方挖填平衡，环形坝线通常沿等高线布置。上水库的库容一般比较小，故利用山顶洼地或沟谷筑坝形成水库时，坝轴线往往采用凸向库外的折线或曲线。

(2) 上水库由于多在山顶，故筑坝处的沟口较开阔，地质条件一般较差，土石坝往往是较好的坝型选择。如果地形地质条件适合，抽水蓄能电站上水库也可采用重力坝或拱坝等坝型。

(3) 纯抽水蓄能电站上水库的集水面积一般都很小，不必设置溢洪道。但为了防止在库满时遭遇暴雨等险情，有时也要设置泄流量较小的泄水孔，以防止漫顶。

对于混合式抽水蓄能电站，其上水库具有比较大的天然径流，水电站除安装抽水蓄能机组外，通常都还需安装一定数量的常规机组。因此，往往把常规水电站的水库作为上水库，其枢纽布置型式跟常规水电站的布置型式类似。

2. 下水库枢纽的布置特点及主要经验

(1) 纯抽水蓄能电站。

1) 以天然湖泊或已建水库作为下水库，故水库本身不存在坝线、坝型的选择问题。天然湖泊作为下水库时，出（进）水口位置可能面临浅滩，此时要修建比较长的尾水渠，以便在抽水工况时可以通过足够的流量。

2) 在河川溪流上新建下水库时，坝和溢洪道的布置与常规水电站没有很大的区别，可以根据当地的地形、地质、建筑材料条件来选择合适的坝型。

3) 用环形坝或半环形坝围成下水库时，其枢纽布置原则与类似的上水库基本相同。

(2) 混合式抽水蓄能电站。

1) 利用下一梯级水电站的水库作为下水库。

2) 在河川上筑坝形成下水库。混合式抽水蓄能电站水资源相对比较充足，故下水库库盆防渗要求相对较低，但需要设置恰当规模的泄水建筑物。

3) 改建反调节池作为下水库。调节池改建为下水库须保证有效库容和抽水工况时能满足反向流量的要求。

3. 输水道的设计特点及主要经验

抽水蓄能电站的输水管道一般包括引水道、压力管道、尾水管道等。

(1) 引水道。引水道的设计主要是衬砌的设计。衬砌的型式较多，如混凝土衬砌、钢筋混凝土衬砌、预应力衬砌和双层混凝土中夹薄钢板或高分子材料的复合衬砌等。

(2) 压力管道。由于大多数抽水蓄能电站水头高、安装高程低，因此常采用地下压力管道。抽水蓄能电站的压力管道可采用钢筋混凝土衬砌、预应力混凝土衬砌以及钢板衬砌，特别是靠近厂房段必须用钢板衬砌。抽水蓄能电站运行工况的转换频繁而剧烈，故水道系统中过渡过程的条件比较复杂，因此在设计中应充分注意。

(3) 尾水管道。厂房与下水库之间为尾水（管道）部分。尾水部分如果较长，须设尾水调压室，其进（出）水口也应按双向水流设计。

(4) 岔管。岔管按材料分主要有两大类：一类是混凝土或钢筋混凝土岔管，用于围岩条件较好、覆盖厚度足够厚的情况；另一类是钢板衬砌岔管，用于覆盖厚度不够或围岩条件较差的情况。

抽水蓄能电站闸门的结构设计和启闭机的选用（尤其对引水道上的闸门）与常规水电站相比也没有太大的差别。设计时需注意两点：①抽水蓄能电站的输水管道要进行发电和抽水两种工况的运行，其水流方向不同且变换频繁，在选用和设计闸门、门槽及连接段时要注意这一变化；②抽水蓄能电站的装机高程较低，尾水管道闸门承受的工作水头比常规水电站高得多，下水库的水位变幅也比一般常规水电站的尾水位大得多。因此，尾水管道闸门的设置、闸门结构和启闭机的选型也有其不同的特点。特别是当尾水管道很长时，尾水管道的布置和设计标准更应予以充分注意。

4. 水电站地下厂房的布置特点及主要经验

抽水蓄能电站厂房多为地下厂房。

(1) 地下厂房位置的选定。抽水蓄能电站选点时，除了已经考虑的拟建水电站离负荷中心距离、水头大小、水道长短、水文条件、地质条件、交通与施工条件等因素外，在确定地下厂房位置时，还应考虑下列问题：①地质条件。在布置地下厂房时，应争取把地下厂房设置在岩性较好的地区，尽量避开较大的断层和破碎带。如果实在难以避开，也应尽量不与大断层和大的构造弱面相交，或只与尽量少的构造弱面相交。②压力水道的布置。压力水道沿线要求有一定的埋深，以尽量减少钢板衬砌，水道的长度应尽量缩短，以节省造价，改善水力性能。③厂区布置。地下厂房周围还有其他设施，如主变压器室、尾水调压室、交通洞、施工洞、出线洞、通风洞、排水洞等，这些洞室在布置时应统一考虑。

(2) 地下厂房布置。地下厂房布置需要根据抽水蓄能机组的型式来确定。目前，用得较多的是立轴可逆式机组，其次是立轴三机式机组。安装立轴可逆式机组的抽水蓄能电站，其厂房布置与常规地下电站接近。较显著的差别是安装高程低，防水防渗要求高，集水井及水泵容量较大，电气辅助设备较多等。立轴三机式机组用于高水头抽水蓄能电站的厂房布置。

(3) 尾水闸阀布置。抽水蓄能电站的尾水道一般较长，常用多机一洞布置。各机组后面设尾水闸门或阀门。尾水闸阀有以下三种不同的布置方式。①尾水闸门采用常规平板定轮门，闸门井与尾水调压室结合。②单独设置尾水闸门井，另有尾水调压室。尾水闸门仍用平板定轮门。尾水调压室采用斜井式或气垫式，可以利用施工洞加以扩建而成。③采用油压滑动闸门，另做尾水调压室。

5. 抽水蓄能电站枢纽布置实例——天荒坪抽水蓄能电站

(1) 工程概况。天荒坪抽水蓄能电站位于浙江省安吉县境内，是继十三陵抽水蓄能电站和广州抽水蓄能电站之后我国第三座抽水蓄能电站。水电站由上下水库、输水系统、厂房、开关站和中控楼等主体部分组成，均位于大溪左岸。左岸山体雄厚，地形高差700m左右。上下水库库底的天然高差约590m，筑坝形成水库后平均水头570m，最大发电毛水头610m，上下两个水库间的水平距离约1km，输水道长度与平均发电水头之比为2.5。天荒坪抽水蓄能电站枢纽总平面布置如图2.3-6所示，引水道纵剖面图如图2.3-7所示，其中输入系统和厂房均设在地下洞室群中。上水库、下水库落差607m，总装机容量为180万kW，属日调节纯抽水蓄能电站，年发电量31.60亿kW·h，年抽水耗电量42.86亿kW·h，上水库库容885万m^3，下水库库容877万m^3。

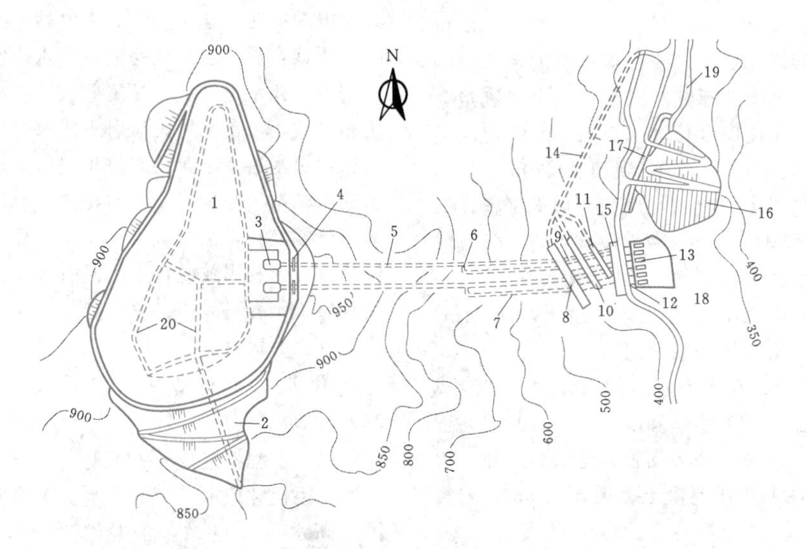

图2.3-6 天荒坪抽水蓄能电站枢纽总平面布置图

1—上水库；2—上水库主坝；3—上水库进/出水口；4—闸门井；5—斜井式高压隧洞；6—岔管；7—高压钢管；8—主厂房；9—母线道；10—主变洞；11—尾水闸门洞；12—尾水隧洞；13—下水库进/出水口；14—进厂交通洞；15—500kV开关站；16—下水库坝；17—溢洪道；18—下水库；19—大溪；20—库底排水观测廊道

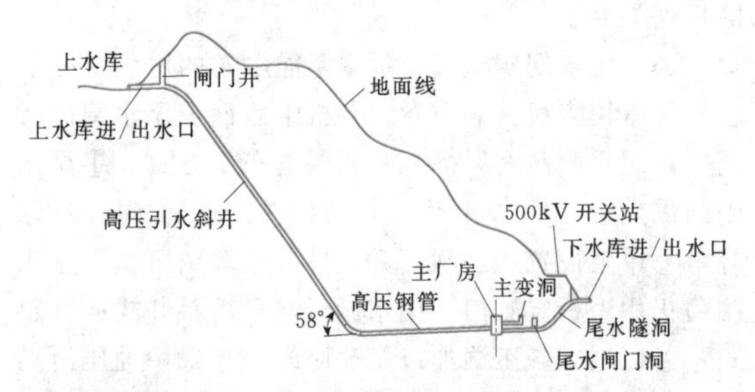

图 2.3-7　天荒坪抽水蓄能电站引水道纵剖面图

水电站前期准备工作于 1992 年 6 月启动，1994 年 3 月 1 日正式动工，1998 年 1 月第一台机组投产，总工期八年，于 2000 年 12 月底全部竣工投产。

(2) 枢纽主要建筑物及其布置。枢纽由上水库、下水库、输水系统、地下厂房洞室群、开关站等建筑物组成，分别有如下布置方式。

1) 上水库。利用天然洼地经挖填，由主坝和四座副坝围筑而成，呈“梨”形。主、副坝均为沥青混凝土面板土石坝。主坝最大坝高 72m，坝顶长 503m。副坝最大坝高 9.334m，四座副坝总长 822.3m。水库库岸及库底均用沥青混凝土防渗。集水面积不大，径流、洪水均可忽略。设计最高蓄水位 905.20m，总库容 885 万 m^3；设计最低蓄水位 863.00m，死库容 50 万 m^3。

2) 下水库。下水库位于海拔 350m 的半山腰，是由大坝拦截太湖支流西苕溪而成。坝址集水面积 25.5km^2，多年平均年径流量 2450 万 m^3，枯水年也能保证抽水蓄能电站用水。设计最高蓄水位 344.50m，相应库容 877 万 m^3；最低蓄水位 295.00m，死库容 72 万 m^3。按百年一遇洪水（洪峰流量为 537m^3/s）设计，千年一遇洪水（洪峰流量为 860m^3/s）校核，相应库水位 344.50m。大坝为混凝土面板堆石坝，最大坝高 96m，坝顶长 230m，坝顶高程 351.20m。左岸设开敞式无闸门侧堰溢洪道，堰长 60m，堰顶高程 344.50m。右岸设有由施工导流隧洞改建的供水及放空水库的隧洞，最大放水流量 19.64m^3/s。下水库上游库尾设有拦沙坝，高 21m，顶长 57m，其河床段 31m 为溢流坝。

3) 输水系统。设在大溪左岸的山体内，其组成部分主要有上库进（出）水口和闸门井、斜井式高压管道、钢筋混凝土岔管、压力支管、尾水隧道和下库进（出）口等。两条高压混凝土管道倾角 58°，内径 7m，降到 225.00m 高程后各分岔为三条内径 3.2m 的支管。六条尾水隧洞内径均为 4.4m。输水系统除支管段设钢衬外，其他均用钢筋混凝土衬砌，岔管也为钢筋混凝土结构。

4) 地下厂房洞室群。主要有主厂房、副厂房、安装场、主变室、母线廊道、尾水闸门洞以及其他一些用于交通、通风、排水的洞室和竖井。地下厂房布置在输水系统中部，其上部有超过 300m 厚的山体覆盖。主厂房长 200m、宽 21m、高 46m，采用型式新颖的岩壁吊车梁。

主变洞位于主厂房下游，与主厂房平行布置，长 166m、宽 17m、高 21m。另考虑地下洞群的排水要求，在主厂房洞的底部设有一条长 1000 余 m 的自流排水洞。

5) 开关站。500kV 开关站布置在下库左岸尾水隧洞出口上方的地面上，高程 350.20m，面积 110m×35m，采用 GIS 设备。500kV 开关站左侧有 35kV 降压站，右侧布置中控楼。

2.3.6.6　引水式水电站枢纽的布置特点及主要经验

1. 引水式水电站的特点

全部或主要由引水系统集中水头和引用流量以开发水能的水电站。世界上已建成的引水式水电站，最大水头达 1767m（奥地利赖瑟克山水电站）；引水道最长的达 39km（挪威考伯尔夫水电站）。我国已建成的引水式水电站有云南以礼河第三级盐水沟水电站（最大水头为 629m）、引水隧洞最长（8.601km）的四川渔子溪一级水电站、1999 年完建的广西天湖水电站（水头落差 1074m，为亚洲第一）。

引水式水电站适用在河流比降较大、流量相对较小的山区或丘陵地区的河流上，当可在较短的河段中，以较小尺寸的引水道取得较大的水头和相应的较大发电功率时，建设引水式水电站是经济合理的。有时采用裁弯取直引水或跨流域引水，也可建造经济合理的引水式水电站。在丘陵地区，引水道上下游的水位相差较小，常采用无压引水式水电站；在高山峡谷地区，引水道上下游的水位相差很大，常建造有压引水式水电站。与坝式水电站相比，引水式水电站引用的流量常较小，又无蓄水水库调节径流，水量利用率较差，综合利用效益较小。但引水式水电站无水库淹没损失，工程量较小，单位造价往往较低，这些又常成为其主要优点。

2. 引水式水电站枢纽布置实例——广西天湖水电站

(1) 工程概况。天湖水电站位于湘江水系驿马河上游，距桂林市区 138km，水头落差 1074m，为亚洲第一高水头水电站。水电站设计装机容量 60MW（4×15MW），分两期建设，每期工程装机容量各 30MW（2×15MW），由蓄（引）水、输水、发电、输电四个系统组成。高山蓄（引）水系统，以天湖水库和海洋坪水库为核心，共 13 个中小型水库组成相互联系、上下贯通的水库群和引水、输水网路。水库群位于海拔 1400m 以上的高山区，其主峰海拔为 2123m，总控制集水面积 43.67km^2，多年平均降雨量 2254mm。水库总库容 3424 万 m^3，多年平均年发电水量 7812 万 m^3，每立方米水量可发电 2.37kW·h，多年平均年发电量为 1.85 亿 kW·h，枯水期的发电量占全年发电量的 70%以上。输水系统由两部分组成，前池以前部分为渠道和无压隧洞，将各水库的水引入前池；前池后接无衬砌的压力竖井及压力钢管，将水引至发电系统。广西天湖水电站枢纽布置如图 2.3-8 所示，水电站二期工程集水工程（水库群、引水坝）特性见表 2.3-1。

表 2.3-1　　天湖水电站二期工程集水工程（水库群、引水坝）特性表

序号	项　目	集雨面积 (km^2)	所在河流	坝　型	大坝数量	正常蓄水位 (m)	设计洪水位 (m)	校核洪水位 (m)	死水位 (m)
1	黄泥岗水库	0.48	大西江支流	浆砌石重力坝	1	1678.00	1678.66	1678.76	1662.00
2	柳树湾水库	1.56	大西江支流	浆砌石重力坝	1	1675.00	1675.44	1675.66	1642.50
3	鸡公凸一级水库	0.74	正源冲支流	主坝：砌石坝 副坝：土石坝	1 1	1680.00	1681.26	1681.50	1665.00
4	鸡公凸二级水库	1.00	正源冲支流	主坝：浆砌石重力坝 副坝：土石坝	1 1	1655.00	1656.02	1656.19	1638.00
5	鸡公凸三级水库	2.32	正源冲支流	浆砌石重力坝	1	1627.00	1628.44	1628.60	1608.00
6	鸡公凸四级水库	1.38	正源冲支流	浆砌石重力坝	1	1530.00	1531.43	1531.63	1520.00
7	山渡江水库	0.41	大西江支流	浆砌石重力坝	1	1620.00	1620.00	1620.75	1597.00
8	真宝顶水库	3.54	正源冲支流	主坝：浆砌石重力坝 副坝：土石坝	1 1	1678.00	1650.98	1651.18 1651.27	1625.00
9	放牛坪水库	1.44	正源冲支流	浆砌石重力坝	1	1547.00	1547.88	1548.02	1525.00
10	茶坪水库	0.61	南洞河支流	主坝：浆砌石重力坝 副坝：堆石坝	1 3	1682.00	1683.00	1683.35	1670.00
11	黄泥岗引水坝	1.19	大西江支流	浆砌石重力坝	1	1466.84			
12	地地坪引水坝	0.43	大西江支流	浆砌石重力坝	1	1462.72			
13	倒湾里引水坝	1.20	大西江支流	浆砌石重力坝	1	1459.38			
14	山渡江引水坝	0.54	大西江支流	浆砌石重力坝	1	1456.44			
15	抢刀坪引水坝	1.86	大西江支流	浆砌石重力坝	1	1455.18			
16	钟鼓石引水坝	1.99	南洞河支流	浆砌石重力坝	1	1452.80			
17	钟鼓石引水坝(1)	0.17	南洞河支流		1	1451.93			
18	钟鼓石引水坝(2)	0.10	南洞河支流		1	1450.98			
19	二副坝引水坝	0.43	南洞河支流		1	1450.51			
20	黑石江引水坝	0.46	南洞河支流		1	1449.33			
合　计		21.85							

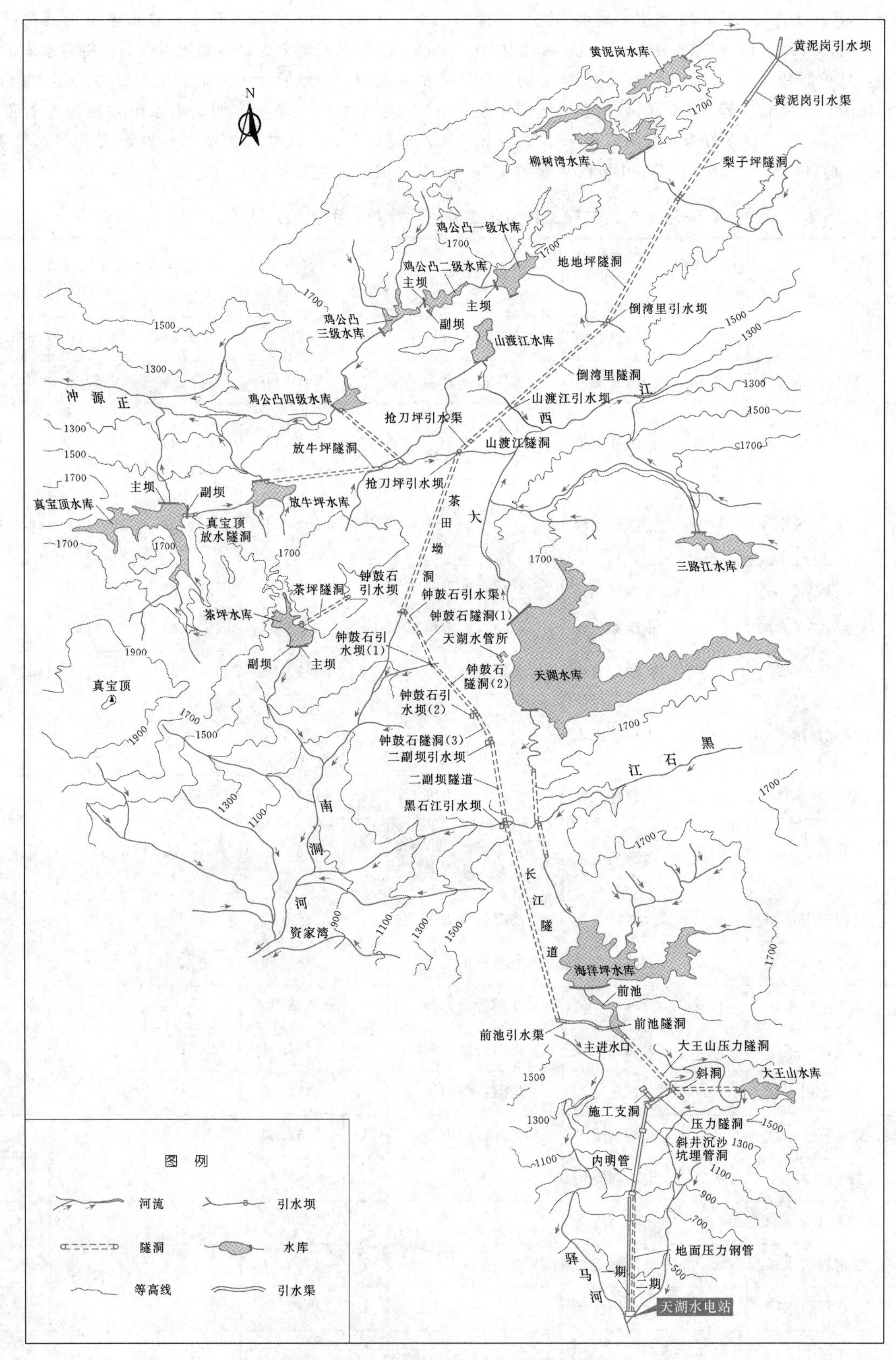

图 2.3-8　广西天湖水电站枢纽布置图
（本图由桂林市水利电力勘测设计研究院提供）

（2）地质条件及输水系统。工程所在地区岩性为花岗岩，地质条件良好。根据水源、地形、地质条件和工程总体布置，压力水道系统由高程1428.00m的大王山隧洞、二王山隧洞及高程1400.00m的“丁”字形隧洞和竖井、斜井、高程827.00m的平洞、洞内明管及洞外明管上下连接组成，全长4500m。其中，竖井深407.31m，洞径4m；斜井长384.4m，洞径2.5m；高程827.00m的平洞长777.12m，洞宽3.8m，洞高2.3m；压力钢管长2347m，管径1m，管壁厚度28～46mm，钢材为16锰钢。支管直径0.7m，在厂房处用“卜”字月牙形内加强肋岔管分岔，镇墩布置在地形变化处，间距50～100m，最长间距120m，支墩间距9～10m，采用承插式伸缩节，每100～200m之间设一进人孔。

（3）天湖水电站特点。截至20世纪末，天湖水电站为我国及亚洲水头最高的引水式水电站，其设计水压力及PD值均超过了现行设计规范。天湖水电站有如下特点：①采用模糊优化理论，建立钢管和岔管的膜应力区优化设计数学模型和模糊优化数学模型，对压力钢管进行优化设计，在超高水头和超规范指标情况下，可将常规设计的许用应力提高3%，无衬砌压力井洞承受最大静水压力6.17MPa，水轮机承受最大静水压力10.22MPa。②结构设计采用压力钢管分离式动支座及超高水头消力井排水消能新技术。③在伸缩节和进人孔分别采用了动静性能密封良好的聚四氟乙烯石棉盘根和特二铝新材料。④施工中采用了厚钢板小直径辊圆不留头辊压新工艺，解决了压力钢管小直径、大曲率、厚钢板的钢管成型技术难题。同时，采用埋弧自动焊接新技术，焊前采用板式远红外预热，焊后用电炉恒温处理，消除了焊渣、气泡、残余应力及冷弯应力，保证了钢管的制作和安装质量。⑤三大技术填补了国内高水头水电站建设史空白：采用了我国制造的超千米水头水轮发电机组，超深无衬护压力竖井、斜井，以及超千米级压力钢管和水轮机的设计、制造和安装。

第一期工程于1989年7月开工建设，1992年10月建成并网发电。第二期工程于1994年12月开工建设，1999年7月竣工。第一期、第二期工程共完成土石方量269.4万m^3、混凝土量6.51万m^3、钢材量2501.8t，工程总投资为1.94亿元。

2.3.6.7 灌排水利枢纽的布置

灌排水利枢纽通常由灌溉渠道系统和排水系统组成，常见的农田灌溉排水系统如图2.3-9所示。

1. 灌溉渠道系统

根据灌区的地形条件、控制灌溉面积及渠道设计流量的大小，灌溉渠道一般分为干渠、支渠、斗渠、农渠四级。地形复杂的大型灌区，还可以增设总干渠、分干渠、分支渠等多级渠道，较小的灌区也可以少于四级。干渠、支渠主要起输水作用，斗渠、农渠主要起配水作用。农渠是最末一级的固定渠道。农渠以下的毛渠、灌水沟、畦等均属田间工程，主要发挥调节农田水分状况的作用。

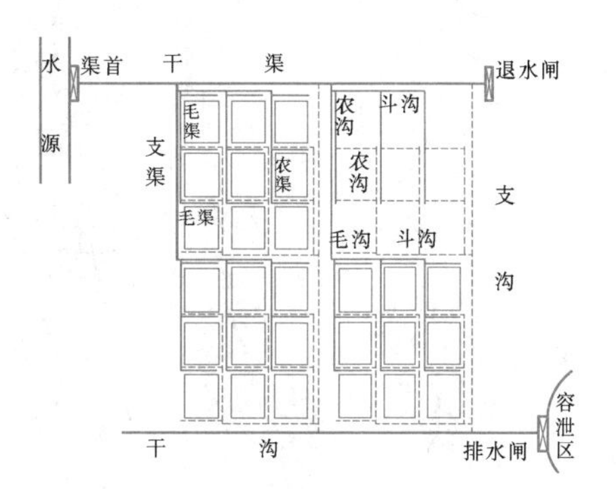

图2.3-9　农田灌溉排水系统示意图

灌溉渠系布置型式有以下几种。

（1）山丘区布置方式。山丘区地形复杂，沟谷与岗岭交错，渠道的布置会遇到各种地形障碍。当渠线遇到沟谷时，常采用直穿或绕行的方式。直穿需建填方渠道、渠下涵，或建倒虹吸管、渡槽等建筑物穿越沟谷，绕行则是让渠道沿等高线绕过沟谷。渠线遇到岗岭时，也可直穿或绕行。直穿岗岭也可采用暗渠或隧洞。

（2）平原区布置方式。平原区地势平坦，可使骨干渠道布置得比较顺直和规整，应慎重选择渠道纵坡，以满足水位控制条件。在以除涝和控制地下水位为主要目标的沿江滨湖或三角洲地区，灌溉渠系的布置应在排水系统布置的基础上进行。

（3）输水渠道（干渠、支渠）布置型式。干渠、支渠布置型式主要取决于地形、地貌及土壤地质条件，还应考虑灌溉土地的分布状况。常见的布置型式有两种：①干渠沿等高线布置，支渠从干渠一侧分出，垂直于等高线布置；②干渠垂直于等高线布置，支渠向两侧分出。

（4）配水渠道（斗渠、农渠）布置型式。上述的布置型式对斗渠、农渠也基本适用，在规划布置斗渠、农渠时，应当注意更密切地与灌区土地利用规划及行政区划的结合。各斗渠、农渠的控制面积尽可能大体接近，渠线顺直、田块方整、灌排分开，并与农村道路、防护林网的布置结合，便于机耕作业、田间运输与管理养护。

2. 排水系统

按其空间位置可以把排水工程分为水平排水和垂直排水两大类，其中水平排水又包括明沟排水和暗管

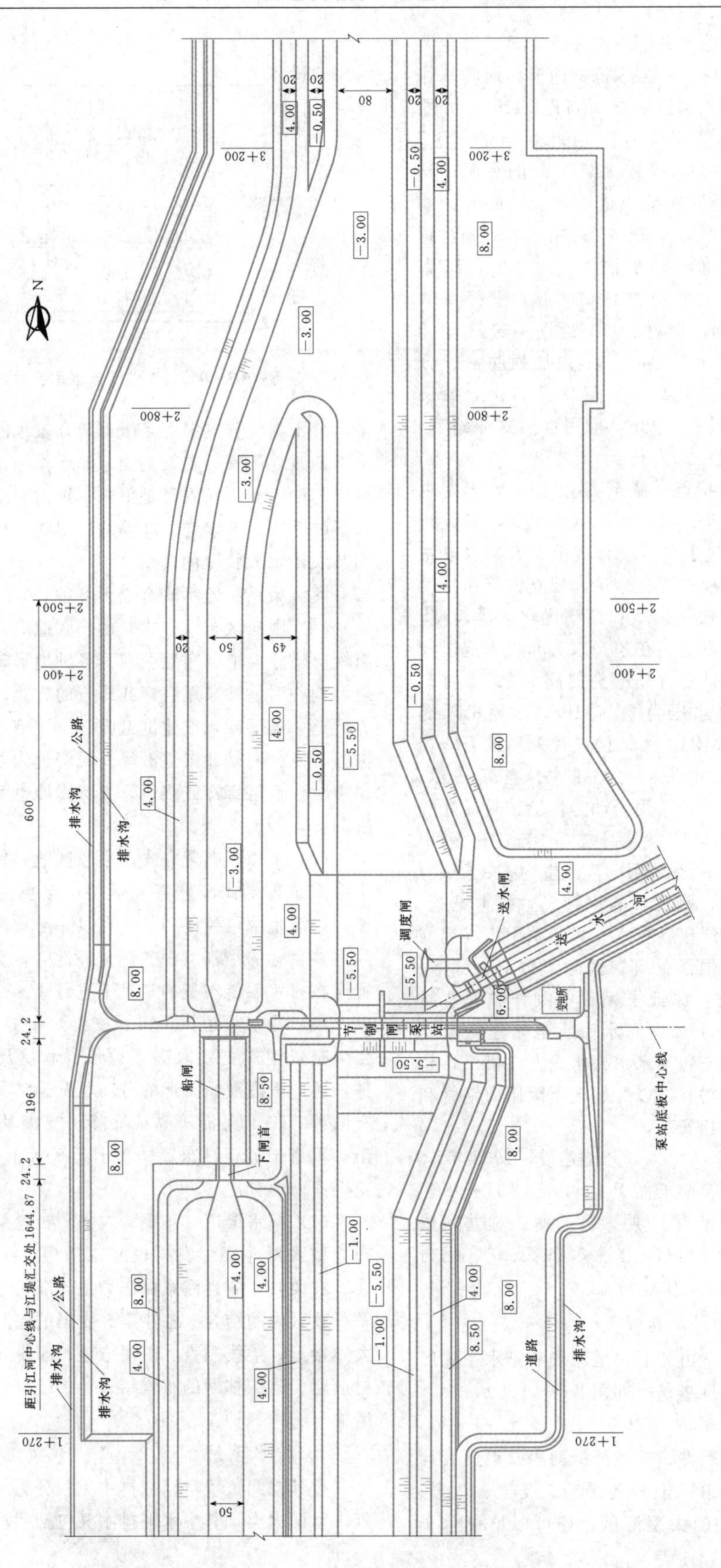

图 2.3-10　高港枢纽总平面布置图（单位：m）

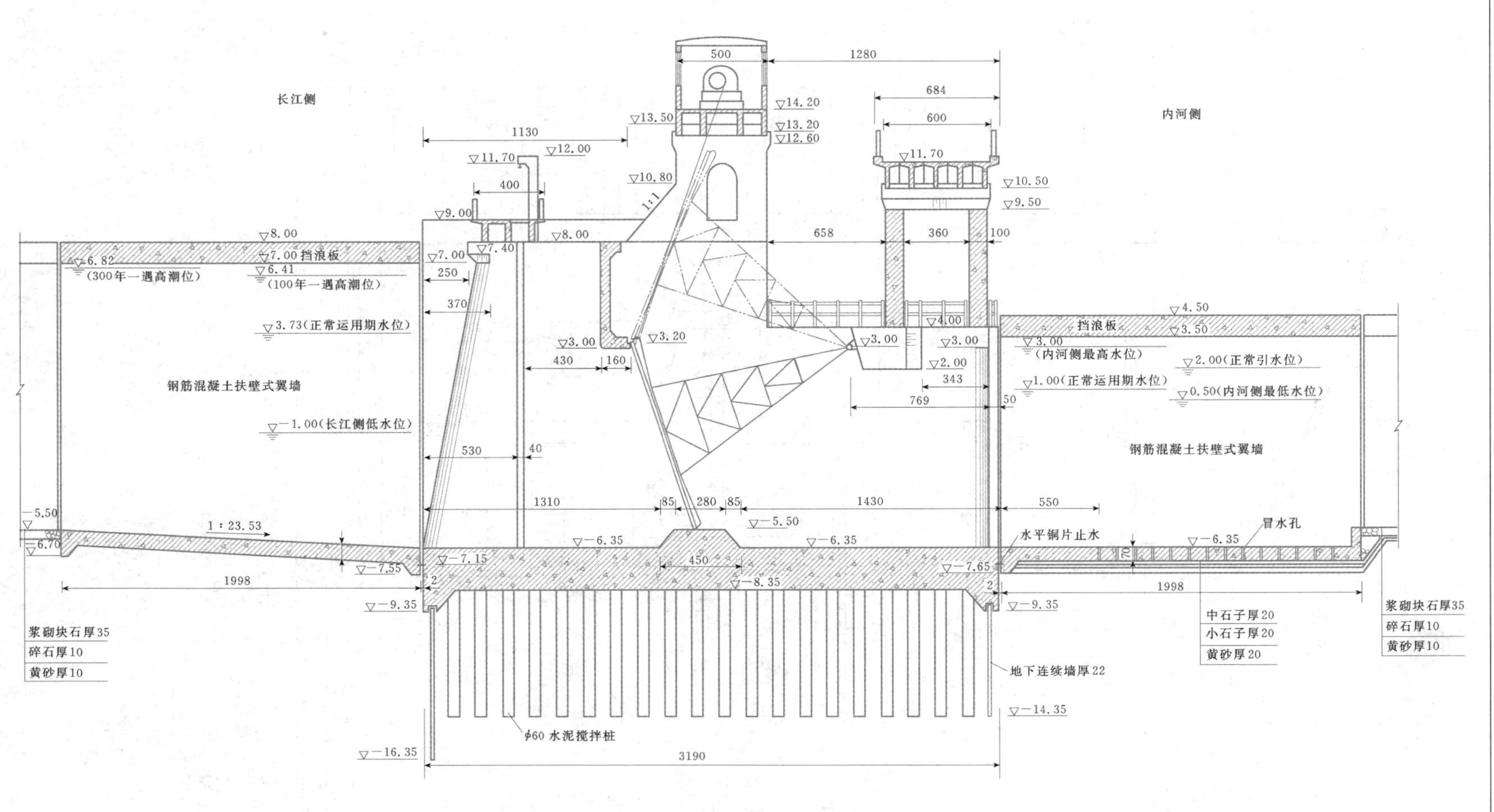

图 2.3-11 高港节制闸闸室纵剖面示意图(高程单位:m;尺寸单位:cm)

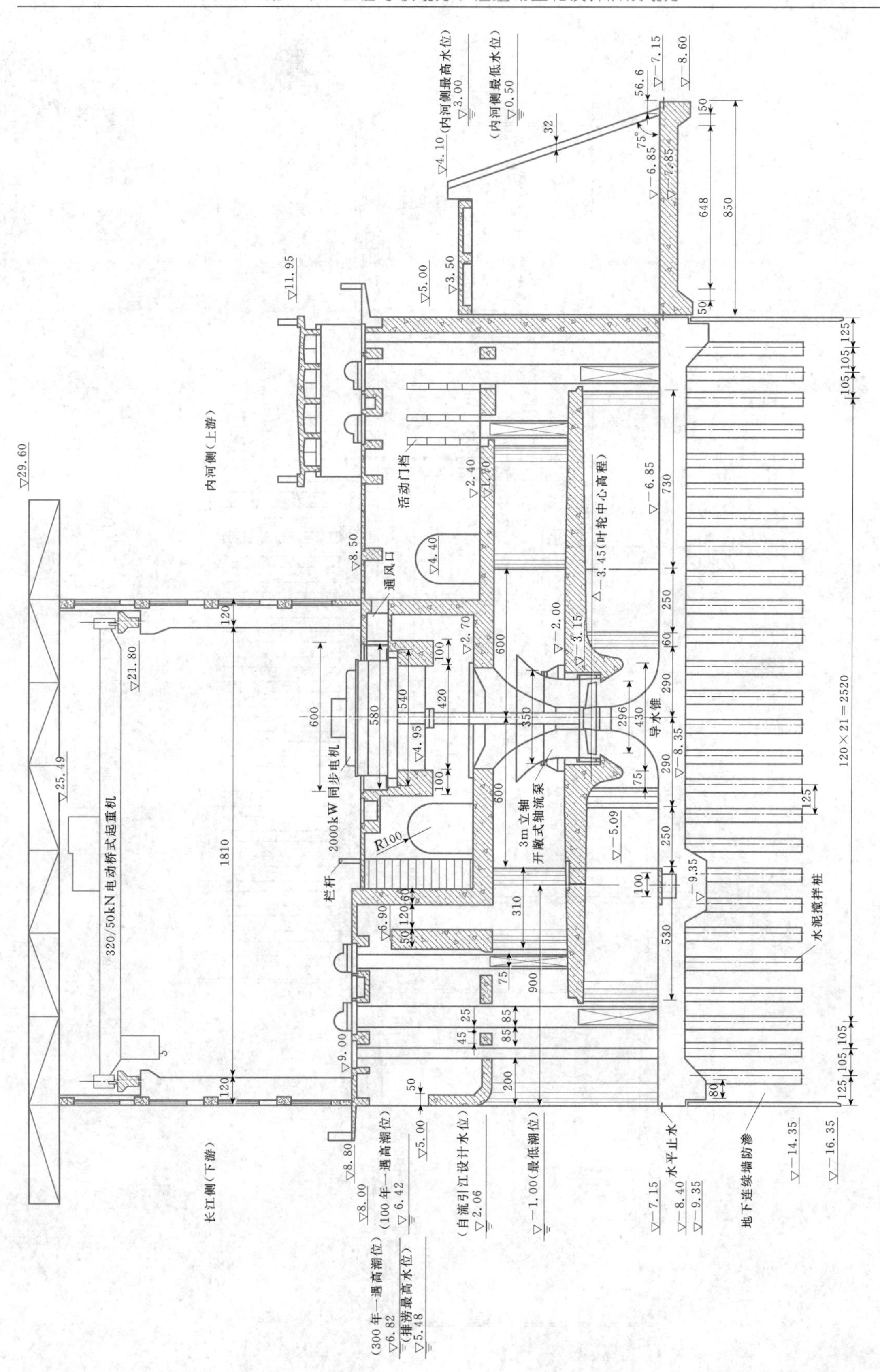

图 2.3-12　高港泵站站身纵剖面示意图(高程单位:m；尺寸单位:cm)

排水两种，垂直排水也称竖井排水。

明沟排水就是在地面上挖沟，形成一个完整的地面排水系统，把地上、地下和土壤中多余的水排走。由于明沟便于开挖，有利于排除地面水，对于降低地下水位和调节土壤水分也有一定的作用，因而被广泛应用，且是目前主要的排水形式。明沟排水的缺点是占地多，土方及建筑物工程量大，不利于机耕和交通，易于坍塌、积淤，维修费工。

暗管排水是在地面以下一定深度内铺设管道，形成一个暗管排水系统，其主要作用是排除土壤中多余的水分，降低地下水位，调节土壤水、肥、气、热状况，为作物生长创造良好的环境条件。与明沟比较，暗管排水不占地，土方工程量小，有利于田间机耕作业和交通运输；与竖井排水相比，暗管排水能有效地解决水平不透水隔层的排水困难。暗管排水的主要缺点是一次性基建投资费用较高，存在管道淤积问题，淤积后清淤困难。

竖井排水利用打井抽水的方法抽排地表以下第一层潜水，是控制地下水位、防止土壤盐渍化的有效措施。在沙土、粉沙土地区，明沟往往因塌陷淤积无法保持足够的深度，不能满足除涝治碱的要求，而竖井排水能够克服这一缺点。如地下水水质良好，还可结合灌溉，以灌代排。竖井排水需要动力，投资较大。

农田排水系统是指吸引、汇集农田中多余的地面水和土壤水，并输送到容泄区的工程设施。农田排水系统一般由汇集水量的田间排水沟（暗管）网、以输水为主要任务的排水沟道系统及其建筑物、接纳排水量的容泄区等几个部分组成。农田过多的地面水、土壤水和控制深度以内的地下水，首先汇集到田间排水沟（管）网，再经由各级输水沟道排入容泄区。

3. 灌排水利枢纽的布置实例——高港枢纽

（1）工程位置及功能。高港枢纽工程位于江苏省泰州市高港区西北约3km处的大庙村附近，枢纽中心南距长江堤岸与泰州引江河中心线汇交处1.9km，是江苏苏北地区主要引江口门之一，是一个以引水为主，灌、排结合，兼有通航功能的综合利用工程。工程兴建后，可自流引江600m^3/s，通过新开挖的泰州引江河，向里下河地区输送灌溉用水，并为拟建的大汕子泵站提供北调水源。在长江低潮位时，可通过泵站抽引江水300m^3/s；同时，还可通过泵站反向抽排300m^3/s，提高里下河地区抗御洪涝灾害的能力。泵站最东侧的三台机组，可通过调度闸的调度控制，由送水河结合通南地区引水和排涝。船闸的兴建，使千吨级船队可由长江直抵泰州。工程于1996年10月开工，1999年9月主体工程建成投运，2002年年底全部完工，2004年6月竣工验收。

（2）枢纽布置。高港枢纽包括节制闸、泵站、船闸、调度闸、送水闸等五座工程及配套建筑物，具有引水、防洪、排涝和航运等功能，其布置具有如下特点。

1）采用闸站结合方式，泵站、节制闸、送水闸、调度闸四座建筑物布置紧凑，功能各异，浑然一体，占地面积少。

2）考虑到闸站工程长期主要靠利用长江潮位引水，而泵站仅在长江枯水期或排涝时发挥作用，且泵站还要兼顾通南地区的灌溉、排涝，因此将承担引水功能的节制闸布置在引江河主流区，泵站布置在节制闸东侧，闸、站之间设置导流墙，以调整闸站联合引水时的流态。

3）泵站以北设调度闸一座、四孔，由隔水墙与引江河分隔，在泵站以北以60°向东开挖送水河，并在其头部设送水闸一座共三孔。高港枢纽既可利用长江潮位向北引水600m^3/s，又可以同时起动泵站东侧3台机组按100m^3/s输水能力向东通南地区100多万亩耕地输送灌溉用水。在汛期，可以按300m^3/s抽排里下河地区涝水，迅速解除涝情。

4）闸站结合、具有双向抽水功能，可以用节制闸自流引水和泵站抽引水两种方式同时向两个不同地域输水的工程，在江苏省尚属首次运用。

运行表明，高港枢纽引水、抽引、抽排及向东送水等各种工况下，水流流态平稳，工程范围内无淤积及冲刷现象。

高港枢纽总平面布置图、节制闸闸室纵剖面示意图及泵站站身纵剖面示意图如图2.3-10～图2.3-12所示。

2.4 工程设计阶段划分及报告编制要求

由于主管部门不同，当前我国水利水电工程和水电工程设计阶段划分不同，设计阶段所采用的主要技术标准亦不相同。本节分别按水利水电工程和水电工程要求列出设计阶段的划分及各阶段报告编制的要求。需要注意的是：随着国民经济和水利水电事业的发展，工程实践中确定设计阶段的划分及各阶段报告编制的要求，应随国家有关政策调整和规范修改作出相应的变化。

2.4.1 水利水电工程设计

水利水电工程设计一般分为项目建议书、可行性研究报告、初步设计、招标设计和施工详图设计等阶段。

2.4.1.1　项目建议书

项目建议书应根据国民经济和社会发展规划与地区经济发展规划的总体要求，在经批准（审查）的江河（区域）综合利用规划或专业规划的基础上提出开发目标和任务，对拟建项目的社会经济条件进行调查和开展必要的水文、地质勘测工作，论证项目建设的必要性、可行性与合理性。初步拟定工程选址选线方案，简述土地征用、移民专项设施内容和初步评价对环境的影响，提出投资估算额度和资金筹措方案。项目建议书被批准后，即可作为开展可行性研究工作的依据。

项目建议书的主要内容和深度应符合下列要求。

(1) 论证项目建设的必要性，基本确定工程的任务及综合利用工程各项任务的主次顺序，明确本项目开发建设对河流上下游及周边地区其他水工程的影响。

(2) 基本确定工程场址的主要水文参数和成果。

(3) 基本查明影响坝（闸、泵站）址及引水线路方案比选的主要工程地质条件；初步查明其他工程的工程地质条件；对天然建筑材料进行初查。

(4) 基本确定工程规模、工程等别及标准和工程总体布局。

(5) 基本选定工程场址、坝（闸）址、厂（站）址和线路，初步选定工程总体布置方案，基本选定基本坝型，初步选定其他主要建筑物型式。

(6) 初步选定机电及金属结构的主要设备型式与布置。

(7) 基本选定对外交通运输方案，初步选定施工导流方式和料场，初步拟定主体工程主要施工方法和施工总布置及总工期。

(8) 基本确定项目建设征地的范围，基本查明主要淹没实物，初步拟定移民安置规划。

(9) 分析工程建设对主要环境保护目标的影响，初步提出环境影响分析结论以及环境保护对策和措施。

(10) 分析工程建设对水土流失影响与预测，初步确定水土流失防治责任范围，初步确定水土流失防治总体要求和初步方案。

(11) 分析建设项目能源消耗种类、数量和节能设计的要求，初步拟定节能措施，对节能措施进行节能效果综合评价。

(12) 基本确定管理单位的类别，初步拟定工程管理方案，初步确定管理区范围。

(13) 编制项目投资估算。

(14) 分析工程效益、费用和贷款能力，提出资金筹措方案，评价项目的经济合理性和财务可行性。

项目建议书应按总则、项目建设的必要性和任务、水文、工程地质、建设规模、工程布置及建筑物、机电及金属结构、施工组织设计、项目建设征地与移民安置、环境影响评价、水土保持、节能评价、工程管理、投资估算和经济评价的顺序依次编制。

2.4.1.2　可行性研究报告

可行性研究报告应根据批准的项目建议书进行编制，还应根据江河流域（河段）规划、区域综合规划或水利水电专业规划的要求，贯彻国家基本建设的方针政策，对工程项目的建设条件进行调查和必要的勘测工作，在可靠资料的基础上，进行方案比较。从技术是否先进且安全可靠，经济是否合理可行，社会效益的大小，对生态环境的影响及土地征用和移民等方面进行全面分析论证，推荐最佳方案，提出可行性评价。可行性研究报告阶段应进行环境影响评价、水土保持、水资源评价等专项工作。

编制可行性研究报告时，应对工程项目的建设条件进行调查和勘测，在可靠资料的基础上，进行方案比较，从技术、经济、社会、环境等方面进行全面分析论证，提出可行性评价。可行性研究报告阶段应注重生态环境影响评价、建设征地影响和节水节能等专项审查，同时对重大关键技术问题应进行专题论证。经批准后的可行性研究报告，是确定建设项目、编制初步设计文件的依据。

可行性研究报告的主要内容和深度应符合下列要求。

(1) 论证工程建设的必要性，确定工程的任务及综合利用工程各项任务的主次顺序。

(2) 确定主要水文参数和成果。

(3) 查明影响坝（闸、泵站）址及引水线路方案比选的主要地质条件；基本查明其他工程的工程地质条件；对天然建筑材料进行详查。

(4) 确定主要工程规模和工程总体布局。

(5) 选定工程建设场址、坝（闸）址、厂（站）址和线路等。

(6) 确定工程等别及标准，基本选定工程总体布置；基本选定坝型及其他主要建筑物的基本型式。

(7) 基本选定机电和金属结构及其他主要机电设备的型式和布置。

(8) 初步确定消防设计方案和主要设施。

(9) 选定对外交通运输方案、料场、施工导流方式及导流建筑物的布置，基本选定主体工程主要施工方法和施工总布置，提出控制性工期和分期实施意见，基本确定施工总工期。

(10) 确定工程建设征地的范围，查明淹没实物，基本确定移民安置规划，估算移民征地补偿投资。

(11) 对主要环境要素进行环境影响预测评价，确定环境保护对策措施，估算环境保护投资。

(12) 确定水土流失防治责任范围、水土保持措施、水土保持监测方案和管理方案。

(13) 初步确定劳动安全与工业卫生的设计方案，基本确定主要措施。

(14) 明确工程的能源消耗种类和数量、能耗指标、设计原则，基本确定项目的节能措施。

(15) 确定管理单位的类别及性质、机构设置方案、管理范围和保护范围等。

(16) 编制工程投资估算。

(17) 分析工程效益、费用和融资能力，提出资金筹措方案，分析主要经济评价指标，评价工程的经济合理性和财务可行性。

(18) 下列资料可根据需要列为可行性研究报告的附件：①项目建议书批复文件及与工程有关的其他重要文件；②相关专题论证或审查会议纪要和意见；③水文分析报告；④工程地质勘察报告；⑤工程规模论证专题报告；⑥工程建设征地补偿与移民安置规划报告；⑦环境影响报告书（表）；⑧水土保持方案报告书；⑨贷款能力测算专题报告；⑩其他重大关键技术重要专题报告。

可行性研究报告应按综合说明、水文、工程地质、工程任务和规模、工程布置及建筑物、机电及金属结构、施工组织设计、工程建设征地与移民安置、环境影响评价、水土保持、劳动安全与工业卫生、节能评价、工程管理、投资估算和经济评价的顺序依次编制。

2.4.1.3 初步设计

初步设计是基本建设程序中的一个重要环节，应根据主管部门批准的可行性研究报告进行编制。初步设计的内容和深度要求，一般是对可行性研究报告进行补充和深化。关于工程的任务、规模、水文分析和地质勘察、主要建筑物基本型式、施工方案、移民、占地、工程管理、投资、环境影响评价和经济评价等，在可行性研究报告阶段均已进行了大量工作，初步设计中应对其成果分别进行复核落实，对审批中提出的意见和问题进行补充，对工程建筑物、机电及施工组织设计，要求进一步深入开展工作，最终确定工程设计方案、初步设计概算和经济评价。初步设计报告经批准后，可作为安排年度施工计划和编制招标设计的依据。

初步设计应在上级主管部门批准的可行性研究报告的基础上，贯彻国家有关方针政策，遵照有关技术标准进行编制。编制初步设计报告时，应认真进行调查、勘测、试验、研究，在取得可靠基本资料的基础上，进行方案技术设计。设计应安全可靠，技术先进，密切结合实际，注重技术创新、节水节能和节约投资。初步设计报告应有分析，有论证，有必要的方案比较，并有明确的结论和意见，文字简明扼要，图纸完整清晰。初步设计报告经批准后可作为安排年度施工计划和编制招标设计的依据。

初步设计报告的主要内容和深度应符合下列要求。

(1) 复核并确定水文成果。

(2) 查明各建筑物的工程地质条件及工程地质问题，必要时对天然建筑材料进行复核。

(3) 说明工程任务及具体要求，复核工程规模，确定运行原则，明确运行方式。

(4) 复核工程的等级和设计标准，确定工程总体布置、主要建筑物的轴线、线路、结构型式和布置、控制尺寸、高程和工程数量。

(5) 选定水力机械、电工、金属结构、采暖通风与空气调节等设备的型式和布置。

(6) 提出消防设计方案和主要设施。

(7) 确定劳动安全与工业卫生的设计方案，确定主要措施。

(8) 复核施工导流方式，确定导流建筑物结构设计、主要建筑物施工方法、施工总布置及总工期。提出建筑材料、劳动力、施工用电用水的需要数量及来源。

(9) 复核工程建设征地的范围及淹没实物指标，提出移民安置等规划设计。

(10) 确定各项环境保护专项措施设计方案。

(11) 确定水土保持工程和非工程措施设计。

(12) 提出工程节能设计。

(13) 提出工程管理设计。

(14) 编制工程设计概算。

(15) 复核经济评价指标。

(16) 初步设计文件应根据需要将下列资料列为附件：①前一阶段设计文件的批复文件及与工程有关的其他重要文件；②有关论证或审查会议的纪要；③水文测报系统总体设计专题报告；④工程地质勘察报告及重大工程地质问题研究报告；⑤工程建设征地补偿与移民安置专题报告；⑥其他专题和试验研究报告。

初步设计报告应按综合说明、水文、工程地质、工程任务和规模、水力机械、电工、金属结构及采暖通风、消防设计、施工组织设计、工程建设征地与移民安置、环境保护设计、水土保持设计、劳动安全与工业卫生、节能设计、工程管理设计、设计概算和经济评价的顺序依次编制。

2.4.1.4 招标设计

招标设计在批准的初步设计报告的基础上，将确定的工程设计方案进一步具体化，详细定出总体布置和各建筑物的尺寸、材料类型、技术要求和工艺要求等。其设计深度要求做到可以根据招标设计图，较准确地计算出各种建筑材料的规格、品种和数量，混凝土浇筑、土石方填筑和各类开挖、回填的工程量，各类机械、电气和永久设备的安装工程量等。根据招标设计图所确定的各类工程量和技术要求以及施工进度计划，编标单位可据此编制招标文件，包括合同的通用条款、专用条款、技术标准和要求以及各项工程的工程量表，满足以固定单价合同形式进行招标的需要。施工单位也可据此编制施工方案并进行投标报价。

1. 招标文件的编制要求

(1) 合理划分标段。

(2) 描述清楚施工条件。

(3) 合理确定评标标底和评标办法。

(4) 合同条款中应确定可能出现问题的处理方法。

(5) 注意商务部分与技术部分的衔接。

(6) 编制好工程量清单。

(7) 标书编制应做到公正合理、公平竞争。

2. 招标文件的主要内容

(1) 投标邀请书。

(2) 投标人须知。投标人须知所列条目应清晰、内容明确。一般应包括以下内容：①工程项目简介；②承发包方式；③组织投标者到工程现场勘察和召开标前会议的时间、地点及有关事项；④填写投标书的注意事项；⑤投标保证；⑥投标文件的递送方式；⑦投标有效期；⑧招标人拒绝投标书的权利；⑨评标时依据的原则和评审方法；⑩授予合同。

(3) 合同条件。

(4) 技术规范。

(5) 设计图纸。

(6) 工程量报价表。

(7) 投标书格式和投标保证书格式。

(8) 补充资料表。

(9) 合同协议书。

(10) 履约保证和预付款保函。

2.4.1.5 施工详图设计

施工详图设计是在初步设计和招标设计的基础上，针对各项工程具体施工要求，绘制施工详图。施工图纸一般包括建筑物平面图、立面图、剖面图、结构详图（包括配筋图），涉及安装详图及安装技术要求，各种材料明细表、设备明细表等。

2.4.2 水电工程设计

为适应水电工程建设管理的需要，原电力工业部《关于调整水电工程设计阶段的通知》（电计〔1993〕567号）对水电工程设计阶段的划分进行了调整，规定水电工程设计分为预可行性研究报告阶段、可行性研究报告阶段、招标设计阶段和施工详图设计等阶段。

2.4.2.1 预可行性研究报告

预可行性研究报告是在江河流域综合利用规划或河流（河段）水电规划的基础上，根据国家与地区电力发展规划的要求编制的。预可行性研究报告的深度至少应达到项目建议书所要求的深度，至少应阐明报送项目建议书所要求阐明的情况和问题。因此，对影响项目是否成立的重大问题，工程的总体规模，重要的外部条件和基础资料需作重点研究，并有较明确的结论，为缩短前期工作周期和节省经费，不要求对一般性技术问题和技术参数进行多方案比较优选。预可行性研究报告应依据《水电工程预可行性研究报告编制规程》（DL/T 5206）中规定的编制原则进行编制。

水电工程预可行性研究报告的编制，应在江河流域综合利用规划或河流（河段）水电规划以及电网电源规划（以下统称规划）的基础上进行。编制水电工程预可行性研究报告，应贯彻国家有关方针、政策、法令，还应符合有关技术规程、规范的要求。

水电工程预可行性研究报告的主要内容和深度应符合下列要求。

(1) 论证工程建设的必要性。

(2) 基本确定综合利用要求，提出工程开发任务。

(3) 基本确定主要水文参数和成果。

(4) 评价本工程的区域构造稳定性，初步查明并分析各比较坝、闸址和厂址的主要地质条件，对影响方案成立的重大地质问题作出初步评价。

(5) 初选代表性坝（闸）址和厂（站）址。

(6) 初选水库正常蓄水位，初拟其他特征水位。

(7) 初选水电站装机容量，初拟机组额定水头、引水系统经济洞径和水库运行方式。

(8) 初步确定工程等别和主要建筑物级别，初选代表性坝（闸）型枢纽布置及主要建筑物型式。

(9) 初步比较拟定机型、装机台数、机组主要参数、电气主接线及其他主要机电设备和布置。

(10) 初拟金属结构及过坝设备的规模型式和布置。

(11) 初选对外交通方案，初步比较拟定施工导流方式和筑坝材料，初拟主体工程施工方法和施工总布置，提出控制性工期。

(12) 初拟建设征地范围，初步调查建设征地实物指标，提出移民安置，初步规划、估算建设征地移民安置补偿费用。

(13) 初步评价工程建设对环境的影响，从环境角度初步论证工程建设的可行性。

(14) 提出主要的建筑安装工程量和设备数量。

(15) 估算工程投资。

(16) 进行初步经济评价。

(17) 综合工程技术经济条件，提出综合评价意见。

预可行性研究报告应按综合说明、工程建设必要性、水文、工程地质、工程规划、建设征地和移民安置、环境保护、工程布置及建筑物、机电及金属结构、施工组织设计、投资估算、经济评价、综合评价和结论的顺序依次编制。

预可行性研究报告经主管部门审批后，即可编报项目建议书。

2.4.2.2　可行性研究报告

根据国务院关于投资体制改革的决定，企业投资建设水电工程实行项目核准制，投资企业需向政府投资主管部门提交项目核准申请报告。水电工程可行性研究报告是招标设计编制的主要依据。水电工程可行性研究报告应在按照《水电工程可行性研究报告编制规程》(DL/T 5020) 编制原则、工作内容和深度以及报告书编写要求进行编制。可行性研究报告的编制还应根据不同类型工程，在工作内容和深度上有所取舍和侧重；特别重要的大型水电工程或条件复杂的水电工程，其工作内容和深度要求可根据需要适当扩充和加深。

可行性研究报告应在遵循国家有关政策、法规，在审查批准的预可行性研究报告的基础上进行编制。

可行性研究报告加深了预可行性研究的深度，达到了原初步设计报告编制规程的要求。其主要内容和深度应符合下列要求。

(1) 确定工程任务及具体要求，论证工程建设的必要性。

(2) 确定水文参数和水文成果。

(3) 复核工程区域构造稳定性，查明水库工程地质条件，进行坝址、坝线及枢纽布置工程地质条件比较，查明选定方案各建筑物区的工程地质条件，提出相应的评价意见和结论，开展天然建筑材料详查。

(4) 选定工程建设场址、坝（闸）址、厂（站）址等。

(5) 选定水库正常蓄水位及其他特征水位，明确工程运行要求和方式。

(6) 复核工程的等级和设计标准，确定工程总体布置方式，确定主要建筑物的轴线、线路、结构型式和布置方式、控制尺寸、高程和工程量。

(7) 选定水电站装机容量，选定机组机型、单机容量、额定水头、单机流量及台数，确定接入电力系统的方式、电气主接线及主要机电设备的型式和布置方式，选定开关站的型式，选定控制、保护及通信的设计方案，确定建筑物的闸门和启闭机等的型式和布置方式。

(8) 提出消防设计方案和主要设施。

(9) 选定对外交通运输方案，确定导流方式、导流标准和导流方案，提出料源选择及料场开采规划、主体工程施工方法及场内交通运输、主要施工工厂设施、施工总布置等方案，安排施工总进度。

(10) 确定建设征地范围，全面调查建设征地范围内的实物指标，提出建设征地和移民安置规划设计，编制补偿费用概算。

(11) 提出环境保护和水土保持措施设计，提出环境监测和水土保持规划、环境监测规划和环境管理规定。

(12) 提出劳动安全与工业卫生设计方案。

(13) 进行施工期和运行期节能降耗分析，评价能源利用效率。

(14) 编制可行性研究设计概算，利用外资的工程还应编制外资概算。

(15) 进行国民经济评价和财务评价，提出经济评价结论意见。

可行性研究报告应根据需要将以下内容作为附件：①预可行性研究报告的审查意见；②可行性研究阶段专题报告的审查意见、重要会议纪要等；③有关工程综合利用、建设征地实物指标和移民安置方案、铁路公路等专业项目及其他设施改建、设备制造等方面的协议书及主要有关资料；④水电工程水资源论证报告书；⑤正常蓄水位选择专题报告；⑥施工总布置规划专题报告；⑦防洪评价报告；⑧水情自动测报系统设计报告；⑨地质灾害危险性评估报告；⑩水工模型试验报告；⑪建设征地和移民安置规划设计报告；⑫环境影响报告书；⑬水土保持方案报告书；⑭劳动安全与工业卫生预评价报告；⑮其他专题报告。

可行性研究报告应按综合说明、工程任务和建设必要性、水文、泥沙、工程地质、工程规模、工程布置及建筑物、机电及金属结构、消防设计、施工组织设计、建设征地和移民安置、环境保护设计和水土保持设计、劳动安全与工业卫生、节能降耗分析、设计概算和经济评价的顺序依次编制。

2.4.2.3　招标设计

水电工程的招标设计在可行性研究报告审查批准后，由工程项目法人组织开展。招标设计报告是在可行性研究报告阶段勘测、设计、试验、研究成果的基础上，为满足工程招标采购和工程实施与管理的需要，复核、完善、深化勘测设计成果的系统反映。水电工程的招标设计报告经评审后，既是工程招标文件编制的基本依据，也是工程施工图编制的基础。招标设计工作应结合《水电工程招标设计报告编制规程》（DL/T 5212），在此基础上编制招标文件。招标文件分三类，即主体工程招标文件、永久设备招标文件和业主委托其他工程的招标文件。

水电工程招标设计报告应按照《水电工程招标设计报告编制规程》（DL/T 5212）规定的原则、工作内容和深度以及报告编写要求进行编制。招标设计报告应遵循国家有关政策、法规，在审查批准的可行性研究报告的基础上，根据审批意见，按照国家、行业规程规范，结合工程建设项目实施与管理的要求进行编制。水电工程招标设计的基本任务是按照工程建设项目招标采购和工程实施与管理的需要，对部分基本资料进行补充、调查、复核、完善，深化勘测设计，并对工程招标采购进行规划与安排。

工程项目法人应提供必要的外部条件，提出招标设计报告编制的具体要求。招标设计应遵循安全可靠、技术先进、结合实际、注重效益的原则。招标设计中若采用新材料、新工艺、新结构和新设备，应进行技术经济论证。招标设计应按照国家有关部门批准的可行性研究报告所确定的原则进行。工程规模、洪水标准、枢纽布置、主要建筑物型式、施工期度汛标准，以及其他涉及工程安全等方面的设计原则、标准和方案发生重大变更时，应履行设计变更审批程序。

招标设计报告的主要内容和深度应符合下列要求。

（1）补充水文、气象及泥沙基本资料，复核水文成果。完善、深化水情自动测报系统总体设计。

（2）复核工程地质结论，补充查明遗留的工程地质问题，论证可行性研究报告审批和项目评估提出的专门性工程地质问题，为招标设计提出有关工程地质补充资料。地质勘察具体要求见《水力发电工程地质勘察规范》（GB 50287）。

（3）复核工程特征值、水库初期蓄水计划和水电站初期运行方式，提出机组运行的加权因子和机组加权平均效率。有关动能计算按《水利水电工程动能设计规范》（DL/T 5015）执行，水利计算按《水电工程水利计算规范》（DL/T 5105）执行。

（4）复核工程的等级和设计标准。复核确定枢纽布置、主要建筑物的轴线与布置及结构型式、控制尺寸和高程，提出建筑物的控制点坐标、桩号及工程量。确定主要建筑物结构、尺寸、材料分区、基础处理措施和范围，提出典型断面和部位的配筋型式、各部位材料性能指标要求及有关设计技术要求。完善安全监测系统的组成和布置，提出监测仪器设备清单。工程等级划分和设计标准按《水电枢纽工程等级划分及设计安全标准》（DL/T 5180）执行。

（5）复核机电及金属结构的设计方案，复核并确定主要设备型式、布置、技术参数和技术要求，编制设备清单。

（6）复核建筑消防及主要机电设备消防设计总体方案，确定消防设备型式及主要技术参数，编制消防设备清单。

（7）比选工程分标方案，经项目法人审批，确定工程分标方案。

（8）复核导流标准、导流程序及导流建筑物布置，确定导流建筑物轴线、结构型式和布置，提出建筑物的控制点坐标及工程量。复核、确定天然建筑材料的料源选择与土石方平衡规划、场内交通规划布置与设计标准、主体工程施工方案与施工机械配置。提出主要施工工厂设施设置方案、施工总布置及工程施工总进度安排。工程施工组织设计按《水电工程施工组织设计规范》（DL/T 5397）执行。

（9）复核分解实物指标，确定移民生产生活安置方案，制定移民搬迁总体规划，开展城（集）镇建设详细规划设计及专业项目复建设计，编制建设征地移民安置补偿投资执行概算，以及移民安置实施规划报告。

（10）复核完善环境保护措施设计、环境监测和环境管理计划，提出环境保护工作的实施进度计划和环境保护措施项目的分标规划方案。

（11）依据工程分标方案编制工程分标概算，依据施工组织设计及招标设计工程量，编制工程招标设计概算。

（12）根据工程招标设计概算的分年静态投资，进行财务分析，复核工程的财务可行性。

招标设计报告应按概述、水文、工程地质、工程任务、规模和运行特性、工程布置及建筑物、机电及金属结构、消防设计、施工组织设计、建设征地和移民安置、环境保护设计、劳动安全与工业卫生设计、工程投资和财务分析的顺序依次编制。可根据工程要求，在施工规划的指导下，分专业或按标段分期编制单行本。部分内容可编制专题研究报告并将其列为附件。招标设计报告附图仅供编制招标文件使用，具体内容可根据工程特点进行增减。

2.4.2.4 施工详图设计

施工详图设计是在可行性研究报告和招标设计的基础上，针对各项工程具体施工要求，绘制施工详图。施工图纸一般包括：建筑物平面图、立面图、剖面图、结构详图（包括配筋图），涉及安装的详图，各种材料、设备明细表，施工说明书等。

2.4.3 水利水电工程中有关专项设计报告的编制要求

水利水电工程设计除了前面所述内容外，各建筑物的设计、施工以及运行管理还涉及节能减排、消防、劳动安全与工业卫生、水利水电工程运行管理等专项设计的内容，这些专项设计报告的编制应符合相关规范的要求，这里分别列出各专项设计报告编制的主要要求。

2.4.3.1 节能减排设计报告编制要求

节约资源是我国的一项长期基本国策，节能是解决我国能源问题的根本途径。修改后的《中华人民共和国节约能源法》自2008年4月1日起施行。2006年8月6日，国务院下发了《关于加强节能工作的决定》（国发〔2006〕28号），强调必须把节能摆在更加突出的战略位置，并要求建立固定资产投资项目节能评估和审查制度，要对固定资产投资项目（含新建、改建、扩建项目）进行节能评估和审查，对未进行节能审查或未能通过节能审查的项目一律不得审批、核准。2011年8月，国务院下发的《“十二五”节能减排综合性工作方案》（国发〔2011〕26号）提出：到2015年，全国万元国内生产总值能耗下降到0.869t标准煤（按2005年价格计算），比2010年的1.034t标准煤下降16%，比2005年的1.276t标准煤下降32%。能耗指标已与经济增长、物价、就业和国际收支并列成为中国的宏观调控目标。

水利水电工程的运行需要能源，节能意味着运行成本的降低、经济效益的提高，其重要性和经济性是不言而喻的。水利水电工程的规划、设计不仅影响工程的建设投资，而且直接涉及工程的运行成本，对工程效益的发挥起着决定性的作用。

水利水电工程节能设计，必须结合工程的具体情况，积极采用新技术、新材料和新工艺，做到安全可靠、能源节约和经济合理。水利水电工程节能设计必须与工程设计同步进行，节能设计选用的技术措施应与工程同步实施。

水利水电工程节能设计应符合《中华人民共和国节约能源法》、《中华人民共和国可再生能源法》、《中华人民共和国电力法》、《中华人民共和国建筑法》、《中华人民共和国清洁生产促进法》等法律法规的规定，根据《水利水电工程节能设计规范》（GB/T 50649）、《采暖通风与空气调节设计规范》（GB 50019）、《建筑采光设计标准》（GB 50033）、《建筑照明设计标准》（GB 50034）、《供配电系统设计规范》（GB 50052）、《公共建筑节能设计标准》（GB 50189）、《水利水电工程施工组织设计规范》（SL 303）、《水力发电厂照明设计规范》（DL/T 5140）、《水力发电厂厂用电设计规程》（DL/T 5164）、《水力发电厂厂房采暖通风与空气调节设计规程》（DL/T 5165）、《机械行业节能设计规范》（JBJ 14）、《民用建筑节能设计标准（采暖居住建筑部分）》（JGJ 26）等相关标准进行。

节能减排设计各阶段章节编制应按“三阶段”（项目建议书阶段、可行性研究报告阶段、招标设计阶段，以下简称“三阶段”）规程的要求分别编写。主要包括以下内容和要求。

（1）节能设计要求。包括收集工程所在地（省、自治区、直辖市）的能源供应、能源消耗、能源规划和节能指标等基本资料，提出水利水电工程节能设计的综合能耗指标要求。

（2）工程设计中采用的节能设计。包括：①工程规划与总布置节能设计；②建（构）筑物节能设计；③机电及金属结构节能设计；④施工节能设计；⑤工程管理节能设计。

（3）分析综合能耗指标。在分析工程施工期和生产经营期的能耗种类和数量、项目计算期内工程的能耗总量和国民经济净效益的基础上，计算工程的综合能耗指标。

（4）节能效果综合评价。将工程的综合能耗指标与国家或地方制定的国内生产总值能耗综合指标进行对比，作出节能设计的综合评价。

对于具有发电、抽水蓄能效益的水利水电工程，可根据受电区能源结构及其利用效率，说明可节约的化石能源量和可减排的温室气体总量。

对于特别重要的大型水利水电工程或主要依靠泵站扬水实现工程任务的大型水利水电工程，节能设计的内容和深度要求应详细、深入。

（5）减排设计。水利水电工程一般施工期较长，施工期间会排放出大量废气、噪声、废水等污染物，对生态环境造成较大影响。故须对水利水电工程进行减排设计。主要包括：①施工扬尘的控制；②施工机械尾气排放的控制；③施工机械油污泄露的控制；④施工机械噪声排放的控制；⑤污水排放的控制。

2.4.3.2　消防设计报告编制要求

《中华人民共和国消防法》规定，消防工作应贯彻预防为主、防消结合的方针。水利水电工程是国家重要的基本建设项目之一，其能否安全运行是关系到国计民生的大事。为确保工程建成投产后，预防火灾事故的发生，即使万一发生火灾，也要使其损失减少到最小，因此必须在工程设计中贯彻“预防为主、防消结合”的消防设计指导方针，结合水利水电工程特点，按规范要求，因地制宜地设置消防设施。

目前，我国水利水电工程消防设计执行的主要防火规范为《水利水电工程设计防火规范》(SDJ 278—90)。此外，还应执行《建筑设计防火规范》(GB 50016)、《建筑灭火器配置设计规范》(GB 50140)、《火灾自动报警系统设计规范》(GB 50116)、《水喷雾灭火系统设计规范》(GB 50219)、《水利水电工程电缆设计规范》(SL 344)、《二氧化碳灭火系统设计规范》(GB 50193) 等相关标准。

各阶段的消防篇章编制可按“三阶段”规程要求分别编写。主要包括以下内容和要求。

(1) 工程概况。简述工程的地理位置、气候条件、枢纽总体布置及主要功能区等。

(2) 枢纽布置。简述工程枢纽各主要建筑物、主要场所及主要机电设备的布置情况、枢纽主要技术参数等。

(3) 消防总体设计。明确消防设计依据、设计原则和消防总体设计要点。

(4) 工程消防设计。包括各生产场所火灾危险分类及建筑物耐火等级、消防通道和消防回车场、消防道路、安全疏散通道；主要生产场所、主要机电设备和生活管理区等的消防方式及其具体的消防设计说明。

(5) 水消防系统。包括消防水源和供水方式，消火栓灭火系统、固定式水喷雾灭火系统及其设施、设备和管道的配置、选择、控制方式等设计说明。

(6) 气体灭火。包括固定式气体灭火系统和移动式灭火器等设备的配置、选择、控制方式等设计说明。

(7) 其他消防设施。根据防火规范的规定，是否设置移动式消防泵、消防车以及专业消防员等设计说明。

(8) 消防通风及防排烟系统。主要生产场所、管理场所和主要机电设备的正常通风和防排烟设备的配置、选择、控制方式等设计说明。

(9) 电缆防火。包括防火电缆选择、电缆消防措施选择，防火封堵、防火阻隔的设置方法以及防火封堵、防火阻隔材料的选择等设计说明。

(10) 消防电气。包括消防设备的供电方式，主要生产场所和生活管理场所事故照明、疏散指示标志和灯具等的配置、选择以及控制方式等设计说明。

(11) 消防报警系统。包括火灾自动报警系统的组成、报警方式，火灾探测器的选择，灭火系统的消防联动控制，通风及防排烟系统的消防联动控制，线路敷设要求、设备安装要求等设计说明。

(12) 消防设备材料配置表。

(13) 附图。包括枢纽总体布置图、主要生产场所（设备）布置图等主要布置图；消防给水系统图、固定式水喷雾灭火系统图、固定式气体灭火系统图、通风及防排烟系统图、火灾自动报警及控制系统图等系统图或控制框图；消防设备及管路布置图、消火栓布置安装图、固定式灭火系统布置图、灭火器材（移动式灭火器、防毒面具、沙箱等）布置图、应急疏散照明布置图等布置安装图。

消防设计报告，具体内容可根据工程规模和特点有所增减，在报告内容和深度上有所取舍和侧重；特别重要的大型水利水电工程或条件复杂的水利水电工程，其报告内容和深度要求应根据需要适当扩充和加深。

2.4.3.3　劳动安全与工业卫生报告编制要求

为了贯彻“安全第一，预防为主”的方针，做到水利水电建设工程投产后符合职业安全卫生的要求，保障劳动者在生产过程中的安全与健康。水利水电工程设计还应遵照《中华人民共和国劳动法》、《水利水电工程劳动安全与工业卫生设计规范》(GB 50706) 等有关规定进行水利水电工程劳动安全与工业卫生设计。

新建工程应根据不同设计阶段的要求，进行劳动安全与工业卫生设计，阐明劳动安全与工业卫生的设计原则、设计方案和措施，分析和预测可能存在的危险、有害因素的种类和危害程度，提出合理可行的安全对策及措施。施工设计应注重对所确定的劳动安全与工业卫生各项设施和措施予以落实。

在扩建、改建及除险加固等其他工程设计文件中，应对原建设项目中的劳动安全与工业卫生状况进行评价，提出改进方案。施工设计应注重落实所确定的劳动安全与工业卫生各项设施和措施。

工程设计中所选用的设备和材料均应符合国家现行标准的有关劳动安全与工业卫生的规定。

劳动安全与工业卫生各阶段章节编制可按“三阶段”规程的要求分别编写。主要包括以下内容和要求。

1. 工程总布置

(1) 水工建筑物。在工程总体布置中，应全面阐明工程所在地的气象、地质、雷电、洪水、地震等自然条件和周边情况，预测其对劳动安全与工业卫生影响的主要危险因素，同时也应阐明各建筑物、交通道路、安全卫生设施、环境绿化等内容。

(2) 机电与金属结构。机电、金属结构设备或设施的布置，应根据枢纽总体布置、各建筑物的布置、运行管理的要求进行。对架空进出线、跨越门机、厂房、变电站（开关站）等主体建筑物和主变压器的场地布置及防火防爆措施等，均应合理安排。

(3) 临时建筑物。应阐明施工场地布置、砂石料加工系统、混凝土拌和楼系统、金属结构制作厂等噪声严重的施工设施的布置及其降噪措施、导流工程围堰进出基坑施工道路的布置和油料库的选址。根据《爆破安全规程》（GB 6722），阐明炸药库及库间和雷管库的布置。

2. 劳动安全

(1) 防机械伤害。防机械伤害设计报告编写，应根据《机械安全　防护装置　固定式和活动式防护装置设计与制造一般要求》（GB/T 8196）、《生产设备安全卫生设计总则》（GB 5083）、《生产过程安全卫生要求总则》（GB 12801）和《起重机械安全规程》（GB 6067）等有关标准、规范的规定，阐明相关机械防护罩和防护屏的布置和相关设备安全卫生要求。轨道式机械应阐明其行车声光警示信号装置。

(2) 防电气伤害。防电气伤害设计报告编写，应根据《水利水电工程高压配电装置设计规范》（SL 311）、《高压配电装置设计技术规程》（DL/T 5352）、《建筑物防雷设计规范》（GB 50057）等相关标准、规范的规定，阐明配电装置电气设备的布置，场内高低压线的布置，电力设备的接地、接零措施及其防雷、防爆、照明等相关安全措施。

(3) 防坠落伤害。防坠落伤害设计报告编写，应阐明：①水工建筑物的闸门（门库）门槽、集水井、吊物孔、竖井等易坠落处的防护栏杆设置；②上人屋面、室外楼梯、阳台外廊、活动式交通桥等的防护栏杆设置；③桥式起重机轨道梁的安全标志布置；④枢纽建筑物的掺气孔、通气孔、调压井防护栏、钢筋网孔盖板的布置；⑤垂直升船机提升楼（塔）安全疏散通道的设置。

(4) 防气流伤害。防气流伤害设计报告编写，应说明通气孔和通气阀的设置及空气压缩系统的布置。

(5) 防洪防淹。防洪防淹设计报告编写，应根据《防洪标准》（GB 50201）、《水利水电工程等级划分及洪水标准》（SL 252）、《水电枢纽工程等级划分及设计安全标准》（DL 5180）等有关标准、规范的规定，阐明水电站厂房（含地下厂房）、通向厂区建筑物外部的各种孔洞、管沟、通道、电缆廊道（沟）的出口，地面厂房机组检修排水与厂内渗漏排水系统、机械排水系统的水泵管道出水口的布置。

(6) 防强风、防雾雨、防雷和防冰冻灾害。防强风、防雾雨、防雷和防冰冻灾害设计报告编写，应阐明露天工作的起重机、泄洪雾化区交通通道的防风防冻等措施。

(7) 交通安全。交通安全设计，应说明枢纽内的公路设计，阐明必需的诱导标志及防护栏设计等相关的安全设计。

(8) 防火、防爆设计。说明有关压力容器的防火、防爆设计；阐明枢纽内的防火、防爆设计及其疏散措施。

3. 工业卫生

(1) 防噪声。根据《工业企业噪声控制设计规范》（GBJ 87）、《工业企业噪声测量规范》（GBJ 122）等有关规定，说明有关设备和建筑物（房间）的减噪、防噪、消声等综合防护措施。

(2) 防振动。根据《作业场所局部振动卫生标准》（GB 10434）和《动力机器基础设计规范》（GB 50040）的规定，说明发电厂和泵站的主设备、辅助设备的基础及平台的防振动设计；水轮发电机组的盖板、进人孔（门）、引出线洞隔板的减振、隔声措施；水机室与外界的隔声措施；柴油发电机组、空压机、高压风机应布置的减振、消声设施；中央控制室（如设置在机组段的尾水平台）的隔振、减振、阻尼措施。

(3) 防电磁辐射。根据《电磁辐射防护规定》（GB 8702）的要求，阐明 330kV 及以上电压的配电装置设备围栏外的静电感应场，330kV 及以上的架空进线、出线跨越门机运行区的静电感应场及其相关防护措施。

(4) 采光与照明。根据《水力发电厂照明设计规范》（DL/T 5140）、《建筑照明设计标准》（GB 50034）、《地下建筑照明设计标准》（CECS 45）等规范，说明相关工作场所和隧洞等地方的照度及相关的采光措施。

(5) 通风及温度、湿度控制。阐明相关工作场所的通风、空气调节、温度控制、除湿等措施。

(6) 防水和防潮。阐明水力发电厂厂房及泵站厂房的水轮机层、蜗壳层、主阀室、水泵层等水下部位的通风方式；地下式厂房、坝内式厂房以及封闭式厂房的防渗、防潮措施；顶部或侧墙可能产生渗漏滴水的工作场所和设备房间的排水、防湿措施；水电站、泵站水位线下潮湿且布置有电气设备的防水、防潮工程措施。

(7) 防毒和防泄漏。阐明 SF_6 电气设备的配电装置室及检修室的机械排风装置；水厂加氯（氨）间和氯（氨）库的能自动开启的通风系统；加氯（氨）间和氯（氨）库的泄漏检测仪与报警装置及在临近的单独房间内设置的漏氯（氨）气自动吸收装置。

(8) 防尘、防污和防腐蚀。说明屋内配电装置室地面、机械通风系统的进风口位置的布置；蓄电池室、酸室排出的废水处理装置；设备支撑构件、水管、气管、油管和风管的防腐蚀措施。

(9) 水利血防。应在血吸虫病防治地区说明水利水电工程项目建设的血吸虫病防御措施；在血吸虫疫区兴建的水利水电工程，应说明在工区设置的钉螺分布指示和醒目的血防警示标志。

(10) 饮水安全。说明水源地的选择以及生活饮用水的混凝、絮凝、消毒、氧化、pH 值调节、软化、灭藻、除氟、氟化等处理方法。

(11) 环境卫生。说明办公区、生活区、废渣垃圾堆放场、生活污水排放点的选址及工区总体规划、总体布置，以及生活区、生产管理区的污水排放管沟的布置。

2.4.3.4 水利水电工程运行管理报告编制要求

为确保工程安全，提高工程经济效益，必须对水利水电工程进行科学合理的运行管理。各级水行政主管部门在编制水利水电工程运行管理报告时，应按以下内容进行。

1. 水库工程的检查与监测

水库工程检查与监测工作，需定期采集数据及巡视检查，对监测资料及时进行整理、编制和分析，编写监测报告，建立监测档案，做好监测系统的维护、更新、补充和完善工作。

监测项目包括：巡视检查、变形监测、渗流监测、压力（应力）及温度监测、土坝隐患探测、水力学观测及观测资料的整理分析等。

监测的主要范围包括坝体、坝基和坝肩、引（泄）水建筑物、闸门与启闭机以及通信设备等。

不同水工建筑物的监测内容包括以下几个方面。

(1) 土石坝的安全监测。土石坝安全监测项目，应根据水库工程等级、规模、结构布置、自然地理条件、地质及管理运用的需要等确定，并报上级主管部门批准。主要包括巡视检查、变形监测、渗流监测、水透明度观测、压力（应力）监测及环境量监测等。

(2) 混凝土坝的安全监测。混凝土坝安全监测一般包括巡视检查、变形监测、渗流监测、应力应变及温度监测、环境量监测等项目，不同类型和级别的混凝土大坝所设的具体监测项目有所不同。

(3) 输水建筑物的巡视检查与监测。巡视检查的重点是了解输水建筑物的外观是否漏水、有无裂缝、输水能力和运行情况是否正常。监测内容主要包括水流流态观测、水面线观测、动水压力观测、空蚀观测、通气量观测、下游雾化观测以及流速流量观测等。

2. 水库工程的养护和修理

水库工程养护和修理的主要任务是，通过巡视检查，随时掌握枢纽中各建筑物的工作情况，发现异常现象和工程隐患，及时采取补救措施，使工程完整，设备完好。编制水库工程养护和修理报告一般应包括以下几方面内容。

(1) 土石坝的养护和修理。土石坝的养护修理部位主要包括土石坝的坝面、护坡和排水结构，常见的病害有裂缝、渗漏、护坡破坏、滑坡和白蚁侵蚀。

(2) 浆砌石坝的养护和修理。浆砌石坝养护和修理部位主要是砌体勾缝和坝体伸缩缝，最常见的病害是裂缝以及由于裂缝引起的坝体和坝基渗漏。

(3) 混凝土坝的养护和修理。混凝土坝养护和修理内容主要包括坝面剥离、混凝土冻害、混凝土碳化与侵蚀、坝体伸缩缝和坝体排水设施等方面，最常见的病害为坝体裂缝和漏水。

(4) 输水、泄水建筑物的养护和修理。因受高速水流的影响，输水、泄水建筑物易被损坏，因此需对输水隧洞和溢洪道等进行日常养护和修理。输水洞常见病害有输水洞断裂漏水、输水洞气蚀；溢洪道的常见病害为岸坡崩塌、冲刷和淘刷、裂缝和渗漏。裂缝和渗漏的修理方法可参见有关文献，消能设施冲刷破坏的修复方案，一是改善消能工，二是提高出水口的抗冲刷能力。

(5) 闸门与启闭机机电设备的养护和修理。主要包括门体缺陷处理、支撑行走滚轮卡死锈蚀修理、水封装置的修理、启闭设备的修理、金属结构的防腐蚀处理和配电装置的检查、电动机运行中的检查、电动机运行发生缺陷处理等。

3. 水库调度

(1) 水库的防洪调度。水库防洪调度的主要任务是解决水库蓄洪与泄洪的矛盾以及防洪安全与兴利蓄水的矛盾。利用降雨径流预报或流域水位模型方法进行洪水预报，预测即将发生的洪水，在掌握水库调洪作用和基本原理基础上编制水库防洪调度方案。防洪调度方案的具体内容，由各水库的具体情况而定，一般包括：阐明方案编制的目的、原则及基本依据；在设计洪水复核分析计算的基础上，核定调洪参数和最大下泄流量；拟定调洪方式和调洪规则；编制防洪调度图及提出方案的实施意见等。

（2）水库的兴利调度。水库兴利控制运用的目的，是在保证水库安全的前提下，充分利用河川径流资源和水库的库容，以满足用水要求，最大限度地发挥水库的兴利效益。为搞好水库调度，提高水电站运行的预见性和计划性，必须编制水库发电调度图，作为水电站水库运行中控制库水位的依据。

4. 水库的库区管理与开发利用

（1）库区的安全管理。水库的管理和保护范围，应根据相应的法律法规进行确定，水库库区管理范围可根据《中华人民共和国水法》相关规定确定，保护范围可根据《水库工程管理设计规范》（SL 106）中的相关规定确定。库区的安全管理内容主要包括水和水域安全管理及水库工程安全管理，主要依据《中华人民共和国水法》、《中华人民共和国防洪法》、《中华人民共和国水土保持法》、《中华人民共和国水污染防治法》等有关法律、法规。

（2）库区水土保持与生态环境保护。库区水土保持与生态环境保护的主要内容包括：①库区水土保持；②库区水环境管理；③地质灾害防治和库岸整治；④渔业自身污染及其防治。

（3）生态环境预防监测体系和科技保证体系建设。预防监测体系的建设是库区生态环境建设的重要方面，也是各级地方人民政府和有关部门切实贯彻水土保持法和环境保护法的重要职责。要搞好库区生态环境建设，同样需要建立和健全相应的库区环境科技保障体系。

（4）水库移民与库区超蓄洪水后处理。水库移民工作主要是政府机构组织管理，以现行的有关征地与移民安置的法律、法规为依据，按照搬迁安置政策和后期政策进行，通过有效安置移民，实现水资源的可持续开发利用与人口、资源、环境的协调发展。

水库规划建设中的淹没处理范围，要根据《水利水电工程水库淹没处理设计规范》（DL/T 5064）的相关规定确定。一般情况下，蓄水位确定后，水利枢纽工程规模就基本确定，水库淹没处理范围与设计标准也随之确定。

水库超蓄洪水淹没后，一般应根据有关规定确定耕地、园地的农作物、居民及企事业单位的淹没损失，按照超蓄洪水淹没补偿制度进行补偿。

（5）水利风景区综合开发与管理。主要依据水利风景区政策的相关法律法规：《中华人民共和国水污染防治法》、《中华人民共和国水法》、《中华人民共和国环境保护法》以及《水利风景区评价标准》（SL 300）、《水利风景区管理办法》等，对水利风景区进行规划建设、管理和保护。

参 考 文 献

[1] 林益才．水工建筑物［M］．北京：中国水利水电出版社，1997.

[2] 金峰，安雪晖，石建军，等．堆石混凝土及堆石混凝土大坝［J］．水利学报，2005，36（11）：1347－1352.

[3] 贾金生，马锋玲，李新宇，等．胶凝砂砾石坝材料特性研究及工程应用［J］．水利学报，2006，37（5）：578－582.

[4] 沈长松，王世夏，林益才，等．水工建筑物［M］．北京：中国水利水电出版社，2008.

[5] 赵纯厚，朱振宏，周端庄．世界江河与大坝［M］．北京：中国水利水电出版社，2000.

[6] 中国水利百科全书编委会．中国水利百科全书』（第二版） 第一卷～第四卷［M］．北京：中国水利水电出版社，2006.

[7] 顾淦臣，束一鸣，沈长松．土石坝工程经验与创新［M］．北京：中国电力出版社，2004.

[8] 潘家铮，何璟．中国大坝 50 年［M］．北京：中国水利水电出版社，2000.

[9] 水利词典编委会．水利词典［M］．上海：上海辞书出版社，1994.

[10] 姜弘道．水利概论［M］．北京：中国水利水电出版社，2010.

[11] 左东启，等．中国土木建筑百科辞典 水利工程［M］．北京：中国建筑工业出版社，2008.

[12] 林秀山．黄河小浪底水利枢纽文集［M］．郑州：黄河水利出版社，1997.

[13] 陆佑楣，潘家铮．抽水蓄能电站［M］．北京：水利电力出版社，1992.

[14] SL 252—2000 水利水电工程等级划分及洪水标准［S］．北京：中国水利水电出版社，2000.

[15] SL 265—2001 水闸设计规范［S］．北京：中国水利水电出版社，2001.

[16] SL 430—2008 调水工程设计导则［S］．北京：中国水利水电出版社，2008.

[17] DL/T 5180—2003 水电枢纽工程等级划分及设计安全标准［S］．北京：中国电力出版社，2003.

[18] GB 50286—2013 堤防工程设计规范［S］．北京：中国计划出版社，2013.

[19]　SL 435—2008 海堤工程设计规范 [S]. 北京：中国水利水电出版社，2009.

[20]　SL 266—2001 水电站厂房设计规范 [S]. 北京：中国水利水电出版社，2001.

[21]　GB 50288—99 灌溉与排水工程设计规范 [S]. 北京：中国计划出版社，1999.

[22]　SL 303—2004 水利水电工程施工组织设计规范 [S]. 北京：中国水利水电出版社，2004.

[23]　SL 203—97 水工建筑物抗震设计规范 [S]. 北京：中国水利水电出版社，1998.

[24]　SL 274—2001 碾压式土石坝设计规范 [S]. 北京：中国水利水电出版社，2002.

[25]　GB/T 50649—2011 水利水电工程节能设计规范 [S]. 北京：中国计划出版社，2011.

[26]　GB 50016—2006 建筑设计防火规范 [S]. 北京：中国计划出版社，2006.

[27]　GB 50140—2005 建筑灭火器配置设计规范 [S]. 北京：中国计划出版社，2005.

[28]　GB 50116—98 火灾自动报警系统设计规范 [S]. 北京：中国计划出版社，1999.

[29]　DL 5027—93 电力设备典型消防规程 [S]. 北京：中国电力出版社，1994.

[30]　DL 5061—1996 水利水电工程劳动安全与工业卫生设计规范 [S]. 北京：中国电力出版社，1997.

[31]　GB 50706—2011 水利水电工程劳动安全与工业卫生设计规范 [S]. 北京：中国计划出版社，2012.

[32]　龙斌. 水库运行与管理 [M]. 南京：河海大学出版社，2006.

第3章

工程地质与水文地质

本章以第1版《水工设计手册》框架为基础，对部分内容进行了调整、补充和修订。

增加了“3.3 区域构造稳定性”、“3.10 若干工程地质问题”，取消了第1版中的“第7节 水下岩塞爆破、定向爆破筑坝工程地质”。

第1版中“第1节 地质基础知识”改为“3.1 工程地质基础”，将原岩石、构造地质、地史、地貌合并为“基础地质”，增加了岩层产状表示方法、节理调查方法、活断层、地震等内容；补充了岩溶地貌、冰川地貌的相关内容；增加了物理地质现象、岩（土）体分类、岩体结构及其类型、岩土物理力学性质、岩土渗透性分级、软弱夹层等相关内容。

“3.2 水文地质”中，补充了相关水文地质试验方法、地下水动态观测相关方法。对农田灌溉用水水质标准和生活饮用水卫生标准采用了最新的评价标准。新增了“岩溶水文地质、灌区水文地质”。

“3.4 水库区工程地质”新增了泥石流、水库诱发地震案例等内容。浸没评价按现行规范予以修订。

第1版中“第4节 坝基工程地质”改为“3.5 坝（闸）、堤防工程地质”，增加了土的抗剪参数和岩体（石）抗剪参数的相关内容。新增了水闸、泵站工程地质、堤防工程地质。

第1版“第5节 岩质边坡工程地质”改为“3.6 边坡工程地质”，增加了土质边坡相关内容。

第1版“第6节 地下建筑工程地质”改为“3.7 地下洞室工程地质”，新增了地下洞室的围岩稳定、大跨度地下洞室及洞室群工程地质、深埋长隧洞工程地质等内容；补充了大跨度地下洞室及洞室群的主要工程地质问题，取消了高边墙稳定分析和抗剪强度指标确定的内容。

第1版“第9节 渠道工程地质”改为“3.9 渠道及渠系建筑物工程地质”，增加了渠道工程地质问题、渠道水文地质条件及评价，对渠道边坡稳定问题进行了补充。

“3.11 天然建筑材料工程地质评价”中，对储量计算精度按现行规范要求进行了调整，对各类料的质量技术要求根据现行规范进行了修改。增加了接触黏土料、槽孔固壁土料、碎（砾）石土料、人工轧制混凝土用细骨料、人工轧制混凝土用粗骨料、沥青混凝土骨料质量技术要求、骨料碱活性判定等内容。

章主编　蔡耀军　吴永锋

章主审　王行本　徐福兴

本章各节编写及审稿人员

节次	编写人	审稿人
3.1	王锦国　张发明	王行本　徐福兴
3.2	周志芳　王锦国　杨益才　肖万春　贾国臣　高玉生	
3.3	颜慧明	
3.4	吴永锋	
3.5	吴永锋　颜慧明　王文远　何　伟　贾国臣　高玉生	
3.6	蔡耀军　王文远　何　伟	
3.7	王文远　何　伟　蔡耀军　吴永锋	
3.8	贾国臣　高玉生	
3.9	蔡耀军　颜慧明	
3.10	蔡耀军　颜慧明	
3.11	蔡耀军	

第3章 工程地质与水文地质

3.1 工程地质基础

3.1.1 基础地质

3.1.1.1 岩石

1. *造岩矿物*

矿物是指由地质作用所形成的天然单质或化合物，具有相对固定的化学组成，呈固态者还具有确定的内部结构；在一定的物理化学条件范围内稳定，是组成岩石和矿石的基本单元。自然界中已发现的矿物虽有3300多种，但主要的和常见的造岩矿物仅几十种。主要造岩矿物识别见表3.1-1。

2. *岩石分类*

岩石是天然产出的矿物、玻璃质或岩屑组成的固态集合体。岩石按成因可分为岩浆岩、沉积岩和变质岩三大类，见表3.1-2。

表3.1-1　主要造岩矿物识别表

色度	矿物名称	颜色	条痕	硬度	光泽	解理	断口	形态
浅色矿物	滑石	白、灰、淡黄、淡绿	白	1	油脂、珍珠	完全		鳞片状
	高岭土	白、灰、淡黄	白	1	黯淡	无		土状
	石膏	白、灰	白	2	玻璃、珍珠、绢丝	完全或极完全	参差或平坦	纤维状、板状
	白云母	白、灰	白	2.5～3	珍珠、玻璃	极完全		薄片状
	方解石	白、灰	白	3	玻璃	完全（菱形）		菱形
	白云石	白、灰、浅黄	白	3.5～4	玻璃	完全		菱形（有挠曲粒状）
	正长石	肉红、浅黄、灰白	白	6	玻璃	完全	平坦状	短柱、厚板状
	斜长石	白、灰	白	6	玻璃	完全	不平坦状	短柱、薄板状
	石英	乳白、白灰	乳白	7	油脂、玻璃	无	贝壳状	粒状、块状
深色矿物	绿泥石	各种绿色	白或浅绿	2	玻璃、珍珠	完全		鳞片状
	石墨	黑、钢灰	黑	2	金属	极完全		片状
	黑云母	黑、棕、绿	白	2.5～3	珍珠、玻璃	极完全		薄片状
	角闪石	绿、褐、黑	白带绿	5.5～6	玻璃	完全		长柱状或针状
	辉石	淡绿～黑绿	白带绿	5～6	玻璃	完全		短柱状或针状
	橄榄石	橄榄绿	淡绿	6.5～7	玻璃	不完全	贝壳状	粒状
	黄铁矿	金黄、蛋黄	黑	6～6.5	金属	无	不规则	立方体或块状

注　该表摘自《水工设计手册》第2卷 地质 水文 建筑材料，水利电力出版社，1984。

表3.1-2　岩石按成因分类表

名　称	成因分类	说　明
岩浆岩	喷出、浅成、深成	火山碎屑岩划入沉积岩碎屑沉积类
沉积岩	碎屑沉积、化学沉积、生物沉积	
变质岩	区域变质、接触变质、动力变质	

（1）岩浆岩。岩浆岩是上地幔或地壳深部产生的炽热黏稠岩浆冷凝固结形成的岩石，又称火成岩。主要岩浆岩识别见表3.1－3。

（2）沉积岩。沉积岩是成层堆积的松散沉积物固结而成的岩石，即在地壳表层，母岩经风化作用、生物作用、火山喷发作用而成的松散碎屑物及少量宇宙物质经过介质（主要是水）的搬运、沉积、成岩作用形成沉积岩。主要沉积岩识别见表3.1－4。

表3.1－3　主要岩浆岩识别表

<table>
<tr><td colspan="4">酸基性</td><td>酸性</td><td colspan="2">中性</td><td>基性</td><td>超基性</td></tr>
<tr><td colspan="4">颜色</td><td>肉红、灰白</td><td>肉红、灰红</td><td>灰、灰绿</td><td>黑、灰黑</td><td>黑</td></tr>
<tr><td colspan="2" rowspan="2">矿物成分</td><td colspan="2">主要矿物</td><td>石英、正长石</td><td>正长石</td><td>角闪石、斜长石</td><td>辉石、斜长石</td><td>橄榄石、辉石</td></tr>
<tr><td colspan="2">次要矿物</td><td>黑云母、角闪石</td><td>角闪石、黑云母、辉石</td><td>辉石、黑云母</td><td>角闪石、橄榄石、黑云母</td><td>角闪石</td></tr>
<tr><td colspan="2" rowspan="2">产状</td><td rowspan="2">构造</td><td rowspan="2">矿物特性及代表性岩石
结构</td><td colspan="2">正长石多于斜长石</td><td colspan="2">斜长石多于正长石</td><td>无长石</td></tr>
<tr><td>石英很多</td><td>石英极少（<10%）</td><td colspan="2">石英极少（<10%）</td><td>无石英</td></tr>
<tr><td rowspan="2">喷出岩</td><td>火山锥</td><td rowspan="2">流纹、气孔、杏仁、层状、块状</td><td>玻璃质</td><td colspan="5">火山玻璃岩（黑曜岩、珍珠岩、松脂岩、浮岩等）</td></tr>
<tr><td>熔岩流</td><td>隐晶质或斑状</td><td>流纹岩</td><td>粗面岩</td><td>安山岩、安山玢岩</td><td>玄武岩</td><td></td></tr>
<tr><td rowspan="2">浅成岩</td><td rowspan="2">岩脉
岩环
岩盘</td><td rowspan="2">块状</td><td>伟晶、细粒、斑状</td><td colspan="5">伟晶岩、细晶岩、煌斑岩</td></tr>
<tr><td>斑状及细粒</td><td>石英斑岩、花岗斑岩</td><td>正长斑岩</td><td>闪长玢岩、细粒闪长岩</td><td>辉绿岩、辉绿玢岩</td><td></td></tr>
<tr><td>深成岩</td><td>岩株
岩基</td><td>块状</td><td>中～粗粒</td><td>花岗岩</td><td>正长岩</td><td>闪长岩</td><td>辉长岩</td><td>橄榄岩、辉岩</td></tr>
</table>

注　该表摘自《水工设计手册》第2卷 地质 水文 建筑材料，水利电力出版社，1984。

表3.1－4　主要沉积岩识别表

<table>
<tr><td>沉积类型</td><td>岩石名称</td><td>物质成分</td><td>结构</td><td>备注</td></tr>
<tr><td rowspan="3">火山碎屑沉积</td><td>凝灰岩</td><td>火山碎屑物（岩屑、晶岩、玻屑），一般粒径小于2mm</td><td>碎屑结构</td><td rowspan="3">火山灰胶结</td></tr>
<tr><td>火山角砾岩</td><td>熔岩角砾、火山碎屑、火山灰，一般粒径为2～100mm</td><td>碎屑结构</td></tr>
<tr><td>火山集块岩</td><td>火山碎屑、熔岩块、火山灰，一般粒径大于100mm</td><td>碎屑结构</td></tr>
<tr><td rowspan="6">碎屑沉积</td><td>砾岩、角砾岩</td><td>各种岩屑、各种矿物碎屑，一般粒径大于2mm</td><td>砾块结构</td><td>分选差</td></tr>
<tr><td>砂岩</td><td>石英、长石、云母，各种岩石的岩屑，一般粒径为0.05～2mm</td><td>砂状结构</td><td>有一定分选</td></tr>
<tr><td>粗砂岩</td><td>石英、长石，粒径为2～0.5mm</td><td>砂状结构</td><td rowspan="4">颗粒均匀</td></tr>
<tr><td>中砂岩</td><td>石英、长石，粒径为0.5～0.25mm</td><td>砂状结构</td></tr>
<tr><td>细砂岩</td><td>石英、长石，粒径为0.25～0.05mm</td><td>砂状结构</td></tr>
<tr><td>粉砂岩</td><td>石英、长石，粒径为0.05～0.005mm</td><td>粉砂状结构</td></tr>
<tr><td rowspan="2">黏土沉积</td><td>高岭石黏土岩</td><td>高岭石为主，石英、长石次之</td><td>泥质结构</td><td>加水可塑</td></tr>
<tr><td>蒙脱石黏土岩</td><td>蒙脱石为主</td><td>泥质结构</td><td>加酸起泡、水浸膨胀</td></tr>
</table>

续表

沉积类型	岩石名称	物质成分	结构	备注
黏土沉积	页岩	高岭土、石英、云母、绿泥石等	泥质结构、粉砂泥质结构	易剥成页、片状
化学生物沉积	泥灰岩	黏土矿物与碳酸钙质的混合物	隐晶粒结构、微粒结构	加稀盐酸起泡
	石灰岩	方解石为主	结晶粒状结构、状结构	
	白云岩	白云石为主	隐晶质结构、碎屑结构	加稀盐酸起泡

注 该表摘自《水工设计手册》第2卷 地质 水文 建筑材料，水利电力出版社，1984。

(3) 变质岩。变质岩是由于地质环境和物理化学条件的改变，使原先已经形成的岩石矿物成分、结构构造甚至化学成分发生改变所形成的岩石。主要变质岩识别见表3.1-5。

表3.1-5　主要变质岩识别表

变质类型	岩石名称	主要矿物成分	结构与构造
区域变质	板岩	云母、绿泥石、石英、长石	结构致密，千枚状构造，具片理
	千枚岩	绢云母、石英、长石、方解石	鳞片变晶结构，片状构造
	片岩	角闪石、云母、绿泥石、滑石、石英	变晶结构，片状构造，片理发育
	变粒岩	长石、石英为主	细粒、等粒变晶结构，块状构造，矿物排列方向不明显
	片麻岩	石英、长石、云母、角闪石、十字石、石榴石	鳞片变晶结构，片麻状构造，结晶粗大
	混合片麻岩	相当于片麻岩的矿物成分	变余结构，片麻状构造，常含黑云母、角闪石矿物集合体
	混合花岗岩	相当于花岗岩的矿物成分	变余结构，片麻状构造，含暗色矿物团块及残留体
接触变质	角岩	堇青石、红柱石、黑云母、石英	花岗变晶结构，斑状变晶结构，块状构造
	大理岩	方解石、白云石等	等粒变晶结构，块状构造
	石英岩	石英、长石等	等粒变晶结构，块状构造
动力变质	构造角砾岩	各种矿物	压碎结构
	压碎岩	各种矿物	压碎结构
	糜棱岩	各种矿物	糜棱结构

注 该表摘自《水工设计手册》第2卷 地质 水文 建筑材料，水利电力出版社，1984。

3.1.1.2 构造地质

1. *岩层产状*

(1) 岩层产状要素。岩层在地壳中的空间方位和产出状态，称为岩层产状（见图3.1-1）。岩层产状以岩层面在空间的延伸方向和倾斜程度来确定，用走向、倾向和倾角表示，这三者称为岩层产状要素。

1) 走向。岩层层面与水平面交线的延伸方向，称为岩层的走向。

2) 倾向。垂直于走向线沿岩层面向下所引的线在水平面上的投影所指的方向称为岩层的倾向。

3) 倾角。倾斜的层面与水平面之间最大的夹角（锐角），称为岩层的倾角，也称岩层的真倾角。与走向线斜交的直线称为视倾斜线，视倾斜线与水平面的夹角，称为视倾角，恒小于真倾角。

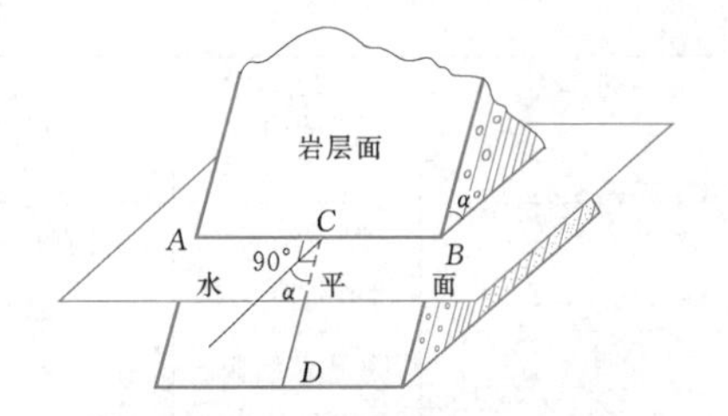

图 3.1-1　岩层产状要素示意图

AB—走向线；*CD*—倾向线；α—倾角

(2) 岩层产状表示方法。

1) 象限角表示法。以北方向（0°）为准，一般记走向、倾向、倾角。如 N65°W，NE∠27°，即表示走向北偏西 65°、向北东倾斜、倾角 27°。

2) 方位角表示法。一般只记录倾向和倾角。如 205°∠25°，前者是倾向的方位角，后面是倾角，即表示倾向 205°，倾角 25°。

(3) 真倾角与视倾角的换算式为

$$\tan\beta = \tan\alpha \cdot \sin\delta \cdot \eta \qquad (3.1-1)$$

式中　β——视倾角；

α——真倾角；

δ——岩层走向与断面间夹角；

η——纵向比例尺与横向比例尺的比值。

(4) 岩层真厚度计算如图 3.1-2 所示。

1) $\beta=0°$，$0°<\alpha<90°$，$0°<\gamma<180°$（地面水平）。$m=ab=ad\sin\alpha$。

2) $0°<\beta<90°$，$0°<\alpha<90°$，$0°<\gamma<90°$（地面与岩层倾向相同）。如 $\alpha<\beta$，$m=ab=ad\sin(\beta-\alpha)$；如 $\alpha>\beta$，$m=ab=ad\sin(\alpha-\beta)$。

3) $0°<\beta<90°$，$0°<\alpha<90°$，$0°<\gamma<180°$（地面

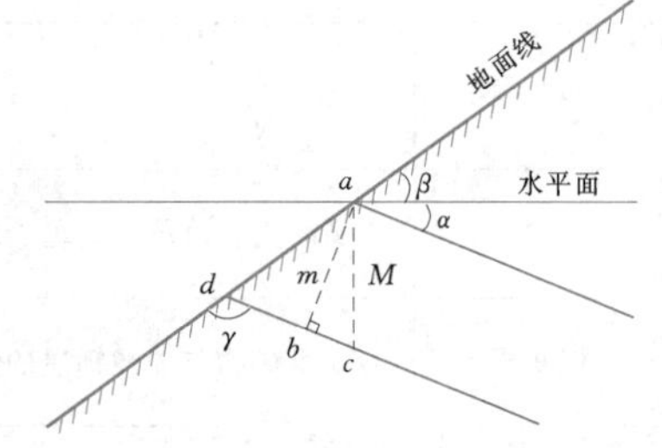

图 3.1-2　岩层厚度

α—真倾角；β—地面倾角或视倾角；γ—地面与层面的夹角；*m*—真厚度；*M*—铅直厚度

与岩层倾向相反）。$m=ab=ad\sin(\alpha+\beta)$。

4) $0°<\alpha<90°$，$\beta=90°$，$m=ab=ad\cos\alpha$。

2. 褶皱

岩层受地壳运动的作用形成的连续弯曲现象称为褶皱。褶皱中的单个弯曲称为褶曲。褶曲表现为背斜和向斜两种基本形态，它们相间排列构成褶皱。褶曲是褶皱的基本单位，即褶皱岩层中的一个弯曲。

(1) 褶曲要素。褶曲由核、翼、轴面、轴、枢纽等部分组成（见图 3.1-3 及表 3.1-6）。

(2) 褶曲分类见表 3.1-7。

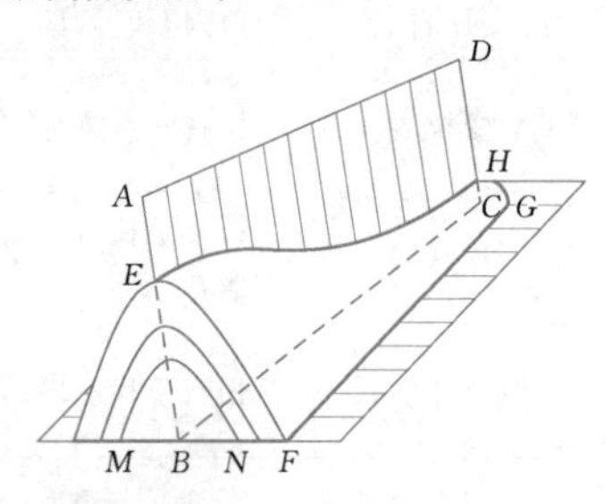

图 3.1-3　褶曲要素示意图[1]

表 3.1-6　　**褶曲要素说明表**

要素名称	图 3.1-3 中代号	含义及特征
核	*MN*	褶曲的核心部分。有时把只位于褶曲中央部分的岩层称为核部
翼	*EFGH*	核部两侧的岩层称为翼
轴面	*ABCD*	是对称分开两翼的假想面。轴面可以直立、倾斜、平卧，也可能是曲面
轴	*AD*（或 *BC*）	是轴面与水平面的交线。轴可以是直线，也可以是曲线
枢纽	*EH*	轴面和褶曲岩层某一层面的交线称为枢纽

注　该表摘自《水工设计手册》第 2 卷 地质 水文 建筑材料，水利电力出版社，1984。

3. 断裂构造

断裂构造是在构造应力作用下，岩体产生的各种破裂的总称，一般可分为节理和断层两大类。节理是指断裂面两侧岩块未发生显著位移的破裂；断层是指断裂面两侧岩体发生过显著位移的破裂。

(1) 节理（裂隙）。

1) 节理分类与特征见表 3.1-8。

2) 节理发育分级与节理宽度分级见表 3.1-9 和表 3.1-10。

3) 劈理是指岩石能沿平行或大致平行的排列面分裂成薄片的结构面。劈理类型见表 3.1-11。

4) 节理调查方法。

表 3.1－7　褶曲分类表

分类原则	名称	含义或特征	示意图
按断面形状	背斜褶曲	具脊形，两翼倾向相背，且向下张开，核部岩层时代最老	
	向斜褶曲	具槽形，两翼倾向相向，且向上张开，核部岩层时代最新	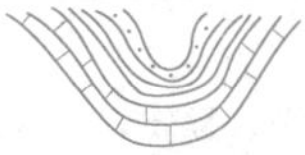
按轴面和两翼岩层的产状	直立褶曲	轴面近铅直，两翼倾向相反，倾角近相等，又称对称褶曲	
	倾斜褶曲	轴面倾斜，两翼倾向相反，倾角不等，又称不对称褶曲	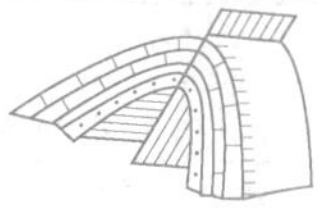
	倒转褶曲	轴面倾斜，两翼向同一方向倾斜，一翼的地层倒转	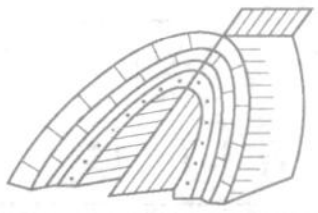
	平卧褶曲	轴面近水平，一翼位于另一翼之上，一翼地层正常，另一翼地层倒转	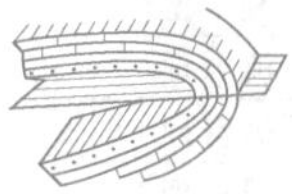
	翻转褶曲	轴面弯曲的平卧褶皱	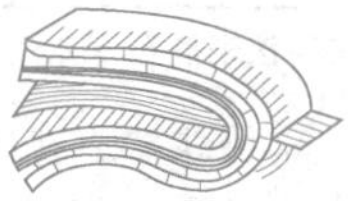
按褶曲在平面上的形态	线状褶曲	同一岩层在平面上的纵向长度和宽度之比大于10∶1	
	短轴褶曲	同一岩层在平面上的纵向长度与横向宽度之比在3∶1～10∶1之间	
	穹窿和构造盆地	同一岩层在平面上的纵向长度与横向宽度之比小于3∶1的圆形或似圆形褶曲，背斜称为“穹窿”，向斜称为“构造盆地”	
按褶曲枢纽的产状	水平褶曲	枢纽水平，两翼同一岩层的走向基本平行	
	倾伏褶曲	枢纽倾斜，两翼同一岩层的走向不平行而呈弧形变化	

注　该表根据《水工设计手册》第2卷 地质 水文 建筑材料中表6－1－6改编。

表 3.1－8　节理分类与特征表

分类		特征
原生节理		岩石成岩中形成，如沉积岩干裂节理，玄武岩柱状节理，沉积岩中的龟裂等
次生节理	风化节理	岩石风化作用造成，多分布于近地表的岩层中，一般属张性裂纹
	重力节理	岩石崩塌、岩体陷落等重力作用形成，呈张裂状态
	卸荷节理	岩石卸荷形成，高地应力区河谷斜坡常有卸荷裂隙发育带
构造节理	张节理	张应力形成，节理面粗糙，延伸性差。在砾岩中一般不切过砾石，围绕砾石呈凹凸不平面。多排列成边幕式或羽毛式。裂隙张口较大，常有岩脉、矿脉充填
	剪节理	剪应力形成。节理面平直光滑，延伸性好。在砾岩中一般切过砾石。节理多闭合，裂面常见擦痕。节理排列疏密具韵律性

注　该表根据《水工设计手册》第2卷 地质 水文 建筑材料中表6－1－9改编。

表 3.1-9　　节理发育分级表[39]

分　级	Ⅰ	Ⅱ	Ⅲ	Ⅳ
节理间距 d(m)	$d \geqslant 2$	$0.5 \leqslant d < 2$	$0.1 \leqslant d < 0.5$	$d < 0.1$
节理发育程度	不发育	较发育	发育	极发育
节理特征	规则裂隙少于 2 组，延伸长度小于 3m，闭合，无充填	规则裂隙 2～3 组，一般延伸长度多小于 10m，多闭合，无充填，或有少量方解石脉或岩屑充填	一般规则裂隙多于 3 组，延伸长短不均，多大于 10m，多张开、夹泥	一般规则裂隙多于 3 组，并有很多不规则裂隙，杂乱无序，多张开、夹泥，并有延伸较长的大裂隙

表 3.1-10　　节理宽度分级表

分　级	Ⅰ	Ⅱ	Ⅲ	Ⅳ
节理宽度（mm）	<0.2	0.2～1	1～5	>5
描述	闭合	微张	张开	宽张

注　该表摘自《水工设计手册》第 2 卷　地质　水文　建筑材料，水利电力出版社，1984。

表 3.1-11　　劈理分类表

类　型	特　　征
流劈理	由于片状、板状矿物的定向平行排列，从而能使岩石分裂成许多平行的薄片
破劈理	指岩石中一组密集的平行破裂面，而与岩石中矿物排列方向无关，其微劈片厚度一般不超过几毫米
滑剪理	一组平行的剪切面，具有微量位移，本质上是一组密集的微细断层

注　该表摘自《水工设计手册》第 2 卷　地质　水文　建筑材料，水利电力出版社，1984。

a. 测线法。在野外选定的露头上，用一根一定长度的皮尺（或测绳）固定于露头面上，根据结构面与测线（测绳）相交出露的位置描述和记录结构面产状、迹长、隙宽等几何参数的方法。测线法具有较好的测量精度及简单易行的优点，是目前国内外最常采用的调查方法。

b. 统计窗法。在野外平面露头中，选取一定宽度和一定高度的矩形区域，作为调查结构面分布及几何特征的方法。所有结构面的调查内容均在此窗口中进行。

（2）断层。沿破裂面两侧岩体（块）发生显著位移的断裂构造。

1）断层要素。几何要素包括断层的基本组成部分以及与阐明其错动性质有关的几何要素，包括断层面、断层线、断层带、断盘、断距等，见图 3.1-4 和表 3.1-12。

2）断层分类见表 3.1-13 和图 3.1-5。

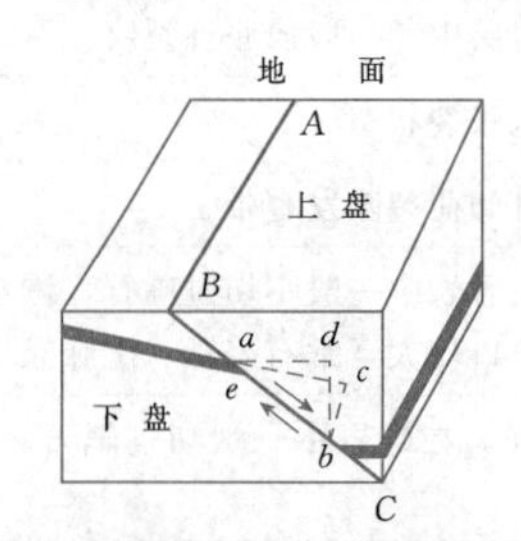

图 3.1-4　断层要素示意图[1]

3）断层活动性。新构造运动时期断层差异性变位的强烈程度称为断层活动性。新构造运动时期有过差异性活动的断层称为“活断层”。不同领域的研究者对活断层往往有各自的时间标准和划分方案。

断层活动性是区域构造稳定性研究的主要内容之一，其关键就是对现代活断层的研究、识别和判定，其识别和判定见本章 3.3 节相关内容。

4. 地震

（1）地震。大地发生的突然震动，即地球岩石圈的某些部分在内力或外力的作用下发生破裂，所释放能量的一部分以弹性波的形式在地球内传播，所到之处引起地面颠簸和摇晃，被人们所感觉或被仪器检测到的，即称为地震。广义的地震包括三大类：天然地震、人工地震和诱发地震，一般所说的地震是指天然地震中的构造地震。

1）天然地震。由于自然原因引起的地震称天然地震。根据不同成因，又可分为构造地震、火山地震、天然陷落地震，以及其他天然扰动（如大型山崩、滑坡、大块陨石堕落等）所引起的地震。

构造地震是直接由地壳构造运动导致地层或岩体发生错动（或破裂）所引起的地震。这类地震数量多，约占全球天然地震的 90%。

2）人工地震。由于人类工程活动引发的地震。如开矿、采石和其他施工爆破、地下核爆炸等，会引起与地震相类似的地面震动现象，称为人工地震。

表 3.1-12　　断层要素说明表

要素名称	图 3.1-4 中代号	含义或特征
断层面	ABC	岩体发生相对位移的断裂面，空间位置可用走向、倾向、倾角表示
断层线	AB	断层面与地面的交线
断层带	ae	断层面之间的岩石发生错动破坏后，形成的破碎部分，以及受断层影响使岩层裂隙发育或产生牵引弯曲的部分
上盘	见图 3.1-4	位于断层面上部的岩土体
下盘	见图 3.1-4	位于断层面下部的岩土体
总断距	ab	断层上下盘沿断层面发生的相对位移
垂直断距	db	断层在垂直方向上的相对位移
水平断距	ad	断层在水平方向上的相对位移
岩层断距	bc	垂直岩层面的相对位移

注　该表根据《水工设计手册》第 2 卷 地质 水文 建筑材料中表 6-1-7 改编。

表 3.1-13　　断层分类表

分类原则	名称		含义或特征
按断层两盘相对位移关系	正断层		上盘相对下移，断层面倾角大于 45°，一般多在 50°～60°以上，数条正断层可组成阶梯式断层、地垒或地堑
	逆断层	冲断层	上盘相对上移，断层面倾角大于 45°
		逆掩断层	上盘相对上移，断层面倾角 45°～25°，往往是由倒转褶皱发展形成，走向与褶皱轴大致平行
		辗掩断层	上盘相对上移，断层面倾角小于 25°，断层上盘较老的地层沿着平缓的断层面推覆在另一盘较新岩层之上
	平移断层		两盘产生相对水平位移，即两盘沿断层走向移动
	旋转断层		两盘相对位移方式，系绕一轴（水平轴或垂直轴）旋转，断层面多为曲面
按断层面力学性质	压性断层		由压应力派生的剪力作用形成，多呈逆断层形式，断层面为舒缓波状，断裂带宽大，常有断层角砾岩
	张性断层		由张（拉）应力派生的剪力作用形成，也称张性结构面，多呈正断层形式，断层面粗糙，多呈锯齿状
	扭性断层		由扭（剪）应力作用形成，也称扭性结构面，常成对出现，断层平直光滑，常出现大量擦痕
	压扭性断层		压扭性断层具有压性断层兼扭性断层的力学特征，如部分平移逆断层
	张扭性断层		张扭性断层具有张性断层兼扭性断层的力学特征，如部分平移正断层
按断层走向与岩层走向关系	走向断层		断层面走向与岩层走向基本平行，又称纵断层
	倾向断层		断层面走向与岩层倾向基本平行，又称横断层
	斜向断层		断层面走向与岩层走向或倾向均斜交
	顺向断层		断层面与岩层面大致平行
按断层延伸规模	区域或地区性断层		延伸规模 20km 以上，深度至少切穿一个构造层
	大型断层		延伸规模 1～20km，深度限于盖层
	中型断层		延伸规模 100～1000m
	小断层		延伸规模 10～100m

注　该表根据《水工设计手册》第 2 卷 地质 水文 建筑材料中表 6-1-8 改编。

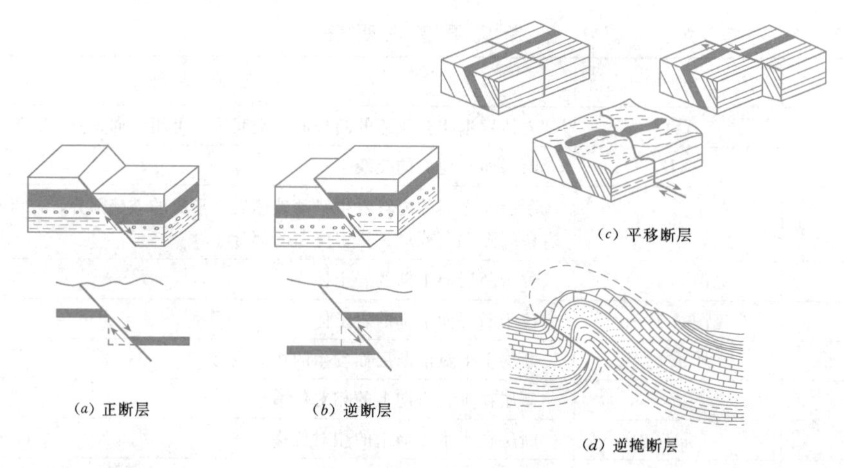

图 3.1-5　断层的类型

3）诱发地震。以人类的行为为诱因而发生的地震。如深井注水、开采石油、修建大坝水库蓄水而引发的地震等。诱发地震与人工地震不同，诱发地震无法控制其发生的位置、时间和大小。

一定时间内相近地区发生的、成因上有联系的一系列地震称为地震序列，其中最强烈的一次称主震，主震前后的地震分别称为前震和余震。

地震破裂发生的地点（地区）称为震源，震源垂直向上投影至地表面的地区称为震中。按震源深度可分为浅源地震（深度小于 70km）、中源地震（深度为 70～300km）和深源地震（深度大于 300km）。构造地震强度差别很大，从只有精密仪器才能测到的极微震到已知最大的地震，其释放的能量相差超过 1 万亿倍（12 个数量级）。

（2）地震震级。地震本身大小的等级划分，用 M 表示，它取决于发生地震破裂时所释放的应变能的多少，一次地震只有一个震级。

1）地方震级（M_L）。其定义是用伍德-安德森扭摆地震仪（周期 0.8s，阻尼系数 0.8，放大倍率 2800 倍），在距震中 100km 处，取一个分量所记录的地动位移最大振幅（μm）的常用对数即为该地震的震级。当最大振幅为 1μm 时，其震级为零级。

2）面波震级（M_S）。采用 20s 左右的面波最大地动位移测定的震级。

3）体波震级（M_B）。采用体波最大地动位移和周期的比值测定的震级。

现代震级可概括为三种标度，即近震震级标度 M_L、面波震级标度 M_S 和体波震级标度 M_B。

水利水电工程为研究区域构造稳定性和水库诱发地震而设置的专用地震台网，一般使用近震震级 M_L。

地震按震级的大小可划分为极微震（$M<1$）、微震（$1\leqslant M<3$）、弱震（$3\leqslant M<4.5$）、中等强度地震（$4.5\leqslant M<6$）和强烈地震（$M\geqslant 6$）等。最小地震则可用高倍率的微震仪测到－3 级的极微震。

（3）地震烈度。地震发生时，在波及范围内一定地点的地面及房屋建筑遭受地震影响和破坏的程度，用 I 表示，根据人的感觉、房屋震害、其他震害现象和地面运动强度等几个方面为标志划分地震烈度，中国将地震烈度划分为 12 度。

1）地震影响场和宏观地震烈度。地震发生之后，地震动影响（波及）的范围是有限的，地震动的强弱和造成的破坏各处也是不相同的，其中能找出一块范围不大而破坏（震感）最强的地区，称为极震区或震中区。地震对地面造成的影响，从极震区向外拓展，距离愈远，震动愈弱，终至消失。一次地震的波及范围称为该地震的影响场，通过宏观调查了解到的各点的破坏程度，用地震烈度来表征，称为宏观烈度或地震影响烈度。

2）地震烈度表。按照地震时人的感觉、建筑结构的破坏程度和自然环境的破坏程度等三个方面的宏观标志，按照其强弱，从无感到全部毁坏划分为若干等级，依次排列成表，以统一的尺度衡量地震影响的强烈程度，称为地震烈度表。《中国地震烈度表》（GB/T 17742）采用 12 度划分法。

3）等震线和等震线图。同一个地震影响场中烈度相同的各点相连，称为等震线或等烈度线，由等震线组成的图件称为等震线图，大致构成同心椭圆或同心圆形，其中心即为极震区，相应的烈度称为震中烈度，是该影响场中烈度最高的地方；最外圈一般取Ⅲ度或Ⅳ度圈。

中国大陆绝大部分地震属震源深度小于 70km 的浅源地震，浅源地震的震中烈度与震级的一般对应关系见表 3.1-14。

表 3.1-14　浅源地震的震中烈度与震级的一般对应关系表

震级M（级）	2	3	4	5	6	7	8	8～8.9
震中烈度值（度）	Ⅰ～Ⅱ	Ⅲ	Ⅳ～Ⅴ	Ⅵ～Ⅶ	Ⅶ～Ⅷ	Ⅸ～Ⅹ	Ⅺ	Ⅻ

4）设计烈度。在地震基本烈度的基础上确定的作为工程设防依据的地震烈度，称为设计烈度。一般情况下，取50年超越概率10%的地震烈度，作为设计烈度。对于重要建筑物，一般提高1度作为设计烈度。

（4）地震动参数区划。以地震动峰值加速度和地震动反应谱特征周期为指标，将国土划分为不同抗震设防要求的区域。《中国地震动参数区划图》（GB 18306—2001）的设防标准为50年超越概率10%。中国地震动参数区划图包括：中国地震动峰值加速度区划图、中国地震动反应谱特征周期区划图、地震动反应谱特征周期调整表。

1）地震动峰值加速度。与地震动加速度反应谱最大值相应的水平加速度。

2）地震动反应谱特征周期。地震动加速度反应谱开始下降点的周期。

3）中国地震动反应谱特征周期调整见表3.1-15。

4）关于地震基本烈度向地震动参数过渡的说明。《中国地震动参数区划图》（GB 18306—2001）直接采用地震动参数（地震动峰值加速度和地震动反应谱特征周期），不再采用地震基本烈度。现行有关技术标准中涉及地震基本烈度概念的，应逐步修正。在技术标准尚未修订前，可以参照下述方法确定。

表 3.1-15　中国地震动反应谱特征周期调整表　　单位：s

特征周期分区	场地类型划分			
	坚硬	中硬	中软	软弱
1	0.25	0.35	0.45	0.65
2	0.30	0.40	0.55	0.75
3	0.35	0.45	0.65	0.90

a. 抗震设计验算直接采用《中国地震动参数区划图》（GB 18306—2001）提供的地震动参数。

b. 当涉及地基处理、构造措施或其他防震减灾措施时，地震基本烈度可按《中国地震动参数区划图》（GB 18306—2001）查取地震动峰值加速度，并按表3.1-16确定，也可根据需要进行更细致的划分。

表 3.1-16　地震动峰值加速度分区与地震基本烈度对照表

地震动峰值加速度分区	$<0.05g$	$0.05g$	$0.1g$	$0.15g$	$0.2g$	$0.3g$	$0.4g$
地震基本烈度值（度）	＜Ⅵ	Ⅵ	Ⅶ	Ⅶ	Ⅷ	Ⅷ	≥Ⅸ

5）《中国地震动参数区划图》（GB 18306—2001）的适用范围。

a. 场地条件为平坦稳定的一般（中硬）场地。

b. 下列工程或地区的抗震设防要求不应直接采用上述标准，需做专门研究：抗震设防要求高于本地震动参数区划图抗震设防要求的重大工程、可能发生严重次生灾害的工程、核电站和其他有特殊要求的核设施建设工程；位于地震动参数区划分界线附近的新建、扩建、改建建设工程。

c. 某些地震研究程度和资料详细程度较差的边远地区。

d. 位于复杂工程地质条件区域的大城市、大型厂矿企业、长距离生命线工程以及新建开发区等。

3.1.1.3　地质年代

1. 地层单位与地质年代单位

地层单位与地质年代单位见表3.1-17。

2. 地层时代（地质年代）

地层时代（地质年代）见表3.1-18。

表 3.1-17　地层单位与地质年代单位对照表

使用范围	地层单位	地质年代单位
国际性的	宇	宙
	界	代
	系	纪
	统	世
全国性的或大区域性的	（统）	（世）
	级	期
	带	
地方性的	群	时（时代、时期）
	组	
	段	
	（带）	
地方性的（辅助地层单位）	杂岩	时（时代、时期）
	亚群、亚组、亚段、亚带	

注　该表根据《水工设计手册》第2卷 地质 水文 建筑材料中表6-1-13改编。

表 3.1-18　地层时代（地质年代）表[17]

界	系		统	代号	同位素年龄（Ma）
新生界 Cz	第四系	Q	全新统	Q_4	0.01
			上更新统	Q_3	
			中更新统	Q_2	
			下更新统	Q_1	2.60
	新近系	N	上新统	N_2	5.3
			中新统	N_1	23.3
	古近系	E	渐新统	E_3	32
			始新统	E_2	56.5
			古新统	E_1	65
中生界 Mz	白垩系	K	上白垩统	K_2	
			下白垩统	K_1	137
	侏罗系	J	上侏罗统	J_3	
			中侏罗统	J_2	
			下侏罗统	J_1	205
	三叠系	T	上三叠统	T_3	
			中三叠统	T_2	
			下三叠统	T_1	250
上古生界 Pz_2	二叠系	P	上二叠统	P_3	
			中二叠统	P_2	
			下二叠统	P_1	295
	石炭系	C	上石炭统	C_3	
			中石炭统	C_2	
			下石炭统	C_1	354
	泥盆系	D	上泥盆统	D_3	
			中泥盆统	D_2	
			下泥盆统	D_1	410
下古生界 Pz_1	志留系	S	顶志留统	S_4	
			上志留统	S_3	
			中志留统	S_2	
			下志留统	S_1	438
	奥陶系	O	上奥陶统	O_3	
			中奥陶统	O_2	
			下奥陶统	O_1	490
	寒武系	∈	上寒武统	$\in_3$	
			中寒武统	$\in_2$	
			下寒武统	$\in_1$	543
新元古界 Pt_3	震旦系	Z	上震旦统	Z_2	
			下震旦统	Z_1	680
	南华系	Nh	上南华统	Nh_2	
			下南华统	Nh_1	800
	青白口系	Qb	上青白口统	Qb_2	
			下青白口统	Qb_1	1000
中元古界 Pt_2	蓟县系	Jx	上蓟县统	Jx_2	
			下蓟县统	Jx_1	1400
	长城系	Ch	上长城统	Ch_2	
			下长城统	Ch_1	1800
古元古界		Pt_1	滹沱系	Ht	2500
新太古界		Ar_3			2800
中太古界		Ar_2			3200
古太古界		Ar_1			3600
始太古界		Ar_0			

3.1.1.4　地貌

地貌是地表外貌各种形态的总称。地貌是内外动力地质作用在地表的综合反映。地貌形态大小不等，千姿百态，成因复杂。大陆和洋盆，称为巨型地貌；陆地上的山岳、平原、大型盆地，洋盆中的洋中脊、深海沟等，称为大型地貌；河谷、分水岭、山间盆地等，称为中型地貌；阶地、谷坡等，称为小型地貌。

地貌按其形态可划分为山地、丘陵、高原、平原、盆地等，见表 3.1-19。

地貌按成因可划分为内生地貌和外生地貌类型，见表 3.1-20。

1. 河流地貌

河谷地貌类型见表 3.1-21。

河流阶地类型见表 3.1-22。

2. 岩溶地貌

岩溶地貌类型见表 3.1-23。

3. 冰川地貌

冰川地貌类型见表 3.1-24。

3.1.2　物理地质现象

3.1.2.1　风化

岩石所受的风化作用类型，有物理风化、化学风化、生物风化。岩体风化带的划分见表 3.1-25。

灰岩、白云质灰岩、灰质白云岩、白云岩等碳酸盐岩，其风化往往具溶蚀风化特点，风化带的划分见表 3.1-26。

部分白云岩（因微裂隙极其发育）、灰岩（因特殊结构构造，如豆状、瘤状等），有时具均匀风化特征，当其均匀风化特征明显时，风化带的划分按表 3.1-25 进行。

灰岩与泥岩之间的过渡类岩石，因其泥质含量的增加，其风化形式也逐渐由溶蚀风化为主向均匀风化过渡，当其以溶蚀风化为主时，风化带划分按表 3.1-26 进行，而当其符合均匀风化特征时，风化带划分则按表 3.1-25 进行。

3.1.2.2　卸荷变形

卸荷变形是地表岩体由于天然地质作用或人类工程活动减载卸荷引起的内部应力调整而产生的变形，即区域性剥蚀、水流侵蚀（溶蚀）等地质作用，或地面、地下开挖等人类工程活动卸除部分岩体后，岩体内部原有的应力状态发生变化，这一作用称为岩体的卸荷作用，所引起的岩体变形称为卸荷变形。

岩体的卸荷变形对水利工程建筑物，特别是边坡工程、地下工程以及深基坑开挖的设计和施工有重要影响，常使得这些建筑物表部岩体的工程性质受到不

表 3.1－19　　按形态划分的地貌类型表[19]

类型	名称			高程 （m）	相对高度 （m）	坡度 （°）
陆地地貌	山地	极高山		＞5000	＞1000	＞25
		高山	高山 中高山 低高山	3500～5000	＞1000 500～1000 100～500	＞25
		中山	高中山 中山 低中山	1000～3500	＞1000 500～1000 100～500	10～25
		低山	中低山 低山	500～1000	500～1000 100～500	5～10
	丘陵			＜500	＜100	
	高原			＞600		
	平原	高平原 平原	＜200	200～600 0～200		
	洼地			海平面以下		
海底地貌	大陆边缘	大陆架		－200～0		＜0.1
		大陆坡		－3200～－1400		±4.3
		大陆基		－5000～－2000		1/700～1/100（坡比）
		岛弧 海沟		海平面以下 －6000 以下		
	大洋盆地	深海盆地 海山、海峰、平顶山和海底高地		－5000～－4000 海平面以下		
	洋中脊	洋中脊 中央裂谷			高出海底 2000～4000 深于海底 1000～2000	

表 3.1－20　　地貌的成因类型表[19]

成因类型		侵蚀类型	堆积类型
外动力作用	重力	崩塌剥蚀坡、滑坡减损带、谷坡蠕动	崩塌堆积体、滑坡体、倒石堆
	流水	坡面冲刷坡、片蚀浅沟、侵蚀沟、河床、干河床、峡谷、深槽、离堆山、侵蚀阶地、基座阶地、劣地、塬、梁、峁、黄土岩溶、跌水、风口、袭夺弯、泥石流谷地	坡积裙、堆积斜坡、冲积锥、洪积扇、河漫滩、三角洲、滨河床沙堤、堆积阶地、河流泛滥平原、泥石流
	岩溶	石芽、溶沟、漏斗、竖井、坡立谷、干谷、盲谷、石林、峰林、溶洞、地下河	石钟乳、石笋、石柱、石幕（幔）、岩溶洼地
	冰川	冰斗、刃脊、角峰、冰悬谷、冰槽谷、羊背石、锅穴	冰碛堤、冰碛阶地、鼓丘、冰碛垅、冰碛凹地、漂砾、冰碛堰塞湖、冰碛阜、蛇形丘
	冻融	冰裂隙、泥炭丘、秃峰、热岩溶、冰冻风化残丘	石海、石川、冰锥、冰丘、网状丘、石环、石带、山原阶地

续表

成因类型		侵蚀类型	堆积类型
外动力作用	风力	石窝、风蚀垅岗、风蚀残丘、石蘑菇雅丹、风蚀凹地、风蚀谷	石漠（戈壁）、沙漠、沙丘、沙垅
	海、湖水	海（湖）蚀穴、海（湖）蚀崖、海（湖）蚀阶地	海（湖）积阶地、沙嘴、滨海堤、离岸堤、拦湾坝、连岛坝、滨海平原、泻湖
	生物	兽穴	珊瑚礁、泥炭沼泽、盐沼草丛、草丘
	人类活动	采矿场、运河、渠道、梯田、路堑	堤垸、拦河坝和水库、城墙、市镇居民点、人工岛
内动力作用	构造	夷平面、准平原、背斜谷、向斜谷、断层谷、方山、单面山、猪背山、背斜高地、地垒高地、褶皱山、断块山、断层崖、断层线崖、盐丘高地	断陷盆地、向斜盆地、地堑谷、裂谷
	火山、泥火山	火山口、火山濑、熔岩槽、熔岩洞、熔岩气孔、泥火山热泉	火山锥、熔岩丘、熔岩台原、熔岩垅岗、泥火山丘

表 3.1-21　河谷地貌类型表

分类原则	河谷类型		基本特征
按发育程度分	未成形河谷	隘谷	谷底极窄，可完全为河水充满，两岸为陡壁，堆积物粗大不稳定
		障谷	断面呈 V 形，两岸为陡壁，谷底较隘谷宽，堆积物粗大不稳定
		峡谷	断面呈 V 形，谷底较宽阔，水流占据谷底处，两岸常见阶梯状陡坎，堆积物较稳定
	河漫滩河谷		断面呈 U 形，侵蚀作用显著
	成形河谷		河谷宽阔，有阶地，两岸常有不对称现象，堆积作用显著
按河流流向与地层走向关系分	顺向谷（纵谷）		河流流向与地层走向一致
	斜切谷（斜谷）		河流流向与地层走向斜交
	横切谷（横谷）		河流流向与地层走向垂直
按河谷与地质构造关系分	背斜谷		沿着背斜褶曲轴方向延伸的河谷
	向斜谷		沿着向斜褶曲轴方向延伸的河谷
	单斜谷		沿着单斜构造的岩层走向延伸的河谷
	断层谷		沿着断层线发育的河谷
	地堑谷		沿着地堑发育的河谷
按基准面变化分	复活谷（河）		由于地壳上升，侵蚀基面下降等原因，使河流侵蚀作用加强，呈现谷中谷，深切河曲
	沉溺谷（河）		大陆下降或海面上升，河流下游被海水淹没，成为漏斗形的三角港

注　该表根据《水工设计手册》第 2 卷 地质 水文 建筑材料中表 6-1-15 改编。

表 3.1-22　　河流阶地类型表

阶地类型		示意图	成因	特征
侵蚀阶地			由于地壳上升、河流下切、切割岩石而形成	阶地陡坎全部由基岩组成，阶地面上很少有冲积层，沿河相对高度稳定
基座阶地		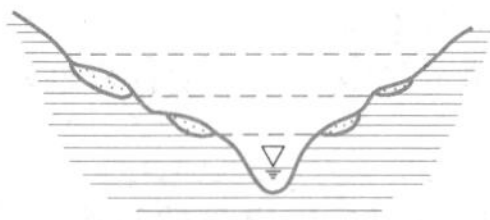	由于地壳上升、河流下切深度大，超过原有冲积层厚度而形成，为侵蚀阶地与堆积阶地过渡类型	阶地斜坡上部为冲积物，下部为基岩（陡坎底部为基岩出露），阶地面上为冲积物组成
上叠阶地		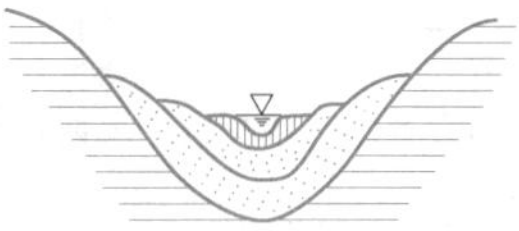	由于地壳升降幅度逐渐减小，河流的几次下切都不能达到基岩面而形成	由冲积物组成，新阶地坐落在老阶地之上
堆积阶地	内叠阶地		由于地壳每次上升幅度基本一致，侵蚀作用都只切割到第一次基岩形成的谷底而形成	由冲积物组成，新阶地套在老阶地之间
	嵌入阶地		由于地壳上升幅度逐次剧烈，后期河床比前一期下切深，而使用后期的冲积物嵌入到前期的冲积物中而形成	由冲积物、坡积物及重力堆积物交互组成。新阶地分布于老阶地之内，但各级阶地具有不同高度的底座，基岩不在陡坎上出露
	掩埋阶地	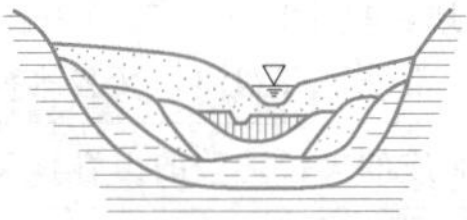	由于地壳下降幅度逐渐加大，上升幅度逐渐减少而形成	主要由堆积物和坡积物交互形成，老阶地被新阶地所掩埋

注　该表摘自《水工设计手册》第 2 卷 地质 水文 建筑材料，水利电力出版社，1984。

表 3.1-23　　岩溶地貌类型表

地貌类型	成因与特征
岩溶盆地	岩溶盆地是一种漏斗状的盆状的凹地，常以较高、较陡的悬崖与周围隔离。盆地的规模大小不一，形态上变化也很大，有时由数个岩溶盆地串通而成狭长形的带状凹地。 岩溶盆地的底部比较平坦（底部低洼部分常有软土、淤泥存在）。地表河流或地下暗河流经其中，并常有漏斗、竖井、落水洞等分布，在盆地边缘有石灰岩的风化残积物（红黏土）及悬崖崩塌物的堆积。 岩溶盆地的周围常有岩溶下降泉出露，地表水及周围的下降泉均通过无数的落水洞或暗河排泄。洪水期间，这些落水洞或暗河被堵，排泄不畅时，则形成暂时积水，淹没盆地底部或成为一个季节性的岩溶湖泊。 岩溶盆地常一连串地沿着断层线、褶皱轴或主要节理方向上发育，因这些构造形迹的存在，使岩溶盆地更易发育。 落水洞、竖井：由地表水沿着石灰岩凹地、高倾角节理、裂隙密集交叉处溶蚀扩大而成，起着近代地表水流入地下通道的作用者，称落水洞；不起近代地表水流入地下通道的作用者，称竖井或天然井。 漏斗：为倒圆锥状或漏斗状的低洼地形，由于水的侵蚀作用并伴随着塌陷而成。 溶洞、暗河：以岩溶水的溶蚀作用为主，间有潜蚀和机械塌陷作用而造成的近于水平方向延伸的洞穴称溶洞。当溶洞中有经常性的水流，而流量又较大时，则成为暗河

续表

地貌类型	成因与特征
峰林地形	岩溶盆地的边缘进一步受到溶蚀破坏，使连续的石灰岩悬崖被切割分离而成柱形或锥形的陡峭石峰，就形成了峰林地形。 许多石峰分布在一起成为峰丛或峰林。当峰林地形形成后，由于地表河流的侧蚀作用和进一步的溶蚀作用，石峰的高度减低，相互间的距离增大，形成了孤立挺拔的孤峰，有时成为残峰。在厚层水平的石灰岩地区，当垂直节理发育时，经强烈的溶蚀作用而成密集壁立的石峰成为石林。 峰林地区的地面常崎岖不平，常有石芽发育，并伴有漏斗、竖井、落水洞、暗河等分布。 峰林往往顺岩层走向排列，在背斜的轴部峰林最易形成，而且发育得也较完善。在产状平缓、层厚、质纯的石灰岩地区，峰林则常成星状分布
石芽残丘	当地表水沿石灰岩的表面或裂隙流动时，常将岩石溶切成很深的沟槽，其长度小于5倍宽度者，称为溶沟；大于5倍宽度者称为溶槽。溶沟之间凸起的石脊，称为石芽。石芽分布在石灰岩裸露的地面上，称为石芽残丘。 石芽的形态表现多种多样，有山脊式、棋盘式和石林式。或裸露于地面，或隐伏于地下。石芽之间溶沟底部的红黏土，一般含水量较大，土质较软
溶蚀准平原	岩溶盆地经过长期的溶蚀破坏，形成比较开阔的平原称溶蚀准平原。其上常有稀落低矮的残峰分布，地表为河流冲积层或石灰岩的风化残积物（红黏土）所覆盖，河流两旁或河床底部有时有灰岩出露，地面分布着漏斗或落水洞，或有石芽出露地表。暗河时出时没，常见有地表塌陷及造成塌陷的土洞

表3.1-24　　冰川地貌类型表

类型		基本特征
冰蚀地貌	冰斗	三面为陡崖包围的簸箕状盛雪洼地，由冰斗底、冰斗肩、冰斗壁和冰斗坎几部分组成，多发育在雪线附近
	围谷（粒雪盆）	是由数个冰斗汇合而成的规模巨大的洼地，呈半圆形，三面为陡坡，坡上有时发育着冰斗。底部平坦或略倾斜，出口和幽谷相连，常残留有湖泊，又名冰窖
	鳍脊	两个冰斗或冰谷间所夹的山岭，被侵蚀而成的尖锐陡峻的山脊，又叫刃脊
	角峰	三个或三个以上冰斗之间所夹的山峰，呈金字塔状，孤立而尖锐
	冰川谷	横剖面一般为U形，谷底宽平，谷坡陡峭，壁上有冰蚀擦痕和磨光面。纵剖面常成台阶状，在平面上较平直
	悬谷	冰川谷的两侧支谷高悬于主谷底之上，高差常达数十米，甚至数百米
	羊背石	冰川谷底，冰蚀后残留的石质小丘，呈椭圆形，其长轴的方向就是冰川流动方向。两坡不对称，迎冰面为缓坡，较圆滑，有冰川擦痕或磨光面。背冰面为陡坡，坎坷不平
	冰川溢口	冰川达到一定厚度时，从幽谷或其他存冰洼地向侧面溢流而形成的口子
	盘谷	多条山谷冰川汇集于山前地带，掘蚀而成的洼地。盘谷淤填后，是有利于地下水汇集、储存的地方
冰碛地貌	基碛丘陵（冰碛丘陵）	冰体消融时，将所挟带的物质沉落在底碛之上，构成低矮、坡缓、波状起伏的丘陵。组成物质为冰砾土，颗粒较粗，大小不一，磨圆度不同，略具层理，有冰水沉积物的黏性土夹层
	冰碛阶地	冰川后退后，河流切入有基碛覆盖的冰川谷底而成
	侧碛堤	冰川两侧的堆积物常沿冰川谷的边缘，形成连续或断续分布的长堤
	终碛堤	冰川的末端，堆积而成的与冰川流动方向垂直的弧形堤状高地。后期流水侵蚀可成孤丘，其组成物质有漂砾至砂层夹黏性土，具明显的粗层理
	冰砾扇（冰碛扇）	由冰川漂砾堆积成的扇形地，有的是大片冰流直接一次造成，更多的是由于多次冰川作用而形成
	鼓丘	分布在终碛堤的内侧，椭圆形和狭长形的小丘，其长轴和冰流方向一致，尖端指向下游，大小不等，富含黏土，无层理，有时夹有有层次的沉积物，有的鼓丘的核心是基岩

续表

类型		基本特征
冰水地貌	冰水扇	冰融水在终碛堤上冲开缺口，由冰水沉积物构成的扇形地，由砾石、砂和黏土组成，有一定的分选性和层理，含有大漂砾
	冰水平原	在冰水扇外，冰水沉积物大量沉积形成的宽广平原
	冰湖三角洲	冰川融化汇成冰前河流注入静水的冰湖时形成的三角洲，多由砾石、砂粒夹黏土组成。在湖盆中则为冰湖沉积，因气候变化多形成粗细相间、层理显著的湖泥（纹泥、季候泥）
	冰砾阜	平顶圆形或不规则形状的土丘，边坡陡直，直径0.1～2km，高度5～70m，靠近终碛堤成群分布，由有层次、分选好的细砂、粉质黏土和卵石组成，上部常有漂砾和砂黏土盖层，并常有透镜体分布
	锅穴	圆形凹地，直径几米至几十米，个别达千米，深约数米，个别的深达50多m，由冰水沉积物中埋藏的冰块融化沉积物塌陷而成，常成群串列，与冰阜小丘同时出现，称为阜丘锅穴
	冰砾阜阶地	冰川两侧融化较快，堆积着有层次的冰水沉积物。冰川融化以后，突出于冰川谷的两侧，似阶地。顶部平坦，略向下游倾斜
	蛇形丘	顺冰水流动方向的狭长而曲折的岗地，如蛇形，两坡对称，坡度较大（30°～40°），丘脊狭窄，丘顶平缓，高达15～30m，甚至70m，长度几十米至几十千米，组成物质为成层的砂砾，偶夹冰碛层透镜体

表3.1-25　　岩体风化带划分表[9]

风化带		主要地质特征	风化岩与新鲜岩纵波速之比
全风化		（1）全部变色，光泽消失； （2）岩石的组织结构完全被破坏，已崩解和分解成松散的土状或砂状，有很大的体积变化，但未移动，仍残留有原始结构痕迹； （3）除石英颗粒外，其余矿物大部分风化蚀变为次生矿物； （4）锤击有松软感，出现凹坑，矿物手可捏碎，用锹可以挖动	<0.4
强风化		（1）大部分变色，只有局部岩块保持原有颜色； （2）岩石的组织结构大部分已被破坏；小部分岩石已分解或崩解成土，大部分岩石呈不连续的骨架或心石，风化裂隙发育，有时含大量次生夹泥； （3）除石英外，长石、云母和铁镁矿物已风化蚀变； （4）锤击哑声，岩石大部分变酥，易碎，用镐撬可以挖动，坚硬部分需爆破	0.4～0.6
弱风化（中等风化）	上带	（1）岩石表面或裂隙面大部分变色，断口色泽较新鲜； （2）岩石原始组织结构清楚完整，但大多数裂隙已风化，裂隙壁风化剧烈，宽一般为5～10cm，大者可达数十厘米； （3）沿裂隙铁镁矿物氧化锈蚀，长石变得浑浊、模糊不清； （4）锤击哑声，用镐难挖，需爆破	0.6～0.8
	下带	（1）岩石表面或裂隙面大部分变色，断口色泽新鲜； （2）岩石原始组织结构清楚完整，沿部分裂隙风化，裂隙壁风化较剧烈，宽一般为1～3cm； （3）沿裂隙铁镁矿物氧化锈蚀，长石变得浑浊、模糊不清； （4）锤击发音较清脆，开挖需爆破	
微风化		（1）岩石表面或裂隙面有轻微褪色； （2）岩石组织结构无变化，保持原始完整结构； （3）大部分裂隙闭合或为钙质薄膜充填，仅沿大裂隙有风化蚀变现象，或有锈膜浸染； （4）锤击发音清脆，开挖需爆破	0.8～0.9
新鲜		（1）保持新鲜色泽，仅大的裂隙面偶见褪色； （2）裂隙面紧密、完整或焊接状充填，仅个别裂隙面有锈膜浸染或轻微蚀变； （3）锤击发音清脆，开挖需爆破	0.9～1.0

表 3.1-26 碳酸盐岩溶蚀风化带划分表[9]

风化带		主要地质特征
表层强烈溶蚀风化		(1) 沿断层、裂隙及层面等结构面溶蚀风化强烈，风化裂隙发育，在地表往往形成上宽下窄溶缝、溶沟、溶槽，其宽（深）一般数厘米至数米不等，且多由黏土、碎石土充填；而在地下（如勘探平洞等）则多见溶蚀风化裂隙、宽缝（洞穴）等，其规模一般数厘米至数十厘米不等，且多由黏土、碎石土等充填； (2) 溶蚀风化结构面之间，岩石断口保持新鲜岩石色泽，岩石原始组织结构清楚完整； (3) 该带岩体一般完整性较差，力学强度低
裂隙性溶蚀风化	上带	(1) 沿断层、裂隙及层面等结构面溶蚀风化现象较发育，风化裂隙较发育，结构面胶结物风化蚀变明显或溶蚀充泥现象普遍，溶蚀风化张开宽度一般 3～10mm 不等； (2) 结构面间的岩石组织结构无变化，保持原始完整结构，岩石表面或裂隙面风化蚀变或褪色明显； (3) 岩体完整性受结构面溶蚀风化影响明显，岩体强度略有下降
	下带	(1) 沿部分断层、裂隙及层面等结构面有溶蚀风化现象，结构面上见有风化膜或锈膜浸染，但溶蚀充泥或夹泥膜现象少见且宽度一般小于 3mm； (2) 岩石原始结构清楚，组织结构无变化，岩石表面或裂隙面有轻微褪色； (3) 岩体完整性受结构面溶蚀风化影响轻微，岩体强度降低不明显
微新岩体		(1) 保持新鲜色泽，仅岩石表面或大的裂隙面偶见褪色； (2) 大部分裂隙紧密、闭合或为钙质薄膜充填，仅个别裂隙面有锈膜浸染或轻微蚀变

同程度的破坏。因此，工程建设中对岩体卸荷现象的研究和卸荷程度的鉴别具有重要的意义。地面工程中将岩体按卸荷程度划分为强卸荷带和弱卸荷带，作为建基面和开挖边坡设计的重要依据；地下工程中按围岩卸荷深度确定松动圈的范围，作为支护工程设计的重要依据。

《水利水电工程地质勘察规范》（GB 50487—2008）中列出了边坡岩体卸荷带划分，见表 3.1-27。

表 3.1-28 列出了中国某些水电站河谷卸荷带发育的水平深度。

表 3.1-27 边坡岩体卸荷带划分表

卸荷类型	卸荷带分布	主要地质特征	特征指标	
			张开裂隙宽度	波速比
正常卸荷松弛	强卸荷带	(1) 近坡体浅表部卸荷裂隙发育的区域； (2) 裂隙密度较大，贯通性好，呈明显张开，宽度在几厘米至几十厘米之间，内充填岩屑、碎块石、植物根须，并可见条带状、团块状次生夹泥，规模较大的卸荷裂隙内部多呈架空状，可见明显的松动或变位错落，裂隙面普遍有锈膜浸染； (3) 雨季沿裂隙多有线状流水或成串滴水； (4) 岩体整体松弛	张开宽度大于 1cm 的裂隙发育（或每米洞段张开裂隙累计宽度大于 2cm）	<0.5
	弱卸荷带	(1) 强卸荷带以里可见卸荷裂隙较为发育的区域； (2) 裂隙张开，其宽度几毫米，并具有较好的贯通性；裂隙内可见岩屑、细脉状或膜状次生夹泥充填，裂隙面有轻微锈膜浸染； (3) 雨季沿裂隙可见串珠状滴水或较强渗水； (4) 岩体部分松弛	张开宽度小于 1cm 的裂隙较发育（或每米洞段张开裂隙累计宽度小于 2cm）	0.5～0.75
异常卸荷松弛	深卸荷带	(1) 相对完整段以里出现深部裂隙松弛段； (2) 深部裂缝一般无充填，少数有锈膜浸染； (3) 岩体纵波速度相对周围岩体明显降低		

表 3.1-28　　中国部分水利水电工程边坡岩体卸荷带深度统计

工程名称	工程地点	强卸荷带深（m）	弱卸荷带深（m）
亭子口水利枢纽	嘉陵江苍溪李家嘴	15～30	30～84
三峡永久船闸高边坡	长江三斗坪	0～8	8～29
构皮滩水电站	乌江构皮滩	5～25	25～35
二滩水电站	雅砻江	0～31	31～58
彭水水电站	乌江彭水	0～5	5～15
皂市水利枢纽	澧水皂市	0～10	10～20
葛洲坝水电站人工基坑	长江葛洲坝	0～7	7～17
江口水电站坝址区	芙蓉江江口	0～8	8～15
水布垭水电站	清江水布垭	0～64	10～95
乌东德水电站	金沙江乌东德	0～18	18～68
九甸峡水利枢纽	甘肃洮河	左岸卸荷带深 24～35m，右岸 30～50m，未分强、弱卸荷带	

西部地区高陡岸坡岩体卸荷现象普遍较严重，正常卸荷带的厚度普遍比较大，强卸荷带的深度一般都在 20m 以上，深的可达 70m。而更为罕见的是一些工程出现的“深卸荷”。对“深卸荷”的定义是：在正常的卸荷带（通常的强、弱卸荷带）以内，经过一段完整岩体后，还可能出现系列的张性破裂面集中带。其出现的最大深度可离岸坡 300 余 m。最典型的深卸荷现象是锦屏一级左岸的深卸荷。其特点是裂缝张开宽度较大，个别裂缝的宽度达 20～30cm。裂缝中未见次生夹泥，往往充有纯净的方解石膜或方解石晶簇；深裂缝中充填的方解石膜和晶簇，大多有被再度拉裂的迹象，说明裂缝形成后仍在继续扩展。存在类似深卸荷带的工程尚有大岗山、白鹤滩、溪洛渡等。深卸荷对大坝的影响是破坏了岩体的连续性和完整性，需做必要的工程处理。

3.1.2.3　斜坡变形

1. 斜坡蠕动变形

斜坡蠕动变形是斜坡岩土体向临空方向发生长期缓慢变形并逐渐改变其稳定性的现象。斜坡蠕动变形是地应力、重力等自然营力长期作用的结果。当变形发展形成连续的剪切破坏面时，就将改变斜坡岩土体的缓慢变形，发展为急剧变形，进而转变为滑坡、崩塌等变形破坏现象。

按照变形形式和工程地质特征，斜坡蠕动变形可分倾倒型、扭曲型、松动型和塑流型等四类。倾倒型和扭曲型，多产生在薄层（如页岩、千枚岩、片岩）及软硬相间的互层岩体（如砂页岩）中。岩体除向临空方向歪斜外，还出现塑性弯曲和层间错动，很少折裂，变形体与下部完整岩体间呈渐变过渡。松动型，多发生在中厚层脆性岩石组成的反倾向斜坡，或由倾倒型蠕动变形发展而成。岩块已错位扰动，部分岩块发生转动，因角变位和剪切变位的幅度较大，松动架空现象比较严重，变形体下部和完整岩体间常有拉张裂隙发育。塑流型，较厚垫层的塑性蠕变，导致上覆坚硬岩石的缓慢滑移，甚至沉陷挤入软弱层中。

2. 滑坡

滑坡是指斜坡上部分岩（土）体脱离母体，以各种方式顺坡向下运动的统称；狭义的滑坡定义是指斜坡上的部分岩（土）体在重力作用下，沿一定的软弱面（带）产生剪切破坏，向下整体滑移的现象。运动的岩（土）体为变位体或滑移体，未移动的下伏岩（土）体为滑床。

滑坡的分类见表 3.1-29。

3. 崩塌

崩塌是指边坡上部岩（土）体，突然向外倾倒、翻滚、坠落的破坏现象。发生在岩体中的崩塌，称为岩崩；发生在土体中的崩塌，称为土崩；规模巨大、涉及大片山体的，称为山崩。崩塌主要出现在地势高差较大、斜坡陡峻的高山峡谷区，特别是河流强烈侵蚀的地带。

岩质边坡在下列情况容易发生崩塌：①上硬下软或软硬互层的缓倾岩层分布区。当下部软弱岩层受到风化剥蚀、水流淘蚀时，上部坚硬岩层部分悬空而易发生崩塌。②厚层、块状岩体分布区。斜坡上部被陡倾裂隙深切的“板状”岩体，在重力及外力作用下，上部逐渐向坡外弯曲、倾倒、拉裂而坠落。特别是当厚层块状坚硬岩体下伏有软弱岩层，构成“上硬下软”的岩体结构时，更易形成大型崩塌。③矿山采空区。矿山采空区的上部岩体由于不均匀沉陷或陷落，可导致边坡岩体拉裂倾倒或推挤倾倒而产生崩塌。

表 3.1-29　滑坡分类表

分类依据	名称	特　　征
按滑坡物质组成成分	堆积层滑坡	各种不同性质的堆积层（坡积、洪积、残积）体内滑动，或沿基岩面的滑动
	黄土滑坡	不同时期黄土层中的滑坡，多群集出现，常见于高阶地前缘斜坡上
	黏土滑坡	黏土本身变形滑动，或沿与其他土层的接触面，或沿基岩接触面滑动
	岩层滑坡	软弱岩层组成物的滑坡或沿同类基岩面，或沿不同岩层接触面以及沿岩体中的某些连续结构面的滑坡等
按滑动面通过岩层的情况	同类土滑坡	发生在层理不明显的均质黏土或黄土中，滑动面均匀光滑
	顺层滑坡	沿岩层面或裂隙面滑动，或沿坡积体与基岩交界面及基岩间不整合面等滑动
	切层滑坡	滑动面与岩层面相切
按滑动体厚度	浅层滑坡	滑坡体厚度在6m以内
	中层滑坡	滑坡体厚度在6～20m之间
	深层滑坡	滑坡体厚度超过20m
按形成的年代	新滑坡	正在进行及正在发育的滑坡
	古滑坡	久已存在的滑坡
按力学条件	牵引式滑坡	沿坡体下部先行变形滑动，上部失去了支撑力量，也随着开始变形滑动
	推移式滑坡	滑坡体上部先行变形滑动，上部挤压下部而促使下部变形滑动

3.1.2.4　泥石流

(1) 形成条件。泥石流是持续时间很短，突然发生的夹有泥沙与石块等大量固体物质的一种特殊水流，其主要有以下三个形成条件。

1) 以各种方式供给的大量固体物质的聚集。

2) 有一个固体物质储存的“形成区”地形，并有陡峻的流通沟谷。

3) 有丰富的降水量，在暴雨、雪崩及地震等触发作用下，即可促使泥石流动。

(2) 区段划分。泥石流从上游到下游，一般可以分为以下三个区段。

1) 形成区。是一个面积巨大、三面环山、一面出口的圈椅形凹地，适于大量风化物的聚集，也有利于集中降水及降雪。

2) 流通区。多为一个深切狭窄的沟谷，沟床陡坎及瀑布发育，坡度很陡，断面呈V形或U形。

3) 堆积区。多位于山口平缓开阔地带，泥、沙、石块在这里堆积成扇状、垄岗状等乱石堆。

(3) 堆积物特征。

1) 堆积物组成有石、泥、水。层流性（黏性）泥石流中固体物达40%～80%，紊流性（稀性）泥石流中固体物达10%～40%。

2) 堆积物分选差，层次不明显，石块上具有擦痕及击痕。

3) 堆积物中常夹杂有“泥包砾”或泥球。

(4) 泥石流的类型见表3.1-30。

表 3.1-30　泥石流类型表

划分方法	类型	特　　征
泥石流的物质组成	泥流	固体物质以黏性土为主，含少量砂粒、岩屑，黏度较大，呈稠泥状，多见于西北黄土高原地带
	泥石流	含有大量的黏性土、砂粒等细粒物质和巨大的石块、漂砾，多见于火成岩、变质岩及砂页岩分布的山区
	水石流	固体物质以大小不等的石块、砂粒为主。黏性土含量少，固体物质数量也不多。多发生在石灰岩、大理岩和花岗岩分布的地区
泥石流的流动状态	黏性泥石流	含大量的黏性土，固体物质的总量占40%～60%，水和泥沙、石块凝聚成黏稠的整体，以相同的速度流动，暴发时较为突然
	稀性泥石流	水为主要成分和搬运介质，黏性土含量少，固体物质仅占10%～40%

3.1.3 岩（土）体分类

3.1.3.1 土的地质成因分类

土是岩石在风化作用后经搬运作用或在原地或在异地各种环境下形成的堆积物。土按地质成因的分类见表3.1-31。

3.1.3.2 土的工程分类

1. 土在《土的工程分类标准》（GB/T 50145—2007）中的分类

《土的工程分类标准》（GB/T 50145—2007）按土不同粒组的相对含量划分为巨粒类土、粗粒类土、细粒类土三类。

（1）试样中巨粒组（粒径>60mm）含量（重量百分比，下同）大于50%的土称为巨粒类土，按表3.1-32进行分类。

（2）试样中粗粒组（0.075mm<粒径≤60mm）含量大于50%的土称为粗粒类土，可按下列规定进行分类：①砾粒组（2mm<粒径≤60mm）含量大于砂粒组（0.075mm<粒径≤2mm）含量的土称为砾类土，按表3.1-33进行分类；②砾粒组含量不大于砂粒组含量的土称为砂类土，按表3.1-34进行分类。

（3）试样中细粒组（粒径<0.075mm）含量不小于50%的土称为细粒类土，按表3.1-35进行分类。

表3.1-31 土的成因分类

分类	成因
残积土	原岩表面经过风化作用而残留在原地的碎屑物
坡积土	山坡高处的风化碎屑物质，经过暂时性流水搬运和堆积在斜坡坡脚处的堆积物
洪积土	由洪流搬运、沉积而形成的堆积物。山口附近以粗粒物质为主，洪积土边缘物质颗粒较细，层理清楚，分显性好
冲积土	由河流搬运、沉积而形成的堆积物
湖积土	由湖沼沉积而形成的堆积物
冰积土	由于冰川作用形成的堆积物
风积土	经过风的搬运而沉积下来的堆积物

表3.1-32 巨粒类土的分类[10]

土类	粒组含量		土类代号	土类名称
巨粒土	巨粒含量>75%	漂石含量大于卵石含量	B	漂石（块石）
		漂石含量不大于卵石含量	Cb	卵石（碎石）
混合巨粒土	50%<巨粒含量≤75%	漂石含量大于卵石含量	BSI	混合土漂石（块石）
		漂石含量不大于卵石含量	CbSI	混合土卵石（碎石）
巨粒混合土	15%<巨粒含量≤50%	漂石含量大于卵石含量	SIB	漂石（块石）混合土
		漂石含量不大于卵石含量	SICb	卵石（碎石）混合土

注 巨粒混合土可根据所含粗粒或细粒的含量进行细分。

表3.1-33 砾类土的分类[10]

土类	粒组含量		土类代号	土类名称
砾	细粒含量<5%	$C_u \geqslant 5$、$1 \leqslant C_c \leqslant 3$	GW	级配良好砾
		级配不同时满足上述要求	GP	级配不良砾
含细粒土砾	5%≤细粒含量<15%		GF	含细粒土砾
细粒土质砾	15%≤细粒含量<50%	细粒组中粉粒含量不大于50%	GC	黏土质砾
		细粒组中粉粒含量大于50%	GM	粉土质砾

注 C_u为不均匀系数；C_c为曲率系数。

表 3.1-34　　砂类土的分类[10]

土类	粒组含量		土类代号	土类名称
砂	细粒含量<5%	$C_u \geqslant 5$、$1 \leqslant C_c \leqslant 3$	SW	级配良好砂
		级配不同时满足上述要求	SP	级配不良砂
含细粒土砂	5%≤细粒含量<15%		SF	含细粒土砂
细粒土质砂	15%≤细粒含量<50%	细粒组中粉粒含量不大于 50%	SC	黏土质砂
		细粒组中粉粒含量大于 50%	SM	粉土质砂

注　C_u 为不均匀系数；C_c 为曲率系数。

表 3.1-35　　细粒类土的分类[10]

土的塑性指标		土类代号	土类名称
$I_P \geqslant 0.73(w_L-20)$ 和 $I_P \geqslant 7$	$w_L \geqslant 50\%$	CH	高液限黏土
	$w_L < 50\%$	CL	低液限黏土
$I_P \geqslant 0.73(w_L-20)$ 和 $I_P < 4$	$w_L \geqslant 50\%$	MH	高液限粉土
	$w_L < 50\%$	ML	低液限粉土

注　1. 黏土～粉土过渡区的土可按相邻土层的类别细分。
　　2. I_P 为塑性指数；w_L 为液限含水率。

2. 细粒土的三角坐标分类

细粒土的三角坐标分类如图 3.1-6 所示。

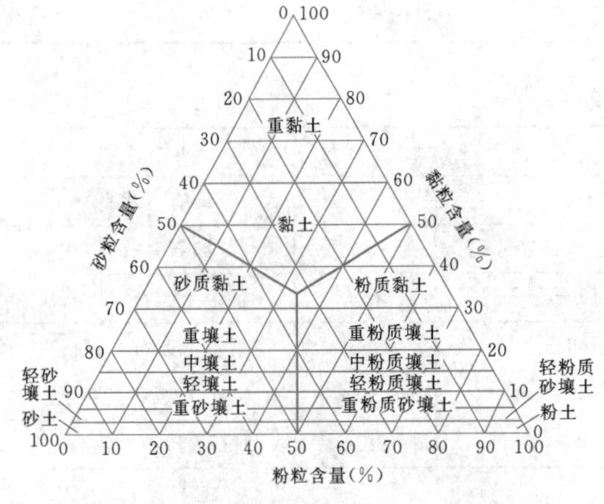

图 3.1-6　细粒土的三角坐标分类

3.1.3.3　岩体结构及其类型

岩体中的结构面和结构体称为岩体的结构单元，不同类型的岩体结构单元在岩体内的组合和排列形式称为岩体结构。岩体的力学强度、受力后的变形、破坏机制和稳定性，主要受岩体结构的控制。

《水利水电工程地质勘察规范》（GB 50487—2008）根据岩体被裂隙切割后的块度、形态以及风化程度与特征划分为五种岩体结构类型，各类型特征见表 3.1-36。

3.1.3.4　岩体工程分类

相关内容见《水工设计手册》（第 2 版）第 1 卷第 5 章 5.11 节。

1. 岩石按坚硬程度分类

岩石坚硬程度按饱和单轴抗压强度分类，见表 3.1-37。

2. 岩体按完整程度分类

岩体完整程度的定量划分见表 3.1-38。

表 3.1-36　　岩体结构分类表[9]

岩体结构类型	亚类	岩体结构特征
块状结构	整体结构	岩体完整，呈巨块状，结构面不发育，间距大于 100cm
	块状结构	岩体较完整，呈块状，结构面轻度发育，间距一般为 50～100cm
	次块状结构	岩体较完整，呈次块状，结构面中等发育，间距一般为 30～50cm
层状结构	巨厚层状结构	岩体完整，呈巨厚层状，层面不发育，间距大于 100cm
	厚层状结构	岩体较完整，呈厚层状，层面轻度发育，间距一般为 50～100cm
	中厚层状结构	岩体较完整，呈中厚层状，层面中等发育，间距一般为 30～50cm

续表

岩体结构类型	亚类	岩体结构特征
层状结构	互层结构	岩体较完整或完整性差，呈互层状，层面较发育或发育，间距一般为10～30cm
	薄层结构	岩体完整性差，呈薄层状，层面发育，间距一般小于10cm
镶嵌结构		岩体完整性差，岩块镶嵌紧密，结构面较发育到很发育，间距一般为10～30cm
碎裂结构	块裂结构	岩体完整性差，岩块间有岩屑和泥质物充填，嵌合中等紧密～较松弛，结构面从较发育到很发育，间距一般为10～30cm
	碎裂结构	岩体破碎，结构面很发育，间距一般小于10cm
散体结构	碎块状结构	岩体破碎，岩块夹岩屑或泥质物
	碎屑状结构	岩体破碎，岩屑或泥质物夹岩块

表3.1-37　岩石按坚硬程度分类[9]

坚硬程度	坚硬岩	较硬岩	较软岩	软岩	极软岩
饱和单轴抗压强度 R_b（MPa）	$R_b>60$	$30<R_b\leqslant60$	$15<R_b\leqslant30$	$5<R_b\leqslant15$	$R_b\leqslant5$

表3.1-38　岩体完整程度分类[9]

岩体完整性系数 K_v	>0.75	0.75～0.55	0.55～0.35	0.35～0.15	<0.15
完整程度	完整	较完整	较破碎	破碎	极破碎

3. 岩体基本质量分级

《工程岩体分级标准》（GB 50218—94）根据岩体的基本质量指标 BQ 进行岩体基本质量分级，见表3.1-39。

BQ 值按式（3.1-2）计算。

$$BQ=90+3R_b+250K_v \quad (3.1-2)$$

式中　BQ——岩体基本质量指标；

R_b——岩石饱和单轴抗压强度，MPa；

K_v——岩体完整性系数。

表3.1-39　岩体基本质量分级

基本质量级别	岩体基本质量的定性特征	岩体基本质量指标 BQ
Ⅰ	坚硬岩，岩体完整	>550
Ⅱ	坚硬岩，岩体较完整；较坚硬岩，岩体完整	550～451
Ⅲ	坚硬岩，岩体较破碎； 较坚硬岩或软硬岩互层，岩体较完整； 较软岩，岩体完整	450～351
Ⅳ	坚硬岩，岩体破碎； 较坚硬岩，岩体较破碎～破碎； 较软岩或软硬岩互层，且以软岩为主，岩体较完整～较破碎； 软岩，岩体完整～较完整	350～251
Ⅴ	较软岩，岩体破碎； 软岩，岩体较破碎～破碎； 全部为极软岩及全部为极破碎岩	≤250

3.1.4　岩土物理力学性质

岩土物理力学性质是岩石和土与工程建设有关的物理性质与力学性质的统称。岩石和土的物理性质与力学性质是工程设计的一项重要基础资料和设计参数，获取有关的岩土物理性质与力学性质参数，是工程勘察的一项重要任务。

水利水电工程设计中最常用土的物理性质参数有：颗粒级配、土粒比重、重度、最大和最小密度（砂土）、天然含水率、液限、塑限（粉土、黏性土）等。常用的土的力学性质参数有：固结系数、压缩系数、泊松比、压缩模量、抗剪强度、剪切模量等。对于重要且土质条件复杂的工程，尚需进行一些特殊力学特性的研究，如应力应变关系的研究、土的动力性质的研究等。具体内容见《水工设计手册》（第 2 版）第 1 卷第 4 章 4.1～4.7 节。

水利水电工程设计中最常用岩石物理性质参数有：重度（天然、干燥、饱和）、颗粒密度（原比重）、含水率、吸水率、软化系数等。对一些特定用途或特定种类的岩石，也需要一些特殊的物理性质参数，如在高寒地区的块石料，需了解其抗冻性；对软岩、膨胀性岩石需了解其崩解性、膨胀性等；常用的岩石力学性质参数有：单轴和三轴抗压强度（干燥、饱和）、泊松比、岩体抗剪断（抗剪）强度、岩体弹性模量及变形模量、岩石抗拉强度，以及在特殊条件下进行研究的岩石的流变特性、长期强度等。具体内容见《水工设计手册》（第 2 版）第 1 卷第 5 章 5.1～5.3 节。

岩石和土体的物理性质和力学性质，主要通过试验进行研究。常用的试验方法包括室内试验和现场试验（原位测试）。岩土的物理性质和常规的力学性质主要用室内试验方法取得，一些重要的力学参数则依靠现场试验（原位测试）获得。

3.1.5　岩土渗透性分级

岩土渗透性分级见表 3.1－40。

表 3.1－40　　岩土渗透性分级[9]

渗透性等级	标　　准	
	渗透系数 K (cm/s)	透水率 q (Lu)
极微透水	$K<10^{-6}$	$q<0.1$
微透水	$10^{-6}\leqslant K<10^{-5}$	$0.1\leqslant q<1$
弱透水	$10^{-5}\leqslant K<10^{-4}$	$1\leqslant q<10$
中等透水	$10^{-4}\leqslant K<10^{-2}$	$10\leqslant q<100$
强透水	$10^{-2}\leqslant K<100$	$q\geqslant 100$
极强透水	$K\geqslant 100$	

3.1.6　软弱夹层

岩层中厚度相对较薄、力学强度较低的软弱层或带，称为软弱夹层。软弱夹层中的泥化部分又称泥化夹层。软弱夹层按成因通常分为原生夹层、构造夹层和次生夹层三类。

（1）原生夹层又分为沉积型、喷发沉积型、浅变质软弱矿物富集型。

（2）构造夹层多为层间挤压错动形成的层间剪切带，是最主要的软弱夹层类型。

（3）次生夹层分为风化型、充填型。

软弱夹层大多是各种地质作用的综合产物，成层分布的、性质相对软弱的岩层，经构造作用而破碎，在水的作用下进一步风化和软化而形成（见图 3.1－7）。由于岩性和地质作用的差异，同一夹层上表现出不均一性和各向异性。在剖面上软弱夹层的物质常有一定的分带性，泥化带与碎屑带可交替出现；在走向方向上夹层的性状可能发生很大变化，表现为时断时续。

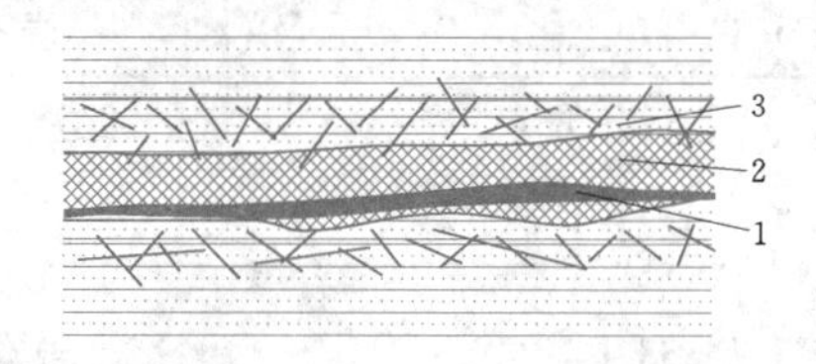

图 3.1－7　葛洲坝坝基 308 号软弱夹层剖面示意图
1—泥化带；2—劈理带；3—节理带

软弱夹层通常具有以下特征：①厚度薄，单层厚度一般多为数厘米至十余厘米，有的仅数毫米；②多呈相互平行，延伸长度和宽度不一的多层状；③结构松散；④岩性、厚度、性状及延伸范围，常有很大的变化；⑤力学强度低，软弱夹层的结构、矿物成分和颗粒组成不同，其抗剪强度有很大差别，例如，以岩石碎块、碎屑为主的破碎夹层，其摩擦系数较高；结构松散、黏粒含量大于 30%并以蒙脱石矿物为主的泥化夹层，摩擦系数的屈服值仅为 0.20 左右，乃至更低。

3.2　水 文 地 质

3.2.1　地下水类型及其特征

3.2.1.1　地下水类型

按地下水的埋藏条件，地下水可分为上层滞水、潜水和承压水三大主要类型。根据地下水的赋存介质和分布范围，可分为孔隙水、裂隙水、岩溶水、多年冻土带水等。

3.2.1.2　各类地下水基本特征

各类地下水基本特征见表 3.2－1。

3.2.2　水文地质试验

3.2.2.1　抽水试验

抽水试验是在钻孔（井）中抽取地下水，降低孔中地下水位，以求取含水层渗透性能的一种试验。抽水试验主要在松散岩层和地下水埋藏较浅的基岩中进行。

表 3.2-1 各类地下水基本特征

地下水类型		基本特征
孔隙水	上层滞水	(1) 分布局限，不连续，埋藏浅，动态极不稳定； (2) 受季节性影响大，水位变化幅度大； (3) 补给区与分布区一致
	潜水	(1) 潜水面以上，一般无固定的隔水层存在，潜水面通过包气带与地表大气相通； (2) 补给区与分布区一致； (3) 受气候、水文、地形和地质条件影响，动态不稳定
	承压水	(1) 分布区与补给区不一致； (2) 承压含水层顶板承受静水压力，无自由水面； (3) 动态较稳定，受气候、水文因素季节变化的影响较小
裂隙水	壳状裂隙水	分布在各种基岩表部的风化裂隙中，其下部风化界线取决于风化带的深度，具有潜水的基本特性
	层状裂隙水	聚集于成岩裂隙和区域构造裂隙中，常具有成层性，由于各种裂隙交织在一起，构成地下水运动和贮存的网状通道，因而具有统一的水面，流动具有明显的方向性
	脉状裂隙水	埋藏于构造断裂中，沿断裂带呈带状或脉状分布，补给源较远，循环深度较大，水量水位较稳定，一般具有统一水面，常具有承压性
岩溶水（溶蚀裂隙水、溶洞水）		(1) 空间分布表现为不均匀性，受地质构造和可溶性岩层所控制； (2) 运动特征：孤立水流与统一地下水面并存，层流与紊流并存，有压水流与无压水流并存，明流与伏流并存； (3) 排泄集中，排泄量大

注 该表根据《水工设计手册》第2卷 地质 水文 建筑材料中表6-2-2改编。

抽水试验分类，按抽水是否带观测孔，可分为单孔抽水和多孔抽水；按钻孔揭露含水层的程度，可分为完整井抽水和非完整井抽水；按抽水过程中补给状态，可分为稳定流抽水和非稳定流抽水。

单孔抽水简单易行，适用于确定含水层的渗透性和单孔出水量。多孔抽水用于比较精确确定含水层的透水性和影响半径等参数。完整井抽水系指在整个含水层中的抽水，适用含水层厚度不大（小于15m）的均质岩土层；在基岩区，当强透水带全部被揭穿时，也可视为完整井。非完整井抽水系指对部分含水层或强透水带进行的抽水。当钻孔揭露多层性质不同的含水层时，则应进行分层抽水，测得各层的渗透系数。

在工程项目的勘察中一般多采用稳定流抽水，即抽水时流量和水位同时保持不变，适用于抽水量小于补给量的地区。抽水一般按三个降深值进行，降深顺序一般从小到大。单孔抽水最小降深值不宜小于0.5m；多孔抽水最远观测孔的降深值不宜小于0.1m。最大降深值对潜水层不宜大于含水层厚度的0.3倍，承压水则不宜降到含水层顶板以下。稳定延续时间，应视含水层的颗粒组成和补给条件而定。为了保证抽水达到相对稳定，每次降深稳定时间不宜小于4h。

非稳定流抽水通常是采用控制流量，保持抽水量为常数，同时观测水位变化的方法进行。观测时序为1min、2min、3min、4min、6min、8min、10min、15min、20min、25min、30min、40min、50min、60min、80min、120min，120min以后每30min观测一次。非稳定流抽水试验延续时间应视其目的、水文地质特征和水位下降与时间关系曲线类型确定。

抽水试验的设计、试验、渗透系数的计算与常用公式，可查阅《水利水电工程钻孔抽水试验规程》（SL 320）。

3.2.2.2 注水试验

向钻孔或试坑内注水，通过定时量测注水量、时间、水位等相关参数，测定目的层介质渗透系数的试验称为注水试验。注水试验主要适用于松散地层，特别是在地下水位埋藏较深和干燥的土层中。在透水性较强的岩溶地层和破碎基岩中，也可用于取代压水试验。

注水试验常有钻孔注水试验和试坑注水试验。

钻孔注水试验常用的有降水头法和常水头法。降水头法适用于地下水位以上或以下的粉土、砂土及渗透性不大的碎石土。常水头法适用于地下水位以下渗透性较强的土层。

试坑注水试验是用以测定包气带非饱和土体渗透系数的简易方法，适用于地下水埋藏深度大于5m的情况，主要方法有单环法和双环法两种。单环法适用于测定毛细管作用不大的砂土层。双环法适用于黏性土。

注水试验的现场试验、渗透系数的计算与常用公式，可查阅《水利水电工程钻孔注水试验规程》(SL 345)。

3.2.2.3　钻孔压水试验

钻孔压水试验是将清水压入钻孔试验段，根据一定时间内压入的水量和施加压力大小的关系，测定岩体相对透水性的试验。钻孔压水试验的主要任务是：测定岩体透水性，为评价岩体的渗透性和渗控设计提供基本资料。

钻孔压水试验有吕荣试验法和单位吸水量法两种方法。

《水利水电工程钻孔压水试验规程》(SL 31—2003) 采用吕荣试验作为常规性的压水试验方法，即采用三个压力五个阶段的循环式试验方法。最大压力为 1MPa，一般情况下三个压力分别为 $P_1=0.3$MPa、$P_2=0.6$MPa、$P_3=1$MPa，五个压力阶段为 P_1、P_2、P_3、P_4 ($=P_2$)、P_5 ($=P_1$)。试验工作主要包括洗孔、下栓塞隔离试段、水位测量、仪表安装和压力流量观测；资料整理包括校核原始记录、采取统一比例尺绘制 $P—Q$ 曲线、确定 $P—Q$ 曲线类型、计算试段透水率和根据需要进行渗透系数计算等。

钻孔压水试验的现场试验、试段透水率、渗透系数的计算与常用公式，可查阅《水利水电工程钻孔压水试验规程》(SL 31)。

3.2.2.4　地下水示踪试验与流向流速测定

1. 示踪剂试验

在天然梯度下的示踪剂试验中，示踪剂被注入到地下水系统中且随地下水的自然流动运移。示踪剂浓度的空间分布能通过井点取样观测，这些井位于示踪剂投入点的下游。天然梯度示踪剂试验是研究天然条件下溶质运移的最理想方法之一。

(1) 散流示踪剂试验。在散流示踪剂试验中，水流以恒定速率注入到回灌井中，在流场稳定后，示踪剂以脉冲方式加入到回灌井中，在回灌井周边的多个观测井中取样观测。试验需要提供大量水来注入到回灌井中，试验结束时，示踪剂会残留在岩土体中。

(2) 汇流示踪剂试验。在汇流示踪剂试验中，先在抽水井中抽水直到形成稳定流场为止，然后在抽水井附近的另一井（孔）中以脉冲方式注入示踪剂。在抽水井中，通过取抽水井中水样来监测示踪剂。

(3) 双井示踪剂试验。双井示踪剂试验包括一个抽水井和一个回灌井。保持抽水速率和回灌速率相等。在稳定流场形成后，示踪剂以脉冲方式注入到灌水中，通过抽水取样监测示踪剂。

(4) 岩溶示踪剂试验。岩溶示踪剂试验是利用人工辅助的方法探查岩溶洞穴通道连通情况的试验。向洞内投放示踪剂，通过水流携带，表明地下水运动途径和连通情况。该法适用于洞穴系统内有水流运动的地段。示踪剂要求性能稳定，易溶于水，与围岩不发生化学反应，不易被围岩吸附，无环境污染等。

2. 地下水流向流速的测定

(1) 地下水流向的测定。可利用三点法测定，并可根据等水位线图或等压线图来判断。

三点法是利用三个钻孔或井组成一个三角形（孔距可根据地形的陡缓确定），测量钻孔的水位标高，绘制等水位线图，由高水位向低水位作垂线的方向，即为含水层内地下水流向，如图 3.2-1 所示。

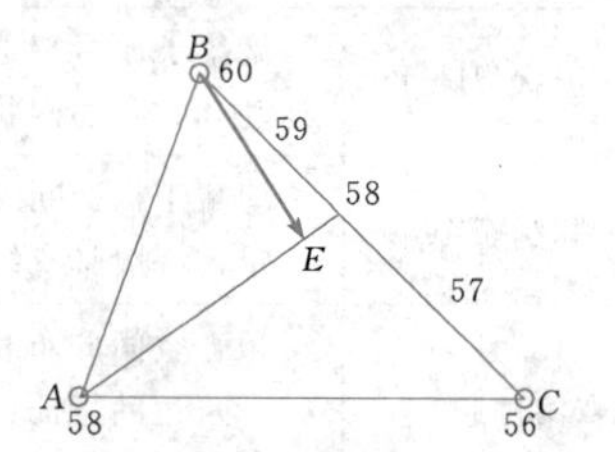

图 3.2-1　三点法示流向示意图

A、B、C—钻孔编号；56、57、58、59、60—水位标高；BE—地下水流向

(2) 地下水流速的测定。地下流速一般用指示剂法测定。在已知地下水流向上布置两个钻孔，在上游孔内投入食盐（或荧光红等无毒染色剂、示踪剂），从下游孔内取样测定氯离子含量（或着色程度，示踪剂含量）。

地下水实际流速 u 按式 (3.2-1) 计算：

$$u=\frac{l}{t} \tag{3.2-1}$$

式中　l——试验孔至观测孔距离，m；

t——指示剂从试验孔至观测孔所需的时间，h。

渗透流速 v 按式 (3.2-2) 换算：

$$v=nu \tag{3.2-2}$$

式中　n——地下水所流过的岩（土）层孔隙度。

(3) 钻孔物探方法地下水流向及流速测定。主要采用充电法测定地下水流速、流向。将食盐（或其他电解质）作指示剂投入井孔中，盐被地下水溶解并形成良导性的盐水体。对这个良导性盐水体充电，并在地面以井孔为中心，布置夹角为 45°的辐射状射线，按一定时间间隔 (Δt) 追索等位线，通过呈椭圆状的盐液中心和初始状态的等位线中心连线确定地下水流向；通过单位时间内两等位线的中心位移量确定地下水流速。也可采用向量法观测，首先测出在一定时间内等位点在测线上向外伸长的距离，用矢量作图的方法求出伸长最大方向，即为地下水流向；通过伸长距离与时间的关系，求取地下水流速。

3.2.2.5 渗透变形试验

土层在水的渗透作用下发生的变形和破坏现象称为渗透变形和渗透破坏，其发生和发展与地质情况、颗粒级配、水力条件及工程运用等情况有关。

（1）松散堆积层的渗透变形试验，试验方法有水平渗透试验与垂直渗透试验。

（2）软弱夹层渗透变形试验。一般是用钻孔压水的方法（或在探洞中加工试件进行试验）求软弱夹层的临界比降和破坏比降。按试验中的水流性质可分为以下两种。

1）辐射流法。从一个钻孔中将水压入，水流在夹层中成辐射状扩散，在压水孔四周布置数个观测孔（或观测坑），亦可利用平洞或基坑中开挖断面观测。

2）平行流法。从一排孔中将水压入，形成供水幕，水流在夹层中平行流动，观测坑平行供水幕。

3.2.2.6 同位素水文地质测试技术

1. 利用氢氧同位素确定含水层补给带（区）或补给高度

大气降水中氢氧同位素（$\delta^{18}O$）的组成具有高度效应，据此可以确定含水层补给区以及补给高程。

$$H=\frac{\delta_G-\delta_P}{K}+h \tag{3.2-3}$$

式中 H——同位素入渗高度，m；

h——地下水高程，m；

δ_G——地下水的 $\delta^{18}O$（或者 δD）值；

δ_P——取样点附近大气降水的 $\delta^{18}O$（或者 δD）值；

K——大气降水的 $\delta^{18}O$（或者 δD）值的高度梯度。

2. 利用氚测定地下水补给

氚的半衰期为12.43年，可以被利用来研究水圈各个环节中水的运移时间特性。实际工作中应用天然氚的最重要的条件是氚从同温层（平流层）通过对流层参与水循环的范围比较固定。在同温层中，由于宇宙粒子与大气层中氮、氧原子的核反应不断产生氚，因此各类型天然水中天然氚浓度的变化范围十分宽广（从0TU到200TU）。

如同天然氚一样，人工氚氧化后形成氚水，同样以大气降雨形式降落到地表或形成地表径流或渗入地下。人工氚的浓度在某个时期是很高的，有时可超过天然氚浓度的几个数量级，因此可利用它来研究和追踪地下水的运动状况。

3. ^{14}C 法测定地下水年龄

通过测定水中溶解无机碳的年龄可获得地下水的年龄。在一般情况下，可以认为地下水中溶解的无机碳与土壤中的 CO_2（或大气 CO_2）被隔绝后便停止了与外界的 ^{14}C 交换，所以地下水 ^{14}C 年龄是指地下水中溶解的无机碳与土壤中的 CO_2 被隔绝后“距今”的年代。^{14}C 法测定地下水年龄的上限为5万～6万年，超灵敏计数器有可能延至10万年。

3.2.3 地下水动态观测

3.2.3.1 观测内容

（1）水位观测。观测地下水位（压力水头）的测试设备，可根据现场观测点的条件和测量精度与频率要求，选用电测水位仪、自动水位仪或自动检测仪。当观测孔为自流井且压力水头很高时，可安装压力表，当压力水头不高时，可用接长井管的方法观测承压水位。

（2）水量观测。水量观测分地下水出水量及回灌量的观测。出水量包括实测的泉水流量、各种生产井的开采量和工程施工及矿山的排水量等；回灌量包括水井的人工回灌量和渗水池的入渗量。水量测试设备可根据观测的对象、现场条件和测量精度的要求，选用流量表、孔板流量计或堰测等。

（3）水温观测。对地表水与地下水联系密切地区、进行回灌的地区、具有热污染及热异常的地区，应加强地下水温度观测。根据不同的目的和要求，可选用水银温度计或热敏电阻温度计，在条件允许时，可采用自动测温仪。

（4）水质检测。水质分析类别可分为简分析项目、全分析项目和特殊项目分析，包括下列内容。

1）简分析项目应包括钙离子、镁离子、氯离子、硫酸根、重碳酸根、pH值、游离 CO_2、总硬度及固形物。

2）全分析项目应包括色度、气味、口味、透明度、浑浊度、钾钠离子、钙离子、镁离子、三价铁、二价铁、铝离子、氨离子、氯离子、硫酸根、重碳酸根、碳酸根、硝酸根、亚硝酸根、氟离子、可溶性 SiO_2、耗氧量、总硬度、暂时硬度、永久硬度、负硬度、总碱度、酸度、游离 CO_2、侵蚀性 CO_2、H_2S、pH值、灼烧残渣、灼烧减量及固形物等。

3）特殊项目分析应包括铅、锌、锰、铜、六价铬、汞、银、镉、钴、砷、硒、氰化物、酚等。

3.2.3.2 观测网点布设原则

地下水动态观测线、孔的布置，应能控制勘察区或水源地开采影响范围内的地下水动态。根据不同的观测目的，观测线、孔的布置应符合下列要求。

(1) 查明各含水层之间的水力联系时，可分层布置观测孔。

(2) 获得边界地下水动态资料时，观测孔宜在边界有代表性的地段布置。

(3) 查明污染源对水源地地下水的影响时，观测孔宜在连接污染源和水源地的方向上布置。

(4) 查明咸水与淡水分界面的动态特征（包括海水入侵）时，观测线宜垂直分界面布置。

(5) 获得用于计算地下水径流量的水位动态资料时，观测线宜垂直和平行计算断面布置。

(6) 获得用于计算地区降水入渗系数的水位动态资料时，观测孔宜在有代表性的不同地段布置。

(7) 查明地下水与地表水体之间的水力联系时，观测线宜垂直地表水体的岸边线布置。

(8) 查明水源地在开采过程中下降漏斗的发展情况时，宜通过漏斗中心布置相互垂直的两条观测线。

(9) 查明两个水源地的相互影响或附近矿区排水对水源地的影响时，观测孔宜在连接两个开采漏斗中心的方向上布置。

(10) 为满足数值法计算要求，观测孔的布置应保证对计算区各分区参数的控制。

3.2.4 地下水的性质及其评价

3.2.4.1 地下水的主要性质

地下水的主要性质见表3.2-2。

3.2.4.2 地下水的化学成分

(1) 主要离子及化合物。地下水含有多种元素，已发现有62种，但分布最广、含量最多的离子是 Na^+ (K^+)、Mg^{2+}、Ca^{2+}、Cl^-、SO_4^{2-}、HCO^- 六种。主要气体有 CO_2、O_2、CH_4、H_2S 等，最常见的化合物是 Fe_2O_3 等。

(2) pH值。pH值表示水的酸碱度，根据pH值的大小可将水分为五类，见表3.2-3。

表3.2-2　地下水的主要性质

物理性质	说　明
温度	地下水温度由于补给来源、地质构造、气候及水文地质等条件不同而变化很大
颜色	纯水无色，含氧化亚铁呈浅蓝绿色，含硫化氢气体呈翠绿色，含腐殖质呈荧光的浅黄色，含悬浮矿物颗粒呈浅灰色等
透明度	纯水是透明的，当水中有固体和胶体悬浮物时，则可分为半透明（微浊）、微透明（浑浊）和不透明
气味	一般无臭，含硫化氢的水有臭鸡蛋气味，含腐殖质的水有毒草气味，含氧化亚铁很多的水有铁腥气味
口味	纯水无味，含较多二氧化碳或重碳酸钙、镁的水清凉可口，含多量有机物的水味甜，含氧化镁或硫酸镁的水味苦，含硫酸钠的水味涩
导电性	决定于水中电解质种类、浓度和性质，并与温度有关

表3.2-3　水按pH值分类

水的类型	强酸性水	弱酸性水	中性水	弱碱性水	强碱性水
pH值	<5	5～6.5	6.5～8	8～10	>10

(3) 矿化度。地下水的离子和各种化合物的总含量叫总矿化度，以g/L表示。水按矿化度分为四类，见表3.2-4。

表3.2-4　水按矿化度分类

水的类型	淡水	微咸水	半咸水	咸水
矿化度（g/L）	<1	1～3	3～10	>10

(4) 硬度。水的硬度取决于水中 Ca^{2+}、Mg^{2+} 的含量。水煮沸后，水中减少的 Ca^{2+}、Mg^{2+} 的数量称为暂时硬度，主要为 $Ca(HCO_3)_2$ 和 $Mg(HCO_3)_2$，常以 HCO_3^- 的含量表示；煮沸后水中残余的 Ca^{2+}、Mg^{2+} 的含量称为永久硬度；总硬度是永久硬度与暂时硬度之和，即水中所含 Ca^{2+}、Mg^{2+} 的总和，一般采用德国度表示。地下水按硬度的分类见表3.2-5。

3.2.4.3 水质评价标准

(1) 水对混凝土、钢筋混凝土结构中钢筋及钢结构的腐蚀性判别，见表3.2-6～表3.2-8。

(2) 农田灌溉用水水质评价。根据《农田灌溉水质标准》(GB 5084—2005) 规定，农田灌溉用水水质基本控制项目标准值见表3.2-9，农田灌溉用水水质选择性控制项目标准值见表3.2-10。

表 3.2-5　　地下水按硬度分类

分类指标 \ 水的类型	极软水	软水	微硬水	硬水	极硬水
Ca^{2+}、Mg^{2+}含量（毫克当量/升）	<1.5	1.5～3.0	3.0～6.0	6.0～9.0	>9.0
德国度	<4.2	4.2～8.4	8.4～16.8	16.8～25.2	>25.2

表 3.2-6　水对混凝土的腐蚀性判别标准

腐蚀性类型	腐蚀性介质判定依据	腐蚀程度	界限指标
一般酸性型	pH 值	无腐蚀	pH>6.5
		弱腐蚀	6.0<pH≤6.5
		中等腐蚀	5.5<pH≤6.0
		强腐蚀	pH≤5.5
碳酸型	侵蚀性 CO_2 含量（mg/L）	无腐蚀	CO_2<15
		弱腐蚀	15≤CO_2<30
		中等腐蚀	30≤CO_2<60
		强腐蚀	CO_2≥60
重碳酸型	HCO_3^- 含量（mmol/L）	无腐蚀	HCO_3^->1.07
		弱腐蚀	0.70<HCO_3^-≤1.07
		中等腐蚀	HCO_3^-≤0.70
		强腐蚀	—
镁离子型	Mg^{2+}含量（mg/L）	无腐蚀	Mg^{2+}<1000
		弱腐蚀	1000≤Mg^{2+}<1500
		中等腐蚀	1500≤Mg^{2+}<2000
		强腐蚀	Mg^{2+}≥2000
硫酸盐型	SO_4^{2-} 含量（mg/L）	无腐蚀	SO_4^{2-}<250
		弱腐蚀	250≤SO_4^{2-}<400
		中等腐蚀	400≤SO_4^{2-}<500
		强腐蚀	SO_4^{2-}≥500

注　1. 该表规定的判别标准所属场地应是不具有干湿交替或冻融交替作用的地区和具有干湿交替或冻融交替作用的半湿润、湿润地区。当所属场地为具有干湿交替或冻融交替作用的干旱、半干旱地区以及高程 3000.00m 以上的高寒地区时，应进行专门论证。
2. 混凝土建筑物不应直接接触污染源。有关污染源对混凝土的直接腐蚀作用应专门研究。

表 3.2-7　水对钢筋混凝土结构中钢筋的腐蚀性判别标准

腐蚀性介质判定依据	腐蚀程度	界限指标
Cl^-含量（mg/L）	弱腐蚀	100～500
	中等腐蚀	500～5000
	强腐蚀	>5000

注　1. 表中系指干湿交替作用的环境条件。
2. 当环境水中同时存在氯化物和硫酸盐时，表中的 Cl^- 含量是指氯化物中的 Cl^- 与硫酸盐折算后的 Cl^- 之和，即 Cl^- 含量$=Cl^-+SO_4^{2-}\times 0.25$，单位为 mg/L。

表 3.2-8　水对钢结构的腐蚀性判别标准

腐蚀性介质判定依据	腐蚀程度	界限指标
pH 值、($Cl^-+SO_4^{2-}$) 含量（mg/L）	弱腐蚀	pH=3～11、($Cl^-+SO_4^{2-}$)<500
	中等腐蚀	pH=3～11、($Cl^-+SO_4^{2-}$)≥500
	强腐蚀	pH<3、($Cl^-+SO_4^{2-}$)任何浓度

注　1. 该表亦适用于钢管道。
2. 表中水系指氧能自由溶入的环境水。
3. 如水的沉淀物中有褐色絮状物沉淀（铁）、悬浮物中有褐色生物膜、绿色丛块，或有硫化氢臭味，应作铁细菌、硫酸盐还原细菌的检查，查明有无细菌腐蚀。

（3）生活饮用水水质常规指标及限值见表 3.2-11。其他指标评价标准可参照《生活饮用水卫生标准》(GB 5749)。

3.2.5　岩溶水文地质

3.2.5.1　岩溶发育的影响因素

（1）可溶岩的成分与结构。可溶岩是岩溶发育的物质基础，作为溶解对象，不同成分可溶岩溶解的难易程度不同，碳酸盐岩溶解性随白云石、酸不溶物及有机质的增加而降低。作为导水介质，由于不同结构可溶岩的透水性不同，控制了地下水的流动，从而影响了岩溶发育，透水性越大，溶蚀越强。

表3.2-9　农田灌溉用水水质基本控制项目标准值

序号	项目类别	作物种类		
		水作物	旱作物	蔬菜
1	五日生化需氧量（mg/L）	≤60	≤100	≤40①，≤15②
2	化学需氧量（mg/L）	≤150	≤200	≤100①，≤60②
3	悬浮物（mg/L）	≤80	≤100	≤60①，≤15②
4	阴离子表面活性剂（mg/L）	≤5	≤8	≤5
5	水温（℃）	≤25		
6	pH值	5.5～8.5		
7	全盐量（mg/L）	≤1000③（非盐碱土地区），≤2000③（盐碱土地区）		
8	氯化物（mg/L）	≤350		
9	硫化物（mg/L）	≤1		
10	总汞（mg/L）	≤0.001		
11	镉（mg/L）	≤0.01		
12	总砷（mg/L）	≤0.05	≤0.1	≤0.05
13	铬（六价，mg/L）	≤0.1		
14	铅（mg/L）	≤0.2		
15	粪大肠菌群数（个/100mL）	≤4000	≤4000	≤2000①，≤1000②
16	蛔虫卵数（个/L）	≤2		≤2①，≤1②

① 加工、烹调及去皮蔬菜。

② 生食类蔬菜、瓜类和草本水果。

③ 具有一定的水利灌排设施，能保证一定的排水和地下水径流条件的地区，或有一定淡水资源能满足冲洗土体中盐分的地区，农田灌溉水质全盐量指标可以适当放宽。

表3.2-10　农田灌溉用水水质选择性控制项目标准值　　单位：mg/L

序号	项目类别	作物种类		
		水作物	旱作物	蔬菜
1	铜	≤0.5	≤1	
2	锌	≤2		
3	硒	≤0.02		
4	氟化物	≤2（一般地区），≤3（高氟区）		
5	氰化物	≤0.5		
6	石油类	≤5	≤10	≤1
7	挥发酚	≤1		
8	苯	≤2.5		
9	三氯乙醛	≤1	≤0.5	≤0.5
10	丙烯醛	≤0.5		
11	硼	≤1（对硼敏感的作物①），≤2（对硼耐受性较强的作物②），≤3（对硼耐受性强的作物③）		

① 对硼敏感的作物，如黄瓜、豆类、马铃薯、笋瓜、韭菜、洋葱、柑橘等。

② 对硼耐受性较强的作物，如小麦、玉米、青椒、小白菜、葱等。

③ 对硼耐受性强的作物，如水稻、萝卜、油菜、甘蓝等。

表 3.2-11　　水质常规指标及限值

指　标	限　值
1. 微生物指标①	
总大肠杆菌（MPN/100mL，或 CFU/100mL）	不得检出
耐热大肠杆菌（MPN/100mL，或 CFU/100mL）	不得检出
大肠埃氏菌（MPN/100mL，或 CFU/100mL）	不得检出
菌落总数（CFU/100mL）	100
2. 毒理指标	
砷（mg/L）	0.01
镉（mg/L）	0.005
铬（六价，mg/L）	0.05
铅（mg/L）	0.01
汞（mg/L）	0.001
硒（mg/L）	0.01
氟化物（mg/L）	0.05
氰化物（mg/L）	1.0
硝酸盐（以 N 计，mg/L）	10，地下水源限制为 20
三氯甲烷（mg/L）	0.06
四氯化碳（mg/L）	0.002
溴酸盐（使用臭氧时，mg/L）	0.01
甲醛（使用臭氧时，mg/L）	0.9
亚氯酸盐（使用二氧化氯消毒时，mg/L）	0.7
氯酸盐（使用复合二氧化氯消毒时，mg/L）	0.7
3. 感官性状和一般化学指标	
色度（铂钴色度单位）	15
浑浊（NTU）	1，水源与净水技术条件限制时为 3
嗅和味	无异臭、异味
肉眼可见物	无
pH 值	6.5～8.5
铝（mg/L）	0.2
铁（mg/L）	0.3
锰（mg/L）	0.1
铜（mg/L）	1.0
锌（mg/L）	1.0
氯化物（mg/L）	250
硫酸盐（mg/L）	250
溶解性总固体（mg/L）	1000
总硬度（以 $CaCO_3$ 计，mg/L）	450
耗氧量（COD_{Mn}法，以 O_2 计，mg/L）	3，水源限制，原水耗氧量大于 6mg/L 时为 5
挥发酚类（以苯酚计，mg/L）	0.002
阳离子合成洗涤剂（mg/L）	0.3
4. 放射性指标②	指导值
总 α 放射性（Bq/L）	0.5
总 β 放射性（Bq/L）	1

① MPN 表示最可能数；CFU 表示菌落形成单位。水样检出总大肠杆菌群时，应进一步检验大肠埃氏菌或耐热大肠菌群；水样未检出总大肠菌群时，不必检验大肠埃氏菌或耐热大肠菌群。

② 放射性指标超过指导值，应进行核素分析和评价，判定能否饮用。

（2）水的溶蚀能力。水的溶蚀能力是岩溶发育的动力，溶蚀能力越强的水对可溶岩的溶蚀强度也越大，水的流动及循环交替是使水具有溶蚀能力的充要条件，水的循环交替条件越好、流动性越强，其溶蚀能力也越强。

岩溶的发育还受自然环境、地质构造、地形地貌、气候、生物和土壤等因素的影响。

3.2.5.2　碳酸盐岩岩组类型划分

根据碳酸盐岩所占厚度百分比划分为两大类六个亚类，见表3.2-12。

3.2.5.3　岩溶含水系统

岩溶水文系统是指与某一岩溶泉有关的大气降水量终将或多或少汇集并供给该岩溶泉的一个空间。

岩溶含水系统是指由不同岩溶含水层组成的，有水力联系的分布空间（包括包气带与饱水带）。

岩溶水流动系统是指由某一岩溶水排泄点所控制的岩溶含水系统的那部分空间（即一个岩溶含水系统可有多个岩溶水流动系统）。

3.2.5.4　岩溶水排泄基准面

岩溶水排泄受河网控制的排泄基准面简称基控；受隔水层控制的排泄基准面简称层控。

3.2.5.5　河谷岩溶水动力条件类型

河谷岩溶水动力条件类型见表3.2-13。

表3.2-12　碳酸盐岩岩组类型划分表[27]

分　类	亚　　类	厚度百分比（%）		岩性及岩溶发育特征
		碳酸盐岩	碎屑岩	
纯碳酸盐岩类	均匀石灰岩层组	＞90	＜10	连续沉积的单层石灰岩，无明显的碎屑岩夹层，沿层面或断层带发育规模较大的洞穴管道系统以及溶隙等
	均匀白云岩层组	＞90	＜10	连续沉积的单层白云岩，无明显碎屑岩夹层，岩溶发育特征与上述相似，但规模较小
	均匀白云岩石灰岩层组	＞90	＜10	石灰岩、白云岩互层或夹层沉积，无明显碎屑岩夹层，岩溶发育特征与上述两类相似，其规模介于两者之间
	碳酸盐岩夹碎屑岩层组	70～90	30～10	碳酸盐岩与碎屑岩呈夹层或互层沉积，碎屑岩夹层明显，岩溶发育较弱，且与碎屑岩在层中的比例有关
不纯碳酸盐岩类	均匀状碳酸盐岩层组	30～70	70～30	岩溶发育较弱
	碎屑岩碳酸盐岩互层岩组	30～70	70～30	岩溶发育极微弱或不发育

表3.2-13　河谷岩溶水动力条件类型表[27]

类型	水动力特征	形　成　条　件
补给型	河谷两岸地下水高于河水位，河水受两岸地下水补给	（1）河谷为当地的最低排泄基准面； （2）河谷的可溶岩层不延伸到邻谷； （3）两岸有地下水分水岭
补排型	河谷的一侧地下水补给河水，另一侧为河水补给地下水，向邻谷或下游排泄	河谷一侧有地下水分水岭，另一侧的可溶岩层延伸至邻谷，且无地下水分水岭
补排交替型	洪水期地下水补给河水，枯水期河水从一侧或两侧补给地下水	河谷两岸和河床岩溶发育，地下水位变动幅度大，洪水期为补给型河谷，枯水期为排泄型河谷
排泄型	河水向邻谷或下游排泄，河水补给地下水	（1）河谷两侧有低邻谷，并有可溶岩层延伸分布，且无地下分水岭； （2）河谷两岸有强岩溶发育带或管道顺河通向下游，地下水位低于河水位
悬托型	河水被渗透性弱的冲积层衬托，地下水深埋于河床之下，与河水无直接水力联系	河床表层透水性弱，基岩岩溶发育，透水性强

3.2.5.6 河谷岩溶水文地质结构类型

坝址河谷地质构造往往为单斜构造，从渗漏与防渗考虑，主要依据隔水层的有无及其走向和与河流流向的关系，对河谷岩溶水文地质结构进行分类，见表3.2-14。

3.2.5.7 可溶岩体透水性介质类型

按裂隙宽度或岩溶管道直径，一般将可溶岩体透水性介质分为裂隙、溶隙、溶管、溶洞四种类型，见表3.2-15。

表3.2-14 单斜构造河谷岩溶水文地质结构类型表[27]

类型		亚类	岩溶水文地质特征
有隔水层	横向谷	缓倾	岩层倾角小于30°，倾向上游或下游，岩溶发育受隔水层控制，上部岩溶发育，隔水层以下，岩溶发育受到限制
		中倾	岩层倾角介于30°～60°之间，岩溶发育受隔水层和排泄基准面控制
		陡倾	岩层倾角大于60°，岩溶发育受排泄基准面控制，多顺层和向深部发育
	斜向谷		岩层与河流斜交，层面走向与河流流向夹角介于30°～60°之间，岩溶发育与岩层倾角有关，倾角较陡，岩溶发育一岸易受排泄基准面控制，倾角较缓，两岸均受隔水层控制
	纵向谷		层面走向与河流流向夹角小于30°，一岸岩溶发育，受排泄基准面控制，另一岸随岩层倾角变缓而为隔水层控制
隔水层错断			沿构造缺口或断层带岩溶发育
无隔水层			可形成完整的水动力剖面，岩溶发育程度受岩石可溶性控制，一般发育较强，且深度大

表3.2-15 可溶岩体透水性介质类型表

类型	裂隙	溶隙	溶管	溶洞
直径或宽度(cm)	<0.5	0.5～5	5～50	>50

表3.2-16 含水层富水程度分区

分区	极弱富水区	弱富水区	中等富水区	强富水区
钻孔单位出水量 q [$m^3/(h \cdot m)$]	<1	$1 \leqslant q < 5$	$5 \leqslant q < 10$	⩾10

注 q为钻孔内降深S=1m、过滤管半径r=100mm的单位出水量。

3.2.6 灌区水文地质

3.2.6.1 灌区地质、水文地质条件

灌区的地质和水文地质条件，是灌区规划、灌溉设计以及灌区地下水开采利用、灌区土壤改良的基础，应进行充分的调查研究。

(1) 灌区地质条件主要包括灌区地形地貌特征及成因类型、地层年代、岩性类别，特别是第四纪地层的成因，物质组成、结构特征及土壤的物理、水理、化学性质，如颗粒组成、重度、孔隙比、饱和度、含水率、渗透系数、毛细作用强度、化学成分、含盐量。

(2) 灌区水文地质条件主要包括含水层和地下水的类型，分布情况及地下水的补给、径流、排泄条件，含水层的富水程度、地下水的化学成分、水化学类型，特别是潜水的分布特征，动态特征及其补给、径流、排泄条件和化学成分、化学类型等。

(3) 含水层富水性参考表3.2-16进行分区。

(4) 灌区水文地质分区根据含水层的富水性，结合灌区地形地貌特征及地质、水文地质条件划分。

3.2.6.2 土壤改良水文地质

土壤改良水文地质是在灌区地质、水文地质条件调查的基础上，对灌区潜水的水文地质特性和土壤的物理、化学特性进行分析研究，为土壤盐渍化、沼泽化的改良提供水文地质资料。

1. 潜水临界深度

潜水临界深度是论证土壤改良措施的重要指标，一般理解为不致引起土壤容根层盐渍化的潜水埋藏的最小深度。

临界深度与土壤性质、潜水矿化度、气候条件、排水条件及耕种技术有关。临界深度值大体相当于土壤毛细作用强度（毛管水上升高度）加上土壤容根层厚度，可通过实地调查测量结合室内试验求得，也可采用公式计算或经验类比确定，见表3.2-17。

潜水临界深度的计算公式为

$$H_{cr} = H_h + \Delta H \tag{3.2-4}$$

式中　H_{cr}——潜水临界深度，m；

H_h——土壤毛管水上升高度，m；

ΔH——土壤容根层厚度，m。

表 3.2-17　几种土在不同矿化度下防止次生盐渍化的地下水最小埋深　单位：m

地下水矿化度（g/L）＼土的类别	砂土	砂壤土	黏壤土	黏土
1～3	1.4～1.6	1.8～2.1	1.5～1.8	1.2～1.9
3～5	1.6～1.8	2.1～2.2	1.8～2.0	1.2～2.1
5～8	1.8～1.9	2.2～2.4	2.0～2.2	1.4～2.3

2. 土壤盐渍化

土壤中含有抑制农作物生长的有害盐类（如钠、钙、铁等）称土壤盐渍化。土壤盐渍化的生成与气候、地形、母质和土壤、地下水、人为活动等因素有关。

（1）土壤盐渍化类型划分见表 3.2-18。

（2）土壤盐渍化程度分级见表 3.2-19。

（3）土壤盐渍化的水文地质改良措施。土壤盐渍化水文地质改良的基本措施是调节潜水动态和改善水盐均衡。具体措施如下。

表 3.2-18　土壤盐渍化类型划分表[23]

类　型		阴离子比例关系
苏打盐渍化土壤	苏打盐渍化土壤	$(CO_3^{2-}+HCO_3^-):(Cl^-+SO_4^{2-})=1\sim4$
	纯苏打盐渍化土壤	$(CO_3^{2-}+HCO_3^-):(Cl^-+SO_4^{2-})>4$
	氯化物苏打盐渍化土壤	苏打$>Cl^->SO_4^{2-}$
	硫酸盐苏打盐渍化土壤	苏打$>SO_4^{2-}>Cl^-$
硫酸盐盐渍化土壤	硫酸盐盐渍化土壤	$(CO_3^{2-}+HCO_3^-):(Cl^-+SO_4^{2-})=0.5\sim1$
	纯硫酸盐盐渍化土壤	$SO_4^{2-}:Cl^->5$
	氯化物硫酸盐盐渍化土壤	$Cl^-:SO_4^{2-}=1\sim5$
	苏打硫酸盐盐渍化土壤	$SO_4^{2-}>$苏打$>Cl^-$
氯化物盐渍化土壤	氯化物盐盐渍化土壤	$(CO_3^{2-}+HCO_3^-):(Cl^-+SO_4^{2-})<0.5$
	纯氯化物盐盐渍化土壤	$Cl^->SO_4^{2-}>4$
	硫酸盐氯化物盐渍化土壤	$Cl^-:SO_4^{2-}=1\sim4$
	苏打氯化物盐渍化土壤	$Cl^->$苏打$>SO_4^{2-}$

注　各阴离子数量按 0～50cm 土层化学分析加权平均计算。

表 3.2-19　土壤盐渍化程度分级[23]

成　分	非盐渍化	轻度盐渍化	中度盐渍化	重度盐渍化	盐土
苏打（%）	<0.1	0.1～0.3	0.3～0.5	0.5～0.7	>0.7
氯化物（%）	<0.2	0.2～0.4	0.4～0.6	0.6～1.0	>1.0
硫酸盐（%）	<0.3	0.3～0.5	0.5～0.7	0.7～1.2	>1.2
一般作物生长情况	生长良好、不受影响	稍受抑制、减产 10%～20%	中等抑制、减产 20%～50%	严重抑制、减产 50%～80%	死亡无收

注　盐渍化程度按 0～50m 土层化学分析含盐量确定。

1）未产生盐渍化或盐渍化轻微区要科学制定灌溉定额，改进灌溉技术，合理布置排水网，防止积水积盐。

2）盐渍化区要采取多种手段进行综合治理。常用的有换土掺砂、明沟排水、井灌井排等方法，以改善土壤性质。还可以通过加大土壤孔隙，切断毛细水上升高度，降低潜水位，抽咸补淡，使土壤洗盐脱盐。

3. 土壤沼泽化

土壤处于季节性饱和状态，喜水植物发育，土壤中有大量可溶性有机酸聚积和没有分解的植物残体及其形成的较薄的（厚度小于 20cm）泥炭层分布，称为土壤沼泽化。土壤沼泽化是在土壤含水量过大、透气性和热状况较差的水文地质环境条件下形成的。

土壤沼泽化改良主要是改变土壤的过饱和状态，改善土壤的透气性和热状况，使喜水植物退化，破坏土壤表层的灰壤化过程，防止土壤沼泽化，促使沼泽化土壤熟化。具体措施包括修建堤防堤坝，防止河水洪水泛溢淹灌，切断地面补给水源。同时，建立有效的疏干排水体系（排水沟、排水井等），及时排出灌区积水。

3.3 区域构造稳定性

3.3.1 区域构造稳定性的研究目的

区域构造稳定性的正确评价是影响水利水电工程经济合理、安全可靠的重要因素之一，在一定条件下，是关系到水利水电工程是否可行的根本地质问题。

水利水电工程区域构造稳定性研究目的：①对于制订流域开发规划、正确选择第一期开发河段和工程，以及大型跨流域调水、引水工程线路的比较选择等，提出区域构造稳定条件的评估意见；②对于拟选的水利水电工程建筑物场地，判断今后一二百年内，遭受活断层或地震活动破坏的可能性、破坏强度和破坏概率，提出水利水电工程抗震设计所需的地学参数。

3.3.2 区域构造稳定性的研究内容

区域构造稳定性的研究包括：①区域构造背景研究；②活断层判定和断层活动性研究；③地震危险性分析和场地地震动参数确定；④工程场地的区域构造稳定性综合评价；⑤活断层监测和地震监测。

3.3.2.1 区域构造背景研究

搜集有关区域地层岩性、表层和深部地质构造、区域性活断层、现代构造应力场、重力和磁异常及地震活动性等资料，并进行勘察研究，从宏观上分析判断工程研究区区域构造总体稳定程度。

（1）搜集研究坝址周围半径不小于 150km 范围内的沉积建造、岩浆活动、火山活动、变质作用、地球物理场异常、表层和深部构造、区域性活断层、现今地壳形变、现代构造应力场、第四纪火山活动情况及地震活动性等资料，进行Ⅱ级、Ⅲ级大地构造单元和地震区（带）划分，复核区域构造与地震震中分布图。

（2）搜集与利用区域地质图，调查坝址周围半径不小于 25km 范围内的区域性断裂，鉴定其活动性。当可能存在活断层时，进行坝址周围半径 5～8km 范围内的坝区专门性构造地质测绘，对工程有影响的活断层开展专题研究。

3.3.2.2 活断层判定和断层活动性研究

断层活动性研究的重点是勘察研究坝址周围 20～40km 范围内，尤其是坝址周围 5～8km 范围内断层的活动性。

1. 活断层直接判定标志

（1）错动晚更新世（Q_3）以来地层的断层。

（2）断裂带中的构造岩或被错动的脉体，经绝对年龄测定，最新一次错动年代距今 10 万年以内。

（3）根据仪器观测，沿断裂有大于 0.1mm/a 位移。

（4）沿断层有历史和现代中、强地震震中分布或有晚更新世以来的古地震遗迹，或有密集而频繁的近期微震活动。

（5）在地质构造上，证实与已知活断层有共生或同生关系的断裂。

2. 可能为活断层的标志

具有下列标志之一的断层，可能为活断层，需结合其他有关资料，综合分析判定。

（1）沿断层晚更新世以来同级阶地发生位错；在跨越断裂处水系、山脊有明显同步转折现象或断裂两侧晚更新世以来的沉积物厚度有明显的差异。

（2）沿断层有断层陡坎，断层三角面平直新鲜，山前分布有连续大规模的崩塌或滑坡，沿断裂有串珠状或呈线状分布的斜列式盆地、沼泽和承压泉等。

（3）沿断层有水化学异常带、同位素异常带或温泉及地热异常带分布。

3. 活断层活动年龄的综合判定

（1）活断层上覆的未被错动地层的年龄。

（2）被错动的最新地层和地貌单元的年龄。

（3）断层中最新构造岩的年龄。

3.3.2.3 地震危险性分析和场地地震动参数确定

在系统收集整理现有地震、地质资料，进行可靠性分析评价基础上，对工程场址区及近场区要进行详细的地震、地质调查；分析研究地震活动的时空强度特征；分析研究中、强地震发震标志（地震活动标志和地质构造标志）；划分地震区、地震带和潜在震源区，并研究相应的地震活动性参数；给出适合于本地区的地震衰减关系；按照地震危险性分析的综合概率模型，进行工程场址区地震烈度和水平加速度峰值计算，并根据计算结果进行地震基本烈度评定。

1. 地震危险性的确定性分析

地震危险性的确定性分析方法具有较大的安全裕度，主要用于对安全性要求极高的核电站工程，个别特大型水利水电工程或地震研究程度较差地区的重大工程，必要时也采用这类方法，作为极端情况下的校核标准。确定性分析包括地震构造法和历史地震法。

（1）地震构造法。①依据地震活动性和地质构造划分地震构造区；②对地震活动断层进行分段；③根据断层活动段的尺度、活动特点、活动规模以及断层活动段上最大历史地震，判定各断层活动段的最大潜在地震；④确定地震构造区内与地震活动断层无关的最大潜在地震（本底地震）；⑤将各最大潜在地震置于其可能发生范围内距场地最近处（本底地震置于场址），计算场地的地震动参数值，并考虑衰减关系的不确定性；⑥取计算结果的最大值作为地震构造法所确定的地震动参数。

（2）历史地震法。①按适合于本地区的衰减关系，计算各次历史地震影响到工程场地的地震动参数值；②根据各次历史地震对场地破坏情况的记载与调查资料，确定场地的烈度值，按有关规定转换得到地震动参数值；③取以上计算结果中的最大值，作为历史地震法所确定的地震动参数。

（3）取地震构造法和历史地震法结果中之大者，作为地震危险性的确定性分析的选用值。

2. 地震危险性的概率分析

地震危险性的概率分析方法是目前国际上普遍采用的方法。地震危险性概率分析的步骤如下。

（1）潜在震源区的划分。按照一定的地震和地质标志，结合区域地震构造综合分析的结果，进行潜在震源区的划分，合理确定潜在震源区的边界以及其地震衰减的方向性函数。

（2）确定地震活动性参数。①地震带的震级上限、b值（地震带或潜在震源区内不同震级地震频数的比例系数）和地震年平均发生率；②各潜在震源区的震级上限、各震级档地震年平均发生率的权系数；③起算震级；④本底地震震级和年平均发生率等。

（3）地震危险性的概率计算。按照给定的公式，计算场地地震烈度和地震动参数的年超越概率。

（4）不确定性校正。按一定的公式进行衰减关系的不确定性校正，同时应考虑其他不确定性因素的影响（如进行敏感度分析等）。

（5）结果的表述。根据工程的需要，以图、表形式给出不同年限、不同超越概率的地震烈度和地震动参数值，同时以表格形式说明对场地地震危险性起主要作用的各潜在震源区的贡献。

3. 水利水电工程的工程场地地震动参数确定

根据工程的规模和重要性，以及所在地区地震地质条件的复杂程度，《水利水电工程地质勘察规范》（GB 50487—2008）有如下规定。

（1）对坝高大于200m的工程或库容大于100亿m^3的大（1）型工程，以及50年超越概率10%的地震动峰值加速度不小于0.10g地区且坝高大于150m的大（1）型工程，应进行场地地震安全性评价工作。

（2）对50年超越概率10%的地震动峰值加速度不小于0.10g的地区，土石坝坝高超过90m、混凝土坝及浆砌石坝坝高超过130m的其他大型工程，宜进行场地地震安全性评价工作。

（3）对50年超越概率10%的地震动峰值加速度不小于0.10g地区的引调水工程的重要建筑物，宜进行场地地震安全性评价工作。

（4）其他大型工程可按《中国地震动参数区划图》（GB 18306）确定地震动参数。

（5）地震安全性评价应包括工程使用期限内，不同超越概率水平下的坝址基岩地震动参数。

3.3.2.4 工程场地的区域构造稳定性综合评价

工程场地的区域构造稳定性应根据活断层的发育程度、地震活动性、地震危险性分析、区域重磁异常等因素综合进行分析，区域构造稳定性分级见表3.3-1。

3.3.3 坝（场）址选择准则

（1）坝（场）址应尽量选择在抗震有利地段，尽可能避开可能产生大规模次生灾害的地段，并注意近坝库段岸坡的稳定条件。

（2）坝（场）址不宜选在50年超越概率10%的地震动峰值加速度不小于0.4g的强震区。

（3）大坝等主体建筑物不宜建在活断层上。

（4）在上述（2）、（3）两种情况下建坝时，应进行专门论证。

3.3.4 场址区区域构造稳定重点勘察内容

（1）鉴定场区断层的活动性。运用包括重型勘探在内的多种手段查明场址区是否存在活断层，对建筑物的抗震安全进行专门论证。

（2）地震安全性评价及地震动参数的确定。

表 3.3-1 区域构造稳定性分级[26]

参　量	稳定性好	稳定性较差	稳定性差
地震动峰值加速度	≤0.05g	(0.1～0.3)g	≥0.4g
地震基本烈度（度）	≤Ⅵ	Ⅶ～Ⅷ	≥Ⅸ
活断层	5km以内无活断层	5km以内有长度小于10km的活断层，并有震级M<5级地震的发震构造	5km以内有长度大于10km的活断层，并有震级M≥5级地震的发震构造
地震及震级M	M<5级的地震活动	有5≤M<7级地震活动或不多于1次M≥7级的强地震活动	有多次M≥7级的强地震活动
区域性重磁异常	无	不明显	明显

(3) 对崩塌、滑坡、泥石流等危害建筑物安全运行的潜在可能次生灾害点进行必要的勘察，分析地震时边坡的稳定性。

(4) 对松散土地基，应重点勘察地基土层的层次、厚度、砂土和软土的分布情况。研究砂土的动力特性，判别砂土液化的可能性和液化程度，确定液化等级；分析评价软土产生震陷的可能性。

(5) 必要时，开展活断层和地震监测工作。

3.4 水库区工程地质

水库区主要工程地质问题包括水库渗漏、水库浸没、水库库岸稳定、泥石流、水库诱发地震等。

3.4.1 水库渗漏

3.4.1.1 渗漏条件

水库渗漏的可能性及定性的分析和判断，可参照表3.4-1。

3.4.1.2 渗漏量的估算

水库渗漏量计算解析法常用公式见表3.4-2。

3.4.1.3 岩溶渗漏问题

岩溶水库渗漏评价可分为不渗漏、溶隙性渗漏、溶隙与管道混合型渗漏、管道型渗漏四类。

(1) 水库存在下列条件之一时，可判断为水库不存在岩溶渗漏。

表 3.4-1 水库渗漏条件分析表

项　目	可能产生渗漏的条件	可能不产生渗漏的条件
地形地貌	(1) 库区某一侧存在低凹单薄的河间地块，邻谷谷底高程低于正常蓄水位； (2) 邻近坝下游河道的河谷急剧拐弯且河湾地块单薄或水库与坝下游支流间存在低凹单薄的地块	库区两侧河间地块宽厚，邻谷谷底高程高于正常蓄水位
地层岩性	(1) 库盆为砂、砂砾石和孔隙大的松散堆积物等中等透水～极强透水地层构成； (2) 库盆由石灰岩、石膏等可溶岩地层构成，岩溶洞穴、管道及溶蚀裂隙形成渗漏通道； (3) 孔隙度大，结构松散的砂砾岩组成库盆及单薄分水岭； (4) 柱状节理张开发育，具有大量气孔和洞穴的玄武岩构成库盆和分水岭	(1) 库盆由坚硬不透水的岩层组成； (2) 库盆虽有第四纪松散堆积层、岩溶化地层、强透水层分布，但有相对隔水层阻隔
地质构造	(1) 库盆为背斜谷，易沿透水地层向外渗漏； (2) 库盆为单斜谷，透水层低于正常蓄水位，并在低邻谷出露，有沿倾斜方向向低邻谷渗漏的可能； (3) 有胶结不好的强透水断层破碎带及节理密集带等通过，或横穿单薄分水岭，或穿越河湾地块	(1) 库盆为向斜谷，库岸外围有相对隔水层包围，隔水层高程高于库水位； (2) 河间地块岩石完整，没有构造断裂通过，或构造断裂胶结良好

续表

项　目	可能产生渗漏的条件	可能不产生渗漏的条件
水文地质条件	(1) 库区地段的河水补给地下水或天然河床已向邻谷漏水，则水库蓄水后将加剧永久性渗漏； (2) 两岸地下水位低于水库正常蓄水位，同时岩层透水性强	(1) 库盆修建在不透水的岩层上，或两岸地下水分水岭超过正常蓄水位； (2) 两岸地下水分水岭高程虽然稍低于正常蓄水位，但岩层透水性较弱，或河间地块有较大的渗入补给量，水库蓄水后，地下分水岭可能壅高到超过水库正常蓄水位

表 3.4-2　　水库渗漏量计算解析法常用公式

水文地质特征		示　意　图	计　算　公　式
潜水含水层	均质岩（土）体	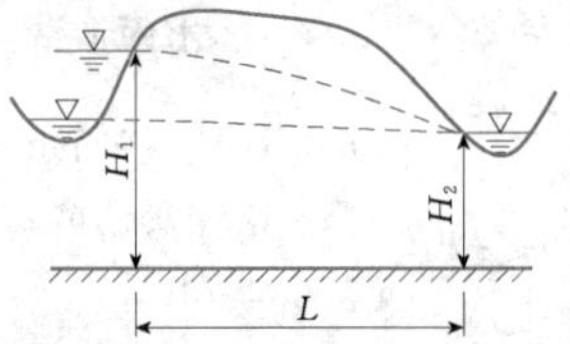	$q=K\dfrac{H_1-H_2}{L}\dfrac{H_1+H_2}{2}$ 式中，q 为分水岭单宽剖面的渗漏量，$m^3/(d\cdot m)$；K 为岩（土）体的渗透系数，m/d；H_1 为以含水层底板起算的水库水位高度，m；H_2 为以含水层底板起算的邻谷水位高度，m；L 为平均渗径，m
	非均质岩（土）体平行层面方向	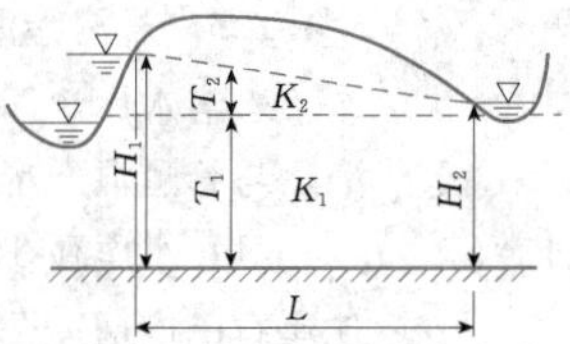	$q=K_p\dfrac{H_1-H_2}{L}(T_1+T_2)$ $K_p=\dfrac{K_1T_1+K_2T_2}{T_1+T_2}$ $T_2=\dfrac{H_1-T_1}{2}+\dfrac{H_2-T_1}{2}$ 式中，K_p 为等效渗透系数，m/d；T_1 为下层透水层厚度，m；T_2 为上层透水层过水部分平均厚度，m
	非均质岩（土）体垂直层面方向	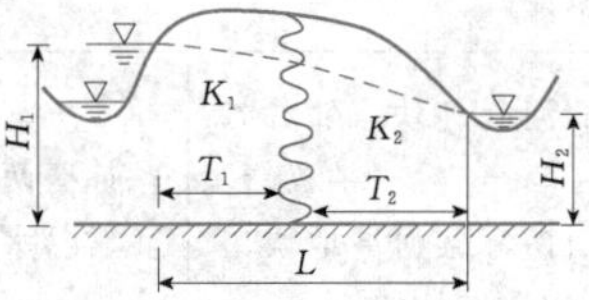	$q=\dfrac{H_1^2-H_2^2}{2\left(\dfrac{T_1}{K_1}+\dfrac{T_2}{K_2}\right)}$，　$K_v=\dfrac{\sum\limits_{i=1}^{n}T_i}{\sum\limits_{i=1}^{n}\dfrac{T_i}{K_i}}$
承压含水层	承压水流	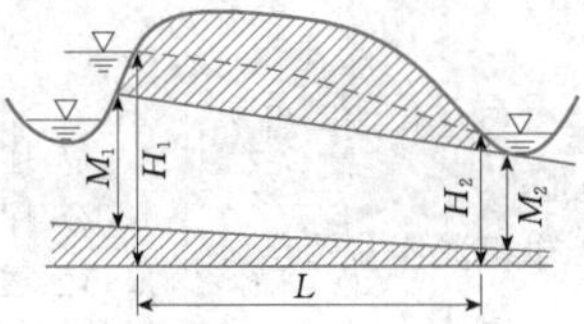	$q=K\dfrac{M_1+M_2}{2}\dfrac{H_1-H_2}{L}$ $Q=qB$ 式中，M_1 为水库岸边（入渗点）含水层厚度，m；M_2 为邻谷岸边（排泄点）含水层厚度，m；Q 为渗漏段渗漏总量，t/d；B 为渗漏段总宽度，m
	承压～无压流	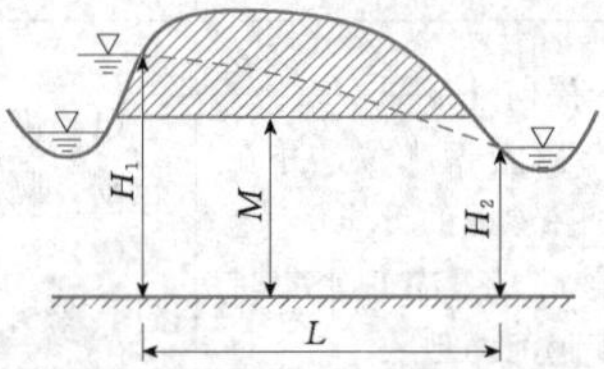	$q=K\dfrac{M(2H_1+M)-H_2^2}{2L}$ 式中，M 为含水层平均厚度，m

1）水库周边有可靠的非岩溶化地层或厚度较大的弱岩溶化地层封闭。

2）水库与邻谷或与下游河湾地块有可靠的地下水分水岭，且分水岭水位高于水库正常蓄水位。

3）水库与邻谷或与下游河湾地块的地下水分水岭水位略低于水库正常蓄水位，但分水岭地段岩溶化程度轻微。

4）邻谷常年地表水或地下水水位高于水库正常设计蓄水位。

（2）水库存在下列条件之一时，可判断为可能存在溶隙性渗漏。

1）河间或河湾地块存在地下水分水岭，地下水位低于水库正常蓄水位，但库内外无大的岩溶水系统（泉、暗河）发育，无贯穿河间或河湾地块的地下水位低槽。

2）河间或河湾地块地下水分水岭水位低于水库正常蓄水位，库内外有岩溶水系统发育，但地下分水岭地块中部为弱岩溶化地层。

（3）水库存在下列条件之一时，可判断为可能存在溶隙与管道混合型渗漏或管道型渗漏。

1）可溶岩层通向库外低邻谷或下游支流，可溶岩地层岩溶化强烈，河间或河湾地块地下水分水岭水位低平且低于水库正常蓄水位，岩溶洼地呈线状或带状穿越分水岭地段，分水岭一侧或两侧有岩溶水系统发育。

2）经连通试验或水文测验证实，天然条件下，河流向邻谷或下游河湾排泄。

3）悬托型或排泄型河谷，天然条件下存在岩溶渗漏。

4）库内外有岩溶水系统发育，系统之间在水库蓄水位以下曾发生过相互袭夺现象，或有对应的成串状岩溶洼地穿越分水岭地块，经连通试验，证实地下水经岩溶洼地、漏斗、落水洞流向库外。

（4）岩溶渗漏量估算与评价。岩溶渗漏量估算应根据岩体岩溶化程度，地下水赋存及运动特征、计算单元内水力联系等情况概化计算模型，用相应的计算方法进行估算。溶隙型渗漏可采用地下水动力学方法和水量均衡法进行估算；管道型渗漏可采用水力学法估算和水量均衡法进行估算；管道与溶隙混合型渗漏可分别估算后叠加。此外，也可采用数值模拟方法进行估算。由于岩溶渗漏量计算的边界条件和参数十分复杂，需对各种计算方法取得的成果进行相互验证，作出合理判断。

（5）岩溶渗漏处理原则及方法。岩溶渗漏处理的范围、深度、措施和标准，应根据渗漏影响程度评价，通过技术经济比较，依照下列原则确定。

1）岩溶渗漏处理，应根据与工程安全的关系、水量损失和对环境的影响等情况区别对待。影响工程安全的渗漏，要以满足建筑物渗控要求为原则进行处理；仅有水量损失的渗漏，可视水库库容、河流多年平均流量和水库调节性能等，以不影响工程效益的正常发挥为原则进行处理；具有一定环境效益水库的渗漏，如补给地下水或泉水，使地下水位升高，泉水流量增加，可发挥环境效益水库的渗漏，在不严重影响工程效益的前提下可不予处理，但对有次生灾害的渗漏应予以处理。

2）与工程建筑物安全有关的防渗处理，应利用隔水层和相对隔水层，提高防渗的可靠性，防止坝基坝肩附近溶洞、溶隙中的充填物在工程运行期发生冲刷破坏，并满足建筑物渗控要求。

3）为减少水库渗漏量进行的防漏处理可分期实施，水库蓄水前应对可能出现严重渗漏的部位进行处理，对可能存在溶隙性渗漏的部位，可待蓄水后视渗漏情况确定是否处理。

4）岩溶防渗处理措施可根据具体条件，宜采用封、堵、围、截、灌等综合防渗措施。防渗帷幕通过溶洞时，应先封堵溶洞，以保证灌浆的可靠性。

防漏性质的处理，应区分不同情况分别对待。对影响工程效益和危害地质环境条件的严重渗漏带应先作处理后，再进行观测。若渗漏量在控制范围内，则可不处理；否则，再实施第二期的防渗处理。

防渗性质的处理，是为避免建筑物（大坝坝基、坝肩，地下厂房等）地区的岩体产生岩溶冲蚀破坏和不允许的扬压力，或是为了防潮湿需要。渗控工程除了防渗帷幕之外，常有排水工程。

对防渗处理的线路、范围和深度选择，应作技术经济比较。宜利用先导孔与其他孔间透视或孔内电视找出防渗线上的岩溶洞穴。帷幕灌浆应先封堵溶洞，使管道介质变成裂隙性介质再灌浆，才能有效地形成帷幕。对于正在过水的主管道，宜先安上阀门，最后才完全封堵，以利整个防渗帷幕的形成。

3.4.2　水库浸没

水库浸没是指由于水库蓄水使库区周边地区的地下水位抬高，导致地面产生盐渍化、沼泽化及建筑物地基条件恶化等次生地质灾害的现象。

水库浸没的判别，分为初判和复判。

3.4.2.1　浸没初判

（1）初判时符合下列情况之一的地段，可判定为不可能浸没地段。

1）库岸或渠道由相对不透水岩土层组成的地段。

2）与水库无直接水力联系的地段：被相对不透水层阻隔，且该不透水层顶部高程高于水库设计蓄水位；被有经常水流的溪沟阻隔，且溪沟水位高于水库设计蓄水位。

3）渠道周围地下水位高于渠道设计水位的地段。

（2）符合下列情况之一的地段，可判定为不可能产生次生盐渍化地段。

1）处于湿润性气候区，降水量大，径流条件好。

2）地下水矿化度较低。

3）表层黏性土较薄，下部含水层透水性较强，排泄条件较好。

4）排水设施完善。

（3）判别时应确定该地区的浸没地下水埋深临界值。当预测的蓄水后地下水埋深值小于该临界值时，该地区判定为浸没区。

浸没地下水埋深临界值可按式（3.4－1）确定：

$$H_{cr}=H_k+\Delta H \tag{3.4-1}$$

式中　H_{cr}——浸没地下水位埋深临界值，m；

H_k——土的毛细水上升高度（可通过实地试验和观测取得），m；

ΔH——安全超高值（对农业区，即为根系层的厚度，而对城镇和居民区，则取决于建筑物荷载、基础型式、砌置深度），m。

地下水壅水计算（解析法）常用公式见表3.4－3。

表3.4－3　地下水壅水计算（解析法）常用公式

水文地质特征		示意图	公式
无渗入时均质岩层	隔水层底板水平，陡直河岸	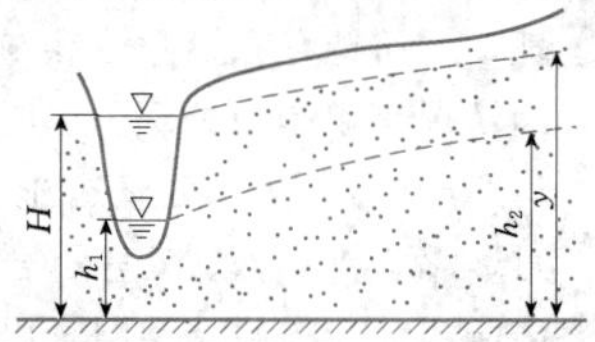	$y=\sqrt{h_2^2-h_1^2+H^2}$
	隔水层底板水平，平缓开阔河谷	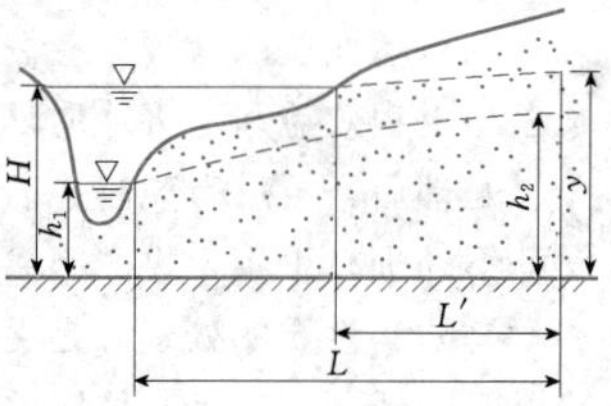	$y=\sqrt{\frac{L'}{L}(h_2^2-h_1^2)+H^2}$
	隔水层底板倾斜	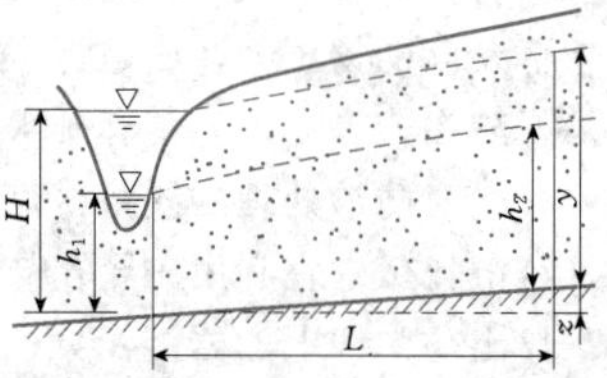 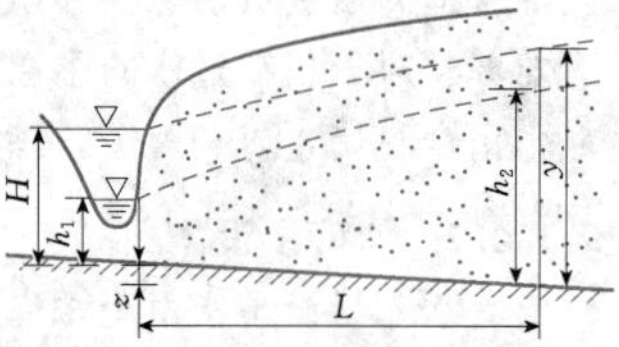	正坡： $y=\sqrt{\frac{z^2}{4}+H^2+h_2^2-h_1^2+z(h_2+h_1-H)}-\frac{z}{2}$ 反坡： $y=\sqrt{\frac{z^2}{4}+H^2+h_2^2-h_1^2-z(h_2+h_1-H)}+\frac{z}{2}$
无渗入时非均质岩层	双层结构水平岩层	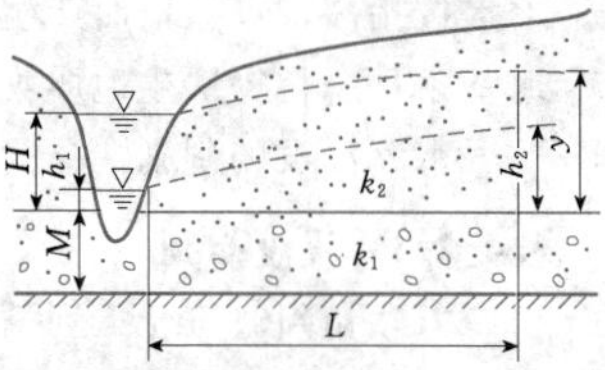	$2K_1M(h_2-h_1)+K_2(h_2^2-h_1^2)$ $=2K_1M[(y-H)]+K_2(y^2-H^2)$
	透水性在水平方向上急剧变化的岩层	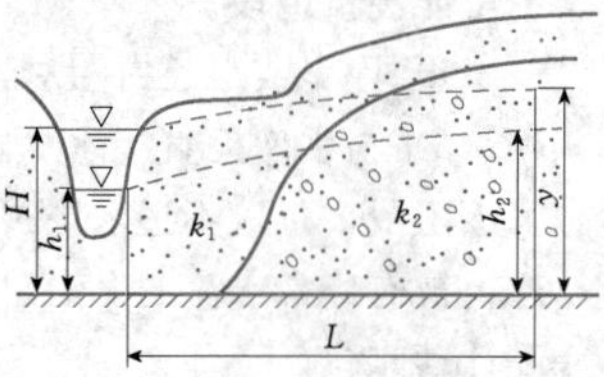	$y=\sqrt{h_2^2-h_1^2+H^2}$ 在水平方向向急剧变化的岩层中，潜水的壅水值与岩层的渗透系数无关

续表

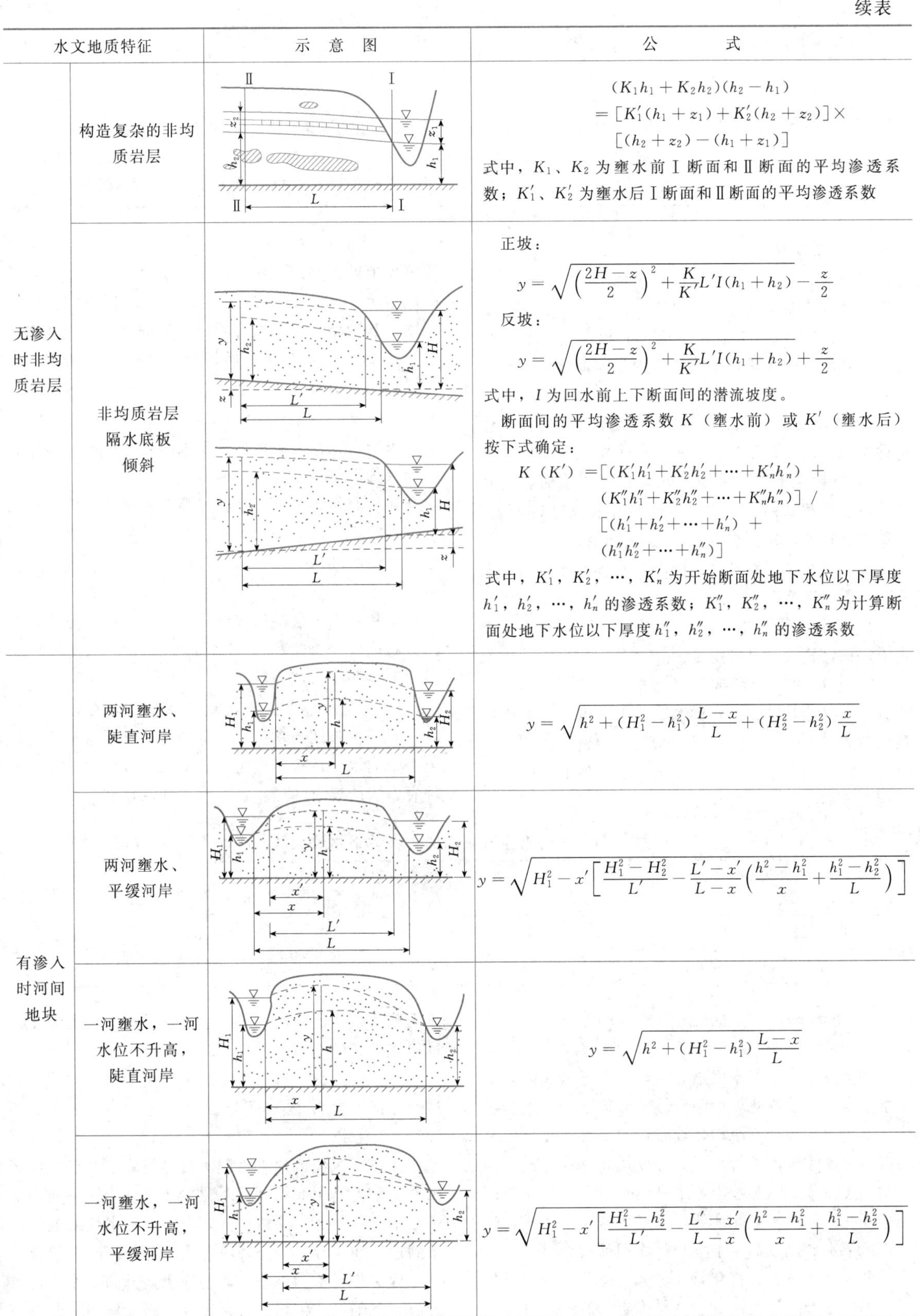

水文地质特征		示意图	公式
无渗入时非均质岩层	构造复杂的非均质岩层		$(K_1h_1+K_2h_2)(h_2-h_1)$ $=[K_1'(h_1+z_1)+K_2'(h_2+z_2)]\times$ $[(h_2+z_2)-(h_1+z_1)]$ 式中，K_1、K_2 为壅水前Ⅰ断面和Ⅱ断面的平均渗透系数；K_1'、K_2' 为壅水后Ⅰ断面和Ⅱ断面的平均渗透系数
	非均质岩层隔水底板倾斜		正坡： $y=\sqrt{\left(\frac{2H-z}{2}\right)^2+\frac{K}{K'}L'I(h_1+h_2)}-\frac{z}{2}$ 反坡： $y=\sqrt{\left(\frac{2H-z}{2}\right)^2+\frac{K}{K'}L'I(h_1+h_2)}+\frac{z}{2}$ 式中，I 为回水前上下断面间的潜流坡度。 断面间的平均渗透系数 K（壅水前）或 K'（壅水后）按下式确定： $K\ (K')=[(K_1'h_1'+K_2'h_2'+\cdots+K_n'h_n')+(K_1''h_1''+K_2''h_2''+\cdots+K_n''h_n'')]/[(h_1'+h_2'+\cdots+h_n')+(h_1''h_2''+\cdots+h_n'')]$ 式中，K_1'，K_2'，…，K_n' 为开始断面处地下水位以下厚度 h_1'，h_2'，…，h_n' 的渗透系数；K_1''，K_2''，…，K_n'' 为计算断面处地下水位以下厚度 h_1''，h_2''，…，h_n'' 的渗透系数
有渗入时河间地块	两河壅水、陡直河岸		$y=\sqrt{h^2+(H_1^2-h_1^2)\frac{L-x}{L}+(H_2^2-h_2^2)\frac{x}{L}}$
	两河壅水、平缓河岸		$y=\sqrt{H_1^2-x'\left[\frac{H_1^2-H_2^2}{L'}-\frac{L'-x'}{L-x}\left(\frac{h^2-h_1^2}{x}+\frac{h_1^2-h_2^2}{L}\right)\right]}$
	一河壅水，一河水位不升高，陡直河岸		$y=\sqrt{h^2+(H_1^2-h_1^2)\frac{L-x}{L}}$
	一河壅水，一河水位不升高，平缓河岸		$y=\sqrt{H_1^2-x'\left[\frac{H_1^2-h_2^2}{L'}-\frac{L'-x'}{L-x}\left(\frac{h^2-h_1^2}{x}+\frac{h_1^2-h_2^2}{L}\right)\right]}$

续表

水文地质特征	示意图	公式
辐射流（非平面流）		$y_1^2=\frac{\ln b_1'-\ln b_2'}{\ln b_1-\ln b_2}\frac{b_1-b_2}{b_1'-b_2'}(h_1^2-h_2^2)+y_2^2$ 式中，b_1、b_2 为回水前上下游断面潜流宽度；b_1'、b_2' 为回水后上下游断面潜流宽度；h_1、h_2 为回水前上下游断面潜流厚度；y_1、y_2 为回水后上下游断面潜流厚度

3.4.2.2 浸没复判

(1) 复判时，农作物区的浸没地下水埋深临界值应根据下列因素确定。

1) 对可能次生盐渍化地区，应根据地下水矿化度和表部土层性质确定防止土壤次生盐渍化地下水埋深临界值。

2) 对不可能次生盐渍化地区，应根据现有农作物种类确定适于作物生长的地下水埋深临界值。

3) 在确定上述两种地下水埋深临界值时，应对当地农业管理部门、农业科研部门和农民进行调查，收集相关资料，根据需要开挖试坑验证。

(2) 复判时，建筑物区的浸没地下水埋深临界值应根据下列因素确定。

1) 居住环境标准。浸没地下水埋深临界值等于表土层的毛管水上升高度。

2) 建筑物安全标准。当勘探、试验成果表明，现有建筑物地基持力层在饱和状态下强度显著下降导致承载力不足，或沉陷值显著增大超出建筑物的允许值时，浸没地下水埋深值等于该类建筑物的基础砌置深度加土的毛管水上升高度。

3) 上述两种情况确定建筑物区的浸没地下水埋深临界值，要根据表层土的毛管水上升高度、地基持力层情况、冻结层深度以及当地现有建筑物的类型、层数、基础型式和深度等确定，根据需要进行开挖验证。地基持力层主要包括是否存在黄土、淤泥、软土、膨胀土等地层，持力层在含水率改变下的变形增大率及强度降低率等。

(3) 当复判勘察区面积较大时，宜按浸没影响程度划分为严重浸没区和轻微浸没区。

(4) 农作物区地下水临界埋深确定。农作物区的地下水临界埋深有两个标准，一是适宜于作物生长的地下水最小埋深，根据现有农作物种类来确定。二是防止土壤次生盐渍化的地下水最小埋深，根据地下水矿化度和表部土层性质来确定。并对当地农业管理部门、农业科研部门和农民进行调查，收集相关资料，根据需要开挖试坑验证。

1) 适宜于作物生长的地下水最小埋深。农作物在不同的生长期要求保持一定的地下水适宜深度，使土壤中的水分适宜于作物根系生长。我国部分地区几种农作物所要求的最小地下水位埋深见表 3.4-4。

表 3.4-4　我国部分地区农作物要求的最小地下水位埋深　单位：m

地区＼农作物种类	小麦	棉花	马铃薯	苎麻	蔬菜	甘蔗
长江中下游	0.5～0.6	1.0～1.4	0.8～0.9	1.0～1.4	0.8～1.0	0.8～1.4
华北	0.6～0.7	1.0～1.4	0.9～1.1		0.9～1.1	

2) 防止土壤次生盐渍化的地下水最小埋深。土壤次生盐渍化的影响因素较多，其中气候（主要是降雨量和蒸发量）是基本因素，干旱、半干旱地区易于产生土壤次生盐渍化，而湿润性气候区不会出现盐渍化。土壤质地和地下水矿化度是影响次生盐渍化的主要因素。砂性土的毛管水上升高度虽比黏性土低，但其输水速度却大于黏性土，上升的水量多，更易于产生盐渍化。地下水矿化度低，土壤积盐作用就小，反之，地下水矿化度高，土壤积盐作用就大。

各地区的防止盐渍化地下水最小埋深各不相同，应根据实地调查和观测试验资料确定。总体而言，防止土壤次生盐渍化所要求的地下水最小埋深要大于作物适宜生长的地下水最小埋深。

对于无资料地区，防止土壤次生盐渍化的地下水最小埋深及盐渍化程度分级可参考表 3.2-17、表 3.2-19 确定。

(5) 建筑物区地下水埋深临界值确定。建筑物区因地下水上升引起的环境恶化主要表现为：①地面经常处于潮湿状态，无法居住。表明地下水位或毛细水带到达地面，导致生态环境恶化。此种情况的浸没地下水埋深临界值为地下水的毛细水上升高度。②房屋开裂、沉陷以致倒塌。其原因有：冻胀作用（北方地区）；地基持力层饱水后强度大幅度下降，承载力不足或持力层饱水后产生大量沉降变形或不均匀变形。

这些情况是否会出现，与现有建筑物的类型、层数、基础型式、砌置深度、持力层性质（特别是有无湿陷性黄土、淤泥、软土、膨胀土等工程性质不良岩土层）密切相关，应针对具体情况进行相应调查、勘察和试验研究工作，在掌握充分资料后进行建筑物区浸没可能性评价。当地基持力层在饱水后出现承载力不足或大量沉陷时，浸没地下水埋深临界值为土的毛管水上升高度加基础砌置深度。

3.4.3 水库库岸稳定性

水库库岸稳定性是指库岸在水库形成和运行阶段维持稳定状态的性能。水库周边岸坡在水库初次蓄水时，其自然环境和水文地质条件将发生强烈改变，如岸坡岩土体浸水饱和，地下水壅高，运行水位的升降导致岸坡内动水、静水压力的变化，以及波浪的作用等，都将打破原有岸坡的稳定状态，引起库岸的变形和破坏，即岸坡再造过程。经历一段时间后，库岸在新的环境条件下达到新的稳定。

库岸的变形和破坏称为岸坡失稳。研究库岸稳定性，预测库岸的变形和破坏的机理、型式、过程和后果，是水利水电工程地质勘察的主要任务之一。

水库岸坡可划分为土质岸坡和岩质岸坡两大类。库岸失稳的型式有崩塌、滑坡（包括已有滑坡的复活和新生滑坡）、变形裂缝或塌陷、风浪塌岸和冲刷塌岸等。其中崩塌、滑坡的相关内容见《水工设计手册》（第2版）第10卷。

库岸崩塌、滑坡，常造成涌浪、淤积甚至填埋水库、威胁周边居民生命财产安全、破坏基础设施与环境等危害。风浪塌岸和冲刷塌岸常对库岸生态环境、工农业生产、农田及居民生命财产安全造成危害。

3.4.3.1 土质库岸稳定性

土质库岸多见于平原和山间盆地水库，主要由各种成因的土层、砂砾石层以及松散堆积物组成。在山区水库，常见崩塌、滑坡堆积体组成的土质库岸。平原和山间盆地水库土质库岸的破坏型式以塌岸为主，可分为风浪塌岸和冲刷塌岸。

（1）风浪塌岸。风浪塌岸主要发生在库面宽阔、库水较深的地段。在库水浸泡和波浪冲蚀作用下，库岸首先形成内凹的浪蚀穴（龛），然后引起上部岸坡的崩塌。库岸土体在波浪冲刷范围内形成磨蚀坡或浅滩冲刷坡，在浪爬高度范围内形成冲蚀坡，上部土体则形成塌落坡，崩塌堆积物在水下形成堆积坡。在层状土体岸坡内，不同土层的坍落度也不同。在某一水位长期不变的条件下，当这些坡体达到稳定状态后，塌岸过程即告终止。在库水较浅或水下堆积空间较小的沟谷内，当上部塌落堆积物超过了库岸波浪作用范围后，塌岸也即终止。由黄土类土形成的岸坡因具有遇水崩解软化的特点，可发生大规模快速塌岸。如黄河三门峡水库蓄水一年内，一般塌岸宽度为30～90m，最大达280m。刘家峡水库蓄水20多年来一直有塌岸发生，至1985年底，平均累计塌岸宽度为27.5m，最大约250m。

1）风浪塌岸的影响因素与作用条件分析见表3.4-5。

表3.4-5　风浪塌岸的影响因素与作用条件分析表

影响因素	条件分析
库岸形态	（1）岸坡坡度：高而陡的岸坡，塌岸量大；低而陡的岸坡，塌岸速度快，塌岸量小；岸坡平缓，与天然冲刷稳定坡坡度相近，一般不易塌岸，只受到不大的冲蚀或发生局部性塌毁。 （2）岸线形状：突嘴、凸岸三面临水，塌岸量小；平直库岸，塌岸强度不很大。 （3）水下岸形：水下岸形陡直、岸前水深的库岸，可加速塌岸的过程；水下岸前有阶地和漫滩，可减弱塌岸速度。 （4）地形完整情况：地形不完整、支沟发育、切割严重的库岸，塌岸显著；地形平整、阶面较宽、冲沟不发育的库岸，塌岸不显著
地层岩性	（1）密实的黏土塌岸宽度不大或仅表现为岸坡表面风化土体的剥落，软黏土、膨胀土、裂缝土、含盐土，易产生严重塌岸。 （2）胶结好的砂砾石层，常成为库岸的天然保护层，形成窄而陡的浅滩，粉细砂可造成大量坍塌，形成宽而缓的浅滩。 （3）黄土浸水后常形成快速、强烈的坍塌
物理地质作用	（1）沿岸水流，冲刷凸岸的岸嘴，加速塌岸过程，但可使岸顺直化，有利于浅滩的稳定，从而又减缓塌岸的进程。 （2）寒冷地区的冻硬作用，使土体发生裂缝或坍塌，结冻或融冻时的浮水，对库岸起着破坏作用

续表

影响因素	条件分析
水的作用	（1）水库蓄水使地下水壅高，引起库岸土体湿化，降低抗剪强度和承载能力。 （2）水库水位变幅大时，可加快塌岸速度，扩大最终塌岸宽度。 （3）水位消落带处斜坡土体由于周期性干湿变化，可引起土体的破坏
波浪作用	波浪是水库塌岸作用的主要外力，在岸坡坡度相同、水位变幅相同时，波越高、击岸浪越大，越能加速塌岸的过程和加大塌岸宽度

2）风浪塌岸的预测。塌岸预测方法的选择与库岸的类型、库水运用方式以及预测期限的长短等条件密切相关。常用的塌岸宽度预测方法有卡丘金法和图解法等。

a. 卡丘金法。用于松散沉积黄土、砂土、粉土、黏土所覆盖的不高的岸边，适于中小型水库或大型水库的中上游地带、且没有很高波浪的地区，如图 3.4-1 所示。

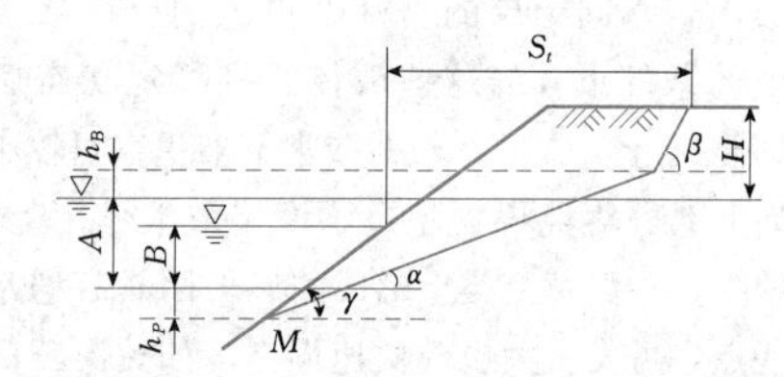

图 3.4-1　卡丘金法示意图

计算公式为

$$S_t = N[(A + h_P + h_B)\cot\alpha + (H - h_B)\cot\beta - (B + h_P)\cot\gamma] \quad (3.4-2)$$

式中　S_t——最终塌岸宽度，m；

N——与土的颗粒大小有关的系数（黏土为 1.0，冰碛粉土为 0.8，黄土为 0.6，砂土为 0.5，砂卵石为 0.4）；

A——库水位变化幅度［即保证率为 10%～20%的最高洪水位与设计低水位（消落水位）之差］，m；

B——正常蓄水位与设计低水位之差，m；

h_P——波浪冲刷深度［一般情况下取（1.5～2）h（波高）］，m；

h_B——浪击高度，m；

H——保证率为 10%～20%的最高水位以上的岸高，m；

α——水下浅滩冲刷后稳定坡角（见图 3.4-2），(°)；

β——水上岸坡稳定坡角（见表 3.4-6），(°)；

γ——原始坡角，(°)。

b. 图解法。有两段图解法、卓洛塔廖夫图解法等。

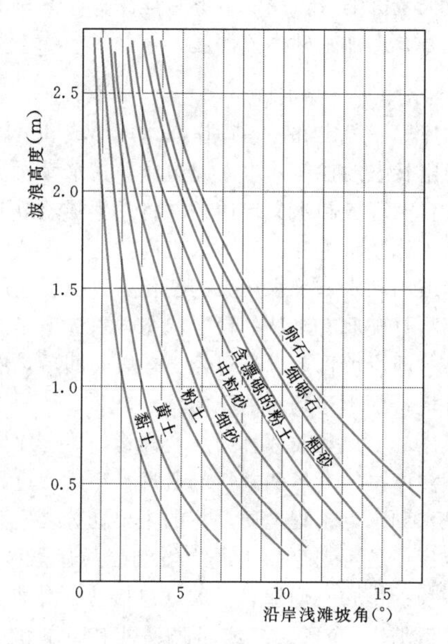

图 3.4-2　不同波高情况下几种松软土的 α 角

表 3.4-6　水上岸坡稳定坡角 β 参考值

岸坡岩层	β (°)
黏土	5～30
黄土	20～38
粉土	25～48
细砂	30～35
中砂	30～40
含漂砾的粉土	35～45
粗砂	38～45
砾石	>45
卵石	>45

卓洛塔廖夫图解法如图 3.4-3 所示。

图 3.4-3 中，S_1 为塌岸宽度，m；β_1 为堆积浅滩坡角（砂质黏土质堆积物采用 10°～20°，卵石类和粗砂类堆积物采用 18°～22°）；β_2 为堆积浅滩表面坡角（一般为 1°～10°，细砂采用 1°～15°，小砾石采用 10°～20°）；β_3 为浅滩冲刷角（见表 3.4-7）；β_4 为浪击带坡角（见表 3.4-7）；β 为水上稳定坡角；a 为浅

滩台阶与堆积浅滩面的交点，其位置根据堆积系数 k（即浅滩堆积体积与水上岸坡被冲走部分的体积之比，见表 3.4-7）确定；b 为堆积浅滩面与浅滩冲蚀部分的交点；h_B 为浪击高度，m。

表 3.4-7　浅滩冲刷角 β_3、浪击带坡角 β_4、堆积系数 k 参考值

岩层名称及特征	β_3	β_4	k	岩层泡软速度
粉砂、细砂、粉土、淤泥质粉土	40′～1°	3°	5%～20%根据颗粒组成而定	快，几分钟内
小卵石类粗砂、碎石土	6°～8°	16°～18°	30%以下	
黄土质粉土	1°～1°30′	4°	冲蚀的	相当快，10～30min 内
松散的粉土	1°～2°	4°	冲蚀的	1～2h 内，水中分解
下白垩纪黏土、上白垩纪灰岩	2°～3°	6°	10%～20%	不能泡软，在土样棱角上膨胀破坏
上白垩纪泥灰岩、蛋白岩（极软岩）、有裂缝	3°～5°	10°	10%～30%	不能泡软
黏土，深灰色，质极密，含钙质	2°～3°	5°	冲蚀的	一个月内不能泡软，部分分化淋蚀
黏土、黑色、深灰色、质密、成层	2°	6°	冲蚀的	一个月内不能泡软，部分分化淋蚀
有节理的泥灰岩、石灰质黏土、密实的砂、松散砂岩	2°～4°	10°	10%～15%	一个月内不能泡软，部分分化淋蚀
黄土、黄土质土	1°～1°30′	—	—	很快，全部分解

注　表中 β_3、β_4 值符合波浪高为 2m 的情况，在库尾区因波浪高较小，可按表中数值增加 1.5 倍计。

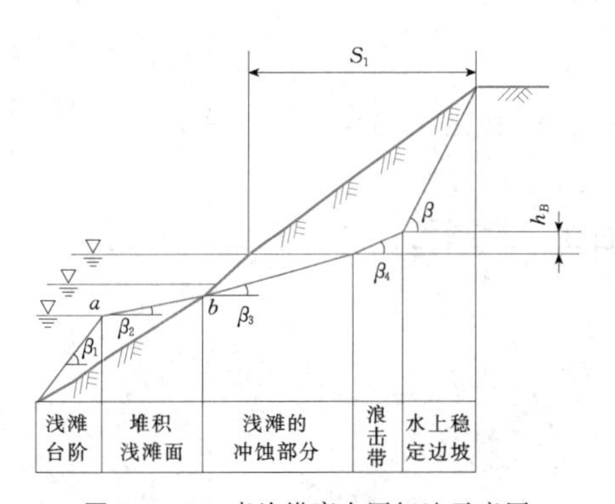

图 3.4-3　卓洛塔廖夫图解法示意图

值得注意的是，目前水库塌岸的各种预测方法多属于经验性或半经验性方法，由于自然条件的复杂多变性，预测结果与实际情况会有一定的出入。

（2）冲刷塌岸。冲刷塌岸多发生在库尾地段，特别是上游有梯级水电站的情况。当夏季度汛腾空防洪库容期间，库尾恢复河流形态，因岸坡土体饱水，在河湾处易发生冲刷塌岸；特别是上游梯级水电站泄洪，很易发生这种情况。河道型水库在低水位运行时，水流状况与天然河道相似，更易发生冲刷型塌岸。

3.4.3.2　岩质库岸稳定性

岩质库岸多出现于山区的峡谷水库和丘陵水库，其破坏形式以滑坡和崩塌为主。近坝库岸的高速滑坡可能激起翻坝涌浪，威胁大坝等水工建筑物及库周和下游民众生命财产安全，是库岸稳定性研究的重点。

岩质库岸滑坡的发生与岸坡的地形地质条件，如坡面形态、排水条件、物质组成、岩体结构，特别是岩体内软弱层带的发育及组合特征，以及水文、气象条件和水库水深、水库调度方式等有密切关系。缓倾顺向坡、下部倾角缓（甚至反倾）中后部倾角陡的层状岸坡易形成新生滑坡，且常为高速滑坡，如中国湖南柘溪水库塘岩光滑坡就属于这类滑坡。

除滑坡外，岩质水库岸坡另一种常见的失稳是岩崩，多发生在岸坡陡峻、岩性坚硬、呈厚层状、岸坡卸荷裂隙发育的岩体中，尤其是岩体结构呈上硬下软或下部有采空区的岸坡，极易产生大型岩崩。

3.4.4　泥石流

泥石流是山区由于暴雨或冰雪迅速消融等水源激发形成的挟带大量泥沙、石块等固体物质的特殊洪流。

3.4.4.1　泥石流对水库工程的危害

泥石流常常具有暴发突然，来势凶猛、迅速的特点，并兼有崩塌、滑坡和洪水破坏的双重作用，其危害程度常比单一的崩塌、滑坡和洪水的危害更为广泛和严重。它对水库工程的危害具体表现在如下几个方面。

（1）造成水库淤积。使水库库容变小，严重的可使水库淤死而报废。

（2）对水库区移民居民点的危害。泥石流冲进乡村、城镇，摧毁房屋、工厂、企事业单位及其他场所设施，淹没人畜，毁坏土地，甚至造成村毁人亡的灾难。

（3）对水库区专业复建设施的危害。泥石流可掩埋车站、铁路和公路，摧毁路基、桥涵等专业复建设施，致使交通中断，还可引起正在运行的火车、汽车颠覆，造成人身伤亡事故。有时泥石流汇入河道，引起河道大幅度变迁，间接毁坏公路、铁路及其他构筑物，甚至迫使道路改线。

3.4.4.2　泥石流形成的基本条件

泥石流的形成需同时具备三个条件，即陡峻的便于集水集物的地形地貌、有丰富的松散物质、短时间内有大量的水源。相关内容见本卷第3章3.1节。

3.4.4.3　泥石流的工程分类

泥石流的工程分类见表3.4-8。

表3.4-8　泥石流的工程分类

类别	泥石流特征	流域特征	亚类	严重程度	流域面积（km^2）	固体物质一次冲出量（万m^3）	流量（m^3/s）	堆积区面积（km^2）
高频率泥石流沟谷Ⅰ	基本上每年都有泥石流发生。固体物质主要来源于沟谷两侧的坡残积、滑坡、崩塌堆积。泥石流暴发雨强小于2～4mm/10min，除岩性因素外，滑坡、崩塌严重的沟谷多发生黏性泥石流，规模大；反之，多发生稀性泥石流，规模小	多位于强烈抬升区，岩层破碎，风化强烈，山体稳定性差，泥石流堆积新鲜，无植被或仅有稀疏草丛，黏性泥石流沟中，下游沟床坡度大于4%	$Ⅰ_1$	严重	＞5	＞5	＞100	＞1
			$Ⅰ_2$	中等	1～5	1～5	30～100	＜1
			$Ⅰ_3$	轻微	＜1	＜1	＜30	—
低频率泥石流沟谷Ⅱ	泥石流暴发周期一般在10年以上。固体物质主要来源于沟床。泥石流发生时“揭床”现象明显。暴雨时坡面产生的浅层滑坡往往是激发泥石流形成的重要因素。泥石流暴发雨强一般大于4mm/10min，泥石流规模一般较大，有黏有稀	山体稳定性相对较好，无大型活动性滑坡、崩塌。沟床和扇形地上巨砾遍布。植被较好，沟床内灌木丛密布，扇形地多已辟为农田。稀性泥石流沟中，下游沟床坡度小于4%	$Ⅱ_1$	严重	＞10	＞5	＞100	＞1
			$Ⅱ_2$	中等	1～10	1～5	30～100	＜1
			$Ⅱ_3$	轻微	＜1	＜1	＜30	—

注　1. 表中流量对高频率泥石流沟指百年一遇流量；对低频率泥石流沟指历史最大流量。
2. 泥石流的工程分类宜采用野外特征与定量指标相结合的原则，定量指标满足其中一项即可。
3. 该表摘自《岩土工程勘察规范》（GB 50021—2001），略作调整。

3.4.4.4　泥石流活动强度的影响因素

泥石流的活动强度主要与地形地貌、地质环境和水文气象条件三个方面的因素有关。例如崩塌、滑坡、岩堆群落地区，岩石破碎、风化程度深，则易成为泥石流固体物质的补给源；沟谷长、汇水面积大、纵向坡度较陡等因素为泥石流的流通提供了条件；水文气象因素则直接提供水动力条件。大强度、短时间出现暴雨往往容易形成泥石流，其强度与暴雨的强度密切相关。

3.4.4.5　泥石流勘察方法

（1）收集水文气象、地形地质、航片或卫片等资料。

（2）对航片或卫片进行解译，编绘草图，并进行野外检验与核实。

（3）进行工程地质测绘，范围应包括泥石流发生区、通过区、堆积区及对水库的影响区。

（4）根据需要布置物探、坑探、钻探等勘探工作，查明泥石流的堆积厚度。

(5) 取泥石流堆积物代表性样品进行物理力学试验。

(6) 根据泥石流类别、形态、形成泥石流松散物质的积累和聚集程度、水源的补给情况和启动条件等，预测泥石流暴发的可能性、规模及其频率，分析评价对水工建筑物的安全、水库淤积、库周城镇、规划移民区、农业区及重要工程设施的影响和危害程度，并提出综合治理措施的建议。

(7) 建立预警和监测系统（点）。

3.4.5 水库诱发地震

3.4.5.1 水库诱发地震的特点

(1) 空间分布上主要集中在库盆和距离库岸边3～5km范围内，少有超过10km者。

(2) 主震发震时间和水库蓄水过程密切相关。在水库蓄水早期阶段，地震活动与库水位升降变化有较好的相关性。较强的地震活动高潮多出现在前几个蓄水期的高水位季节，且有一定的滞后，并与水位的增长速率、高水位的持续时间有一定关系。

(3) 水库蓄水所引起的岩体内外条件的改变，随着时间的推移，逐步调整而趋于平衡，因而水库诱发地震的频度和强度，随时间的延长呈明显的下降趋势。根据对55个水库的统计，主震在水库蓄水后1年内发生的有37个，占67.3%；2～3年发震的有12个，占21.8%；5年发震的有2个，占3.6%；5年以上的有4个，占7.3%。

(4) 水库诱发地震的震级绝大部分是微震和弱震。一般都在4级以下。据统计，$M_L \leqslant 4$级的水库诱发地震占总数的70%～80%，震级在6级以上（6.1～6.5级）的强震仅占3%。

(5) 震源深度极浅，绝大部分震源深度在3～5km范围，直至近地表。

(6) 由于震源较浅，与天然地震相比，水库诱发地震具有较高的地震动频率、地面峰值加速度和震中烈度，但极震区范围很小，烈度衰减快。

(7) 总体上，水库诱发地震产生的概率大约只有工程总数的0.1%～0.2%，但随着坝高和库容的增大，比例明显增高。中国坝高在100m以上的和库容在100亿m^3以上的高坝大库，发震比例均在30%左右。

(8) 较强的水库诱发地震有可能超过当地发生过的最大历史地震，也可能会超过当地的基本地震烈度。因此，不能以这二者作为判断一个地区可能发生水库诱发地震的最大强度的依据。

3.4.5.2 水库诱发地震的类型

(1) 构造型。由于库水触发库区某些敏感断裂构造的薄弱部位而引发的地震，发震部位在空间上与相关断裂的展布相一致。这种类型的水库诱发地震强度较高，对水利工程的影响较大，也是世界各国研究最多的主要类型。

(2) 岩溶型。发生在碳酸盐岩分布区岩溶发育的地段，通常是由于库水升高突然涌入岩溶洞穴，高水压在洞穴中形成气爆、水锤效应及大规模岩溶塌陷等引起的地震活动。这是最常见的一种类型的水库诱发地震，中国的水库诱发地震70%属于这一类型。但这种类型地震震级不高，多为2～3级，最大也只在4级左右。

(3) 浅表微破裂型，又称浅表卸荷型。在库水作用下引起浅表部岩体调整性破裂、位移或变形而引起的地震，多发生在坚硬性脆的岩体中或河谷下部的所谓卸荷不足区。这一类型地震震级一般很小，多小于3级，持续时间不长。近些年的资料表明，该类型的诱发地震比原先预想的更为常见。

此外，库水抬升淹没废弃矿井造成的矿井塌陷、库水抬升导致库岸边坡失稳变形等，也都可能引起浅表部岩体振动成为“地震”，且在很多地区成为常见的一种类型。

3.4.5.3 水库诱发地震的主要影响因素

通常认为，水库诱发地震的主要影响因素有库水深度、库容、应力场、断层活动性、库区岩石性质及库区地震活动性等。

3.4.5.4 水库诱发地震预测研究的内容和方法

1. 水库诱发地震预测研究的内容

(1) 区域地质背景调查研究。研究成果是水库诱发地震问题分析研究的基础。

(2) 主要断裂活动性的研究。此项工作是区域地壳稳定性研究的核心和重点，也是评价水库诱发地震的重要因子。

(3) 库首区地质构造和地层岩性的专项研究。包括中小型断层性状的专门研究，裂隙的分段调查和特征值的统计分析，断层裂隙发育与库盆的关系，碳酸盐岩峡谷库段地层和岩性的专项研究等。

(4) 岩溶水文地质调查。包括水文地质结构单元的划分，岩体和断裂构造的透水性及其各向异性特征，主要水文地质结构面（透水带、层、体及管道等）的分布及其与库水的关系等。在碳酸盐岩分布区，还包括岩溶发育特征、规律及其与库水关系的研究。

(5) 库区地应力场的研究。可以应用构造形迹分析法、地形变测量、震源机制解、坝区初始应力测量等项成果进行分析，进行深孔地应力测量。

表 3.4-9 中国水库诱发地震震例基本情况一览表

序号	水库名称	省（自治区、直辖市），河流	坝高（m）	坝 型	总库容（亿 m^3）	开始蓄水时间（年-月）	出现初震时间（年-月）	已知最大地震				工程竣工时间（年-月）	备 注
								发生时间（年-月-日）	震级（烈度）	震中区位置	震中区岩性		
1	新丰江	广东，新丰江	105	单支墩大头坝	139.113	1959-10	1959-11	1962-03-19	6.1（8）	坝下游 1km	花岗岩	1969-9	
2	南 冲	湖南，新泽河	45	黏土心墙坝	0.135	1967-04	1967-05	1974-07-25	2.8（6）	水库南侧	岩溶化灰岩	1969	
3	南 水	广东，南水	81.3	爆破堆石坝	12.18	1969-02	1970-01	1970-02-26	3.0（5）	库区中尾段	岩溶化灰岩		
4	丹江口	湖北，汉江	97	重力坝土石坝	208.9	1967-11	1970-01	1973-11-29	4.7（7）	丹库中段	碳酸盐岩		
5	前 进	湖北，黄畈河	50	土石坝	0.168	1970-05	1971-10	1971-10-20	3.0（6）	库尾	岩溶化灰岩		
6	柘 林	江西，修水	63.5	黏土心墙土坝	71.7	1972-01	1972-02	1972-10-14	3.2（5）	库中段北岸	岩溶化灰岩	1972	
7	曾 文	台湾，曾文溪	136.5	黏土斜墙堆石坝	8.9	1973-02	水库所在地区天然地震活动水平很高，蓄水后库盆以下地震频度和强度降低，且明显与库水位负相关				新第三系砂页岩	1973	有争议
8	参 窝	辽宁，太子河	50	重力坝	5	1972-11	1973-02	1974-12-22	4.8（6）	库尾	混合花岗岩		
9	佛子岭	安徽，淠河	74	混凝土连拱坝	4.7	1954-06		1973-03-11	4.5	大坝西侧约 12km	大理岩，层状变质岩		有争议
10	黄 石	湖南，白洋河	40.5	心墙土坝	6.12	1969-04	1973-05	1974-09-21	2.3（5）	库尾以上	厚层灰岩		
11	石 泉	陕西，汉江	65	混凝土空腹重力坝	4.7	1972-10	1973-09	1978-01	4.2（5）	坝下游 16km	变质岩，结晶灰岩		有争议
12	新 店	四川	26.5	斜墙坝	0.29	1974-03	1974-07	1979-09-15	4.2（6）	库中段北岸	灰岩，岩盐		有争议
13	乌溪江	浙江，乌溪江	129	梯形支墩坝	20.6	1979-01	1979-06	1979-10-07	2.8（5）	水库中部	花岗斑岩		
14	乌江渡	贵州，乌江	165	拱形重力坝	23.0	1979-11	1980-01	1992-05-20	3.5	水库中段	岩溶化灰岩	1983	
15	邓家桥	湖北	12	砌石拱形坝	0.004	1979-12	1980-08	1983-10-30	2.2（6－）	库区西北缘	岩溶化灰岩		
16	盛家峡	青海，湟水河岗干沟	33	堆石坝	0.045	1980-11	1981-03	1984-03-07	3.6（6＋）	库区	花岗岩		
17	龙羊峡	青海，黄河	178	重力拱坝	247.0	1986-10		1990-01-27	2.4	库首	花岗岩		有争议
18	大 化	广西，红水河	74.5	重力坝	4.19	1982-05	1982-06	1984-11-19	1.6	坝前 1～5km	岩溶化灰岩		有争议
								1993-02-10	4.5（7）	库区右岸	岩溶化灰岩		上游岩滩水库蓄水后

续表

序号	水库名称	省（自治区、直辖市），河流	坝高（m）	坝型	总库容（亿 m^3）	开始蓄水时间（年-月）	出现初震时间（年-月）	已知最大地震				工程竣工时间（年-月）	备注
								发生时间（年-月-日）	震级（烈度）	震中区位置	震中区岩性		
19	冯村	陕西，清浴河	30.75	均质土坝	0.113	1982-07	1983-04	1983-11	2.2	库区西侧	石灰岩	1970-11	有争议
20	东江	湖南，耒水	157	双曲拱坝	81.2	1986-08	1987-11	1989-07-24	2.3	库区左岸	岩溶化灰岩	1990	
21	鲁布革	云南，黄泥河	103	黏土斜心墙堆石坝	1.11	1988-11	1988-11	1988-12-17	2.4（6）	库首段	岩溶化灰岩		坝前有滑坡发育，与水库地震无关
22	岩滩	广西，红水河	111	宽缝重力坝	24.3	1992-03	1992-03	1994-06-21	2.9	库区中段	岩溶化灰岩		有争议
23	铜街子	四川，大渡河	82	重力坝	2	1992-04	1992-04	1992-07-17	2.9（5）	大坝下游	玄武岩，灰岩		
24	隔河岩	湖北，清江	151	重力拱坝	34	1993-04	1993-05	1993-05-30	2.6	库区中段	岩溶化灰岩		
25	水口	福建，闽江	100	重力坝	23.4	1993-05	1993-11	2008-03-06	4.1（6）	库区中段	花岗斑岩	1995-07	$M_L=4.6$
26	天生桥一级	云南、贵州、广西，南盘江	178	面板堆石坝	102.6	1997-12		2000-08-13	3.4（5）	南盘江左岸支流马别河中段	强岩溶化灰岩	2000-12	
27	大桥	四川，安宁河	92.2	面板堆石坝	6.58	1996-06		2002-03-03	4.6（6）	坝下游 3km	斜长花岗岩		
28	珊溪	浙江，飞云江	132.5	面板堆石坝	18.24	2000-05-12	2002-07	2006-02-09	4.1（5）	库区，大坝上游 7km	侏罗纪火山岩		$M_L=4.6$
29	江口	重庆，芙蓉江	140	混凝土双曲拱坝	4.97	2002	2003-01	2003-01-26	3.5	坝上游约 1.5km	强岩溶化灰岩		
30	引子渡	贵州，乌江	129.5	面板堆石坝	5.31	2002	2003-06	2003-06	有感 3 次，2 级多（M_L）	坝上游 10km 距库边 4km	岩溶化灰岩		有争议
31	三峡	湖北，长江	181	重力坝	393	2003-05	2003-06	2008-11-22	4.1（6）	坝上游 28km	含煤砂页岩，强岩溶化灰岩		$M_L=4.5$
32	三板溪	贵州，清水江	185.5	面板堆石坝	37.48	2006-01	2006-03	2007-07-14	3.3	坝上游大于 10km	板溪群砂板岩		
33	龙滩	广西，红水河	216.5	碾压混凝土重力坝	272.7	2006-09	2007-03	2007-07-17	4.1（6）	坝上游 12km	岩溶化灰岩		$M_L=4.6$

注 1. 该表按水库诱发地震出现初震的时间排序。
2. 为便于比较，最大地震震级均按公式 $M_S=1.13M_L-1.08$ 计算，由 M_L 转换为 M_S。

(6) 小孔径台网强化观测。

(7) 水库诱发地震震例分析研究。

(8) 工程专用地震监测台网。

(9) 近场地震动参数研究。针对水库诱发地震的特点，研究近场地震动参数的衰减规律，分析库首段产生不同震级的诱发地震时，坝址区可能的基岩峰值加速度和影响烈度值。

2. 水库诱发地震预测研究的方法

(1) 地震地质条件类比。通过对已诱发地震的水库地质地震条件的分析，找出普遍性的相关因素，预测水库发震的可能性、发震库段和震级大小。

(2) 统计分析预测。主要采用模糊聚类分析、灰色聚类分析和概率统计预测等三种方法进行统计预测。在统计分析中主要考虑库水深、库容、区域地应力状态、断层活动性、岩性和地震活动背景六种基本因素的不同状态组合，对可能产生的水库诱发地震的发震概率及震级上限进行预测。

(3) 数值分析方法。通过水库蓄水后库盆应力分析及其变化，推算水库地震的可能规模（震级）。

(4) 水库诱发地震综合评价。对是否会产生水库诱发地震的条件进行逐项分析，结合各库段的岩性、地质构造、渗透条件、地震活动情况以及各种数值解析成果，进行各库段水库诱发地震的综合预测评价。

3.4.5.5 易于产生水库诱发地震的地质条件

(1) 易于诱发构造型水库地震的主要地质条件：①区域性断裂带或地区性断裂通过库坝区；②直接地质证据表明断层晚更新世以来有活动；③沿断层带有历史地震记载或仪器记录的地震活动；④断裂带和破碎带有一定的规模和导水能力，与库水沟通并可能渗往深部。

(2) 易于诱发岩溶型水库地震的主要条件：①库区有较大面积的碳酸盐岩分布，特别是质纯、层厚、块状的石灰岩；②现代岩溶作用强烈；③一定的气候和水文条件（如暴雨中心、陡涨陡落型洪峰等）。

(3) 易于诱发地表卸荷型水库地震的主要条件：库区处于现代强烈下切的河谷下部（即卸荷不足区），具有富硅的岩性条件（如酸性火成岩、硅质或富含燧石结核的灰岩）等。

3.4.5.6 我国的部分水库诱发地震案例

1962年3月10日发生在中国新丰江水库大坝左岸河源一带的6.1级地震，被认为是世界上第一例6级以上的水库诱发地震（丁原章，1989）。截至1964年底，新丰江大坝附近记录了超过18万次的微震。此后的22年中又增加了12万次，其中大于2级的有13万次。举世瞩目的长江三峡水库自2003年首次蓄水至135m后，也出现了水库诱发地震。至2006年，世界范围内共发生水库诱发地震近140例，其中6级以上4例，5.9～4.5级36例，4.4～3.0级43例，3.0级以下51例，这些地震分布于30多个国家。中国已有30多座水库诱发了不同程度的水库地震，见表3.4-9。

3.5 坝（闸）、堤防工程地质

3.5.1 坝址选择

3.5.1.1 坝址选择的地质要求

(1) 应尽量选择地形相对完整，宽度适中的河段。

(2) 应选择构造相对稳定的地段，避免把水工建筑物直接布置在活动性断裂上，应尽量避开处理工程复杂的大断层破碎带。

(3) 尽量选择岩体相对完整，岩性较均一，风化层、覆盖层较浅的河段，要特别注意软弱夹层的存在情况及其对水工建筑物稳定的影响。

(4) 避免将坝址选在大塌滑体或泥石流及其影响范围以内。

(5) 坝址不应有难以处理的渗漏问题。

3.5.1.2 不同坝型对地质条件的要求

不同坝型对地质条件的要求见表3.5-1。

表3.5-1 不同坝型对地质条件的要求

地质条件	土石坝	混凝土重力坝	混凝土拱坝
岩土性质	坝基岩（土）应具有抗水性（不溶解），压缩性也较小，尽量避免有很厚的泥炭、淤泥、软黏土、粉细砂、湿陷性黄土等不良土层	坝基要求尽可能为岩基，应有足够的整体性和均一性，并具有一定的承载力、抗水性和耐风化性能，覆盖层与风化层不宜过厚	坝基应为完整、均一、承载力高、强度大、耐风化、抗水的坚硬岩基，覆盖层和风化层不宜过厚
地质构造	以土层均一、结构简单、层次较稳定、厚度变化小的为佳，最好避开严重破碎的大断层带	尽量避开大断层带、软弱带以及节理密集带等不良地质构造	应避开大断层带、软弱带以及节理密集带等不良地质构造

续表

地质条件	土　石　坝	混凝土重力坝	混凝土拱坝
坝基与坝肩稳定	应避免有能使坝体滑动的性质不良的软弱层及软弱夹层。两岸坝肩接头处，地形坡度不宜过陡	坝基应有足够的抗滑稳定性，应尽量避免有不利于稳定的滑移面（软弱夹层，缓倾角断层等）	两岸坝基在地形地质条件上应大致对称（河谷宽高比最好不超过3.5），在拱推力作用下，不能发生滑移和过大变形，拱座下游应有足够的稳定岩体
渗漏及渗透稳定	应有足够的渗流稳定性，应避开难以处理的易渗透变形破坏的土层与可液化土层，并避免渗漏量过大	岩石的透水性不宜过大，不致产生大量漏水，避免产生过大的渗透压力	岩石的透水性要小，应避免产生过大的渗透压力（特别是两岸坝肩的侧向渗透压力）

注　1. 土石坝的心墙基础要求较高的渗透稳定，一般需采取相应的工程措施。
2. 支墩坝对地质条件的适应性较强，但需注意防止产生过大的侧向渗透压力，防止软弱夹层及软弱破碎带产生渗透变形破坏以及相邻支墩产生过大的不均一沉陷。

3.5.2　坝基（拱座）岩体抗滑稳定

3.5.2.1　坝基抗滑稳定的基本模式

1. *接触面滑动*

接触面滑动又称表面滑动，是指坝沿坝体与基岩接触面发生剪切破坏而产生的滑动。此种滑移模式的条件是坝基岩体坚硬、完整、均一，其强度远大于坝体混凝土强度；基岩中无控制滑移的软弱结构面，混凝土坝体与基岩接触面的抗剪强度成为控制坝稳定的主要因素（见图3.5-1）。

2. *浅层滑动*

浅层滑动是指沿坝基浅部岩体发生剪切破坏而形成的滑动，剪切破坏面位于坝基岩体之中，但埋深不大。根据其产生的不同条件，可概括为以下三种情况。

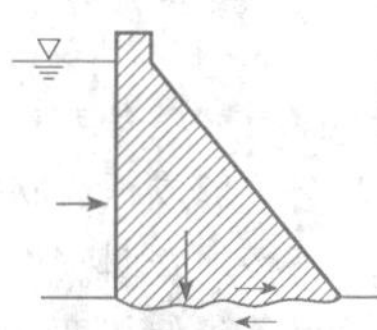

图3.5-1　坝基表面滑动示意图

（1）坝基岩体软弱，岩体本身抗剪强度低于坝体混凝土与基岩接触面的抗剪强度，沿浅表层岩体的内部发生剪切破坏，如图3.5-2（*a*）所示。

（2）由近水平的薄层状岩层，特别是夹有软弱夹层的岩层构成的坝基，在库水推力作用下，表层岩体产生滑移，坝趾下游抗力体部位的岩体因厚度过小，发生隆起变形或被剪断而丧失抗滑力，使得坝基整体产生滑动，如图3.5-2（*b*）所示。

（3）碎裂结构岩体组成的坝基，在坝体推力作用下，沿不同方位结构面发生渐进的剪切破坏，其发生剪切破坏的深度与坝基剪应力集中位置有关，如图3.5-2（*c*）所示。

3. *深层滑动*

深层滑动是指坝体和坝基一部分岩体共同沿坝基深部存在的软弱结构面产生剪切破坏而形成的滑动问题。构成危险滑移体的软弱结构面，可分为滑移控制面和切割面两类，它们在一定的条件下，组合构成了深部滑移的边界。滑移控制面通常由平缓软弱结构面构成，根据软弱结构面不同的交切、组合关系以及坝基下游是否存在抗力岩体，可以进一步将坝基深层滑动划分为多种模式。

（*a*）沿浅表岩体内剪切　（*b*）沿浅部软弱夹层的剪切　（*c*）沿不同方位结构面剪切

图3.5-2　坝基浅层滑动示意图

（1）坝基下游无抗力体。根据构成控制性滑移面的多少，可进一步分为单面滑动（见图3.5-3）和双面滑动（见图3.5-4）。根据控制性滑移面的产状倾向上游或下游又有不同的组合形式。

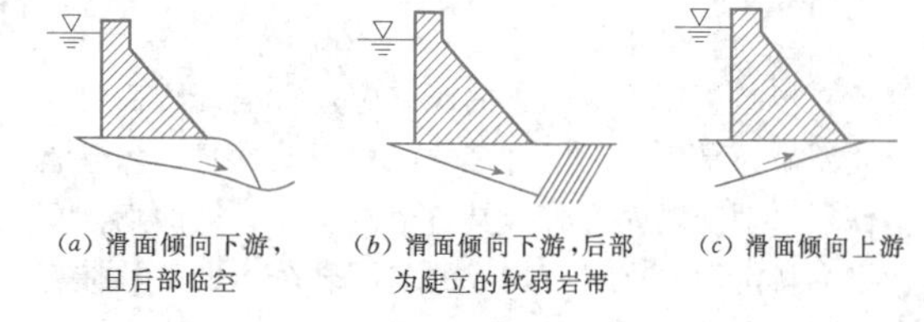

（*a*）滑面倾向下游，且后部临空　（*b*）滑面倾向下游，后部为陡立的软弱岩带　（*c*）滑面倾向上游

图3.5-3　坝基下游无抗力体的单滑面示意图

（*a*）双滑面交棱线倾向下游面组合　（*b*）双滑面交棱线倾向上游面组合　（*c*）坝基下分布倾向上游、下游的滑面组合

图3.5-4　坝基下游无抗力体的双滑面示意图

（2）坝基下游有抗力体。坝基内发育倾向下游的

软弱结构面，坝基下游为完整岩体或倾向上游的结构面不发育，构成阻挡坝基向下游滑出的抗力岩体，如图3.5-5所示。当下游存在抗力体时，抗力体在抗滑稳定中常常起到关键作用。

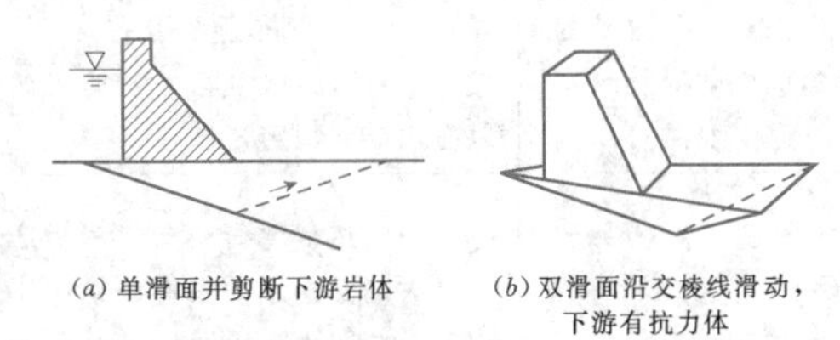

(a) 单滑面并剪断下游岩体　(b) 双滑面沿交棱线滑动，下游有抗力体

图3.5-5　坝基下游有抗力体的滑动示意图

实际工程中，深层滑动还可能有更为复杂的情况出现，尤其是块体的空间形态可能比上述概括的模式还要复杂、多样，不仅仅会出现楔形体、锥形体，还可能出现棱柱体、甚至方块体等。此外，还可能存在部分沿软弱结构面，部分沿坝体与基岩接触面滑动，或剪断部分坝体混凝土滑出的混合型模式，均需要根据实际勘探情况，仔细分析结构面的不同组合模式，进行抗滑稳定性核算。

3.5.2.2　坝基抗滑稳定的地质边界分析

在上述坝基抗滑稳定三种基本模式中，沿坝体混凝土与坝基岩体接触面滑动问题的边界条件比较简单，主要取决于坝体混凝土与基岩接触面的抗剪强度。

浅层滑动如前分析，可以出现不同的滑动模式。

深层滑动问题比较复杂，这种复杂性首先体现在构成滑动体的边界类型多，层面、断层、裂隙均可成为滑动体的边界；同时，根据边界的不同作用，构成多种多样的深层滑动的组合模式。各种因素的组合、叠加，就使得坝基深层滑动问题模式和边界条件复杂而多变。

1. 结构面组合关系

在坝基深层滑动问题的研究中，各类结构面的组合关系研究是为了确定合理的深层滑动模式。坝基发生深层滑动问题时，必须具备由滑动面、纵向切割面和横向切割面共同组合构成的与围岩分离的滑移体存在，同时在其下游还应具备滑移体可滑出的临空条件，即需要有滑出或变形的空间。

(1) 滑动面。指在工程作用力作用下，岩体中产生较大剪应力的结构面，坝基岩体沿此面会发生明显位移而滑动形成破坏。该面的实际抗滑能力低于坝体混凝土与基岩接触面或岩体本身的抗滑能力，是坝基滑动的控制性结构面。可能构成滑动面的有软弱夹层、断层破碎带、层面、岩脉、蚀变带、缓倾角裂隙、不整合面等。

(2) 切割面。是与滑动面相配合把滑移体与周围岩体分割开的结构面。可分为纵向切割面和横向切割面。纵向切割面是指顺水流方向延伸的陡立结构面。横向切割面是垂直水流方向延伸，大致平行坝轴线且分布于坝基上游的结构面，岩体滑动时在此面上产生拉应力，因此又可称为上游拉裂面。

(3) 临空面。滑移体向下游滑动时能够自由滑出的面。临空面也可以分成两类，一类是水平临空面，如下游河床水平地面；另一类是陡立临空面，如下游河床深潭、深槽，泄流形成的冲刷坑、厂房及其他建筑物开挖形成的基坑、斜坡等。当坝趾下游岩体中存在规模较大，性状较差的横河向断层破碎带、节理密集带、软弱岩体、风化破碎带、蚀变岩带及溶蚀破碎带等软弱岩带时，由于其自身强度低，累积压缩变形较大，同样可以作为陡立的临空面来考虑。

上述几类控制性结构面中，滑动面是关键性因素，下游临空条件（临空面类型）也常起重要作用，都是需要重点勘察研究的问题。当设计条件需研究侧向切割面可能提供的抗滑力时，侧向切割面的构成条件及性状的勘察也十分重要。

2. 结构面工程地质性质

对于软弱结构面，必须查明它的产状、成因、起伏程度、延伸范围、组成物质、结构特征、厚度、连续性及其变化等基本特性。

一般的节理裂隙对稳定影响虽较软弱结构面为轻，但与完整基岩相比仍是弱面，并常成组出现，相互切割，形成锯齿状或阶梯状的破坏面。对于这类弱面，还必须查明它们的组数，每组的产状、分布、密度、单条延伸长度、裂面性状、有无充填物及其物质组成、连通率、相互切割关系等。

3. 结构面连通率

对于可能构成滑动面的结构面，特别是要确定节理裂隙的发育程度和连通状况，通常采用连通率的概念来表征其连续程度。

目前，连通率的确定方法主要有以下三种。

(1) 实际量测。将产状相近的结构面投影至一个水平面（线）上，统计出结构面的合计总长占统计段总长的百分数，即为该产状结构面的连通率。投影距一般取上下距投影面各1～2.5m为界。

(2) 数值分析方法。通过一定的现场样本统计和适合的数学模型，建立该地段裂隙三维网络模型，再通过搜索，计算出各可能滑移路径上裂隙的连通率，选用其中最危险路径的连通率作为计算用的连通率。

(3) 通过勘探方法探明结构面的连通率。特别是对于结构面延伸范围较大、产状较稳定且结构面特征较易鉴别的缓倾角结构面，通过勘探可以确定它的连通率。

3.5.2.3 拱座抗滑稳定

拱座抗滑稳定是指拱座岩体在荷载作用下，抵抗沿结构面发生滑移的能力。

(1) 影响拱座抗滑稳定的主要因素。主要是岩体中的各类结构面及其组合条件，其中有以下两类结构面对拱座抗滑稳定影响最大。

1) 平缓的软弱结构面，如缓倾角裂隙、平缓层面等，易成为拱座岩体滑动的底滑面。

2) 大致与岸坡平行或小角度与岸坡相交的各类陡倾角结构面，如走向与河谷边坡小角度相交的断层、裂隙、岩层层面，岩脉及河谷卸荷裂隙等，构成拱座岩体的侧滑面，尤以倾向河谷者更为不利。

(2) 拱座抗滑稳定模式。由侧滑面、底滑面、上游拉裂面及河岸临空面构成的拱座岩体是拱座抗滑稳定的基本模式。

1) 拱座岩体中如果存在横向或与拱推力大角度相交的软弱层带，如断层破碎带、软弱夹层、岩溶洞穴、溶蚀风化夹泥层等，可起到横向临空面的作用。

2) 常采用赤平投影的方法，确定滑移块体的模式，进行初步的稳定性评价。拱座岩体滑移边界条件确定之后，要确定各类结构面的贯通情况（线、面连通率），给定岩体及各类结构面的力学参数，进行稳定性分析计算。

3) 对于高拱坝或地质条件复杂的拱坝，必要时进行地质力学模型试验，以测定拱座的超载系数和变形破坏机理。

(3) 拱座抗滑稳定分析中的滑动体边界。常由若干个滑动面和临空面组成。滑动面一般是岩体内的各种结构面，尤其是软弱结构面。临空面则为天然地表。对拱座岩体可能发生滑动的主要条件作如下概化。

1) 在坝的上游面基础内存在水平拉应力区，有产生铅直裂缝的可能，因此滑动体的上游边界一般假定从拱座上游面开始［见图 3.5-6 (*a*)］；若坝肩附近有顺河向断层破碎带，则有可能在断层破碎带与拱座间的岩体处发生破裂，然后沿断层破碎带向下游滑移［见图 3.5-6 (*b*)］。

2) 滑动岩体下游具有滑动位移的空间，这可能是河流转弯突然扩大或冲沟形成的临空面［见图 3.5-6 (*c*)］，也可能是下游有断层破碎带或较宽的风化软弱岩脉受力压缩变形后形成的滑移空间［见图 3.5-6 (*d*)］。

3) 滑动岩体底部有缓倾角节理裂隙或软弱夹层面［见图 3.5-6 (*e*)］。

3.5.2.4 岩体（石）物理力学参数的选择

坝基岩体（石）物理力学参数的确定，以试验成果为依据，以整理后的试验值作为标准值。根据岩体（石）岩性岩相变化、试样代表性、实际工作条件与试验条件的差别，对标准值进行调整，提出地质建议值。设计采用值由设计、地质、试验三方共同研究确定。对于重要工程以及对参数敏感的工程宜作专门研究。

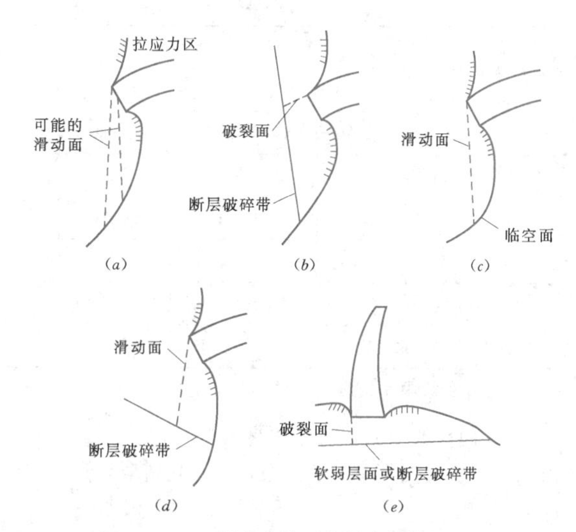

图 3.5-6　拱座岩体可能滑动条件概化图

(1)《水利水电工程地质勘察规范》(GB 50487—2008) 对岩体（石）、结构面的物理力学参数取值如下。

1) 岩体的密度、单轴抗压强度、抗拉强度、点荷载强度、波速等物理力学参数可采用试验成果的算术平均值作为标准值。

2) 岩体变形参数取原位试验成果的算术平均值作为标准值。

3) 软岩的允许承载力采用载荷试验极限承载力的 1/3 与比例极限二者的小值作为标准值；无载荷试验成果时，可通过三轴压缩试验确定或按岩石单轴饱和抗压强度的 1/5～1/10 取值。

4) 混凝土坝基础底面与基岩间抗剪断强度参数按峰值强度参数的平均值取值，抗剪强度参数按残余强度参数与比例极限强度参数二者的小值作为标准值。

5) 岩体抗剪断强度参数按峰值强度平均值取值。抗剪强度参数对于脆性破坏岩体按残余强度与比例极限强度二者的小值作为标准值，对于塑性破坏岩体取屈服强度作为标准值。

6) 规划阶段及可行性研究阶段，当试验资料不足时，坝基岩体抗剪断（抗剪）强度参数及变形参数，可根据表 3.5-2 结合地质条件提出地质建议值。

表3.5-2　坝基岩体抗剪断（抗剪）强度参数及变形参数经验值

岩体分类	混凝土与基岩接触面			岩体			岩体变形模量 E（GPa）
	抗剪断强度		抗剪强度	抗剪断强度		抗剪强度	
	f'	C'（MPa）	f	f'	C'（MPa）	f	
Ⅰ	1.50～1.30	1.50～1.30	0.85～0.75	1.60～1.40	2.50～2.00	0.90～0.80	＞20
Ⅱ	1.30～1.10	1.30～1.10	0.75～0.65	1.40～1.20	2.00～1.50	0.80～0.70	20～10
Ⅲ	1.10～0.90	1.10～0.70	0.65～0.55	1.20～0.80	1.50～0.70	0.70～0.60	10～5
Ⅳ	0.90～0.70	0.70～0.30	0.55～0.40	0.80～0.55	0.70～0.30	0.60～0.45	5～2
Ⅴ	0.70～0.40	0.30～0.05	0.40～0.30	0.55～0.40	0.30～0.05	0.45～0.35	2～0.2

注　表中参数限于硬质岩，软质岩应根据软化系数进行折减。

7）硬性结构面抗剪断强度参数按峰值强度平均值取值，抗剪强度参数按残余强度平均值取值作为标准值。

8）软弱结构面抗剪断强度参数按峰值强度小值平均值取值，抗剪强度参数按屈服强度平均值取值作为标准值。

9）规划阶段及可行性研究阶段，当试验资料不足时，结构面抗剪断（抗剪）强度参数可结合地质条件根据表3.5-3提出地质建议值。

（2）《水力发电工程地质勘察规范》（GB 50287—2006）对岩体（石）、结构面的物理力学参数取值如下。

表3.5-3　结构面抗剪断（抗剪）强度参数经验值

结构面类型		抗剪断强度		抗剪强度 f
		f'	C'（MPa）	
胶结结构面		0.90～0.70	0.30～0.20	0.70～0.55
无充填结构面		0.70～0.55	0.20～0.10	0.55～0.45
软弱结构面	岩块岩屑型	0.55～0.45	0.10～0.08	0.45～0.35
	岩屑夹泥型	0.45～0.35	0.08～0.05	0.35～0.28
	泥夹岩屑型	0.35～0.25	0.05～0.02	0.28～0.22
	泥型	0.25～0.18	0.01～0.005	0.22～0.18

注　1. 表中胶结结构面、无充填结构面的抗剪断（抗剪）强度参数限于坚硬岩，半坚硬岩、软质岩中结构面应进行折减。
2. 胶结结构面、无充填结构面抗剪断（抗剪）强度参数应根据结构面胶结程度和粗糙程度取大值或小值。

1）均质岩体的密度、单轴抗压强度、点荷载强度、波速等物理力学性质参数，可采用测试成果的算术平均值，或采用概率分布的0.5分位值作为标准值。

2）非均质各向异性的岩体，可划分成若干小的均质体或按不同岩性分别试验取值；对层状结构岩体，应按建筑物荷载方向与结构面的不同交角进行试验，以取得相应条件下的单轴抗压强度、点荷载强度、弹性波速度等试验值，并应采用算术平均值或采用概率分布的0.5分位值作为标准值。

3）岩体变形模量或弹性模量，应根据实际承受工程作用力方向和大小进行原位试验，并应采用压力—变形曲线上建筑物预计最大荷载下相应的变形关系选取标准值；弹性模量、泊松比也可采取概率分布的0.5分位值作为标准值；各试验的标准值应结合实测的动（静）弹性模量相关关系、岩体结构和岩体地应力进行调整，提出地质建议值。

4）坝基岩体允许承载力，宜根据岩石饱和单轴抗压强度，结合岩体结构、裂隙发育程度，作相应折减后确定地质建议值；软岩宜采用现场载荷试验或三轴压缩试验确定其允许承载力。

5）混凝土坝基础底面与基岩间的抗剪断强度和抗剪强度按以下方法取值。

a. 当试件呈脆性破坏时，坝基抗剪断强度取值应采取概率分布的0.2分位值作为标准值或采取峰值强度的小值平均值作为标准值，或采用优定斜率法的下限作为标准值；抗剪强度参数应采用比例极限强度作为标准值。

b. 标准值应根据基础底面和基岩接触面剪切破坏性状、工程地质条件和岩体地应力进行调整，提出地质建议值。

c. 对新鲜、坚硬的岩浆岩，在岩性、起伏差和试件尺寸相同的情况下，也可采用坝基混凝土强度等级的6.5%～7.0%估算黏聚力。

6）岩体抗剪断强度和抗剪强度按以下方法取值。

a. 具有整体块状结构、层状结构的硬质岩体试件呈脆性破坏时，坝基抗剪断强度采取概率分布的0.2分位值作为标准值，或采取峰值强度的小值平均值作为标准值，或采用优定斜率法的下限作为标准值；抗剪强度参数应采用比例极限强度作为标准值。

b. 当具有无充填、闭合的镶嵌结构、块裂结构、碎裂结构及隐微裂隙发育的岩体时，试件呈塑性破坏或弹塑性破坏，应采用屈服强度作为标准值。

c. 标准值应根据裂隙充填情况、试验时的剪切变形量和岩体地应力等因素进行调整，提出地质建议值。

7）规划、预可行性研究阶段，或当坝基的岩体力学参数试验资料不足时，可根据表3.5-4结合地质条件进行折减，选用地质建议值。

8）结构面抗剪断强度参数取值。

a. 当结构面试件的凸起部分被啃断或胶结充填物被剪断时，应采用峰值强度的小值平均值作为标准值。

b. 当结构面试件呈摩擦破坏时，应采用比例极限强度作为标准值。

表3.5-4　　坝基岩体力学参数值

岩体分类	混凝土与基岩接触面			岩体			岩体变形模量 E_0（GPa）
	抗剪断强度		抗剪强度	抗剪断强度		抗剪强度	
	f'	C'（MPa）	f	f'	C'（MPa）	f	
Ⅰ	$1.30<f'\leqslant1.50$	$1.30<C'\leqslant1.50$	$0.75<f\leqslant0.90$	$1.40<f'\leqslant1.60$	$2.00<C'\leqslant2.50$	$0.80<f\leqslant0.95$	$E_0>20.0$
Ⅱ	$1.10<f'\leqslant1.30$	$1.10<C'\leqslant1.30$	$0.65<f\leqslant0.75$	$1.20<f'\leqslant1.40$	$1.50<C'\leqslant2.00$	$0.70<f\leqslant0.80$	$10.0<E_0\leqslant20.0$
Ⅲ	$0.90<f'\leqslant1.10$	$0.70<C'\leqslant1.10$	$0.55<f\leqslant0.65$	$0.80<f'\leqslant1.20$	$0.70<C'\leqslant1.50$	$0.60<f\leqslant0.70$	$5.0<E_0\leqslant10.0$
Ⅳ	$0.70<f'\leqslant0.90$	$0.30<C'\leqslant0.70$	$0.40<f\leqslant0.55$	$0.55<f'\leqslant0.80$	$0.30<C'\leqslant0.70$	$0.45<f\leqslant0.60$	$2.0<E_0\leqslant5.0$
Ⅴ	$0.40<f'\leqslant0.70$	$0.05<C'\leqslant0.30$	$0.30<f\leqslant0.40$	$0.40<f'\leqslant0.55$	$0.05<C'\leqslant0.30$	$0.35<f\leqslant0.45$	$0.2<E_0\leqslant2.0$

注　表中参数限于硬质岩，软质岩应根据软化系数进行折减。

c. 标准值应根据结构面的粗糙度、起伏差、张开度、结构面壁强度等因素进行调整，提出地质建议值。

9）软弱层、断层的抗剪断强度参数取值。

a. 软弱层、断层应根据岩块岩屑型、岩屑夹泥型、泥夹岩屑和泥型四类分别取值。

b. 当试件呈塑性破坏时，应采用屈服强度或流变强度作为标准值。

c. 当试件黏粒含量大于30%或有泥化镜面或黏土矿物以蒙脱石为主时，应采用流变强度作为标准值。

d. 当软弱层和断层有一定厚度时，应考虑充填度的影响。当厚度大于起伏差时，软弱层和断层应采用充填物的抗剪强度作为标准值；当厚度小于起伏差时，还应采用起伏差的最小爬坡角，提高充填物抗剪强度试验值作为标准值。

e. 根据软弱层、断层的类型和厚度的总体地质特征进行调整，提出地质建议值。

10）规划、预可行性研究阶段，当结构面、软弱层、断层的抗剪断强度或抗剪强度试验资料不足时，可结合地质条件根据表3.5-5进行折减，选用地质建议值。

表3.5-5　　结构面、软弱层、断层的抗剪断（抗剪）强度参数值

类　型	抗剪断强度		抗剪强度
	f'	C'（MPa）	f
胶结结构面	0.80～0.60	0.250～0.100	0.80～0.60
无充填结构面	0.70～0.45	0.150～0.050	0.70～0.50
岩块岩屑型	0.55～0.45	0.250～0.100	0.50～0.40
岩屑夹泥型	0.45～0.35	0.100～0.050	0.40～0.30
泥夹岩屑型	0.35～0.25	0.050～0.010	0.30～0.25
泥型	0.25～0.18	0.001～0.002	0.25～0.15

注　1. 软质岩中的结构面应进行折减。
2. 胶结或无充填结构面抗剪断强度，应根据结构面的粗糙程度选取大值或小值。

3.5.3　坝基（拱座）岩体变形

3.5.3.1　影响岩体变形的主要地质因素

（1）岩性。岩石的强度不同，其变形特征也不相同。坚硬岩石抗变形能力强，由坚硬岩石组成的完整岩体变形模量也高，且以弹性变形为主；随岩石强度降低，抗变形能力降低，软弱岩石组成的岩体和近代沉积的松软土层，变形量大，变形模量低，且表现为塑性变形大。

（2）结构面的影响。岩体中存在各种结构面，使其变形具有明显的各向异性和不均一性。裂隙与软弱带的压密，是岩体压缩变形的主要因素之一，并使岩体变形模量大幅度降低。

（3）岩体的完整性。岩体的抗变形能力与岩体的完整性密切相关，岩体完整，结构面不发育，则抗变形能力强，变形模量高；反之，岩体愈破碎，完整性愈差，结构面愈发育，则抗变形能力弱，变形模量低。

（4）风化作用。风化作用可降低岩体的强度和抗变形能力。不规则性风化，如夹层风化、囊状风化等，则可产生不均匀变形。

（5）卸荷作用及岩体赋存的地应力状态。卸荷作用使岩体松弛，节理张开并充填次生泥，使岩体的变形模量大幅下降，塑性变形成分加大。

3.5.3.2　基坑开挖岩体变形

（1）基坑岩体变形现象及特点。坝基开挖时，常出现地基上升隆起、岩体卸荷松弛、节理裂隙张开、膨胀等岩体变形现象。基坑岩体变形现象及特点见表3.5-6。

表 3.5-6　　基坑岩体变形现象及特点

变形类型	特　点	条　件	原　因
开裂	新生裂隙面近平行于开挖面，或原有裂隙张开、隐微节理显现	高地应力，岩体坚硬完整	开挖卸荷
剥落	开挖面上岩体呈葱皮状层层剥离母体	高地应力，岩体坚硬完整	开挖卸荷
岩爆	开挖面上岩体突然离开母体并发出声响	谷底应力集中区，岩体坚硬完整	开挖卸荷
地基上升	隆起或扰曲	软弱岩体	卸荷
上抬	隆起	不透水的基坑底部存在高压地下水含水层或水平层状岩层承受渗压作用	地下水顶托
膨胀	隆起	先期受压的超压密黏土质岩石，干燥的黏土质岩石，含蒙脱土的岩石	卸荷吸水膨胀
滑移	岩体沿滑移面位移，错动	含软弱夹层的岩体或岩体坚硬完整的高地应力地区	夹层受地下水影响，开挖卸荷
挤出	软弱岩层自坚硬岩体中挤出	坚硬岩体中含软弱岩层，坚硬岩体组成的高边坡下存在软弱岩石	卸荷，失去侧面支撑，夹层性质恶化
流动	软弱夹层上覆完整坚硬岩体的侧向扩展、漂移；上覆土体沿软塑或流塑土层变位	坚硬岩体中含软弱岩层，软弱夹层塑性或流动变形明显；土体中有软塑或流塑土层	失去侧面支撑，并有地下水的作用
崩塌	大块岩体突然下落	边坡过陡，岩体中有倾向基坑的结构面	重力作用
干裂	沿层理或沿基坑表面张裂	页岩或黏土岩类组成的岩石	失水，卸荷

（2）基坑岩体变形的危害。

1）使地基岩体的抗变形能力减弱，强度降低，并出现明显的时间效应。

2）新生裂隙连通贯穿后可成为坝基深层抗滑的控制面，影响大坝的深层抗滑稳定性。

3）使岩体工程性质恶化，特别是软弱夹层的性质恶化。

4）岩体的完整性受到破坏，裂隙增多、增宽、岩体的透水性增大。

3.5.3.3　变形参数的确定

（1）进行岩体质量的合理工程地质分级。一般以岩石的强度、岩体的完整性和结构类型、风化卸荷程度、结构面的性态、岩体的透水性及渗流特征作为岩体质量分级的基本因素。

（2）变形参数的测定方法要符合坝基岩体的工作条件。

1）试验方法宜用承压板法。但应指出，由于承压板面积远较建筑物作用面积小，应力影响深度亦相应地小，存在明显的尺寸效应。在分析试验成果时，要注意尺寸效应的影响。

2）应按水工建筑物的作用力方向加压。

3）岩体应力应变关系为非线性，变形模量取值应以岩体承受的最大荷载为标准。

（3）评价岩体变形性质时，要估计其恶化和改善的可能性。

软弱夹层的泥化，岩体的软化，可溶性组分的溶蚀，岩体的开挖卸荷，荷载的长期作用，均可使岩体性质恶化，变形模量降低。

无充填的裂隙岩体，往往可以通过固结灌浆，提高其变形模量值。

（4）试验部位不同，所得变形指标亦有差异。平洞深处岩体在一定的围压作用下，岩体紧密，裂隙处于压密状态，岩体变形模量相对较高，用平洞深部测试成果评价坝基的变形特性时，应慎重并多作分析。

（5）选取非均质岩体的综合变形模量，宜进行加权平均。原则上作用力垂直主要结构面或层面方向以其厚度作为权重，平行主要结构面或层面方向以其分布面积为权重，此外还应考虑不同部位或层位的作用力的大小。

3.5.4 坝基及绕坝渗漏

坝基、坝肩渗漏量过大将影响工程效益。过大的渗透压力，可能导致软弱带和松散土层产生渗透变形，也会使扬压力过大，从而造成地基或边坡失稳，给建筑物的安全带来危害。

3.5.4.1 产生渗漏的主要地质因素

（1）地形地貌条件。坝址上下游间存在不利的地形条件，如河谷急弯、邻近低洼冲沟、溪谷，以及沟通坝基或坝肩上下游的古河道等。

（2）岩土性质及其结构。岩土中存在由透水岩土层构成的渗漏通道是产生渗漏的首要条件。具备这一条件的主要岩土有砾岩、岩溶化岩层、裂隙岩层以及粗粒土、巨粒土等，但渗漏通道能够连通水库和排泄区才具有产生渗漏的可能。

（3）地质构造。当坝基、坝肩发育贯穿上下游的断层、破碎带、裂隙密集带时，易于沿这些构造带产生集中渗漏（带状）。

（4）岩溶。坝基、坝肩发育有连通库外的岩溶系统时，可能产生岩溶渗漏。

（5）水文地质条件。若河水补给地下水或地下水位低于蓄水位，则可能产生渗漏。

3.5.4.2 渗漏类型

坝基及绕坝渗漏类型常有裂隙岩体渗漏、孔隙岩体渗漏、断层带渗漏、岩溶渗漏、松散地层渗漏等。

1. 裂隙岩体渗漏

（1）裂隙岩体渗漏形式是指各种结构面所组成的渗漏途径在平面和剖面上的表现形式，见表3.5-7。

（2）渗漏量的大小，通常受裂隙发育程度、裂隙优势发育方向、裂隙宽度、有无充填物及充填物性状等因素影响。

表3.5-7 裂隙岩体渗漏形式

渗漏形式	地质条件	对水工建筑物的影响
散状	（1）裂隙方向多于两个； （2）各方面的裂隙发育程度近似	渗漏量一般较小，在一定条件下可产生较大渗压，影响岩体失稳
带状	（1）方向单一，延续性强的裂隙密集带； （2）不整合面，古风化带； （3）透水层与隔水层互层的陡倾岩层	渗水量有时较大，渗水对带内岩石稳定性有影响，需作专门工程处理
层状	（1）平缓的多层结构的近代喷出岩； （2）透水层与隔水层成互层，产状平缓； （3）平缓的断层破碎带	渗水量有时很大，坝基岩体中有较大的扬压力，需采取防渗减压措施（有时在基坑开挖时即需采取措施）

（3）通常用压水试验获得的吕荣值（Lu）来表征裂隙岩体的透水率。

2. 孔隙岩体渗漏

白垩系、古近系（下第三系）、新近系（上第三系）中的疏松砂砾岩，具有较多孔隙。一些含易溶岩的地层（如含星点状石膏地层），易溶成分遭溶蚀后，会形成孔隙（洞），从而产生孔隙渗漏，其渗漏特征与松散地层类似。

3. 断层带渗漏

与断层性状、宽度、破碎带物质组成及性状等因素密切相关。需要研究断层带渗漏量的大小，还需研究沿断层带是否产生渗透破坏及其破坏形式。

4. *岩溶渗漏*

通过岩溶形成的洞穴、管道、溶蚀裂隙等产生渗漏。其渗漏条件、渗漏类型以及河谷地下水动力条件的分析等内容，见本章3.2节。

(1) 坝基岩溶渗漏地质判别。坝基和绕坝岩溶渗漏的主要判别依据有：河谷岩溶水动力条件、河谷地质结构、可溶岩层空间分布和岩溶化程度、坝址所处的地貌单元和断裂构造特征。

1）存在下列条件之一时，可判断为坝基和绕坝渗漏轻微。

a. 坝址为横向谷，坝基及两岸岩体岩溶化轻微，补给型岩溶水动力条件，两岸水力坡降较大。

b. 坝址为横向谷，坝基及两岸为不纯碳酸盐岩或夹有非岩溶化地层，且未被断裂构造破坏。

2）存在下列条件之一时，可判断为坝基和绕坝渗漏较严重。

a. 坝址河谷宽缓，两岸地下水位低平，或为补排型河谷水动力类型，可溶岩岩溶化程度较强。

b. 坝址上下游均有岩溶水系统发育，且顺河向断裂较发育。

c. 为悬托型或排泄型岩溶水动力类型，天然条件下河水补给地下水，河谷及两岸深部岩溶洞隙较发育。

3）存在下列条件之一时，可判断为坝基和绕坝渗漏问题复杂，可能存在严重的岩溶渗漏。

a. 坝址为纵向谷，可溶岩岩溶发育，两岸地下水位低平，较大范围内具有统一地下水位，且有良好的水力联系。

b. 为悬托型或排泄型岩溶水动力类型，天然条件下河水补给地下水；河床或两岸存在纵向地下径流或有纵向地下水凹槽，或坝址上游有明显水量漏失现象。

c. 坝区有顺河向的断层、裂隙带、层面裂隙或埋藏古河道发育，并有与之相应的岩溶系统发育。

(2) 坝址防渗处理范围的确定及处理原则。

1）有隔水层或相对隔水层的，其处理范围一般到达隔水层或相对隔水层。

2）无隔水层或隔水层距离较远或埋藏较深的，向谷坡方向接地下水位，河床帷幕深度根据岩溶洞穴发育情况，按防渗标准或不小于1.0倍坝高确定。

3）两岸接地下水位较远时，一般超过地下水位低平带或按坝高的0.3～1.0倍确定。

5. *松散地层渗漏*

松散地层渗漏以砂层、砂砾石层的渗漏最为常见。渗漏量、渗透性大小及渗流稳定特点，取决于其结构类型、成因、物质组成及成层条件。渗漏条件分析和渗漏量估算见本章3.4节。

3.5.5 水闸、泵站工程地质

3.5.5.1 水闸闸址、泵站场址选择的地质原则

水闸闸址、泵站场址的地质条件对选好闸址至关重要。宜优先选用地质条件良好的天然地基，最好是选用新鲜完整的岩石地基，或承载能力大、抗剪强度高、压缩性低、透水性小、抗渗稳定性好的土质地基。如果在规划闸址范围内选不到地质条件良好的天然地基，则采用人工处理地基。

在土质地基中，以地质年代较久的黏土、粉土地基为最好；淤泥、淤泥质黏土或粉砂、细砂地基较差。特别是粉砂、细砂地基抗渗稳定性最差，要尽可能避开。对于中壤土、轻壤土、砂壤土、粉质壤土、粉质砂壤土或中砂、粗砂地基，则属中等情况，也有可能发生局部渗流破坏或局部冲刷情况。

选择场址时，如遇淤泥、流砂、湿陷性黄土、膨胀土等地基，应慎重研究确定基础类型和地基处理措施。

3.5.5.2 水闸、泵站主要工程地质问题

(1) 抗滑稳定问题。对于土基，主要是由于建筑物与地基土间的摩擦力偏小或由于建筑物建基面高低差异而产生的浅层或深层滑动。对于岩基，主要由于建筑物与岩石间的摩擦力偏小或岩土中存在对滑动有利的软弱结构面（如层面、裂隙、断层等）组合而形成的浅层或深层滑动。

(2) 不均匀变形问题。主要是由于地基浅部分布有软弱地层或建筑物基础跨越强度、性状差异较大的地层，从而引起建筑物产生变形和裂缝。

(3) 渗漏及渗透变形问题。主要是由于建筑物地基浅部或表层分布有渗透性较大的土、岩层，在出现较大水头差的作用下，会产生渗漏或散浸、流土、管涌等渗透变形，从而威胁建筑物的安全。

(4) 高扬程的提水泵站，出水管道较长且顺山坡从下向上布置，管道镇墩地基和边坡稳定问题较为突出。

3.5.5.3 土的物理力学参数选择

土的物理力学参数的确定，要根据有关的试验方法标准，通过原位测试、室内试验等直接或间接的方法确定，以试验成果为依据，以整理后的试验值作为标准值。根据土体相变、试样代表性、实际工作条件与试验条件的差别，对标准值进行调整，提出地质建议值。重要工程设计采用值由设计、地质、试验三方

共同研究确定。

（1）《水利水电工程地质勘察规范》（GB 50487—2008）对土的物理力学参数取值规定如下。

1）各参数的统计量宜包括统计组数、最大值、最小值、平均值、大值平均值、小值平均值、标准差、变异系数。

2）当同一土层的各参数变异系数较大时，应分析土层水平与垂直方向上的变异性。

a. 当土层在水平方向上变异性大时，宜考虑土层在水平方向上的变化。

b. 当土层在垂直方向上变异性大时，宜分析参数随深度的变化规律，或进行垂直分带。

3）土的物理性质参数，应以试验算术平均值为标准值。

4）地基土的允许承载力，可根据载荷试验（或其他原位试验）、公式计算确定标准值。

5）地基土渗透系数标准值，应根据抽水试验、注（渗）水试验或室内试验确定，并应符合下列规定。

a. 用于人工降低地下水位及排水计算时，应采用抽水试验的小值平均值。

b. 水库（渠道）渗漏量、地下洞室涌水量及基坑涌水量计算的渗透系数，应采用抽水试验的大值平均值。

c. 用于浸没区预测的渗透系数，应采用试验的平均值。

d. 用于供水工程计算时，应采用抽水试验的小值平均值。

e. 其他情况下，可根据其用途综合确定。

6）土的压缩模量可从压力变形曲线上，以建筑物最大荷载下相应的变形关系选取，或按压缩试验的压缩性能，根据其固结程度选定标准值。对于高压缩性软土，宜以试验压缩模量的小值平均值作为标准值。

7）土的抗剪强度标准值，可采用直剪试验峰值强度的小值平均值，并应根据工程类别选取。

8）当采用有效应力进行稳定分析时，地基土的抗剪强度标准值应符合下列规定。

a. 对三轴压缩试验测定的抗剪强度，宜采用试验平均值。

b. 对黏性土地基，应测定或估算孔隙水压力，以取得有效应力强度。

9）当采用总应力进行稳定分析时，地基土抗剪强度的标准值应符合下列规定。

a. 对排水条件差的黏性土地基，宜采用饱和快剪强度标准值，或三轴不固结不排水剪切强度的标准值；对于软土地基，可采用原位十字板剪切强度标准值。

b. 对上、下土层透水性较好或采取了排水措施的薄层黏性土地基，宜采用饱和固结快剪强度标准值或三轴压缩试验固结不排水剪切强度标准值。

c. 对透水性良好，不易产生孔隙水压力或能自由排水的地基土层，宜采用慢剪强度标准值或三轴压缩试验固结排水剪切强度标准值。

10）当需要进行动力分析时，地基土抗剪强度标准值应符合下列规定。

a. 对地基土进行总应力动力分析时，宜采用动三轴压缩试验测定的动强度标准值。

b. 对于无动力试验的黏性土和紧密砂砾等非地震液化性土，宜采用三轴压缩试验饱和固结不排水剪测定的总强度和有效应力强度中的最小值作为标准值。

c. 当需要进行有效应力动力分析时，应测定饱和砂土的地震附加孔隙水压力和地震有效应力强度，可采用静力有效应力强度作为标准值。

11）混凝土坝、闸基础与其地基土间的抗剪强度标准值应符合下列规定。

a. 对黏性土地基，内摩擦角标准值可采用室内饱和固结快剪试验内摩擦角平均值的90%，黏聚力标准值可采用室内饱和固结快剪试验黏聚力平均值的20%～30%。

b. 对砂性土地基，内摩擦角标准值可采用室内饱和固结快剪试验内摩擦角平均值的85%～90%。

c. 对软土地基，力学参数标准值宜采用室内试验和原位测试，结合当地经验确定。抗剪强度指标，室内宜采用三轴试验，原位测试宜采用十字板剪切试验。

12）对边坡工程，土的抗剪强度标准值应符合下列规定。

a. 滑坡滑动面（带）的抗剪强度宜取样进行岩矿分析、物理力学试验，并结合反算分析确定。对工程有重要影响的滑坡，还应结合原位抗剪试验成果等综合选取。

b. 边坡土体抗剪强度，宜根据设计工况分别选取饱和固结快剪、快剪强度的小值平均值或取三轴压缩试验的平均值。

（2）规划与可行性研究阶段的坝、闸等建筑物基础底面与地基土之间的摩擦系数，可结合地质条件，根据表3.5-8选用地质建议值。

（3）在没有试验资料的情况下，闸室、泵站等建筑物基础底面与土质地基之间摩擦角φ_0值及黏聚力C_0值，可根据土质地基类别，按表3.5-9的规定采用。

表3.5-8 坝、闸基础底面与地基土间摩擦系数地质建议值

地基土类型		摩擦系数 f
卵石、砾石		$0.50<f\leqslant 0.55$
砂		$0.40<f\leqslant 0.50$
粉土		$0.25<f\leqslant 0.40$
黏土	坚硬	$0.35<f\leqslant 0.45$
	中等坚硬	$0.25<f\leqslant 0.35$
	软弱	$0.20<f\leqslant 0.25$

表3.5-9 闸室、泵站基础底面与土质地基之间 φ_0 值、C_0 值（土质地基）

土质地基类别	摩擦角 φ_0	黏聚力 C_0
黏性土	0.9φ	$(0.2\sim0.3)C$
砂性土	$(0.85\sim0.9)\varphi$	0

注 表中 φ 为室内饱和固结快剪（黏性土）或饱和快剪（砂性土）试验测得的内摩擦角，(°)；C 为室内饱和固结快剪试验测得的黏聚力，kPa。

3.5.5.4 地基承载力

确定松散地基承载力的常用方法有理论计算法、原位试验法和规范查表法。

（1）理论计算法。可分为控制塑性区深度的弹塑性分析法（计算结果为允许承载力）和极限平衡分析法（计算结果为极限承载力），详见《水工设计手册》（第2版）第1卷第4章4.11节。

（2）原位试验法。经常用来确定地基承载力的原位试验法包括平板载荷试验法、静力触探试验法、标准贯入试验法、旁压仪试验法等。

（3）规范查表法。《港口工程地基规范》（JTJ 250—98）中地基承载力表，供参考使用。表3.5-10～表3.5-12所列地基承载力设计值，系指当基础有效宽度不大于3m，基础埋深为0.5～1.0m时的承载能力，表中允许进行内插。

当基础有效宽度大于3m或基础埋深大于1.5m时，由表3.5-10～表3.5-12查得的承载力设计值，按式（3.5-1）进行修正：

表3.5-10 岩石承载力设计值 $[f_d']$ 单位：kPa

岩石类别 \ 风化程度	微风化	中等风化	强风化	全风化
硬质岩石	2000～4000	1000～2500	500～1000	200～500
软质岩石	1000～1500	500～1000	200～500	—

注 1. 该表摘自《水工设计手册》（第2版）第1卷，中国水利水电出版社，2011。
2. 强风化岩石改变埋藏条件后，如强度降低，宜按降低程度选用较低值；当受倾斜荷载时，其承载力设计值应进行专门研究。
3. 微风化硬质岩石的承载力设计值如选用大于4000kPa时，应进行专门研究。
4. 全风化软质岩石的承载力设计值应按土考虑。

表3.5-11 碎石土承载力设计值 $[f_d']$ 单位：kPa

土的名称 \ 密实度 / $\tan\delta$	密实			中密			稍密		
	0	0.2	0.4	0	0.2	0.4	0	0.2	0.4
卵石	800～1000	640～840	288～360	500～800	400～640	180～288	300～500	240～400	108～180
碎石	700～900	560～720	252～324	400～700	320～560	144～252	250～400	200～320	90～144
圆砾	500～700	400～560	180～252	300～500	240～400	108～180	200～300	160～240	72～108
角砾	400～600	320～480	144～216	250～400	200～320	90～144	200～250	160～200	72～90

注 1. 该表摘自《水工设计手册》（第2版）第1卷，中国水利水电出版社，2011。
2. 表中数值适用于骨架颗粒空隙全部由中砂、粗砂或液性指数 $I_L\leqslant 0.25$ 的黏性土所填充。
3. 当粗颗粒为中等风化或强风化时，可按风化程度适当降低承载力设计值。当颗粒间呈半胶结状时，可适当提高承载力设计值。
4. $\tan\delta=\dfrac{H}{\overline{V}}$，$H$ 为作用在基础底面以上的水平方向合力；$\overline{V}$ 为相应的垂直方向合力。

表 3.5-12 砂土承载力设计值 $[f'_d]$

单位：kPa

土的类别	tanδ	标准贯入锤击数 N		
		50～30	30～15	15～10
中粗砂	0	500～340	340～250	250～180
	0.2	400～272	272～200	200～144
	0.4	180～122	122～90	90～65
粉细砂	0	340～250	250～180	180～140
	0.2	272～200	200～144	144～112
	0.4	122～90	90～65	65～50

注 该表摘自《水工设计手册》（第2版）第1卷，中国水利水电出版社，2011。

$$f'_d = [f'_d] + m_B\gamma_1(B'_e - 3) + m_D\gamma_2(D - 1.5) \tag{3.5-1}$$

式中 f'_d——修正后的地基承载力设计值，kPa；

$[f'_d]$——按各表查得的地基承载力设计值，kPa；

γ_1——基础底面下土的重度（水下用浮重度），kN/m^3；

γ_2——基础底面以上土的加权平均重度（水下用浮重度），kN/m^3；

m_B——基础宽度的承载力修正系数（见表3.5-13）；

m_D——基础埋深的承载力修正系数（见表3.5-13）；

B'_e——基础有效宽度，当宽度小于3m时按3m计，大于8m时按8m计；

D——基础埋深，当埋深小于1.5m时，取1.5m。

3.5.5.5 地基沉降及压缩变形

地基的沉降不能超过水闸、泵站建筑物地基的允许沉降值，还应避免产生过大的不均匀沉降，需注意高压缩性土层和软土层（淤泥、淤泥质土、软黏土）在地基中的分布。通过试验取得地基土的压缩性指标（如压缩系数、压缩模量等），据此对地基土的压缩性进行评价。

表 3.5-13 基础宽度和埋深的承载力修正系数 m_B、m_D 值

土的类别 \ tanδ		0		0.2		0.4	
		m_B	m_D	m_B	m_D	m_B	m_D
砂土	细砂、粉砂	2.0	3.0	1.6	2.5	0.6	1.2
	砾砂、粗砂、中砂	4.0	5.0	3.5	4.5	1.8	2.4
碎石土		5.0	6.0	4.0	5.0	1.8	2.4

注 微风化、中等风化岩石不修正；强风化岩石的修正系数按相近的土类采用。

有关地基沉降及压缩变形的具体分析与计算，参见《水工设计手册》（第2版）第1卷第4章4.10节相关内容。

3.5.5.6 地基的抗滑稳定

（1）沿水闸、泵站建筑物基础底面的滑移，一般发生在地基土强度较小、建筑物受水平荷载较大的情况下。

（2）深层滑动，一般发生在较为软弱的地基中。当地基中剪应力超过土的抗剪强度，将由于剪切变形形成塑性区；塑性区的大小超过建筑物的允许范围时，产生地基土的滑移挤出，导致建筑物的失稳破坏。地基中存在饱和软土层时，极易发生塑流挤出。

为评价地基土的抗滑稳定性，应通过试验取得地基土的抗剪指标。

地基土的抗剪强度及抗滑稳定的具体评价，见《水工设计手册》（第2版）第1卷第4章中的相关内容。

3.5.6 堤防工程地质

3.5.6.1 堤防主要工程地质问题

（1）渗透变形问题。堤防工程中渗漏普遍存在，由地下水在土体中渗流时产生的渗透力而导致堤基土体破坏所带来的渗透变形问题，是堤防堤基存在的主要工程地质问题。

（2）岸坡稳定问题。堤防岸坡多由第四系土层组成，在迎流顶冲、深泓逼岸、顺流淘刷等水营力作用下，存在岸坡稳定问题，其破坏形式主要为塌岸和滑坡。特别是在窄外滩或无外滩的情况下，岸坡稳定问题已危及到堤防的安全，是堤防主要工程地质问题之一。

（3）软土沉降变形与稳定问题。堤防堤基土体多为第四系全新统冲湖积物，多分布有软土，软土有机质含量较高，含水量较大，压缩性高，抗剪强度低，易引起大堤沉降或不均匀沉降变形，使堤身遭受不同

程度的破坏并导致抗滑稳定问题。

（4）其他地质问题。此外，还存在饱和砂土地震液化与震陷、岩溶地面塌陷、地下有害气体等问题。

3.5.6.2　堤防工程地质评价

（1）堤基工程地质条件分类。《堤防工程地质勘察规程》（SL/T 188—2005）根据：①沿堤线两侧分布的古河道、古冲沟、渊、潭、塘等；②堤基地质结构，土（岩）物理力学性质；③主要工程地质问题类型与严重程度；④已建堤防历年险情等因素，将堤基工程地质条件分为以下四类。

1）A类。不存在抗滑稳定、抗渗稳定、抗震稳定问题和特殊土引起的问题，已建堤防无历史险情发生，工程地质条件良好，无须采取任何处理措施。

2）B类。基本不存在抗渗稳定、抗震稳定问题和特殊土引起的问题，局部坑（塘）处存在渗透变形问题，已建堤防局部有险情，工程地质条件较好。

3）C类和D类。至少存在一种主要工程地质问题，历史险情普遍，根据主要工程地质问题的严重程度、历史险情的危害程度分为工程地质条件较差（C类）和工程地质条件差（D类）。

（2）堤岸工程地质条件分类。《堤防工程地质勘察规程》（SL/T 188—2005）根据水流条件、岸坡地质结构、水文地质条件、岸坡现状和险情等因素，将岸坡稳定性分为以下四类。

1）稳定岸坡。岸坡（岩）土体抗冲刷能力强，无岸坡失稳迹象。

2）基本稳定岸坡。岸坡（岩）土体抗冲刷能力较强，历史上基本上未发生岸坡失稳事件。

3）稳定性较差岸坡。组成岸坡的土体抗冲刷能力较差，历史上曾发生小规模岸坡失稳事件，危害性不大。

4）稳定性差岸坡。组成岸坡的土体抗冲刷能力差，历史上曾发生岸坡失稳事件，具严重危害性。

3.6　边坡工程地质

3.6.1　影响边坡稳定的因素

影响边坡稳定的因素较多，其主要因素见表3.6-1。

表3.6-1　边坡稳定性影响因素

<table>
<tr><th>影响因素</th><th colspan="2">简要说明</th></tr>
<tr><td>地形</td><td colspan="2">边坡越陡、越高，岩体越容易失去稳定</td></tr>
<tr><td rowspan="3">地质结构
（软弱结构面）</td><td rowspan="3">滑动面
不利情况</td><td>（1）当软弱结构面（如层面、岩性界面、沉积界面、片理面、断裂）倾向坡外时，易于发生顺软弱面（带）的滑动、溃曲等破坏形式；
（2）当层状结构岩体的软弱结构面倾向坡内时，易于发生倾倒弯曲、松弛等重力变形现象，甚至最终形成滑坡</td></tr>
<tr><td>（1）对于同（顺）向边坡，当坡脚被切穿时，结构面走向与边坡坡面走向夹角愈小，对边坡稳定愈不利；
（2）结构面倾角大于其内摩擦角、小于边坡坡度时，对边坡稳定最不利</td></tr>
<tr><td>（1）结构面越连续，稳定性越差；
（2）结构面夹泥时，往往抗剪强度低，尤其是夹泥连续性较好、厚度大于起伏差时，易于发生顺结构面的蠕变或滑动</td></tr>
<tr><td>岩性</td><td rowspan="4">增大下滑力或
降低阻滑力</td><td>富含亲水性、膨胀性、崩解性矿物的软弱岩层，容易软化、泥化，其强度会随时间发生衰减</td></tr>
<tr><td>风化作用</td><td>（1）节理裂隙进一步张开或扩大，并产生新的风化裂隙，可使岩体形成滑动面、分割面和岩块松动；
（2）可使岩体结构破坏，岩体滑动面的抗剪强度等力学指标降低</td></tr>
<tr><td>水的作用</td><td>（1）产生孔隙水压力；
（2）促使软弱夹层软化和泥化；
（3）渗流过程中滑带的水力坡降超出临界坡降时，可产生潜蚀；
（4）水流冲刷坡脚或岸坡，使岩体失去支撑，形成新的临空面</td></tr>
<tr><td>地震</td><td>（1）加速潜在不稳定岩体与母岩的分离；
（2）垂直方向加速度可使滑体处在失重状态或使潜在破坏面处在超常规荷载条件；
（3）水平方向加速度可为滑体提供抛射力</td></tr>
</table>

续表

<table>
<tr><th colspan="2">影响因素</th><th colspan="2">简 要 说 明</th></tr>
<tr><td colspan="2">地应力</td><td colspan="2">可使岩体沿已有软弱带向坡外发生蠕变，并使软弱带强度进一步衰减</td></tr>
<tr><td rowspan="3">人为因素</td><td>爆破</td><td colspan="2">使岩体产生松动</td></tr>
<tr><td rowspan="2">修建工程</td><td colspan="2">斜坡开挖切断塌滑面，形成或加大临空面，使边坡岩体失去支撑而产生塌滑</td></tr>
<tr><td colspan="2">（1）水库最初蓄水时，库岸边坡岩（土）体因浸水引起抗剪强度显著降低，容易产生崩塌或滑坡；
（2）当库水位迅速下降时，边坡岩（土）体在动水压力作用下，常常失去稳定产生滑坡</td></tr>
</table>

3.6.2 边坡工程地质分类

边坡工程地质分类有很多种。根据水利水电工程边坡的特点，有关分类可见表 3.6-2～表 3.6-5。

3.6.3 边坡稳定分析

3.6.3.1 边坡稳定性计算参数选择

（1）边坡岩（土）体的主要物理力学参数，如滑动面、控制性结构面的抗剪强度参数和岩（土）体变形特征参数，应根据试验统计成果或反分析计算成果，结合经验数据综合分析确定。根据试验成果选定参数时，应符合《水利水电工程地质勘察规范》（GB 50487）的规定。

（2）反分析中稳定系数取值建议：蠕动挤压阶段宜采用 $F_S=1.00\sim1.05$，初滑阶段宜采用 $F_S=0.95\sim1.00$。

表 3.6-2 边坡一般性分类

分类依据	分类名称	分类特征说明
与工程关系	自然边坡	未经人工改造的边坡
	工程边坡	经人工改造的边坡
岩性	岩质边坡	由岩石组成的边坡
	土质边坡	由土层组成的边坡
	岩土混合边坡	部分由岩石、部分由土层组成的边坡
变形	未变形边坡	边坡岩（土）体未发生变形
	变形边坡	边坡岩（土）体曾发生或正在发生变形
边坡坡度 θ（°）	缓坡	$\theta\leqslant10$
	斜坡	$10<\theta\leqslant30$
	陡坡	$30<\theta\leqslant45$
	峻坡	$45<\theta\leqslant65$
	悬坡	$65<\theta\leqslant90$
	倒坡	$\theta>90$
工程边坡高度 H（m）	特高边坡	$H\geqslant300$
	超高边坡	$150\leqslant H<300$
	高边坡	$50\leqslant H<150$
	中边坡	$20\leqslant H<50$
	低边坡	$H<20$
失稳边坡体积 V（万 m^3）	特大型滑坡	$V\geqslant1000$
	大型滑坡	$100\leqslant V<1000$
	中型滑坡	$10\leqslant V<100$
	小型滑坡	$V<10$

注 该表摘自《水电水利工程边坡工程地质勘察技术规程》（DL/T 5337—2006），略作调整。

表 3.6-3　　岩质边坡分类（按岩体结构）

边坡类型	主要特征	影响稳定的主要因素	可能引起主要变形的破坏形式	与水利水电工程的关系	处理原则与方法建议
块状结构岩质边坡	由岩浆岩或巨厚层沉积岩组成，岩性相对较均一	（1）节理裂隙的切割状况及充填物情况； （2）风化特征	以松弛张裂变形为主，常有卸荷裂隙分布，有时出现局部崩塌	一般较稳定，但应注意不利节理组合，分析局部塌滑的可能性，当有卸荷裂隙分布时，注意边坡上输水建筑物漏水引起的边坡局部失稳	（1）对可能产生局部崩塌的岩体，可采用锚固处理； （2）对可能引起渗漏的卸荷裂隙，做灌浆防渗处理； （3）做好边坡排水，防止裂隙充水引起边坡局部失稳
层状同向缓倾结构岩质边坡	由层状岩石组成，坡面与层面同向，坡角大于岩层倾角，岩层层面被坡面切断	（1）岩层倾角大小； （2）层面抗剪强度； （3）节理发育特征及充填物情况	（1）顺层滑动； （2）因坡脚软弱导致上部张裂变形或蠕变； （3）沿软弱夹层蠕滑	层面因施工开挖常被切断，若岩层中有软弱夹层，易产生顺层滑动；某些红层地区常沿缓倾角泥岩夹层产生蠕滑，雨后更易滑动	（1）防止沿软弱层面滑动； （2）局部锚固； （3）挖除软层并回填处理； （4）采用支挡工程防滑； （5）做好边坡排水
层状同向陡倾结构岩质边坡	由层状岩石组成，坡面与层面同向，坡角小于岩层倾角，岩层层面未被坡面切断	（1）节理裂隙特别是缓倾角节理发育情况及充填物情况； （2）软弱夹层发育状况； （3）裂隙水作用； （4）振动	（1）表层岩层蠕滑弯曲、倾倒； （2）局部崩塌； （3）滑动	一般较稳定，但在薄层岩层和有较多软弱夹层分布地区，施工开挖可能诱发边坡蠕变、弯曲、溃曲破坏	（1）开挖坡角不应大于岩层倾角，勿切断坡脚岩层，坡高时应设置马道； （2）注意查明节理分布特征，分析有无不利抗滑的组合结构面； （3）分布薄层岩体时，应及时锚固
层状反向结构岩质边坡	由层状岩石组成，坡面与层面反向	（1）节理裂隙分布特征； （2）岩性及软弱夹层分布状况； （3）地下水、地应力及风化特征	（1）蠕变倾倒、松动变形； （2）坡有软层分布时上部张裂变形； （3）局部崩塌、滑动	一般较稳定，但在薄层岩层或有较多软弱夹层分布地区，施工开挖可能诱发边坡倾倒蠕变	（1）注意查明节理裂隙发育特征，适当削坡防止局部崩塌、滑动； （2）局部锚固
斜向结构岩质边坡	由层状岩石组成，岩石走向与坡面走向呈一定夹角	节理裂隙发育特征	（1）崩塌； （2）楔状滑动	一般较稳定	注意查明节理裂隙产状，分析产生楔状滑动的可能性，必要时适当清除或锚固
碎裂结构岩质边坡	不规则的节理裂隙强烈发育的坚硬岩石边坡	（1）岩体破碎程度； （2）节理裂隙发育特征； （3）裂隙水作用； （4）振动	（1）崩塌； （2）塌滑	易局部崩塌，影响建筑物安全；透水；不利坝肩稳定及承受荷载	（1）适当清除，合理选择稳定坡角； （2）表部喷锚保护； （3）做好排水

表 3.6-4 土质边坡分类（按土层性质）

边坡类型	主要特征	影响稳定的主要因素	可能主要变形破坏形式	与水利水电工程关系	处理原则与方法建议
黏性土边坡	以黏粒为主，干时坚硬，遇水膨胀崩解。此外，山西南部的一些黏土具有大孔隙；部分南方网纹状红土强度较高；黄河上游地区部分黏土呈半成岩状，但可溶盐含量高；淮河下游地区部分黏土具有水平层理	（1）矿物成分，特别是亲水、膨胀、溶滤性矿物含量；（2）节理裂隙的发育状况；（3）水的作用；（4）冻融作用	（1）裂隙性黏土常沿光滑裂隙面形成滑面，含膨胀性亲水矿物黏土易产生滑坡，巨厚层半成岩黏土高边坡，因坡脚蠕变可导致高速滑坡；（2）因冻融产生剥落；（3）坍塌	作为水库或渠道边坡，因蓄水、输水可能引起部分黏土边坡变形滑动，注意库岸大范围黏土边坡滑动带来不利影响；寒冷地区工程边坡因冻融剥落而破坏	（1）防水、排水；（2）削坡压脚；（3）对冻融剥落边坡，植草或护砌覆盖，坡体内排水，保持坡面干燥
砂性土边坡	以砂粒为主，结构较疏松，黏聚力低为其特点，透水性较大，包括厚层全风化花岗岩残积层	（1）颗粒成分及均匀程度；（2）含水情况；（3）振动；（4）外水及地下水作用；（5）密实程度	（1）饱和均质砂性土边坡，在振动力作用下，易产生地震液化滑坡；（2）管涌、流土；（3）坍塌和剥落	（1）在高地震烈度区的渠道边坡或其他建筑物边坡，地震时产生液化滑坡，机械震动也可能出现局部滑坡；（2）基坑排水时易出现管涌、流土	（1）排水；（2）削坡压脚；（3）预先采取振冲加密、封闭措施，并注意排水
黄土边坡	以粉粒为主、质地均一，一般含钙量高，无层理，但柱状节理发育，天然含水量低，干时坚硬，部分黄土遇水湿陷，有些呈固结状，有时呈多元结构	主要是水的作用，因水湿陷，或水对边坡浸泡，水下渗使下垫隔水黏土层泥化等	（1）崩塌；（2）张裂；（3）湿陷；（4）高或超高边坡可能出现高速滑坡	渠道边坡，因通水可能出现滑坡；库岸边坡因库水浸泡可能塌岸或滑动；黄土塬上灌溉使地下水位抬高，可出现黄土湿陷，谷坡开裂崩塌，半成岩黄土区深切河谷可出现高速滑坡；因湿化引起古滑坡复活	（1）防水、排水，尽可能避免输水建筑物漏水；（2）合理削坡；（3）对塌岸、古滑坡做好监测及预测
软土边坡	以淤泥、泥炭、淤泥质土等抗剪强度极低的土为主，塑流变形严重	（1）土性软弱（低抗剪强度高压缩性塑流变形特性）；（2）外力作用、振动	（1）滑坡；（2）塑流变形；（3）塌滑、边坡难以成形	渠道通过软土地区因塑流变形而不能成形，坡脚有软土层时，因软土流变挤出，使边坡坐塌	（1）彻底清除；（2）避开；（3）反压回填；（4）排水固结
膨胀土边坡	具有特殊物理力学特性，因富含蒙脱石等易膨胀矿物，内摩擦角很小，干湿效应明显	（1）干湿变化；（2）水的作用	（1）浅表层胀缩作用引起蠕滑；（2）受裂隙面或软弱夹层控制引起较深层滑动；（3）干湿循环引起土体崩解	（1）产生渠道边坡滑动；（2）渠基出现膨胀变形，引起衬砌破坏、断面束窄；（3）坡面出现雨淋沟，加速渠道淤积	（1）尽可能不改变土体含水条件；（2）预留保护层，开挖后速盖压保湿；（3）注意选择稳定坡角；（4）加强排水，砌护封闭
分散性土边坡	属中塑性土及粉质黏土类，含一定量钠蒙脱石，易被水冲蚀，尤其遇低含盐量水，表面土粒依次脱落，呈悬液或土粒被流动的水带走，迅速分散	（1）低含盐量环境水；（2）孔隙水溶液中钠离子含量较高，介质高碱性；（3）土体裸露，水土接触	（1）冲蚀孔洞、孔道；（2）管涌、崩陷和溶蚀孔洞；（3）塌滑、崩塌及滑坡	堤坝和渠道边坡在施工和运行中随机发生变形破坏或有潜在危机	（1）尽量不用分散性土作地基和建筑材料；（2）全封闭，使土水隔离；（3）设置反滤；（4）改性，如掺石灰等；（5）改善工程环境水，增大其含盐量

续表

边坡类型	主要特征	影响稳定的主要因素	可能主要变形破坏形式	与水利水电工程关系	处理原则与方法建议
碎石土边坡	由坚硬岩石碎块和砂土颗粒或砾质土组成的边坡，可分为堆积、残坡积混合结构、多元结构	(1) 黏土颗粒的含量及分布特征；(2) 坡体含水情况；(3) 下伏基岩面产状	(1) 土体滑坡；(2) 坍塌	因施工切挖导致局部坍塌，作为库岸边坡因水库蓄水可导致局部塌滑或上部坡体开裂，库水骤降易引起滑坡	(1) 合理选择稳定坡角；(2) 加强边坡排水，防止人为向坡体注水；(3) 库岸重要地段蓄水期应进行监测
岩土混合边坡	边坡上部为土层、下部为岩层，或上部为岩层、下部为土层（全风化岩石），多层叠置	(1) 下伏基岩面产状；(2) 水对土层浸泡，水渗入土体	(1) 土层沿下伏基岩面滑动；(2) 土层局部塌滑；(3) 上部岩体沿土层蠕动或错落	叠置型岩土混合边坡基岩面与边坡同向且倾角较大时，蓄水、暴雨后或振动时易沿基岩面产生滑动	(1) 合理选择稳定坡角；(2) 加强边坡排水，防止人为向坡体注水；(3) 库岸重要地段蓄水期应进行监测

表 3.6-5　变形边坡分类

变形类型	边坡分类名称		示意剖面	主要特征	影响稳定的主要因素	与水利水电工程关系	处理原则与方法建议
滑动变形	土质滑坡	黏性土滑坡	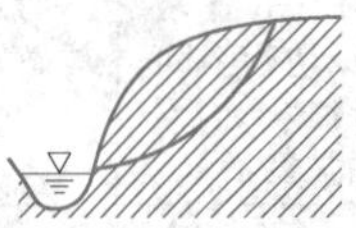	黏土干时坚硬，遇水崩解膨胀，不易排水，连续降雨或遇水湿化可使强度降低，易滑，规模稍大的滑坡受结构面控制	(1) 水的作用：暴雨浸水，人为注水，排水不畅；(2) 振动：地震、爆破；(3) 开挖方式不当：切脚，头部堆载，先下后上开挖	滑坡区不宜布置建筑物，滑坡对渠道边坡稳定不利；注意丘陵峡谷库区移民后靠区蓄水后出现滑动	(1) 注意开挖方式和程序；(2) 坡面及坡体排水；(3) 支挡结构，如抗滑桩等
		黄土滑坡	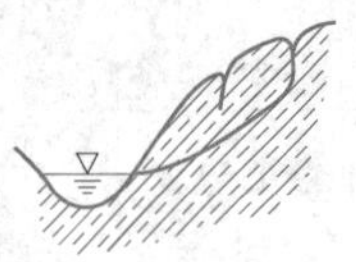	垂直裂隙发育，易透水湿陷，黄土塬边或峡谷高陡边坡的滑坡规模较大，当有黏土夹层时，连续大雨后易滑			
		砂性土滑坡	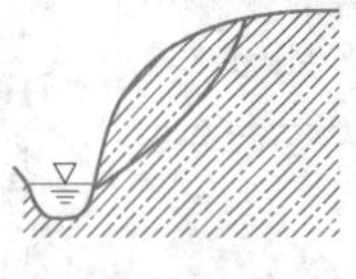	透水性强，当有饱和砂层时，因地震可能产生液化滑坡，因暴雨排水不畅而滑动			
		碎石土滑坡	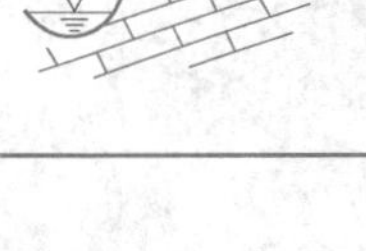	土石混杂，结构较松散，易透水，多为坡残积层，常沿基岩接触面滑动			

续表

变形类型	边坡分类名称		示意剖面	主要特征	影响稳定的主要因素	与水利水电工程关系	处理原则与方法建议
滑动变形	岩质滑坡	均质软岩滑坡	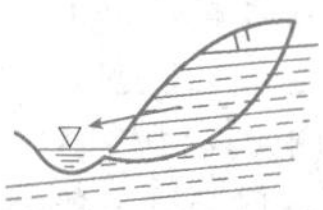	滑体形态主要受软岩强度控制，滑面常呈弧形、切层，与软弱结构面不一定吻合，特别是大型滑坡	(1) 岩石强度； (2) 水的作用； (3) 边坡坡度和高度	滑坡规模一般较大，条件恶化后可能复活，滑坡区不宜布置建筑物	(1) 避开； (2) 清除或部分清除； (3) 排水
		顺层滑坡	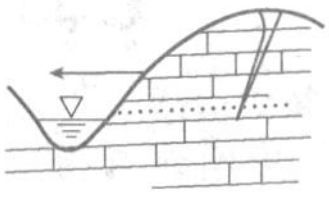	一般沿岩层层面产生滑坡，滑体形态主要受岩层层面控制	(1) 软弱夹层或顺层面抗剪强度； (2) 淘蚀切脚，开挖不当； (3) 水的作用	作为建筑物边坡危及建筑物安全，不宜作为渠道边坡	(1) 清除或部分清除； (2) 排水； (3) 规模小时支挡或锚固
		切层滑坡	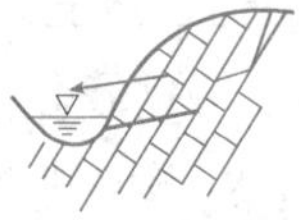	滑面切过层面，滑体形态受几组节理裂隙的控制	(1) 节理切割状况； (2) 岩体强度； (3) 水的作用； (4) 缓倾结构面及软弱夹层	不宜作为渠道或其他建筑物边坡	(1) 清除或部分清除； (2) 排水； (3) 规模小时支挡或锚固
		破碎岩石滑坡	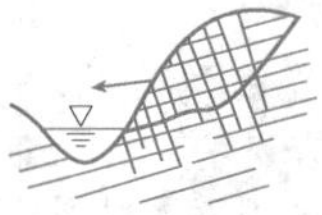	节理裂隙密集发育，滑面产生于破碎岩体中，滑面形态受破碎岩体强度控制	(1) 节理裂隙切割状况； (2) 岩体强度； (3) 水的作用	透水强烈不利于坝肩防渗，不宜作为渠道边坡	(1) 削坡清除； (2) 排水； (3) 规模小时支挡
蠕动变形	岩质边坡	倾倒型蠕动变形边坡	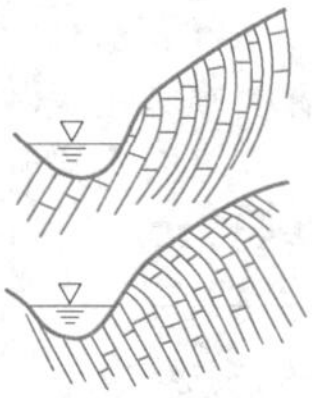	岩体向外倒，层序未乱，但岩体松动，裂隙发育，层间相对错动，倾倒幅度向深部逐渐变小，边坡表部有时出现反坎	(1) 开挖切脚； (2) 振动； (3) 充水并排水不畅	对抗渗不利，沉陷变形大，不利于承受工程荷载，开挖切脚常引起连续坍塌	(1) 自上而下清除，开挖坡角不宜大于自然坡角； (2) 坡面和坡体排水防渗； (3) 变形速度快者，应留开挖保护层
		松动型蠕动变形边坡	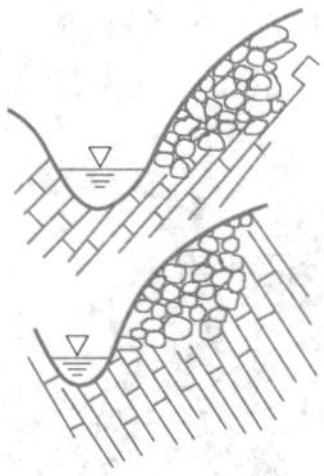	岩层层序扰动，岩块松动架空，与下部完整岩层无明显完整界面，多系倾倒型进一步发展而成	(1) 开挖切脚； (2) 振动； (3) 充水并排水不畅	对抗渗承载不利，开挖切脚常引起连续坍塌，库岸大范围松动体蓄水后可能变形，不宜作为大坝接头、洞脸、渠道和建筑物边坡	(1) 维持原状不予扰动，保持自然稳定； (2) 坡面及坡体排水； (3) 自上而下清除，开挖坡角不宜大于自然坡角

续表

变形类型	边坡分类名称		示意剖面	主要特征	影响稳定的主要因素	与水利水电工程关系	处理原则与方法建议
蠕动变形	岩质边坡	扭曲型蠕动变形边坡	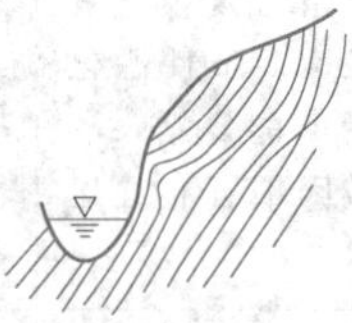	多出现于塑性薄层岩层，岩层向坡外挠曲，很少折裂（注意和构造变形相区别），有层间错动，但张裂隙不显著	（1）岩石流变效应； （2）水的作用； （3）振动； （4）开挖卸荷及开挖方式不当	局部顺层滑动或缓慢扭曲变形，影响建筑物安全，除表层外，一般透水不甚强烈	（1）削坡清除，开挖坡角应适当； （2）预留开挖保护层； （3）局部锚固
		塑流型蠕动变形边坡	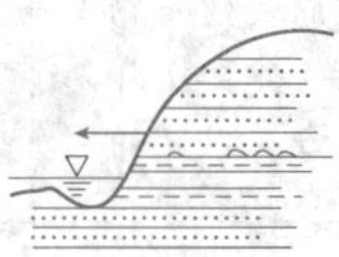	脆性岩体沿下垫塑性软弱夹层缓慢流动，或挤入软层中	（1）塑性层因水的作用进一步泥化； （2）软层的流变效应	切脚后边坡缓慢滑动或局部坍塌，影响建筑物安全，作为渠道及水库边坡易于滑动	（1）坡面及坡体排水； （2）局部锚固； （3）沿塑流层将上部岩体清除
	土质边坡	土层蠕动变形边坡	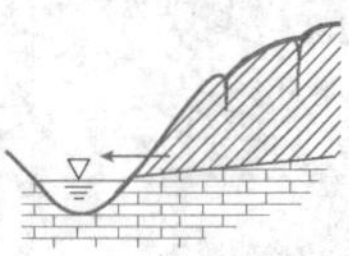	因土层塑性蠕变、流动导致上部土体开裂、倾倒或沿蠕变层带产生微量位移，严重者可发展成滑坡或塌滑，常为滑动变形前兆	（1）水的作用； （2）坡脚或坡体内土层遇水软化流变； （3）长期重力作用下坡体土层流变	遇水、遇振动易发展成滑坡，不宜作为渠道或其他建筑物边坡	（1）按稳定坡角开挖； （2）清除； （3）坡面及坡体排水
张裂变形	岩质边坡	张裂变形边坡	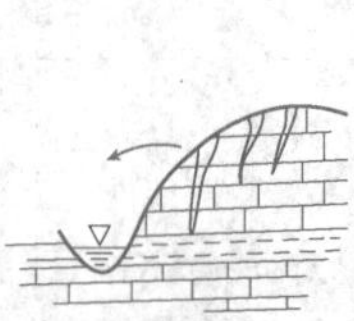	岩体向坡外张裂，但未发生剪切位移或崩落滚动，有微量角变位，多发生于厚层或块状坚硬岩石中，特别当坡角有软弱层（如煤层、断层破碎带）分布时	（1）岩体向坡外张裂； （2）岩层面（特别是软弱夹层）较缓且倾向坡外	强烈透水对坝肩防渗不利；垂直于裂缝的变形大，不利于拱坝坝肩承压；崩塌岩体失稳造成灾害；防止坡脚垫层	（1）防止坡脚垫层被进一步软化和人为破坏； （2）控制爆破规模和方法； （3）固结灌浆或锚固； （4）必要时爆破或减载
崩塌变形	岩（土）质边坡	崩塌变形边坡		陡坡地段，上部岩（土）体突然脱离母岩翻滚或坠落坡脚，坡脚常堆积岩土块堆积体	（1）风化作用、冰冻膨胀； （2）暴雨、排水不畅； （3）振动坡脚被淘蚀软化	变形破坏急剧影响施工建筑安全；堆积物疏松，强烈透水，对防渗不利，堆积物易产生不均匀沉陷变形	（1）清除危岩，保护建筑物； （2）局部锚固、支挡； （3）用堆积物作地基时，需进行特殊防渗加固处理
塌滑变形	岩（土）质边坡	塌滑变形边坡	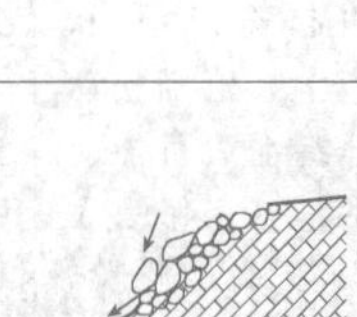	边坡岩（土）体解体坐塌，并伴随局部或整体滑动，滑面多不平整，局部可能崩塌，为滑动、崩塌、蠕变松动等复合型变形边坡	（1）塑流层蠕变； （2）暴雨、排水不畅； （3）振动； （4）不利的岩性组合和结构面	堆积物疏松，透水性大，易产生不均匀沉陷变形，浸水后局部可能继续滑动	（1）坡面防渗，坡体排水； （2）清除； （3）局部支挡

续表

变形类型	边坡分类名称		示意剖面	主要特征	影响稳定的主要因素	与水利水电工程关系	处理原则与方法建议
剥落变形	岩土（土）质边坡	剥落变形边坡		高寒地区黏性土边坡因冻融作用表层剥落，南方硬质黏土边坡因干湿效应而剥落，强风化泥质岩层剥落，影响不深，但可连续剥落	(1) 冻融作用；(2) 干湿效应；(3) 风化	使渠道或其他工程边坡表部疏松解体，增加维护困难	(1) 护砌植草或坡面覆盖；(2) 排水；(3) 预留保护层

(3) 应根据具体情况，确定荷载组合。作用在边坡上的荷载包括以下两种。

1) 自然作用力。自然作用力包括自重、地下水作用力（静水压力、动水压力）、地震作用力和岩体应力。在50年超越概率10%、地震动峰值加速度不小于0.10g的地区，应计算地震作用力的影响。

2) 工程作用力。影响边坡稳定的工程作用力，包括建筑物传递至边坡的作用力、库水压力、加固边坡时的锚固力、渗透水压力等。

3.6.3.2 边坡稳定性分析方法

边坡稳定性分析方法可分为定性分析和定量分析。

边坡稳定性分析方法有自然历史分析法、工程地质类比法、图解分析法、岩体质量分级法、有限元法和极限平衡分析法等，前三种为定性分析方法，后三种为定量—半定量分析方法，其中极限平衡分析法是边坡稳定计算的基本方法。根据可能失稳边坡的物质组成、边界条件及变形破坏模式，极限平衡分析法可采用圆弧型滑面滑动分析法、平面型滑面滑动分析法、楔形体型滑动分析法、折线型滑面滑动分析法和倾倒破坏分析法。

根据边坡结构特征、岩土体性质、边坡破坏类型等选择合适的稳定性分析方法，对重要的边坡，应选择两种或两种以上方法综合分析，评价其稳定性。

3.6.4 边坡坡比参考数值

根据岩性和不利结构面等因素，各类岩质边坡坡比参考值见表3.6-6、表3.6-7。

表3.6-6 弱风化、微风化和新鲜岩石边坡坡比参考值

岩石			不利结构面与边坡直交或内倾			不利结构面与边坡平行或外倾
			单级坡高(m)	完整岩体坡比	欠完整岩体坡比	
沉积岩		灰岩、砂岩	15～20	1∶0.25～1∶0.35	1∶0.35～1∶0.75	(1) 与边坡平行、向外倾斜的软弱结构面切割边坡，并在临空坡面出露时，若软弱结构面倾角小于其内摩擦角，结构面以上边坡岩体可视为稳定；(2) 当软弱结构面倾角大于其内摩擦角，边坡坡比则不能大于其内摩擦角，否则需采取必要的防护措施；(3) 在高地震区，尚需考虑地震力对边坡稳定的影响；(4) 水平地层条件下，应注意其间软弱夹层对边坡稳定的影响
沉积岩		页岩、泥岩	10～15	1∶0.5～1∶0.75	1∶0.75～1∶1.0	
火成岩	侵入岩	花岗岩、闪长岩、辉长岩	15～25	1∶0.25～1∶0.35	1∶0.35～1∶0.5	
火成岩	侵入岩	花岗斑岩、闪长玢岩、辉绿玢岩、正长斑岩、煌斑岩	15～20	1∶0.35～1∶0.5	1∶0.5～1∶0.75	
火成岩	喷出岩	流纹岩、安山岩、玄武岩	15～25	1∶0.35～1∶0.5	1∶0.5～1∶0.75	
火成岩	喷出岩	凝灰岩、火山碎屑岩	15～20	1∶0.5～1∶0.75	1∶0.75～1∶1.0	
变质岩		片麻岩、混合岩	15～25	1∶0.35～1∶0.5	1∶0.5～1∶0.75	
变质岩		板岩	15～20	1∶0.5～1∶0.75	1∶0.75～1∶1.0	
变质岩		千枚岩、片岩、片理化凝灰岩	10～15	1∶0.5～1∶0.75	1∶0.75～1∶1.0	

注 1. 表中数值为水上岩质边坡参考值。
2. 若有地下水时，需考虑地下水孔隙水压力对边坡稳定的影响。
3. 灰岩中岩溶发育者，边坡值按破碎岩石考虑。

表 3.6-7　　全风化、强风化岩石和强烈破碎岩石边坡坡比参考值

岩石			坡高（m）	不利结构面与边坡直交或内倾		不利结构面与边坡平行或外倾
				全、强风化（溶蚀）带坡比	破碎新鲜岩石坡比	
沉积岩		石灰岩（中厚层）	<10	1∶0.5～1∶0.75	1∶0.75	（1）与边坡平行、向外倾斜的软弱结构面切割边坡，并在临空坡面出露时，若软弱结构面倾角小于其内摩擦角，结构面以上边坡岩体可视为稳定；（2）当软弱结构面倾角大于其内摩擦角，边坡坡比则不能大于其内摩擦角，否则需采取必要的防护措施；（3）在高地震区，尚需考虑地震力对边坡稳定的影响；（4）水平地层条件下，应注意其间软弱夹层对边坡稳定的影响
			10～20	1∶0.75～1∶1	1∶1	
		页岩	<10	1∶1	1∶1	
			10～15	1∶1～1∶1.25	1∶1	
		粉细砂岩及凝灰质砂岩	<10	1∶0.75～1∶1	1∶0.75	
			10～20	1∶1	1∶1	
火成岩	侵入岩	花岗岩、闪长岩、辉长岩	<10	1∶0.75～1∶1	1∶0.5～1∶0.75	
			10～20	1∶1～1∶1.25	1∶1	
		花岗斑岩、闪长玢岩、辉绿玢岩、正长斑岩、煌斑岩	<10	1∶0.75～1∶1	1∶0.75	
			10～15	1∶1～1∶1.25	1∶1	
	喷出岩	流纹岩、安山岩	<10	1∶0.75～1∶1	1∶0.75	
			10～20	1∶1	1∶1	
		凝灰岩、火山碎屑岩	<10	1∶1	1∶0.75～1∶1	
			10～15	1∶1.25	1∶1	
变质岩		片麻岩、混合岩	<10	1∶0.75～1∶1	1∶0.75	
			10～20	1∶1～1∶1.25	1∶1	
		板岩	<10	1∶1	1∶0.75	
			10～15	1∶1.25	1∶1	
		千枚岩及片理化凝灰岩	<10	1∶1	1∶1	
			10～15	1∶1.25	1∶1	

注　1. 表中数值为水上岩质边坡参考值。
2. 若有地下水时，需考虑地下水孔隙水压力对边坡稳定的影响。
3. 破碎新鲜岩石边坡中，对易风化的凝灰岩、火山碎屑岩、页岩、千枚岩和板岩等岩质边坡，需注意坡面防护。

3.7　地下洞室工程地质

3.7.1　地下洞室的基本要求

地下洞室的工程地质问题，主要是洞室的围岩稳定及进出口边坡的稳定。洞室位置、轴线方向及进出口的基本地质要求见表 3.7-1。

3.7.2　影响地下洞室稳定的地质因素

影响地下洞室围岩稳定的主要地质因素有以下几个方面。

（1）岩石性质。岩石是构成围岩的物质基础。根据岩石的饱和单轴抗压强度，将岩石划分为硬质岩（可再细分为坚硬岩、中硬岩）和软质岩。坚硬的岩石一般对围岩的稳定性影响小，而软质岩则由于强度低、水理性差、易产生较大变形而对围岩稳定性影响大。对于均质块状的硬质岩石构成的岩体，由于岩石的强度和变形接近于各向同性，一般情况下，围岩具有较好的稳定性；在具有层状结构的岩层中，由于岩石在强度和变形性质上存在差异，作为围岩具有不均一性。此外，具有单层结构和多层结构的岩体，其围岩稳定条件是不相同的，厚层状和薄层状的岩体稳定条件也不相同。

从围岩稳定角度分析，地下洞室的位置和结构布置，以均质厚层或块状的硬质岩作为围岩条件最好，洞室位置的选择，应尽量避开软质岩体或薄层岩体及软硬相间的岩体。

（2）岩体结构。其中以碎裂结构的稳定性最差，薄层状结构次之，而厚层状及块体状岩体则稳定性好。

表 3.7-1　　地下洞室的基本地质要求

项　　目	基 本 地 质 要 求
洞室位置	(1) 地形完整，尽量避开沟谷等低洼地形，洞室围岩应有足够埋深； (2) 岩体完整，构造简单，尽量避开软弱、易膨胀、易溶解、岩溶发育的岩层和严重破碎等不良地段； (3) 尽可能避开规模较大的断层、活动断裂以及褶皱轴部等构造部位； (4) 尽量避开地下水丰富的含水带和可能大量涌水的汇（集）水构造； (5) 尽可能避开谷坡应力释放降低带和应力集中增高带，洞室宜位于应力正常带内； (6) 避开含有害气体、高放射性元素环境及有用矿产
轴线方向	(1) 地质结构面发育、又处于低地应力区时，轴线一般应与层面、断层、主要节理等主要结构面、岩溶发育带相垂直或有较大的夹角； (2) 当处于高或较高地应力区时，轴线尽可能与最大主应力方向呈小角度相交
进出口	(1) 地形完整，尽量避开沟谷和高陡边坡地段； (2) 基岩裸露或覆盖较薄，进出口段洞室围岩岩体完整性较好、风化弱，宜避开覆盖较厚、有较大断层通过或岩体严重风化地段； (3) 边坡稳定，应避开松散堆积物、崩塌、滑坡、变形体、泥石流等不良物理地质现象分布地段和软弱结构面不利组合形成的潜在不稳定岩体地段，尽量避免开挖高边坡

(3) 地质构造。应具体分析地下洞室所通过的褶皱、断层、节理裂隙及其组合对围岩稳定性的影响。

1) 褶皱。一般情况下，地下洞室的洞轴线垂直于褶皱轴比平行于褶皱轴更有利于围岩的稳定；横穿陡倾角紧密褶皱比缓倾的舒缓褶皱有利于顶拱围岩的稳定；洞室布置于褶皱的翼部比布置于褶皱的核部常有利于顶拱围岩的稳定，但褶皱的翼部对于边墙可能存在块体的稳定和偏压问题；背斜的轴部较向斜轴部有利于围岩的稳定；向斜轴部常形成地下水汇集的储水构造，可产生涌水并对洞室稳定不利。

2) 断层、节理密集带。断层、节理密集带等构造破碎带岩体破碎、完整性差、易变形、水理性差，遇水易软化、泥化，洞段的围岩稳定性差。洞室若垂直穿过断层、节理密集带时，可最大限度地缩短其出露长度，减小不利的影响。当洞轴线与上述结构面夹角小于 30°时，对围岩稳定最为不利。构造带的规模、性状对洞段围岩的稳定具有控制作用，破碎带宽且以松软物质为主时，对围岩稳定性的不利影响最大。对规模不大的断层，应注意与其他结构面有无不利组合，具体分析不利块体出现的部位、规模，为加固处理提供依据。另外，应注意软弱构造破碎带开挖后吸水软化、泥化问题，须对开挖面及时进行封闭保护处理。

3) 节理裂隙及其组合对围岩稳定的影响。岩体中节理裂隙分布广、规模小，对围岩稳定的影响程度各不相同。应实地调查统计，按产状归纳分组，且要重点调查岩体中的层面构造及其他贯穿性长大裂隙的规模和性状，运用赤平极射投影、实体比例投影等方法，分析节理裂隙与其他结构面的组合关系，确定对顶拱、边墙、端墙围岩稳定不利的组合，并根据各组节理的延伸长度研究其相互交切性，估计组合块体的规模。最后，根据各组结构面的性状、物理力学性质，分析评价围岩的稳定性。

(4) 地下水。地下水对地下洞室围岩稳定的影响有：地下水的动水压力和静水压力作用；对各种结构面和软质岩石的软化、泥化及膨胀作用；对结构面充填物的潜蚀作用；对易溶岩的溶解作用；向斜轴部或导水结构面及交汇带的构造涌水；岩溶发育带的集中涌水等。

(5) 地应力。地应力场大多数是以水平应力为主的三向不等压空间应力场。三个主应力的大小和方向随时空而变化。随着洞室的开挖，洞室围岩在天然初始地应力场的背景条件下产生应力重分布，从而形成二次应力场。当岩体强度能够适应重分布应力的变化，围岩的松弛变形较小且在允许范围内时，二次应力将达到新的平衡，围岩是稳定的，不会产生失稳破坏；但当围岩不能承受新的应力，且围岩的松弛变形自身不能控制时，则围岩的应力不平衡，将产生向洞内的围岩压力，即山岩压力，如不采取支护处理措施，围岩将产生失稳破坏。在坚硬完整的岩体中，如地应力水平较高，则会产生地应力的突然或快速释放，出现岩爆及其他应力释放现象。

3.7.3　地下洞室围岩工程地质分类

地下洞室围岩工程地质分类是对围岩的整体稳定程度进行判断，并指导开挖与支护设计。目前，围岩分类已发展成为多因素综合、定性与定量结合的评价围岩整体稳定性及设计支护的重要方法。

《水利水电工程地质勘察规范》（GB 50487—2008）将围岩工程地质分类分为初步分类和详细分类。初步分类适用于规划阶段、可行性研究阶段以及深埋洞室施工之前的围岩工程地质分类，详细分类主要用于初步设计、招标和施工图设计阶段的围岩工程地质分类。

（1）围岩的分类类型、各类围岩的稳定性评价、支护类型建议见表3.7-2。

表3.7-2　围岩稳定性评价

围岩类别	围岩稳定性评价	支护类型
Ⅰ	稳定。围岩可长期稳定，一般无不稳定块体	不支护或局部锚杆或喷薄层混凝土。大跨度时，喷混凝土、系统锚杆加钢筋网
Ⅱ	基本稳定。围岩整体稳定，不会产生塑性变形，局部可能产生掉块	
Ⅲ	局部稳定性差。围岩强度不足，局部会产生塑性变形，不支护可能产生塌方或变形破坏。完整的较软岩，可能暂时稳定	喷混凝土、系统锚杆加钢筋网。采用TBM掘进时，需及时支护。跨度大于20m时，宜采用锚索或刚性支护
Ⅳ	不稳定。围岩自稳时间很短，规模较大的各种变形和破坏都可能发生	喷混凝土、系统锚杆加钢筋网，刚性支护，并浇筑混凝土衬砌。不适于开敞式TBM施工
Ⅴ	极不稳定。围岩不能自稳，变形破坏严重	

（2）围岩初步分类以岩石强度、岩体完整性、岩体结构类型为基本依据，以岩层走向与洞轴线的关系、水文地质条件为辅助依据，见表3.7-3。

（3）围岩详细分类以控制围岩稳定的岩石强度、岩体完整程度、结构面状态、地下水状态和主要结构面产状五项因素之和的总评分为基本判据，以围岩强度应力比为限定判据（见表3.7-4），五项因素的评分按表3.7-5～表3.7-9进行。

表3.7-3　围岩初步分类

围岩类别	岩质类型	岩体完整性	岩体结构类型	围岩分类说明
Ⅰ、Ⅱ	硬质岩	完整	整体或巨厚层状结构	坚硬岩定Ⅰ类，中硬岩定Ⅱ类
Ⅱ、Ⅲ		较完整	块状结构、次块状结构	坚硬岩定Ⅱ类，中硬岩定Ⅲ类，薄层状结构定Ⅲ类
Ⅱ、Ⅲ			厚层或中厚层状结构、层（片理）面结合牢固的薄层状结构	
Ⅲ、Ⅳ			互层状结构	洞轴线与岩层走向夹角小于30°时定Ⅳ类
Ⅲ、Ⅳ		完整性差	薄层状结构	岩质均一且无软弱夹层时可定Ⅲ类
Ⅲ			镶嵌结构	
Ⅳ、Ⅴ		较破碎	碎裂结构	有地下水活动时定Ⅴ类
Ⅴ		破碎	碎块或碎屑状散体结构	
Ⅲ、Ⅳ	软质岩	完整	整体或巨厚层状结构	较软岩定Ⅲ类，软岩定Ⅳ类
Ⅳ、Ⅴ		较完整	块状或次块状结构	较软岩定Ⅳ类，软岩定Ⅴ类
			厚层、中厚层或互层状结构	
		完整性差	薄层状结构	较软岩无夹层时可定Ⅳ类
		较破碎	碎裂结构	较软岩可定Ⅳ类
		破碎	碎块或碎屑状散体结构	

注　对深埋洞室，当可能发生岩爆或塑性变形时，围岩类别宜降低一级。

表 3.7-4 围岩工程地质分类

围岩类别	围岩总评分 T	围岩强度应力比 S	围岩类别	围岩总评分 T	围岩强度应力比 S
Ⅰ	$T>85$	$S>4$	Ⅳ	$25<T\leqslant 45$	$S>2$
Ⅱ	$65<T\leqslant 85$	$S>4$	Ⅴ	$T\leqslant 25$	
Ⅲ	$45<T\leqslant 65$	$S>2$			

注 Ⅱ～Ⅳ类围岩，当其强度应力比小于本表规定时，围岩类别宜相应降低一级。

围岩强度应力比 S 可根据式（3.7-1）计算：

$$S=\frac{R_b K_V}{\sigma_m} \tag{3.7-1}$$

式中 R_b——岩石饱和单轴抗压强度，MPa；

K_V——岩体完整性系数，为岩体的纵波波速与相应岩石的纵波波速之比的平方；

σ_m——围岩最大主应力，MPa，当无实测资料时，可以自重应力代替。

（4）本围岩分类不适用于埋深小于2倍洞径或跨度的地下洞室，或膨胀土、黄土等特殊土层和岩溶洞穴发育地段的地下洞室。极高地应力区和极软岩（$R_b\leqslant 5$MPa）中的围岩分类，可根据工程实际情况进行专门研究。大跨度地下洞室围岩的分类除采用上述分类外，尚应采用其他有关国家标准综合评定，还可

表 3.7-5 岩石强度评分

岩质类型	硬质岩		软质岩	
	坚硬岩	中硬岩	较软岩	软岩
饱和单轴抗压强度 R_b（MPa）	$R_b>60$	$30<R_b\leqslant 60$	$15<R_b\leqslant 30$	$5<R_b\leqslant 15$
岩石强度评分	30～20	20～10	10～5	5～0

注 1. 岩石饱和单轴抗压强度大于100MPa时，岩石强度的评分为30。
2. 当岩体完整程度与结构面状态评分之和小于5时，岩石强度评分大于20的，按20评分。

表 3.7-6 岩体完整程度评分

岩体完整程度		完整	较完整	完整性差	较破碎	破碎
岩体完整性系数 K_V		$K_V>0.75$	$0.55<K_V\leqslant 0.75$	$0.35<K_V\leqslant 0.55$	$0.15<K_V\leqslant 0.35$	$K_V\leqslant 0.15$
岩体完整性评分	硬质岩	40～30	30～22	22～14	14～6	<6
	软质岩	25～19	19～14	14～9	9～4	<4

注 1. 当 $30\text{MPa}<R_b\leqslant 60\text{MPa}$、岩体完整性程度与结构面状态评分之和大于65时，按65评分。
2. 当 $15\text{MPa}<R_b\leqslant 30\text{MPa}$、岩体完整性程度与结构面状态评分之和大于55时，按55评分。
3. 当 $5\text{MPa}<R_b\leqslant 15\text{MPa}$、岩体完整性程度与结构面状态评分之和大于40时，按40评分。
4. 当 $R_b\leqslant 5$MPa时，属极软岩，岩体完整性程度与结构面状态不参加评分。

表 3.7-7 结构面状态评分

<table>
<tr><td rowspan="3">结构面状态</td><td>张开度 W (mm)</td><td colspan="2">闭合 W<0.5</td><td colspan="9">微张 0.5≤W<5.0</td><td colspan="2">张开 W≥5.0</td></tr>
<tr><td>充填物</td><td colspan="2">—</td><td colspan="3">无充填</td><td colspan="3">岩屑</td><td colspan="3">泥质</td><td>岩屑</td><td>泥质</td></tr>
<tr><td>起伏粗糙状况</td><td>起伏粗糙</td><td>平直光滑</td><td>起伏粗糙</td><td>起伏光滑或平直粗糙</td><td>平直光滑</td><td>起伏粗糙</td><td>起伏光滑或平直粗糙</td><td>平直光滑</td><td>起伏粗糙</td><td>起伏光滑或平直粗糙</td><td>平直光滑</td><td>—</td><td>—</td></tr>
<tr><td rowspan="3">结构面状态评分</td><td>硬质岩</td><td>27</td><td>21</td><td>24</td><td>21</td><td>15</td><td>21</td><td>17</td><td>12</td><td>15</td><td>12</td><td>9</td><td>12</td><td>6</td></tr>
<tr><td>较软岩</td><td>27</td><td>21</td><td>24</td><td>21</td><td>15</td><td>21</td><td>17</td><td>12</td><td>15</td><td>12</td><td>9</td><td>12</td><td>6</td></tr>
<tr><td>软岩</td><td>18</td><td>14</td><td>17</td><td>14</td><td>8</td><td>14</td><td>11</td><td>8</td><td>10</td><td>8</td><td>6</td><td>8</td><td>4</td></tr>
</table>

注 1. 结构面的延伸长度小于3m时，硬质岩、较软岩的结构面状态评分另加3分，软岩加2分；结构面延伸长度大于10m时，硬质岩、较软岩减3分，软岩减2分。
2. 结构面状态最低评分为零。

表 3.7-8　　地下水状态评分

活动状态			干燥到渗水滴水	线状流水	涌水
水量 q [L/(min·10m洞长)] 或压力水头 H (m)			$q\leqslant 25$ 或 $H\leqslant 10$	$25<q\leqslant 125$ 或 $10<H\leqslant 100$	$q>125$ 或 $H>100$
基本因素评分 T'	$T'>85$	地下水评分	0	0～-2	-2～-6
	$65<T'\leqslant 85$		0～-2	-2～-6	-6～-10
	$45<T'\leqslant 65$		-2～-6	-6～-10	-10～-14
	$25<T'\leqslant 45$		-6～-10	-10～-14	-14～-18
	$T'\leqslant 25$		-10～-14	-14～-18	-18～-20

注　1. 基本因素评分 T' 系前述岩石强度评分、岩体完整性评分和结构面状态评分的和。
2. 干燥状态评分为零。

表 3.7-9　　主要结构面产状评分

结构面走向与洞轴线夹角 β(°)		$60\leqslant\beta\leqslant 90$				$30\leqslant\beta<60$				$\beta<30$			
结构面倾角(°)		>70	70～45	<45～20	<20	>70	70～45	<45～20	<20	>70	70～45	<45～20	<20
结构面产状评分	洞顶	0	-2	-5	-10	-2	-5	-10	-12	-5	-10	-12	-12
	边墙	-2	-5	-2	0	-5	-10	-2	0	-10	-12	-5	0

注　按岩体完整程度分级为完整性差、较破碎和破碎的围岩，不进行主要结构面产状评分的修正。

采用国际通用的围岩分类，如巴顿Q围岩分类、比尼威斯基岩体地质力学分类(RMR)，具体内容可参见《水工设计手册》(第2版)第1卷第5章5.11节。

3.7.4　地下洞室主要工程地质问题

地下洞室常遇的工程地质问题有涌水、涌泥、高外水压力、岩爆、高地温、有害气体、放射性等。

3.7.4.1　涌水、涌泥问题

涌水、涌泥通常出现在岩溶化地层的地下洞室。

1. 岩溶涌水、涌泥特征与类型

岩溶区地下洞室的涌水(包括涌泥)条件，首先取决于建筑物区岩体的岩溶发育特征。岩体的贮水能力和导水能力，都随着岩溶的发育而增强。岩溶水分布的不均一性、方向性和集中程度，较之裂隙水更甚，因此岩溶区地下洞室或基坑的涌水条件与裂隙、孔隙介质相比有明显差异，其较突出的特点是流量大、压力高，具有突发性、季节性和不稳定性。

涌水的类型，按岩溶空间形态分为三类，即溶隙型、溶洞型和暗河型；按涌水动态变化分为水文型、稳定型和突发型。

2. 涌水量预测

(1) 通过宏观地质分析预报涌水部位。一般在可溶岩与非可溶岩接触带、可溶岩中的断层溶蚀破碎带、向斜轴部或背斜两翼与暗河及岩溶管道系统发育带易产生较大涌水。

(2) 通过超前勘探(钻孔、平洞与地质雷达)预报涌水部位。

(3) 涌水量的预测可根据涌水条件，采用比拟法、水均衡法、解析法、数值法等方法进行。

3. 涌水治理原则和方法

(1) 治理原则。考虑环境影响，因地制宜，综合治理。

(2) 治理方法。以排水为主，可采取在地表或地下布设引排水设施、堵塞涌水管道和超前灌浆或设置防渗帷幕等方法。

4. 岩溶区地下洞室布置原则

(1) 岩溶区地下洞室总体布置除了满足工程结构需要之外，为减少岩溶对洞室稳定的影响，首先应选择岩溶发育程度低的地区，如引水隧洞宜放在地下水的径流区，尽量远离岩溶水的排泄区，因为排泄区岩溶洞穴一般规模较大，地下水活动强烈，施工涌水量也大。

(2) 应避开岩溶发育密集带、大溶洞与地下暗河，长线洞室无法避开时，也应以大角度穿过。

(3) 地下洞室与岩溶洞穴的距离一般应大于1.5～2.5倍洞室跨度。

3.7.4.2 外水压力问题

1. 外水压力

外水压力是作用在地下结构或建筑物外壁的水压力，是水工隧洞或其他地下建筑物的基本荷载之一。水利水电工程常用折减系数法计算外水压力，公式如下：

$$P_e = \beta_e \gamma_w H_e \tag{3.7-2}$$

式中 P_e——作用在衬砌结构外表面的地下水压力，kN/m^2；

β_e——外水压力折减系数；

γ_w——水的重度（一般采用 9.81），kN/m^3；

H_e——地下水位线至隧洞中心的作用水头（内水外渗时取内水压力），m。

2. 外水压力折减系数确定

《水利水电工程地质勘察规范》（GB 50487—2008）对外水压力折减系数的确定方法如下。

（1）前期勘察阶段，可根据岩（土）体渗透性等级进行确定，见表 3.7-10。

（2）地下工程施工期间或有勘探平洞控制时，外水压力折减系数的确定见表 3.7-11。

3.7.4.3 岩爆

岩爆也称冲击地压，是一种岩体中聚积的弹性变形势能在一定条件下突然猛烈释放，导致岩石爆裂并弹射出来的现象。

岩爆是深埋地下洞室在施工过程中常见的动力破坏现象。轻微的岩爆仅有剥落岩片，无弹射现象；严重的岩爆伴有很大的声响，往往造成开挖工作面的严重破坏、设备损坏和人员伤亡，还可能使地面建筑遭受破坏。岩爆可瞬间突然发生，也可以持续几天到几个月。

1. 岩爆产生的条件

（1）近代构造活动山体内地应力较高，岩体内储存着很大的应变能，且该部分能量超过了岩石自身的强度。

（2）围岩坚硬、新鲜、完整，裂隙极少或仅有隐裂隙，且具有较高的脆性和弹性，能够储存能量，而其变形特性属于脆性破坏类型，当应力解除后，回弹变形很小。

表 3.7-10　外水压力折减系数

岩（土）体渗透性等级	渗透系数 K (cm/s)	透水率 q (Lu)	外水压力折减系数 β_e
极微透水	$K<10^{-6}$	$q<0.1$	$0\leqslant\beta_e<0.1$
微透水	$10^{-6}\leqslant K<10^{-5}$	$0.1\leqslant q<1$	$0.1\leqslant\beta_e<0.2$
弱透水	$10^{-5}\leqslant K<10^{-4}$	$1\leqslant q<10$	$0.2\leqslant\beta_e<0.4$
中等透水	$10^{-4}\leqslant K<10^{-2}$	$10\leqslant q<100$	$0.4\leqslant\beta_e<0.8$
强透水	$10^{-2}\leqslant K<100$	$q\geqslant 100$	$0.8\leqslant\beta_e\leqslant 1$
极强透水	$K\geqslant 100$		

表 3.7-11　外水压力折减系数经验取值表[25]

地下水活动状态	地下水对围岩稳定的影响	外水压力折减系数
洞壁干燥或潮湿	无影响	0～0.20
沿结构面有渗水或滴水	软化结构面的充填物质，降低结构面的抗剪强度，软化软弱岩体	0.10～0.40
严重滴水，沿软弱结构面有大量滴水、线状流水或喷水	泥化软弱结构面的充填物质，降低其抗剪强度，对中硬岩体产生软化作用	0.25～0.60
严重滴水，沿软弱结构面有小量涌水	地下水冲刷结构面中的充填物质，加速岩体风化，对断层等软弱带软化泥化，并使其膨胀崩解及产生机械管涌，有渗透压力，能鼓开较薄的软弱层	0.40～0.80
严重股状流水，断层等软弱带有大量涌水	地下水冲刷带出结构面中的充填物质，分离岩体，有渗透压力，能鼓开一定厚度的断层等软弱带，并导致围岩塌方	0.65～1.00

（3）埋深较大（一般埋藏深度多大于 200m），且远离沟谷切割的卸荷裂隙带。

（4）地下水较少，岩体干燥。

（5）开挖断面形状不规则、大型洞室群岔洞较多的地下工程，或断面变化造成局部应力集中的地带。

2. 岩爆判别

（1）岩体同时具备高地应力、岩质硬脆、完整性好～较好、无地下水等条件的洞段，可初步判别为易产生岩爆。

（2）岩爆分级可按表 3.7－12 进行判别。

表 3.7－12　　岩爆分级及判别表

岩爆分级	主要现象和岩性条件	岩石强度应力比 R_b/σ_m	建议防治措施
轻微岩爆（Ⅰ级）	围岩表层有爆裂射落现象，内部有噼啪、撕裂声响，人耳偶然可以听到，岩爆零星间断发生，影响深度一般为 0.1～0.3m，对施工影响较小	4～7	根据需要进行简单支护
中等岩爆（Ⅱ级）	围岩爆裂弹射现象明显，有似子弹射击的清脆爆裂声响，有一定的持续时间，破坏范围较大，一般影响深度为 0.3～1m，对施工有一定影响，对设备及人员安全有一定威胁	2～4	需进行专门支护设计，多进行喷锚支护等
强烈岩爆（Ⅲ级）	围岩大片爆裂，出现强烈弹射，发生岩块抛射及岩粉喷射现象，巨响，似爆破声，持续时间长，并向围岩深部发展，破坏范围和块度大，一般影响深度为 1～3m，对施工影响大，威胁机械设备及人员人身安全	1～2	主要考虑采取应力释放钻孔、超前导洞等措施，进行超前应力解除，降低围岩应力，也可采取超前锚固及格栅钢支撑等措施加固围岩，需进行专门支护设计
极强岩爆（Ⅳ级）	洞室断面大部分围岩严重爆裂，大块岩片出现剧烈弹射，震动强烈，响声剧烈，似闷雷，迅速向围岩深处发展，破坏范围和块度大，一般影响深度大于 3m，乃至整个洞室遭受破坏，严重影响施工，人财损失巨大，最严重者可造成地面建筑物破坏	<1	

注　表中 R_b 为岩石饱和单轴抗压强度，MPa；σ_m 为围岩最大主应力，MPa。

3. 岩爆预防及处理

采取积极主动的预防措施和强有力的施工支护，确保岩爆地段的施工安全，将岩爆发生的可能性及岩爆的危害降到最低。在高应力地段施工中，可采用以下技术措施。

（1）在施工前，针对已有勘测资料，首先进行概念模型建模及数学模型建模工作，通过三维有限元数值运算、反演分析以及对隧道不同开挖工序的模拟，初步确定施工区域地应力的数量级以及施工过程中哪些部位及里程容易出现岩爆现象，优化施工开挖和支护顺序，为施工中岩爆的防治提供初步的理论依据。

（2）在施工过程中，加强超前地质探测，预报岩爆发生的可能性及地应力的大小。采用上述超前钻探、声反射、地温探测方法，同时利用隧道内地质编录观察岩石特性，将几种方法综合运用，判断可能发生岩爆的范围。

（3）打超前钻孔转移隧道掌子面的高地应力或注水降低围岩表面张力。超前钻孔可以利用钻探孔，在掌子面上利用地质钻机或液压钻孔台车打超前钻孔。钻孔直径一般为 45mm，每循环可布置 4～8 个孔，深度为 5～10m，必要时也可以打部分径向应力释放孔。钻孔方向应垂直岩面，间距数十厘米，深度为 1～3m 不等。必要时，若预测到的地应力较高，可在超前探孔中进行松动爆破或将完整岩体用小炮震裂，或向孔内压水，以避免应力集中现象的出现。

（4）在施工中应加强监测工作，通过对围岩和支护结构的现场观察、辅助以洞拱顶下沉、两侧收敛以及锚杆测力计、多点位移计读数的变化等，可以定量化地预测滞后发生的深部冲击型岩爆，用于指导开挖和支护的施工，以确保安全。

（5）在开挖过程中采用“短进尺、多循环”，同时利用光面爆破技术，严格控制用药量，以尽可能减少爆破对围岩的影响，并使开挖断面尽可能规则，减小局部应力集中发生的可能性。在岩爆地段的开挖进尺严格控制在 2.5m 以内。

（6）加强施工支护工作。在爆破后立即向拱部及侧壁喷射钢纤维或塑料纤维混凝土，再加设锚杆及钢筋网。必要时还要架设钢拱架和打设超前锚杆进行支护。衬砌工作要紧跟开挖工序进行，以尽可能减少岩层暴露的时间，减少岩爆的发生和确保人身安全，必要时可采取跳段衬砌。同时，应准备好临时钢木排架等，在听到爆裂响声后，立即进行支护，以防事故发生。

(7) 对发生岩爆的地段，可采取在岩壁切槽的方法来释放应力，以降低岩爆的强度。

(8) 在岩爆地段施工，对人员和设备必须进行必要的防护，以保证施工安全。

3.7.5 围岩抗力

地下洞室衬砌受各种力（内水压力、山岩压力、衬砌自重等）的作用产生向围岩方向的变形，引起围岩的反力，从而使围岩分担了作用在衬砌上的力，即围岩抗力。由于仅限于考虑围岩在弹性阶段产生的反力，所以称为围岩的弹性抗力。

3.7.5.1 影响围岩弹性抗力系数的因素

(1) 引起衬砌变形的荷载（内水压力、山岩压力等）大小与围岩的强度及特征。

(2) 围岩中结构面的发育程度、性状，主要结构面的产状与受力方向的关系。

(3) 围岩的初始地应力状态。

(4) 爆破松动圈、塑性松动圈，以及与内水压力过大对围岩拉裂形成的裂隙圈。

(5) 围岩（顶部及侧向围岩）厚度。

(6) 衬砌的刚度及其与围岩的接触情况。

3.7.5.2 围岩弹性抗力系数的确定

(1) 直接试验方法。常用的有水压法、全断面径向千斤顶法、橡皮囊法及双筒法等。

(2) 间接试验计算方法。由于上述直接试验方法都比较复杂，很多工程常常在现场测定围岩变形模量，通过变形模量换算计算抗力系数。

圆形隧洞在内水压力作用下，由变形模量换算围岩单位弹性抗力系数常用的计算公式见表 3.7-13。

表 3.7-13　圆形隧洞围岩单位弹性抗力系数常用计算公式

<table>
<tr><th colspan="2">围岩变形类型</th><th>计算公式</th><th>说明</th></tr>
<tr><td colspan="2">围岩不产生径向拉应力</td><td>$k_0=\dfrac{E}{1+\mu}$</td><td></td></tr>
<tr><td rowspan="2">围岩产生径向拉裂</td><td>拉裂区变形模量与未拉裂区变形模量相同</td><td>$k_0=\dfrac{E}{1+\mu+\ln\dfrac{R_1}{\gamma_0}}$</td><td rowspan="2">拉裂部位无环向压力限制拉裂岩块变形</td></tr>
<tr><td>拉裂区变形模量与未拉裂区变形模量不同</td><td>$k_0=\dfrac{1}{\dfrac{1+\mu}{E_n}+\dfrac{\ln(R_1/r_0)}{E_1}}$
或
$k_0=\dfrac{1}{\dfrac{1+\mu}{E_n}+\dfrac{1-\mu^2}{E_1}\ln\dfrac{R_1}{r_0}}$</td></tr>
</table>

注　k_0 为围岩单位弹性抗力系数（隧洞半径等于1m时的围岩弹性抗力系数）；E 为围岩受压区的变形模量；E_1 为围岩拉裂区的变形模量，即拉裂区围岩处于松弛、无侧限等状态时的受压变形模量；E_n 为围岩未拉裂区的变形模量，一般可近似认为 $E_n=E$；μ 为围岩泊松比；R_1 为围岩拉裂区半径，可按围岩应力和内水压力共同作用时产生的拉力区分布深度求出；r_0 为隧洞半径。

(3) 工程类比法。参照已有工程采用的数据和已有实验数据来选定抗力系数。

3.7.5.3 确定围岩弹性抗力系数时需考虑的问题

(1) 确定围岩弹性抗力系数数值时，不仅考虑洞壁的变形情况，还必须同时考虑围岩是否能承担按支护变形分配给它的荷载。

(2) 采用围岩弹性抗力系数、弹性模量试验成果时，需将试验地点与选用地段进行岩性、节理裂隙发育情况和初始地应力等相似性类比，将实验成果用于与其条件相似的洞段，应用时需充分考虑下列两个问题。

1) 平面法（局部千斤顶法）是在半空间围岩表面径向加压，环形法（水压法、全断面径向千斤顶法及橡皮囊法、双筒法）是洞周围岩全断面径向加压。两种方法受力条件，加载面积，作用力的范围、方向与大小等都各不相同；在相同条件下，平面法所得弹性抗力系数、变形模量数值比环形法要大。

2) 试验地点大多位于埋深比较浅的地方，上覆围岩厚度薄，初始地应力小，所得围岩弹性抗力系数、变形模量比同类围岩位于深埋的地方要小。

3) 充分发挥围岩承载力。对于埋深（或应力）大于内水水头的有利洞段，应考虑提高围岩弹性抗力系数的可能性。

3.7.6 大跨度地下洞室及洞室群工程地质

3.7.6.1 主要工程地质问题

大跨度地下厂房系统一般是以地下洞室群的型式出现，常包括有主厂房、主变室、尾水调压室三大洞室及压力管道、岔管、尾水管、母线洞、出线洞、尾水洞、交通洞等洞室，在空间上构成规模各异、形状不同、纵横交错的洞室群。开挖后围岩的应力状态极其复杂，各洞室间相互影响、相互作用，对工程地质条件要求高。

1. 顶拱围岩的稳定问题

随洞室跨度的增大，洞室的稳定性将急剧下降。对洞室顶拱，一方面，易于形成不利结构面组合的块体，产生重力冒落或沿结构面滑移而产生塌滑，薄层状、层状结构岩体易产生弯曲折断，松散或碎裂结构的岩体易产生松动冒落；另一方面，由于洞室跨度大，应注意应力调整引起的洞室的应力稳定问题，特别是高地应力地区和以重力场为主的地区，后者应力重分布时易在顶拱出现拉应力，影响洞室的整体稳定问题，前者可出现岩爆、剥落、软弱夹层的塑性挤出等问题。

2. 高边墙的稳定问题

高边墙的稳定性往往是大型地下洞室最重要的工程地质问题。在一定程度上，高边墙比大跨度顶拱的问题更为复杂，解决起来更为困难。高边墙易出现的稳定问题是重力作用下的块体滑移失稳；薄层状和层状结构岩体的弯曲折断、内挤塌落，散体及碎裂结构岩体的松动塌落，软弱夹层的塑性挤出；高地应力地区的岩爆、劈裂剥落、张裂塌落；在重分布应力作用下产生的碎裂松动、剪切滑移、剪切碎裂等。

3. 洞室间岩柱的稳定问题

开挖后围岩的重分布应力状态复杂，洞群间的岩柱应力集中现象较为突出，并在一些特定部位常有拉应力出现。开挖后，随着应力的重分布，若洞室间距过小，支护不力或不及时，岩柱将出现变形与破损，进而失稳，最终会影响整个洞室群的稳定。

4. 洞室交叉口的稳定问题

地下厂房洞室群洞室交叉口开挖后应力状态复杂，洞室的临空条件较好，易产生环状裂缝、岩爆、剥落等应力稳定问题和块体的稳定问题，对洞室的局部稳定产生不利影响。

3.7.6.2 围岩稳定性评价

1. 围岩失稳机制及破坏型式

地下厂房洞室群围岩失稳机制、可能的破坏型式及产生部位见表3.7-14。

表3.7-14　围岩失稳机制及破坏型式

<table>
<tr><th>失稳机制类型</th><th colspan="2">破坏型式</th><th>力学机制</th><th>岩质类型</th><th>岩体结构</th><th>易产生部位</th></tr>
<tr><td rowspan="7">强度—应力控制型</td><td rowspan="3">脆性破坏</td><td>岩爆</td><td>压应力高度集中，突发脆性破坏</td><td rowspan="3">硬质岩</td><td rowspan="3">整体、块状及厚层状结构</td><td rowspan="3">洞室交叉段、开挖形状突变部位、高边墙、岩柱、顶拱等部位</td></tr>
<tr><td>劈裂破坏</td><td>压应力集中，导致拉裂破坏</td></tr>
<tr><td>张裂塌落</td><td>拉应力集中，导致拉裂破坏</td></tr>
<tr><td colspan="2">弯曲、折断</td><td>压应力或重力力矩作用下导致弯曲变形，最终拉裂、折断</td><td></td><td>薄层状、层状结构</td><td>高边墙、岩柱、顶拱等部位</td></tr>
<tr><td colspan="2">塑性挤出</td><td>围岩应力超过夹层的屈服强度</td><td>软弱夹层</td><td></td><td>高边墙、岩柱等部位</td></tr>
<tr><td colspan="2">内挤塌落</td><td>围压释放，围岩吸水膨胀强度降低</td><td>膨胀性软质岩、构造岩</td><td>块状、层状及散体、碎裂结构</td><td>高边墙、交叉段、岩柱体、顶拱等各部位</td></tr>
<tr><td colspan="2">松动塌落</td><td>重力及拉应力、剪应力作用下的松动塌落</td><td></td><td>散体及碎裂结构</td><td>各部位均可出现</td></tr>
<tr><td rowspan="2">弱面控制型</td><td colspan="2">块体重力冒落</td><td>重力作用下块体失稳</td><td rowspan="2"></td><td rowspan="2">块状、碎裂镶嵌、层状等结构</td><td>顶拱</td></tr>
<tr><td colspan="2">块体滑移塌落</td><td>重力作用下块体的剪切滑移</td><td>顶拱、边墙、交叉段、岩柱等部位</td></tr>
<tr><td rowspan="3">综合控制型</td><td colspan="2">碎裂松动</td><td>压应力集中，导致拉裂松动</td><td rowspan="3">硬质岩</td><td>碎裂、碎裂镶嵌结构</td><td rowspan="3">边墙、交叉段、岩柱等部位</td></tr>
<tr><td colspan="2">剪切滑移</td><td>压应力集中，导致滑移拉裂</td><td>块状、层状结构</td></tr>
<tr><td colspan="2">剪切碎裂</td><td>压应力集中，导致剪切破碎</td><td>块状结构</td></tr>
</table>

2. 围岩稳定性评价

地下厂房洞室群围岩的稳定性主要受控于洞室间距、围岩类别及其赋存的工程地质环境条件，包括岩性及岩体结构特征、岩体的物理力学性质、天然地应力场、地下水及其动力特征等。应用地质调查、勘探、试验研究与测试等方法查明工程地质环境条件，是洞室群围岩稳定性评价的基础。

洞室群的围岩稳定性评价主要从以下几方面进行。

(1) 围岩分类。进行洞室群各洞室各部位围岩分类与整体稳定性评价，并根据分类与评价结果进行系统支护设计。

在分类方法上可采用《水利水电工程地质勘察规范》(GB 50487) 中的分类，并可采用国际较为通行的Q系统分类、RMR分类同时对比使用。鉴于洞室群规模大、布置复杂，应分别对各洞室的顶拱、边墙进行分类评价，同时要充分考虑到洞室群开挖，围岩应力场的强烈扰动与重分布应力对岩柱、交叉洞段的稳定的影响，最后对洞室群围岩整体稳定性进行系统评价。

(2) 块体稳定性分析。根据围岩确定性结构面的分布情况、岩体结构面统计概化结果、岩体和结构面力学特征参数结果并结合洞室群布置，运用极射赤平投影、实体比例投影等方法进行特定结构面、特定结构面与一般节理、一般节理面间的块体组合分析并寻找出不利组合，对寻找出的不利组合，可采用极限平衡法分析其稳定程度，并根据计算结果进行局部的加固处理设计。在进行块体稳定性分析时，可采用全极射赤平投影的方法进行关键块体的稳定分析。

在进行块体的稳定性分析评价时，对于顶拱，应注意有无缓倾角的软弱结构面，并以此作为可能引起失稳的控制面，进而注意有无中陡倾角结构面与之组合成矩形体或向下扩散的楔形体。应特别重视倾向相反的结构面在顶拱形成的“人”字形不稳定块体；对于高边墙，应注意倾向洞内的、与边墙近平行的中陡倾角结构面与其他结构面组合对边墙、岩柱稳定性的影响，以及该类结构面对岩锚吊车梁开挖体型的影响。此外，尚应注意与边墙斜交的结构面的相互组合。

(3) 围岩稳定性的数值分析。对大型地下洞室群，常进行洞室群围岩稳定性的数值分析。

开展数值计算的前提和重要基础是建立能尽量客观地反映洞室群围岩岩体力学环境条件的计算模型，所依据的基础资料有：岩体的确定性结构模型与概化结构模型；通过试验、类比、反分析所选取的岩体与结构面的物理力学参数；根据实测地应力资料及地应力场回归分析所确定的应力边界条件；岩体的本构模型及破坏准则。

(4) 特殊工程地质问题的预测与评价。对开挖后可能产生的岩爆、有害气体、涌水突泥、高放射性危害等特殊工程地质问题进行工程地质评价，预测并研究防护与治理的措施。

3.7.7 深埋长隧洞工程地质

深埋长隧洞一般指埋深大于600m、钻爆法施工长度大于3km或TBM法施工长度大于10km的隧洞。

3.7.7.1 深埋长隧洞的主要工程地质问题

深埋长隧洞可能存在的主要工程地质问题有：围岩大变形、塌方、岩爆、高外水压力、突水、突泥和涌水、高地温、岩溶、膨胀岩、有害气体、有害水质、放射性危害等。其中突涌水、高应力条件下的岩爆与软弱破碎围岩大变形和高地温问题是最为常见的问题，对工程影响较大。有害气体常见的有煤层瓦斯、天然气和硫化氢等。

3.7.7.2 深埋长隧洞勘察方法

由于深埋长隧洞的地形地质特点和目前勘察技术所限，其勘察具有一定的难度。洞身围岩地层岩性、构造等较难查清，其物理力学参数的获得相对困难，对于工程地质问题分析评价的准确性相对不高。常用的勘察方法有以下几种。

1. 工程地质测绘与遥感

地面地质工作是隧洞工程的主要勘察方法，是进行其他进一步勘察试验工作的基础。

航空航天遥感作为测量和地质工作的一个重要手段，具有形象、高效、快速的特点。在遥感影像上，勘察区域地形地貌特征、河流、泉水、滑坡、泥石流、冰川、线状构造等地质现象均有清晰的表现，通过遥感判释，可以对勘察区地质背景形成形象清晰的宏观认识。目前，常用的卫星遥感影像种类主要是可见光、红外和雷达图像。

2. 综合物探

大地电磁测深法探测深度大，地形适应性强，是深埋长隧洞工程地面物探的主要方法。此外，可根据地层的弹性、电性和放射性特征，选择浅层地震勘探和电测深、高密度电法、瞬变电磁法、综合测井以及放射性勘探作为辅助手段。

3. 深钻孔

通过钻探能够了解深部地层岩性、地质构造、地下水位、水质、岩溶等基本地质条件，了解岩体放射性及有害气体的赋存特征；通过岩芯观察，判断隧洞围岩类别，分析岩爆的可能性；通过钻孔能够进行试验与测试工作，以了解地应力量值与方向，了解地温梯度，获得深部岩体物理力学参数等。在深钻孔中可开展物探综合测井、地应力测量、孔内变形试验、孔内电视录像，以及地温、放射性测量等试验测试工作。

4. 超长探洞

超长探洞即在主洞施工前布置勘探平洞，以勘探前方地质条件，降低或避免严重地质灾害风险。

长距离的输水隧洞一般为单线，采用全线平导超前勘探可能性不大，但可以结合前导洞以及交通洞、通风洞（井）等辅助工程进行勘察或超前勘探，一洞多用，超前探明地质条件，并可发挥运输、排水、通风等作用，为主洞施工奠定基础。

5. 高压钻孔压水试验

通过进入完整基岩后的钻孔高压压水试验，以期建立岩体渗透性随深度的变化规律，进而推断更深位置岩体的渗透性。

3.7.7.3　深埋长隧洞施工期的超前探测和预报

目前，国内外超前地质预报的方法很多，总体上分直接法和间接法两种。直接法采用超前钻探法、超前平导洞法等手段；间接法采用 TSP 超前预报法、水平声波剖面法（HSP）、陆地声纳法、探地雷达法（GPR）、可视化地震反射成像法（TST）、真地震反射成像法（TRT）、红外探水法等物探方法。

1. 超前钻探法

超前钻探法是运用钻孔台车从隧洞掌子面向前打孔，并根据钻进速度变化，结合岩粉和泥浆颜色预测打孔深度范围内的地质情况，可直接揭示掌子面前方的地质特征。

2. 超前平导洞法（或导坑法）

超前平导洞法（或导坑法）是在隧洞中线附近先期开挖一个综合性的地质探洞，由此对主洞掌子面前方进行直观的地质超前预报。

上述两种方法属于有损的探测和预报方法，横向探测范围较小，对隧洞施工有影响，遇到水体或瓦斯突出等灾害地层时可能也会造成事故，在工程实践中的应用受到了一定的限制。

3. TSP 超前预报法

TSP（Tunnel Seismic Prediction）超前预报系统是利用地震波在不均匀地质体中产生的反射波特性来预报隧洞掌子面前方及周围临近区域的地质情况。该法属多波多分量探测技术，可以检测出掌子面前方岩性的变化，如不规则体、不连续面、断层和破碎带等。最终显示掌子面前方与隧道轴线相交的反射同相轴及其地质解译的二维或三维成果图。由相应密度值，可算出预报区内岩体物理力学参数，进而可划分该区围岩工程类别。该法有效预报距离为100～200m。

这种方法对隧洞轴线或呈大角度相交的面状软弱带，如断层、破碎带、软弱夹层、地下洞穴（含溶洞）以及地层的分界面等效果较好，而对不规则形态的地质缺陷或与隧洞轴线平行的不良地质体，如几何形状为圆柱体或圆锥体的溶洞、暗河及含水情况探测有一定的局限性。

4. 水平声波剖面法（HSP）

水平声波剖面法（HSP）是利用孔间地震剖面法（ABSP）的原理及相应软件开发的一种超前预报方法，其原理是向岩体中辐射一定频率的高频地震波，当地震波遇到波阻抗分界面时，将发生折射、反射，频谱特征也将发生变化，通过探测反射信号（接收频率为声波频段的地震波），求得其传播特征后，便可了解工作面前方的岩体特征。震源和检波器的布置不在开挖面上，对施工干扰较小，反射波位于直达波、面波延续相位之外，不互相干扰，因此记录清晰，信噪比高，反射波同相轴明显。

震源在预报目的体的远端，接收点间距采用小道间距，多道接收，构成“水平声波剖面”。利用时差和频差与地质相结合的方法，确定反射面的空间方位并“投影”到该剖面上，从而确定反射面的空间位置及性质。其特点是各检测点所接收的反射波路径相等，反射波组合形态与反射界面形态相同，图像直观，同时观测时也不影响掌子面的掘进。

该法已在工程中得到应用，如渝怀铁路的圆梁山隧洞、千溪沟隧洞等，均取得了较好效果。目前，该法数据采集单元和现场实测过程进行了较大的改进，可以在开敞式 TBM 法施工的隧洞中掘进机不停的情况下进行测试，因而具有较大的优越性。此技术曾在辽宁大伙房引水工程 TBM 法隧洞施工中应用过。

5. 陆地声纳法

陆地声纳法是“陆上极小偏移距高频弹性波反射连续剖面法”的简称，可在狭小的场地和基岩裸露的条件下，探查岩溶等有限物体，也称为高密度地震反射或地震映像法。

该法具有分辨率高、可避开许多干扰波、反射波能量高、探查岩溶和洞穴效果好、图像简单易辨等优点，但需占用开挖面工作时间且实测剖面较短，预报距离为 50～100m。

6. 探地雷达法（GPR）

探地雷达法（GPR）是利用高频电磁波以宽频带短脉冲的形式，由掌子面通过发射天线向前发射，当遇到异常地质体或介质分界面时发生反射并返回，被接收天线接收，同时由主机记录下来，形成雷达剖面图。

根据接收到的电磁波特征，即波的旅行时间、幅度、频率和波形等，通过雷达图像的处理和分析，可确定掌子面前方界面或目标体的空间位置或结构特征。在前方岩体完整的情况下，可以预报30m的距离；在岩体不完整或存在地质构造的条件下，预报距离变小，甚至小于10m。

雷达探测的效果主要取决于不同介质的电性差异，即介电常数，若介质之间的介电常数差异大，则探测效果就好。由于该法对空洞、水体等的反映较灵敏，因而在岩溶地区用得较普遍。缺点是洞内测试时，由于受干扰因素较多，往往造成假的异常，形成误判。此外它预报的距离有限，一般不超过30m，且要占用掌子面的工作时间。

7. 可视化地震反射成像法（TST）

可视化地震反射成像法（TST）可预报隧洞掌子面前方150m范围内的地质情况，并可较准确地预报断裂带、破碎带、岩溶发育带等地质异常体的位置、规模和性质。

该法数据采集用多道数字地震仪，处理软件为三维地震分析成像系统。它充分运用地震反射波的运动学和动力学特征，具有岩体波速扫描、地质构造方向扫描、速度偏移成像、吸收系数成像、走时反演成像等多种功能，可从岩体的力学性质、岩体完整性等多方面对地质情况进行综合预报。

8. 真地震反射成像法（TRT）

真地震反射成像法（TRT）是利用岩体中不均匀面的反射地震波进行超前探测，它是美国NSA工程公司近年开发的新方法，国外已实际应用。

该法在观测方式和资料处理方法上与TSP法均有很大不同，它采用空间多点激发和接收的观测方式，其检波点和激发点呈空间分布，以便充分获得空间场波信息，从而使前方不良地质现象的定位精度大大提高；它的数据处理关键技术是速度扫描和偏移成像，不需要走时，因此，在用于确定岩体中反射界面位置、岩体波速和工程类别时有较高的精度，而且还具有较大的探测距离，较TSP法有较大的改进。

由实际应用可知，该法在结晶岩体中的探测距离可达100～150m，在软弱的土层和破碎的岩体中尚可预报60～100m。较典型的是奥地利的通过阿尔卑斯山的铁路双线隧洞施工中进行了全程的超前预报。

9. 红外探水法

利用地下水的活动引起岩体红外辐射场强度变化的特性，采用红外探水仪通过接收岩体红外辐射场强度，根据围岩红外辐射场强度的变化值，判断掌子面前方一定范围内有无含水构造。

红外探测的特点是可以实现对隧洞全空间、全方位的探测，仪器操作简单，能预测到隧洞外围空间及掘进前方30m范围内是否存在隐伏水体或含水构造，而且可利用施工间歇期测试，基本不占用施工时间。但这种方法只能确定有无水，至于水量大小、赋水形态无法定量解释。

3.7.8 影响TBM掘进的地质因素

在水工隧洞的施工中，掘进机施工具有掘进速度快、对围岩扰动小、成型好、超挖少、可一次性成洞、衬砌量小、工作环境好、对其他建筑物影响小等优点，但掘进机的适用范围受一定的地质条件所限制。影响掘进机施工的主要地质因素有以下几个。

（1）塑性山岩压力变形和地应力。塑性山岩压力对掘进机的施工影响很大。原则上有塑性山岩压力而无相应配套设备和措施时，一般不适用于采用掘进机，当塑性山岩压力不大时，只要合理选择机型及配套设备，采取超前支护及随掘进的支撑措施，则采用掘进机也是可能和合理的。当塑性山岩压力很大时，则不宜选择采用掘进机施工。

（2）岩石的强度、均匀性及矿物成分。岩石强度太高，则掘进机掘进效率低，设备损耗大；岩石时软时硬，软硬相间，均一性差也不利于掘进机的施工，采用掘进机施工，以均质中等坚硬的岩石最佳。

（3）地下水涌水突泥的影响。一般来说，如有涌水，则掘进困难。特别是对软弱岩层或构造破碎带，当有涌水现象时，不适宜采用掘进机施工。对于突泥，则直接威胁到掘进机的施工安全。

（4）岩体的完整性。岩石的强度很高、节理发育、完整性一般或稍差时，对掘进机的施工相对而言是有利的，仅石渣较多；但岩石软弱而完整性较差或岩石虽为硬质岩而完整性很差，呈散体或碎裂结构时，掘进机施工就十分困难。

（5）岩溶发育情况。在可溶岩地区，岩溶的发育程度、发育规模及洞穴填充物对掘进机的施工影响很大。岩溶愈发育，则掘进机施工愈困难；岩溶个体的规模愈大，则掘进机跨越岩溶洞穴、宽缝愈困难。岩溶洞穴填充物不但影响施工效率，还影响掘进机的施工安全。

3.8 溢洪道工程地质

3.8.1 溢洪道布置的基本地质要求

溢洪道布置的地形地质基本要求见表3.8-1。

表 3.8-1　　溢洪道的地形地质基本要求

地形地质条件	基本要求		
	河岸正槽式溢洪道	河岸侧槽式溢洪道	河床式溢洪道
地形	（1）坝附近有高程接近于正常蓄水位的马鞍形山口，其下游山沟很快通到原河道或其他河流； （2）河岸平缓或者有阶梯状地形	河岸边坡较陡	
岩性与地质构造	（1）第四纪松散堆积物或岩体风化层较薄； （2）岩石坚硬、岩体完整、均一、抗冲刷性能好； （3）地质构造简单，没有大的构造破碎带和强烈的褶皱； （4）不存在构成地基产生滑动和过大变形的岩性和构造条件		
水文地质	（1）无承压水； （2）岩土的渗透稳定条件好		
边坡稳定	边坡岩体稳定条件好	边坡岩体稳定条件好，特别是高陡边坡的稳定性好	
出口地基冲刷	岩体抗冲刷性能好，不致出现危及大坝和其他水工建筑物安全的冲刷侵蚀现象		岩体抗冲刷性能好，不致出现危及大坝和其他水工建筑物安全的冲刷侵蚀现象，应将冲刷坑布置在岩体完整性好、地质构造较简单、裂隙不发育、两侧边坡低的地段

3.8.2 闸室地基稳定

3.8.2.1 地基稳定条件分析

闸室地基的工作条件与坝近似。对于岩基，缓倾角的软弱结构面（如软弱夹层、断层、夹泥裂隙等）是抗滑稳定的控制性地质因素。对于松散土地基，土体的强度破坏、不均匀变形以及渗透变形等，是主要工程地质问题。地基失稳的型式、抗滑稳定的边界条件以及抗滑指标的选择，可参见本章3.5节。

3.8.2.2 冻胀对闸室地基稳定的影响

冻胀作用，可引起闸室地基失稳破坏。冻胀变形作用的强度主要取决于温度、地下水和岩性，而首先是温度。温度控制冻结深度的大小。地下水位越浅，越易形成及加剧冻胀。

3.8.3 陡槽段地基稳定

3.8.3.1 冲刷对地基稳定的影响

当溢洪道底板不进行任何砌护时，陡槽段地基岩体的破坏，主要由水流冲刷所造成。岩体的抗冲刷能力，取决于岩性、构造破坏情况和风化程度。新鲜、坚硬、完整、受断裂构造影响较小的岩体，抗冲刷性能较好；软弱、胶结不好或受断裂构造影响较大，节理发育、完整性差的岩体，易遭受冲刷破坏。

3.8.3.2 地下渗透水流对底板稳定的影响

地下渗透水流对底板稳定的影响见表3.8-2。此外，当溢洪道靠近土石坝的接头时，溢洪道的渗漏将引起扬压力和侧向渗透压力的增加，严重时威胁土石坝接头的稳定性。

表 3.8-2　　地下渗透水流对底板稳定的影响

破坏类型	稳定影响	原因分析
顶托破坏	若人工砌护底板强度不够，可导致底板隆起、开裂	多系地下承压水及地下水渗透压力所造成
管涌破坏	底板基础被冲蚀形成空洞、或强度降低，致使底板变形、开裂或形成塌坑	渗透水流将岩体裂隙中细小颗料携出，增大岩体缝隙，岩体松软部位掏空破坏
流土破坏		上升的渗透水流使地基中的细小颗粒同时浮动，流失，形成空洞
接触冲刷		渗透水流沿底板和地基接触带流动，将接触带的细颗粒带走

3.8.3.3 冻胀对底板稳定的影响

岩土因冻结而体积膨胀，对渠底岩石或人工底板产生冻胀力（包括法向冻胀力、切向冻胀力），导致底板破坏。

3.8.3.4 陡槽段及挑流鼻坎对地基的要求

陡槽段及挑流鼻坎对地基的要求见表3.8-3。

表3.8-3 陡槽段及挑流鼻坎对地基的要求

地质条件	基本要求
岩体	完整、较完整的硬岩，尽量避开软弱、破碎岩体以及富含易溶盐的地层
地质构造	地质构造简单，没有大断层、裂隙密集带及其交汇带
风化程度	弱风化～新鲜岩体，全强风化岩体不宜作为地基
岩溶	岩溶不发育，应避开大型岩溶以及强烈岩溶化地段
不利结构面	缓倾角软弱结构面及裂隙不发育
水文地质	无承压水，岩体及结构面渗透稳定性好

3.8.4 出口消能段地基稳定

3.8.4.1 消能建筑物的地基稳定条件

消能建筑物应建基于坚硬、较新鲜、完整的岩体上，或者采取相应的加固措施。地基岩体过于软弱、强烈风化和十分破碎，或其中缓倾角的软弱结构面形成了不利组合，地基容易失稳。

3.8.4.2 下游冲刷坑形成的地质控制因素

下游冲刷坑形成的地质控制因素见表3.8-4。

表3.8-4 下游冲刷坑形成的地质控制因素

控制因素	破坏状况
岩性	泥岩、页岩等软弱岩石，易软化，抗冲性能弱；岩性、岩相变化大的岩体抗冲能力不均，不同岩性接触带软弱破碎时抗冲能力弱，均易被冲蚀
构造发育程度	断层破碎带、节理密集带及构造交汇带，岩体破碎，在水流冲击下易形成冲坑、深沟、深槽以及洞穴等，且往往沿构造带的方向发展
风化程度	全强风化岩体强度低、完整性差，易被冲蚀
岩溶	岩溶化岩体完整性差，孔洞、沟槽发育，充填物质地软弱，易被冲蚀

3.8.4.3 挑流鼻坎下游冲刷坑对地基稳定的影响

在冲刷坑部位的地质条件较好、设计又得当时，形成的冲刷坑达到一定深度后，形状就会趋于稳定，并可发挥消能作用，反之，就可能发生问题。随着冲刷坑深度的加大，坑的直径也加大，当冲刷坑扩大到上游工程的基础附近时，可能导致地基破坏而危及建筑物稳定，这种情况，对于高坝的溢流冲刷，尤须重视。冲刷坑下游回流水亦能冲刷岸坡而危及岸边附近工程的安全。

消能段地基冲刷破坏类型见表3.8-5。部分岩石的允许抗冲流速经验值见表3.8-6。

3.8.5 溢洪道边坡稳定

影响溢洪道边坡稳定的地质因素，边坡失稳的地质边界条件，以及边坡坡度与高度的参考数值，见本

表3.8-5 消能段地基冲刷破坏类型

破坏类型	破坏状况
岩质软弱破坏	泥岩、页岩、黏土岩、凝灰岩抗水与抗冲性能极弱，在高速大流量水流冲击下易形成冲坑、洼地沟槽等
裂隙发育破坏	主要为裂隙交汇带、节理密集带、较大的断层、断层的交汇带等，在水流冲击下多形成大冲坑、深沟、深槽以及洞穴等，且往往沿构造带的方向发展
强烈风化破坏	主要为强风化至剧风化岩体、裂隙频率5～10条/m以上，在水流冲击下多形成深沟、深槽、深潭等

注 表中的破坏类型系指单因素，实际破坏情况为多因素作用的结果。

表 3.8-6　　部分岩石的允许抗冲流速经验值　　单位：m/s

岩石名称 \ 水深 (m)	0.4	1.0	2.0	3.0
砾岩、凝灰岩、页岩	2.0	2.5	4.0	4.5
多孔石灰岩、致密砾岩、成层灰岩、钙质砂岩、白云质灰岩	3.0	3.5	4.0	4.5
致密灰岩、硅质灰岩、大理岩	4.0	5.0	5.5	6.0
花岗岩、辉绿岩、玄武岩、石英斑岩	15.0	18.0	20.0	22.0

章3.6节。在具体分析时，尤应注意水流的冲刷以及水位变化引起的孔隙水压力对边坡稳定的影响。

因泄洪产生的雾化现象对边坡的影响类似于降雨。雾化形成的雨水渗入地下，会增加岩体的密度和孔隙水压力，降低结构面和岩体的抗剪强度，进而影响边坡的稳定性，甚至诱发滑坡和泥石流。在北方干旱少雨地区，雾化对边坡稳定的不利影响尤为明显。

3.9 渠道及渠系建筑物工程地质

3.9.1 渠道工程地质问题

渠道及渠系建筑物的主要工程地质问题有以下几个。

(1) 与地下水有关的问题。主要包括渠道开挖施工期间的涌水、涌沙和底板突涌问题；渠道通水前的衬砌抗浮稳定问题；渠道运行期间的渗漏问题；地下水水质对工程的影响等问题。

(2) 与渠道边坡稳定有关的问题。主要包括滑坡(包括膨胀土地区的浅层与深层滑坡)；坍塌；渠水冲刷及雨水冲刷(雨淋沟)；冻胀。

(3) 与地基稳定有关的问题。主要包括黄土及黄土类土中的湿陷问题；软基问题或承载力不足问题；不均匀沉降问题；膨胀土地基抬升变形问题。

(4) 环境地质问题。主要包括渠道渗漏引起的周边浸没问题；渠道建设对地下渗流场的影响问题；渠道周边滑坡、泥石流(水石流)对渠道安全的影响问题。

3.9.2 渠道水文地质条件及评价

3.9.2.1 渠道开挖施工期间的涌水、涌沙和底板突涌问题

当渠道或渠系建筑物开挖揭露第四系砂、砂砾石且地下水位高于基坑底板时，将产生较严重的涌水、涌沙现象，当具有较高承压水头的含水层在基坑不透水底板下埋深较小时，还可能出现突涌现象，需要在开挖前采取降水或截渗措施。

当渠道在裂隙性岩体中开挖时，一般会出现裂隙性渗流现象，可通过基坑排水予以解决。当岩体中岩溶发育时，需要预测洞穴涌水、涌沙(泥)的可能性。

在中国华北、中原地区，渠道工程还可能从地下采空区通过，需要防范小煤窑等开采形成的地下空洞可能引发的大规模涌水、突水等问题。

3.9.2.2 衬砌抗浮稳定问题

较高的地下水头对渠道衬砌影响较大，需要采取引排措施。在渠道通水前，衬砌结构下的扬压力甚至可导致衬砌混凝土的变形和开裂。

3.9.2.3 渠道渗漏问题

当渠基为透水岩土、且地下水位低于渠道运行水位时，存在渠水渗漏的可能，砂性地基在长期渗流作用下，还可能出现渗透破坏及地基变形问题，需要加强渠道的防渗处理。

3.9.2.4 地下水水质对工程的影响

除了评价地下水对混凝土的侵蚀性外，对于供水工程还应评价地下水的水质及其对渠水水质的影响。当渠道通过含石膏等易溶盐地层时，还存在水—岩之间的相互作用问题。

3.9.2.5 各种地质条件区段的渠道水文地质条件及评价

各种地质条件区段的渠道水文地质条件及评价见表3.9-1。

3.9.3 渠道边坡稳定

3.9.3.1 渠道边坡稳定性控制因素

1. 土质渠道边坡稳定性控制因素

除了坡高、坡比、坡形外，土质渠道边坡稳定性取决于组成渠道边坡的土体工程地质条件，常见的不利的土层有以下几种。

(1) 渠道边坡或渠基分布软土。包括新近沉积的全新世黏性土、部分晚更新世淤泥质土、晚更新世以来的饱水粉土(包括黄土及黄土类土)等。

(2) 渠道边坡土体具有二元结构。当处于渠道边坡下部的砂性土发生渗透变形或在不同土体界面发生接触冲刷时，可能引发渠道边坡坍塌或滑坡。

表 3.9-1　　渠道水文地质条件及评价

地质区段		水文地质条件及评价
区	段	
松散堆积物地区	残积层地段	残积物呈土状、碎石状、碎石夹土状等，一般孔隙性较大，有一定的透水性，但也有的风化残积层较为密实，透水性很小，例如湖南、湖北、四川、云南、贵州等地的红黏土
	坡积层及斜坡地段	坡上部堆积物颗粒较粗，坡脚处颗粒较细，而粗颗粒区可能形成渗漏带及渗流不稳定区。倒石堆往往构成强烈的渗漏带
	洪积层及洪积扇地段	洪积物各部位颗粒成分复杂，应根据具体勘探资料进行渗漏分析。一般情况下，洪积物外缘较中、后部颗粒细，透水性相对较弱，若不为溪沟割切，渠线经过外缘较为有利
	冲积层及冲积扇地段	冲积物的粒度、厚度变化，受所处部位、河流年龄（老年、壮年、青年、幼年）直接影响（例如：上游区粒粗，下游区粒细；厚度上游薄，下游厚），渗透性也随水流变迁而变化，应视具体勘探资料进行渗漏评价。要注意对古河道的研究，它常是构成可能渗漏的通道
	冰碛及冰水堆积地段	底碛、终碛等冰碛物的含泥量一般较高，隔水性好；而冰水堆积物透水性较强，渠线应避开
基岩地区		岩浆岩透水性一般较弱，沉积岩与变质岩渗漏条件较复杂。渗漏可能性主要决定于岩性和地质构造。可能的渗漏通道有：①断层及断层破碎带；②节理及节理密集带；③风化裂隙及风化裂隙带；④透水的砂岩、砂砾岩层；⑤可溶蚀的岩溶层；⑥层理、不整合面、假整合面、劈理及其组合；⑦火山岩的原生节理、气孔状构造连通带等。依据地质结构特征及地下水动态全面判断其渗漏可能性

(3) 渠道边坡分布膨胀土。膨胀土因胀缩特性在开挖暴露地表后，将很快形成一定深度的大气影响带，若遭遇降雨，则极易发生浅表层蠕动型滑坡。当膨胀土裂隙发育时，可能形成由单条或多条裂隙面贯通后形成的较深层滑坡。工程实践表明，不同地质时代的膨胀土界面容易形成软弱带，在渠道开挖后易出现深层滑坡。

(4) 土体中存在倾向渠道的软弱带。

2. 岩质渠道边坡稳定性控制因素

岩质渠道边坡稳定性主要受控于结构面的产状、发育程度、组合情况、性状、规模及地下水活动性。

此外，气候条件、地震、人工活动等也是影响渠道边坡稳定的重要因素。

3.9.3.2　渠道边坡失稳类型

对于均匀土质边坡，破坏面基本上为圆弧形；对于非均匀土质边坡，破坏面多表现为非标准的圆弧形、折线形等。当滑动面受控于土体中的软弱带(面)时，滑动面多呈现后缘陡峻、中部迁就既有软弱带、前部反翘的复杂形态。

对于岩质边坡，多沿软弱结构面发生滑移，破坏面可分为直线形、折线形、楔形。对于较大规模的碎裂结构岩质边坡，破坏面整体呈现为圆弧形。如岩土界面与边坡倾向一致时，则可能发生沿界面的滑移。

3.9.3.3　渠道坡比确定

开挖渠道，设计稳定坡高和坡角，初估时可依据地形、地质、水文地质与渠道运用条件参照已建工程稳定边坡值选用。当条件较为复杂或需较准确结论时，需采用力学计算法复核。

土质渠道边坡经验值，见表 3.9-2～表 3.9-5。

岩质渠道边坡坡比取决于地层倾角、岩体完整性和岩石强度。

3.9.4　渠系建筑物工程地质

渠系建筑物的类型很多，包括倒虹吸、渡槽、分水闸、节制闸、退水闸等。渠系建筑物主要的问题为与地基稳定、渗透稳定有关的问题，但是，由于各类建筑物的荷载条件和基础型式不同，对地基地质条件的评价应有所区别，地基失稳的型式、抗滑稳定的边界条件以及抗滑指标的选择，见本章 3.5 节和 3.10 节。

表 3.9-2　　土质渠道水下部分坡比经验值

渠道边坡土质 \ 渠道水深（m）和流量（m³/s）	水深小于1，流量小于0.5	水深1～2，流量介于0.5～10	水深2～3，流量大于10
黏土	1∶1.00	1∶1.00	1∶1.25
粉土	1∶1.25	1∶1.25	1∶1.50
砂质粉土	1∶1.50	1∶1.50	1∶1.75
砂土	1∶1.75	1∶2.00	1∶2.25

注　该表适用于一般挖方深度小于5m、填方高度小于3m的渠道。

表 3.9-3　　土质渠道水上部分坡比经验值

土的类别	密实度或状态	边坡高度（m）	
		<5	5～10
碎石土	密实 中密 稍密	1∶0.35～1∶0.50 1∶0.50～1∶0.75 1∶0.75～1∶1.00	1∶0.50～1∶0.75 1∶0.75～1∶1.00 1∶1.00～1∶1.25
老黏性土（不含膨胀土）	坚硬 硬塑	1∶0.35～1∶0.50 1∶0.50～1∶0.75	1∶0.50～1∶0.75 1∶0.75～1∶1.00
一般黏土	坚硬 硬塑	1∶0.75～1∶1.00 1∶1.00～1∶1.25	1∶1.00～1∶1.25 1∶1.25～1∶1.50

注　1. 表中的碎石土，其充填物为坚硬或硬塑状态的黏性土。
2. 砂土或碎石土的充填物为砂石土时，其边坡容许坡度值按自然休止角确定。

表 3.9-4　　渠道边坡综合坡比经验值

土体名称 \ 坡高（m）	<5	5～10	10～20	>20
中膨胀性土	1∶2.0～1∶2.25	1∶2.25～1∶2.5	1∶2.5～1∶3.0	1∶3.0～1∶3.5
弱膨胀性土	1∶1.5～1∶2.0	1∶2.0～1∶2.25	1∶2.25～1∶2.5	1∶2.5～1∶3.0
一般性黏土	1∶1.25～1∶1.5	1∶1.5～1∶2.0	1∶1.75～1∶2.0	1∶2.0～1∶2.5
砾质土	1∶1.0～1∶1.25	1∶1.0～1∶1.25	1∶1.25～1∶1.5	1∶1.5～1∶1.75
粉土质砾	1∶1.0～1∶1.25	1∶1.0～1∶1.25	1∶1.25～1∶1.5	1∶1.5～1∶2.0
砂质粉土	1∶1.25～1∶1.5	1∶1.5～1∶2.0	1∶1.5～1∶2.0	1∶2.0～1∶2.5
细中砂	1∶1.75～1∶2.0	1∶2.0～1∶2.25	1∶2.25～1∶2.5	
中粗砂	1∶1.5～1∶1.75	1∶1.75～1∶2.0	1∶2.0～1∶2.25	
砾砂	1∶1.25～1∶1.5	1∶1.5～1∶1.75	1∶1.75～1∶2.0	
砾卵石	1∶1.25～1∶1.5	1∶1.5～1∶1.75	1∶1.75～1∶2.0	

表 3.9-5　　上第三系弱胶结岩石综合坡比经验值

地层时代	岩石名称	坡　高　（m）		
		<10	10～20	>20
N	中膨胀岩	1∶1.5～1∶2.25	1∶2.25～1∶2.5	1∶2.5～1∶3.0
	弱膨胀岩	1∶1.5～1∶2.0	1∶2.0～1∶2.25	1∶2.25～1∶2.5
	黏土岩	1∶1.25～1∶1.5	1∶1.5～1∶1.75	1∶1.75～1∶2.0
	砂岩	1∶1.0～1∶1.25	1∶1.25～1∶1.5	1∶1.5～1∶1.75
	砂砾岩	1∶0.75～1∶1.0	1∶1.0～1∶1.25	1∶1.25～1∶1.5

3.10 若干工程地质问题

3.10.1 深厚覆盖层坝基

深厚覆盖层坝基一般是指河床覆盖层厚度大于40m的坝基。通常情况下，如果将坝基覆盖层全部挖除，往往在经济上显得不合理。

3.10.1.1 深厚覆盖层坝基主要工程地质问题

河谷深厚覆盖层具有结构松散、土层不连续的性质，岩性在水平和垂直两个方向上均有较大变化，且成因类型复杂，物理力学性质呈现较大的不均匀性。

在河谷深厚覆盖层上修建水利水电工程时，常常存在渗漏、渗透稳定、沉陷、不均匀沉陷及地震液化等问题。渗透稳定性问题，是在砂卵砾石或碎石土上修建水工建筑物的主要问题，许多水工建筑物的破坏和失事，多由于渗透破坏所造成。另外，深厚覆盖层对防渗墙的应力和变形影响较大。

在深厚覆盖层上修建水利水电工程，其主要工程地质问题为承载和变形稳定问题；渗漏和渗透稳定问题；抗滑稳定问题；砂土地震液化问题等。

深厚覆盖层作为水工建筑物地基，要查明土体分布范围、成因类型、厚度、层次结构、物理力学性质、水理性质、水文地质条件等，提出坝基土体渗透系数、容许渗透水力比降和承载力、变形模量、强度等各种物理力学性质参数，对地基沉陷、抗滑稳定、渗漏、渗透变形、液化等问题作出评价。

3.10.1.2 深厚覆盖层工程地质勘察方法

对深厚覆盖层的勘察主要依靠大量勘探来查明其工程地质和水文地质条件。除了常规的工程地质测绘、物探、钻探、试验方法外，针对深厚覆盖层的特点，近年来也研究和采用了以下一些比较特殊的勘察手段。

(1) 河床深厚砂卵砾石层的取样方法与原位测试方法，应视覆盖层物质组成、结构以及地下水位等情况进行选择。

(2) 河床深厚砂卵砾石层，宜采用金刚石或硬质合金回转钻具、硬质合金钻具干钻、冲击管钻、管靴逆爪取样器等设备取样。采用金刚石或硬质合金回转钻具取样时，应选择合适的冲洗液。

(3) 河床深厚砂卵砾石层原位测试，宜采用重型或超重型动力触探试验、旁压试验、波速测试和钻孔载荷试验等方法，并应采用多种方法互相验证。

(4) 波速测试可选择单孔声波法、孔间穿透声波法、地震测井及孔间穿透地震波速测试法等方法，测定砂卵砾石层的纵波、横波。

3.10.2 渗透稳定

土的渗透变形特征，应根据土的颗粒组成、密度和结构状态等因素综合分析确定。

3.10.2.1 土的渗透变形判别

土的渗透变形主要有流土、管涌、接触冲刷和接触流失四种类型。黏性土的渗透变形主要有流土和接触流失两种类型。对于重要工程或不易判别渗透变形类型的土，通过渗透变形试验而确定。

(1) 土的不均匀系数采用式 (3.10-1) 计算：

$$C_u = \frac{d_{60}}{d_{10}} \tag{3.10-1}$$

式中 C_u——土的不均匀系数；

d_{60}——小于该粒径的含量占总土重60%的颗粒粒径，mm；

d_{10}——小于该粒径的含量占总土重10%的颗粒粒径，mm。

(2) 细粒含量的确定。

1) 级配不连续的土。颗粒组成曲线中至少有一个以上粒径级的颗粒含量不大于3%。此种土以不连续部分将其分为粗粒和细粒，并以此确定细粒含量P。

2) 级配连续的土。粗细粒的区分粒径为

$$d = \sqrt{d_{70} d_{10}} \tag{3.10-2}$$

式中 d_{70}——小于该粒径的含量占总土重70%的颗粒粒径，mm；

d_{10}——小于该粒径的含量占总土重10%的颗粒粒径，mm。

(3) 无黏性土渗透变形型式的判别。

1) 不均匀系数不大于5的土可判别为流土。

2) 对于不均匀系数大于5的土可采用下列判别方法。

a. 流土：$P \geqslant 35\%$。

b. 过渡型：取决于土的密度、粒级和形状，$25\% \leqslant P < 35\%$。

c. 管涌：$P < 25\%$。

(4) 接触冲刷采用下列方法判别。对双层结构的地基，当两层土的不均匀系数均不大于10，且符合式 (3.10-3) 的条件时，不会发生接触冲刷。

$$\frac{D_{10}}{d_{10}} \leqslant 10 \tag{3.10-3}$$

式中 D_{10}、d_{10}——较粗、较细一层土中小于该粒径的土重占总土重10%的颗粒粒径，mm。

(5) 接触流失采用下列方法判别。对于渗流向上的情况，符合下列条件将不会发生接触流失。

1）不均匀系数不大于 5 的土层：

$$\frac{D_{15}}{d_{85}} \leqslant 5 \qquad (3.10-4)$$

式中　D_{15}——较粗一层土中小于该粒径的土重占总土重 15%的颗粒粒径，mm；

d_{85}——较细一层土中小于该粒径的土重占总土重 85%的颗粒粒径，mm。

2）不均匀系数不大于 10 的土层：

$$\frac{D_{20}}{d_{70}} \leqslant 7 \qquad (3.10-5)$$

式中　D_{20}——较粗一层土中小于该粒径的土重占总土重 20%的颗粒粒径，mm；

d_{70}——较细一层土中小于该粒径的土重占总土重 70%的颗粒粒径，mm。

3.10.2.2　流土、管涌的临界水力比降

（1）流土型的临界水力比降采用式（3.10－6）计算：

$$J_{cr} = (G_s - 1)(1 - n) \qquad (3.10-6)$$

式中　J_{cr}——土的临界水力比降；

G_s——土粒比重；

n——土的孔隙率，%。

（2）管涌型或过渡型临界水力比降采用式（3.10－7）计算：

$$J_{cr} = 2.2(G_s - 1)(1 - n)^2 \frac{d_5}{d_{20}} \qquad (3.10-7)$$

式中　d_5、d_{20}——小于该粒径的土重占总土重 5%、20%的土粒粒径，mm。

（3）管涌型临界水力比降也可采用式（3.10－8）计算：

$$J_{cr} = \frac{42d_3}{\sqrt{\frac{k}{n^3}}} \qquad (3.10-8)$$

式中　k——土的渗透系数，cm/s；

d_3——小于该粒径的土重占总土重 3%的土粒粒径，mm。

3.10.2.3　无黏性土的允许水力比降的确定

（1）以土的临界水力比降除以 1.5～2.0 的安全系数。对水工建筑物的危害较大的，取安全系数为 2；对于特别重要的工程，也可取安全系数为 2.5。

（2）无试验资料时，可根据表 3.10－1 选用经验值。

表 3.10－1　无黏性土的允许水力比降

渗透变形型式 / 允许水力比降	流土型			过渡型	管涌型	
	$C_u \leqslant 3$	$3 < C_u \leqslant 5$	$C_u \geqslant 5$		级配连续	级配不连续
$J_{允许}$	0.25～0.35	0.35～0.50	0.50～0.80	0.25～0.40	0.15～0.25	0.10～0.20

注　该表不适用于渗流出口有反滤层的情况。

3.10.3　地震液化

当地基中存在饱和砂土（中砂、细砂、极细砂以及砂砾石）与饱和粉土时，在地震力及振动荷载作用下可发生液化破坏，甚至产生流砂。

地震时，饱和无黏性土和少黏性土的液化破坏，应根据土层的天然结构、颗粒组成、松密程度、地震前和震时的受力状态、边界条件和排水条件以及地震历时等因素，结合现场勘察和室内试验综合分析判定。

土的地震液化判定工作可分初判和复判两个阶段。初判应排除不会发生地震液化的土层。对初判可能发生液化的土层，应进行复判。

3.10.3.1　土的地震液化初判

（1）地层年代为第四纪晚更新世 Q_3 或以前的土，可判为不液化。

（2）土的粒径小于 5mm 颗粒含量的质量百分率不大于 30%时，可判为不液化。

（3）土的粒径小于 5mm 颗粒含量质量百分率大于 30%的土，其中粒径小于 0.005mm 的黏粒含量质量百分率 ρ_c 相应于地震动峰值加速度为 0.10g、0.15g、0.20g、0.30g 和 0.40g 分别不小于 16%、17%、18%、19%和 20%时，可判为不液化；当黏粒含量不满足上述规定时，可通过试验确定。

（4）工程正常运用后，地下水位以上的非饱和土，可判为不液化。

（5）当土层的剪切波速大于式（3.10－9）计算的上限剪切波速时，可判为不液化。

$$V_{st} = 291\sqrt{K_H Z r_d} \qquad (3.10-9)$$

式中　V_{st}——上限剪切波速度，m/s；

K_H——地面最大水平地震加速度系数；

Z——土层深度，m；

r_d——深度折减系数。

（6）地面动峰值加速度可按《中国地震动参数区划图》（GB 18306）查取或采用场地地震安全性评价结果。

(7) 深度折减系数可按式(3.10-10)～式(3.10-12)计算:

$$Z = 0 \sim 10\text{m 时}, r_d = 1.0 - 0.01Z \quad (3.10-10)$$

$$Z = 10 \sim 20\text{m 时}, r_d = 1.1 - 0.02Z \quad (3.10-11)$$

$$Z = 20 \sim 30\text{m 时}, r_d = 0.9 - 0.01Z \quad (3.10-12)$$

3.10.3.2 土的地震液化复判

(1) 标准贯入锤击数法。符合式(3.10-13)要求的土应判为液化土:

$$N < N_{cr} \quad (3.10-13)$$

式中 N——工程运用时,标准贯入点在当时地面以下 d_s(m)深度处的标准贯入锤击数;

N_{cr}——液化判别标准贯入锤击数临界值。

当标准贯入试验贯入点深度和地下水位在试验地面以下的深度不同于工程正常运用时,实测标准贯入锤击数按式(3.10-14)进行校正,并以校正后的标准贯入锤击数 N 作为复判依据,即

$$N = N'\left(\frac{d_s + 0.9d_w + 0.7}{d_s' + 0.9d_w' + 0.7}\right) \quad (3.10-14)$$

式中 N'——实测标准贯入锤击数;

d_s——工程正常运用时,标准贯入点在当时地面以下的深度,m;

d_w——工程正常运用时,地下水位在当时地面以下的深度,m,当地面淹没于水面以下时,d_w 取 0;

d_s'——标准贯入试验时,标准贯入点在当时地面以下的深度,m;

d_w'——标准贯入试验时,地下水位在当时地面以下的深度,m,若当时地面淹没于水面以下时,d_w' 取 0。

校正后标准贯入锤击数和实测标准贯入锤击数均不进行钻杆长度校正。

液化判别标准贯入锤击数临界值根据式(3.10-15)计算:

$$N_{cr} = N_0[0.9 + 0.1(d_s - d_w)]\sqrt{\frac{3\%}{\rho_c}} \quad (3.10-15)$$

式中 ρ_c——土的黏粒颗粒含量质量百分率,%,当 $\rho_c < 3\%$,ρ_c 取 3%;

N_0——液化判别标准贯入锤击数基准值;

d_s——工程正常运用时,标准贯入点在当时地面以下的深度,m,当标准贯入点在地面以下 5m 以内的深度时,采用 5m 计算。

液化判别标准贯入锤击数基准值 N_0,按表 3.10-2 取值。

表 3.10-2 液化判别标准贯入锤击数基准值①

地震动峰值加速度	0.10g	0.15g	0.20g	0.30g	0.40g
近震	6	8	10	13	16
远震	8	10	12	15	18

① $d_s = 3\text{m}$、$d_w = 2\text{m}$、$\rho_c \leqslant 3\%$ 时的标准贯入锤击数,称为液化标准贯入锤击数基准值。

式(3.10-15)只适用于标准贯入点地面以下 15m 以内的深度,大于 15m 的深度内有饱和砂或饱和少黏性土,需要进行地震液化判别时,可采用其他方法判定。

当建筑物所在地区的地震设防烈度比相应的震中烈度小 2 度或 2 度以上时定为远震,否则为近震。

测定土的黏粒含量时,应采用六偏磷酸钠作分散剂。

(2) 相对密度复判法。当饱和无黏性土(包括砂和粒径大于 2mm 的砂砾)的相对密度不大于表 3.10-3 中的液化临界相对密度时,可判为可能液化土。

表 3.10-3 饱和无黏性土的液化临界相对密度

地震动峰值加速度	0.05g	0.10g	0.20g	0.40g
液化临界相对密度 $D_{r_{cr}}$ (%)	65	70	75	85

(3) 相对含水率或液性指数复判法。当饱和少黏性土的相对含水率不小于 0.9 时,或液性指数不小于 0.75 时,可判为可能液化土。

相对含水率应按式(3.10-16)计算:

$$w_u = \frac{w_s}{w_L} \quad (3.10-16)$$

式中 w_u——相对含水率;

w_s——少黏性土的饱和含水率,%;

w_L——少黏性土的液限含水率，%。

3.10.4 承压水问题

3.10.4.1 承压水对水利水电工程的不良影响或危害

承压水对水利水电工程的不良影响或危害主要有：基坑或地下洞室突涌、基坑涌水量增大、增大坝基或厂基的扬压力、造成防渗墙施工的槽孔坍塌、稀释防渗帷幕及防渗墙的水泥浆液或破坏幕（墙）体，有些承压水水质还对混凝土具有腐蚀性。此外，尚有承压水造成坝基和近坝山体抬升的事例。

基坑突涌是指在承压水的水头压力作用下，基坑底部隔水层被顶裂或冲毁，使承压水突然涌出。基坑突涌会破坏地基强度并给施工带来困难。

3.10.4.2 基坑突涌的表现形式

（1）基坑顶裂，出现网状裂缝或树枝状裂缝，地下水从裂缝中涌出，并带出下部的湿土颗粒，严重时，裂缝贯穿整个基坑，使地基强度降低。

（2）基底发生流土现象，从而造成基坑边坡失稳和整个地基流动。

（3）基坑产生类似于“沸腾”的喷水冒砂现象，使基坑积水和地基土层扰动。

3.10.4.3 基坑突涌的判别

基坑突涌的判别一般可按式（3.10－17）进行，如符合式（3.10－17），即可能发生突涌。

$$\gamma H < \gamma_0 (h + H) \qquad (3.10-17)$$

式中 γ——土的重度，kN/m^3；

H——不透水顶板开挖后的厚度，m；

γ_0——水的重度，kN/m^3；

h——承压水头高于开挖面的高度，m。

3.10.4.4 承压水基坑或地下洞室突涌的预防和处理措施

（1）隔水。采用防渗帷幕或防渗墙将承压水与基坑或地下洞室隔开。

（2）降压。采用钻孔或人工挖孔并进行抽水，降低基坑底部或地下洞室周围承压水水头。

（3）封底。一般适用于开挖至基底标高时上覆土重略小于承压水的浮托力不能满足抗承压水稳定性的局部电梯井等落深区以及有明显空间效应的小型或窄长形基坑等情况。封底加固一般可采用水泥土搅拌桩或高压旋喷桩等加固，利用加固后土体重度、抗剪强度的提高以及基坑内部密集工程桩的加筋作用，达到抵抗承压水头的目的。

承压水造成防渗墙施工槽孔坍塌的处理措施常有：降排水、增加泥浆浓度、缩短槽短长度、对塌槽段采用砂砾石回填并压密或回填混凝土然后再挖槽。

3.10.5 含易溶盐地层问题

石膏（$CaSO_4 \cdot 2H_2O$）和铁明矾［$Fe_2 + Al_2(SO_4)_4 \cdot 22H_2O$］均为硫酸盐，且能溶于水，属中溶盐。黄铁矿（$FeS_2$）也能溶于水。

3.10.5.1 含易溶盐地层的危害

在水利水电工程的建筑物地基中，易溶盐溶蚀对工程的危害主要有两个方面：①地基岩石结构遭到破坏，降低地基强度并可引起不均匀沉降甚至塌陷、滑移失稳等；②增加水中的硫酸离子，对混凝土产生硫酸盐型腐蚀。

3.10.5.2 含易溶盐地层的防治措施

防止建筑物地基中的石膏、铁明矾、黄铁矿等被溶蚀，对于建筑物的安全运行至关重要。可采取截水墙或防渗帷幕对含易溶岩的地基岩体进行了防渗封闭处理，以及采用抗硫酸盐水泥等工程措施。

3.10.6 膨胀土渠道工程地质问题

在我国河南、湖北、湖南、云南、安徽、广西、广东、河北、四川、新疆等地，膨胀土分布面积较大。膨胀土具有胀缩性、多裂隙性和超固结性等特征，通常具有较高的黏粒含量和较大的塑性指数。膨胀土对渠道工程的影响可以通过自由膨胀率和膨胀力去评价。在大气环境作用下，近地表膨胀土会形成一个深度 3m 左右的大气剧烈影响带，多数情况下在剧烈影响带下部会形成一个土体含水量较高的相对软弱带，再向下土体逐步变为不受外部环境影响的非饱和带。

3.10.6.1 膨胀土对渠道工程的影响

膨胀土渠道存在三个突出的工程地质问题：一是渠道边坡稳定问题，二是土体膨胀引起的变形问题，三是坡面土体冲刷问题。

（1）膨胀土渠道边坡稳定问题。膨胀土渠道边坡存在浅表层蠕动变形问题和（较）深层滑动问题。浅表层变形破坏与大气影响及土体中的上层滞水对土体的软化作用密切相关，浅表层蠕动变形深度以 1～2m 最为常见，体积以数百立方米为主。较深层滑坡受土体中的结构面控制，深度以 2～6m 居多，我国膨胀土地区的渠道建设经验揭示，膨胀土较深层滑坡在渠道开挖阶段和运行初期均可能发生，且发生频率较高，需重点防范。

膨胀土深层滑动与土体中的软弱带（如地层界面）密切相关，当渠道边坡或渠底附近存在倾向渠道或近水平的软弱带时，在开挖期乃至运行后较长时期均可能发生受软弱带控制的深层滑动，其发生频率不高，但体积可从数千立方米到数十万立方米不等。

(2) 膨胀土渠道变形问题。膨胀土渠道开挖后，渠道表部土体含水量将随大气环境变化而发生频繁的干湿交替变化，与之相对应，土体也发生吸水膨胀、失水干裂的反复作用，这一作用极易使渠道刚性衬砌开裂变形乃至失去功能。在挖方渠道地区，渠基膨胀土还可能因为卸荷、土体吸湿而产生膨胀变形和渠底隆起。

(3) 坡面土体冲刷问题。不受大气影响的膨胀土一般具有非饱和性、超固结性和较高的强度，而地表膨胀土受反复胀缩作用改造，微裂隙极为发育，土体多呈现散体结构特征，极易被雨水冲刷而形成“雨淋沟”。野外观察发现，我国中部地区膨胀土开挖后一年左右就可以形成1m深的雨淋沟。

3.10.6.2　膨胀土判别

膨胀土一般呈灰白、灰绿、灰黄、棕红、褐黄等颜色，分布在二级及二级以上的阶地、山前丘陵和盆地边缘。在山地表现为低丘缓坡，而在平原地带则表现为地面龟裂、沟槽、无直立边坡。风干时出现大量的微裂隙，有光滑面、擦痕，呈坚硬、硬塑状态的土体易沿微裂隙面散裂，并遇水软化、膨胀。

《膨胀土地区建筑技术规范》(GB 50112—2013) 按自由膨胀率 δ_{ef} 将膨胀土分为三类：$40\% \leqslant \delta_{ef} < 65\%$为弱膨胀土；$65\% \leqslant \delta_{ef} < 90\%$为中膨胀土；$\delta_{ef} \geqslant 90\%$为强膨胀土。

3.10.6.3　膨胀土渠道处理要点

防止膨胀土渠道变形破坏的根本，在于防止渠道周边土体的含水率不发生大的变化。处理要点可分为三大类。

1. 用非膨胀土或改性土置换渠道表部膨胀土

采用非膨胀土置换一定厚度的膨胀土，在膨胀土表部形成一个保护层，使膨胀土的含水率基本不受大气环境或渠水的影响。或将渠道表部一定厚度的膨胀土进行物理或化学改性，使之成为非膨胀土，从而达到保护内部膨胀土的目的。常用的改性方法有掺石灰(或水泥)、掺粉煤灰、掺有机或生物材料。通过改性，不但可降低土体的膨胀性，还可提高土体的强度。室内研究及以往的工程实践表明，置换厚度可视土体膨胀性选择0.6～2.0m。处理范围除了渠道坡面，还应对渠道坡顶进行处理。

2. 对渠道边坡土体进行加固

常用的加固方法有土工格栅、土工袋、土工格室等，加固后的土工复合体不仅可约束土体的变形，还具有较高的强度。由于衬砌断面对变形控制要求高，土工材料加固方法主要适用于一级马道以上的非过水断面，加固厚度应能为后部边坡提供足够的抗滑力。这类方法一般与地下排水措施结合起来才会取得较好的效果。

渠道过水断面部分土体处理要求高于非过水断面。过水断面不仅要求渠道边坡稳定性满足设计要求，还要求土体变形必须控制在衬砌结构能够承受的范围内。过水断面以上部分渠道边坡一般只有稳定性要求，而对变形要求较低或没有专门要求。

3. 对膨胀土渠道边坡进行抗滑处理

当渠道挖深较大、且土体中结构面发育时，除了作坡面防护，还应采取抗滑措施，较合适的方法有抗滑桩、土锚、坡脚矮墙等。

3.10.7　黄土湿陷性工程地质问题

3.10.7.1　黄土的地质特征

我国黄土一般具有以下特征，当缺少其中一项或几项特征的称为黄土状土。

(1) 颜色以黄色、褐黄色为主，有时呈灰黄色。

(2) 颗粒组成以粉粒(粒径为0.05～0.005mm)为主，含量一般在60%以上，粒径大于0.25mm的甚为少见。

(3) 有肉眼可见的大孔，孔隙比一般在1.0左右。

(4) 富含碳酸盐类，垂直节理发育。

(5) 黄土堆积形成时代包括整个第四纪。形成于 Q_1 和 Q_2 的称为老黄土，其大孔结构多已退化，一般无湿陷性；形成于 Q_3 和 Q_4^1 的称为新黄土，其土质均匀，较疏松，大孔发育，具垂直节理，一般具较强湿陷性，湿陷性有随深度减少的趋势；形成于 Q_4^2 的称为新近堆积黄土，年代短，固结作用差，具强烈的湿陷性。

3.10.7.2　黄土的主要工程地质问题

湿陷性是黄土的主要工程地质问题，主要是对边坡及地基产生湿陷变形破坏。修建在黄土区的水利工程、房屋、公路、铁路等，常易发生与湿陷有关的坝体裂缝、渠道不均匀沉陷、管道断裂、房屋破坏、库岸及边坡塌滑等问题。

3.10.7.3　黄土湿陷性的判别

黄土湿陷性的判别可分初判和复判两阶段进行。

(1) 黄土湿陷性初判采用下列标准。

1) 根据黄土层地质时代初判。

a. 早更新世 Q_1 黄土不具有湿陷性。

b. 中更新世 Q_2^1 黄土不具有湿陷性。

c. 中更新世 Q_2^2 顶部部分黄土具有湿陷性。

d. 上更新世 Q_3 与全新世 Q_4 黄土具有湿陷性。

2) 根据典型黄土塬区完整黄土地层剖面初判。自地表向下第一层黄土(Q_3)宜判为强湿陷性或中等湿陷性；第二层黄土(Q_2 上部)宜判为轻微湿陷性；第三层及以下各层黄土（含古土壤层）可判为无湿陷性。第一层与第二层（Q_3～Q_2上部）所夹的古土壤层宜判为轻微湿陷性。

3）上更新世Q_3黄土，天然含水率超过塑限含水率时，宜判为轻微湿陷性或不具湿陷性。

（2）黄土湿陷性的复判，包括黄土的湿陷性质、场地湿陷类型、地基湿陷等级等，有以下判别标准和方法。

1）湿陷性黄土的湿陷程度，可根据湿陷系数δ_s值的大小分为下列三种。

a. 当$0.015\leqslant\delta_s\leqslant0.03$时，湿陷性轻微。

b. 当$0.03<\delta_s\leqslant0.07$时，湿陷性中等。

c. 当$\delta_s>0.07$时，湿陷性强烈。

2）湿陷性黄土场地的湿陷类型，按自重湿陷量的实测值Δ'_{zs}或计算值Δ_{zs}判定。

a. 当自重湿陷量的实测值Δ'_{zs}或计算值Δ_{zs}不大于70mm时，定为非自重湿陷性黄土场地。

b. 当自重湿陷量的实测值Δ'_{zs}或计算值Δ_{zs}大于70mm时，定为自重湿陷性黄土场地。

c. 当自重湿陷量的实测值和计算值出现矛盾时，按自重湿陷量的实测值判定。

3）湿陷性黄土地基的湿陷等级，根据湿陷量的计算值和自重湿陷量的计算值等因素按表3.10-4判定。

表3.10-4 湿陷性黄土地基的湿陷等级

湿陷类型 / Δ_s（mm）	非自重湿陷性场地	自重湿陷性场地	
	$\Delta_{zs}\leqslant70$	$70<\Delta_{zs}\leqslant350$	$\Delta_{zs}>350$
$\Delta_s\leqslant300$	Ⅰ（轻微）	Ⅱ（中等）	—
$300<\Delta_s\leqslant700$	Ⅱ（中等）	Ⅱ（中等）或Ⅲ（严重）[①]	Ⅲ（严重）
$\Delta_s>700$	Ⅱ（中等）	Ⅲ（严重）	Ⅳ（很严重）

① 当湿陷量的计算值$\Delta_s>600$mm、自重湿陷量的计算值$\Delta_{zs}>300$mm时，可判为Ⅲ级，其他情况可判为Ⅱ级。

3.10.7.4 黄土渠道的稳定问题

浸水因素可能引起黄土本身或其与下伏地层接触面的强度降低，使渠道边坡变形失稳。黄土渠道水上部分的边坡坡比，可参考表3.10-5取值。

表3.10-5 黄土边坡坡比经验值

地质年代	边坡高度（m） / 开挖情况	<5	5～10	10～15
次生黄土Q_4	锹挖容易	1∶0.50～1∶0.75	1∶0.75～1∶1.00	1∶1.00～1∶1.25
马兰黄土Q_3	锹挖较容易	1∶0.30～1∶0.50	1∶0.50～1∶0.75	1∶0.75～1∶1.00
离石黄土Q_2	用镐开挖	1∶0.20～1∶0.30	1∶0.30～1∶0.50	1∶0.50～1∶0.75
午城黄土Q_1	镐挖困难	1∶0.10～1∶0.20	1∶0.20～1∶0.30	1∶0.30～1∶0.50

注 该表不适用于新近堆积黄土。

3.10.7.5 湿陷性黄土处理要点

对湿陷性黄土或黄土类土的处理，常用的处理要点有三类，即地基处理措施、防水措施及结构措施。

（1）地基处理措施主要有：①换土垫层法，用符合工程设计要求的非湿陷土进行替换；②重锤夯实法，用重锤夯实土体，提高密实度，减小湿陷性；③预浸或泡水处理法，通过工程措施，针对湿陷土层本身进行处理，改善其土壤结构和基本特性，以达到消除其湿陷性的目的；④砂（灰土、碎石等）桩挤密法，利用桩体的挤压，减小孔隙比，提高地基强度；⑤桩体穿透法，采用静压桩、振冲桩及灌注桩等，既可挤密土体，又可将上部荷载传到深部。

（2）防水措施主要有：①排水沟，浆砌石或混凝土排水沟，减少表水下渗；②隔水层，在地表铺设隔水材料，使基础湿陷性黄土地基无法浸水，以达到避免地基湿陷的目的，常用的隔水材料有灰土、油毡以及各种PVC和PE膜。

（3）结构措施，减小或调整建筑物不均匀沉降，或使结构适应地基变形。

3.10.8 采空区工程地质问题

3.10.8.1 采空区地质特征

地下矿层被开采后形成的空间称为采空区。采空区分为老采空区、现采空区和未来采空区。

地下矿层被开采后，其上部岩层失去支撑，平衡条件被破坏，随之产生弯曲、塌落，以致发展到地表下沉变形，造成地表塌陷，形成凹地。随着采空区的不断扩大，凹地不断发展而成凹陷盆地，即地表移动盆地。

地表移动盆地的地表变形分为两种移动和三种变形。两种移动是垂直移动（下沉）和水平移动；三种变形是倾斜、曲率（弯曲）和水平变形（压缩变形和拉伸变形）。

3.10.8.2 采空区对水利水电工程的危害

采空区地表移动盆地的变形发展，会使地表产生下沉、裂缝、倾斜、水平位移等一系列变形现象，会造成地面开裂、塌陷，边坡滑坡，渠道开裂渗漏、渠道边坡滑移，建筑物不均匀沉陷甚至倒塌，影响地基的稳定。

3.10.8.3 采空区勘察方法

目前，国内外采空区勘察手段主要以煤矿采空区情况调查、工程钻探、地球物理勘探为主，辅以变形观测、水文试验等。

一般对地下采空区的勘察主要有以下几个步骤。

（1）资料收集。收集线路经过煤矿及临近煤矿的地质资料和开采资料，掌握区域地质构造特征和地层层序，重点了解含煤地层的分布特点和埋藏深度，分析采空可能出现的区段，确定调查范围。

（2）调查访问。采用从粗到细，由浅到深，由宏观至微观的顺序，层层访问，全面掌握煤矿开采区和废弃的详细情况，并反映在图上，作为方案设计研究的依据。对于资料不全的小矿、小煤窑，通过走访当时的矿主和当地居民，可大致确定地下采空区的分布范围，缩小地质勘探的范围。

（3）地质调绘、物探、钻探验证。

1）地质调绘。逐个落实工程区内地下采空区（包括小煤窑）的位置，对采空区地面变形情况进行实地调查，配合纸上定线，选择线路方案。

2）物探。采用高密度电法、高密度 GDS 测深、瞬变电磁法、浅层地震、地质雷达等物探手段，初步查明采空区的范围、埋深，并勾画出采空范围在地形图上。它是钻探的先行辅助手段。

3）钻探验证。在地质调绘、物探工作的基础上，布置适当的钻孔，以验证地质调绘、物探资料，钻孔均结合工程进行布设，从而基本掌握地质调绘区域的地质构造、地层层序、采空区埋藏深度、采空区填充情况和采空区上覆岩体性状，为采空区稳定性评价和地面建筑物风险评估提供可靠的依据。

（4）采空区常用的监测方法有微震监测、倾斜监测、位移监测、地面三角法和水准仪监测，可视具体变形类型、工程阶段、地面建筑物类型进行选择。

3.10.8.4 采空区治理思路

（1）采空区治理方案的选择原则。

1）对于煤矿采空塌陷区，经过地质调查、工程勘察和变形预测后，如果安全度不能满足工程要求，应进行加固处理。

2）采空区治理方案的选择应结合工程的特点，同时考虑地基条件和施工条件，因地制宜。

3）采空区的治理方案要能够确保工程质量的可靠，不留工程隐患，以确保后续工程施工的安全及运营后的安全。

4）采空区治理方案应保证施工设备简单，施工工艺较成熟，设计及施工技术可行。

5）经济上要有合理性，且采空区治理工程工期应满足工程工期要求。

（2）采空区治理技术。采空区的治理技术分两种：即地下采空区治理措施和建（构）筑物抗变形措施。

1）地下采空区治理措施。用来预防或控制部分采空区地表沉陷的地基处理措施主要有以下四类。

a. 全部充填采空区支承上覆岩体。当地下采空区可进入时，可通过回填矿渣等控制上覆岩体的变形。

b. 注浆加固和强化采空区围岩结构，增强其稳定性。当无法采用矿渣回填、且采空区埋深不是很大时，可通过打井进行灌浆回填。灌浆材料可根据工程所在地的建筑材料情况选择确定，主要有水泥砂浆（砂＋水泥＋水）、粉煤灰浆（粉煤灰＋水泥＋水）。灌浆材料对强度没有特别要求，如法国标准为：密度 $1.65g/cm^3$，失水率 2.5%，抗压强度 2.5MPa。为防止浆液大量流失，在设计的回填边界部位可适当提高水泥含量，并添加水玻璃等促凝剂，在边界部位形成一道隔离墙。

c. 局部支承上覆岩体。当渠道下煤矿尚处在开采阶段时，可通过增加煤柱的尺寸和数量、人为砌筑混凝土柱、加固矿柱等措施，控制覆岩的下沉与变形。

d. 采取措施使老采空区的沉降潜势在地面设施修筑前全部释放，即采取加载、振动、注水等措施，加速覆岩的下沉变形。

2）建（构）筑物抗变形措施。在抗变形建筑设计方面，美国和英国采取的措施是将建筑物设计成柔性结构或刚性结构。英国 CLASP（地方专用方案协会）曾提出了一套柔性结构建筑物系统，效果较好；刚性建筑基础通常由厚板或由厚抗剪切墙强化的混凝土排基组成，但采用刚性设计保护建筑物可能使它的造价大大增加。法国南部一调水工程在设计时，采用加大渠堤高度的做法以适应未来地下采矿可能引起的沉降。

3.11　天然建筑材料工程地质评价

3.11.1　储量计算精度要求

储量计算精度要求，见表3.11-1。

表3.11-1　　储量计算精度要求表

勘察级别	初查	详　查
储量计算误差	＜40%	＜15%
要求勘探储量是实际需要量的倍数	3	2

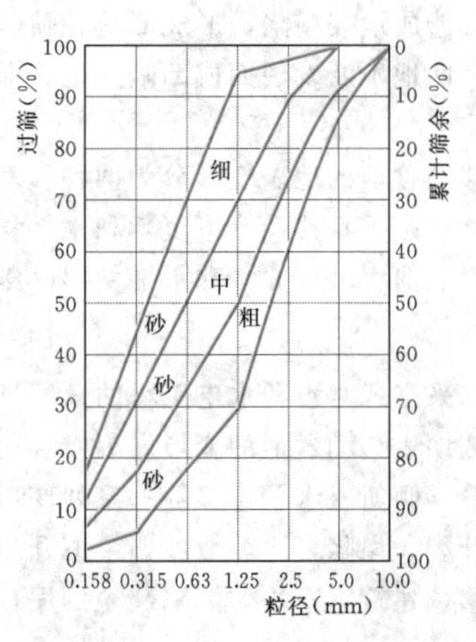

图3.11-1　混凝土用细骨料（砂）颗粒级配曲线标准范围图

3.11.2　质量鉴定标准

3.11.2.1　砂砾料

(1) 混凝土用细骨料（砂）质量技术要求，见表3.11-2和图3.11-1。

(2) 混凝土用粗骨料（砾石）质量技术要求，见表3.11-3。

(3) 坝壳填筑用砂砾料质量技术要求，见表3.11-4。

(4) 反滤层用料的质量技术要求，见表3.11-5。

3.11.2.2　土料

1. 土石坝防渗土料

土石坝防渗土料质量技术要求，见表3.11-6。

2. 接触黏土料

接触黏土料质量技术要求，见表3.11-7。

3. 槽孔固壁土料

槽孔固壁土料质量技术要求，见表3.11-8。

4. 碎（砾）石类土料

碎（砾）石类土料质量技术要求，见表3.11-9。

表3.11-2　　混凝土用细骨料（砂）质量技术要求[29]

序号	项　目		指　标	备　注
1	表观密度		≥2.5g/cm³	
2	堆积密度		≥1.50g/cm³	
3	云母含量		≤2%	
4	含泥量（黏粒、粉粒）	≥C_{90}30和有抗冻要求的	≤3%	黏土块、黏土薄膜一般不允许存在，如有，则应进行专门试验论证
		＜C_{90}30	≤5%	
5	活性骨料含量		有活性骨料时，应做专门性试验论证	
6	硫酸盐及硫化物含量（换算成SO_3）		≤1%	
7	水溶盐含量		≤1%	
8	有机质含量		浅于标准色	
9	轻物质含量		≤1.0%	
10	细度	细度模数	2.0～3.0为宜	
		平均粒径	0.29～0.43mm为宜	

表 3.11-3　　混凝土用粗骨料（砾石）质量技术要求[29]

序号	项　目		指　标	备　注
1	表观密度		≥2.55g/cm^3	对砾石力学性能的要求，应符合《水工混凝土结构设计规范》（SL 191—2008）要求
2	混合堆积密度		≥1.60g/cm^3	
3	吸水率		无抗冻要求的≤2.5% 有抗冻要求的≤1.5%	
4	冻融损失率		≤10%	
5	针片状颗粒含量		≤15%	
6	软弱颗粒含量	≥C_{90}30 及有抗冻要求的	≤5%	
		<C_{90}30	≤10%	
7	含泥量		≤1%	不允许存在黏土球块、黏土薄膜，如有，则应进行专门试验论证
8	活性骨料含量		有活性骨料时，应进行专门试验论证	
9	硫酸盐及硫化物含量（换算成 SO_3）		≤0.5%	
10	有机质含量		浅于标准色	
11	轻物质含量		不允许存在	

表 3.11-4　　坝壳填筑用砂砾料质量技术要求[29]

序号	项目	指　标	备　注
1	砾石含量	粒径为 5mm 至相当 3/4 填筑层厚度的颗粒宜>60%	干燥区的渗透系数可小些，含泥量可适当增加；强震区砾石含量下限应予以提高，砂砾料中的砂料应尽可能采用粗砂
2	相对密度	碾压后≥0.85	
3	含泥量（黏粒、粉粒）	≤8%	
4	内摩擦角	碾压后≥30°	
5	渗透系数	碾压后>1×10^{-3}cm/s	应大于防渗体的 50 倍

表 3.11-5　　反滤层用料的质量技术要求[18]

序号	项　目	指　标
1	级配	尽量均匀，要求这一粒组的颗粒不会钻入另一粒组的孔隙中去，为避免堵塞，所用材料中颗粒<0.1mm 的颗粒，在数量上不应超过 5%
2	不均匀系数	≤8
3	颗粒形状	应无片状、针状颗粒，坚固抗冻
4	含泥量（黏粒、粉粒）	≤3%
5	渗透系数	>5.8×10^{-3}cm/s
6	对于塑性指数<20 的黏土地基，第一层粒度 D_{50}的要求： 当不均匀系数 C_u≤2 时，D_{50}≤5mm； 当不均匀系数 2≤C_u≤5 时，D_{50}≤5～8mm	

表3.11-6 土石坝防渗土料质量技术要求[29]

序号	项目	细粒土料质量技术指标		风化土料质量技术指标
		均质坝土料	防渗体土料	防渗体土料
1	最大粒径			<150mm或碾压铺土厚度的2/3
2	击实后>5mm碎石、砾石含量			宜为20%～50%
3	<0.075mm细粒含量			应>15%
4	黏粒（<0.005mm）含量	10%～30%为宜	15%～40%为宜	>8%为宜
5	塑性指数	7～17	10～20	>8
6	击实后渗透系数	$<1\times10^{-4}$cm/s	$<1\times10^{-5}$cm/s，并应小于坝壳透水料的50倍	
7	天然含水量	在最优含水率的-2%～+3%范围内为宜		
8	有机质含量（以质量计）	<5%	<2%	
9	水溶盐含量（指易溶盐和中溶盐总量，以质量计）	<3%		
10	硅铁铝比（SiO_2/Al_2O_3）	2～4		
11	土的分散性	宜采用非分散性土		

表3.11-7 接触黏土料质量技术要求[29]

序号	项目		指标
1	颗粒组成	>5mm	<10%
		<0.075mm	>60%
		<0.005mm	不应低于20%～30%
2	塑性指数		>10
3	最大粒径		20～40mm
4	SiO_2/Al_2O_3		2～4
5	渗透系数		$<1\times10^{-6}$cm/s
6	允许坡降		宜>5
7	有机质含量		<2%
8	水溶盐含量		<3%
9	天然含水率		宜略大于最优含水率
10	分散性		宜采用非分散性土

表3.11-8 槽孔固壁土料质量技术要求[29]

序号	项目		指标
1	颗粒组成	>0.075mm	<10%
		<0.005mm	>30%
		<0.002mm	>15%
2	塑性指数		>17
3	SiO_2/Al_2O_3		3～4
4	pH值		>7
5	活动性指数		<1
6	有机质含量		<1%

表3.11-9 碎（砾）石类土料质量技术要求[18]

序号	项目	指标	
		防渗土料	均质坝土料
1	P_5（>5mm）含量	宜<50%～60%（高坝应为20%～50%）	宜<60%
2	<0.075mm含量	不应<15%	
3	黏粒含量	全级配中不宜低于6%～8%	
4	最大颗粒粒径	<150mm，或不超过碾压铺土层厚的2/3	

续表

序号	项　目	指　　标	
		防渗土料	均质坝土料
5	塑性指数	>6～10	
6	渗透系数	碾压后<1×10^{-5}cm/s，并应小于坝壳透水料的50倍	碾压后<1×10^{-4}cm/s
7	有机质含量（以质量计）	<2%	<5%
8	水溶盐含量	<3%	

3.11.2.3　石料

1. 堆石料

堆石料原岩质量技术要求，见表3.11-10。

2. 混凝土人工骨料

混凝土人工骨料原岩质量技术指标，见表3.11-11。

表3.11-10　堆石料原岩质量技术要求[29]

序号	项　　目		指　　标
1	饱和抗压强度（MPa）	坝高≥70m	>40
		坝高<70m	>30
2	冻融损失率（%）		<1
3	干密度（g/cm^3）		>2.4
4	硫酸盐及硫化物含量（换算成SO_3,%）		<1

表3.11-11　混凝土人工骨料原岩质量技术指标[29]

序号	项　　目	指标	备　注
1	饱和抗压强度（MPa）	>40	高强度等级混凝土或有特殊要求的混凝土，应按设计要求确定
2	冻融损失率（%）	<1	
3	硫酸盐及硫化物含量（换算成SO_3,%）	<0.5	

3. 人工轧制混凝土用细骨料

人工轧制混凝土用细骨料质量技术指标，见表3.11-12。

4. 人工轧制混凝土用粗骨料

人工轧制混凝土用粗骨料质量技术指标，见表3.11-13。

表3.11-12　人工轧制混凝土用细骨料质量技术指标[29]

序号	项　　目	指　　标	
		常态混凝土	碾压混凝土
1	表观密度（g/cm^3）	>2.55	
2	堆积密度（g/cm^3）	>1.50	
3	孔隙率（%）	<40	
4	云母含量（%）	<2	
5	泥块含量	不允许	
6	碱活性骨料成分	有碱活性骨料成分时，应进行专门试验论证	

续表

序号	项目		指标	
			常态混凝土	碾压混凝土
7	硫酸盐及硫化物含量（换算成 SO_3，%）		≤1	
8	有机质含量		不允许	
9	平均粒径（mm）		0.36～0.50 为宜	
10	细度模数		2.4～2.8 为宜	2.2～3.0 为宜
11	石粉含量（%）		6～18 为宜	10～22 为宜
12	饱和面干的含水率（%）		≤6	
13	坚固性（%）	有抗冻要求的混凝土	≤8	
		无抗冻要求的混凝土	≤10	

表 3.11-13　人工轧制混凝土用粗骨料质量技术指标[29]

序号	项目		指标	备注
1	表观密度（g/cm^3）		>2.55	
2	堆积密度（g/cm^3）		>1.60	
3	孔隙率（%）		<45	
4	吸水率（%）		≤2.5，有抗冻要求的混凝土<1.5	
5	冻融损失率（%）		<10	
6	针片状颗粒含量（%）		≤15	经试验论证可放宽至 25
7	软弱颗粒含量（%）		<5	
8	泥块含量		不允许	
9	含泥量（%）	D_{20}、D_{40} 粒径级	≤1	
		D_{80}、D_{150}（D_{120}）粒径级	≤0.5	
10	碱活性骨料成分		有碱活性骨料成分时，应进行专门试验论证	
11	硫酸盐及硫化物含量（换算成 SO_3，%）		≤0.5	
12	有机质含量		浅于标准色	当深于标准时，应进行混凝土强度对比试验
13	粒度模数		宜采用 6.25～8.30	
14	坚固性（%）	有抗冻要求的混凝土	≤5	
		无抗冻要求的混凝土	≤12	
15	压碎指标		≤20	

5. 沥青混凝土粗骨料、细骨料

《水工沥青混凝土试验规程》（DL/T 5362—2006）和《土石坝浇筑式沥青混凝土防渗墙施工技术规范》（DL/T 5258—2010）对沥青混凝土粗骨料、细骨料质量要求如下。

(1) 沥青混凝土粗骨料。粗骨料宜采用碱性岩石。当采用酸性或中性岩石时，应有充分的试验论证。粗骨料的质量要求见表 3.11-14。

表 3.11-14 粗骨料的质量要求

项目		指标
表观密度（kg/m^3）		>2600
吸水率（%）		<2.5
针片状颗粒含量（%）		<10
坚固性（%）		<12
黏附性		>4 级
含泥量（%）		<0.3
超径、逊径（%）	超径	<5
	逊径	<10
其他		级配良好，岩质坚硬，在加热条件下不至于引起性质变化

(2) 沥青混凝土细骨料。细骨料应质地坚硬，级配良好，粒径组成应符合设计、试验提出的级配曲线要求。可选用河砂、山砂、人工砂等。加工碎石筛余的石屑，应加以利用。质量要求见表 3.11-15。

表 3.11-15 细骨料的质量要求

项目	指标	
	人工砂	天然砂
表观密度（kg/m^3）	>2600	>2600
吸水率（%）	<3	<3
坚固性（%）	<15	<15
石粉含量（%）	<5	
含泥量（%）		<0.3
水稳定等级	>6 级	>6 级
有机质含量	0	浅于标准色
轻物质含量（%）		<1
超径（%）	<5	<5
其他	岩质坚硬，在加热时不至于引起性质变化	

3.11.2.4 骨料碱活性判定

骨料碱活性目前采用主要的检验方法有：岩相法、化学法、砂浆长度法、砂浆棒快速法、混凝土棱柱体试验法、碳酸盐岩岩石圆柱体法等，各种方法的适用范围及碱活性判定可见《水工混凝土砂石骨料试验规程》(DL/T 5151)。

1. *岩相法*

通过肉眼和显微镜观察，鉴定各种砂、石骨料的种类和矿物成分，从而检验碱活性骨料的品种和数量。常见碱活性岩石见表 3.11-16。

表 3.11-16 常见碱活性岩石

岩石类别	岩石名称	碱活性矿物
火成岩	流纹岩、安山岩、松脂岩、珍珠岩、黑曜岩	酸性～中性火山玻璃、隐晶～微晶石英、鳞石英、方石英
	花岗岩、花岗闪长岩	应变石英、微晶石英
沉积岩	火山熔岩、火山角砾岩、凝灰岩	火山玻璃
	石英砂岩	微晶石英、应变石英
	硬砂岩	微晶石英、应变石英、喷出岩及火山碎屑岩岩屑
	硅藻土	蛋白石
	碧玉	玉髓、微晶石英
	燧石	蛋白石、玉髓、微晶石英
	碳酸盐岩	细粒泥质灰质白云岩或白云质灰岩、硅质灰岩或硅质白云岩
变质岩	板岩、千枚岩	玉髓、微晶石英
	片岩、片麻岩	微晶石英、应变石英
	石英岩	应变石英

2. *化学法*

在规定条件下，测定碱溶液和骨料反应溶出的二氧化硅浓度及碱度降低值，借以判断骨料在使用高碱水泥的混凝土中是否产生危害性的反应。该方法不适用于含碳酸盐的骨料。不能鉴定由于微晶石英或变形石英所导致的众多慢膨胀骨料。

评定标准：当试验结果出现碱度降低值大于70mmol/L 且滤液中的二氧化硅浓度大于碱度降低值或碱度降低值小于 70mmol/L 且滤液中的二氧化硅浓度大于 35 加上碱度降低值的一半时，该试样则被评为具有潜在有害反应，但不作为最后结论，还需进行砂浆长度法试验。如果不出现上述情况，则评定为非活性骨料。

3. *砂浆长度法*

测定水泥砂浆试件的长度变化，以鉴定水泥中的碱与活性骨料间的反应所引起的膨胀是否具有潜在危害。该方法是在岩相法检验与化学法检验均不能作出定论时采用的，适用于碱骨料反应较快的碱—硅酸盐反应和碱—硅酸反应，不适用于碱—碳酸盐反应。

评定标准包括以下内容。

(1) 对于砂料，当砂浆半年膨胀率超过0.10%，或三个月膨胀率超过0.05%时（只有在缺少半年膨胀率资料时才有效），即被评为具有危害性的活性骨料。反之，如低于上述数值，则被评为非活性骨料。

(2) 对于石料，当砂浆半年膨胀率低于0.10%，或三个月膨胀率低于0.05%时（只有在缺少半年膨胀率资料时才有效），即被评为非活性骨料。反之，如超过上述数值时，应判为具有潜在危害性的活性骨料。

4. 砂浆棒快速法

本方法能在16d内检测出骨料在砂浆中的潜在有害的碱—硅酸反应，尤其适合于检验反应缓慢或只在后期才产生膨胀的骨料。

评定标准包括以下内容。

(1) 砂浆试件14d的膨胀率小于0.1%，则骨料为非活性骨料。

(2) 砂浆试件14d的膨胀率大于0.2%，则骨料为具有潜在危害性反应的活性骨料。

(3) 砂浆试件14d的膨胀率为0.1%～0.2%，对这种骨料应结合现场记录、岩相分析、观测时间延至28d后的测试结果或开展其他的辅助试验等进行综合评定。

5. 混凝土棱柱体试验法

评定混凝土试件在升温及潮湿条件养护下，水泥中的碱与骨料反应所引起的膨胀是否具有潜在危害，适用于碱—硅酸反应和碱—碳酸盐反应。

评定标准：当试件一年的膨胀率不小于0.04%时，则判定为具有潜在危害性反应的活性骨料；膨胀率小于0.04%，则判定为非活性骨料。

6. 碳酸盐岩岩石圆柱体法

在规定条件下测量碳酸盐骨料试件在碱溶液中产生的长度变化，以鉴定其作为混凝土骨料是否具有碱活性。本方法适用于碳酸盐岩石的研究与料场初选。

评定标准：浸泡84d试件膨胀率在0.10%以上时，该岩样应被评为具有潜在碱活性危害，不宜作为混凝土骨料。必要时，应根据混凝土试验结果作出最后评定。

参考文献

[1] 华东水利学院．水工设计手册 第2卷 地质 水文 建筑材料［M］．北京：水利电力出版社，1984.

[2] 《工程地质手册》编委会．工程地质手册（第四版）［M］．北京：中国建筑工业出版社，2007.

[3] 水利电力部水利水电规划设计院．水利水电工程地质手册［M］．北京：水利电力出版社，1985.

[4] 陈德基．中国水利百科全书 水利工程勘测分册［M］．北京：中国水利水电出版社，2004.

[5] 周建平，钮新强，贾金生．重力坝设计二十年［M]．北京：中国水利水电出版社，2008.

[6] 郭希哲，黄学斌，徐开祥，等．三峡工程库区崩滑地质灾害防治［M］．北京：中国水利水电出版社，2007.

[7] GB/T 17742—2008 中国地震烈度表［S］．北京：中国标准出版社，2009.

[8] GB 18306—2001 中国地震动参数区划图［S］．北京：中国标准出版社，2001.

[9] GB 50487—2008 水利水电工程地质勘察规范［S］．北京：中国计划出版社，2009.

[10] GB/T 50145—2007 土的工程分类标准［S］．北京：中国计划出版社，2008.

[11] GB 50218—94 工程岩体分级标准［S］．北京：中国计划出版社，1995.

[12] GB 5084—2005 农田灌溉水质标准［S］．北京：中国计划出版社，2005.

[13] GB 5749—2006 生活饮用水卫生标准［S］．北京：中国标准出版社，2006.

[14] GB 50021—2001 岩土工程勘察规范（2009年版）［S］．北京：中国建筑工业出版社，2009.

[15] GB 50287—2006 水力发电工程地质勘察规范［S］．北京：中国计划出版社，2008.

[16] GB 50112—2013 膨胀土地区建筑技术规范［S］．北京：中国计划出版社，2013.

[17] SL 567—2012 水利水电工程地质勘察资料整编规程［S］．北京：中国水利水电出版社，2012.

[18] SL 251—2000 水利水电工程天然建筑材料勘察规程［S］．北京：中国水利水电出版社，2000.

[19] SL 299—2004 水利水电工程地质测绘规程［S］．北京：中国水利水电出版社，2004.

[20] SL 320—2005 水利水电工程钻孔抽水试验规程［S]．北京：中国水利水电出版社，2005.

[21] SL 345—2007 水利水电工程钻孔注水试验规程［S]．北京：中国水利水电出版社，2008.

[22] SL 31—2003 水利水电工程钻孔压水试验规程［S]．北京：中国水利水电出版社，2003.

[23] SL 373—2007 水利水电工程水文地质勘察规范［S]．北京：中国水利水电出版社，2008.

[24] SL 188—2005 堤防工程地质勘察规程［S］．北京：中国水利水电出版社，2005.

[25] SL 279—2002 水工隧洞设计规范［S］．北京：中国水利水电出版社，2003.

[26] DL/T 5335—2006 水电水利工程区域构造稳定性勘

察技术规程［S］. 北京：中国电力出版社，2006.
［27］ DL/T 5338—2006 水电水利工程喀斯特工程地质勘察技术规程［S］. 北京：中国电力出版社，2006.
［28］ DL/T 5337—2006 水电水利工程边坡工程地质勘察技术规程［S］. 北京：中国电力出版社，2006.
［29］ DL/T 5388—2007 水电水利工程天然建筑材料勘察规程［S］. 北京：中国电力出版社，2007.
［30］ DL/T 5362—2006 水工沥青混凝土试验规程［S］. 北京：中国电力出版社，2007.
［31］ DL/T 5258—2010 土石坝浇筑式沥青混凝土防渗墙施工技术规范［S］. 北京：中国电力出版社，2011.
［32］ DL/T 5151—2001 水工混凝土砂石骨料试验规程［S］. 北京：中国电力出版社，2002.
［33］ DL/T 5414—2009 水电水利工程坝址工程地质勘察技术规程［S］. 北京：中国电力出版社，2009.
［34］ DL/T 5336—2006 水电水利工程水库区工程地质勘察技术规程［S］. 北京：中国电力出版社，2006.
［35］ 鲁桂春. 官厅水库库岸塌岸机理与治理措施［J］. 北京水务，2011（1）.
［36］ 丁原章，等. 水库诱发地震［M］. 北京：地震出版社，1989.
［37］ 陈德基，汪雍熙，曾新平. 三峡工程水库诱发地震问题研究［J］. 岩土力学与工程学报，2008，27（8）.
［38］ 杜运连，王洪涛，袁丽文. 我国水库诱发地震研究［J］. 地震，2008，28（4）.
［39］ SL 55—2005 中小型水利水电工程地质勘察规范［S］. 北京：中国水利水电出版社，2005.

第4章

水文分析与计算

本章是在第1版《水工设计手册》第2卷“第7章 水文计算”的基础上修编完成的。

本章共分10节，主要介绍了水文分析与计算对水文气象资料的要求，径流分析计算的内容和方法，历史洪水调查考证、有流量资料条件下设计洪水分析、分期设计洪水，设计洪水地区组成，入库设计洪水，根据暴雨资料计算设计洪水，水位流量关系和设计水位，其他水文分析计算，水文自动测报系统规划设计等内容。

与第1版相比较，本次修编由原来的8节增为10节，在内容上进行了调整和增减。原“第3节 相关分析与频率分析”本次修编未予专列，其相关分析的有关内容安排在基本资料、径流分析计算等有关内容之中；而频率分析则安排在“4.4 根据流量资料计算设计洪水”中。原“第5节 根据流量资料推求设计洪水”中的设计洪水的地区组成和入库设计洪水，分别设为4.5和4.6两节。此外，在设计洪水计算部分，新增了汛期分期设计洪水计算的内容。原“第6节 设计暴雨和可能最大暴雨”与“第7节 由设计暴雨和由经验公式推求设计洪水”合并为4.7节。对于原“第8节 其他水文分析和计算”中的厂坝区水位流量关系，本次修编专设为“4.8 水位流量关系和设计水位”，新增了“4.10 水文自动测报系统规划设计”。

章主编　王　俊　张明波

章主审　孙双元　郭一兵　宋德敦　郭海晋

本章各节编写及审稿人员

<table>
<tr><th colspan="2">节次</th><th>编写人</th><th>审稿人</th></tr>
<tr><td colspan="2">4.1</td><td>吕孙云</td><td rowspan="18">孙双元
郭一兵
宋德敦
郭海晋
金蓉玲
安占刚</td></tr>
<tr><td colspan="2">4.2</td><td>徐　俊　张明波</td></tr>
<tr><td colspan="2">4.3</td><td>吕孙云　黄　燕</td></tr>
<tr><td colspan="2">4.4</td><td>陈剑池　张明波</td></tr>
<tr><td colspan="2">4.5</td><td>徐　俊</td></tr>
<tr><td colspan="2">4.6</td><td>张明波</td></tr>
<tr><td rowspan="4">4.7</td><td>4.7.1</td><td>姚惠明　刘九夫</td></tr>
<tr><td>4.7.2</td><td>王政祥</td></tr>
<tr><td>4.7.3</td><td>姚惠明　关铁生</td></tr>
<tr><td>4.7.4</td><td>王政祥</td></tr>
<tr><td rowspan="2">4.8</td><td>4.8.1</td><td>徐高洪</td></tr>
<tr><td>4.8.2</td><td>沈国昌　谢自银</td></tr>
<tr><td rowspan="4">4.9</td><td>4.9.1</td><td>徐　俊</td></tr>
<tr><td>4.9.2</td><td>吕孙云</td></tr>
<tr><td>4.9.3</td><td>徐　俊　张明波</td></tr>
<tr><td>4.9.4</td><td>张明波　黄　燕</td></tr>
<tr><td colspan="2">4.10</td><td>叶秋萍</td></tr>
</table>

第4章 水文分析与计算

4.1 水文分析与计算的主要任务和内容

4.1.1 主要任务

水文分析计算的主要任务是研究自然界水文现象的发展变化规律，预估未来长时期内可能出现的水文情势，为工程设计提供依据。

4.1.2 主要内容

4.1.2.1 径流分析计算

径流分析计算的主要内容包括径流特性分析、有流量资料情况下的径流分析计算、资料短缺条件下的径流分析计算、枯水径流分析计算、日平均流量历时曲线、径流年内分配计算、径流系列随机模拟等。

(1) 径流特性分析包括径流的年内、年际变化规律，径流的丰枯变化规律，以及径流的地区分布及组成等。

(2) 有流量资料情况下的径流分析计算包括年和时段径流量的频率分析计算。

(3) 资料短缺条件下的径流分析计算包括有部分流量资料条件下的径流分析计算及无实测径流资料条件下的径流分析计算。有部分流量资料系列时，根据资料条件插补延长径流系列，然后进行频率分析。无实测径流资料系列时，主要采用水文比拟法、等值线图法及经验公式法等估算不同频率的年径流量。

(4) 枯水径流分析计算包括历史枯水调查、资料的还原、系列的插补延长及频率分析计算等。

(5) 根据工程设计的不同要求及不同的资料条件，日平均流量历时曲线主要包括多年综合日流量历时曲线、平均日流量历年曲线、代表年日流量历时曲线。

(6) 径流年内分配计算主要包括典型年的选择及设计径流的年内分配计算。设计径流的年内分配计算有同倍比法和同频率法两种方法。

4.1.2.2 根据流量资料计算设计洪水

根据流量资料计算设计洪水的主要内容包括洪水资料系列处理、历史洪水调查和考证、洪水频率分析、设计洪水过程线、汛期分期设计洪水、施工分期设计洪水等。

(1) 洪水资料系列处理包括对资料进行可靠性、一致性和代表性的检查，对洪水系列进行一致性处理及插补延长，对洪峰流量及时段洪量选样原则及方法进行分析等。

(2) 历史洪水调查和考证包括确认调查河段，调查、施测最高洪水位、洪水发生时间，历史洪峰流量及洪量的估算，历史洪水重现期考证及古洪水的调查与考证。

(3) 洪水频率分析包括连序系列与不连序系列的经验频率及计算方法、统计参数的估计、经验适线、设计洪水成果合理性分析等。

(4) 设计洪水过程线包括典型洪水过程线的选择及放大的方法。

(5) 汛期分期设计洪水包括洪水季节性变化规律分析和分期的确定、分期选样原则、分期内的历史洪水和特大洪水的经验频率、分期设计洪水成果合理性分析等。

(6) 施工分期设计洪水包括施工分期选样原则、分期洪水频率分析、经验分布的应用及成果的合理性分析等。

4.1.2.3 设计洪水地区组成

设计洪水地区组成的主要内容包括洪水地区组成规律分析，以及利用地区组成法、频率组合法及随机模拟法进行洪水地区组成分析等。

(1) 洪水地区组成规律分析包括设计流域暴雨的地区分布规律、不同量级洪水的地区组成及其变化、各分区洪水的峰量关系分析、各分区之间及与设计断面之间洪水的组合遭遇规律分析、设计断面与分区洪水关系图分析等。

(2) 利用三种方法进行洪水地区组成分析。

1) 地区组成法是推求设计断面受上游水库或其他工程调节影响后设计洪水的一种常用方法，通常采用典型洪水组成法、同频率洪水地区组成法等。

2) 频率组合法是以设计断面以上各分区的洪量作为组合变量，通过频率组合计算和上游水库的调洪计算，直接推求出下游设计断面受上游水库调蓄影响后的洪水频率曲线和设计值。

3）随机模拟法是利用随机模拟技术，建立模拟设计断面及各分区洪水过程线的模型，利用模型随机生成任意长的、能满足设计需要的洪水资料系列，并通过对长系列资料的调洪计算，求得设计断面受水库影响后的洪水系列，据此计算设计断面的设计洪水。

4.1.2.4 入库设计洪水

入库设计洪水的主要内容包括根据流量资料推求入库洪水、根据雨量资料推求入库洪水、入库设计洪水计算等。

(1) 根据流量资料推求入库洪水的方法包括流量叠加法、流量反演法和水量平衡法等。

(2) 根据雨量资料推求入库洪水的方法与推算坝址洪水的理论和方法基本相同，主要的差别在于建库后库区的产流、汇流与建库前不同。

(3) 入库设计洪水计算包括频率分析法、根据坝址设计洪水推算入库设计洪水或根据坝址设计洪水放大倍比放大典型入库洪水过程线等方法。

4.1.2.5 根据暴雨资料计算设计洪水

根据暴雨资料推求设计洪水的主要内容包括设计暴雨分析、可能最大暴雨分析以及根据设计暴雨推求设计洪水和可能最大洪水等。

(1) 设计暴雨分析包括暴雨频率分析，设计暴雨雨型分析和分期设计暴雨等。

(2) 可能最大暴雨分析包括采用暴雨放大法、暴雨移置法、暴雨组合法和暴雨时面深概化等四种方法进行可能最大暴雨的计算、可能最大暴雨成果的确定及合理性分析等。

(3) 根据设计暴雨推求设计洪水包括采用降雨径流关系法、初损后损法等方法由设计暴雨推求设计净雨，采用经验单位线、瞬时单位线、综合单位线等方法由设计净雨推求设计洪水过程线，采用推理公式法及地区综合经验公式法计算设计洪水等。

(4) 根据设计暴雨推求可能最大洪水包括采用产汇流方法进行的可能最大洪水计算、可能最大洪水的确定及合理性检查等。

4.1.2.6 水位流量关系和设计水位

水位流量关系和设计水位的主要内容包括拟定设计断面的水位流量关系曲线，并分析计算设计断面的设计水位。

(1) 设计断面的水位流量关系可根据资料条件采用不同的方法进行推求：设计断面实测水位、流量资料较充分时，可根据实测水位流量资料拟定水位流量关系曲线；设计断面有实测水位资料、上下游有可供移用的流量资料时，可根据实测水位和移用流量拟定水位流量关系曲线；上下游有可供移用的流量资料，设计断面无实测水位资料时，应设站观测水位；设计断面有实测水位资料、上下游无可供移用的流量资料时，应在设计断面所在河段施测流量；设计断面所在河段无实测水文资料时，应根据水文调查和临时测流，采用多种方法综合拟定水位流量关系曲线。

(2) 设计断面的设计水位可根据资料条件采用不同的方法进行推求：根据设计流量通过水位流量关系推求；设计断面所在河段河势较为稳定，河道冲淤变化、人类活动等因素对水位影响较小，且有30年以上水位资料时，可直接以水位系列采用频率分析法推求；实测水位系列不足30年时，可采用上下游测站水位相关插补延长或设计断面所在河段调查、实测水面线插补延长等方法进行插补延长。

4.1.2.7 其他水文分析与计算

其他水文分析与计算的主要内容包括水面蒸发量确定、冰情分析、上游溃坝洪水对设计洪水影响分析、水利和水土保持措施对设计洪水影响分析等。

(1) 水库、湖泊平均年、平均月水面蒸发量，应采用10年以上、观测精度较高且有一定代表性的水面蒸发观测资料计算。水面蒸发观测资料短缺时，可采用经主管部门审批的水面蒸发量等值线图或地区水面蒸发经验公式估算水面蒸发量。

(2) 对有冰情的工程地址及有关河段，应统计冰情特征值，分析冰情特性和工程施工期、运行期可能出现的冰情问题。

(3) 当设计断面上游有校核洪水标准低于拟建工程的水库，或有溃坝风险的高原冰碛湖、冰塞湖、堰塞湖时，应考虑上游溃坝洪水对设计洪水的影响。本章4.9节简要介绍了估算上游溃坝洪水影响的基本方法。

(4) 当设计流域内中小型水利工程较多，或水土保持措施效果明显时，流域产流、汇流条件将随之发生较大改变，应估算水利和水土保持措施对设计洪水的影响。本章4.9节简述了估算水利和水土保持措施对设计洪水影响的一般方法，以及估算过程中应注意的问题。

4.1.2.8 水文自动测报

水利水电工程水文自动测报系统是利用遥测、通信、计算机和网络等先进技术，完成流域或测区内水文、气象、汛情、工情等参数的实时采集、传输和处理，为工程防洪、兴利、优化调度服务的系统，包括系统规划和系统总体设计两个阶段。

在水利工程可行性研究阶段（水电工程预可行性研究阶段）应编制水文自动测报系统规划，主要内容包括系统建设必要性论证、系统建设目标、任务和范围、水文预报方案配置、站网规划、通信组网方案、设备及土建和投资估算等。在水利工程初步设计阶段（水电工程可行性研究阶段）应编制系统总体设计，提出投资概算。

4.2 基 本 资 料

水文分析与计算时，不仅应广泛收集和分析流域内相关的水文、气象、自然地理等资料，同时还应收集相关的流域规划和流域河流开发利用及水土保持工程等的资料和信息，以及流域内相关水利水电工程水文分析计算成果等。只有深入了解流域的自然地理及河流基本情况，并充分认识流域的水文气象特性及变化规律后，才能确保水文分析计算成果符合客观实际。

4.2.1 资料的收集与整理

4.2.1.1 流域、河流基本情况

(1) 流域自然地理特性。主要包括工程所在的流域地理位置及地形、地势、地貌、水文地质、土壤、植被、湖泊、沼泽、冰川特征以及闭流区、岩溶区的分布范围等。

(2) 流域的水系与河道特征。主要包括流域面积、形状、高程、坡度、平均宽度、水系分布、河网密度、河道长度、纵比降、河流走向、河道弯曲度，以及工程所在河段的河道形态和纵横断面特征等。

(3) 人类活动影响。包括已建大中小型水库工程、灌溉引水工程、工业及城市供水工程、蓄滞洪工程及运用等情况及其规划、设计和运行资料以及流域水土保持开展情况等。

4.2.1.2 水文气象资料

(1) 站网资料。水文资料主要来源于国家基本站网及各种实验站和专用水文站、水位站、水库及引水工程资料等；气象资料主要来源于国家水文站、气象站和专用气象站。

根据工程所在位置，向有关水文局和气象台（局、站）了解所在流域及相邻流域水文站、气象站分布情况及其沿革情况，并确定设计依据站、代表站及主要参证站。

收集并了解水文站测站的集水面积，测站的设置、停测、恢复及搬迁情况，曾经采用过的高程系统及各高程系统间的换算关系等；测验河段情况；水文站的测验方法、测验内容和整编情况等。

(2) 气象资料。气象资料包括降水、蒸发、气温、气压、湿度、风向、风速、日照时数、地温、雾、雷电、探空资料等项目，北方和高寒地区气象资料还包括冰霜期、冻土深度、积雪深度、冻融循环次数等。对在坝址附近设置的专用气象站的气象资料，也应搜集。收集气象资料时，还应了解气象测站点高程，视需要还可搜集历史天气图、雷达及卫星云图等资料。

(3) 暴雨资料。暴雨资料是水文分析计算使用最多的水文气象资料之一，包括水文年鉴、暴雨普查及暴雨档案、历史暴雨调查资料及记载雨情、水情及灾情的文献材料。在国家水文气象台站稀少的地区，要注意搜集群众性和专用气象站的资料。

(4) 水文资料。水文资料主要包括实测的降水量、蒸发量、水位（潮水位）、流量、水温、冰情，悬移质含沙量、输沙率、颗粒级配、矿物组成，推移质输沙量、颗粒级配，工程所在河段床沙组成、颗粒级配等。

(5) 历史洪（枯）水资料。历史洪（枯）水资料主要从各流域机构、各水利水电勘测设计院、各地水文部门收集，历史文献资料则从有关图书馆、博物馆、档案馆等部门收集。

(6) 其他资料。其他资料包括流域及邻近地区的水文资料复查报告、水文分析计算报告、降雨等值线图、暴雨成因及洪水特性分析报告，有关各省（自治区、直辖市）新近编制的暴雨径流查算图表、水文手册、暴雨等值线图、暴雨时面深关系图等，以及全国、流域和各省（自治区、直辖市）水旱灾害专著等。

4.2.1.3 资料整理

对于搜集的资料，按测站（水库）分项目整理，并进行初步的检查分析，以便及时发现问题，去伪存真，使掌握的第一手资料具有较高的可靠性。

对主要的暴雨、径流、洪水、泥沙等资料，除整编刊印的资料以外，要注明其来源、精度及存在的主要问题。

4.2.2 资料的复核

水文计算成果的精度，取决于基本资料情况及其可靠程度，故在水利水电工程的规划设计中，必须对所用到水文资料的可靠性、合理性进行检验。

4.2.2.1 流域基本资料复核

流域面积、河长、比降等是最基本的流域特征资料，特别是拟建工程和设计依据站集水面积的复核，对于径流、洪水及泥沙的分析计算意义重大，应予重视。

4.2.2.2 水文气象资料复核

(1) 降水、蒸发资料。降水、蒸发资料一般从降

水和蒸发的观测场址、仪器类型、观测方法及时段等方面，检查资料的可靠性。在进行以上检查之后，还应对单站降水量、蒸发量等进行合理性检查。

（2）水位资料。主要查明高程系统、水尺零点、水尺位置的变动情况，以及观测段次是否能控制住洪水过程及洪峰等，并重点复核观测精度较差、断面冲淤变化较大和受人类活动影响显著的资料。

水位资料合理性检查途径主要包括：绘制基本水尺断面平均河底高程变化过程线，检查水尺高程变动情况；也可以绘制本站累积水位保证率曲线，检查水尺高程变动情况。绘制本站的水位过程线，并对该曲线进行检查。与相邻站的水位点绘相关关系图进行检查。绘制上下游站的水位过程线进行对照。

当检查出水位资料有明显矛盾或突出疑点时，可通过调查或核对原始记录及有关计算底稿进行复核。

（3）流量资料。在复核流量资料时，应着重复核测验精度较差及大洪水资料，主要检查浮标系数、水面流速系数、借用断面、水位流量关系曲线等的合理性。

流量资料的合理性检查，可采用历年水位流量关系曲线比较、流量与水位过程线对照、上下游水量平衡分析等方法进行检查，必要时应进行对比测验。

1）水量平衡法。分析比较本站与上下游站及区间流域的水量是否平衡，分析径流深、径流系数的地区分布的合理性；分析比较本站与上下游站同次洪峰流量、时段洪量及洪水过程线的合理性。

2）相关法。绘制本站与上下游站的洪峰或不同时段洪量相关图，从相关图上检查点据的分布趋势及偏离平均关系线的程度，以检查各年资料的合理性。

3）水位流量关系曲线综合比较法。绘制本站历年的水位流量、水位面积，水位流速关系曲线，综合比较历年水位流量关系曲线变化趋势，并分析定线的合理性。

对调查的历史洪水与实测几场大洪水水位、高程进行比较，检查所采用的糙率和比降以及推算流量的合理性。

当合理性检查发现有水量不平衡（岩溶地区河流和有明显河道渗漏损失的地区除外）或其他明显不合理现象时，应从测流方法、浮标系数选用、水位流量关系曲线定线及其高水部分外延等方面进行复核。

4.2.3　资料系列的可靠性分析

可靠性就是资料数据应满足的适用精度。在水利水电工程的规划设计中，首先要对水文基本资料进行必要的审查、复核，在审查、复核资料时，重点要放在大水年和小水年的水文资料上。要注意了解水尺位置、零点高程、水准基面的变动，水位、流量观测情况，比降、糙率、浮标系数的采用，断面的冲淤变化，水位流量关系曲线的定线和高水延长方法等。可通过历年水位流量关系曲线的比较（特别是高水部分），上下游及干支流的水量平衡，水位、流量过程线的对照，降雨径流关系的分析等进行审查。

4.2.4　资料系列的一致性分析

随着人类活动对水文水资源情势影响的不断加深，水文分析与计算中必须分析研究人类活动的影响，对资料系列进行还原或还现的分析计算，以确保满足水文系列的一致性要求。

4.2.4.1　径流系列的一致性分析及处理

1. 成因分析法

成因分析法一般采用分项调查法，也可采用降雨径流模式法等方法。集水面积较大时，可根据人类活动影响的地区差异分区调查计算。

（1）分项调查法。分项调查法以水量平衡为基础，当社会调查资料比较充分，各项人类活动措施和指标比较落实时，可获得较满意的结果。一般根据各项措施对径流的影响程度逐项还原或对其中的主要影响项目进行还原。

一般情况下，工农业用水中农业灌溉是还原计算的主要项目，应详细计算，工业用水量可通过工矿企业的产量、产值及单产耗水量调查分析而得。蓄水工程的蓄变量可按水位和容积曲线推求。跨流域引出水量为直接还原水量，跨流域引入水量只计算其回归水量。水土保持措施对径流的影响，可根据资料条件分析计算。

（2）降雨径流模式法。当人类活动影响措施难以调查或调查资料不全时，可采用降雨径流模式法直接推求天然径流量。首先，建立受人类活动影响不显著条件下的降雨径流模式，再采用人类活动对径流有显著影响期间的降水资料，推求天然径流量。

2. 数理学方法

（1）相关分析法。对于有比较明显前后期变化的水文系列，可采用此法进行一致性改正。选择受人类活动影响较小、观测系列前后基本出于“同一总体”且与设计站资料有较好成因联系的测站作为参证站，分时段建立参证站与设计站水文要素的相关关系，对不同时段的相关点据分开定线（相关线），然后将其修正到同一基础上（天然状态或现状），使资料基础趋于一致。

（2）双累积曲线法。本方法同样适用于资料系列明显发生前后变化的情况。将设计站与参证站的资料系列按时间顺序累积值对应点据绘于图上，双累积曲线的坡度存在拐点表明资料系列一致性已被破坏，近期最大斜率即为反映系列受环境综合影响的实际程度，可按此将系列修正至现状条件。

（3）时间序列提取趋势项法。对于资料系列中存在渐变因素作用而有趋势变化的情况，可采用此法。本方法的原理是将水文系列看成是由自然因素造成的随机波动和人类活动导致的方向性变化共同作用的结果，即为随机项与趋势项之和（如果有周期项和突变项，则为四项之和），于是将趋势项从时间序列中分割出来，即可完成系列的一致性修正工作。

4.2.4.2 洪水系列的一致性分析及处理

（1）受上游水库调蓄影响的洪水还原计算。受上游水库调蓄影响的下游水文站的洪水还原计算，首先采用水量平衡法，根据水库的下泄过程、库水位变化过程及库容曲线等资料，计算水库的入库洪水过程。

水库周边同时入流的入库洪水，通常使用马斯京根法将入库洪水按原天然河道情况演算到坝址，转换为坝址洪水，即为还原后的坝址天然洪水过程。

位于水库下游的水文站所观测到的流量，是经水库调蓄影响以后的结果。还原计算方法和步骤是：先将水库的泄流过程用马斯京根法等演算到下游水文站断面，从水文站实测的流量过程中减去上游水库下泄洪水演算到水文站断面的过程，便得到上游水库坝址与水文站间的区间流量过程；再将上游水库坝址的同次天然洪水过程演算到下游水文站断面，并与同一时间的区间流量相加，即为下游水文站的洪水还原过程。

（2）中小流域受水利工程影响的洪水还原计算。中小流域，当水利化程度较高，水利工程对洪水的影响不仅仅限于对洪水过程的调蓄作用方面，而且还表现在洪量的变化（一般是影响后的洪量变小），需要对流域洪水进行还原计算。

洪量的还原一般采用两类方法。第一类方法是根据受影响前的流域产流模型参数，或受影响前的降雨径流经验关系，用受影响后的次暴雨量、蒸发量计算。第二类方法是通过水量平衡的方法进行还原计算。

洪水过程的还原，可以采用还原后的天然水量，与受影响前的洪水资料分析的经验单位线等方法计算不受影响的洪水过程。如果受影响前缺乏实测资料，可用地区综合的方法，通过瞬时单位线等方法计算洪水过程。

中小流域受水土保持影响的洪水系列，则一般需进行还现计算。

（3）受溃堤影响的洪水还原计算。

1）水量平衡法。水量平衡法还原溃堤洪水与大中型水库洪水还原原理相同，首先求出溃堤后各控制断面的流量过程和各堤围蓄泄量过程，然后将控制断面溃堤的流量过程加上考虑洪水传播时间后的堤围蓄泄量过程，便得到不溃堤的洪水过程。

2）流量叠加法。当测站上游有决口、分洪、滞洪等情况时，可将决口、分洪、滞洪河流断面上游干支流站实测流量过程线分别演算到下游测站，与区间洪水过程线叠加，求得本站天然条件下的洪水过程。

区间洪水过程线的推求：当区间主要支流有测站控制，且该支流自然地理条件和暴雨洪水特性与区间相似时，可将支流站的洪水过程线按流域面积比放大成为区间洪水；若区间无测站时，可用降雨径流关系推求。

3）暴雨径流法。利用未受水利工程影响的实测天然洪水和相应的暴雨资料，分析产流、汇流参数，采用本次洪水的实测暴雨过程，应用单位线、等流时线、河槽汇流曲线及推理公式等方法，计算不受影响的天然洪水。

（4）受综合因素影响的洪水还原计算。大中流域因受堤防、分蓄洪区、水库和湖泊调蓄等众多因素影响，不可能进行逐项还原，同时洪水的来源和地区组成复杂，洪水特性很难用某一固定断面来表述。此时，为使洪水系列保持一致性，免除各种因素的影响，可根据洪水特点、资料条件以及防洪实际需要等，采用总入流系列替代还原计算。

总入流就是将控制断面以上模拟成一个水库，汇入这个断面的洪水未经河网、湖泊调蓄及分洪溃口，同时其入流过程基本未受人类活动影响或影响较小，将此计算的洪水过程作为控制河段的总入流过程。

4.2.5 资料系列的插补延长

4.2.5.1 雨量资料的插补延长

（1）缺测站与邻站距离较近、地形和其他地理条件差别不大时，可直接移用邻站最大雨量，或将两站系列合并。

（2）缺测站周边有较多测站，在雨量较大时，可绘制一次暴雨或相同起讫时间的时段雨量等值线图进行插补，或绘制年最大暴雨等值线，从中内插缺测站的相应雨量。

（3）对于地形影响比较固定的地区，可绘制缺测站与邻站年最大暴雨的相关曲线插补，或采用一个倍比系数估算。

（4）当暴雨和洪水相关关系较好时，对小面积流域也可利用洪水资料反求缺测站的暴雨量。

4.2.5.2 径流资料的插补延长

国内现行的水利水电工程水文计算规范规定，径流频率计算依据的资料系列应在30年以上。当设计依据站实测径流资料不足30年，或虽有30年但系列代表性不足时，应进行插补延长。插补延长年数应根据参证站资料条件、插补延长精度和设计依据站系列代表性要求确定。在插补延长精度允许的情况下，尽可能延长系列长度。根据资料条件，径流系列的插补延长可采用下列方法。

（1）本站水位资料系列较长，且有一定长度的流量资料时，可通过本站的水位流量关系插补延长。

（2）上下游或邻近相似流域参证站资料系列较长，与设计依据站有一定长度同步系列，相关关系较好，且上下游区间面积较小或邻近流域测站与设计依据站集水面积相近时，可通过水位或径流相关关系插补延长。

（3）设计依据站径流资料系列较短，而流域内有较长系列雨量资料，且降雨径流关系较好时，可通过降雨径流关系插补延长。该方法较适合于我国南方湿润地区，对于干旱地区，降水径流关系较差，难以利用降雨径流关系来插补径流系列。

采用相关关系插补延长时，其成因概念应明确。相关点据散乱时，可增加参变量改善相关关系；个别点据明显偏离时，应分析原因。相关线外延的幅度不宜超过实测变幅的50%。

对插补延长的径流资料，应从上下游水量平衡、径流模数等方面进行分析，检查其合理性。

4.2.5.3 洪水资料的插补延长

（1）由实测水位插补流量。当本站水位记录的年份比实测流量年份长时，视历年水位流量关系曲线稳定的程度，选用暴雨洪水特性接近的某年水位流量关系曲线或综合水位流量关系曲线，插补缺测年份的流量。

（2）利用上下游站流量资料进行插补延长。当设计断面上下游有较长观测系列的水文站时，以此作为参证站，根据设计依据站与参证站的同期资料，点绘洪峰相关或洪量相关图。如区间面积不大，且无大支流汇入，两站相关关系较好，点据密集分布呈带状，则可通过直接相关，利用参证站的资料进行插补延长。如果两站之间的区间面积较大，中间有较大支流汇入，两站关系点据较散乱，则应分析各次洪水特性，加入一些其他因素作为参数，如区间雨量等，以提高插补精度。

（3）利用本站峰量关系进行插补延长。利用本站同次洪水的洪峰、洪量相关关系，便可由洪峰流量推求相应的时段洪量，或由时段洪量推求洪峰流量。本站洪峰流量、洪量或不同时段的洪量间相关线的形式，与洪水特性及河网调节特性有关。相关线的外延趋势，应注意考虑这些因素加以确定。同次洪水的峰量关系，可能因暴雨分布、洪水历时和峰型（单峰、复峰）的影响而不够密切，可引入适当的参数（如峰型、暴雨中心位置或历时等）加以改善，以提高插补精度。

（4）利用本流域暴雨资料插补延长。对洪水资料缺测的年份，可以利用流域内的暴雨观测资料，通过降雨径流关系推算洪水总量，或通过产汇流分析，求出流量过程线，然后再摘取洪峰和各种时段的洪量。

对插补延长的结果一般要进行合理性检查，通常可从上下游站的水量平衡、本站不同长短时段洪量变化及降雨径流关系变化规律等方面进行综合分析检验。

在插补延长洪水系列时，外延资料的年数不宜过多，最多不得超过实测年数，并且应尽量避免使用辗转相关的方法。建立相关图的点据分布应比较均匀。对于偏离较大的大水点据，要深入分析，不要机械地通过这种个别点据，也不能轻易舍弃不予考察。对相关关系的外延，尤应慎重，外延的部分以不超过实测幅度的50%为宜。

4.2.5.4 水位系列的插补延长

水位插补主要采用建立上下游水位相关的方法。当区间入流比例不大时，其相关关系一般较好，在非汛期尤为可靠。对漏测的洪峰水位（例如观测设备被冲毁的情况），应根据事后调查予以确定，也可以通过上下游实测流量和本站的水位流量关系加以反推。

4.2.6 资料系列的代表性分析

应用数理统计法进行水文分析计算时，计算成果的精度决定于样本对总体的代表性，代表性高，抽样误差就小。因此，资料系列代表性审查对衡量水文分析计算成果的精度具有重要意义。一般地，对降雨及径流来说，丰平枯雨（水）段越齐全，其代表性也越高。对暴雨及洪水来说，系列中若既包括大中暴雨（洪水），又包括小暴雨（洪水），其就具有较高代表性。水文系列代表性分析常用以下方法。

（1）周期性分析。年径流系列中每年的径流值都在其均值的上下变动，并有丰水年组与枯水年组交替出现的现象。对于n年径流系列，应着重检验其是否包括了丰平枯水段，且丰枯水段是否大致对称分布。

（2）长系列参证变量的比较分析。在气候一致区或水文相似区内，以观测期更长的水文站或气象站的年径流系列或年降水量系列作为参证变量，系列长度为N年，与设计代表站年径流系列有n年同步观测期，且参证变量的 N 年系列统计特征（主要是均值和变差系数）与其自身的 n 年系列的统计特征接近，则说明参证变量的 n 年系列在 N 年系列中具有较好的代表性，从而也可说明设计代表站 n 年的年径流系列也具有较好的代表性。反之，则说明代表性不足。

(3) 差积曲线法。检查系列的代表性，常用模比系数作差积曲线。现以年径流为例，说明计算步骤。

1) 计算年径流的模比系数：

$$K_i = \frac{Q_i}{Q} \tag{4.2-1}$$

式中 K_i——第 i 年年径流模比系数；

Q_i——第 i 年年径流量；

Q——多年平均年径流量。

2) 将逐年的 K_i-1 从资料开始年份累积到终止年份，绘制逐年 $\sum(K_i-1)$ 与对应年份的关系曲线，即为年径流模比系数差积曲线。

当差积曲线的坡度向下时表示为枯水期，向上时表示为丰水期，水平时则表示接近于平均值的平水期。若差积曲线呈现长时期连续下降时，就表示长时期的连续干旱；反之则表示连续多水，坡度愈大表示丰枯程度愈严重。

(4) 累计平均过程线法。水文系列平均值是随系列长度的增长而逐步趋于稳定的，绘制均值与年数的关系曲线能很好地反映这种特性。现以年径流为例，说明计算步骤。

1) 计算历年径流的累计平均均值：

$$Q_{i+j} = \frac{\sum(q_i + q_{i+1} + q_{i+2} + \cdots + q_{i+j})}{j+1} \tag{4.2-2}$$

式中 Q_{i+j}——第 i 年至第 $i+j$ 年的年径流累计平均均值；

q_i——第 i 年的年径流量；

q_{i+j}——第 $i+j$ 年的年径流量；

$j+1$——累计年数。

2) 将逐年的 Q_{i+j} 从资料开始年份累积到终止年份，绘制逐年 Q_{i+j} 与对应年份的关系曲线，即为年径流累计平均过程线。

这种累进均值曲线的波动幅度需多长的年数才能比较稳定，主要取决于丰枯变化的程度和长短，且与起讫年份有关。

(5) 滑动平均法。滑动平均的计算公式如下：

$$F_t = \frac{A_{t-n+1} + A_{t-n+2} + \cdots + A_{t-1} + A_t}{n} \tag{4.2-3}$$

式中 F_t——滑动平均值；

n——参与计算的历史资料的时段数；

A_t——系列样本变量。

滑动平均法是将连续 n 年的资料滑动求得平均值。采用 n 年（一般 $n=1,2,\cdots,10$）滑动平均值的方法，可以将小于 n 年的小波动消除，从而使大于 n 年的周期性明显地表现出来。

用滑动平均法可计算出不同滑动步长的统计参数（$\overline{X},C_v$），并与长系列计算的统计参数比较。一般地，随着滑动步长的增加，其样本均值的 Δ 值与 C_v 的 Δ 值越来越小，亦即其统计参数逐步趋于稳定，其稳定点的滑动年数即作为要寻求的系列长度。

4.3 径流分析计算

4.3.1 径流分析计算的内容

在某一时段内通过河流某一断面的水量，称为该断面以上流域的径流量，可以用平均流量、径流深、径流总量或径流模数等表示。径流分析计算的主要内容包括径流特性分析、径流资料的一致性处理、径流系列的插补延长、径流系列的代表性分析、径流的频率计算、设计径流的时程分配等。

由于水利工程调节性能的差异和水利计算方法的不同，要求水文分析与计算提供的径流资料有所不同。对于有调节性能的水利工程，一般需要提供历年（或代表年）的逐月（或旬）径流资料；对于无调节或日调节水利工程，一般需要提供历年（或代表年）的逐日流量过程。

枯水径流是在一年中选取最小值，如年最小流量、最小日平均流量、年最小某时段径流量进行分析计算，分析计算的内容和方法与时段径流相似。

4.3.2 径流特性分析

4.3.2.1 径流地区组成分析

径流地区组成分析一般选择工程设计断面及断面以上的若干控制性水文站，统计相同时段径流量的多年均值，计算各水文站平均径流量占设计断面径流量的比例，该比例即为设计断面径流的地区组成。径流地区组成的统计时段可以为年，也可以为月、季、整个枯季或某一个指定时段。

径流的地区组成，一般与产流地区的面积组成同时进行计算，可以对比分析各产流区径流的丰沛程度。表 4.3-1 为长江宜昌水文站年径流地区组成，从中可以看出，金沙江虽然平均降水量小，但由于流域面积大，基流稳定，地下水和江源融雪水补给较丰富，其年径流量约占宜昌年径流量的 33.4%；岷江流域是著名的暴雨区，水量丰富，面积占宜昌的

表 4.3-1　　长江宜昌水文站年径流地区组成

河　名	金沙江	岷　江	沱　江	嘉陵江	乌　江	屏山—宜昌区间	长　江
站　名	屏　山	高　场	李家湾	北　碚	武　隆		宜　昌
集水面积（km^2）	485099	135378	23283	156142	83035	122564	1005501
面积组成（%）	48.2	13.5	2.3	15.5	8.3	12.2	100
径流量（亿 m^3）	1446	862	120	664	495	744	4331
径流组成（%）	33.4	19.9	2.8	15.3	11.4	17.2	100

注　资料系列为 1952～2006 年。

13.5%，多年平均年径流量占宜昌的 19.9%。

4.3.2.2　径流年内、年际变化分析

径流年内变化一般采用水文测站各月径流量占年径流量的百分比表示。若计算的是多年平均时段径流量占年径流量的比例，则为多年平均年内变化。

径流年际变化分析，可以从下述方面进行：一方面，从成因出发研究年径流量多年变化规律；另一方面，应用统计方法研究年径流量的统计规律。在我国，影响年径流量的第一要素是年降水量，降水量是大气环流的产物，而大气环流演变很复杂。具体到每一个地区及时段，降水又受各地各时段诸多条件的影响，如地形影响等。因此，从成因上分析年际变化规律，问题比较复杂，在不断探索研究的同时，通常应用统计学方法分析其变化规律。

4.3.3　设计径流分析

4.3.3.1　有流量资料条件下的设计径流分析

1. 径流频率分析

(1) 统计时段选取。径流的统计时段可根据工程计算的要求确定，选用年、期等。对于水电工程，年径流量和枯水期径流量决定着发电效益，可采用年或枯水期作为统计时段；而灌溉工程则要求灌溉期或灌溉期各月作为统计时段等。

以年作为统计时段时，为了不使水文循环的完整过程遭到干扰，起讫时间往往不用日历年的起讫日期，而用水文年度来划分，即取每年枯水期结束、汛期开始时为起讫点。在水利计算中也有应用水利年的，即以水库蓄水的起始时间为起讫点，以便计算水库充蓄、弃泄和耗用水量间的平衡关系。

(2) 频率分析。有关频率分析采用的公式及频率曲线线型选择将在本章 4.4 节中详细叙述，其基本原理适用于径流频率计算。

(3) 参数估计方法。径流的均值、变差系数 C_v 和偏态系数 C_s 一般采用矩法计算，然后用适线法调整确定 C_v 和 C_s。有关 P—Ⅲ型的参数估计将在本章 4.4 节中详细叙述，其基本原理适用于径流频率计算，只是在适线拟合点群趋势时，径流频率曲线一般侧重考虑平水年、枯水年的点据。

2. 设计径流成果合理性分析

设计径流成果的合理性，可通过上下游、干支流及邻近流域的径流量对比分析，按照水量平衡原则、水文要素地区变化规律等进行分析检验。

(1) 年径流量均值的检查。影响多年平均年径流量的主要因素是气候因素，而气候因素具有地区分布规律，所以多年平均年径流量也具有地区分布规律。将设计站与上下游站和邻近流域的多年平均径流量进行比较，便可以判断所得成果是否合理。若发现不合理现象，应查明原因，作进一步的分析论证。

(2) 年径流量变差系数 C_v 的检查。反映径流年际变化程度的年径流量变差系数 C_v 值也具有相应的地区分布规律，我国许多单位对一些流域绘有年径流量 C_v 值等值线图，可以检查年径流量 C_v 值的合理性。但是，这些等值线图一般根据大中流域的资料绘制，对某些具有特殊下垫面条件小流域的年径流量 C_v 可能并不协调，在检查时应深入分析。一般来说，小流域的调蓄能力较小，它的年径流量 C_v 值变化比大流域大。

(3) 年径流量偏态系数 C_s 的检查。可利用 C_s/C_v 值的地理分布规律来检查 C_s 值的合理性，但 C_s/C_v 值是否具有地理分布规律还有待进一步研究，尚无公认的结果。在我国，C_s/C_v 值一般采用 2～3。

4.3.3.2　资料短缺条件下的径流分析计算

1. 有部分流量资料条件下的径流分析计算

现行水利水电工程水文计算规范规定，设计依据站实测径流资料不足 30 年，或虽有 30 年但系列代表性不足时，应进行插补延长。插补延长年数应根据参证站资料条件、插补延长精度和设计依据站系列代表性要求确定。在插补延长精度允许的条件下，尽可能地延长系列长度。插补延长后的资料系列仍然可以采用与有长系列实测资料相同的方法计算设计径流。

径流系列插补延长方法在本章 4.2 节中已作介绍，此处不再赘述。

2. 无实测流量资料条件下的径流分析计算

在进行水利水电工程规划设计时，经常遇到缺乏实测径流资料的情况，或者虽有短期实测径流资料但无法插补延长。在这种情况下，设计年径流量及其年内分配只有通过间接途径来推求。目前，常用的方法是水文比拟法、参数等值线图法、地区综合法和经验公式法等方法。

(1) 水文比拟法。水文比拟法是将参证流域的某一水文特征量移用到设计流域的方法。这种移用以设计流域影响径流的各项因素与参证流域的相似为前提，因此，使用本方法的关键问题在于选择恰当的参证流域，且参证流域应具有较长的实测径流资料系列。影响径流的主要因素是气候条件和下垫面条件，可通过气象因子及其气候成因分析，以及历史上旱涝灾情调查，说明气候条件的一致性，并通过流域查勘及有关地理和地质资料，论证下垫面的相似性，设计流域和参证流域的流域面积不应相差太大。

1) 面积比拟法。当设计流域与参证流域的气候条件相似、自然地理条件相近时，可将参证流域径流频率分析计算成果采用集水面积的比例进行缩放移用到设计流域，即直接移用径流深。计算公式为

$$y_{年,设}=y_{年,参}\times\frac{F_{设}}{F_{参}} \tag{4.3-1}$$

式中 $y_{年,设}$——设计流域的年径流量，m^3；

$y_{年,参}$——参证流域的年径流量，m^3；

$F_{设}$——设计流域的集水面积，km^2；

$F_{参}$——参证流域的集水面积，km^2。

设计流域年径流量的年内分配可直接移用参证流域各种典型年的各月径流分配比乘以设计年径流量，或将参证流域典型年的径流资料用面积比拟法移到设计流域。

2) 考虑雨量修正法。设计流域与参证流域的自然地理条件相近，但降雨量有较大差别，在进行比拟时还需考虑雨量的修正，即直接移置参证流域径流系数。计算公式为

$$y_{年,设}=y_{年,参}\times\frac{F_{设}}{F_{参}}\times\frac{P_{年,设}}{P_{年,参}} \tag{4.3-2}$$

式中 $P_{年,设}$——设计流域的年平均雨量，mm；

$P_{年,参}$——参证流域的年平均雨量，mm。

设计流域年径流量的年内分配可将参证流域典型年的径流资料用雨量比拟法移到设计流域。

3) 移置参证流域年降雨径流相关图法。当设计流域与参证流域的气候条件相似、自然地理条件相近、产汇流条件较为一致时，可移用参证流域的年降雨径流相关关系。先根据参证流域的降雨和径流资料作出年降雨径流相关图，并移用到设计流域；再由设计流域代表年的降雨量查算设计流域径流深。其逐月径流过程可根据参证流域的月径流分配过程按年径流量同倍比缩放求得。

(2) 参数等值线图法。水文特征值主要受气候因素和下垫面因素影响，影响水文特征值的因素随地理坐标不同而发生连续的变化，使得水文特征参数，如均值、C_v 值在地区上有渐变的规律，可以绘制参数等值线图。目前，我国已编制了全国及各种分区的参数等值线查算图集［有的省（自治区、直辖市）称水文手册］，可供缺乏实测资料的流域使用。参数等值线图法推求设计年径流一般适用于 300～5000km^2 的流域，在使用时一定要注意图集的适用范围。

1) 多年平均年径流量的推求。用参数等值线图推求无实测径流资料流域的多年平均年径流量时，需首先在图上描出设计断面以上的流域范围，其次定出流域的形心。在流域面积较小、流域内径流深等值线分布均匀的情况下，流域的多年平均年径流量可以通过流域形心的等值线直接确定，或者根据形心附近的两条等值线按比例内插求得。如流域面积较大或等值线分布不均匀时，则应采用面积加权平均法推求。

$$h=\frac{0.5(h_1+h_2)f_1+0.5(h_2+h_3)f_2+0.5(h_3+h_4)f_3+\cdots}{F} \tag{4.3-3}$$

式中 h——设计流域的多年平均径流深，mm；

$h_1,h_2,\cdots$——等值线所代表的多年平均年径流深，mm；

$f_1,f_2,\cdots$——两相邻等值线间的流域面积，km^2；

F——设计断面以上控制面积，km^2。

2) 年径流量变差系数 C_v 的推求。变差系数 C_v 值的查算方法与多年平均年径流量的方法相似。

3) 年径流偏态系数 C_s 的推求。偏态系数 C_s 一般通过 C_s 与 C_v 的比值给出。如果水文手册上给出了 C_s 与 C_v 的比值，可直接采用，在多数情况下，常采用 $C_s=2.0C_v$。

求得均值和 C_v、C_s 三个参数后，可由已知设计频率查 P—Ⅲ型曲线的 K 值或 Φ 值表，推求设计年径流量或丰、平、枯水代表年的设计年径流量。各省水文手册配合参数等值线图，都按气候及地理条件作了分区，并给出了分区的丰、平、枯水典型分配过程以备查用。

(3) 地区综合法。如果设计流域邻近地区布设有较多的水文测站，水文站有较完整的实测径流资料，设计流域的径流可以采用地区综合法推求。具体做法是：选用邻近流域水文站径流资料进行频率分析，得出各种频率的径流量设计值，采用双对数坐标点绘各种频率的集水面积径流量设计值曲线，通过点群中心

定出综合线，由设计流域的集水面积查综合线即可得到设计流域各个频率的径流量设计值。径流的年内分配可移用邻近流域的分配，或采用水文手册中的典型分配过程。

(4) 经验公式法。经验公式法是以多年平均年径流量与其影响因素之间的定量关系为基础，根据设计流域的具体条件估算多年平均年径流量的一种方法。许多省（自治区、直辖市）的水文手册中有率定的经验公式，可直接采用。应用经验公式推算设计成果时，一般应先分析经验公式的适用条件，然后研判是否可用于设计流域。

经验公式的形式很多，下面仅列两种：

$$Q_0 = b_1 F^{n_1} \tag{4.3-4}$$

$$Q_0 = b_2 F^{n_2} \overline{P}^m \tag{4.3-5}$$

式中　Q_0——多年平均流量，m^3/s；

F——流域面积，km^2；

$\overline{P}$——流域多年平均降水量，mm；

b_1、b_2、n_1、n_2、m——待定参数，通过地区综合方法分析确定。

4.3.4　设计年径流的年内分配

天然河流径流量除显示出年际变化之外，还表现有年内的季节性变化，这种季节性变化称为径流年内分配。径流量的年内分配极为复杂，因此，从实测的年份中选出某些年的径流年内分配作为典型，然后予以缩放作为工程设计使用的年内分配。

4.3.4.1　代表年的选择

在实测资料中选择代表年，可按如下原则进行。

(1) 选择与设计年水量或某一段时间内设计水量相近的年份作为代表年。这是因为与设计水量相近，使得代表年径流形成的条件不至于和设计年内分配的形成条件相差太远。这样，用代表年的径流分配情况去代表设计情况的可能性也比较大。

(2) 选择对工程运行较不利的年份作为代表年。这是因为目前对径流年内分配的规律还研究得不充分，为安全计，选择对工程运行较不利的年份作为典型年。所谓对工程运行不利，就是根据这种分配，计算所得的工程效益较低。如对灌溉工程而言，如果代表年灌溉需水季节的径流量比较枯，非灌溉季节的径流量相对比较大，这种分配需要较大的蓄水库容才能保证供水。

年径流量接近设计年径流量的实测径流过程线可能不止一条，这时，应选择其中较不利的过程线，使工程设计偏于安全。究竟何种过程线较不利，往往要经过水利调节计算来判别，以一项原则为主，适当考虑另一项原则。一般来说，对于灌溉工程，选择灌溉需水季节径流比较枯的年份；对于水电工程，则选择枯水期较长、径流又较枯的年份。

4.3.4.2　设计年径流的年内分配计算

设计年径流年内分配计算主要有同倍比法和同频率法两种方法。

(1) 同倍比法。按工程性质和要求，如由灌溉期、通航期或水库调节期，选定起控制作用的某一时段 t 的平均流量为控制，以其设计值与典型过程的数值之比，缩放典型过程的逐时段径流量，得出设计年径流年内分配过程。常见的有按年水量控制和按供水期水量控制这两种同倍比法。

(2) 同频率法。工程设计中，有时为进行不同要求的水利计算或作方案比较时，常要求设计年内分配的各个时段都符合设计标准。此时可采用年内各时段同频率控制缩放的方法，推求设计年内分配过程。

【算例 4.3-1】　某水库具有30年的年径流、月径流资料，设计频率为 $P=90\%$ 的全年、最小五个月、最小三个月的设计径流量，见表4.3-2。推求设计径流年内分配过程。

表 4.3-2　某水库时段径流量频率计算成果（$P=90\%$）

时　段	均　值（亿 m^3）	C_v	C_s/C_v	W_P（亿 m^3）
全年	131	0.32	2.0	81.8
最小五个月	18.0	0.47	2.0	8.45
最小三个月	9.10	0.50	2.0	4.00

(1) 按主要控制时段的水量相近来选代表年，今选1964～1965年作为枯水代表年。

(2) 求各时段的缩放倍比 K。

1964～1965代表年：

$$K_3 = \frac{W_{3,P}}{W_{3,代}} = \frac{4.00}{3.78} = 1.06 \tag{4.3-6}$$

$$K_{5-3} = \frac{W_{5,P} - W_{3,P}}{W_{5,代} - W_{3,代}} = \frac{8.45 - 4.00}{9.05 - 3.78} = 0.844 \tag{4.3-7}$$

$$K_{12-5} = \frac{W_{12,P} - W_{5,P}}{W_{12,代} - W_{5,代}} = \frac{81.8 - 8.45}{94.5 - 9.05} = 0.858 \tag{4.3-8}$$

式中　$W_{3,P}$、$W_{3,代}$——设计、代表年最小三个月径流量；

$W_{5,P}$、$W_{5,代}$——设计、代表年最小五个月径流量；

$W_{12,P}$、$W_{12,代}$——设计、代表年年径流量。

(3) 设计枯水年年内分配，用各自的缩放倍比乘以对应的代表年各月径流量而得，成果见表4.3-3。

表4.3-3　某站同频率法 $P=90\%$ 设计枯水年年内分配计算表

月　　份	3	4	5	6	7	8	9	10	11	12	1	2	全年总量
代表年月径流量(1964～1965年)(亿 m^3)	9.91	12.5	12.9	34.6	6.9	5.55	2.00	3.27	1.62	1.17	0.99	3.06	94.5
缩放比 K	0.858	0.858	0.858	0.858	0.858	0.858	0.844	0.844	1.06	1.06	1.06	0.858	
设计枯水年月径流量(亿 m^3)	8.50	10.7	11.1	29.7	5.92	4.76	1.69	2.76	1.71	1.24	1.05	2.62	81.8

4.3.5 枯水径流的分析计算

枯水径流是指当地面径流减少，河流水源大部分靠地下水补给时的河流径流，是河川径流的一种特殊形态，它包括年最小流量、最小日平均流量、时段径流量及其过程线等。按设计时段的长短，枯水径流又可分为瞬时、日、旬、月等时段最小流量，其中又以日、旬、月最小流量对水资源工程的规划设计影响最大。设计枯水期径流量，对于引水灌溉、发电、航运、给水、生态和水污染控制等都很重要。

时段枯水径流与时段径流量在分析方法上基本相似，其区别主要在选样原则有所不同。时段径流在时序上往往是固定的，而枯水流量则在一年中选其最小值，在时序上是变动的。

4.3.5.1 有实测水文资料时的设计枯水径流计算

当设计代表站有长系列的实测径流资料时，可按年最小选样原则，选取一年中最小的时段量，组成样本系列。在设计枯水计算时，应调查分析历史枯水水位、流量及其出现与持续时间，河道变化、干涸断流情况及人类活动对枯水径流的影响等。当枯水径流受人类活动影响显著而影响到资料系列的一致性时，需要对枯水径流进行还原处理。

枯水径流可采用不足频率 q，即以不大于该径流的概率来表示，它和年最大选样的概率 p 有 $q=1-p$ 的关系。因此，在系列排序时按由小到大排列。除此之外，年枯水径流频率曲线的绘制与时段径流频率曲线的绘制基本相同，一般采用P—Ⅲ型曲线适线。特枯径流的重现期应根据调查资料，结合历史文献、文物，设计流域和邻近流域长系列枯水径流、降水等资料，综合分析确定。

在某些河流上，特别是在干旱、半干旱地区的中小河流上，还会出现时段径流量为零的现象。枯水径流系列中出现零值时，可采用包含零值项的频率计算方法计算。

枯水径流的分析计算成果，应与上下游、干支流及邻近流域的计算成果比较，分析检查其合理性。必须特别注意的是，枯水径流更多地受到局部地方性因素的影响，所以应侧重对设计流域的下垫面条件进行实地调查和分析，以判断设计成果是否合理。

4.3.5.2 短缺流量资料时的设计枯水径流计算

短缺流量资料时枯水径流系列插补延长方法在本章4.2节中已作介绍，本节不再重复。系列展延后，即可按有长期资料的情况作频率分析计算。展延系列时，需要注意插补延长的项数不能太多。当设计依据站的实测枯水资料较短、需展延的系列较长时，展延系列不仅工作量大，且由于累积误差而使展延后系列的频率曲线精度难以保证。这时，可以假定设计站与上下游枯水出现的重现期在时间上一致，不作设计站枯水展延，而借用上下游具有较长资料系列站点的频率分析成果，通过相关分析等方法分析计算设计依据站各频率的枯水流量。

如果设计站资料过短，不足以同上下游（或邻近流域）站建立相关关系，而它们属于同一气候区，下垫面因素也相近，可以假设参证站与设计站同一年份枯水径流的频率相同，并移用参证站的 C_v 和 C_s。而设计站多年平均枯水流量 $\overline{Q}$ 用式（4.3-9）计算：

$$\overline{Q}=\frac{Q_i}{K_i} \tag{4.3-9}$$

式中　Q_i ——设计站某年实测枯水流量，m^3/s；

K_i ——与 Q_i 对应的参证站当年的流量模比系数，即参证站当年实测枯水流量与多年平均枯水流量的比值。

如果平行观测资料不止一年，而是 n 年，即可类似地得出 n 个 $\overline{Q}$，取其算术平均数作为多年平均值 $\overline{Q}$。根据统计参数 $\overline{Q}$、C_v、C_s，即可求得设计站各设计频率的枯水流量。

4.3.5.3 缺乏水文资料时的设计枯水径流计算

缺乏水文资料时的设计枯水径流计算，通常采用水文比拟法、分区图法和经验公式法。

在设计流域完全没有径流资料的情况下，有条件时还可以临时进行资料的补充搜集工作，如果能施测一个枯水季节的流量过程，则对于建立时段的枯水流量关系，有很大帮助；如果只分析日最小流量，则在枯水期实测几次流量，就可以与参证站径流建立相关关系，计算所需的设计径流。

（1）水文比拟法。当设计流域无实测资料时，可以根据影响枯水径流因素相似的原则，在该流域附近选一参证流域，参证流域一经选定，便可以用下列方法之一移用枯水径流特征值。

1）直接移用。将参证流域枯水径流量特征统计参数直接移用到设计流域，但移用均值时，必须用模数或径流深表示。

2）间接移用。将参证流域的某一频率的枯水径流量，按面积比换算到设计流域。移用时，如果设计流域和参证流域均有相应的枯期降水资料，可以根据降雨的关系进行必要的修正。

（2）分区图法。根据区域多年枯水径流资料，分析绘制枯水径流分区图，并列出各区的相应计算参数，这对解决无资料地区的设计枯水径流计算有一定的实用价值。目前，我国各省（自治区、直辖市）水文手册中大多已开展了此项工作。

（3）经验公式法。影响枯水流量的气候和下垫面因素众多，但可以从中选出几个主要因素与枯水径流建立经验关系，进而得出经验公式。如可采用 $Q=aF^b$ 这类公式，其中 F 为流域面积，a、b 为待定参数。

以上三种方法，一般选用水文比拟法，但无论用何种方法，都应对流域进行查勘、调查和必要的枯水测验，以修正计算成果。

4.3.6 日平均流量历时曲线

日平均流量历时曲线是反映径流分配的一种特性曲线，系将某时段内的日平均流量按递减次序排列而成。当不需要考虑各流量出现的时刻，而只研究各种流量的持续情况时，就可以很方便地由曲线上求得该时段内不小于某流量数值出现的历时，即某一流量的保证率。径流式水电站、某些引水工程或水库下游有航运要求时，一般需要绘制日平均流量历时曲线。

根据工程设计的不同要求，历时曲线可以用不同的方法绘制，并具有各种不同的时段，因而有各种不同的名称。常见的有综合日流量历时曲线、平均日流量历时曲线、代表年日流量历时曲线等。

4.3.6.1 日平均流量历时曲线类型

（1）综合日流量历时曲线。将所有各年的日平均流量资料进行综合统计，可点绘综合日流量历时曲线。曲线的纵坐标为日平均流量，横坐标为各年的历时日数或相对历时。这种历时曲线能真实地反映流量在多年期间的历时情况，是工程上主要采用的曲线。

在工程设计中，有时要求绘制丰水年（或枯水年）的综合日流量历时曲线，它是根据各丰水年（或枯水年）的实测日平均流量资料绘成的。此外，还有所谓丰水期（枯水期、灌溉期）的综合日流量历时曲线，它是根据所有各年丰水期（枯水期、灌溉期）的实测日平均流量资料绘成的。

（2）平均日流量历时曲线。平均日流量历时曲线是根据多年实测流量资料，点绘各年的日流量历时曲线，然后在各年的历时曲线上，查出同一历时的流量，并取平均值绘制而成的，因而是一种虚拟的曲线。由于流量取平均的结果，这条曲线的上端比综合历时曲线要低，而它的下端又比综合历时曲线要高，曲线中间的绝大部分（10%～90%的范围）大致与综合历时曲线重合。

（3）代表年日流量历时曲线。根据某一年份的实测日平均流量资料绘制而成。在工程设计中，常需要各种代表年（丰、平、枯水年）的日流量历时曲线。绘制曲线时，代表年的选择按前述的原则来进行。

4.3.6.2 日平均流量历时曲线绘制方法

在有实测径流资料时，日流量历时曲线的一般绘制方法为：根据日平均流量表，将所需研究年份的全部流量资料划分为几级，从大到小排列为 $Q_0\sim Q_1$，$Q_1\sim Q_2$，…，$Q_{n-1}\sim Q_n$，然后统计每级流量的出现日数 t_1，t_2，…，t_n，再计算其累积历时天数 $\sum_1^i t_i=t_1+t_2+\cdots+t_i(i=1,2,\cdots,n)$，最后计算超过某一流量 Q_i 的总天数占全年总天数的百分比 $P_i=(\sum_1^i t_i/$全年总天数$)\times 100\%$。

点绘 $Q_i—P_i$ 曲线，即为该年的日平均流量历时曲线，如图 4.3-1 所示。

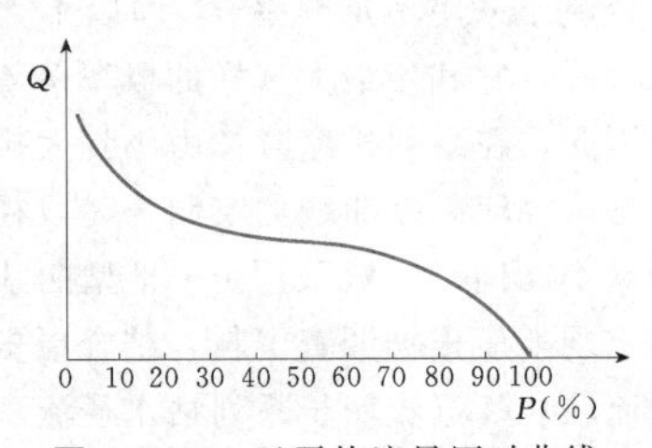

图 4.3-1 日平均流量历时曲线

有时需要绘制年内某一季节或时段的流量历时曲线，此时只要将所研究的季节或时段的总天数作为100%，然后即可按与上述类似的方法绘制流量历时曲线。

划分流量级时，应考虑使用要求。例如为推求径流式水电站的保证出力而使用流量历时曲线查算保证流量时，由于发电保证率要求较高，流量分级间隔在小流量处可小些，大流量处可大些。

当缺乏实测径流资料时，综合或代表年日流量历时曲线的绘制，可按水文比拟法来进行，即把相似流域以模比系数为纵坐标的日流量历时曲线直接移用到设计流域，再以设计流域的多年平均流量（用间接方法求出）乘纵坐标的数值，就得出设计流域的日流量历时曲线。在选择相似流域时，要求决定历时曲线形状的气候条件和径流天然调节程度相似。

4.3.7 径流系列随机模拟

水文现象随时间而变化，称为水文过程，其变化的影响因素包括确定性和随机性两种成分。兼具这两种成分的水文过程称为随机水文过程。在常规水文水利计算中，是选用限于统计条件下的典型年（代表年）或长系列（全部实测系列）进行调节计算和效益分析；而随机模拟技术可以根据水文系列的内在相依规律和统计规律，建立相应随机模型，模拟生成大量水文序列作为输入，按照水工程系统的特性和设计要求，进行各种计算与分析，从而得到输出，即系统响应。应用随机模拟技术，可以克服实测系列代表性不足的缺点，例如用于解决连续枯水段影响评估、拟定水资源调配方案以及生态环境系统保护对策等，为水工程的综合效益保证率研究提供一定的基础。

对径流系列进行随机模拟，关键是模型的选择、模型参数的确定、模拟成果合理性分析检验等，具体可参阅参考文献[4]和参考文献[16]。

4.4 根据流量资料计算设计洪水

4.4.1 洪峰流量及时段洪量选样原则及方法

洪水系列是从工程所在地点或邻近地点水文观测（包括实测和插补延长）资料中选取表征洪水过程特征值[如洪峰流量、各种时段（24h、72h、7d 等）洪量]的样本。根据洪水特征、工程特点和规划、设计要求，选取洪峰流量系列，或分别选取洪峰流量和几个时段的洪量系列，以使设计洪水过程既能较好反映洪水特性，又不致破坏洪水过程的完整性。

所谓控制时段 t_c 是指洪水过程对工程调洪起控制作用的时段。对水库工程而言，它接近于调洪过程中从蓄洪开始至达到最高蓄水位后的全部历时。显然，它与流域洪水特性和工程调洪能力有关。一般来说，当流域洪水过程尖瘦、洪水历时较短、水库调洪库容较小、而泄洪能力大时 t_c 较短，反之 t_c 较长。在实际工作中，控制时段 t_c 是通过对调洪演算成果分析后确定的。当 t_c 较长时，一般再将 t_c 时段划分为若干短时段（以 2～3 时段为宜）。

根据我国现行相关规范规定，频率计算中年（或期）的洪峰流量和不同时段的洪量系列，应由每年（或期）内最大值组成，一般认为按年最大值选样所得的洪水系列可以当作是独立同分布的。

当设计流域内不同时期洪水成因明显不同且变化规律较明显时，可以按洪水成因及洪水统计变化规律对汛期进行分期，确定分期后，各分期内的洪水系列按该期内的最大值选样。

4.4.2 历史洪水调查与考证

新中国成立以后，我国水文工作者在全国范围内进行了大量的历史洪水调查和考证工作，调查到许多宝贵的历史洪水资料。充分考虑历史洪水资料，可以补充实测资料的不足，起到延长系列，极大提高系列代表性的作用，使设计洪水成果趋于稳定、合理。因此，设计洪水计算，应尽量利用本流域或河段和相邻流域历史上发生的大洪水资料。

随着时间的推移，早期的历史洪水洪痕调查越来越困难，因此，洪水调查的重点是工程河段近期发生的大洪水。早期历史洪水调查，主要利用以往流域机构、各设计院、水文部门大量的历史洪水调查成果，这些成果现已汇编成册，其历史洪水位一般可直接引用，重点是应根据汇编之后发生的大洪水资料，对原水位流量关系进行复核，特别是其参数选用和高水延长。

4.4.2.1 历史洪水调查

历史洪水调查的内容，主要包括洪水发生时间、洪痕位置和高程、过水断面、洪水过程，并附带进行雨情、灾情和洪泛情况的调查；此外，还要了解河床冲淤变化、河床质组成，以及岸坡植被、地貌特征等。洪水位的调查和测量是洪水调查中最关键的环节。通常每发生一次洪水，都有一个最高水位，它所遗留的泥印、水痕或其他反映某场洪水最高水位的标志、刻字等，都是确定最高洪水位的重要依据。在同一个河段可能调查到多个高低不同的洪痕点，这时需区分各个洪痕点据所代表的年份，以便绘制同次洪水最高洪水位的水面线，借以确定计算断面洪水位高程和水面比降。

历史洪水测量内容包括各个洪痕点高程、调查河段横断面、比降等。

4.4.2.2 历史洪水峰量估算

在调查河段内或附近有水文测站时，可通过测站的水文、水力学特性，延长水位流量关系曲线，以推算历史洪水的洪峰流量。当水位流量关系曲线外延幅度较大时，应分析水面比降、河床糙率、断面形态等随水位升高而变化的情况，计算成果应尽量采用其他方法进行验证。

在调查河段内没有水文站时，通常采用比降法估算。当河段顺直，河段内各断面变化不大时，可近似地采用曼宁公式 $Q=\frac{1}{n}AR^{\frac{2}{3}}\sqrt{I}$计算，糙率 n 实际上是一个综合指标，包括河床质组成、岸坡及水中植物生态、断面形状、河道水流形态及河道控制情况等诸多因素，当无法用实测流量反算时，也可参考洪水调查文献中推荐的糙率表。

洪水调查资料受历史条件限制，不确定因素较多，各项计算参数不可避免会包含或大或小的误差，对计算成果，不论用什么方法都需要通过多种途径进行合理性分析，包括对上下游、干支流河段洪峰流量、洪水年份、洪水序位之间进行对照分析，检查各河段之间成果是否协调；根据历史文献中的雨情、水情记载，对照洪峰模数空间分布是否合理等。

历史洪水过程调查非常困难，一般通过实测资料的峰量关系来估算历史洪水的时段洪量。

4.4.2.3 历史洪水重现期分析考证

历史洪水的经验频率或重现期根据实测或调查、考证资料分析确定。一般根据资料条件，将与确定历史洪水代表年限有关的历史时段分为实测期、调查期和文献考证期。

实测期即有实测洪水资料年份迄今的时期。调查期即在调查到若干可以定量的历史大洪水中，一般是调查到的距今最远一次洪水年份迄今的时期。文献考证期即具有连续可靠的文献记载年份迄今的时期。调查期以前的文献考证期内的历史洪水，一般只能确定洪水大小等级和发生次数，不能定量。但文献考证期对特大洪水重现期的确定也是非常有意义的。

历史洪水包括实测期内发生的特大洪水，都要在其所代表的年限内进行排位，在排位时不仅要考虑已经确定数值的大洪水，也要考虑虽然不能确定数值，但能确定其洪水等级的历史大洪水，并排出序位。选定的排位期 N 年中，必须确认没有遗漏掉大于 Q_M 的洪水。如果不能肯定是否有遗漏，则应当重新选一个较短的排位期以保证做到无大洪水的遗漏。

（1）如果计算系列中只有一个历史大洪水，且通过调查和文献考证，在某一历史时期内，不小于该量级的洪水次数全部查明，且无遗漏，则该次洪水的排位期和序位不难确定；但若是系列中有若干个大小量级不等的大洪水，一般来说，不宜在同一个排位期中确定各次洪水的序位，因为历史资料相距年代越远，相对较小的洪水被遗漏的可能性越大。为了保证相应量级的洪水不被遗漏，应当选取若干个不同长度的排位期，分别确定其序位。

（2）计算系列中首大洪水，若在该洪水发生之前，洪水情况不详，则它的排位只能按自发生年份起算，但若能断定该次洪水是更远年份以来的首位洪水，就应排为能考证清该次洪水确为首大洪水的时期内的首位洪水。如长江宜昌1870年洪水，经多方考证为1153年以来的首大洪水。

（3）如果没有任何文献、文物资料，调查洪水排位期可参考被访者年龄确定，如果还能提供其祖辈流传的有关洪水情况，则排位期还可以相应延长。

（4）如果通过调查和文献考证，定性判定有多个量级相当的大洪水，其中可以定量的大洪水序位，一般可以排在同量级洪水的中位，或者根据情况给出序位幅度。

4.4.2.4 古洪水

所谓古洪水是指发生距今久远，需通过考古方法测定其发生年代的大洪水。对于特别重要的工程，如三峡、小浪底所在的长江和黄河，古洪水分析对提高设计洪水成果的精度起到了很好的作用。重大水利水电工程，当设计流域水文资料较少，又无历史洪水调查资料，且通过洪水调查不能取得历史洪水调查资料时，可根据具体情况开展古洪水分析。

大洪水发生时，枯枝落叶、孢子、花粉等有机物随水漂浮，并在适当的位置或特殊地形处留存，冲积性河流有平流沉积物存在，这为确定洪水位和测定洪水发生年代提供了物证。古洪水取样应进行现场搜取，在取样河段内的支沟、岩缝、洞穴等处较易留存未遭污染和扰动的洪痕特征物。所获得的洪痕样品应注意封存，避免污染。在现场取样与分析的同时，应结合其他的文献考古等方法，通过洪水与古建筑物、遗址、古迹、文物的联系，考证洪水位和洪水发生年代。应考证流域内地质地震等活动情况，并特别注意河槽及断面稳定性。

古洪水发生年代是确定本次洪水和其他场次洪水重现期的重要依据，一般通过^{14}C测定每个洪痕样品的发生年代，条件允许时也可以采用光电似年法和其他考古方法。

古洪水因发生年代久远，将成果用于工程设计必须经过合理性分析检查，除前述历史洪水的合理性检查方法外，还应重点分析古洪水发生以来河道的变化情况及其对推算洪峰流量的影响，对取样点高程与实际洪水位的关系要逐点确定，应分析古洪水的成因及其与流域产汇流特性的对应关系，有条件时应采用本流域或借鉴相邻流域可能最大暴雨与可能最大洪水成果进行对比分析与合理性检查。

4.4.3 洪水频率分析

根据数理统计理论，选定频率曲线分布线型，用统计参数估计法由洪水样本推求洪水总体分布的方法，一种是由洪水系列的统计特征推求洪水总体的统计参数，如矩法、概率权重矩法和线性矩法等；一种是适线法，将系列中的每项洪水由大到小依次序排列，采用经验频率公式求得每项洪水样本的绘点位置(超过频率)，得到洪水的经验点据分布，选定总体(频率分布曲线线型)，并按一定的适线准则，选择经验分布与总体分布拟合良好的统计参数，从而推求洪水设计值。

4.4.3.1 经验频率公式

(1) 连序系列洪水经验频率公式。依据数理统计理论，经验频率为一种超过概率的统计量，可按次序统计量理论来对其进行估计。设一个包含 n 项连续洪水系列 $x_i(i=1,2,\cdots,n)$，由大到小依次排列，即 $x_1\geqslant x_2\geqslant\cdots\geqslant x_m\cdots\geqslant x_n$,它们均为随机变量，即次序统计量。与这组洪水次序统计量相对应，它的频率，$p_1=p(x_1)$，…，$p_m=p(x_m)$，…，$p_n=p(x_n)$，也构成一组次序统计量，称频率的次序统计量。

《水利水电工程设计洪水计算规范》(SL 44—2006) 规定，采用频率次序统计量 p_m 的数学期望 $E(p_m)$ 作为 X_m 的经验频率公式，常称为期望值公式：

$$\hat{p}_m=E(p_m)=\frac{m}{n+1}\quad(m=1,2,\cdots,n)\tag{4.4-1}$$

(2) 不连序系列洪水经验频率公式。众所周知，我国水利水电工程规划设计采用的洪水系列中几乎都包含有历史洪水资料（例如有 a 个），历史洪水是在调查期（长度为 N 年）中依次排位，而实测洪水系列只能在实测年限 n 年中排位。因此，洪水在调查期 N 年内是不连续的，在 $N-n-a$ 年空白期内，无法确切知道洪水的实际大小。不连序系列的经验频率也采用频率次序统计量的数学期望确定。

在调查考证期 N 年中有特大洪水 a 个，其中 l 个发生在 n 项连序系列内，这类不连序洪水系列中各项洪水的经验频率采用下列数学期望公式计算。

1) a 个特大洪水的经验频率为

$$P_M=\frac{M}{N+1}\quad(M=1,2,\cdots,a)\tag{4.4-2}$$

2) $n-l$ 个实测连序洪水中，按由大到小排位的第 m 项洪水的经验频率 p_m 为

$$p_m=\frac{a}{N+1}+\left(1-\frac{a}{N+1}\right)\frac{m-l}{n-l+1}\quad(m=l+1,\cdots,n)\tag{4.4-3}$$

或

$$p_m=\frac{m}{n+1}\quad(m=l+1,\cdots,n)\tag{4.4-4}$$

在实际设计工作中使用式（4.4-2）和式（4.4-4）点绘不连序系列时，可能会出现所谓的“重叠”现象。特别当 N 相对较小或历史洪水个数较多，而 n 相对较大时，更为明显，使用时应当注意其适用性。

在实际工作中要处理的不连序洪水系列往往比较复杂。有时，某些数值相对较小的历史洪水很难或无法在与最大历史洪水相应的调查期 N 年中排位，这时，就不必勉强。如可能，可考证确定它们在迄今 $N_2<N$ 年中的排位，即以 N_2 作为它们的调查期。为区别起见，可称在 $N_1=N$ 中排位的为第一组历史洪水，在 N_2 中排位的为第二组历史洪水，……

对这种有多个调查期的不连序洪水系列，类似于式（4.4-3)，相应的经验频率公式如下。

1) 第一组历史洪水经验频率公式仍采用式（4.4-2)。

2) 第二组历史洪水经验频率为

$$P_M=\frac{a_1}{N_1+1}+\left(1-\frac{a_1}{N_1+1}\right)\frac{M-l_1}{N_2-l_1+1}\quad(M=l_1+1,\cdots,a_2)\tag{4.4-5}$$

式中 a_1——第一组历史洪水的个数，相应调查期为 N_1 或 N；

a_2——第二组历史洪水的个数，相应调查期为 N_2 ($N_2<N$)；

l_1——发生在 N_2 年中、在 N 年中排位特大的洪水个数。

3) 实测洪水的经验频率为

$$p_m=\frac{a_1}{N_1+1}+\left(1-\frac{a_1}{N_1+1}\right)\frac{a_2}{N_2+1}+\left(1-\frac{a_1}{N_1+1}\right)\left(1-\frac{a_2}{N_2+1}\right)\frac{m-l}{n-l+1}\quad(m=l+1,\cdots,n)\tag{4.4-6}$$

总的说来，考虑历史洪水有助于提高设计洪水的估计精度，对频率计算成果的影响亦较大，但除要注意历史洪水资料本身的精度外，调查的历史洪水个数也不是越多越好。因为历史洪水年代久远，历史洪水位为调查所得，流量断面也多为假定断面，历史洪水洪峰流量推求一般通过水位流量关系高水外延，洪量多用峰量相关插补，因此，历史洪水洪峰流量精度低于实测洪水。个数越多，历史洪水本身定量及其调查期、排位考证就越为困难，引入的不确定性也越大。历史洪水调查期 N 也不是越长越好，因各种文字记载和民间传说，对越是古代的洪水，越是模糊不清，可信性也明显降低。调查期考证得越长，历史洪水本

身的可靠性及洪水排位就越不精确，整个系列中“漏缺”年份的可能性越大，从而会降低整个系列经验频率的精度。

不宜把与实测系列洪水相差不大的洪水当作历史洪水。因为洪水量值越小，要确定它们在调查期中的排位越困难。这样，不仅影响其自身的经验频率，还会影响实测洪水经验频率的精度。

【算例 4.4-1】 某站1935～1972年的38年中，有5年因战争缺测，故实有洪水资料33年，其中1949年最大，并经考证认为应从实测系列中抽出作为特大值处理。另外，查明自1903年以来的70年期间，为首三次大洪水的排位为1921年、1949年、1903年，并断定在这70年间不会遗漏掉比1903年更大的洪水。同时还调查到在1903年以前，还有三次比1921年大的洪水，按排位它们分别是1867年、1852年、1832年。但因年代久远，小于1921年的洪水则无法查清。根据上述资料条件，将1867年、1852年、1832年和1921等年洪水作为第一组历史洪水，它们是1832年以来首四次洪水，相应的调查期为141年（1832～1972年）；把1949年和1903年洪水作为第二组历史洪水，它们是1903年以来第二大、第三大洪水，相应调查期为70年（1903～1972年）。采用不同公式计算的经验频率见表4.4-1。

表 4.4-1　某站不连序洪水系列经验频率计算结果

调查期或实测期 (a)	洪水排列	洪水出现年份	经验频率 (%)	采用公式
$N_1=141$ (1832～1972年)	1	1867	0.704	式(4.4-2)
	2	1852	1.41	
	3	1832	2.11	
	4	1921	2.82	
$N_2=70$ (1903～1972年)	1	1921	已作第一组特大处理	已作第一组特大处理
	2	1949	4.21	式(4.4-3)
	3	1903	5.60	
$n=33$ (1935～1972年) (缺测5a)	1	1949	已作第二组特大处理	已作第二组特大处理
	2	1940	8.46	式(4.4-3)
	⋮	⋮	⋮	

4.4.3.2 洪水频率曲线线型

根据我国许多长期洪水系列分析结果和多年来设计工作的实际经验，自20世纪60年代以来，对频率曲线线型作了大量分析和研究，认为P—Ⅲ型适用于全国大多数河流的水文特征，因此水利水电部门规定频率曲线线型采用P—Ⅲ型。特殊情况经分析论证后，亦可采用其他线型。

一维连续随机变量x的P—Ⅲ型分布的概率密度函数为

$$f(x)=\frac{\beta^a}{\Gamma(a)}(x-b)^{a-1}e^{-\beta(x-b)}\quad(b\leqslant x<\infty) \tag{4.4-7}$$

用超过概率形式：

$$F_1(x)=1-F(x)=\frac{\beta^a}{\Gamma(a)}\int_x^{\infty}(x-b)^{a-1}\mathrm{e}^{-\beta(x-b)}\mathrm{d}x \tag{4.4-8}$$

其中，$a\geqslant 0$，$\beta\geqslant 0$，$-\infty<b<\infty$。

其常用统计参数：

均值：

$$E_x=\frac{a}{\beta}+b \tag{4.4-9}$$

方差：

$$D_x=\sigma^2=\frac{a}{\beta^2}$$

变差系数：

$$C_v=\frac{\sqrt{a}}{a+\beta b} \tag{4.4-10}$$

偏态系数：

$$C_s=\frac{2}{\sqrt{a}} \tag{4.4-11}$$

由此，三个原始参数b、a、β也可以用基本参数E_x、C_v、C_s表示如下：

$$b=E_x\left(1-\frac{2C_v}{C_s}\right) \tag{4.4-12}$$

$$a=\frac{4}{C_s^2} \tag{4.4-13}$$

$$\beta=\frac{2}{E_xC_vC_s} \tag{4.4-14}$$

对随机变量 x 进行标准化，即以 $t=\dfrac{x-E_x}{\sigma}$ 代入，可得

$$p=F_1(t)=\frac{a^{\frac{a}{2}}}{\Gamma(a)}\int_t^{\infty}(t+\sqrt{a})^{a-1}\mathrm{e}^{-\sqrt{a}(t+\sqrt{a})}\mathrm{d}t$$

$$(t\geqslant-\sqrt{a})$$

经标准化后，分布仅含有单独一个参数，即 a。

t 用 Φ_P 表示，即 $\Phi_P=\dfrac{x_P-E_x}{\sigma}$，可见 $t=\Phi_P=\Phi(P,C_s)$，可查专门的 Φ 值表（见表 4.4-2），也可用数字积分法由计算机计算。

P—Ⅲ型频率曲线纵标（指定频率洪水的设计值）为

$$x(p)=E_x[1+C_v\Phi(P,C_s)] \tag{4.4-15}$$

表 4.4-2　　P—Ⅲ型曲线 Φ 值表

C_s \ $P(\%)$	0.01	0.02	0.05	0.1	0.2	0.5	1	2	3.33	5	10	20	25	33.3	40
0	3.719	3.540	3.291	3.090	2.878	2.576	2.326	2.054	1.834	1.645	1.282	0.8420	0.6740	0.4300	0.2530
0.1	3.935	3.734	3.455	3.233	3.000	2.670	2.400	2.107	1.873	1.673	1.292	0.8360	0.6650	0.4170	0.2380
0.2	4.153	3.929	3.621	3.377	3.122	2.763	2.472	2.159	1.911	1.700	1.301	0.8300	0.6550	0.4030	0.2220
0.3	4.374	4.127	3.788	3.521	3.244	2.856	2.544	2.211	1.948	1.726	1.309	0.8240	0.6450	0.3880	0.2060
0.4	4.597	4.326	3.956	3.666	3.366	2.949	2.615	2.261	1.984	1.750	1.317	0.8160	0.6330	0.3730	0.1890
0.5	4.821	4.526	4.124	3.811	3.487	3.041	2.686	2.311	2.019	1.774	1.323	0.8080	0.6220	0.3580	0.1730
0.6	5.047	4.727	4.293	3.956	3.609	3.132	2.755	2.359	2.052	1.797	1.329	0.7990	0.6090	0.3420	0.1560
0.7	5.274	4.928	4.462	4.100	3.730	3.223	2.824	2.407	2.085	1.819	1.333	0.7900	0.5960	0.3260	0.1390
0.8	5.501	5.130	4.631	4.244	3.850	3.312	2.891	2.453	2.117	1.839	1.336	0.7800	0.5830	0.3100	0.1220
0.9	5.729	5.332	4.799	4.388	3.969	3.401	2.957	2.498	2.147	1.859	1.339	0.7690	0.5690	0.2940	0.1050
1	5.957	5.534	4.967	4.531	4.088	3.489	3.023	2.542	2.176	1.877	1.340	0.7570	0.5550	0.2770	0.0877
1.1	6.185	5.736	5.134	4.673	4.206	3.575	3.087	2.585	2.204	1.894	1.341	0.7450	0.5400	0.2600	0.0703
1.2	6.412	5.937	5.301	4.815	4.323	3.661	3.149	2.626	2.231	1.910	1.340	0.7330	0.5240	0.2420	0.0530
1.3	6.640	6.137	5.467	4.956	4.438	3.745	3.211	2.667	2.257	1.925	1.339	0.7190	0.5080	0.2250	0.0356
1.4	6.867	6.337	5.633	5.095	4.553	3.828	3.271	2.706	2.281	1.938	1.337	0.7050	0.4920	0.2070	0.0183
1.5	7.093	6.536	5.797	5.234	4.667	3.910	3.330	2.743	2.304	1.951	1.333	0.6910	0.4750	0.1890	0.0010
1.6	7.318	6.735	5.960	5.371	4.779	3.990	3.388	2.780	2.326	1.962	1.329	0.6750	0.4580	0.1710	−0.0164
1.7	7.543	6.932	6.122	5.507	4.890	4.069	3.444	2.815	2.347	1.972	1.324	0.6600	0.4410	0.1530	−0.0335
1.8	7.766	7.128	6.283	5.642	4.999	4.147	3.499	2.848	2.366	1.981	1.318	0.6430	0.4230	0.1350	−0.0503
1.9	7.989	7.323	6.443	5.776	5.108	4.223	3.553	2.881	2.384	1.989	1.311	0.6270	0.4050	0.1170	−0.0671
2	8.210	7.517	6.601	5.908	5.215	4.298	3.605	2.912	2.401	1.996	1.303	0.6090	0.3860	0.0987	−0.0837
2.1	8.431	7.710	6.758	6.039	5.320	4.372	3.656	2.942	2.417	2.001	1.294	0.5920	0.3680	0.0805	−0.1000
2.2	8.650	7.901	6.914	6.168	5.424	4.444	3.705	2.970	2.431	2.006	1.284	0.5740	0.3490	0.0625	−0.1160
2.3	8.868	8.091	7.068	6.296	5.527	4.515	3.753	2.998	2.444	2.009	1.274	0.5560	0.3300	0.0447	−0.1310
2.4	9.084	8.280	7.221	6.423	5.628	4.584	3.800	3.023	2.457	2.011	1.262	0.5370	0.3110	0.0271	−0.1470
2.5	9.299	8.468	7.372	6.548	5.728	4.652	3.845	3.048	2.468	2.012	1.250	0.5180	0.2920	0.0097	−0.1610
2.6	9.513	8.654	7.523	6.672	5.826	4.718	3.889	3.071	2.477	2.013	1.238	0.4990	0.2720	−0.0074	−0.1760
2.7	9.725	8.838	7.671	6.794	5.923	4.783	3.932	3.093	2.486	2.012	1.224	0.4790	0.2530	−0.0242	−0.1890
2.8	9.936	9.021	7.818	6.915	6.019	4.847	3.973	3.114	2.493	2.010	1.210	0.4600	0.2340	−0.0407	−0.2030
2.9	10.15	9.203	7.964	7.034	6.113	4.909	4.013	3.133	2.500	2.007	1.195	0.4400	0.2150	−0.0568	−0.2150

续表

C_s \ P(%)	0.01	0.02	0.05	0.1	0.2	0.5	1	2	3.33	5	10	20	25	33.3	40
3	10.35	9.383	8.108	7.152	6.205	4.970	4.051	3.152	2.505	2.003	1.180	0.4200	0.1960	−0.0725	−0.2270
3.1	10.56	9.562	8.251	7.269	6.296	5.029	4.088	3.169	2.509	1.999	1.164	0.4010	0.1770	−0.0877	−0.2390
3.2	10.77	9.739	8.393	7.384	6.385	5.087	4.125	3.185	2.512	1.993	1.148	0.3810	0.1590	−0.1020	−0.2490
3.3	10.97	9.915	8.532	7.497	6.474	5.144	4.159	3.200	2.514	1.987	1.131	0.3610	0.1400	−0.1770	−0.2600
3.4	11.17	10.09	8.671	7.609	6.561	5.199	4.193	3.214	2.516	1.980	1.113	0.3410	0.1220	−0.1300	−0.2690
3.5	11.37	10.26	8.808	7.720	6.646	5.253	4.225	3.227	2.516	1.972	1.096	0.3220	0.1050	−0.1430	−0.2780
3.6	11.57	10.43	8.943	7.829	6.730	5.306	4.256	3.238	2.515	1.963	1.077	0.3020	0.0872	−0.1560	−0.2860
3.7	11.77	10.60	9.077	7.937	6.813	5.357	4.285	3.249	2.514	1.953	1.059	0.2830	0.0700	−0.1680	−0.2930
3.8	11.97	10.77	9.210	8.044	6.894	5.407	4.314	3.258	2.511	1.943	1.040	0.2640	0.0535	−0.1790	−0.3000
3.9	12.16	10.94	9.342	8.149	6.974	5.456	4.342	3.267	2.508	1.932	1.020	0.2450	0.0372	−0.1900	−0.3060
4	12.36	11.11	9.471	8.253	7.053	5.504	4.368	3.274	2.504	1.920	1.001	0.2260	0.0212	−0.2000	−0.3120
4.5	13.30	11.91	10.10	8.752	7.427	5.724	4.483	3.298	2.471	1.853	0.9000	0.1370	−0.0510	−0.2420	−0.3290
5	14.22	12.69	10.70	9.220	7.771	5.917	4.573	3.300	2.422	1.773	0.7950	0.0579	−0.1100	−0.2680	−0.3330
5.5	15.10	13.43	11.27	9.658	8.087	6.083	4.640	3.284	2.358	1.683	0.6910	−0.0103	−0.1560	−0.2820	−0.3270
6	15.96	14.15	11.80	10.07	8.376	6.226	4.687	3.251	2.283	1.585	0.5890	−0.0667	−0.1890	−0.2850	−0.3150
7	17.58	15.50	12.80	10.81	8.884	6.449	4.726	3.146	2.105	1.377	0.4000	−0.1440	−0.2230	−0.2710	−0.2820
8	19.10	16.75	13.70	11.47	9.307	6.599	4.705	2.998	1.903	1.163	0.2390	−0.1820	−0.2260	−0.2460	−0.2493
9	20.53	17.91	14.52	12.04	9.657	6.688	4.635	2.820	1.689	0.9540	0.1110	−0.1930	−0.2140	−0.2215	−0.2222
10	21.88	18.99	15.27	12.55	9.943	6.724	4.526	2.622	1.474	0.7600	0.0169	−0.1890	−0.1980	−0.1999	−0.2000

C_s \ P(%)	50	75	80	85	90	95	97	98	99	99.9	99.99
0	0.0000	−0.6740	−0.8420	−1.036	−1.282	−1.645	−1.881	−2.054	−2.326	−3.090	−3.719
0.1	−0.0167	−0.6830	−0.8460	−1.035	−1.270	−1.616	−1.838	−2.000	−2.253	−2.948	−3.507
0.2	−0.0333	−0.6910	−0.8500	−1.032	−1.258	−1.586	−1.794	−1.945	−2.178	−2.808	−3.299
0.3	−0.0499	−0.6990	−0.8530	−1.029	−1.245	−1.555	−1.750	−1.890	−2.104	−2.669	−3.096
0.4	−0.0665	−0.7060	−0.8550	−1.025	−1.231	−1.524	−1.705	−1.834	−2.029	−2.533	−2.899
0.5	−0.0830	−0.7120	−0.8570	−1.019	−1.216	−1.491	−1.659	−1.777	−1.955	−2.399	−2.708
0.6	−0.0994	−0.7170	−0.8570	−1.013	−1.200	−1.458	−1.613	−1.720	−1.880	−2.268	−2.525
0.7	−0.1160	−0.7220	−0.8570	−1.007	−1.183	−1.423	−1.566	−1.663	−1.806	−2.141	−2.350
0.8	−0.1320	−0.7260	−0.8560	−0.9990	−1.166	−1.389	−1.518	−1.606	−1.733	−2.017	−2.184
0.9	−0.1480	−0.7300	−0.8540	−0.9900	−1.147	−1.353	−1.470	−1.549	−1.660	−1.899	−2.029
1	−0.1640	−0.7320	−0.8520	−0.9800	−1.128	−1.317	−1.422	−1.492	−1.588	−1.786	−1.884
1.1	−0.1800	−0.7340	−0.8480	−0.9700	−1.107	−1.280	−1.374	−1.435	−1.518	−1.678	−1.750
1.2	−0.1950	−0.7350	−0.8440	−0.9590	−1.086	−1.243	−1.327	−1.379	−1.449	−1.577	−1.628
1.3	−0.2100	−0.7350	−0.8380	−0.9460	−1.064	−1.206	−1.279	−1.324	−1.383	−1.482	−1.517
1.4	−0.2250	−0.7350	−0.8320	−0.9330	−1.041	−1.168	−1.232	−1.270	−1.318	−1.394	−1.417
1.5	−0.2400	−0.7330	−0.8250	−0.9190	−1.018	−1.131	−1.185	−1.217	−1.256	−1.313	−1.328

续表

C_s \ P(%)	50	75	80	85	90	95	97	98	99	99.9	99.99
1.6	−0.2540	−0.7310	−0.8170	−0.9040	−0.9940	−1.093	−1.140	−1.166	−1.197	−1.238	−1.247
1.7	−0.2680	−0.7270	−0.8080	−0.8890	−0.9700	−1.056	−1.095	−1.116	−1.140	−1.170	−1.175
1.8	−0.2810	−0.7230	−0.7990	−0.8720	−0.9450	−1.020	−1.052	−1.069	−1.087	−1.107	−1.111
1.9	−0.2940	−0.7180	−0.7880	−0.8550	−0.9200	−0.9840	−1.010	−1.023	−1.037	−1.051	−1.052
2	−0.3070	−0.7120	−0.7770	−0.8370	−0.8950	−0.9490	−0.9700	−0.9800	−0.9900	−0.9990	−0.9999
2.1	−0.3190	−0.7060	−0.7650	−0.8190	−0.8690	−0.9150	−0.9310	−0.9390	−0.9460	−0.9519	−0.9523
2.2	−0.3300	−0.6980	−0.7520	−0.8010	−0.8440	−0.8820	−0.8940	−0.9000	−0.9050	−0.9089	−0.9091
2.3	−0.3410	−0.6900	−0.7390	−0.7820	−0.8190	−0.8500	−0.8600	−0.8640	−0.8670	−0.8695	−0.8696
2.4	−0.3510	−0.6810	−0.7250	−0.7630	−0.7950	−0.8190	−0.8270	−0.8300	−0.8320	−0.8333	−0.8333
2.5	−0.3600	−0.6710	−0.7110	−0.7440	−0.7710	−0.7900	−0.7960	−0.7980	−0.7992	−0.8000	−0.8000
2.6	−0.3690	−0.6610	−0.6960	−0.7250	−0.7470	−0.7620	−0.7660	−0.7680	−0.7688	−0.7692	−0.7692
2.7	−0.3760	−0.6500	−0.6810	−0.7060	−0.7240	−0.7360	−0.7389	−0.7399	−0.7405	−0.7407	−0.7407
2.8	−0.3840	−0.6390	−0.6660	−0.6870	−0.7020	−0.7110	−0.7131	−0.7138	−0.7142	−0.7143	−0.7143
2.9	−0.3900	−0.6270	−0.6510	−0.6690	−0.6810	−0.6880	−0.6889	−0.6894	−0.6896	−0.6896	−0.6897
3	−0.3960	−0.6150	−0.6360	−0.6510	−0.6600	−0.6650	−0.6662	−0.6665	−0.6666	−0.6667	−0.6667
3.1	−0.4000	−0.6030	−0.6210	−0.6330	−0.6406	−0.6443	−0.6449	−0.6451	−0.6451	−0.6452	−0.6452
3.2	−0.4050	−0.5910	−0.6060	−0.6160	−0.6220	−0.6244	−0.6248	−0.6249	−0.6250	−0.6250	−0.6250
3.3	−0.4080	−0.5780	−0.5910	−0.5990	−0.6040	−0.6057	−0.6060	−0.6060	−0.6061	−0.6061	−0.6061
3.4	−0.4110	−0.5660	−0.5770	−0.5830	−0.5870	−0.5880	−0.5882	−0.5882	−0.5882	−0.5882	−0.5882
3.5	−0.4130	−0.5540	−0.5620	−0.5680	−0.5700	−0.5713	−0.5714	−0.5714	−0.5714	−0.5714	−0.5714
3.6	−0.4140	−0.5410	−0.5490	−0.5530	−0.5548	−0.5555	−0.5555	−0.5555	−0.5556	−0.5556	−0.5556
3.7	−0.4140	−0.5290	−0.5350	−0.5390	−0.5401	−0.5405	−0.5405	−0.5405	−0.5405	−0.5405	−0.5405
3.8	−0.4140	−0.5180	−0.5220	−0.5250	−0.5260	−0.5263	−0.5263	−0.5263	−0.5263	−0.5263	−0.5263
3.9	−0.4140	−0.5060	−0.5100	−0.5118	−0.5126	−0.5128	−0.5128	−0.5128	−0.5128	−0.5128	−0.5128
4	−0.4130	−0.4950	−0.4980	−0.4993	−0.4999	−0.5000	−0.5000	−0.5000	−0.5000	−0.5000	−0.5000
4.5	−0.4000	−0.4430	−0.4440	−0.4443	−0.4444	−0.4444	−0.4444	−0.4444	−0.4444	−0.4444	−0.4444
5	−0.3790	−0.3997	−0.3999	−0.4000	−0.4000	−0.4000	−0.4000	−0.4000	−0.4000	−0.4000	−0.4000
5.5	−0.3550	−0.3636	−0.3636	−0.3636	−0.3636	−0.3636	−0.3636	−0.3636	−0.3636	−0.3636	−0.3636
6	−0.3300	−0.3333	−0.3333	−0.3333	−0.3333	−0.3333	−0.3333	−0.3333	−0.3333	−0.3333	−0.3333
7	−0.2853	−0.2857	−0.2857	−0.2857	−0.2857	−0.2857	−0.2857	−0.2857	−0.2857	−0.2857	−0.2857
8	−0.2500	−0.2500	−0.2500	−0.2500	−0.2500	−0.2500	−0.2500	−0.2500	−0.2500	−0.2500	−0.2500
9	−0.2222	−0.2222	−0.2222	−0.2222	−0.2222	−0.2222	−0.2222	−0.2222	−0.2222	−0.2222	−0.2222
10	−0.2000	−0.2000	−0.2000	−0.2000	−0.2000	−0.2000	−0.2000	−0.2000	−0.2000	−0.2000	−0.2000

4.4.3.3　频率曲线参数估计方法

P—Ⅲ型水文频率分布待估计的三个特征参数为：均值 E_x，变差系数 C_v，偏态系数 C_s。水文频率计算常用的参数估计方法，一类为矩法及基于矩法的各种改进方法，如概率权重矩法与线性矩法以及权函数（包括单、双权函数）法，另一类为基于拟合优度为目标的各种适线法。

1. 矩法

当样本容量 $n\to\infty$ 时，样本的分布函数 $F_n(x)$ 趋近于总体分布 $F(x)$，因而样本的各阶矩也势必相应地趋于总体的各阶矩。矩法就是根据这一统计特性，采用样本矩去估计总体矩，从而由样本参数去估计总体参数。

矩法是用样本矩作为总体矩的估计值，并通过矩和参数之间的关系式，来估计频率曲线统计参数的一种方法。

样本平均值：

$$\overline{x}=\frac{1}{n}\sum_{i=1}^{n}x_i \tag{4.4-16}$$

样本方差：

$$\hat{\mu}_2=\frac{1}{n}\sum_{i=1}^{n}(x_i-\overline{x})^2$$

或

$$\hat{\mu}_2=\frac{1}{n-1}\sum_{i=1}^{n}(x_i-\overline{x})^2 \tag{4.4-17}$$

样本三阶中心矩：

$$\hat{\mu}_3=\frac{1}{n}\sum_{i=1}^{n}(x_i-\overline{x})^3$$

或

$$\hat{\mu}_3=\frac{1}{(n-1)(n-2)}\sum_{i=1}^{n}(x_i-\overline{x})^3 \tag{4.4-18}$$

三个统计参数中，样本的平均值 $\overline{x}$ 见式（4.4-16），变差系数 C_v 和偏态系数 C_s 可由各阶矩计算：

$$C_v=\frac{\sqrt{\hat{\mu}_2}}{\overline{x}}=\frac{1}{\overline{x}}\sqrt{\frac{\sum_{i=1}^{n}(x_i-\overline{x})^2}{n-1}} \tag{4.4-19}$$

$$C_s=\frac{\hat{\mu}_3^3}{\overline{x}^3C_v^3}=\frac{n\sum_{i=1}^{n}(x_i-\overline{x})^3}{(n-1)(n-2)\overline{x}^3C_v^3} \tag{4.4-20}$$

对于不连序系列：

$$\overline{x}=\frac{1}{N}\left(\sum_{j=1}^{a}x_j+\frac{N-a}{n-l}\sum_{i=l+1}^{n}x_i\right) \tag{4.4-21}$$

$$C_v=\frac{1}{\overline{x}}\sqrt{\frac{1}{N-1}\left[\sum_{j=1}^{a}(x_j-\overline{x})^2+\frac{N-a}{n-l}\sum_{i=l+1}^{n}(x_i-\overline{x})^2\right]} \tag{4.4-22}$$

$$C_s=\frac{N\left[\sum_{j=1}^{a}(x_j-\overline{x})^3+\frac{N-a}{n-l}\sum_{i=l+1}^{n}(x_i-\overline{x})^3\right]}{(N-1)(N-2)\overline{x}^3C_v^3} \tag{4.4-23}$$

式中　x_j——特大洪水变量（$j=1$，…，a）；

x_i——实测洪水变量（$i=l+1$，…，n）。

矩法是一种最简单的参数估计方法，其与频率曲线线型无关。由于总体矩和样本矩的差异（样本矩偏小）及变量离散化的误差，除均值外，由矩法估计的参数及由此所得的频率曲线计算的设计值总是系统偏小，其中尤以 C_s 偏小更为明显。

2. 适线法

适线法的特点是在一定的适线准则下，求解与经验点据拟合最优的频率曲线的统计参数的方法，这也是选定频率曲线分布线型的主要方法。

《水利水电工程设计洪水计算规范》（SL 44—2006）规定，频率曲线P—Ⅲ型的平均值 $\overline{x}$、变差系数 C_v 和偏态系数 C_s 估计的主要步骤如下：①根据选定的经验频率公式，计算样本从大至小顺序排列点据的经验频率。②采用矩法或其他参数估计法，初步估计统计参数，作为适线法的初值。③采用适线法调整初步估算的统计参数。调整时，可选定目标函数求解统计参数，也可采用经验适线法。当采用经验适线法时，应尽可能拟合全部点据；拟合不好时，可侧重考虑较可靠的大洪水点据。④适线调整后的统计参数应根据本站洪峰流量、不同时段洪量统计参数和设计值的变化规律，以及上下游、干支流和邻近流域各站的成果进行合理性检查，必要时可作适当调整。

依据“多种方法、综合分析、合理选定”的原则，估计统计参数和设计值。

（1）目标函数（适线准则）适线法。适线时与经验频率公式确定的经验点据与拟合频率曲线之间的离差，可用多种指标度量，取离差最小亦即度量指标最小，作为目标函数或称为准则去求解 $\overline{x}$、C_v、C_s。因此，同一绘点位置公式，指标不同，准则不同。常用的有三种适线准则为离差平方和最小准则、离差绝对值和最小准则、相对离差平方和最小准则。

1）离差平方和最小准则。常称最小二乘估计法。频率曲线统计参数的最小二乘估计，是使经验频率公式计算的经验点据与同一频率的给定统计参数的频率曲线纵坐标之差（即离差或残差）平方和 S 最小，其目标函数为

$$S(\overline{x},C_v,C_s)=\sum_{i=1}^{n}[x_i-f_x(p_i;\overline{x},C_v,C_s)]^2 \tag{4.4-24}$$

其中，指定频率的设计值

$$f_x(p_i;\overline{x},C_v,C_s)=\overline{x}[1+C_v\Phi(p_i;C_s)]$$

根据数学分析，参数 $\theta=(\overline{x},C_v,C_s)^t$ 的最小二乘估计是方程：

$$\frac{\partial S}{\partial \theta} = 0 \qquad (4.4-25)$$

的解，其解即为该准则（最小二乘法）的参数估计值。

由于式（4.4-25）对 θ 是非线性的，所以，只能通过迭代法求解，最常用方法是高斯—牛顿法。但是，在实际工作中，有时会出现迭代不收敛直至发散的情况。此时，可采用引入阻尼最小二乘法的迭代程序对迭代进行改进。

2）离差绝对值和最小准则。目标函数为

$$S_A(\bar{x},C_v,C_s) = \sum_{i=1}^{n} |x_i - f(p_i;\bar{x},C_v,C_s)| \qquad (4.4-26)$$

一般可采用直接方法（即搜索法）求得参数 $\bar{x}$、C_v 和 C_s 的数值解。

3）相对离差平方和最小准则。考虑洪水误差和它的大小有关，而它们的相对误差却比较稳定。因此，以相对离差平方和最小更符合最小二乘估计的假定。目标函数为

$$S_w(\bar{x},C_v,C_s) = \sum_{i=1}^{n}\left[\frac{x_i - f(p_i;\bar{x},C_v,C_s)}{f_i(p_i;\theta)}\right]^2 \qquad (4.4-27)$$

在上述三种适线准则中，主要的差别在于对误差规律的不同考虑。在实际工作中如何选用，尚无确切的结论，主要有赖于样本的原始误差。误差方差与观测值变化无关，可考虑采用离差平方和最小准则，但实测资料并非如此，不同测验方法（如流速仪法和浮标法）精度不同，历史调查洪水精度较实测值差。离差绝对值和最小准则取决于点据的绝对误差，虽然绝对误差大的点据影响较离差平方和最小准则小，但仍对参数估计的精度有一定影响。相对离差平方和最小准则基于假定洪水系列相对误差不变，而实测资料相对误差通常变化不大，因此更符合实测资料条件，有可能获得较好的精度。

（2）经验（图解）适线法。采用矩法或其他方法，估计一组参数作为初值，在几率格纸上通过经验判断调整参数，选定一条与经验点据拟合良好的频率曲线。适线时应注意以下几点。

1）尽可能照顾点群的趋势，使频率曲线通过点群的中心，但可适当多考虑上部和中部点据。

2）应分析经验点据的精度（包括它们的横坐标、纵坐标），使曲线尽量地接近或通过比较可靠的点据。

3）历史洪水，特别是为首的几个历史特大洪水，一般精度较差，适线时，不宜机械地通过这些点据，而使频率曲线脱离点群；但也不能为照顾点群趋势使曲线离开特大值太远，应考虑特大历史洪水的可能误差范围，以便调整频率曲线。

经验适线可充分体现水文设计人员对河流水文特性和水文要素统计特征的认知和经验，是我国普遍应用的方法，但不足之处是难以避免参数估计成果的因人而异。

3. 统计参数成果合理性分析

设计洪水计算是基于数理统计理论，由洪水样本估计其总体分布及设计值的过程，因此，它们不可避免地包含有相当的误差。首先是基本资料等原始误差，例如实测水文资料的测量误差，历史洪枯水调查成果推估误差和水文系列代表性、一致性问题等；其次是方法误差，其中包括理论误差，例如水文频率分布线型的水文物理和数理依据不足，经验频率公式（绘点位置）的差异，参数估计的近似计算和模拟方法的偏差及精度问题等。

在洪水频率分析中，所有的估计结果，包括各统计参数、各种频率的设计洪水值，直至频率曲线线型的选定，都是根据年限有限的洪水资料系列，采用一定的方法估计得到的。虽然现行频率分析方法是把完整的洪水过程分割成洪峰流量、各时段洪量，分别选样、分别进行频率分析，但它们之间是存在一定联系的。个别系列的随机性，不仅会影响各个估计量的精度，而且也可能会歪曲洪峰流量及各时段洪量之间的内在联系。一次系统性的暴雨往往会影响到邻近几个流域或一个流域的上中下游。因此，一个流域的上下游测站及邻近流域的洪水也有一定共性。它们的统计结果之间也应有一定的联系。因此，应对由个别测站、个别资料系列所得的频率分析成果作合理性分析，有利于引用更多的信息以减少个别资料系列偶然性对频率分析成果的不利影响。

（1）本站洪峰流量及各种时段洪量频率分析成果之间的比较分析。

1）频率曲线比较。可将洪峰流量和各时段洪量（以时段平均流量表示）的频率曲线点绘在同一几率格纸上。各频率曲线应近于平行、互相协调。如一般时段越短，坡度应略大。否则就应检查资料系列及计算过程有无错误和处理不当等问题，并对结果作必要的调整。

2）统计参数和同频率设计值之间的比较。可点绘本站洪峰流量、各时段洪量统计参数、设计值（作为纵坐标）和时段长（作为横坐标）关系曲线。这些关系线一般应遵循以下原则。

a. 均值和设计值应随时段增长而逐渐增大，且其增率随时段增长而逐渐减小，而且，对于面积大、暴雨次数多的河流，这种增率较小，反之，面积小、

暴雨次数少的河流，这种增率则较大。

b. 变差系数 C_v 一般随时段增长而递减。但对连续暴雨形成的多峰型洪水，C_v 也可能随时段增长而增大，至某一时段达到最大值后，又逐渐减小。

c. 偏态系数 C_s 一般随时段增长而渐减。

(2) 与上下游及邻近流域频率分析成果比较。同一河流上下游站洪峰流量、时段洪量的统计参数间一般关系较密切。当上下游气候、地形等条件相似时，洪峰流量、时段洪量的均值及同频率设计值应往下游递增，其模数应递减。它们的 C_v 值也自上游向下游递减。当上下游气候地形条件不一致时，上下游间的关系就变得比较复杂，应结合具体流域的暴雨洪水特点加以分析、判断。当上下游洪峰流量或洪量的关系较好时，也可利用相关图对成果进行检验。

与邻近地区河流频率分析成果比较，一般以洪峰模数或径流深作对比，检查它们是否与该地区暴雨分布、地理等因素相适应。

(3) 与暴雨频率分析成果比较。一般情况下，洪量 C_v 应大于相应暴雨量的 C_v，洪水（均值和设计值）径流深应小于相应时段暴雨深。也可将由流量资料推求的设计洪水与由设计暴雨推求的设计洪水进行比较验证。对于非常稀遇的设计洪水，还可与邻近流域移置过来的实测特大暴雨所产生的洪水进行比较，并考虑暴雨频率及产汇流计算中可能存在的差异。

4.4.3.4 设计洪水估计值的抽样误差

根据有限长的洪水系列（样本），估计的洪水设计值都是随机变量。在许多实际问题中，通常采用设计值抽样分布的抽样方差、标准差等来表征它的随机不确定度，这就是抽样误差。显然，设计洪水的抽样分布，既和所研究的洪水现象总体分布有关，又和为获得设计值所采用的估计方法、洪水系列有关，它是一种导出分布，因此设计洪水估计值抽样分布是十分复杂的，更何况洪水总体分布函数亦是未知的。如果一个设计洪水估计值的抽样方差小，就被认为它估计得好、精度高；反之，抽样方差大，就被认为估计得差，精度低。根据不同的系列，采用不同的方法，设计洪水估计量也随之而变。设计洪水估计值的随机不确定性，包括洪水概率模型（即线型）、参数估计以及系列代表性等方面的不确定性，一般用设计值的均方差表示。

对于样本容量为 n、频率 P 的设计值 x_p 的均方差 σ_{x_p}，其一般计算公式为

$$\sigma_{x_p}=\frac{\sigma}{\sqrt{n}}B=\frac{\overline{x}C_v}{\sqrt{n}}B \quad \text{（绝对误差）} \tag{4.4-28}$$

式中 σ——总体方差，可用总体的估计值 $\overline{x}C_v$ 来计算；

B——与设计频率 P 及偏态系数 C_s 有关的综合系数。

$$\sigma'_{x_p}=\frac{C_v}{K_P\sqrt{n}}B\times100\% \quad \text{（相对误差）} \tag{4.4-29}$$

式中 K_P——指定频率 P 的模比系数，由于 B 为 C_s 与 P 的函数，它的表达式很复杂，已制成诺模图（见图 4.4-1）。

图 4.4-1 是采用离差绝对值和适线准则，由统计试验法求得的。如前所述，不同的适线准则求得的 B 值诺模图有一定的差异。在设计洪水计算中，采用的洪水系列一般都有历史洪水，即不连序系列，但式（4.4-29）推导过程是针对连序系列的，未考虑历史洪水调查期 N 及历史洪水个数对设计洪水的影响。因此，由此法估计的设计洪水估计量的抽样误差只能供参考。

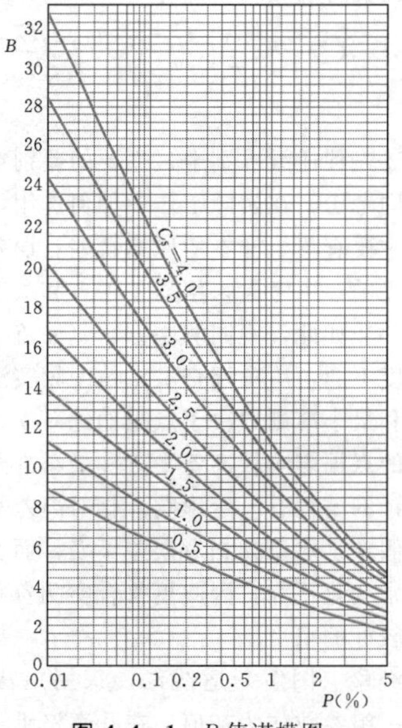

图 4.4-1 B 值诺模图

【算例 4.4-2】 某水文站有 1935～1987 年（53 年）实测洪水资料（见表 4.4-3）。实测最大洪峰流量为 31000m³/s，发生在 1983 年，次大洪峰为 22500m³/s，发生在 1974 年。另外调查到 1583 年、1867 年、1921 年历史洪水分别为 37000m³/s、30300m³/s 和 27400m³/s，据历史文献考证，1583 年以来还发生了 1724 年、1832 年、1852 年等年的历史洪水，可以断定 1724 年和 1852 年洪水比实测洪水要

大，但比1583年洪水要小，其中1724年洪水略大于1852年洪水，1832年洪水小于1867年洪水，但大于1921年洪水，除此之外，情况不明。现拟在此处修建一座水坝，需根据上述资料，推求千年一遇设计洪峰流量。

(1) 历史洪水分析及考证。根据洪水调查资料，1583年洪水为1583年以来的首位洪水，相应的调查考证期为405年（1583～1987年），1724年和1852年洪水分别为1583年以来的第二、第三位洪水。

表 4.4-3　　某站洪峰流量经验频率计算表

洪峰流量				经验频率计算			
按时间次序排列		按数量大小排列		$P_M=\frac{M}{N+1}\times 100\%$		$p_m=\frac{m}{n+1}\times 100\%$	
年份	Q_m (m^3/s)	年份	Q_m (m^3/s)	M	P_M (%)	m	p_m (%)
1583	37000	1583	37000	1	0.25		
1724	*	1724	*	2	0.49		
1832	*	1852	*	3	0.74		
1852	*	1983	31000	4	0.99	1	1.85
1867	30300	1867	30300	5	1.23		
1921	27400	1832	*	6	1.48		
1935	20700	1921	27400	7	1.72		
1936	9230	1974	22500			2	3.70
1937	10300	1949	22100			3	5.56
1938	19400	1935	20700			4	7.41
1939	7300	1960	20600			5	9.26
1940	16600	1984	20000			6	11.11
1941	2260	1938	19400			7	12.96
1942	3610	1987	19400			8	14.81
1943	8180	1965	18900			9	16.67
1944	5430	1978	18500			10	18.52
1945	11100	1951	18400			11	20.37
1946	14100	1964	18400			12	22.22
1947	7090	1975	18200			13	24.07
1948	16900	1963	18100			14	25.93
1949	22100	1968	18100			15	27.78
1950	11000	1979	17300			16	29.63
1951	18400	1958	17000			17	31.48
1952	14800	1948	16900			18	33.33
1953	10900	1981	16700			19	35.19
1954	13800	1940	16600			20	37.04
1955	15600	1982	16400			21	38.89
1956	15000	1955	15600			22	40.74
1957	12800	1956	15000			23	42.59
1958	17000	1952	14800			24	44.44

续表

洪峰流量				经验频率计算			
按时间次序排列		按数量大小排列		$P_M=\frac{M}{N+1}\times100\%$		$p_m=\frac{m}{n+1}\times100\%$	
年份	Q_m（m^3/s）	年份	Q_m（m^3/s）	M	P_M（%）	m	p_m（%）
1959	4390	1967	14400			25	46.30
1960	20600	1946	14100			26	48.15
1961	9530	1954	13800			27	50.00
1962	10300	1980	13400			28	51.85
1963	18100	1985	13100			29	53.70
1964	18400	1957	12800			30	55.56
1965	18900	1973	12400			31	57.41
1966	3380	1945	11100			32	59.26
1967	14400	1950	11000			33	61.11
1968	18100	1953	10900			34	62.96
1969	7880	1971	10800			35	64.81
1970	9560	1937	10300			36	66.67
1971	10800	1962	10300			37	68.52
1972	7820	1977	10200			38	70.37
1973	12400	1970	9560			39	72.22
1974	22500	1961	9530			40	74.07
1975	18200	1936	9230			41	75.93
1976	8320	1986	8330			42	77.78
1977	10200	1976	8320			43	79.63
1978	18500	1943	8180			44	81.48
1979	17300	1969	7880			45	83.33
1980	13400	1972	7820			46	85.19
1981	16700	1939	7300			47	87.04
1982	16400	1947	7090			48	88.89
1983	31000	1944	5430			49	90.74
1984	20000	1959	4390			50	92.59
1985	13100	1942	3610			51	94.44
1986	8330	1966	3380			52	96.30
1987	19400	1941	2260			53	98.15

注　1. * 表示不能确切定量。

2. 两种计算方案，分别取 $N=405$ 年（1583～1987年），$n=53$ 年（1935～1987年）。

1983年洪水为实测洪水，该年洪水比调查到的1867年和1921年洪水大，排在1583年以来的第四位。

1867年、1832年、1921年洪水分别排在1583年以来的第五、第六、第七位。

（2）不连序系列分析。水文站有1935～1987年共53年的连序洪水资料。将1583年、1724年、1852年、1867年、1832年、1921年洪水与1935～1987

年实测系列组成不连序系列进行频率分析，其中将1983年提出作为特大值处理，频率曲线线型选用P—Ⅲ型，经验频率采用数学期望公式计算，历史洪水和特大洪水采用 $P_M=M/(N+1)\times100\%$，实测系列采用 $p_m=m/(n+1)\times100\%$。对不连序系列，按矩法计算参数 E_x、C_v 作初估值，然后以适线法进行调整确定。

采用矩法初估统计参数：均值$=13500\text{m}^3/\text{s}$，$C_v=0.41$，$C_s=2C_v$。经多次适线，最后选用统计参数：均值$=13500\text{m}^3/\text{s}$，$C_v=0.44$，$C_s=2C_v$，得到的频率曲线如图4.4-2所示。据此组参数求得的千年一遇设计洪峰值 $Q_{0.1\%}=39400\text{m}^3/\text{s}$。

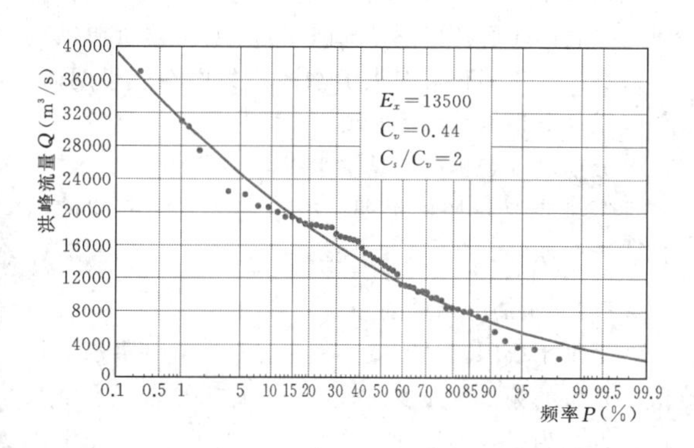

图4.4-2　某站洪峰频率曲线

4.4.4 设计洪水过程线

设计洪水计算的目的应为推求达到某一设计标准的洪水过程线。洪水系列选样是从工程所在地点全部洪水要素中选取有限个表征洪水过程特征值（如洪峰流量、有限个时段洪水量等），力求使其能反应工程设计所需的设计洪水过程。设计洪水过程线计算方法，是以洪峰流量和时段洪量的设计成果为基础，确定设计标准下设计洪水过程线需要控制的某些洪水特征，例如洪峰流量 Q_m、控制时段的洪量等，使设计洪水过程线这些特征值的出现频率恰好等于工程防洪标准所要求的洪水频率 P。目前，一般采用经验概化法处理，即从洪水资料中选出有代表性的实际洪水过程线（即典型洪水过程线），作为未来设计洪水流量时程分配的模型，然后以设计洪峰流量、或一个或若干个对工程调洪影响大的时段洪量为控制放大典型洪水过程，作为设计洪水过程线。

4.4.4.1 典型洪水过程的选取

在选择典型洪水过程时，应分析洪水成因和洪水过程特征，如洪水出现季节、峰型（单峰或复峰）、主峰位置、上涨历时、洪量集中程度以及洪水地区组成等。根据实践经验和调洪计算要求，选择某种条件下的洪水过程作为典型洪水过程。一般可以从以下几个方面进行选取。

（1）从资料较完整和可靠的实测大洪水资料中选取。

（2）选择在设计条件下可能发生的有代表性的洪水过程，即洪水出现的季节、洪峰次数、洪水历时、主峰位置等，能概括地代表大洪水的一般特性。

（3）选择能满足工程设计要求，对防洪偏于不利的洪水过程线作为典型。一般来说，调洪库容较小时，尖瘦型洪水过程线对调洪不利；调洪库容很大时，矮胖型洪水过程线对调洪不利；对双峰型洪水来说，一般前峰小、后峰大的洪水过程线对调洪不利。

当流域洪水成因、地区组成有明显的季节性，并导致洪水过程也有明显差别时，应分别选取典型洪水过程线。

4.4.4.2 设计洪水过程线的放大

对典型洪水过程线进行放大，常用的方法有分时段同频率控制放大法和同倍比放大法两种。

1. 分时段同频率控制放大法

分时段同频率控制放大法，就是用同一频率的洪峰和各时段的洪量控制放大典型洪水过程线。分时段同频率放大的目的是希望通过对选定时段洪量的控制，使一场洪水经调洪后的防洪设计指标，如最高库水位 H_m、最大下泄流量 q_m 等所对应的频率与选定时段所对应的频率相等或接近。

分时段控制放大所选用的控制时段历时 t_c，主要考虑以下几个因素。

（1）要符合洪水特性。最长历时可根据洪水过程的长短来选定，应尽量照顾峰型的完整。

（2）与调洪主要时段的长短紧密联系。一般可将水库开始蓄洪至最高库水位的时段称为调洪主要时段。一般来说，水库调洪库容小、泄流能力大的，调洪主要时段短；反之，则较长。

（3）当 t_c 较长时，一般再将 t_c 时段划分成若干时段。所选取的时段数目不宜过多，一般以2～3个时段为宜。通常采用洪峰、24h、72h、7d、15d等时段。

各时段放大系数计算公式为

$$K_Q=\frac{Q_P}{Q_{典}} \tag{4.4-30}$$

$$K_{W1}=\frac{W_{1P}}{W_{1典}} \tag{4.4-31}$$

$$K_{W2}=\frac{W_{2P}-W_{1P}}{W_{2典}-W_{1典}} \tag{4.4-32}$$

$$\vdots$$

式中　K_Q、K_{W1}、K_{W2}——各时段的放大系数；

Q_P、$Q_典$——设计、典型洪水的洪峰流量；

W_{1P}、W_{2P}、$W_{1典}$、$W_{2典}$——设计、典型洪水过程的时段洪量。

用放大系数 K 乘以典型过程的相应时段流量，即得出设计洪水过程线。

由于在两种控制时段衔接的地方放大倍比不一致，因而放大后的交界处往往产生不连续的现象，使过程线呈锯齿形，可根据水量平衡原则修正成为光滑曲线。修匀的方法有多种，最简单的是徒手修匀，也有许多方法用于计算机放大洪水过程线。如放大后的洪水过程线形状与典型洪水过程线差别较大，可改用其他典型洪水过程线。

2. 同倍比放大法

同倍比放大法，就是用同一个放大倍数 K 值放大典型洪水过程线，使放大后的洪峰流量或控制时段的洪量等于设计洪峰流量 Q_P 或设计洪量 $W_{t_c,P}$。同倍比放大法计算简便，常用于峰量关系较好的河流和多峰型的河流。

对水库工程而言，当防洪库容较小时，洪峰流量对防洪安全起控制作用，其放大系数可按设计洪峰流量与典型过程的洪峰流量之比求得，称为“以峰控制”。当水库的调洪库容较大，洪量对防洪安全起主要作用时，其放大倍数可按控制时段的设计洪量与典型时段的相应最大洪量之比求得，称为“以量控制”。

以上两种方法中，同频率放大法的计算成果较少受所选典型不同的影响，常用于峰量关系不够好的河流，以及峰量均对防洪安全起作用的工程。

由不同典型放大所得的设计洪水过程线，应根据调洪演算结果，从中选定对工程安全较不利者作为采用成果。

由于近年来计算机在工程设计中的广泛应用，使得不必只选少数典型洪水过程线来放大设计洪水过程线，而是可以把所有实测大洪水或较大洪水作为典型洪水，来放大成设计洪水过程线，并通过计算机调洪，研究各种不同洪水过程线对工程防洪的影响，由此确定工程的防洪特征和防洪调度方案，从而大大提高了推求设计洪水过程线和工程防洪安全的可靠性。

4.4.5　汛期分期设计洪水

设计洪水是根据年最大洪水系列计算的（通常称为年最大设计洪水，或全年设计洪水）。工程设计时，枢纽建筑物的防洪标准应采用年最大设计洪水。

我国多数地区位于季风气候区，河流洪水多由暴雨形成，暴雨具有较为明显的成因与季节变化，洪水亦与此相应，多有较为明显的主汛期。很多水库具有防洪任务，设置有防洪库容，但年最大洪水在年内发生的时期及数量具有不确定性，年最大洪水多发生在主汛期，其他时段则多为一般洪水。当整个汛期均采用根据年最大洪水确定的防洪库容及汛限水位调度时，在汛期的许多时候，一出现稍大洪水就被迫弃水；而到汛末水库又往往难以蓄满，导致大量水资源和库容不能得到有效利用，既不合理，也不经济。

为了解决防洪与兴利的矛盾，并充分利用汛期洪水资源，拟定设计洪水时，应根据年内不同时期洪水发生的特性，计算汛期分期设计洪水，便于水库调度时在不同时期内依据相应的分期设计洪水，制定相应的汛期限制水位，预留相应的防洪库容，从而减少防洪与兴利的矛盾。特别是我国北方地区，水资源供需矛盾突出、汛期长，但大洪水主要集中在主汛期内，研究汛期分期洪水尤为必要。

分期洪水名称可根据洪水成因、季节变化、洪水特性等来定义，如桃汛期、凌汛期；主汛期和前汛期、后汛期等。

4.4.5.1　汛期分期的划分

当洪水成因随季节变化具有显著差异和洪水的量级、发生的频次明显变化时，可据此来划分汛期洪水的分期。为了合理地划分分期，主要考虑以下因素。

(1) 分期内洪水成因变化明显和季节变化显著。从形成洪水的降水气候背景、大气环流形势、降水类型和降雨时空分布特性，以及流域产汇流条件等在季节上的差异上着手分析。如嘉陵江和汉江因副热带高压位置变化常有夏季洪水和秋季洪水之分；东南沿海及长江下游地区有梅雨和台风雨之别；淮河以北地区汛期多为6～9月，但大洪水主要分布在7～8月等。

(2) 分期内洪水量级大小差异明显。根据流域内不同时期洪水特性变化，分析洪水过程线的形状、持续时间差异，年最大洪水或次大洪水的洪峰流量、各时段洪量值有无明显的量级大小和频次变化。为了便于分析，可根据本流域的资料，将历年各次洪水以洪峰发生日期或某一定历时最大洪量的中间日期为横坐标，以相应洪水的峰量数值为纵坐标，点绘洪水年内分布图，并描绘平顺的外包线。

由于洪水过程发生具有随机性变化，又要满足分期划分的条件，因此，分期不宜过多，一般以2～3个时段为宜。

由于目前水文实测资料的年限一般不长，而天气的季节性变化在时间上又不是很稳定，在有条件地区还应结合历史洪水的调查考证，查清在各个不同季节是否出现过比实测更大的洪水，将历史洪水也点绘在洪水年内分布图上，以利于分期的划分。

4.4.5.2 汛期分期洪水选样

汛期分期洪水频率计算中所依据的样本系列，在各年该分期内按年最大值选样。当洪水过程跨越了确定的分期界限时，选样时应当考虑洪水过程的完整性。

由于人为划分分期的结果，有时在相邻两个分期交界处附近，例如由一般汛期向主汛期过渡的时段，一场洪水洪峰的发生日期带有一定偶然性，为了考虑邻期中在靠近本期一定时段内的洪峰可能在本期发生，从而造成对本期防洪安全的风险，在工程设计中，将本期及邻期靠近本期的一定时段内发生的最大流量选作为本期的样本。

历史洪水应按其发生的日期，加入各分期洪水系列进行频率计算。但其重现期应在分期内考证。

4.4.5.3 汛期分期洪水频率计算

分期洪水频率计算所采用的经验频率公式、频率曲线线型与年最大洪水相同。分期洪水频率计算的步骤和方法，原则上与年最大洪水一致。

历史洪水的重现期考证：通过调查和文献考证的历史大洪水，一般都是年最大洪水。根据调查的年最大洪水的发生日期，即其处于哪一分期内，就将这场历史洪水作为该分期的历史洪水。分期历史洪水的重现期应当遵循分期洪水系列的选样原则，分期考证的历史洪水重现期应不短于其在年最大洪水系列中的重现期。

分期洪水实测系列特大值处理应特别慎重，一般可从形成洪水的暴雨成因及其季节变化特点进行分析，并与历史洪水与全年特大洪水进行比较。如果在全年洪水中未作特大值处理，在没有充分的证据时，分期内一般就不作特大值处理。当某项洪水作为年最大洪水的样本并且按特大值处理时，它作为分期洪水的样本，也可参照年最大洪水特大值处理的情况进行处理。

由于分期洪水计算中，历史洪水个数少于全年洪水，且其重现期考证更为困难。导致分期洪水频率计算成果与年最大洪水的成果比较，不尽合理，应分析其原因。有时，可使两者采用的资料条件相似，在同等条件下，对统计参数与设计成果进行对比分析。必要时，应以年最大洪水频率计算成果为依据，调整分期洪水频率计算成果。有时，由于分期洪水的 C_v 值往往大于年最大洪水 C_v 值，因此，在稀遇频率情况下，会出现分期洪水设计值大于年最大洪水设计值的情况，同样应对这种不合理的情况进行处理，处理时也以年最大洪水频率计算成果为准，对分期洪水频率计算成果进行调整。

对分期设计洪水成果的合理性进行分析时，应将分期洪水的峰量频率曲线与全年最大洪水的峰量频率曲线，放在一起进行对照分析，检查其相互关系是否合理。有时，它们在设计频率范围内发生交叉现象，即稀遇频率的分期洪水大于同频率的全年最大洪水。产生这种现象的主要原因，除抽样的偶然性、参数确定不当以外，还可能由于分期洪水与全年最大洪水都采用了同一线型。这时，应结合洪水的成因及季节变化特点进行调整，一般来说，由于全年最大洪水在资料系列的代表性、历史洪水的调查考证等方面，均较分期洪水研究更充分一些，其成果相对较可靠。应当指出的是，工程等级洪水设计标准是以年最大值选样作为设计标准，分期洪水的样本不一定是全年最大值，主汛期应采用全年最大洪水选样分析的设计洪水成果。

4.4.6 施工分期设计洪水

施工分期设计洪水是给定施工期内设计标准的洪水，根据工程设计需要与流域洪水特性确定。例如导流洞、围堰的施工，如果采用全年导流、全年施工的安排，则其施工设计洪水应采用年最大洪水；如果施工围堰只用于非汛期挡水，则其施工设计洪水就应采用非汛期的设计洪水。

4.4.6.1 施工分期的划分

施工分期设计洪水的分期主要考虑两种因素：一种是根据施工需要划分分期，另一种为根据流域洪水特性并满足洪水频率计算要求而划分分期。因此，为了满足工程施工设计的需要，应结合洪水特性和施工期的安排，综合考虑各种因素，合理确定施工设计洪水的分期，使分期既能基本满足工程施工设计的要求，又要使起讫时期基本符合洪水成因的变化规律和特点。

对于施工设计洪水，具体时段的划分主要取决于工程设计的要求。为选择合理的施工时段，安排施工进度等，常需要分出枯水期、平水期、洪水期的设计洪水或分月的设计洪水。若分期过短，相邻期的洪水在成因上没有显著差异，难以满足样本独立性要求。因此，分期不应太细，一般不宜短于一个月。例如在枯水期的几个月内，流量均较稳定，就没有必要再细分成各月的分期。施工洪水分期拟定时，可通过最大流量散布图拟定分期时段。

4.4.6.2 施工分期洪水选样

施工分期设计洪水的选样与汛期分期设计选样类似，在各年该分期内按年最大值选样。当洪水过程跨越了确定的分期界限时，选样时应当考虑洪水过程的完整性。由于洪水出现的偶然性，各年分期洪水的最大值不一定正好在所定的分期内，可能往前或往后错开几天。因此，在用分期年最大值选样时，有跨期或不跨期两种选样方法。跨期选样时，为了反映每个分期的洪水特征，跨期选样的日期不宜超过5～10d。

不跨期和跨期计算的分期设计洪水是不相同的。不跨期选样的系列没有反映分期洪水提前或推迟的偶然特点，在使用时允许跨期。跨期选样时，系列中已反映了洪水出现时间一定的偶然性，因此，使用分期洪水时就不再跨期。

在施工设计洪水计算中，有时需要推求汛期各分期的设计洪水洪量。分期洪量的选样原则是，一场洪水的时段洪量主要位于哪一分期，就作为哪一分期的洪量样本。

4.4.6.3 施工分期洪水频率计算

实测洪水流量资料一般为30～50年，当分期时段较短时，例如1个月，在分期样本系列中，往往首一、首二位洪水比其他洪水大得多，其经验频率点据在全部系列中有明显脱节现象，这给适线带来一定困难。对于分期洪水样本系列中首一、首二位洪水，是否要进行特大值处理，应特别慎重，一般可从形成洪水的暴雨成因及其季节变化特点进行分析，并与邻期洪水的样本系列作对比。当没有充分的证据说明该项洪水确为特大值时，一般就不作特大值处理。当某项洪水作为年最大洪水的样本并且按特大值处理时，它作为分期洪水的样本，也可参照年最大洪水特大值处理的情况进行处理。

施工设计洪水的洪水标准一般在5年一遇至50年一遇之间，个别可为百年一遇。因此，在分期洪水频率计算中，频率曲线的适线要着重考虑经验频率在上述使用范围内的洪水点据，即前3～5个洪水点据。如果这几个洪水点据中有一两个比其他几个洪水点据高得多，为保证防洪安全，在适线中应尽可能靠近大洪水点据。

当设计依据站实测流量系列较长、且施工设计标准较低时，施工分期设计洪水可根据经验频率曲线确定不同设计频率的施工洪水成果。

4.4.6.4 施工分期设计洪水成果合理性分析

分期洪水的年际变差较大，而且分期的历史洪水调查考证又比较困难。因此，其频率计算成果（特别是当分期较短时）的误差可能比较大，应加强分期洪水频率计算成果的合理性分析。

(1) 将各分期洪水频率曲线放在一起进行对照分析，分析其季节性变化规律。如发现有不合理之处，应检查其原因，并按其变化趋势勾绘成平滑曲线，加以调整。在使用范围内不允许相交。如果出现相交现象，应分析其原因，并结合洪水的成因及季节变化特点进行调整。

(2) 分期洪水的均值，一般汛期大于过渡期，过渡期大于枯水期。变差系数 C_v，一般过渡期大于汛期，如果过渡期或汛期又划分成几个分期，各分期之间 C_v 值的变化往往没有明显的规律，此时主要应从资料条件、大洪水发生日期的变动特点和天气成因上分析其合理性。

(3) 对于短历时设计洪量超过长历时设计洪量的现象，应对参数进行调整。调整的原则，应以分期历时较长的洪水频率曲线为准，如以年控制季、季控制所属月为宜。

4.4.6.5 施工分期设计洪水的应用

洪水的出现时间在多年内存在着偶然性，可以提前也可以推后发生。特别是当洪水的季节性差异不很明显、分期洪水的时间界限不易划定时，更应考虑其提前或推后发生的可能性。为此，在使用不跨期选样的成果时，若邻期的设计值大于本期的设计值，可以将其移用于本期的一定时间范围内，其移用的时间范围可按具体情况确定，一般不应超过5～10d，也可采取使用相邻两分期的设计洪水值逐渐过渡的办法。如为跨期选样的成果，则使用时不应再跨期。主汛期施工度汛的设计洪水，应采用年最大设计洪水成果。

在计算施工设计洪水时，有时要求给出分期小于一个月的设计洪水。一般可根据不小于一个月的分期洪水频率计算成果，将各分期、各频率设计值点绘在洪水年内分布图上，根据洪水季节变化规律，勾绘年内分布曲线，从曲线上确定小于一个月的分期洪水设计值，供设计参考使用。

4.4.6.6 受上游水库调蓄影响的施工分期设计洪水

当设计工程上游有已建或即将建成的调蓄作用较大的水库及水电站工程时，在水库的蓄水期（一般对应于年内流量的丰水期），由于水库的调蓄或调洪作用，下游设计断面的流量比天然情况减小；而在水库的供水期（一般对应于年内流量的枯水期或少水期），下游设计断面的流量比天然情况增大，施工设计洪水主要应考虑其对下游最大流量的影响。

上游有调蓄影响较大的水库工程时，施工分期设计洪水计算应考虑上游水库的调蓄影响。在枯水期，上游水库一般按发电或灌溉、供水等需求下泄流量，水库下泄的流量，可能是水电站装机满发的泄流量或者灌溉、供水等的泄流量，也可能是满足生态用水的泄流量。因此，计算枯水期受上游水库影响的施工分期设计洪水，一般是将上游水库坝址至设计断面区间设计洪水与同期水库最大下泄流量叠加。

当上游水库建成较早，受水库调蓄影响后的实测流量系列较长、且施工设计标准较低时，也可根据经验频率曲线确定不同设计频率的施工分期设计洪水。

4.5 设计洪水地区组成

当设计断面上游有调洪作用较大的水库或蓄滞洪等工程时，这些工程的调洪和蓄滞洪作用会明显改变天然洪水过程，将对下游工程的设计洪水产生较大影响。

经上游工程调蓄后的洪水过程与天然洪水过程相比，一般情况下洪峰流量和时段洪量减少，洪峰出现时间延后，并随天然洪水的大小和洪水过程线的形状不同而异。上游工程的下泄流量过程与区间洪水过程组合后，形成下游设计断面受上游工程影响后的洪水过程。

洪水地区组成就是洪水洪量在设计断面或防洪控制断面（统称设计断面）以上各个区间（区域）的分配程度。

4.5.1 受水库调洪影响的几种常见类型

4.5.1.1 单库下游有防洪对象

如图 4.5-1 所示，设计的水库 A 下游有防洪区（以 C 为控制断面），A 与 C 之间还有无控制的区间 B。为研究水库 A 对防洪区 C 的防洪作用，需要推求 C 断面受上游水库 A 调洪影响后的设计洪水。

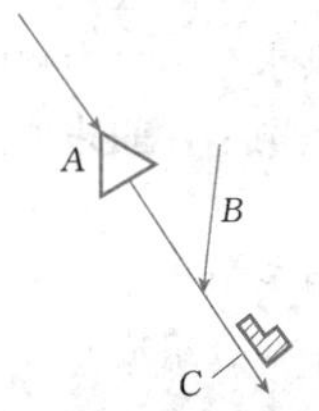

图 4.5-1 单一水库承担下游防洪

4.5.1.2 梯级水库

梯级水库的设计洪水计算，一般都会涉及推求受上游水库调蓄影响后的设计洪水。上、下游两个水库组成的梯级水库是最常见的，具有一定的代表性，而多级水库可以看成是两级水库的各种组合。

对于两级水库的情况，可以归纳为下列三种类型。

(1) 两级水库均不承担下游防洪对象的防洪任务。如图 4.5-2 所示，A_d 水库的洪水是经 A_u 水库调洪后的下泄洪水与区间 B 的洪水组合而形成的，所以在进行 A_d 水库的防洪设计时，就需要推求 A_d 受 A_u 水库调洪影响后的设计洪水。

(2) 两级水库下游有防洪对象。如图 4.5-3 所示，如果所要设计的工程是 A_u 水库，为研究 A_u、A_d 两个梯级水库对防洪对象 C 的防洪效果，就需要推求 C 断面受上游 A_d、A_u 两水库调洪综合影响后的设计洪水；如果所要设计的工程是 A_d 水库，除需推求 A_d 受 A_u 水库调洪影响的设计洪水外，同时还要推求 C 断面受 A_u、A_d 两水库调洪共同影响的设计洪水。

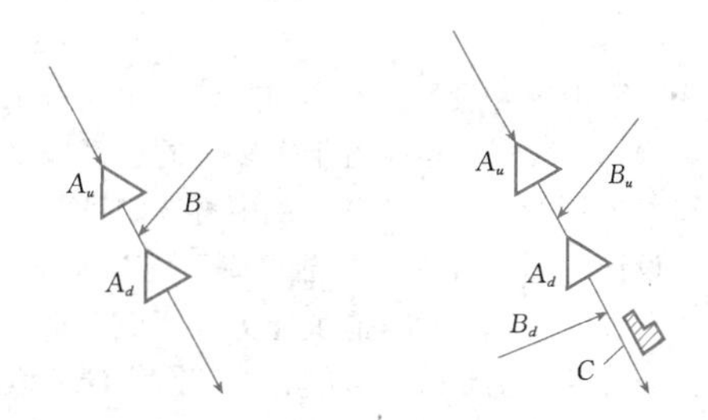

图 4.5-2 两级水库不承担下游防洪　　**图 4.5-3** 两级水库承担下游防洪

(3) 两级水库之间有防洪对象。如图 4.5-4 所示，在设计 A_u 水库时，为研究 A_u 水库对防洪对象 C 的防洪作用，需要推求 C 断面受 A_u 水库调洪影响后的设计洪水；在设计 A_d 水库时，就需要推求 A_d 受 A_u 水库调洪影响后的设计洪水；当两库联合调度时，A_u 的下泄流量不仅取决于本断面来水的大小，也取决于 A_d 断面来水的大小，即设计断面 C 受上游水库调蓄影响后的洪水，同时受水 A_u、B_1、B_2 三部分洪水组成的影响，此时研究洪水地区组成时，应注意与单库情况的区别。

4.5.1.3 并联水库下游有防洪对象

如图 4.5-5 所示，在设计 A_1 或 A_2 水库时，都要推求 C 断面受 A_1 和 A_2 水库调洪影响后的设计洪水。当 A_1、A_2 采用独立调洪方式时，为推求 C 断面的设计洪水，应研究 A_1、A_2 及两库与 C 断面之间的区间 B 三部分洪水的不同组成对 C 断面设计洪水的影响。当水库 A_1、A_2 采用联合补偿调洪方式，共同承担 C 断面的防洪任务时，水库总的调洪效果主要取决于 A_1、A_2 两断面洪水的总和，除了可直接分析 A_1、A_2 及 B 三部分洪水的地区组成外，为分析方便，也可将 A_1、A_2 两断面的洪水合并成一个虚拟断面 A 的洪水，首先分析 A 与 B 两部分洪水的组成，再将 A 的洪水分配给 A_1 及 A_2。这种分析方法，便

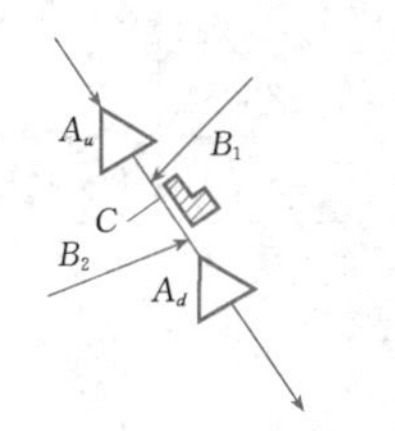

图 4.5-4 两库之间有防洪区

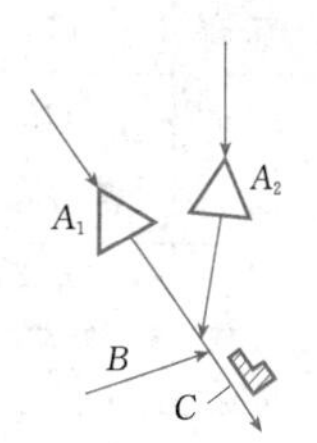

图 4.5-5 并联水库承担下游防洪

于判断什么样的洪水组成对 C 断面的防洪不利。

4.5.2 洪水地区组成规律分析

设计断面受上游水库调洪影响后的洪水是由上游水库调洪后的下泄洪水过程与区间洪水过程组合形成的。

为了分析研究设计洪水不同的地区组成对工程防洪的影响，一般需要拟定若干个以不同地区来水为主的计算方案并进行调洪计算，从中再选定可能发生又能满足设计要求的成果。上游水库下泄洪水的大小，主要与上游水库的库容、泄洪能力及断面洪水的大小有关。如果洪水主要来自区间，上游水库断面洪水较小，则上游水库调洪对设计断面洪水的影响就较小。如果洪水主要来自上游水库干流，则水库调洪作用就可能较大。因此，需要根据实测及调查的暴雨洪水资料，对设计流域内洪水地区组成特点和规律进行综合分析。

分析设计断面以上各分区洪水组成规律，一般可从以下几个方面进行。

4.5.2.1 设计流域暴雨的地区分布规律

应主要分析暴雨中心位置及其变化情况、雨区的移动方向、在大暴雨情况下雨区范围的变化等，以便了解和分析流域内暴雨洪水的地区分布规律和各分区之间洪水的遭遇规律。

如果流域内暴雨中心经常稳定在某一分区，那么在研究洪水地区组成时，就应着重考虑该分区来水为主的组成方案；如果设计流域在发生大暴雨或特大暴雨时，雨区笼罩全流域，各分区暴雨的差异变化不大，那么在研究稀遇洪水的地区组成时，就应着重考虑各分区来水较均匀的组成方案；如果暴雨中心经常由上游向下游移动，而流域内的水库恰好位于上游，则水库最大下泄流量与区间洪水遭遇的可能性大，反之，则遭遇的可能性小。

4.5.2.2 不同量级洪水的地区组成及其变化

根据上游水库对较大洪水调洪起主要作用的时段长度，选择几个控制时段，以设计断面各时段年最大洪量的起讫时间为准，从历年实测及调查洪水资料中，考虑洪水传播时间，分年统计上游水库所在断面及水库与设计断面之间区间的相应洪量，计算各分区相应洪量占设计断面洪量的比例。

以某流域设计工程为例。该工程设计代表站为 A 水文站，其上游具有调节性能的水库设计代表站为 B 水文站。统计 A 水文站发生的排前几位的大洪水，以该站最大 15d 洪量的起讫时间为准，统计上游 B 水文站与 B～A 区间相应洪量及对应频率，见表 4.5-1。表 4.5-1 中，其频率项是分别根据 A、B、B～A 区间年最大 15d 洪量频率曲线上查出的。从表 4.5-1 可以看出，B 站最大 15d 洪量和 B 站相应于 A 站的 15d 洪量起讫时间几场洪水中有五场天数相同，三场前后相差 1d，一场相差 2d。所以从时间上来说基本是相同的。也就是相应的 15d 洪量基本能够代表 B 站最大 15d 洪量。从发生的频率来看，A 站与 B 站有五场洪水基本是同频的。而其他四场洪水两站频率有一定差别。区间来水均较大，特别是 1963 年、1964 年洪水，区间洪水属超频洪水。因此，工程设计洪水地区组成拟采用按 A、B 同频、B～A 区间相应及典型洪水地区组成。

表 4.5-1　某流域 A 水文站前几位实测大洪水年最大 15d 洪量组成统计表

年份	A 水文站			上游 B 水文站						A 水文站～上游 B 水文站区间		
	$W_{15d,最大}$（亿 m^3）	起讫日期（月-日）	频率（%）	$W_{15d,相应}$（亿 m^3）	占 A 站比例（%）	起讫日期（月-日）	频率（%）	$W_{15d,最大}$（亿 m^3）	起讫日期（月-日）	$W_{15d,相应}$（亿 m^3）	占 A 站比例（%）	频率（%）
1981	60.9	09-08～09-22	0.6	58.8	96.6	09-07～09-21	0.5	59	09-08～09-22	2.1	3.4	30.0
1983	43.8	07-13～07-27	6.0	41.6	95.0	07-12～07-26	6.0	41.6	07-12～07-26	2.2	5.0	28.0
1984	40.5	07-17～07-31	8.7	39.4	97.3	07-16～07-30	8.3	39.4	07-15～07-29	1.1	2.7	80.0
1967	39.3	09-03～09-17	10.5	36.5	92.9	09-02～09-16	12.0	36.5	09-02～09-16	2.8	7.1	15.3
1963	39.1	09-22～10-06	10.9	35.5	90.8	09-21～10-05	13.4	35.5	09-21～10-05	3.6	9.2	6.7
1964	35.3	07-20～08-03	16.1	31.4	89.0	07-19～08-02	22.5	31.9	07-21～08-04	3.9	11.0	4.8
1976	35	08-28～09-11	16.5	33.2	94.9	08-27～09-10	18.1	33.2	08-27～09-10	1.8	5.1	41.0
1968	33.4	09-12～09-26	20.5	32.7	97.9	09-11～09-25	20.0	32.7	09-11～09-25	0.7	2.1	95.0
1975	33.3	07-04～07-18	20.6	32.9	98.8	07-03～07-17	19.9	32.9	07-04～07-18	0.4	1.2	96.9

4.5.2.3 各分区洪水的峰量关系分析

拟定设计洪水的地区组成时，需将设计断面的设计洪量分配给上游水库断面及区间，因此洪量时段的选择要尽量选用各分区时段洪量与洪峰流量相关关系较好的时段。可点绘各分区洪水的洪峰流量与不同时段洪量的相关图，分析各分区峰、量关系，从而确定峰、量关系较好的时段。

此外，在推求各分区设计洪水过程线时，选择典型年也要选取典型年各分区峰、量相关点位于相关线附近的典型。如果不容易选取各分区峰、量相关点均位于相关线附近的典型，那么对某一分区放大后洪峰流量可能偏大或偏小，可借助上述相关分析有所了解，以便判断对设计断面防洪是否存在不安全因素。

4.5.2.4 各分区之间及与设计断面之间洪水的组合遭遇规律分析

(1) 统计历年各分区及设计断面洪峰的出现时间，以便分析各分区洪峰可能遭遇的程度。

(2) 以设计断面年最大时段洪量的起讫时间为准，分析各分区相应洪量的起讫时间与该分区独立选样的年最大洪量起讫时间之间的差异，并分析各分区相应洪水与该分区年最大洪水是否属于同一场洪水，如果存在不属于同一场洪水的情况，可以统计该部分洪水次数占实测资料总数的百分比。

4.5.2.5 设计断面与分区洪水关系图分析

建立设计断面年最大流量与区间年最大流量相关关系以及年最大时段洪量与区间年最大时段洪量关系；建立设计断面与区间相应选样同频率关系线；分析各分区与设计断面年最大流量、年最大时段洪量关系，从而拟定洪水地区组成。

4.5.3 设计洪水地区组成分析的途径和方法

水库的调洪作用改变了下游设计断面天然洪水的洪峰流量、时段洪量及洪水过程线形状，从而改变了设计断面洪水的概率分布。推求设计断面的设计洪水，最直接的方法是将实测洪水流量资料按水库的调洪规则逐年进行调洪计算，推求出设计断面的洪水过程线，从中统计出受水库调洪影响后设计断面洪水的特征值系列。但根据受水库调洪影响后的洪水系列进行频率计算时，难以用任何已知的频率曲线线型来适配，以达到外延的目的；若点绘经验频率点据，也难以用一条光滑的曲线来拟合，其外延趋势是不确定的。因此，在实际应用中，都是寻求在一定概化条件下的近似计算方法，这些方法主要有地区组成法、频率组合法和随机模拟法。

4.5.3.1 地区组成法

地区组成法不研究水库的调洪作用如何改变下游设计断面洪水的概率分布，只研究当设计断面发生设计标准的天然洪水时，上游水库及其区间的洪水地区组成情况。由于水库的调洪作用与设计断面设计洪水的地区组成有关，因此需要拟定几种洪水地区组成方案进行计算。由此推求的设计断面的洪水就作为该断面同一设计标准的设计洪水。

4.5.3.2 频率组合法

频率组合法是以水库断面及区间天然洪水频率曲线为基础，研究各分区洪水的所有可能的组合情况，计算各种组合情况下水库的调洪对设计断面洪水的影响，从而推求出设计断面受水库调洪影响后的洪水频率曲线及设计值。应用频率组合法时，由于具体处理方法的不同，又分为数值积分法及离散求和法两种方法。

频率组合法对于设计断面以上各分区洪水频率计算成果较为可靠、洪水峰量关系较好、水库调洪作用显著的情况尤为适用，具体方法可参阅参考文献 [4] 和参考文献 [9]。

4.5.3.3 随机模拟法

随机模拟法是利用随机模拟技术，建立设计断面及各分区洪水过程线的模拟模型，用人工方法随机生成任意长的、能满足设计需要的洪水资料系列，通过对长系列资料的调洪计算，求得设计断面受水库影响后的洪水系列，据此计算设计断面的频率曲线及设计值。具体方法可参阅参考文献 [4]。

4.5.4 地区组成法

4.5.4.1 设计洪水地区组成分析的计算步骤和内容

地区组成法是推求设计断面受上游水库或其他工程调节影响后的设计洪水的一种常用的简便方法。当设计断面发生设计频率的天然洪水时，通过拟定若干个以不同地区来水为主的组成方案，对每一组成方案计算上游工程所在断面和无工程控制区间洪水的洪峰与洪量，以及各断面统一时间坐标的相应洪水过程线，对工程所在断面的洪水过程线经调洪计算得到下泄洪水过程线，再与区间洪水过程线组合（必要时还应进行洪水演算），推求出设计断面的洪水过程线，从中选取可能发生又能满足设计要求的成果。

设计洪水地区组成分析计算步骤和内容如下。

(1) 设计断面设计洪量控制时段的选择。选择设计断面设计洪量控制时段时，不仅要考虑设计断面本身的防洪要求，还要考虑上游水库对调洪起主要作用的时段。由于用地区组成法计算各分区洪水过程线时，各时段水量要满足上下游断面之间的水量平衡原则，因此洪量控制时段不宜过多，一般以 1～2 个时段为宜。

(2) 拟定设计洪水的地区组成方案，将设计断面的设计洪量分配给上游各分区。

(3) 放大各分区的洪水过程线。

(4) 对上游水库断面的洪水过程线进行调洪计算，推求水库的下泄洪水过程线。

(5) 将水库的下泄洪水过程线与区间洪水过程线进行组合，或进行洪水演算，推求设计断面的洪水过程线及设计值。

(6) 对计算成果进行合理性检查，必要时可作修正和调整。

(7) 当所拟定的洪水地区组成方案不止一个时，可根据对流域洪水地区组成规律的认识和各方案计算成果合理性检查的结果，并结合工程特点和防洪安全设计的要求，选择对工程防洪偏于不利的成果。

4.5.4.2　设计洪水地区组成分析

在分析研究设计流域洪水地区组成特性的基础上，结合防洪要求和工程特点，通常可采用下列方法。

1. 典型洪水组成法

该法是从实测洪水资料中选择几个有代表性的、对防洪不利的大洪水作为典型，以设计断面的设计洪量作为控制，按典型年各分区洪量占设计断面洪量的比例，计算各分区相应的洪量。

典型洪水组成法简单、直观，是工程设计中常用的一种方法，尤其适用于分区较多、组成比较复杂的情况。由于该法实际上对各分区的洪水均采用同一个倍比放大，因此可能会使某个局部地区的洪水在放大后其频率小于设计频率。一般来说，对较大流域的稀遇设计洪水，这种情况是可能发生的，采用时，应对暴雨洪水的地区分布特点进行认真分析，判断典型年是否确实反映了本流域特大洪水的地区组成规律，如放大后局部地区出现显著超标准的情况，应检查其合理性。如发现这种情况发生的可能性很小，就不宜采用该典型年的组成，宜另选其他典型。

在有梯级水库情况下，一般可采用自设计断面向上游逐级控制的方式来拟定设计洪水的地区组成方案。

在对梯级水库中某一水库工程进行防洪安全设计时，如果设计断面的洪水只受到上游一个调蓄作用较大的水库的调洪影响，并且这种影响仅与该水库断面本身的洪水大小有关，则在拟定设计断面设计洪水的地区组成方案时，只涉及一个水库及一个区间的较为简单的情况。如图4.5-2所示，设计断面为下水库A_d时，应根据选定的典型洪水，按典型洪水A_u与B区间两部分洪量占设计断面洪量的比例，将设计断面的设计洪量分配给A_u与B区间。

对于两个梯级水库对设计断面洪水的影响，可分为以下两种情况。

(1) 设计断面上游有两个梯级水库。如图4.5-3所示，为推求设计断面C的设计洪水，需要拟定上水库A_u、上区间B_u及下区间B_d三个分区的洪水地区组成方案。如以W_C表示一场洪水的洪量，根据上下游水量平衡原则，有$W_C=W_{A_d}+W_{B_d}$和$W_{A_d}=W_{A_u}+W_{B_u}$。因此，在分配设计洪量时，可以分两级进行，具体方法如下。

选择一个大洪水典型，按典型洪水A_u、B_u、B_d三个分区洪量占设计断面洪量的比例，将设计断面的设计洪量分配给三个分区。受水库调洪影响后设计断面的设计洪水，与上游水库的调洪影响密切相关，水库调洪作用越小，所推求设计断面的设计洪水越大，工程防洪越安全。因此，在选择典型洪水时，在符合流域暴雨洪水遭遇规律的基础上，应选水库断面洪水所占比例相对较小、而两个区间洪水所占比例均较大的大洪水典型。

(2) 设计断面位于两个联合防洪调度的梯级水库之间。如图4.5-4所示，当两库采用联合调洪方式时，上水库A_u的下泄洪水过程不仅与上水库本身断面的来水有关，而且与下水库A_d断面的天然来水有关，也就是说，设计断面C的设计洪水，与A_u、B_1、B_2（在实际应用中常考虑上下水库之间的大区间B，$W_B=W_{B_1}+W_{B_2}$）三个分区洪水的组成有关。因此，在拟定设计断面设计洪水的地区组成时，除了将设计断面C的设计洪量分配给A_u、B_1两个分区外，还要同时确定B_2（或B）的洪量。

采用典型洪水组成法时，只要计算出典型洪水三个分区洪量占设计断面洪量的比例，就可计算出各分区的地区组成洪量。

2. 同频率洪水组成法

同频率洪水组成法，就是根据防洪要求选定某一分区出现与下游设计断面同频率的洪量，其余分区的相应洪量则按水量平衡原则推求。如果其余分区不止一个，而是有几个，则可选择一个典型洪水，计算该典型洪水各分区洪量的组成比例，并按此比例将相应洪量分配给各分区。

(1) 如果设计断面以上只有两个分区，如图4.5-1所示，在设计中一般可按以下两种方法拟定同频率洪水组成。

1) 当设计断面C发生设计频率为P的洪水$W_{C,P}$（以设计洪量表示）时，上游水库断面A也发生频率为P的洪水$W_{A,P}$，区间B则发生相应的洪水W_B，

按水量平衡原则，有

$$W_B = W_{C,P} - W_{A,P} \qquad (4.5-1)$$

以 $W_{A,P}$ 和 W_B 对水库断面洪水和区间洪水进行放大。

2）当设计断面 C 发生设计频率为 P 的洪水 $W_{C,P}$ 时，区间 B 也发生频率为 P 的洪水 $W_{B,P}$，上游水库断面 A 则发生相应的洪水 W_A，即

$$W_A = W_{C,P} - W_{B,P} \qquad (4.5-2)$$

以 W_A 和 $W_{B,P}$ 对水库断面洪水和区间洪水进行放大。

（2）对于设计断面以上分区超过两个时，可以比照上述两个分区的情况拟定同频率洪水组成方案。当采用同频率洪水组成法拟定设计洪水的地区组成时，需要有各分区天然洪水的频率分析成果，以便查出 $W_{A,P}$ 或 $W_{B,P}$。应该指出，某一分区与设计断面同频率的洪水，本应是组成设计断面年最大洪水的那部分相应洪水，否则上下游水量就不平衡了。但在实际应用中，由于推求相应洪水频率曲线有一定困难，如样本系列是否随机、独立等，频率计算精度一般低于独立选样的频率计算，所以如果设计断面各分区年最大洪量的起讫时间差别不大，一般仍直接采用分区年最大洪量频率分析结果进行计算。但应该注意，如果某一分区年最大洪水与设计断面年最大洪水经常不是同一场洪水，或者虽然是同一场洪水，但该分区相应洪量的起讫时间与年最大洪量的起讫时间差别很大，有时相应洪量的起讫时间甚至完全偏于一次洪水过程的涨洪段或落洪段，此时就不宜采用该分区独立选样的洪水频率曲线来拟定该区与设计断面同频率的组成方案，而宜采用相应选样的方法推求该分区相应洪量的频率曲线。

分区相应洪量的选样方法一般有两种（见图 4.5-6）。设计洪量时段长度为 T_0，设计断面年最大洪量的起讫时间分别为 t_1、t_2。第一种选样方法是以设计断面年最大洪量的起讫时间为准，考虑分区至设计断面之间洪水的传播时间 τ 后，在相应时段 $t_1-\tau$ 至 $t_2-\tau$ 内统计分区的相应洪量；第二种选样方法是以上述相应洪量起讫时间为基础，两端适当延长某一时段 Δt，即在 $t_1-\tau-\Delta t$ 至 $t_2-\tau+\Delta t$ 范围内选取时段长度为 T_0 的最大洪量，如图 4.5-6 中斜线阴影部分所示。时段长度 Δt 的选择主要考虑水库的调洪特点，如果上游水库最大下泄流量持续时间较长，Δt 可适当长一些，反之则可短一些。一般 Δt 最长不宜超过 T_0 的 1/3。

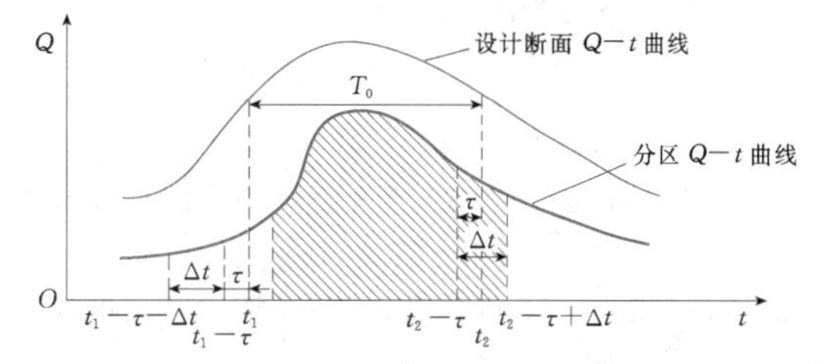

图 4.5-6　分区相应洪量选样示意图

同频率洪水地区组成只是有一定代表性的地区组成，它假定不同分区与设计断面发生相同频率的洪水，它们既不一定是最可能发生的洪水地区组成，也不一定是最恶劣的洪水地区组成。此外，不同分区与设计断面同频率组成的洪水发生的可能性也不一样。一般来说，当某分区的洪水与设计断面洪水的相关关系比较好时，二者发生同频率组成的可能性比较大；反之，可能性就比较小。如果实测大洪水有某分区的洪水频率常显著小于设计断面洪水频率的现象时，就不宜机械地采用该分区与设计断面同频率洪水地区组成方式。应当指出的是，由于河网调节作用等因素的影响，一般不能用同频率洪水地区组成法来拟定设计洪峰流量的洪水地区组成方案。

（3）对于两个梯级水库对设计断面洪水影响可分为以下两种情况。

1）设计断面上游有两个梯级水库。在有梯级水库情况下，拟定设计断面设计洪水的地区组成方案，一般可采用自设计断面向上游逐级同频率法的方式来拟定设计洪水的地区组成方案。

这种方法是按同频率洪水地区组成法的基本原则，自下而上逐级进行设计洪量的分配，如图4.5-3 所示。其需要拟定的洪水地区组成方案见表 4.5-2。可以看出，当设计断面 C 发生频率为 P 的设计洪水时，其上游各分区有四种不同的洪水组成。

表 4.5-2　逐级同频率洪水地区组成表

设计断面洪量 W_C	下水库断面洪量 W_{A_d}	下区间洪量 W_{B_d}	上水库断面洪量 W_{A_u}	上区间洪量 W_{B_u}
$W_{C,P}$	$W_{A_d,P}$	$W_{B_d,xy}=W_{C,P}-W_{A_d,P}$	$W_{A_u,P}$	$W_{B_u,xy}=W_{A_d,P}-W_{A_u,P}$
			$W_{A_u,xy}=W_{A_d,P}-W_{B_u,P}$	$W_{B_u,P}$
	$W_{A_d,xy}=W_{C,P}-W_{B_d,P}$ 或表示为 $W_{A_d,P'}$	$W_{B_d,P}$	$W_{A_u,P'}$	$W_{B_u,xy}=W_{A_d,P'}-W_{A_u,P'}$
			$W_{A_u,xy}=W_{A_d,P'}-W_{B_u,P'}$	$W_{B_u,P'}$

注　表中 P' 为下水库断面相应洪量 $W_{A_d,xy}$ 所对应的洪水频率；下标 xy 表示相应。

表 4.5-3 设计断面位于联合调度的两库之间时同频率洪水地区组成表

<table>
<tr><th>设计断面洪量 W_C</th><th>上水库断面洪量 W_{A_u}</th><th>上区间洪量 W_{B_1}</th><th>下水库断面洪量 W_{A_d}</th><th>下区间洪量 W_{B_2}</th></tr>
<tr><td rowspan="4">$W_{C,P}$</td><td rowspan="2">$W_{A_u,P}$</td><td rowspan="2">$W_{B_1,xy}=W_{C,P}-W_{A_u,P}$</td><td rowspan="2">$W_{A_d,P}$</td><td>$W_{B_2,xy}=W_{A_d,P}-W_{C,P}$</td></tr>
<tr><td>$W_{B_2,P}$</td></tr>
<tr><td rowspan="2">$W_{A_u,xy}=W_{C,P}-W_{B_1,P}$</td><td rowspan="2">$W_{B_1,P}$</td><td rowspan="2">$W_{A_d,P}$</td><td>$W_{B_2,xy}=W_{A_d,P}-W_{C,P}$</td></tr>
<tr><td>$W_{B_2,P}$</td></tr>
</table>

2）设计断面位于两个联合防洪调度的梯级水库之间。如图 4.5-4 所示。采用同频率洪水组成法时，情况比较复杂，一般可按表 4.5-3 拟定同频率洪水的地区组成方案。

3. 相关法

统计下游设计断面各次较大洪水（或年最大洪水）过程中，用某种历时的最大洪量及相应时间内（考虑洪水传播演进时间）上游工程所在断面或区间的洪量点绘相关图。若相关关系较好，可通过点群中心绘制相关线，也可在相关图上另定一外包线，借以推求对防洪偏于不利的组成情况，然后根据设计断面的设计洪量，由相关线上查得上游工程所在断面或区间的相应洪量，另一分区的洪量按水量平衡原则推求，作为设计洪水的地区组成洪量。

4.5.4.3 各分区设计洪水过程线

无论采用什么方法拟定设计洪水的地区组成方案，对每一个方案，均应采用同一典型的实测洪水过程线，按各分区已确定的地区组成洪量为控制进行放大。放大后的各分区洪水过程线还应进行水量平衡等检查，并分析是否满足防洪要求，必要时作适当修正和调整，作为各分区的设计洪水过程线。

（1）典型洪水过程线的选择。典型洪水的选择除了按推求设计洪水过程线的一般要求外，对于推求分区洪水过程线，应着重考虑以下两个因素。

1）选择的典型洪水应与设计洪水的地区组成方式相对应。

2）选择的典型洪水应紧密结合设计断面的防洪要求，选取对设计断面防洪较为不利的典型。

以设计断面上游有一个水库及一个区间共两个分区的情况为例，对于有调洪库容的大型水库，防洪安全主要受洪量控制，对其设计断面防洪不利的典型洪水，应是上游水库断面洪水过程线的形状能使上游水库的蓄洪量较小的典型；对于堤防工程或无调洪能力的水电站工程，主要以洪峰流量控制，而影响设计断面洪峰流量的因素主要是上游水库削峰作用的大小和上游水库调洪后的最大下泄流量与区间洪峰的遭遇程度。因此，选择典型洪水时，一般应选上游水库断面洪水过程线较“矮胖”，而区间洪峰发生在上游水库断面洪峰之后某一定时段的洪水作为典型。

（2）分区设计洪水过程线的检查、修正与调整。首先应作水量平衡检查。各分区放大后的洪水过程线，经洪水演进计算到下游设计断面后，应与设计断面的天然设计洪水过程线基本一致，如两者差别较大，或发生洪峰错前错后等情况，应进行修正。修正的原则一般是以设计断面的设计洪水过程线为准，对上游各分区相应的洪水过程线进行修正。对于各分区与设计断面之间河道调蓄作用较大需进行洪水演算的情况，有时要反复修正几次才能满足各时段上下游水量平衡的要求。

此外，当设计断面的防洪安全主要受洪峰控制时，还应分析放大后各分区洪峰遭遇的程度。如果洪峰遭遇程度差，有时需要分析区间洪水过程线前后移动的一定时段，以增加区间洪峰与上游水库最大泄量遭遇程度的可能性及必要性。当区间洪水过程线前后作适当移动时，应同时对上游水库断面的洪水过程线进行调整，调整的原则仍然是以设计断面天然设计洪水过程线为准，并满足上下游之间的水量平衡。

4.5.4.4 区间设计洪水计算

在拟定设计洪水的地区组成时，不管采用哪种地区组成方案，都需要区间典型洪水过程线或设计洪水过程线。在同频率洪水组成中，还需要区间各种防洪标准的设计洪量或洪水频率曲线，为此需进行区间设计洪水计算。这里所说的区间，是指上游工程所在断面与下游设计断面或者某两个控制断面之间无工程控制的区域。

一般来说，区间大多缺少实测的洪水资料，因此多采用间接资料或用间接方法计算。根据资料的具体情况，区间设计洪水计算可采用下列方法。

（1）当上游水库断面与下游设计断面均有长系列实测洪水流量资料时，可将历年上游断面的洪水过程演进到下游断面，再从下游断面洪水过程中减去，即得历年区间洪水过程线；如果上下游断面之间河道调蓄作用不大、洪水演进变形较小，也可将上游断面的洪水过程错开洪水传播时间后，与下游断面洪水过程相减，求得区间洪水过程。应该指出，由于区间年最大洪水与上下游断面年最大洪水不一定属同一场洪水，计算中往往要多计算几场洪水，以便确保能求得区间各年的年最大洪水过程，然后按一般方法进行区间洪水的频率分析计算。这种方法只适用于区间洪水所占设计断面洪水比重较大的情况，当区间洪水所占比重较小时，一般不宜采用。这是因为上下游断面实测洪水资料都存在一定的测验误差，如果区间洪水所占比重较小，二者相减的误差将严重影响区间洪水的精度。

（2）当区间某一部分流域面积（如某条支流）上有水文站，该水文站有长系列实测洪水资料时，可参照水文站控制流域面积与区间总面积关系以及暴雨、产汇流特性等，将水文站的历年洪水过程（或峰、量等特征值）转换成区间的洪水过程（或特征值）。

有时区间几个支流上均有水文站实测洪水流量资料，可将这些水文站的历年洪水过程演进到设计断面，并组合成统一的洪水过程，再转换成整个区间的洪水过程。如果区间无水文站控制的面积所占比重较大，使上述转换产生较大误差时，也可用暴雨资料推估这部分面积的洪水过程，并与有水文站控制的流域面积上的洪水过程组合叠加，求得区间的洪水过程，然后进行区间洪水频率计算。

（3）当区间有较长的暴雨资料时，可由区间设计暴雨来推求区间设计洪水。如用上述方法计算区间洪水有困难时，也可采用区间所在地区的暴雨等值线图及暴雨径流查算图表进行计算，或者由相似流域经地区综合的经验公式来推求区间设计洪水。

4.5.4.5　成果的合理性分析

采用地区组成法推求设计断面受上游水库调洪影响后的设计洪水的最终成果，应从以下方面进行合理性分析检查。

（1）将设计断面天然设计洪水与考虑上游水库调洪后的设计洪水进行比较，结合上游水库的调洪特点分析成果的合理性。例如设计断面的天然洪峰与考虑上游水库调洪后的洪峰差别很小，而上游水库的调洪削峰能力又较大，则应分析所拟定的洪水地区组成方案（包括洪峰遭遇程度）是否过于恶劣；反之，若二者差别较大，接近于上游水库的削峰量，而区间洪水又占有一定的比例，则所拟定的洪水地区组成方案对于设计断面的防洪可能不够恶劣。当出现推求的设计洪水大于天然设计洪水的情况时，应分析造成这种情况的原因，并进行调整和修正。

（2）由于采用典型洪水组成或同频率洪水地区组成，在大多数情况下，从地区组成方案中就可获得对设计断面防洪不利的组成形式。但是，当上游水库采用分级控泄的调洪方式时，在某些频率上下的洪水，水库的控泄量可能发生突变，此时应分析所拟定的组成方案是否对下游设计断面的防洪偏于不利。如果某些“中间”情况的洪水地区组成形式，即各分区来水均适中的组成形式对设计断面的防洪更为不利，而这种组成形式发生的可能性又较大，则应补充拟定“中间”情况的洪水地区组成方案，以推求出对设计断面防洪较为不利的设计洪水成果。

【算例 4.5-1】　用地区组成法推求黄河某市（以 C 断面表示）受上游某水库（以 B 表示）调洪影响后 $P=1\%$ 的设计洪峰流量（见图 4.5-1）。

（1）基本情况。C 断面洪水由其上游的 A 水库断面洪水及 $A\sim C$ 区间洪水两部分组成。各断面和区间年最大 15d 洪量统计参数列于表 4.5-4 中。

表 4.5-4　各断面和区间年最大 15d 洪量统计参数表

参　数	C 断面	A 断面	$A\sim C$ 区间
均值（亿 m^3）	40.8	35.1	6.6
C_v	0.33	0.34	0.42
C_s/C_v	4	4	3.5
$W_{15d,1\%}$（亿 m^3）	84.0	73.6	15.8

（2）洪水地区组成特点的分析。

1）根据暴雨特性分析，C 断面以上 22 余万 km^2 的流域内，一场暴雨不可能笼罩全流域，主要暴雨中心有三个，各个暴雨中心不可能同时发生强度很大的暴雨。由于流域调蓄作用大，干流一次洪水过程约 42d，一般由 2～3 场暴雨形成，但其中往往只有一场主暴雨强度较大。洪水缓涨缓落。$A\sim C$ 区间洪水涨落相对较陡，一次洪水过程约 7～9d。

2）根据 1946～1981 年 36 年实测资料，统计 C 断面发生年最大 15d 洪量与 A 水库断面、$A\sim C$ 区间相应 15d 洪量的组成，见表 4.5-5。同时，统计 C 断面前 10 位大水年洪峰流量的组成，见表 4.5-6。

从表 4.5-4 和表 4.5-6 中可以看出，C 断面洪水主要来自干流 A 水库断面，$A\sim C$ 区间洪水所占比重不大。将区间相应洪水与区间年最大洪水发生时间进行对照分析，在 36 年中，属同一场洪水的有 16 年，占 44.4%，不属同一场洪水的有 20 年，占 55.6%。说明区间洪水与干流洪水相应程度较差，干流发生大洪水时，区间洪水往往不大。

3）分析 A 水库断面洪水与 $A\sim C$ 区间洪水的洪峰遭遇程度。对干流与区间年最大洪水属于同一场的 16 年资料，统计干流与区间洪峰的间隔时间，见表 4.5-7。

4）分析 A 水库的调洪特性及最大下泄流量与 $A\sim C$

表 4.5-5 **C断面历年最大15d洪量组成表**

年份	C断面		A库断面相应		A～C区间相应	
	W_{15d}（亿 m^3）	起讫日期（月-日）	W_{15d}（亿 m^3）	占C断面的百分比（%）	W_{15d}（亿 m^3）	占C断面的百分比（%）
1946	71.0	09-05～09-19	59.3	83.5	11.7	16.5
⋮	⋮	⋮	⋮	⋮	⋮	⋮
1981	77.7	09-06～09-20	71.0	91.4	6.7	8.6
1946～1981年平均	40.58		35.24	86.5	5.34	13.5
前10位大水平均				89.94		10.06

表 4.5-6 **C断面前10位大水年洪峰流量组成表**

发生日期（年-月-日）	C断面		A断面		A～C区间相应	
	Q_m（m^3/s）	P（%）	$Q_{相应}$（m^3/s）	P（%）	$Q_{相应}$（m^3/s）	P（%）
1981-09-15	7090	2.8	6590	1.4	726	82
1946-07-13	6500	4.5	5250	5.5	1580	17
⋮	⋮	⋮	⋮	⋮	⋮	⋮
1968-09-14	4310	30	4250	16	79	≈100

表 4.5-7 **A～C区间与A水库断面洪峰间隔时间统计表**

项目	洪峰间隔天数（d）					区间洪峰位于A断面洪峰前或后	
	0	1～2	3～5	6～10	11～12	前	后
洪水年数（a）	3	7	3	1	2	9	4
占总年数的比例（%）	18.75	43.75	18.75	6.25	12.5	56.25	25.0

区间洪峰遭遇的可能性。A水库的调洪规则为：当来水小于4540m^3/s时，水库按来量下泄；当来水大于4540m^3/s而小于百年一遇的洪水时，水库控泄4540m^3/s。当来水大于百年一遇洪水时，水库敞泄。

按照这种调洪规则，A水库在洪峰过后，为将库水位降回汛限水位，以便迎候下一场洪水，在相当长的时段内，均按4540m^3/s控泄。当A水库断面发生百年一遇洪水时，按4540m^3/s下泄的时间可长达20～25d，使A～C区间洪峰与A水库最大下泄量遭遇的可能性大大增加。因此，在设计中应考虑二者可能遭遇的情况。

(3) 用地区组成法推求C断面百年一遇设计洪峰流量。

1) 设计洪量控制时段的选择。根据对A水库调洪特点的分析，对水库调洪起主要作用的时段约为12～17d，而A～C区间一次洪水过程约7～9d，因此选择15d作为控制地区组成洪量的时段。

2) 拟定设计洪水的地区组成方案。

a. 典型洪水组成。1964年大水年资料条件好，且该年A～C区间洪水较大，对C断面防洪不利。选择1964年典型组成，将C断面百年一遇最大15d洪量分配给A水库断面及A～C区间，见表4.5-8。

表 4.5-8 **各分区组成洪量及洪水过程线放大系数**

典型年及地区组成	C断面		A水库断面		A～C区间	
	$W_{15,C}$（亿 m^3）	放大系数	$W_{15,A}$（亿 m^3）	放大系数	$W_{15,A\sim C}$（亿 m^3）	放大系数
1964年典型	57.7		50.7		7.0	
1964年典型百年一遇洪水组成	84.0	1.4558	73.8	1.4558	10.2	1.4558
A～C与C同频率	84.0	1.4558	69.3	1.3669	14.7	2.1000

b. 同频率洪水组成。A 水库断面发生与 C 断面同频率的洪量，A～C 区间发生相应洪量。分析 A、C 断面最大 15d 洪量起讫时间，二者相应性很好，大水年一般前后相差不超过 1～2d，因此可采用 A 断面独立选样的频率分析成果，即 $W_{15,A}=73.6$ 亿 m^3，则 A～C 区间相应 15d 洪量为 10.4 亿 m^3。

A～C 区间发生与 C 断面同频率的洪量，A 水库断面发生相应洪量。由于从洪水地区组成规律的分析中已知，区间年最大洪水与 C 断面年最大洪水多数不是同一场洪水，当干流发生大洪水时，区间洪水往往不大。因此，在考虑区间与 C 断面同频率地区组成方案时，应使用区间相应选样的频率计算成果。

为推求 A～C 区间相应 15d 洪量频率曲线，考虑到 A 水库最大下泄流量持续时间可达 20～25d 的特点，在选样时，以 C 断面年最大 15d 洪量起讫时间为准，并前、后各跨期 5d，即在 25d 范围内选取最大 15d 洪量作为样本，由此计算的区间相应 15d 洪量统计参数为 $\overline{W}_{15}=5.87$ 亿 m^3，$C_v=0.46$，$C_s/C_v=3.0$，区间百年一遇洪量为 14.7 亿 m^3，则 A 库相应 15d 洪量为 69.3 亿 m^3。

由于 A 水库断面与 C 断面同频率的地区组成方案与 1964 年典型洪水组成方案十分接近，因此设计中将其合并，只考虑 1964 年典型洪水组成及 A～C 区间与 C 断面同频率组成两种方案。

3）推求 A 水库断面与 A～C 区间的洪水过程线。选用 1964 年典型洪水过程线，按上述拟定的两种洪水地区组成方案，以各区 15d 洪量为控制，放大各区的洪水过程线。各地区组成方案的洪量分配及放大系数见表 4.5-8，放大后的洪水过程线见表 4.5-9。

对放大后的洪水过程线进行水量平衡检验，将 A 水库断面与 A～C 区间洪水过程线叠加后与 C 断面设计洪水过程线比较，对于 1964 年典型组成方案，由于各站设计洪水过程线放大系数都一样，因此满足水量平衡要求。对于 A～C 区间与 C 断面同频率的组成方案，二者有一定差别，应以 C 断面设计洪水过程线为准，重点修正 A 水库断面的设计洪水过程线，使之满足上下游水量平衡要求。

表 4.5-9　C 断面、A 断面及 A～C 区间设计洪水过程线　　单位：m^3/s

时段	1964年典型过程线			$Q_{C,1\%}$	1964年典型设计洪水组成				A～C 区间与 C 同频率组成			
	C 断面	A 水库	A～C 区间		A 水库	A～C 区间	A 水库下泄	①+②	A 水库	A～C 区间	A 水库下泄	③+④
						①	②			③	④	
⋮	⋮	⋮	⋮	⋮	⋮	⋮	⋮	⋮	⋮	⋮	⋮	⋮
5	4010	3130	880	5840	4560	1280	4540	5820	4000	1850	4000	5850
6	4410	3670	740	6420	5340	1080	4540	5620	4900	1550	4540	6090
7	5080	4330	750	7400	6300	1090	4540	5630	5820	1580	4540	6120
⋮	⋮	⋮	⋮	⋮	⋮	⋮	⋮	⋮	⋮	⋮	⋮	⋮
								$Q_日=5820$ $Q_m=6230$				$Q_日=6120$ $Q_m=6620$

注　$Q_日$ 为 C 断面年最大日平均流量；Q_m 为 C 断面年最大流量。

4）计算 A 水库下泄流量过程。将两种洪水地区组成方案的 A 水库断面洪水过程线，按 A 水库调洪原则作调洪计算，得到 A 水库下泄流量过程线，见表 4.5-9。

5）推求 C 断面百年一遇最大流量。将两种地区组成方案 A 水库下泄流量过程与 A～C 区间洪水过程叠加，求得 C 断面设计洪水过程。两种地区组成方案计算的 C 断面年最大日平均流量 $Q_日$ 分别为 5820 m^3/s及 6120m^3/s。其中，A～C 区间相应的日平均流量分别为 1280m^3/s 及 1580m^3/s。考虑到 A 水库最大下泄流量不会超过 4540m^3/s，所以只将 A～C 区间的最大日平均流量乘以 1.32 的换算系数，换算成瞬时最大流量，由此计算得两种方案的 C 断面年最大流量 Q_m 分别为 6230m^3/s 及 6620m^3/s。由于 A～C 区间与 C 同频率的组成方案对 C 断面防洪较为不利，因此最后选定 C 断面百年一遇设计洪峰流量为 6620m^3/s。

（4）成果的合理性分析。

1）对上述各个计算步骤进行了详细检查，特别是对地区组成方案的分析拟定、典型洪水过程线的选择、分区洪水过程线的放大及修正，都与洪水地区组成规律紧密联系，没有出现矛盾的地方。

2）所推求的 C 断面受 A 水库调洪影响的百年一遇年最大流量为 6620m^3/s，比 C 断面百年一遇天然洪峰流量 8110m^3/s 减小了约 1500m^3/s，而 A 水库调洪对百年一遇洪水的削峰量约为2320m^3/s，前者小于后者，符合一般规律。二者差值800m^3/s左右，是由于C断面受A水库调洪影响后的最大流量发生时间与天然洪峰发生时间不一致，前者比后者提前了2d。

4.6　入库设计洪水

4.6.1　入库洪水基本概念

水库形成后，通过库区周边的入流和库面的直接降水形成的洪水，叫做入库洪水。水库建成后，库区内天然河道及其近旁的坡面被淹没，库区内的产流和汇流条件明显改变，建库前的河道汇流形式变为建库后干支流与库区区间沿水库周边同时入流。

如图4.6-1所示，入库洪水主要由三部分组成：水库回水末端附近干支流水文站或某计算断面以上流域产生的洪水；干支流各水文站以下到水库周边区间流域坡面产生的洪水；水库库面的降水量。根据国内几十年来实际资料分析表明，入库洪水与坝址洪水存在着差别，不同的水库特性及不同典型洪水的时空分布，两者差异的大小也不同。坝址洪水是坝址断面处的出流，而建库后，库区回水末端至坝址处的河道被回水淹没成为水深比河道大得多的水库区，水库周边汇入的洪水在库区的传播速度大大加快，原有的河槽调蓄能力丧失，使得入库洪水与坝址洪水相比洪峰增高，峰形更尖瘦，入库洪峰出现时间提前，涨水段洪量增大。建库前后，干支流洪水遭遇情况也发生变化。入库洪水与坝址洪水的差异比较如图4.6-2所示。

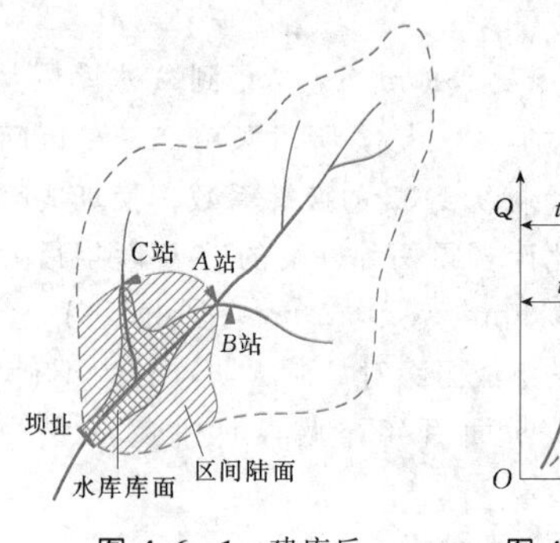

图4.6-1　建库后入库洪水组成示意图

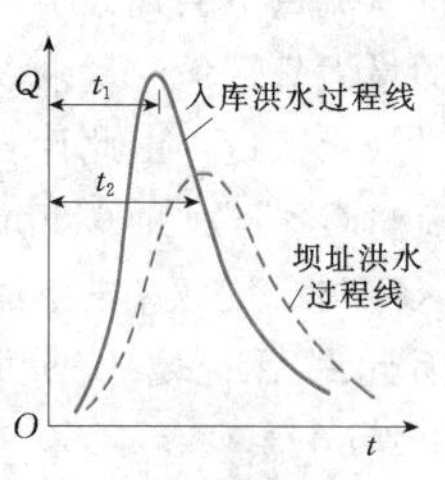

图4.6-2　入库洪水与坝址洪水比较图

根据入库洪水特性，入库洪水与坝址洪水差别的大小与水库特征因素有关，也就是与库区原有的河道形状和水库特性有关。峡谷型水库，建库后水库形状仍为河道型，则入库洪峰流量（I_m）与坝址洪峰流量（Q_m）的比值K_m较小（$K_m=I_m/Q_m$）。根据许多水库实际计算资料表明，K_m值在1.01～1.20之间。我国西南地区一些河流，K_m值一般在1.05左右，这种情况可直接采用坝址设计洪水作为工程设计的依据。湖泊型水库，河床两岸有较宽的漫滩与台地，河道比较平缓，河槽宽阔，回水距离较远，原有的河槽调蓄能力较大，形成水库后入库洪水洪峰流量与坝址洪峰流量的比值较大。经验表明，湖泊型水库K_m值可达1.2左右，有的甚至高达1.54，如我国的松涛、鸭河口、新安江等水库。这类湖泊型水库宜采用入库设计洪水作为工程设计依据。

由于入库洪水与坝址洪水的差别主要是洪峰流量和短时段洪量，随着统计时段增长，两者过程洪量的差别趋小。当水库调节洪水的库容较大时，设计洪水起控制作用用的是长时段洪量，这时可直接采用坝址设计洪水作为工程设计依据。

4.6.2　入库洪水分析计算

由于入库洪水既有干支流入库点的入流，也有库区周边的坡面汇流，因此入库洪水需要靠部分实测、部分推算或全推算才能获得。根据资料条件的不同，计算入库洪水的方法也不同。

通常，根据资料情况及调洪的需要，入库洪水可以有集中和分区两种形式。分区入库洪水计算的关键是区间各分区洪水过程的推求；推求出的各分区洪水过程与干支流入库点洪水，即组成了水库的分区入库洪水；各分区入库洪水同时叠加，即为集中入库洪水。

4.6.2.1　根据流量资料推求入库洪水

1. 流量叠加法

采用流量叠加法时，入库断面的确定非常重要。水库建成后，入库断面位置与水库蓄水位高低和入库流量的大小等均密切相关，应根据水库运行情况和设计要求分析确定。为简化起见，可在水库汛期防洪限制水位与正常蓄水位之间选择某一水位相应的常遇洪水回水线末端作为干支流入库断面，或所选定的入库断面的河底高程不低于坝前的设计蓄水位，且其水位流量关系基本不受回水影响。通常假定一次洪水过程中其入库断面位置不变。当干支流入库断面确定后，水库的其余部分周边则可根据沿程回水位确定其位置。

当坝址以上干流和主要支流在水库回水末端附近有水文站，其控制的流域面积占坝址以上流域面积的比重较大，资料又比较完整可靠时，可分别推算干支流和区间各分区的洪水，然后分别演进到入库断面即为分区入库洪水，将各分区入库洪水同时刻叠加得到集中入库洪水，即

$$Q_{入}(t)=\sum Q_{回水末端}(t)+\sum Q_{区间陆面}(t)+Q_{区间水面}(t) \tag{4.6-1}$$

式中 $Q_{入}(t)$——集中总入库洪水过程；

$\sum Q_{回水末端}(t)$——干支流入库断面的洪水过程；

$\sum Q_{区间陆面}(t)$——区间陆面入库洪水过程；

$Q_{区间水面}(t)$——区间水面的洪水过程。

干流和主要支流入库断面洪水应尽可能采用水文站实测资料计算。对个别较大支流，如缺乏水文资料，可根据该支流的自然地理条件和雨洪特性，参照本流域或邻近流域相似河流的资料推算，也可根据暴雨资料用间接法推算。干支流的水文测站如果距离入库断面较远，应将其洪水过程演进至入库断面处，同时应注意水文站至入库断面区间洪水的处理。

区间洪水除采用暴雨产汇流计算方法计算外，若主要干支流和坝址处均有实测资料，可将干支流洪水演进到坝址处叠加，然后将坝址洪水减去叠加的干支流洪水即可得区间洪水。用这种方法推算的是区间入库洪水在坝址断面的出流，还应根据水库情况，将其反演到库区的某一入库地点，如区间大支流入汇处，或区间流域面积较集中的河段，也可取回水段的中点等。当区间陆面集水面积较大，其自然地理条件和暴雨洪水特性相似，而其中某一条或几条小支流又有实测洪水资料时，也可根据区间和小支流水文测站流域面积的比例，缩放小支流实测洪水作为区间洪水。当区间陆面面积较小，其洪量的比重小于10%时，也可参照本流域的某条支流或自然地理条件和暴雨洪水相似的相邻流域的某河实测洪水，按流域面积比或洪量比近似推算区间洪水。

水库中水面面积一般占坝址以上的流域面积比例很少，可根据雨量和库面面积推算库面洪水。库面洪水直接入库，不再考虑汇流时间。

洪水的计算都应进行合理性检查。有条件时应将干支流洪水和推算的区间洪水演进到坝址断面处，然后叠加并与坝址实测洪水比较，检查其合理性。如发现问题，可检查干支流洪水资料和演进方法及有关参数，必要时可进行适当调整，或改进区间洪水的计算方法。

2. 流量反演法

当汇入水库区的支流洪水所占比重较小，坝址处有实测水位流量资料时，可采用流量反演进的方法推求水库的集中入库洪水。流量反演法主要有马斯京根反演法、槽蓄曲线反演法和汇流曲线反演法等，其中较简便常用的是马斯京根反演法。这里主要介绍马斯京根反演法和槽蓄曲线反演法。

(1) 马斯京根反演法。

1) 马斯京根演算基本公式。马斯京根反演法是将河段的槽蓄量分为柱体槽蓄量 KO 和楔体蓄量 $Kx(I-O)$ 两部分，总蓄量为

$$W = KO + Kx(I-O) = K[xI + (1-x)O] = KO' \tag{4.6-2}$$

式中 K——入流、出流过程线重心间隔的时间；

x——楔蓄形状系数；

I——入流；

O——出流；

O'——示储流量，是表示河槽蓄量大小的一种流量。

式(4.6-2)与河段水量平衡方程联合，则有马斯京根法流量演算公式：

$$O_2 = C_0 I_2 + C_1 I_1 + C_2 O_1 \tag{4.6-3}$$

其中

$$\left.\begin{aligned} C_0 &= \frac{0.5\Delta t - Kx}{K - Kx + 0.5\Delta t} \\ C_1 &= \frac{0.5\Delta t + Kx}{K - Kx + 0.5\Delta t} \\ C_2 &= \frac{K - Kx - 0.5\Delta t}{K - Kx + 0.5\Delta t} \end{aligned}\right\} \tag{4.6-4}$$

且 $C_0 + C_1 + C_2 = 1.0$

式中 I_1、I_2——时段初、末入流；

O_1、O_2——时段初、末出流；

Δt——计算时段。

当确定了河段的 K、x 和 Δt 值，C_0、C_1、C_2 值可求得，按式(4.6-3)即可逐时段推求下游断面出流量过程了。

2) 马斯京根反演基本公式。在推求入库洪水时，采用与上述一般洪水演进相反的程序进行演算。由时段末的出流，推求时段初的入流，即逆时序反演，其反演计算公式如下：

$$I_1 = C_0' O_2 + C_1' O_1 + C_2' I_2 \tag{4.6-5}$$

$$\left.\begin{aligned} C_0' &= \frac{K - Kx + 0.5\Delta t}{0.5\Delta t + Kx} \\ C_1' &= \frac{0.5\Delta t - K + Kx}{0.5\Delta t + Kx} \\ C_2' &= \frac{Kx - 0.5\Delta t}{0.5\Delta t + Kx} \end{aligned}\right\} \tag{4.6-6}$$

且 $C_0' + C_1' + C_2' = 1.0$

式中 I_1、I_2——时段初、末入流（入库）；

O_1、O_2——时段初、末出流（坝址）；

Δt——计算时段。

3) 参数 K、x 的率定。参数 K、x 的选取要慎重。可利用若干次峰型较完整、区间来水较小的大洪水资料进行分析率定，通过比较选择有代表性的数值，并用几次实测洪水验证其合理性。Δt 可在 $2Kx \leqslant \Delta t \leqslant 2K(1-x)$ 的范围内选取。如果用试错法目估定线选取 x 值、K 值有困难，可用最小二乘法计算。

当 x 值、K 值随水位不同而明显地变化时，应分为几个水位级选用。

当缺乏干支流洪水资料时，也可采用坝址处稳定的水位流量关系曲线，用抵偿河长法求 x 值，并取 $K\approx\Delta t$。

参数率定与选取的一些常用方法及应注意的一些问题，可查阅参考文献［17］和参考文献［28］等。

4）区间洪水反演。关于区间洪水的反演，一般情况下，取区间洪水反演至干流入库点（全反演）和反演至回水段中点（反演一半）两种。当反演一半时，其参数 x'、K'按如下公式计算：

$$\left.\begin{aligned}K'&=\frac{K}{2}\\x'&=\frac{1}{2}-\frac{l}{2L'}\end{aligned}\right\}\qquad(4.6-7)$$

因 $x=\dfrac{1}{2}-\dfrac{l}{2L}$，$L'=\dfrac{L}{2}$，则可得

$$x'=\frac{1}{2}-2\left(\frac{1}{2}-x\right)\qquad(4.6-8)$$

式中 K、K'——全河段、一半河段的传播时间；

x、x'——全河段、一半河段的楔蓄系数；

L、L'——全河段、一半河段的河长。

（2）槽蓄曲线反演法。当干支流缺乏实测洪水资料，但库区有较完整的地形资料时，可利用河道平面图和比值横断面图，根据不同流量的水面线（实测、调查或推算）绘制库区河道的槽蓄曲线，由坝址洪水反推入库洪水。如果有部分入库和坝址的实测洪水资料，且河段槽蓄曲线较稳定，经论证也可根据实测洪水的退水曲线绘制库区的槽蓄曲线。

回水河段建库前的天然水面线可按一般推算水面线的方法推算，有条件时应与实测或调查的洪水水面线进行比较，以论证推算成果的合理性。

当库区回水河段较长、横断面变化较大时，应根据断面变化情况，划分为几个河段，分别计算各河段的出流 O 和槽蓄量 W 的关系，然后累加绘制入库断面到坝址处整个回水河段的槽蓄曲线。

计算时段 Δt 最好取与洪水在回水河段的传播时间相近的时段。

根据坝址洪水推求入库洪水，可采用联解槽蓄曲线 $O—W$ 与水量平衡方程式的方法。为解算方便起见，槽蓄曲线也可改换成 $O—\left(\dfrac{O}{2}+\dfrac{W}{\Delta t}\right)$ 或其他形式。时段水量平衡方程表示成如下形式：

$$\overline{I}\Delta t=\left(\frac{O_2}{2}\Delta t+W_2\right)-\left(\frac{O_1}{2}\Delta t+W_1\right)+O_1\Delta t\qquad(4.6-9)$$

$$\overline{I}=\frac{1}{2}(I_1+I_2)$$

式中 $\overline{I}$——时段平均入流量。

用该方法推算的入库洪水的可靠程度与槽蓄曲线的精度有关。建库后，坝前水位和入库流量不同，回水末端也不同，槽蓄曲线应是变化的，但严格地按不同库水位和流量的变化来确定变动的回水末端及其相应的槽蓄曲线，不易做到且计算也十分繁杂。为简化起见，一般情况下可选定某个库水位相应的回水末端的断面作为入库断面，并假设该断面不随库水位和入库流量而变。当入库洪水演算到坝址，与坝址实测洪水比较相差较大时，应分析槽蓄曲线的合理性，必要时可作适当调整。

3．水量平衡法

水库建成后，可用坝前水库水位、库容曲线和出库流量等资料，用水量平衡法推算入库洪水。

$$\overline{I}=\overline{O}+\frac{\Delta V_{损}}{\Delta t}+\frac{\Delta V}{\Delta t}\qquad(4.6-10)$$

式中 $\overline{I}$——时段平均入库流量；

$\overline{O}$——时段平均出库流量；

$\Delta V_{损}$——水库损失水量；

ΔV——时段始末水库蓄水量变化量；

Δt——计算时段。

平均出库流量包括溢洪道泄流量、泄洪洞出流量、引水流量及发电流量等，也可采用坝下水文站实测流量资料，但坝上的引水流量必须加进来。

水库损失量包括水库的水面蒸发和枢纽、库区渗漏损失等。一般情况下，在洪水期间，此项的数值不大，占一次洪水量的比重很小，为简化起见，也可忽略不计。

水库蓄水量变化值，一般可用时段始末的坝前水位和静库容曲线确定。如动库容较大，对推算入库洪水有显著影响，则宜改用动库容曲线推算。动库容曲线一般有 $H—I—V$、$H—Q'—V$［Q' 为示储流量，$Q'=xI+(1-x)O$］和 $H—I—O—V$ 几种形式，可以通过水面线推算结合分段库容曲线得到，也可以由实测资料率定，后者较为复杂。

4.6.2.2 根据雨量资料推求入库洪水

许多中小和一些大型水利水电工程往往缺乏流量资料，没有条件采用流量资料推算入库洪水。对此，可依据暴雨资料间接推算。根据暴雨资料推算入库洪水的方法与推算坝址洪水的理论和方法基本相同，可参照本章4.7节，主要的差别在于建库后的产流、汇流与建库前不同。

如流域面积不大，自然条件相似，为简化起见，可将全流域（除库面外）作为一个单元进行计算。如流域面积较大，自然条件有明显差别或汇流情况复

杂，则应根据自然地理特性和汇流条件，分区进行计算，然后分别演进至入库断面处叠加。不论采用哪种方法，如水库的水面面积所占比重较大，应将其作为一个单元单独考虑。

4.6.2.3 根据入库洪水与坝址洪水的关系推求入库洪水

分析入库洪水与坝址洪水的关系，是为了研究水库建成后对天然洪水的影响。掌握了两者的关系规律，就可用坝址洪水资料插补延长入库洪水系列。相反，也可用建库后的入库洪水资料插补坝址洪水系列。结合自然地理条件和水库特点进行地区综合，还可作为短缺资料地区推求入库洪水的依据或参考。

集中的入库洪水不能通过水文测验的方法测到。水库建成前，坝址洪水可从坝址附近的水文站的实测资料中取得，而入库洪水需要用各种方法推算。水库建成后，入库洪水和坝址洪水均只能通过计算得到。一些水库的实际资料表明，入库洪水与坝址洪水可近似地用简单的线性关系表示，如图 4.6-3 所示。一般情况是入库洪水的洪峰流量大于坝址洪水的洪峰流量，主峰部分相同时段（如最大 6h、最大 12h 或最大 24h）的入库洪量大于坝址洪量。由于河道地形比较特殊以及其他原因，槽蓄曲线呈明显的非线性关系，入库洪水与坝址洪水有时也可能呈非线性关系，对于这些情况，外延时要慎重。

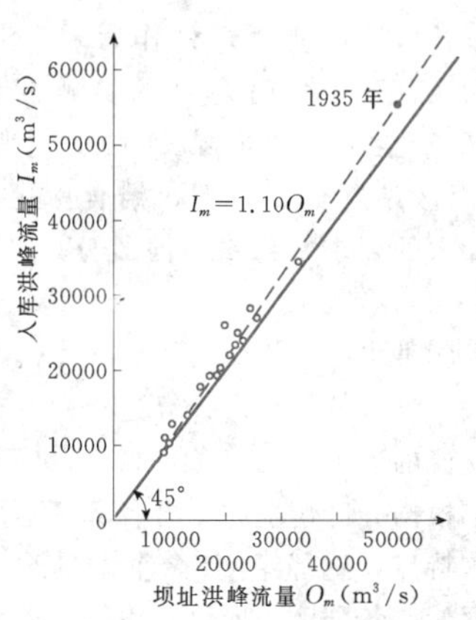

图 4.6-3 某水库入库洪峰流量与坝址洪峰流量关系

随着统计时段的增长，入库洪水的洪量与坝址洪水的洪量渐趋接近。

4.6.3 入库设计洪水计算

当需要用入库洪水作为水库防洪设计的依据时，可根据水库特性、资料条件及规划设计的要求等，采用适当的方法计算入库设计洪水。下面介绍几种常用的方法。

4.6.3.1 频率分析法

当具备推求长期入库洪水系列的资料条件时，可通过入库洪水系列，采用频率分析法推求各种频率的入库设计洪水。使用该方法时，对已调查到的历史大洪水，应尽量推求其入库洪水。

入库洪水系列根据资料情况不同，可参照以下方法计算并选取。

（1）当水库回水末端附近的干流和主要支流有长期的洪水资料时，可用流量叠加法推求历年入库洪水。具体做法是：先用适当的方法估算历年区间入库洪水，然后与相应的干支流洪水叠加，推算历年入库洪水，再用规范要求的选样方法选取入库洪水系列。

（2）当坝址洪水系列较长，而入库干支流资料缺乏时，可将一部分年份或整个坝址洪水系列，用马斯京根法或槽蓄曲线法转换为入库洪水系列。只推算部分年份的入库洪水时，可先根据推算的成果，建立入库洪水与坝址洪水的关系，再将未推算的其余年份，根据上述关系转换为入库洪水（或根据关系推算这些年份的入库洪水洪峰流量和各时段洪量），与推算年份的入库洪水共同组成入库洪水系列。

（3）对已建水库，当建库前后均有洪水观测资料时，可根据资料情况，利用建库前的坝址洪水，用前述方法推算各年入库洪水，或者将建库后的入库洪水转换为坝址洪水，并建立入库洪水与坝址洪水的关系，以推算和延长入库（或坝址）洪水系列。如国内某大型水库，通过分析，入库洪水和坝址洪水关系为：$I_m=1.10O_m$（I_m 为入库洪水洪峰流量，O_m 为坝址洪水洪峰流量）、$W_{7d,I}=W_{7d,O}$（$W_{7d,I}$ 为入库最大 7d 洪量，$W_{7d,O}$ 为坝址最大 7d 洪量），设计中依据此关系将坝址洪水（包括历史洪水）转换为入库洪水系列，并据此系列（包括历史入库洪水）采用频率分析法求得入库洪水统计参数及设计值，然后按坝址设计洪水的计算方法选择典型，按峰、量设计值同频率控制放大典型入库洪水过程线（集中或分区），最后得到水库入库设计洪水过程线。

4.6.3.2 根据坝址设计洪水计算入库设计洪水

（1）坝址设计洪水反演法。由于资料条件限制不能推算入库洪水系列时，可按常规方法计算坝址各种频率的设计洪水，再用马斯京根法或槽蓄曲线法等方法，将已计算的坝址设计洪水过程线反演得入库设计洪水过程线。由于坝址往往有较多的实测和调查洪水资料，便于进行频率分析并推求坝址设计洪水过程线，因此这是一种常用的简便方法。但将根据实测资料分析的汇流参数（如 K、x）或槽蓄曲线应用于稀遇的设计洪水时，应注意分析外延的合理性。

采用这种方法计算入库设计洪水时，还应该注意的是，当库区回水较长，反演时若以库周边为控制，则夸大了区间入库洪水的调蓄作用，宜根据具体情况分析反演的终点。

（2）入库与坝址洪水关系法。通过分析典型入库洪水过程，进一步分析入库洪水和坝址洪水的关系，当二者关系为较稳定的线性关系时，可用该关系将各频率的坝址设计洪水过程线转换为入库设计洪水过程线。

4.6.3.3 由坝址设计洪水放大倍比放大典型入库洪水过程线

首先选择某典型年的坝址实测洪水过程线，然后用前述方法推算该典型的入库洪水过程线（集中或分区）。借用坝址设计洪峰或不同时段洪量与该典型坝址实测值的比值，放大典型入库洪水过程线，即推算得入库设计洪水过程线。

采用这种方法时，如果只推算集中的入库设计洪水，则可借用坝址峰和量的放大倍比，采用同频率法或同倍比法放大典型入库洪水过程线，求得设计入库洪水过程线。如果要计算各分区的入库设计洪水，一般情况下采用坝址某一时段洪量的放大倍比放大各分区典型入库洪水；也可将集中入库设计洪水按各分区的典型分配到各区，得到各分区入库设计洪水过程。

【算例 4.6-1】 某大型水库入库设计洪水分析计算。水库入库设计洪水计算中，曾考虑采用入库洪水的统计参数来计算不同设计标准的入库洪水，但推算完整的入库洪水系列比较困难，且大量的历史洪水资料在入库洪水系列中难以应用。因此，在计算入库设计洪水时，采用典型入库洪水过程线，以坝址（坝址下游控制站 E 站）的设计洪水参数来推算水库的入库设计洪水。

（1）基本情况。水库为大（1）型，水库沿干流河谷延伸，呈长条带状，如图 4.6-4 所示。入库洪水由三部分组成：水库回水末端附近干流的 A 控制站来水、库区支流控制站 W 站来水；干支流水文站以下到水库周边坝址以上区间陆面产生的洪水；水库库面降雨直接形成的径流等。

（2）典型年选择。在分析研究各种类型洪水的基础上，根据洪水特性、水库调节性能特征，并考虑到该水库承担的下游防洪任务要求等，按下述原则选定洪水典型：①洪峰较高，洪量较大，且洪峰形态对调洪不利；②洪水发生的季节和地区具有一定的代表性；③干支流控制站以下区间洪水较大且与水库下游洪水相遭遇；④入库站及区间支流有完整可靠的实测水文资料。经综合分析，共选用了三个典型洪水过程。本实例中选取 1954 年、1981 年、1982 年洪水作为研究入库设计洪水的典型。

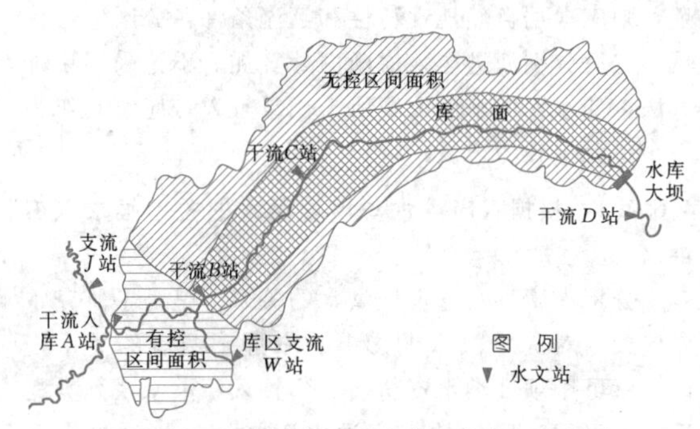

图 4.6-4 国内某大型水库入库洪水示意图

（3）典型入库洪水计算。水库入库洪水过程，主要采用流量叠加法和槽蓄曲线法计算。

1）流量叠加法。水库建成后，直接汇入水库的洪水可以分为三部分：一是入库站断面洪水，二是入库站断面至坝址间的水库周边洪水，三是库面降雨形成的直接径流。该水库入库干流和主要支流实测资料条件较好，适宜于应用流量叠加法计算入库洪水。根据入库断面及水库周边的确定原则，水库坝址以上干支流入库断面，干流为 A 站，支流为 W 站。

根据库区洪水演算的要求及干支流水文资料条件，流量叠加法应首先确定计算入库洪水的分区。考虑水库坝址至下游干流控制站 D 站之间区间面积较小，距离不长，故直接以 D 站作为入库洪水计算的下边界条件，且直接引用 D 站的实测流量资料。干流入库站 A 站至坝下出库站 D 站河道距离 600 余 km，根据库区站网分布情况，结合库区洪水演算、流量沿程加入的要求，将库区河段分成 7 个分区（7 个河段）。

分区入库洪水的计算包含了各小支流水文站未控制的陆面入库洪水的计算。计算过程中，充分利用各分区中小支流的实测水文气象资料，以确保入库洪水计算精度。根据分区情况并结合各分区地形条件和暴雨空间分布特点，选择了 60 余个雨量站，计算各分区面平均雨量。各分区入库洪水以各支流水文站实测洪水过程作为模型，利用面雨量计算各分区的洪水总量与实测洪水总量的比予以放大求得。

为了检验上述方法推算的入库洪水的可靠性，选择资料条件较好的实际典型年，将干流入库站 A 站、支流入库站 W 站与各分区的入库洪水叠加，用槽蓄曲线演算至库区河段各站控制站及坝下出库站 D 站，与各控制节点的实测流量过程比较。如果两者的洪水过程吻合，峰量基本相等，则认为推算的各分区入库洪水是正确的。

将计算的各分区的入库流量过程再与干流入库站 A 站及支流入库站 W 站实测流量叠加即得水库某一实际年的总入库洪水过程。1981 年、1982 年典型应用此法计算。

2）槽蓄曲线法。1954 年典型入库洪水过程，由于库区河段干支流实测资料比较缺乏，不适宜用流量叠加法计算，而更适宜于应用水量平衡法和槽蓄曲线法。

根据实测河道地形图，并用 20 世纪 50 年代初施测的沿程水面线及相应的流量绘制各河段的槽蓄曲线。考虑沿程变化情况，在干流库区河段选择有代表性的 38 个断面，采用实测水面线，分不同水位级量算各分段槽蓄量。为满足库区洪水演算的需要，并考虑干流实测水文站、水位站分布情况，将 38 个河段合并为 6 个，建立各河段的出流量与槽蓄量的关系。各河段槽蓄量与出流量线性关系为

$$\overline{W} = K\overline{Q} \qquad (4.6-11)$$

$$\overline{I}\Delta t + \left(\frac{Q_1}{2}\Delta t + W_1\right) - Q_1\Delta t = \frac{Q_2}{2}\Delta t + W_2 \qquad (4.6-12)$$

用槽蓄曲线法计算区间入库洪水时，首先将河段入流按式（4.6-11）和式（4.6-12）组成的方程组演算到河段的出流站与实测流量相减，即得区间入库洪水在出流断面的出流过程。将区间的出流过程按式（4.6-11）和式（4.6-12）方程组反演至入流断面，消除河段槽蓄量的影响，即可求得近似的区间入库洪水过程。

按水量平衡原理，干支流入库断面洪水与 6 个分区入库洪水的一次洪水总量应与出库控制站 D 站相应洪水总量相等。1954 年典型入库洪水即按此方法计算。

3）典型年入库洪水与坝址洪水比较分析。1981 年和 1982 年典型由于资料条件较好，应用流量叠加法计算入库洪水过程；1954 年典型则应用水量平衡法计算入库洪水过程。三个典型年入库最大流量与坝址最大洪峰流量比较见表 4.6-1；入库洪水与坝址洪水时段洪量比较见表 4.6-2。

各典型年入库洪水与坝址洪水比较具有以下特点：①洪峰增高。1981 年、1982 年洪水，洪峰明显增高，流量增大 25%；1954 年洪水为长历时连续多

表 4.6-1　典型年入库最大流量与坝址最大洪峰流量比较表

年份	干流入库站 B 站洪峰流量（m^3/s）	区间最大入库流量（m^3/s）	总入库最大流量（m^3/s）	坝址洪峰流量（m^3/s）	最大总入库流量与坝址洪峰流量之比
1981	85700 7月16日14：00	4730 7月15日14：00	88400 7月16日14：00	70800 7月19日02：00	1.25
1982	46600 7月30日07：30	37700 7月28日02：00	74100 7月29日14：00	59300 7月31日14：00	1.25
1954	54600 7月22日00：00	14000 8月6日18：00	69700 8月2日06：00	66800 8月7日06：00	1.04

表 4.6-2　典型入库洪水与坝址洪水各时段洪量比较　单位：亿 m^3

年份	项　目	3d 洪量	5d 洪量	7d 洪量	15d 洪量
1981	入库	202.2	285.8	347.4	
	坝址	173.4	264.8	336.2	
	入库/坝址	1.166	1.079	1.033	
1982	入库	175.2	256.4	313.2	
	坝址	147.7	230.1	304.4	
	入库/坝址	1.186	1.114	1.029	
1954	入库	172.7	283.7	392.3	791.2
	坝址	170.9	280.5	385.6	785.4
	入库/坝址	1.011	1.011	1.017	1.007

峰型，峰型较肥胖，洪峰增高不如1981年和1982年那样显著。②洪峰出现时间提前。入库最大流量比坝址洪峰流量提前出现，一般约为2d左右，但各年水情不同，提前时间稍有差别。③洪量集中。根据实测过程资料计算，干流入库站至坝下水文站区间河槽槽蓄量较大。如1981年洪水最大槽蓄量达102.1亿m^3；1982年和1954年分别为58.5亿m^3和51.5亿m^3。当水库建成后，在库区回水范围内，天然河道被淹没，原有的河槽调蓄作用消失。因此，入库洪水洪量更加集中。随着统计时段的增长，洪量增加百分数递减，符合入库洪水一般规律。1954年洪水，3～15d入库洪量增加百分数仅为1%～3%，这与1954年洪水过程的形态特性有关。

(4) 入库设计洪水计算。本例中采用坝址倍比法，对典型入库洪水合理放大，以推算符合指定设计标准的入库设计洪水。

考虑到干支流入库站以下至坝址间的区间面积较大，入库设计洪水过程的推求中还考虑了设计洪水的同频率地区组成。用坝址和干流入库站洪水频率成果，按峰量同频率，区间洪量相应的组合方法，放大入库站及区间入库洪水典型，这样既可保证入库设计洪水的主要组成部分的峰量设计标准，同时又可避免不同典型的洪水造成设计洪峰的重大差别，从而使总的入库设计洪水成果符合设计标准。采用该方法计算的不同典型入库设计洪峰流量存在差别，其原因主要是区间洪水过程的遭遇程度不同。

4.7　根据暴雨资料计算设计洪水

4.7.1　设计暴雨分析计算

我国大部分地区的洪水主要由暴雨形成，根据雨量资料先推求设计暴雨，再由设计暴雨推求设计洪水，是计算设计洪水的重要途径之一。

对于为数众多的中小流域工程，大多地点没有流量观测资料，利用设计暴雨推求设计洪水往往成为主要的计算方法；对于特别重要的大型水利水电工程，由可能最大降水计算的可能最大洪水则是工程校核洪水设计标准之一。此外，近几十年来不少流域陆续兴建了大量的水利工程及水土保持工程，人类活动的影响使流量资料系列的一致性遭到不同程度的破坏，还原计算比较困难。所以采用雨量资料作为设计洪水计算的依据或与流量资料分析成果作比照，就显得更为重要。

设计暴雨分析计算的主要内容有暴雨频率分析、设计面暴雨、暴雨时面深分布雨型以及分期设计暴雨等。

4.7.1.1　暴雨选样

(1) 计算流域设计点雨量，应选取观测资料系列较长、流域内站点的代表性较好、能反映流域面雨量特征的测站，并注意地形、地貌等因素对测站代表性的影响。为分析绘制点雨量等值线图的雨量站选取，要求测站大体均匀分布于流域各部分，并要照顾各种类型的地形，如平地、山坡、山脊、背风坡等，各种历时的暴雨计算测站的数量与密度应基本一致。

(2) 年最大暴雨选样应选取产生的物理条件基本相似，符合数理统计独立同分布的暴雨。不宜将成因明显不同的雨量组成为一个系列，如发生在非汛期的降雪量应予以剔除。年最大选样法是在各年内分别选取某固定历时（时段）的年最大暴雨量。年最大选样法取得的暴雨资料系列一般认为是独立、同分布的。水利水电工程设计时一般需要推求的暴雨洪水重现期较大，故该方法被广泛应用。

(3) 暴雨统计时段可根据流域特征、资料条件及工程设计需要，从10min、30min、60min（或1h）、3h、6h、24h、3d、7d、15d、30d等时段中选取几个时段。集水面积1000km^2以内的小流域，一次洪水的主要暴雨历时较短，一般在24h以内。5000km^2以内的流域洪水一般由3d暴雨形成。大流域一次洪水过程时间较长，24h、3d、7d暴雨量是一次暴雨过程的核心部分，直接形成所求设计洪水过程。

利用日雨量资料推求最大24h雨量可借用邻近站已有的两者比例关系，24h与最大日雨量的比值一般为1.13～1.18。

(4) 暴雨资料系列长度应能反映暴雨的总体分布特征，根据《水利水电工程设计洪水计算规范》(SL 44—2006) 的规定，资料系列应在30年以上。我国雨量站多建于20世纪50年代，系列约为50年，少数站可达百年以上，但自记雨量站记录的短历时雨量资料往往不足30年。根据暴雨地区综合规律，邻近地区发生的特大暴雨可以适当移用。

4.7.1.2　特大暴雨值的处理

1. 特大值的判定

(1) 经验频率点群突出者。由大到小排列的暴雨量为H_1，H_2，H_3，…，如H_1/H_2的比值远大于H_2/H_3，H_3/H_4，…，则H_1有可能为特大值。

(2) 均值倍比K值特大者。计算特大值与该站均值的倍比K值，如K值特大，则该暴雨可能为特大值。但K值与当地暴雨的C_v以及系列长短有关，

应对地区内 K 值特大的暴雨进一步分析检查。表4.7-1列出了各省（自治区、直辖市）年最大24h点雨量及 K_{24} 值，K_{24} 值多数地区大于4，干旱、半干旱地区个别调查暴雨大于10。

表 4.7-1　各省(自治区、直辖市)实测和调查最大 24h 点雨量与历年均值之比 K_{24} 值表

地点	所在省（自治区、直辖市）	所在地区	纬度（°）	经度（°）	H_{24}（mm）	日期（年-月-日）	$\overline{H}_{24}$（mm）	K_{24}
东直门	北京	东城区	39.57	116.28	609.0	1891-07-23	115	5.3
马棚口	天津	南郊区	38.40	117.32	539.9	1984-08-09	100	5.4
獐狉	河北	内丘县	37.22	114.13	950.0	1963-08-04	125	7.6
井儿上	山西	蒲县	36.26	111.21	457.2	1975-07-20	70	6.5
木多才当	内蒙古	乌审旗	38.53	109.30	1400①	1977-08-01	65	21.5
黑沟	辽宁	宽甸县	40.34	124.36	657.9	1962-07-26	180	3.7
太平川	吉林	珲春市	43.09	131.04	335.0	1938-08-14	80	4.2
八家子	黑龙江	双城市	45.23	125.43	500①	1952-07-23	72	6.9
塘桥	上海	宝山区	31.21	121.23	581.3	1977-08-21	100	5.8
响水口	江苏	响水	34.12	119.34	825.0	2000-08-30	126	6.5
砩头	浙江	乐清市	28.23	121.01	874.8	2004-08-12	200	4.4
杨郢	安徽	来安县	32.40	118.25	653.0	1975-08-17	110	5.9
高山	福建	福清	25.28	119.34	737.6	1974-06-21	155	4.8
东乡	江西	东乡县	28.14	116.36	500.3	1953-08-17	125	4.0
三里庄	山东	诸城	35.58	119.24	599.6	1999-08-22	120	5.0
林庄	河南	泌阳县	33.03	113.39	1060.3	1975-08-7	145	7.3
阳薪	湖北	阳新	29.50	115.11	644.8	1994-07-11	110	5.9
东波矿	湖南	郴州	25.45	113.10	461.1	1985-08-23	105	4.4
幸福农场	广东	雷州市	20.36	110.03	1188.2	2007-08-10	180	6.6
再老	广西	融水	25.22	109.11	779.1	1996-07-15	180	4.3
天池	海南	乐东县	18.45	108.52	962.0	1983-07-17	260	3.7
黄堂垭	四川	江油	32.03	105.12	578.5	1998-09-16	145	4.0
育洞	贵州	黎平	26.15	108.40	441.5	1996-07-16	90	4.9
光明	云南	景洪	22.35	101.01	312.9	1982-08-06	100	3.1
聂拉木	西藏	聂拉木	28.11	85.58	195.5	1989-01-08	50	3.9
杨家坪	陕西	神木县	38.38	110.41	408.7	1971-07-25	65	6.3
横梁	甘肃	古浪	37.23	103.12	472①	1991-07-18	33	14.3
小叶坝	青海	大通县	37.00	101.36	240①	1976-06-19	45	5.3
李士	宁夏	隆德县	35.33	105.58	255.0	1977-07-05	65	3.9
安集海	新疆	沙湾县	44.21	85.19	240①	1981-06-29	20	12.0
新寮	台湾	宜兰县	24.35	121.45	1672	1967-10-17	380	4.4

注　H_{24} 为各省（自治区、直辖市）实测或调查最大24h点雨量；$\overline{H}_{24}$ 为相同地点的年最大24h雨量均值，由 $\overline{H}_{24}$ 等值线图查读；K_{24} 为 $H_{24}/\overline{H}_{24}$。

①　调查值。

(3) 雨量记录明显高于邻近地区者。在实测和调查最大点雨量分布图上，如某站记录明显大于周围暴雨特性相似地区的最大记录，则该记录有可能为特大值。但需注意，对某些地区，由于地形影响，暴雨经常大于四周地区，则不能简单地定为特大值。

(4) 暴雨重现期大大超过系列年数者。特大暴雨发生后一般应对该暴雨洪水的重现期作出粗略估计，如河南"75.8"林庄大暴雨，根据文献灾情描述，估计重现期约为600年，远远超过当时实测期的9年，应作为特大值对待。

2. 特大暴雨重现期分析

(1) 由洪水重现期估算。暴雨重现期较难估算，一般可通过该次暴雨所形成洪水的重现期进行估算。面暴雨量的重现期，如前期降雨和雨型分配并无明显异常，可直接采用洪水重现期。如流域面积很小，可近似假定流域内接近面平均值的点雨量重现期等于同次洪水的重现期，但暴雨中心点雨深重现期应大于相应洪水重现期。当流域面积较大时，如时面雨型分配比较特殊，会导致降雨重现期与洪水重现期出现巨大差别，这时不宜简单将洪水重现期移用于暴雨。

(2) 由地形地貌调查估算。有些罕见特大暴雨可形成毁灭性的灾害，造成河流形态、地貌状况发生巨大变化。对此可通过实地考察，结合历史文献考证，对其稀遇程度作出估计。

(3) 由特大值代表地区范围估算。在较大的地区范围内分析特大暴雨的出现频次，对重现期作定性分析。短历时暴雨统计参数的地域变化相对较小，设计值的地域变化也较小，可从暴雨一致区的范围分析特大暴雨重现期的相对大小。如某次暴雨在一个面积较小的范围内为地区最大值，则其重现期不宜定得过高。而有的暴雨在面积较大的范围内属最大值，则其重现期可定得较长。在估算中，可相应参考区内暴雨记录的总站年数。

3. 特大暴雨的移用

特大值对设计暴雨估算十分重要，因此暴雨系列的最大一、二项雨量应与周围地区特大暴雨记录作比较，如测站历年最大暴雨量过小，则应考虑移用邻近地区的特大值。

(1) 移用的限制。频率计算中对特大暴雨移用一般比较谨慎。在决定移用之前，除了查找邻近地区可移的对象外，还要注意本地区与特大暴雨发生地之间气象、地形等条件有无明显差异。气象方面要分析两地主要暴雨天气成因是否一致，对不同的天气系统有不同的移用范围和限制。如对梅雨，东西移用距离可比南北向移用距离大一些。局地雷暴雨的移用范围一般较大，特别在平原和高原地区。地形对移用的影响更需认真分析，对于大尺度的山脉地区，沿山脉走向的移用范围可以放宽，但垂直于山脉走向的移用范围应严格控制，海岸附近垂直于海岸线方向的移用范围也要控制。短历时暴雨移用范围较大，长历时暴雨移用范围不宜过大。

(2) 移用方法与改正。特大暴雨移用前应对工程设计地点与出现特大暴雨中心地点两地的统计参数作对比检查，如两地之间相距很近，点暴雨量的均值$\overline{H}$和变差系数C_v基本相等，则可直接移用。如两地相距较远，又存在地形或气候上的重大差异，则不宜移用。如两地参数差异较小，并能作出定量估计，则可在作出改正后移用。移用到设计流域的暴雨重现期，采用原暴雨中心发生地点特大暴雨估算的重现期。

若拟将特大暴雨中心地点A的特大值H_{MA}移用于设计流域地点B。据分析，两地的C_v值接近，即$C_{vB}\approx C_{vA}$，但均值$\overline{H}_A$与$\overline{H}_B$有一定差异，则H_{MA}移用到B的改正值H_{MB}为

$$H_{MB} = H_{MA}\frac{\overline{H}_B}{\overline{H}_A} \tag{4.7-1}$$

式中 $\overline{H}_A$、$\overline{H}_B$——地点A、B的暴雨均值初估值。

若两地不仅均值略有差别，且变差系数C_v也稍有不同，则宜以接近该特大值经验频率的标准频率（如特大值重现期为80年，则可采用$P=1\%$作为接近的标准频率）设计值H_{AP}、H_{BP}的比率进行改正，即

$$H_{MB} = H_{MA}\frac{H_{BP}}{H_{AP}} \tag{4.7-2}$$

其中，H_{AP}和H_{BP}根据地点A、B的$\overline{H}$和C_v初估值进行计算。

4.7.1.3 设计点暴雨分析

确定暴雨统计参数均值$\overline{H}$、变差系数C_v和偏态系数C_s的一般方法与洪量序列频率计算基本相同。但实际工作中暴雨的C_s值一般采用与C_v相对固定的倍比值，变幅较小；点暴雨量的统计参数在一个地区内比较一致，或呈连续渐变的分布，适宜采用地区综合法。

在暴雨资料十分缺乏的地区，可利用各地区水文手册或暴雨统计参数等值线图集中各时段年最大暴雨量的均值及C_v等值线图，以查找流域中心处的均值及C_v值，然后取C_s为C_v的固定倍比，确定C_s值，即可由此统计参数对应的频率曲线推求设计暴雨值。

1. 均值

均值计算值相对较为稳定。当系列较长时，一般可采用计算值而不再进行修正。但对于资料年数较

少，经系列代表性检查属于明显偏丰或偏枯期，则宜借用邻近丰枯变化相似的长系列（N 年）测站 A 的均值 $\overline{H}_{AN}$ 和与本站同步 n 年资料的均值 $\overline{H}_{An}$ 的比值，将计算站 O 的短期（n 年）均值 $\overline{H}_{On}$ 按式（4.7-3）修正为 N 年的均值 $\overline{H}_{ON}$：

$$\overline{H}_{ON}=\overline{H}_{On}\frac{\overline{H}_{AN}}{\overline{H}_{An}} \tag{4.7-3}$$

如相邻的长期站较多，且系列都接近于 N 年，也可绘制长短期均值比率 $\overline{H}_{iN}/\overline{H}_{in}$ 的等值线图，从中插补计算站的改正比率。

特大暴雨的加入与处理对均值有一定影响，尤其是对系列较短和 C_v 较大的测站。特大值加入后参数计算方法见本章4.4节。

2. 变差系数与偏态系数

暴雨系列的 C_v 值可用洪水频率分析中介绍的方法估算和确定。C_s 值的计算误差较大，一般不宜简单采用矩法计算值或适线值。我国在20世纪50年代曾根据各大城市最大1d雨量长系列资料在全国范围内对 C_s/C_v 值作地区综合，当时采用 $C_s=3.5C_v$。随着资料的积累和工作的深入，发现 C_s/C_v 值有地区差别。例如东南沿海热带气旋暴雨区，C_v 值大，C_s/C_v 值较小；沿海山脉以西内陆梅雨为主的地区，C_v 值较小，C_s/C_v 则较大。在有资料条件的地区，可依地区内多个测站适线成果，点绘 C_s—C_v 关系线，从中选用适合本地区的 C_s/C_v 值。此外，短历时暴雨的 C_s/C_v 值有可能和24h的 C_s/C_v 值不同，应注意分析。在实际工作中，如未经充分论证，通常取 $C_s=3.5C_v$。

3. 频率曲线

我国规定暴雨频率曲线线型采用P—Ⅲ型曲线，以往也研究过其他线型，如半干旱地区的对数正态曲线和P—Ⅴ型曲线，海河流域的克里茨基—闵克里曲线等。

分析短历时暴雨时，也可采用下列近似公式推求重现期为 N 的设计暴雨值：

$$H_N=A+B\lg N \tag{4.7-4}$$

式中 A、B——参数。

式（4.7-4）一般适用于某一个重现期范围，如10～100年，故可将分段的 H_N 与 $\lg N$ 关系近似定为直线。

4. 雨量历时关系地区综合

点暴雨量的统计参数和设计值在地区上随地形、地貌和气候的地域变化而逐渐变化。舍去小尺度地形影响之后，参数的地域变化应当是连续的。但由于地区内各站点在近几十年内观测到的样本代表性不一定好，特别是大暴雨和特大暴雨出现的随机性很强，一次暴雨雨深随距离的变化梯度又很大，所以在一个地区内，各站统计参数初估值的地域分布受特大值影响，往往表现为高低值相间混杂，没有规律可循，即使在平原或高原等地形平坦地区往往也如此，因此必须通过地区内众多测站统计参数的地区综合分析加以修正。

地区综合分析是提高设计暴雨精度的重要手段，除统计参数确定外，还广泛使用于设计暴雨分析的其他方面，如暴雨时面深关系、设计雨型等。目前，常用的有分区综合法和统计参数等值线图法，在具体分析工作中还可将两法联合应用。综合分析工作要重视搜集本地区及邻近地区的所有暴雨观测和调查资料。

（1）分区综合法。对于地形和气候条件比较一致的地区，可采用分区综合法。假定在一致区内各地点的统计参数 $\overline{H}$、C_v 基本一致，实测和调查最大雨量 H_m 可以移用，各级暴雨出现频率大体相等。对于各站实际计算分析的统计参数所呈现的差异，可以认为主要是由抽样误差所形成，应通过地区综合的方法将抽样误差消除，得出比较合理的参数。其方法如下。

1）参数平均法。在分区内，选择 n 个地区分布比较均匀、资料系列较长、观测质量较高的测站，分别进行单站频率分析，求出 n 个测站的均值 $\overline{H}_1$，$\overline{H}_2$，…，$\overline{H}_n$ 和变差系数 C_{v1}，C_{v2}，…，C_{vn}，然后计算分区综合均值 $\overline{H}$ 和 C_v。

2）同频率中值法。在分区内以均匀分布为原则选用一批测站，在同一张频率纸上分别点绘各站的经验雨量频率关系。如各站的点群比较集中，则可通过点群中心确定一条频率曲线作为该地区代表站的雨量频率曲线。如点据比较分散，可取各站分布较均匀的多个同频率雨量中值作为该分区的经验频率点据，再对其适线求得综合频率曲线。具体步骤见参考文献[4]。

（2）统计参数等值线图法。我国大部分地区地形复杂，统计参数变幅较大。如年最大3d点雨量均值永定河为60～140mm，浙江沿海为140～300mm，四川岷江上游为40～300mm。对于具有强烈小尺度变化的地区，宜使用统计参数等值线图，绘制方法如下。

1）选择一批代表性好、资料系列较长的测站作为重要控制点。

2）分区综合值可根据地形气候条件，对暴雨特性一致的小范围划分若干个分区，分别对分区成果进行综合，并点绘分区综合成果。

3）将所有大暴雨资料填在图上，供绘制参数等值线时比照，对那些本站并未出现大暴雨而附近已出现特大暴雨地点的参数，绘线时可适当提高。同时注意个别地点与邻近地区的比较，对可能因受偶然因素影响而非常突出的暴雨点据，应适当下调。

4）单站值可能包含较大的抽样误差，切忌盲目要求等值线通过全部点据，不合理地勾绘出众多小范围的高值区或低值区。勾绘等值线时必须紧密结合地形、气象条件的变化，使等值线走向总体上能反映暴雨参数的地区变化规律，主要依据大多数站点群趋势，避免单纯地通过单站参数值。

5）暴雨统计参数等值线图的检查与修改，主要分析等值线大范围的走向与趋势是否合理，与地形气候条件是否协调。对实测和调查最大点雨量进行稀遇程度检查，分析图上 C_v 值是否偏小。对多种标准历时的参数等值线图，进行统计参数与设计值随历时变化的检查。与小河水文站实测和调查大洪水的重现期进行对比分析，检查暴雨参数的合理性。

我国在20世纪50年代开始研究编图工作。70～80年代在充分利用实测和调查暴雨资料的基础上，编制了全国和各省（自治区、直辖市）标准历时（即10min、1h、6h、24h、3d）的暴雨统计参数等值线图，90年代以后又进行了修编，2004年编制完成了新的《中国暴雨统计参数图集》，水利部已颁文（水文〔2005〕100号）要求各地在工程规划设计中使用，其雨量资料的截止年限为1998～2000年。该图集（《中国暴雨统计参数图集》，2006正式出版）是水利水电、铁路、公路、桥涵、厂矿、水电站、机场、山地灾害防治、城市防洪排涝等工程规划、设计和审查的重要水文气象依据，其成果在水利水电工程设计中已得到了广泛应用。

暴雨统计参数等值线图使用时应注意：①在雨量资料短缺或无资料地区，可直接在等值线图上查读所需地点的统计参数，然后根据暴雨点面关系和时面分布雨型推求设计暴雨。在暴雨资料充分地区，可用等值线成果作为参证，评价由暴雨资料计算的统计参数的合理性，并作适当修正。②统计参数等值线图一般适用于集水面积小于1000km^2 的流域，资料短缺时，也可扩大至约2000km^2 的流域，适用历时为10min～3d。设计重现期一般宜在1000年内。③从暴雨统计参数等值线图上查读的均为点雨量参数，计算较大流域的设计面雨量时，首先在设计流域内合理选取若干个地点，从等值线图上查读各地点的相应设计历时的点雨量均值，用算术平均法或面积加权法等求得平均值，作为设计流域内的平均定点雨量，然后通过点面关系查算出设计流域的面雨量。所选地点个数视设计流域面积大小、流域内地形地貌与气候特点和站网条件而定。C_v 等值线在小范围内变化不大，通常可视其范围和分布情况取中间值作为设计 C_v 值。④任意设计频率的雨量可由该地点查读的均值和 C_v 值，用 $C_s=3.5C_v$ 的P—Ⅲ型频率曲线线型 Φ 值或 K_P 值计算表查出 Φ 值或均值倍比 K_P 后计算。⑤标准历时（10min、60min、6h、24h、3d）的设计雨量，可直接由该历时的均值和 C_v 等值线查读计算。中间任意历时 D 的设计雨量 H_P，可由相邻2个标准历时（设较短历时为 S，较长历时为 L）的设计雨量 H_S 和 H_L，在双对数雨量历时关系图上查读，或由指数公式计算：

$$H_P = H_S\left(\frac{D}{D_S}\right)^{1-n_{S,L}} = H_L\left(\frac{D}{D_L}\right)^{1-n_{S,L}} \tag{4.7-5}$$

其中，暴雨强度递减指数：

$$n_{S,L} = 1 + C\times\lg\left(\frac{H_S}{H_L}\right)$$

四个分段区间（10～60min、60min～6h、6～24h、24h～3d）的 C 值分别为1.285、1.285、1.661、2.096。

（3）成果应用。暴雨统计参数等值线图是地区综合成果，由于考虑了流域及周围地区的众多资料，参照了地形和气候分布的影响，其精度比单站分析成果有较大的提高，并经各历时实测和调查最大点雨量重现期、均值等值线、变差系数等值线、百年一遇设计暴雨等值线等多方面的合理性检查，以及全部图表的整体综合评价，因此保证了成果的客观性和协调性。在应用于具体工程设计时应注意下列问题。

1）应用前要了解地区综合成果的编制情况，包括编制时间、资料截止年份和利用程度，合理性检查和审查情况以及存在问题等。阅读编图说明和审批的文件。

2）如应用时本流域及邻近地区又出现了超过或接近已有最大记录的特大暴雨，则应对原地区综合成果作检验，分析新资料对参数的影响，并作必要的修正。

3）对处于暴雨中心地区的小面积工程，应仔细查阅编图时采用测站的位置，检查暴雨中心地点的测站资料是否有遗漏，如有遗漏需分析其对参数的影响，并进行修正。

4）根据设计暴雨推求的设计流量，需与本流域或邻近地区已发生的大洪水和其他已建工程相关设计值进行比较分析。

5. 合理性检查

（1）当本站需分析多种历时的设计暴雨时，应将不同历时的雨量频率线（包括经验点据）点绘于同一频率纸上，分析检查外延部分有无交叉现象，如在万年一遇内有交叉则应调整参数。此外，还可点绘均值 $\overline{H}$、变差系数 C_v、偏态系数与变差系数的比值 C_s/C_v 以及若干个设计值 H_P 与历时 D 的关系图，分析各种参数与历时关系曲线的变化趋势是否合理。对个别历时不合理的参数作适当调整。

(2) 将本站成果与邻近地区代表性较好的测站系列分析成果作比较，根据两地气候、地形等条件检查本站的统计参数是否合理。

(3) 检查若干突出的特大暴雨记录，将地理及气候条件与本站相似，其特大暴雨有可能在本站发生的暴雨记录点绘标注在本站暴雨量频率曲线上，查读相应的重现期 N，或用本站及邻近地区特大暴雨的变率 K（即特大暴雨值与均值之比）在 $K—C_v—N$ 图（见图 4.7-1，$C_s/C_v=3.5$）上以初估的 C_v 值查读相应的 N。如发现大暴雨并不十分突出，但查读的 N 过大，则宜将 C_v 值适当加大，并再次查估 N。当 C_v 值较小时，K 的少量增加将导致 N 的大幅度升级。当单站的 C_v 值很小时，一定要仔细检查，防止成果偏小。

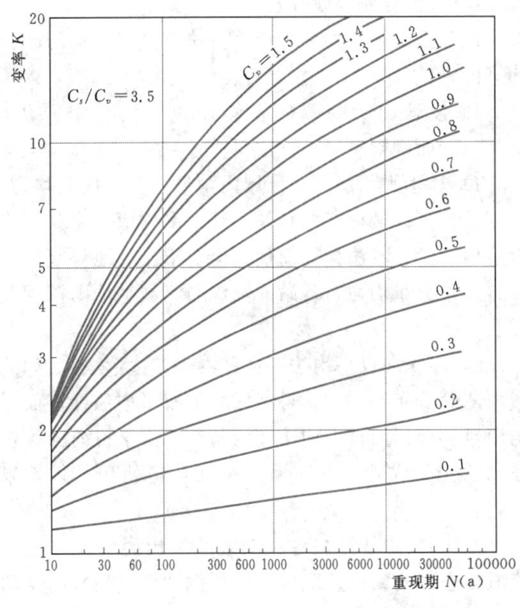

图 4.7-1 $K—C_v—N$ 关系图[4]

(4) 设计暴雨雨量特大的地区，宜将稀遇设计成果与中国和世界最高记录（见图 4.7-2）进行比较，尤其应与同类气候和地形条件地区的暴雨记录进行比较，分析论证设计成果的合理性。

4.7.1.4 暴雨点面关系

中小流域因测站过稀，无法直接计算面雨量，通常可通过点雨量与面雨量的关系（即暴雨点面关系，

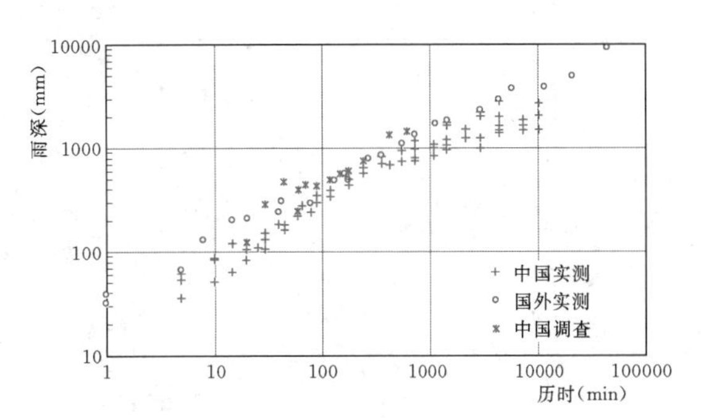

图 4.7-2 中国和世界不同历时实测和调查最大和接近最大点雨量记录[4]

主要有“定点定面关系”和“动点动面关系”）间接推算设计面雨量。

1. 定点定面关系

定点定面关系为一个地区内不同面积的多个流域或具有固定边界小区的面平均雨深（包括面积为零的点雨量）统计参数与流域或小区面积的关系。

当设计流域或面积相近的相邻流域（地区）具有较密测站时，可分析单一流域或地区的定点定面关系，其分析计算步骤归纳如下。

(1) 在流域内选定计算面雨量的站网，测站尽可能多选，但选用测站的分布应大致均匀，以便用算术平均法计算面平均雨量。

(2) 对各年资料选取某一历时的年最大面雨量及发生日期，当暴雨次数较多、雨量又较接近时，应多算几次面雨量，从中选用最大值。

(3) 统计最大面雨量的各个年份，同时分别统计各站的年最大点雨量，使点面雨量的系列一致。将面雨量系列以及各站点雨量系列分别按雨量大小排序，得面雨量 H_A 和各站点雨量 H_0 的经验频率分布。

(4) 将各单站同序位的最大点雨量计算面平均值，得到流域平均定点雨量经验频率分布 $H_0—P$；并计算同序位的面雨量对平均定点雨量的比值 α，得出定点定面系数与雨量序位的关系。

(5) 对其他历时雨量重复上述各步的计算，得出多种历时的定点定面系数。

(6) 点绘各历时平均定点雨量与定面雨量相关图（见图 4.7-3），即为流域定点定面关系。

(7) 点绘面雨量、各站点雨量、平均定点雨量的经验频率线，并点绘由同序位面雨量和平均定点雨量求出的点面系数 α 与雨量经验频率的关系线（见图 4.7-4），由此关系分析 α 与雨量频率是否有关。

本流域分析的定点定面关系，虽然资料系列一般较短，但符合本流域的实际情况，宜直接采用。但在推求设计面暴雨时，流域平均定点频率参数应采用系

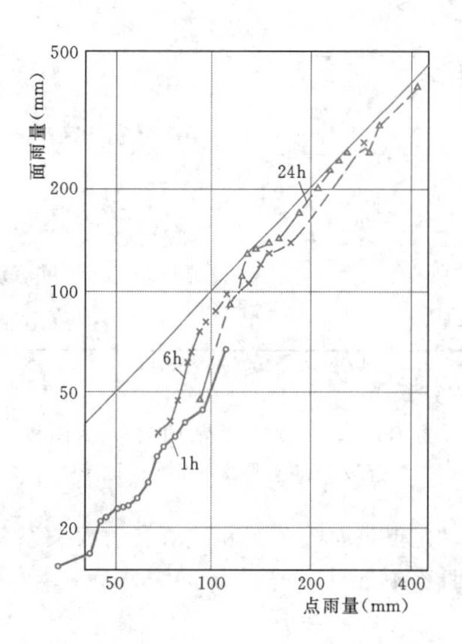

图 4.7-3 某流域定点定面关系

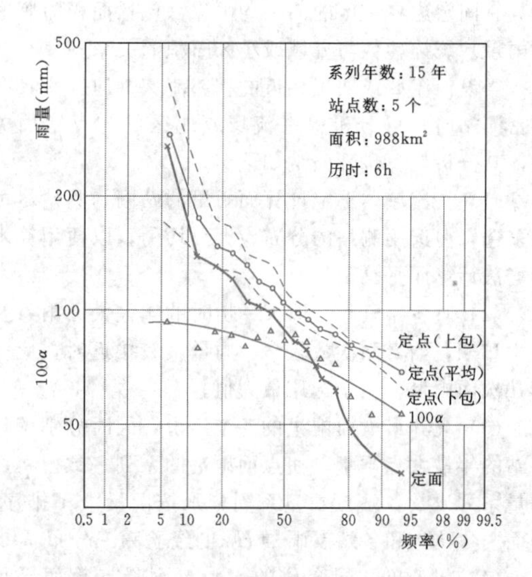

图 4.7-4 某流域定点定面雨量频率线

列较长、且经过地区综合分析后的成果。

为建立地区综合定点定面关系，应先在地区内选择一批面积大小不等的实际流域或固定边界的小区，对各个流域或小区，按不同标准历时分别按上述特定流域定点定面关系的制作方法分析定点定面关系，最后以历时为参数，利用各流域定面雨量的均值 $\overline{H}_A$、C_{vA} 及各流域平均定点雨量的 $\overline{H}_0$、C_{v0} 计算定点定面系数：

$$\alpha_{\overline{H}} = \frac{\overline{H}_A}{\overline{H}_0} \tag{4.7-6}$$

$$\alpha_{C_v} = \frac{C_{vA}}{C_{v0}} \tag{4.7-7}$$

点绘以历时 D 为参数的点面系数 α 与流域面积 A 的关系图 $\alpha_{\overline{H}}$—D—A 和 α_{C_v}—D—A，或分析某设计频率雨深 H_P 的点面系数 α_{H_P}（即面设计雨深 H_{P_A} 与点设计雨深 H_{P_0} 之比）与流域面积的关系 α_{H_P}—D—A。

$$\alpha_{H_P} = \frac{H_{P_A}}{H_{P_0}} \tag{4.7-8}$$

定点定面雨量的变差系数的关系比较复杂，目前分析工作还不完善，使用中需注意本地区与设计流域面积相近流域的分析成果。如有可能，对所需设计频率（如 $P=1\%$）的点面系数直接进行地区综合分析将更为实用。

2. 动点动面关系

动点动面关系沿用已久，该关系反映了以暴雨中心地点的点雨量，与以暴雨中心周围各条闭合等雨深线包围面积内面平均雨量之间的点面关系。使用动点动面关系时，如设计流域的定点雨量参数地域变化较大，则应在流域内选用点设计暴雨最大地点的值作为点雨量采用值，不宜采用平均定点统计参数。当流域所在地区已制有定点定面关系时，不要再使用动点动面关系。

4.7.1.5 设计面暴雨分析

设计面暴雨量的分析计算方法有直接计算与间接计算两种。

1. 设计面暴雨量的直接计算

(1) 面暴雨量计算方法。

1) 算术平均法。当流域内雨量站分布比较均匀，可直接计算区域内各雨量站的算术平均值，将其作为面平均雨量。本法计算简便，但要求流域地势起伏不大、测站分布均匀、各站的雨深与流域平均雨深相差较小。

2) 面积加权平均法（又称泰森多边形法）。如流域内测站分布不均匀，可用面积加权平均法计算面平均雨量。面积加权平均法较为精确，由于目前计算机技术已比较成熟，该法因此得到普遍使用，且效果较好。

3) 等雨深线法。将一次或某一历时各站（包括流域内全部测站以及流域界线外侧的雨量站）的点雨量绘于适当比例尺的测站分布图上，按线性内插原则在测站间分配雨量，并考虑地形、天气系统等因素绘制等雨深线，多中心暴雨的各个中心同等量级雨深相应的间距必须一致。在流域界线内量算相邻等雨深线间的面积 ΔA_i，并计算该面积内的相应降水量；流域总降水量 W 由各区间降水量累加而得。当流域内具有两个或多个暴雨中心时，需将各暴雨中心的水量加上相连等雨深线区间水量的总和求出流域总降水量。流域面平均雨深 H_A 为

$$H_A = \frac{W}{A} \tag{4.7-9}$$

式中　W——流域总降水量；

A——流域面积。

等雨深线法利用周围测站资料最充分，对地形地貌的影响考虑最为周全，暴雨面分布的代表性最好，但计算工作量也最大。随着信息技术的发展，用GIS数字高程模型自动生成雨量线可考虑地形地貌的影响，方便快捷，精度高。如用线性内插绘制等雨深线，当测站较多、分布较均匀时，其成果与泰森法相近。当测站分布不均，地形对暴雨影响较大时，等雨深线法成果代表性较好。

4）高程面积法。如暴雨与地形具有较好的关系，但流域内测站分布不太均匀，可使用高程面积法。先绘制流域的高程面积曲线，再绘制高程雨深曲线，联合求出雨深面积曲线，并量算出流域平均雨深。不同次暴雨的高程雨深曲线是不同的，但高程面积曲线是不变的。对各次暴雨，只要重建高程雨深曲线，即可推求出不同次暴雨的流域平均雨深。

（2）年最大面暴雨量系列。对工程设计所需的各个标准历时，每年分别选取一个年最大面雨量，组成流域最大面暴雨量系列。对某个具体年份，不同历时的最大面雨量可能发生于同一次暴雨中，也可能出现于不同次的暴雨。南方地区每年暴雨次数较多，当无法判断年最大面雨量出现于哪一次暴雨时，应对最大若干次暴雨都作面雨量计算，从中选出最大值及其发生日期。

（3）面暴雨量系列的检查和插补延长。面暴雨量计算要求流域内各个分区都布设有代表性雨量站。我国的雨量站网在1950年以前很稀，1950年以后开始逐渐加密，但自记程度较差，分段观测较粗。近一二十年来，自记雨量站网有所加密，分段观测也较细。通常一个流域的面雨量系列是由不同计算精度的资料组成，早期资料精度差，中期长历时面雨量估算精度有所提高，但短历时面雨量的精度仍然不足，后期资料质量较好。

为检查早期面雨量估算的精度，可建立近期密站网（全部测站）面雨量与早期稀站网（删去后期增加测站）面雨量的相关关系。如具有一定程度相关，则可修正早期各年的年最大面雨量。

（4）面暴雨量频率分析。面暴雨量的频率分析方法和原则与点雨量相同，但分析时还需注意以下几个方面。

1）面雨量系列一般短于点雨量系列，根据点雨量系列对照检查面雨量系列有无遗漏早期的特大暴雨年份。

2）注意搜集邻近地区的特大暴雨资料，将地理气候条件相似地区的特大暴雨面雨量移到本流域参与频率分析或作合理性检查。

3）将本流域的设计面暴雨成果与本流域的设计点雨量成果进行比较。一般来说，面雨量的均值、设计值均小于点雨量，其变差系数也略小于点雨量。

4）对各历时面雨量计算成果进行检查。分析均值、C_v和设计值随历时的变化趋势与周围地区是否一致，各历时面雨量频率曲线有无相交现象。

5）检查由面暴雨量推算的设计洪水（特别是洪量）与本流域直接用流量资料频率分析计算的成果有无明显出入，与调查洪水成果是否协调。

2. 设计面暴雨量的间接计算

当资料条件较差，难以满足面雨量计算要求，或者中小流域设计暴雨历时较短，点雨量与面雨量相差较大时，可计算设计点暴雨量，通过点面关系间接推算设计面雨量。

3. 合理性检查

（1）分析本流域及邻近流域各种历时设计面雨量统计参数$\overline{H}$、C_v、设计值H_P，并进行对比分析。一般情况下，面雨量各统计参数均随面积增加而减小，点面系数也随面积增加而减小。

（2）用直接法和间接法分别计算设计面雨量，进行对比分析。

（3）与邻近地区特大暴雨资料进行对比分析，检查其合理性。

（4）流域内高程梯度变化很大时，地形对降雨量在空间上的分布有较大影响，如雨量站代表性不足，计算设计面暴雨时，应分析、检查降雨量随流域高程梯度变化的规律，必要时对设计面暴雨量作适当修正。

4.7.1.6　设计暴雨雨型分析及分期设计暴雨

为推求设计洪水过程线，一般需计算设计暴雨的降雨过程，即暴雨的时程分布雨型。对面积较大的流域，雨量空间分布不均匀，或在一个流域内已建或规划有多处蓄水工程时，还需了解设计暴雨的雨深在面上的分布，即面分布雨型。如需计算流域各分区的降雨过程，则要给出暴雨时面综合雨型。分期设计暴雨主要用于水利工程分期蓄水调度运用以及施工期间来水估算，计算方法与年最大设计暴雨计算方法相同，区别在于选样在分期内进行。相关内容可见参考文献［4］等。

4.7.2　可能最大暴雨

采用水文气象方法推求流域的可能最大暴雨，应首先分析暴雨特性及气象成因。暴雨特性分析包括暴雨发生的季节变化情况、暴雨出现频次、暴雨中心位置、暴雨强度、持续时间、移动规律和极值分布特性，以及典型大暴雨及历史大暴雨的分析等。暴雨气象成因分析包括大气环流形势、影响系统、主要物理条件、水汽入流方向以及地形对暴雨的影响等，以判断产生可能最大暴雨的气象特征。暴雨特性及气象成因分析是可能最大暴雨计算方法选择及成果合理性分析的基础，也是可能最大暴雨分析计算不可缺少的重要一环。

4.7.2.1 可能最大暴雨计算

1. 暴雨放大法

计算可能最大暴雨，需对典型暴雨进行放大。国内采用的放大方法较多，可根据典型暴雨的稀遇程度、资料条件、天气系统类型、流域大小及特性等采用不同的方法。

（1）水汽放大。若选定的暴雨是高效暴雨，可认为该暴雨动力条件（即效率）已接近最大，只需对其水汽进行放大。

1）降水量计算。

$$R = \eta W t \tag{4.7-10}$$

式中　R——t时段内的降水量，mm；

η——降水效率；

W——可降水量，mm。

在可能最大暴雨时，$R_m = \eta_m W_m t$，于是得水汽效率放大公式：

$$R_m = \frac{\eta_m W_m}{\eta_{典} W_{典}} R_{典} \tag{4.7-11}$$

下标“典”为典型暴雨，当典型暴雨是高效暴雨（动力条件接近最大）时，$\eta_{典} = \eta_m$，于是得到水汽放大公式为

$$R_m = \frac{W_m}{W_{典}} R_{典} = K R_{典} \tag{4.7-12}$$

2）高效暴雨的判定。高效暴雨一般是指历史上罕见的特大暴雨，它的造雨效率最高。所选典型暴雨是否为高效暴雨，一般从三方面分析判定：①暴雨在本流域出现的几率很稀遇；②与邻近流域或气候一致区高效暴雨（包括历史特大暴雨）的效率比较接近，比较时应注意地理位置及地形的差别；③与历史特大洪水反推的暴雨效率较为接近。

3）可降水量计算。典型暴雨的水汽条件一般用可降水量表示，可降水量是指单位截面上整个气柱中的水汽总量。可降水量计算公式为

$$W = \frac{1}{10g}\int_{P_Z}^{P_0} q\,\mathrm{d}p \approx 0.01\int_{P_Z}^{P_0} q\,\mathrm{d}p \tag{4.7-13}$$

式中　W——可降水量，mm；

g——重力加速度，cm/s²；

P_0、P_Z——地面、Z高度上的气压，hPa；

q——比湿，g/kg。

可降水量单位用g/cm² 表示，由于水的密度$\rho_水 = 1\text{g/cm}^3$，所以可降水习惯上也用mm表示，即气柱内水汽如果全部凝结降落在地面所积集的水深。

可降水可用探空资料分层计算或用地面露点资料查算。由于高空测站少，观测年限不长，而地面露点观测方便，测站多，且资料较长，所以常用地面露点计算。

可降水量是地面露点的单值函数，按地面露点计算可降水量，已制有专用的表可以查算，见参考文献[4]。

4）典型暴雨代表性露点的选择。

a. 暴雨代表性露点位置的选择。锋面或气旋引起的暴雨，在地面图上存在明显的锋面时，应挑选锋面暖侧雨区边沿的露点；如无锋面存在，一般应在暖湿气流入流方向的雨区中挑选。对台风雨应在暴雨中心附近挑选。热带地区的暴雨露点用海表水温为宜。

为了避免单站的偶然性误差及局地因素影响，一般取多站同期露点的平均值。所选的露点不应高于同期最低气温。

b. 暴雨代表性露点持续时间的选择。一般采用持续12h最大露点作为代表性露点。持续12h最大露点是指持续12h不小于露点观测系列中的最大值。实例见表4.7-2，其持续12h最大露点为25.5℃。

表4.7-2　**露点观测值**

时间	日期(月-日)	08-05				08-06			
	时刻	02:00	08:00	14:00	20:00	02:00	08:00	14:00	20:00
露点(℃)		25.0	25.0	25.8	26.8	25.5	25.3	26.3	25.6

5）可能最大露点的确定。

a. 采用历史最大露点确定。当露点资料系列在30年以上时，取历年持续12h最大露点的最大值作为可能最大露点。可能最大露点应在典型暴雨发生的相应季节内选取，其选择条件应与典型暴雨代表性露点的选定条件基本一致。应在降雨或趋向于降雨的天气中选取最大露点，注意排除反气旋、晴好天气和由于局部因素形成的露点高值。

计算分期可能最大暴雨时，或在各月露点差异较大的地区，应分别按月或期选择历史最大露点。

b. 采用频率计算确定。当露点观测资料少于30年时，一般采用50年一遇的露点作为可能最大露点。

6）水汽放大计算。因W_m和$W_典$都是换算到1000hPa露点计算的，所以当有水汽入流障碍或在流域平均高程较高的地区，按式（4.7-12）进行计算时应扣除入流障碍高程或流域平均高程至1000hPa之间所对应的那段高程的可降水量。

（2）水汽效率放大。当设计流域缺乏特大暴雨资料，但有较多实测大暴雨资料或历史暴雨洪水资料，或气候一致区内有特大暴雨资料时，可采用水汽效率放大。其计算见式（4.7-11）。

1）暴雨效率计算。暴雨效率的计算公式为

$$\eta_t = \frac{R_t}{tW} \tag{4.7-14}$$

式中 η_t——给定流域t时段的降水效率；

R_t——给定流域t时段的面平均雨量。

2）可能最大暴雨效率估算。

a. 由实测暴雨资料推求。设计流域有较多的实测大暴雨资料或气候一致区内有特大暴雨资料时，可计算这些典型大暴雨或移入一致区内的特大暴雨不同历时的暴雨效率，取其外包值作为可能最大暴雨效率。

b. 由历史特大洪水反推。当有调查的历史特大洪水资料时，可采用降雨径流关系、实测洪峰流量或洪量与流域某时段面雨量的关系等方法，由历史特大洪水（洪峰）反推出相应时段的面雨量。

通过建立实测面雨量和效率相关关系，由推算出的历史暴雨面雨量，查出相应的效率。也可以借用与历史洪水相似的典型过程和典型可降水量，推算出历史暴雨的效率。

c. 水汽效率放大计算。推算出最大暴雨效率及最大可降水量后即可按式（4.7-11）对典型暴雨进行放大。若计算的可能最大暴雨历时较短时，可采用同倍比放大。若计算的可能最大暴雨历时较长，可分时段控制放大。

（3）水汽输送率放大及水汽风速联合放大。当入流指标VW或风速V与流域面雨量R呈正相关关系，且暴雨期间入流风向和风速较稳定时，可采用水汽输送率或水汽风速联合放大。

1）计算公式。

水汽输送率放大公式：

$$R_m = \frac{(VW)_m}{(VW)_{典}} R_{典} \tag{4.7-15}$$

水汽风速联合放大公式：

$$R_m = \left(\frac{V_m}{V_{典}}\right)\left(\frac{W_m}{W_{典}}\right) R_{典} \tag{4.7-16}$$

2）典型暴雨代表站及指标选择。

a. 代表站选择。分析暴雨的入流风向，在入流方向诸探空站中选择离雨区较近、资料条件相对较好的站作为代表站。

b. 风指标选定。①代表层的选择。代表站离地面1500m附近的风速较为适宜，地面高程低于1500m的地区，采用850hPa高度上的风速，地面高程超过1500m（或3000m）时，可用700hPa（或500hPa）高度上的风速。热带地区，则找出向暴雨区输送水汽的主要大气层，放大仅限于该大气层。②风速指标选择。典型暴雨的风速，取最大降雨期间或提前一个时段的测风资料计算，因为风速有日变化，应取24h平均值（风速是矢量值）。

3）极大化指标选择。极大化指标应从实测暴雨所对应的资料中选取，所选暴雨与实测典型暴雨季节、暴雨天气形势及影响系统应相似。

a. 采用历史最大资料确定。当风和露点实测资料系列在30年以上时，在实测资料中选取与典型暴雨风向接近的实测最大风速V及其相应的可降水量W，得VW，再从中选取其最大值$(VW)_m$作为极大化指标。

选取该风向多年实测最大风速值V_m，再寻找实测最大W_m，其乘积V_mW_m作为极大化指标。

资料条件较好的地区可分别制作$(VW)_m$和V_mW_m的季节变化曲线，选用时，用典型暴雨发生时间前后15d之内的最大值作为极大化指标。

b. 采用频率计算确定。若实测风速及露点资料系列不足30年时，可采用50年一遇的数值，作为极大化指标。

（4）水汽净输送量放大。计算大面积、长历时、天气系统稳定的可能最大暴雨，可采用水汽净输送量放大。

根据水量平衡方程，经简化可建立以下降水量公式：

$$R \approx \frac{F_w}{A\rho} = \frac{10^{-2}}{A\rho g}\sum_{k=1}^{n}\sum_{j=1}^{m} V_{kj}q_{kj}\,\Delta L \Delta P \Delta t \tag{4.7-17}$$

式中 R——Δt时间内的面平均雨深，mm；

F_w——Δt时间内的水汽净输送量，g；

A——计算周界所包围的面积，km^2；

ρ——水的密度，g/cm^3；

g——重力加速度，cm/s^2；

n——气层数；

m——计算周界上的控制点数；

V_{kj}——第k层计算周界上第j个控制点的垂直于周界的风速分量，向内为正，m/s；

q_{kj} ——第 k 层计算周界上第 j 个控制点的比湿，g/kg；

ΔL ——计算周界上控制点所代表的步长，km；

ΔP ——相邻两层气压差，hPa；

Δt ——计算历时，s。

设计流域是否适用此方法，必须用实测资料进行检验。具体计算可见参考文献［4］和参考文献［6］。

2. 暴雨移置法

当设计流域缺乏时空分布较恶劣的特大暴雨资料，而气候一致区内具有可供移用的实测特大暴雨资料时，一般采用暴雨移置法。暴雨移置主要包括以下五个步骤。

（1）移置暴雨选定。搜集流域及气候一致区内的大暴雨资料，经分析比较，选定其中一场或几场特大暴雨作为移置对象。

（2）移置可能性分析。

1）分析移置暴雨特性、气象成因、雨量分布及地形对暴雨的影响等。

2）气候背景分析。设计流域与移置暴雨区两地地理位置是否相近，是否属同一气候一致区，两地不应相差太远。

3）天气条件分析。对设计流域和移置暴雨区天气条件进行对比，应从环流形势和影响系统进行分析，特别要分析移置暴雨的一些特征因子，如两个或两个以上系统的遭遇，触发强烈上升运动的中小尺度系统等，对暴雨移置的可能性作出判断。

4）地形影响分析。若两地地形比较相似，只需移置雨图即可；若两地地形有一定的差别，除考虑暴雨中心位置的安放及雨图轴向等外，有的还需对原雨图进行修正；两地地形差异很大，移置高差即设计流域与移置暴雨区高程之差，不宜超过 1000m，超过 1000m 时需进行专门论证。强烈的地方性雷暴雨或台风雨移置高差可以根据分析确定，高大山岭可以作沿山脊线方向的移置。

（3）暴雨雨图安置。

1）雨图的暴雨中心应放置在流域经常出现暴雨中心的地带，并注意与小尺度地形（如喇叭口）的配置，如流域有多个中心，则应放在主要的暴雨中心位置或对工程安全最不利的位置。

2）雨轴方位应与流域经常出现同类型特大暴雨的雨轴方位一致，应使降雨等值线与设计流域大尺度地形相适应。对于中纬度锋面雨，雨轴转动角不宜超过 20°；对于低涡雨、台风雨，雨轴转动角度需结合地形影响分析，确定其放宽程度。

（4）移置改正。定量估算设计流域和移置暴雨区两地由于区域形状、地理位置、地形等条件差异而造成的降雨量的改变，称为“移置改正”。

1）流域形状改正。若移置区与设计流域暴雨的天气形势很相似，两地的地理、地形条件基本相同，其间又无明显的水汽障碍，一般可直接将移置的暴雨等值线搬移到设计区，再按设计流域的边界量算面平均雨量，即为流域形状改正。

2）水汽改正。

a. 位移水汽改正。指两地高差不大，但位移距离较远，以致水汽条件不同所作的改正。用式（4.7-18）表示：

$$R_B = K_1 R_A = \frac{(W_{Bm})_{ZA}}{(W_{Am})_{ZA}} R_A \qquad (4.7-18)$$

式中 R_B ——移置后暴雨量；

K_1 ——位移水汽改正系数；

R_A ——移置前暴雨量；

W_{Am}、W_{Bm} ——移置区、设计流域的最大可能降水量；

下标 ZA ——移置区地面高程。

热带地区水汽改正主要是进行海表水温的调整。

b. 代表性露点与参考露点选取。代表性露点在典型暴雨区边缘水汽入流方向选取，代表性露点的地点可以远离暴雨中心数百公里。放大水汽时所用的最大露点应取同一位置的最大露点。移置时也应如图 4.7-5 所示，在移置地区取用相当于同样距离及方位角的地点作为参考地点，然后用该地点的最大露点作放大及移置调整计算。

3）高程或入流障碍高程改正。高程改正是指移置前后因两地区地面平均高程不同而使水汽增减的改正；入流障碍高程改正是指移置前后水汽入流方向因障碍高程差异而使入流水汽增减的改正。流域入流边界的高程若接近流域平均高程，则采用高程改正；若

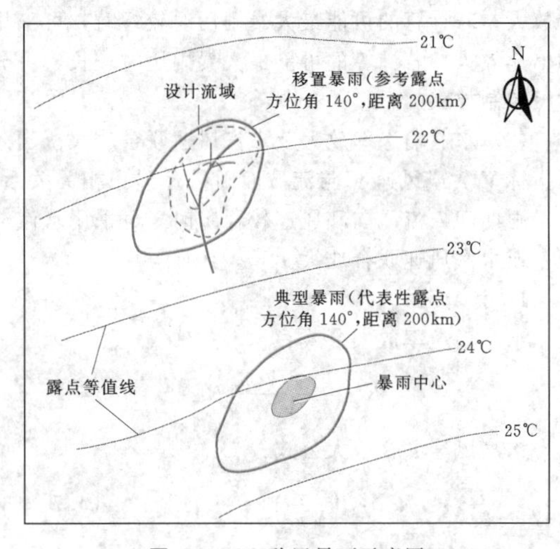

图 4.7-5 移置暴雨示意图

高于流域平均高程，则用障碍高程改正。其计算见式(4.7-19)：

$$R_B = K_2 R_A = \frac{(W_{Bm})_{ZB}}{(W_{Bm})_{ZA}} R_A \quad (4.7-19)$$

式中　K_2——高程或入流障碍高程水汽改正系数；

下标 ZB——设计流域地面或障碍高程。

同时考虑位移和高程两种改正的公式即为

$$R_B = K_1 K_2 R_A = \frac{(W_{Bm})_{ZB}}{(W_{Am})_{ZA}} R_A \quad (4.7-20)$$

4）综合改正。当两地地形等条件差异较大，对暴雨机制，特别是对低层的结构有一定的影响时，移置暴雨必须考虑地形、地理条件对水汽因子和动力因子的影响后再进行综合改正，其方法有：①等百分数法；②直接对比法；③以当地暴雨为模式进行改正法；④雨量分割法。各方法计算见参考文献［4］和参考文献［6］。

(5) 极大化。只作水汽改正的移置暴雨（高效暴雨），其改正和极大化可以同时进行，即按式(4.7-21)计算设计流域的可能最大暴雨：

$$R_{Bm} = \frac{(W_{Bm})_{ZB}}{(W_A)_{ZA}} R_A \quad (4.7-21)$$

式中　W_A——移置区可能降水量。

对于作了综合改正后的移置暴雨 R_B，放大公式采用式(4.7-22)的形式：

$$R_{Bm} = \frac{(W_{Am})_{ZA}}{(W_A)_{ZA}} R_B \quad (4.7-22)$$

【算例 4.7-1】　用暴雨移置法计算可能最大暴雨。

某大型枢纽位于白河上游伏牛山脉东南坡，集水面积 3035km^2。拟移置 1975 年 8 月 5～7 日淮河上游特大暴雨（简称“75.8”暴雨），估算该流域的可能最大暴雨。设计流域与“75.8”暴雨区纬度相近，在暴雨区西部 100km 处。

(1)“75.8”暴雨及其成因。“75.8”暴雨中心总降水量达 1631mm，最大 3d 降水量达 1605mm，最大 1d 降水量为 1005mm，最大 24h 降水量为 1060mm，6h 和 1h 降水量分别为 830mm 和 218mm。

“75.8”暴雨主要是由 1975 年第 3 号台风登陆后变成的低气压造成的。3 号台风登陆后，中心气压很快上升，并向西北方向移动，减弱成为低气压，在湖南省洞庭湖附近折向北移，移速减慢，到河南省南部趋于停滞，然后又折向西南，移至奉节附近消失。特大暴雨就是在该低气压停滞期间出现的。由于河套西部小高压东移并入西太平洋副热带高压，使副热带高压北抬西伸形成一个楔形高压坝，阻挡了低压的东北行进而被迫停滞后折向西南。在形势演变过程中，低压曾受四周高压的包围停滞少动达 36h 之久，这是形成此次特大暴雨的重要环流背景。8 月 7 日除了系统最强外还有冷空气从中低层入侵，抬升了暖湿空气，使不稳定能量释放，因而雨强特大。

(2) 移置可能性分析。

1）气候背景分析。白河流域和“75.8”暴雨发生地区均处于同一纬度，属北亚热带季风气候区。年雨量、年降水日数、暴雨日数都很接近。暴雨发生的季节都出现在 7～8 月，两地最大绝对湿度 (e) 相近，同属高湿区。因此，两地气候背景一致。

2）天气系统分析。“75.8”暴雨主要是由 7503 号台风转成的稳定热低压造成的。普查 1884 年以来的台风路径图发现，1943 年、1944 年曾有两次台风路径通过河南，比 7503 号台风路径更偏西，说明台风可以到达白河流域。白河流域和“75.8”暴雨区纬度相同，环流在该纬度地带稳定，已是实际发生了的情况。问题是能否向西移 100km，根据天气分析经验，“75.8”暴雨环流向西移 100km 是完全可能的，即若白河流域出现特大暴雨时，其环流也可以稳定维持。

3）地形条件比较。“75.8”暴雨区地处平原和山丘区的交界处，林庄暴雨中心处在三面环浅山向东北偏东开口的地形带中，对于东北偏东气流起抬升作用。而白河上游地形对“75.8”台风系统来说，不如“75.8”暴雨区有利。但是，两地区中间并无高于 1000m 的大地形障碍，移置也是可能的，地形条件有差异可以进行地形改正。

(3) 暴雨雨图安置。将林庄暴雨中心放在流域经常出现暴雨的地带，并考虑暴雨等值线图与白河流域地形相吻合，将暴雨雨图轴向顺时针方向转动 20°，量取的设计流域面平均雨深 24h 为 560mm。

(4) 移置改正。因两地在同一地理位置，水汽条件相同，不需进行位置改正，但需进行障碍高程改正。暴雨区与设计流域间有平均高程为 800m 的障碍，暴雨区平均高程为 200m。追踪暴雨发生地上空空气质点轨迹，发现水汽主要来自东南方，代表性露点取暴雨区东南边缘的多站平均海平面持续 12h 露点值为 25.8℃。历史最大露点两地相同，均为 28℃，障碍高程改正系数为

$$K_2 = \frac{(W_{Bm})_{ZB}}{(W_{Bm})_{ZA}} = \frac{(W_{28})_{800}}{(W_{28})_{200}} = \frac{105-20}{105-5} = 0.85$$

(5) 极大化计算。“75.8”暴雨为罕见特大暴雨，可视为高效暴雨，所以只需进行水汽放大，其放大系数为

$$K_3 = \left(\frac{W_m}{W_{典}}\right)_{200} = \left(\frac{W_{28}}{W_{25.8}}\right)_{200} = \frac{105-5}{86.6-4.8} = 1.22$$

设计流域经过障碍改正和放大后的综合改正系数为

$$K = K_2 K_3 = 0.85 \times 1.22 = 1.04$$

将此系数乘以“75.8”暴雨移置于设计流域并转轴后量取的面雨量，即为所求的可能最大暴雨。

3. 暴雨组合法

将两场或两场以上的暴雨，按天气气候学的原理，合理地组合构成一个新的暴雨序列，对其中某一两场雨进行放大，以推求可能最大暴雨，这种方法称为暴雨组合法。该方法适用于大面积、长时段可能最大暴雨的推求。

在进行暴雨组合以前，需分析设计流域形成大洪水的降水承替演变规律，分析场次洪水降水的大气环流形势、影响系统、雨型（根据雨区位置和移动方向分型）、面雨量（或 50mm 等雨深线的面积）等，并建立暴雨档案，供组合时应用。

(1) 典型年替换法。该方法是以特大暴雨洪水年的暴雨序列为典型，根据暴雨过程替换原则，以历史上天气系统大致相同、降水较大的另一过程，替换典型天气过程中降水较小的暴雨过程。

1) 典型过程选取。从实测洪水过程挑选典型，要求洪水历时与设计时段相应，以峰高、量大、峰形恶劣，上中下游洪水遭遇严重，且环流形势反常、水文气象资料较好的大洪水过程所对应的暴雨作为典型。

2) 相似过程替换原则。降水季节一致，时间接近；大环流形势基本相似；暴雨天气系统相同；雨型相似。

3) 替换天数与放大场次。根据流域暴雨持续时间长短，以流域实测暴雨最长持续时间的天数为控制进行替换。尽量避免连续几场雨都进行替换，以免破坏典型的特征。如设计时段超过本流域最长连续降雨历时，需考虑暴雨的间歇时间。

【算例 4.7-2】　用典型年替换法计算可能最大暴雨。

清江某大型枢纽采用与流域实测最大洪峰流量相对应的 1969 年 7 月大暴雨为典型，以该次大暴雨过程的环流形势为基础进行相似替换，以推求可能最大暴雨。

“69.7”暴雨是清江流域蒙古槽类最大的一场暴雨，也是梅雨期大面积强暴雨。相应的天气形势为东亚长期维持两脊一槽，在西伯利亚和雅库茨克南部为高压，蒙古地区为深厚冷低压，副热带高压加强北抬，并一度稳定，副热带高压边缘的西南暖湿气流和冷低压后部的偏北气流汇合，造成暴雨。“69.7”暴雨各日雨量见表 4.7-3。

表 4.7-3　“69.7”暴雨原过程表

日期（年-月-日）		1969-07-08	1969-07-09	1969-07-10	1969-07-11	1969-07-12	1969-07-13
日雨量（mm）		1.1	10.0	58.9	122.5	0.1	26.1
环流与天气系统	500hPa	蒙古槽		蒙古槽		蒙古槽	
	700hPa	冷切		冷切带涡		冷切	
	地面	静止锋		静止锋	冷锋	冷锋	

对 1969 年 7 月 12～13 日降水，用 1968 年 7 月 14～15 日相似过程按照相似过程替换原则进行替换。

(1) 暴雨发生季节一致，“69.7”与“68.7”暴雨均发生在 7 月中旬，同属梅雨期暴雨。

(2) 大环流形势一致，按梅雨期分型，均属双阻型，按地方气象台站分类，均属蒙古槽类暴雨，副热带高压位置接近，槽脊位置相似。

(3) 暴雨天气影响系统相同，500hPa 均为蒙古槽，700hPa 均为冷切变，只是地面 1969 年为冷锋，1968 年为静止锋，系统更为稳定。

(4) 雨型相似。相似过程替换结果见表 4.7-4。

表 4.7-4　“69.7”暴雨相似过程替换后暴雨过程表

日期（年-月-日）		1969-07-08	1969-07-09	1969-07-10	1969-07-11	1968-07-14	1968-07-15
日雨量（mm）		1.1	10.0	58.9	122.5	71.9	44.2
环流与天气系统	500hPa	蒙古槽		蒙古槽		蒙古槽	
	700hPa	冷切		冷切带涡		冷切	
	地面	静止锋		静止锋	冷锋	静止锋	

以上组合序列，是将“69.7”暴雨7月12日间歇1d的暴雨序列，组合为连续5d的暴雨序列。经普查，清江流域蒙古槽类大暴雨，连续5d以上的暴雨序列出现过3年，即1955年暴雨持续5d，1968年暴雨持续6d和1963年暴雨持续6d。从实际资料验证说明，这种组合序列是有可能在本地区出现的。

（2）连续性分析法。在暴雨普查和成因分析的基础上，根据大暴雨环流形势演变趋势和天气过程承替演变规律，将暴雨单元合理地衔接起来，组成新的暴雨序列，这就是暴雨组合的连续性分析法。此法以组合2～3场暴雨为宜，若组合时间过长，则任意性较大。

组合时应注意：互相衔接的两个组合单元应选在同一季节，组合单元的时段长度不应小于6h；两单元之间的时间间隔，可直接以实测暴雨或者从天气过程演变的统计规律确定。用此法组合后的环流形势演变过程，最好用历史资料中实际演变的实例加以论证。

（3）长时段组合相似替换法。当设计时段超过某一典型年的实际降雨历时或典型不够恶劣时，可将两个长系列过程用连续性分析法进行组合，然后再对其中的一两场雨用相似替换法进行代换，以推求可能最大暴雨。

4．暴雨时面深概化法

该法是间接推求设计流域面积上PMP的计算方法。暴雨时面深概化法推求设计流域的PMP包括四个步骤：①将实测大暴雨加以极大化（多进行水汽放大）；②将极大化后的暴雨移置到设计地区；③将这些极大化了的并可移入设计地区的大暴雨时面深关系加以外包，作为各暴雨面上的可能最大暴雨量；④将暴雨面上的可能最大暴雨量应用于设计流域，求得流域面上的可能最大暴雨。该法在美国适用于平原区52000km^{2}以下、山区13000km^{2}以下面积和6～72h的可能最大暴雨估算。

该法在清江水布垭水利枢纽等工程的可能最大洪水计算中得到过应用，由于计算过程相对比较复杂，工作量较大，本书不作详细介绍，具体方法见参考文献［4］和参考文献［6］。

4.7.2.2　可能最大暴雨成果确定及合理性分析

可能最大暴雨成果包括暴雨总量及其时空分配。可能最大暴雨的时空分配，一般按典型暴雨（包括当地、移置、组合单元等典型暴雨）进行分配，当典型暴雨推算的洪水峰、量不协调时，可采用综合概化的时空分配进行放大。而当使用暴雨时面深概化法，或由可能最大点暴雨计算流域可能最大面暴雨时，一般多用综合概化的时空分配。

1．可能最大暴雨成果选取

可能最大暴雨成果选取，应对暴雨资料和计算过程中各个处理环节的误差大小进行分析后综合选取。分析内容如下。

（1）审查暴雨资料的代表性和可靠性，检查是否搜集到了流域内外所有特大暴雨资料，雨量站的密度及计算面雨量的代表性，资料系列长度等。这是影响成果的基本因素。

（2）检查计算过程中各个环节的正确性和计算方法的适用程度，暴雨典型模式选定是否符合流域特性，它的“可靠性”和“最大性”，代表站、代表层及各种指标的确切性，极大化处理的合理性、成果的误差可能来源及误差估计等。

经以上综合分析，择优选取可能最大暴雨成果。

2．可能最大暴雨成果合理性分析

（1）与本流域历史暴雨资料比较。计算的可能最大暴雨成果，在降雨历时、时空分布、暴雨中心位置及暴雨天气系统等方面，应基本符合本地区的暴雨规律，暴雨总量应大于本地区实际发生的特大暴雨。

（2）与邻近流域比较。比较可能最大暴雨计算的模式、方法、放大指标（如最大露点、最大入流指标、最大效率等）和计算成果（如可能最大暴雨的降雨历时、总量、时空分配等）是否符合地区规律。这种比较，要注意地形的差别。

（3）与国内外特大暴雨记录比较。稀遇的特大暴雨，在某一固定区域出现的几率较小，但从大范围看，其出现几率则较大，有可能在大范围内观测到稀遇的特大暴雨。所以，计算的可能最大暴雨成果，需与国内外相似地区的最大暴雨记录作比较，以判断成果的“可能性”与“最大性”。

（4）与国内外已有的可能最大暴雨成果比较。主要比较相似地区的成果，比较时需考虑地理位置和地形的差异。流域面积小于1000km^{2}的小流域，可与“中国可能最大24h点雨量等值线图”查算成果进行比较。比较时，应注意编图后出现的特大暴雨资料。

4.7.3　根据设计暴雨计算设计洪水

由设计暴雨推求设计洪水，常先由设计暴雨通过产流计算求得设计净雨过程；再由设计净雨过程通过流域汇流计算求得设计洪水过程线。前者主要有降雨径流关系法和初损后损法等，后者主要有单位线（经验单位线、瞬时单位线和综合单位线）法和推理公式法。

4.7.3.1　设计净雨计算

降雨量P扣除相应的流域损失量L_f即得净雨量

R（即径流）。净雨量的大小除与本次降雨量有关外，还与降雨开始时刻的流域湿润程度，即前期影响雨量 P_a 有关，实用中常采用 $P—P_a—R$ 相关图表示三个变量之间的定量关系。

1. 前期影响雨量

直接计算流域下垫面包气带土壤含水量的变化非常困难，可用间接方法计算反映土壤含水量指标的前期影响雨量 P_a，其计算公式为

无雨日：
$$P_{a,t+1}=KP_{a,t} \tag{4.7-23}$$

有雨日但未产流：
$$P_{a,t+1}=K(P_{a,t}+P_t)\leqslant L_m \tag{4.7-24}$$

有雨日且产流：
$$P_{a,t+1}=K(P_{a,t}+P_t-R_t) \tag{4.7-25}$$

式中　$P_{a,t}$、$P_{a,t+1}$——第 t 日、$t+1$ 日的前期影响雨量，mm；

P_t、R_t——第 t 日的降雨量、相应径流量，mm；

K——土壤含水量消退系数；

L_m——流域最大损失量，mm。

计算 P_a 需考虑的天数，可根据消退系数的大小，采用15～30d左右。

若流域没有降雨径流关系或流域较大时，一次降雨产生的径流不能在1d内流完，因而求不到 R_t。这时可以采用下列水量平衡方程：

$$P_{a末}=P_{a始}+P-R-E \tag{4.7-26}$$

式中　$P_{a始}$、$P_{a末}$——本次降雨始、末的前期影响雨量，mm；

P、R——本次降雨量、相应的径流深，mm；

E——本次降雨过程中的蒸散发量，mm。

(1) 流域蒸散发能力的确定。流域蒸散发能力(E_m)指的是在充分供水条件下的流域日总蒸散发量。一般可采用E—601蒸发皿观测值作为流域蒸散发能力的近似值。若蒸发皿的类型不同，则需用蒸发皿折算系数乘以蒸发皿观测值，即得流域蒸发能力的近似值。不同地域、不同类型蒸发皿折算系数，各省（自治区、直辖市）水文局均有相应数值可供查用。

(2) 流域最大损失量的确定。流域最大损失量(L_m)可以理解为一定入渗深度下最大与最小土壤蓄水量之差。可挑选前期久晴不雨，本次全流域降雨的雨量和雨强均较大、但不产流或产流量较小的降雨资料，按式（4.7-27）计算 L_m。

$$L_m=P+P_a-R-f_ct_c-E \tag{4.7-27}$$

式中　f_c——稳定下渗率，mm/h；

t_c——稳渗历时，h；

其他符号意义同前。

应尽可能选取多次暴雨资料分析 P_a 和 L_m。我国部分省（自治区、直辖市）绘有设计条件下采用的 P_a 值和 L_m 值的分布图可供查阅，设计时也可查阅其他相关资料，以供参考。

(3) 消退系数(K)的确定：

$$K=1-\frac{E_m}{L_m} \tag{4.7-28}$$

用上式求得的 K 可作为初值。K 同 L_m 有关，L_m 大相应 K 也大，L_m 小 K 也小。

2. 降雨径流关系的建立

(1) 三变数相关图 $R=f(P,P_a)$。如图4.7-6所示，P_a 在 $0\sim L_m$ 之间的 $P—R$ 关系线，下部曲度大，上部曲度小，并渐趋于直线，且与 $P_a=L_m$ 的关系线平行。当 $P_a=0$ 时，曲线上部向下延长，截于纵坐标的截距，可粗略地定为 L_m；P_a 值相应的其他线，其向下延长的截距，可粗略地定为 L_0。有时亦可采取起涨流量 Q_0 作参数。该法一般只适用于湿润地区。

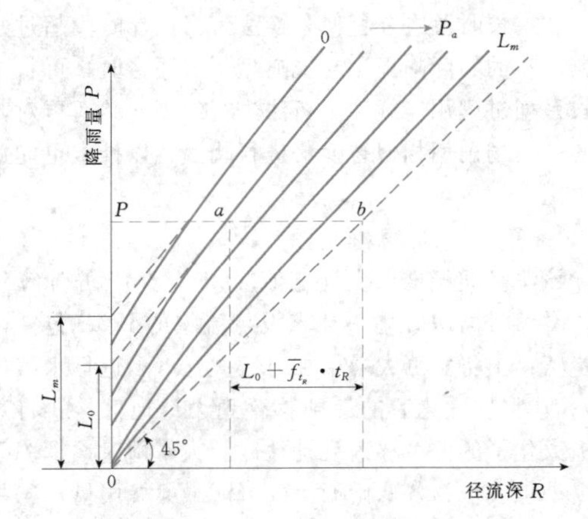

图4.7-6　三变数降雨径流关系示意图

(2) 四、五变数相关图。在干旱、半干旱地区，当降雨径流关系还受到雨强或降雨季节的影响时，则可再增加降雨历时和降雨月份作为参变数，制作四变数和五变数合轴相关图。

(3) 当流域内出现过大洪水，且有较多不同量级的实测暴雨洪水资料时，也可直接点绘 $P—R$ 相关图。通过点群的外包线，定出降雨径流关系，用以推求设计条件下的径流量。

(4) 各种经验性降雨径流关系，在用于推算设计洪水径流量时，都应通过点群的外包线进行合理外延。在湿润地区，土层含水量容易达到田间持水量，且有条件出现全面积产流，因此降雨径流关系在大雨量部分可按45°线外延。在干旱地区，降雨量很难使

全流域包气带土层达到田间持水量，因此降雨径流关系外延的斜率一般都大于1。

3. 产流与净雨过程计算

(1) 产流过程计算。下渗曲线法是将流域下渗曲线的累积曲线$\sum f(t)$和雨量累积曲线$\sum P(t)$绘在一张图上，如图4.7-7所示。在$\sum f(t)$线上，用前期影响雨量P_a找到A点，自A点绘制$\sum P(t)$，如$ABCD$所示。$\sum f(t)$和$\sum P(t)$的坡度分别为下渗强度(f)和雨强(i)，比较两个坡度即可判断是否产流。由图可知，AB段：$i<f$，不产流，雨量补给土壤含水量，将B点平移至B'点；BC段：$i>f$，产流，将BC段平移至$B'C'$，于是过C'点垂直横坐标与$\sum f(t)$线相交的距离$C'C''$就是BC雨量段产生的径流量；再将CD移到$C''D'$，其坡度小于$\sum f(t)$的坡度，因此CD段不产流。

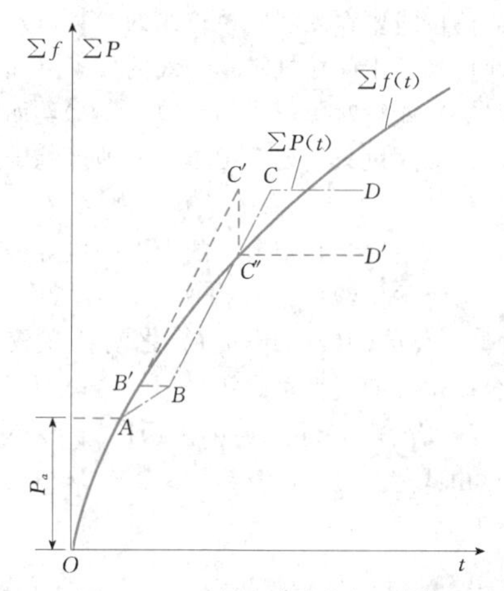

图4.7-7　累积曲线扣损法[4]

初损后损法是将流域的总损失量L_f分为降雨初期的损失量L_0和降雨后期的损失量L_l，与L_0相应的降雨历时为t_0，不产生径流的降雨量为$P_{t-t_0-t_R}$，产流历时为t_R的产流量为R。自t_0后的后损L_l按后期平均损失率$\overline{f_l}$进行分配（见图4.7-8）。

$$\overline{f_l}=\frac{L_f-L_0-P_{t-t_0-t_R}}{t_R} \tag{4.7-29}$$

式中　$\overline{f_l}$——后期平均损失率（也称后损强度），mm/h；

L_f——流域总损失量（$L_f=P-R$），mm；

L_0——初损（一般按流量起涨点以前的雨量确定），mm；

$P_{t-t_0-t_R}$——时段$t-t_0-t_R$内不产流的雨量，mm；

t_R——产流历时，h。

在确定$\overline{f_l}$时可用试错法，即令超过$\overline{f_l}$的雨量与径流量相等。

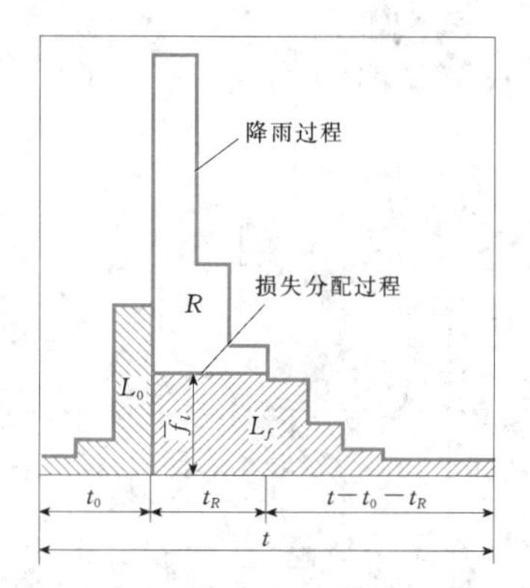

图4.7-8　初损后损法损失分配过程[4]

平均损失率法是将流域损失量平均分配在降雨过程中，如图4.7-9所示。

$$\overline{f}=\frac{L_f-P_{t-t_R}}{t_R} \tag{4.7-30}$$

式中　$\overline{f}$——流域平均损失率，mm/h；

P_{t-t_R}——非产流期的降雨量，mm；

其他符号意义同前。

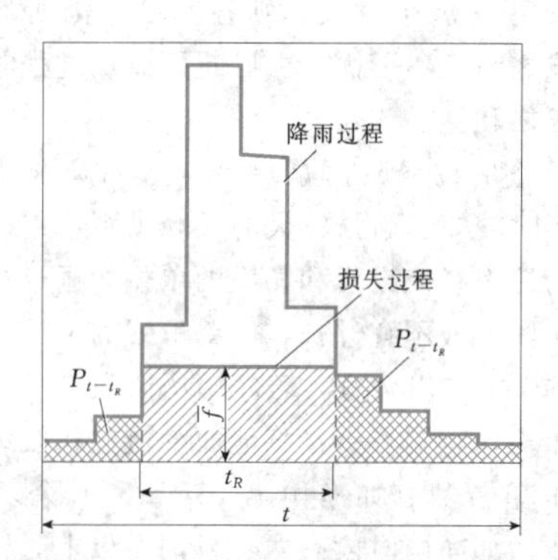

图4.7-9　平均损失率法损失分配过程[4]

(2) 净雨过程计算。净雨过程一般采用产流过程扣除浅层地下径流时程分配的方法来计算，如图4.7-10所示。浅层地下径流R_g的时程分配可以采用平均分配的形式，即

$$\overline{f_c}=\frac{R_g-R_{t_R-t_c}}{t_c} \tag{4.7-31}$$

式中　$\overline{f_c}$——流域平均稳渗，mm/h；

$R_{t_R-t_c}$——时段t_R-t_c内不产生直接径流的产流量；

t_c——净雨历时，h。

4.7.3.2　单位线法汇流计算

1. 经验单位线

单位时段内，由特定流域上时空分布均匀的单位净雨（一般取10mm）所形成的流域出口断面处的地

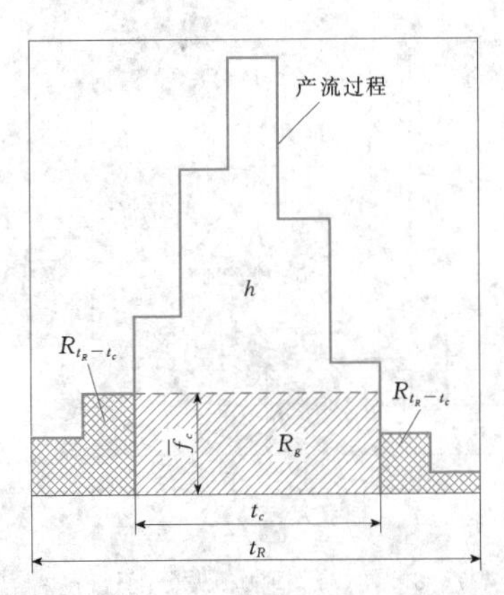

图 4.7-10　流域平均稳定入渗率示意图[4]

面径流过程线，称为单位线。根据实测雨洪资料直接分析得出本流域的单位线，称为经验单位线。分析和使用经验单位线时有两个基本假定：①倍比假定，如果单位时段内的净雨不是一个单位而是 n 个单位，则它所形成的流量过程线的底长与单位线底长相同，流量则为单位线的 n 倍；②叠加假定，如果降雨历时不是一个时段而是 m 个时段，则各时段净雨所形成的流量过程线之间互不干扰，出口断面流量过程等于 m 个流量过程之和。

分析经验单位线时，原则上应选用降雨比较均匀、净雨历时较短、雨强较大的孤峰洪水，用割除地下径流后的地面径流过程和相应的单位净雨过程来推求。单位时段一般不宜过长，以单位线的上涨历时或洪峰滞时的1/3左右为宜，若净雨历时只有一个时段且净雨分布均匀，则可直接将地面径流过程线纵标除以净雨量的单位数（如净雨为25mm，则除以2.5）即得单位线。如净雨时段有两个或两个以上时，则根据单位线的基本假定，可用分析法、图解法、试算法、最小二乘法和塞德尔迭代法等方法推求。相关内容见参考文献［17］等。

2. 瞬时单位线

若净雨时段趋于0，则相应的单位线称为瞬时单位线。若把流域汇流看作为 n 个串联的线性水库，由此模型导出的瞬时单位线公式：

$$u(0,t)=\frac{1}{K\Gamma(n)}\left(\frac{t}{K}\right)^{n-1}\mathrm{e}^{-\frac{t}{K}} \quad (4.7-32)$$

式中　Γ——伽玛函数；

n——线性水库的个数；

K——线性水库蓄泄方程的汇流历时；

$u(0,t)$——瞬时单位线的纵坐标。

公式中反映流域汇流特性的参数 n、K，可根据实测雨洪资料求得净雨过程（地面径流部分）和地面径流过程，按下列公式计算：

$$n=\frac{(Q_1'-h_1')^2}{Q_2'-h_2'} \quad (4.7-33)$$

$$K=\frac{Q_2'-h_2'}{Q_1'-h_1'} \quad (4.7-34)$$

式中　h_1'、Q_1'——净雨、流量的一阶原点矩；

h_2'、Q_2'——净雨、流量的二阶中心矩。

将 n 值、K 值代入 $u(0,t)$，并对 $u(0,t)$ 积分即得 $S(t)$ 曲线，即

$$S(t)=\frac{1}{\Gamma(n)}\int_0^{t/K}\left(\frac{t}{K}\right)^{n-1}\mathrm{e}^{-\frac{t}{K}}\mathrm{d}\left(\frac{t}{K}\right) \quad (4.7-35)$$

将 $S(t)$ 曲线移后 Δt，得 $S(t-\Delta t)$ 曲线，两条曲线纵坐标之差［$S(t)-S(t-\Delta t)$］，乘以因次换算系数，即得时段为 Δt 的单位线。

3. 单位线的地区综合

若本流域无实测雨洪资料，则需要借助有雨洪资料流域的单位线要素或瞬时单位线的参数以及本流域的自然地理特征来间接推求单位线的要素（如洪峰流量、滞时等）或瞬时单位线的参数（n、K），而后求得综合单位线。这里只简要介绍单位线地区综合的基本概念，具体方法可参见有关文献，如参考文献［4］以及各省（自治区、直辖市）的雨洪手册等。

（1）综合单位线。通常在单位线洪峰流量 q_m 与洪峰滞时 t_p 及单位线总历时 T_D 之间存在较好的关系。综合单位线的线型可直接采用纳希模型。当已知时段单位线的洪峰流量 q_m、上涨历时 t_p 和单位净雨 h_e 时，可由式（4.7-36）推求参数 P 及相应的汇流参数 n、K。

$$\frac{q_m t_p}{Fh_e}=\frac{0.278P^{P+1}}{\mathrm{e}^P\Gamma(P+1)} \quad (4.7-36)$$

$$n=P+1$$

$$K=\frac{t_p}{P}$$

（2）综合瞬时单位线。综合瞬时单位线就是对纳希模型中的 n、K 参数进行地区综合。由于 n、K 两个参数具有相互补偿的功能，且 n 值相对比较稳定，因此习惯上常用 $m_1=nK$ 作为单站的取值和地区的综合指标。

在我国考虑到 m_1 的非线性，通常首先建立单站 m_1 与雨强 i 的关系（m_1—i），如 $m_1=ai^{-b}$，然后以此为基础，进行地区综合。

我国各省（自治区、直辖市）已建有瞬时单位线参数地区综合公式。综合瞬时单位线法用于地区综合具有明显的优点：①只要通过自然地理特征得到了参数，就解决了整个单位线的问题，而综合单位线通过自然地理特征只能解决单位线的要素，过程线需靠经验统计获得；②有利于非线性外延，只要建立了单位

线参数与非线性影响因素的关系，就可以得到非线性改正后的单位线参数，进而求得整个单位线，而综合单位线只能得到洪峰流量和滞时。

4. 由设计净雨过程计算设计洪水过程线

由设计净雨过程中的地面净雨，可通过单位线的汇流计算求得地面径流过程；另一部分净雨则以稳定下渗强度 f_c 进入地下水库，经地下水库调蓄后缓慢地流向流域出口处形成地下径流过程，其计算可把地下径流概化成三角形过程，并假定其底长 T_g 为地面径流底长的两倍，则

地下径流总量

$$W_g = 1000 f_c T_g F \tag{4.7-37}$$

地下径流峰值

$$Q_{gm} = \frac{2W_g}{3600T_g} \tag{4.7-38}$$

式中 W_g ——地下径流总量，m^3；

T_g ——地下径流过程线的底长，h；

Q_{gm} ——地下径流洪峰流量，m^3/s。

深层地下径流一般稳定少变，且占总径流量的比例很小，可采用常值，常以历年实测最小流量作为深层地下水流量。

以上各部分之和即所求的设计洪水过程线。

【算例 4.7-3】 某水库位于太湖湖西山丘区，流域面积 $F=90km^2$，干流长度 $L=24.58km$，干流比降 $J=230‰$，试用综合瞬时单位线法推求该水库 $P=1‰$的设计洪水。

(1) 设计暴雨的推求。查相关水文手册得到该水库所在设计流域中心的暴雨参数，见表 4.7-5。

表 4.7-5 流域中心暴雨参数表[25]

历时(h)	均值(mm)	C_v	设计点雨量(mm)	点面系数	设计面雨量(mm)
1	45	0.46	156.6	0.925	144.9
6	70	0.55	294	0.955	280.8
24	110	0.56	470.8	0.963	453.4

(2) 设计面暴雨过程、净雨过程与径流过程的推求。查相关水文手册得到 24h 雨型分配及损失强度 $\mu=1mm/h$，据此计算得到的时段面暴雨过程、面净雨过程及总径流量过程如表 4.7-6 所示。

表 4.7-6 时段面暴雨、面净雨及总径流量过程

时段	5	6	7	8	9	10	11	12	13	14	15	16	17	18	19	20	21	22
H_1 (%)														100				
H_6-H_1 (%)										16	16	16	32		20			
$H_{24}-H_6$ (%)	7	7	8	8	8	8	9	9	9							9	9	9
面暴雨过程(mm)	12.1	12.1	13.8	13.8	13.8	13.8	15.5	15.5	15.6	21.7	21.7	21.8	43.5	144.9	27.2	15.6	15.5	15.5
面净雨过程(mm)	11.1	11.1	12.8	12.8	12.8	12.8	14.5	14.5	14.5	20.7	20.7	20.8	42.5	143.9	26.2	14.6	14.5	14.5
总径流量过程	277.5	277.5	320.0	320.0	320.0	320.0	362.5	362.5	362.5	517.5	517.5	520.0	1062.5	3597.5	655.0	365.0	362.5	362.5

注 时段 $\Delta t=1h$。H_1 为 1h 面暴雨量；H_6 为 6h 面暴雨量；H_{24}为 24h 面暴雨量。

表 4.7-6 中各时段总径流量为各时段面净雨量与流量系数［$F/(3.6\times\Delta t)$］之积。

(3) 设计洪水过程的推求。查相关水文手册得到 $m_2=1/3$；$m_1=3.2(F/J)^{0.28}=4.689$。

由 $m_1=4.7$ 和 $\Delta t=1h$ 单位线关系，线性插值得到设计流域的 1h 单位线，乘以时段总径流量，并错开相加，即得设计洪水过程线（见表 4.7-7），由此得到设计流域 $P=1‰$的洪峰流量为 $1120m^3/s$，如图 4.7-11 所示。

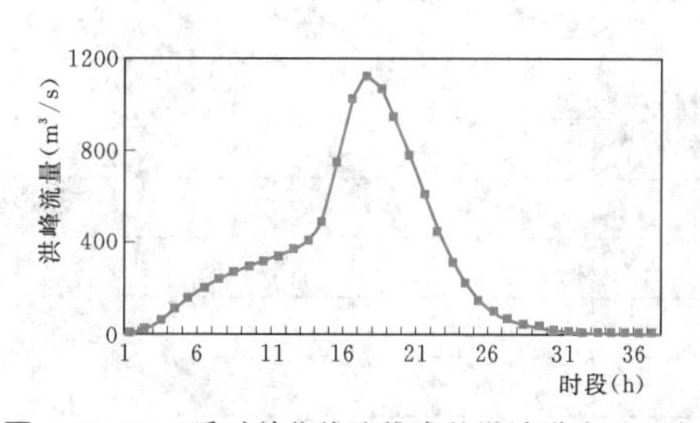

图 4.7-11 瞬时单位线法推求的设计洪水过程线

表 4.7-7　　设计洪水过程计算表（$\Delta t=1h$）

时段	单位线	时段径流过程																		洪水过程线(m^3/s)
		277.5	277.5	320	320	320	320	362.5	362.5	362.5	517.5	517.5	520	1062.5	3597.5	655	365	362.5	362.5	
0	0.0000	0.00																		0.00
1	0.0045	1.25	0.00																	1.25
2	0.0685	19.01	1.25	0.00																20.3
3	0.1430	39.68	19.01	1.44	0.00															60.1
4	0.1710	47.45	39.68	21.92	1.44	0.00														111
5	0.1615	44.82	47.45	45.76	21.92	1.44	0.00													161
6	0.1335	37.05	44.82	54.72	45.76	21.92	1.44	0.00												206
7	0.1015	28.17	37.05	51.68	54.72	45.76	21.92	1.63	0.00											241
8	0.0735	20.40	28.17	42.72	51.68	54.72	45.76	24.83	1.63	0.00										270
9	0.0505	14.01	20.40	32.48	42.72	51.68	54.72	51.84	24.83	1.63	0.00									294
10	0.0340	9.44	14.01	23.52	32.48	42.72	51.68	61.99	51.84	24.83	2.33	0.00								315
11	0.0225	6.24	9.44	16.16	23.52	32.48	42.72	58.54	61.99	51.84	35.45	2.33	0.00							341
12	0.0140	3.89	6.24	10.88	16.16	23.52	32.48	48.39	58.54	61.99	74.00	35.45	2.34	0.00						374
13	0.0090	2.50	3.89	7.20	10.88	16.16	23.52	36.79	48.39	58.54	88.49	74.00	35.62	4.78	0.00					411
14	0.0055	1.53	2.50	4.48	7.20	10.88	16.16	26.64	36.79	48.39	83.58	88.49	74.36	72.78	16.19	0.00				490
15	0.0035	0.97	1.53	2.88	4.48	7.20	10.88	18.31	26.64	36.79	69.09	83.58	88.92	151.94	246.43	2.95	0.00			753
16	0.0020	0.56	0.97	1.76	2.88	4.48	7.20	12.33	18.31	26.64	52.53	69.09	83.98	181.69	514.44	44.87	1.64	0.00		1020
17	0.0010	0.28	0.56	1.12	1.76	2.88	4.48	8.16	12.33	18.31	38.04	52.53	69.42	171.59	615.17	93.67	25.00	1.63	0.00	1120
18	0.0010	0.28	0.28	0.64	1.12	1.76	2.88	5.08	8.16	12.33	26.13	38.04	52.78	141.84	581.00	112.01	52.20	24.83	1.63	1060
19	0.0005	0.14	0.28	0.32	0.64	1.12	1.76	3.26	5.08	8.16	17.60	26.13	38.22	107.84	480.27	105.78	62.42	51.84	24.83	936
20	0.0000	0.00	0.14	0.32	0.32	0.64	1.12	1.99	3.26	5.08	11.64	17.60	26.26	78.09	365.15	87.44	58.95	61.99	51.84	772
21			0.00	0.16	0.32	0.32	0.64	1.27	1.99	3.26	7.25	11.64	17.68	53.66	264.42	66.48	48.73	58.54	61.99	598
22				0.00	0.16	0.32	0.32	0.73	1.27	1.99	4.66	7.25	11.70	36.13	181.67	48.14	37.05	48.39	58.54	438
23					0.00	0.16	0.32	0.36	0.73	1.27	2.85	4.66	7.28	23.91	122.32	33.08	26.83	36.79	48.39	309
24						0.00	0.16	0.36	0.36	0.73	1.81	2.85	4.68	14.88	80.94	22.27	18.43	26.64	36.79	211
25							0.00	0.18	0.36	0.36	1.04	1.81	2.86	9.56	50.37	14.74	12.41	18.31	26.64	139
26								0.00	0.18	0.36	0.52	1.04	1.82	5.84	32.38	9.17	8.21	12.33	18.31	90.2
27									0.00	0.18	0.52	0.52	1.04	3.72	19.79	5.90	5.11	8.16	12.33	57.3
28										0.00	0.26	0.52	0.52	2.13	12.59	3.60	3.29	5.08	8.16	36.1
29											0.00	0.26	0.52	1.06	7.20	2.29	2.01	3.26	5.08	21.7
30												0.00	0.26	1.06	3.60	1.31	1.28	1.99	3.26	12.8
31													0.00	0.53	3.60	0.66	0.73	1.27	1.99	8.78
32														0.00	1.80	0.66	0.37	0.73	1.27	4.81
33															0.00	0.33	0.37	0.36	0.73	1.78
34																0.00	0.18	0.36	0.36	0.91
35																	0.00	0.18	0.36	0.54
36																		0.00	0.18	0.18
37																			0.00	0.00

4.7.3.3 推理公式

1. 洪峰流量计算方法

推理公式常用于小流域设计洪峰流量的计算。它的主要概化假定有：①流域汇流时间 τ 内的净雨强度用汇流时段内的平均净雨强度 h_τ/τ 来表达；②汇流面积曲线 $\partial\omega(\tau)/\partial\tau$［即汇流面积 $\omega(\tau)$ 随时间的变化率］按全流程概化为矩形，而且沿程的汇流速度不变。根据上述概化条件及暴雨公式，推得设计洪峰流量 Q_{mP} 为

当 $t_c \geqslant \tau$（全面汇流）时：

$$Q_{mP}=0.278\frac{h_\tau}{\tau}F=0.278\left(\frac{S_P}{\tau^n}-\mu\right)F \tag{4.7-39}$$

当 $t_c<\tau$（部分汇流）时：

$$Q_{mP}=0.278\frac{h_R}{\tau}F=\frac{nS_Pt_c^{1-n}}{\tau}F \tag{4.7-40}$$

$$t_c=\left[\frac{(1-n)S_P}{\mu}\right]^{1/n} \tag{4.7-41}$$

$$\tau=\frac{0.278L}{mJ^{1/3}Q_{mP}^{1/4}} \tag{4.7-42}$$

式中 h_τ——汇流历时 τ 内的最大净雨量，mm；
h_R——产流历时 t_c 内的最大净雨量，mm；
τ——汇流历时，h；
F——流域面积，km²；
S_P——雨力或称 1h 雨强，mm/h；
n——暴雨衰减指数；
μ——损失强度，mm/h；
t_c——产流历时，h；
L——流域河长，km；
J——流域坡度（以小数计）；
m——汇流参数。

式中参数分为四类，即 F、L、J 为流域特征参数；S_P、n 为暴雨特征参数；μ、m 为产汇流特征参数；t_c、τ 为时间特征参数。

推理公式求解的关键是确定汇流参数 m，在我国通常是建立 m—θ（θ 为流域特征参数，与 F、L、J 等有关）关系并进行地区综合。综合分析汇流参数 m 的目的，是向设计条件下外延和移用于短缺实测资料的地区。由于用推理公式的概化条件不能完全反映实际洪水形成的复杂情况，因而对同一流域各次实测暴雨洪水所分析出的 m 值不尽相同。从有些分析结果看，对于植被较好、降雨较多地区，一般洪水分析的 m 值较小，而大暴雨洪水分析的 m 值就有可能较大；对干旱和半干旱地区，由于局部产流的影响和壤中流的影响在雨大雨小时不同，一般洪水分析的 m 值较大，而当设计情况为大雨时，m 值又会变小。因此，需按具体情况，决定 m 值向设计条件下外延的规律。各不同面积的流域间，m 值可按一般地区综合方法进行综合，并可向无资料流域移用。一般是建立 m—θ 的综合关系，其中 $\theta=L/J^{1/3}$ 或 $\theta=L/(J^{1/3}F^{1/4})$。我国各省（自治区、直辖市）已建有推理公式参数的地区综合公式，具体可见参考文献［4］。

对于无资料条件的流域，m 值可参考表 4.7-8。

表 4.7-8 汇流参数 m 查用表（$\theta=L/J^{1/3}$）

雨洪特性、河道特性、土壤植被条件简单描述	m 值			
	θ=1～10	θ=10～30	θ=30～90	θ=90～400
北方半干旱地区，植被条件较差；以荒坡、梯田或少量稀疏林为主的土石山区，旱作物较多，河道呈宽浅型，间隙性水流，洪水陡涨陡落	1.00～1.30	1.30～1.60	1.60～1.80	1.80～2.20
南北方地理景观过渡区，植被条件一般；以稀疏、针叶林、幼林为主的土石山区或流域内耕地较多	0.60～0.70	0.70～0.80	0.80～0.90	0.90～1.30
南方、东北湿润山丘区，植被条件良好；以灌木林、竹林为主的石山区，森林覆盖度达 40%～50%或流域内多水稻田、卵石，两岸滩地杂草丛生，大洪水多为尖瘦型，中小洪水多为矮胖型	0.30～0.40	0.40～0.50	0.50～0.60	0.60～0.90
雨量丰沛的湿润山区，植物条件优良，森林覆盖度可高达 70%以上，多为深山原始森林区，枯枝落叶层厚，壤中流较丰富，河床呈山区型，大卵石、大砾石河槽，有跌水，洪水多为陡涨缓落	0.20～0.30	0.30～0.35	0.35～0.40	0.40～0.80

【算例 4.7-4】 江西省某流域上需建一座小水库，试用推理公式计算 $P=1\%$ 的设计洪峰流量（詹道江等，2000 年）。

（1）确定流域特征参数 F、L、J。已知 $F=104\text{km}^2$，$L=26\text{km}$，$J=8.75‰$。

（2）确定设计暴雨参数 n 和 S_P。查该省水文手册得到设计流域最大 1d 雨量的参数：$\overline{x}_{1d}=115\text{mm}$，

$C_{v_{1d}}=0.42$，$C_{s_{1d}}=3.5C_{v_{1d}}$，$n_2=0.60$，$x_{24,P}=1.1x_{1d,P}$。由 $C_{s_{1d}}$ 及 P 查得 $\Phi_P=3.312$，则 $S_P=x_{24,P}\times 24^{n_2-1}=84.8\text{mm/h}$。

(3) 确定设计流域损失参数 μ 和汇流参数 m。查江西省暴雨洪水计算手册得 $\mu=3.0\text{mm/h}$，$m=0.70$。

(4) 计算设计洪峰流量 Q_{mP}。

1) 假定为全面汇流（即 $t_c\geqslant\tau$），按全面汇流公式进行计算。

2) 将上述 (1) ～ (3) 步骤中确定的参数代入推理公式的全面汇流公式，得到 Q_{mP} 及 τ 的计算式如下：

$$Q_{mP}=0.278\left(\frac{84.8}{\tau^{0.6}}-3\right)\times 104=\frac{2451.7}{\tau^{0.6}}-86.7 \tag{4.7-43}$$

$$\tau=\frac{0.278\times 26}{0.70\times 0.00875^{1/3}\times Q_{mP}{}^{1/4}}=\frac{50.1}{Q_{mP}{}^{1/4}} \tag{4.7-44}$$

3) 假定 Q_{mP} 初值为 $400\text{m}^3/\text{s}$，代入式 (4.7-44) 计算相应的 τ 值，再代入式 (4.7-43) 计算得到 $Q_{mP}=617.4\text{m}^3/\text{s}$；再将 $617.4\text{m}^3/\text{s}$ 作为第二次初值，重复上述计算过程，得 $Q_{mP}=527.3\text{m}^3/\text{s}$；再重复迭代，最终求得 $Q_{mP}=510\text{m}^3/\text{s}$，$\tau=10.55\text{h}$。

4) 检验 t_c 是否大于 τ：

$$t_c=\left[\frac{(1-n_2)S_P}{\mu}\right]^{1/n}=\left[\frac{(1-0.6)\times 84.8}{3.0}\right]^{1/0.6}=57\ (\text{h})$$

可见 $t_c>\tau$，符合全面汇流的假定，计算成果是正确的。

2. 设计洪水过程线的选配

选配设计洪水过程线一般包括以下几个步骤。

(1) 将设计净雨量分成几段，洪峰段按流域汇流时间 τ 分出一段，其余各段可根据雨型特点再分为三段或四段。

(2) 主峰段过程可以采用三点、五点或多点概化过程线，其余各段可简单采用三点（即三角形）过程线。

(3) 将各分段概化过程线按同时间叠加，即可求得设计洪水过程线。

4.7.3.4 地区综合经验公式法计算设计洪水

(1) 当地区上各种不同大小的流域面积都有较长期的实测流量资料和一定数量的调查洪水资料时，可对洪峰流量进行频率计算，然后用某频率的洪峰流量 Q_{mP} 与流域特征作相关分析，制定经验公式。常见的公式形式如下：

$$Q_{mP}=C_PF^n \tag{4.7-45}$$

式中 C_P ——随频率而变的经验性系数；

F ——流域面积，km^2；

n ——经验性指数。

本法的精度首先取决于单站的洪峰流量频率分析成果，要求单站洪峰流量系列具有一定的代表性；其次在地区综合时要求各流域具有代表性。它适用于暴雨特性与流域特征比较一致的地区，综合的地区范围不能太大。

(2) 对于实测流量系列较短，暴雨资料相对较长的地区，可建立洪峰流量 Q_{mP} 与暴雨特征和流域特征的关系。在我国常用的几种公式（参考文献 [24]）形式如下：

$$Q_{mP}=CH_{24,P}F^n \tag{4.7-46}$$

$$Q_{mP}=CH_{24,P}^{\alpha}f^{\gamma}F^n \tag{4.7-47}$$

$$Q_{mP}=CH_{24,P}^{\alpha}J^{\beta}f^{\gamma}F^n \tag{4.7-48}$$

$$f=\frac{F}{L^2}$$

式中 $H_{24,P}$ ——频率 P 时的设计年最大 24h 净雨量，mm；

α、β、γ、n ——经验指数；

C ——综合经验系数；

f ——流域形状系数；

其他符号意义同前。

例如，安徽省山丘区中小河流洪峰流量计算的经验公式为：$Q_{mP}=CH_{24,P}^{1.21}F^{0.73}$。式中，山丘区综合经验系数 C 按深山区、浅山区、高丘区、低丘区分别为 0.0541、0.0285、0.0239、0.0194。频率为 P 的 24h 设计暴雨 $P_{24,P}$ 按暴雨统计参数等值线图查算，并根据点面关系进行折算。频率为 P 的 24h 设计净雨 $H_{24,P}$，深山区按 $H_{24,P}=P_{24,P}-30$ 计算，浅山区、丘陵区则按 $H_{24,P}=P_{24,P}-40$ 计算。

本法考虑了暴雨特征对洪峰流量的影响，因此地区综合的范围可适当放宽。

(3) 有些地区建立洪峰流量均值 $\overline{Q}_m$ 与暴雨特征和流域特征的关系，公式为

$$\overline{Q}_m=C_0F^n \tag{4.7-49}$$

本法只能求出洪峰流量均值，尚需用其他方法求出洪峰流量的变差系数 C_v 值和偏态系数 C_s 值，才能计算出设计洪峰流量 Q_{mP} 值。我国公路部门已绘制了全国 C_v 和 C_s 等值线图以及 C_s/C_v 关系表，可供无资料地区设计参考。

地区综合经验公式由于地区性很强，分析得来的经验性系数和指数一般不能随意移用至其他地区，由于综合时引用的各流域面积具有一定的范围，小流域的资料更少，原则上不能外延，不能用到过小或过大

的设计流域上。

4.7.4 可能最大洪水

4.7.4.1 可能最大洪水计算

可能最大暴雨及其时空分布确定以后，根据流域下垫面条件，进行产流、汇流分析计算，便可推求得设计流域的可能最大洪水。由暴雨推求洪水，前面有关章节已介绍。在可能最大暴雨情况下，流域内雨强和总雨量要比常遇情况下的暴雨大很多，而且时程更为集中，这时的产流、汇流与常遇洪水的差异，实质上是如何估算和扣除超过实测资料范围的降水损失及如何处理汇流计算中的非线性影响问题。

1. 可能最大暴雨条件下的产流计算

一般而言，可能最大暴雨值超过流域最大初损值很多，故扣损计算误差在可能最大暴雨值中所占的百分数很小，即使用较简单的方法扣除损失，其计算误差对可能最大洪水的影响也较小。因此，在可能最大暴雨条件下的产流计算，可以用简单的扣损等方法而不致有大的误差。

目前，可能最大洪水计算中多采用扣损法和降雨径流关系法推求径流量。若降雨不均或流域较大，可分区进行推求。

2. 可能最大暴雨条件下的线性汇流计算

流域汇流曲线受多种因素影响呈现出非线性变化的特征，而在可能最大暴雨条件下可采用线性汇流计算方法，其适用性可从理论和实测资料予以证明。因此，可以认为在可能最大暴雨条件下汇流计算可以作线性处理。如果流域内有大洪水资料，就可以直接用其分析的单位线而不需要作非线性改正。如果本流域无大洪水资料，可用综合法移用邻近流域大洪水资料。面积较大的流域，可将全流域分成若干个区，然后再分别演算到出口断面作线性叠加。

3. 流量差值产汇流计算

在可能最大暴雨计算中，往往采用当地典型暴雨放大、典型年组合或典型年组合放大等方法。这些典型暴雨或组合暴雨系列都是实测的，相应每次洪水也有实测资料，根据线性汇流概念，可能最大暴雨形成的洪水过程 $Q_{PMP}(t)$ 由两部分叠加而成，一部分是典型暴雨或各次暴雨未组合时原来产生的洪水叠加成的组合洪水过程 $Q_{组}(t)$；另一部分是放大增加的净雨或组合导致各次暴雨前期影响雨量改变而增加的净雨 $\Delta R(t)$ 产生的流量过程 $\Delta Q(t)$。前者是实测的洪水过程，只有后者是计算的，这样，就使产汇流的计算误差局限在占组成很小的 $\Delta Q(t)$ 的计算范围内，从而提高整个可能最大洪水的精度。

净雨差值 $\Delta R(t)$ 的计算有以下两种方法。

(1) 当可能最大暴雨由一场实测典型暴雨放大求得时，分别按实测典型暴雨过程及其前期影响雨量与可能最大暴雨过程及其设计条件下采用的前期影响雨量，根据流域降雨径流关系得出典型暴雨、可能最大暴雨产生的净雨过程 $R_{典}(t)$ 及 $R_{PMP}(t)$，并求得净雨差值 $\Delta R(t)$。

(2) 当可能最大暴雨由组合暴雨（或组合并放大）法求得时，先将用于组合的各场实际典型暴雨，分别根据其实际的前期影响雨量，求出各典型暴雨的净雨过程，并按已定的组合时序排列成一个净雨过程 $R_{典}(t)$，然后根据由各场暴雨组合（或组合放大）而成的可能最大暴雨过程 $P_{PMP}(t)$ 及给定的设计前期影响雨量，从第一场暴雨开始，根据流域的降雨径流关系，求得可能最大暴雨的净雨过程 $R_{PMP}(t)$，最后求出净雨差值 $\Delta R(t)$。

将净雨差值过程采用单位线或"长办汇流曲线"，推算至出口断面的流量差值过程与暴雨未组合前出口断面的实测洪水叠加，即得设计断面的可能最大洪水 $Q_{PMP}(t)$。

4.7.4.2 可能最大洪水成果确定及合理性检查

1. 可能最大洪水的确定

根据不同方案计算所得的可能最大暴雨及其时空分布，采用多种产流、汇流方案推求可能最大洪水成果（洪峰、洪量及洪水过程线），对其成果最终选定，主要是检查可能最大暴雨到可能最大洪水计算各个环节处理的合理性，是否符合地区规律以及从成果的可能性与极大性等方面进行分析。

可能最大洪水成果主要对产流、汇流部分进行检查分析。

(1) 产流计算检查。首先检查产流计算各方案选定的相关参数是否合理，是否符合地区规律，可参照各省（自治区、直辖市）的设计暴雨查算图表进行。

流域机构及各省（自治区、直辖市）根据流域工程设计要求，大都建立了各种经验的降雨径流关系，在用于推算可能最大洪水时，应用近期出现的大暴雨洪水资料进行检验（注意资料的一致性），并考虑合理外延。

设计只需要提供某种时段的可能最大洪水总量时，往往采用径流系数法进行估算，需检查所用径流系数是否反映了地区特点，并与设计流域及相似地区实测最大值进行比较。此外，可将采用其他方法计算的成果与用径流系数法计算的成果比较，看其是否合理。

(2) 汇流计算检查。流域汇流多采用单位线进行汇流计算，应检查单位线的适用条件与流域降雨的分布是否一致，当流域面积较大时，是否考虑了降雨不均而进行分区计算。

河道汇流计算，需检查采用模型参数的合理性。

推算较大流域可能最大洪水，需采用多种方法。应根据方法的原理、资料条件、各个处理环节误差的大小，尤其是用特大暴雨洪水资料检验的精度等，择优选定最终成果。

2. 可能最大洪水的合理性检查

(1) 与本流域历史或实测的特大暴雨洪水比较。20世纪50年代以来，各流域及各省（自治区、直辖市）都进行了历史洪水调查、洪痕测量及洪水峰、量的推算工作，已汇编成册，为可能最大洪水计算和分析工作提供了宝贵的依据。可能最大洪水的峰、量、洪水特性等，都应比实测或历史上出现过的最大值大且恶劣。

(2) 与邻近流域资料比较。比较可能最大洪水计算成果是否符合地区规律；建立可能最大洪峰流量与面积的关系，分析其在地区上的合理性。

(3) 与国内外最大洪水记录比较。比较时应考虑气候、地理位置及地形的差异，定性分析本流域可能最大洪水的合理性。

(4) 与国内外已有可能最大洪水成果比较。主要比较相似地区的成果，比较时需考虑地理位置和地形的差异。

(5) 与频率计算成果比较。水文气象法计算的可能最大洪水与频率法计算的稀遇频率的洪水，计算途径虽不同，又无确定的关系与固定的比例可供遵循，但可能最大洪水应属于小概率事件，两者可以进行客观分析和对比，以检查成果的合理性。两种途径比较的基础，首先是计算采用的基本资料系列较长，其次是有可靠的实测或调查的概率较小的历史大洪水为基础，在计算成果较稳定、精度较高时才能进行比较，否则，将失去比较的意义。当可能最大洪水小于由实测流量资料计算的校核标准洪水时，应谨慎采用。

4.8 水位流量关系和设计水位

4.8.1 水位流量关系

根据工程设计要求，应拟定设计断面工程修建前的天然河道水位流量关系。水位高程系统应与工程设计采用的高程系统一致。我国各地水位观测和洪水、枯水调查采用的高程系统较多，同一水准点基面平差前后的数值也有差异，水文站、水位站多采用冻结基面和假定基面。拟定水位流量关系曲线时，要求查明水位高程的基面系统、平差情况及其换算关系。

拟定设计断面的水位流量关系，应根据资料条件选择适当的方法。以下重点介绍几种常用方法。

4.8.1.1 有实测水位流量资料条件下水位流量关系的拟定

设计断面有水位和流量观测资料时，可根据实测资料点绘水位流量关系，再进行高、低水部分外延。

设计断面有实测水位资料，上下游有可供移用的流量资料时，可根据实测水位和移用流量拟定水位流量关系。

上下游有可供移用的流量资料，设计断面无实测水位资料时，应设站观测水位。设计断面有实测水位资料，上下游无可供移用的流量资料时，应在设计断面所在河道施测流量。

当实测的水位流量关系点据较为集中时，一般可以通过点群中心定出单一线。如点据散乱，除定出一条平均线外，有时还需要在平均线两侧分别定出上、下包线。上、下包线可以将所有点据包括，也可以将大部分点据包括，可视工程设计的要求从偏安全的角度确定。

非单一曲线的水位流量关系曲线，应综合分析其形成绳套型的主要影响因素进行单值化处理和校正。

4.8.1.2 缺乏或无实测流量资料时水位流量关系的拟定

设计断面所在河段无实测水文资料时，可利用水文调查资料，并在设计断面所在河段施测大断面，调查测量不同水位级的水面比降，临时观测水位、施测流量等，应用多种方法综合拟定水位流量关系曲线。

对于无实测资料的河流，一般都根据河道实际情况，依据调查水位、流量以及实测河道断面、地形资料等，对各级水位时河道的流量进行推算，以此拟定设计断面的水位流量关系。

(1) 利用河段上下游调查水位及水面线推求水位流量关系。

1) 稳定均匀流流量的计算。当河底纵坡均一、河道顺直、断面在较长河段内较规整时，常能近似地形成稳定的均匀流，即通过同一流量时，河底线、水面线和能面线三线基本上平行，流量按式（4.8-1）计算：

$$Q = A\overline{V_0} \tag{4.8-1}$$

$$\overline{V_0} = \frac{1}{n}R^{2/3}I^{1/2} \tag{4.8-2}$$

式中 Q——流量，m^3/s；

A——过水断面面积，m^2；

$\overline{V_0}$——断面平均流速，m/s；

n——河道糙率；

R——水力半径，m；

I——水面比降。

2）稳定非均匀流流量的计算。当河道内各断面的形状和面积相差较大，各断面通过的流量虽然相同，但各断面的水深和流速却不一样，因此，河底线、水面线和能面线互不平行，流量按式（4.8-3）计算：

$$Q=\overline{K}\sqrt{\frac{\Delta Z}{L-\left(\frac{1\pm\zeta}{2g}\right)\left(\frac{\overline{K}^2}{A_1^2}-\frac{\overline{K}^2}{A_2^2}\right)}} \tag{4.8-3}$$

$$K=\frac{1}{n}AR^{2/3}$$

式中　ΔZ——两断面间水位差，m；

L——上、下两断面的间距，m；

A_1、A_2——上、下游过水断面面积，m^2；

ζ——局部水头损失系数；

K——输水系数；

$\overline{K}$——上、下两断面的输水系数的平均值；

g——重力加速度，m/s^2。

3）急滩。当控制断面上游河床坡度小于临界坡，下游河床坡度大于临界坡时，则变坡点处的流量可按临界流公式计算。

假定一变坡点处临界水深值，以此向上游推算水面线至洪痕位置处，若推算水面线与洪痕处的水面线不符，可再重新假设临界水深，至相符为止，此时按临界流公式算得的变坡点处的流量即为所求的流量。

4）卡口。当控制断面束窄形成卡口时，可根据断面上下游水位差推算流量，其计算公式如下：

$$Q=A_2\sqrt{\frac{2g(Z_1-Z_2)}{\left(1-\frac{A_2^2}{A_1^2}\right)+\left(\frac{2gLA_2^2}{K_1K_2}\right)}} \tag{4.8-4}$$

式中符号意义同前。

（2）利用水面曲线法推求水位流量关系。如果调查的河段较长，洪水痕迹较少，且由于各河段底坡降及横断面的变化，洪水水面线比较曲折，不能由调查的少数洪痕点连直线来定水面比降，这时需用水面曲线法推算流量，再由推求的流量拟定水位流量关系。低水部分仍然通过实测低水水位、流量控制。

水面曲线法与比降法推求流量时都需要选定糙率系数值，比降法还要应用调查所定的比降，而水面曲线法则是从下断面假定水位，往上推算水面线，使推算的水面线与多数洪痕点相符合。

在推求水面线之前，应对一些可能出现流态变化的河段进行流态分析。

水面曲线法具体计算方法为试算法，自下游断面水位往上游推算，检验标准依然是推算的水位和各断面洪痕水位的符合程度。需要注意的是，在采用此法时，起始断面与设计断面间应有足够的距离，且起始断面与设计断面之间不应少于三个断面间隔。

4.8.1.3　特殊水位流量关系的拟定

（1）受洪水涨落影响的水位流量关系。洪水涨落过程中，由于洪水波传播所引起的附加比降的不同，使断面上的流量与同水位稳定的流量相比产生有规律的增大或减小，反映在水位流量关系上，曲线呈逆时针的绳套。这种因洪水涨落影响而形成的水位流量关系称为洪水绳套曲线。

工程设计中，一般需要使用稳定的单一水位流量关系曲线作为设计依据，因此在拟定水位流量关系时，需要消除洪水涨落而产生的附加比降。一般可采用校正因数法、抵偿河长法等对其进行改正；或依据洪水峰、谷点据拟定其稳定的水位流量关系曲线；也可根据洪水涨落率的变化范围及设计应用条件，分别拟定涨水、落水的外包线或平均线。

1）校正因数法。校正因数法的定线原则是根据洪水流量的基本方程式，即

$$\frac{Q_b}{Q_c}=\sqrt{1+\frac{1}{uI_c}\frac{dZ}{dt}} \tag{4.8-5}$$

式中　Q_b——受洪水涨落影响的流量；

Q_c——同水位时稳定流的流量；

u——洪水波的传播速度；

I_c——同水位时稳定流的水面比降；

$\frac{dZ}{dt}$——水位的涨落率，即单位时间水位的变化。

方程式（4.8-5）不能直接求解，需采用试错法计算，并称$\sqrt{1+\frac{1}{uI_c}\frac{dZ}{dt}}$为校正因数。

2）抵偿河长法。抵偿河长又叫特征河长。一般而言，河段的蓄泄关系与河段的长度有关，对于特征河长的河段下断面而言，由于附加比降所引起的流量增量与恒定流状态时比较，恰好等于因水位降低所引起的流量减量。此时该断面的流量值与恒定流流量值相等，其流量与槽蓄量必呈单值关系，据此可以推导出特征河长的计算公式：

$$L=\frac{Q_c}{I_c}\left(\frac{\partial Z}{\partial Q}\right)_0 \tag{4.8-6}$$

式中　Q_c——稳定流时的流量，$Q_c=K\sqrt{I_c}$；

I_c——稳定流时的比降；

$\left(\frac{\partial Z}{\partial Q}\right)_0$——稳定的水位流量关系曲线的斜率。

抵偿河长法适用于断面及河段较为稳定、上下游无支流加入且不受变动回水影响的测站。

（2）受变动回水影响的水位流量关系。在干支流

汇合处与河、湖汇合处附近的河段，下游河段水位值除受上游来水影响外，还要受到变动回水的顶托影响。根据需要，可分别分析上游来水和回水顶托这两个因素及其作用程度，并选取适当参数建立相应水位流量关系。

1）综合落差指数法。在曼宁（Manning）公式中，将水面比降改成河段水位差与河段距离的比值，则有

$$Q=\frac{1}{n}AR^{2/3}\sqrt{\frac{\Delta Z}{L}} \tag{4.8-7}$$

式中　ΔZ——过流断面处水位与下游参证站水位之间的水位差，m；

L——间距，m。

在实际应用中，由于受影响的因素较多，常用经验性的单值化流量以指数形式进行处理，如：

$$q=\frac{Q}{(\Delta Z)^{\alpha}} \tag{4.8-8}$$

式中　α——落差指数。

式（4.8-8）为常用的单值化处理公式，即落差改正公式。也有对式（4.8-8）进一步扩展的，如将断面上下游落差进行综合考虑，将加权落差作为综合落差。综合落差采用式（4.8-9）：

$$\Delta Z=A(\Delta Z_1)+B(\Delta Z_2) \tag{4.8-9}$$

式中　ΔZ_1、ΔZ_2——断面上、下游的落差，m；

A、B——考虑涨落和回水影响的权重系数。

2）顶托、涨落率改正法。顶托作用和河槽壅水作用使设计断面水位抬高，可对其进行顶托影响改正，方法是对各支流顶托流量进行加权处理，再与设计断面实测流量相加，以消除顶托影响。

$$Q_n=Q_s+\sum k_i q_i \tag{4.8-10}$$

式中　Q_n——设计断面无顶托影响时的流量，m^3/s；

Q_s——设计断面的实测流量，m^3/s；

k_i——各支流顶托系数；

q_i——下游河段各级支流相应顶托流量，m^3/s；

i——支流序数。

3）带参数的水位流量关系。

a. 下游顶托水位（流量）参数法。受下游顶托影响的水位流量关系，除与上游流量大小有关外，还与下游河段的水位有关，即

$$Q=f(Z,Z_0) \tag{4.8-11}$$

式中　Q——流量，m^3/s；

Z——设计断面水位，m；

Z_0——下游顶托水位，m。

【算例 4.8-1】　受下游顶托影响的水位流量关系的拟定。

在某枢纽的设计中，采用下游水文站 1956 年综合单一水位流量关系和沿程水位站资料，分段绘制控制曲线作为工作曲线。以下游反调节水库坝前水位为起始水位，给定一组流量值 Q，用工作曲线可推得设计坝址处以下游水库坝前水位为参数的水位流量关系曲线簇（见图 4.8-1）。

其表达式为

$$Q=f(Z,Z_0)$$

式中　Q、Z——设计坝址的流量、水位；

Z_0——下游水库坝前水位。

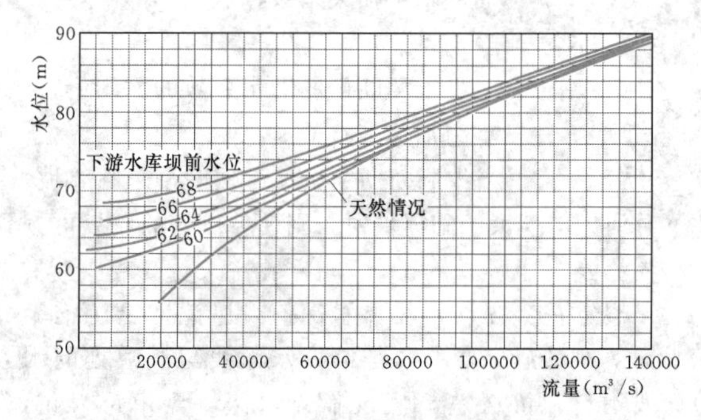

图 4.8-1　受顶托的水位流量关系线

b. 起涨水位参数法。在平原地区河流中经常连续发生多峰的洪水过程，设计断面的洪水水位与洪水过程中的起涨流量关系密切，水位流量关系往往出现复式绳套，故可以根据洪水过程的起涨水位作为参数，拟定设计断面的水位流量关系曲线。

（3）受冲淤影响的水位流量关系。河道冲淤变化的类型很多，从冲淤发生时间的持续性可分为经常性冲淤和偶然性冲淤；从冲淤前后纵横断面变化情况可分为普遍冲淤和局部冲淤；还有涨落水前后河道断面大体相近，而在洪水过程中发生冲淤，有的是涨冲落淤，有的则是涨淤落冲，冲淤程度往往随洪水来源、季节而不同，情况甚为复杂。在有实测资料的河段，各种冲淤条件下的流量计算，视冲淤条件的不同，可用改正水位法、导向原断面法、临时曲线法等修正。

一般而言，断面冲淤后，对于河床糙率及水面比降等水力因素的变化规律，目前还缺少这方面的认识经验。处理方法就是利用实测水文资料，建立 H—$I^{1/2}/n$关系，当冲刷后的断面和水力因子$I^{1/2}/n$求出后，受冲刷影响的水位流量关系曲线即可求得。

对于断面冲淤变化较大的河段，可以拟定现状情况下的水位流量关系曲线，也可根据设计要求，预估

某设计年的水位流量关系曲线。

当设计断面位于河湾、分汊等河段时，应分析横比降或分流的影响，可分别拟定左岸、右岸或各河汊的水位流量关系曲线。

4.8.1.4 水位流量关系曲线的高、低水延长

实测水位流量关系曲线的范围不能满足工程设计要求而需要高、低水外延时，可以采用史蒂文森法、水位面积与水位流速关系曲线法、水力学法、顺趋势外延等方法。

一般情况下，可采用水力学方法对水位流量关系线进行延长。控制条件较好且断面较为稳定的断面，可采用水位面积与水位流速关系曲线法延长，效果较好。

(1) 水力学法延长。

1) $Q—A\sqrt{R}$法。可以将流量计算公式写成$Q=KA\sqrt{R}$，其中$K=\frac{1}{n}R^{1/6}\sqrt{I}$。

在高水时洪水比降和糙率相对稳定，故可以将K值看作常数，这样$Q—A\sqrt{R}$呈线性关系。

根据实测大断面，计算并点绘$Z—A\sqrt{R}$关系、$Q—A\sqrt{R}$关系，利用推算出的流量，点绘到$Z—Q$关系图上，就可以延长水位流量关系曲线。

2) 曼宁公式法延长。根据高水时河道的比降和糙率，计算各级水位时对应的流速，公式如下：

$$V=\frac{1}{n}R^{2/3}I^{1/2} \tag{4.8-12}$$

这样与下面介绍的“水位面积与水位流速关系曲线法延长”方法相同，可以延长$Z—Q$关系曲线。

(2) 水位面积与水位流速关系曲线法延长。该法外延适合于控制条件较好且断面较为稳定的断面。水位面积、水位流速关系点据密集，曲线趋势明显。在高水时水位流速关系趋势趋近于一条直线，根据$Q=AV$，可以延长$Z—Q$关系曲线。

(3) 依据调查洪水辅助延长。当调查到较为可靠的洪水水面线，且设计断面有较好的控制条件时，可以利用曼宁公式反推河段糙率。依据高水比降、计算糙率、设计断面资料，用曼宁公式对水位流量关系曲线进行外延。

(4) 水位流量关系曲线低水延长。低水延长时，需要先确定断流水位，以便控制外延幅度。断流水位可用图解法、试算法推求，也可以从河道纵断面图上的河床凸起处的高程确定，低水延长产生的相对误差一般较大，应特别慎重。

水位流量关系低水延长时，可按趋势延长到最低水位，或借用上下游站的流量辅助延长。

(5) 受冲淤影响的水位流量关系曲线延长。在有明显冲淤变化的河道上，水位流量关系较复杂，给外延增加了困难。主要通过趋势外延建立的$Z—I^{1/2}/n$关系，结合冲淤后的断面，外延水位流量关系。

4.8.2 设计水位

4.8.2.1 由设计洪峰流量计算设计水位

当设计断面有不同频率的设计洪峰流量，并拟定有水位流量关系曲线时，可通过水位流量关系曲线推求设计水位。

由设计洪峰流量推求设计水位时，如流量系列资料基础一致，可直接进行频率计算；如下垫面因自然变化和人为原因，河湖现状已发生了较大变化，则必须将其改正到天然或现状再进行计算。

4.8.2.2 由实测水位推求设计水位

根据各种类型测站的水位资料，分析其频率曲线，一般认为P—Ⅲ型分布曲线对水位拟合较好。因此，我国水文计算规范中推荐使用P—Ⅲ型分布曲线，对于用P—Ⅲ型分布曲线不能很好拟合水位系列时，经分析论证，也可采用其他线型。无论采用何种频率曲线推求的设计水位，外延时都要慎重。

水位的影响因素复杂，比降、河段断面形态、河道工程运行方式、回水顶托、冲淤变化、河道疏浚等均会对水位产生影响。当上述因素对设计断面水位影响较小或影响较稳定时，可直接采用水位资料进行频率计算推求设计水位。当人类活动或分洪溃口、河道冲淤对水位有明显影响时，应将历史水位资料还原或还现后，再进行水位频率计算。

水位数值与基面高程有关，若河底高程接近基面零点高程时，可直接采用实测水位进行排频；如果基面高程数值较大，将导致统计参数的C_v值偏小，则不宜直接采用实测水位进行频率计算，而应该用实测水位减去一个常数（可取断流水位或历年河底最低点高程以下0.5～1.0m）后的数值进行频率分析，由此得到的频率计算成果需再加上原先减去的常数，则该数值可作为推求的设计水位。

对于结冰河流的设计水位，应对畅流期和冰期分别进行分析计算，取用较安全的成果。

用水位进行频率计算时，一般要求有30年以上的系列，当水位系列不足30年时，应对水位系列进行插补延长。

4.8.2.3 采用实际典型年实测或调查水位作为设计水位

以某一实际发生年的大洪水作为设计标准的工程，可根据该年实测或调查最高洪水位，考虑整体防

洪要求，采用实测最高水位或经过适当调高后的水位作为设计水位。

对于河流的中下游，当水位、流量系列不能满足频率计算的要求时，可选择峰高量大、洪灾严重的实际发生年份的大洪水作为设计标准，并据此进行酌量修正后得到设计水位，如长江中下游干堤即按1954年最高洪水位分别提高0.08～0.82m作为设计标准，另加安全超高1.5～2.0m作为堤顶设计高程。

4.8.2.4 平原滨海地区设计水位和设计潮位

（1）平原地区设计水位。平原河道的设计水位，应根据资料条件和设计要求，采用下列方法计算。

1）前面介绍的计算设计水位的三种方法同样适用于平原河道的设计水位计算。

2）当工程设计标准不高，且具有实测高水位资料或历史调查洪水位时，可选用典型年水位或实测最高水位作为设计水位，也可将此水位适当调整作为设计水位。对于堤防工程等，也可根据实测高水位或历史调查洪水位资料，从中选定设计水位。这种方法在堤防工程的防洪标准选定上使用较多，对一些小型涵闸也可采用这种方法确定设计水位。

3）平原水网区，可根据设计暴雨计算分区产水量，并通过水文水力学方法计算控制断面的设计水位。由于平原水网区的水系复杂，水网区内各防洪控制点的设计水位应综合考虑。可首先通过设计暴雨和流域产流、汇流模型分区计算不同频率的产水量，然后运用水文水力学模型综合计算水网区不同控制点的设计水位，并以此作为防洪控制水位。

（2）滨海及河口地区设计潮水位。潮水位应根据设计要求，分析计算设计高、低潮水位及设计潮水位过程线。

设计潮水位的计算一般采用频率分析的方法，频率曲线线型可采用P—Ⅲ型，经分析论证，也可采用其他线型。潮水位的经验频率计算和统计参数确定，应按《水利水电工程设计洪水计算规范》（SL 44—2006）的有关规定执行。此外，还有增水分离（叠加）法、频率组合法和周期最大法等，相关内容可见参考文献［6］等。

设计依据站有30年以上潮水位资料系列时，可直接进行潮水位频率分析计算。潮水位系列的选取应根据设计要求，按年最大（年最小）值法选取高、低潮水位。对历史上出现的特高、特低潮水位，应注意特高潮水位时有无漫溢，特低潮水位时河水与外海有无隔断。由于统计参数的确定与潮位的高程有关，因此在分析参数的地区时空分布特性时，需基于同一高程基准面进行综合分析。

由于潮水位的数值与基面高程有关，在进行频率计算时，若实测潮水位值过小（甚至出现负值），可先将实测潮水位加上一个常数（可取系列最小值的绝对值以下0.5～1.0m），使全部数值变为不小于0的系列，然后再进行频率计算，把由该数值系列计算的设计值减去先前加上的常数，即得到所需的设计潮水位。

对于设立时间不一的潮水位站，可借助相邻站的长系列对短系列资料进行插补，以延长计算系列，增加其代表性。在选择资料插补参证站时，应分析其洪潮特性，并比较相关关系。确定参证站后，可根据相关关系或极值同步差比法对系列进行插补延长。在一个参证站不能完全满足插补要求时，可选择多个参证站，但不宜超过三个。参证站的气象条件受河川径流、潮汐特性及增减水影响等应与设计依据站相似。极值同步差比法计算公式如下：

$$h_{SY}=A_{NY}+\frac{R_Y}{R_X}(h_{SX}-A_{NX}) \quad (4.8-13)$$

式中 h_{SX}、h_{SY}——参证站、设计依据站的设计高（低）潮水位；

A_{NX}、A_{NY}——参证站、设计依据站的年平均海平面高程；

R_X、R_Y——参证站、设计依据站的同期各年年最高（低）潮水位的平均值与平均海平面高程的差值。

设计潮水位过程线可采用典型的或平均偏于不利的潮水位过程。设计潮水位过程的选择，即潮型设计，包括设计高低潮水位相应的高高潮水位（或设计高高潮水位相应的高低潮水位）推求、涨落潮历时统计和潮水位过程线绘制等。

设计高低潮水位相应的高高潮水位（或设计高高潮水位相应的高低潮水位）的确定。从历年汛期实测潮水位资料中选取与设计高低潮水位值相近的若干次潮水位过程，求出相应的高高潮水位。采用相应的高高潮水位的平均值或采用其中对设计偏于不利的一次高高潮水位，作为与设计高低潮水位相应的高高潮水位。

涨潮历时、落潮历时的统计。从实测潮水位资料中找出与设计频率高低潮水位（或高高潮水位）相接近的若干次潮水位过程，统计每次潮水位过程的涨潮历时和落潮历时，取其平均值或对设计偏于不利的涨潮历时和落潮历时。

潮水位过程线设计。目前还没有成熟的方法，实际设计时，可根据上述分析拟定的设计高低潮水位（或高高潮水位）和相应的高高潮水位（或高低潮水位）及涨潮历时、落潮历时，在历年汛期实测潮水位过程中选取与上述特征相近的潮型，按设计值控制修匀得设计潮水位过程线。设计时段有最大半日潮、最大全日潮、最大3d潮、最大7d潮、最大15d潮等不同时段。

设计高（低）潮水位计算成果，应通过本站与地理位置、地形条件、洪潮特性等相似地区的实测或调查特高（低）潮水位、计算成果等方面的分析比较，检查其合理性。

从实际运用情况看，设计潮水位过程线的推求可按如下两种方法进行：①假定潮差与高潮位同频率，在此前提条件下，以设计高潮位及设计涨落潮潮差分别进行控制。该方法的优点是设计成果受典型的影响相对较小，缺点是放大得到的设计潮水位过程线，其最低潮位、相位等与实际可能发生的情况有较大的“变形”，需对放大后的最低潮位等不合理现象进行修正。②选择典型潮位线（该典型的高潮位应与设计高潮位相差不大）后以设计高潮位放大，低潮位不变，其他潮位过程用高潮、最低潮位放大倍比线性内插放大。该方法的优点是设计成果与实际情况比较接近，缺点是设计成果受典型影响较大，需选择多个典型进行对比分析，才能反映各种对设计不利的情况。

4.9 其他水文分析计算

4.9.1 水面蒸发

4.9.1.1 水面蒸发观测仪器

我国水文站观测水面蒸发先后使用的观测仪器有ϕ80cm口径的套盆式蒸发器、ϕ20cm口径的小型蒸发皿、гги—300型蒸发器和E—601型蒸发器，此外，部分蒸发实验站还分别设有$20m^2$、$10m^2$以及$100m^2$的大型蒸发池和水面漂浮蒸发池等。目前广泛应用的是E—601型蒸发器。北方结冰期有的改用ϕ20cm蒸发器，气象部门统一用ϕ20cm蒸发器。

4.9.1.2 水面蒸发量的计算

蒸发量的计算一般有三种途径：一是采用一定的仪器和某种手段进行直接测定；二是根据典型资料建立蒸发量等值线图或地区经验公式计算；三是通过成因分析建立理论公式进行计算。这三条途径各有其长处，亦都有局限性。这里主要说明工程设计常用的第一种方法及第二种方法中的等值线图法。

（1）由蒸发器观测资料折算法。国内外许多分析资料表明，当蒸发池的直径大于$3.5m^2$时，所测得的水面蒸发量比较接近大水体自然条件下的蒸发量，由于实际的自然水体蒸发难以测定，所以常用$20m^2$池蒸发量来代替自然水体的蒸发量，并通过蒸发器的折算系数，推算湖泊、水库等大型水体的蒸发量。

由蒸发器观测资料折算法计算水面蒸发，主要采用将陆地蒸发器（或蒸发池）观测的蒸发量，折算成自然大水体的水面蒸发量的方法。

用蒸发器观测的蒸发量因蒸发器的结构、口径大小以及季节、气候等条件的不同而有差别。蒸发器折算系数计算公式为

$$K = E_{池} / E_{器} \tag{4.9-1}$$

式中　$E_{池}$——某时段由某蒸发池观测的水面蒸发量，mm；

$E_{器}$——某时段由某蒸发器观测的水面蒸发量，mm。

蒸发器年折算系数地区分布的共同特点是：湿润地区较大，干旱地区较小；时间分布的特点是：春季较小，秋季、冬季较大，呈单峰型变化。

封冻期的水面蒸发强度较小，但也不可忽略。冰期正处在水面蒸发折算系数由最大转向最小的过渡时期，冰期平均水面蒸发折算系数较非冰期平均水面蒸发折算系数为小。根据北方12省（自治区、直辖市）对冰期水面蒸发进行3年试验研究的分析，封冻期ϕ20cm蒸发器折算系数取0.5较为适宜。

$20m^2$或大于$20m^2$大型蒸发池的资料可以代表大水体的蒸发量。因此，当水库或湖泊附近有$20m^2$或大于$20m^2$大型蒸发池时，可用其观测资料直接计算水库、湖泊的蒸发量。若水库或湖泊附近有E—601型、ϕ80cm口径的套盆式蒸发器、ϕ20cm口径的小型蒸发皿口径蒸发器，应将其观测资料折算至$20m^2$大型蒸发池的蒸发量后，再用于计算水库、湖泊的蒸发量。

水陆E—601型蒸发器年蒸发量比较见表4.9-1，有关E—601型蒸发器折算至$20m^2$大型蒸发池的蒸发折算系数K值见表4.9-2。

表4.9-1　水陆E—601型蒸发器年蒸发量比较[47]

站名	古田	新安江	太湖	东湖	官厅	二龙山	营盘
$E_{漂}/E_{陆}$	1.4	1.1	1.09	1.18	0.96	1.25	1.37

注　$E_{漂}$为漂浮蒸发器蒸发量；$E_{陆}$为陆上水面蒸发器蒸发量。

（2）等值线图法。有些水库或湖泊，既没有蒸发池和其他蒸发器、蒸发皿的观测资料，也没有普通气象要素观测资料，依靠经验公式已无法计算水面蒸发量。此时，可依靠已绘制的水面蒸发等值线图近似计

表 4.9-2　　E—601 型蒸发器水面蒸发折算系数表[1]

气候区	省(自治区、直辖市)	站名	标准蒸发池面积(m²)	月份 1	2	3	4	5	6	7	8	9	10	11	12	全年	统计年份
中温带	吉林	丰满	20					0.74	0.81	0.91	0.97	1.03	1.04				1965～1979
	辽宁	营盘	20					0.88	0.89	0.95	1.06	1.1	1.12				1965～1980
	黑龙江	二龙山	20					0.83	0.87	0.92	0.99	1.03					1991～1993
	内蒙古	红山	20					0.73	0.76	0.77	0.85	0.88	0.85				1980～1982
		巴彦高勒	20	0.73	0.73	0.74	0.8	0.76	0.77	0.81	0.86	0.91	0.92	0.8	0.73	0.81	1984～1993
	新疆	哈地坡	20				0.82	0.8	0.81	0.82	0.84	0.85	0.91				1964～1965
南温带	北京	官厅	20				0.82	0.81	0.86	0.95	1.02	1.01	0.97				1964～1970
	山东	南四湖	20			0.93	0.89	0.92	0.94	1	1.04	1.08	1.05	1.08			1985～1990
		二级湖闸	20														
	河南	三门峡	20				0.84	0.84	0.88	0.87	0.97	1.02	0.96	1.06			1965～1967
北亚热带	湖北	宜昌	20	1.03	0.87	0.84	0.8	0.91	0.93	0.92	0.97	1.05	1.03	1	1.02	0.95	1984～1994
		东湖	10	0.98	0.97	0.88	0.92	0.93	0.95	0.98	0.99	1.04	1.05	1.06	1.04	0.98	1960～1961 1965～1977
	江苏	太湖	20	1.02	0.94	0.9	0.86	0.88	0.92	0.95	0.97	1.01	1.03	1.06	1.09	0.97	1957～1966
		宜兴	20	1.09	1.02	0.9	0.87	0.91	0.93	0.93	0.97	1.05	1.03	1.1	1.1	0.97	1961～1969
	浙江	东溪口	20	0.92	0.85	0.78	0.83	0.87	0.89	0.91	0.94	0.97	0.96	0.94	0.93	0.9	1966～1973
中亚热带	重庆	重庆	20	0.84	0.8	0.78	0.8	0.89	0.9	0.9	0.92	0.97	1.02	1	0.97	0.9	1961～1968
	福建	古田	20	1.04	0.96	0.92	0.87	0.95	0.94	0.99	1.01	1.03	1.07	1.1	1.07	0.99	1963～1979
	云南	滇池	20	0.91	0.89	0.89	0.87	0.9	0.97	0.95	0.96	1.04	1.02	1.01	0.98	0.93	1984～1989
南亚热带	广东	广州	20	0.91	0.87	0.84	0.89	0.96	0.99	1.03	1.03	1.05	1.05	1.02	0.97	0.97	1963～1977
高原气候区	西藏	白地	20					0.87	0.86	0.92	0.93	0.96	1.03				1977
		拉萨大桥	20	0.74	1.03	0.9	0.85	0.88	0.84	0.89	0.94	0.97	1	0.99	0.8	0.9	1976～1981

算水库、湖泊水面蒸发量。我国已绘制了 E—601 型多年平均年水面蒸发量等值线图，可供计算使用。查等值线图时，需视水库、湖泊水面的大小和形状的不同而有不同的查法。如水库、湖泊面积较小，可只读取通过水库、湖泊的等值线数值，计算水库、湖泊的水面蒸发量；如水库、湖泊水面面积大且形状特殊，则应在等值线图上，读取有代表性的数值，再取其平均值，计算水面蒸发量。

4.9.2　冰情分析

冰情是指河流、水库、湖泊水体从成冰至冰消全过程的水文情势，是我国西部和北部地区冬季普遍的水文现象，可能影响水利水电工程的施工和运行，在工程设计时应进行冰情分析计算。

对有冰情的工程河段，应统计冰情特征值，分析冰情特征和工程施工期、运行期可能出现的冰情问题等。

4.9.2.1　冰情分析的主要内容

1. 冰情资料收集与整理

冰情分析需收集的资料包括以下几个方面。

(1) 河道的冰情观测资料，包括初冰、流冰花、封冻、开河、流冰、终冰等冰情现象的特征日期，流冰花的疏密度、总量和最大冰花流量，流冰的疏密度、总量和最大冰流量、最大流冰块的尺寸和冰速，最大冰厚、冰花厚及其发生日期，河流封冻长度，稳封期的冰盖厚度等。

(2) 冰塞、冰坝的观测资料，包括冰塞、冰坝的发生位置、时间、流量、壅水位、历史凌汛决口与灾害情况以及冰塞、冰坝的其他专门观测资料（冰塞、冰坝体的范围、体积及厚度，冰塞、冰坝下过流量，冰情图）。

(3) 影响凌汛成因的河道特征、热力因素、动力因素等资料。

（4）用于输水渠道凌汛计算模型验证及参数率定的专项观测资料。

（5）流域已建和在建的蓄引提水工程，堤防、分洪（凌）、蓄滞凌水工程的凌汛观测资料。

（6）有关调查资料、研究成果、专项及实验报告等资料。

冰情计算依据的流域特征和水文测验、整编、调查资料，应进行检查；对重要资料，应进行重点复核；对有明显错误或存在系统偏差的资料，应予改正，并建档备查。对所采用的水文、气象资料的可靠性、一致性和代表性应作出评价。

当河道冰情基本资料受已建工程影响明显时，应对影响进行评价。

当借用相似地区水文资料分析计算时，应对借用资料进行评价。

当使用各种实验资料时，应注意其初始与边界条件，以及实验成果在实际运用中的局限性，并对实验成果的合理性、实用性作出评价。

2. 河流冰情特征值统计与计算

研究设计河段冰情规律，应首先统计冰情特征值。河流冰情特征值可包括下列内容。

（1）初冰、流冰花、封冻、开河、流冰、终冰的平均、最早、最晚日期。

（2）平均冰厚，最大冰厚、冰花厚及发生日期。

（3）流冰花的疏密度、流冰花总量和最大冰花流量。

（4）流冰的疏密度、流冰总量，最大冰流量、最大流冰块的尺寸和冰速。

（5）不同开河形式的出现几率。

（6）冰塞、冰坝发生的时间、地点和规模。

3. 影响冰情的主要因素分析计算

影响冰情的主要因素包括热力条件、动力条件和河道边界条件等三个方面。

（1）热力条件。

1）气温特征指标。多年平均月、旬、日平均气温，相应时段最高及最低平均气温，极端最高、最低气温和出现时间；日平均气温稳定转负日期、转正日期；日平均负气温累计值；各阶段气温的变化过程特征分析。

2）水温特征指标。多年平均月、旬平均值，月、旬平均值的最大、最小值，实测最大、最小值和出现时间。

3）水流热平衡因素。

（2）动力条件。

1）凌汛期流量过程及特征分析。

2）断面平均流速及其沿程变化。按畅流期、流凌期、封冻期及开河期的不同流量级别进行统计分析；当无实测流速资料时，可采用水力学方法计算。

3）河段槽蓄水增量及其时空变化。根据资料条件采用水量平衡法、断面法、流量差积法或经验相关法计算。

（3）河道边界条件。

1）设计河段的走向及山脉屏障对热力因素的影响。

2）河道比降及纵、横断面特征。

3）河相系数、河道弯曲系数、束窄系数、分汊系数。

4）设计河段支流汇入情况。

5）河道工程阻水、阻冰情况。

4. 工程冰情分析计算

（1）设计来水、来流冰、来冰总量。

（2）导流或排水建筑物的排冰能力和设计来水、来冰条件下设计断面的壅水高度。

（3）水库库区冰厚及水库末端、水库下游河道形成冰塞、冰坝的可能性及其壅水高度。

（4）输水渠道沿程冰情变化及其对输水能力的影响。

（5）设计断面冰下过流能力。

（6）水库下游或输水渠道零温断面位置、不封冻距离及下游河道冰情。

（7）工程需要的其他冰情分析内容。

5. 预估工程施工和运行期间可能出现的冰情问题

冰害的发生主要在结冰期、封冻期和解冻期，河冰的形成与消融会产生静冰膨胀、冰塞和冰坝等冰凌危害。水利水电工程在施工和运行期间需考虑冰期可能出现的冰情灾害，应在冰情特征值统计与分析基础上，结合工程特点与运用情况分析所在河段冰塞、冰坝形成的可能性，提出防凌措施的建议，必要时可通过模型试验进行论证。

4.9.2.2 冰情分析计算方法

1. 冰厚计算

（1）天然河道冰厚增长可用式（4.9-2）计算：

$$h_i = k\left(\sum t\right)^a \tag{4.9-2}$$

式中 h_i——$\sum t$ 时的冰厚，cm；

k——经验系数；

$\sum t$——累积日平均气温（绝对值），从稳定转负日起算，℃；

a——经验指数。

根据我国东北和华北地区的资料分析，k、a 有如下变幅。

东北地区：a=0.50～0.56，k=2.0～2.3。

华北地区：a=0.50～0.56，k=2.6～3.0。

（2）天然河道最大冰厚可用式（4.9-3）计算：

$$h_{im} = 8.3\Phi - 278 \qquad (4.9-3)$$

式中　h_{im}——冰期最大冰厚，cm；

Φ——纬度，其范围为36°～54°N。

2. 流冰花总量计算

流冰花总量计算主要有水文学法和热平衡分析法等，水文学法计算简便，国内应用较多，热平衡法计算过程较复杂，使用并不多见。因此，这里主要介绍水文学法。

秋季流冰花总量估算公式为

$$W_f = 8.64\sum_1^{n_t} Q_g \qquad (4.9-4)$$

$$Q_g = K\eta BV_g h_g \qquad (4.9-5)$$

$$K = \frac{\gamma_g}{\gamma_i} \qquad (4.9-6)$$

式中　W_f——秋季流冰花总量（密实体），万m^3；

n_t——流冰花天数；

Q_g——计算断面日平均冰花总量（密实体），万m^3；

K——冰花密实体折算系数；

η——日平均流冰疏密度，以冰花面积占敞露河面面积的十分率表示；

B——断面敞露水面宽，m；

V_g——日平均冰花流动速度，可用平均水面流速代替，m/s；

h_g——平均冰花厚度，m；

γ_g——冰花密度，g/cm^3；

γ_i——结晶冰密度，一般近似地取0.917 g/cm^3。

4.9.3　上游水库溃坝对设计洪水的影响

超标准的特大洪水、地震、水库库区山体滑坡等自然灾害，以及战争、恐怖袭击或水库调度运行不当等均有可能造成上游水库垮坝溃决，地震或山体滑坡形成的堰塞湖、北方凌汛期的冰塞湖、高原冰碛湖等也存在着溃决的风险；当上游发生溃坝洪水时，将对下游造成巨大灾难。造成上游水库溃坝的原因较多，本节主要介绍对于上游水库校核标准低于拟建工程校核标准的情况，当发生超标准洪水时，上游水库溃坝对设计洪水的影响。

当上游水库校核标准低于拟建水库校核洪水标准时，工程设计中应考虑因流域内发生超标准暴雨洪水时造成上游水库溃坝，形成的溃坝洪水对下游拟建工程设计洪水的影响。关于溃坝洪水计算方法的有关内容，见第5章5.10节。

因暴雨洪水致上游发生溃坝洪水时，考虑上游溃坝影响的设计洪水，计算时应分区采用设计洪水地区组成的方法进行计算。将设计断面以上流域划分为两个分区，即上游溃坝水库以上区和溃坝坝址至设计断面区间。根据流域暴雨洪水特性、上游水库（或堰塞湖等）溃坝成因等，采用设计洪水地区组成分析法，将溃坝洪水过程演算至设计断面后与区间洪水过程叠加，即可得到考虑上游溃坝影响的设计洪水过程。

4.9.4　水利和水土保持措施对设计洪水的影响

4.9.4.1　估算方法简述

水利和水土保持措施对设计洪水的影响主要针对中小流域。水利措施主要指中小型水库、塘堰等工程；水土保持措施指对因自然因素和人为活动造成水土流失所采取的预防和治理措施，如植树种草、修建淤地坝、坡改梯、封山育林等。

水利和水土保持措施在一定程度上改变了洪水的时程分配。如重庆市铜梁县张家沟流域，集水面积14.69km^2，1984年开展了退耕还林、荒坡造林和疏林补植为主的水土保持综合治理，仅仙隐山片区的两期治理就造林2.063km^2。1989～1993年被纳入长江上游水土保持重点治理工程小流域治理，实行山、水、田、林、路、气综合治理，完成坡改梯1.128km^2，营造水土保持林0.547km^2，封禁治理0.8025km^2，保土补植0.6489km^2。表4.9-3为流域治理前后两次降雨洪水过程特征值的比较。从表4.9-3比较看出，治理前后发生了两次日雨量约2～5年一遇的中小洪水，水土保持的滞蓄洪作用明显。水土保持治理后与治理前相比，洪峰削减42%，洪量削减13%，峰现时间滞后4.8h。

表4.9-3　张家沟流域治理前后两次暴雨洪水特征值对比

日　期（年-月-日）	降雨量（mm）	最大雨强（mm/h）	洪峰流量（m^3/s）	峰现时间（h）	洪水总量（万m^3）	洪水历时（h）
1983-08-19	112.0	33.1	25.65	8.8	124.2	51.78
1993-08-11	100.4	32.6	14.9	13.6	108.3	77.73

因此，当设计流域为面积不大的中小流域，且水利和水土保持措施数量较大，在分析计算标准较低的设计洪水时，应估算水利水保措施，特别是水利工程措施对设计洪水的影响。估算方法主要有以下几种。

（1）流域水文模拟法。即应用不受水利和水土保持措施影响年份的降雨洪水资料建立流域水文模型，然后将受到影响年份的降雨等资料输入模型，模拟出不受影响的洪水过程，并与流域治理后的实际洪水过程进行对比分析，以分析水利和水土保持措施对设计洪水的影响。

（2）物理成因分析法。利用实验场地或模型研究水利和水土保持措施的效应，结合产汇流理论计算其影响，估算对设计洪水的影响。

（3）对比分析法。可将设计流域水利和水土保持措施实施后的洪水资料与本流域治理前的洪水资料进行对比，也可与未实施水利和水土保持措施的相似流域的同期洪水资料进行对比分析。可假定气象因素不变，通过分析相似暴雨条件下本流域治理前后或相似流域的同期洪水资料，研究水利和水土保持措施实施后产汇流条件的变化，估计对设计洪水的影响。

（4）经验概化法。流域内中小水利工程及水土保持措施对洪水的影响往往缺乏可供分析的实测资料，采用上述三种方法存在困难时，也可以采用经验概化的方法对洪水峰量均值进行修正。如中国水电顾问集团昆明勘测设计研究院和云南水利水电勘测设计研究院在分析牛栏江干流各站设计洪水时，通过调查流域内中小水利工程分布、调蓄能力及泄洪情况后，采用经验公式 $Q_{原}=Q_{实}/r$（r 为修正系数），概化估算了流域上游小型水库对洪水的调蓄影响。一般情况下，中小型蓄水工程对下游水文站实测洪水的影响将随着洪水历时的增长逐渐减小。

4.9.4.2　估算过程中应注意的问题

（1）各地暴雨的时空分布与水利和水土保持措施的面上分布是不一致的，水利和水土保持措施并非均在暴雨量较大或暴雨出现最多的地区。通常按暴雨和措施分布划分成若干个计算区，分别计算水利和水土保持措施对洪水径流的拦蓄量，然后加以综合作为设计流域的成果。

（2）水土保持措施对洪水的影响是一个渐变过程，但水利工程对洪水的影响在工程初建成时即能反映出来，影响较为显著。水利和水土保持措施对洪水的拦蓄作用一般随着雨量的增加而增加，但有限度。当降雨量和降雨强度增大到一定程度时，水利和水土保持措施失去了进一步蓄洪能力，并且有可能超过自身设计标准而发生损毁，从而加大下游洪水。

（3）水利和水土保持措施对洪水拦蓄的影响随工程措施的不同而不同，其中以水利工程措施的影响较大，水土保持措施的影响相对较小。因此，在估算水利和水土保持措施对设计洪水的影响时，应重点估算已建和在建的中小型水库和成片的水土保持措施对洪水的影响及损坏时产生的负面影响。

4.10　水文自动测报系统规划设计

水利水电工程水文自动测报系统是利用遥测、通信、计算机和网络等先进技术，完成流域或测区内水文、气象、汛情、工情等参数的实时采集、传输和处理，为工程防洪、兴利、优化调度服务的系统。

在水利工程可行性研究阶段（水电工程预可行性研究阶段）应编制水文自动测报系统规划，论证建设系统的必要性，研究遥测站网布设、通信方式，编制系统规划，提出投资估算。初步设计阶段（水电工程可行性研究阶段）编制系统总体设计，提出投资概算。

编制规划报告时，应认真进行调查研究，取得可靠的基本资料；设计应实用可靠，技术先进；报告的文字应简明扼要，图纸应完整清晰。

本节仅对水文自动测报系统规划设计作简要介绍，具体见参考文献［22］。

4.10.1　系统规划

规划是立项的依据。系统规划应重点论证系统建设的必要性，拟定系统建设目标和任务，确定系统的功能和建设规模。

系统规划应在收集资料的基础上进行，基本工作内容包括：论证系统建设的必要性，拟定系统建设的目标、任务和范围，初步进行水文预报方案配置，拟定遥测站网，初步确定系统功能和主要技术指标，初步选定数据传输通信方式和组网方案，拟定设备配置和土建方案，投资估算。

4.10.1.1　系统建设必要性论证

系统建设的必要性论证，应根据工程任务，在分析设计流域暴雨洪水特性和流域内现有水文站网状况、水情测报能力及时效性的基础上，从工程施工期度汛、防洪、兴利、运行调度的需要以及综合自动化要求等方面进行论证。

4.10.1.2　系统建设目标、任务和范围

（1）系统建设目标及任务。分析系统的应用要求，提出系统的建设目标和任务。对分期建设的系统分别拟定近期和远期的建设目标和任务。

（2）系统建设范围。系统建设范围取决于所在流

域的资料条件、产汇流规律、现有测站分布、洪水预见期、水文预报方法、防洪控制断面以及已建或在建水利水电工程等。

对通过相关预报即可满足需要的工程，系统只需在有关断面设置遥测站。

对于单独运行的水利水电工程，系统主要为工程的洪水调度及水资源合理利用收集实时水情信息，增长预见期，提高预报精度。站网布设范围要在充分了解工程的调节性能、下游防洪要求、闸门启闭时间及泄流能力大小和流域暴雨洪水特性的基础上分析拟定。

对于中小流域，一般在工程以上全流域布设水情、雨情遥测站，以改善现有报汛条件，尽可能地增长预见期和提高预报精度，以适应工程调度的需要，提高工程的防洪和水资源调度能力。

当水库对下游有防洪任务时，需认真分析出库洪水至下游防洪控制断面的传播时间以及下游区间洪水的预见期。当下游区间面积较大时，一般要求区间洪水的预见期要大于水库至下游防洪控制断面的洪水传播时间，以此作为区间站网布设范围的控制标准；坝址上游站网布设范围应根据工程任务确定。

对于梯级水利水电工程，应充分利用已建系统的信息资源，按梯级开发时序、布站范围逐步向上下游延伸。在比较大的流域上初期建设的工程，遥测站网的布设范围应根据工程预报调度所需预见期的要求确定。

4.10.1.3　水文预报方案配置

分析流域或工程的防洪及洪水调度对洪水预报信息的要求，规划拟配置的预报方案类型、数量和能达到的预见期、预报精度等。

在有资料的情况下，需对流域的产汇流特性进行分析，这是正确选择预报方案类型的关键。各地区防汛水文预报人员和工程水文人员通常都在此方面积累了很多经验，应借鉴其经验确定所配置的预报方案类型。

在附近地区无可供参考的预报方案且无有经验的预报人员的情况下，可通过外业调查和资料分析来认识设计流域的产汇流特性，并结合工程需要和实际条件选用相应的预报方案类型。

区间来水较少的河流，可建立上下游流量相关，若断面形态相似且冲淤变化不大，可建立上下游站水位相关。中小流域通常配置降雨径流预报方案。大流域通常要考虑河道洪水演进和分区产汇流方案。

4.10.1.4　站网规划

遥测站网由中心站、遥测站（包括雨量站、水位站、水文站）组成。合理拟定遥测站网是系统规划的重要内容，不但关系到系统建设的规模和投资，而且关系到水文预报及系统的运行和维护。

应在满足防洪调度、水文预报、水资源管理要求的前提下，根据系统建设目标要求及水文预报方案配置，主要采用经验公式、技术导则等拟定遥测站网密度，并结合现有站网情况和交通条件，以最经济的系统规模和投资，初步论证遥测站网的布设方案。

4.10.1.5　通信组网方案

在了解当地现有通信资源（包括公网和已建专网）的基础上，以经济可行和满足目标要求为前提，初步论证数据传输组网方案。了解本系统与外界信息的交换需求、信息传输的手段及可用信道资源等，提出本系统与有关系统联网的要求。

系统组网通信方式可以选择超短波、卫星、GPRS/GSM、PSTN 等方式中的一种，也可以是混合方式。遥测站数较少或地形不太复杂的地区，宜采用单一方式组网。

通信组网设计应进行多方案的技术、经济比较，方案的选定首先要考虑通信质量。设计时除了进行本系统组网设计外，还应考虑与河流上下游、干支流梯级系统，已建系统与待建系统之间的关系，以及与所在地区防汛指挥部门的信息交流关系。

系统工作体制有自报式、应答式及混合式三种，规划阶段可根据系统功能要求、电源、交通、通信方式和信道质量等条件初拟工作体制。

4.10.1.6　设备及土建

系统规划阶段，需根据拟定的采集和组网方案提出设备配置与土建方案。设备配置须把质量和系统的可靠性放在首位。设备选型应以产品质量、性能价格比为重点，通过调研，推荐设备类型。设备应与采集的要素、通信方式相配套。鉴于土建工程须在系统设备配置方案基本确定后方可设计，系统规划阶段土建设计仅要求拟定土建工程项目、主要工程位置和基本尺寸。

4.10.1.7　投资估算

根据投资估算的编制原则、依据、取费标准及采用的价格水平年，估算系统静态总投资。估算时，应注意系统仪器设备市场信息和与土建相关资料的收集和分析。可参照本流域或相似流域类似新建系统的建设费用进行估算。

对于水利水电工程的水文自动测报系统规划报告，按照水利水电概（估）算编制要求，可将测报系统的投资估算合并为“建筑工程费”和“设备及安装工程费”两部分列入工程投资概（估）算。

4.10.2 系统总体设计

系统总体设计较系统规划更为具体，其设计深度基本满足系统招标设计的要求，系统总体设计应在系统规划工作的基础上进行，其主要工作内容包括：现场查勘和信道测试，确定建设目标、任务和范围，确定系统总体方案（包括总体结构、信息流程、与其他系统的互联接口、系统功能及技术指标），通过遥测站网论证确定遥测站点数量，确定信息采集与传输方案，完成遥测站和中心站集成设计、土建工程设计，提出项目建设管理和系统运行管理保障措施，编制投资概算。

4.10.2.1 系统总体方案

（1）总体结构。系统的总体结构应满足水情信息接收、处理，水情预报制作，为工程提供水情预报服务的需要。系统一般由中心站和遥测站组成，对于大型梯级水电站水文自动测报系统，还需在各水电站设置分中心站。考虑到大型系统的遥测站点大都在水文部门现有水文站点的基础上建设，为便于运行管理，可在系统建设范围内设置遥测站运行维护分中心，负责所辖遥测站的运行维护管理工作。

（2）信息流程。选择适用的系统信息流程将是整个系统设计的关键之一。系统的信息流程与整个系统建设投资及系统建成后的运行维护费用的经济性、合理性密切相关。应综合分析比较不同的信息流程及应用实例，充分考虑本系统的用户需求、建设实施、运行维护等因素，确定适合系统信息流程。

（3）系统功能及技术指标要求。根据系统的应用需求，提出系统功能及技术指标要求。

4.10.2.2 水文预报方案及水文预报系统

根据系统规划拟定的方案配置，采用流域内现有水文资料，进行水文预报方案的初步编制。初编水文预报方案按照《水文情报预报规范》（GB/T 22482—2008）的要求进行，使用资料一般不少于10年。

根据初编的水文预报方案提出预报精度和预见期。

确定预报对象、预报模型及方法，对预报系统的功能和主要模块进行设计；对水情服务系统的功能进行设计。

4.10.2.3 站网论证

在规划阶段初步拟定的站网基础上，以定量分析方法进行遥测站网论证，确定遥测站网，以取得以较少的站点获得较好的预报效果的目的。遥测站网的布设应使水文预报方案的预报项目的精度最终达到甲级的要求。

水文、水位站的设立和论证应在充分了解、熟悉、掌握系统范围内历史暴雨、洪水发生的情况，主要产洪区，暴雨洪水特性，人类活动影响以及水库防洪运用要求等的基础上进行。遥测雨量站网论证是以面雨量精度作为目标函数和以流量精度作为目标函数来进行论证。

4.10.2.4 信息采集与信息传输设计

（1）信息采集。水文信息采集设计主要包括水位、雨量、流量等的观测与测验方式方法、设备配置及设施更新改造。设计时，应考虑系统所在流域的水文、气象及自然特性，根据现状及观测条件确定采集方法，针对存在问题，提出设备设施配置或改造方案。

（2）信息传输。应对常用通信方式（卫星通信、超短波通信、PSTN通信、GSM通信、GPRS通信等）的特点和适用范围进行分析比较，结合流域内自然条件、现有通信资源、供电条件等具体情况，综合考虑可靠性、传输质量、系统投资、运行和管理等方面的因素，并结合信道测试情况确定系统通信方式。

数据传输通信网的设计是水文自动测报系统设计的重要内容，要坚持公专结合的原则，在现场查勘与信道测试的基础上进行。

水文自动测报系统有自报式、应答式和混合式三种工作体制。设计时，应根据系统的规模、信道的特性及通信质量，以及系统功能要求和投资情况等进行论证比选，最终确定系统的工作体制。

4.10.2.5 遥测站集成设计

（1）遥测站结构。为保证系统可靠、有效地运行，遥测站的建设应采用最新的自动测报技术、现代通信技术和远地编程控制技术，采用测、报、控一体化的结构设计。以遥测终端机（SCADA或RTU）为核心，实现信息的采集、预处理、存储、传输及控制指令接收和发送等测控功能。测、报、控一体化遥测站主要由传感器、遥测终端机、通信终端、人工置数器和供电等五部分组成。

（2）供电。为保证在“有人看管、无人值守”的运行模式下，遥测站设备能在雷电、暴雨、停电的恶劣条件下可靠、正常地工作，遥测站采用太阳能板浮充蓄电池直流供电。电池容量和太阳能板功率要保证在45d连续阴雨天的情况下能维持正常供电，并且在连续45d阴雨天后应能在10～20d内将电池充足，所需的电池容量和太阳能板功率，根据设备用电情况及当地年日照时数综合确定。

（3）避雷。测站应利用避雷针和避雷地网将雷电流沿引下线安全地引入大地，防止雷电直接击在建筑物和设备上。避雷地网的接地电阻应小于10Ω。

为避免由于感应雷电流而造成设备的损坏，进入遥测终端的水位、雨量信号线的屏蔽层应与所连接设备的接地线相连在一起。数据输入口应安装信号避雷器，通信信道安装相应的避雷器。

4.10.2.6 中心站集成设计

中心站是自动测报系统数据信息接收处理的中枢，一般由遥测数据接收处理系统、数据接收及转发系统、计算机网络系统、数据库系统和水情预报及服务系统组成。设计时，应根据系统建设目的，确定中心站的功能和组成结构，提出中心站计算机网络、数据接收处理软硬件以及信息交换的设计方案。

中心站数据接收通信终端均采用交流电浮充蓄电池供电方式，交流稳压器应具有瞬态电压抑制能力。数据接收处理计算机网络设备采用UPS不间断电源交流供电方式。

4.10.2.7 土建工程设计

遥测站土建设计包括仪器房、避雷接地系统、天线安装设施、太阳能电池板安装设施、压力式水位计气管敷设、水位测井、雨量观测场等设计。

中心站土建设计包括机房环境改造、天线安装设施、避雷设施等设计。

4.10.2.8 工程管理

工程建设管理应提出建设管理机构并明确各自的职责、法人和管理程序，工程应按建设程序执行组织实施和系统验收。

工程运行管理着重论述系统运行管理的模式、工作内容、费用测算及来源等。

4.10.2.9 投资概算

简述投资概算的编制原则、依据、取费标准及采用的价格水平年，编制系统静态总投资。概算文件应包括编制说明和概算表。编制说明主要包括工程概算编制原则和依据、取费标准等。概算表包括工程概算总表、概算附表及概算附件等。

对于进行单项设计的系统，则应编制建筑工程费、设备及安装工程费和独立费用。对于设计阶段的水利水电工程自动测报系统，应按建筑工程费、机电设备及安装工程费两部分编制，并列入工程总概算。

参考文献

[1] SL 278—2002 水利水电工程水文计算规范［S］．北京：中国水利水电出版社，2002.

[2] SL 44—2006 水利水电工程设计洪水计算规范［S］．北京：中国水利水电出版社，2006.

[3] 华东水利学院．水工设计手册 第2卷 地质 水文 建筑材料［M］．北京：水利电力出版社，1984.

[4] 水利部长江水利委员会水文局，水利部南京水文水资源研究所．水利水电工程设计洪水计算手册［M］．北京：水利电力出版社，1995.

[5] 王锐琛．中国水力发电工程 工程水文卷［M］．北京：中国电力出版社，2000.

[6] 季学武，王俊，等．水文分析计算与水资源评价［M］．北京：中国水利水电出版社，2008.

[7] 詹道江，叶守泽．工程水文学［M］．3版．北京：中国水利水电出版社，2000.

[8] 刘光文．水文分析与计算［M］．北京：水利电力出版社，1989.

[9] 王维第，等．水电站工程水文［M］．南京：河海大学出版社，1995.

[10] 郭生练．设计洪水研究进展与评价［M］．北京：中国水利水电出版社，2005.

[11] 金光炎．水文统计原理与方法（增订第二版）［M］．北京：中国工业出版社，1964.

[12] 水利水电科学研究院水资源研究所．水文计算经验汇编(第四集)[G]．北京：水利电力出版社，1984.

[13] 王家祁．中国暴雨［M］．北京：中国水利水电出版社，2002.

[14] 季学武，郭一兵，等．三峡工程水文研究［M］．武汉：湖北科学技术出版社，1997.

[15] 王国安，李文家．水文设计成果合理性评价［M］．郑州：黄河水利出版社，2002.

[16] 丁晶，邓育仁．随机水文学［M］．成都：成都科技大学出版社，1988.

[17] 林三益．水文预报［M］．北京：中国水利水电出版社，2001.

[18] 丛树铮．水文学的概率统计基础［M］．北京：水利出版社，1981.

[19] 浙江大学数学系高等数学教研组．概率论与数理统计［M］．北京：高等教育出版社，1979.

[20] 胡方荣，侯宇光．水文学原理［M］．北京：中国水利电力出版社，1988.

[21] 梁忠民，等．水文水利计算［M］．2版．北京：中国水利水电出版社，2008.

[22] 水利部水利水电规划设计总院，等．水利水电工程水文自动测报系统设计手册［M］．北京：中国水利水电出版社，2008.

[23] 水利部水文局，南京水利科学研究院．中国暴雨统计参数图集［M］．北京：中国水利水电出版社，2006.

[24] 范世香，程银才，等．洪水设计与防治［M］．北京：化学工业出版社，2008.

[25] 江苏省水文总站．江苏省暴雨洪水图集［G］．1984.

[26] 《刘光文水文分析计算文集》编辑委员会．刘光文水文分析计算文集［C］．北京：中国水利水电出版社，2003.

[27] 水利部南京水文研究所编印．暴雨洪水计算论文汇编（第一集）[G]．1980.

[28] 长江流域规划办公室．水文预报方法 [M]．北京：水利电力出版社，1979.

[29] 丁晶．丁晶水文水资源文集 [C]．成都：四川科学技术出版社，2006.

[30] 詹道江，谢悦波．古洪水研究 [M]．北京：中国水利水电出版社，2001.

[31] 唐启义，等．DPS 数据处理系统——实验设计、统计分析与模型优化 [M]．北京：科学出版社，2006.

[32] 华东水利学院，陕西工业大学，成都工学院．工程水文学 [M]．北京：中国工业出版社，1961.

[33] SL 428—2008 凌汛计算规范 [S]．北京：中国水利水电出版社，2008.

[34] 赵太平．水电工程溃坝洪水计算 [J]．泥沙研究，2003 (2)：48 - 53.

[35] 朱杰．水位统计分析中的几个问题 [J]．水文，2004 (10)．

[36] 陈彦文．太原市降水系列代表性分析与对策 [J]．山西水利，2004 (1)．

[37] 许红燕，等．浙江省各历时暴雨资料系列代表性分析 [J]．水文，2000 (10)．

[38] 张升堂，等．人类活动的水文效应研究综述 [J]．水土保持研究，2004 (9)．

[39] 张明波，郭海晋．水土保持措施减水减沙研究概述 [J]．人民长江，1999 (3)．

[40] 王永义．水面蒸发计算方法及其检验 [J]．地下水，2006 (2)．

[41] 胡顺军，等．塔里木河流域水面蒸发折算系数分析 [J]．中国沙漠，2005 (9)．

[42] 张有芷．我国水面蒸发试验研究概况 [J]．人民黄河，1999，30 (3)．

[43] 武金慧，李占斌．水面蒸发研究进展与展望 [J]．水利与建筑工程学报，2007，5 (3)．

[44] 任国玉，郭军．中国水面蒸发量的变化 [J]．自然资源学报，2006，21 (1)．

[45] 熊明，孙双元，郭海晋．我国工程水文分析计算的新进展 [J]．水文，1999 (5)．

[46] 长江水利委员会水文局，等．长江洪水随机模拟研究 [J]．水文，1993 (4)．

[47] 阂赛．水库（湖泊）水面蒸发量推求方法的探讨 [J]．水文，1991 (5)．

第 5 章

水　利　计　算

本章以第 1 版《水工设计手册》框架为基础，对内容进行了调整、修改和补充，吸纳了近年来水利水电工程水利计算中应用的新成果与新方法，由第 1 版的 8 节调整为 11 节，主要介绍水利水电工程水利计算的内容，包括防洪工程、治涝工程、供水工程、灌溉工程、水力发电工程、航运工程、综合利用水库、水库群、水库水力学与河道水力学等。

修改和调整主要包括四个方面：①在第 1 版介绍水库工程不同功能水利计算的基础上，扩充更新为不同兴利功能的水利水电工程水利计算；②新增四节内容：即“5.3 治涝工程”、“5.4 供水工程”、“5.7 航运工程”、“5.11 河道水力学”；③第 1 版中“第 1 节 概述”、“第 2 节 防洪”、“第 3 节 发电”、“第 4 节 灌溉”、“第 5 节 综合利用水库”、“第 6 节 水库群”，顺序调整为“5.1 水利计算的主要内容”、“5.2 防洪工程”、“5.5 灌溉工程”、“5.6 水力发电工程”、“5.8 综合利用水库”和“5.9 水库群”，并对其内容进行了补充修改；④第 1 版中“第 7 节 水库回水”和“第 8 节 若干专门问题”整合修订为“5.10 水库水力学”。

章主编　吴晋青　安有贵

章主审　曾肇京　何孝俅　谭培伦　李小燕

本章各节编写及审稿人员

<table>
<tr><th>节次</th><th>编　写　人</th><th>审稿人</th></tr>
<tr><td>5.1</td><td>吴晋青</td><td>曾肇京　何孝俅</td></tr>
<tr><td>5.2</td><td>陈永生　游中琼</td><td rowspan="2">谭培伦　何孝俅</td></tr>
<tr><td>5.3</td><td>胡向阳　徐学军　何子杰</td></tr>
<tr><td>5.4</td><td>吴晋青　袁学安</td><td rowspan="2">曾肇京　李小燕</td></tr>
<tr><td>5.5</td><td>王以圣　吴晋青</td></tr>
<tr><td>5.6</td><td>钱钢粮　罗　斌　高仕春　万　俊　艾学山</td><td rowspan="2">谭培伦　李小燕</td></tr>
<tr><td>5.7</td><td>尹维清</td></tr>
<tr><td>5.8</td><td>李文俊　钟平安　肖益民</td><td rowspan="2">谭培伦　曾肇京</td></tr>
<tr><td>5.9</td><td>李安强</td></tr>
<tr><td>5.10</td><td>赵明登　吴晋青</td><td rowspan="2">何孝俅　李小燕</td></tr>
<tr><td>5.11</td><td>李光炽　冯德光</td></tr>
</table>

第5章 水利计算

5.1 水利计算的主要内容

5.1.1 水利计算的概念

水利计算是对江河治理开发规划和水利水电工程设计方案的各项水利指标的基本分析计算。根据水利水电工程特性，水利计算本质上主要有三个方面的计算，即水量计算、水力计算和水能计算。

(1) 水量计算。对于具有调蓄功能的水库、湖泊等蓄水工程，采用水量平衡原理，通过对天然来水过程的调节，满足枯水期用户用水和水库下游防洪泄水需求所进行的水量计算，如径流调节计算、洪水调节计算等水量计算。

(2) 水力计算。对于江河流域，采用质量守恒、能量守恒和动量守恒原理，通过对河流（水流）运动状态下的水力计算，求得河流各断面和闸坝的水位、流量等指标，如河道水面线（洪水演进）计算、水库回水计算、平原河网地区和感潮河段的水力计算等。

(3) 水能计算。对于利用水头和流量进行发电的水电站（包括抽水蓄能电站、潮汐电站），或利用原动力扬水的水泵，运用能量守恒原理（势能与电能的转化），计算求得水能指标，如保证出力（水泵功率）、发电量等水能计算。

5.1.2 水利计算的任务和内容

水利计算的任务是根据工程项目所在江河的自然条件和特点、社会经济环境发展的要求及开发利用的可能条件，按照工程建设运行安全可靠及综合利用水资源获得的经济、社会、环境总体效益最佳的原则，通过水利计算，为选择河流治理和开发方案，确定水利水电工程的任务、规模和运用方式，为工程经济分析和综合论证等提供依据。

水利计算的内容是水利水电工程规划的内容之一，具体包括以下几个方面。

1. 确定目标

研究水资源的合理利用，综合考虑各方面提出的用水、用电、防洪、防凌、排涝、航运、漂木、养殖、生态和环境保护等要求，拟定工程开发利用的目标和开发方式。

2. 拟定方案

结合工程具体条件，编制综合利用水利枢纽各组成部门的用水方案或河流开发治理方案，并拟定协调各部门要求的可能方案。

3. 水利计算

进行各方案的径流调节计算、水库调洪计算、水能计算、水库回水计算和洪水演进计算、河道河网水力计算等；分析工程建成后上下游水位、流量情势变化；计算工程效益和多年运行特性指标；分析工程对环境、生态的影响，并对不利影响提出可能的处理措施。

4. 工程规模

进行各方案的技术经济比较，选择工程规模及其主要参数与特征值。当工程上下游或同一供水、供电系统中有已建和拟建工程时，需同时对有关工程联合运用方式和规模、参数的影响进行研究（水库群调节计算、径流补偿调节计算），计算联合运行和相互补偿的效益，作为确定工程最终规模的依据。

5. 运行方式

拟定工程单独或综合目标的运行方式，以及工程上下游或同一防洪、供水、供电等系统中各在建和待建工程联合调度的运行方式，作为工程兴建后制定运行规程及实际运用的依据。

必要时，需进行以下方面的计算与研究：①水电站日调节非恒定流对上下游河道航运和取水口、排水口的影响（水电站日调节计算）；②水库放空和溃坝计算；③水库与河道冰凌情况分析计算；④水库分期发挥效益的运用方案研究等。

5.1.3 水利水电工程的主要特征值

水利水电工程包括水库（大坝）、水闸、泵站、水电站、河道及堤防、蓄滞洪区、承泄区和蓄涝区、输水建筑物（如隧洞、管道、渠道、渡槽及涵洞）等工程。水利水电工程按承担的任务分类，主要类型包括：防洪工程、治涝工程、供水工程、灌溉工程、水力发电工程、航运工程、综合利用水库工程等。不同功能的水利水电工程具有不同的特征值，水利计算的目的就是通过采用不同计算方法，在满足防洪、治涝、供水、灌溉、发电、航运等要求的基础上，确定这些特征值，从而确定工程规模。

水利水电工程规模是表示工程大小的代表性指标，如水库的总库容和正常蓄水位，分洪区的蓄洪容积，河道堤防的安全泄量和设计水位，水电站的装机容量，供水和灌溉引水工程的引水流量，泄洪建筑物及输水渠道的设计流量，排灌站的设备容量和设计流量，航道的过船能力等。

以下对表示水利水电工程基本特性的数值（即水利水电工程特征值）作分别介绍。

5.1.3.1 水库（大坝）

在河道、山谷、低洼地修建挡水坝或堤堰，形成蓄积水量的人工湖被称为水库。水库具有拦截来水、调节径流、集中落差等功能，可以满足防洪、发电、灌溉、供水、航运、养殖、旅游、环境保护等需要，可以承担单一或综合利用任务。

水库按其所在位置和形成条件，一般分为山区水库和平原水库两种类型，水库特征值如图 5.1-1 所示。

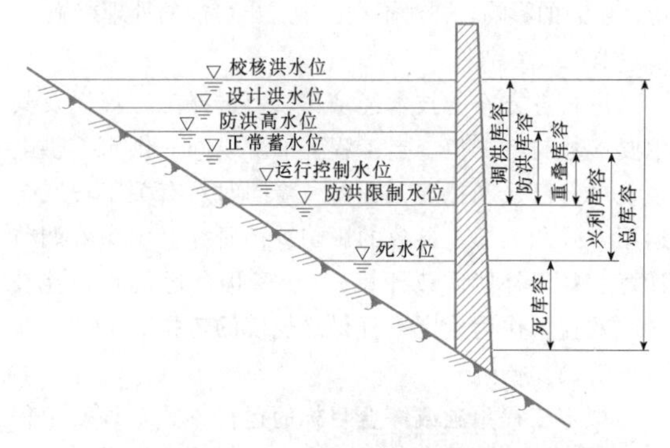

图 5.1-1 水库特征值示意图

1. 特征水位

（1）正常蓄水位。正常蓄水位是指水库在正常运用时，为满足兴利要求蓄到的最高水位。

（2）死水位。死水位是指水库在正常运用情况下，允许消落到的最低水位。水库正常蓄水位与死水位之间的变幅称水库消落深度。水库非正常运用时，设立极限死水位。当遇特枯年份应急供水或其他特殊要求时，可动用死水位与以下极限死水位之间的库容。

（3）防洪限制水位。防洪限制水位又称汛期限制水位，是水库在汛期允许兴利蓄水的上限水位，一般情况下也是汛期水库下游防洪运用的起调水位。

（4）防洪高水位。防洪高水位是指水库遇到下游防护对象的设计标准洪水时，水库按下游防洪要求放水，坝前达到的最高水位。当水库不承担下游防洪要求时，无这一水位。

（5）设计洪水位。设计洪水位是指水库遇到大坝的设计标准洪水时，坝前达到的最高水位。设计洪水位是水库正常运用情况下允许达到的最高水位。

（6）校核洪水位。校核洪水位是指水库遇到大坝的校核标准洪水时，坝前达到的最高水位。校核洪水位是水库在非常运用情况下，允许临时达到的最高水位。

（7）运行控制水位。为满足水库特定任务要求设置的坝前水位，包括排沙控制水位、库区防洪控制水位、防凌控制水位等。

2. 特征库容

（1）死库容。死库容是指死水位以下的水库容积。

（2）兴利库容。兴利库容又称调节库容，是正常蓄水位与死水位之间的水库容积。

（3）防洪库容。防洪库容是指防洪高水位至防洪限制水位之间的水库容积。

（4）调洪库容。调洪库容是指校核洪水位至防洪限制水位之间的水库容积。

（5）重叠库容。重叠库容是指正常蓄水位与防洪限制水位之间防洪库容与兴利库容结合的水库容积，也称结合库容、重复库容。

（6）总库容。总库容是指水库最高水位以下的静库容。

5.1.3.2 水闸

水闸是一种利用闸门挡水和泄水的水工建筑物，多用于河道（河口）、渠系、水库以及湖泊周边。按其作用主要分为引（输）水工程的渠首进（分）水闸、节制闸、冲沙闸，分洪工程的分洪闸，防洪（潮）工程的节制闸、挡潮闸，治涝工程的排水闸，水库工程的泄洪（排沙）闸、发电供水（灌溉）进水闸等。

水闸特征值包括闸上设计水位、闸下设计水位、设计流量等。

5.1.3.3 泵站

泵站是利用动力机将电能转换成势能，用以提升、压送水的机械。水利工程的泵站主要承担供水、灌溉或排涝工程的扬水任务。

泵站特征值包括设计扬程、进水池设计水位、出水池设计水位、设计流量、装机容量等。

5.1.3.4 水电站

水电站是将水能转换为电能的综合工程设施。一般包括由挡水、泄水建筑物形成的水库和水电站的引水系统、发电厂房、机电设备等。水库抬高水位，水流经引水系统流入厂房推动水轮发电机组发出电能，再经升压变压器、开关站和输电线路输入电网。

水电站基本开发方式分为三种，即堤坝式、引水式和混合式。

水电站还有潮汐型水电站和抽水蓄能电站。

水电站特征值包括保证出力、年发电量、水头、装机容量等。

5.1.3.5 河道及堤防

河道是为排洪、排涝、输水、航运等单项或综合用途开挖的水利工程。堤防是约束平原河流、控制平原河流走向、防止河水泛滥、保护两岸免受洪灾的防洪措施。堤防还包括保护海边滩地的海堤。

河道及堤防特征值包括设计洪水位、设计流量、设计潮水位（海堤）等。

5.1.3.6 蓄滞洪区

分洪区、蓄洪区或滞洪区统称为蓄滞洪区。蓄滞洪区主要是指河堤外临时贮存洪水的低洼地区及湖泊等。

蓄滞洪区特征值包括设计水位、蓄洪量等。

5.1.3.7 承泄区和蓄涝区

承泄区是容纳排涝区所排除涝水的区域，通常为海洋、江河、湖泊等。蓄涝区是指排涝区内的湖泊、洼地、河流、沟渠、坑塘等可以滞蓄涝水的场所。

承泄区特征值包括承泄区水位等。

蓄涝区特征值包括蓄涝区设计水位、蓄涝面积等。

5.1.3.8 输水建筑物

输水工程是通过输水建筑物（如隧洞、管道、渠道、渡槽及涵洞等）实施引（供）水任务的工程。

输水建筑物特征值包括设计水位、设计流量等。

5.1.4 水利水电工程的方案比选

水利水电工程的方案比较和选择，需通过技术经济比较和综合分析来进行，以论证设计方案的合理性和先进性。详见本卷第7章。

5.2 防 洪 工 程

5.2.1 堤防与河道

堤防工程水利计算，包括分析选定防洪（潮）标准、确定设计控制站（点）的设计洪（潮）水位和河道安全泄量、推求相应河段的设计水面线等内容。

5.2.1.1 堤防设计洪（潮）水位

堤防设计洪（潮）水位是堤防工程设计中采用的防洪最高水位，相应于选定的防洪标准或防洪工程系统中经论证确定的河道安全泄量。在堤防工程设计中，设计洪（潮）水位需要在考虑相关影响因素的基础上，通过分析计算确定。

1. 选取设计控制站

根据水文测站分布情况，一般选取能够反映防护河段洪水特性且临近堤防工程的水文站、水位站或潮位站作为设计控制站。

2. 设计控制站设计洪（潮）水位的计算

（1）径流河道。不受潮汐影响的径流河道（包括湖泊），其设计控制站的设计洪水位，可根据洪水资料和工程情况，采用以下方法分析计算确定。

1）频率计算法。当设计控制站实测和调查的年最高洪水位资料系列较长、基础一致、代表性好时，可据该系列资料进行频率分析，根据选定的防洪标准推算相应的设计洪水位。

由于人类活动的影响造成河湖调蓄能力下降，或者由于分洪溃口使设计控制站实测的水文数据受到影响时，需按照目前的河湖状况及不分洪、不溃口的情况对资料进行修正，然后再通过频率计算得到相应的设计洪水位。

2）水位流量关系线法。若设计控制站有水位流量关系时，可按选定的防洪标准推算设计洪峰流量或防洪工程系统要求的河道安全泄量，通过该水位流量关系，考虑人类活动（包括设计堤防修建后）等的影响进行修正后，拟定设计控制站的设计洪水位。

3）实际洪水年法。当河段以某一实际年洪水作为防洪标准时，可根据该年实测或调查的最高洪水位，考虑整体防洪方案对堤防工程的要求，合理拟定设计控制站的设计洪水位，一般略高于实际洪水位。

（2）河口段及沿海区。河口段堤防及沿海海堤设计控制站的设计潮位，可利用所在地区潮位站的历年实测最高潮位资料，采用统计方法进行计算。

1）有资料地区。在受径流影响的潮汐河口地区，宜用实测资料绘制P—Ⅲ型曲线、在海岸地区可绘制极值Ⅰ型或P—Ⅲ型曲线的方法，通过频率分析，计算设计控制站的设计潮位。如采用其他线型进行潮位频率分析计算，应进行分析论证。

2）资料缺乏地区。当设计控制站缺乏长期连续潮位资料，但有不少于连续5年的年最高潮位资料时，可采用极值同步差比法与附近有不少于连续20年资料的长期潮位站资料进行同步相关分析，按式(5.2-1)确定设计控制站的设计潮位。

$$h_{PY}=A_{NY}+\frac{R_Y}{R_X}(h_{PX}-A_{NX}) \quad (5.2-1)$$

式中 h_{PY}、h_{PX}——设计控制站、长期潮位站的设计潮位，m；

A_{NY}、A_{NX}——设计控制站、长期潮位站的平均海平面高程，m；

R_Y、R_X ——设计控制站与长期潮位站的同步观测期各年年最高潮位的平均值与平均海平面的差值，m。

若设计控制站具有连续三个月以上短期潮位观测资料，且与临近长期站的潮位性质相似时，经过分析论证，可采用两站潮位相关的分析方法，来推算设计控制站的设计潮位。

3）无资料地区。对于无实测潮位资料的设计控制站，可设立临时观测站进行观测（一般要求连续观测三个月以上，重要工程观测周期应不少于一年），然后再利用潮位相关分析的方法推算设计控制站的设计潮位。

3. 堤防设计洪（潮）水位的计算

根据上述计算方法可得到河段设计控制站（控制断面）的设计洪（潮）水位，通过河道水面线计算，即可得到所需的堤防设计洪（潮）水位。

对位于河道堤防背水坡后的分洪区堤防，需要注意的是，分洪区分洪后，区内水位会一直涨至与分洪口门处河道水位齐平，而沿河道的堤防一般有一定纵坡，为避免分洪区的蓄水从堤防下游端溢出重新进入主河道，分洪区堤防的设计洪水位，应按不低于分洪口处的设计水位进行拟定。

5.2.1.2 河道安全泄量

河道安全泄量（亦称允许泄量），是相应设计标准时河道（或堤防）的防洪控制断面能够安全通过的最大流量。安全泄量决定了工程措施的规模，如堤防的高度、水库的防洪库容、分洪区的规模等，也是洪水调度及判断堤防安危程度的关键数据，应认真分析确定。

设计河段的安全泄量，一般根据设计控制站的设计洪水位，考虑壅水顶托、分流降落、断面冲淤等因素[3]，通过该站的水位流量关系分析确定。

（1）影响河道安全泄量的因素。在拟定河道安全泄量时，需要考虑各种可能的影响因素，按偏于安全选用。影响河道安全泄量的因素主要有以下几个。

1）下游顶托。若下游先涨水而抬高了河道水位，则上游河段的安全泄量将减小。设计河段的安全泄量应取下游顶托后的数值。

2）分洪溃口。当下游发生分洪溃口时，由于水流比降变陡，上游的过流能力相应增大。设计河段的安全泄量应取为无溃口发生时的数值。

3）涨落变化。洪水涨落过程中，若涨水过程或起涨水位低，则水位流量关系曲线偏右（即同一水位的相应流量大一些）；若落水过程或起涨水位高，则水位流量关系曲线偏左。拟定河道安全泄量时，应考虑这种偏离情况（见图5.2-1）。

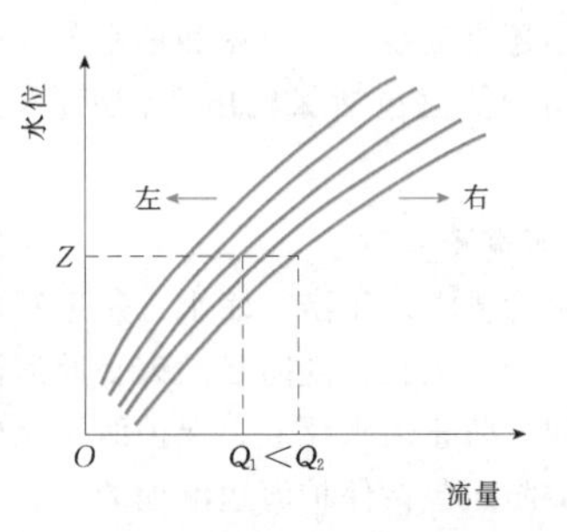

图5.2-1 受涨落影响的水位流量关系曲线

4）泥沙冲淤。设计河段若为泥沙冲淤较剧烈河段，安全泄量应考虑泥沙淤积对河道泄量减少的影响。

其他影响河道安全泄量的因素，可参考水文设计中水位流量关系影响因素分析的要求，按具体情况加以考虑。

（2）已有堤防安全泄量的复核。对已有堤防，如果多年未曾加高、设计洪水位未变、河床变化不大时，应根据较不利的洪水遭遇组合情况来复核河道安全泄量，同时还应进行以下分析。

1）分析实测洪水与设计洪水的情况是否基本一致，实测资料是否有代表性。

2）分析是否已充分考虑影响河道安全泄量的各种因素。

3）分析河床演变可能对安全泄量产生的影响。

（3）新建或加高堤防安全泄量的确定。

1）单独由堤防防洪时，可根据拟定的洪水标准，采用分析计算得到的设计控制站相应频率的设计洪峰流量，作为新建或加高堤防河段的安全泄量。

2）防洪工程系统中的堤防，可根据拟定的防洪标准，先推求系统中各种工程相应的设计洪水过程线，然后按不同的河道安全泄量进行洪水演进计算，分析新建或加高堤防的工程量及其他工程措施（水库、分洪区等）的相应规模，通过综合比较最终确定河道安全泄量。

5.2.1.3 设计洪水水面线推算

设计洪水水面线是堤防设计的主要依据，一般根据设计控制站的设计洪水位和相应的河道安全泄量，利用修建堤防后的河道横断面，考虑各种影响因素，沿程逆流而上进行推算。

（1）起始水位。一般选取不受工程影响的横断面的设计洪水位为起始水位。

（2）推算流量。推算流量一般采用河道安全泄量。对于干支流洪水、河湖洪水相互顶托的河段，应研究洪水组合及遭遇规律，采用不同组合的流量为推算流量（一般为多个流量）。

(3) 河道糙率。推算设计洪水水面线采用的河道糙率，一般根据实测或调查洪水资料率定；对于河道内的分汊河段，应根据实际的分流流量加以试算调整。

对于滩地河床面积比重较大的河段，应分析主河槽和滩地各自的河床质组成及水力特性等条件，以历史调查的洪水要素（水位、流量等）为控制，分别计算率定糙率，也可采用河段综合糙率。

(4) 推算工作中需要考虑的因素。设计洪水水面线推算中，既要为防洪安全留有余度，又要符合实际情况。

1) 要考虑河道演变可能带来的不利影响。对于冲淤型河流，河床处于不断演变之中，某一水位下的过流能力也是变化的，水面线推算时，应考虑目前至设计水平年河道演变可能带来的不利影响。

2) 要考虑干支流来水的不同组合情况。对于支流堤防的水面线推算，应考虑不同的干支流来水组合情况，取其上包线为设计依据。一般来说，支流上段的水面线主要由支流来水决定，临近干流的水面线由干流来水决定。因此，至少应考虑支流来水符合设计标准、干流来水相应，干流来水符合设计标准、支流来水相应两种情况。

3) 分汊河段流量分配。推求分汊河段的水面线时，流量分配是关键。若有实测资料，应采用实测数据；若无实测资料，可根据分汊河段的地形资料和糙率值，按照上下汇合点断面水位相等的条件进行试算，确定分流比。

5.2.1.4 河道洪水演进计算

天然河道洪水沿程传递、水库下泄洪水沿河道传递和分洪工程作用的分析，都需要进行洪水演进计算。

1. 计算方法

河道中的洪水向下游传递过程中，受河道槽蓄量的影响，沿程不断变化，这种变化规律可用圣维南方程组表示，即

动力平衡方程式：

$$\frac{v^2}{C^2R}+\frac{v}{g}\frac{\partial v}{\partial L}+\frac{1}{g}\frac{\partial v}{\partial t}+\frac{\partial Z}{\partial L}=0 \quad (5.2-2)$$

连续方程式：

$$\frac{\partial A}{\partial t}+\frac{\partial Q}{\partial L}=0 \quad (5.2-3)$$

式中 v——流速，m/s；

C——谢才系数，$m^{1/2}/s$；

R——水力半径，m；

g——重力加速度，m/s^2；

L——距离，m；

t——时间，s；

Z——水位，m；

A——过水面积，m^2；

Q——流量，m^3/s。

圣维南方程组没有精确的解析解，通常是根据具体情况求其近似的数值解。目前，洪水演进方法可归纳为水文学方法与水力学方法两类。

(1) 水文学方法。水文学方法是以已有实测洪水流量资料为依据，用河段水量平衡方程和槽蓄方程分别代替圣维南方程组中的连续方程和动力平衡方程进行求解的方法，如马斯京根法、出流与槽蓄关系法等。

1) 马斯京根法，见本章5.11节。

2) 出流与槽蓄关系法。对任一河段，根据水量平衡原理，连续方程可表达为如下形式：

$$Q_1+Q_2-q_1+\frac{2V_1}{\Delta t}=q_2+\frac{2V_2}{\Delta t} \quad (5.2-4)$$

式中 V_1、V_2——时段初、末的槽蓄量，m^3；

其他符号意义同前。

依据实测的水文、地形资料，可得到河段水位槽蓄量相关线、出流控制站水位流量关系线等。在计算过程中，式(5.2-4)中Q_1、Q_2、q_1是已知量，可通过试算得到时段末出流q_2，使等式成立。按上述步骤逐时段求解，即可得到出流控制站流量过程。

一般情况下，只要资料和计算处理得当，水文学方法能得到满足精度要求的计算结果。

(2) 水力学方法。水力学方法是以河道地形（或纵断面、横断面）和实测水位、流量资料为依据，求解简化后的圣维南方程组的方法，如直接差分法、特征线法、有限元法等。

水力学方法理论比较严密，对基本资料要求较高，成果可较全面反映河段水流要素变化，在工程设计中日益广泛使用。目前，应用比较广泛的水力学方法计算软件包括MIKE、Delft3D、Flent等。

2. 计算中应注意的事项[3]

(1) 计算河段的划分。计算河段上下游断面的水位差不宜过大，河段中的水力因素大致均一。在主要支流入汇口、重要城镇及保护区等的代表性防洪控制断面处，一般应设置计算断面。

(2) 计算时段的选择。应根据洪水过程线的形状和河道特性、考虑计算精度要求确定计算时段。除要求在计算时段内的水力要素变化能用直线来近似表达

外，还应考虑使计算时段接近或等于洪水流经该河段的时间。

(3) 起始条件。起始条件为洪水波来临前全河段在同一瞬时的稳定流态。一般常用洪水起涨时（开始演算的第一个时段）的初瞬值作为起始条件。

(4) 边界条件。上游端的边界条件一般为入流断面的流量过程线。若计算河段内有区间洪水加入还应计入区间流量过程。下游端的边界条件一般为下游断面的水位流量关系（稳定的或以涨落、顶托等因素为参数的关系），若下游端为大湖或海时可采用水位过程线。

(5) 水量平衡检查与修正。河道洪水演进计算中，为消除河段内槽蓄水量的影响，一般以始末时刻水位接近相等的一次洪水总量进行入水量、出水量平衡计算；以出流断面水量为准进行入流或区间入流的修正或过程调整。对区间入流过程调整时，需充分利用沿程水道地形和实测水位过程资料。

(6) 演进计算模型（软件）的检验。演进计算模型（软件）应采用计算河道或附近的水文站实测水位流量过程进行检验，合格后才能应用。

(7) 蓄滞洪区的洪水演进。蓄滞洪区的洪水演进一般采用二维非恒定流方法。所需基本资料为蓄洪区或滞洪区的地形资料和糙率资料。初始条件为区内各处的水深（或水位）及流速分布数值，特例情况是区内干涸无水。边界条件为进洪闸和退水闸的水位流量关系。蓄滞洪区洪水演进也可用简算法或水力模型试验方法等。

5.2.2　分洪工程

分洪工程是在河道控制断面洪水位将超过设计洪水位或流量将超过河道安全泄量时，为保障防洪保护区安全而采取的分泄超额洪水的措施。分洪工程常由分洪闸、分洪道、蓄滞洪区及其堤防、退水闸等组成。

分洪工程水利计算是根据拟定的分洪原则和运用方式，分析确定各种设计水位、分洪水位、分洪流量和分洪量等。计算所需的基本资料包括河道设计洪水过程线、设计水位与安全泄量以及蓄滞洪区水位容积曲线、分洪水位、分（泄）洪闸（口门）的进（泄）洪能力曲线等。

5.2.2.1　分洪工程运用判别指标

分洪工程的运用必须按照国家批准的防御洪水方案或者洪水调度方案，当江河、湖泊水位或者流量达到国家规定的分洪标准时，由有调度权限的防汛指挥机构批准实施。

在实际运用中，通常以防护区控制站（点）的设计水位或稍低的水位，或者以安全泄量或略小的流量，作为启用分洪工程的判别指标。当发生洪水时，应首先充分发挥河道的泄流能力，待防洪控制站（点）的实际水位或流量即将达到判别指标，且根据水情预报或趋势分析洪水仍将继续上涨时，即应准备启用分洪工程。对于水系纵横交错、洪水组成复杂的水域，也可同时用多个控制点的判别指标共同控制分洪工程的运用，以策安全。

5.2.2.2　分洪量计算

分洪量的大小是蓄滞洪区布局的基础。影响流域或河段分洪量的因素包括设计洪水、防洪工程组成、各控制站（点）的设计水位及水位流量关系、江湖调蓄能力等。应根据不同的防洪形势，动态分析研究流域或河段的分洪量。

1. 计算方法

(1) 蓄滞洪区位于防洪保护区上游。蓄滞洪区紧靠防洪保护区的上游最为有效。此时，分洪量计算常以河道上某防洪控制站（点）的设计洪水过程为依据，先用洪水演进方法求出分洪口门处的洪水流量过程线，再与口门下游的河道安全泄量相比较，其超过安全泄量部分的洪水总量，即该河段所需的分洪量。对于重要的蓄滞洪区，必要时需采用非恒定流法推求分洪量及分洪过程。

(2) 蓄滞洪区位于防洪保护区下游。如此布局时，蓄滞洪区的防洪作用主要靠分洪后加大河道坡降来增加河道泄量和降低防洪保护区段的河道水位。这种情况，需要试算不同分洪口门的分洪流量，再推算相应的河道水面线，直到防洪保护区水位满足安全水位要求为止，这样得到的需要分泄的洪水总量即分洪量。

以上分洪量计算属理想运用情况。受洪水预报精度、分洪时机掌握、口门形成过程等多种复杂因素的制约，实际分洪时一般无法达到理想运用情况。因此，防洪规划中安排的蓄滞洪容量应适当大于计算值。特别是采取扒口分洪时，安排的蓄滞洪容量更要留有余地。

2. 计算中的注意事项

分洪量计算涉及的上下游边界条件十分复杂，计算时还需要考虑以下情况。

(1) 当有几个蓄滞洪区同时运用时，要考虑水面降落的相互影响，修正各蓄滞洪区的进洪流量及分洪量。

(2) 经蓄滞洪区分蓄后，部分洪水又从较近的下游泄回原河道时，要考虑由于下游回水顶托对分洪流量的影响。

（3）当分洪口下游河道受干流河道、湖泊或潮汐顶托影响时，要计及由此引起的河道泄洪能力降低对分洪量的影响。

5.2.2.3 分洪闸设计水位、设计流量计算

分洪闸的设计洪水位，应根据外江需分洪河段上下游控制站的设计洪水位和不利来水组合，按照未分洪情况所推算的水面线确定。

1．闸上设计水位计算

分洪闸的上游（外侧、闸前、闸上）设计水位一般采用闸址附近的外江水位，可根据分洪河段控制断面的设计洪水位按未分洪情况推算求得，一般以闸址中点的河道水位作为分洪闸的闸上设计水位。闸上设计水位计算时，需要考虑以下情况。

（1）对于闸前有滩地，或者河流主泓不很顺直的宽阔河道，应考虑闸前水位并不等于外江平均水位的情况。

（2）若分洪闸较宽，需精确计算时，应分别推算分洪闸两端的外江水位，取其平均值作为闸上设计水位。

（3）如闸址至控制断面间还有支流汇入或分流河道，计算各河段水面线时应考虑流量沿程的变化。

2．闸下设计水位计算

分洪闸下游（内侧）一般为分洪道或蓄滞洪区，其水位经常受分洪道出口水位或蓄滞洪区水位等的控制。在确定闸下设计水位时，可采用以下方法。

（1）对于封闭的蓄滞洪区，可根据分洪流量过程线和蓄滞洪区的水位容积曲线进行调蓄演算，得到蓄滞洪区内及闸下的水位过程线。

（2）对于边分、边蓄、边排的蓄滞洪区，先确定排水河道出口处的水位过程线，再根据水量平衡原理，用试算法确定时段出流量，得到调蓄区及闸下的水位过程线。

（3）根据闸下水位过程线，可以拟定各种工况的闸下水位，但应考虑冲刷对闸下水位降低的影响。

3．设计分洪流量及过程线计算

设计分洪流量应根据防洪整体要求，分以下两种情况进行计算。

（1）蓄滞洪区的设计分洪流量计算时，可将防洪控制站(点)设计标准洪水过程演算至分洪口门处，将设计洪水过程的峰值减去允许泄量即为设计分洪流量。

（2）在湖泊、洼地有多个蓄滞洪区、设计洪水过程及允许泄量难以计算的情况下，可按规划分摊的蓄滞洪量除以蓄满历时，近似求得设计分洪流量。

值得注意的是，分洪闸的设计分洪流量还应根据整体防洪要求，按照设计洪水和分洪工程运用方式进行验算确定。由于分洪后将引起水位降落，故验算分洪闸规模不能用上述设计洪水位，而应采用考虑分洪降落影响后的相应水位。流量系数需要根据分洪闸的流态和上下游水位衔接情况慎重选取，并留有一定余地。

4．分洪闸运用规则拟定

分洪闸的运用规则应根据洪水预报条件、闸前或控制断面的水位以及上游洪水等因素，按照防洪保护区防洪安全、适应各种洪水典型的原则拟定。在运用分洪闸时还需注意以下几点。

（1）一般以保护区控制断面或闸前河道的水位（流量）作为分洪闸的启闭条件，因而需拟定闸前河道水位与河道来水、河道泄量的关系。

（2）开闸前主要根据上游水情及防洪控制站（点）的安全泄量，确定需要的分洪设计流量以及相应的闸前水位和开闸高度等，并视具体情况灵活掌握闸门开度。

（3）开闸后仍需根据干流及分洪道的水情变化合理调整闸门，以充分利用河道泄洪。

（4）在遇到特大洪水，来量将超过设计标准时，若分洪闸的分洪能力不足，还应选择适当地点进行临时扒口分洪，以保证防洪安全。

5．临时扒口分洪

当蓄滞洪区分洪运用几率较小时，为节约投资或在洪水期分洪闸受进洪能力的限制不能满足防洪要求时，为了扩大进洪能力，迅速降低外江河道洪水位，可采用临时扒口分洪的方法。临时扒口宽度可根据分泄的最大流量，按宽顶堰流量公式进行近似计算确定。

临时扒口分洪实施方案受许多难以预见因素的影响，且需要在最大洪水到来之前运用，主河道的泄洪能力不能得到充分利用，其分洪的有效作用比分洪闸要小。因此，在考虑临时扒口的分洪能力时，应留有适当余地。

5.2.2.4 分洪道设计水位、设计流量计算

分洪道包括为分泄洪水开挖的新河道和扩大过流能力的分流河道等。一般有直接分泄入湖（海）或分入他河但经过分泄控制后再入原河道两种型式。

1．分洪道设计水位

跨流域或入湖、入海的分洪道，其分洪入口的设计水位，应根据所在河道的设计水面线，并考虑分洪后水位降落的影响拟定。分洪道出口的设计水位，应在分析分洪过程与出口水域洪水遭遇规律的基础上，按偏不利的情况确定；如两者洪水过程相近，出口的设计水位需在分析历年洪水遭遇情况的基础上，按两者洪水同频率遭遇考虑。

2. 分洪道设计流量

用分洪口处河道的设计洪峰流量减去河道的安全泄量，可得到分洪道的设计流量。有时为使河道与分洪道合理配合，可按堤防、分洪道等综合投资最小的原则，选取分洪道的设计流量。

5.2.3 水库

水库防洪方面的水利计算分为未承担和承担下游防洪任务两种情况。

(1) 对于未承担下游防洪任务的水库，水利计算的主要内容包括：配合枢纽布置中泄洪建筑物型式、尺寸的选择及工程安全方面的洪水调节计算，确定防洪特征水位、最大下泄流量及坝下最高水位等。

(2) 对于承担下游防洪任务的水库，除了上述内容以外，还要研究下游防洪保护对象的范围、性质、防洪标准，下游河道的安全泄量，考虑与其他防洪措施配合，确定水库的防洪库容及相应的防洪特征水位等。

5.2.3.1 基本资料

1. 设计洪水资料

水库设计洪水一般分坝址设计洪水和入库设计洪水两类，有大坝、厂房、取水等主要建筑物相应设计和校核标准的洪水、水库淹没相应标准洪水等。洪水成果包括洪峰流量、各种时段最大洪量和洪水过程线。

水库上游有调蓄能力大的工程，或防洪水库坝址与防护对象距离较远、区间流域面积较大，且区间洪水与水库入库洪水遭遇复杂时，需要设计洪水地区组成成果，包括设计洪水地区组成分析和各分区设计洪水过程线。按照典型洪水组成法提出的分区设计洪水成果，也称整体设计洪水。

2. 泄洪能力

(1) 泄洪能力包括各种泄洪建筑物在不同水位时的泄洪能力和按相应规程规范规定的水电站水轮机组的泄水能力。一般不考虑船闸、灌溉渠首等其他建筑物参与泄洪。

(2) 泄洪建筑物的运用条件，包括闸门启闭时间、运用规则等。

3. 库容曲线

库容曲线 $Z=f(V)$ 系坝前水位 Z 与该水位水平线以下水库容积 V 的关系曲线。大中型水库的库容曲线应根据 1∶10000 或更高精度库区地形图量绘，一般按棱台体积公式计算容积。计算时应注意分析库容曲线是否符合库区实际地形情况。

4. 水文预报资料

采用水文预报进行防洪调度的水库，应编制预报方案，包括相应的预见期、精度、合格率等资料，并复核坝址至防护点区间洪水的特性及传播时间等资料。

5.2.3.2 水库调洪计算方法

水库调洪属于入库和出库的水量平衡计算问题，计算原理可用圣维南偏微分方程组表示，详见式 (5.2-2) 和式 (5.2-3)。圣维南方程组应用于水库调洪计算中，常需作一定的简化。对圣维南方程组不同的简化和相应调洪计算方法有以下两类：①用水量平衡方程式 (5.2-4) 替代连续方程、泄流能力曲线替代动力方程的静库容调洪计算方法；②考虑实际水面与水平面之间的库容 (称楔形库容) 也参与调洪的方法，即动库容调洪计算方法。

1. 静库容法

静库容法，就是用试算法求解由水量平衡方程式 (5.2-4) 和泄流能力曲线组成的方程组。

泄流能力曲线为

$$q=f(Z) \tag{5.2-5}$$

式中 q——出库流量，m^3/s；

Z——库水位，m。

计算的假定为在 Δt 时段内入库流量、出库流量及库容成直线变化。计算中，已知时段初、末的入库流量 Q_1 和 Q_2、时段初的出库流量 q_1、时段初的库水位 Z_1，假定 q_2，有如下试算过程。

(1) 由 Z_1 查库容曲线得 V_1。

(2) 由假定的 q_2，按式 (5.2-4) 求得 V_2，由库容曲线得 Z_2。

(3) 根据泄流能力曲线查得 q_2'，要求 $|q_2'-q_2|$ 小于设定的误差值，否则重新迭代计算。

如此连续计算，即可得到整个调洪过程。

2. 动库容法

动库容法是用入库设计洪水进行调洪计算，在过去的动库容调洪计算中，常采用化算流量法、四参数法等简化方法。目前，应用较多的动库容调洪方法可划分为两类：一类是简化圣维南方程组的方法，如瞬时水面线法；另一类是直接求解圣维南方程组的非恒定流法。

(1) 瞬时水面线法。不考虑调洪时段内库区各流段水力要素的平衡，按恒定流推求初、末时刻的库区水面线，即为瞬时水面线，用瞬时水面线以下的库容进行水量平衡计算，直至洪水的全过程，即为瞬时水面线法。

用瞬时水面线法进行动库容调洪时，通过引入谢才公式，将圣维南方程组简化为如下形式。

有限差分形式的连续方程式为

$$\frac{Q_1+Q_2}{2}-\frac{q_1+q_2}{2}-\frac{V_2-V_1}{\Delta t}=0 \tag{5.2-6}$$

简化后的动力平衡方程式：

$$\frac{V^2}{C^2R}-\frac{\Delta Z}{\Delta L}=0$$

或 $$(Qn)^2+A^2R^{4/3}\frac{\Delta Z}{\Delta L}=0 \qquad (5.2-7)$$

式中 Q——调洪时段初或末时刻流量，m^3/s；

n——河段糙率；

ΔZ——相邻两横断面的水位差，m；

ΔL——相邻两横断面间距，m；

其他符号意义同前。

应用式（5.2-7）可推求 Δt 时段初、末时刻的水面线，并计算出时段初、末时刻的水库动库容，配合式（5.2-6）即可进行水库动库容调洪，如图 5.2-2 所示。调洪计算有如下步骤。

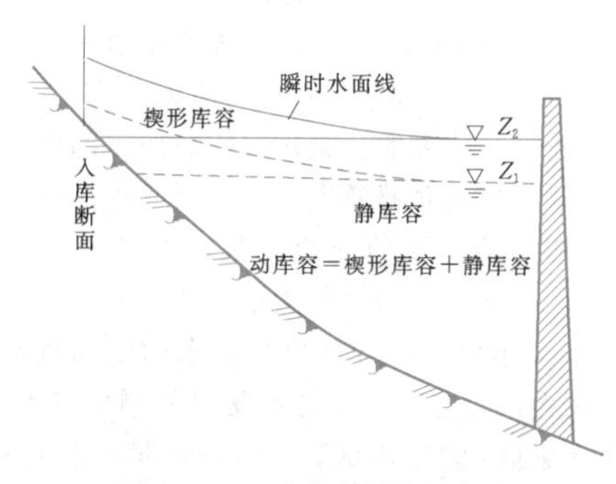

图 5.2-2 动库容划分示意图

1）根据时段初的入库流量、出库流量、坝前水位，推求时段初瞬时水面线，求得时段初水库动库容。

2）再根据水库调洪规则确定出库流量，应用式（5.2-7）求得时段末库容。

3）假设时段末坝前水位，推求时段末的瞬时水面线及相应库容。

4）比较 2）、3）求得的时段末库容值，若两者差值在给定误差范围内，该时段计算结束，进行下一时段计算；否则，转至 3）重新假设坝前水位进行计算。

（2）非恒定流法。非恒定流法为动库容调洪计算的水力学方法，直接求解圣维南偏微分方程组，采用类似河道洪水演进方法进行水库调洪计算。这种方法理论上比较严谨，可以求解出库区不同断面的水位和流量过程。计算时，上边界条件为入库洪水过程线，下边界条件为由水库调洪方式所给定的泄量过程线或水库泄流能力曲线。应根据洪水的特点选择圣维南方程组的简化求解方法，并应用实测水文资料率定有关参数及检验所用求解方法的合理性。

3. 各种方法的适用条件及注意事项

（1）对于一般的水库，特别是湖泊型水库，按静库容进行的洪水调节计算基本反映了实际情况，成果较可靠，可直接采用其成果，但要注意：①计算时段长度按时段内的入库流量与库水位近似呈直线变化的条件选定；②当水库由几个分库连通组成时，应从偏安全角度考虑连通渠的过水能力，分别求出各分库的调洪最高水位，选最高值为防洪特征水位；③估计坝址设计洪水改为入库设计洪水后可能产生的影响，在应用洪水调节计算成果时留有余地。

（2）重要水库，尤其是在库尾比较开阔、楔形库容数值占库容比重较大的情况下，宜进行动库容调洪计算，并注意：①针对水库的具体情况，确定影响动库容的主要因素；②计算成果应与静库容调洪的计算成果对比，并进行合理性分析；③选择合适的入库点和相应的入库设计洪水；④由于洪峰过后楔形库容还继续向坝前运动，为不过多壅高坝前水位，一定时段的下泄流量宜大于入库流量。

（3）重要水库，当具备资料条件且要求了解库区沿程水位、流量变化时，宜采用非恒定流方法计算，并应注意：①根据具体情况选择合适的差分格式，并相应确定计算时段、库区分段长度；②用纵横断面计算的各河段静库容值与利用地形图量算的静库容值相近；③糙率应采用实测或调查洪水资料率定；④应采用几种典型的实测洪水过程资料对计算模型加以验证，达到要求的精度后才能在设计中使用。

5.2.3.3 下游防洪的水库调度方式[6]

当库水位未超过防洪高水位时，水库防洪调度应以满足下游防护对象的防洪安全为前提，其调度方式（即防洪库容的使用方式）一般可分为固定泄量调度方式和补偿调度方式两类。

1. 固定泄量调度方式

（1）适用于水库坝址距下游防洪控制站（点）区间来水较小或变化平稳、防洪对象的洪水威胁基本取决于水库泄量的情况。

（2）根据下游保护对象的重要性和抗洪能力，当下游有不同防洪标准或安全泄量时，固定泄量可分为一级或多级。但分级不宜过多，以免造成调度上的困难。

（3）应由小洪水到大洪水逐级控制水库泄量。当水库水位未超过防洪高水位时，按下游允许泄量或分级允许泄量泄流；当水库水位超过防洪高水位后，不再满足下游防洪要求，按水工建筑物防洪安全要求进行调度。

（4）采用固定泄量调度方式，对改变下泄量的判别条件必须明确具体，判别条件可采用库水位、入库流量单独判别方式，也可采用库水位与入库流量双重判别方式。

2．补偿调度方式

补偿调度方式包括预报调度方式和经验性补偿调度方式两种。

（1）预报调度方式。防洪调度设计中采用预报调度方式时，一般以经实际资料验证的预报方案作为依据。预报内容包括：①反映水库及区间洪水成因的预报方法，可分为降雨径流预报、上下游洪水演进合成预报等；②与预报方法相适应的洪水预见期，并要求预见期大于洪水从坝址至防洪控制站（点）的传播时间；③与预见期相适应的预报精度，并在调度方式中予以偏安全考虑；④与预报精度要求（如甲等、乙等、丙等）对应的预报合格率，拟定调度方式时也要考虑到预报合格率以外的洪水。

（2）经验性补偿调度方式。利用已发生的各种典型洪水，不依据预报的经验性补偿调度方式有：涨率控制法、等蓄量法、区间补偿法、等蓄量和等泄量双重控制法等。

为使经验性补偿调度方式具有可操作性，一般在分析坝址和区间洪水遭遇组合特性的前提下拟定地区组成设计洪水，以防洪控制站（点）已出现的水情决策水库蓄水时机和蓄泄水量。

1）涨率控制法。采用防洪控制站（点）已发生的各种典型洪水过程及其时段洪水涨率，经过试算和综合分析，绘制考虑区间流量、满足防洪控制站（点）要求的当前时段水库蓄泄水量调度图［横坐标为防洪控制站（点）前时段的洪水涨率，纵坐标为防洪控制站（点）前一时段的洪水流量］。该调度方法的思路：当防洪控制站（点）的流量大（洪水等级高，下游防洪达到紧张局面）、涨率大（洪水迅猛，峰型尖瘦，历时短）时，面临时段水库应多蓄水、快蓄水，以使下游被保护区达到防洪要求；反之，当防洪控制站（点）的流量小（洪水等级低，下游防洪未达到紧张局面）、涨率小（洪水来势平缓，峰型肥胖，历时长）时，面临时段水库应少蓄水、慢蓄水，以留出库容满足后期需要。

若下游有两个需要防洪的对象，亦可分别拟定涨率控制调度方式。调度运用中，当两防洪对象同时要求设计水库蓄水时，取蓄水量大的数值作为水库蓄水量；腾空水库防洪库容时，取蓄水量小的数值作为水库泄水量。

2）等蓄量法。等蓄量调度方式是根据防洪控制站（点）已出现的水情拟定水库蓄水时机和等蓄流量。调度过程中，当防洪控制站（点）流量大于起蓄流量 $Q_{始}$（也可同时用 $Q_{始}$ 和 $Q_{始}$ 前一时段的洪水涨率作为判断条件）时，水库开始蓄水，蓄水流量为 $Q_{等}$，直至洪水消落阶段流量不大于 $Q_{始}$ 为止。

a．起蓄流量 $Q_{始}$ 的选择。要求防洪控制站（点）洪水过程线中，$Q_{始}$ 至洪峰流量（各种典型和设计标准）的时间大于洪水从坝址至防洪控制站（点）的传播时间。

b．等蓄流量 $Q_{等}$ 的选择。可用防洪控制站（点）相应防洪标准的洪峰流量与允许流量（安全泄量）$Q_{允}$ 的差值为起始值；将水库下泄洪水过程和区间洪水过程分别演进计算到防洪控制站（点），然后叠加；通过试算，满足防洪要求的 $Q_{等}$ 为选定值。

3）区间补偿法。当有较好的区间洪水资料时，可采用此法。计算思路为：当面临时段初区间洪水流量（等于前一时段末洪水流量）为 $Q_{区}$、前一时段区间洪水流量增加值为 ΔQ 时，水库泄量为

$$Q_{泄} = Q_{允} - (Q_{区} + K\Delta Q) \qquad (5.2-8)$$

式中 K——扩大系数，是用前一时段区间洪水流量增加值推算面临时段区间洪水流量增加值需要的安全系数，需采用试算法确定，该值一般大于1.2。

确定 K 值时，把各种典型洪水的区间洪水和水库泄量过程，通过洪流演进到防洪控制站（点），按满足允许流量 $Q_{允}$ 要求试算不同的 K 值，取大值。

4）等泄量和等蓄量双重控制法。

a．先等泄量、后等蓄量调度方式。当防洪控制站（点）洪水流量较小（相应低防洪标准）时，先控制水库按等泄量（固定泄量法）进行调度，满足水库下游地区低防洪标准相应防护对象（如农田）的要求；当防洪控制站（点）洪水流量较大（相应高防洪标准）时，再按其水情采用等蓄量法（已确定的蓄水时机和等蓄流量）进行调度。这种调度方式适用于水库下游有两个高低防洪标准的防洪对象的情况。

b．先等蓄量、后等泄量调度方式。当防洪控制站（点）流量达到起蓄流量 $Q_{始}$ 时，水库开始蓄水，蓄水流量为 $Q_{等}$；当水库入库流量超过防洪控制站（点）允许流量与区间流量之和后，水库改按允许流量与区间流量之差（固定泄量）泄水。按这种调度方法进行防洪调度，往往需要的防洪库容较大。

5.2.3.4 防洪库容及防洪限制水位

1．防洪库容

水库防洪库容，应按照流域防洪规划、防护对象的要求和应达到的防洪标准进行拟定，具体步骤如下。

（1）根据相应防洪标准（某一频率）的分区设计洪水（多采用地区组成设计洪水）、下游河道的安全泄量

及下游防洪的水库调度方式，进行洪水调节计算。

(2) 根据水库调洪后的下泄流量过程，采用洪水资料确定的洪流演进参数分段进行洪流演进，即将水库蓄洪削峰后的下泄流量过程演进至防洪控制站（点），加上区间洪水过程，作为防洪控制站（点）的洪水过程。

(3) 当防洪控制站（点）洪水过程满足防护对象的防洪要求时，再考虑洪水遭遇组合以及峰型的多样性，从安全角度出发，宜把水库的蓄洪量适当加大，以此蓄洪量作为防洪库容。

防洪库容与下游防洪的调度方式有关，而下游防洪调度方式中的参数，需要根据防护对象的要求及应达到的防洪标准（典型洪水一般不少于三种）进行试算确定。

2. 防洪限制水位[4]

防洪限制水位是汛期允许兴利蓄水的上限水位，只有当水库遭遇较大洪水、按防洪调度规则运用必须蓄水时，水库水位才能超过防洪限制水位。防洪限制水位可根据水文特性、工程情况、防洪和兴利库容的结合形式等进行拟定，参见本章5.8节。

3. 防洪限制水位的限制时段

按设计依据水文站的长系列实测洪水资料，统计防洪控制站（点）的洪水超过其安全泄量的发生时间，一般以主汛期最早发生这种洪水的时间为防洪限制水位限制的起始时间，以主汛期最迟发生这种洪水的时间为防洪限制水位限制的终止时间。

5.2.3.5 分期洪水防洪调度

当汛期洪水的洪峰、洪量具有分期变化规律时，可根据汛期各时期设计洪水的大小及防洪要求，在保证大坝防洪安全和满足下游防洪需求前提下，分期进行洪水调度设计。

1. 分期的原则

在整个汛期内分为几个时期，应当基于对气象成因及洪水特性的分析，并统计洪水出现规律，不能硬性划分。因此，应研究本流域洪水成因，找出在气象上有明显不同的时间界限；统计各时段内洪峰出现次数、平均洪峰流量等，使分期起止日期符合洪水的季节性变化规律及成因特点。分期不宜太多，每期不宜太短，一般来说，以分两期、最多三期为宜。

2. 分期设计洪水选取

分期设计洪水计算后，主汛期应采用全年最大洪水选样分析的设计洪水成果，其余各期洪水则可以采用分期计算成果。

3. 分期防洪库容计算

分期设计洪水确定后，可按照前述的防洪库容拟定方法求得各时期所需防洪库容。在分期防洪库容计算中，各期的调度计算参数，可根据洪水特性、河道情况等采用适应该时期的数值。

5.2.4 防洪工程组合

由堤防、分洪工程、水库等组成的防洪工程组合，应统筹考虑各工程的特点，分次序运用。

5.2.4.1 分洪工程联合运用

部分河段由于分洪量较大、分洪持续时间较长，可由多个分洪工程共同承担防洪任务。投入运用的先后次序，需根据防洪控制站（点）水位（或流量）以及各分洪工程的地理位置、规模、分洪损失等，经方案综合比较后确定。

(1) 分洪阶段。位于防洪控制站（点）上游、有闸控制的分洪工程，其分洪效果好、分洪过程可以控制，一般先运用；对于有重要基础设施、人口稠密、淹没损失较大、泄洪条件较差、离防护区较远、采取扒口进洪的蓄滞洪区，一般后运用。

(2) 泄洪阶段。洪峰过后，各蓄滞洪区要尽快开闸（或扒口）泄洪，尽快腾空蓄洪容积，以便重复利用。若同时泄洪的总流量超过下游河道安全泄量，一般以有控制设施的蓄滞洪区最先泄洪，并以下游安全泄量为控制。

(3) 蓄滞洪与泄洪并用。蓄滞洪区全部蓄满后，如需继续分洪时，蓄滞洪区将起滞洪或分洪道作用，可同时打开下游泄洪闸（或扒口），采取“上吞下吐”的运用方式。

5.2.4.2 堤防、水库及蓄滞洪区配合运用

一般先以防洪控制站（点）的水位或者流量作为运用水库的判别指标，其次以水库防洪高水位作为运用蓄滞洪区的判别指标。发生洪水时，先尽量发挥堤防的防洪作用与河道的泄洪能力，当防洪控制站（点）的实际水位或流量即将达到运用水库的判别指标，且根据水情预报或趋势分析，洪水仍将继续增大时，即启用水库蓄洪；若洪水继续增大，当水库水位即将达到防洪高水位，且根据水情预报或趋势分析，洪水仍将继续增大时，即应准备启用蓄滞洪区分蓄洪水。

5.3 治 涝 工 程

治涝工程的任务是排除地表积水和地下渍水，解除农田涝、渍、盐碱灾害，避免涝渍造成农作物减产、居民生产生活不便或生态环境破坏。治涝工程水利计算的任务是，根据治涝规划确定的治涝分区、排涝方式及相应的治涝标准，计算排水流量、排涝（渍）水

位等特征值，为工程布置及建筑物设计提供依据。

5.3.1 治理标准

农田排水标准可分为排涝、治渍和防治盐碱化三类，均应根据当地或临近类似地区的排水试验资料或实践经验，分析治理区的作物种类、土壤特性、水文地质和气象条件等因素，并结合社会经济条件和农业发展水平，通过技术经济论证确定。

5.3.1.1 排涝标准

设计排涝标准一般有三种表示方法：①以排涝区发生一定重现期的暴雨时农作物不受涝为设计排涝标准；②以排水区农作物不受涝的保证率为设计排涝标准；③以某一定量暴雨或涝灾严重的典型年作为设计排涝标准。我国目前使用较普遍的是第一种表示方法。

根据《灌溉与排水工程设计规范》（GB 50288—99）的规定，一般旱作区的排涝标准可采用5～10年一遇1～3d暴雨1～3d排除，稻作区的排涝标准可采用1～3d暴雨3～5d排至耐淹水深。条件较好的地区或有特殊要求的粮棉基地和大城市郊区可适当提高，条件较差的地区可适当降低。《农田排水工程技术规范》（SL 4）列出了部分地区除涝设计标准调查统计值，可供参考。

设计暴雨的历时和排出时间，应根据治理区的暴雨特性、汇流条件、河网湖泊调蓄能力、农作物的耐淹水深和耐淹历时及对农作物减产率的相关分析等条件予以确定。农作物的耐淹水深和耐淹历时，应根据当地或邻近类似地区的农作物耐淹试验资料分析确定；无试验资料时，可按《农田排水工程技术规范》（SL 4）选取。

5.3.1.2 治渍排水标准

治渍排水标准是指在一定时间内将地下水位降到作物耐渍深度以下。作物防渍指标包括作物耐渍深度及耐渍时间两个因素，通常以主要作物生长期内的最大耐渍深度为设计排渍深度指标，并应满足渍害敏感期或作物生长关键期的最小耐渍深度的控制要求。

由于各地区自然条件差异较大，而影响因素又很多，如气候、土壤、生育阶段、农业技术措施等，难以定出统一的标准，一般可根据本地区作物丰产经验与试验资料确定。《农田排水工程技术规范》（SL 4—2013）列出一些地区作物耐渍深度及耐渍时间的调查和试验资料，可供参考。一般旱作区在渍害敏感期间可采用3～4d内将地下水埋深降至0.4～0.6m；稻作区地下水埋深在晒田期3～5d内降至0.4～0.6m，淹灌期的适宜渗漏率可选用2～8mm/d，黏性土取较小值，砂性土取较大值。此外，排渍深度还应考虑农业机械作业的要求，一般应控制在0.6～0.8m。

5.3.1.3 防治盐碱化排水标准

防治盐碱化排水标准是在一定的时间内，将灌溉或降雨引起升高的地下水位降至临界深度（防止土壤发生盐碱化的最小地下水埋深）以下的排水标准。当采用小于临界深度作为设计标准时，应通过水盐平衡论证确定。

防治盐碱化的排水时间一般可采用8～15d内将地下水位降到临界深度，在预防盐碱化地区，应保证农作物各生育期的根层土壤含盐量不超过其耐盐能力；冲洗改良盐碱土地区，应满足设计土层深度内达到脱盐要求。

地下水临界深度应根据土壤类型、地下水矿化度、降雨、灌溉、蒸发和农业措施等因素，通过综合试验确定；也可根据不同自然条件和农业生产条件，通过实地调查确定。当缺少上述资料时，可按《农田排水工程技术规范》（SL 4）选用，或按式（5.3-1）近似估算：

$$h_k = h_p + \Delta z \tag{5.3-1}$$

式中 h_k——地下水临界深度，m；

h_p——土壤毛管水强烈上升高度，m；

Δz——安全超高（在地下水矿化度低的地区，可采用耕作层厚度，在地下水矿化度高的地区，宜采用作物根系主要活动层厚度），m。

5.3.2 蓄涝区和承泄区

5.3.2.1 蓄涝面积的确定

蓄涝区是指排涝区内的湖泊、洼地、河流、沟渠、坑塘等可以滞蓄涝水的场所。日常生产中应合理安排蓄涝区，保持一定的蓄涝容积。当承泄区的水位较高，排涝区不能依靠排水闸等排水系统自流外排入承泄区时，应充分利用蓄涝区滞蓄部分涝水，以削减抽排流量，这是排涝区行之有效的除涝措施。

根据我国江苏、湖南、湖北、江西等省的成功经验，蓄涝区面积以占排涝区总面积的8%～12%为宜；当排涝区没有湖泊、洼地、坑塘等天然蓄涝场所，必须新开挖蓄涝区进行滞蓄时，蓄涝区面积以占排涝区总面积的5%～8%为宜。

5.3.2.2 蓄涝区水位的确定

（1）蓄涝区的设计蓄涝水位，一般按涝区内大部分农田能自流排水的原则来确定。对蓄涝面积较大的蓄涝区，其设计蓄涝水位一般应根据蓄涝要求并结合灌溉、供水、航运、水产、水环境以及降低地下水位等综合利用要求确定；对水面开阔、风浪较大的蓄涝区，堤坝高度应考虑风浪的影响；处于涝区低洼处、比较分散又无闸门控制的蓄涝区，其设计蓄涝水位一般低于附近地面高程0.2～0.3m。

（2）蓄涝区的死水位，一般应保证水位以下有0.8～1.0m的水深，以满足航运、水产、水环境等综合利用的要求。在可能产生次生盐碱化的地区，采用蓄涝措施应十分慎重，死水位应控制在地下水临界深度以下0.2～0.3m。

5.3.2.3 承泄区水位的确定

承泄区是容纳排涝区所排除涝水的区域，通常为海洋、江河、湖泊等。由于承泄区的位置各不相同，其水位要根据具体情况，通过水文水利计算和技术经济分析加以确定。我国部分地区承泄区水位可参照表5.3-1选用。

表5.3-1 我国部分地区承泄区水位

省（直辖市）	地区	承泄区水位	备注
广东	珠江、感潮三角洲地区	采用多年平均最高洪水位	洪水区
		采用5年一遇年最高水位	潮区
湖南	洞庭湖区	采用外江6月多年平均最高水位，并以5月、6月、7月、8月年最高水位多年平均值中的最高值进行校核	大型排水站
湖北		采用与排水设计标准同频率、与设计暴雨同期出现的旬平均水位或暴雨设计典型年排涝期间相应的日平均水位，或采用江河警戒水位	
江西	鄱阳湖地区	采用10年一遇5d最高平均水位或多年平均最高水位	大型电排站
安徽		采用5～10年一遇汛期日平均水位	
江苏		采用历年汛期平均最高水位设计、历年汛期最高水位校核	中小型排水站
		采用20年一遇最高水位	大型电排站
福建		采用5年一遇洪水位	闽江下游
		采用10年一遇洪水位	九龙江下游
河南	安阳地区	采用黄河3年一遇水位	黄河
	信阳地区	采用河道堤防保证水位（5～20年一遇）	淮河
黑龙江		采用20年一遇汛期最高日平均水位	
天津		采用汛期最高洪水位	

尽管我国各地区采用的确定承泄区水位的方法不尽相同，但基本上可归纳为以下两种情况。

（1）当涝区设计暴雨与承泄区水位同频率遭遇的可能性较大时，一般采用与涝区设计暴雨相应的承泄区水位。

（2）当涝区设计暴雨与承泄区水位同频率遭遇的可能性较小时，采用多年平均最高水位。

承泄区水位有多种选择，如多年平均最高水位或多年平均最高日平均水位、汛期最高水位或最高日平均水位、汛期最高5d或旬平均水位、最高汛期平均水位等。具体操作时，可根据涝区设计暴雨与承泄区水位遭遇情况和拟定的排涝天数综合分析确定。

感潮河段作为承泄区时，其水位也可以采用上述方法确定，取每年排涝期内排涝天数内的高潮位与低潮位的平均值进行频率计算，取相应于涝区设计暴雨频率的潮位作为承泄区水位。

近年来，由于河流、湖泊、海洋泥沙淤积逐年加剧以及其他原因的影响，在流量相同的情况下，其水位逐年增高。在确定承泄区水位时，要考虑这种因素，以便留有余地。

5.3.3 排水沟道

5.3.3.1 设计排涝流量计算

排水沟道的设计排涝流量与涝区暴雨、涝区面积、河网密度、排水河（沟）道坡降、植被情况、土壤类型等多种因素有关，可根据涝区特点、资料条件和设计要求，采用产、汇流方法推算，或按排涝模数公式法计算。采用各种方法计算的设计排涝流量，都应与本流域实测调查资料以及相似地区已有成果进行比较，以便检查其合理性。

1. 产、汇流方法

产、汇流方法适用于降雨、流量资料比较全、计算精度要求较高的涝区。根据设计暴雨间接推算设计排涝流量，设计暴雨历时应根据涝区特点、暴雨特性和设计要求确定，设计暴雨量、设计雨型、设计净雨深、最大涝水流量和涝水过程线应按有关规范规定慎重分析计算。当由于人类活动使流域产、汇流条件有明显变化时，应考虑其影响。

这种方法一般是根据涝区所在地区的暴雨径流查算图表，采用综合单位线法和推理公式法进行计算，也可按《水利水电工程设计洪水计算规范》(SL 44) 规定的方法推算设计排涝流量。

2. 排涝模数公式法

排涝模数是指每平方千米排水面积的最大排水流量。排涝模数主要与设计暴雨历时、暴雨强度和频率、排涝面积、排水区形状、地面坡度、植被条件和农作物组成、土壤类型、河网和湖泊的调蓄能力等因素有关，《农田排水工程技术规范》(SL 4) 提出了不同排水区的排涝模数计算公式，可根据平原区、山丘区的不同地形条件，选用相应公式进行计算。

(1) 平原区排涝模数计算公式。

1) 经验公式法。平原区的设计排涝模数一般采用经验公式计算：

$$q = KR^m A^n \tag{5.3-2}$$

式中 q——设计排涝模数，$m^3/(s \cdot km^2)$；
K——综合系数（反映降雨历时、流域形状、排水沟网密度、沟底比降等因素）；
R——设计暴雨产生的径流深，mm；
m——峰量指数（反映洪峰与洪量关系）；
A——设计控制的排水面积，km^2；
n——递减指数（反映排涝模数与面积关系）。

K、m、n 应根据具体情况，经实地测验确定。

2) 平均排除法。

a. 平原区旱地设计排涝模数计算公式：

$$q_d = \frac{R}{86.4T} \tag{5.3-3}$$

式中 q_d——旱地设计排涝模数，$m^3/(s \cdot km^2)$；
T——排涝历时，d；
其他符号意义同前。

b. 平原区水田设计排涝模数计算公式：

$$q_w = \frac{P - h_1 - ET' - F}{86.4T} \tag{5.3-4}$$

式中 q_w——水田设计排涝模数，$m^3/(s \cdot km^2)$；
P——历时为 T 的设计暴雨量，mm；
h_1——水田滞蓄水深，mm；
ET'——历时为 T 的水田蒸发量，mm；
F——历时为 T 的水田渗漏量，mm；
其他符号意义同前。

c. 平原区旱地和水田综合设计排涝模数计算公式：

$$q_p = \frac{q_d A_d + q_w A_w}{A_d + A_w} \tag{5.3-5}$$

式中 q_p——综合设计排涝模数，$m^3/(s \cdot km^2)$；
A_d——旱地面积，km^2；
A_w——水田面积，km^2；
其他符号意义同前。

d. 圩区内无较大湖泊、洼地作承泄区时的设计排涝模数计算公式：

$$q_j = \frac{PA - h_1 A_w - h_2 A_2 - h_3 A_3 - E_w A_1 - FA_w}{3.6TtA} \tag{5.3-6}$$

式中 q_j——泵站向外河机排的设计排涝模数，$m^3/(s \cdot km^2)$；
P——历时为 T 的设计暴雨量，mm；
A——排水区总面积，km^2；
h_1——水田滞蓄水深，mm；
A_w——水田面积，km^2；
h_2——河网、沟塘滞蓄水深，mm；
A_2——河网、沟塘水面面积，km^2；
h_3——旱地及非耕地的初损与稳渗量，mm；
A_3——旱地及非耕地面积，km^2；
E_w——历时为 T 的水面蒸发量，mm；
A_1——河网、沟塘及水田面积，km^2；
T——排涝历时，d；
t——水泵在1d内的运转时间，h；
其他符号意义同前。

e. 圩区内有较大湖泊、洼地作承泄区时，自排区的设计排涝模数计算公式：

$$q_z = \frac{PA_z - h_1 A_w - h_2 A_2 - h_3 A_3 - E_w A_1 - FA_w}{86.4TA_z} \tag{5.3-7}$$

式中 q_z——圩区内自排区的设计排涝模数，$m^3/(s \cdot km^2)$；
A_z——圩区内自排区面积，km^2；
其他符号意义同前。

f. 圩区内有较大湖泊、洼地作承泄区时，抢排与排湖的机排设计排涝模数计算公式：

$$q_y = \frac{3.6Ttq_q A_q + 86.4Tq_z A_z - h_q A_h}{3.6TtA} \tag{5.3-8}$$

式中 q_y——泵站向外河抢排与排湖的机排设计排涝模数，$m^3/(s \cdot km^2)$；
q_q——圩区内抢排区的设计排涝模数，$m^3/(s \cdot km^2)$，可按式 (5.3-6) 计算，

但式中 A 应该为 A_q；

A_q ——圩区内抢排区面积，km^2；

h_q ——圩区内湖泊死水位至正常蓄水位之间的水深，mm；

A_h ——圩区内湖泊死水位至正常蓄水位之间的平均水面面积，km^2。

（2）山丘区排涝模数计算公式[10]。

1）$10km^2<F<100km^2$ 时的经验公式：

$$q_m = K_a P_s F^{1/3} \quad (5.3-9)$$

式中 q_m ——排涝模数，$m^3/(s\cdot km^2)$；

K_a ——流量参数，可按表 5.3-2 选取；

P_s ——设计暴雨强度，mm/h；

F ——汇水面积，km^2。

表 5.3-2　流量参数 K_a 值

汇水区类别	地面坡度（‰）	K_a
石山区	>15	0.60～0.55
丘陵区	>5	0.50～0.40
黄土丘陵区	>5	0.47～0.37
平原坡水区	>1	0.40～0.30

2）$F\leqslant 10km^2$ 时的经验公式：

$$q_m = K_b F^{n-1} \quad (5.3-10)$$

式中 K_b ——径流模数，各地不同设计暴雨频率的径流模数可按表 5.3-3 选用；

n ——汇水面积指数，各地 n 值可按表 5.3-3 选用，当 $F\leqslant 1km^2$ 时，取 $n=1$。

表 5.3-3　山丘区的 K_b 和 n 值

地区	不同设计暴雨频率的 K_b			n
	20%	10%	4%	
华北	13.0	16.5	19.0	0.75
东北	11.5	13.5	15.8	0.85
东南沿海	15.0	18.0	22.0	0.75
西南	12.0	14.0	16.0	0.75
华中	14.0	17.0	19.5	0.75
黄土高原	6.0	7.5	8.5	0.80

5.3.3.2 设计水位的确定

设计水位，又称排涝水位，是排水沟宣泄排涝设计流量（或满足滞涝要求）时的水位。由于各地区外河（即承泄区）水位条件不同，确定排涝水位的方法也不同，但基本上分为下述两种情况。

（1）当外河（承泄区）水位较低，汛期干沟出口处排涝设计水位始终高于外河水位时，此时干沟排涝水位可按排涝设计流量确定，其余支沟、斗沟的排涝水位亦可由干沟排涝水位按比降逐级推得；但有时干沟出口处排涝水位比外河水位稍低，此时如果仍争取自排，势必产生壅水现象，此时干沟（甚至包括支沟）的最高水位就应按壅水水位线设计，其两岸常需筑堤束水形成半填半挖断面，如图 5.3-1 所示。

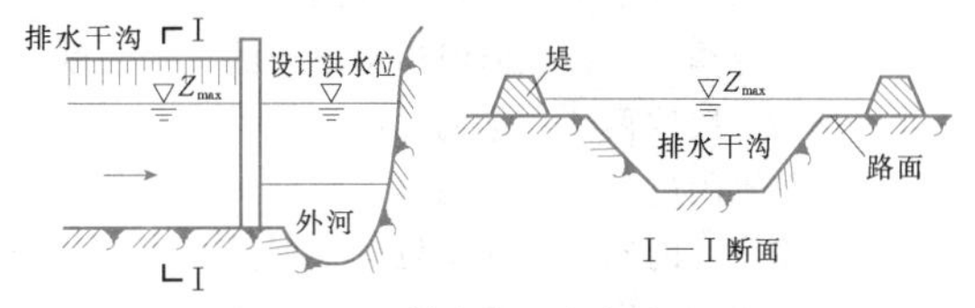

图 5.3-1　排水出口壅水时干沟的半填半挖断面示意图

（2）当外河水位很高、长期顶托无法自流外排时，此时沟道最高水位要分两种情况考虑：①无内排站：这时最高水位一般不超出地面，以离地面 0.2～0.3m 为宜，最高可与地面齐平，以利排涝和防止漫溢，最高水位以下的沟道断面应能容泄排涝设计流量和满足蓄涝要求；②有内排站：沟道最高水位可以超出地面一定高度，相应沟道两岸，亦需筑堤。

5.3.4 排水闸

5.3.4.1 设计水位的确定

排水闸的设计水位包括闸上（内）及闸下（外）水位。

1. 闸上设计水位

闸上设计水位应分别按无蓄涝容积与有蓄涝容积两种情况确定。

（1）无蓄涝容积时的闸上设计水位是过闸流量为设计排水流量时排水干沟末端的相应水位，如图 5.3-2 所示。

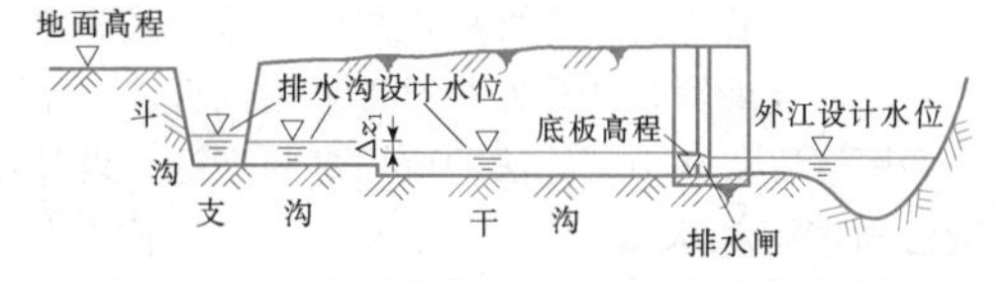

图 5.3-2　无蓄涝容积时闸上设计水位示意图

（2）有蓄涝容积时的闸上设计水位，应分别根据蓄排涝要求和水资源综合利用要求确定设计蓄涝水位、死水位以及其他控制水位。汛期关闸期设计蓄涝水位根据湖区耕作要求的高程确定，排水闸应保证在遭遇设计标准以内的年份不超过设计蓄涝水位。

2. 闸下设计水位

（1）汛期抢排时的闸下水位系汛期抢排时刻相应的外水位。一般为了最大强度地抢排涝水，总是在外水位退落到接近闸上水位时尽早开闸，以抓住外水位短暂回落的有利时机排水。通常选择低于闸上水位

0.1～0.2m的外水位，作为排水闸的闸下设计水位。

(2) 当内河与外江汛期错开（如内河汛期为4～6月、外江汛期为7～9月）时，有利于内河汛期排泄涝水。这种情况可以取相应于排水闸计算排水流量所采用的同一典型年的外江水位，或取4～6月相应于排水闸排水标准的外江水位作为闸下设计水位。

(3) 冬春季节有排除内河涝水要求的排水闸闸下设计水位，一般取两年一遇的外江水位。

由于排水闸的任务以及闸内、闸外的水文条件较为复杂，排水闸的闸下设计水位应根据具体情况经分析后合理确定。当闸上、闸下有引水渠时，要考虑内河与外江到闸前引水渠的水头损失。

5.3.4.2 设计流量的确定

排水闸的设计流量应分别按无蓄涝容积和有蓄涝容积两种情况计算确定。

1. 无蓄涝容积

当排水闸内无蓄涝容积时，其设计排水流量可按排涝设计标准，采用地区排涝模数经验公式法或平均排除法推算。对于蓄涝容积较小的情况，可以不考虑蓄涝容积的影响，按无蓄涝容积的方法计算设计排水流量。

2. 有蓄涝容积

当排水闸内具有较大的蓄涝容积时，需根据设计蓄涝水位、死水位及水资源综合利用对水位控制的要求，进行蓄排涝计算求出设计排水流量。通常计算方法是先假定不同闸孔宽度及闸底高程，按照闸上、闸下不同的设计水位组合进行蓄排涝计算，按照最大限度满足设计蓄涝水位、死水位及综合利用要求的控制水位等特征水位，合理确定排水闸的设计流量（闸上设计水位为设计蓄涝水位）。

排水闸的蓄排涝计算可用水闸的出流公式和水量平衡方程联合求解，计算方法通常采用试算法、半图解法和图解法，其中试算法的应用最为广泛。设计中一般已知内湖蓄水量 V_0，上游水位 $Z_{上0}$，下游水位 $Z_{下0}$，$Z_{下1}$，…，$Z_{下j}$，时段入流量 q_0，q_1，…，q_j（$j=0,1,2,\cdots,n$）。采用试算法时，具体步骤如下。

(1) 根据排水闸的出流计算公式 $Q=\varepsilon\psi Bh\sqrt{2gz_0}$ 或如图5.3-3所示的排水闸出流曲线，求出 Q_0。

(2) 根据经验，假定时段末 $t_1=t_0+\Delta t$ 时刻的闸上水位为 $Z'_{上1}$，利用出流公式或排水闸出流曲线，由 $Z_{下1}$、$Z'_{上1}$，求出时段末 t_1 的排水流量 Q_1。

(3) 计算时段平均排出流量 $Q^{出}_{0,1}=\dfrac{1}{2}(Q_0+Q_1)$ 和排出水量 $W^{出}_{0,1}=\dfrac{1}{2}(Q_0+Q_1)\Delta t$。

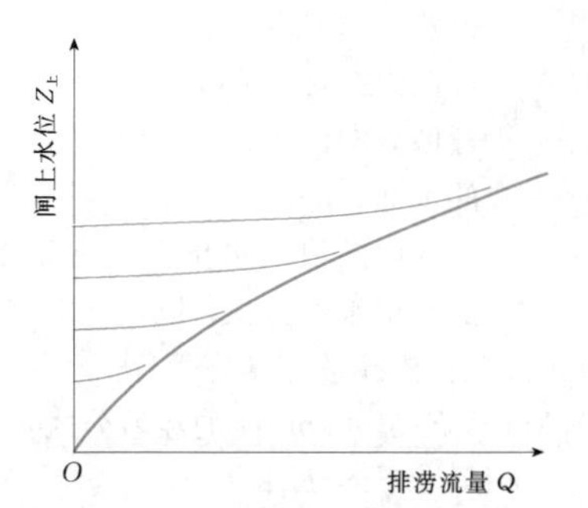

图5.3-3 受闸下水位顶托的排水闸出流曲线

(4) 计算时段平均入流量 $Q^{入}_{0,1}=\dfrac{1}{2}(q_0+q_1)$ 和平均来水量 $W^{入}_{0,1}=\dfrac{1}{2}(q_0+q_1)\Delta t$。

(5) 由水量平衡方程 $\Delta V=V_j-V_{j+1}=W^{出}_{j,j+1}-W^{入}_{j,j+1}(j=0,1,2,\cdots,n)$ 求出时段末的蓄水量 V'_1。

(6) 由如图5.3-4所示的 Z—V 关系曲线，确定相应于 V'_1 的 $Z''_{上1}$，要求 $|Z''_{上1}-Z'_{上1}|$ 小于设定的误差值；否则，重新设定 $Z'_{上1}$ 进行迭代计算。

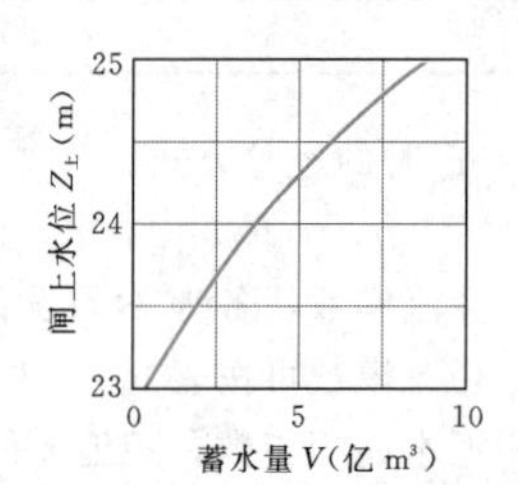

图5.3-4 Z—V 关系曲线

(7) 确定 $Z_{上1}$ 后，重复上述步骤，即可逐时段求出排水闸的排水流量 $Q^{出}_{j,j+1}$ 和闸上水位 $Z_{上j}$（$j=0,1,2,\cdots,n$）。

根据经验，当排水闸闸下为大江大湖时，排水闸闸下水位一般不受排水闸出流的影响或影响不大；当排水闸闸下水位与其出流有关时，需考虑出流对闸下水位的影响。

在方案比选时，一般可选相应于排水标准的典型年进行蓄排涝计算。但由于闸内涝水与闸外水位遭遇组合的复杂性，一般需要有长期的涝区雨量与外水位资料，通过逐年蓄排涝计算，校核初选的闸孔宽度和各种控制水位可能满足的程度。

5.3.5 挡潮闸

挡潮闸通常为具有防潮、除涝、御咸、蓄淡等作用的综合利用工程。我国沿海地区潮汐通常一个太阳日有两涨两落，挡潮闸上游感潮河道一般都具有一定调节能力，相当于半日型调节水库。挡潮闸的净宽、底板高程、闸顶高程等工程规模应通过水利计算予以确定。

挡潮闸的水利计算与排水闸相似，只是上下游计算边界条件有差别，即首先要确定设计来水过程线、闸下设计潮位过程线，再按排水闸设计流量计算方法进行水利计算。典型挡潮闸的位置和闸上、下游水位过程分别如图 5.3－5 和图 5.3－6 所示。

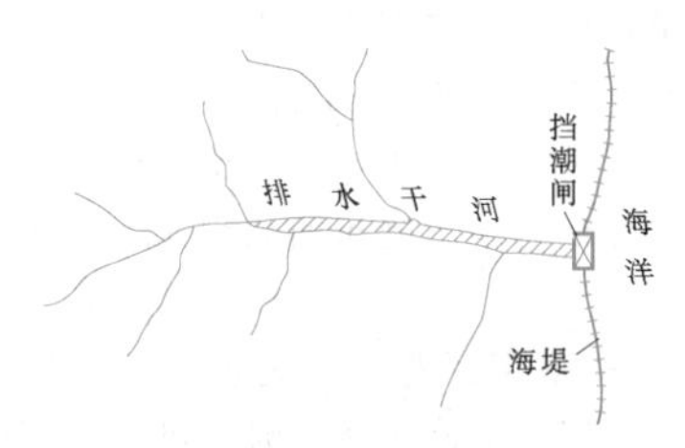

图 5.3－5 挡潮闸位置示意图

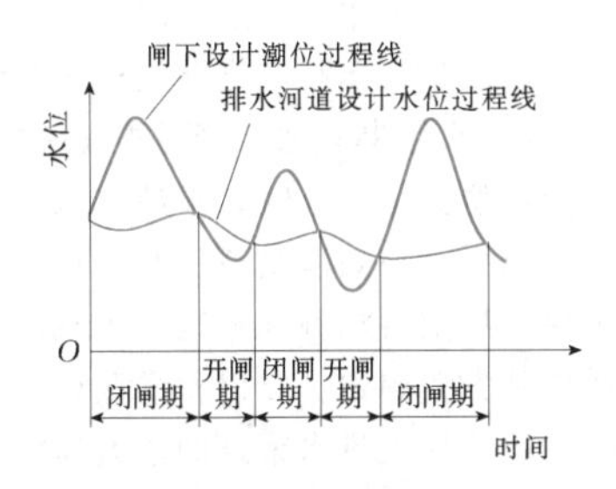

图 5.3－6 挡潮闸上、下游水位过程示意图

5.3.5.1 设计来水过程线

在有实测流量资料的情况下，挡潮闸上游设计来水过程线可以直接采用相应于一定排涝设计标准的实测来水过程。

我国沿海地区感潮河道往往缺乏实测流量资料，加上建闸前后水文情势变化较大，如建闸前受潮水倒灌和顶托，建闸后这些影响较小，因此，挡潮闸上游设计来水过程线通常由涝区相应设计暴雨进行推算。

5.3.5.2 闸下设计潮型

挡潮闸闸下潮位通常受天文潮的周期性、台风、洪水、河道冲淤变化等因素的影响，闸下设计潮型的选择应考虑以上因素的影响，通常采用潮位分离法和典型潮位过程线法。

1. 潮位分离法

由于天文潮具有明显的周期性规律，一般可选择排涝季节天文潮的潮型曲线为基本潮型，再考虑洪水、台风、河道冲淤变化等因素的影响，对闸下潮型进行修正。

（1）基本天文潮型的选择。我国南方沿海地区，7～9 月间的台风雨量和强度均大，潮位也高，对确定挡潮闸规模起控制作用。一般台风雨的排涝时间约 3～5d，暴雨与天文潮并无相关关系，暴雨发生时可能与以下三种潮型中任何一种相遭遇：小潮到大潮、中潮到大潮再到中潮、中潮到小潮再到中潮。实际计算中，可分析实测潮位过程线与平均潮位特征值的差别，选择与平均高潮位、低潮位接近且有逐时水位记录的（不一定全部连续）实测潮位过程线作为基本天文潮型。一般从偏于安全考虑，可采用第二种潮型（即中潮到大潮再到中潮）作为基本天文潮型。

（2）基本天文潮型的修正。如果实测资料已在一定程度上包括了台风、洪水等影响在内，或者台风、洪水等影响较小，可以将基本天文潮型直接作为闸下设计潮型；否则，必须考虑洪水、河道冲淤、台风等影响。

1）洪水影响的修正。①统计法：当实测洪水期潮位资料较多时，可用洪水期实测潮位减去不受洪水影响时的潮位，直接将实测水位中的洪水抬升值分离出来；②解析法：当实测洪水期潮位资料不足时，可通过闸下河道的洪水演算，计算河道沿程水位及相应抬升值。

2）河道冲淤影响的修正。①统计法：分析实测地形图的历年变化，根据与设计条件相当的河道断面冲淤状态来修正基本天文潮型；②解析法：直接用与设计条件相当的河道断面，通过水利计算演算得到修整后的潮型。

3）台风影响的修正。台风通常对其影响海域潮水位有增（减）水的作用，其变化值可与低气压值和风速值建立相关关系，对设计潮型，考虑一定标准的台风风速及低气压，用该相关关系即可得到高潮位、低潮位的增（减）水值。

将基本天文潮型逐日高潮位、低潮位特征值与洪水、冲淤、台风等影响的修整值叠加，即可得到修整后的基本天文潮型。

选择与其逐日高潮位、低潮位特征值接近且有逐时水位记录的（不一定全部连续）实测潮位过程线作为闸下设计潮型。

2. 典型潮位过程线法

采用潮位分离法时，所要求的资料较多、较全，计算工作量较大。因此，也可以选择实测的典型潮位过程线作为设计潮型，具体有以下几种选择方法。

（1）代表年法。根据涝区的设计排涝标准，选择某年实际发生的一场暴雨（或洪水）作为设计暴雨（或设计洪水），用这次暴雨（或洪水）发生日期的同期闸下潮位过程为设计潮型。或者综合考虑设计暴雨（或设计洪水）、潮位两方面因素，选择一个闸上水位比较接近于排涝设计标准，而闸下潮位较高、对排水不利的潮型作为设计潮型。

（2）最不利潮型法。由于最高高潮位和最低低潮位不一定同时出现，实际工作中可以根据挡潮闸位置的不同分别确定设计潮型，可以分别取多年平均最高高潮位与相应的低潮位；或者多年平均最高低潮位与相应的高潮位；或者高潮位、低潮位都取多年平均值。当挡潮闸建于入海口处时，可选择与排涝时段内闸下多年平均最高高潮位、多年平均最低低潮位相接近的实测潮型作为设计潮型；当挡潮闸建于支流河口处时，可选择与闸下多年平均最高高潮位与干流洪峰流量遭遇时的实测潮型作为设计潮型；当挡潮闸闸下河道水位主要受闸上洪峰流量影响时，可选择与闸下多年平均最高高潮位相接近的实测潮型作为设计潮型。

5.3.6 排水泵站

5.3.6.1 设计水位和设计扬程计算

1. 外水位（出水池水位）

（1）设计外水位。设计外水位是确定泵站设计扬程的依据。根据《泵站设计规范》（GB 50265—2010）的规定，设计外水位可取承泄区5～10年一遇洪水的3～5d平均水位，当承泄区为感潮河段时，取5～10年一遇的3～5d平均潮水位。具体计算时，可根据历年外水位资料，选排水设计时期按排涝天数（排田一般3～5d，排蓄涝容积一般7～15d）平均的高水位进行频率计算，然后选取相应于5～10年一遇的外水位作为设计外水位。对于某些经济发展水平较高的地区或有特殊要求的粮棉基地和大城市郊区，如条件允许，特别重要的泵站可适当提高设计外水位。

（2）最高外水位。最高外水位是确定泵站最高扬程的依据。对于采用虹吸式出水流道的块基型泵房，该水位也是确定驼峰底部高程的依据。当承泄区水位变化幅度较小，水泵在设计洪水位能正常运行时，最高外水位取设计洪水位；当承泄区水位变化幅度较大时，取10～20年一遇洪水的3～5d平均水位；当承泄区为感潮河段时，取10～20年一遇的3～5d平均潮水位。

（3）最低外水位。最低外水位是确定泵站最低扬程和流道出口淹没高程的依据。泵站最低外水位一般可取承泄区历年排水期最低水位或最低潮水位的平均值。

（4）平均外水位。平均外水位是考核泵站是否经常在高效区运行的依据。泵站平均外水位可取承泄区排水期多年日平均水位或多年日平均潮水位。

2. 内水位（进水池水位）

（1）设计内水位。设计内水位为排水泵站站前经常出现的内涝水位，是计算设计扬程的依据。设计内水位的确定与排水区有无调蓄容积等关系很大。一般情况下，根据排田或排蓄涝区的要求，由排水渠道首端的设计水位推算到站前的水位确定。

1）根据排田要求确定设计内水位。在调蓄容积不大的排涝区，一般以较低耕作区（约占排水区面积90%～95%）的涝水能被排除为原则，确定排水渠道的设计水位，加上排水渠道的水力损失后作为设计内水位。南方一些地区常以排水区内耕作区90%以上的耕地不受涝的高程作为排水渠道的设计水位。有些地区则以大部分耕地不受涝的高程作为排水渠道的设计水位。

2）根据排蓄涝区要求确定设计内水位。当泵站前池由排水渠道与蓄涝区相连时，可按下列两种方式确定设计内水位：①以蓄涝区死水位加上排水渠道的水力损失后作为设计内水位。运行时，自蓄涝区死水位起，泵站开始满负荷运行（当泵站外水位为设计外水位时），随着来水不断增加，蓄涝区边排边蓄直至达到设计蓄涝水位为止。此时，泵站前池的水位也相应较设计内水位高，泵站满负荷历时越长，排空蓄涝区的水也越快。湖南省洞庭湖地区排水泵站进水池设计水位多按这种方式确定。②以蓄涝区死水位与设计蓄涝水位的平均值加上排水渠道的水力损失后作为设计内水位。按这种方式，只有到平均水位时，泵站才能满载运行（当泵站外水位为设计外水位时）。湖北省排水泵站进水池设计水位多按这种方式确定。

（2）最高内水位。最高内水位是排水泵站正常运行的上限排涝水位。超过这个水位，将扩大涝灾损失，蓄涝区的控制工程也可能遭到破坏。因此，最高内水位应在保证排涝效益的前提下，根据排涝设计标准和排涝方式（排田或排蓄涝区），通过综合分析计算确定，一般取按排水区允许最高涝水位的要求推算到站前的水位；对有集中蓄涝区或与内排站联合运行的泵站，取由蓄涝区最高蓄涝水位或内排站出水池最高运行水位推算到站前的水位。

（3）最低内水位。最低内水位是排水泵站正常运行的下限排涝水位，其确定需满足三方面的要求：①满足作物对降低地下水位的要求，一般按大部分耕地的平均高程减去作物的适宜地下水埋深，再减0.2～0.3m；②满足盐碱地区控制地下水的要求，一般按大部分盐碱地的平均高程减去地下水临界深度，再减0.2～0.3m；③满足调蓄区预降最低水位的要求。按上述要求确定的水位分别扣除排水渠道水力损失后，选其中最低者作为最低内水位。

（4）平均内水位。平均内水位是考核泵站是否经常在高效区运行的依据，对排水泵站而言，可取与设计内水位相同的水位。

3. 扬程[11]

(1) 设计扬程。设计扬程是选择水泵型式的主要依据。在设计扬程工况下，泵站必须满足设计流量要求。设计扬程应按泵站进、出水池设计水位差，并计入水力损失（进水流道、出水流道或管道沿程和局部水力损失）确定。水力损失可采用式（5.3-11）估算：

$$h_{损} = (15\% \sim 20\%) H_{净} \qquad (5.3-11)$$

式中 $h_{损}$——水力损失，m；

$H_{净}$——净扬程，按泵站进、出水池设计水位差计算，m。

(2) 最高扬程。应按泵站出水池最高运行水位与进水池最低运行水位之差，并计入水力损失确定。

(3) 最低扬程。应按泵站出水池最低运行水位与进水池最高运行水位之差，并计入水力损失确定。

(4) 平均扬程。平均扬程的作用是供选择泵型时参考。在平均扬程下，水泵应在高效区工作。平均扬程可按泵站进、出水池平均水位差，并计入水力损失确定；对于扬程、流量变化较大的泵站，计算加权平均净扬程，并计入阻力水头损失确定。泵站加权平均净扬程按式（5.3-12）计算：

$$H = \frac{\sum H_i Q_i t_i}{\sum Q_i t_i} \qquad (5.3-12)$$

式中 H——加权平均净扬程，m；

H_i——第 i 时段泵站进、出水池运行水位差，m；

Q_i——第 i 时段泵站提水流量，m^3/s；

t_i——第 i 时段历时，d。

5.3.6.2 设计排水流量的计算

设计排水流量的计算方法主要有排水模数法和调蓄演算法等。

排水模数法是在计算排涝模数的基础上，按平均排除法计算泵站的设计排水流量。

如果排水区内有较大的蓄涝容积，且位置较低而又集中，可调蓄全部排水面积上的设计暴雨量，此时泵站的排水流量决定于蓄涝区的排水要求。在满足一定排水标准的条件下，蓄涝区的排水流量的大小取决于蓄水容积的大小和排水时间的长短，可通过调蓄演算求得。调蓄演算法的图解原理及步骤如下。

(1) 根据排水标准相应的设计频率（一般为5～10年一遇）长历时（一般为7～30d）的暴雨总量，按设计代表年典型的成涝雨型进行分配，并乘以暴雨径流系数，可求得产水深度（净雨深）过程线。将各时段产水深度逐日累加，并绘制累积产水深度曲线，如图5.3-7中 $OABC$ 所示。

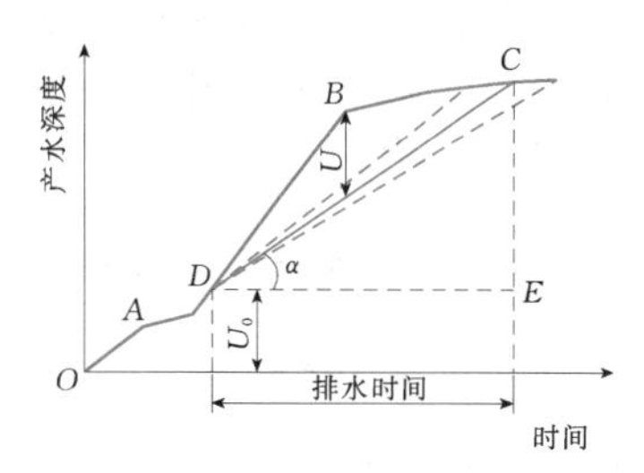

图 5.3-7 调蓄演算法图解原理

(2) 确定起排水位和相应的调蓄容积所能调蓄的产水深度 U_0 及蓄涝区起排水位至调蓄水位之间的调蓄容积所能调蓄的产水深度 U：

$$U_0 = \frac{V_0}{1000F} \qquad (5.3-13)$$

$$U = \frac{V_{有效}}{1000F} \qquad (5.3-14)$$

式中 V_0——蓄涝区死水位至起排水位之间的调蓄容积，m^3；

$V_{有效}$——蓄涝区起排水位至调蓄水位之间的调蓄容积，m^3；

F——总排水面积，km^2。

(3) 在累积产水深度曲线 $OABC$ 上找出纵坐标等于 U_0 的 D 点作为起排点，过 D 点作不同的放射线与曲线 $OABC$ 相割，这些放射线即为不同的累积排水深度线，它们与累积产水深度曲线 $OABC$ 之间的纵差为排水期间进入内湖的净雨深。取其中一条放射线与 $OABC$ 线所夹的最大垂距（纵差）恰好等于 U 作为设计累积排水深度线，则既可充分利用蓄涝区所具有的调蓄能力，也不会造成蓄涝区水位超过其允许的最大调蓄水位。根据设计累积排水深度曲线 DC 的斜率，$\tan\alpha = CE/DE$ 即可求出设计排水流量：

$$Q = \frac{F}{86.4}\tan\alpha \qquad (5.3-15)$$

式中 Q——蓄涝区设计排水流量，m^3/s；

F——总排水面积，km^2。

如果排水区内没有足够大的蓄涝容积调蓄全部涝水，则可以利用蓄涝区蓄积高地涝水，不能入湖的低地涝水，则先由泵站排至外河，待低地涝水排完后，再将蓄在蓄涝区内的高地涝水由泵站排出，即先排田，后排蓄涝容积。

计算这种情况的泵站流量时，首先必须确定蓄涝面积，计算出蓄涝容积和高程，并据以划分自流入蓄涝区（高排区）面积与抢排（低排区）面积，如图5.3-8所示，蓄涝区排水流量和排田流量可分别由调蓄演算法和平均排除法的公式计算，若排田装机容量大于排蓄涝容积的装机容量，则由排田流量作为泵站的设计流量；反之，若排蓄涝容积的装机容量大于排田装机容量，泵站的设计流量则应根据经过湖泊调蓄以后的涝水量大小而定。

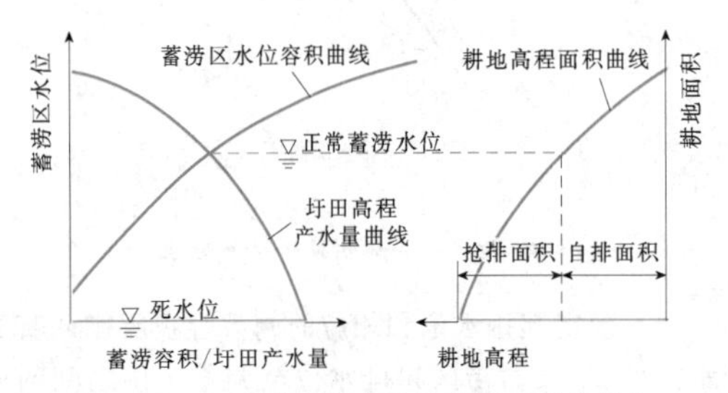

图 5.3-8 抢排面积与自流入湖面积的划分

5.3.6.3 泵站装机容量的确定

泵站装机容量，即泵站主水泵机组动力机额定功率的总和，按式（5.3-16）计算：

$$P = K\frac{\rho g Q H}{1000\eta\eta_{传}} \quad (5.3-16)$$

式中 P——泵站装机容量，kW；

K——功率储备系数，宜为1.10～1.05；

ρ——水的密度，取1.0×10^3kg/m^3；

g——重力加速度，取9.81N/kg；

Q——泵站设计排水流量，m^3/s；

H——泵站设计扬程，m；

η——水泵平均效率；

$\eta_{传}$——传动效率，直接传动时，$\eta_{传}=1$，间接传动时，$0.9<\eta_{传}<1$。

5.3.7 地下水位控制

5.3.7.1 地下水排水流量

降雨是地下水补给的来源，当其强度超过土壤入渗速度时，将部分形成地表径流，部分入渗土壤；当其强度小于土壤入渗时，则全部渗入土壤。若土壤含水量达到田间最大持水量，入渗的水全部补给地下水。地下排水量为渗入土壤的总水量减去土壤中的含水量，亦即排渍流量，随地下水位的升降而变化，与诸多因素有关，一般根据以下情况进行计算。

1. 地下水位上升到达地表的地下排水流量

降雨期间允许地下水位短期回升到地面的情况下，可采用下式计算回升期平均地下排水流量：

$$Q = qF \quad (5.3-17)$$

其中
$$q = \frac{\alpha p - 500(\beta_{max}-\beta_0)H}{8.64T} \quad (5.3-18)$$

式中 q——T天内排除地下水的排水模数，m^3/(s·km^2)；

F——地下排水面积，km^2；

α——土壤中的雨量占总雨量的比率，称渗入率；

p——排渍设计降雨量，mm；

β_{max}——田间最大持水量（体积比）；

β_0——雨前土壤持水量（体积比）；

H——排水深度（从地面至沟管顶），m；

T——排渍天数，d。

降雨渗入率α主要与土壤质地、降雨强度有关。可根据实际资料分析选定。缺乏资料时，可参照《农田排水工程技术规范》（SL 4）选定。

田间最大持水量β_{max}与土质、土壤容重以及有机质含量等有关。一般情况下，不同土质的田间最大持水量，可参照《农田排水工程技术规范》（SL 4）选定。

2. 降低地下水位的地下排水流量

排水地区作物生长季节降雨或灌溉后，使地下水位上升达到地面，若T日内需要将地下水位降低H，可用式（5.3-19）计算平均地下水的排水模数：

$$q = \frac{\mu H}{0.0864T} \quad (5.3-19)$$

式中 q——平均地下水的排水模数，m^3/(s·km^2)；

μ——土壤给水度（未饱和空隙率）；

H——地下水位降低深度，m；

T——排渍天数，d。

3. 日常地下排水流量

地下水位达到设计控制深度（如耐渍深度或地下水临界深度）要求后的经常性的地下排水流量称为日常地下排水流量，亦称为日常设计流量。它不是流量高峰，而是比较小且稳定的数值。其大小决定于地区气象（降雨、蒸发）、土质、水文地质等因素，一般根据实际资料或试验资料确定；缺乏资料地区，排渍流量可依地下水的排水模数计算，地下水的排水模数可参照表5.3-4选定。

表 5.3-4 地下水的排水模数

土壤种类	轻砂壤土	中壤土	重壤土、黏土
地下水的排水模数[m^3/(s·km^2)]	0.03～0.04	0.02～0.03	0.01～0.02

盐碱土改良地区，只允许地下水位短历时接近根系活动层，雨停后一般要求6d内降到地下水临界深度，其日常地下水的排水模数略大于表5.3-4所列数据，如山东打渔张灌区洗盐时的地下水的排水模数实测值为0.021～0.103m^3/（s·km^2）。防治土壤次生盐碱化地区，强烈返盐季节的排降时间可长达3～4个月，其地下水的排水模数一般较小，如河南引黄

人民胜利渠，日常地下水的排水模数有时在0.002～0.005$m^3/(s \cdot km^2)$以下。

排水沟断面设计时，可根据具体情况选用上述方法计算设计地下排水流量，作为断面设计的依据。当排水沟兼排地表涝水时，其总的设计排水流量为设计地表排水流量与地下排水流量之和。

4. 地下水排水时间

在地下水由高水位降至临界深度的过程中，因地下水的蒸发积盐，可能会使根层的土壤含盐量超过作物的耐盐能力。为防止此类情况的发生，必须确定适宜的排水时间。根据我国一些盐碱地区的排水试验成果，采用8～15d将灌溉或降雨所致升高的地下水位降至临界深度，一般可取得较好的防治效果。排水时间可用下述方法近似确定。

(1) 预防盐碱化地区。为保证蒸发积盐后耕作层的土壤含盐量不超过作物的耐盐能力，排水时间t可按耕作层的盐量平衡关系式(5.3-20)计算得到：

$$t=\frac{r(S_c-S_0)\Delta Z}{100\bar{\varepsilon}_k M_d} \tag{5.3-20}$$

式中 r——耕作层土壤的容重，kg/m^3；

S_c——耕作层土壤的允许含盐量（占干土重的百分比），通常采用作物苗期的耐盐能力（见表5.3-5）；

S_0——灌溉或降雨淋洗后耕作层的土壤含盐量，在改良后的正常耕作期，一般$S_0 \leqslant 0.05\%$；

ΔZ——耕作层厚度，m；

$\bar{\varepsilon}_k$——排水过程中的地下水平均蒸发强度，m/d；

M_d——灌后或雨后的浅层地下水矿化度，g/L或kg/m^3。

表5.3-5 不同作物苗期耐盐能力参考值

作物种类	小麦	大麦	玉米	棉花	黑豆	高粱	甜菜	苜蓿
耕层含盐量（%）	0.2	0.25	0.25	0.3	0.3	0.35	0.4	0.4

(2) 改良盐碱土地区。盐碱地区一般地下水矿化度较高、蒸发量较大，排水工程的排盐能力通常应大于冲洗脱盐量。在冲洗过程中的排水时间，一般可采用两次冲洗的间隔时间减去为溶解盐分的浸泡时间，并应考虑尽量减少蒸发积盐的影响。因此，宜结合不同排水规格的现场试验确定。

5.3.7.2 日常水位的计算和确定

日常水位又称排渍水位，是排水沟经常需要维持的水位，在平原地区主要由控制地下水位的要求（防渍或防止土壤盐碱化）所决定。

为了控制农田地下水位，排水农沟（末级固定排水沟）的排渍水位应当低于农田要求的地下水埋藏深度（防止土壤过湿的深度约为0.9～1.2m；防止土壤返盐的临界深度，黏土为1～1.2m，轻质土为2～2.4m）。排渍水位离地面深度一般不小于1.2～1.5m；有盐碱化威胁的地区，轻质土不小于2.2～2.6m，如图5.3-9所示。而斗沟、支沟、干沟的排渍水位则要求比农沟的排渍水位更低，因为需要考虑各级沟道的水面比降和局部水头损失。例如排水干沟，为了满足最远处低洼农田降低地下水位的要求，其沟口排渍水位可由最远处农田平均田面高程(A_0)，考虑降低地下水位的深度和斗沟、支沟、干沟各级沟道的比降及其局部水头损失等因素逐级推算而得，即

$$Z_{日常}=A_0-D_{农}-\sum L_i l_i-\sum \Delta z \tag{5.3-21}$$

式中 $Z_{日常}$——排水干沟沟口的排渍水位，m；

A_0——最远处低洼地面的高程，m；

$D_{农}$——农沟排渍水位离地面的距离，m；

L_i——各级沟道的计算长度，m；

l_i——各级沟道的水面比降，如为均匀流，亦为沟底比降；

Δz——各级沟道沿程局部水头损失，如过闸水头损失取0.05～0.1m，上、下级沟道在排地下水时排渍水位衔接落差一般取0.1～0.2m。

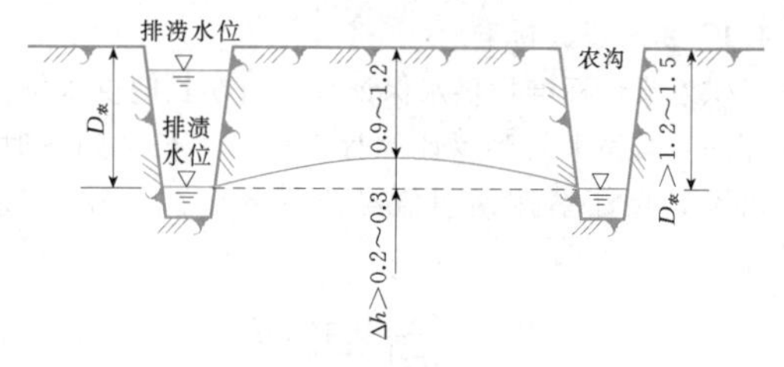

图5.3-9 排渍水位与地下水位控制的关系（单位：m）

干沟、支沟、斗沟、农沟各级沟道日常水位关系如图5.3-10所示。

对于外河（即承泄区）日常水位较低的平原地区，干沟有可能自流排除设计日常流量时，按式(5.3-21)推得的干沟沟口处日常水位应不低于外河日常水位，否则应适当减小各级沟道的比降，争取自排。而对于经常受外水位顶托的平原水网圩区，则应利用排水站在地面涝水排完以后，再将沟道或河网中

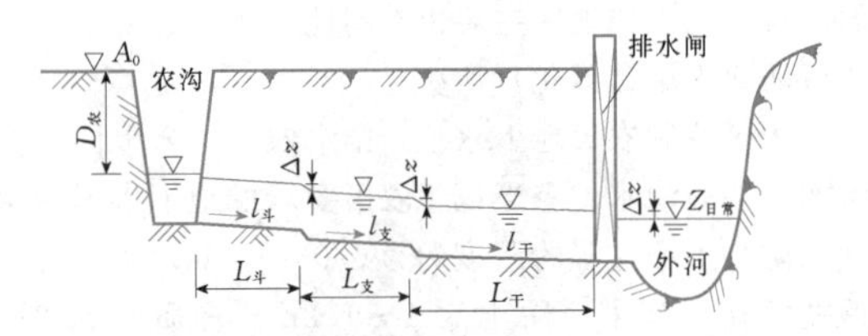

图 5.3-10 干沟、支沟、斗沟、农沟各级沟道日常水位关系图

蓄积的涝水排至外河，使各级沟道经常维持在日常水位，以便控制农田地下水位和预留沟网容积，准备下次暴雨后滞蓄涝水。

5.4 供水工程

供水工程由水源工程、输水工程、调蓄工程、配套工程（城镇配水工程指净水工程、加压泵站和配水管网）组成，主要供水对象为城镇生活、工业用水和农村人畜用水。供水工程水利计算主要内容包括水源区来水过程计算，供水区用水过程计算，供水、需水平衡分析计算及水源工程（包括沿线调蓄工程）径流调节计算。分析水源区的来水过程在维持生态用水的同时是否满足供水区各用水部门的用水要求，以确定水源工程规模和输水工程规模。

跨流域调水工程是从受水区所在流域或水系以外的其他流域或水系调水，满足受水区用水要求的调水工程。跨流域调水工程的水利计算包括调出区可调水量计算，调入区需调水量计算，调蓄工程调节计算，设计调水量计算等。

5.4.1 供水设计标准

供水设计标准即供水保证率，指在长期供水中用水部门正常用水得到保证的程度。采用长系列法时，供水设计保证率按期望值经验频率公式（5.4-1）计算：

$$P=\frac{m}{n+1}\times 100\% \tag{5.4-1}$$

式中 P——供水设计保证率；

m——供水满足用水的时段数；

n——计算系列总时段数。

城镇供水工程供水设计保证率采用历时保证率，历时为时段的累计值，时段为月或旬。历时保证率 P 为

$$P=\frac{\text{正常供水时间(月或旬)}}{\text{运行总时间(月或旬)}+1}\times 100\% \tag{5.4-2}$$

城镇供水是城镇居民日常生活和国民经济发展的基础，供水一旦被破坏，将直接影响居民正常生活和工业企业正常生产，因此，供水保证率要求较高。依据《室外给水规范》（GB 50013—2006），城市地表水供水水源供水保证率为 90%～97%，镇的供水设计保证率可适当降低。《城市给水工程规划规范》（GB 50282—98）规定：城市地表水供水水源供水保证率为 90%～97%，单水源地区及大中城市宜取上限，多水源及干旱地区、山区及小城镇宜取下限。

乡镇用水和农村人畜饮水的供水设计保证率应符合国家现行有关标准，采用 95%。

生态环境用水供水保证率的取值范围为 50%～90%。

供水工程在长期供水中，因地表水来水不足，引起正常供水破坏，允许破坏时段数为

$$T=n-P(n+1) \tag{5.4-3}$$

式中 n——供水系列总时段数。

为避免造成较大不利影响，应控制供水破坏深度，减少的供水量应不超过正常供水量的 20%～30%。

5.4.2 供水水源

城镇供水的取水水源一般为地表水和地下水（包括泉水）。水资源短缺的地区，要尽量利用污水处理回用水，用于工业用水、河湖补水或农业灌溉。淡水资源缺乏的沿海和海岛城市，宜将海水直接或淡化作为城市水源。

5.4.2.1 地下水

地下水作为水源，大部分地区采用凿井工程提水，也有一部分渗渠和泉室取水。优质地下水应优先考虑作为生活饮用水水源。

地下水（指浅层）作为供水水源，取水量必须小于可开采量。地下水可开采量有多种计算方法，一般情况下按地下水总补给量与可开采系数的乘积作为地下水可开采量，可开采系数根据水文地质条件的差异，可取 0.6～1.0，对于含水层富水性好、厚度大、埋深浅的地区，选用较大值；反之，选用较小值。

5.4.2.2 地表水

地表水作为水源，有以下三种取水方式。

（1）水库工程。利用水库拦蓄河水，调丰补枯，再经过输水工程（隧洞或管道、渠道等）或提水工程送入用水户。

（2）引水工程。在河中及河岸修建闸坝自流引水，分为无坝引水和有坝引水。无坝引水是在河岸修渠闸直接引水，河道的水位和流量均满足用水要求；有坝引水是在河中修建拦河闸坝抬高水位后，利用河岸渠闸引水，满足用水要求。

（3）提水工程。直接从河、湖和水库中取水，利用泵站扬水至高水位蓄水池，满足用水要求。

地表水设计来水过程是水源点取水断面河道天然来水径流系列，扣除取水断面设计水平年上游用水过程后的径流系列。

5.4.3 城镇用水

城镇用水部门的总用水量为用水户净需水量、管网漏失水量、水厂用水量之和。水厂和城镇管网也称为供水工程的配套工程，对于工业大户用水，往往是水利工程直接供给，如图 5.4-1 所示。水源工程的供水量为用水部门的总用水量与输水工程损失水量之和。

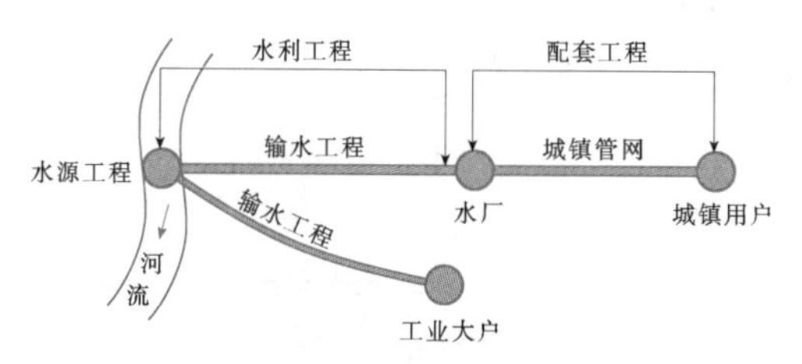

图 5.4-1 城镇供水工程示意图

5.4.3.1 用水户需水量计算

根据《全国水资源综合规划实施细则》，城镇需水量按生活、生产和生态分类进行预测。

（1）生活用水包括城镇居民生活用水和农村居民生活用水。其中，城镇居民生活用水包括公共用水。

（2）生产用水包括各类产业的生产用水（含生产单位内部的生活用水），主要包括城镇第二、第三产业用水。第二产业分为工业和建筑业，其中工业用水应按火（核）电工业、高用水工业和一般工业分别进行用水量统计；第三产业包括商饮业和服务业，一般不分开统计用水量。

（3）生态用水分为维护生态环境功能和生态环境建设两类，按河道内（非消耗性用水）与河道外（消耗性用水）分别预测。

城镇不同行业的用水特点存在很大差异，应根据设计水平年用水标准，对不同行业用户分别进行需水预测。

生活、生产和生态用水之和为城镇需水量。

5.4.3.2 供水的水量损失

城镇供水的水量损失主要为管网漏失水量、水厂用水量和输水损失水量。

1. 管网漏失水量计算

管网漏失水量是指净水厂至用水户间的配水管网中因管道设施损坏和接口不严等问题引起的水量漏失。

管网漏失水量为净水厂供水量（出厂水量）乘以管网漏失率，其表达式为

$$W_{漏} = \eta W_{供} \tag{5.4-4}$$

式中 $W_{漏}$——管网漏失水量，m^3；

η——管网漏失率，%；

$W_{供}$——净水厂供水量，m^3。

管网漏失率在我国一般达到 10%～20%，设施先进和节水改造明显的城市可达到 8%～9%。

水厂供水量为用户净需水量与管网漏失水量之和。

2. 水厂用水量计算

水厂用水量包括净水厂取水损耗和生产自用水及生活用水。水厂用水量的计算可根据统计资料分析确定，无资料情况下，可采用用水户净用水量的 5%。

3. 输水损失水量计算

水源至水厂的输水工程需要计入输水损失水量，其计算公式为

$$W_{损} = W_{蒸损} + W_{渗损} \tag{5.4-5}$$

式中 $W_{损}$——输水工程总损失水量；

$W_{蒸损}$——蒸发损失水量；

$W_{渗损}$——渗漏损失水量。

渠道、隧洞、管道、埋涵等不同型式的输水工程的沿程水量损失也不同，应根据输水工程长度、结构型式和交叉建筑物数量进行输水损失水量计算（参见有关水力学计算的文献）。

5.4.3.3 城镇用水过程

城镇用水过程是指设计水平年城镇用户总用水量的年内（月或旬）分配用水量。城镇用水年内分配受季节和生活习惯的影响略有变化，用水量年内各时段的分配比例可根据已建城市自来水长期用水统计资料拟定，并根据设计水平年城镇用水结构（工业、居民生活、商饮服务业、建筑业和生态的用水量占年用水量的比例）进行修正。

城镇用水过程需根据水利工程的调节性能确定计算时段。对于调节性能较高的年和多年调节水库，可采用月或旬为时段，拟定年内月或旬平均用水过程；对调节能力小或无调节能力的日调节和无调节水库，有坝引水、无坝引水工程或提水工程，计算时段采用日或旬，拟定年内日或旬平均用水过程。设计水平年用水过程线见表 5.4-1。

5.4.3.4 跨流域调水工程

跨流域调水工程的水利计算包括调入区（受水区）需调水量计算、调出区可调水量计算、调出调入区水量联合调节计算。

调入区需调水量为调入区生产、生活、生态需水预测成果扣除当地已建和规划水利工程的可供水量

表 5.4-1 设计水平年用水过程线 单位：万 m^3

月份	1月	2月	3月	4月	5月	6月	7月	8月	9月	10月	11月	12月	全年
用水量	A_1	A_2	A_3	A_4	A_5	A_6	A_7	A_8	A_9	A_{10}	A_{11}	A_{12}	$\sum A_i$

(见表5.4-2)。调出区可调水量，应在充分考虑当地河道内、外的生产、生活、生态远期用水的基础上，根据调出区水资源情况综合分析确定。跨流域调水工程的设计调水量和设计流量等指标，应统筹考虑调入区用水要求、调出区可调水量，以及调水工程的建设条件和社会环境影响等拟定不同的方案，通过技术经济综合比较后予以确定。

由于跨流域调水工程的调入区、调出区分别位于不同的流域和水系，水文径流的丰枯遭遇往往不同，因此，跨流域调水工程的调水量要通过长系列径流调节计算获得，提出调出断面和调入断面的多年平均年调水量、设计年调水量(相应于设计保证率的调水量)等指标。

表 5.4-2 调入区需调水量计算成果汇总表（调水前） 单位：万 m^3

时　段	调入区需水量				调入区可供水量				缺水量	需调水量
	生　产	生　活	生　态	合　计	地表水	地下水	其他水源	合　计		
第一年										
1月										
2月										
⋮										
12月										
第二年										
⋮										

5.4.4 水库工程

5.4.4.1 水库的调节性能

供水工程的水源水库和沿线调蓄水库都是利用调节库容对入库径流进行调节，满足不同部门的用水要求。

(1) 水库调节周期。供水水库按用水部门的用水过程进行调节，由库空到蓄满，再到放空，循环一次所经历的时间，称为调节周期，可分为无调节、日调节、周调节、年（季）调节和多年调节。高级调节性能水库具有低级的调节性能。供水水库主要为年（季）调节、多年调节。无调节和日调节及周调节多见于发电水库。

库容系数（β）是表示水库调节性能的相对指标，其值等于调节库容（V）与多年平均入库径流量（W_0）之比，即$\beta=V/W_0$。库容系数大，表示水库调节性能好。根据库容系数的大小，可初步判断水库的调节性能。在我国大多数河流中，库容系数$\beta>25\%$，一般能达到多年调节；$20\%\leqslant\beta<25\%$，有可能具有完全年调节；$\beta<20\%$，多为年调节或季调节。上述数值供规划阶段初步判断时参考。

(2) 水库任务分类。可分为单一任务或两种及两种以上任务的径流调节。

(3) 供水保证率分类。一级调节，可采用一种供水保证率；二级及以上多级调节，采用两种及以上供水保证率。

(4) 调节功能分类。①反调节：下游水库对上游水库的泄流按用水要求再调节；②补偿调节：单一水库与水库下游区间来水互相补偿满足用水要求，或水库群之间互相进行水文、库容、电力补偿，满足用水、发电要求；③跨流域调水调节：多水流域富余水量调往缺水流域。

5.4.4.2 径流调节的计算方法

水库径流调节的计算方法有：时历法、数理统计法和随机模拟法。

时历法概念直观、方法简单，能提供水库各种调节要素的全过程，但当资料系列较短时，精度较差。新中国成立以后，我国水文站网发展迅速，统计资料系列比较长，能满足时历法对系列的要求。鉴于时历法概念明确，水库各种要素齐全，在实际应用中被广泛采用。

时历法是根据设计径流系列，按时历顺序逐时段（月或旬）进行水库蓄供调节计算，求出调节流量、调节库容等调节要素的全过程，然后再求出相应的保证率。时历法按采用的径流系列，分为长系列法和代表年（期）法。

1. 长系列法

(1) 计算公式。依据《水利工程水利计算规范》

(SL 104)，入库径流系列长度应不少于30年。依据水量平衡原理，水库径流调节计算的水量平衡公式为

$$V_{i+1} = V_i + W_{入} - W_{生} - W_{供} - W_{损} \tag{5.4-6}$$

式中 V_i、V_{i+1}——水库第 i 时段初、末的蓄水量，m^3；

$W_{入}$——第 i 时段设计来水量，m^3；

$W_{生}$——第 i 时段河道内生态用水量，m^3；

$W_{供}$——第 i 时段水库向城镇的供水量，m^3；

$W_{损}$——第 i 时段水库蒸发、渗漏等损失水量之和，m^3。

式（5.4-6）用流量表示为

$$V_{i+1} - V_i = (Q_{入} - Q_{生} - Q_{供} - Q_{损})\Delta T \tag{5.4-7}$$

式中 ΔT——计算时段。

（2）基本资料。

1）设计入库径流。设计水平年的入库径流系列，是水库径流调节的基本资料。坝址天然径流系列，扣除上游设计水平年的用水后即为设计入库径流系列。如上游农业灌溉或城镇用水量较大，可考虑用水后回归河道的水量。

2）用水过程线。按供水区用户设计水平年的净需水扣除当地可供水量后的缺水过程，计入输配水损失和水厂用水后推算至水库的供水过程线。

3）河道内生态用水。河道内生态用水主要指维护河道内特定生态系统的结构和功能，维持水生生物生存基本生境条件的生态水量及其过程，主要包括生态基流和敏感生态用水。

生态基流指为维持河流基本形态和基本生态功能，即防止河道断流，避免河流水生生物群落遭受到无法恢复破坏的河道内最小流量。生态基流的计算方法主要有水文学法、水力学法、生境模拟法和整体分析法等。应根据工程对河流水文情势的影响情况和生态目标的需水特点，考虑满足生态需水的共性要求和实际数据获取的难易程度，合理选取计算方法。

敏感生态用水是指维持河湖生态敏感区正常生态功能的用水量及过程，在多沙河流，一般还要同时考虑输沙水量。敏感生态用水主要考虑生态保护对象在敏感期内的生态用水。对于非敏感区或敏感区的非敏感期，一般只需要考虑生态基流。

生态用水的详细内容见《水工设计手册》（第2版）第3卷2.5节。

4）水库水位—库容—面积曲线。一般在1∶10000～1∶5000地形图上量取。对于泥沙含量较大的河流，规划水库需采用考虑泥沙淤积的库容曲线，径流调节计算一般采用考虑泥沙淤积年限20～30年的库容曲线，洪水调节计算一般采用考虑泥沙淤积年限50年的库容曲线。

5）水库水量损失计算。水库水量损失包括水库蒸发增损量和渗漏损失量。

水库蒸发增损量指陆面面积变成水面面积相应增加的蒸发量，可按式（5.4-8）计算。

$$W = (h_{水} - h_{陆})(A_{库} - A_{河}) \tag{5.4-8}$$

式中 W——时段内水库蒸发增损量，m^3；

$h_{水}$——时段内水库水面蒸发深度，m；

$h_{陆}$——时段内水库陆面蒸发深度，m；

$A_{库}$——时段始末水库平均水面面积，m^2；

$A_{河}$——建库前天然河道水面面积，m^2。

陆面蒸发深度，一般情况下无实测值，采用估算法，陆面蒸发深度为所在闭合流域的时段平均降雨深与所在闭合流域的时段平均径流深之差，即

$$h_{陆} = h_{降} - h_{径} \tag{5.4-9}$$

式中 $h_{降}$——所在闭合流域的时段平均降雨深，m；

$h_{径}$——所在闭合流域的时段平均径流深，m。

渗漏损失量通常根据库床的水文地质条件，按好、中、差分别以水库（时段为月）蓄水容积的（0～1%）/月、（1%～1.5%）/月、（1.5%～3%）/月计或以水库（时段为年）蓄水容积的（0～10%）/a、（10%～20%）/a、（20%～40%）/a进行估算。

（3）以需定供水库的径流调节计算。在已知入库径流及城镇用水的情况下，研究水库的水量供需平衡过程，求出满足供水保证率要求的水库调节库容。可先假定调节库容 $V_{调}$（或已定死水位，假定正常蓄水位，两水位之间库容为调节库容），将本时段末水库蓄水量作为下时段初水库的蓄水量，逐年、逐时段（月、旬）顺时序进行水量平衡计算。长系列径流调节计算时，计算时段初的水库起始水位可采用汛期限制水位或死水位，计算时段末的水位应等于计算时段初的水位。以需定供水库径流调节计算包括以下基本步骤。

1）当时段内的水库来水大于城镇需供水量、河道生态需水量、水库蒸发渗漏损失水量之和时，水库正常供水，在满足供水要求的情况下，多余水量蓄于库内。如时段末水库蓄水量超过水库调节库容，则弃水。

2）当时段内的水库来水小于城镇需供水量、河

道生态需水量、水库蒸发渗漏损失水量之和时，来水全部用于供水，不足部分动用水库调节库容进行补水。如时段末水库水位高于死水位，水库可正常供水；如水库水位降至死水位以下，则应减少供水，此时供水破坏。

3）对水库调节计算成果进行统计分析，如供水量和供水保证程度不满足设计要求，应重新拟定调节库容或正常蓄水位，再次进行调节计算，直至满足要求为止。此时的调节库容即为供水工程需要的调节库容。基本计算表格见表5.4-3。

表5.4-3　某城市供水项目水库径流调节计算表

时段	设计入库径流（m^3）	城镇需水（m^3）		河道生态需水（m^3）	水库蒸发渗漏损失（m^3）	水库供水（m^3）			月末库容（m^3）	月末水位（m）	缺水量（m^3）	弃水量（m^3）
		用水户1	用水户2			城镇用户1	城镇用户2	河道生态				
	(1)	(2)	(3)	(4)	(5)	(6)	(7)	(8)	(9)	(10)	(11)	(12)
第一年												
1月												
2月												
⋮												
12月												
第二年												
⋮												

注　水库蒸发渗漏损失可利用时段平均水面面积和时段平均库容计算。计算时，需要假定时段末库容进行试算，当假定值与计算值一致或满足误差限制要求时即为所求。

（4）以供定需水库的径流调节计算。在实际应用中，一些水库受地形和来水量的限制，水库正常蓄水位和调节库容已基本确定，在用水需求相对较大的情况下，需要计算水库可供水量。

按水库可能的最大调节库容$V_{调}$（正常蓄水位），假定用水量为$W_{用}$，按上述步骤进行长系列径流调节计算，求得历年逐时段供水成果，统计供水满足正常用水的年（月或旬）数占总供水时段的频率，求得供水保证率$P_{设}$。如供水保证率小于设计供水保证率，说明拟定的用水量偏大；如供水保证率大于设计供水保证率，说明拟定的用水量偏小。重新拟定用水量，再次进行调节计算，直至满足设计供水保证率要求。满足设计供水保证率的供水量即为水库设计供水规模。

年调节水库和多年调节水库的长系列径流调节方法基本相同。

2. 代表年（期）法

代表年（期）法适用于两种情况：①设计水库径流资料不足；②径流资料较全，但对计算精度要求不高。

从径流系列中选择设计代表年（期）代表长系列径流情况，调节计算方法与长系列法相同。代表年法用于年调节计算，代表期法用于多年调节计算。

（1）设计代表年的选择。选择丰、平、枯三个代表年，枯水年的保证率应与供水设计保证率$P_{设}$尽量一致；平水年的平均流量应大致接近多年平均流量；丰水年的保证率应接近$1-P_{设}$。三个代表年的年径流平均值接近多年平均流量（水量）。设计枯水年的年内分配尽可能选择对供水较为不利的年份，即逐时段水量平衡计算后所需调节库容偏大的年份。

设计典型年径流分配过程，需根据理论频率曲线的理论水量，将实际年水量修正为设计典型年的径流分配过程。具体方法如下。

1）同倍比法。根据径流系列统计特征值W_0、C_v、C_s及确定的线型，绘制径流频率曲线，查出以上设计保证率相应的设计年径流量W_p，用设计年径流量W_p与代表年径流量的比值作为缩放系数，同倍比缩放以上实际代表年的来水过程，得出设计代表年径流分配过程。

2）同频率法。设计年内各时段径流量都符合设计保证率。为保证供水期（枯水期）径流量符合设计保证率，采用供水期与全年同频率分配方式，对代表年各时段径流量多倍比缩放，得出设计代表年径流分配过程。

年调节库容不仅与年来水量有关，而且还与供水期水量有关。年调节水库主要由枯水年供水期径流量决定，因此，以供水期水量控制的代表年法更为合理，精度也略高。但由于不同用水量供水期不同，供水历时选择困难，一般采用实测系列资料分析大多数年份的供水期历时作为设计值。

按设计代表年径流分配过程，进行水库径流调节计算，推求设计枯水年满足设计保证率的调节库容和供水量。

(2) 设计代表期的选择。在长系列中选择连续丰水年组和连续枯水年组，至少有一个完整的调节周期，年径流均值、变差系数应接近长系列值。设计代表期一般取 10～15 年。

以需定供的水库，已知供水推求设计调节库容，可对设计枯水系列进行水量调节计算，按累计缺水量确定设计最小调节库容。以供定需的水库，已知调节库容推求满足设计保证率的用水量及过程时，可先假设一定的用水量，推求相应的调节库容，如所求得的调节库容与已知调节库容一致，则试算成功，否则，调整用水量重新试算，直至满足要求。计算方法与长系列法相同。

5.4.5 引水、提水工程

5.4.5.1 引水工程

通过岸边渠首闸从河道直接引水的水利工程，称为引水工程，也称为无坝引水工程。由于河道丰、枯期水位和流量变化较大，枯水期甚至断流，因此，无调节的河道引水工程供水程度较低。当河道水位难以满足直接取水要求时，需要修建拦河壅水坝，提高坝前引水水位，这种工程称为有坝引水工程。

引水工程的水利计算主要是确定引水工程渠首闸设计水位和渠首设计引水流量。计算方法和要求可参照本章 5.5 节。

5.4.5.2 提水工程

提水工程即泵站工程，主要包括取水建筑物、进水池、扬水泵及管路、出水池等。我国工业和城镇供水水源主要为河流、湖泊、水库、渠道等，沿江、沿河城市广泛应用泵站提水工程取水。

泵站的水利计算，主要是计算泵站进水池和出水池的特征水位、特征扬程和设计流量。

1. 进水池水位

从河流、湖泊取水，应保证在枯水季节仍能取水，并满足设计枯水保证率时所需设计水量；同时为保证取水构筑物和泵站取水安全，按其工程设计防洪标准，选定设计洪水位。工程在枯水位与洪水位之间任何水位取水，均能满足用水量基本需求。取水工程水位上限和下限即为水源最高运行水位和最低运行水位。

水源特征水位的计算分为以下两种情况。

(1) 有实测资料（或资料短缺，但有插补延长资料）的大中流域，采用频率分析法。

根据实测水位资料，绘制长系列历年日或旬平均水位经验频率曲线，统计年最高洪水位系列和年最低枯水位系列，分别绘制河道洪水位经验频率曲线和枯水位经验频率曲线。根据取水构筑物的设计洪水标准 $P_{设}$、供水保证率 $P_{供}$，分别在以上频率曲线上查得工程设计最高运行水位和设计运行水位。最低运行水位可以采用历史上出现的最低日平均水位。

应该注意，取水口在河道冲淤、人类活动对水位影响较大的河段时，应先用流量系列资料推求洪水流量和供水保证流量，再通过取水断面水位流量关系曲线转换为设计水位。

(2) 没有实测资料的小流域，可用推理公式、经验公式和水文比拟等方法估算设计水位（或流量）。详见本卷第 4 章。

从河流、湖泊取水的特征水位也可参照以下规范确定。

根据《泵站设计规范》(GB 50265—2010)，工业、城镇供水工程从江河、湖泊、感潮河段取水，最高运行水位取 10～20 年一遇洪水的日平均水位；最低运行水位取水源保证率 97%～99%的最低日平均水位。设计运行水位取满足设计供水保证率的日平均或旬平均水位，从感潮河段取水，设计运行水位取多年平均最高潮位和最低潮位的平均值。

根据《室外给水规范》(GB 50013—2006)，江河取水构筑物的防洪标准不应低于城市防洪标准，其设计洪水重现期不得低于 100 年。设计枯水位的保证率应根据水源情况和供水重要性选定，一般可采用 90%～99%。

泵站进水池的特征水位为水源的相应特征水位减去水源至进水池之间的连接建筑物和拦污栅的水头损失。

其他水源的水利计算可参照本章 5.5 节。

2. 出水池水位

出水池水位应考虑与净水厂清水池水位的衔接。泵站出水池最低运行水位是泵站以最小流量运行时相应的出水口水位，最高运行水位为出水池加（最）大流量相应的出水口水位。设计运行水位为泵站以设计流量运行时相应的出水口水位。

3. 设计流量

城镇供水工程年内最高日平均供水流量为泵站设计流量，采用年平均供水流量乘以日不均匀系数表示。

4. 扬程

（1）泵站的设计扬程为泵站进、出水池设计水位之差与进出水管道沿程和局部水头损失之和。

（2）泵站的平均扬程为泵站进、出水池平均水位之差与水头损失之和。

（3）泵站的最大扬程为正常运行时出水池最高水位与进水池最低水位之差与水头损失之和；最小扬程为正常运行时出水池最低水位与进水池最高水位之差与水头损失之和。

5.4.6 输水工程

供水工程的输水方式分无压重力式输水和有压输水，输水工程大多采用隧洞、管道、渠道、埋涵等型式，主要规模指标是设计流量、重要节点的设计水位和设计水面线。

输水工程上游进口接水源工程，下游出口接净水厂的净水池或重要用水户，如沿线没有用水户和分水口门，且采用封闭式输水，则沿程水量损失较小，可忽略不计，输水工程全程均采用同一设计流量，即渠首设计引水流量；若沿线布置有分水口门，或采用明渠等输水型式，则沿程水量损失较大，需计算渠首设计引水流量和分段设计流量以及分段流量损失。渠首设计流量为供水年平均流量与日变化系数之积，日变化系数可根据自来水供水资料取得，无资料时，根据有关给水规范确定。

输水工程沿程水位变化公式为

$$Z_{取} = \sum h_f + \sum h_j + h_1 + Z_{净水池} \quad (5.4-10)$$

$$h_f = h_{f1} + h_{f2}$$

$$h_{f1} = \frac{v^2}{C^2 R} l \quad (5.4-11)$$

$$h_{f2} = Jl \quad (5.4-12)$$

$$C = \frac{1}{n} R^{1/6}$$

对于圆形断面：$R = \dfrac{D}{4}$

以上式中 $Z_{取}$——取水点起始水位，m；

h_f——沿程水头损失，包括有压隧洞和压力水管的沿程损失 h_{f1} 及无压隧洞、管涵和渠道的沿程损失 h_{f2}，m；

h_j——局部水头损失，m；

h_1——输水工程出口与水厂净水池水位 $Z_{净水池}$ 的衔接高差，一般取 0.3～0.5m；

$Z_{净水池}$——净水池水位，m；

v——断面平均流速，m/s；

C——谢才系数，$m^{1/2}/s$；

R——水力半径，m；

l——隧洞或管道长度，m；

n——糙率；

D——直径，m；

J——水力坡降，无压管线和隧洞以及输水明渠，均按明渠均匀流公式计算，J 与底坡平行。

$$h_j = \zeta \frac{v^2}{2g} \quad (5.4-13)$$

式中 ζ——局部水头损失系数，根据局部水流变化以及边界几何形状变化（如断面突然增大或转变形状）等分别取值。

5.4.7 水资源系统模拟模型[3]

调水工程水利计算实际是一个大规模水资源系统调度和水资源配置问题。由于水资源系统的复杂性，优化模型在目标函数的选择与计量时，很难反映近期与远期的根本利益；常常要“取主舍次”；限于计算技术与计算机硬件的条件，常常被迫降低解题精度等。因此，优化规划与优化调度往往不能求得满意的方案，水资源系统分析常常采用模拟模型。

5.4.7.1 调水工程水资源系统的组成

水资源系统是由各种水源、供水工程、用水户组成的相互关联的集合，可以用网络图来表示。网络中的节点是用水户、各种水源等，直线表示输配水渠道或管道（见图5.4-2）。

（1）调出区。V_1、V_2 水库为调水水源工程，在首先满足了流域内用水即直属用水区的供水要求后，主要的水量将外调，所在流域为调水系统工程的调出区。

V_5 为调水工程的补偿调节水库，丰水期将多余水量补充干渠水量，而在枯水年份或枯水时段其他水源供水不足时，可以向总干渠补充供水，实现供水优化配置，因此 V_5 既是调出区也是调入区。

（2）调入区。用水区6为最终调入区。其需调水量参与系统供需调度。调水沿线有用水区4，通过 V_4 水库调节满足所在流域需调水量。V_4 水库为充蓄调节水库，只接纳调入的水量，在平衡系统中，常因供需不匹配而产生余水。

（3）输水干线。从 V_1、V_2 水库起始至用水区6为输水干线。输水工程可以是渠道、河道、隧洞、管道，如调入区地势较高，还需要建设管道泵站等逐级扬水至调入区用水户。

（4）水资源系统网络。水资源系统网络包括调出区和调入区及输水干线的节点，其意义分述如下。

1）水库节点 V_k。水库 V_k 具有天然径流补给源 I_k，

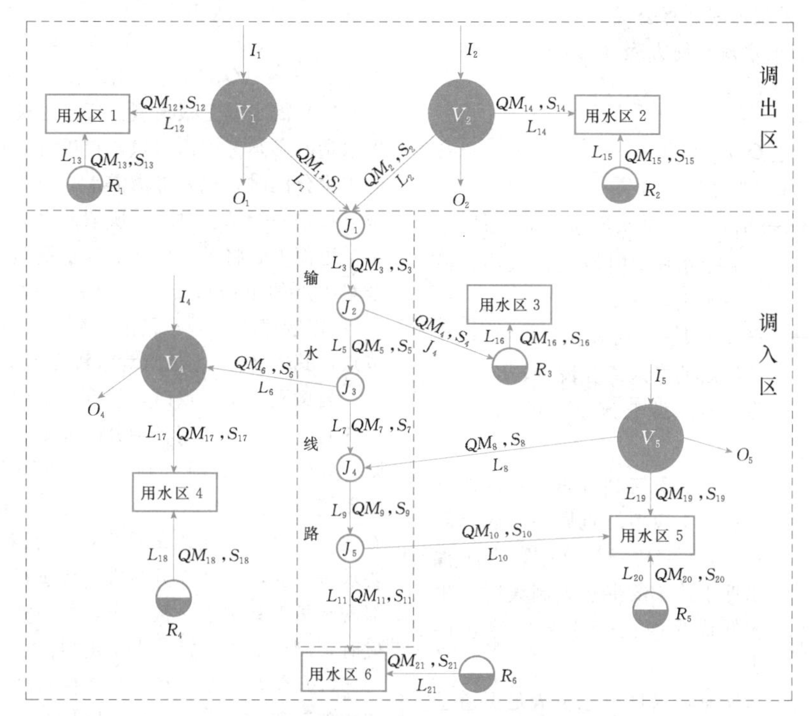

图 5.4-2 调水工程水资源系统示意图

库容可以调节天然来水过程，有固定的直属用水区，并承担向系统供水的任务。水库节点有河道内需水和弃水，下泄流量为 O_k。

2）本地水源 R_i。本地水源是一种与用水有密切关系的水源，包括地表水、地下水、处理后的废水、淡化海水等水源，本地水源与外调水联合调度向用水区供水。

3）用水区。用水区由多个用水户组成。用水户具有不同的用水优先级。例如将用水户分为城市生活、工业、农业灌溉用水户等，并按供水保证率大小排定用水优先级。用水区内各分区之间也有优先级之分，它以一组参数的形式输入模型，并可以根据规划人员的意图进行修正。

4）输水渠道 L_k。水资源系统中任意两节点之间连线 L_k 表示输水的渠道，箭头表示输水的方向，下标 k 为渠道编号。输水渠道最大过水能力为 QM_k，即在每一计算时段中，渠道过水流量不得超过 QM_k。渠道的输水损失为 S_k（对于管道为管网漏失率），它表示水从第 k 段渠道进入点流至出口的水量损失率。

5）输水系统节点 J_i。当有三条及三条以上输水路线交于一点时，就形成了一个输水系统节点，其中的每一条输水路线简称为“枝”。这种节点的基本特征是：任意时刻流入节点的总水量等于流出节点的总水量。

为了便于计算程序的编写，当某个节点含有多于三条以上的枝时，即在输水线路上沿线分水点有两个用水户同时分水，应将两个用水户节点分成前后两个，以减少该节点的枝数，使每一个节点可以变换成仅有三条枝的点。

输水系统节点分为两大类：①分水节点，有一条来水枝、两条出水枝，如图 5.4-2 中的 J_5 点；②汇水节点，有两条来水枝、一条出水枝，如图 5.4-2 中的 J_1 点。

上述步骤建立起来的描述网络的数据结构，可以很好地将各种资料串联起来管理。例如：根据各节点的类型号，可以查询与之有关的任意数据；根据输水管线号，可以查询相应的输水能力和输水损失；从一个点出发，沿着有向的网络边前进，可以知道由此点引出去的水能到达哪些节点，最大能送出去多少水，损失比例多大；对于用水节点，逆渠道流向上溯，可以找到所有能向其供水的水源。

5.4.7.2 水资源系统分析的指标

（1）受水区的各用水部门供水量规模：如受水区可以发展多少灌溉面积，具有多大的城市供水能力，各受水区的各用水部门的供水保证程度如何等。

（2）各输水渠道、水库工程规模：如各输水渠道 L_k 的设计流量、抽水泵站的装机容量、水库的最大库容等。

5.4.7.3 水资源系统水利计算公式

(1) 水库节点的水量平衡方程(在t时段):

$$\frac{V_k^{t+1}-V_k^t}{\Delta t}+I_k^t+(\sum Q_j^t)_{入}=$$
$$Q_k^t+(\sum Q_j^t)_{出}+O_k^t \quad (5.4-14)$$
$$(V_{k\min}^t \leqslant V_k^t \leqslant V_{k\max}^t)$$

式中 V_k^t、V_k^{t+1}——t时段始、末水库蓄水量,m^3;

$V_{k\min}^t$、$V_{k\max}^t$——第k个水库t时段允许最小、最大蓄水量,m^3;

I_k^t——第k个水库t时段扣除水库蒸发、渗漏后的净入库径流量,m^3/s;

$(\sum Q_j^t)_{入}$——由其他水源充入水库的总流量,m^3/s;

Q_k^t——第k个水库向其直属供水区的供水量(不应超过直属供水区总需水量,即$Q_k^t \leqslant \sum QX_{ik}^t$,水库蓄水低于第$i$条供水限制线时,相应低优先级的用水部门停止供水),m^3/s;

$(\sum Q_j^t)_{出}$——水库总输水量(Q_j^t需满足渠道过水能力约束:$Q_j^t \leqslant QM_j$,QM_j为第j条渠道的设计流量),m^3/s;

O_k^t——第k个水库t时段的下泄流量,m^3/s;

t——计算时段,来水、用水及调节计算时段相同,均以月或旬计。

(2) 调入区供水量、需水量方程。供水量不超过需水量(多数情况下等式成立):

$$QX_k^t \leqslant \sum(S_j Q_{jk}^t) \quad (5.4-15)$$

式中 QX_k^t——k用水点的需水量;

S_j——连接渠道的渠系水利用系数;

Q_{jk}^t——与k用水点相邻的节点供向k用水点的水量。

(3) 分水节点水量平衡方程:

$$(Q_{j1}^t)_{入} S_k=(Q_{j2}^t+Q_{j3}^t)_{出} \quad (5.4-16)$$

式中 $(Q_{j1}^t)_{入}$——进入j节点的渠道入端流量,即为上一个节点的输出流量,m^3/s;

S_k——j节点入流渠道的渠系水利用系数;

$(Q_{j2}^t+Q_{j3}^t)_{出}$——j节点两条出水枝的总流量。

(4) 汇水节点水量平衡方程:

$$(Q_{j1}^t+Q_{j2}^t)_{入} S_k=(Q_{j3}^t)_{出} \quad (5.4-17)$$

式中 $(Q_{j1}^t+Q_{j2}^t)_{入}$——进入分水节点两枝渠道的入端流量;

S_k——j节点入流渠道的渠系水利用系数;

$(Q_{j3}^t)_{出}$——出水枝的流量。

(5) 需水量上报模型。每一时段,在确定水源的供水量时必须考虑需水量,在进行分水节点两个输出的水量分配时,也要考虑需水。因此,需水量逐级上报过程是一个基本过程。所谓需水量上报,就是溯供水渠道而上,将各用水区的需水量逐级上报汇总到各个水源点的下级节点上的过程。例如,对于用水区6,可以顺序将其需水量上报到J_5、J_4、J_3、J_2、J_1节点,其中J_1、J_4节点为水源点的下级节点。

当碰到汇水节点时,就有一个如何向上分配需水量的问题。可以使用各种分配准则,如"固定比例准则"等。"固定比例准则"将节点需水量按一个固定的比例分配到上一层节点上,此比例值作为程序输入参数,经过多次优化试算后确定下来。"轮流准则"要求每一时段的计算分多次迭代进行。每一次迭代全部需水量都集中于一枝上报,另一枝为零。下一次迭代时,剩余需水量换到上次上报需水为零的枝上。

(6) 供水分配模型。水库供水决策的基本依据是其相邻下级点的需水量。仍以图5.4-2为例说明:V_4水库只需根据用水区4的需水量放水即可;V_5按照用水区5的需水量和节点J_4上报给J_3后剩余的需水量供水;V_1、V_2按需水量向用水区1和用水区2供水,按V_1、V_2当前时段库蓄水量的比例分摊J_1点的需水量。

(7) 充库模型。位置较低的水库可以由位置较高的水库充水。如图5.4-2中V_4库,可以由V_1、V_2库充水,充水过程与"供水分配模型"相同,即首先由可以充水的水库逐级将需充库量上报至各个高水库的下级节点,然后各高水库根据需水放水充库。充库的基本判断准则是:高水库必须有弃水才能充库。对于图中的V_4,一般情况下则希望多用库蓄水,少用R_4供水,以腾空库容、接纳总干渠中多余的水量。当然,也不宜将水库的水位放得太低,否则遇到总干渠供水不足时,将造成用水区4的供水困难。

(8) 补偿调节模型。V_5水库,它可以补充J_4点以下的渠道供水量,因此这种水库应当维持在较高水位条件下工作,平常用水区5的需水主要由L_{10}和R_5供给。当然,V_5水库也不能蓄水太高,否则可能增加其来水I_5的弃水量。

(9) 控制优化参数。在模拟模型中,可以加入一些参数,用以反映决策者的意图,反映各区水文方面的差异及其地位的重要性。

1) 首次充库系数。前已说明,各水库既不能充得太满(太满容易造成下一时段弃水),也不能蓄水太少（太少不能保证直属用水区供水）。为此，对每一个水库都赋予一个小于1的充库系数，以限制水库的蓄水量。

充库系数的另一个作用是反映水源的使用顺序，显然，充库系数越大，水源在第一次迭代时就充得越满，只有当其他水源都不能满足供水时才动用水库蓄水，这时水库水源是作为后备使用的。反之，充库系数小，表明该水库水源较先使用。无论迭代计算的中间过程如何，每一时段结束时均应对各个水库的来水进行检查，当水库来水未用完且水库蓄水还未达允许蓄水量上限时，应将来水继续充库。

2）调入小区重要性系数。根据各小区不同的重要性和供水保证率要求，设定不大于1的重要性系数，系数越大重要性越高，迭代时应首先满足。

5.4.7.4 水资源系统调度方式和调水规模

进行模拟计算时，初定调水工程规模（如各输水渠道 L_k 的设计流量 QM_k、抽水泵站的装机容量、水库的库容等），拟定水资源系统的供水调度方式。

对于新建的渠道，可放松规模约束，对于已建成的渠道采用设计值，通过系统模拟过程分析，长系列逐个节点计算得出各调入区各用水部门的供水量和保证率。当各受水区、各用水部门的供水保证率达到设计要求且外调水量最小后，再根据各输水管线中通过的最大流量，对规模进行调整，主要是减小设计流量，直至输水规模进一步减小到影响用水小区的供水保证程度为止，最终确定工程规模及调水量。

对于待建水库，可以拟定多组库容，然后调整充库系数和用水区重要性系数反复进行长系列的径流调节计算。通过水利计算，求得相应的供水保证率及水资源利用状况，结合水库防洪、其他兴利任务以及工程投资和淹没情况，优选水库的特征库容。

如果调水工程从河流取水，可以拟定多组进水闸的特征尺寸（如闸底板高程、闸孔宽度等），然后进行长系列水利计算，根据供水情况并考虑其他因素选取引水闸的特征尺寸。

5.5 灌溉工程

5.5.1 计算依据

5.5.1.1 灌溉设计标准

设计灌溉工程时，应首先确定灌溉设计保证率。南方小型水稻灌区的灌溉工程也可按抗旱天数进行设计。

1. 灌溉设计保证率

灌溉设计保证率可采用经验频率法计算，计算公式为

$$P = \frac{m}{n+1} \times 100\% \qquad (5.5-1)$$

式中 P——灌溉设计保证率，%；

m——作物需水量全部满足的年数；

n——计算总年数（计算系列总年数不宜少于30年）。

灌溉设计保证率为年保证率，《灌溉与排水工程设计规范》（GB 50288—99）中规定了灌溉设计保证率，如表5.5-1所示。

表5.5-1 灌溉设计保证率[9]

灌水方法	地区	作物种类	灌溉设计保证率（%）
地面灌溉	干旱地区或水资源紧缺地区	以旱作物为主	50～75
		以水稻为主	70～80
	半干旱、半湿润地区或水资源不稳定地区	以旱作物为主	70～80
		以水稻为主	75～85
	湿润地区或水资源丰富地区	以旱作物为主	75～85
		以水稻为主	80～95
喷灌、微灌	各类地区	各类作物	85～95

2. 抗旱天数

抗旱天数是指灌溉工程所提供的水量能够抗御干旱的天数。我国南方水稻区小型工程多以抗旱天数作为设计标准。《灌溉与排水工程设计规范》（GB 50288—99）中规定，单季稻灌区可用30～50d，双季稻灌区可用50～70d，经济较发达地区可按上述标准提高10～20d。这些设计标准，在当前的农田基本建设和一些小型灌区的规划设计中常被采用。由于无雨日数的确定有一些实际困难，加之这个标准还不便于与其他用水部门的保证率标准对照比较，故在大型灌溉工程和综合利用工程的设计中较少采用。

5.5.1.2 灌溉水源

灌溉水源有地表水和地下水两种形式，地表水包括河川径流、湖泊径流、当地地面径流和城市中水。

河川径流、湖泊径流是我国主要的灌溉水源。当地地面径流是指由当地降雨产生的径流，我国南方地区利用当地地面径流灌溉十分普遍。

城市中工业废水和生活污水经过净化处理后形成的中水，可以作为灌溉水源。

地下水一般指浅层地下水和层间水，浅层地下水主要由大气降雨补给，埋藏较浅，便于开采，是灌溉水源之一。

5.5.2 灌溉制度和灌溉用水量

5.5.2.1 作物需水量

农田水分消耗的途径主要有作物蒸腾、株间蒸发和深层渗漏（或田间渗漏），作物蒸腾和株间蒸发合称为腾发，两者消耗的水量合称为腾发量，通常又把腾发量称为作物需水量。可采用以下几种估算方法。

（1）以水面蒸发为参数的需水系数法（α 值法）。

$$E = \sum \alpha_i E_{0i} = \alpha E_0 \tag{5.5-2}$$

式中 E——作物全生育期的需水量，mm；

E_0——作物全生育期的水面蒸发量，mm；

E_{0i}——作物生育阶段的水面蒸发量，mm；

α——作物全生育期的需水系数；

α_i——作物生育阶段的需水系数。

此法 α 值比较稳定，广泛应用于水稻区。

（2）以气温为参数的需水系数法（积温法）。

$$E = \sum \beta_i t_i = \beta T \tag{5.5-3}$$

式中 E——作物全生育期的需水量，mm；

T——作物全生育期的气温累计值，℃；

t_i——作物生育阶段的气温累计值，℃；

β——作物全生育期的需水系数，mm/℃；

β_i——作物生育阶段的需水系数，mm/℃。

此法因气温资料容易取得，适用于我国南方水稻区。

（3）以产量为参数的需水系数法（K 值法）。

$$E = KY \tag{5.5-4}$$

式中 E——作物需水量，m^3/亩；

K——需水系数，m^3/kg；

Y——作物产量，kg/亩。

在一定气象条件下，作物需水量随着产量的提高而增加，而达到一定产量之后，需水量的增加并不明显，K 值很不稳定，但该方法在北方旱作物地区效果尚好。

（4）以气温和水面蒸发为参数的需水系数法（β 值法）。

$$E = \beta\phi = \sum \beta_i \phi_i = \sum \beta_i (\bar{t}_i + 50) \sqrt{E_{0i}} \tag{5.5-5}$$

式中 E——作物全生育期的需水量，mm；

E_{0i}——作物生育阶段的水面蒸发量，mm；

ϕ——作物全生育期消耗于作物需水量的太阳能量累计指标；

ϕ_i——作物生育阶段消耗于作物需水量的太阳能量累计指标；

β——作物全生育期的需水系数，mm/℃；

β_i——作物生育阶段的需水系数，mm/℃；

$\bar{t}_i$——作物生育阶段的日平均气温，℃。

这种方法一般用于水稻需水量的计算。

（5）以产量和水面蒸发为参数的多因素法。

$$E = aE_0 + bY + c \tag{5.5-6}$$

式中 E——作物田间总需水量，mm；

E_0——作物生育阶段的水面蒸发量，mm；

Y——作物产量，kg/亩；

a、b、c——经验系数。

上述各方法中的系数可根据各地实验资料取得。采用以上各方法可以估算作物整个生育期的田间需水量，也可以估算各生育期的田间需水量。对于只计算全生育期总需水量的方法，若用其估算各生育期的田间需水量，还需要按各生育期的模比系数（各生育期田间需水量占全生育期田间总需水量的比例），推算各生育阶段的田间需水量。

（6）彭曼法。彭曼法是将作物腾发视为能量消耗的过程，通过平衡计算求出腾发所消耗的能量，再将能量折算为水量，即得作物的田间耗水量，计算公式为

$$E = K_\omega K_c ET_0 \tag{5.5-7}$$

式中 E——某时段的作物田间需水量，mm/d；

K_ω——土壤水分修正系数；

K_c——作物系数；

ET_0——参照作物需水量，mm/d。

参照作物需水量是指土壤水分充足、地面完全覆盖、生长正常、高矮整齐的开阔矮草地的需水量，它是各种气象条件影响作物需水量的综合指标，计算公式为

$$ET_0 = \frac{\dfrac{P_0}{P}\dfrac{\Delta}{\gamma}R_n + E_a}{\dfrac{P_0}{P}\dfrac{\Delta}{\gamma} + 1} \tag{5.5-8}$$

式中 P_0——标准大气压，取1013.25hPa；

P——计算地点平均气压，hPa；

Δ——平均气温时饱和水汽压随温度的变化率；

γ——湿度计常数，取0.66hPa/℃；

R_n——太阳净辐射，以蒸发的水层深度计，mm/d；

E_a——干燥力，mm/d。

当缺少试验资料时，可采用彭曼法。彭曼法因计算误差小，在全世界得到广泛应用。

5.5.2.2 作物灌溉制度

作物灌溉制度是指作物播种前及全生育期内的灌溉次数、灌水时间、灌水定额和灌溉定额。通常采用总结丰产经验、灌溉试验资料和按水量平衡计算相互验证确定。

1. 旱作物灌溉制度

通常以作物主要根系吸水层作为灌水时的土壤计

划湿润层，并要求该土层内的储水量能保持在作物所要求的范围内。旱作物田间根系层允许平均最大含水率应小于田间持水率。旱地灌溉就是通过浇水，使土壤耕作层中的含水率保持在凋萎系数与田间持水率之间。

旱作物灌溉制度由“播前灌水定额”与“生育期灌溉制度”两部分组成。

(1) 播前灌水定额。在旱作物播前，需要进行一次灌水，以保持农田作物种子发芽和出苗必须的土壤含水量，播前灌水按式 (5.5-9) 计算：

$$M_1 = \gamma H(\omega_{max} - \omega_0)A \qquad (5.5-9)$$

式中 M_1——播前灌水量，m^3；

γ——H 深度内土壤平均干容重，t/m^3；

H——土壤计划湿润层深度，mm；

ω_{max}——H 深度内土壤田间持水率；

ω_0——H 深度内播前土壤含水率；

A——作物种植面积，m^2。

(2) 生育期灌溉制度。将生育期分为若干时段，每一时段计算作物灌溉水量的公式为

$$\omega_2 = \omega_1 - \frac{E - P_0 - W_k}{\gamma H} \qquad (5.5-10)$$

$$M_2 = \gamma H(\omega_{max} - \omega_{min})A \qquad (5.5-11)$$

式中 ω_2——时段末 H 深度土层内含水率；

ω_1——时段初 H 深度土层内含水率；

E——时段内作物田间需水量，mm；

P_0——时段内有效降雨深，mm；

W_k——时段内地下水补给量，mm；

γ——H 深度内土壤平均干容重，t/m^3；

H——土壤计划湿润层深度，mm；

M_2——时段内灌水量，m^3；

ω_{max}——H 深度内土壤田间持水率；

ω_{min}——H 深度内允许土壤含水率下限，应大于凋萎系数，根据经验，一般可取 $0.6\omega_{max}$；

A——作物种植面积，m^2。

计算时，先求出时段末土壤含水率 ω_2，当 ω_2 下降至允许含水率下限时，即为灌水时间，从而求出灌水定额。灌水后，以 $\omega_1 = \omega_{max}$ 为新的起点，继续向后演算，直到生育期结束为止。

按照以上方法，可求出生育期内在不同情况下的灌水时间间隔和灌水定额，从而确定出作物全生育期内的灌溉制度。

2. 水稻灌溉制度

水稻灌溉制度由泡田期灌溉制度与生育期灌溉制度组成。

(1) 泡田期。水稻在插秧以前需进行泡田，泡田需水量按式 (5.5-12) 计算：

$$M_1 = 0.667(c + S + et - P)A \qquad (5.5-12)$$

式中 M_1——泡田需水量，m^3/亩；

c——插秧时田面所需水层深，mm；

S——以水深表示的泡田期总渗漏量，mm；

e——以水深表示的单位时间内水面蒸发量，mm/d；

t——泡田期时间长度，d；

P——泡田期总降雨深，mm；

A——水稻种植面积，亩。

(2) 生育期。水稻生育期任一时段内田面水层的变化，可用式 (5.5-13) 表示：

$$h_2 = h_1 + P - E - F - C \qquad (5.5-13)$$

式中 h_2——时段末田面水层深度，mm；

h_1——时段初田面水层深度，mm；

P——时段内降水深，mm；

E——时段内作物田间需水量，mm；

F——时段内稻田渗漏水量，mm；

C——时段内稻田排水量，mm。

水稻生育期灌溉需水量确定的关键是维持淹灌水层深度在允许的上、下限之间。若时段初的农田水分处于适宜水层上限，经过一段时间的消耗，田面水层降到适宜水层的下限，这时如果没有降雨，则需要进行灌溉，灌水定额按式 (5.5-14) 计算：

$$m = h_{max} - h_{min} \qquad (5.5-14)$$

式中 m——灌水定额，mm；

h_{max}——田面适宜水层的上限，mm；

h_{min}——田面适宜水层的下限，mm。

某灌区水稻灌溉制度计算见表 5.5-2。

将泡田期和生育期各时段灌水量相加，即为水稻生育期灌溉总需水量。

5.5.2.3 灌水率、灌水率图及其修正

灌水率是指灌区单位面积上所需灌溉的净流量，又称灌水模数。灌水率的大小取决于灌区作物组成、灌水定额和灌水延续时间，一般先按式 (5.5-15) 计算各种作物的灌水率，然后用图解法制定灌水率图。

$$q = \frac{\alpha m}{0.36Tt} \qquad (5.5-15)$$

式中 q——某种作物某次灌水率，m^3/(s·万亩)；

α——某种作物灌溉面积占全灌区总面积的百分数；

m——某种作物一次灌水定额，m^3/亩；

T——某种作物一次灌水延续天数，d；

t——每天实际灌水小时数，自流灌区每天灌水持续时间以 24h 计，抽水灌区每天抽灌时间则以 20～22h 计。

表 5.5-2　　　　水稻灌溉制度计算表　　　　单位：mm

日期		生育期	设计淹灌水层			逐日耗水量	逐日降雨量	淹灌水层变化	灌水量	排水量
月	日		h_{min}	h_{max}	H_p					
(1)		(2)	(3)			(4)	(5)	(6)	(7)	(8)
	24							10.0		
	25							6.0		
	26						7.0	9.0		
4	27							5.0		
	28	返青期	5	30	50	4.0	7.0	8.0		
	29						4.0	8.0		
	30						61.0	50.0		15.0
	1							46.0		
	2							42.0		
	3							35.0		
	4							28.0		
	5							21.0		
	6						15.0	29.0		
	7	分蘖前	20	50	70	7.0	13.1	35.1		
	8							28.1		
	9							21.1		
	10							44.1	30.0	
	11						6.9	44.0		
	12							37.0		
5	13							30.0		
	14						22.5	48.5		
	15		20	50	80		5.5	47.0		
	16							40.0		
	17							33.0		
	18	分蘖末				7.0	27.8	53.8		
	19							46.8		
	20							39.8		
	21							32.8		
	22						1.3	27.1		27.1
	23		落干晒田					−7.0		
	24							−14.0		
	25							−21.0		
	26							−28.0		

续表

日期		生育期	设计淹灌水层			逐日耗水量	逐日降雨量	淹灌水层变化	灌水量	排水量
月	日		h_{min}	h_{max}	H_p					
(1)		(2)	(3)			(4)	(5)	(6)	(7)	(8)
5	27	拔节孕穗	30	60	90	8.5		43.5	80.0	
	28							35.0		
	29							56.5	30.0	
	30							48.0		
	31							39.5		
6	1							31.0		
	2							62.5	40.0	
	3							54.0		
	4							45.5		
	5							37.0		
	6							28.5		
	7							60.0	40.0	
	8							51.5		
	9							43.0		
	10						5.5	40.0		
	11						8.5	40.0		
	12							31.5		
	13	抽穗开花	10	30	80	9.0		22.5		
	14							13.5		
	15							34.5	30.0	
	16							25.5		
	17							16.5		
	18						2.5	10.0		
	19							31.0	30.0	
	20							22.0		
	21							13.0		
	22						20.9	24.9		
	23							15.9		
	24							36.9	30.0	
	25							27.9		
	26							18.9		
	27							9.9		
	28	乳熟	10	30	60	4		35.9	30.0	
	29							31.9		
	30							27.9		

续表

日期		生育期	设计淹灌水层			逐日耗水量	逐日降雨量	淹灌水层变化	灌水量	排水量
月	日		$h_{\min}$	$h_{\max}$	H_p					
(1)		(2)	(3)			(4)	(5)	(6)	(7)	(8)
7	1	乳熟	10	30	60	4		23.9		
	2							19.9		
	3							15.9		
	4							11.9		
	5						4.6	12.5		
	6							8.5		
	7	黄熟	落干			4.0				
	8									
	9									
	10									
	11									
	12									
	13									
	14									
合计	82					551.5	213.1		340.0	42.1

注 H_p 为允许最大蓄水深度。

根据拟定的各种作物的灌溉制度，按式(5.5-15)算出灌区内各种作物每次灌水的灌水率，并将所有灌水率绘制在方格纸上，称为灌水率图，并作必要的修正，如图5.5-1和图5.5-2所示。《灌溉与排水工程设计规范》（GB 50288—99）中规定修正后的灌水率图应符合以下要求。

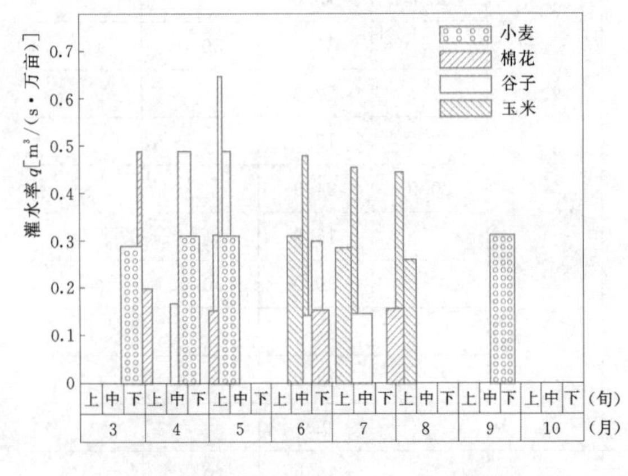

图5.5-1 某灌区初步灌水率图

(1) 灌水率应与水源供水条件相适应。

(2) 全年各次灌水率大小应比较均匀，以累计

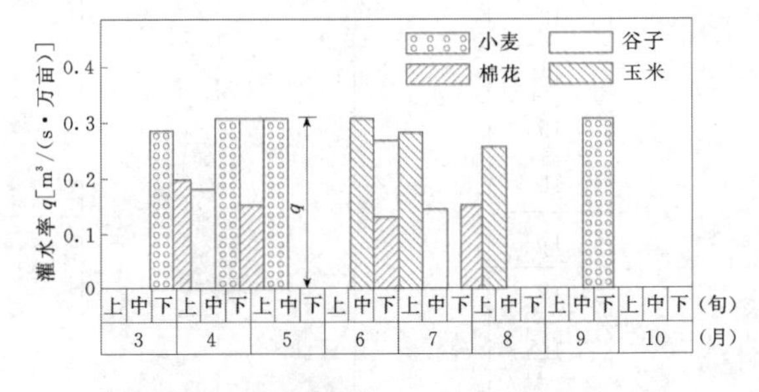

图5.5-2 某灌区修正后的灌水率图

30d以上的最大灌水率作为设计灌水率，短期的峰值不应大于设计灌水率的120%，最小灌水率不应小于设计灌水率的30%。

(3) 宜避免经常停水，特别应避免小于5d的短期停水。

(4) 提前或推迟灌水时间不得超过3d，若同一种作物连续两次灌水均需变动灌水时间，不应一次提前、一次推后。

(5) 延长或缩短灌水时间与原定时间相差不应超过20%。

(6) 灌水定额的调整值不应超过原定额的10%，同一种作物不应连续两次减少灌水定额。

5.5.2.4 灌溉水利用系数

1. 渠系水利用系数

渠系水利用系数为灌溉渠系进入田间的总水量与渠道引水总量的比值。渠道引水总量与进入田间总水量的差值为输水损失，包括渗漏、蒸发、漏水、跑水、泄水等。

渠系水利用系数反映整个渠系的水量损失情况，渠系水利用系数等于各级渠道水利用系数的乘积，按式（5.5-16）计算：

$$\eta_s = \eta_{干}\eta_{支}\eta_{斗}\eta_{农} \quad (5.5-16)$$

式中 η_s——渠系水利用系数；

$\eta_{干}$——干渠的渠道水利用系数；

$\eta_{支}$——支渠的渠道水利用系数；

$\eta_{斗}$——斗渠的渠道水利用系数；

$\eta_{农}$——农渠的渠道水利用系数。

渠道水利用系数可按式（5.5-17）计算：

$$\eta_0 = \frac{Q_{dj}}{Q_d} \quad (5.5-17)$$

$$Q_d = Q_{dj} + Q_L$$

$$Q_L = \sigma L Q_{dj}$$

$$\sigma = \frac{A}{100Q_{dj}^m}$$

式中 η_0——渠道水利用系数；

Q_{dj}——渠道净流量，m^3/s；

Q_d——渠道毛流量，m^3/s；

Q_L——渠道输水损失流量，m^3/s；

σ——每公里渠道输水损失系数；

L——渠道长度，km；

A——渠床土壤透水系数；

m——渠床土壤透水指数。

2. 灌溉水利用系数

灌溉净用水量和渠道引水总量的比值为灌溉水利用系数。灌溉水利用系数也可按式（5.5-18）计算：

$$\eta = \eta_s \eta_f \quad (5.5-18)$$

式中 η——灌溉水利用系数；

η_s——渠系水利用系数；

η_f——田间水利用系数。

《节水灌溉工程技术规范》（GB/T 50363—2006）中有以下规定。

（1）渠系水利用系数，大型灌区不应低于0.55，中型灌区不应低于0.65，小型灌区不应低于0.75，井灌区采用渠道防渗不应低于0.9，采用管道输水不应低于0.95。

（2）田间水利用系数，水稻灌区不宜低于0.95，旱作物灌区不宜低于0.90。

（3）灌溉水利用系数，大型灌区不应低于0.50，中型灌区不应低于0.60，小型灌区不应低于0.70，井灌区不应低于0.80，喷灌区不应低于0.80，微喷灌区不应低于0.85，滴灌区不应低于0.90。

（4）井渠结合灌区的灌溉水利用系数可根据井、渠用水量加权平均计算确定。

5.5.2.5 灌溉用水量及用水过程

灌溉用水量是指灌溉面积上需要水源供给的灌溉水量，它与灌溉面积、作物组成、各种作物的灌溉制度、渠系输水和田间灌水的水量损失等因素有关。灌溉用水量的大小直接影响着灌溉工程的规模。

灌区某一时段灌溉用水量采用式（5.5-19）和式（5.5-20）计算：

$$M_{净} = m_{综净}A = \sum \alpha_i m_i A \quad (5.5-19)$$

$$M_{毛} = m_{综毛}A = \frac{\sum \alpha_i m_i}{\eta A} \quad (5.5-20)$$

$$\alpha_i = \frac{A_i}{A}$$

式中 $M_{净}$、$M_{毛}$——某时段内灌区净灌溉用水量、毛灌溉用水量，m^3；

$m_{综净}$、$m_{综毛}$——某时段内灌区综合净灌水定额、综合毛灌水定额，m^3/亩；

m_i——某一作物在该时段内的灌水定额，m^3/亩；

α_i——某一作物灌溉面积占全灌区总面积的百分数；

A_i——该种作物的灌溉面积，亩；

A——全灌区的灌溉面积，亩；

η——灌溉水利用系数。

灌区内各种作物的灌溉面积和灌溉制度确定后，便可用式（5.5-19）和式（5.5-20）推算出各时段的灌溉用水量，从而确定灌溉用水过程线，全年各时段用水量累计即为灌溉用水量。将式（5.5-19）和式（5.5-20）中时段内的灌水定额改成全年的灌溉定额，计算结果即为灌溉用水量。表5.5-3为某干旱地区灌区灌溉用水过程计算表。

5.5.2.6 非充分灌溉

充分灌溉指作物在各个生育阶段所需的水分都得到充分满足，即在土壤水分达到或接近适宜土壤含水率下限前进行灌溉，作物生长发育处于最佳水分环境，作物产量达到最高。

非充分灌溉指在作物生育期内由于土壤水分不足，作物所需水分得不到充分满足，导致作物不同程度减产。在水资源紧缺地区，为了使水资源得到最合理的利用，可实行非充分灌溉。非充分灌溉虽然使作

表 5.5-3　某干旱地区灌区灌溉用水过程计算表

月份	旬	作物各次灌水定额（m^3/亩）			作物各时段灌水量（万 m^3）			全灌区净灌溉水量（万 m^3）	全灌区毛灌溉水量（万 m^3）
		冬小麦	玉米	棉花	冬小麦	玉米	棉花		
3	上								
	中	28			280			280	431
	下	28		40	280		400	680	1046
4	上	28		40	280		400	680	1046
	中	28			280			280	431
	下	28			280			280	431
5	上	28			280			280	431
	中								
	下	35		30	350		300	650	1000
6	上	35		30	350		300	650	1000
	中		35			175		175	269
	下		35	25		175	250	425	654
7	上			25			250	250	385
	中		35	25		175	250	425	654
	下		35	25		175	250	425	654
8	上		35	25		175	250	425	654
	中		35	25		175	250	425	654
	下		35			175	0	175	269
9	上	22	35	30	220	175	300	695	1069
	中	22		30	220		300	520	800
	下	22			220			220	338
10	上								
	中								
	下								
11	上	22			220			220	338
	中	22			220			220	338
	下	22			220			220	338
合计		370	280	350	3700	1400	3500	8600	13230

注　灌区中冬小麦、玉米和棉花的种植面积分别为10万亩、5万亩和10万亩。

物有不同程度的减产，但也可节省单位灌溉面积用水量，节约水资源，因此需要寻求非充分灌溉下的经济灌溉定额和灌溉制度。

1. 水稻[18]

水稻在不同生长发育时期，受旱对产量的影响机理是不同的。在分蘖期受旱，一般使亩穗数大幅度减少，但千粒重和穗实粒数均增加；拔节孕穗期受旱，一般使亩穗数和穗实粒数均略微减少；抽穗开花期受旱，则使千粒重和穗实粒数明显减少；乳熟期受旱，主要是千粒重降低。如果几个阶段连续受旱，则对产量的影响更加复杂，这种影响不是各单一阶段影响的简单叠加，前一阶段的影响均会对后一阶段的水稻生理机能产生后效性。因此，从分蘖期开始的连续受旱，由于亩穗数大幅度减少，又无法增加穗实粒数和千粒重，至使产量最低。

在水资源不足而又必须采取非充分灌溉时，应注意以下几点。

（1）宜在非敏感期使稻田短期受轻旱甚至中旱，避免受重旱。

（2）避免在敏感期受旱，特别应避免在该阶段受重旱。

（3）避免两个阶段连续受旱，在水量的分配上，宁可一个阶段受中旱，不使两个阶段受轻旱；宁可一个阶段受重旱，不使两个阶段受中旱；更要避免三个阶段连旱。

2. 小麦[19]

在不能充分供水的情况下，冬小麦主要根据“争苗、争穗、争粒”的原则，确保播前底墒水、拔节水和灌浆水。底墒水是培育壮苗，促使小麦发芽早、出苗快、早分蘖、长壮苗的关键。更重要的灌水应是冬灌和拔节期的灌水。冬灌具有储水、平抑地温、改良土壤结构、塌实表土和消灭病虫害的作用，时间应选在“昼消夜冻”期间，灌水定额可稍大一些，一般为40～60m^3/亩。但若灌浆期干旱，可浇一次麦黄水，灌水定额可不超过45m^3/亩。根据各地经验，冬小麦只要拔节不缺水，又有冬灌储水，一般都可以获得相当不错的产量。

非充分灌溉制度的关键是抓作物需水临界期，以减少灌水次数，同时抓土壤适宜含水量下限，以减少灌水定额，从而获得相当理想的产量。

5.5.3 蓄水灌溉工程

蓄水灌溉主要是以水库作为蓄水工程，将河川多余水量蓄积起来，在农作物生长期内的干旱少雨季节，将水库内的存水通过输水渠道向田间供水，借以补充有效降雨和当地供水不足的部分，保证农作物的需水量。

灌溉水库调节计算一般采用时历法，对于大型水库，应采用长系列法进行计算，中小型水库可采用代表年法。计算方法和要求可参照本章5.4节。

1. 长系列法

灌溉水库调节计算一般是已知来水、灌溉用水、设计保证率，求所需的库容，调节库容计算方法与供水工程相同。

在论证水库灌溉面积时，需要假定几组灌溉面积，分别求出相应的调节库容，最后通过经济比较确定。

输水工程首端设计流量取满足设计保证率的渠首长系列引水过程中的最大值，作为输水工程首部的设计流量。

2. 代表年法

（1）代表年的选取。

1）年径流量的选择。根据频率曲线，采用适线法计算设计保证率的年径流量，在适线时，应着重于曲线流量较小部分的拟合。

2）设计年内分配过程，通常是从实测资料中选取代表年内分配过程加以缩放而推求的。

（2）灌溉库容计算。

1）当年灌溉用水量和来水量之间关系比较密切时，可选取水库年来水量接近设计保证率，而在年内分配不同的几个代表年。灌溉用水量采用同年用水过程，进行逐时段水量平衡计算，从而求得各代表年所需库容，然后取其偏大值作为设计值。

2）当年灌溉用水量和来水量关系不密切时，可先在年来水量频率曲线上选择年来水量保证率在设计保证率左右的几年，灌溉用水量采用同年用水过程，分别计算各典型年所需库容，再将所求库容按大小重新排列，根据设计保证率求其库容值。然后在年用水量频率曲线上，选择年用水量保证率在设计保证率左右的几年，来水过程采用同年资料，计算这几年所需库容，再将所求库容按大小重新排列，根据设计保证率求其库容值。最后，可在两个库容中，选其大者作为设计值。

3）如果已对一个方案进行长系列调节计算，为了比较更多方案而采用典型年法，可选用灌溉库容符合设计保证率的年份为代表年，因为这样的代表年与长系列法计算结果最接近。

3. 抗旱天数法

对灌区历年抗旱天数进行调查和统计分析，根据规定的设计抗旱天数，选择几个实际无雨天数接近设计抗旱天数的年份作为设计代表年，然后用各代表年的水库来水量和灌溉用水量进行水量平衡计算，求出各代表年所需灌溉调节库容，选用偏于安全的库容作为设计值。

用抗旱天数法推求所需调节库容，算式如下：

$$V = 667etA \qquad (5.5-21)$$

式中 V——灌溉调节库容，万m^3；

e——耗水强度，m^3/（d·亩）；

t——抗旱天数，d；

A——灌溉面积，万亩。

抗旱天数法一般适用于资料缺乏的中小型工程。

4. 复蓄次数法

塘坝供水量可用不同年份塘坝有效容积的复蓄次数估算，计算公式为

$$W = nV \qquad (5.5-22)$$

式中 W——可用于灌溉的塘坝供水量，m^3；

n——塘坝一年的复蓄次数，一般通过灌区调查获得；

V——可用于灌溉的塘坝调节库容，等于正常蓄水位以下水库库容减去养鱼、种植水生生物等所需的死库容，也可通过调查确定，m^3。

5.5.4 引水灌溉工程

5.5.4.1 有坝引水工程

当河流自然水位不能满足灌溉要求时，可考虑在河流上修建壅水坝。有坝引水工程没有调蓄功能，一般情况下，已知灌溉面积，确定引水设计流量和引水闸上下游设计水位。

1. 设计流量

当引灌渠首处具有30年以上水文资料时，可采用长系列时历法进行水量平衡计算，一般以旬为单位时段，根据灌溉面积、作物种植比例、历年的灌水率图以及灌溉水利用系数，求得灌区历年灌溉用水过程线，然后对历年的（渠首处）河流设计来水量扣除下游河道生产、生态用水后的可引水过程线和灌溉用水过程线进行比较，统计河流来水满足灌溉用水的保证年数。如果计算得到的灌溉保证率与灌区要求的灌溉设计保证率不一致，则需调整灌溉面积或改变作物种植比例等，重复以上计算，使两者一致起来，定出设计引水流量和灌溉面积。保证年数中可引流量最大值为设计流量。

当引水渠首处水文资料不足或要求做简化计算时，可采用代表年法进行水量平衡计算。代表年的选取应考虑来水和用水的不利组合，即采用来水量和用水量接近设计保证率的各年份分别进行水量平衡计算，选用偏安全的设计值。

2. 引水闸设计水位

（1）下游设计水位。下游设计水位是根据灌区高程控制要求确定的干渠渠首水位，一般要求按能控制大部分灌区自流灌溉的原则确定。

（2）上游设计水位。上游设计水位需满足下游设计水位加过闸设计水头（一般采用0.1～0.3m）要求。确定壅水坝的设计水位时，需考虑灌区的引水要求，若建有水电站，还应适当照顾水电站的发电效益，同时要尽量减少上游的淹没损失和防洪工程投资。设计中，上游设计水位需通过经济比较分析综合确定。

5.5.4.2 无坝引水工程

当河道枯水位及相应的枯水流量能满足灌区自流引水的要求时，一般采用无坝引水工程。

1. 引水量和引水流量

在有河流规划的情况下，各时段的引水量按照河流规划规定的限度执行，在没有河流规划或河流没有明确规定的情况下，《灌溉与排水工程设计规范》（GB 50288—99）规定：引水量宜小于引水点河道流量的50%，对于多泥沙河流宜小于30%，如经模型试验或其他专门论证，引水量可适当提高。

无坝引水设计流量取历年灌溉期最大灌溉流量排频满足灌溉设计保证率的流量。

2. 引水闸设计水位

（1）闸上设计水位。在确定闸上设计水位前，需先确定河道设计水位。河道设计水位选择的方法是，每年选取灌溉季节中的最低旬（或最低二旬）平均水位，通过频率分析，求出相应于灌溉设计保证率的最低平均水位作为河道设计水位。河道水位确定以后，扣除河道至引水闸之间水头损失即为闸上设计水位。

（2）闸下设计水位。闸下设计水位一般是根据灌区高程控制要求确定的干渠渠首水位，但这一水位还应根据闸上设计水位扣除过闸设计水头后加以校核，如果不足，则应以闸上水位扣除过闸设计水头作为闸下设计水位，而将灌区范围适当缩小或采取部分自流与部分提灌相结合的灌溉方案，也可以采用有坝引水或将引水枢纽位置上移等方式加以解决，具体可通过经济比较分析确定。

5.5.5 提水灌溉工程

提水灌溉工程的主体为抽水泵站，主要内容是确定泵站的设计提灌流量、出水池水位、进水池水位和设计扬程。

5.5.5.1 设计提灌流量

对于无调节能力的灌区，采用典型年毛灌溉用水量过程中的高峰时段平均毛灌溉用水流量计算设计提灌流量，其计算公式为

$$Q=\frac{24Q_{毛}}{t} \tag{5.5-23}$$

式中 Q——设计提灌流量，m^3/s；

$Q_{毛}$——高峰时段平均毛灌溉用水流量，m^3/s；

t——泵站日开机小时数，电灌泵站取22～24h，机灌泵站取20～22h。

对于有调节能力的灌区，应充分发挥灌区当地调蓄工程（如塘坝、水库）的作用，在毛灌溉用水过程中，首先由当地调蓄工程进行灌溉，剩余需要提水补充的最大时段平均毛灌溉用水流量为设计提灌流量。

5.5.5.2 出水池水位

1. 设计运行水位

设计运行水位是根据灌溉设计流量的要求，从控

制灌溉面积上控制点的地面高程，自下而上逐级推求至渠首的水位，加上出水池至渠首之间的连接建筑物水头损失。

2. 最高运行水位

最高运行水位是泵站以最大流量运行时相应的渠道水位，加上出水池至渠首之间的连接建筑物水头损失。

3. 最低运行水位

最低运行水位是泵站以最小流量运行时相应的渠首水位，加上出水池至渠首之间的连接建筑物水头损失。

5.5.5.3 进水池水位

泵站工程主要从河流、湖泊、水库、渠道等水源取水。

1. 从河流、湖泊取水

(1) 设计运行水位。统计历年灌溉期的日或旬平均水位进行排频，根据灌溉保证率 $P_{灌}$，在频率曲线上查得设计运行水位。

(2) 最高运行水位。取重现期 5～10 年一遇洪水的日平均水位。

(3) 最低运行水位。取历年灌溉期保证率为 95%～97%的最低日平均水位。

2. 从水库取水

(1) 设计运行水位。在绘制的水位经验频率曲线中，查出设计供水保证率相应的月或旬平均水位，即为设计运行水位。

(2) 最高运行水位。选择水库设计洪水位和正常蓄水位，两者水位较高者为最高运行水位。如洪水期不引水，可采用正常蓄水位。

(3) 最低运行水位。水库最低运行水位，即死水位或极限水位。

3. 从渠道取水

(1) 设计运行水位取渠道通过设计流量时的水位。

(2) 最高运行水位取渠道通过加大流量时的水位。

(3) 最低运行水位取渠道通过单泵流量时的水位。

泵站进水池的设计运行水位、最低运行水位、最高运行水位可按河流、湖泊、水库、渠道等水源的相应计算水位减去水源至进水池之间的连接建筑物和拦污栅的水头损失后予以确定。

5.5.5.4 设计扬程

1. 泵站扬程计算

泵站扬程为出水池水位与进水池水位之差与总水头损失之和。进水池、出水池设计水位的差值即为设计净扬程，设计扬程时的提水流量必须满足灌溉设计流量的要求；最大净扬程是泵站在长期运行中可能出现的净扬程最大值，采用进水池、出水池水位过程中的最大差值，无水位过程时，可通过分析进水池、出水池各种水位出现的机遇，采用其最大差值；最小净扬程是泵站在长期运行中，可能出现的净扬程最小值，采用进水池、出水池水位过程中的最小差值，也可按出水池最低水位与进水池最高水位差值计算。

2. 泵站总水头损失计算

泵站总水头损失按式 (5.5-24) 计算：

$$H_{损} = H_1 + H_2 = SQ^2L + \frac{\zeta v^2}{2g} \tag{5.5-24}$$

式中 $H_{损}$——总水头损失，m；

H_1——吸水管及压力水管沿程水头损失，m；

H_2——局部水头损失，m；

S——单位管长在单位流量下的沿程水头损失，s^2/m^6；

Q——管道输水流量，m^3/s；

L——管长，m；

ζ——局部水头损失系数；

v——断面平均流速，m/s；

g——重力加速度，m/s^2。

总水头损失也可用式 (5.5-25) 计算：

$$H_{损} = \lambda \frac{L}{d}\frac{v^2}{2g} + \zeta \frac{v^2}{2g} \tag{5.5-25}$$

式中 λ——沿程水头损失系数；

d——管道直径，m；

其他符号意义同前。

3. 泵站平均扬程

泵站平均扬程为计入提水流量、提水历时的加权平均净扬程，按式 (5.5-26) 计算：

$$H = \frac{\sum H_i Q_i T_i}{\sum Q_i T_i} \tag{5.5-26}$$

式中 H——平均扬程，m；

H_i——第 i 时段净扬程，m；

Q_i——第 i 时段提水流量，m^3/s；

T_i——第 i 时段历时，d。

5.5.6 灌溉渠系工程

5.5.6.1 各级渠道设计流量推算

1. 配水方式选择

渠道配水方式有两种：①轮灌，即上一级渠道向下一级渠道按预先划好的轮灌组分组轮流供水；②续灌，即上一级渠道同时向所有下一级渠道供水。

轮灌可分为集中轮灌与分组轮灌，当上一级渠道来水流量较小，多采用集中轮灌，即将上一级渠道的来水集中到下一级渠道使用，依次逐渠集中轮灌；当上一级渠道来水较大时，一般多采用分组轮灌，即将该组渠道分为若干轮灌组，按一定顺序先后向轮灌组集中供水。

续灌是将整个灌溉系统作为一个轮灌区同时供水。采用续灌供水时，渠道水量集中，输水时间短，水量损失小，缺点是干渠过水能力（流量）大，工程投资高，设备利用率低。为减少工程投资，一般均采用轮灌方式。

选择配水方式应根据灌区实际情况因地制宜地确定。大型、中型灌区的干渠、支渠多采用续灌，斗渠、农渠多采用轮灌。

2. *轮灌渠道设计流量推算*

自上而下分配末级续灌渠道支渠的田间净流量，然后自下而上推算各级渠道的设计流量。渠系轮灌工作图如图5.5-3所示。支渠为末级续灌渠道，斗渠、农渠轮灌，同时工作的斗渠有n条，每条斗渠同时工作的农渠有k条。

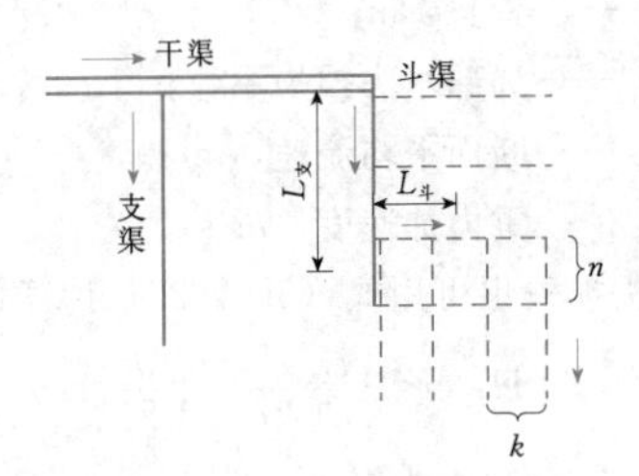

图5.5-3 渠系轮灌工作图

（1）由某一条支渠分配给田间的净流量计算：

$$Q_{支田净}=A_{支}\,q \tag{5.5-27}$$

式中 $Q_{支田净}$——不包括渠系输水损失和田间损失在内的支渠净流量，m^3/s；

$A_{支}$——支渠灌溉面积，万亩；

q——设计灌水模数，$m^3/(s\cdot万亩)$。

（2）由支渠分配给每条农渠的田间净流量计算：

$$Q_{农田净}=\frac{Q_{支田净}}{nk} \tag{5.5-28}$$

式中 $Q_{农田净}$——农渠的田间净流量，m^3/s；

n——同时工作的斗渠数；

k——每条斗渠同时工作的农渠数；

其他符号意义同前。

在实际设计中，受地形条件限制，同一级渠道中各条渠道的控制面积可能不等，斗渠、农渠的田间净流量应按各条渠道的灌溉面积占轮灌组灌溉面积的比例进行分配。

（3）农渠净流量计算。由农渠的田间净流量计入田间水量损失，可求得田间毛流量，即农渠的净流量，其计算公式为

$$Q_{农净}=\frac{Q_{农田净}}{\eta_{田}} \tag{5.5-29}$$

式中 $Q_{农净}$——农渠的净流量，m^3/s；

$\eta_{田}$——田间水利用系数；

其他符号意义同前。

（4）各级渠道设计流量（毛流量）计算：

$$Q_{农设}=Q_{农净}(1+\sigma_{农}\,L_{农}) \tag{5.5-30}$$

式中 $Q_{农设}$——农渠的设计流量，m^3/s；

$\sigma_{农}$——农渠每公里渠道损失水量占净流量的百分数，%；

$L_{农}$——农渠平均工作长度，km；

其他符号意义同前。

$$Q_{斗设}=Q_{斗净}(1+\sigma_{斗}\,L_{斗})=kQ_{农设}(1+\sigma_{斗}\,L_{斗}) \tag{5.5-31}$$

式中 $Q_{斗设}$——斗渠的设计流量，m^3/s；

$Q_{斗净}$——斗渠的净流量，m^3/s；

$\sigma_{斗}$——斗渠每公里渠道损失水量占净流量的百分数，%；

$L_{斗}$——斗渠平均工作长度，km；

其他符号意义同前。

$$Q_{支设}=Q_{支净}(1+\sigma_{支}\,L_{支})=nQ_{斗设}(1+\sigma_{支}\,L_{支}) \tag{5.5-32}$$

式中 $Q_{支设}$——支渠的设计流量，m^3/s；

$Q_{支净}$——支渠的净流量，m^3/s；

$\sigma_{支}$——支渠每公里渠道损失水量占净流量的百分数，%；

$L_{支}$——支渠平均工作长度，km；

其他符号意义同前。

干渠设计流量需要分段计算，以各支渠口将干渠分段，从最远一条支渠取水口开始依次向上推算各段干渠设计流量。每段干渠设计流量为其下端干渠与支渠的设计流量之和加下段干渠损失流量，其计算公式为

$$Q_{干设}=(Q_{干下}+\sum Q_{支设})(1+\sigma_{干}\,L_{干}) \tag{5.5-33}$$

式中 $Q_{干设}$——干渠的设计流量，m^3/s；

$Q_{干下}$——本段干渠下端设计流量，末端为零，m^3/s；

$\sigma_{干}$——干渠每公里渠道损失水量占净流量的百分数，%；

$L_{干}$——本段渠道长度，km。

轮灌渠道也可以采用经验系数估算输水损失，渠道的设计流量采用渠道净流量除以渠道的水利用系数来计算。

3. *续灌渠道设计流量推算*

续灌渠道一般为干、支渠道，渠道设计流量较

大，上下游流量相差悬殊，这就要求分段推算设计流量。续灌渠道设计流量的推算方法是自下而上逐级逐段进行推算。具体推算方法以图 5.5-4 为例说明。

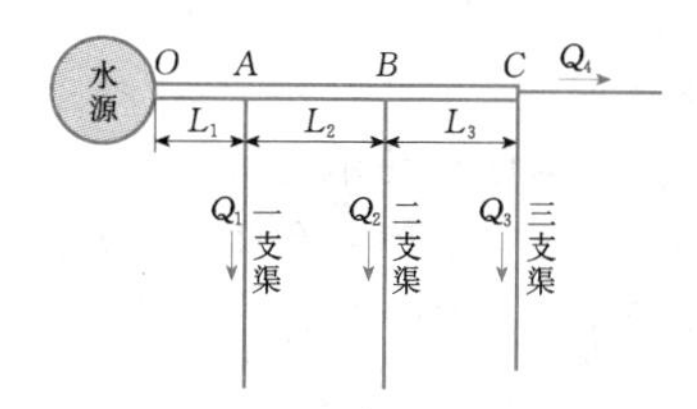

图 5.5-4 干渠流量推算示意图

各支渠的毛流量为 Q_1、Q_2、Q_3、Q_4，支渠取水口把干渠分为三段，各段长度分别为 L_1、L_2、L_3，各段的设计流量分别为 Q_{OA}、Q_{AB}、Q_{BC}，计算公式为

$$Q_{BC} = (Q_3 + Q_4)(1 + \sigma_3 L_3) \quad (5.5-34)$$

$$Q_{AB} = (Q_{BC} + Q_2)(1 + \sigma_2 L_2) \quad (5.5-35)$$

$$Q_{OA} = (Q_{AB} + Q_1)(1 + \sigma_1 L_1) \quad (5.5-36)$$

对实行续灌的渠道，要计算加大流量和最小流量。加大流量根据灌溉与排水相关规范确定，最小流量根据灌溉面积和最小灌水率计算。

5.5.6.2 渠道水位推算

1. 地面坡度较陡的灌区

对于灌区地面坡度较陡（陡于 1/1000）、渠首水位已经确定的渠道，可根据渠首水位，参照各渠道纵断面图，自上而下地逐级确定水面线。一般能满足自流灌溉要求的各级渠道水位高出地面的最小高度，可参考以下数值。

（1）农渠水位高出地面一般不应小于 0.20～0.25m，对局部高地，允许与地面相平或稍低。

（2）支渠、斗渠水位高出地面一般不应小于 0.25～0.30m，在无分出下级渠道的渠段，允许低于地面。

（3）干渠一般平行于等高线布置，只要在下级渠道出口处水位高于地面 0.3～0.5m，即能满足自流灌溉要求，其他区段允许水位低于地面。

2. 地面坡度较缓的灌区

地面坡度较缓的灌区，一般按式（5.5-37）进行水位推算：

$$H_x = A_0 + h_0 + \sum Li + \sum \Delta h \quad (5.5-37)$$

式中 H_x——某渠道对上一级渠道要求的水位，m；

A_0——起点地面高程，m；

h_0——要求的灌水深，一般取值为 0.1～0.2m；

L——各级渠道的长度，m；

i——各级渠道纵坡；

Δh——通过建筑物的水头损失，m。

按照式（5.5-37）可推算任一级渠道渠首或渠段的要求水位，但一般是自下而上逐级推算。农渠渠首要求水位求得后，可将其数据点绘于斗渠纵断面图上，这些点被称为“参考水位”。参照参考水位和斗渠地面线，在力求满足自流灌溉的条件下，按照渠道不冲不淤的要求确定渠道纵坡，并尽量与地面平行，初步确定斗渠水面线。若地形突变或地面过陡，采用与地面基本平行的比降，当流速超过允许不冲流速时，应设置跌水。

斗渠水面线初步确定后，将斗渠渠首要求水位点绘于支渠纵断面图上，以此为“参考水位”，再结合地面线初步确定支渠水面线。以同样的步骤和方法初步确定干渠水面线，一直至引水口。然后再根据水源的水位进行调整，最后确定各级渠道的设计水面线，使其达到经济合理的要求。

5.6 水力发电工程

水力发电工程包括常规水电站、抽水蓄能水电站和潮汐水电站。本节主要介绍常规水电站和抽水蓄能水电站的水利计算。

5.6.1 水能计算

水电站工程水能计算是分析河段水能资源、确定水电站能量指标及运行有关参数的水利计算。

5.6.1.1 基本资料及计算公式

水电站水能计算所依据的基本资料主要包括：水库的开发条件和方式、水电站布置方式和特性、坝址（厂址）处超过 30 年的径流系列资料及统计参数、上游其他用水部门用水资料、水库水量损失资料、水库库容曲线、水电站尾水的水位流量关系曲线和水电站引水系统水头损失资料等。

水电站的出力和电量的计算公式分别如下：

$$N = KQH \quad (5.6-1)$$

$$K = g\eta_1 \eta_2$$

$$E = \int_0^T N\mathrm{d}t = \sum_{i=1}^{n} N\Delta t_i \quad (5.6-2)$$

式中 N——计算时段的平均出力，kW；

K——出力系数；

Q——计算时段的平均发电流量，m^3/s；

H——计算时段作用于水轮机的净水头，称为工作水头，一般等于水库坝前水位与尾水道水位差并扣除引水系统的水头损失，m；

g——工程所在地重力加速度，一般取 $9.81m/s^2$；

η_1 ——水轮机平均效率；

η_2 ——发电机平均效率；

E——水电站在计算期 T（n 个计算时段）的总发电量（当 T 长达 m 年时，多年平均电量等于 E 与 m 的比值），kW·h；

Δt_i——计算时段。

式（5.6-1）中的出力系数 K 为经验值，可根据水电站平均工作水头、机组机型及单机容量等因素选用，如适用于中高水头的混流式及中低水头的轴流式机组可取 8.2～8.6，适用于高水头（200m 以上）的冲击式机组可取 8.0 左右，适用于低水头（40m 以下）的贯流式机组也可取 8.0 左右，一般对于大型机组宜取大值。

5.6.1.2 无调节、日调节水电站的水能计算

1. 无调节水电站的水能计算

无调节水电站，又称径流式水电站，指没有调节库容的水电站，其运行特点是上游水位基本维持固定水位，发电流量完全由天然径流确定。无调节水电站的各时段出力间彼此无关，水能计算中通常以日为计算时段，具体有以下计算步骤。

（1）在日径流系列中扣除水量损失后，得到日平均流量 Q。

（2）根据日平均流量 Q，查尾水水位流量关系线，求得相应的下游水位 $Z_{下}$。

（3）计算各级流量相应的净水头 $\overline{H}=Z_{上}-Z_{下}-\Delta H$（其中 ΔH 为引水系统的沿程和局部水头损失），并根据机组出力限制线计算水电站的预想出力 $N_{预}$。

（4）按式（5.6-1）计算日平均出力 N。若 N 大于 $N_{预}$，则将 N 修正为 $N_{预}$。

（5）将计算的日平均出力 N 由大到小排序，满足设计保证率 P_0 的相应日平均出力，即为无调节水电站的保证出力。

（6）按式（5.6-2）计算日发电量和年发电量。

（7）计算水电站最大、最小水头及以出力为权重的加权平均水头。

2. 日调节水电站的水能计算

日调节水电站，其库容在 24h 内充满和放空一次，库水位在正常蓄水位和死水位（或日消落最低水位）之间波动，一般取 $\overline{Z}_{上}=(Z_{正}+Z_{死})/2$，在丰水期日平均入库流量不小于水电站机组最大过流能力时，上游水位取正常蓄水位 $Z_{正}$。日调节水电站其他水能计算过程与无调节水电站相同。

5.6.1.3 年调节水电站的水能计算

1. 保证出力

年调节水电站保证出力是指符合设计保证率要求的供水期平均出力。一般采用时历法计算，根据长系列逐月（旬）净入库流量（扣除由于修建水库后原地面变为水面增加的蒸发损失和渗漏损失后的天然入库流量），逐年、逐月（旬）进行计算。每一水文年计算可分为等流量法和等出力法两类。

（1）等流量法。假定一个固定流量，从水文年蓄水期初，水库水位为死水位开始，水电站按固定流量工作（发电），多余水量充蓄于水库中，库水位至正常蓄水位之后，水电站按天然入库流量工作，当入库流量小于固定流量时，水电站又按固定流量工作，不足水量由水库供给，至供水期末要求库水位刚刚消落至死水位，否则应加大固定流量或减少固定流量。重复上述调节计算，一直至满足要求为止。这一固定流量即这一水文年度的调节流量。

等流量法的计算过程见表 5.6-1。

表 5.6-1 按等流量调节方式水能计算表

时段[月(旬、日)]	净入库流量(m^3/s)	引用流量(m^3/s)	水库蓄水或供水		弃水流量(m^3/s)	时段初蓄水量(亿 m^3)	时段平均蓄水量(亿 m^3)	上游平均水位(m)	下游水位(m)	平均水头(m)	出力 N_i(万 kW)
			流量(m^3/s)	水量(亿 m^3)							
(1)	(2)	(3)	(4)	(5)	(6)	(7)	(8)	(9)	(10)	(11)	(12)
⋮											
合 计											

1）确定供水期及其引用流量。先假定供水期时段，一般可先选择来水量最小的 4～6 个月，并计算 $T_{供}$（供水时段）和供水期天然来水量 $W_{供}$。计算水电站供水期引用流量 $Q_{引}=(W_{供}+V_{兴}-W_{损})/T_{供}$，其中 $V_{兴}$ 为兴利库容，$W_{损}$ 为水量损失。将 $Q_{引}$ 与表 5.6-1 中第（2）栏的净入库流量对比，当净入库流量小于 $Q_{引}$ 时水库供水。将判断为供水期的时段与原假设的供水期比较，若不一致则调整原假设的供水期，按上述步骤重新计算 $Q_{引}$。

2）从供水期初开始进行水能计算。其中供水期初（也是第一时段初）水位为正常蓄水位。利用水量平衡方程计算时段末蓄水量 V_{t+1}，若时段末蓄水量大于 $V_{蓄}$（正常蓄水位相应库容），则调整时段末蓄水量为 $V_{蓄}$，并将多余水量计为弃水量 $W_{弃}=V_{t+1}-$

$V_{蓄}$，转换成流量后填入第（6）栏。

3）由表第（8）栏时段平均蓄水量和库容曲线，求上游平均水位 $Z_{上}$。

4）表第（3）栏时段引用流量与表第（6）栏之和为下泄流量，查尾水水位流量关系曲线，求下游水位 $Z_{下}$。

5）计算平均净水头：$\overline{H}=Z_{上}-Z_{下}-\Delta H$。

6）按式（5.6-1）计算时段出力 N。

7）将供水期的出力累加，并求其平均出力。

（2）等出力方法。等出力法是指设计保证率年份供水期内水电站按相同出力工作。如果计算从供水期初开始，水库水位为正常蓄水位，逐时段按等出力进行计算，一直算到供水期结束，水位降至死水位。如果从供水期末算起，水库水位为死水位，按逆时序逐时段进行计算，直到供水期初为止，水位蓄至正常蓄水位。供水期计算完毕，再在蓄水期进行径流调节计算，蓄水期水能计算与供水期水能计算原理完全相同，所不同的是蓄水期初对应的水库水位为死水位，而蓄水期末对应的水库水位为正常蓄水位。至于不供不蓄期，则按水电站的引用流量计算出力。通常，按顺时序进行的水能计算，称为水能正算；按逆时序进行的水能计算，称为水能反算。

按等出力调节方式的水能正算计算步骤如下。

1）先假设等出力为 N_0，计算精度为 ε，从供水期初库水位为正常蓄水位开始，顺时序计算。

2）假设 t 时段水电站引用流量为 $Q_{引}$（也可以先假定发电水头）。

3）由水量平衡方程计算时段末库容 V_{t+1}。

4）计算 t 时段平均库容 $\overline{V_t}=(V_t+V_{t+1})/2$，查库容曲线得出上游平均水位 $Z_{上}$。

5）由 $Q_{引}$（若有弃水 $Q_{弃}$ 时，应为 $Q_{引}$ 与 $Q_{弃}$ 之和）查水电站下游水位流量关系曲线得到水电站下游水位 $Z_{下}$。

6）计算 t 时段平均净水头，即 $\overline{H}=Z_{上}-Z_{下}-\Delta H$。

7）计算实际引用流量 $Q=N_0/K\overline{H}$，两流量的误差 $B=|Q-Q_{引}|$。若 $B>\varepsilon$，则令 $Q'_{引}=(Q_{引}+Q)/2$，替代上一次的引用流量 $Q_{引}$，返回步骤 3）；若 $B<\varepsilon$，该时段计算结束，继续下一时段的计算。

8）经过以上逐时段演算至供水期末时，若供水期末水位降至死水位（在计算误差范围内），则计算结束。否则，若期末水位高于死水位，说明假定出力太小，应加大出力，重新进行计算；若期末水位低于死水位，说明假定出力太大，应减小出力，重新进行计算。

（3）保证出力计算。对径流系列按等流量或等出力方法进行水能计算，求出各年供水期的平均出力后，将供水期平均出力从大到小排序，选择满足设计保证率 P_0 的供水期平均出力，即为年调节水电站的保证出力。

2. 年发电量

年发电量是指水电站多年工作期间平均每年所能生产的电量，需对长系列中的每年进行水能计算后才能求得。在水电站工程的不同设计阶段，可酌情选用无调度图和有调度图两种情况计算多年平均发电量。

（1）无调度图的年发电量计算方法。

1）从蓄水期初开始计算，初始水位一般选择为死水位。

2）水电站按保证出力或调节流量工作，多余水量蓄在水库中。

3）水库水位蓄至正常蓄水位后，水电站按天然入库流量发电。

4）进入供水期，当入库流量小于调节流量或水电站不足以发保证出力时，水电站按保证出力或调节流量工作，不足水量由水库的蓄水量补给。

5）至供水期末，水库水位消落至死水位。计算过程中，丰水年份蓄水期可加大出力；枯水年份供水期应降低出力。

6）逐年逐时段按第 2）～5）步骤进行计算，计算出各时段出力后，按式（5.6-2）可求得水电站的多年平均年发电量。

（2）有调度图求解年发电量的计算方法。对于采用长系列径流资料进行水能计算的，为合理利用水资源，可绘制水库调度图（水库调度图绘制方法见本章 5.6.4），并根据水库调度规则进行水能计算，求出水电站的多年平均年发电量。

5.6.1.4 多年调节水电站的水能计算

多年调节水电站水库调节周期是跨年度的，水能计算中，应选用长系列径流资料进行计算，其计算方法与步骤基本与年调节水电站相同。

多年调节水库不是每年都蓄满或放空，水能计算时，起算时段初水库水位可按以下方法拟定：一般从死水位开始起算，求得水库多年的蓄水过程，然后统计各年初水库蓄水位，取其平均值作为初始水位再次进行水能计算；也可简化计算，取死水位至正常蓄水位的 2/3 处作为起算水位。

5.6.1.5 水能计算成果[3]

水电站水能计算成果除保证出力和年发电量外，一般还包括水电站出力过程线、出力保证率曲线、装机容量和多年平均年发电量关系曲线、水头保证率曲线以及运行的特征水头等。一般仅对选定方案列出以上全部成果，并绘制各特性曲线。对于重要水电站还应绘制预想出力过程线和预想出力保证率曲线。

1. 出力过程线

在长系列径流调节计算后，选出年发电量统计频率接近丰（$1-P_0$）、平（50%）、枯（P_0）三个典型年的计算成果，按计算时段的顺序和出力值点绘。也可点绘长系列出力过程线。

2. 出力保证率曲线

将历年的月（旬、日）平均出力 N 按大小排队，由经验频率计算公式计算，求出不同月（旬、日）平均出力的相应保证率 P，即可点绘出力保证率曲线。

3. 装机容量和多年平均年发电量关系曲线

根据不同装机容量方案和相应的多年平均年发电量点绘 $N_{装}$—$E_{年}$ 曲线。

4. 水头保证率曲线

将历年的月（旬、日）平均水头 H 按大小排队，由经验频率计算公式计算，求出不同月（旬、日）平均水头的相应保证率 P，即可点绘 $H=f(P)$曲线。

5. 各特征水头

（1）加权平均水头。将逐月（旬、日）工作水头和相应平均出力的乘积累积，除以各月（旬、日）平均出力的总和，即得出加权平均水头 $H_{加权}$。

（2）算术平均水头。将各月（旬、日）水头相加，除以总月（旬、日）数，即得算术平均水头 $H_{算术}$。

（3）最大水头。最大水头 $H_{最大}$ 一般为正常蓄水位与水电站发保证出力的相应下游水位之差；当水电站担负日调节任务时，应选取发日最小出力时的下游水位。当水库担负有下游防洪任务时，应用防洪高水位和允许下泄量的相应水位之差校核。取以上各工况计算值中的最大者为最大水头。计算最大水头时不计发电引水水头损失。

（4）最小水头。最小水头 $H_{最小}$ 一般为死水位与水轮机最大过水能力相应的下游水位之差，再扣除相应水电站最大过水能力的引水水头损失。如为低水头水电站，应研究洪水期可能出现的最小落差，作为水轮机选择时的极限可能工作水头。当上述计算的最小工作水头很低时，可采用与所选机型相适应的最小水头为最小水头，当遭遇低于此水头的工况时，水电站停止运行。

6. 预想出力过程线和预想出力保证率曲线

水电站预想出力是指水轮发电机组在不同水头条件下所能发出的最大出力，对于承担系统调峰、调频任务的重要水电站，预想出力是评价其容量效益的重要指标。由长系列水能计算成果的工作水头过程查水轮发电机组的出力限制线求得预想出力过程，然后进行统计计算，绘制丰、平、枯典型年预想出力过程线和预想出力保证率曲线。

5.6.2 电力系统简介

5.6.2.1 电力系统的组成

电力系统是由发电站、电力网（包括配电、变电装置和输送电力线路）及所有的用电设备组成的总体。现代的电力系统具有庞大的规模、复杂的结构，一般包括多个不同类型的发电站、不同电压等级和容量的变电所及电力线路。

5.6.2.2 电力负荷特性

电力负荷特性是由用户用电的特性决定的。不同行业、不同工程的用户有不同的负荷特性。表示电力负荷随时间变化过程的图形称为电力系统负荷图。表示负荷在一昼夜内变化过程的图形，称为日负荷图；表示负荷在一年内变化过程的图形，称为年负荷图。

1. 日负荷图和典型日负荷图

电力系统日负荷的变化有一定规律性，如图 5.6-1 所示。图 5.6-1 是按瞬时最大负荷绘制的，实际上常常采用每小时的负荷平均值来绘制，这时负荷图呈阶梯状。

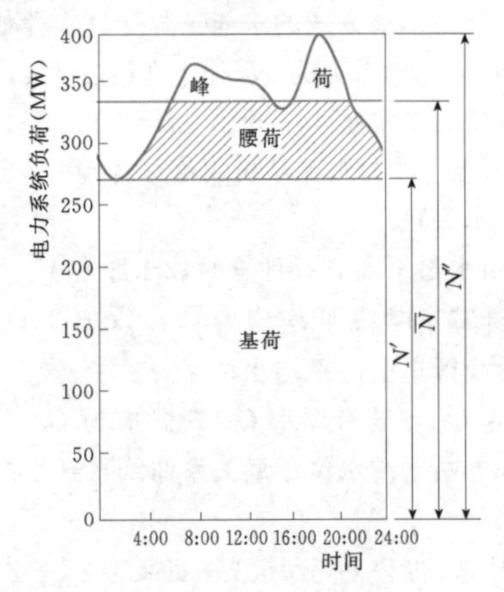

图 5.6-1 日负荷图

反映日负荷图特性的有三个特征值：日最大负荷 N''、日平均负荷 $\overline{N}$ 和日最小负荷 N'。日最大负荷 N''和日最小负荷 N'可直接从日负荷图上看出，日平均负荷 $\overline{N}$ 可用式（5.6-3）计算：

$$\overline{N}=\frac{E_{日}}{24} \tag{5.6-3}$$

式中 $E_{日}$——日电量，即日负荷曲线所包围的面积。

根据这三个特征值，可以把日负荷图分为三个区域：日最小负荷值 N'的水平线以下部分称为基荷，这一部分负荷在 24h 内是不变的；日平均负荷值 $\overline{N}$

的水平线以上部分称为峰荷，这部分负荷变化较大，但其在一天内出现的时间较短；日最小负荷值的水平线与日平均负荷值的水平线之间的部分称为腰荷，其负荷仅在部分时间内有变动。为便于对不同形状的日负荷图进行比较，常用基荷指数 α、日最小负荷率 β 和日平均负荷率 γ 三个指数反映电力系统日负荷变化特征。

（1）基荷指数 α，以日最小负荷与日平均负荷的比值表示，即

$$\alpha = \frac{N'}{\overline{N}} \tag{5.6-4}$$

（2）日最小负荷率 β，以日最小负荷与日最大负荷的比值表示，即

$$\beta = \frac{N'}{N''} \tag{5.6-5}$$

（3）日平均负荷率 γ，以日平均负荷与日最大负荷的比值表示，即

$$\gamma = \frac{\overline{N}}{N''} \tag{5.6-6}$$

α 值越大，基荷占负荷图的比重越大，这表示用户的用电情况比较平稳。β 值越大，表示负荷图中高峰与低谷负荷的差别越小，日负荷越均匀。γ 值越大，表示日负荷变化越小。我国较大的电力系统的 β 值一般为 0.45～0.70，γ 值一般为 0.68～0.86。

电力系统中的用电负荷是不断变化的，对日负荷逐日研究是非常困难的，实际工作中往往在一年内选择四个（每季一个）或两个（冬季、夏季各一个）最大日负荷图，作为系统日负荷变化过程的代表，称为典型日负荷图。

2. 月和季不均衡系数

月最大负荷与月平均负荷的比值称为月调节系数，用 K_c 表示，其值一般在 1.10～1.15 之间，其倒数 $\sigma=1/K_c$ 称为月不均衡系数。

一年中 12 个月的最大负荷的平均值与最大负荷月的最大负荷（年最大负荷）的比值，称为季不均衡系数，用 ρ 表示，其值一般在 0.90～0.92 之间。

3. 电力系统需电量与负荷的关系

（1）日需电量 $E_{日}$ 与日最大负荷的关系：

$$E_{日} = \overline{N} \cdot 24 = N''\gamma \cdot 24 \tag{5.6-7}$$

（2）月需电量 $E_{月}$ 与当月最大负荷日最大负荷的关系：

$$E_{月} = \sigma\gamma P^i_m T_{月} \tag{5.6-8}$$

式中 P^i_m——当月最大负荷日最大负荷，kW；

$T_{月}$——当月的小时数，h。

（3）年需电量与当月最大负荷日最大负荷的关系：

$$E_{年} = \sum_{i=1}^{n} E^i_{月} = \sum_{i=1}^{n} \sigma_i \gamma_i P^i_m T^i_{月} \tag{5.6-9}$$

式中 σ_i——第 i 月的月负荷不均衡系数；

γ_i——第 i 月典型负荷日的日平均负荷率；

$T^i_{月}$——第 i 月的小时数，h。

当各月的 γ、σ 均相同时，$E_{年}=8760\rho\sigma\gamma P^i_m$。

5.6.2.3 电力系统容量组成

1. 系统总装机容量

一般的电力系统由工作容量、负荷备用容量、事故备用容量、检修容量及检修备用容量组成，一年中这些容量之和的最大值称为电力系统必需容量。

由于各类电站特性不同，在电力系统运行中存在空闲容量和受阻容量，所以系统总装机容量为必需容量、空闲容量和受阻容量之和。

2. 工作容量

工作容量是指发电厂担任电力系统正常负荷的容量。电力电量平衡中的工作容量一般是指电力系统每月最大负荷时发电厂的发电出力值。

3. 负荷备用容量

负荷备用容量是指担负电力系统 1d 或 1h 内负荷瞬时波动（冲击负荷）和计划外的负荷增长而设置的备用发电容量。根据规定，可采用系统最大负荷的 2%～5%，大系统用较小值，小系统用较大值。

4. 事故备用容量

事故备用容量是指电力系统中发电和输电设备发生事故时，保证正常供电所需设置的发电容量。备用容量大小理论上应根据系统中机组台数和机组平均事故率，用数理统计法推求，规划设计中常采用系统最大负荷的 8%～10%，但不得小于系统中最大一台机组的容量。

5. 检修容量及检修备用容量

检修容量是指计划安排系统中发电机组进行每年大修的容量，一般不应低于系统最大负荷的 5%。各类机组的年计划检修时间平均可采用：火电站机组为 45d；常规水电站和抽水蓄能电站机组为 30d，但多沙河流上的水电机组，年大修时间应适当增加；核电站机组为 60d。

检修备用容量是指利用电力系统一年内低负荷时间不能满足全部机组按年计划检修而必需增设的装机容量。在我国的年负荷特性中，水电站机组均可安排在枯水季节检修，因此水电站的备用容量一般只包括事故备用容量和负荷备用容量，只有火电站才需安排部分检修备用容量。

5.6.2.4 电力系统中的各类电源及其技术特性和运行方式

现代电力系统中的电源主要有火电站、水电站

（含抽水蓄能电站、潮汐电站等）及核电站等。

1. 火电站的技术特性及运行方式

火电机组根据其结构特点一般可分为凝汽式机组和供热式机组两大类。

火电站运行（出力）范围，常受机组特性和燃料种类及质量限制。我国目前生产的大型煤电凝汽式机组的最小技术出力（指燃烧相当稳定，并不产生有害后果，机组所能发出的最小出力）为额定出力的70%，国外进口大型煤电机组达50%。以油、汽为燃料的火电机组出力调整幅度一般可达100%。

火电站由于燃料消耗特性和出力调整不灵活，一般应尽量安排在经济运行区稳定运行，即尽量担任系统基荷。但为满足电力系统负荷变化的需要，凝汽式电站在最小技术出力至额定出力范围可担任调峰任务，大型凝汽式电站还可担任调频任务。

火电站不适合空载运行和短时间停机、开机方式运行。如承担电力系统事故备用机组，锅炉需保持高温、高压备用状态，备用过程燃料消耗大，不经济。

2. 水电站的技术特性及运行方式

水电站的主要设备为水轮机、发电机及其附属设备等。由于水电站设备少，结构简单，易于管理，运行灵活，启动迅速，能适应变动负荷，因此可承担电网调峰、调频、调相及事故备用的任务。

水电站最小技术出力受水轮机设备的振动、气蚀条件的限制，但停机、开机方便灵活和迅速，调节出力幅度可视为预想出力的100%。在常规水电站中，无调节性能的水电站适合承担电力系统基荷；有调节性能的水电站可承担系统调峰、调频和事故备用等任务。

抽水蓄能电站是承担系统调峰、调频、事故备用最理想的电源。此外，在负荷低谷时抽水蓄能，具有填谷作用。潮汐电站只能担任系统基荷。

3. 核电站的技术特性及运行方式

核电站是利用核裂变或核融合反应所释放的能量产生电能的发电厂，使用的燃料一般是放射性重金属。在我国，核电站一般只能担任系统基荷。

4. 风电场的技术特性及运行方式

风电场是风能利用的重要形式，发电出力随气象条件、季节和每天天气不同而变化，且出力预测难度大，因此，需要电力系统提供一定的蓄能功能来保障其效益发挥。

5. 太阳能电站的技术特性及运行方式

太阳能电站利用太阳能发电，由于其出力随日照射量的强度和角度、云的移动和厚薄等变化而变化，因此，太阳能电站一般也需要电力系统提供一定的蓄能功能来保障其效益发挥。

5.6.3　装机容量选择

5.6.3.1　水电站装机容量组成

水电站的装机容量由必需容量和重复容量两部分组成，其中必需容量又由工作容量和备用容量组成，即

$$N_{水装}=N''_{水必}+N_{水重}=N''_{水工}+N''_{水备}+N_{水重} \tag{5.6-10}$$

水电站必需容量主要是根据电力系统电力电量平衡确定；重复容量主要是在丰水期利用水量增加季节性电能的容量，一般根据增加的装机容量获得的电量效益和增加的投资，通过经济性论证来确定。

5.6.3.2　电力电量平衡

1. 电力电量平衡原则

在满足设计负荷水平年电力系统电力和电量需要的前提下，使系统中不可再生能源（一般为燃煤）的消耗最少。电力电量平衡应分别对丰水年、平水年和枯水年，有时还包括非常丰水年及非常枯水年等几个代表性水文年进行分析计算。

2. 基本资料

电力电量平衡所需的基本资料包括电力系统设计水平年的负荷水平和电力需求、年负荷曲线、各月典型日负荷曲线；电力系统中电源点及其调节性能；水电站各代表年（月）出力和预想出力等。

3. 电力电量平衡关系式

水电站在供电的电力系统中，电力平衡（或容量平衡）和电量平衡的基本关系式分别如下：

$$N''_{系}=N_{系工}=N_{水工}+N_{火工}+N_{其他工} \tag{5.6-11}$$

式中　$N''_{系}$——电力系统最大负荷，kW；

$N_{系工}$——电力系统工作容量，kW；

$N_{水工}$、$N_{火工}$、$N_{其他工}$——水电站、火电站、其他电站（如抽水蓄能电站、风电站等）的工作容量，kW。

$$E_{需}=E_{系}=E_{水}+E_{火}+E_{其他} \tag{5.6-12}$$

式中　$E_{需}$——电力系统需要的电量，kW·h；

$E_{系}$——电力系统总发电量，kW·h；

$E_{水}$、$E_{火}$、$E_{其他}$——水电站、火电站、其他电站的发电量，kW·h。

4. 水电站工作位置和工作容量确定

水电站在电力系统中的工作位置和工作容量由电力系统负荷特点、水电站规模和水库调节性能等因素确定。确定水电站在电力系统中工作位置的原则是以水电站可提供的保证电能为前提，使水电站的工作容

量尽可能大，即水电站尽可能担任峰荷。

(1) 日负荷分析曲线绘制。为确定电力系统中水电站的工作位置，常需要绘制日负荷分析曲线，作为电力电量平衡的辅助曲线，如图 5.6-2 所示。

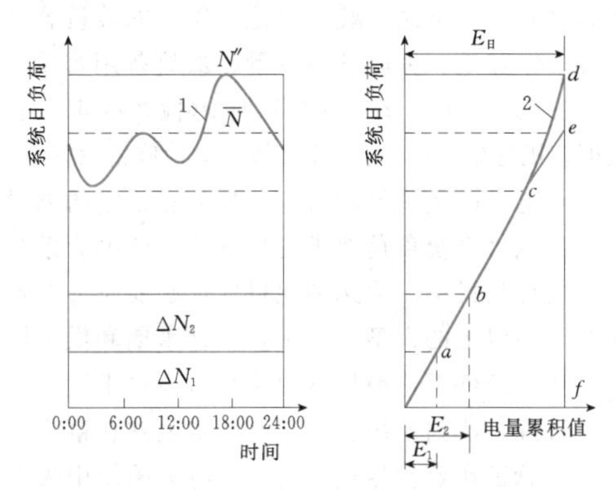

图 5.6-2 日负荷分析曲线示意图

1—日负荷曲线；2—日负荷分析曲线

日负荷分析曲线是日负荷值与该负荷以下电力系统所需的电量值之间的关系曲线。

其绘制的步骤如下：将日负荷图的纵坐标划分成若干分段 ΔN_1，ΔN_2，…；然后计算相应分段的面积即电量 ΔE_1，ΔE_2，…，且自下而上得到电量累积值 $E_1, E_2, \cdots (E_i = \sum_{i=1}^{n} \Delta E_i)$；以系统日负荷为纵坐标，以电量累积值为横坐标即可绘制日负荷分析曲线。

日负荷分析曲线的形状有如下特点：在日负荷图的基荷部分呈直线；从腰荷到峰荷的顶端，负荷越大，持续时间越短，相应的 ΔE 值越小，曲线呈上凹形状。

(2) 无调节水电站工作位置和工作容量确定。无调节水电站宜在日负荷图中担任基荷。无调节水电站的工作容量一般等于保证出力。

(3) 有调节能力水电站工作位置和工作容量确定。

1) 水库调节库容能满足电网调峰需要的情况。此种情况，水电站的工作容量大小取决于径流来量和水电站的预想出力，在电力系统中的工作位置及工作容量有如下确定方法。

a. 求得水电站的日出力 $N_{水日}$ 及日电能 $E_{水日} = 24N_{水日}$。

b. 根据电力系统日负荷图绘制相应的日负荷分析曲线。

c. 如图 5.6-3 所示，在最大负荷水平线上选取 a 点（ac 长度为 $E_{水日}$），向下与日负荷分析曲线相交于 b 点，所对应的纵坐标长度 ab 即为所求的水电站可能最大工作容量 $N''_{水工}$。

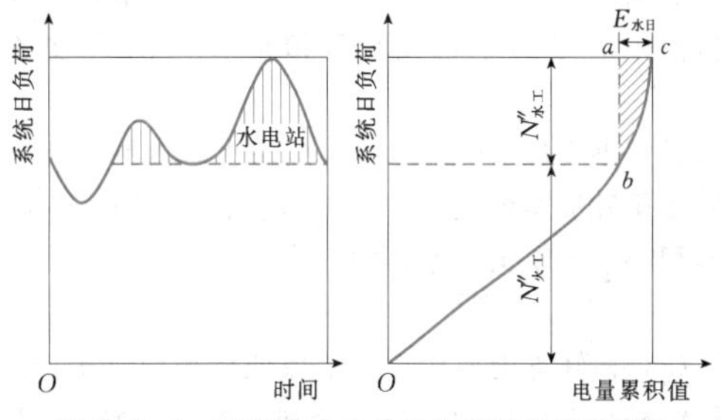

图 5.6-3 有调节水电站工作容量确定示意图

d. 将此 $N''_{水工}$ 与本时段的该水电站预想出力比较：若 $N''_{水工}$ 比本时段的水电站预想出力小，则 c. 步骤中选择的日负荷图部分即为水电站的工作位置；若 $N''_{水工}$ 比本时段的水电站预想出力大，则从日负荷曲线上端 c 向下移动并试算，直到取曲线上某部分使水平线段长度为 $E_{水日}$，纵坐标长度为水电站预想出力，相对应的日负荷图位置即为水电站的工作位置，其工作容量为水电站预想出力。

2) 水库调节库容不能满足电网调峰要求的情况。当水库调节库容不能完全满足电力系统日调峰要求时，该水电站的工作位置确定时应考虑调节库容的限制，工作位置及工作容量确定方法如下。

a. 按 1) 的方法初步拟定水电站的工作位置和工作容量。

b. 根据水电站在日负荷图上的工作容量和入库径流复核计算所需调节库容，若计算的调节库容大于水电站实际的调节库容，说明水库调节能力不能满足电网调峰运行需要，应降低水电站工作位置。

c. 通过试算，直到计算的调节库容等于水电站实际调节库容时，相对应的日负荷图位置即为水电站的工作位置，相应纵坐标长度为水电站的工作容量。

3) 水电站下游有其他综合利用要求的情况。如果水电站下游河道有航运、生态等其他综合利用要求，水电站必须根据这部分用水要求承担电力系统的基荷 $N_基$，并扣除该部分发电量，得出水电站可用于调峰的电能为 $E_峰 = 24(N - N_基)$。再按 1) 确定 $N''_{水工}$ 的方法计算确定该水电站在峰荷的工作容量 $N_峰$。水电站的工作容量即为 $N''_{水工} = N_基 + N_峰$。

5. 备用容量

水电站的备用容量按其所担负的任务不同，可分为负荷备用容量、事故备用容量和检修备用容量。

(1) 负荷备用容量。负荷备用容量宜由靠近负荷中心且具有大水库和大机组的水电站担负。若需安排日调节或无压引水式水电站承担负荷备用，则水库应设置可连续工作 2h 的备用容积。

(2) 事故备用容量。电力系统的事故备用容量可按各类电站工作容量的比例进行分配，调节性能好和靠负荷中心近的水电站，可担负较大的事故备用容量。

承担事故备用的水电站，应在水库内预留所承担事故备用容量连续运行3～10d的备用容积，若该备用容积小于水库调节库容的5%，可不专设事故备用库容。

(3) 检修备用容量。为了保证水电站正常运行，其机组必须有计划地进行小修和大修（检修）。水电站机组检修的时间宜安排在枯水期利用空闲容量进行检修。一般情况下，水电站机组均可在规定时间内完成检修任务，不需要设置专门的检修备用容量。在枯水期，水电站的重复容量可以作为系统检修的备用容量使用。

6. 电力电量平衡的计算方法与步骤

年电力平衡必须根据系统年内各月最大负荷曲线进行计算；年电量平衡应采用各月平均负荷曲线进行计算；日电力电量平衡则应采用各月典型日的负荷曲线进行计算。电力电量平衡的计算步骤如下。

(1) 根据设计水电站的施工进度和水电站特性确定设计水平年；根据供电系统电力规划确定相应设计水电站设计水平年的负荷水平，即为设计水电站的设计负荷水平。

(2) 根据供电系统相应设计负荷水平的负荷曲线，给出逐月平均负荷和典型负荷的日最大负荷、负荷备用容量、事故备用容量等参数。

(3) 根据设计水电站水能计算成果，按设计保证率P_0列出相应年份的月平均出力过程，即枯水年出力过程，以及保证率50%和$(1-P_0)$相应年份的出力过程，即平水年和丰水年的出力过程。

(4) 根据供电系统内其他水电站的水能计算成果，确定全系统丰、平、枯水年份各水电站的月出力过程。对于梯级水电站应采用联合运行的出力过程。

(5) 根据各水电站特性分配承担的系统负荷备用容量和事故备用容量，无调节径流式水电站不承担备用容量；规模大、调节性能好、距负荷中心近的水电站为系统调峰、调频主力水电站，并承担负荷备用和事故备用任务。

(6) 各水电站参与电力电量平衡的一般顺序为：①按已建、在建、计划兴建的先后次序，在日负荷图中自上而下安排水电站工作位置，设计水电站最后参加平衡；②抽水蓄能电站和日调节性能以上水电站尽量安排在尖峰负荷工作，确保它们容量效益的发挥。

(7) 火电站规模是衡量设计水电站容量效益的依据，一般推算方法为系统最大负荷、负荷备用容量、事故备用容量减去相应的各水电站工作容量、负荷备用容量、事故备用容量的差值，即为火电站的工作容量、负荷备用容量、事故备用容量。将火电站各月的工作容量、负荷备用容量、事故备用容量累积值，除以10.5，即为火电站的装机容量。每月的装机容量减去当月工作容量、负荷备用容量、事故备用容量，即为当月的检修容量。若全年检修面积(检修容量×月)小于火电装机容量×1.5月，需安排火电检修备用容量。

(8) 电力电量平衡的目标函数为在给定的电源组成和满足电力系统负荷要求的条件下，使电力系统中火电装机容量最小。为达到此目标，必要时可对具有年调节能力以上的大型水电站，在蓄水期和供水期总出力不变的条件下，根据电力系统负荷要求适当调整月出力过程，达到系统有调节性能水电站在蓄水、供水期各月总工作容量尽量均匀，使电力系统中火电总装机容量减少。

(9) 按上述步骤，对有、无设计水电站两种工况进行电力电量平衡，两方案电力系统所需火电总装机容量的差值，即为设计水电站的容量效益。

7. 电力电量平衡的成果表述

为了清晰和方便起见，电力电量平衡结果常以图、表表示，且两者相互对应。

(1) 电力平衡图。电力系统电力（容量）平衡图（见图5.6-4）上有三条基本线：Ⅰ—Ⅰ线为电力系统最大负荷过程线，在该线以下示出各月各类电站工作容量的分配和它们担任负荷的位置；Ⅱ—Ⅱ线为电力系统要求的必需容量线，在该线以下示出各月系统必需处于正常状态，且可立即投入工作或正在工作的容量值，其中包括各类电站的工作容量、负荷备用容量和事故备用容量，同时应表示出它们在各电站的分配情况；Ⅲ—Ⅲ线为电力系统装机容量线，此水平线与Ⅱ—Ⅱ线之间的部分表示系统各月计划检修中的容量、空闲和受阻容量。

(2) 电量平衡图。电力系统的电量平衡和电力平衡是相互关联的。在电力平衡时，各电站各月在年最大负荷图上的工作位置就已经确定，由此可在相应各月的典型日负荷分析曲线上求得日电能，将日电能除以24，即得各电站相应月的日平均出力，再把该日平均出力绘在电力系统各月（年）平均负荷图上，则得电力系统电量平衡图（见图5.6-5）。

(3) 日负荷平衡图。在整个电力系统的日负荷曲线上标出各电站的工作位置，并标注每个电站的工作容量及日电量。水电站设计中一般编制2～4个代表月份（相应夏季、冬季和四季）的日负荷平衡图，其中应有控制月份的日负荷平衡图。

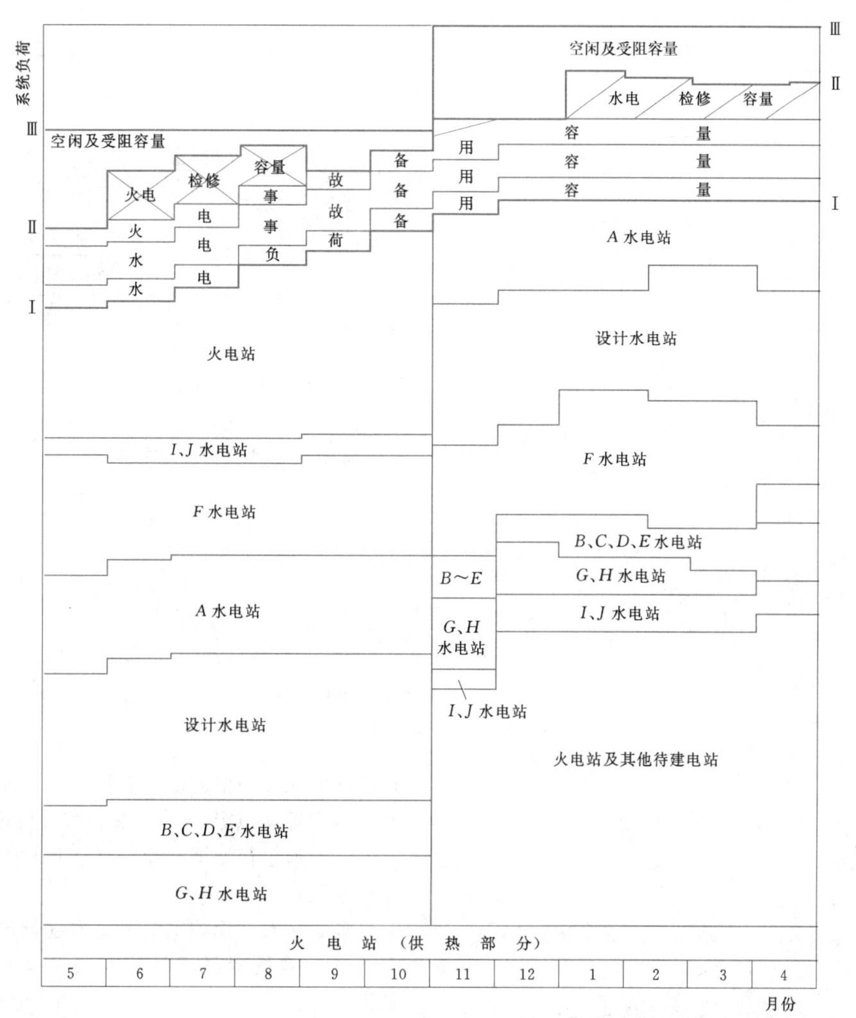

图 5.6-4 电力系统电力(容量)平衡图

Ⅰ—电力系统最大负荷过程线;Ⅱ—电力系统要求的必需容量线;Ⅲ—电力系统装机容量线;
A~J—参与电力平衡的其他水电电源点

5.6.3.3 重复容量

为了提高水资源利用率、减少弃水,在水电站的装机容量中,可考虑设置部分重复容量。重复容量的设置是否经济合理,主要与弃水量利用程度和替代火电站煤耗的经济指标有关。因此,需进行方案技术经济比较,以确定设置重复容量的合理性。

当水电站重复容量增加时,弃水量就逐渐减小,装机容量年利用小时数也逐渐减小。根据水能计算结果,将水电站装机容量增加和发电时间的关系绘制成图 5.6-6 时,即得到重复容量和年补充千瓦利用小时数之间的关系。

假设额外设置的重复容量为 $\Delta N_{重}$,平均每年工作小时数为 $h_{经济}$,则每年生产的季节性电能为 $\Delta E_{季}=\Delta N_{重}\ h_{经济}$,若能被电网全部吸纳,则电网中相应的火电站总支出减少值可用式(5.6-13)计算:

$$\Delta u_{火} = abS\Delta E_{季} = abS\Delta N_{重}\ h_{经济} \tag{5.6-13}$$

式中 a——水电站、火电站厂内用电差别系数,一般取值为 1.03~1.05;

b——每千瓦小时消耗的燃料,kg/(kW·h);

S——每千克燃料到厂价格,元/kg。

该水电站总支出增加值可用式(5.6-14)计算:

$$\Delta u_{水} = \Delta N_{重}\ k_{水}\left[\frac{r(1+r)^n}{(1+r)^n-1}+P_{水}\right] \tag{5.6-14}$$

式中 $k_{水}$——水电站补充千瓦投资,元/kW;

r——社会折现率;

n——经济寿命期,a;

$P_{水}$——水电站补充千瓦容量的年运行费用率。

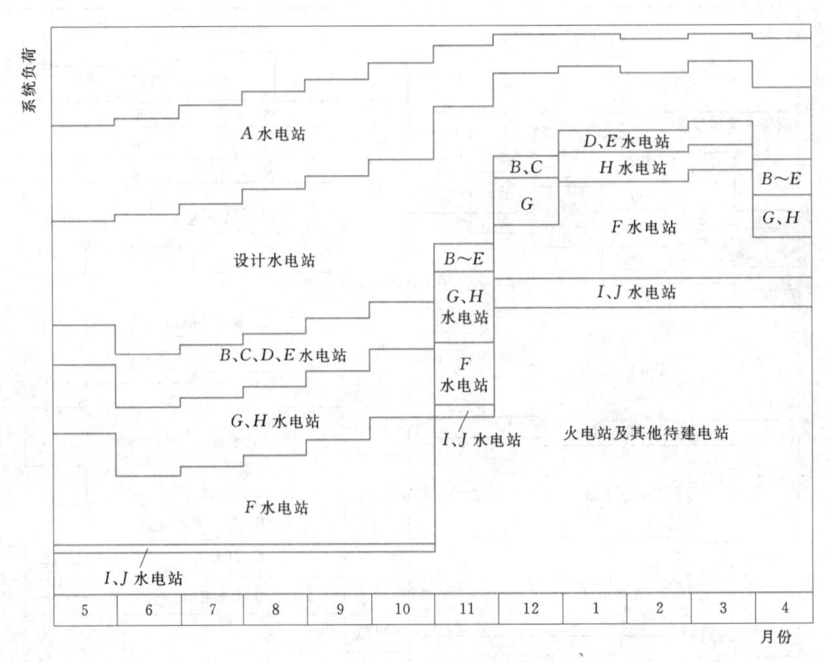

图 5.6-5 电力系统电量平衡图

$A \sim J$—参与电力平衡的其他水电电源点

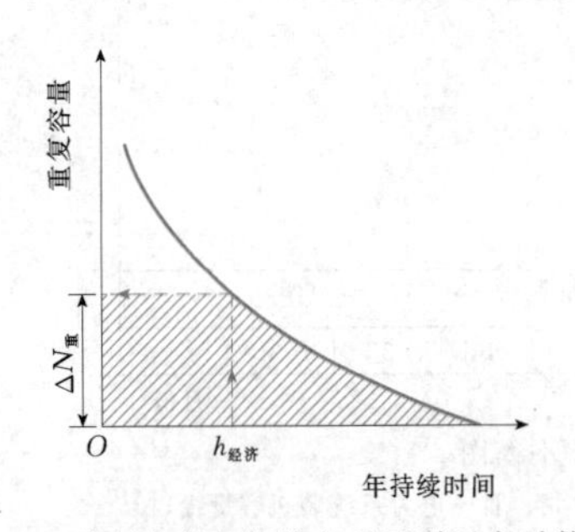

图 5.6-6 重复容量与年补充千瓦利用小时数关系图

比较式（5.6-13）和式（5.6-14），则设置重复容量的经济条件为

$$\Delta u_{火} \geqslant \Delta u_{水}$$

$$abS\Delta N_{重}\ h_{经济} \geqslant \Delta N_{重}\ k_{水}\left[\frac{r(1+r)^n}{(1+r)^n-1}+P_{水}\right]$$

$$h_{经济} \geqslant k_{水}\frac{\dfrac{r(1+r)^n}{(1+r)^n-1}+P_{水}}{abS} \quad (5.6-15)$$

显然，只有当水电站设置重复容量的实际工作小时数满足上述经济条件时，增设相应大小的重复容量在经济上才是有利的。故称 $h_{经济}$ 为设置重复容量的经济利用小时数，用该值可在图 5.6-6 中查得经济合理的重复容量值。

5.6.3.4 装机容量选择步骤

（1）根据水电站的调节性能、开发条件及供电范围的能源状况和电力市场空间，考虑机组制造和厂房布置因素等，拟定3～5个装机容量比选方案。

（2）通过径流调节计算，分析比较各装机容量方案的水能指标。

（3）按有、无该水电站工程进行电力电量平衡，分析电力系统吸纳各装机容量方案的电量和容量情况。

（4）建设条件分析，包括各装机容量方案枢纽工程量（主要是厂房）和工程技术难度比较，各装机容量方案机电及金属结构比较，各装机容量方案施工总布置和施工工期分析比较，以及机组发电工期差异分析等。

（5）进行各装机容量方案投资计算。

（6）按“电力电量等效、总费用现值最小”原则，对各装机容量方案进行经济比较（见本卷第7章）。

（7）综合分析各方面的比较情况，选择装机容量。

5.6.4 发电调度图

5.6.4.1 调度图的组成

水电站水库调度图是以时间为横坐标，以水库水位（或蓄水量）为纵坐标，由一些控制蓄水和供水的指示线划分的若干调度区所组成。这些指示线包括防弃水线、防破坏线和限制出力线；调度区包括预想出力区、加大出力区、保证出力区和降低出力区。

5.6.4.2 调度图绘制的基本原则

(1) 遇到设计枯水年份时，应尽快使水库蓄满，以保证水电站在整个调节周期内的出力不小于保证出力。

(2) 遇到丰水年份时，在确保大坝和上下游防洪安全的前提下，充分利用河川径流和水库的正常调节能力，合理加大出力，利用来水多发电，减少电力系统中不可再生能源的消耗量。

(3) 遇到特别枯水年份时，为使水电站发电出力破坏不致太深、太快而影响到电力系统的正常运行及水电站下游综合利用需求，水电站宜采用均匀降低出力的方式工作。

5.6.4.3 年调节水库调度图绘制

1. 防破坏线和限制出力线的绘制

(1) 依据入库径流的统计资料，选用年水量（或供水期水量）接近设计枯水年相应值的几个典型年，并按设计枯水年水量（或供水期水量）进行修正，使各典型年水量（或供水期水量）等于设计枯水年水量（或供水期水量）；然后对各典型年自供水期末由死水位开始，水电站按保证出力工作，逆时序进行水能计算至蓄水期初，保证水库水位回到死水位，得出各典型年水库水位变化过程，如图 5.6-7 所示。

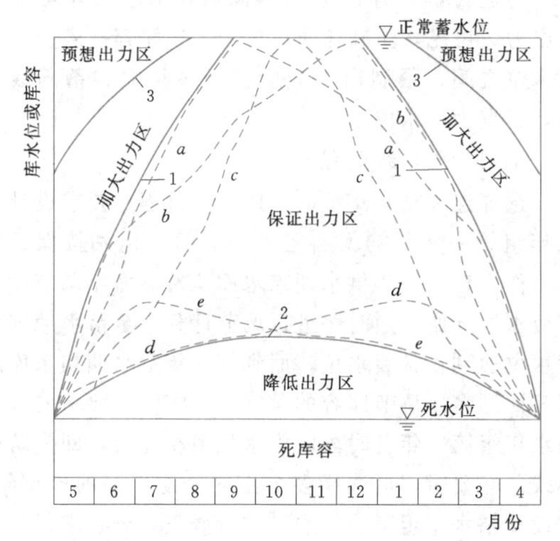

图 5.6-7 水库防破坏线和限制出力线

1—防破坏线；2—限制出力线；3—防弃水线

a～e—不同典型年水库水位变化过程

(2) 取各典型年水库水位过程线的上、下包线。其中上包线为防破坏线，下包线为限制出力线，如图 5.6-7 中线 1、线 2 所示。

2. 加大出力线的绘制

(1) 加大出力方式。当年调节水电站在运行中遇到来水量较丰时，在某时段水库实际水位比该时刻水库防破坏线高时，则水电站应加大出力，以充分利用入库水量。有以下三种加大出力的调度方式。

1）立即加大出力，如图 5.6-8 中线 1 所示，这种方式使出力过程不均匀。

2）后期集中加大出力，如图 5.6-8 中线 2 所示。这种方式出力过程不均匀，还可能产生弃水。

3）均匀加大出力，如图 5.6-8 中线 3 所示。

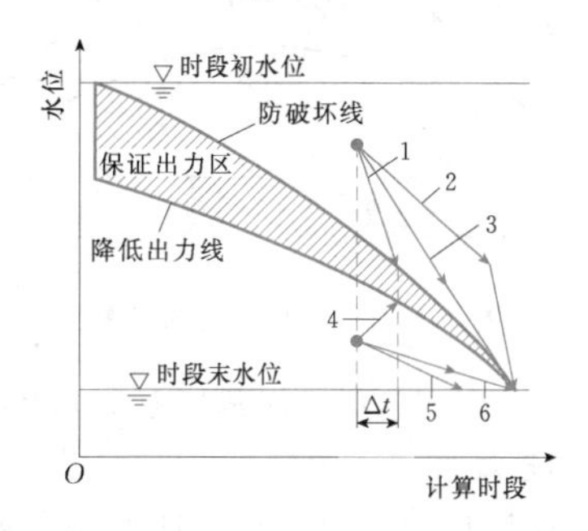

图 5.6-8 加大或降低出力的调度方式示意图

1—立即加大出力方式；2—后期集中加大出力方式；3—均匀加大出力方式；4—立即减小出力方式；5—后期集中破坏出力方式；6—均匀减小出力方式

(2) 均匀加大出力方式加大出力线绘制步骤。

1）依据入库径流统计资料，选择来水较丰年份的入库径流过程。通常可选用年水量或丰水期水量的保证率为 $1-P_0$（P_0 为水电站设计保证率）的典型年入库径流过程。

2）对选择的典型年径流过程分别按不同等级的加大出力值（取大于保证出力 N_p、但不超过预想出力 $N_{预}$ 的若干出力值），例如 $1.2N_p$，$1.5N_p$，$1.8N_p$，…，$N_{预}$，从供水期末由死水位起，逆时序逐时段计算，直至蓄水期初库水位落至死水位为止，求得相应各加大出力的各时段初的蓄水指示水位。若在计算过程中加大出力线与防破坏线相交，则加大出力线比防破坏线低的线段由防破坏线替代。

3）将计算所得的各个加大出力值对应的各时段初的蓄水指示水位点绘于调度图中（有防洪区时，除去防洪调度线以上的部分），即得一组加大出力线，如图 5.6-9 所示，其中水电站按预想出力 $N_{预}$ 工作的指示线称为防弃水线，也称预想出力线。

3. 降低出力调度线的绘制

(1) 降低出力方式。当水电站遇特枯年份，天然来水量较小而水电站仍按保证出力工作时，水库水位将降落到限制出力线以下，需要降低出力到小于保证出力运行，也称遭受破坏。有以下三种降低出力的调度方式。

1）立即减小出力，如图 5.6-8 中线 4 所示，使

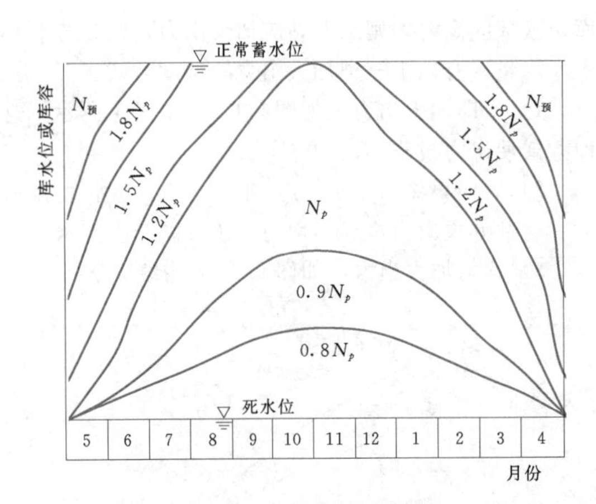

图 5.6-9 水库发电调度图

水库水位经 Δt 时间后很快回蓄到限制出力线上，这样破坏时间较短。

2）继续按保证出力发电，直至死水位，如图5.6-8中线5所示，以后按天然流量工作。如果来水很少，将引起水电站正常工作的深度破坏。

3）均匀减小出力，如图5.6-8中线6所示。这种方式使正常工作遭受均匀破坏，但破坏程度较小，时间较长，系统补充容量较容易。

(2) 降低出力线绘制。

1）依据入库径流统计资料，选择来水特枯年份的入库径流过程。

2）对特枯年份径流过程分别按不同等级的降低出力值（取小于保证出力 N_p、但大于水电站最小技术出力的若干出力值，例如 $0.9N_p$，$0.8N_p$，$0.7N_p$），从供水期末由死水位开始，逆时序计算至蓄水期初，库水位又回落至死水位为止，求得相应各等级降低出力的各时段初的蓄水指示水位。若在计算过程中降低出力线与限制出力线相交，则降低出力线比限制出力线高的线段由限制出力线替代。

3）将所计算的各等级降低出力值对应的各时段初的蓄水指示水位点绘于调度图中，并将各线的供水期终点修正至限制出力线在供水期末同一终点，即得各降低出力调度线（见图5.6-9）。

将上述的水库防破坏线、限制出力线、加大出力线和降低出力线调度线同绘于一张图上，即得到年调节水电站的水库调度图，同时也划定了水库调度图的各个区域，其中防破坏线、限制出力线所包围的区域称为保证出力区；防破坏线与防弃水线所包围的区域称为加大出力区；限制出力线以下的区域称为降低出力区；防弃水线以上的区域称为预想出力区。

5.6.4.4 发电调度规则

(1) 当水库实际蓄水位落于防破坏线、限制出力线上或两线之间的保证出力区时，则水电站按保证出力工作，即水电站出力 $N=N_p$。

(2) 当水库实际蓄水位落于防破坏线与防弃水线之间的加大出力区时，则水电站按加大出力工作，即水电站出力 $N>N_p$。

(3) 当水库实际蓄水位落于防弃水线上或预想出力区时，则水电站按预想出力工作，即水电站出力 $N=N_预$。

(4) 当水库实际蓄水位落于限制出力线以下的降低出力区时，则水电站按相应降低出力线所指示的出力工作，即水电站出力 $N<N_p$。

5.6.4.5 多年调节水库调度图绘制

多年调节水库的调度图，原则上可按年调节水库同样的方法绘制。因为多年调节水库的调节周期长达数年，加之水文资料有限，选择具有代表性的典型年组较困难，所以，在实际工作中并不是绘制一个调度周期（多年）的水库调度图，而是仍绘制以年度为单位的调度图。

多年调节水库的调节库容可以看成是由多年调节库容 $V_{多年}$ 和年调节库容 $V_年$ 两个部分组成，$V_{多年}$ 是为了蓄存丰水年组的余水量以补充枯水年组的不足水量。当水库的 $V_{多年}$ 未蓄满前，水电站一般不超出保证出力运行，只有在 $V_{多年}$ 蓄满后，水电站才可能加大出力。可见，防破坏线应位于多年库容蓄满至正常蓄水位之间，限制出力线应位于多年库容蓄满线以下，起点为死水位。

1. 防破坏线的绘制

选择连续枯水年组的入库径流过程，要求设计枯水年组第一年年初 $V_{多年}$ 已蓄满，且水电站按保证出力工作，自第一年供水期末水库从蓄满多年调节库容相应水位开始，逆时序进行调节计算，至蓄水期末水库水位达到正常蓄水位，而到第一年蓄水期初水库刚好又回到多年调节库容的蓄满点。将满足要求的设计枯水年组第一年各时段的库水位值相连接，即为防破坏线。必要时，可选择多个年内分配不同的典型年，按设计枯水年组第一年水量进行修正，分别求得其相应的运行曲线，取其上包线为防破坏线，如图5.6-10中线1所示。

2. 限制出力线的绘制

采用绘制防破坏线时选择的枯水年组，但要求该枯水年组最后一年年末 $V_{多年}$ 被放空的情况下，水电站按保证出力工作，自供水期末水库从死水位开始，逆时序进行调节计算，至蓄水期初水库水位重新消落到死水位，连接各时段的库水位值即为限制出力线。必要时，可选择多个年内分配不同的典型年，水量按

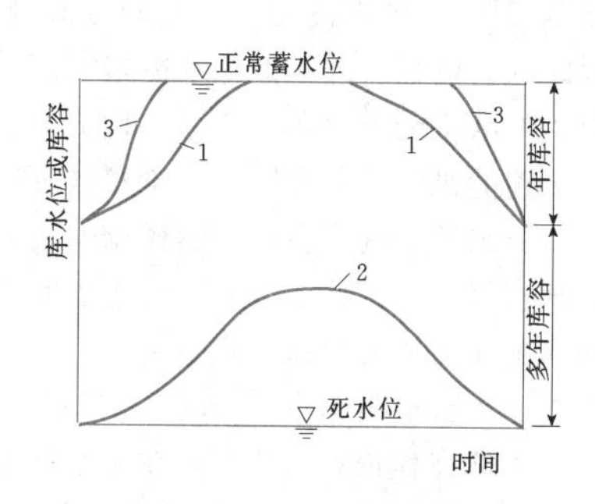

图 5.6-10 多年调节水库调度图

1—防破坏线；2—限制出力线；3—防弃水线

设计枯水年组最后一年的水量进行修正，分别求得其相应的运行曲线，取其下包线为限制出力线，如图5.6-10中线2所示。

3. 防弃水线的绘制

一般情况下，多年调节水库弃水量不大，可不绘制防弃水线，常将正常蓄水位以下、防破坏线以上区域作为加大出力区。对于弃水量较大的多年调节水库，可参照年调节水库的方法绘制防弃水线，如图5.6-10中线3所示。

5.6.5 抽水蓄能电站

5.6.5.1 工作原理和分类

1. 工作原理

抽水蓄能电站是利用电力系统低谷负荷时的剩余电力抽水到地势高的上水库蓄存，在高峰负荷时放水至地势低的下水库发电的水电站[1]，是电力系统唯一的填谷调峰电源。图5.6-11为抽水蓄能电站在日、周负荷图上的运行过程。

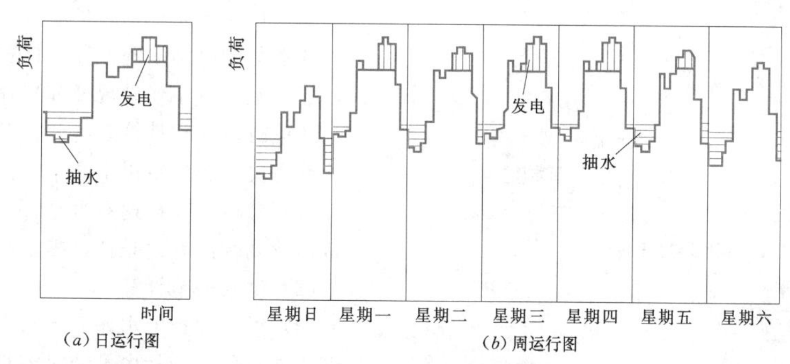

图 5.6-11 抽水蓄能电站运行过程图

在负荷低谷时，抽水蓄能电站吸收电力系统的有功功率抽水，这时它是用户；在负荷高峰时，抽水蓄能电站向电力系统送电，这时它是发电厂。抽水蓄能电站抽水是把电能转换为水能的过程；发电是把水能转换为电能的过程。在一次循环运行过程中，抽水蓄能电站的抽水用电量 E_P、发电量 E_T 的计算公式可描述为

$$E_P = 0.0027\frac{VH_P}{\eta_P} \quad (5.6-16)$$

$$E_T = 0.0027VH_T\eta_T \quad (5.6-17)$$

式中 V——上水库或下水库的调节库容，m^3；

H_P——抽水工况的平均扬程，m；

H_T——发电工况的平均水头，m；

η_P、η_T——抽水工况与发电工况的运行效率，%。

当抽水蓄能电站的发电量 E_T 一定，上水库、下水库水位差 H 越大，则所需调节库容 V 越小；同时，上水库、下水库进（出）水口之间水平距离 L 越短时，即水库和输水管道的投资越省，所以抽水蓄能电站应选择水头高、距高比 L/H 小的站址。

抽水蓄能电站在每一次抽水发电的能量转换循环中，伴随着能量损失，抽水用电量 E_P 必须大于发电量 E_T。抽水蓄能电站的综合效率（又称循环效率）η 定义为在供给上水库的水量和从上水库取出的水量相等条件下，发电工况时所生产的电量 E_T 与抽水工况时所消耗的电量 E_P 之比，即抽水蓄能电站综合效率的计算公式为

$$\eta = \frac{E_T}{E_P} = \eta_T\eta_P \quad (5.6-18)$$

$$\eta_T = \eta_1\eta_2\eta_3\eta_4$$

$$\eta_P = \eta_5\eta_6\eta_7\eta_8$$

式中 η_1、η_2、η_3、η_4——发电工况下输水系统、水轮机、发电机和主变压器的工作效率；

η_5、η_6、η_7、η_8——抽水工况下主变压器、电动机、水泵和输水系统的工作效率。

[1] 有的抽水蓄能电站是与其他电源配合运行，利用其他电源剩余电力抽水到高处蓄存，在需要时放水发电。

抽水蓄能电站的综合效率实际上是变压器、水力机械与电气设备、输水管道在发电工况和抽水工况时运行效率的乘积。大中型抽水蓄能电站综合效率 η 一般为0.7～0.8。

2. 类型

抽水蓄能电站按开发方式可分为纯抽水蓄能电站、混合式抽水蓄能电站和调水式抽水蓄能电站❶。

纯抽水蓄能电站如图 5.6-12（*a*）所示，其发电量绝大部分来自抽水蓄存的水能。发电的水量基本上等于抽水蓄存的水量，重复循环使用，仅需少量天然径流补充蒸发和渗漏等损失。补充水量可来自上水库、下水库的天然径流或其他补水措施❷。

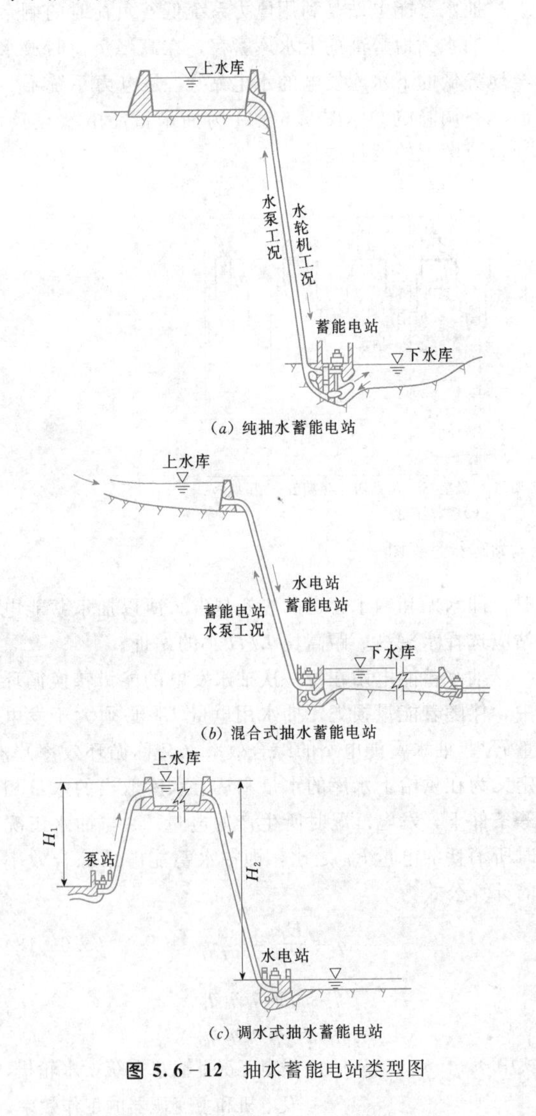

图 5.6-12 抽水蓄能电站类型图

混合式抽水蓄能电站如图 5.6-12（*b*）所示。厂内既有抽水蓄能机组，也有常规水轮发电机组。上水库有天然径流来源，既可利用天然径流发电，也可从下水库抽水蓄能发电。其上水库一般建于河流上，下水库按抽水蓄能需要的容积另建。

调水式抽水蓄能电站如图 5.6-12（*c*）所示。上水库建于分水岭高程较高的地方，在分水岭调出水一侧拦截河流建水源水库，并设水泵站抽水到上水库；在分水岭调入水一侧的河流设常规水电站从上水库引水发电。这种抽水蓄能电站的特点是：①水源水库有天然径流来源，上水库没有天然径流来源；②调峰发电量往往大于填谷的耗电量。

5.6.5.2 计算任务和基本资料

1. 计算任务

抽水蓄能电站水利计算的任务是分析电站水源条件，配合论证电站建设规模和选择水库特征水位，阐明电站运行方式和计算发电效益等。抽水蓄能电站水利计算主要内容包括以下几个方面。

（1）分析计算初期蓄水（含初期运行，下同）和正常运行期水源补给条件，提出补水要求。

（2）洪水调节计算。

（3）配合选择上水库、下水库正常蓄水位、死水位等特征水位，选择电站装机容量、额定水头、机组机型、输水道直径等规模参数，进行相关水利计算。

（4）特征水头计算。

（5）径流调节和多年平均年发电量、年抽水电量计算。

（6）水库泥沙冲淤和过机含沙量计算。

（7）水库回水计算和放空计算。

（8）确定水库及电站运行方式。

2. 基本资料

（1）上水库、下水库地形资料，包括水库回水计算需要的河道纵断面、横断面资料等。库容曲线宜采用不小于1∶2000比例尺的地形图量算，有些抽水蓄能电站由于水库面积特别是下水库面积较大，可采用1∶5000比例尺的地形图量求库容曲线，并应计及库内开挖、库岸边坡处理和挡水建筑物对库容的影响。

---

❶ 抽水蓄能电站，按水库的调节周期可分为日调节、周调节和年调节三类；按电站机组型式可分为四机式、三机式和二机式三类。

❷ 本节抽水蓄能电站水利计算主要针对纯抽水蓄能电站编写。混合式、调水式抽水蓄能电站水利计算，部分内容可参考纯抽水蓄能电站水利计算，部分内容可参考常规水电站水利计算。

(2) 上水库、下水库的降水、蒸发、径流、洪水、泥沙、冰情等资料及分析成果。

(3) 上水库、下水库的水文地质与工程地质资料，库区和水工建筑物渗漏量，泄洪建筑物尺寸及泄流能力曲线。

(4) 水泵水轮机组运行特性资料。

(5) 电力系统电力电量平衡成果。

(6) 水头损失资料。

(7) 上水库、下水库生态环境保护用水资料。

(8) 当上水库、下水库除发电外还承担其他综合利用任务时，收集其对运行方式和用水的要求。

(9) 当上水库或下水库为已建水利水电工程时，应收集该工程特性、各用水部门的用水要求、水库调度规则及运行资料。

5.6.5.3 水源分析计算

虽然抽水蓄能电站上水库、下水库库容较小，但在抽水蓄能电站选点中，遇到有些站址的地理位置和地形地质条件都较优，唯独集水面积较小或年降水量较小，可能存在水源不足的问题。因此，应重视水源分析计算。水源分析主要是验算水库天然来水量能否满足水库初期蓄水（含初期运行，下同）和电站运行期补水的要求。水库初期蓄水从下闸蓄水时起算，电站需水量是伴随机组安装进程逐渐增加的，需按电站装机程序分别计算。正常运行期补水条件的分析应按全部机组投入运行后计算水库需补水量。当上水库、下水库自身水源不能满足初期蓄水和正常运行期补给水量要求时，应研究调整工程施工进度或采取补充水源措施。

1. 初期蓄水计算

初期蓄水时，水源条件首先应满足首台机组联动调试时要求的需水量，其次应满足蓄满上水库、下水库死库容的需要，并根据电站装机程序（从第一台机组发电直到全部机组投产）所需的调节库容，其蓄水期和蓄水量应从施工进度安排的下闸蓄水时间开始，计入蒸发、渗漏等水量损失，逐时段计算。

(1) 耗水量计算。耗水量包括上水库、下水库下泄生态流量、下游生活用水、灌溉用水、渗漏量、施工营地用水、蒸发水量等或其中的若干项。其中渗漏量包括上水库、下水库库周及大坝渗漏量、输水系统渗漏量；蒸发水量为上水库、下水库陆面蒸发变成水面蒸发所增加的蒸发损失量。

(2) 各台机组投运时需水量计算。

首台机组联动调试时需水量＝上水库需要蓄水量＋下水库需要蓄水量＋输水系统管道需要充蓄水量。

首台机组发电需水量＝上水库死库容＋下水库死库容＋输水系统管道需要充蓄的水量＋首台机组发电水量。

两台机组发电需水量＝首台机组发电需水量＋第二台机组输水系统管道需要充蓄水量＋每台机组发电水量。

三台、四台机组等发电需水量以此类推，直至计算全部机组发电需水。其中，每台机组发电水量＝（上水库有效库容－水损－备用库容）/机组台数，需避免输水系统管道需要充蓄水量重复计算。

(3) 蓄水期上水库、下水库可蓄水量计算。分别累计上水库、下水库下闸蓄水时至首台机组调试及各台机组投产时相应蓄水期的入库水量，扣除相应时段的耗水量后，多余水量即为上水库、下水库在各蓄水期的可蓄水量。

(4) 上水库、下水库的蓄水平衡计算。从上水库、下水库下闸蓄水时至首台机组调试止为一个蓄水期组（某月某日至某月某日），从上水库、下水库下闸蓄水时至各台机组投产时止为若干个蓄水期组，共（机组台数＋1）个蓄水期组。对全系列径流资料，分别滑动计算各蓄水期组的耗水量、可蓄水量和需水量，将各蓄水期的可蓄水量和需水量进行对比平衡计算。当可蓄水量不小于需水量时，该蓄水期满足蓄水要求，否则，不满足蓄水要求。

分析首台机组联动调试及各台机组投产时相应全系列蓄水保证程度，若上水库集水面积较小，无法满足首台机组调试的需水量要求，或各台机组投产时蓄水保证程度低，则应考虑调整施工进度或由其他措施补充水量。

2. 运行期补水计算

正常运行期的需补水量，按设计保证率相应水文年份的入库水量与相应下泄生态流量、下游生活用水、灌溉用水、蒸发、渗漏等耗水量之差，进行逐时段计算，若总净水量为正值，则满足运行期补水要求；反之，则不满足运行期补水要求。当不满足运行期补水要求时，应采取其他措施补充水量。

5.6.5.4 洪水调节计算

洪水调节计算可采用静库容法，包括上水库、下水库独立调洪计算及下水库考虑电站发电流量与洪水过程叠加后的联合调洪计算。

1. 上水库洪水调节计算

对于纯抽水蓄能电站，当上水库的集水面积较小，上水库不设泄洪设施时，各频率洪水位分别按相应频率洪水 24h 洪量全部蓄在上水库正常蓄水位以上确定。当上水库的集水面积较大，上水库设置泄洪设施时，上水库起调水位为正常蓄水位，上水库达到正常蓄水位后，电站停止抽水；当入库流量小于泄流能力时，按入库流量下泄；当入库流量不小于泄流能力时，按泄流能力下泄，水库水位自然壅高。

2. 下水库洪水调节计算

(1) 独立洪水调节计算。下水库独立调洪计算，起调水位为下水库正常蓄水位（如有防洪限制水位，则起调水位为防洪限制水位），水位超过下水库正常蓄水位后泄洪设施自由溢流（如下水库承担下游防洪任务，则按防洪要求泄流）。独立调洪时不考虑机组发电。

(2) 联合洪水调节计算。联合调洪方法是考虑机组发电与洪水流量的叠加，机组和泄洪设施共同参与调洪的计算方法。下水库联合调洪计算公式为

$$\frac{Q_1+Q_2}{2}+Q_j-\frac{q_1+q_2}{2}=\frac{V_2-V_1}{\Delta t} \tag{5.6-19}$$

式中 Q_1、Q_2——时段初、末的入库洪水流量；

Q_j——该计算时段机组发电流量；

q_1、q_2——时段初、末的出库流量，由泄流曲线查得；

V_1、V_2——时段初、末的库容，由库容曲线查得；

Δt——计算时段。

由于洪水发生的不确定性，洪水过程与电站发电（抽水）流量的叠加会有多种不同组合，可按发电流量从天然洪水第一个时段开始进行滑动叠加。对各种不同组合分别进行联合调洪计算，取用最不利的调洪计算成果。

综合下水库独立洪水调节和联合洪水调节成果，确定下水库坝前最高洪水位及相应最大下泄流量。必要时，可根据调洪计算成果，调整电站洪水期运行调度原则。

5.6.5.5 特征水头计算和选择

1. 特征水头计算

抽水蓄能电站发电工况特征水头计算公式为

$$\left.\begin{aligned}&\text{最大净水头 } H_{T\max}=Z_{UN}-Z_{LD}-\Delta H_{T1}\\&\text{最小净水头 } H_{T\min}=Z_{UD}-Z_{LN}-\Delta H_{Tn}\\&\text{加权平均水头 } H_{Td}=\frac{\sum H_TN}{\sum N}\end{aligned}\right\} \tag{5.6-20}$$

式中 Z_{UN}——上水库正常蓄水位，m；

Z_{LD}——下水库死水位，m；

ΔH_{T1}——1台机组发电工况水头损失，m；

Z_{UD}——上水库死水位，m；

Z_{LN}——下水库正常蓄水位，m；

ΔH_{Tn}——全部机组发电工况水头损失，m；

H_T——发电水头，m；

N——各时段发电出力。

抽水蓄能电站抽水工况特征扬程计算公式为

$$\left.\begin{aligned}&\text{最大扬程 } H_{P\max}=Z_{UN}-Z_{LD}+\Delta H_{Pn}\\&\text{最小扬程 } H_{P\min}=Z_{UD}-Z_{LN}+\Delta H_{P1}\\&\text{平均扬程 } H_{Pd}=\frac{H_{P\max}+H_{P\min}}{2}\end{aligned}\right\} \tag{5.6-21}$$

式中 ΔH_{Pn}——全部机组抽水工况水头损失，m；

ΔH_{P1}——一台机组抽水工况水头损失，m。

输水系统的水头损失，直接影响抽水蓄能电站的水头和扬程，尤其是输水系统较长的电站，则水头损失更为突出。在上水库、下水库位置一定的条件下，由于输水系统布置方式不同，输水管道直径不同，水头损失也有差别，从而又直接影响到电站的能量指标，因而输水系统的布置方式和输水管道直径应经方案比较后确定。

根据国内外抽水蓄能电站运行经验及水泵水轮机的制造水平，抽水蓄能电站机组工作水头变化幅度常以最大扬程与最小发电水头的比值来加以限制。其允许值可采用机组制造厂家提供的数据。根据允许值，复核抽水蓄能电站特征水头，必要时，调整上水库、下水库特征水位或输水系统的布置方式以及输水管道直径等。

2. 额定水头选择

选点规划阶段或预可行性研究阶段，可通过对电力系统设计水平年典型日负荷特性的分析及抽水蓄能电站运行方式的模拟，从满足电力系统调峰需要，并兼顾水电站稳定高效运行，按抽水蓄能电站满负荷运行时间内基本不受阻考虑，拟定水轮机额定水头。从目前抽水蓄能电站额定水头取用经验分析，对于水头变幅较小的抽水蓄能电站，额定水头可略低于加权平均水头或算术平均水头。

在可行性研究阶段，需拟定不同额定水头比较方案，进行技术经济比较后选择。

5.6.5.6 能量特性

1. 水库蓄能量

抽水蓄能电站上水库、下水库所需的调节库容，与电力系统需要抽水蓄能电站的调峰容量或电量，以及库盆的地形、地质条件密切相关。纯抽水蓄能电站，主要任务是调峰填谷，因而电力系统需要抽水蓄能电站的调峰容量 N 或调峰电量 E 是决定上水库、下水库调节库容的主要依据之一。调节库容 V 可按式（5.6-22）估算：

$$V=3600hQK=3600h\frac{N}{9.81\eta H}K=367\frac{E}{\eta H}K \tag{5.6-22}$$

式中 h——日发电小时数，h；

Q——发电流量，m^3/s；

K——考虑库面蒸发、水库渗漏和事故库容等因素所确定的大于1的系数；

η——水轮发电机组效率，%；

H——发电平均水头，m。

由于库区地形地质条件限制，当修建水库的容积小于调峰所需调节库容 V 时，则由地形地质条件来确定库容，反推调峰容量 N 或调峰电量 E。

当取用 $K=1$，$\eta=0.85$ 时，可写出放水量 ΔV 与发电量 ΔE 的关系式：

$$\Delta E=\frac{\Delta VH\eta}{367}=0.0027\eta\Delta VH=0.0023\Delta VH \tag{5.6-23}$$

当已知上水库放水量（或下水库蓄水量）ΔV 和相应平均水头 H 时，就可算出该时段发电量（或下水库蓄能量）为 ΔE。将各时段发电量累加后，便可点绘出水库的蓄能量累积曲线 Oab，如图5.6-13所示。在上水库水位为正常蓄水位时，水库未放水，$E=0$；当上水库水位为消落至死水位时，得最大发电量。

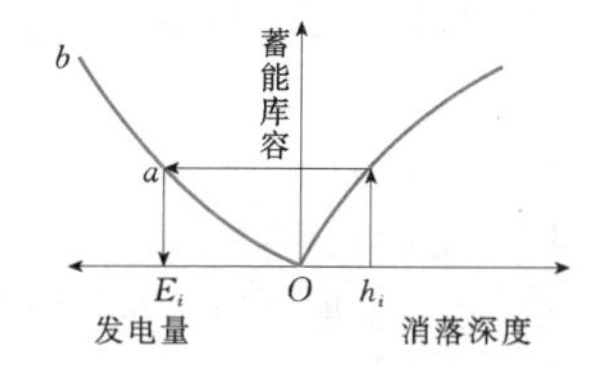

图5.6-13 蓄能水库的能量特性

上述水库蓄能量累积曲线是针对某一水库正常蓄水位作出的，利用该曲线可求得相应于不同水库消落深度 h_i 方案的总蓄能量 E_i。在运行阶段，可利用它计算出已发出的电量和水库尚存的蓄能量，即当上水库水位消落到 h_i 时，发出电量为 E_i，水库剩余蓄能量为 $E''-E_i$。

2. 能量指标计算

(1) 发电调节库容。日调节抽水蓄能电站发电调节库容可按如下分析后拟定：根据电力系统设计水平年典型日负荷特性，分析典型日负荷低谷时间和高峰时间，估算日调节抽水蓄能电站的低谷抽水时间和装机容量日利用小时数；综合考虑电站的利用效率以及在电网中承担的任务，结合电站本身的地形地质条件，以满足装机容量日利用小时数为基本要求，拟定发电调节库容。发电调节库容及相应的蓄水位，与上水库、下水库的地形地质条件、装机容量、日蓄能量、装机容量日利用小时数、水泵最大扬程和水轮机最小水头比值等具有密切关系。按设计深度要求，发电调节库容可进一步通过与特征水位、装机容量、装机容量日利用小时数一同进行多方案的技术经济比较后确定。

考虑到远景负荷预测及电站工作容量、输水道水头损失计算，水库库容曲线量求以及机组效率选用的精度有一定的限制，其调节库容宜留有富裕度。一般情况下，抽水蓄能电站上水库、下水库的调节库容宜留有10%～20%裕度，当电力系统需要抽水蓄能电站承担紧急事故备用时取较大值。

(2) 水损备用库容。如抽水蓄能电站在设计枯水年的枯水期，天然入库水量按下游用水要求下泄一定水量后，剩余水量不能补足水库蒸发、渗漏等损失，则应考虑上水库、下水库的地形地质条件、天然来水不足情况，结合电站在电网中承担的任务，设置水损备用库容。从有利于减少库区蒸发、渗漏水量损失，并考虑有需要时可随时利用这部分备用库容的角度出发，可根据上水库、下水库库容条件，将水损备用库容分置于上水库、下水库。

(3) 能量指标计算。在选点规划或预可行性研究阶段，根据上述发电库容拟定时估算的日调节抽水蓄能电站的低谷抽水时间和装机容量日利用小时数，再考虑电站机组检修要求，计算出电站有效容量满负荷日发电小时数。电站年发电量即为电站有效容量、有效容量满负荷日发电小时数及一年365d的乘积，其中综合效率一般取0.75。

在可行性研究阶段，应根据选定的装机容量、机组机型、特征水位、输水道尺寸与布置及电力系统的调峰填谷要求，按典型日电力电量平衡结果，逐时段进行上水库、下水库水量平衡计算。计算典型日发电量和抽水电量，并推求月、年发电量及年抽水电量。各年发电量、抽水电量累计后的平均值，即为抽水蓄能电站的能量指标。

在电量平衡计算中，应注意到系统负荷低谷处的剩余电量不可能全部被利用的情况。例如，当某小时的低谷剩余出力（指日负荷图上基荷火电最高工作位置水平线与其下相对应的该小时系统最小负荷之差，见图5.6-14）过大，大于电站电动机最大功率时，则抽水功率只能按电动机最大功率计算，余下的出力不能利用，不能计入 E_P 内。当某小时的低谷剩余出力过小，小到工作的电动机效率很低时，这部分低谷剩余出力也不能利用。

电量计算应计及输水道水头损失和机组运行效率的影响。当利用已建水库作为抽水蓄能电站上水库或下水库时，应协调综合利用要求，复核其死水位，确定在死水位以上留出抽水蓄能专用库容及保证水位，并计及该水库运行水位变化对抽水蓄能电站的影响。

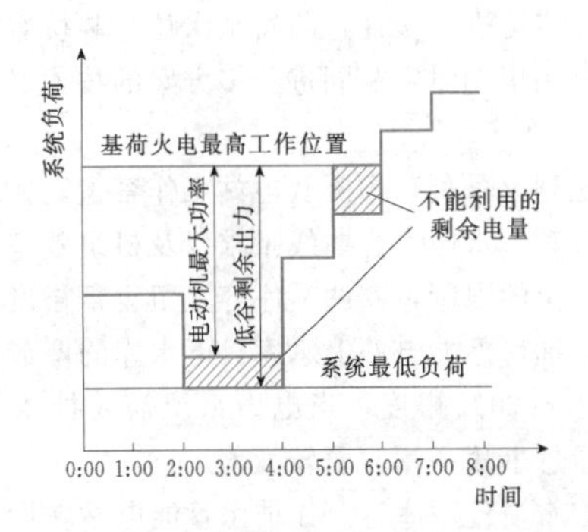

图 5.6-14 负荷低谷处剩余电量

当电站所在电力系统有常规水电站时，应按丰、平、枯水年进行逐月典型日电力电量平衡，确定不同水文代表年抽水蓄能电站的工作位置。

5.6.5.7 水库泥沙冲淤及过机含沙量计算

抽水蓄能机组利用水头高，抽水发电时水流与叶片相对流速高，泥沙磨损问题突出；抽水蓄能电站库容相对较小，保证有效调节库容要求大。因此，必须进行泥沙冲淤计算和过机含沙量计算，并根据泥沙计算成果，设定相应的排沙或防沙工程措施。

1. 泥沙冲淤计算

(1) 上水库泥沙淤积计算。纯抽水蓄能电站上水库坝址以上集水面积较小，入库泥沙量小，可按入库泥沙全部落淤在水库内考虑，估算上水库年平均淤积量。抽水工况时将从下水库挟带上来部分泥沙，发电工况又带走部分沙量，其差值可根据抽水工况、发电工况过机沙量估算。有的抽水蓄能电站由于上水库地形陡峻狭窄，交通不便，库盆开挖产生的弃渣，均填在水库死水位以下。综合考虑上述因素，可估算上水库泥沙淤积量。

(2) 下水库泥沙冲淤计算。下水库泥沙冲淤计算与常规水电站水库泥沙冲淤计算类似，不再叙述。

2. 过机含沙量计算

要较准确计算过机含沙量，需通过二维或三维数学模型计算，或物理模型试验得到。在泥沙问题不太严重或设计深度较浅时，可采用估算方法。

(1) 抽水工况过机含沙量估算。抽水工况过机含沙量估算可采用张瑞瑾挟沙力公式，分别分析不同入库流量（$P=50\%$、20%洪水）水体挟沙力、电站不同运行方式及下水库不同水位时下水库进（出）水口附近水体挟沙力，估算电站平均过机含沙量。

进（出）水口断面的流速主要与断面形状、水库水位、抽水（不同台数机组抽水）流量及入库流量有关。首先计算入库流量和不同水电站运行工况下进（出）水口附近水体的平均流速。计算入库洪水水体流速时，采用进（出）水口下游河道断面；计算水电站运行时进（出）水口水体流速时，采用距进（出）水口 100m 的扇形断面。

下水库库区河道流速比天然河道大大减小，入库泥沙将在库区内渐渐淤积，电站过机含沙量主要受来沙条件和库水挟沙力的影响。水库各断面含沙量可采用水流挟沙力公式进行分析，即当挟沙力小于入库含沙量时，则断面含沙量等于挟沙力，当挟沙力大于入库含沙量时，断面含沙量等于入库含沙量。

张瑞瑾水流挟沙力公式为

$$S_* = K_0\left(\frac{U^3}{gRw}\right)^m \tag{5.6-24}$$

式中 S_*——水流挟沙力，kg/m^3；

U——断面流速，m/s；

g——重力加速度，取 $9.81m/s^2$；

R——水力半径，m；

w——悬沙中床沙质加权平均沉速，m/s。

其中，$K_0=1.3kg/m^3$，$m=0.55$。

下水库进（出）水口一般位于水库岸边山坡，水电站满负荷抽水运行时，以进（出）水口为中心约 100m 范围的边界平均流速较低，但水库消落至死水位时，过流断面骤减，流速迅速增加，挟沙力会增大。

下水库入库泥沙主要由洪水挟带入库，电站过机泥沙主要取决于库内水体含沙量。洪水期水库的泄洪和电站发电（或抽水）同时进行，水流流态复杂，不同位置、不同方向的流速和大小都不同，挟沙力也不同，其中，库水位较低时，靠近水电站进（出）水口部位水流流速较大，水流挟沙力相对较强。

一般情况下，过机含沙量较大的工况应该是入库洪水洪峰与抽水时段末遭遇时，此时下水库即将腾空，断面流速加大，水流挟沙力较强。从安全角度考虑，可按该组合条件，估算电站平均过机含沙量。

(2) 发电工况过机含沙量估算。由于上水库入库泥沙可考虑全部淤积在库内，所以发电工况过机含沙量可主要考虑抽水工况时所携带进入上水库的泥沙。上水库泥沙沉降率计算公式为

$$n = \frac{ut}{l} \tag{5.6-25}$$

其中，u 根据斯托克斯公式计算：

$$u = \frac{g}{1800}\left(\frac{\gamma_s-\gamma}{\gamma}\right)\frac{d^2}{\nu}$$

以上式中 n——上水库泥沙沉降率；

u——沉速，m/s；

d——沉降粒径（一般采用平均粒径），mm；

ν——水的运动黏滞系数，当水温为20℃时，取0.0101cm²/s；

t——沉降时间，s；

l——上水库进（出）水口高程以上水深，m；

γ_s——泥沙的容重，取2.65g/cm³；

γ——水的容重，取1g/cm³；

g——重力加速度，cm/s²；

ut——沉降距离，表示泥沙在计算时段内下沉的距离，m。

当沉降距离ut不小于水深l时，n不小于1，表示泥沙已沉降至进（出）水口底板以下，将淤积于上水库；否则，库内泥沙将通过发电返回下水库。

从电力系统典型日电力电量平衡成果中可以看出，抽水蓄能电站停运较短的时间间隔出现在抽水工况转发电工况时，时间间隔约2～3h。可以2h和3h为计算时段，分析上水库泥沙沉降特性，不同粒径泥沙的沉降速度、沉降距离及沉降率。

根据入库悬移质泥沙级配成果，统计沉降率不大于1的粒径泥沙，这部分悬移质泥沙将通过发电回到下水库，可以此估算发电工况的过机含沙量。

5.7 航 运 工 程

内河航道是江河、湖泊、水库内的航道以及运河与通航渠道的总称。在江河、湖泊等水域中自然形成的航道为天然内河航道；位于江河上修建的水库过坝航道和库区内的航道为水库航道；人工开挖的运河，可供船舶航行的排、灌等输水渠道为人工航道。

5.7.1 航道等级

我国的内河航道根据船舶吨级划分为七个等级[27]，见表5.7-1。

表5.7-1 航道等级划分标准

航道等级	Ⅰ	Ⅱ	Ⅲ	Ⅳ	Ⅴ	Ⅵ	Ⅶ
船舶吨级	3000	2000	1000	500	300	100	50

5.7.2 天然内河航道

5.7.2.1 通航水位和通航流量

1. 设计最高通航水位

天然内河航道设计最高通航水位可依照表5.7-2，按航道等级采用表中相应洪水重现期的水位确定。

2. 设计最低通航水位

天然内河航道设计最低通航水位，可根据航道等级采用综合历时曲线法计算确定，其多年历时保证率应符合表5.7-3的规定；也可采用保证率频率法计算确定，其年保证率和重现期应符合表5.7-4的规定。

表5.7-2 天然内河航道设计最高通航水位的洪水重现期

航道等级	Ⅰ～Ⅲ	Ⅳ、Ⅴ	Ⅵ、Ⅶ
洪水重现期（a）	20	10	5

注 对出现高于设计最高通航水位历时很短的山区性河流，Ⅲ级航道的洪水重现期可采用10年；Ⅳ级、Ⅴ级航道可采用5～3年；Ⅵ级、Ⅶ级航道可采用3～2年。

表5.7-3 设计最低通航水位的多年历时保证率

航道等级	Ⅰ～Ⅲ	Ⅳ、Ⅴ	Ⅵ、Ⅶ
多年历时保证率(%)	≥98	98～95	95～90

注 表中所列保证率，为统计年限内不低于某一水位的天数占总天数的百分比。

表5.7-4 设计最低通航水位的年保证率和重现期

航道等级	Ⅰ～Ⅲ	Ⅳ、Ⅴ	Ⅵ、Ⅶ
保证率（%）	≥98	98～95	95～90
重现期（a）	10～5	5～4	4～2

(1) 综合历时曲线法。综合历时曲线法以长系列的日平均水位资料为基础，将系列中的水位进行分级，统计各级水位出现天数的累积值，计算各级水位对应的历时保证率，按表5.7-3中规定的各级航道相应的设计保证率要求，确定设计最低通航水位值。水位分级是根据长系列资料中日平均水位最高值与最低值之间的变幅，以5～20cm为级差将水位分为若干级，航道等级高则级差小，航道等级低则级差大。

(2) 保证率频率法。保证率频率法分历时曲线法计算和频率分析两个步骤。把每年的逐日平均水位资料从高到低排序，按历时曲线法统计每年保证率水位，保证率按表5.7-4中规定选取；将每年的保证率水位组成的样本系列进行频率计算并绘制经验频率曲线，进行理论频率计算并绘制理论频率曲线，最后进行理论频率曲线与经验频率曲线的适线，直至拟合。按表5.7-4中规定的重现期在拟合的理论频率曲线上求出相应水位，即设计最低通航水位。

同样，利用上述两种方法也可采用流量资料进行统计计算，按计算的最低通航流量查水位流量关系曲线，即得最低通航水位。

在水文资料年限较长的高等级航道，可同时使用两种方法分析计算，结合实际选用；低等级航道一般可选用综合历时曲线法进行分析计算。

3. 通航流量

通航流量包括最大通航流量和最小通航流量。最大通航流量可按航道等级采用表5.7-2中相应洪水重现期的流量；也可用最高通航水位查水位流量关系曲线求得。最小通航流量可采用上述综合历时曲线法和保证率频率法两种方法进行统计计算；也可用最低通航水位查水位流量关系曲线求得。

5.7.2.2 通航水流条件

1. 影响船舶航行的水流因素

影响船舶航行的水流因素主要有水流速度、水面比降、水流流向等。正常通航航道还应避免出现回流、泡水、漩水、滑梁水、扫湾水等不良流态。

2. 河段通航水流设计标准

内河航道中的水流条件应满足设计船舶或船队安全航行的要求。为此，需制订相应的通航水流标准。一般采用上行航迹带上允许的最大流速、水面最大比降作为通航水流的控制标准。

因山区河流、丘陵和平原河流的水流特性不同，同一河流各段航道水流条件也有差异，船舶需适应相应航道的水流条件，因此各级通航河流上均采用符合当地实际的通航水流标准。以下列出具有代表性的通航水流条件，其他内河航道设计时可参考取值。

(1) 山区河流，如川江下段、金沙江、乌江、红水河等，流经高山峡谷，河床地形极不规则，坡陡流急，航行船舶具有较高的航速，所需操纵性能好，船舶航行允许的最大水面流速一般可达4.0～4.5m/s，水面最大比降为3‰。

(2) 丘陵河流，如嘉陵江、岷江、川江上段等，水流流态较好，船舶航行允许的最大水面流速一般为2.5～3.5m/s，水面最大比降为2‰～3‰。

(3) 平原河流，如长江中游、汉江中下游、湘江、赣江、西江下游、松花江等，航道水流条件好，流速比降一般不大，船舶航行允许的最大水面流速一般为1.0～2.5m/s，水面最大比降为0.1‰～0.5‰。

3. 通航水流条件拟定方法

设计河段通航水流条件拟定，需要与全河段航道条件相匹配，方法如下。

(1) 结合航道条件与航运要求，确定航行船型、船舶（队）及运输组织方式。

(2) 对急流险滩、河床进行测量并分类。

(3) 在重点急流险滩进行船舶自航过滩航迹和相应流速、比降测量，分析船舶（队）的过滩能力。

(4) 通过分析计算和实船试验，综合拟定最大水面流速和水面最大比降。

5.7.3 水库航道

5.7.3.1 通航水位和通航流量

通航水位包括设计最高通航水位和设计最低通航水位；通航流量包括设计最大通航流量和设计最小通航流量。由于水文条件与通航水位、通航流量直接相关，因此，应根据河道水文条件对水库航道的通航水位、通航流量进行论证，若水文条件发生变化，还应对通航水位和通航流量进行调整。

1. 对基本资料的要求

(1) 若基本资料具有良好的一致性，应选取近期连续的系列资料，且系列长度不宜短于20年。

(2) 若基本资料不具有良好的一致性，应根据其变化原因及发展趋势，选取有代表性的系列资料。

(3) 若计算河段的水文条件受人类活动和自然因素影响发生了明显变化，应通过分析研究，选取变化后有代表性的系列资料。

2. 通航水位和通航流量的确定

处在通航河段的水库工程应按改善通航条件、提高通航能力和发挥综合开发效益的原则确定通航水位。水库瞬时下泄流量，不应小于原天然河流设计最低通航水位时的流量。水库建成后河段的通航保证率，不应低于原天然河流的通航保证率。

(1) 最高通航水位和最大通航流量的确定。水库通航建筑物上游设计最高通航水位，应采用水库正常蓄水位或最高蓄水位和按表5.7-5规定的洪水重现期计算的水位中的高值。当预计水库正式运行后正常蓄水位有可能提高时，应采用提高值；当泥沙淤积将影响水位时，应计入泥沙淤积引起的水位抬高值。

表5.7-5 水库通航建筑物上游设计最高通航水位的洪水重现期

通航建筑物级别	Ⅰ、Ⅱ	Ⅲ、Ⅳ	Ⅴ～Ⅶ
洪水重现期 (a)	100～20	20～10	10～5

注 对出现高于设计最高通航水位历时很短的山区性河流，Ⅳ级和Ⅴ级通航建筑物设计最高通航水位的洪水重现期可采用5～3年，Ⅵ级和Ⅶ级通航建筑物可采用3～2年；平原地区运输繁忙的Ⅴ～Ⅶ级通航建筑物设计最高通航水位的洪水重现期可采用20～10年；山区中小型通航建筑物的上游设计最高通航水位可根据具体情况通过论证确定，但不应低于通航建筑物修建前的通航标准。

水库通航建筑物下游设计最高通航水位，应采用按表5.7-5规定的洪水重现期计算的下泄流量所对应的最高水位。当下游有梯级时，应考虑与下一梯级的上游设计最高通航水位衔接。对山区性河流，按表5.7-5确定的最高通航水位的流速流态往往较差，难以满足通航船舶允许的水流条件要求，此时可采用数学模型和物理模型试验的方法研究确定设计最高通航水位，必要时需进行船模试验来验证。

水库通航建筑物上下游最大通航流量可采用表5.7-5中的洪水重现期相应流量，山区河流可适当降低。水库通航建筑物下游最大通航流量，还可以用最高通航水位查水位流量关系曲线求得。

(2) 最低通航水位和最小通航流量的确定。水库通航建筑物上游设计最低通航水位，应采用水库死水位和最低运行水位中的低值。

水库通航建筑物下游设计最低通航水位，应采用满足其航道等级相应通航保证率对应的水位，并计入河床下切和水电站日调节等因素引起的水位降低值，通航保证率要求见表5.7-3。当水库下游有梯级时，应考虑与下一梯级的上游设计最低通航水位衔接。

水库日调节运行引起的拦河坝上下游水位的变幅和变率，应满足船舶安全航行和作业要求；水库建成运行后，上下游河段通航水位宜结合运行后的实测资料进行必要的验证和调整。

水库通航建筑物上游没有最小通航流量的规定，下游最小通航流量，可根据最低通航水位查水位流量关系曲线确定。

5.7.3.2 通航水流条件

过坝通航建筑物及上下游引航道的通航水流条件，应满足船舶（队）安全停泊、进出和正常航行的要求，通航水流标准应符合通航建筑物相关设计规范中的规定。

库区内航道的通航水流标准，可以参考内河航道的通航水流条件拟定。

5.7.4 航道整治工程

5.7.4.1 航道水深计算

在航道整治工程设计中，航道水深（最小水深）是各项尺度中最为重要的一项。航道水深计算可用式(5.7-1)计算[28]：

$$H = T + \Delta H \tag{5.7-1}$$

式中 H——航道水深，m；

T——船舶净吃水深，m；

ΔH——富余水深，m。

航道整治设计中，船舶净吃水深 T 是指代表船型的设计吃水深，设计中如何确定代表船型（船队）是一项关键工作，需要结合航道条件和预测的货运量、货物种类、现有船型以及船型规划进行分析。

在天然航道和渠化河流中，富余水深需要考虑船舶航行下沉量、触底安全富余量、船舶编队引起的吃水增（减）值及波浪引起的影响值。

(1) 船舶航行下沉量，可采用霍密尔公式计算：

$$\Delta T = K\sqrt{\frac{T}{H}}v^2 \tag{5.7-2}$$

式中 ΔT——船舶航行下沉量，m；

K——系数，根据实船观测资料而定，缺乏资料时可参考表5.7-6取值；

T——船舶静吃水深，m；

H——航道水深，m；

v——船舶航行速度，m/s。

表5.7-6 K与L/b的关系表

L/b	5	6	7	8	9
K	0.038	0.035	0.032	0.030	0.028

注 L 为船舶（队）长，m；b 为船舶（队）宽，m。

(2) 触底安全富余水深与河床底质相关。对Ⅴ级以上航道，沙质河床一般取值为0.1～0.2m，礁石河床一般取值0.2～0.4m。

(3) 船舶编队引起的吃水增减值一般为－0.1～0.1m。

《内河通航标准》(GB 50139) 给出了各级航道的富余水深，供设计时参考。由于该参考值仅考虑了船舶大小的影响，不宜作为确定富余水深的唯一依据，具体设计时还应结合河床底质、水面流速和比降等因素，综合分析确定。

5.7.4.2 设计水位计算

对于需整治险滩的设计水位计算，首先需要确定基本水位站及其控制河段，其次推求基本水位站设计水位，最后计算各险滩上的设计水位。

基本水位站最低通航水位及最高通航水位计算方法与天然内河航道通航水位的确定方法相同。基本水位站的设计水位确定后，可采用水面线推算法、水位相关法、比降插入法和瞬时水位法等方法，求出各段航道上（包括险滩）的设计水位。

5.8 综合利用水库

综合利用水库的开发任务有防洪、防凌、治涝、发电、灌溉、供水、航运、养殖、旅游、调水调沙、环境保护等。综合利用水库承担的开发任务和任务之间的主次关系，应根据当地国民经济的要求，结合工程开发条件，进行必要的技术经济论证确定。

5.8.1 防洪与兴利关系的处理

5.8.1.1 防洪与兴利库容的结合形式

兼有防洪和兴利任务的综合利用水库，当防洪库容可以与兴利库容结合时，一般以主要兴利任务在设计枯水年汛后保证正常用水条件下可以充满的库容，作为防洪和兴利结合的重叠库容，而防洪库容与兴利库容的结合形式，分为以下三大类六种形式。

1. 完全不结合

防洪库容与兴利库容完全分开，重叠库容为零。防洪限制水位与正常蓄水位重合，防洪库容置于兴利库容之上。

2. 部分结合

防洪限制水位在正常蓄水位与死水位之间，防洪高水位在正常蓄水位之上。防洪限制水位与死水位之间的库容为专用兴利库容；防洪高水位与正常蓄水位之间的库容为专用防洪库容；重叠库容既小于兴利库容，也小于防洪库容，如图 5.8-1 所示。

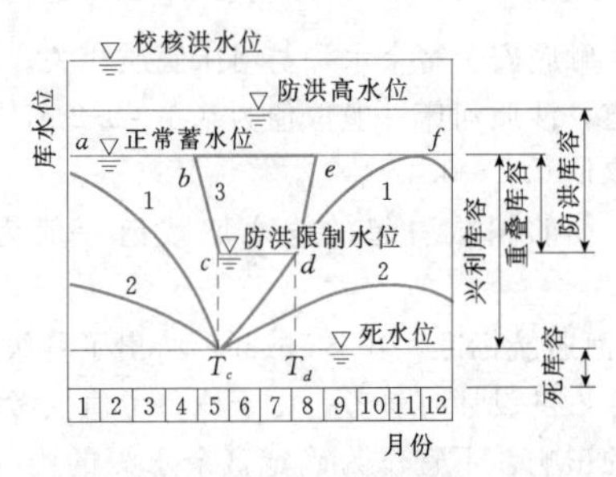

图 5.8-1 防洪库容与兴利库容部分结合

1—防破坏线；2—限制供水线；3—防洪调度线

3. 完全结合

完全结合可有以下四种形式。①重叠库容、防洪库容和兴利库容三者相等，防洪限制水位与死水位重合，防洪高水位与正常蓄水位重合；②重叠库容等于防洪库容，防洪库容是兴利库容的一部分，防洪限制水位在死水位与正常蓄水位之间，防洪高水位与正常蓄水位重合，如图 5.8-2 所示；③重叠库容等于兴利库容，兴利库容是防洪库容的一部分，防洪限制水位与死水位重合，防洪高水位高于正常蓄水位；④重叠库容等于兴利库容，兴利库容是防洪库容的一部分，防洪限制水位低于死水位，防洪高水位与正常蓄水位重合。

5.8.1.2 防洪与兴利库容结合形式的适用条件

我国雨洪河流的洪水在年内分配上一般有明显的季节性，主要汛期明确，如长江中游为 6～9 月，鄱阳湖水系为 4～6 月，黄河中下游为 7～9 月等。同

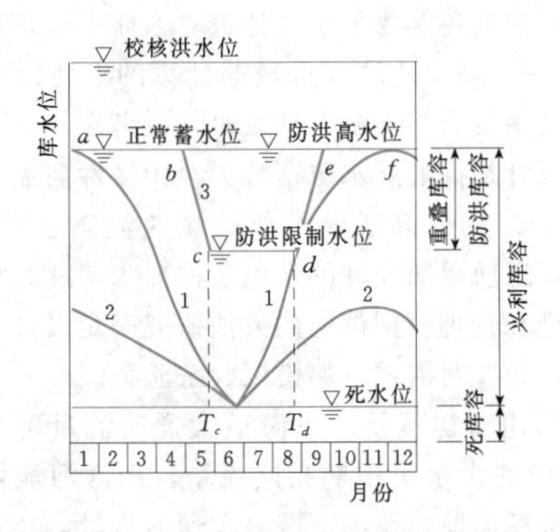

图 5.8-2 防洪库容与兴利库容完全结合

1—防破坏线；2—限制供水线；3—防洪调度线

时，由于降雨成因在时间上也有明显差异，因此，形成主汛期和后汛期洪水的峰、量往往有很大差别。水库只需在主汛期预留全部防洪库容，而主汛期天然来水丰富，仅需部分兴利库容就可完成正常供水任务，汛后再利用余水充蓄部分或全部防洪库容，以满足其他时段的兴利要求。因此，防洪库容和兴利库容的结合应尽量采用第②～④种为宜。只有在下述条件下，才采用第①种形式。

(1) 流域面积较小的山区河流，洪水发生无明显的时间界限。

(2) 丰、枯水期不稳定，汛后利用余水充蓄得不到保证的水库，如我国北方某些河流，很多年份主汛期过后立即进入枯水期，在某些设计枯水年以内的年份也无多余水量充蓄汛期腾空的库容，造成正常供水得不到保证。

(3) 因条件限制和节省投资，泄洪设备为没有闸门控制的中小型水库。

5.8.1.3 防洪和兴利重叠库容的确定步骤

(1) 划分水库运行的主汛期和蓄水期。根据历年实测洪水和历史调查洪水出现的时间规律，并结合洪水成因分析，确定水库的主汛期和蓄水期，主汛期一般为出现最早一次大洪水至出现最迟一次大洪水的时间，而后至供水期初为蓄水期。

(2) 进行供水期调节计算。依据拟定的正常蓄水位和死水位进行调节计算，推求调节流量。

(3) 进行蓄水期调节计算。按式 (5.8-1) 进行蓄水期调节计算，推求历年的可蓄余水水量：

$$W=\sum_{i=1}^{n}(Q_i-Q_{调})\Delta T \qquad (5.8-1)$$

式中 W ——蓄水期余水总量，m^3；

Q_i ——蓄水期第 i 时段入库流量，m^3/s；

$Q_{调}$ ——调节流量，m^3/s；

ΔT——计算时段，s；

n——蓄水期的计算时段数，一般以月或旬为一个计算时段。

（4）确定重叠库容。将历年蓄水期余水总量自大到小排列，按经验频率公式计算，相应设计蓄满率的蓄水期余水总量，即为可设置的重叠库容。

5.8.2 兴利调节计算

5.8.2.1 兴利调节计算方法

（1）当综合利用水库兴利任务主次明确，次要任务用水量不大时，可简化为单一兴利任务水库进行调节计算，但要根据情况采用以下不同的处理方法。

1）主要、次要任务用水量不能结合时，可采用从入库流量中先扣除次要任务用水量的方式处理。

2）主、次任务用水量可以结合，可首先按主要任务的用水要求进行一级调节计算，然后检验次要任务用水要求的满足程度，并研究余水利用方式，必要时可适当调整主要任务的用水方式。如以灌溉为主、发电为次的水库，先按单一灌溉水库计算灌溉规模和其用水过程，再按满足灌溉用水要求的下泄过程计算其发电效益。

采用上述处理方法后，相应单一兴利任务水库的一级调节计算方法，参见本章前几节中的相关内容。

（2）当水库兼有两种或多种主要兴利任务，或次要任务用水量所占比重较大时，应采用两级调节或多级调节方法进行计算。

5.8.2.2 水库两级调节计算

水库两级调节计算系指设计水库承担两种设计保证率不同的兴利任务的调节计算，其中心环节是根据不同来水情况拟定不同的供水方式，在满足不同设计保证率要求的前提下，推求两种兴利任务正常供水量和调节库容的关系，作为方案决策的依据。以发电结合灌溉为例的两级调节计算方法说明如下。

1. 年调节水库两级调节计算

（1）按照一级调节计算方法，推求相应发电设计保证率（如95%）年份的用水量和过程，以及相应灌溉设计保证率（如80%）年份的用水量及过程。据此，初拟灌溉用水量和发电调节流量（保证出力）。

（2）采用长系列径流，逐年逐时段进行调节计算。对于低保证率（80%）以内的年份，要求同时满足灌溉和发电正常供水要求；对于低保证率至高保证率之间（80%～95%）的年份，灌溉供水适当减少（如灌溉供水减少20%），但要满足正常发电用水要求；对于高保证率以外的年份，灌溉和发电都按相应破坏深度，减少用水。

（3）统计长系列径流调节计算后的保证率，若统计的灌溉保证率高于或低于80%、发电保证率高于或低于95%，需相应调整灌溉用水量和发电调节流量，重新计算，直到满足相应保证率要求为止。若水库规模可变，也可变动调节库容，直至满足二者的用水量与保证率。

2. 多年调节水库两级调节计算

多年调节水库两级调节计算的特点，是将低保证率以内年份的水量，在满足发电和灌溉正常用水以外的多余水量蓄存起来，通过多年调节库容进行调节，以增加低保证率以外年份的用水量，达到两级调节流量最大的目的。一般采用时历法进行长系列径流调节计算，其要点包括以下几个方面。

（1）对于连续丰水年份，在保证灌溉正常用水和水库蓄水的前提下，增加发电流量。

（2）一般年份，在保证灌溉和发电正常供水的前提下，再计算水库的蓄供水量。

（3）对于枯水年份，当发电和灌溉正常供水不能同时满足时，发电按正常供水量供水，灌溉按80%左右降低供水量，再计算水库蓄供水量。

（4）对于特枯年份，或连续枯水年末期，根据水位情况，灌溉和发电均按低于正常供水量工作，库水位消落至死水位时，按天然入库流量分配两者供水量。

（5）分析计算发电和灌溉正常供水的保证率，若能满足各自设计保证率要求，则所拟的方案即为所求，否则应调整发电或灌溉正常供水量，重复上述计算。

5.8.2.3 水库多级调节计算

1. 综合利用水库承担任务的特点

当综合利用水库承担多项兴利任务时，用水部门较多，各部门的相互关系比较复杂，主要表现为以下几个方面。

（1）各部门的用水特性不同，如发电与供水年内分配比较均匀，灌溉季节性明显。

（2）各部门用水保证率不仅不同，而且表达方式也可能不一致，例如发电和灌溉常采用年保证率，而航运和城镇供水部门常采用以日为时段的历时保证率。

（3）各用水部门的主次关系可能不同，使不同水库在供水优先次序上差异大。

（4）用水部门间相互关系组成复杂，有些能相互结合，有些不能相互结合。

2. 多级调节计算原则

综合利用水库兴利多级调节，首先统筹各用水部门的相互关系，再按两级调节计算类似的方法，根据以下原则进行计算。

（1）根据各用水部门的主次关系和用水权重，将不同表达形式的设计保证率化为统一表达形式。

对以发电或灌溉为主的综合利用水库，发电与灌溉部门采用年保证率，可将供水与航运部门的设计保证率转换成年保证率；对以航运为主的水库（如航电枢纽），可将发电和灌溉等设计保证率转化为历时保证率。

（2）根据各用水部门的用水特性，拟定各用水部门的保证供水量及时程分配。如发电按保证出力拟定正常供水过程，航运与供水采用均匀供水方式；灌溉按灌区需水特性拟定均匀供水（灌区内有足够的二次调蓄能力）或变动供水。

（3）根据用水部门的特性，确定各用水部门在高于设计保证率年份的折扣系数。但对于没有替代办法的用水部门，应尽量给予必要的保证供水量。

（4）简化计算时，对用水量比重较小部门的需水量，可从来水量中扣除。

5.8.3　水库特征水位的选择

5.8.3.1　正常蓄水位

正常蓄水位直接关系到工程的规模、投资及经济性、综合利用各部门的效益、水库的淹没损失等方面的问题，需拟定多个方案，通过技术经济比较和综合分析论证进行选择。

1. 正常蓄水位上限值和下限值的拟定

根据河流梯级开发规划方案及工程的建设条件和开发任务，经过初步分析论证，定出正常蓄水位的上限值和下限值，然后在此范围内拟定若干正常蓄水位方案，进行分析和比较。

正常蓄水位的下限值，主要根据各用水部门的最低要求拟定。例如，以灌溉或供水为主的水库，必须满足最小供水量要求；有航运任务的反调节水电站，需考虑与上游梯级的水位衔接要求；此外，还要考虑泥沙淤积的影响，保证水库有一定的使用年限。

正常蓄水位的上限值需要考虑多方面的控制条件拟定[25]，主要控制条件包括以下几个方面。

（1）坝址及库区的地形地质条件。当正常蓄水位达到一定高度后，可能由于河谷过宽，使工程量过大；也可能由于地质条件变差，增加基础处理的困难，或出现垭口及单薄分水岭等，这都将影响正常蓄水位上限值的选择。

（2）库区的淹没和浸没情况。若水库区有大片耕园地、重要城镇、矿藏、工矿企业、交通干线、名胜古迹等涉及对象，造成淹没损失或移民安置困难过大，会限制正常蓄水位的抬高。此外，如果造成大面积内水排泄困难，或使地下水抬高引起严重浸没和盐碱化，也影响正常蓄水位的上限值。

（3）梯级衔接。在河流梯级开发规划中，从合理利用水能资源角度出发，上下游梯级宜有一定的水位重叠，但随下游梯级正常蓄水位的抬高，对上游梯级的运行和效益影响程度逐渐增大，正常蓄水位上限值的选择时需统筹考虑。

（4）生态环境影响。对自然保护区有影响或对珍稀水生生物、陆生生物有影响，且无较好的减缓措施时，这些保护区的下边界为正常蓄水位上限值选择的控制条件。

（5）水文水利条件的限制。当水库水位达到一定高度后，调节库容已较大，弃水量很少，水量利用率已很高，继续抬高正常蓄水位，对水资源利用率增加不大，效益增加可能不明显，则正常蓄水位一般不宜再抬高。

（6）工程技术难度。如水库水位超过某一高程，导致工程方案或某项建筑物的设计、施工技术难度超过当前的技术水平，存在一定的技术障碍或技术风险，也是正常蓄水位上限的限制条件。

2. 正常蓄水位的选择步骤

（1）根据各种控制条件，拟定正常蓄水位的上限值和下限值。

（2）分析地形地质条件、水库淹没、上下游梯级水位衔接等控制因素随水库水位上下变动的变化情况，拟定几个正常蓄水位比较方案。

（3）拟定水库消落深度。按一致性原则拟定各方案的水库消落深度：以发电为主要任务的水库，可以根据水电站最大水头 H_{max} 的某一百分数初步拟定消落深度；以灌溉、供水为主要任务的水库，可使各方案初步拟定的消落深度基本相同。

（4）其他配套参数拟定。其他特征水位和装机容量等参数拟定一般采用“同一性”的原则，如以相同的防洪库容或相同的防洪库容与调节库容比值拟定各方案的防洪限制水位；以基本相同的装机年利用小时数或基本相同的装机容量与保证出力的比值拟定各方案的装机容量。

（5）分析计算各方案的综合效益。根据水库所承担的任务计算保证出力、多年平均发电量、保证供水量、灌溉面积以及产生的效益、防洪效益等相应指标，分析计算各方案的综合效益及差别。

（6）分析各方案与上游梯级衔接方面的差别。主要分析梯级水位重叠对上游梯级发电与工程运行安全的影响。

（7）进行各方案的工程枢纽建筑物、金属结构及机电设备、施工方法等方面的设计，计算各方案的分项工程量、建筑材料的消耗量及所需的设备等，分析各方案在工程设计方面的差别。

(8) 统计水库淹没实物指标，分析水库淹没特点、主要淹没对象情况，提出移民安置初步规划，估算水库淹没补偿投资。

(9) 分析计算各方案的环境影响、环境保护措施和环境保护投资。

(10) 计算各方案的工程投资。

(11) 进行各方案经济比较。方案间的经济比较需从社会整体资源的合理配置角度出发进行分析比较，一般按“效益等效，总费用现值最小（或年费用最小）”原则选择最优方案。必要时应在各部门间进行投资分摊。

(12) 进行技术经济综合分析比较，并结合其他影响因素，选择正常蓄水位。

5.8.3.2 死水位

在正常蓄水位一定的情况下，不同开发任务对死水位（消落深度）的要求不完全一样：承担灌溉和供水任务的水库，一般要求水库消落深度稍大，以获得较大的调节库容和较多的保证供水量；承担发电任务的水库，则要考虑水头利用和水量利用的协调及保证出力和多年平均年发电量的平衡。此外，水库消落深度的变化，对工程投资也有一定影响，主要在于取水口高程变化造成的闸门和启闭设备、引水隧洞（渠）等的工程量变化。

1. 死水位选择的主要控制因素

(1) 死水位的高程应满足综合利用各部门的用水要求。如灌溉和供水对取水高程的要求，上游航运、渔业、旅游等对水库水位的要求等。

(2) 若工程承担发电任务，则死水位选择应考虑水轮机运行条件的限制，避免机组运行到死水位附近，由于水头过低，出现机组效率迅速下降，甚至产生气蚀振动等不良现象；同时也应避免死水位过低，机组受阻容量过大，影响水电站效益的发挥。

(3) 对于多沙河流，应考虑水库泥沙淤积对死库容和坝前淤积高程的要求。死水位一般要高于水库运行30～50年或冲淤平衡时的坝前泥沙淤积高程。

(4) 进水口闸门制造难度及启闭能力也是影响死水位选择的因素。

2. 死水位的选择步骤

(1) 分析影响死水位选择的控制因素，拟定几个死水位比较方案。

(2) 计算各方案的各种效益，若是龙头水库，还需要分析对下游梯级的补偿效益。

(3) 进行水库泥沙冲淤计算，分析坝前淤积高程。必要时，提出减少水库泥沙淤积量、减轻机组过沙磨损的防沙和控沙措施。

(4) 分析各死水位方案机组运行条件的差别。

(5) 进行工程方案设计，计算各死水位方案的工程投资。

(6) 进行方案经济比较和技术经济综合分析，选择死水位。

5.8.3.3 运行控制水位[6]

水库运行控制水位是为满足库区或下游特定任务要求设置的坝前控制运行上限水位，如库区防洪运行控制水位、排沙运行控制水位、防凌运行控制水位等。

1. 库区防洪运行控制水位

库区防洪运行控制水位是当库区有重要淹没对象时，为减少水库淹没损失，在汛期洪水来临前兴利蓄水允许达到的上限水位。该运行控制水位的确定一般包括以下几个步骤。

(1) 分析水库可能涉及的重要淹没对象的位置和淹没控制高程，并拟定不同比较方案。

(2) 分析各比较方案对重要淹没对象的影响程度，提出水库淹没处理方案及其费用。

(3) 分析各比较方案对工程其他综合利用效益的影响。

(4) 分析各比较方案在工程设计上的差别。

(5) 通过技术经济综合比较确定库区防洪运行控制水位和水库汛期调度方式。

2. 排沙运行控制水位

排沙运行控制水位是为保持水库有效库容，控制水库淹没，在汛期或部分汛期时段为排沙设置的运行控制水位。该运行控制水位的确定一般包括以下几个步骤。

(1) 分析水库来沙特性，拟定若干排沙水位比较方案。

(2) 拟定水库排沙调度方式，进行水库泥沙冲淤计算，分析各方案的泥沙冲淤特性。

(3) 计算各方案的综合效益。除计算低水位运行对综合效益的不利影响，还要分析减淤后调节库容保留率的提高对水库长期发挥作用的有利影响。

(4) 分析各方案在工程设计上的差别。

(5) 综合比较选择排沙水位。

3. 防凌运行控制水位

防凌运行控制水位是为满足上下游防凌需要，凌汛期所允许的兴利蓄水上限水位。水库防凌调度设计应根据水库所在河流的凌汛气象、来水情况及冰情特点，研究水库建成前后库区及上下游河道冰情的变化规律和凌汛情况，结合水库其他开发任务，合理拟定水库防凌调度设计参数和运用方式。根据防凌调度要求，拟定防凌运行控制水位。

4. 其他目的的运行控制水位

其他目的的运行控制水位是指为减少工程投资或为减少下游工程水库淹没损失和工程投资等设置的运行控制水位。一般的选择步骤如下。

(1) 分析确定设置该运行控制水位的目的和作用。

(2) 分析设置该运行控制水位的运用效果、工程设计、建设费用和对工程其他效益的影响。

(3) 综合分析比较，选择合适的运行控制水位。

5.8.3.4　设计和校核洪水位

1. 洪水调节计算

当水库承担下游防洪任务时，首先按下游防洪要求的调度方式进行洪水调节计算；当水库水位达到防洪高水位时，转为按枢纽（大坝、厂房等）防洪安全要求进行洪水调节计算。当水库不承担下游防洪任务时，直接按枢纽防洪安全要求进行洪水调节计算。

保证枢纽防洪安全的洪水调节计算原则：若来水不大于库水位相应的泄洪能力，按来量下泄；若来水大于库水位相应的泄洪能力，按泄洪能力下泄，水库水位抬升，直至本次洪水过程中的坝前最高水位。

进行洪水调节计算时，其起调水位应根据水库情况按以下方法确定。

(1) 不承担下游防洪任务的水库，一般以正常蓄水位作为起调水位。为降低大坝高度、减少最大泄量或因其他要求而设有运行控制水位时，以该控制水位作为起调水位。

(2) 承担下游防洪任务的水库，一般以防洪限制水位为起调水位。对洪水地区组成和调度运用方式复杂的承担下游防洪任务的水库，为安全起见，枢纽防洪安全的洪水调节计算，可以防洪高水位作为起调水位。一般情况下，从防洪高水位起调与从防洪限制水位起调比较，设计、校核洪水位增高一般不大，但却大大减少了实时防洪调度的难度与风险。

有关洪水调节的计算方法，详见本章5.2节。

2. 设计和校核洪水位确定

水库的设计、校核洪水位，应根据工程等级，按相关规范规定的设计、校核标准相应的设计洪水过程线，通过洪水调节计算确定。一般取多个典型洪水的洪水调节计算过程中坝前最高水位中的大值作为设计或校核洪水位。

5.8.4　水库运用与调度图的绘制

5.8.4.1　防洪调度线绘制

防洪调度线是综合利用水库调度图中防洪调度区与兴利调度区的分界线，如图5.8-1和图5.8-2中的 $abcdef$ 连线，$T_c \sim T_d$ 之间为主汛期。其中，cd 段为防洪限制水位；ab 段和 ef 段为正常蓄水位；bc 段为迫降线，是汛初水库水位降到防洪限制水位的指示线；de 段为蓄水线，是汛末水库水位从防洪限制水位蓄至正常蓄水位的指示线。防洪调度线的 c 点、d 点一般可通过分析洪水规律确定。以下简述迫降线和蓄水线的绘制方法。

1. 迫降线的绘制

迫降线的绘制原则：汛前水库水位按迫降线迫降时，既要保证下游防洪安全，又要尽量减少弃水。绘制时，选择与下游防洪标准同频率的、陡涨型汛前分期设计洪水，从正常蓄水位开始，按防洪调度方式要求进行调洪演算，直到 T_c 时刻或 T_c 时刻以前库水位降至防洪限制水位，所得的水位过程线即为迫降线。调洪演算时，要注意设计洪水的尖峰段在迫降线过程之内［若水库至防洪控制站（点）之间的区间较大时，还应考虑下泄流量经洪流演进后的变化，保证满足下游防洪要求］，否则应调整控制下泄的时间重新演算。

2. 蓄水线的绘制

蓄水线的绘制原则：水库蓄水过程中，应不影响大坝防洪安全和下游正常用水。绘制时，一般以防洪限制水位作为起调水位，按照防洪调度规则，对设计洪水进行调洪演算，绘出水库水位到正常蓄水位的过程线，此过程线即为蓄水线。

5.8.4.2　兴利两级调节调度图绘制

以某一开发任务为主、可以兼顾其他开发任务要求的综合利用水库的兴利一级调节调度图的绘制，参见本章前几节相关内容。以下主要介绍兴利两级调节调度图的绘制方法。

综合利用水库兴利调度图，在于确定不同用水部门正常用水的指示区域以及加大供水和缩减供水的指示区域。以下以发电与灌溉并重、灌溉自坝上引水的综合利用水库为例，说明兴利两级调节调度图的绘制方法。由其他开发任务组成的两级调节调度图绘制可以此作为参考。

1. 年调节水库两级调节调度图绘制

(1) 两级调节调度图组成。两级调节调度图的组成形式，常见的如图5.8-3所示，由防弃水线、防破坏线、限制供水线、分界调度线组成，划分为五个供水区域。实际运行中，根据水库当前的水位决定其在调度图中的工作位置，指导水库的供水方式。

1) 库水位处于防破坏线与分界调度线所围成的区域（称为保证供水区）Ⅰ时，水库按保证运行方式供水，即发电和灌溉均按正常供水量供水。

2）库水位处于分界调度线与限制供水线所围成的区域（称为低保证供水区）Ⅱ时，发电（高保证率）按正常供水量供水，灌溉（低保证率）按缩减后的供水量供水。

3）库水位处于限制供水线和死水位水平线所围成的区域（称为限制供水区）Ⅲ时，发电和灌溉均按缩减后的供水量供水。

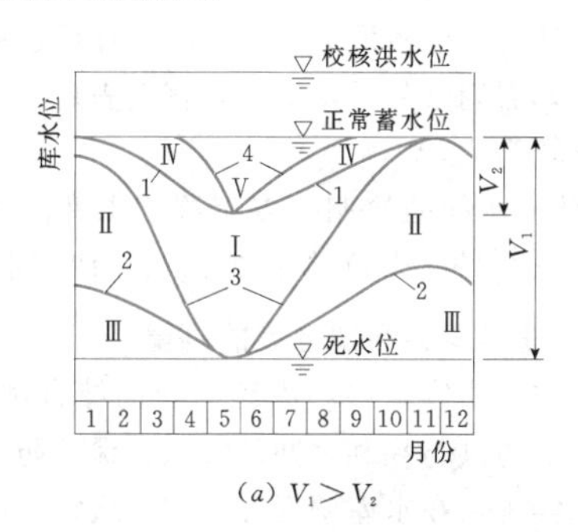

(*a*) $V_1>V_2$

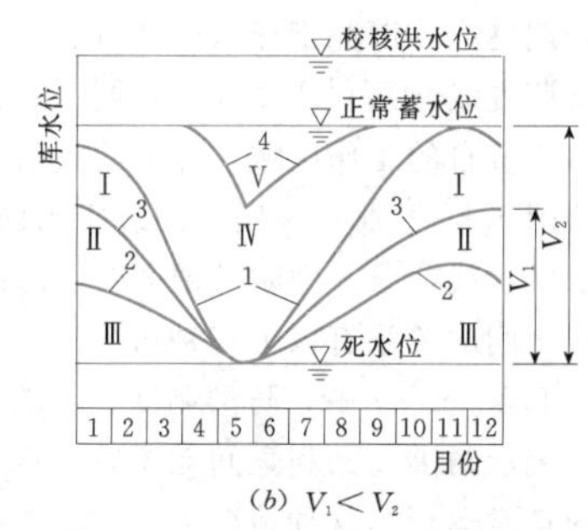

(*b*) $V_1<V_2$

图 5.8-3 发电与灌溉年调节水库两级调度图

1—防破坏线；2—限制供水线；3—分界调度线；4—防弃水线

Ⅰ—保证供水区；Ⅱ—低保证供水区；Ⅲ—限制供水区；

Ⅳ—加大供水区；Ⅴ—防弃水区

V_1—高保证率低供水所需调节库容；

V_2—低保证率高供水所需调节库容

4）库水位处于防弃水线与防破坏线所围成的区域（称为加大供水区）Ⅳ时，一般情况下，灌溉仍按正常供水量供水，发电应加大出力运行。

5）库水位处于正常蓄水位水平线与防弃水线所围成的区域（称为防弃水区）Ⅴ时，灌溉按正常供水量供水（若需要补充灌区内调蓄工程蓄水量时，也可加大供水），水电站按预想出力运行。

（2）调度线绘制。

1）防破坏线和分界调度线的绘制。

a. 按照前述的年调节水库两级调节计算方法进行长系列径流调节计算，发电保证率取为 P_1（假设为95%），灌溉保证率取为 P_2（假设为80%）。

b. 根据长系列径流调节计算成果，按经验频率法选取保证率为 P_1 和 P_2 的典型代表年，对于 P_1 年份，计算发电按正常供水量供水、灌溉按缩减后的供水量供水时所需的调节库容 V_1；对于 P_2 年份，计算发电和灌溉均按正常供水量供水时所需的调节库容 V_2。

c. 当 $V_1>V_2$ 时，说明高保证率低供水所需调节库容大于低保证率高供水所需调节库容，则水库的调节库容应为 V_1。根据 P_1 年份的年来水过程，从供水期末开始，按发电正常供水和灌溉缩减供水方式进行逆时序调节计算，起始水位为死水位，要求到蓄水期初库水位刚好消落至死水位，所得的水库水位过程线即为分界调度线，如图 5.8-3（*a*）中的线 3 所示。同样，根据 P_2 年份的年来水过程，从供水期末开始，按发电和灌溉正常供水方式进行逆时序调节计算，起始水位为正常蓄水位以下库容 V_2 相应的水位，计算到蓄水期初库水位刚好消落至起始水位，所得的水库水位过程线即为防破坏线，如图 5.8-3（*a*）中的线 1 所示。

d. 当 $V_1<V_2$ 时，则水库的调节库容为 V_2。调节计算方法与 c. 一样，不同的是防破坏线与分界调度线绘制的起始水位和终止水位均为死水位，如图 5.8-3（*b*）中的线 3 和线 1 所示。

若水库来水年内分配变动较大，可对应 P_1 和 P_2 分别选取不同年内分配的多个典型来水过程，进行相同的计算，以对应 P_1 的典型年组的上包线作为分界调度线，以对应 P_2 的典型年组的上包线作为防破坏线。

2）限制供水线的绘制。两级调节限制供水线的绘制方法与防破坏线和分界调度线的绘制方法类似。采用 P_1 年份的来水过程，从供水期末开始，按发电和灌溉两者缩减后的供水量供水（限制供水方式）进行逆时序调节计算，起始水位为死水位，要求到蓄水期初库水位刚好消落至死水位，所得的水库水位过程线即为限制供水线，如图 5.8-3 中的线 2 所示。

若前述的分界调度线采用对应 P_1 的典型年组的上包线，则限制供水线亦可直接采用其下包线。

3）防弃水线的绘制。选择 $1-P_1$ 年份的来水过程，从供水期末开始，进行逆时序调节计算，供水量为水电站最大过水能力和灌溉用水量之和，起始水位和终止水位与防破坏线相同，所得的水库水位过程线即为防弃水线，如图 5.8-3 中的线 4 所示。

在绘制防弃水线时，应注意防弃水线不得低于防破坏线。

2. 多年调节水库两级调节调度图绘制

（1）两级调节调度图组成。承担发电与灌溉双重任务的多年调节水库，由年库容担任年内径流的调节，一般在年库容之内绘制加大供水区；由于设计保证率是以年为周期的，所以应在多年库容中设置分界线，区分高保证供水区与低保证供水区，进行年际水量的调节。多年调节水库的两级调节调度图由防弃水线、防破坏线、分界调度线、限制供水线组成，如图5.8-4所示。

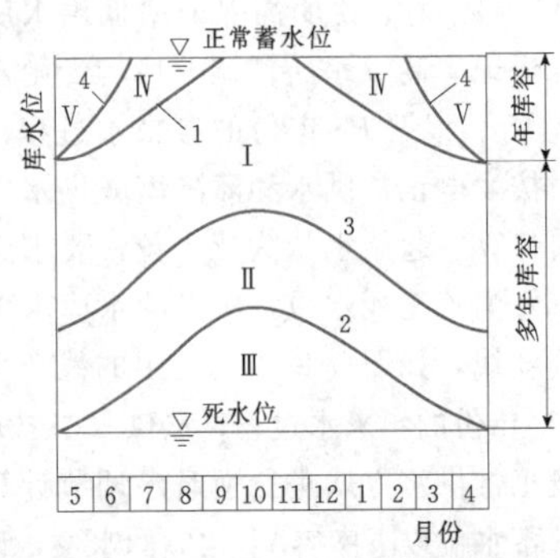

图 5.8-4 发电与灌溉多年调节水库两级调度图

1—防破坏线；2—限制供水线；3—分界调度线；4—防弃水线

Ⅰ—高保证供水区；Ⅱ—低保证供水区；Ⅲ—限制供水区；Ⅳ—加大供水区；Ⅴ—防弃水区

(2) 调度线绘制。

1) 防破坏线的绘制。

a. 划分年调节库容和多年调节库容。一般以年平均流量等于调节流量的年份能进行完全年调节所需的库容作为年调节库容。

b. 计算发电与灌溉均正常供水的年平均供水流量 Q_1。

c. 选择年平均流量接近 Q_1 的年份为典型年，并按比例缩放，使其年平均流量等于 Q_1。

d. 根据所求的年来水过程，从供水期末开始，按 Q_1 供水进行逆时序调节计算，起始水位为正常蓄水位以下年库容相应的水位，要求到蓄水期初库水位消落到起始水位，所得的水库水位过程线即为防破坏线，如图5.8-4中的线1所示。

2) 限制供水线的绘制。

a. 计算发电按正常供水、灌溉按缩减后的供水量供水的年平均供水流量 Q_2。

b. 选择年平均流量接近 Q_2 的年份为典型年，并按比例缩放，使其年平均流量等于 Q_2。

c. 根据所求的年来水过程，从供水期末开始，按 Q_2 供水进行逆时序调节计算，起始水位为死水位，要求到蓄水期初库水位消落到死水位，所得的水库水位过程线即为限制供水线，如图5.8-4中的线2所示。

3) 分界调度线的绘制。

a. 按 Q_1 供水，采用一级调节计算方法进行长系列径流调节计算，得到逐年逐月水库水位过程。

b. 分月统计长系列中每月水库水位保证率。

c. 推求相应保证率 P_2（灌溉保证率）的各月库水位，其连线即为初拟的分界调度线（见图5.8-4中的线3）。

d. 进行长系列两级调节计算，要求满足发电与灌溉的设计保证率要求，如不满足要求，需适当调整分界调度线。

也可首先采用近似算法，按照年调节水库两级调节调度图绘制中的方法计算 V_1 和 V_2，再按 V_1 和 V_2 的比例，将各时段防破坏线与限制供水线之间的区域进行分割，得到初拟的分界调度线；然后进行长系列两级调节计算，校核发电与灌溉的设计保证率。如不满足要求，需调整分界调度线，直至满足发电和灌溉保证率要求为止。

4) 防弃水线的绘制。多年调节水库的防弃水线（见图5.8-4中的线4）绘制方法与年调节水库类似。

5.8.4.3 防洪与兴利调度线的协调

对于防洪库容与兴利库容结合的综合利用水库，为了协调好防洪与兴利之间的关系，保障防洪与兴利目标全部实现，在水库调度方式中，通常需编制防洪与兴利联合调度图，以此指导水库运行。

将防洪调度线与兴利调度线绘在同一张图上，并划定不同时段各自的工作区域，即为防洪与兴利联合调度图，如图5.8-5所示。图中的线1为防破坏线，线2为限制供水线，线3为防洪调度线。防破坏线与防洪调度线之间的关系有以下三种情况。

(1) 图5.8-5(*a*)中，防洪调度线与防破坏线之间无交点，表示防洪与兴利之间无矛盾，汛期防洪不影响兴利的正常运行，这种情况下，防洪与兴利的结合库容较小。若需减小工程规模、降低投资，可以降低防洪限制水位，直至与防破坏线相切。

(2) 图5.8-5(*b*)中，防洪调度线与防破坏线只有一个交点，而且交于洪水发生的最迟时刻 T_d，这种情况，结合库容利用最充分。当防洪高水位无上限约束时，通常先制作防破坏线，再根据洪水发生的最迟时刻 T_d，以防破坏线上 T_d 时刻的水位确定为防洪限制水位，达到结合库容的充分利用。

(3) 图5.8-5(*c*)中，防洪调度线与防破坏线相交，有重合区域，说明防洪与兴利之间存在矛盾。按兴利要求，蓄水位落到这一区域时，在满足正常供水情况下可以蓄水，以便汛后蓄满；但按防洪要求，则不能蓄水。要解决这一矛盾，只有降低兴利要求或防洪标准，以便减少兴利库容或防洪库容，否则只有增大工程规模。

5.8.5 水库初期蓄水

水库初期蓄水指从开始蓄水至水位达到正常蓄水位或基本正常运用水位的整个蓄水期，一般分为初期蓄水期和初期运行期两个蓄水阶段：开始蓄水至开始

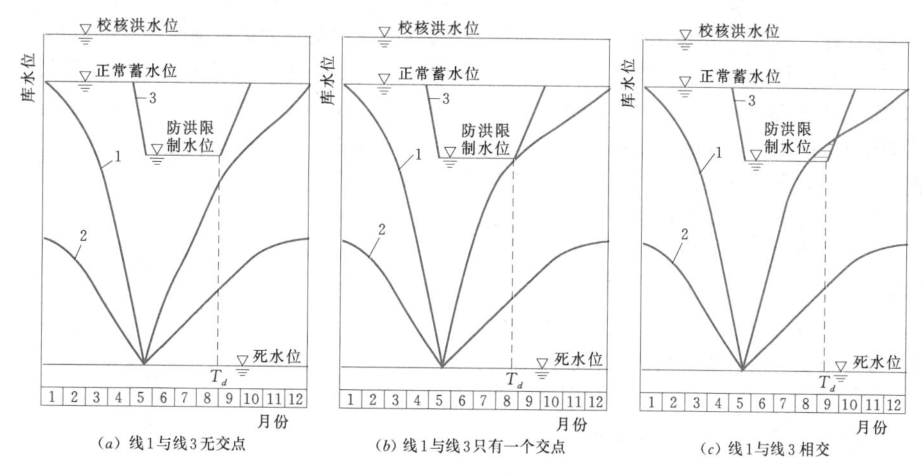

图 5.8-5　防洪与兴利联合调度图

1—防破坏线；2—限制供水线；3—防洪调度线

发挥效益的阶段为初期蓄水期；开始发挥效益至水位初次达到正常蓄水位或基本正常运用水位的阶段为初期运行期。水库初期蓄水时，需要协调来水、上下游用水、蓄水三者之间的关系，应尽量减小水库蓄水对相关用水部门的不利影响。

5.8.5.1　水库初期蓄水的计算方法

1. 典型年法

采用 $P=75\%$ 的枯水年（蓄水时间跨年度时为年组）和 $P=50\%$ 的平水年（年组）的来水过程，在扣除库区用水及水量损失、满足下游基本用水要求的情况下，分别进行调节计算，求得两个年份（年组）的蓄水过程和蓄水时间。$P=75\%$、$P=50\%$ 年份（年组）的蓄水时间可分别作为设计的、争取的初期蓄水时间。

2. 长系列法

根据水库长系列逐年月（旬）径流过程，从第 1 年相应开始蓄水的时间（月份）起进行水量平衡计算，求出第 1 年水库蓄水时间和蓄水过程；依次对长系列第 2 年，第 3 年，…，第 n 年进行相同计算，求得所有年份的蓄水时间和蓄水过程。然后按经验频率绘制"蓄水时间"的保证率曲线，由设计保证率（$P=75\%$ 和 $P=50\%$）确定初期蓄水时间和相应的蓄水过程。

当蓄水期超过 12 个月时，每次水量平衡计算，需要计算至水库蓄满为止，求出跨年度的蓄水时间和蓄水过程，计算方法同上。

5.8.5.2　水库初期蓄水的计算过程

（1）拟定水库开始蓄水的时间。一般根据工程施工进度安排，在工程挡水高程、移民搬迁安置高程等条件满足蓄水要求后，封堵导流设施，水库开始蓄水。

（2）分析下游用水要求和水库初期运行期兴利要求，拟定水库蓄水规则。分析下游已建水库、取水工程及下游河道生态、环境、航运等用水要求，结合水库初期运行期兴利需要（可按各用水部门低于正常运用的用水量拟定供水方案），拟定蓄水规则。

（3）分析计算水库来水过程。在水库来水中扣除上游用水量和水库水量损失。对上游已建水库要考虑它对设计工程的调节作用，必要时，应在一段时间内适当改变其运行方式，按有利于设计工程尽快蓄水，进行补偿调节计算。

（4）进行水库初期蓄水计算。选择水库初期蓄水计算方法，进行水量平衡计算，求得水库初期蓄水需要的时间和相应蓄水过程。

（5）分析计算水库初期运行期的效益以及初期蓄水对下游用水部门的影响，必要时，提出对下游影响的补偿意见。

5.9　水　库　群

水库群包括串联水库群、并联水库群及包含两者的混合水库群三种类型，其水利计算的主要内容包括洪水调节计算和发电补偿调节计算。

5.9.1　水库群的洪水调节计算

5.9.1.1　梯级水库设计洪水标准的确定[1]

梯级水库本身的设计洪水标准，首先应按各自的规模和重要性拟定，但为使梯级水库之间在设计洪水、保坝措施、下泄流量上的相互协调，还应依下述原则复核设计标准和设计方案。

(1) 当拟建水库下游有设计标准较低的水库时，在确定拟建水库工程特征值及泄洪方式中，应研究合理措施，以便在发生超过下游水库的校核标准洪水时，尽可能减轻对下游水库安全的不利影响。

当拟建水库下游有设计标准较高的水库时，应考虑拟建水库可能失事对下游水库的影响，必要时应提高拟建水库的设计标准。

(2) 当拟建水库上游有设计标准较高的水库时，拟建水库采用符合其本身设计标准洪水进行调洪计算时，其过程线应考虑如下两种组合情况：①区间同频率洪水加上上游水库相应洪水经其水库调节后的泄量；②上游水库同频率洪水经水库调节后的泄量加上区间相应的洪水。

当拟建水库上游有设计标准较低的水库时，应在保坝措施中考虑上游水库可能失事的影响。

(3) 在梯级水库群的规划设计中，应尽量设计一个或一个以上具有足够抗洪能力的控制性工程，以避免上游低标准水库大坝失事后造成的连锁反应。当此条件不具备时，宜适当加大下游梯级水库的泄洪能力，并在保坝措施中留有一定余地，以达到调度灵活、确保安全的目的。

5.9.1.2 并联水库设计洪水标准的确定

并联水库设计洪水标准一般与各自单独运转时相同，其为负担下游防洪任务所分配的防洪库容应根据下游的防洪标准、防洪设计洪水的组成遭遇及各个水库的条件等因素，综合研究后确定。

5.9.1.3 水库群对下游防洪的调度计算

1. 调度方式

水库群对下游防洪调度方式的选取原则与单一水库类似，即当未控区间流域面积不大时，可采用水库群各自固定泄量调度方式，使合计后的泄量不大于防洪控制站（点）的安全泄量；当下游区间流域面积较大，洪水组成多变时，应根据洪水传播条件及下游区间洪水特性研究补偿调节方式。

(1) 择优补偿的调节方式。如图 5.9-1 所示，A、B 两并联水库承担下游 C 处的防洪任务，若两库洪水具有一定的同步性，可选择其中防洪调节性能较好，且入库洪水占 C 处洪水比例大的水库（如 B 水库），作为补偿调节水库。此时，A 水库可按基本不影响水库蓄满率安排防洪库容，兼顾防洪（A 水库洪水大时，防洪库容完全利用）和综合用水要求放水。求得尽可能均匀的下泄过程线 $Q_A(t)$，将此下泄过程线考虑传播时间及槽蓄影响后与下游区间洪水过程线 $Q_C(t)$ 相加，然后倒置于下游允许泄量 $q_{允}$ 水平线下，如图 5.9-2 所示。再将 B 水库设计洪水的入流过程 $Q_B(t)$ 考虑至 C 处的传播时间及槽蓄影响后，绘于同一图上，此两曲线所包围的面积（即阴影部分面积）即为 B 水库所需的防洪库容，其下泄过程线为 $q_{允}-(Q_A+Q_C)$。

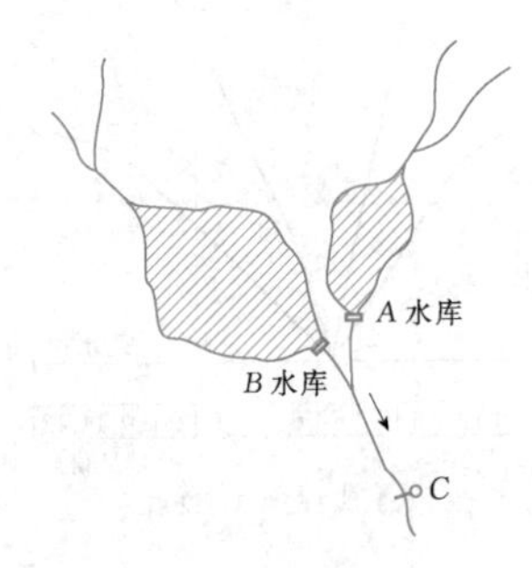

图 5.9-1 并联水库示意图

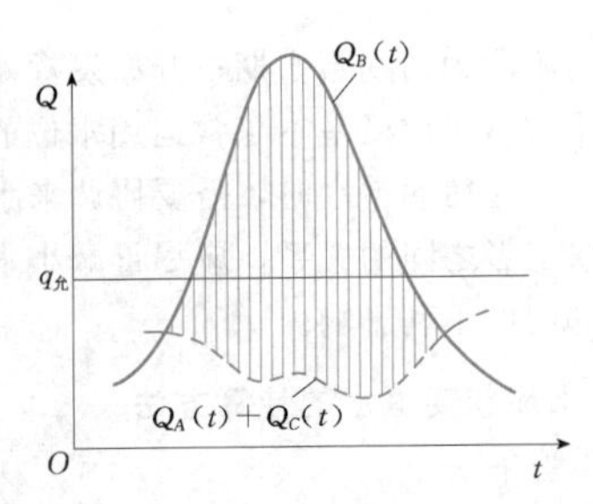

图 5.9-2 择优补偿调节示意图

若 A、B 两水库库容大小和洪水比例、同步性都相差不多时，则宜共同担任与区间洪水的补偿调节，这时可依据下游区间洪水特性和允许泄量，决定两水库的总下泄过程，再按照它们库容和洪水比例分配下泄量。

若 B 水库库容大而洪水比例不大，可考虑 B 水库不泄洪（或少泄洪），由 A 水库对区间洪水进行补偿。

(2) 并行补偿的调节方式。当 A、B 两水库洪水相差不大，但同步性较差时，调度方式的要点是：先不考虑下游区间洪水，依据防洪控制点允许泄量的要求，求出两水库尽量均匀的放水过程及其相应的库容，再进一步考虑区间洪水的补偿问题，即将区间洪水由两水库合理分担，从而求得各水库对区间洪水进行补偿后的库容分配及放水过程线。

(3) 串联水库的调节方式。对于串联水库（见图 5.9-3），由于上级水库的泄水可被下级水库调节，所以串联水库对下游区间洪水的补偿调节方式与单一水库的不同之处在于，仅需决定上下游水库的蓄泄洪次序：一般以先蓄上游水库较有利；为了预防下次洪水而腾空库容时，一般以先泄放下游水库较有利。当各梯级水库洪水同步性较差时，则应从洪水的地区组成、时间分配等特性决定各水库的蓄泄次序及其蓄泄方式。

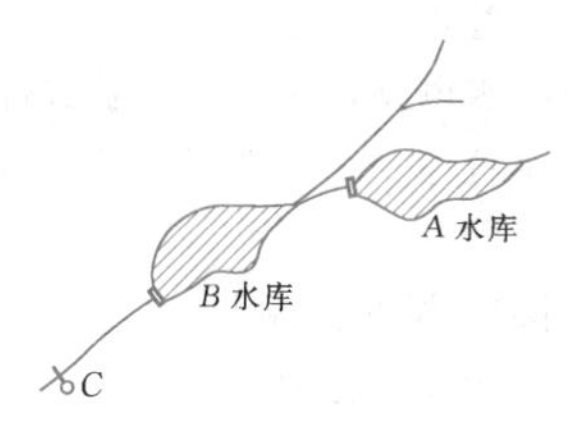

图 5.9-3 串联水库示意图

如串联水库间尚有防洪要求时，在梯级统一防洪调度中应考虑这种要求。

2. 水库群防洪库容的分配

(1) 必需防洪库容的确定。对于并联水库（见图5.9-1），可依据 C 处防洪标准和允许泄量，选择 C 处发生设计洪水，AC 区间（指 C 处以上流域面积扣除 A 水库流域面积）发生同频率洪水，假定 A 水库不泄洪，推求满足下游防洪要求的 B 水库必需的防洪库容 V'_B，同样方法可求得 A 水库必须承担的防洪库容 V'_A。

对于串联水库（见图 5.9-3），由于 A 水库的泄水可由 B 水库控制，故 A 水库可以不预留必需防洪库容。B 水库必须承担的防洪库容 V'_B 的确定，可按 B 水库和下游区间发生同频率洪水推算。

两个以上的并联或串联水库，可采用类似方法求得各自的必需防洪库容。

(2) 各水库防洪库容的分配。若各水库仅设置必需防洪库容，尚不能满足下游防洪要求时，还需要计算各库应设置的总的防洪库容。在初步拟定方案时，可假定各库应设置的总的防洪库容为必需防洪库容之和的 1.1～1.3 倍，并按下述方法拟定防洪库容的方案。

1) 按各水库蓄洪抵偿系数计算。此系数是单位蓄洪量（如 1 亿 m^3）可削减下游洪水的有效成灾水量的百分数，应由下游河道［坝址至防洪控制站(点)］洪流演进得出。一般原则是系数大者宜考虑多承担防洪库容，每库防洪库容应不小于其必需防洪库容。在具体方案拟定中，一般干流水库、距防洪控制站（点）较近的水库、串联水库中的下游水库、洪水比例较大的水库，宜多分担一些防洪库容。

2) 按各水库总兴利效益最大或总兴利效益的损失最小分配。在满足下游防洪要求的前提下，发电水库以总保证出力最大、灌溉水库群以总灌溉面积最大为准则，各水库效益的计算按综合利用水库调节计算所述原则和方法进行。初步拟定方案时，可先尽量利用防洪和兴利的重叠库容为共同防洪库容，再给调节性能较高、本身防洪要求较高、发电水头较低的水库多分配一些防洪库容。

(3) 防洪库容复核拟定。对拟定的分配方案，应按前述梯级水库调洪方式进行洪水调节和洪流演进计算，要求拟定的方案满足下游防洪要求，否则应进行调整，直至满足防洪要求为止。

5.9.2 蓄供水次序判别

水电站群发电联合调度中，凡具有周调节能力以上的水电站，它用于发电的水量由两部分组成：一部分是经过水电站调蓄的水量，其产生的电能为蓄水电能，主要由调节库容决定；另一部分是经过水电站的不蓄水量，其产生的电能为不蓄电能，由水电站发电水头决定。

在水电站群发电联合调度中，当面临时段来水和电力系统要求的发电总出力一定的情况下，怎样通过不同的调度方式，即不同的水电站供水或蓄水方式，使时段末水电站群剩余蓄能最多，是发电补偿调度的核心内容。

设面临时段初各水电站在不蓄不供情况下的天然来水能量之和为 E_n，电力系统要求水电站群提供的总能量为 E_s，则当 $E_n \leqslant E_s$ 时，水电站必须供水；当 $E_n > E_s$ 时，水电站可以将多余的部分水量蓄入水库，以增加蓄能。设判别系数 K_i 为 i 水电站因蓄入或供给单位电能所引起的能量增损值[23]：

$$K_i = \frac{W_i + \sum V}{F_i \sum H} \tag{5.9-1}$$

式中 W_i ——i 水电站坝址处自某时刻到供水或蓄水期末的入库总水量，m^3；

$\sum V$——上游梯级各水电站可供发电水量，m^3；

F_i ——i 水电站水库水面面积，m^2；

$\sum H$——i 水电站及其下游有水力联系的各水电站的总水头，m。

从梯级水电站能量增损优化的角度考虑，K_i 值大小实际上反映了梯级中各水电站供水或蓄水次序。在实际的计算中，主要按照“供水期以判别系数小的水库先供水，蓄水期以判别系数大的水库先蓄水”的原则进行控制。

对于并联水电站或与没有水力联系的水电站而言，$\sum V$ 这一项为零，$\sum H$ 变为计算水电站的水头 H，判别系数 K_i 的表达式 (5.9-1) 仍然可以适用。

5.9.3 梯级水电站发电补偿调节计算

梯级水电站联合发电补偿调度研究者众多，提出的计算方法多为数值解法，如 POA、DPSA、遗传算法、网络流法等。考虑到数值解法重在寻优，物理概念性不强，为了更加直观体现梯级水电站联合补偿调度作用，从可操作性的角度考虑，这里介绍判别系数与水库蓄供水控制线结合的方法，以供参考。

5.9.3.1 水电站蓄（供）水控制线

按判别系数大小确定的水电站群蓄水或者供水次序，是以追求时段末水电站群总蓄能最大为目标，其实质是使水电站群尽可能保持在总水头最高的情况下运行，未考虑各水电站蓄满后弃水可能带来的能量损失。具体表现为判别系数较小的水电站过早放空致使蓄水期可能蓄不满，而判别系数较大的水电站供水期末存水过多致使其可能产生弃水。因此，需引入水电站蓄（供）水控制线来合理控制各水电站进行适度蓄水或供水，使各水电站的蓄水量或供水量增减相互协调，力争在提高水电站运行水头的同时尽可能避免弃水，使调度过程更趋合理。

水电站最基本的蓄（供）水控制线分别由上、下两部分组成。下面简单介绍上、下各控制线的绘制方法。

1. 蓄水上控制线

选取若干典型枯水年，利用计算面临时段各水电站判别系数大小，从蓄水期末各水电站正常蓄水位开始逆时序反推，在满足梯级保证出力 $N_{梯保}$（具体取值见本节 5.9.3.3 梯级水电站群发电补偿调度计算步骤“1.”）的基础上，依次计算蓄水期各水电站各时段初水位，直至蓄水期初，连接各点水位值，即为各水电站蓄水上控制线。各时段出力迭代计算过程为：首先判断各水电站在不蓄不供情况下，若梯级总出力大于 $N_{梯保}$，则降低判别系数最大的水电站时段初水位值，再次计算，直到梯级总出力减小至 $N_{梯保}$。如果判别系数最大的水电站水位降至死水位或水电站判别系数不再为最大，则停止降低该水电站水位，更换水电站，继续降低判别系数第二大的水电站时段初水位值，依次迭代，直到梯级总出力等于 $N_{梯保}$。若梯级总出力小于 $N_{梯保}$，则说明此阶段仍处于供水期，应前移一个时段，按照上述方法重新计算。

2. 供水上控制线

同样采取上述典型年，以绘制的各水电站蓄水控制线中蓄水期初的水位值作为供水控制线反推的初始值，逆时序反推，在满足 $N_{梯保}$ 的基础上，依次计算供水期各水电站各时段初水位，直至供水期初（蓄水期末），连接各点水位值，即为各水电站供水上控制线。各时段出力迭代计算过程为：首先判断各水电站在不蓄不供情况下，梯级总出力若大于保证出力 $N_{梯保}$，则按照蓄水控制线绘制原则，适当降低判别系数大的水电站时段初水位值；若梯级总出力小于保证出力 $N_{梯保}$，则抬升判别系数小的水电站时段初水位值，再次计算，直到梯级总出力增大至 $N_{梯保}$。如果判别系数较小的水电站水位已升至最大允许控制水位（一般为正常蓄水位）或者该水电站判别系数不再为最小，则更换水电站，抬升判别系数排位第二小的水电站时段初水位值，循环迭代直到梯级总出力和等于 $N_{梯保}$。

3. 蓄（供）水下控制线

选取若干枯水年，按照上述“1.”、“2.”绘制各水电站蓄（供）水上控制线的方法，把梯级保证出力换为梯级最低出力 $N_{梯低}$（具体取值见本节 5.9.3.3 中的“1.”），绘制各水电站蓄（供）水下控制线。

值得注意的是，当把梯级水电站作为一个整体进行研究时，所绘制的各水电站蓄（供）水控制线与常规调度图不同，由蓄（供）水上、下控制线分割所形成的局部区域空间已不再具有保证出力区、降低出力区以及加大出力区等意义，仅是控制水电站在各时段适度蓄（供）水的参考值；但对于梯级水电站整体而言，由各水电站蓄（供）水上、下控制线累加后得出的总蓄能控制线，划分梯级水电站群的加大出力区、保证出力区和降低出力区。

5.9.3.2 梯级水电站蓄能调度图绘制

考虑到目前尚不能准确预报各水电站未来较长时期的径流，因此实际调度中无法对未来最有利的水电站调度事先作出安排。为了使梯级水电站在遇到较丰的来水年份及时加大出力，减少弃水，或在遇到保证率以外的枯水年份，梯级水电站正常运行遭到破坏时，降低出力值能满足设计要求，有必要对各时段梯级水电站总蓄能消落进行适当控制。借鉴单一水库调度图原理，推广至水电站群，绘制梯级水电站蓄能调度图。最基本的调度线有三条：最大蓄能线、上蓄能调度线、下蓄能调度线。

1. 最大蓄能线

连接各时段水电站群可蓄至最高控制水位时对应的总蓄能值，即作为梯级水电站的最大蓄能线。

2. 上蓄能调度线

选取天然出力接近于保证出力的年份作为典型年，按照判别系数大小决定的蓄（供）水次序以及各水电站蓄（供）水控制线决定的蓄（供）水量，在满足计算时段梯级水电站出力之和不小于保证出力的基础上进行计算，连接各时段初水电站群库水位对应的总蓄能值，即作为梯级水电站上蓄能调度线。

3. 下蓄能调度线

选取天然出力低于保证出力的年份作为典型年，为了可靠也可以选择最枯年或者组合最枯的年份作为典型年，按照判别系数大小决定的蓄供水次序以及各水电站蓄供水控制线决定的蓄供水量，在计算时段梯级水电站群总降低出力值满足设计要求的基础上进行计算，连接各时段初水电站群库水位对应的总蓄能值，即作为梯级水电站下蓄能调度线。

5.9.3.3 梯级水电站群发电补偿调度计算步骤

梯级水电站群联合发电补偿调度按照所追求的目标不同，可分为两种：一种是在追求梯级保证出力最大，并在此基础上追求发电量尽可能大；另一种是在一定保证出力的基础上，追求梯级发电量最大。考虑到在实际工作中，第二种目标的应用较多，这里重点对第二种目标的求解过程进行简要介绍。基本思路为：基于梯级水电站耗能最小原理，将梯级水电站看作一个发电整体，以梯级总蓄能图为指导，通过判别系数大小来辨识梯级水电站蓄（供）水次序，利用水电站的蓄（供）水控制线来控制蓄水量、放水量，在满足梯级保证出力要求（一般用水电站设计保证率控制）的基础上，追求梯级水电站发电量最大。具体补偿调度步骤如下。

1．确定梯级水电站保证出力 $N_{梯保}$ 和最低出力 $N_{梯低}$

采用常规长系列径流调节计算方法，自上而下，考虑上游水电站对下游水电站的调节作用，逐个计算各水电站的保证出力，取各水电站保证出力之和为梯级水电站保证出力 $N_{梯保}$；取计算过程中各水电站降低出力之和为梯级水电站最低出力 $N_{梯低}$。

2．水电站蓄（供）水控制线的绘制

参照本节5.9.3.1中介绍的水电站蓄（供）水控制线的绘制方法，同时按照本节5.9.3.3中的步骤1拟定的梯级保证出力 $N_{梯保}$ 和最低出力 $N_{梯低}$，绘制各有调节性能水电站的蓄（供）水上、下控制线。

3．梯级水电站保证率的确定

结合蓄（供）水判别系数与水电站蓄供水控制线，进行长系列径流逐时段计算，统计梯级水电站总出力低于保证出力的破坏时段数，获取梯级水电站实际保证率 P_{Nt}，考虑到梯级组成中各水电站的设计保证率可能存在差异，故设各水电站原设计保证率中的最大值为 $P_{\max}$，最小值为 $P_{\min}$。

若 $P_{Nt}>P_{\max}$，则取 $P_{\max}$ 为梯级水电站保证率；若 $P_{\min}<P_{Nt}<P_{\max}$，则取 P_{Nt} 为梯级水电站保证率。由于梯级水电站联合补偿调度，调节能力更强，因此，一般情况下，$P_{Nt}>P_{\min}$。

4．水电站蓄（供）水上控制线的优化

在联合调度中，水电站的蓄（供）水次序由判别系数的大小决定，而水电站的蓄（供）水量则由各水电站的蓄（供）水控制线确定，其中蓄（供）水下控制线主要为了满足梯级水电站的出力破坏深度，蓄（供）水上控制线则是判断梯级水电站是否加大出力的边界。这意味着水电站蓄（供）水上控制线的合理程度将直接影响梯级水电站联合调度的效益。由于水电站蓄（供）水上控制线是依据若干典型枯水年，按照梯级水电站保证出力，逆时序反推完成，这样会导致所绘制的水电站蓄（供）水上控制线偏高，不利于水电站群在丰水年和平水年适当加大出力，获取更高效益，因此为了更加合理控制水电站群的蓄（供）水方式，综合考虑流域多年径流特性，有必要对各水电站蓄（供）水控制线进行优化调整，寻求与入库径流过程最佳匹配的梯级水电站运行方式，以追求梯级水电站联合运行总发电量最大。

水电站蓄（供）水上控制线各时段水位点是前后相互关联的，一些传统的优化方法（如动态规划及其变形算法）因寻优过程不满足无后效性原则而无法应用。这里介绍采用免疫粒子群算法，对梯级水电站中各水电站蓄（供）水上控制线进行整体优化。在具体求解模型中，可将粒子群搜索空间定义为 D，粒子群总数为 N。任一粒子可表示为 $X_j(j=1,2,\cdots,N)$，其在 D 维空间中的位置可用一个 $U\times T$ 矩阵表示（U 为梯级水电站数目，T 为水文年时段数）。因此，矩阵各列向量的 U 列元素对应于某一水电站在某一时段末的蓄（供）水控制线上的水位值；矩阵中的某一行则代表某个水电站蓄（供）水上控制线相应水位过程。由此可知，粒子在空间中的位置实际上代表着各水电站蓄（供）水上控制线的某一种组合，其核心思想就是对各水电站蓄（供）水上控制线作不断的调整，寻找水电站群之间蓄（供）水次序与蓄（供）水量的最佳匹配方式，逐步逼近梯级水电站整体发电效益最优解。有关免疫粒子群算法的具体原理及其应用见参考文献［30］。

5．梯级水电站蓄能调度图绘制

参照本节5.9.3.2中介绍的梯级水电站蓄能调度图的绘制方法，以优化后的水电站蓄（供）水控制线为依据，绘制梯级水电站蓄能调度图。

6．梯级水电站补偿效益计算

按照梯级水电站蓄能调度图，以判别系数大小确定水电站蓄（供）水次序，蓄供水控制线决定水电站蓄（供）水量为原则，进行长系列操作，统计梯级水电站发电补偿效益。具体做法为假定当前时段按梯级水电站保证出力运行后：①若时段末梯级水电站蓄能高于蓄能调度图中的上蓄能线，则当前时段应加大出力；②若时段末梯级水电站蓄能低于蓄能调度图中的下蓄能线，则当前时段应降低出力运行；③若时段末梯级水电站蓄能位于总蓄能调度图上、下蓄能线之间，则不作调整；④按照上述原则，逐时段计算，统计梯级水电站联合发电补偿调度效益及动能指标，完成计算。

5.10 水库水力学

5.10.1 水库回水计算

5.10.1.1 计算任务和标准

1. 计算任务

水库兴建后，库区沿程水位壅高，流速变小，水流挟沙力下降，河床会淤积抬高。同时，库区淤积又会引起水库水位的沿程变化，因此需要进行水库回水计算，计算建库后未淤积情况和淤积一定年限后的库区回水水面线沿程变化情况。水库回水计算任务主要有以下几个方面。

(1) 提供不同淹没标准的库区天然洪水和回水沿程水位变化及回水末端位置，以确定淹没范围和淹没损失，拟定库区防护迁移方案，并为上游梯级水库的设计提供资料。

(2) 提供库区相应防洪、航运、供水、灌溉等要求的水位高程。

(3) 推算库区防护区一定防洪标准的水位过程线及淹没历时，以确定保证防护区安全的措施。

2. 回水计算标准

依据《水利水电工程建设征地移民安置规划设计规范》(SL 290—2009) 和《水电工程建设征地移民安置规划设计规范》(DL/T 5064—2007)，水库回水淹没处理的设计洪水标准，应根据淹没对象的重要性、水库调节性能及运用方式，在安全、经济和考虑其原有防洪标准的原则下，因地制宜地参考表5.10-1选择适当的设计洪水标准。

表 5.10-1 不同淹没对象设计洪水标准

淹没对象	设计洪水标准 [频率(%)]	洪水重现期 (a)
耕地、园地	50～20	2～5
林地、牧草地	正常蓄水位	
农村居民点、一般城镇和一般工矿区	10～5	10～20
中等城市、中等工矿区	5～2	20～50
重要城市、重要工矿区	2～1	50～100

水库洪水回水淹没范围的确定，应以坝址以上同一频率的分期洪水回水位组成外包线的沿程回水高程为依据。若因汛期降低水库水位运行，坝前段回水位低于正常蓄水位，应采用正常蓄水位高程。水库回水计算末端取同一洪水标准的回水曲线高于天然水面线0.3m处。

水库洪水回水位，还应根据河流输沙量的大小、水库运行方式、规划当中上游有无调节水库以及受淹对象的重要程度，考虑10～30年的泥沙淤积影响而确定。

5.10.1.2 计算方法

以下仅介绍工程设计中回水计算的常用方法，着重介绍基本假定、适用条件及成果分析等问题。

1. 控制方程

由于受入库流量、水库下泄流量、坝前水位和库区地形等影响，水库中的水流形态一般属于非恒定流。工程上常采用逐段推算法计算回水曲线，所依据的基本公式为恒定非均匀渐变流，其控制微分方程式为

$$\frac{dZ}{dL}+(\alpha+\zeta)\frac{d}{dL}\left(\frac{v^2}{2g}\right)+\frac{Q^2}{A^2C^2R}=0 \tag{5.10-1}$$

式中 Z——水位，m；

L——河段长，m；

α——断面流速不均匀系数；

ζ——局部水头损失系数；

v——断面平均流速，m/s；

g——重力加速度，m/s^2；

Q——流量，m^3/s；

A——断面面积，m^2；

C——谢才系数，m$^{1/2}$/s；

R——水力半径，m。

2. 计算方法

计算方法有图解法和分段求和法两种，图解法有控制曲线法、落差流量法、艾斯考佛法、能量图解法等。控制曲线法和第一种落差流量法忽略了局部水头损失和流速水头变化，精度较低，一般适合于平原河道和库区的近似计算；第二种落差流量法和艾斯考佛法忽略了局部水头损失，一般适合于山区河道的近似计算。能量图解法和分段求和法考虑局部水头损失和流速水头变化，计算精度较高，但工作量较大。计算方法参见《水工设计手册》(第2版) 第1卷第3章。

电子计算机的发展与普及，使分段求和法广泛应用到河道水面线计算之中，对于长度为ΔL的河段，水面所满足的基本方程为

$$Z_2 - Z_1 + (\alpha + \zeta)\left(\frac{Q^2}{2gA_2^2} - \frac{Q^2}{2gA_1^2}\right) = \frac{(nQ)^2}{(A_1 R_1^{2/3})^2}\frac{\Delta L}{2} + \frac{(nQ)^2}{(A_2 R_2^{2/3})^2}\frac{\Delta L}{2} \quad (5.10-2)$$

式中 Z_1、Z_2——下游、上游断面水位；

α——动能修正系数，与断面上流速分布不均匀性有关，平原河流取1.15～1.5，山区河流取1.5～2.0；

ζ——局部水头损失系数，对于断面收缩段取0，对于断面逐渐扩大河段取－0.33～－0.55，对于断面急剧扩大河段取－0.55～－1.0；

Q——河段流量；

g——重力加速度；

A_1、A_2——下游、上游断面面积；

n——河段糙率；

R_1、R_2——下游、上游断面水力半径；

ΔL——断面间距。

采用试算法，已知起始断面 Z_1、Q、n、ΔL，假定上游断面 Z_2，计算上游断面的断面面积 A_2 和上游断面水力半径 R_2，用式（5.10-2）求出 Z_2，如与假定值相等，Z_2 为所求水位，否则，重新迭代，直到满足要求。这样，逐段推算，即可求出河段水面线。

5.10.1.3 回水计算前期工作

1. 资料收集整理

回水计算所需基本资料主要有以下几个方面。

(1) 建库前库区河道地形图，建库一定年限后库区泥沙淤积资料，库区河道纵剖面图和实测大断面资料。

(2) 库区沿程水文站的洪水资料、水位流量过程线及糙率分析资料。

(3) 水库调洪计算成果及设计洪水资料。

(4) 同一时刻实测水面线资料（糙率率定的依据）。

2. 计算河段的划分原则

(1) 根据经验估算，使每个计算河段内水位落差不要过大，在近坝区断面间距可取大些，控制水位落差可取小些，接近回水末端时断面间距可取小些。

(2) 计算河段上、下游断面的水力要素应大致代表河段平均情况，在断面变化大的河段，计算断面宜加密。

(3) 在较大支流入汇处的上下游、较大城镇及重要防护点附近、水文站等处一般应布置计算断面。

(4) 对于横断面中的深潭或翼水，因其中为死水或回流，进行水力要素计算时一般应扣除。

3. 沿程流量分配

坝前流量为水库下泄量，库区末端流量为水库调洪相应天然来水量，库区中间各断面流量是沿程变化的。各段流量根据具体情况用近似法插补。对于河宽沿程变化不大的情况，流量的沿程变化按距坝里程比分配；对于河宽沿程变化显著的情况，流量的沿程变化按距坝水面面积比分配；对于沿程水库蓄量变化大，流量的沿程变化按河段楔型库容比分配，每河段的流量可采用上、下断面流量的平均值。库区有较大支流处，应根据实测水文资料或同频率分析干、支流流量分配。

4. 河段糙率确定

糙率是计算水面线的关键，一定要慎重分析和选用河段糙率值，以保证计算成果的质量。糙率率定方法步骤一般包括以下几步。

(1) 收集选取洪水、中水、枯水流量级的实测水文资料或调查洪水的水位流量资料，并进行合理性分析。

(2) 依据坝址以上水库区河道特征，参考《水工设计手册》（第2版）第1卷第3章中粗糙系数的相关内容，拟定不同河段、不同流量级的糙率。

(3) 推算河道水面线，如果计算结果与实测资料不符，则适当修改糙率值，直到计算水面线与实测水面线基本重合为止。

5. 建库前天然河道水面线计算

建库前天然河道水面线计算一方面是根据实测水面线资料复核所选糙率和验证水面线计算成果，另一方面是用于确定回水末端位置等。依据回水计算各方案流量和坝前河道水位流量关系，确定坝前相应水位，采用河道恒定流方法推算库区河道天然水面线。

5.10.1.4 水库回水曲线计算

1. 不同频率洪水的回水位

不同频率洪水的回水位是指水库发生各种设计频率的洪水时，库区沿程的最高回水位。根据《水电工程建设征地移民安置规划设计规范》（DL/T 5064—2007）规定，水库不同淹没对象设计洪水标准为：林地，正常蓄水位，多年平均入库流量；耕地，$P=20\%$（5年一遇洪水）；居民点，$P=5\%$（20年一遇洪水）；城市，$P=2\%$（50年一遇洪水）；铁路，$P=1\%$（100年一遇洪水）；机场，$P=0.5\%$（200年一遇洪水）等。水库回水计算基本方案及成果见表5.10-2。

表 5.10-2　　　　水库回水水面线计算成果表

序号	断面号		距坝里程（km）	河床高程(m)		汛期						非汛期	
						$Q_{20\%}$（m³/s）		$Q_{5\%}$（m³/s）		$Q_{2\%}$（m³/s）		相应频率流量（m³/s）	
	编号	地名		原始	淤积	天然水面线	回水水位	天然水面线	回水水位	天然水面线	回水水位	天然水面线	回水水位
1	S_1	坝前				坝前水位	库前最高洪水位	坝前水位	库前最高洪水位	坝前水位	库前最高洪水位	坝前水位	正常蓄水位
⋮	⋮	库区											
N	S_N	末端											

注　表中天然水面线起始水位，根据表中不同频率洪峰流量在坝址 $Z—Q$ 曲线上查得。

水库调洪库容小或无调节库容，水库回水流量采用某一频率洪峰流量和相应坝前最高水位；水库库容较大，对于某一频率洪水，分别计算几种情况的回水水位，然后取其上包线，作为某一频率库区沿程回水水位。每种情况的水库起始水位和流量，根据水库调洪计算成果按以下条件拟定。

(1) 最大入库流量情况下的同时水面线。入库断面流量为设计洪水的洪峰流量 Q_{t_1}，坝前起始断面的水位和流量为出现洪峰流量同时的坝前水位 Z_{t_1} 和下泄流量 q_{t_1}，库区各河段平均流量按前述方法插补确定。如图 5.10-1 和图 5.10-2 所示。

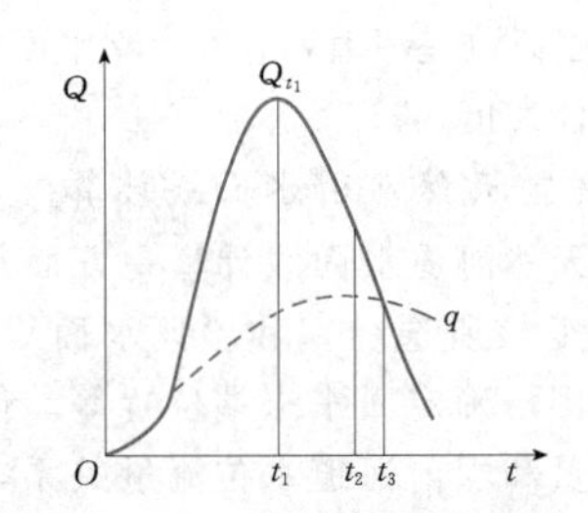

图 5.10-1　水库调洪过程线

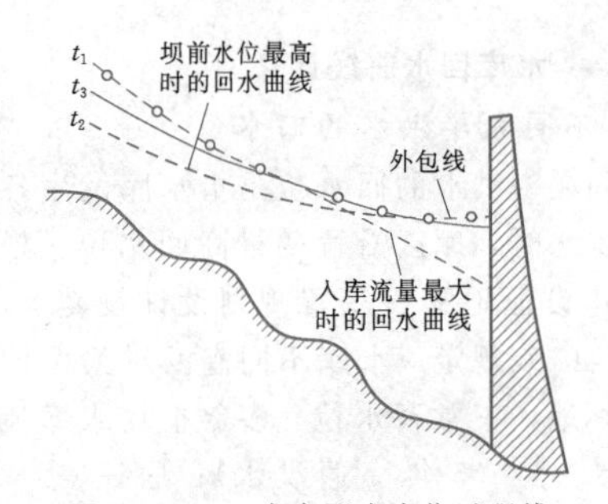

图 5.10-2　水库回水水位过程线

(2) 最高坝前水位情况下的同时水面线。汛期发生设计洪水时的最高坝前水位 Z_{t_3} 及其相应的最大下泄量 q_{t_3}，入库断面流量为相应最高坝前水位出现时间的设计洪水流量 Q_{t_3}，库区各河段平均流量按前述方法插补确定。

(3) 一至两组同时水面线。在上述两种情况之间选取适当流量和相应坝前水位，计算一至两组同时水面线。

(4) 非汛期设计频率洪水的同时水面线。坝前起始断面的水位和流量为正常蓄水位和设计相应洪峰流量。

另外，在计算梯级水库两坝之间的沿程最高回水位时，入库流量应为上游水库相应的下泄量，由梯级联合防洪调度计算成果给定。

当库区有较大支流汇入时，入口以上计算干流回水曲线的条件是干流发生同频率洪水而支流发生相应洪水，计算支流回水曲线为在以下两种组合中选取安全值（洪峰流量）：①支流发生同频率洪水而干流发生相应洪水；②干流发生同频率洪水而支流发生相应洪水。

2. 计算防护区的水位过程线和淹没历时

(1) 依据防护区的防洪标准假定一系列坝前水位和入库流量，分别推求防护区代表断面处的洪水位，并绘制以入库流量为参数的防护区水位和坝前水位关系曲线，如图 5.10-3 所示。

(2) 依据防护区的防洪标准，由一定频率的设计洪水和调洪成果，选取几组同时的入库流量和坝前水位，从防护区水位和坝前水位关系曲线中查得相应的防护区代表断面的洪水位，即可绘制防护区一定频率洪水的洪水位过程线。同样可求得不同频率洪水的防护区洪水位过程（时间由相应的入库流量决定），如图 5.10-4 所示。

(3) 由图 5.10-4 可计算防护区不同高程在不同频率洪水时的淹没历时。以上成果，一般可以为库尾地面高程高于正常蓄水位的防护区的堤防工程或排水设施等提供设计依据。如防护区地面低于正常蓄水位，可能全年都需要排水，此时图5.10-3中的入库流量范围要扩大到枯水流量。一般可按水库调度规则对代表年（包括丰、平、枯水年各一年）进行水库调度，取得入库流量和坝前水位历时过程资料，再用图5.10-3求得防护区代表断面的水位变化过程线，作为计算排水指标的依据。

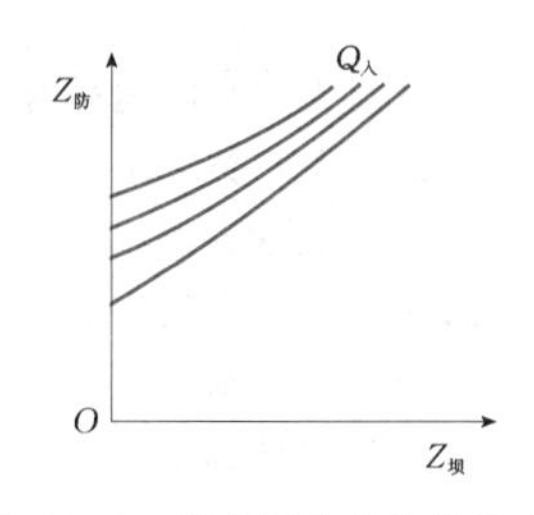

图5.10-3 防护区水位和坝前水位、入库流量关系曲线

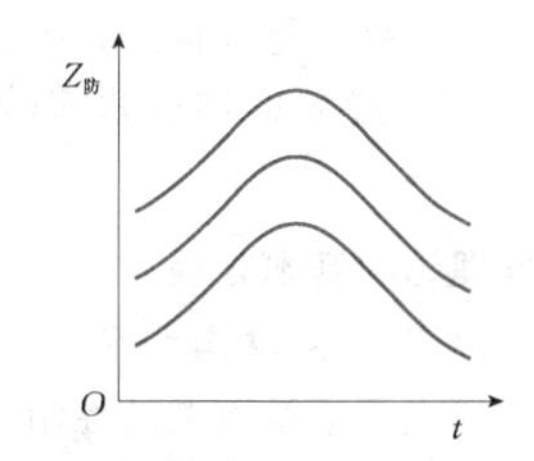

图5.10-4 防护区洪水位过程线

3. 沿程低水位保证率曲线的计算

首先作出入库流量、坝前水位、计算断面水位关系曲线，再求出水文系列代表年（包括丰、平、枯水年）中各年的入库流量和坝前水位历时过程线，根据该曲线可求得计算断面的水位历时过程线，最后依据不同水位的历时求出计算断面低水位历时保证率曲线。对于航运部门，最不利情况一般在库尾回水变动区，因此需在回水变动区选取代表性断面，作出该断面的低水位保证率曲线，按设计保证率查得相应水位并算出水深。对于灌溉或给水部门，需作出引水或提水断面的低水位保证率曲线，求出符合设计保证率的低水位，另外还要用上述方法求出设计频率的洪水位，作为引水或提水工程的设计依据。

5.10.1.5 库区沿程淤积后的回水曲线计算

库区沿程淤积后回水计算方法和内容与淤积前回水计算相同，计算时仅需考虑建库后一定年限的淤积影响。一般采用淤积20年或淤积平衡河道断面，计算各断面的水力因素，重新核定河道糙率，再按式(5.10-2)方法进行淤积后回水计算。

淤积后河道糙率的变化，与淤积年限、淤积形态、泥沙级配等多种因素有关，难以精确计算，在设计阶段又不能实测验证。一般由于泥沙淤积，河床泥沙平均粒径变细，库区糙率变小。为了安全考虑，建议库尾附近河段采用淤积前糙率，库区可根据具体情况比淤积前适当减小一些，如降低10%～20%。

另外，在我国北方寒冷地区，在天然河流上冬季开、封河期，在弯道或水面宽度突然变化的地方容易形成冰塞，修建水库后回水末端最易形成冰塞。需要计算库区淤积后冰塞壅水水面线，与正常蓄水位以下的淹没区域、水库洪水回水区域等组成水库淹没外包范围。

5.10.1.6 回水计算成果分析

在设计阶段，回水曲线计算结果缺乏实测资料验证，一般可按实测和调查洪水资料推算建库前的天然水面线，以此比较计算结果的合理性，并根据回水计算成果，点绘各种坝前水位及库区流量组合条件下的回水曲线，分析其变化趋势的合理性，其规律大致有如下几个方面。

(1) 建库后库区回水位应高于天然情况下同一流量的水位，而水面比降较为平缓。

(2) 同一坝前水位，库区流量较小的水面线应低于库区流量较大的水面线，流量愈大，坡降愈陡，回水末端愈近；流量愈小，坡降愈平，回水末端愈远。

(3) 同一库区流量，坝前水位较低的水面线应低于坝前水位较高的水面线，坝前水位愈高，坡降愈缓，回水末端愈远。

(4) 库区同一断面，不同坝前水位的两个设计流量的水位差相比较时，较高坝前水位的水位差应小于较低坝前水位的水位差。库区两个断面在同一流量的两个不同坝前水位时，上断面的水位差应不大于下断面的水位差。

(5) 在同一坝前水位和流量时，一般回水水面线离坝址愈近愈平缓，愈远愈急陡，并以坝前水位水平线和同一流量天然水面线为其渐近线。

回水曲线计算完成后，局部位置水面线成果有倒坡或回水尖灭又复出天然水面线等不合理现象，影响计算成果的主要因素是河道糙率的选取和断面的划分。因此，回水计算前应按照前述断面的划分原则和糙率确定方法做好前期工作，并尽可能利用实测资料进行分析验证。

5.10.2 溃坝洪水计算

5.10.2.1 概述

地震、战争、超标洪水、大坝质量问题和运行管理问题等都可能引起大坝溃决。大坝溃决的初始瞬间，库区内水体在水压力和重力作用下向坝下游倾泻，在下游形成顺行涨水波（正波），同时库区内水位陡降，并以波速 ω 向上游传播，形成逆行落水波（负波）。溃坝初始瞬间，波形较陡，常为不连续波。随着时间推移，溃坝波逐渐向上下游传播，波形逐渐坦化，直至消失（见图5.10-5）。溃坝洪水对人民生命财产和国民经济的危害极其严重，溃坝洪水计算的任务是分析研究大坝失事后坝址溃坝洪水最大洪峰流量及泄流过程，以及洪水向下游的传播情况，为评估溃坝水流对上下游的影响和可能引起的损失以及拟定下游安全防护调度计划提供依据。

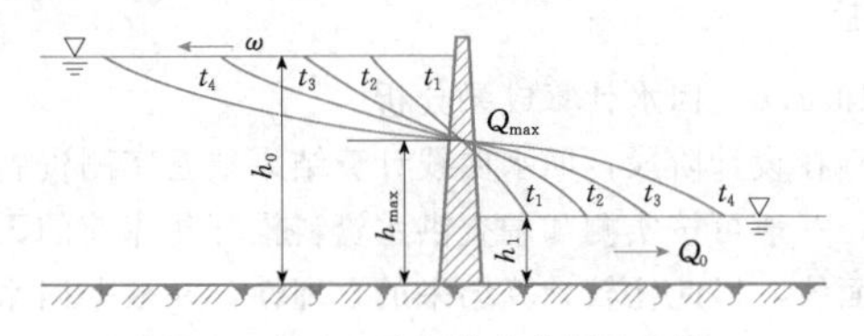

图 5.10-5 溃坝洪水传播示意图

1. 计算内容

溃坝计算主要内容包括以下几个方面。

（1）估算水体突然泄放的初瞬流态。

（2）推求溃坝洪水的最大流量及泄流过程。

（3）计算溃坝洪水向下游的传播过程，给出沿程各处的流量、水位、流速、波前和洪峰到达时间，对于重要的水库，必要时还应进行溃坝负波在库区向上游传播过程的计算。

（4）梯级河流上游水库失事对下游水库的影响。

2. 计算条件

（1）确定溃决方式。大坝的溃决方式一般从规模上分为全溃或局部溃；从时间上分为瞬时溃或逐渐溃。坝的溃决方式主要取决于坝的类型、坝的基础以及溃坝原因。水库坝体溃决的可能情况，应根据壅水建筑物的材料性质和结构性能及荷载情况等综合拟定。一般计算可采用各种可能溃决的最不利情况。

混凝土重力坝和大头坝溃决时一般是一次或数次溃决到基础处，混凝土拱坝常常是在某一高程以上或整个坝体全部溃决。混凝土坝溃决时间一般都很短，可以按瞬时溃坝处理。对混凝土坝以外的其他坝型，还可以研究一半溃决或其他溃决方式。

土坝和堆石坝的溃坝原因主要是洪水漫顶、基础渗漏和管涌，一般属于逐渐溃坝，但由于溃坝水流冲击力很强，相对溃决时间较短，为安全起见，一般可按瞬时溃坝考虑。堆石坝和峡谷河道的土坝可能会全部溃决，平原区和丘陵区的一般只有局部会溃决。堰塞湖的坝体一般由山体滑坡等堆积而成，其溃决方式更为复杂。溃坝决口宽度和深度主要与水流冲刷能力和坝体组成材料及其抗冲能力有关，需根据具体情况选定。

（2）计算工况。在非汛期正常供水期间溃决，水库水体采用正常蓄水位以下水体计算，下游初始水位采用与调节流量相应的水位；在汛期溃决，水库水体采用设计洪水位以下水体计算，下游初始水位由相应设计洪水最大下泄量确定。一般不考虑溃坝后上游来水。

3. 研究方法

目前，研究水库溃坝洪水的途径有理论分析、数学模型、水工模型试验等三类。由于溃坝洪水比较复杂且非恒定性很强，一般以水工模型试验得到的成果较为可靠，而正态模型试验又较变态模型试验成果更接近于实际情况，但是由于水工模型试验需要的费用高、周期长，而数学模型具有简捷、经济等优点，目前倾向于采用水工模型试验与数学模型相结合的途径。即由前者研究溃决形式和坝址洪水特性，后者采用非恒定流数学模型计算下游洪水演进。对于水库水位高、上下游地形复杂的重大枢纽，应采用更完整的数学模型进行计算，必要时结合水工模型试验进行研究。

5.10.2.2 基本理论和基本方程

1. 一维非恒定流圣维南方程组

一维明槽非恒定流数学模型的控制方程为圣维南方程组：

$$B\frac{\partial Z}{\partial t}+\frac{\partial Q}{\partial s}=q \tag{5.10-3}$$

$$\frac{\partial Q}{\partial t}+2v\frac{\partial Q}{\partial s}+(gA-Bv^2)\frac{\partial Z}{\partial s}=-g\frac{n^2v|Q|}{R^{4/3}}+v^2\frac{\partial A}{\partial s}\bigg|_z \tag{5.10-4}$$

式中 B——水面宽；

Z——水位；

Q——河道流量；

q——单位长度旁侧降雨入流流量；

v——断面平均流速；

g——重力加速度；

A——过水断面面积；

n——糙率；

R——水力半径。

2. 二维溃坝方程组

二维溃坝计算可以采用沿水深平均的浅水二维方程作为控制方程：

$$\frac{\partial H}{\partial t}+\frac{\partial (Hu)}{\partial x}+\frac{\partial (Hv)}{\partial y}=0 \tag{5.10-5}$$

$$\frac{\partial u}{\partial t}+u\frac{\partial u}{\partial x}+v\frac{\partial u}{\partial y}=\varepsilon\left(\frac{\partial^2 u}{\partial x^2}+\frac{\partial^2 u}{\partial y^2}\right)-g\frac{\partial Z}{\partial x}-g\frac{n^2u\sqrt{u^2+v^2}}{H^{4/3}} \tag{5.10-6}$$

$$\frac{\partial v}{\partial t}+u\frac{\partial v}{\partial x}+v\frac{\partial v}{\partial y}=\varepsilon\left(\frac{\partial^2 v}{\partial x^2}+\frac{\partial^2 v}{\partial y^2}\right)-g\frac{\partial Z}{\partial y}-g\frac{n^2 v\sqrt{u^2+v^2}}{H^{4/3}} \quad (5.10-7)$$

$$Z=Z_0+H$$

式中 H——水深；

u、v——x、y 方向的垂线平均流速；

ε——紊动黏性系数；

g——重力加速度；

Z——水位；

Z_0——地面高程；

n——糙率。

3. 不连续波基本方程

如图 5.10-6 (a) 所示的顺波流动，假设上下游为平底无阻力河道，经过 dt 时段，水流由 1—1 断面～2—2 断面运动到 1′—1′断面～2′—2′断面，波峰由 a—a 运动到 a'—a'，根据连续性方程和动量方程，可以解出波速和流量公式分别为

$$\omega_1=v_2+\sqrt{\frac{M_+}{\rho}\frac{A_1}{A_2(A_1-A_2)}} \quad (5.10-8)$$

$$Q_1=\frac{A_1}{A_2}Q_2+\sqrt{\frac{M_+}{\rho}\frac{A_1(A_1-A_2)}{A_2}} \quad (5.10-9)$$

式中 ω_1——顺波波速；

M_+——1—1 断面～2—2 断面之间水体上所受的压力差；

A_1、Q_1——1—1 断面的面积、流量；

v_2、A_2、Q_2——2—2 断面的断面平均流速、面积、流量；

ρ——水的密度。

一般文献都假定压强为静水压强分布，压力差为

$$M_+=P_1-P_2=\rho g(h_{c1}A_1-h_{c2}A_2) \quad (5.10-10)$$

式中 h_{c1}、h_{c1}——1—1 断面、2—2 断面形心处水深。

同理，对图 5.10-6 (b) 所示的逆波运动，经过 dt 时段，水流由 0—0 断面～1—1 断面运动到 0′—0′断面～1′—1′断面，波峰由 a—a 运动到 a'—a'，根据连续性方程和动量方程可以解出相应的流量公式为

$$Q_1=\frac{A_1}{A_0}Q_0+\sqrt{\frac{M_-}{\rho}\frac{A_1(A_0-A_1)}{A_0}} \quad (5.10-11)$$

式中 Q_1、A_1——1—1 断面的流量、面积；

Q_0、A_0——0—0 断面的流量、面积；

M_-——1—1 断面～0—0 断面之间水体上所受的压力差。

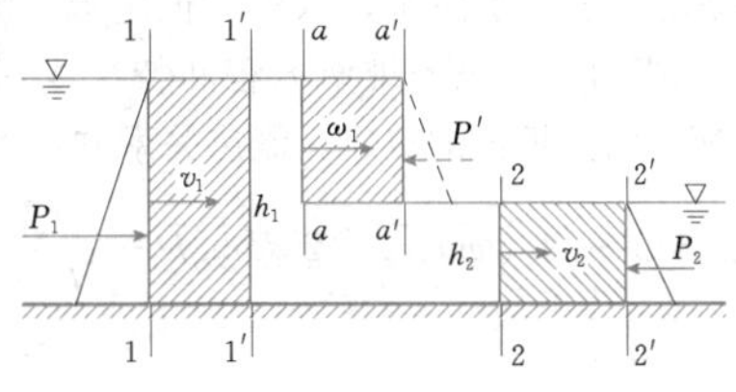

(a) 顺波流动示意图

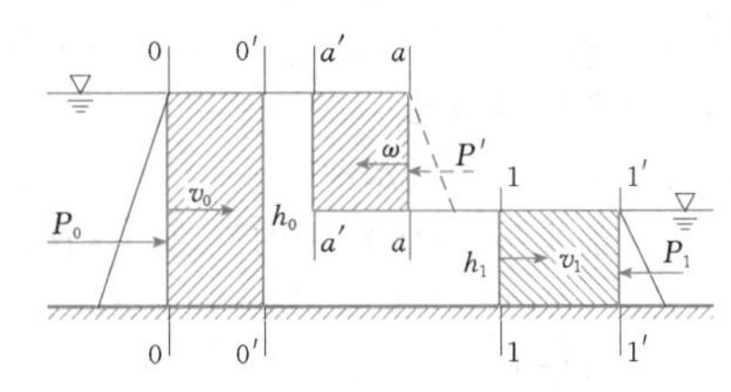

(b) 逆波流动示意图

图 5.10-6 顺波、逆波流动示意图

若假定压强为静水压强分布，压力差为

$$M_-=P_0-P_1=\rho g(h_{c0}A_0-h_{c1}A_1) \quad (5.10-12)$$

式中 h_{c0}——0—0 断面形心处水深；

其他符号意义同前。

4. 溃坝波形方程

里特尔 (A. Ritter) 假设河槽为平底、矩形断面，坝下游无水，并忽略水流阻力，根据圣维南方程和特征线理论，得出图 5.10-7 所示的溃坝波形方程和速度变化方程：

$$h=\left(\frac{2}{3}\sqrt{h_0}-\frac{x}{3t\sqrt{g}}\right)^2 \quad (5.10-13)$$

$$v=\frac{2}{3}\left(\sqrt{gh_0}+\frac{x}{t}\right) \quad (5.10-14)$$

式中 h、v——断面水深、断面平均流速；

h_0——上游水深；

x——到坝址距离；

t——时间。

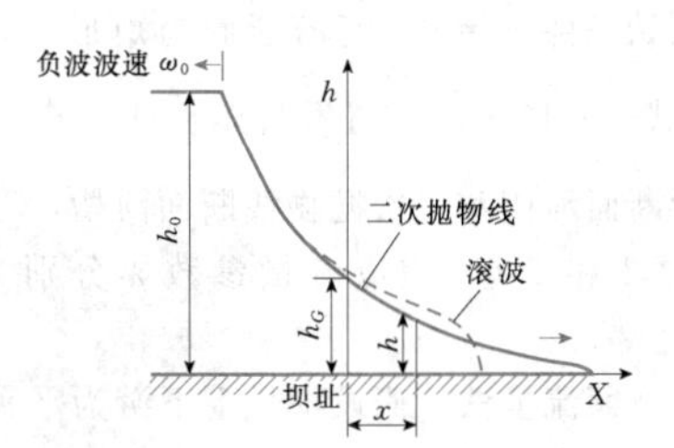

图 5.10-7 下游无水溃坝波形

假设河槽为平底，断面面积满足 $A=\alpha h^m=\frac{Bh}{m}$ (α 为常数，B 为水面宽，h 为水深，m 为河槽形状指

数），坝下游有水，水深 h_2，水流为恒定流，流速 v_2，并忽略水流阻力，根据圣维南方程和特征线理论，图5.10-8所示的溃坝波的波速、流速关系方程为

$$\omega = v_0 + 2\sqrt{mgh_0} - 2\sqrt{mgh} - \sqrt{\frac{gh}{m}} \tag{5.10-15}$$

$$v = v_0 + 2\sqrt{mgh_0} - 2\sqrt{mgh} \tag{5.10-16}$$

式中 ω——溃坝波波速；

v_0、h_0——上游流速、水深；

v、h——溃坝波 UDJ 区域的流速、水深。

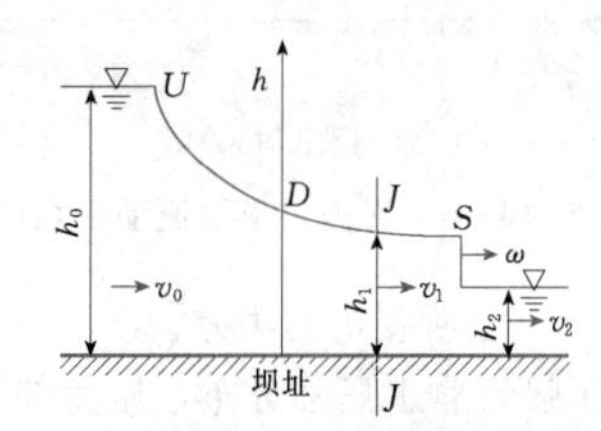

图 5.10-8 下游有水溃坝波形

5.10.2.3 坝址最大流量

1. 大坝瞬时全溃时的最大流量

（1）里特尔—圣维南法。假设河槽为平底，断面面积满足 $A=\alpha h^m=\frac{Bh}{m}$，坝上下游为静水，并忽略水流阻力。根据圣维南方程和特征线理论，可以得到坝址断面的临界流速、临界水深和最大流量分别为

$$v_c = \frac{2m}{2m+1}\sqrt{\frac{gh_0}{m}} \tag{5.10-17}$$

$$h_c = \left(\frac{2m}{2m+1}\right)^2 h_0 \tag{5.10-18}$$

$$Q_{\max} = \left(\frac{2\sqrt{m}}{2m+1}\right)^3 B\sqrt{g}h_0^{3/2} \tag{5.10-19}$$

式（5.10-17）～式（5.10-19）的适用条件为

$$\frac{h_2}{h_0} \leqslant 0.3111\left(\frac{2m}{2m+1}\right)^2 \tag{5.10-20}$$

几种断面形状河槽的临界流速、临界水深和最大流量见表5.10-3。

（2）谢任之研究成果[32]。谢任之从理论上推出了瞬间全溃坝址最大流量的统一公式：

$$Q_{\max} = \lambda B_0\sqrt{g}h_0^{3/2} \tag{5.10-21}$$

对于连续波情况：

$$\lambda = m^{m-1}\left(\frac{2\sqrt{m}+\frac{v_0}{\sqrt{gh_0}}}{2m+1}\right)^{2m+1} \tag{5.10-22}$$

式中 λ——流量参数；

h_0、v_0——上游水深、流速；

B_0——河宽；

m——河槽形状指数。

表 5.10-3 瞬时全溃最大流量计算表

断面形状	形状指数 m	坝址临界流速 v_c	坝址临界水深 h_c	坝址最大流量 $Q_{\max}$	适用条件 h_2/h_0
矩形	1	$\frac{2}{3}\sqrt{gh_0}$	$\frac{4}{9}h_0$	$\frac{8}{27}B\sqrt{g}h_0^{3/2}$	≤0.138
四次抛物线	1.25	$\frac{2}{7}\sqrt{5gh_0}$	$\frac{25}{49}h_0$	$0.261B\sqrt{g}h_0^{3/2}$	≤0.159
二次抛物线	1.5	$\sqrt{\frac{3}{8}gh_0}$	$\frac{9}{16}h_0$	$0.230B\sqrt{g}h_0^{3/2}$	≤0.175
三角形	2	$\frac{2}{5}\sqrt{2gh_0}$	$\frac{16}{25}h_0$	$0.181B\sqrt{g}h_0^{3/2}$	≤0.199

当初始条件 $v_0=0$，河槽断面为矩形时，$m=1$，$\lambda=\frac{8}{27}$，式（5.10-21）与里特尔公式完全一致。对于三角形断面河槽和二次抛物线断面河槽，形状系数 m 分别为 2 和 1.5，相应流量参数 λ 分别为 0.116 和 0.172。

（3）波额流量法。假设坝址上下游为平底无阻力河道，上游的断面为0—0，坝址断面为1—1，下游断面为2—2，则联立方程（5.10-9）和方程（5.10-11），可以求得坝址断面的水深 h_1 和最大流量 Q_1。对于断面面积满足 $A=\alpha h^m=\frac{Bh}{m}$ 的河道，式（5.10-9）和式（5.10-11）可以变为

$$v_1 = v_2 + \sqrt{\frac{g}{m+1}\frac{(h_1^m - h_2^m)(h_1^{m+1} - h_2^{m+1})}{h_1^m h_2^m}} \tag{5.10-23}$$

$$v_1 = v_0 + \sqrt{\frac{g}{m+1}\frac{(h_0^m - h_1^m)(h_0^{m+1} - h_1^{m+1})}{h_1^m h_0^m}} \tag{5.10-24}$$

先将式（5.10-23）代入式（5.10-24）试算求出 h_1，再将 h_1 代入式（5.10-24）求出 v_1，从而得到溃坝最大流量为

$$Q_1 = \frac{v_1 B h_1}{m} \tag{5.10-25}$$

这种方法只适用于 $h_2/h_1 \geqslant 0.05 \sim 0.10$ 的情况，当 $h_2/h_1 < 0.05 \sim 0.10$ 时，会出现物理上的不正确现象，计算的波速和流量与实际差别很大。第1版《水工设计手册》第2卷和《水力计算手册》[1,31]都认为出现这一问题是因为假设忽略阻力损失而引起的，也有人认为是假设直立的波形而引起的，目前没有统一的认识，建议 h_2/h_1 较小时不要使用这种方法，h_2/h_1 较大时这种方法的计算结果仅作参考。

(4) 正、负波相交法。对于平底河槽，坝下游有水，并忽略水流阻力。向上游传播的连续负波方程 (5.10-16) 和向下游传播的不连续涌波方程 (5.10-9) 可求得溃坝区的流速、水深及相应溃坝最大流量。对于断面面积满足 $A=\alpha h^m = Bh/m$ 的河道，方程 (5.10-16) 和方程 (5.10-9) 可以写为

$$v_1 = v_0 + 2\sqrt{mgh_0} - 2\sqrt{mgh_1} \tag{5.10-26}$$

$$v_1 = v_2 + \sqrt{\frac{g}{m+1}\frac{(h_1^m - h_2^m)(h_1^{m+1} - h_2^{m+1})}{h_1^m h_2^m}} \tag{5.10-27}$$

将式 (5.10-26) 代入式 (5.10-27)，试算求出 h_1，再将 h_1 代入式 (5.10-26) 求出 v_1，从而得到溃坝最大流量为

$$Q_{\max} = \frac{v_1 B h_1}{m} \tag{5.10-28}$$

与波额流量法类似，正、负波相交法也是只适合 h_2/h_0 较大的情况，当 h_2/h_0 较小时，会出现物理上的不正确现象，计算的波高和流量与实际差别较大，不能使用。张成林[33]、赵明登等[34]在一定假设条件下给出了矩形平底河槽修改的正、负波相交法计算公式：

$$\frac{Q_1}{B\sqrt{g}h_0^{3/2}} = 2\left(\frac{\alpha + \sqrt{\alpha^2 + 3h_2/h_0}}{3}\right)^2 \times \left(\frac{v_0}{2\sqrt{gh_0}} + 1 - \frac{\alpha + \sqrt{\alpha^2 + 3h_2/h_0}}{3}\right) \tag{5.10-29}$$

$$\sqrt{\frac{h_1}{h_0}} = \frac{\alpha + \sqrt{\alpha^2 + 3h_2/h_0}}{3} \tag{5.10-30}$$

$$\alpha = 1 + \frac{v_0}{2\sqrt{gh_0}} - \frac{v_2}{2\sqrt{gh_0}} \tag{5.10-31}$$

式 (5.10-29) 中，当 h_2/h_0 较小时，不会出现物理上的不正确现象。当溃坝前坝上下游均为静水，$Q_0=Q_2=0$ 时，$\alpha=1$，其计算结果与里特尔公式、谢任之公式的计算结果完全一致。

【算例 5.10-1】 有一平底矩形河槽 ($m=1$)，宽度 $B=200$m，坝前水深 $h_0=40$m，假定大坝由于某种原因瞬时全溃，溃坝前上下游水流状态分别为：①$Q_0=Q_2=h_2=0$；②$Q_0=Q_2=0$，$h_2=8$m；③$Q_0=Q_2=200\text{m}^3/\text{s}$，$h_2=8$m，计算不同水流状态下的坝址最大流量。

解：(1) 第一种状态：下游无水，可采用里特尔—圣维南公式 (5.10-19) 计算：

$$Q_{\max} = \frac{8}{27}B\sqrt{g}h_0^{3/2} = \frac{8}{27}\times 200 \times \sqrt{9.8}\times 40^{3/2} = 46955(\text{m}^3/\text{s})$$

这种状态下，采用谢任之统一公式 (5.10-21)、修改后的正、负波公式 (5.10-29) 可以得到同样的结果，而原正、负波公式 (5.10-28) 计算的流量为0，波额流量法不适用。

(2) 第二种状态：上、下游为静水，采用原正、负波公式 (5.10-28) 试算结果[33]为 $Q=46274\text{m}^3/\text{s}$，采用修改的正、负波公式 (5.10-29) 可以直接计算：

$$Q = 2\left(\frac{1+\sqrt{1+3h_2/h_0}}{3}\right)^2 \frac{2-\sqrt{1+3h_2/h_0}}{3} \times B\sqrt{g}h_0^{3/2} = 2\times\left(\frac{1+\sqrt{1+3\times 8/40}}{3}\right)^2 \times \frac{2-\sqrt{1+3\times 8/40}}{3}\times 200\times \sqrt{9.8}\times 40^{3/2} = 44265(\text{m}^3/\text{s})$$

(3) 第三种状态：上、下游为恒定流，采用原正、负波公式(5.10-28)试算结果为 $Q=46390\text{m}^3/\text{s}$；采用波额流量法公式(5.10-25)试算结果[33]为 $Q=48150\text{m}^3/\text{s}$。

采用修改的正、负波公式 (5.10-29) 可以直接计算：

$$\alpha = 1 + \frac{v_0}{2\sqrt{gh_0}} - \frac{v_2}{2\sqrt{gh_0}} = 1 + \frac{200}{2\times 200\times 40\times\sqrt{40\times 9.8}} - \frac{200}{2\times 200\times 8\times\sqrt{40\times 9.8}} = 0.9975$$

$$Q = 2\left(\frac{\alpha+\sqrt{\alpha^2+3h_2/h_0}}{3}\right)^2 \times \left(\frac{v_0}{2\sqrt{gh_0}} + 1 - \frac{\alpha+\sqrt{\alpha^2+3h_2/h_0}}{3}\right)B\sqrt{g}h_0^{3/2} = 2\times\left(\frac{0.9975+\sqrt{0.9975^2+3\times 8/40}}{3}\right)^2 \times \left(\frac{200}{2\times 200\times 40\times\sqrt{9.8\times 40}} + 1 - \frac{0.9975+\sqrt{0.9975^2+3\times 8/40}}{3}\right)\times 200\times\sqrt{9.8}\times 40^{3/2} = 44472(\text{m}^3/\text{s})$$

---

2. 大坝瞬时局部溃决时的最大流量

(1) 当宽度方向部分溃决且一溃到底时［见图5.10-9 (a)］，溃坝最大流量可采用经验公式[31]：

$$Q_{max}=\frac{8}{27}\left(\frac{B}{b}\right)^{1/4}b\sqrt{g}h_0^{3/2}\quad(5.10-32)$$

式中 h_0——决口处水深，m。

(2) 当宽度方向全溃，深度方向部分溃决，尚留高度为 a 的残坝时［见图5.10-9 (b)］，溃坝最大流量可采用经验公式[31]：

$$Q_{max}=\frac{8}{27}\left(\frac{h_0-a}{h_0-0.827}\right)B\sqrt{gh_0}(h_0-a)\quad(5.10-33)$$

(3) 当宽度方向和深度方向都为部分溃决［见图5.11-9 (c)］，溃坝最大流量可采用经验公式[31]：

$$Q_{max}=\frac{8}{27}\left(\frac{h_0-a}{h_0-0.827}\right)\left(\frac{B}{b}\right)^{1/4}b\sqrt{gh_0}(h_0-a)\quad(5.10-34)$$

美国水道试验站对式 (5.10-34) 作了修改，得出较为简单的公式[31]：

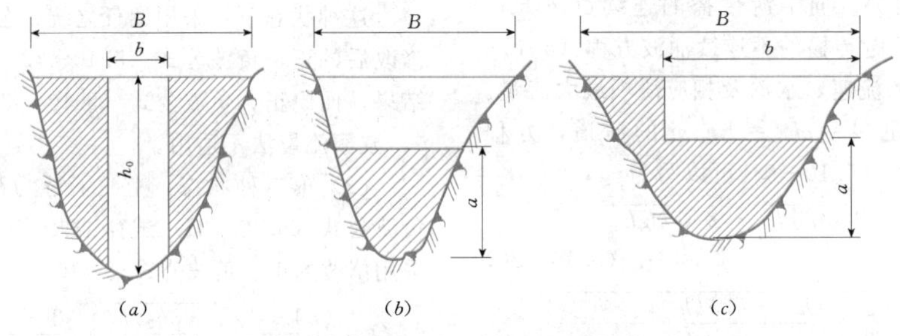

图5.10-9 大坝局部溃决示意图

$$Q_{max}=\frac{8}{27}\left[\frac{Bh_0}{b(h_0-a)}\right]^{0.28}b\sqrt{g}(h_0-a)^{1.5}\quad(5.10-35)$$

黄河水利委员会根据试验得出公式[31]：

$$Q_{max}=\frac{8}{27}\left(\frac{B}{b}\right)^{0.4}\left(\frac{h_0+10a}{h_0}\right)^{0.3}b\sqrt{g}(h_0-a)^{1.5}\quad(5.10-36)$$

铁道部科学研究院在板桥水库溃坝模型试验的基础上，结合国内400余座水库的溃坝资料，针对不同的溃坝要素进行了约600次试验，提出了适用条件较广的经验公式：

$$Q_{max}=0.27\sqrt{g}\left(\frac{L}{B}\right)^{1/10}\left(\frac{B}{b}\right)^{1/3}b(h_0-ka)^{3/2}\quad(5.10-37)$$

式中 L——库区长度，当 $L/B>5$ 时，均按 $L/B=5$ 计算，m；

k——修正系数，可按 $k=1.4\left(\frac{ba}{Bh_0}\right)^{1/3}$ 计算。

(4) 堰流和波流相交法。假定溃决断面处水流流态类似宽顶堰流流态，流量可按宽顶堰流公式计算[31]：

$$Q_{max}=mB\sqrt{g}(h_0-a)^{3/2}\quad(5.10-38)$$

由此可求得坝址处的过流能力曲线，再由波额流量公式求得波额流量曲线，两线交点对应的流量即为坝址最大流量。

计算溃坝坝址最大流量的方法还有近似图解法，可参考相关文献。需要指出的是，坝址最大流量公式都是在一定假设和概化条件下推导出来的近似理论公式或经验公式，与实际情况都有一定的出入，因此，在设计应用时，可以选择几个公式比较，再根据具体情况选择计算结果。

5.10.2.4 坝址流量过程

坝址流量过程的推求有详算法和简算法两种。详算法是从水流运动的基本控制方程出发，根据溃坝流动实际情况，求出坝址流量的理论解或半理论解，这一方法考虑因素较多，求解过程复杂。简算法是根据详算法和模型试验成果，将坝址流量过程线概化为一种特殊曲线。

一种概化是将坝址流量过程线概化为图5.10-10和表5.10-4所示的四次抛物线，溃坝初瞬时流量为坝址最大流量 Q_{max}，接着迅速下降，最后趋近于入库流量 Q_0。计算时根据可泄库容和最大流量估算洪水过程线的总历时 T_n，再根据最大流量和入库流量计算出溃坝洪水过程线及相应的总泄量。如果计算的总泄量和可泄库容相等，则假设的总历时 T_n 和计算的溃坝洪水过程线正确；否则，重新假设洪水过程线的总历时 T_n，再计算溃坝洪水过程线及相应的总泄量，直到计算的总泄量和可泄库容相等。

还有一种概化是根据水槽试验结果，将坝址流量过程线概化为图5.10-11和表5.10-5所示的无因次曲线，溃坝初瞬时流量从初始流量迅速增大到坝址最大流量 Q_{max}，接着逐渐下降，最后趋近于入库流量 Q_0。溃坝洪水流量及相应的时间由式 (5.10-39) 和式 (5.10-40) 确定。

表 5.10-4　溃坝洪水概化过程线表

T/T_n	0	0.05	0.1	0.2	0.3	0.4	0.5	0.6	0.7	0.8	0.9	1.0
Q/Q_{max}	1	0.62	0.48	0.34	0.26	0.207	0.168	0.130	0.094	0.061	0.030	Q_0/Q_{max}

表 5.10-5　溃坝洪水无因次过程线表

t'	0.0	0.2	0.4	0.6	0.8	1.0	1.2	1.4	1.6	1.8	2.0	2.2	2.4	2.6	2.8
Q'	0.000	0.305	0.324	0.333	0.336	0.337	0.334	0.327	0.309	0.270	0.219	0.179	0.148	0.124	0.107
t'	3.0	3.2	3.4	3.6	3.8	4.0	4.2	4.4	4.6	4.8	5.0	5.4	5.8	6.2	6.6
Q'	0.092	0.080	0.069	0.060	0.052	0.045	0.040	0.035	0.031	0.028	0.026	0.023	0.020	0.018	0.016

$$Q = Q'B\sqrt{g}h_0^{3/2} \tag{5.10-39}$$

$$t = t'\frac{L}{\sqrt{gh_0}} \tag{5.10-40}$$

式中　L——水库长度。

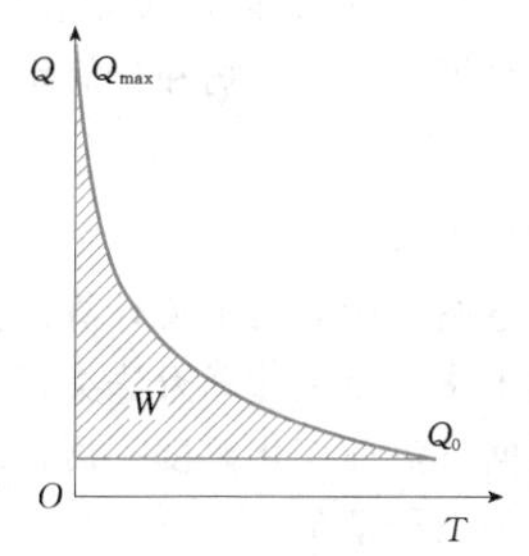

图 5.10-10　溃坝洪水概化过程线示意图

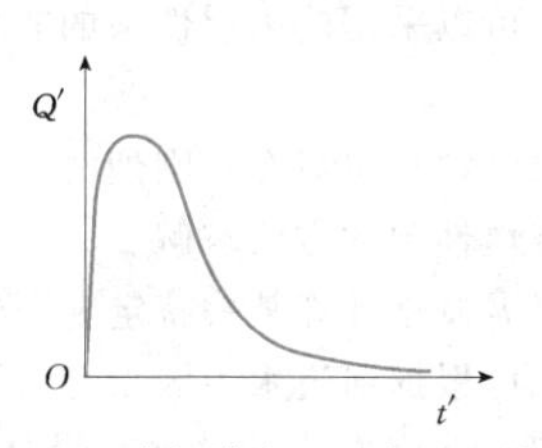

图 5.10-11　溃坝洪水无因次过程线示意图

5.10.2.5　溃坝洪水演进计算

溃坝洪水演进计算有整体模型法和分段模型法两种。整体模型以水库回水末端为上边界，以水库下游适当远处为下边界，坝址处作为内点计算。分段模型以坝址为上边界，以水库下游适当远处为下边界，计算下游洪水演进，如果必要还以坝址为下边界，以水库回水末端为上边界，计算库区洪水演进。当溃坝址下游水位较高，淹没度较大，而且随时间变化时，需要采用整体模型法来计算坝址出流与下游洪水演进，整体模型法一般可用来解决瞬间全溃的洪水计算。对于局部瞬间溃、逐渐溃和瞬间全溃时下游水位较低，或虽然较高，但淹没度不随时间变化的情况，通常可采用分段模型法，先求出坝址处流量过程线，然后以此作为上边界输入条件，进行下游河道的洪水演进计算。无论采用整体模型法还是分段模型法，溃坝洪水演进计算应按非恒定流方法详细计算。作为估算，可用简化的经验公式计算。

1. 溃坝洪水演进的简化计算

溃坝洪水波一般为单波尖峰，向下游传播时由于河槽调蓄作用，流量过程线衰减坦化很快，可用基于水量平衡原理的简化洪水演进方法，估算坝址下游河道断面的洪峰流量和峰现时间。简化方法多用于中小型水库的溃坝洪水演进计算。

（1）溃坝洪水洪峰流量的经验公式为

$$Q_{L\max} = \frac{W}{\dfrac{W}{Q_{\max}} + \dfrac{L}{vK}} \tag{5.10-41}$$

式中　$Q_{L\max}$——当溃坝最大流量演进至距坝址为 L 处时，在该处出现的最大流量；

W——水库溃坝时的蓄水库容；

$Q_{\max}$——坝址处的溃坝最大流量；

L——距坝址的距离；

v——河道洪水期断面最大平均流速，在有资料的地区可采用历史上的最大值，如无资料，一般山区可取 3.0～5.0m/s，半山区可取 2.0～3.0m/s，平原区可取 1.0～2.0m/s；

K——经验系数，山区可取 1.1～1.5，半山区可取 1.0，平原区可取 0.8～0.9。

黄河水利委员会水利科学研究院根据实际资料分析，得到 vK 经验取值：山区河道可采用 $vK=7.15$；半山区河道可采用 $vK=4.76$；平原河道可采用 $vK=3.13$。

（2）溃坝洪水传播时间[31]。溃坝洪水比一般洪水的传播速度要快得多，其波速在坝址附近最大，距坝址愈远，波速削减愈快。黄河水利委员会水利科学研究院根据实验得到的溃坝洪水传播时间如下：

洪水起涨时间 t_1 计算公式：

$$t_1 = K_1 \frac{L^{1.75}(10-h_0)^{1.3}}{W^{0.2}H_0^{0.35}} \quad (5.10-42)$$

式中　K_1——系数，K_1 在 $0.65\times10^{-3}\sim0.75\times10^{-3}$ 之间，取平均数为 0.70×10^{-3}；

L——距坝址距离，m；

h_0——溃坝洪水到达前下游计算断面的平均水深，即与基流 Q_0 相应的平均水深，m；

W——可泄库容（可泄总水量），m^3；

H_0——坝上游水深，m。

最大流量到达时间 t_2 计算公式：

$$t_2 = K_2 \frac{L^{1.4}}{W^{0.2}H_0^{0.5}h_{max}^{0.25}} \quad (5.10-43)$$

式中　K_2——系数，取 0.8～1.2；

h_{max}——最大流量时的平均水深，m。

(3) 溃坝下游流量过程线。一般来说，溃坝洪水起涨陡，峰值到达快，峰后落水流量下降较慢。如果将流量过程概化为图 5.10-12 所示的三角形，可得 t_3 的计算公式为

$$t_3 = t_1 + \frac{2W}{Q_{Lmax}} \quad (5.10-44)$$

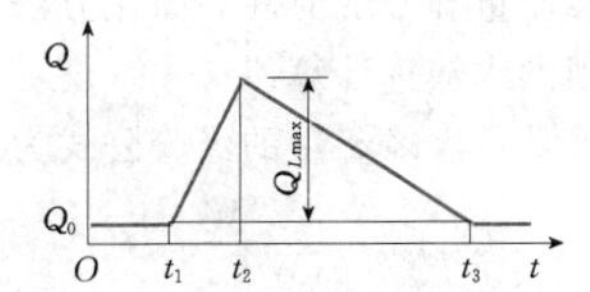

图 5.10-12　溃坝流量过程概化示意图

2. 一维溃坝洪水演进计算

一维溃坝洪水演进计算的控制方程为明槽非恒定流圣维南方程组［见式（5.10-3）和式（5.10-4）］。计算方法有显式差分法、隐式差分法、特征线法和瞬时流态法等［见《水工设计手册》（第 2 版）第 1 卷第 3 章］，每种方法又有不同的计算格式。显式差分法计算简单，稳定性受一定条件限制，要求时间步长较短。隐式差分法稳定性较好，精度较高，但计算溃坝洪水演进时一定要注意对间断波（不连续）和急流问题的特殊处理，不能像一般洪水演进那样直接计算。特征线法对非恒定急变流和渐变流都适用，常用来校核其他方法的精度，对于水力要素变化较大的溃坝洪水演进问题，采用这一方法计算较好。

计算河段划分，在靠近坝址的河段应较短，远离坝区的河段可较长，断面位置的选取原则与一般洪水演进一样。计算时段划分，在水力要素变化急剧的溃坝初期采用较短的计算时段进行计算，溃坝水流坦化后可适当增大时间步长。

3. 二维溃坝洪水演进计算

二维溃坝洪水演进计算的控制方程为式（5.10-5）～式（5.10-7）。二维数值模拟常用的计算方法主要有有限差分法、有限元法、有限体积法及特征线法等，每种方法又有许多不同格式。这些方法各有特点和适应性，在实际应用中可根据具体情况选择。

以前二维溃坝波的研究多在较单纯的计算方法和理论方面，计算对象大多是规则水槽内的流动，现在也逐步应用于天然河道中的溃坝洪水演进计算。

溃坝洪水演进计算，可以采用以上方法利用计算机编程，数值求解相应控制方程，也可以采用较成熟的商业软件计算，如 DAMBRK 模型、Delft3D 软件等。

5.10.3　日调节水电站下游非恒定流计算

5.10.3.1　计算任务

日调节水电站发电流量随负荷逐时变化，会引起下游河道水流的不稳定。日调节水电站下游非恒定流计算的任务是研究泄放不稳定流所引起的水库下游水流水位、流量、流速的变化情况，作为研究其对航运、灌溉、供水等方面的影响和计算水电站电能损失的依据。

5.10.3.2　计算方法

日调节水电站下游非恒定流计算的控制方程为圣维南方程组，水位、流量计算方法类似于洪流演进的推算方法。根据日负荷变化幅度、河道地形特性和精度要求等可分为三种情况。

(1) 当水电站日负荷较平缓，泄水波产生的附加比降较小时，可以采用略去惯性项的非恒定流计算方法计算。

(2) 当水电站日负荷变化剧烈时，应采用非恒定流方程式中带惯性项的方法求解。

(3) 如仅需概略计算某一特定断面的水深或估算影响范围时，可根据河道水力因素和水波特点，采用近似方法求解。计算方法见《水工设计手册》（第 2 版）第 1 卷第 3 章。

5.10.3.3　计算条件

1. 边界条件

计算的下边界条件为日调节影响接近消失的河段的代表断面水位流量关系曲线；上边界条件为相应的水电站日调节计算的逐时下泄流量过程，逐时下泄流量可由式（5.10-45）反求：

$$Q = \frac{N}{KH} \quad (5.10-45)$$

式中　Q——下泄流量，m^3/s；

N——出力，kW；

K——出力系数；

H——水头，m。

对于日调节水电站，如果水库面积小，则库水位在

一天中变动较大，应考虑库水位变化对下泄流量的影响。计算时起始库水位一般为相应最大工作容量和最小平均出力月份的月初库水位。有时为了分析预报极限情况，也可以正常蓄水位或死水位作为计算库水位。

2. 初始条件

初始条件为相应日平均流量的沿程稳定水面线。水面线计算方法类似于天然河道水面线计算。

3. 计算河段

计算河段划分，在近坝区水流非恒定性较强，水位、流量变幅较大，河段划分长度应较短，远离坝区的河段划分长度可较长。

4. 计算时段

计算时段首先应满足一维非恒定流计算的稳定条件。当河段水力因素复杂，日负荷变化很剧烈且对河段内局部流态或瞬时极限流态的研究要求精度较高时，应采用较短的计算时段进行计算。日负荷变化缓慢时可适当增大计算时段，直到计算周期要求相差24h的始末流态接近相等时为止。

5.10.3.4 计算内容

日调节水电站下游非恒定流计算类似于一维洪水演进计算，可以在一定定解条件下数值求解非恒定流圣维南方程组［见式（5.10-3）和式（5.10-4）］，求出下游各断面的水位、流量变化过程线，用以分析评价水位变幅和流量变化对下游航运、供水、防洪等的影响。作为近似计算，可采用如下经验公式。

（1）断面的表面最大流速估算公式：

$$U_{max} = kv\sqrt{\frac{\Delta h_{max}}{\Delta h}} \tag{5.10-46}$$

$$v = \frac{Q}{A}$$

式中 U_{max}——计算断面的表面最大流速；

k——分布系数，等于计算断面表面最大流速和平均流速的比值，由实测资料给定；

v——断面正常情况的平均流速；

Δh_{max}——计算断面与相邻断面同时最大水位差；

Δh——计算断面与相邻断面的稳定水位差；

Q——水电站日平均发电流量；

A——计算断面稳定水位流量关系线相应于Q的过水断面面积。

（2）断面水位变幅近似计算公式[35]：

$$\Delta z = \frac{\alpha h_0}{\eta^{2/3}L}\left(\frac{Q_{0min}}{Q_0 - Q_{min}}\right)^{1/3} \tag{5.10-47}$$

$$\eta = \frac{Q_v}{Q_0}$$

式中 Δz——断面水位波动变幅，m；

h_0——计算断面枯水期水深或通航水深，m；

η——水库调节性能指标；

L——计算断面到水电站的距离，km；

Q_{0min}——计算断面历年最小流量，m^3/s；

Q_0——通航设计流量，m^3/s；

Q_{min}——水电站日调节最小流量（可由距水电站较近的水文站实测资料反推或借用已建水电站的相似河道确定），m^3/s；

Q_v——用月平均流量表示的水库有效库容，m^3/s；

α——经验系数，见式（5.10-31）。

当$\eta \geqslant 1$时，说明水库调节性能较好，枯水期水库下泄流量可以补充下游河道流量，对下游通航和灌溉有利；当$\eta < 1$时，水电站日调节对下游河道影响较大，下游河道水位变幅较大。

【算例5.10-2】 融江麻石水电站的经验系数α=18.45，水电站日调节最小流量Q_{min}=0m^3/s，水库调节性能指标η=0.30，计算断面枯水期水深均为h_0=1.0m。由经验公式（5.10-47）计算的水位波动见表5.10-6，水位波动计算结果与实测值比较接近。

表5.10-6 融江麻石水电站水位波动计算表

计算断面	距电站里程L（km）	通航设计流量Q_0（m^3/s）	最小流量Q_{0min}（m^3/s）	水位波动计算值$\Delta z_计$（m）	水位波动实测值$\Delta z_测$（m）	误差$\Delta z_计 - \Delta z_测$（m）
长安	27.2	80	22.2	0.99	0.99	0.00
鸭仔滩	29.6	80	22.2	0.91	0.95	−0.04
牛崖滩	42.0	120	45.0	0.71	0.76	−0.05
牛眠滩	52.5	120	45.0	0.57	0.62	−0.05
古顶滩	77.3	120	45.0	0.38	0.36	0.02
韦义滩	189.8	200	94.5	0.17	0.25	0.08
碧廖滩	291.1	200	94.5	0.16	0.14	0.02

5.11 河道水力学

5.11.1 计算内容和基本资料

5.11.1.1 计算内容

河道水力学计算的目的是在研究水流特性基础上，反映水流流态和水流结构的变化以及水下建筑物对河道水力要素的影响。计算河道水面线为防洪、治涝、灌溉、供水、航运、河道整治、滩涂利用等水利工程提供指定位置的水力学参数，即随时间变化的水位、流量。

河道水力学参数不仅受上游径流的影响，同时受下游水位流量关系（或河口潮位）的作用。计算范围的选择必须考虑两个因素：①计算边界基本上不受工程的影响；②计算边界具有可以利用的水文资料。根据规划和设计要求选择计算模型，对于以水位和流量为参数的情况，可建立一维非恒定流数学模型；对于以水位和流速为参数的情况，可建立二维非恒定流数学模型或一维、二维耦合非恒定流数学模型。

5.11.1.2 基本资料

(1) 地形资料。地形资料必须具有与计算时段同期的河道地形图，其范围不得小于数学模型的上、下游边界。当缺乏同期河道地形资料时，可选用邻近时期地形变化不大的河道地形图。地形图的比尺通常为1∶1000～1∶10000，根据要求的计算精度、河流的大小和数学模型的网格尺度选定。

(2) 水文资料。水文资料必须能反映下游（感潮）河段水文特征的若干水文站同步丰、平、枯水季节和下游边界（大、中、小潮）的水位、流量或流速过程，或根据计算目的选取上述水文资料的部分组合。同步资料用于模型参数的率定和验证，特征资料用于设计条件的计算。

(3) 气象资料。计算与区域范围同步的降雨、蒸发过程，为水文模型计算区间入流提供必要的输入条件。

5.11.1.3 计算要求

(1) 空间步长。空间步长的变化应采取渐变形式，并能反映地形的变化情况。

(2) 时间步长。时间步长应满足稳定性和精度要求。对于显式格式，必须满足柯朗条件；对于隐式格式，应该考虑线性化误差的影响。

(3) 初始条件。初始条件可根据上、下游边界值估算给定，或按恒定流条件计算给定。

(4) 边界条件。开边界应选在不受工程影响的断面处，所有的固壁边界采用不穿透条件，开边界采用水位过程或流量过程，同时考虑满足求解问题的适定性要求。

(5) 计算中应考虑区间降雨产流的影响，采用水文模型计算区间入流条件。

(6) 计算历时应大于规划和设计所需的历时，计算结果应消除初始条件的影响。

5.11.2 河道一维非恒定流模型

在实际应用中，河道中上游洪水向下游演进、溃坝水体突然泄放、水电站调峰引起下游河道水流波动、潮汐引起河段水位变动等均属于河道一维非恒定流问题，也称为明槽非恒定流问题。

5.11.2.1 定解问题

河道一维水流运动的圣维南方程组包括根据质量守恒定律推得的非恒定流连续性方程和由动量守恒定律推得的非恒定渐变流运动方程。方程组中的自变量是流程 x 和时间 t，因变量是表示非恒定流动的两个水力要素水位 Z 和流量 Q。方程组描述如下：

$$\left.\begin{aligned}&B\frac{\partial Z}{\partial t}+\frac{\partial Q}{\partial x}=q\\&\frac{\partial Q}{\partial t}+\frac{\partial}{\partial x}\left(\frac{\alpha Q^2}{A}\right)+gA\frac{\partial Z}{\partial x}+gA\frac{|Q|Q}{K^2}=0\\&f_a(Q,Z,t)=0\quad x=x_a(\text{上边界条件})\\&f_b(Q,Z,t)=0\quad x=x_b(\text{下边界条件})\end{aligned}\right\}\tag{5.11-1}$$

$$K=CA\sqrt{R}$$

式中 B——河道水面宽度，m；

Z——河道水位，m；

Q——河道断面流量，m^3/s；

q——均匀旁侧入流，m^2/s；

α——动量校正系数，是反映河道断面流速分布均匀性的系数，可以表达为水位 Z 和断面位置 x 的函数，如其他河道断面资料一样，可以预先整理成 $\alpha=\alpha(Z,x)$ 作为原始基本资料；

A——河道过水面积，m^2；

g——重力加速度，m/s^2；

K——流量模数；

C——谢才系数，$m^{1/2}/s$；

R——水力半径，m。

5.11.2.2 数值模型

采用四点线性隐格式（见图5.11-1），差商和函数在 M 点的值：

$$
\left.\begin{aligned}
f\,|_M &= \frac{f_{j+1}^n + f_j^n}{2} \\
\left.\frac{\partial f}{\partial x}\right|_M &= \theta\left(\frac{f_{j+1}^{n+1} - f_j^{n+1}}{\Delta x}\right) + (1-\theta)\left(\frac{f_{j+1}^n - f_j^n}{\Delta x}\right) \\
\left.\frac{\partial f}{\partial t}\right|_M &= \frac{f_{j+1}^{n+1} + f_j^{n+1} - f_{j+1}^n - f_j^n}{2\Delta t}
\end{aligned}\right\}
\tag{5.11-2}
$$

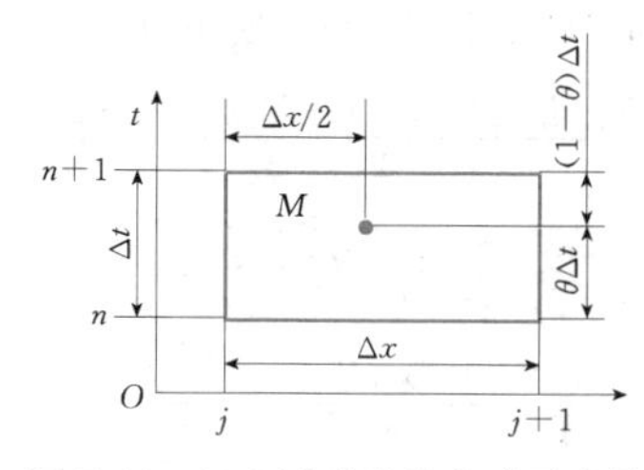

图 5.11-1 四点线性隐格式示意图

离散方程（5.11-2），为书写方便，忽略上标 $n+1$，可把任何一个河段差分方程写成：

$$
\begin{cases}
Q_{j+1} - Q_j + C_j Z_{j+1} + C_j Z_j = D_j \\
E_j Q_j + G_j Q_{j+1} + F_j Z_{j+1} - F_j Z_j = \Phi_j
\end{cases}
\tag{5.11-3}
$$

$$
C_j = \frac{B_{j+\frac{1}{2}}^n \Delta x_j}{2\Delta t \theta}
$$

$$
D_j = \frac{q_{j+\frac{1}{2}} \Delta x_j}{\theta} - \frac{1-\theta}{\theta}(Q_{j+1}^n - Q_j^n) + C_j (Z_{j+1}^n + Z_j^n)
$$

$$
E_j = \frac{\Delta x_j}{2\theta\Delta t} - (\alpha u)_j^n + \left(\frac{g\,|\,u\,|}{2\theta c^2 R}\right)_j^n \Delta x_j
$$

$$
F_j = (gA)_{j+\frac{1}{2}}^n
$$

$$
G_j = \frac{\Delta x_j}{2\theta\Delta t} + (\alpha u)_{j+1}^n + \left(\frac{g\,|\,u\,|}{2\theta c^2 R}\right)_{j+1}^n \Delta x_j
$$

$$
\Phi_j = \frac{\Delta x_j}{2\theta\Delta t}(Q_{j+1}^n + Q_j^n) - \frac{1-\theta}{\theta}[(\alpha u Q)_{j+1}^n - (\alpha u Q)_j^n] - \frac{1-\theta}{\theta}(gA)_{j+\frac{1}{2}}^n (Z_{j+1}^n - Z_j^n)
$$

式中　B——河道水面宽，m；

θ——权重系数，$0 \leqslant \theta \leqslant 1$；

u——断面平均流速，m/s；

A——过水断面面积，m^2。

由于式（5.11-3）中 C_j、D_j、E_j、F_j、G_j、Φ_j 均由初值计算，所以方程组为常系数线性方程组。对一条具有 $L_2 - L_1$ 个河段的河道（见图 5.11-2），有 $2(L_2 - L_1 + 1)$ 个未知变量，可以列出 $2(L_2 - L_1)$ 个方程，加上河道两端的边界条件，形成封闭的代数方程组，采用追赶法可以求出河道各断面的水位和流量。

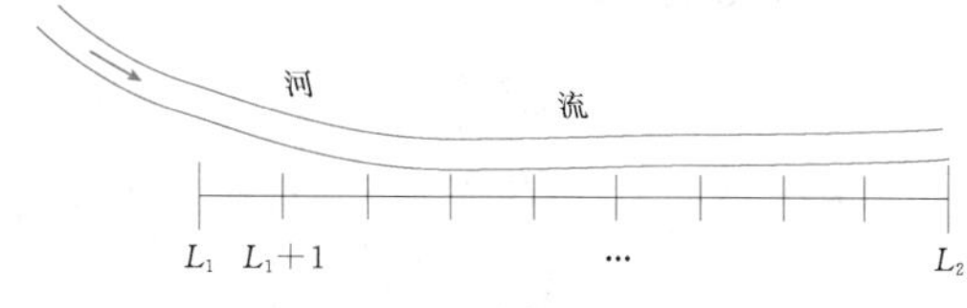

图 5.11-2 计算河段示意图

5.11.2.3 河道计算方法

对于水位已知的边界条件，可设如下的追赶方程：

$$
\left.\begin{aligned}
Q_j &= S_{j+1} - T_{j+1} Q_{j+1} \\
Z_{j+1} &= P_{j+1} - V_{j+1} Q_{j+1} \\
&(j = L_1, L_1+1, \cdots, L_2-1)
\end{aligned}\right\}
\tag{5.11-4}
$$

因为　$Z_{L_1} = Z_{L_1}(t) = P_{L_1} - V_{L_1} Q_{L_1}$

所以　$P_{L_1} = Z_{L_1}(t)$

$V_{L_1} = 0$

把式（5.11-4）的 Z_j 表达式代入式（5.11-3），得追赶系数表达式：

$$
\left.\begin{aligned}
S_{j+1} &= \frac{C_j Y_2 - F_j Y_1}{F_j Y_3 + C_j Y_4} \\
T_{j+1} &= \frac{C_j G_j - F_j}{F_j Y_3 + C_j Y_4} \\
P_{j+1} &= \frac{Y_1 + Y_3 S_{j+1}}{C_j} \\
V_{j+1} &= \frac{Y_3 T_{j+1} + 1}{C_j}
\end{aligned}\right\}
\tag{5.11-5}
$$

$$
\begin{aligned}
Y_1 &= D_j - C_j P_j \\
Y_2 &= \Phi_j + F_j P_j \\
Y_3 &= 1 + C_j V_j \\
Y_4 &= E_j + F_j V_j
\end{aligned}
$$

由此递推关系可得末断面的追赶方程为 $Z_{L_2} = P_{L_2} - V_{L_2} Q_{L_2}$，与下边界 $Q_{L_2} = f(Z_{L_2})$ 联立可求得 Q_{L_2}，代回式（5.11-4）中，可求出各断面的流量 Q_j 和水位 $Z_j (j = L_2, L_2-1, \cdots, L_1)$。

对于流量已知的边界条件，可假设如下追赶关系：

$$
\left.\begin{aligned}
Z_j &= S_{j+1} - T_{j+1} Z_{j+1} \\
Q_{j+1} &= P_{j+1} - V_{j+1} Z_{j+1} \\
&(j = L_1, L_1+1, \cdots, L_2-1)
\end{aligned}\right\}
\tag{5.11-6}
$$

因为　$Q_{L_1} = Q_{L_1}(t)$

所以　$P_{L_1} = Q_{L_1}(t)$

$V_{L_1} = 0$

将式（5.11-6）的 Q_j 表达式代入式（5.11-

3)，得追赶系数表达式：

$$\left.\begin{aligned} S_{j+1} &= \frac{G_j Y_3 - Y_4}{Y_1 G_j + Y_2} \\ T_{j+1} &= \frac{G_j C_j - F_j}{Y_1 G_j + Y_2} \\ P_{j+1} &= Y_3 - Y_1 S_{j+1} \\ V_{j+1} &= C_j - Y_1 T_{j+1} \end{aligned}\right\} \quad (5.11-7)$$

$$Y_1 = V_j + C_j$$
$$Y_2 = F_j + E_j V_j$$
$$Y_3 = D_j + P_j$$
$$Y_4 = \Phi_j - E_j P_j$$

由此递推关系可得末断面的追赶方程：$Q_{L_2} = P_{L_2} - V_{L_2} Z_{L_2}$，与下边界条件 $Q_{L_2} = f(Z_{L_2})$ 联立求解可得 Z_{L_2}，依次代回式（5.11－6）中，可求得各断面的流量 Q_j 和水位 $Z_j (j = L_2, L_2 - 1, \cdots, L_1)$。

5.11.2.4 河网计算方法

对于流域的河网水流模拟，可以采用三级解法。以河网节点水位为基本变量，对河道水流的差分方程，先以首、末断面水位为基本未知量，利用三系数追赶方程，递推求解首、末断面流量与首、末节点水位的线性函数关系；根据节点的水量平衡关系，建立河网节点水位求解方程，可以求解河网节点水位；把节点水位代回三系数追赶方程，可以求出断面的水位和流量，实现全流域河网水流的模拟。

设河道的首断面号为 L_1，末断面号为 L_2，有差分方程：

$$\left.\begin{aligned} -Q_i + C_i Z_i + Q_{i+1} + C_i Z_{i+1} &= D_i \\ E_i Q_i - F_i Z_i + G_i Q_{i+1} + F_i Z_{i+1} &= \Phi_i \\ (i = L_1, L_1 + 1, \cdots, L_2 - 1) & \end{aligned}\right\} \quad (5.11-8)$$

其中有 $2(L_2 - L_1 + 1)$ 个未知量，$2(L_2 - L_1)$ 个方程，方程的个数总比未知量个数少两个。因此，以首、末断面水位为基本未知量，可利用双追赶方程求解。令

$$Q_i = \alpha_i + \beta_i Z_i + \zeta_i Z_{L_2} \quad (5.11-9)$$

这里的系数由下列递推公式求得

$$\alpha_i = \frac{Y_1(\Phi_i - \alpha_{i+1} G_i) - Y_2(D_i - \alpha_{i+1})}{Y_1 E_i + Y_2}$$

$$\beta_i = \frac{Y_2 C_i + Y_1 F_i}{Y_1 E_i + Y_2}$$

$$\zeta_i = \frac{\zeta_{i+1}(Y_2 - Y_1 G_i)}{Y_1 E_i + Y_2}$$

$$Y_1 = C_i + \beta_{i+1}$$

$$Y_2 = G_i \beta_{i+1} + F_i$$

其中，$i = L_2 - 2$，$L_2 - 3$，…，L_1。对于 $i = L_2 - 1$，有

$$\alpha_{L_2-1} = \frac{\Phi_{L_2-1} - G_{L_2-1} D_{L_2-1}}{G_{L_2-1} + E_{L_2-1}}$$

$$\beta_{L_2-1} = \frac{C_{L_2-1} G_{L_2-1} + F_{L_2-1}}{G_{L_2-1} + E_{L_2-1}}$$

$$\zeta_{L_2-1} = \frac{C_{L_2-1} G_{L_2-1} - F_{L_2-1}}{G_{L_2-1} + E_{L_2-1}}$$

令

$$Q_i = \theta_i + \eta_i Z_i + \gamma_i Z_{L_1} \quad (5.11-10)$$

这里的系数由下列递推公式求得：

$$\theta_i = \frac{Y_2(D_{i-1} + \theta_{i-1}) - Y_1(\Phi_{i-1} - E_{i-1}\theta_{i-1})}{Y_2 - G_{i-1} Y_1}$$

$$\eta_i = \frac{F_{i-1} Y_1 - C_{i-1} Y_2}{Y_2 - G_{i-1} Y_1}$$

$$\gamma_i = \frac{\gamma_{i-1}(Y_2 + E_{i-1} Y_1)}{Y_2 - G_{i-1} Y_1}$$

$$Y_1 = C_{i-1} - \eta_{i-1}$$

$$Y_2 = E_{i-1}\eta_{i-1} - F_{i-1}$$

其中 $i = L_1 + 2$，$L_1 + 3$，…，L_2。对于 $i = L_1 + 1$，有

$$\theta_{L_1+1} = \frac{E_{L_1} D_{L_1} + \Phi_{L_1}}{E_{L_1} + G_{L_1}}$$

$$\eta_{L_1+1} = -\frac{C_{L_1} E_{L_1} + F_{L_1}}{E_{L_1} + G_{L_1}}$$

$$\gamma_{L_1+1} = \frac{F_{L_1} - C_{L_1} E_{L_1}}{E_{L_1} + G_{L_1}}$$

因此，由上述递推公式可得

$$\left.\begin{aligned} Q_{L_1} &= \alpha_{L_1} + \beta_{L_1} Z_{L_1} + \zeta_{L_1} Z_{L_2} \\ Q_{L_2} &= \theta_{L_2} + \eta_{L_2} Z_{L_2} + \gamma_{L_2} Z_{L_1} \end{aligned}\right\} \quad (5.11-11)$$

其中，$Z_{L_1} = Z_{首}$ 为首节点水位，$Z_{L_2} = Z_{末}$ 为末节点水位，即首、末断面流量表达为首、末节点水位的线性组合。式（5.11－9）和式（5.11－10）称为环状河网的河道追赶方程。与单一河道的追赶方程的形式不同，每个河段具有6个需要保存的追赶系数。利用式（5.11－11）的流量与节点水位关系式，可以建立河网节点水位方程，唯一求解节点水位。当首、末断面水位求得后，利用式（5.11－9）和式（5.11－10），对同一断面上的流量有

$$\left.\begin{aligned} Q_i &= \theta_i + \eta_i Z_i + \gamma_i Z_{首} \\ Q_i &= \alpha_i + \beta_i Z_i + \zeta_i Z_{末} \end{aligned}\right\}$$

联立求解得

$$Z_i = \frac{\theta_i - \alpha_i + \gamma_i Z_{首} - \zeta_i Z_{末}}{\beta_i - \eta_i} \quad (5.11-12)$$

求得 Z_i 后代入式（5.11－9），即可求得 Q_i 为

$$Q_i = \alpha_i + \beta_i Z_i + \zeta_i Z_{末} \quad (5.11-13)$$

5.11.3 河道水流模型验证

河道非恒定流计算数学模型应经过验证方可使用，验证项目应包括计算河段内有关断面的水位、流量或流速过程。验证应不少于两组水文组合，并包含与计算目的相同或相类似的水文条件。验证点数根据计算范围确定，但应不少于两个，且在工程附近应有验证断面。验证误差标准根据实测资料精度、潮型特性、设计阶段精度要求等确定。

5.11.3.1 边界条件选择

1. 验证边界条件

上游断面实测的入流过程、下游断面实测的潮位过程。

2. 设计边界条件

上游断面设计的入流过程、下游断面设计的典型潮位过程或水位流量关系。根据规划和设计的要求，上游断面入流有不同的频率，下游断面有不同的潮型或水位流量关系，可以形成各种不同边界条件组合方案。

5.11.3.2 模型率定计算

1. 恒定流态验证计算

上游以固定的入流，下游以固定的水位为条件，采用非恒定的计算方法逼近恒定流状态，当达到恒定流状态时，检验沿程的流量变化是否满足质量守恒要求。对于恒定流，没有支流汇入的情况，沿程流量应相等。达到恒定流状态的二维流场，任意选取两个断面，计算断面流量应相等；若不相等，其相对误差应该小于1/1000。

2. 同步资料率定计算

以同步实测水文资料输入作为边界条件，对研究区域的水流进行计算，输出计算结果，同实测的水文资料进行比较，以计算值同实测值之差最小为原则，确定模型参数。模型计算参数主要有：滩地糙率、主槽糙率和计算糙率的沿程分布等。

5.11.3.3 模型验证计算

经过率定计算确定的模型，保持模型参数不变，选择率定计算以外的一组同步实测资料作为边界条件，对研究区域的水流进行计算，输出计算结果，与实测的水文资料进行比较验证，检验模型是否具有模拟研究区域天然水流状态的能力。验证的内容包括水位过程、流量过程和断面平均流速等。

5.11.4 河道洪水演进计算

天然河道洪水沿程传递及水库下泄洪水沿河道传递，都需要进行洪水演进计算。河道中的洪水向下游传递过程中，受河道槽蓄量的影响，沿程不断变化，这种变化规律可用圣维南方程组表示。圣维南方程组没有精确的解析解，通常是根据具体情况求其近似的解和数值解。在洪水演进计算方法中，大致归纳为水文学方法与水力学方法两类，以下主要介绍马斯京根法和圣维南方程组的数值解法。

5.11.4.1 马斯京根法

河道一维非恒定流模型的计算需要详细的河道地形资料。当缺乏河道地形资料时，可采用简化的水文学方法进行洪水演进计算。水文学方法的要点是严格满足连续方程，并写成差分形式：

$$V_2+\frac{\Delta t}{2}O_2=\frac{\Delta t}{2}(I_2+I_1)-\frac{\Delta t}{2}O_1+V_1 \tag{5.11-14}$$

式中 V、O、I——河槽蓄量、出流量、入流量；

下脚标 1、2——时段初、末；

Δt——计算时段。

动量方程以实测洪水流量资料为依据，用河槽蓄量 V 与出流量 O 及入流量 I 之间的某种近似关系来代替，采用不同的近似关系，将形成各种各样的简化计算方法，如马斯京根法、出流量与槽蓄量关系法、连续平均法、特征河长法、汇流曲线法等。假定水库蓄水量与出流量之间存在一定的函数关系，即 $V=f(O)$，代入式（5.11-14），得

$$f(O_2)+\frac{\Delta t}{2}O_2=\frac{\Delta t}{2}(I_2+I_1)-\frac{\Delta t}{2}O_1+f(O_1) \tag{5.11-15}$$

式（5.11-15）为水库调洪演算的基本方程，在一般情况下 $f(O)$ 的函数关系为非线性，难以用显式表达，故常用试算法求解。假定河段槽蓄量 V 与出流量 O 及入流量 I 之间存在着如下的线性关系：

$$V=K[xI+(1-x)O] \tag{5.11-16}$$

将式（5.11-16）改写成 $V=KO+Kx(I-O)$，河段槽蓄量 V 由两部分组成：①反映稳定槽蓄量 KO；②反映不稳定流作用的楔形槽蓄量 $Kx(I-O)$。槽蓄量示意图如图 5.11-3 所示。

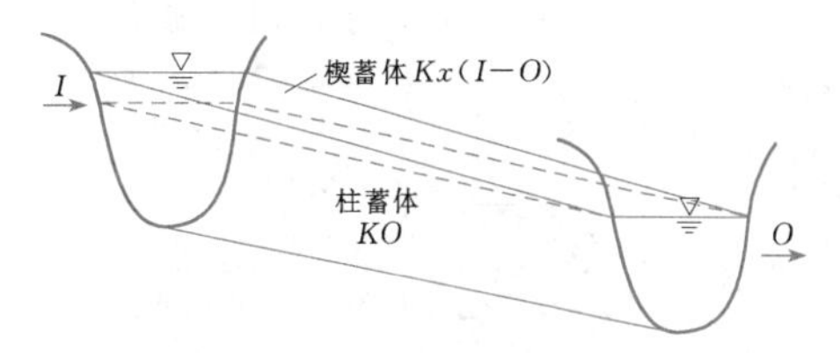

图 5.11-3 槽蓄量示意图

将式（5.11-16）代入连续方程式（5.11-14），经整理得马斯京根演算方程：

$$O_2 = C_0 I_1 + C_1 I_2 + C_2 O_1 \quad (5.11-17)$$

$$C_0 = \frac{-Kx + \frac{\Delta t}{2}}{\alpha}$$

$$C_1 = \frac{Kx + \frac{\Delta t}{2}}{\alpha}$$

$$C_2 = \frac{K(1-x) - \frac{\Delta t}{2}}{\alpha}$$

$$\alpha = K(1-x) + \frac{\Delta t}{2}$$

式中 O_1、O_2——出流断面时段初、时段末流量，m^3/s；

I_1、I_2——入流断面时段初、时段末流量，m^3/s；

K——具有时间因次的系数；

x——体现楔形调蓄的无因次参数，其范围为0～0.5；

Δt——计算时段。

其中，$C_0 \geqslant 0$，$C_1 \geqslant 0$，$C_2 \geqslant 0$，且$C_0 + C_1 + C_2 = 1.0$。

K值基本反映河道稳定流时河段的传播时间。在不稳定流情况下，河段传播时间不相同，K不是常数。可根据实测洪水过程，分析流量级与K值的关系，不同的流量取不同的K值。

x值在洪水涨落过程中基本稳定。当发现随流量的变化x也变化较大时，可对不同的流量取相应的x值。

Δt的选取关系到马斯京根法演算的精度。Δt宜等于河段洪峰传播时间，不能取得太长，以保证流量过程线在Δt内近似于直线。

K值、x值可由实测洪水流量过程资料通过试算法或最小二乘法确定（对于水位变幅较大的河段，可分别定出高、中、低水位不同的K值和x值）。

(1) 试算法。假定不同的x值，由入流、出流过程作出V与化算流量$xI+(1-x)O$的近似单一关系曲线（x假定不合适，关系曲线为绳套），其中，能使曲线成为近似单一直线的x值即为所求，而该直线的斜率即为所求的K值。

(2) 最小二乘法。一次洪水同时入流量为I、出流量为O：

$$x = \frac{\sum_{i=1}^{n}(I_i - O_i)O_i}{\sum_{i=1}^{n}(I_i - O_i)^2} \quad (5.11-18)$$

K值、x值确定后，已知时段入流过程I_1、I_2及起始出流流量O_1，可按式（5.11-14）求得整个洪水出流过程。

当洪水变化缓慢时，这种假定在流域上游的水流运动与实际基本符合，计算精度能满足工程设计及洪水预报要求。在流域下游，特别在平原河口地区，由于受下游水位的顶托，流动不是自由出流，上述假定不复存在，实际流动的模拟应该由动力波方程来描述，即必须直接求解圣维南方程组。

若令$x=0$，式（5.11-14）为线性水库的调洪演算法。

由于马斯京根法直观、简单、易于掌握，且需要的地形和实测水文资料少，计算处理得当，能得到满足精度要求的计算结果，因此被广泛应用。水文学上较常用的简化方法马斯京根法是在出流与槽蓄量单一函数关系的假定下导出的，是运动波的差分解。这种假定在流域上游的水流运动与实际基本符合，有足够的精度。在流域下游，特别在平原河口地区，流动受上游来流和下游潮位的联合作用，由于受下游水位的顶托，流动不是自由出流，上述假定不复存在，实际流动的模拟应该由动力波方程来描述，即必须直接求解圣维南方程组。

5.11.4.2 圣维南方程组数值解法

圣维南方程组的数值解法，有直接差分法、特征线法、有限元法等。首先对圣维南偏微分方程进行离散，然后转换为一组代数方程，以河道地形（或纵、横断面）和实测水位、流量资料为依据，确定边界条件，由计算机编程，计算得到近似解，也称为数值计算方法。

直接差分法又分为显式差分法和隐式差分法。显式和隐式分别有多种类型。隐式差分编程比显式差分复杂。本章5.11.2小节一维非恒定流模型介绍的是隐式差分中的一种方法。

圣维南方程组的数值解法计算精度高，成果可靠，得到广泛应用，具体计算可查阅有关文献。

5.11.5 一维河道非恒定流算例

河道非恒定流问题宜通过计算机编程计算来解决。现以明渠非恒定流为例，叙述采用四点线性隐格式离散的河道一维非恒定流模型的编程求解。所述程序只要修改断面水力要素计算子程序，同样适用于一般的河道计算。一般河道与渠道计算的不同之处在于对过水断面要素的处理上，河道需要先处理断面数据。

设潮汐河道为长20km，底坡1∶10000的棱柱形河道。河道大断面为梯形，底宽100m，边坡1∶3，河口断面底高程0.00m。河道糙率$n=0.02$，上游来水流量$Q=100m^3/s$，下游边界潮位$Z=4.0+1.5\sin\left(\frac{\pi t}{12}\right)$（$Z$以m计，$t$以h计）。计算入口断面的水位过程和出口断面的流量过程以及$t=30h$的水面曲线。

（1）基本方程采用式（5.11-1）。

（2）边界条件：已知上边界流量和下边界水位，计算公式采用式（5.11-3）、式（5.11-6）和式（5.11-7）。

（3）初始条件假定水面线为直线，流量为零。假定的初始条件存在误差，由于稳定计算格式的误差是衰减的，通过延长计算时间，可以消除初始误差的影响。

（4）采用四点线性隐式格式，计算无条件稳定，考虑方程线性化误差的影响不致太大，选定时间步长10min，空间步长1km。

（5）计算流程如图5.11-4所示。

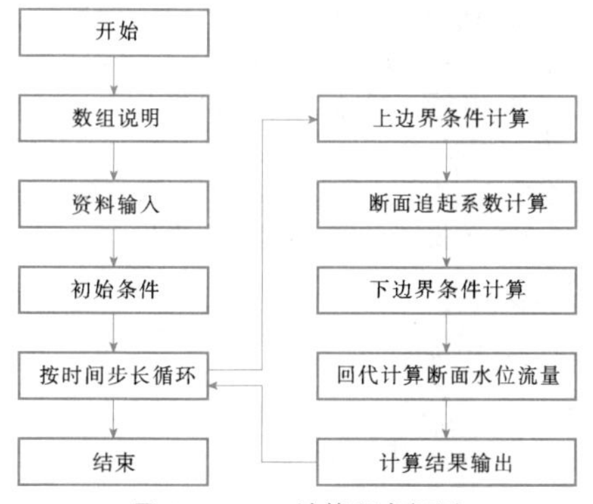

图 5.11-4　计算程序框图

（6）计算结果，如图5.11-5～图5.11-7所示。

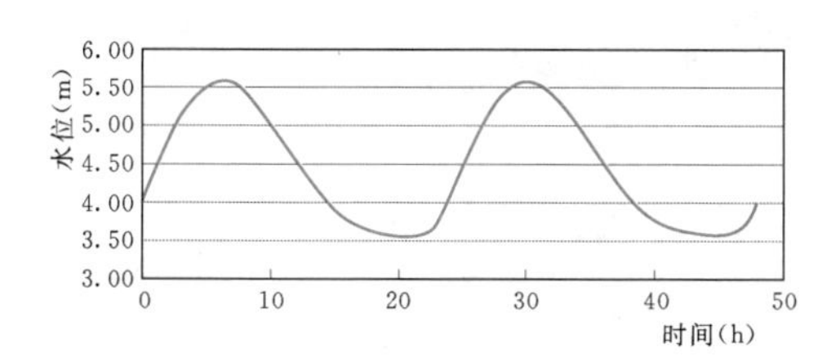

图 5.11-5　入口断面水位过程线

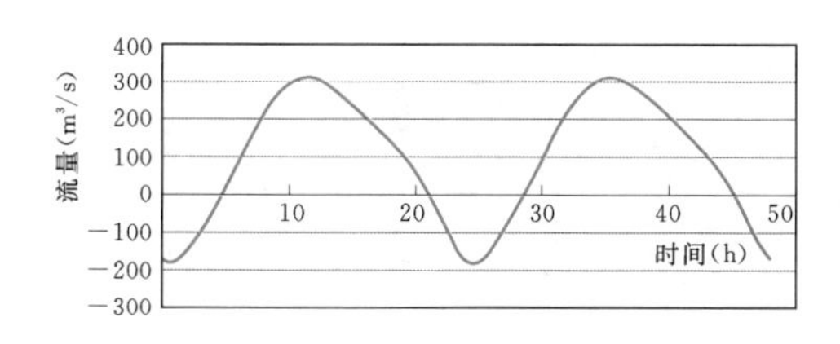

图 5.11-6　出口断面流量过程线

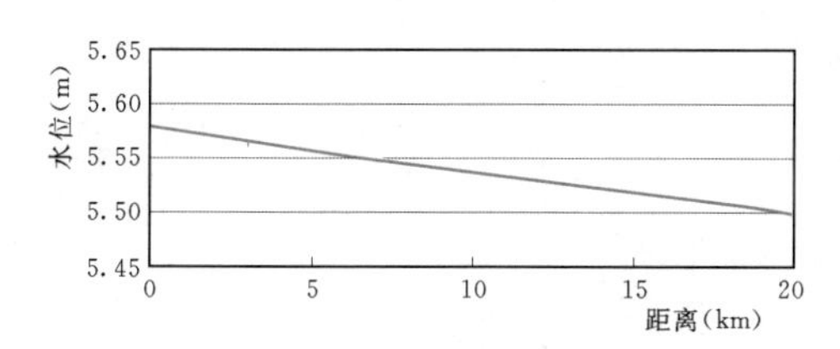

图 5.11-7　t=30h时刻的河道水面线

参 考 文 献

［1］华东水利学院．水工设计手册 第2卷 地质 水文 建筑材料［M］．北京：水利电力出版社，1984.

［2］何孝俅．中国水利百科全书 水利规划分册［M］．北京：中国水利水电出版社，2004.

［3］全国勘察设计注册工程师水利水电工程专业委员会，中国水利水电勘测设计协会．水利水电工程专业案例（工程规划与工程移民篇）［M］．郑州：黄河水利出版社，2009.

［4］水利电力部水利水电规划设计院，水利电力部长江流域规划办公室．水利动能设计手册 防洪分册［M］．北京：水利电力出版社，1988.

［5］水利电力部水利水电规划设计院，水利电力部长江流域规划办公室．水利动能设计手册 治涝分册［M］．北京：水利电力出版社，1988.

［6］GB/T 50587—2010 水库调度设计规范［S］．北京：中国计划出版社，2010.

［7］SL 104—95 水利工程水利计算规范［S］．北京：中国水利水电出版社，1996.

［8］GB 50286—98 堤防工程设计规范［S］．北京：中国计划出版社，1998.

［9］GB 50288—99 灌溉与排水工程设计规范［S］．北京：中国计划出版社，1999.

［10］SL 4—2013 农田排水工程技术规范［S］．北京：中国水利水电出版社，2013.

［11］GB 50265—2010 泵站设计规范［S］．北京：中国计划出版社，2011.

［12］SL 435—2008 海堤工程设计规范［S］．北京：中国水利水电出版社，2008.

［13］SL 265—2001 水闸设计规范［S］．北京：中国水利水电出版社，2001.

［14］SL 430—2008 调水工程设计导则［S］．北京：中国水利水电出版社，2008.

［15］JTJ 220—98 渠化工程枢纽总体布置设计规范［S］．北京：人民交通出版社，1999.

［16］郭元裕．农田水利学［M］．北京：中国水利水电出版社，2001.

［17］李代鑫．最新农田水利工程规划设计手册［M］．北京：中国水利水电出版社，2006.

［18］水利部农村水利司，中国灌溉排水技术开发培训中心．水稻节水灌溉技术［M］．北京：中国水利水电出版社，1998.

［19］水利部农村水利司，中国灌溉排水技术开发培训中心．旱作物地面灌溉节水技术［M］．北京：中国水利水电出版社，1998.

［20］周金泉．地表水取水工程［M］．北京：化学工业出版社，2005.

［21］丘传忻．泵站［M］．北京：中国水利水电出版社，2004.

[22] 余锡光，吴康宁，蒋光明，等．水利水电规划设计与施工［M］．上海：科学技术文献出版社，1994.

[23] 能源部水利部水利水电规划设计总院，长江水利委员会．水电站水库（群）径流调节软件汇编［CP］．1991.

[24] DL/T 5015—1996 水利水电工程动能设计规范［S］．北京：中国电力出版社，1996.

[25] DL/T 5020—2007 水电工程可行性研究报告编制规程［S］．北京：中国电力出版社，2007.

[26] 长江航道局．航道工程手册［M］．北京：人民交通出版社，2004.

[27] GB 50139—2004 内河通航标准［S］．北京：中国计划出版社，2004.

[28] JTJ 312—2003 航道整治工程技术规范［S］．北京：人民交通出版社，2003.

[29] 水利部长江流域规划办公室，河海大学，水利部丹江口水利枢纽管理局．综合利用水库调度［M］．北京：水利电力出版社，1990.

[30] 李安强，王丽萍，缪益平，等．基于免疫粒子群算法的梯级水电短期经济运行［J］．水利学报，2008，39（4）．

[31] 武汉水利电力学院水力学教研组．水力计算手册［M］．北京：水利出版社，1980.

[32] 谢任之．溃坝水力学［M］．济南：山东科学技术出版社，1993.

[33] 张成林．对常用的计算溃坝最大流量和波速公式的分析与修正［J］．水利水电技术，2001，32（5）．

[34] 赵明登，李靓亮，周湘灵．溃坝最大流量计算公式的问题与修正［J］．中国农村水利水电，2010（6）．

[35] 王锐琛，等．中国水力发电工程——工程水文卷［M］．北京：中国电力出版社，2000.

[36] 王船海，李光炽．实用河网水流计算［R］．河海大学教材，2006.

[37] K. 麦赫默德，K. 叶副耶维奇．明渠不恒定流[M]．北京：水利电力出版社，1987.

[38] M. B. 阿包特．计算水力学［M］．北京：海洋出版社，1989.

[39] 李光炽，周晶晏，张贵寿．高桩码头对河道流场影响的数值模拟［J］．河海大学学报，2004（2）．

第6章

泥　　沙

本章以第1版《水工设计手册》框架为基础，系统、科学地总结了近30年来国内外泥沙设计的新理念、新理论、新技术和新方法。

考虑目前水利水电工程建设的需要，内容由第1版的4节扩充调整为8节。“6.1 泥沙的基本特征和运动特性”为基本概念、基本理论的介绍，整合修订了第1版“第1节 泥沙的性质”、“第2节 推移质运动”、“第3节 悬移质运动”的内容，补充了不平衡输沙理论等近年来新的研究成果。增加了“6.2 基本资料及分析”，介绍了泥沙设计要收集分析的基本资料内容和要求。增加了“6.3 水沙特性及设计水沙条件”，介绍了水沙特性及设计水沙条件分析的内容和方法。第1版“第4节 水库泥沙问题”修订为“6.4 水库泥沙设计”，补充了近年来水库泥沙研究、设计和实践中的最新成果。增加了“6.5 枢纽防沙设计”，介绍了泄水建筑物防淤堵、电站防沙、通航建筑物防沙设计的内容和方法。增加了“6.6 引水及河防工程泥沙设计”，介绍了引水工程、引洪放淤工程、堤防工程、河道整治工程泥沙设计的内容和方法。增加了“6.7 水库运用对下游河道影响分析”，介绍了水库下游河道河床演变过程、水库不同运用方式对下游河道影响分析、水库下游河道冲刷估算方法等内容。增加了“6.8 泥沙数学模型和物理模型”，介绍了目前用于河床演变预测分析计算的泥沙数学模型和物理模型研究方法，泥沙数学模型重点介绍了河流动力学法和水文水动力学法模型，物理模型则重点介绍了水库及河道动床模型。

章主编　涂启华　安催花

章主审　韩其为　潘庆燊　朱鉴远

本章各节编写及审稿人员

节次	编　写　人	审稿人
6.1	姜乃森　范家骅　鲁　文	韩其为 潘庆燊 朱鉴远
6.2	安催花　涂启华　张　建	
6.3	杨忠敏　任宏斌　刘　娜	
6.4	涂启华　安催花　张　建　陈翠霞	
6.5	涂启华　安催花　张　建	
6.6	涂启华　安催花　张　建	
6.7	涂启华　安催花　张　建	
6.8	涂启华　安催花　付　健　李庆国	

第6章 泥 沙

6.1 泥沙的基本特征和运动特性

6.1.1 泥沙的几何特征

6.1.1.1 泥沙颗粒的形状与大小

泥沙的形状是各式各样的，体型较大的砾石、卵石有圆球形的、椭圆球形的、片状的；沙类和粉土类泥沙，尖角和棱线较明显；黏土类泥沙，更是棱角峥嵘。

泥沙颗粒的大小一般用泥沙的粒径来表示。通用的粒径定义有以下三种。

(1) 筛孔粒径：泥沙颗粒刚可通过标准筛孔的粒径，称筛孔粒径。

(2) 沉降粒径：与泥沙颗粒具有同样容重、同样沉速的球体的粒径，称沉降粒径。

(3) 等容粒径：与泥沙颗粒具有同一体积的球体直径，称等容粒径。

6.1.1.2 泥沙颗粒级配的表达方式

自然界的泥沙，常是非均匀沙，由粒径、形状和其他特征变化范围广的颗粒所组成。常用统计方法来描述这些特征。在实际工程中，常用泥沙颗粒级配曲线来表示泥沙颗粒的级配，即把较代表粒径为细的重量百分数累积起来，点绘代表粒径与重量累计百分数(即较代表粒径为细的沙重量占总重量的百分数)，即得泥沙颗粒级配曲线（见图 6.1-1）。

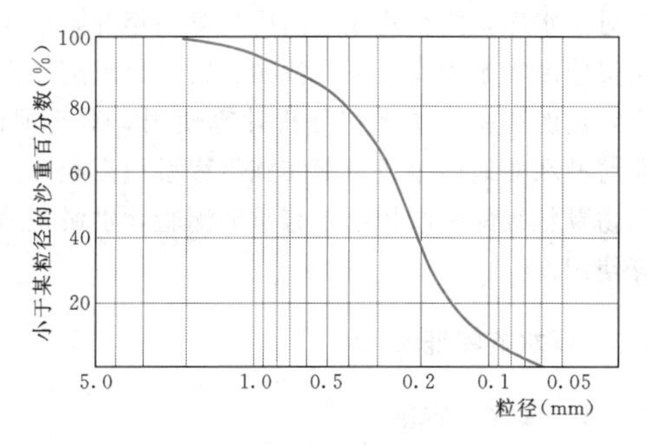

图 6.1-1　泥沙颗粒级配曲线

6.1.1.3 表征泥沙组成的特征值

在研究不均匀泥沙时，通常采用代表粒径，认为某一粒径可以代表全部泥沙组成。

(1) 算术平均（加权）粒径 d_m：

$$d_m = \sum_{i=1}^{n} \frac{\Delta p_i d_i}{100} = \frac{\Delta p_1 d_1 + \Delta p_2 d_2 + \Delta p_3 d_3 + \cdots + \Delta p_n d_n}{100} \tag{6.1-1}$$

式中　Δp_i——粒径为 d_i 级的重量占总重量的百分数；

n——粒径组数目。

(2) 几何平均粒径 d_g：

$$\lg d_g = \frac{1}{100}\sum(\Delta p_1 \lg d_1 + \Delta p_2 \lg d_2 + \cdots + \Delta p_n \lg d_n) = \frac{\sum p_i \lg d_i}{100} \tag{6.1-2}$$

(3) 中数粒径 d_{50}：在泥沙颗粒级配曲线上，与纵坐标 50%相应的粒径称之为中数粒径 d_{50}，用中数粒径描写泥沙的粒径，最主要的优点是数值受极端值（最大及最小粒径）的影响较小，目前在我国一般都用 d_{50} 来表示不均匀泥沙的粒径。但用 d_{50} 表示不均匀泥沙的粒径亦有缺点，可能不同的颗粒级配曲线，共有一个中数粒径，当级配曲线具有突变时，d_{50} 就不能较好地反映泥沙的平均特征。

6.1.1.4 泥沙的分类

《河流泥沙颗粒分析规程》（SL 42—2010）规定的河流泥沙分类见表 6.1-1。

6.1.2 泥沙的重力特征

6.1.2.1 泥沙的密度、容重

泥沙颗粒单位体积的质量为密度 ρ_s，常用单位为 t/m^3、kg/m^3。泥沙容重 γ_s 的定义是各个泥沙颗粒的实有重量与实有体积之比，工程界习惯用的单位为 t/m^3、kg/m^3，按国际标准单位应理解为密度。由于构成泥沙的岩石成分不同，泥沙的容重也不一样，大多数在 2600～2700kg/m^3 之间，通常取 2650kg/m^3。

表 6.1-1 河流泥沙分类 单位：mm

类 别	黏 粒	粉 砂	砂 粒	砾 石	卵 石	漂 石
粒径范围	＜0.004	0.004～0.062	0.062～2.0	2.0～16.0	16.0～250.0	＞250.0

注 该表摘自《河流泥沙颗粒分析规程》(SL 42—2010)，中国水利水电出版社，2010。

因为泥沙是在水中运动的，所以它的运动状态，既与泥沙的容重 γ_s 有关，也与水的容重 γ 有关。在分析计算中，常出现相对数值 $(\gamma_s-\gamma)/\gamma$，为了简便起见，令 $a=(\gamma_s-\gamma)/\gamma$，$a$ 可定名为容重系数，在计算中常取 $a=1.65$。

6.1.2.2 泥沙淤积物的干容重

泥沙淤积物沙样经 100～105℃烘干后，其重量与原状沙样整个体积的比值，称为泥沙淤积物的干容重 γ_0，单位为 t/m³、kg/m³ 等。由于泥沙淤积物不断地被压缩密实，其干容重也在不断地增大，最终接近其极限值。泥沙淤积物的组成及条件不同，其干容重的差别很大。

影响泥沙淤积物干容重的因素主要有泥沙粒径的粗细、沉积时间、埋藏深度及暴晒几率等。因此，要根据实际情况选用恰当的泥沙淤积物干容重值。

1. 淤积物初始干容重与泥沙粒径的关系

泥沙粒径愈小，则淤积物的初始干容重愈小。主要是由于较细颗粒泥沙在沉淀过程中，呈蜂窝状结构，空隙较大，因而干容重较小，同时具有较大的压缩性，干容重的变化幅度较大。

2. 淤积物干容重与埋藏深度和淤积历时的关系

淤积厚度愈大，表示上面的荷载愈重，淤积物愈趋密实，干容重也就愈大。

随着淤积历时的增加，淤积物干容重逐渐趋于一个稳定值。一般说来，较粗颗粒如卵石、砾石及粗泥沙等，其淤积物干容重 γ_0 易于趋向稳定，初始干容重与最终值比较接近。而细颗粒如粉土和黏土等（$d<0.05$mm），则其淤积物干容重趋向稳定值所需的时间要长得多。

国家电力公司成都勘测设计研究院对国内部分水库淤积泥沙干容重实测资料进行了分析，得到非均匀沙淤积物稳定干容重与淤积泥沙中数粒径的关系，如图 6.1-2 所示。

韩其为等综合实测资料，提出了不同泥沙组成非均匀沙淤积物的稳定干容重值，见表 6.1-2。

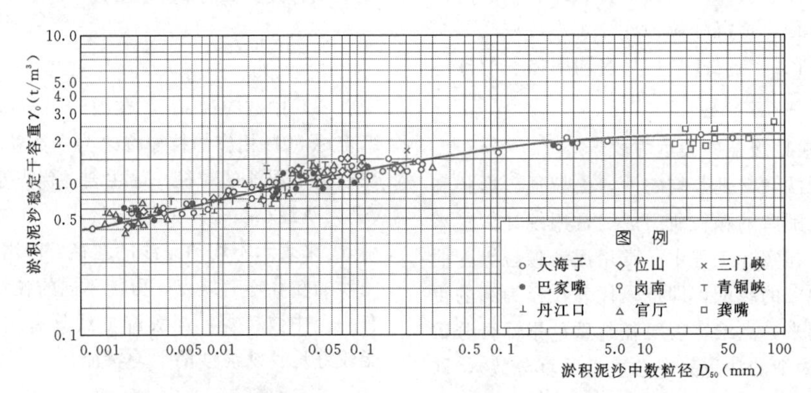

图 6.1-2 淤积泥沙稳定干容重 γ_0 与淤积泥沙中数粒径 D_{50} 的关系

表 6.1-2 淤积物稳定干容重

泥沙组成名称	粒径范围 (mm)	稳定干容重 (t/m³)
黏土	＜0.005	0.8～1.0
淤泥	0.005～0.01	1.0～1.3
中沙、细沙	0.01～0.5	1.3～1.5
砾石、粗沙	0.5～10	1.5～1.7
卵石	＞10	1.7～2.1

对于水库，要在建成运用后从第一年开始逐年或定期实施沿程淤积高程下泥沙淤积物颗粒级配和淤积物干容重的测验，供淤积分析计算使用。对于河流，要在河槽和滩地逐年或定期实施沿程淤积高程下泥沙淤积物颗粒级配和淤积物干容重的测验，供淤积分析计算使用。

6.1.3 浑水的特征

6.1.3.1 浑水的容重

单位体积的浑水重量称为浑水容重 γ'，其表达

式为

$$\gamma' = \gamma + \left(1 - \frac{\gamma}{\gamma_s}\right)S \qquad (6.1-3)$$

式中 γ'——浑水的容重，kg/m³；

γ——清水的容重，kg/m³；

S——含沙量，kg/m³。

6.1.3.2 浑水的含沙量

单位体积浑水内泥沙颗粒所占的比率称为浑水的含沙量。一般常用的表达形式有三种，即体积百分比含沙量 S_v、重量百分比含沙量 S_w、混合表达形式含沙量 S（单位体积浑水内沙的重量，以 kg/m³ 表示）。三种不同表达方式的含沙量之间存在如下关系：

$$S = \frac{1000\gamma_s\gamma}{\left(\frac{1-S_w}{S_w}\right)\gamma_s + \gamma}$$

$$S_v = \frac{S}{\gamma_s} \times 100\%$$

$$S_w = \frac{S_v\gamma_s}{\gamma'} \times 100\%$$

6.1.3.3 浑水的流变性质

均质浑水处于剪切流动时，不同流层的流速也不同。此时不同流层间有剪切力的作用。其流速梯度 $\mathrm{d}u/\mathrm{d}y$ 与剪切力 τ 的关系称流变性质。

流速梯度 $\mathrm{d}u/\mathrm{d}y$ 与剪切力之间有如下关系：

$$\tau = \mu\frac{\mathrm{d}u}{\mathrm{d}y} \qquad (6.1-4)$$

服从式（6.1-4）的流体，称为牛顿体。式中的 μ 称为流体的黏滞系数。图 6.1-3 中的直线 a 是清水的流变曲线，直线的斜率是黏滞系数 μ。

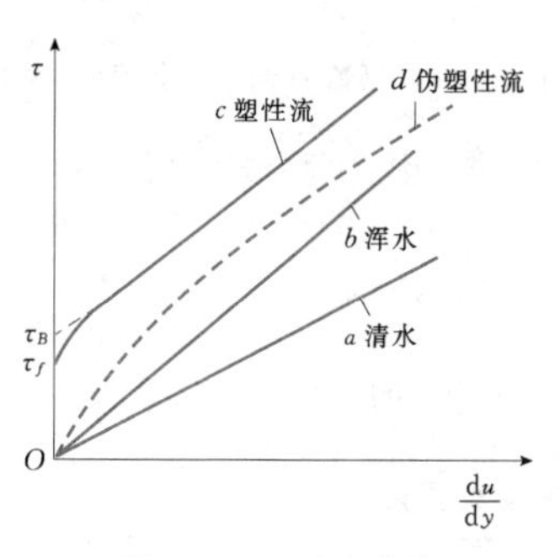

图 6.1-3 流变曲线

当水流的含沙量增加时，黏滞系数随之加大，也就是直线的斜率加大，见图 6.1-3 中的 b 线。当含沙量增加到某一程度时，含有较多黏性细颗粒，流速梯度和剪切力之间的关系，不再符合牛顿定律，这类流体称为非牛顿体，见图 6.1-3 中的 c 线、d 线。流速梯度和剪切力关系符合图 6.1-3 中 c 线的流体称为塑性流。宾汉提出的塑性流流变方程为

$$\tau = \tau_B + \eta\frac{\mathrm{d}u}{\mathrm{d}y} \qquad (6.1-5)$$

式中 τ_B——宾汉极限切应力；

η——刚性系数。

流速梯度和剪切力关系符合图 6.1-3 中 d 线的流体称为伪塑性流，其流变方程为

$$\tau = k\left(\frac{\mathrm{d}u}{\mathrm{d}y}\right)^m \qquad (6.1-6)$$

式中 k——稠度系数；

m——指数，$m<1$。

此外，还有膨胀流体，流变方程亦用式（6.1-6）表示，指数 $m>1$，这种流体很少见。

6.1.4 泥沙的沉降速度

6.1.4.1 泥沙清水沉速

泥沙颗粒在静止清水中等速下沉时的速度，称为泥沙的沉降速度（简称沉速），常用单位为 cm/s。

目前，沉降速度的计算公式很多，这里建议采用《河流泥沙颗粒分析规程》（SL 42—2010）所推荐的公式，按粒径大小分别选用。

（1）当粒径不大于 0.062mm 时，采用斯托克斯公式：

$$\omega = \frac{1}{1800}\left(\frac{\gamma_s-\gamma}{\gamma}\right)\frac{gd^2}{\nu} \qquad (6.1-7)$$

（2）当粒径为 0.062～2.0mm 时，采用沙玉清过渡区公式：

$$(\lg S_a + 3.665)^2 + (\lg\varphi - 5.777)^2 = 39.00 \qquad (6.1-8)$$

1）沉速判数 S_a：

$$S_a = \frac{\omega}{g^{1/3}\left(\frac{\gamma_s}{\gamma}-1\right)^{1/3}\nu^{1/3}} \qquad (6.1-9)$$

2）粒径判数 φ：

$$\varphi = \frac{g^{1/3}\left(\frac{\gamma_s}{\gamma}-1\right)^{1/3}d}{10\nu^{2/3}} \qquad (6.1-10)$$

（3）当粒径大于 2.0mm 时，采用牛顿紊流区公式：

$$\omega = 0.557\sqrt{\frac{\gamma_s-\gamma}{\gamma}gd} \qquad (6.1-11)$$

以上式中 ω——泥沙的沉降速度，cm/s；

d——泥沙的沉降粒径，mm；

γ_s——泥沙容重，取 2.65g/cm³；

γ——清水容重，g/cm³；

g——重力加速度，cm/s²；

ν——水的运动黏滞系数，cm²/s。

可以根据具体河流水文年鉴刊布的各水文站断面的非均匀沙中数粒径和平均沉速的实际资料，建立非

均匀沙平均沉速与泥沙中数粒径和水温的关系，供计算使用。

关于泥沙群体沉速 ω_c，要另行分析计算。一般情况下，对于少沙或低含沙量河流，可不考虑。

6.1.4.2 泥沙群体沉速

细颗粒泥沙在静水中，颗粒之间具有引力和斥力作用，当引力大于斥力时，沙粒就要凝聚在一起，形成团粒，称为絮凝现象。在动水中，沙粒有相互碰撞的机会，沙粒相互碰撞后能凝聚在一起。絮凝团与分散颗粒结合在一起，从而使絮凝团增大。水流中悬浮的泥沙，在绝大多数情况下均为呈絮凝状态的团粒，其沉速大于分散颗粒的沉速。一方面，絮凝团的沉速随含沙量的增大而加大；另一方面，含沙量的增大，使浑水黏滞系数增大，使浑水容重增大，在含沙量大于某一数量后，泥沙沉速随含沙量的增加而降低。

泥沙在静水中沉降，含沙量小时，泥沙属于分散体系，每个沙粒有独立沉速。在含沙量达到某一个数量后，呈现明显的清浑水界面（浑液面）。清浑水界面均匀沉降阶段，其沉速称为“泥沙群体沉速”。清浑水界面的沉降速度与泥沙颗粒级配、颗粒大小、矿物质含量、水质、温度及浑水容重等有关。以下介绍一些公式供参考。

（1）沙玉清公式：

$$\frac{\omega_c}{\omega}=\left(1-\frac{S_v}{2\sqrt{d_{50}}}\right)^m \qquad (6.1-12)$$

式中 ω_c——泥沙群体沉速，cm/s；

ω——泥沙的沉降速度，cm/s；

S_v——体积百分比含沙量；

d_{50}——悬移质泥沙中数粒径，mm；

m——指数，取3.0。

式（6.1-12）在一定程度上考虑了颗粒粗细的影响。

（2）夏震寰、汪岗和王兆印公式。分别用泥沙中数粒径0.067mm和0.15mm进行试验研究，均得公式：

$$\frac{\omega_c}{\omega}=(1-S_v)^7 \qquad (6.1-13)$$

目前，仍在广泛应用的理查森及札基公式（Richardson和Zaki，1954）：$\omega_c/\omega=(1-S_v)^m$，$m$为待定指数。实测资料表明，$m$值的变化范围从略大于2到8左右。钱宁[61]等引用实测资料，点绘指数m与雷诺数$Re=\omega D/\nu_0$的关系，如图6.1-4（D为粒径，mm；ν_0为清水的运动黏性系数）所示。图6.1-4中部分资料的沙样基本上是均匀的，m值随Re的增大而减小，但点据分散。除了雷诺数的影响外，对m值还可能产生影响的有泥沙级配、颗粒的形状和密度的差别等。m值的可靠确定，尚待进一步的研究，最可靠的方法是通过实验来确定。如果只是为了初步估计，可用图6.1-4中实测点据的分布来估计m的近似值[61]。一般粗颗粒泥沙采用较小的m值，细颗粒泥沙采用较大的m值，但m值都在2以上。

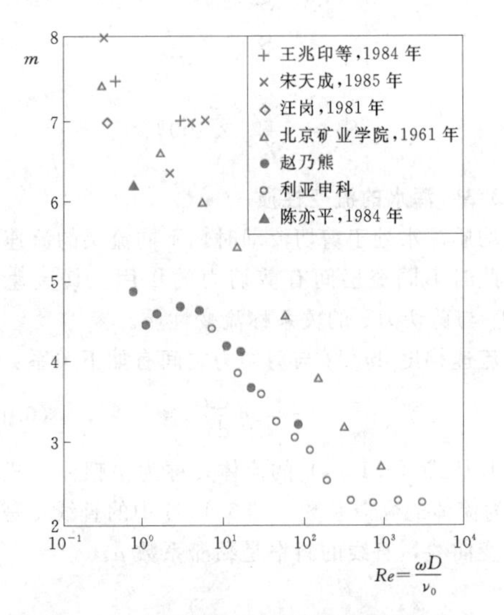

图6.1-4 指数m与雷诺数Re的关系

（3）涂启华、钱意颖公式。用黄河干、支流实测资料，得

$$\frac{\omega_c}{\omega}=f(S) \qquad (6.1-14)$$

ω_c/ω与含沙量的关系见表6.1-3。

表6.1-3 ω_c/ω与含沙量的关系（根据黄河干、支流实测资料）

S(kg/m³)	1.0	5	10	19	30	80	150	200	300	400	500	600	800
ω_c/ω	1.50	1.28	1.13	1.00	0.88	0.60	0.42	0.32	0.20	0.12	0.07	0.04	0.01

（4）黄河水利委员会泥沙研究所公式。为确定三门峡水利枢纽工程供水方案，黄河水利委员会泥沙研究所于1955年8～10月进行了“静置含沙浑水液面沉降试验”，1955年10月提出了《黄河泥沙在静水中沉淀试验及加矾对沉清的效用试验报告》（涂启华、问庆扬起草）。分析试验资料，得

$$\omega_c=\frac{34.5}{S^{1.3}} \quad (S<400\text{kg/m}^3) \qquad (6.1-15)$$

（5）吴德一[4]公式。1979年《泥沙絮凝沉速试验报告》分析含沙量小于400kg/m³的试验资料得

$$\omega_c = \frac{26.4}{S^{0.93}} \qquad (6.1-16)$$

（6）汾河水库灌溉管理局水库管理处等[16]公式。利用汾河水库异重流带到坝前的泥沙，进行清浑水界面沉降试验，得

$$\omega_c = \lg \frac{800}{S^{1.11}} \quad (S \leqslant 400\text{kg/m}^3) \qquad (6.1-17)$$

上述式（6.1-15）～式（6.1-17）中，沉速 ω_c 的单位为 cm/min。

6.1.5 推移质运动

6.1.5.1 泥沙的起动

河床上的泥沙，从静止状态转入运动状态时的临界水流条件称为泥沙的起动条件。表征泥沙起动条件的方式有两种，即起动拖曳力和起动流速。

1. 无黏性均匀泥沙的起动拖曳力和起动流速公式

（1）起动拖曳力公式。在泥沙起动的时候，水流作用在泥沙颗粒上的拖曳力称为起动拖曳力。根据床面泥沙的受力情况，促使泥沙起动的有水流的拖曳力和水流的上举力。保持颗粒稳定的是泥沙自身的重力。根据力的平衡原理并引入对数流速分布公式后可导得希尔兹（A. Shields）起动拖曳力公式：

$$\frac{\tau_c}{(\gamma_s-\gamma)D} = f\left(\frac{u_* D}{\nu}\right) \qquad (6.1-18)$$

式中 u_*——摩阻流速，m/s；

D——床沙粒径，m；

τ_c——起动拖曳力，kg/m²；

其他符号意义同前。

式（6.1-18）用水流拖曳力的某一临界值来表示泥沙的起动，图 6.1-5 为罗斯（H. Rouse）根据希尔兹及其他人的试验成果点绘的希尔兹曲线。

希尔兹曲线的资料范围较广，试验沙的相对密度为 1.06～4.25。

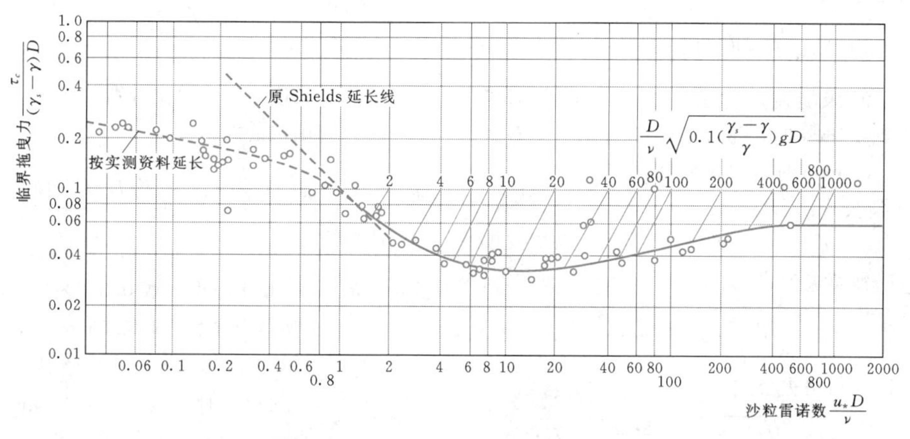

图 6.1-5 希尔兹（A. Shields）曲线

在实际工程中，为便于计算临界拖曳力，在图 6.1-5 中纵坐标 $\frac{\tau_c}{(\gamma_s-\gamma)D}=0.1$ 处，画一水平线，在此横线上，绘出一族以 $\frac{D}{\nu}\sqrt{0.1\left(\frac{\gamma_s-\gamma}{\gamma}\right)gD}$ 为参数，坡度为 2 的辅助线作为辅助标尺。在计算时，根据已知资料算出无因次数 $\frac{D}{\nu}\sqrt{0.1\left(\frac{\gamma_s-\gamma}{\gamma}\right)gD}$ 后在辅助标尺上找到这点，作一倾斜平行线与希尔兹曲线交于一点，即可查得相应的 $\frac{\tau_c}{(\gamma_s-\gamma)D}$，从而求得泥沙的起动拖曳力 τ_c。当 $\frac{u_* D}{\nu}<3.5$ 时，沙粒全部淹没在层流边界层内，拖曳力增大，这时床面属光滑区。当 $\frac{u_* D}{\nu}\approx 10$ 时，$\frac{\tau_c}{(\gamma_s-\gamma)D}$ 达到最低值 0.03。在其右侧，拖曳力随沙粒雷诺数的增加而增大，反映泥沙随水下重量的增加，临界拖曳力要增大。在其左侧，拖曳力随沙粒雷诺数的减小而增大，说明泥沙一部分没入层流边界后受到隐蔽作用，拖曳力相对较大，床面属过渡区。当 $\frac{u_* D}{\nu}>500$ 时，拖曳力接近常数 0.06，意味着床面属阻力平方区，临界（起动）拖曳力公式为 $\tau_c = k(\gamma_s-\gamma)D$，$k=0.06$，而按梅叶—彼德试验资料，求得 $k=0.047$。

（2）起动流速公式。泥沙起动时的垂线平均流速，称为泥沙的起动流速。起动流速公式分为无黏性粗泥沙和黏性细泥沙两类。由于天然河流的床沙一般为中沙、细沙或更粗一些，黏结力可忽略不计，使用较多的是散体泥沙的起动流速公式。式（6.1-19）～式（6.1-24）[8]为用于散体均质泥沙的起动流速公

式。为使所选用的起动流速公式比较符合实际，要收集比较可靠的实测资料验证。

1）张瑞瑾公式：

$$u_c = 1.34\sqrt{\frac{\rho_s - \rho}{\rho}gD}\left(\frac{h}{D}\right)^{1/7} \quad (6.1-19)$$

式中　u_c——垂线平均起动流速，m/s；

h——垂线水深，m；

D——床沙粒径，mm。

2）唐存本公式：

$$u_c = 1.79\frac{1}{1+m}\sqrt{\frac{\rho_s - \rho}{\rho}gD}\left(\frac{h}{D}\right)^m \quad (6.1-20)$$

式中　m——变值，对于一般天然河道，取$\frac{1}{6}$；对于平整河床(如实验室水槽及$D<0.01$mm的天然河道)，取$\frac{1}{4.7}\left(\frac{h}{D}\right)^{0.06}$。

3）窦国仁公式：

$$u_c = 0.74\sqrt{\frac{\rho_s - \rho}{\rho}gD}\lg\left(11\frac{h}{k_s}\right) \quad (6.1-21)$$

式中　k_s——河床糙度，对于平整床面，当$D\leqslant 0.5$mm时，取$k_s=0.5$mm；当$D>0.5$mm时，取$k_s=D$。

4）沙玉清公式：

$$u_c = 0.43D^{3/4}h^{1/5} \quad (6.1-22)$$

5）Г.И. 沙莫夫公式：

$$u_c = 1.14\sqrt{\frac{\rho_s - \rho}{\rho}gD}\left(\frac{h}{D}\right)^{1/6} \quad (6.1-23)$$

6）B.H. 岗恰洛夫公式：

$$u_c = 1.07\sqrt{\frac{\rho_s - \rho}{\rho}gD}\lg\left(\frac{8.8h}{D_{95}}\right) \quad (6.1-24)$$

2. 无黏性非均匀沙的起动流速公式

非均匀沙的起动问题，较之均匀沙要复杂得多，主要表现在大颗粒对小颗粒的遮蔽作用，使小颗粒不易起动。目前的研究还只能在某些简化、假定的条件下进行，并通过实测资料的检验得出一些可供实际应用的公式。

（1）谢鉴衡、陈媛儿非均匀沙起动流速公式：

$$u_c = \psi\sqrt{\frac{\rho_s - \rho}{\rho}gD}\,\frac{\lg\frac{11.1h}{\varphi D_m}}{\lg\frac{15.1h}{\varphi D_m}} \quad (6.1-25)$$

其中

$$\varphi = 2$$

$$\psi = \frac{1.12}{\varphi}\left(\frac{D}{D_m}\right)^{1/8}\left(\sqrt{\frac{D_{75}}{D_{25}}}\right)^{1/7}$$

式中　D_m——床沙平均粒径，mm；

h——水深，m。

式（6.1-25）是依据混合沙水槽试验资料和川江卵石河床实测资料，以推移质中的最大粒径作为与当时实测水力因素相应的起动粒径。与实测资料的对照表明，这一公式尚有待改进的是φ值应取为变数，才比较切合实际。

（2）余文畴等[58]适用于长江河道沙质河床的起动流速公式：

$$u_c = 5.91D_{50}{}^{1/3}h^{1/6} \quad (6.1-26)$$

式中　D_{50}——床沙中数粒径，mm；

h——平均水深，m。

3. 散粒体及黏性细颗粒泥沙的统一起动流速公式

考虑重力和黏结力，适用于散粒体及黏性细颗粒泥沙的统一起动流速公式[8]如下。

（1）张瑞瑾公式：

$$u_c = \left(\frac{h}{D}\right)^{0.14}\left(17.6\frac{\gamma_s - \gamma}{\gamma}D + 0.000000605\frac{10+h}{D^{0.72}}\right)^{1/2} \quad (6.1-27)$$

其中，长度、时间单位分别以m、s计。

（2）窦国仁公式：

$$u_c = 0.74\lg\left(11\frac{h}{k_s}\right)\left(\frac{\rho_s - \rho}{\rho}gD + 0.19\frac{gh\delta + \varepsilon_k}{D}\right)^{1/2} \quad (6.1-28)$$

式中　δ——薄膜水厚度，取0.213×10^{-4}cm；

ε_k——黏结力参数，取$2.56\text{cm}^3/\text{s}^2$；

k_s——河床糙度，对于平整床面，当$D\leqslant 0.5$mm时，取$k_s=0.5$mm；当$D>0.5$mm时，取$k_s=D$。

忽略黏结力作用时，式（6.1-27）、式（6.1-28）即为式（6.1-19）、式（6.1-21）。

对于河床的黏性土，由于受自身的不均匀性及密实程度等因素的影响，起动问题异常复杂，现有的研究成果尚未接触到本质。

6.1.5.2　推移质输沙率

沿河床面滚动、滑动或跳跃前进的泥沙称为推移质。推移质可划分为沙质推移质与砾、卵石推移质两种。在一定的水流条件下，单位时间内通过过水断面的推移质数量，称为推移质输沙率。在工程规划设计中，在没有实测资料时，宜采用公式计算、水槽断面模型与整体模型试验相结合的手段进行。下面简要介绍这些方法。

1. 用推移质输沙率公式计算

（1）梅叶—彼德和摩勒公式：

$$g_b = \frac{\left[\left(\frac{k_s}{k_r}\right)^{3/2}\gamma hj - 0.047(\gamma_s-\gamma)d\right]^{3/2}}{0.125\left(\frac{\gamma}{g}\right)^{1/2}\left(\frac{\gamma_s-\gamma}{\gamma_s}\right)} \tag{6.1-29}$$

$$k_s = \frac{1}{n}$$

$$k_r = \frac{26}{(d_{90})^{1/6}}$$

式中 g_b——推移质单宽输沙率，t/（s·m）；

γ——水的容重，取 $1t/m^3$；

γ_s——泥沙的容重，取 $2.65t/m^3$；

k_s——河床糙率系数；

k_r——河床平整情况下的砂砾阻力系数；

h——水深，m；

j——坡降；

d——粒径（用于非均匀沙时，d 为平均粒径），m；

n——糙率。

（2）Г. И. 沙莫夫公式。

1）对于均匀沙：

$$g_b = 0.95\sqrt{d_{pj}}\left(\frac{v_{pj}}{v_{OH}}\right)^3(v_{pj}-v_{OH})\left(\frac{d_{pj}}{h_{pj}}\right)^{1/4} \tag{6.1-30}$$

2）对于混合沙：

$$g_b = a\sqrt[3]{d^2}\left(\frac{v_{pj}}{v_{OH}}\right)^3(v_{pj}-v_{OH})\left(\frac{d_{pj}}{h_{pj}}\right)^{1/4} \tag{6.1-31}$$

$$v_{OH} = 3.83d^{1/3}h^{1/6} \tag{6.1-32}$$

以上式中 g_b——推移质单宽输沙率，kg/(s·m)；

d_{pj}——平均粒径，m；

v_{pj}——平均流速，m/s；

h_{pj}——平均水深，m；

d——泥沙组成中最粗一组的平均粒径，如这一组占总沙样的 40%～70%，式（6.1-31）中系数 a 采用 3，当这一组占总沙样的 20%～40%和 70%～80%时，a 采用 2.5，而当这一组占总沙样的 10%～20%和 80%～90%时，a 采用 1.5；

v_{OH}——泥沙停止运动时的临界流速，m/s。

对于平均粒径小于 0.2mm 的泥沙，不能运用式（6.1-31）计算推移质输沙率。

（3）窦国仁公式：

$$g_b = \frac{0.1}{C_0^2}\frac{\gamma\gamma_s}{\gamma_s-\gamma}(u-u_k)\frac{u^3}{g\omega} \tag{6.1-33}$$

$$C_0 = 2.5\ln\left(11\frac{h}{\Delta}\right) \tag{6.1-34}$$

$$u_k = 0.265\left[\ln\left(11\frac{h}{\Delta}\right)\right]\sqrt{\frac{\gamma_s-\gamma}{\gamma}gD + 0.19\frac{\varepsilon_k + gh\delta}{D}} \tag{6.1-35}$$

式中 C_0——无尺度谢才系数；

Δ——河床突起度，对于平整河床，当 $D\leqslant 0.5mm$ 时，$\Delta=0.5mm$，当 $D>0.5mm$ 时，$\Delta=D$ 或 $\Delta=D_{50}$；

u——垂线平均流速，m/s；

u_k——用垂线平均流速表示的起动流速，其值可由式（6.1-35）确定，m/s；

h——水深，m；

D——床沙粒径，cm；

ε_k——黏结力参数，对于天然沙，取 $2.56cm^3/s^2$，对于无黏性颗粒，取 0；

δ——薄膜水厚度，取 $0.21\times10^{-4}cm$；

ω——泥沙的沉降速度，cm/s。

经用大量水槽试验资料和长江等河流实测资料检验，式（6.1-35）可给出较好的结果。

2. 用水槽断面模型试验或河工模型试验，推求推移质输沙率

根据所研究河段的典型横断面及水流、泥沙资料设计一断面模型，在二元水槽中进行推移质输沙率试验或河工模型试验，推求推移质输沙率。

3. 野外调查

通过对工程上游流域的考察，了解地理地貌、土壤植被及流域治理等情况，可以了解推移质的产状，分析依公式计算求得的推移质输沙率的合理性。通过外业调查，可以收集与本河段类似的水库或工程的推移质淤积资料，分析估算求得本河段的推移质输沙率。在天然河道河床上设置测坑，采用坑测法直接测定推移质输沙率也是无实测资料情况下常用的分析方法。通过各汇流口以下干流推移质岩性的调查分析，推算各个支流和区间的推移质相对来量。当已知某条支流的推移质绝对量时，可推算其他支流或区间的推移质绝对量[59]。

6.1.6 悬移质运动

6.1.6.1 水流挟沙力

在一定的水流及边界条件的综合作用下，单位水体所能挟带的悬移质泥沙数量称为悬移质水流挟沙力。目前，研究这一问题的途径，一是从能量平衡观点建立水流挟沙力的公式，二是从其他观点建立水流

挟沙力的公式。还要根据实测资料来率定和检验公式的参数、指数和系数。

1. 以能量平衡观点研究建立的水流挟沙力公式[55]

武汉水利电力学院水流挟沙力研究组在张瑞瑾教授的领导下，在张瑞瑾教授关于悬移质泥沙“制紊假说”的观点指导下，在分析室内外大量实测资料的基础上，建立如式（6.1-36）形式的水流挟沙力公式。并通过点绘数量较大、变幅较广的室内外断面平均悬移质平衡输沙的实测资料，得到如图6.1-6所示的悬移质水流挟沙力关系曲线和如图6.1-7所示的相关指数和系数的变化曲线[55]。

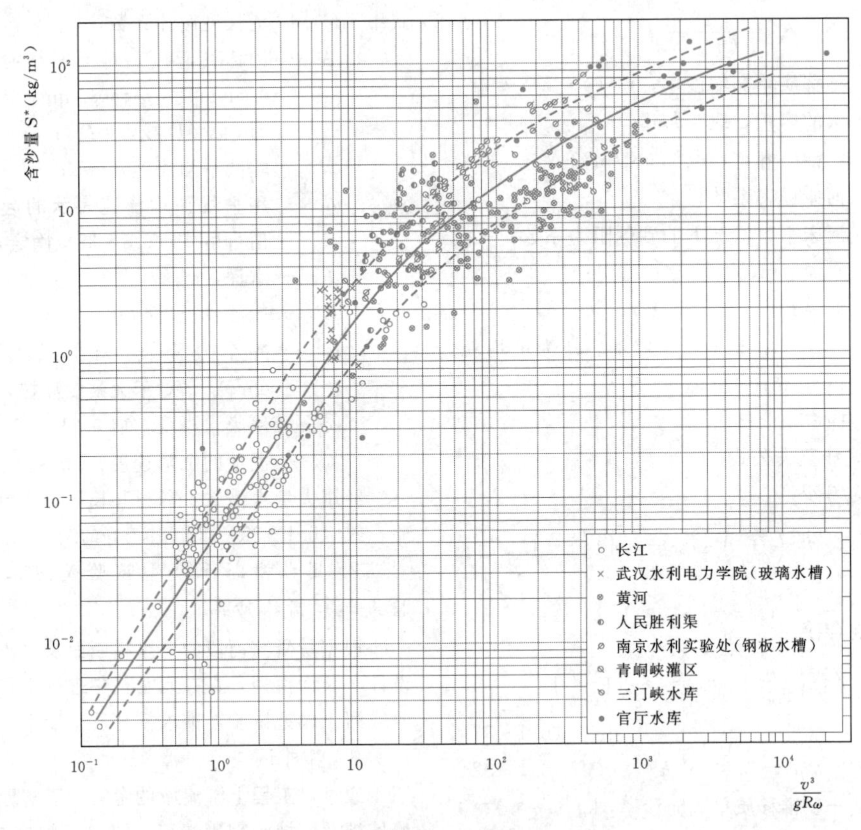

图6.1-6 悬移质水流挟沙力关系曲线

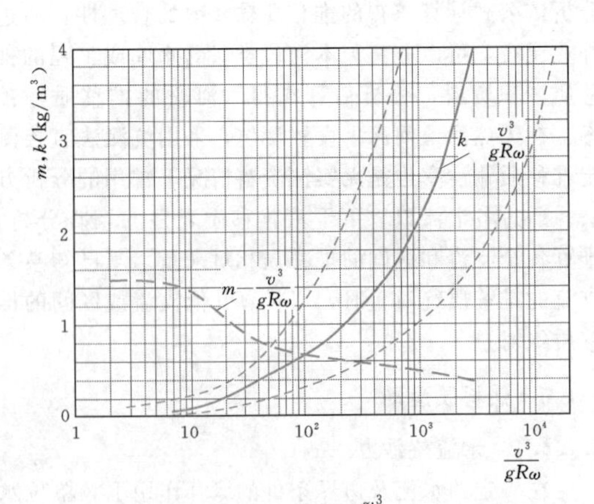

图6.1-7 k及m与$\frac{v^3}{gR\omega}$的关系

$$S^*=k\left(\frac{v^3}{gR\omega}\right)^m \qquad (6.1-36)$$

式中 S^*——悬移质挟沙力，kg/m³；

ω——泥沙的沉降速度，m/s；

v——断面平均流速，m/s；

R——水力半径，m。

其中，系数k与指数m随$\frac{v^3}{gR\omega}$而变。

运用式（6.1-36），需要注意以下几点。

(1) 该公式对中、低含沙量（小于100kg/m³）的紊动水流运动适应性较好；对于100kg/m³以上高含沙量的紊动水流运动，可在考虑含沙量影响的泥沙群体沉速和浑水容重，并用实测资料率定参数、指数和系数后应用。

(2) 在图6.1-6中收集的测点，河段悬移质输沙处于相对平衡或近似于相对平衡状态，图中实线为平均线，实线上、下加绘的虚线分别反映由淤积趋近平衡(上虚线至平均线区间)和由冲刷趋近平衡(下虚线至平均线区间)的准平衡状态，可依实际情况酌定。

(3) 运用该公式计算非均匀沙挟沙力时，用中数粒径相应的泥沙沉速代表非均匀沙沉速 ω，可基本反映平均情况；若要提高计算精度，则要分为若干粒径组，求出各粒径组的中数粒径，计算各粒径组的 ω_i 及分组泥沙水流挟沙力，再根据各组泥沙的挟沙力计算总的挟沙力。

该公式建立的早期，主要是凭借实测和水槽试验中大量的悬移质水流挟沙力资料，后来进一步研究了床沙质挟沙力，研究的悬移质水流挟沙力和床沙质挟沙力的公式形式相同。式 (6.1-36) 可依不同情况，分别用于研究悬移质水流挟沙力和床沙质挟沙力，只是需要分别用相应的悬移质水流挟沙力和床沙质挟沙力的资料来计算。

2. 以其他观点研究建立的悬移质全沙水流挟沙力公式

(1) 麦乔威等水流挟沙力公式。

1) 河道：

$$S^* = 0.031\frac{v^{2.25}}{R^{0.74}\omega^{0.77}} \tag{6.1-37}$$

2) 渠道：

$$S^* = 0.4\left(\frac{v^{2.25}}{R^{0.75}\omega^{0.75}}\right)\left(\frac{h}{B}\right)^{0.5} \tag{6.1-38}$$

式中 ω——泥沙的沉降速度，m/s。

(2) 涂启华等水流挟沙力公式：

$$S^* = k\left(\frac{v^3}{gR\omega_c}\right)^m \tag{6.1-39}$$

式中 m——指数，取 1；

ω_c——泥沙群体沉速，m/s；

k——系数，相对平衡状态时，$k=0.20$；上限值 $k=0.25$（淤积趋近平衡状态）；下限值 $k=0.15$（冲刷趋近平衡状态）。

式 (6.1-39) 可应用于高低含沙量紊动水流的挟沙力计算。

(3) 窦国仁水流挟沙力公式。对于一般的挟沙水流，从能量原理导得的挟沙力公式为

$$S^* = \frac{k}{C_0^2}\frac{\gamma_s\gamma}{\gamma_s-\gamma}\frac{v^3}{gh\omega} \tag{6.1-40}$$

式中 k——经验系数，近似等于 0.0325；

C_0——无尺度谢才系数，即 $C_0=\dfrac{C}{\sqrt{g}}$。

式(6.1-40)适用于含沙量低于 50kg/m³ 的计算。

对于高含沙水流，由于存在宾汉切应力，水流只能从克服宾汉极限切应力做功之后的剩余能量中提取一部分用于悬浮泥沙而形成水流挟沙力，故有

$$S^* = \frac{k}{C_0^2}\left(1-\frac{\tau_B}{\tau_0}\right)\frac{\gamma\gamma_s}{\gamma_s-\gamma}\frac{v^3}{gh\omega} \tag{6.1-41}$$

$$k = 0.023\left(1+250\frac{\gamma_s-\gamma}{\gamma}\frac{S}{\gamma_s}\right)^{5/8}$$

$$\tau_B = \frac{\sigma_0}{\gamma_s}\sum P_i\left(\frac{\delta}{d_i}\right)\frac{S}{\left(1-\dfrac{S}{S_{max}}\right)^2}$$

$$S_{max} = \frac{\dfrac{2}{3}\gamma_s}{\sum P_i\left(1+\dfrac{2\delta}{d_i}\right)^3}$$

式中 δ——薄膜水厚度，取 0.213×10^{-4}cm；

P_i——粒径 d_i 在全部颗粒中所占的比值；

ω——泥沙的沉降速度，m/s；

S、S_{max}——含沙量、极限含沙量，kg/m³；

σ_0——系数，具有应力量纲，对于黄河泥沙，$\sigma_0=8\times10^{-4}$kg/cm²。

式 (6.1-41) 适用于高、低含沙量紊动水流的挟沙力计算。

(4) 韩其为水流挟沙力公式：

$$S^* = 0.926\times10^{-4}\gamma_s\left(\frac{v^3}{gh\omega}\right)^{0.92} = 0.03\left(\frac{v^3}{h\omega}\right)^{0.92} \tag{6.1-42}$$

式中 ω——泥沙的沉降速度，m/s。

(5) 高、低含沙水流统一的水流挟沙力公式。天然河流的高含沙水流在绝大多数情况下仍为高含沙紊动水流，具有水流挟沙力特性。因此，对于高、低含沙水流需要有统一的水流挟沙力公式，用以计算高、低含沙水流的水流挟沙力。

张瑞瑾从能量平衡方程式推导出如下形式的水流挟沙力公式[8,55]：

$$S_v^a = \frac{\gamma}{8c_1(\gamma_s-\gamma)}(f-f_s)\frac{v^3}{gR\omega} \tag{6.1-43}$$

式中 f、f_s——清水、浑水水流的阻力系数。

考虑到含沙量对水的容重、黏性及泥沙沉速的影响，得高低含沙量水流统一的挟沙力公式：

$$S^* = k\left(\frac{\gamma'}{\gamma_s-\gamma'}\frac{v^3}{gR\omega_c}\right)^m \tag{6.1-44}$$

以下列出几个高、低含沙水流统一的水流挟沙力公式，供参考应用。

1) 吴保生、曲少军等公式：

$$S^* = 0.426\left(\frac{\gamma'}{\gamma_s-\gamma'}\frac{v^3}{gR\omega_c}\right)^{0.763}$$

$$\omega_c = \omega(1-S_v)^8 \tag{6.1-45}$$

2) 吴保生、张启卫等公式：

$$S^* = 0.4515\left(\frac{\gamma'}{\gamma_s-\gamma'}\frac{v^3}{gR\omega_c}\right)^{0.7414}$$

$$\omega_c = \omega(1-S_v)^8 \quad (6.1-46)$$

3）孙卫东、韩其为等公式：

$$S^* = 12.985k_0\left(\frac{\gamma'}{\gamma_s-\gamma'}\frac{v^3}{gR\omega_c}\right)^{0.92} \quad (6.1-47)$$

$$\omega_c = \omega(1-S_v)^8$$

式中　k_0——系数，对于水库，取0.03，对于河道，取0.02。

4）张红武公式：

$$S^* = 2.5\left[\frac{(0.0022+S_v)}{\kappa\left(\frac{\gamma_s-\gamma'}{\gamma'}\right)}\frac{v^3}{gR\omega_c}\ln\left(\frac{h}{6D_{50}}\right)\right]^{0.62} \quad (6.1-48)$$

$$\omega_c = \omega\left[\left(1-\frac{S_v}{2.25\sqrt{d_{50}}}\right)^{3.5}(1-1.25S_v)\right]$$

式中　d_{50}——悬沙中数粒径，mm；

D_{50}——床沙中数粒径，mm；

κ——卡门常数。

3. 关于床沙质水流挟沙力、悬移质水流挟沙力公式的讨论

目前，床沙质水流挟沙力公式和悬移质水流挟沙力公式在生产实践中都有应用。关于冲泻质和床沙质的划分，有的研究按悬浮指标 $\omega/\kappa u_*=0.05$ 或 0.06 作为判别标准，以沉速大于 ω 的粒径组为床沙质；有的研究是取床沙颗粒级配曲线中最下端曲线拐点处或占沙重5%相应的粒径作为分界粒径。现阶段，由于悬移质中床沙质和冲泻质的划分困难，而且大量冲泻质的存在将改变水流的密度及黏滞性，使泥沙沉速减小，也会减小泥沙的阻力，增大水流挟沙力，故多采用悬移质水流挟沙力公式用于计算。

6.1.6.2　高含沙水流的流变特性

高含沙水流之所以具有非牛顿体的性质，主要是细颗粒泥沙作用的结果。实验表明，当泥沙组成中没有小于0.01～0.02mm的细颗粒时，含沙量的增加并不足以改变流体的流变性质，而只是增加流体的黏滞系数。

6.1.6.3　高含沙水流的运动特性

1. 流动现象及流态

高含沙水流有紊流和层流，大多数高含沙水流为紊流，在含沙量很大时，高含沙水流转化为层流。有时，两种流态在同一河段上同时存在，主流区为紊流，边流区为层流。

2. 流速分布与阻力

二相紊流型高含沙水流的流速沿垂线分布，仍遵循对数规律。其卡门常数 κ 值是含沙量的函数[63]，当含沙量为200kg/m³左右时，κ 值最小，约为0.27；当含沙量大于200kg/m³时，κ 值随含沙量的增加而增大，含沙量为1000kg/m³左右时，κ 值为0.4；当含沙量小于200kg/m³时，κ 值随含沙量的增加而减小，清水的 κ 值为0.4。

试验资料表明，高含沙水流的阻力系数接近或略小于清水的阻力系数，在层流时，阻力将显著增大。当流型为宾汉体时，经简化后二元明渠水流的层流阻力系数见式（6.1-49）：

$$\frac{1}{\lambda} = \frac{Re}{96} - \frac{1}{8}\frac{He}{\lambda Re} + \frac{8}{3}\frac{1}{Re^2}\left(\frac{He}{\lambda Re}\right)^3 \quad (6.1-49)$$

$$Re = \frac{\rho_m u(4h)}{\eta}$$

$$He = \frac{\rho_m \tau_B(4h^2)}{\eta^2}$$

式中　λ——阻力系数；

ρ_m——浑水密度；

u——平均流速；

η——浑水的黏滞系数；

τ_B——宾汉体极限剪应力；

He——赫氏数；

Re——雷诺数。

3. 水流挟沙力

对于高含沙水流来说，只要考虑了含沙量对泥沙沉速和水流容重的影响，则高低含沙量条件下的水流挟沙力服从同一规律。当含沙量更高，形成均一的一相浑水时，水、沙作为一个整体流动，此种情况下已无挟沙力问题，而是浑水如何克服阻力而维持流动的问题。

4. 揭河底与浆河现象

水流作用在床面上的拖曳力为 $\gamma' hJ$，由于高含沙水流的容重 γ' 比清水大得多，所以高含沙水流的冲刷力也就特别强。其特点是在洪水时，常将前期淤积物整片地从河底托起，然后塌落破碎被水流带走，称此种现象为“揭河底”冲刷。

当水流中的含沙量超过某一极限值而形成一相水流，在洪峰急剧降落，流速迅速减小的情况下，有时整个水流停滞，造成河槽堵塞，称为“浆河”。出现“浆河”以后，由于上游洪水补给，水深增大，水面比降变陡，到一定时候，停滞的浆液又开始流动，流动一段时间以后，比降变平，流动又复停止，如此出现间歇流现象。泥沙颗粒组成越粗，出现“浆河”的水流极限含沙量越大；泥沙组成中细颗粒含量越多，较低的含沙量就会出现“浆河”。“浆河”会对防洪和河道淤积产生不利影响，要注意防止和防范。

6.1.6.4 悬移质平衡输沙和不平衡输沙

悬移质平衡输沙亦称饱和输沙。悬移质平衡输沙计算的原理有二：一是水流不淤原理，即水流在一定水力条件下具有一定的输沙能力，如实际含沙量大于此输沙能力，则必引起淤积，如实际含沙量小于此输沙能力，则必引起冲刷。因此，如果能计算出水流的输沙能力，则由实际含沙量与输沙能力之差便可以求得冲淤量。二是逐段平衡原理，即某一河段在一定时间内的入段沙量与出段沙量之差，必等于河段内的冲淤量。如果河道中的实际含沙量与水流挟沙力相差很小，河床冲淤过程缓慢，河床冲淤幅度较小，但还达不到平衡状态，可以不区别含沙量和水流挟沙力，只需由泥沙连续方程就可以确定河床变形，这种计算方法采用平衡输沙模型。非平衡输沙模型是基于水流中实际含沙量不一定恰等于其水流挟沙力，淤积时实际含沙量可能大于水流挟沙力，冲刷时实际含沙量可能小于水流挟沙力，都需要空间和时间过程进行调整，实际为非平衡输沙。这时需要联立泥沙连续方程和河床变形方程来求解含沙量和河床冲淤量，并要考虑河流挟沙及床沙的级配，进行分组泥沙计算。

在不平衡输沙中，主要弄清含沙量的沿程变化、悬移质粒配的沿程变化和床沙粒配的沿程变化。泥沙连续方程为

$$\frac{\mathrm{d}S}{\mathrm{d}x}=-\alpha\frac{\omega}{q}(S-S^*) \qquad (6.1-50)$$

式中 x——距离；

S——含沙量；

S^*——水流挟沙力；

q——单宽流量；

ω——泥沙的沉降速度；

α——泥沙恢复饱和系数。

式（6.1-50）最早由 A. H. 葛斯东斯基提出，α 取为 1。

在 1972 年三门峡市召开的黄河水库泥沙观测研究成果交流会上，长江水利水电科学研究院韩其为等发表论文《水库不平衡输沙的初步研究》[15]，在 1980 年北京召开的河流泥沙国际学术讨论会上，韩其为提出论文《悬移质不平衡输沙的研究》[56]。关于不平衡输沙的研究成果如下。

对于非均质悬移质，按粒径分为 n 组，以脚标 i 代表每组的序号，S_i、$S_i{}^*$ 分别表示非均质沙的实际含沙量及水流挟沙力，ω_i 为第 i 组泥沙沉速，P_i 为第 i 组泥沙所占重量百分比，α_i 为第 i 组泥沙恢复饱和系数，则表示第 i 组悬移质的输沙方程式为

$$\frac{\mathrm{d}(P_iS)}{\mathrm{d}x}=-\frac{\alpha_i\omega_iP_i}{q}(S-S^*) \quad (i=1,2,\cdots,n) \qquad (6.1-51)$$

当研究的河段较短，分组沙水流挟沙力 $S_i{}^*$ 可视为随 x 呈直线变化。解方程式（6.1-51），得含沙量沿程变化，见式（6.8-44）。进而进行悬移质级配沿程变化、床沙级配沿程变化和淤积计算。本章 6.8 节中介绍了不平衡输沙法冲淤计算模型。

6.2 基本资料及分析

泥沙设计除了应宏观了解工程所在河流自然地理、社会经济、水文气象、人类活动影响等基本资料外，应重点收集分析水、沙基本资料，地形资料以及水工建筑物资料等。

6.2.1 水、沙基本资料

泥沙设计要在收集工程所在流域、地区、河段水文站网分布、水、沙基本资料的基础上，分析确定设计依据站（代表站）和主要参证站。如工程附近没有水文站，可引用附近测站资料。条件许可时，大中型水库应设专用站搜集资料。

使用水、沙测验资料时，应分析资料的代表性，了解该站上游工农业用水、水土保持及水利水电工程运用等人类活动的变化情况，在设计中作相应考虑。设计中需要的水、沙资料包括流量、沙量（悬移质、推移质）、泥沙颗粒组成、淤积泥沙干容重等。

6.2.1.1 流量资料

流量资料的收集分析包括年、月、日平均流量及洪水过程，汛期、非汛期（或雨季、旱季）来水量占年水量的百分数。流量资料的系列要包括丰、平、枯水年，一般需要有 20 年以上的资料。需插补延长时，可根据《水利水电工程水文计算规范》（SL 278）中的有关规定执行。

泥沙问题不严重的工程，其规划阶段可采用不同典型年作代表进行分析计算。泥沙问题严重的工程，其规划阶段亦需要采用代表系列年进行分析计算。

1. 流量特征值

流量特征值有以下几个：多年汛期及非汛期平均流量；多年平均流量；多年平均洪峰流量；2 年、5 年、10 年、20 年、50 年、100 年一遇洪水及设计洪水、校核洪水的洪量、最大洪峰流量；多年各月平均径流量及流量；年内最大流量及最小流量；地震地区、火山活动地区的灾害性洪水流量。

2. 入库流量过程

入库流量过程包括长系列年、各种不同典型年（丰、平、枯水年）和不同频率洪水的日平均入库流量过程。

3. 流量的计算时段

选择流量的计算时段有一定要求，在一个计算时段内，入库流量变化不宜太大，以能接近一个常数为宜。汛期洪峰涨落变化较大，时段应划分得短些，枯季流量变化缓慢，时段可划分得长些。对于洪峰历时短而涨落变化大的则应以小时或分钟划分计算时段，以便能反映水流漫滩情况。

6.2.1.2 泥沙资料

1. 悬移质泥沙

悬移质泥沙资料包括悬移质多年平均年输沙量(简称沙量)，各年、月、日平均沙量及其泥沙颗粒级配，汛期（或雨季）输沙量、非汛期（或旱季）输沙量及其占年输沙量的百分数。必要时还要分析一定频率洪水（如50年一遇洪水、设计洪水和校核洪水等）的相应输沙量、输沙率过程、泥沙级配和泥沙中数粒径等。

(1) 入库沙量组成。入库悬移质泥沙量包括干、支流及区间沙量。有实测资料的地区，应选择靠近枢纽且实测水、沙资料较长的水文站作为设计依据站；如工程附近没有水文站，可引用附近水文测站的资料。条件许可时，可设专用站观测，积累实测水、沙资料。

(2) 流域产沙调查分析。进行泥沙设计前，需对上游产沙区进行调查，了解泥沙来源，分析沙量资料的合理性。流域产沙调查分析包括以下内容。

1）了解地形、土壤、植被及水土流失等情况。

2）了解产沙区内的人类活动情况，包括已建和在建水利水电工程、水土保持措施等，据此分析来沙量变化趋势。

3）分析泥沙来源、地区分布及产沙原因。

4）调查支流来沙情况。

(3) 河流输沙特性分析。应分析河流泥沙的年际变化情况及年内输沙的集中程度，为合理地制定水库运行方式提供依据。多年平均年输沙量要有足够长的系列年才有一定的代表性。如果实测泥沙资料的系列较短，在资料插补延长中要注意包括丰、平、枯水年。一般要用20年以上的系列来进行年水、沙量或逐年月水、沙量计算。输沙特性分析包括以下内容。

1）输沙量及泥沙颗粒级配年际变化。统计历年中最大与最小年输沙量，条件许可时统计相应的泥沙颗粒级配；统计分析多年平均年输沙量及泥沙颗粒级配。

2）输沙量及泥沙颗粒级配年内分配。统计多年平均汛期、非汛期、月输沙量及泥沙颗粒级配。

3）输沙量集中程度。统计历年洪水场次和各场次洪水的径流量、输沙量、最大流量和最大含沙量。

4）水沙关系。主要分析历年汛期（或雨季）、非汛期（或旱季）的实测含沙量与流量关系、泥沙中数粒径与含沙量关系等。

5）年内含沙量变化。统计多年平均汛期、非汛期、月含沙量和实测最大含沙量等。

(4) 根据实测资料估算来沙量。

1）利用流量资料估算沙量。要区分自然河流情况和有人类活动影响情况，分别利用实测资料建立水沙关系来作估算。其方法有：①输沙率与流量关系法；②含沙量与流量关系法。

2）上、下游输沙量相关。当工程的上游或下游有较长系列年的泥沙测验资料且河道冲淤变化不大时，可直接建立上、下游输沙量的相关关系以推求输沙量。若区间有河渠流入或流出，则将区间河渠的沙量相加或相减去推求输沙量。

(5) 上游修建水库等工程对来沙量影响的分析。当上游有已建水库工程（含在建），设计中应考虑上游工程对来沙量、输沙特性及泥沙颗粒级配的影响。

上游水库对工程泥沙影响的计算，应按不同情况考虑。计算中应首先分析上游已建、在建水库的设计和运行资料，对泥沙已淤积平衡的水库或为低坝、闸式枢纽无调节泥沙能力的工程，设计中可不考虑上游水库的拦沙作用；对短期可达淤积平衡的已建和在建水库，设计中可只考虑已建和在建水库建成蓄水至水库淤积平衡时段的拦沙影响；当上游水库淤积平衡年限很长时，应充分考虑上游水库调蓄泥沙的作用。

设计中除考虑上游修建水库工程后对泥沙的影响外，对上游有水土保持工程或小水库群的情况亦应进行分析估计。

对小水库群来说，设计中可根据具体情况酌情考虑其拦沙量。

对于人类活动对促进流域土壤侵蚀发展和增加流域产沙量的估算，设计中应予以适当考虑。

(6) 大洪水沙量。频率洪水沙量的确定方法有两种：一种方法认为沙量与流量的频率是相应的；另一种方法认为各地区产沙量由于植被与水土保持程度的不同而不同，土壤侵蚀到一定程度且流量大到一定程度以后，含沙量变化越来越小，趋近某常数近似值。一般倾向于后者。

后一种方法的具体做法，点绘相似条件实测洪水流量与含沙量关系点，考虑参数影响，定出流量与含沙量关系曲线，再用频率洪水的流量过程，查找上述流量与含沙量关系曲线得相应含沙量过程，并由此计算洪水的输沙率和输沙量。

(7) 水沙组合系列。应根据不同水沙组合对泥沙冲淤敏感性检验的要求等情况，来选择一定的水沙组合系列。

2. 推移质输沙量

对河流和水库要调查研究其沙质和砾、卵石推移质输沙量及总推移质输沙量。一般要分别进行沙质和砾、卵石推移质输沙量的估算。对于砾、卵石推移质输沙量要分析其颗粒组成和相应的含量。

3. 泥石流、滑坡、塌岸及风沙量

泥石流、滑坡、塌岸、风沙等对工程的影响，必要时应予以考虑。泥石流、滑坡、塌岸所增加的泥沙量，应在调查分析的基础上，结合地质专业研究成果确定。入库风沙量应通过调查分析和实地的观测，作出估计。

4. 泥沙资料的还原和插补

(1) 泥沙资料的还原。泥沙还原计算可采用分项分析法和水沙关系法。可根据人类活动影响的地区差异分区计算。

1) 分项分析法以沙量平衡为基础，一般根据各项措施（如水土保持、已建水库拦沙、引水引沙等）对沙量的影响程度采用逐项还原或对其中的主要影响项目进行还原。分项分析法还原的天然沙量为实测沙量和水土保持减沙量、水库拦沙量、引水引沙量等各项措施影响量之和。

2) 水沙关系法首先建立未受人类活动影响的水沙关系，再采用考虑人类活动影响还原后的天然水量推求天然沙量。

对还原后的天然沙量成果要进行合理性检查，有条件时可采用多种方法分析计算，合理选用。

(2) 泥沙资料的插补。设计依据水文站（包括干、支流）的输沙量及泥沙组成要具有20年以上的连续系列，不足20年的，应进行插补延长。插补延长的方法有两种：一是设计依据水文站水沙关系法；二是设计依据水文站与上下游水文站沙量关系法。

1) 设计依据水文站水沙关系法是利用已有短系列的实测水、沙资料，建立设计依据水文站流量与输沙率关系或流量与含沙量关系，根据设计依据水文站的流量过程推求没有实测沙量资料时段的沙量过程。

2) 设计依据水文站与上下游水文站沙量关系法是利用已有短系列的设计依据水文站与上游或下游站实测泥沙资料，建立设计依据水文站与上游或下游水文站沙量关系。根据上述建立的设计依据水文站与上游或下游水文站沙量关系及上游或下游水文站长系列沙量，插补延长设计依据水文站的长系列沙量资料。

对插补延长的泥沙资料，应从上下游沙量平衡、输沙模数等方面进行合理性检查。

6.2.1.3 泥沙颗粒级配

我国水文年鉴提供的悬移质泥沙颗粒级配资料，在不同时期有不同的分析方法，使用时应注意换算统一，以保证资料的一致性。

相对于径流，泥沙颗粒级配资料较为缺乏。需要进行泥沙数学模型计算，或水轮机泥沙磨蚀问题突出时（如某些抽水蓄能电站），工程设计中泥沙颗粒级配资料是必需的。对于无悬移质泥沙颗粒级配观测资料的工程，可结合现场查勘取得有代表性的沙样，按要求进行沙样的颗粒级配分析，以满足设计需要。条件许可时，设计中进行以下泥沙颗粒分析。

(1) 悬移质泥沙颗粒级配和中数粒径的年内分配。统计分析多年平均汛期、非汛期、月泥沙颗粒级配。多年平均值的计算，采用沙量加权平均进行，即在计算多年平均各个粒径组沙量的基础上来计算多年平均泥沙颗粒级配和中数粒径。

(2) 悬移质泥沙颗粒级配和中数粒径的年际变化。统计历年中最大与最小年输沙量相应的泥沙颗粒级配和中数粒径；多年平均泥沙颗粒级配和中数粒径。

泥沙颗粒级配包括悬移质、推移质和床沙三种，需要时可将这三种泥沙颗粒级配曲线同绘于一张图上，并作必要的分析。

6.2.1.4 泥沙的矿物组成资料

泥沙对水轮机的磨损与含沙量、粒径形状及泥沙矿物成分（硬度）等因素有关，因此，当要求制造厂方研究机组磨损和抗磨蚀措施时，应提供过机含沙量、泥沙级配、泥沙矿物成分等资料。泥沙矿物成分分析选取沙样时要注意能反映不同排沙期的过机泥沙情况。应统计各粒径组中摩氏（F. Mohs）硬度大于5的硬矿物成分含量（百分数）。

主要矿物硬度见表6.2-1。统计悬移质泥沙各粒径组硬矿物含量时，可参考表6.2-2。

表6.2-1 主要矿物硬度

种类	名称	硬度
氧化物	石英	7
	刚玉	9
	赤铁矿	2.5～6.5
	锡石	6～7
	软锰矿	2～3
	磁铁矿	5.5～6
	铬铁矿	5.5～6

续表

种 类	名 称	硬 度
氢氧化物	铝土矿	3左右
	褐铁矿	4～5.5
	硬锰矿	4～6
硅酸盐	正长石	6
	斜长石	6～6.5
	橄榄石	6.5～7
	石榴子石	6.5～7.5
	红柱石	6.5～7.5
	黄玉	8
	绿帘石	6～7
	绿柱石	7.5～8
	电气石	7～7.5
	辉石	5～6
	角闪石	5～6
	透闪石	5.5～6
	阳起石	5.5～6
	蓝闪石	6～6.5
	硅灰石	4.5～5
	滑石	1
	蛇纹石	2.5～3.5
	高岭土	1～2.5
	云母	2～3
	绿泥石	2～2.5
	白榴石	5.6～6
	霞石	5.5～6
碳酸盐	方解石	3
	白云石	3.5～4
	菱铁矿	3.5～4
	菱镁矿	3.5～4.5
	孔雀石	3.5～4
硫酸盐	重晶石	2.5～3.5
	石膏	2
钨酸盐	钨锰铁矿	5～5.5
	白钨矿	4.5～5
磷酸盐	磷灰石	5
硝酸盐	钠钾石	1.5～2
	钾硝石	1.5～2

续表

种 类	名 称	硬 度
卤化物	萤石（氟石）	4
	石盐	2～2.5
	钾盐	2～2.5
硫化物	辉铜矿	2～3
	方铅矿	2.5～2.75
	闪锌矿	3.5～4
	辰砂	2～2.5
	辉锑矿	2～2.5
	辉钼矿	1～1.5
	铜蓝	1.5～2
	雄黄	1.5～2
	黄铁矿	6～6.5
	黄铜矿	3.5～4
	斑铜矿	3
自然元素	金	2.5～3
	硫黄	1～2
	金刚石	10
	石墨	1～2

6.2.2 地形及相关资料

收集工程所在河流的河道、水库地形等资料，内容如下。

(1) 工程所在地的大比例尺地形图，一般要求比例尺不小于1∶10000。

(2) 流域水系图。

(3) 水库干、支流纵、横断面及河床、滩地淤积物组成（包括干、支流）。纵、横断面资料通过地形图或断面观测获得，需充分考虑水库回水淤积上延的河道范围，收集水库回水淤积上延影响范围内的河道纵、横断面资料。施测或切取断面要与水流方向正交，要同时观测或读取水位，标明观测时间和测时流量，绘制河道同流量水面线。

(4) 库区干、支流天然河道水面线。为推求库区天然河道糙率，需收集洪、平、枯水三种等级流量的库区水下断面和天然河道水面线。若收集到的断面间距过大不满足推求糙率的需要，要加设临时观测点进行水下断面和水位观测。观测期间的流量要相对稳定。根据洪、平、枯水流量的库区水下断面和水面线，推求洪、平、枯水三种等级流量的相应糙率，为回水计算提供依据。

(5) 水库库容曲线（包括干、支流）。

(6) 上下游已建水库工程的工程特性指标。对于上下游有已建或在建水库工程时，需收集上下游水库工程的库容、设计水位、泄流规模及运用方式等资料。

(7) 需要研究水库运用对下游河道影响问题时，需收集水库下游河道地形图等有关资料，包括影响范围内的河道纵、横断面图，河道水面线，河床和滩地淤积物组成以及铁路、公路、桥梁、军事设施、河防及航道工程、湖泊、滞洪和分洪区、滩区、港口、码头、引水和排水等工程资料。

表 6.2-2　悬移质泥沙各粒径组硬矿物含量

粒径组（mm）	<0.007 (0.005)	0.007～0.010	0.010～0.025	0.025～0.050	0.050～0.100	0.100～0.250	0.250～0.500	0.500～1.00	1.00～2.00
硬矿物含量（%）									

注　空格内为需填入所分析的硬矿物含量数值。

6.2.3 水工建筑物资料

1. 泄水建筑物的泄流规模

泥沙设计应收集水工设计提出的泄流规模，包括各个泄水建筑物的泄流曲线及水利枢纽工程的总泄流曲线。

2. 水工建筑物布置资料

(1) 枢纽工程总布置图（平面图、立面图、剖面图等）。

(2) 泄洪排沙建筑物及电站进水口的位置、高程及泄流规模。

(3) 排沙底孔布置图、尺寸及泄流曲线。

(4) 水工建筑物和电站进水口的防沙和排泥、排污草、排冰的设施。

(5) 排泄推移质泥沙的设施。

(6) 船闸及升船机、引航道的布置。

6.3 水沙特性及设计水沙条件

6.3.1 水沙特性及水沙变化

为了研究工程的设计水沙条件，需要在本章6.2节基本资料收集分析的基础上，分析水沙特性及水沙变化。

6.3.1.1 径流量、输沙量年际变化

1. 径流量的年际变化

径流的年际变化大，丰枯水年的水量相差大。年径流量的变化，不仅有时枯时丰的情况，而且存在连续枯水和连续丰水的情况。对具体工程所在河流的实测径流变化，进行径流变化特性分析，总结出规律，应用于工程设计。

2. 悬移质输沙量的年际变化

系列中丰、平、枯水年的划分标准，以来水量频率 $P=20\%\sim25\%$ 者为丰水年，$P=75\%\sim80\%$ 者为枯水年，$P=50\%$ 左右者为平水年。来沙情况同来水情况分析，需要对具体河流进行具体统计分析。

悬移质输沙量的年际变化表现在各年输沙总量的差异上。在水文计算中，一般采用频率方法来确定悬移质输沙量年际变化的统计特征值[62]。在有足够资料的情况下可以直接算出悬移质年输沙量的均值 $\overline{W}_s$、变差系数 $C_{v,S}$ 和偏态系数 $C_{s,S}$。在资料不足的情况下，可以设法建立悬移质年输沙量变差系数 $C_{v,S}$ 和年径流量变差系数 $C_{v,Q}$ 的相关关系，从而由年径流量变差系数去确定悬移质年输沙量变差系数，通常用式(6.3-1)计算：

$$C_{v,S}=kC_{v,Q} \tag{6.3-1}$$

式中　k——系数，随河流特性而异。

由前述方法求得 $\overline{W}_s$ 和 $C_{v,S}$ 后，一般采用 $C_{s,S}=2C_{v,S}$ 的P—Ⅲ频率曲线绘制悬移质年输沙量频率曲线，据此确定不同频率的悬移质年输沙量。

我国北方多沙河流悬移质观测资料的统计结果表明，泥沙的年际变化远大于径流的年际变化，河流悬移质年输沙量的变差系数 $C_{v,S}$ 一般比年径流量变差系数 $C_{v,Q}$ 大（见表6.3-1）。

6.3.1.2 水沙特征统计值

工程设计中常用到一些泥沙特征值，如实测最大流量、最大含沙量、最大输沙率的瞬时值、汛期和非汛期值、年值，以及发生时间。这些特征值反映了该河道的流域产沙特性和河道的侵蚀、沉积、泥沙输移特性，常通过水文实测资料统计分析而得。

6.3.1.3 径流量、输沙量年内分配和集中程度

1. 径流量年内分配

径流量的年内变化主要取决于河流的补给条件。大部分地区河川径流靠雨水补给，季节性变化剧烈，有明显的汛期（或雨季）和枯水期（或旱季）。汛期水量大；枯水期水量小。以冰雪融水补给为主的河流，由于流域内热量的变化比雨量变化小，所以年内分配比较均匀。地下水补给比例大的河流，其年内变

化也较小，大江大河因接纳不同地区径流的汇入和地下径流的补给，径流的年内分配也较均匀。

2. 悬移质输沙量年内分配

由于汛期暴雨洪水集中，侵蚀强烈，汛期输沙量的绝大部分集中在暴雨洪水时期；但是，有些流域水沙分配有显著的差别，主要是由于流域泥沙来源、侵蚀程度和雨量时空分布不同所致。

河流各年的输沙量大小不同，其年内分配也不同。在有长期实测泥沙资料的情况下，分析各年输沙量年内分配，从中选出丰、平、枯沙三种代表年份，作为工程设计时参考使用。在资料不足或缺乏时，则常用水文比拟法，采用参证河流输沙量的典型年内分配，代表设计河流悬移质输沙量的年内分配。

表 6.3-1　我国北方多沙河流悬移质统计参数

流域	分区	$C_{v,S}$		$C_{v,S}/C_{v,Q}$		km[①]	
		变幅	平均	变幅	平均	变幅	平均
黄河	陕北风沙区	0.9～2.2	1.55	0.6～7.34	6.67	3.0～5.0	4.00
	无定河以北黄丘区	0.9～1.0	0.95	1.5～2.5	2.00	2.2～2.8	2.45
	无定河黄丘区	0.55～0.65	0.62	1.2～3.2	2.10	2.0～2.25	2.10
	延安地区	0.8～0.9	0.84	1.8～2.3	2.05	2.2～3.0	2.60
	晋西北黄丘区	1.1～1.3	1.20	1.2～2.9	2.20	2.7～3.3	2.95
	泾河上中游地区	0.9～1.1	0.97	1.7～2.2	1.95	2.6～3.1	2.83
	渭河上游区	0.6～0.65	0.62	1.2～1.5	1.36	2.0～2.2	2.10
	关中地区	0.7～2.4	1.43	1.5～6.0	3.28	2.0～5.2	3.60
	汾河黄丘区	0.9～1.6	1.30	1.6～3.6	2.40	2.1～4.5	3.54
海河	滹沱河上游区	1.0～1.2	1.10	1.2～2.4	1.70	3.0～3.5	3.20
辽河	西北多沙地区	0.6～3.5	1.50	1.2～5.0	2.60	2.3～7.4	3.90

① km 为实测最大年沙量与均值之比值。

6.3.1.4 悬移质颗粒级配的年内、年际变化

1. 悬移质颗粒级配的年内变化

泥沙粒径在一年内变化很大。原因如下：①汛期初次小洪水，或大洪水的起涨部分，大部分是冲刷表层中的细土，泥沙颗粒较细。随着降雨加大，地表径流增加，逐渐以沟蚀为主，冲蚀能力加大，使带入河道的泥沙越来越粗。②河道冲淤变化的影响，大流量时，水流挟沙力大，可以冲起较粗的床沙，使水流挟沙变粗。流量较小时，水流挟沙力小，河床发生淤积，使水流挟沙变细。但在非汛期和汛期“清水”冲刷的河段，因河床冲刷补给又呈现粒径变粗的现象。

2. 悬移质颗粒级配的年际变化

由于影响粒径年际变化的因素很多，具有随机性。要统计历年的年平均悬移质级配及其中数粒径、平均粒径；必要时统计分析粗沙、中沙、细沙占全沙的百分比。分析变化特性，并和年水量、年沙量及水沙来源等相联系，和上游流域的水土保持、水利工程（水库）作用的影响因素相联系，找出其一定的规律。

6.3.1.5 洪水过程中的水沙关系分析

天然河道中含沙量与流量存在着一定的关系，但由于沙量来源及水力条件的变化，两者的关系较为复杂。有些河流洪水上涨，含沙量相应增加，洪峰与沙峰相应出现，洪水消退，含沙量降低；而有些河流则不同，常有沙峰迟于洪峰的现象。对于流域面积不太大的河流，由于各支流的单位面积产沙量有显著差异，而暴雨又往往集中在一个较小的地区，因此洪峰与沙峰之间往往不一定相应；对于流域面积较大的河流，水沙通过沿程河槽的调节作用，洪峰与沙峰较一致。

6.3.1.6 河流悬移质全沙沙量估算

河流悬移质全沙沙量估算常采用以下三种办法。

(1) 利用水文站实测流量与输沙率关系推求年沙量。可以按照不同的径流来源、季节或洪水、平水类型分别定出流量与输沙率关系曲线，以之推求一定时期内的输沙量；当资料历时短时，可选择平水偏丰年份的流量与输沙率关系推求多年平均沙量。

(2) 根据流域因素估算来自流域并汇入江河的沙量。在具体做法上，有两种不同的方式：①由流域因素直接估算进入江河的沙量，根据水文站网的实测资料，直接建立进入江河的沙量与该江河所在流域的各流域因素关系；②根据流域地表及沟川的冲刷量估计进入江河的沙量，先估算流域地表沟川的冲刷量，然

后再考虑所冲刷出来的泥沙有多少能带入江河，分析确定输移比。

(3) 根据水库淤积量估算入库泥沙量。若无入库泥沙观测资料的水库，而来自上游的泥沙又全部拦截库内，没有排沙，通过水库淤积测量来估算入库沙量是一个比较可靠的方法。对于流域水系内水库，若水库无排沙，亦可通过水库群的淤积测量来估算水系内入库沙量，但不能作为流域产沙量看待。

6.3.2 工程设计水沙条件分析计算

6.3.2.1 工程设计水平和设计水平年的分析拟定

根据国民经济的发展和工程特性、工程开发任务及建设条件的要求，分析拟定工程设计水平和设计水平年。

6.3.2.2 悬移质泥沙的分析计算

1. 人类活动影响分析

人类通过自己的生产活动可以局部地改变土壤侵蚀条件，可以从正反两方面对土壤侵蚀施加影响。一方面是制止土壤侵蚀的发展，另一方面则是促进其发展。

(1) 人类活动控制土壤侵蚀的作用。人类在控制土壤侵蚀发展方面，不仅有可能而且存在着巨大的潜力，可通过水利、水保措施有效减轻土壤侵蚀。设计工作中要通过调查研究和分析估算，定性和定量预测人类活动控制土壤侵蚀的作用。

(2) 人类活动加剧土壤侵蚀的作用。在土壤侵蚀发展地区，当人类生产对资源进行掠夺式利用时，就会加剧水土流失。人类活动所造成的加速侵蚀，对一些小流域影响很快，对于大江大河，则需要几十年至上百年时间，才能呈现出明显的变化。也要通过广泛的调查研究和估算，作出定性和定量的预测。

2. 入库径流量、悬移质输沙量及泥沙组成的分析计算

(1) 设计依据水文站资料系列插补延长。设计依据水文站（包括干、支流）的径流量、悬移质输沙量及泥沙颗粒组成要具有20年以上的连续系列，不足20年的，应进行插补延长。

(2) 设计依据水文站入库沙量计算。入库沙量估算式为

$$W_{s入} = W_{s出} + W_{s淤} + W_{s区} \tag{6.3-2}$$

式中 $W_{s入}$ ——输入河段沙量；

$W_{s出}$ ——输出河段沙量；

$W_{s淤}$ ——河段淤积沙量；

$W_{s区}$ ——区间加入和排出沙量之差。

若坝（闸）址集水面积与设计依据水文站的集水面积相差大于3%，应考虑水文站至工程区间的径流量和悬移质输沙量。若沿程有较大支流汇入，或坝（闸）址集水面积与设计依据水文站的集水面积相差大于15%，要分段进行干、支流入库径流量和输沙量计算，考虑水沙量沿程变化的影响。

区间加入的输沙量可以采用区间面积乘以区间输沙模数的方法得到。若区间还有引出的水量和沙量，则要考虑引出的水量和沙量的影响，加以计算。

设计水平年入库水沙计算要考虑水土保持、工农业用水及水利水电工程影响，特别是应考虑梯级水库对水沙的调节作用，通过长系列计算得到。水库冲淤计算的水沙代表系列长度要依据工程规模大小和设计需要拟定。

(3) 无实测资料情况下的入库沙量计算。

1) 参考邻近流域实测泥沙资料进行入库沙量计算。当邻近河流有长系列年泥沙测验资料时，可设法加以利用，但需两条河流在水文、气象、地貌、土壤、植被、流域面积等方面应较接近。如其他条件相似仅流域面积等方面有差异，则可以面积作参数进行修正。

此外，还可利用邻近已建水库淤积测量资料推算拟建水库的来沙量。计算中要考虑已建水库的淤积年限、拦沙率及排沙率等因素。

2) 利用区域悬移质输沙模数等值线图进行入库沙量计算。悬移质输沙模数等值线图是在流域或地区内利用水文站或水库淤积实测资料并参考地形、气候及土壤等特性绘制而成，代表本流域单位面积上每年的产沙总量。悬移质输沙模数等值线图可供无资料地区计算时使用。

计算时首先应按水库控制流域面积在输沙模数等值线图上进行分区，以分区中心处的输沙模数乘以该区面积，得输沙模数相等的分区年平均来沙量，将各分区年平均来沙量相加，即得流域平均来沙量。但由于各地区绘制输沙模数等值线图时所使用的资料年限长短不一，因此在应用时必须了解其代表性并要进行实地调查研究，了解新变化情况，应根据其偏离实际的程度作适当修正。该方法仅可用于规划阶段。若地区输沙模数等值线图考虑了砾卵石侵蚀量，则要说明是否可以代表全沙的输沙模数等值线图应用，估算全沙输沙量，否则只作悬移质输沙模数等值线图应用，计算悬移质输沙量。

6.3.2.3 推移质泥沙的分析计算

1. 根据水文站推移质输沙率测验资料计算

目前，长江及长江支流岷江等河流的水文站开展了沙质和砾、卵石推移质输沙率的测验，并积累了较

长时间的实测资料。其他河流尚无系统的实测资料可应用。

2. 采用推悬比法估算

目前，在无床沙级配仅有悬移质输沙量的情况下，常采用推悬比的方法（推移质输沙量同悬移质输沙量之比的比例系数法）估算推移质输沙量。

认为推移质输沙量 W_b 和悬移质输沙量 W_s 间有一定关系，通常采用式（6.3-3）表示：

$$W_b = \beta W_s \qquad (6.3-3)$$

式中 β——推移质输沙量 W_b 同悬移质输沙量 W_s 之比值。

参考苏联和我国资料，在一般情况下，可采用下列比值。

（1）平原地区河流：β=0.01～0.05。

（2）丘陵地区河流：β=0.05～0.15。

（3）山区河流：β=0.15～0.30。

如果推移质与悬移质来源不一致，粒径差别悬殊，临河底两者交换不明显，用这种方法就不能反映实际情况。以下列出国内外（见表6.3-2、表6.3-3）一些资料供参考。

采用推悬比法估算推移质输沙量的方法，不能分别估算沙质推移质输沙量和砾、卵石推移质输沙量，只能估算总推移质输沙量。当设计中需要分清推移质颗粒组成时，可通过调查判定。冲积性平原河流，推移质泥沙颗粒组成一般为粗沙，山区河流的推移质组成一般为砂、砾、卵石。

朱鉴远提出了在砾、卵石推移质强产沙区的多年平均砾、卵石推移质年输沙量同多年平均悬移质年输

表6.3-2 国内几座水库推移质占悬移质的比例

水库名称	推移质占悬移质的百分数（%）	备 注
丹江口	10.3	汉江干流包括床面附近漏测的一层悬移质
丰满	10.2	d>0.1～0.25mm
盐锅峡	3.5	根据1962年、1964年实测
褒河	4.0	褒河堰1958～1965年淤积资料
上犹江	32.0	1957～1976年淤积量中按沙样分析推求

表6.3-3 美国内政部垦务局《小坝设计》建议采用的推移质占悬移质比例[38,54]

悬移质含沙量（mg/L）	河床组成	悬移质组成	推移质占悬移质的百分数（%）
<1000	砂	砂占20%～50%	25～150
1000～7500	砂	砂占20%～50%	10～35
>7500	包括黏土、砾石、大卵石、漂石	砂少于25%	5～15
任何含沙量	黏土和淤泥（软泥）	极少量砂	<2

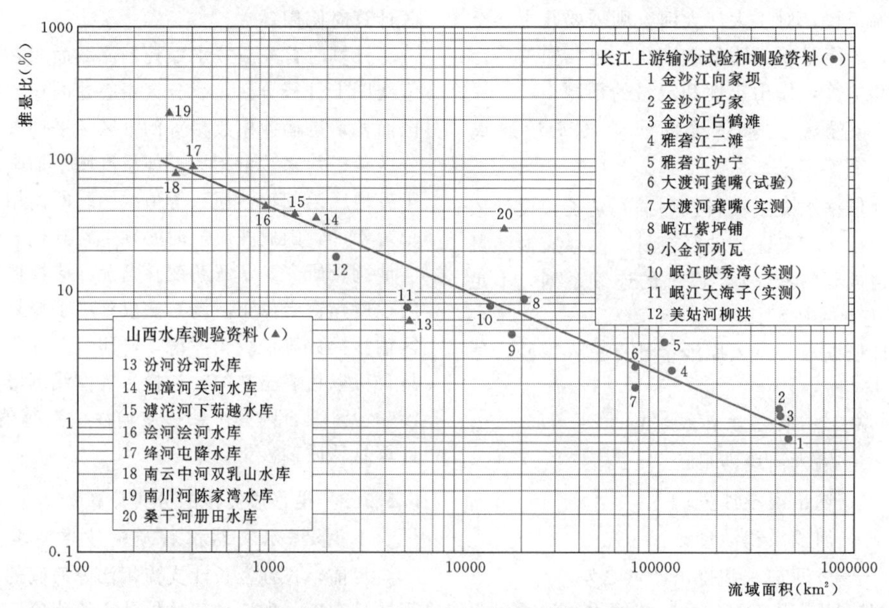

图6.3-1 推悬比与流域面积关系

沙量之比与流域面积关系（见图 6.3-1），其关系式为[47]

$$\beta=\frac{3300}{A^{0.63}} \tag{6.3-4}$$

式中　β——多年平均砾、卵石推移质年输沙量与多年平均悬移质年输沙量之比，%；

A——流域面积，km^2。

式（6.3-4）的应用条件为少沙河流的砾、卵石推移质强产沙区，对多沙河流和砾、卵石推移质弱产沙区河流不适用。

3. 根据河流和水库的推移质输沙率测验和水库淤积物测验资料建立推移质输沙量计算式估算

20 世纪 70 年代，水电部科研所调查并收集了我国南方一些水库的淤积资料，求得多年平均推移质年输沙量，并以此输沙量与河段平均流量及河床比降的乘积点绘关系：$W_b=k(Qi)$，系数 k 值变化大。武汉水利电力学院陈文彪、谢葆玲在此基础上考虑流域内推移质供沙条件，即考虑推移质输沙模数 M_d，并分析建立了推移质输沙模数与悬移质输沙模数 M_s 的关系 $M_d=KM_s^{1.45}$，以及推移质输沙量计算关系式：

$$W_b=0.16Q^{0.97}i^{0.97}M_s^{1.45} \tag{6.3-5}$$

式中　W_b——多年平均推移质年输沙量，万 t；

Q——多年平均年入库流量，m^3/s；

i——原河床比降；

M_s——悬移质输沙模数，t/（km^2·a）。

如图 6.3-2 所示，关系式与点群符合较好。式（6.3-5）所依据的资料为少沙河流和少沙河流水库的资料，在经过实际资料检验后可供少沙河流和少沙河流水库设计计算使用。

需要指出，对于水土流失严重的多泥沙河流（如黄河），由于细泥沙量多，在引进悬移质输沙模数来建立推移质输沙量计算关系时，可以考虑将其粗沙（如 $d>0.25$mm）悬移质输沙模数与推移质输沙量之间建立关系，但要用实测资料检验后参考应用。

4. 采用推移质输沙率公式计算

采用推移质输沙率公式计算的详细内容见本章 6.1 节。

人类活动（如河道采砂等）对推移质来沙量产生影响，要注意调查研究，必要时在设计中予以考虑。

6.3.3　库区和工程上、下游泥石流、滑坡、库岸坍塌分析计算

泥石流、滑坡、库岸坍塌一般不作为工程设计泥沙条件，但必要时要分析其对水利枢纽工程可能产生的影响，要注意防范。

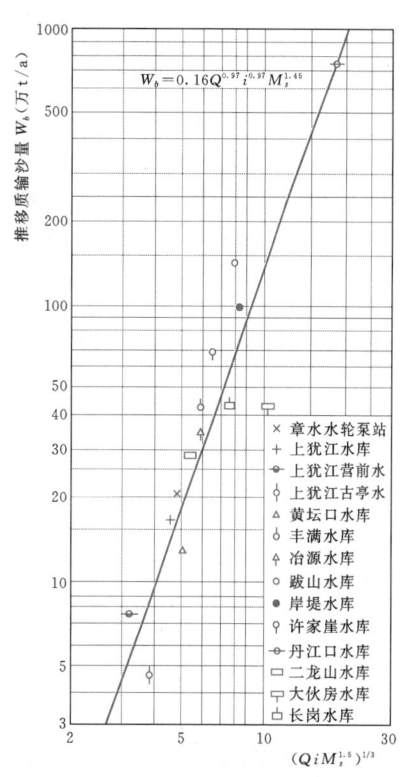

图 6.3-2　推移质输沙量与流量、比降、悬移质输沙模数关系

6.3.3.1　泥石流

1. 泥石流定义

某些山区河流在汛期由于暴雨或其他水动力如溃坝、冰川、融雪等作用于流域内不稳定的地表松散土体上，导致松散土体失稳而参与洪流运动，当这种特殊的流体中含沙量超过某一限值后，因其流动特性的变化而形成的一种特殊洪流，称为泥石流。

2. 泥石流活动危险性评估

在目前尚无专业标准、规范的条件下，泥石流活动危险性评估选用的各项判别和量化标准应当符合国土资源部发布的有关规定，并满足相邻学科的相关标准和规范要求。

在一些植被较好的陡坡面，下伏基岩或不透水层埋藏较浅、前期降水充分，上覆松散土体饱水后，在有压地下水的作用下，也可能形成坡面泥石流。

6.3.3.2　水库塌岸

1. 水库塌岸因素

（1）地形条件。低平的平原岸坡因有植物覆盖，坡度近似天然冲刷坡的坡度，所以很少发生塌岸现象。而山区的岸坡塌滑是很普遍的，尤其当紧靠水库的正常蓄水位以下边坡较陡，并且有大量松散物质或

岩体结构面组合的不稳定体，则崩塌滑坡是严重的工程地质问题之一，特别是在水库蓄水初期，对工程影响更为强烈。

(2) 水库岸坡的地层岩性及地质构造条件。各种岩土边坡具有不同的抗剪强度和抗冲刷能力，抗剪强度和抗冲刷能力决定着最终坍塌的范围、坍塌强度和坍塌类型。松散沉积物（黄土、砂质黏土、砂）地段岸坡地下水作用和水库波浪冲刷作用，使岸坡的坡度很缓，其塌岸现象最为严重；基岩岸坡，由于前缘临空，有时两侧冲沟深切、后缘又有断裂切割等，形成滑移边界条件。

(3) 库岸塌滑的外因条件。水库水位升高，水文地质条件改变，岩土物理力学性质恶化，岩体内的抗剪强度降低，浮托力增大。此外，岸坡受水流冲刷，波浪对岸坡的冲蚀作用也往往破坏岸坡的稳定。

由于在库区不同地段的水位抬高幅度是不一致的，愈靠坝前，抬高幅度愈大，岸坡稳定性愈差。变形的延续时间视水库蓄水运行方式、淤积岩体透水饱和时间等情况而异。有些是水库运行一段时间后突然发生，有些属于蠕变，需综合各种地质条件观测分析或进行模拟试验。

原处于极限稳定或接近于极限稳定的水库库岸边坡，特别是那些由松散土石构成的边坡或风化的松软破碎岩质边坡，往往在水库水位骤降时，由于岩体中排水不畅，形成滞后动水压力作用，促使滑坡的产生，其形变往往是突发性的。

2. 水库塌滑的类型

根据已有工程归纳的水库塌滑类型见表6.3-4。

表6.3-4　塌 滑 类 型

塌滑类型		塌滑特征	塌滑规模及方式	工程
松散层	黄土塌岸	黄土浸水湿陷，坡脚失去稳定	层层塌落，范围大	三门峡
	崩坡积层	基岩界面倾向河床，上有松软带，水浸后各层透水性不一，空隙压力增大，排水慢，坡脚冲淘，基岩面以上或黏土夹层以上维持稳定	范围大	风滩
	湖相沉积	库岸陡峻，岩层松散，平缓层面有细颗粒夹层	范围大	龙羊峡
	古滑坡复活	水库水位渗入滑动面，降低摩擦系数	突发性	黄龙滩
基层	顺层滑坡	千枚岩、页岩层面倾向河床15°～35°，有易滑动的软弱夹层	规模较大	柘溪、刘家峡
	切层滑坡	断裂发育的岩体中，有组合成倾向河床的结构体	大小不一	瓦伊昂
	断裂破碎带坍塌	岩体破碎，水库蓄水后强度降低不能维持原状	局部	费尔泽
	古滑坡复活	山坡较陡水库水渗入滑动面后，已稳定的老滑坡复活	较大	碧口、宝珠寺
	蠕动带	卸荷带软弱岩体裂隙张开，岩层变位，蓄水后不能维持原来稳定	变形缓慢，规模小	安康

总的来看，水库塌滑有两种类型：①由于水库蓄水产生整体性滑坡，一般规模较大，可危及滑坡下游安全；②松散堆积物由于蓄水和风浪影响造成塌岸，给库岸居民、农田及工程设施带来危害。

必须着重指出，库区不同地段相继发生的规模不等、类型不一的塌岸中，近坝库区的滑坡，对大坝安全危害极大。故勘察工作应重点研究距坝址1～3km范围内的岸坡稳定性。

3. 塌岸预报

塌岸是从波浪爬升高度以上岸壁开始，破坏的形式主要有三种，即崩塌、滑坡及波浪冲蚀。塌落开始后常出现浪蚀龛和水下浅滩，逐渐发展至水上水下岸坡稳定为止。

塌岸宽度预测方法有短期预报和长期预报。

(1) 短期预报以水库初次蓄水后的2～3年内为限。非均质岩层短期塌岸预报如图6.3-3所示。首先绘出塌岸预报的地质剖面，并注明其原河道最高洪水位、水库蓄水初期最高水位及水库正常蓄水位；其次在原河道最高洪水位及水库蓄水初期最高水位变化幅度内，根据岩层的物理力学指标及水力性质，找出可能产生塌岸的岩层作为塌岸起点e，由e点绘出各层在动水作用下的水下坡角ρ_1，ρ_2，…，ρ_n，最后交于f点；由f点按不同岩性绘出水上坡角β_1，β_2，…，β_n，最后交地面于g点，则蓄水初期塌岸宽度S_0即可求得。

(2) 长期预报可分别用均质库岸最终宽度公式与

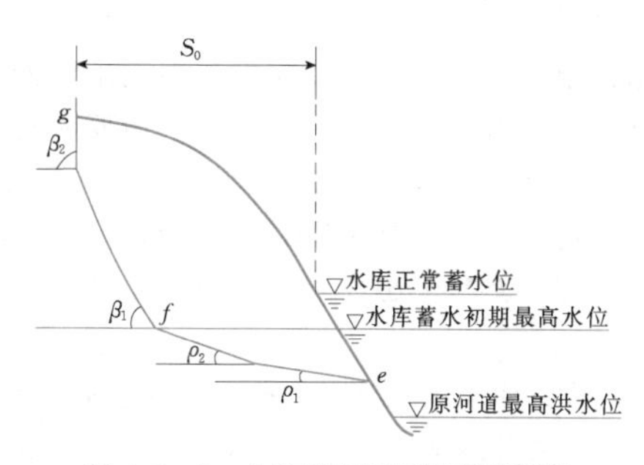

图 6.3-3 非均质岩层短期塌岸预报

非均质多层结构地段最终宽度公式计算。

6.3.4 泥沙矿物组成和硬度分析

6.3.4.1 泥沙的矿物组成

1. 岩石的风化和泥沙的矿物成分

岩石经物理风化后而破碎，形成的漂石、卵石、砾石等较大颗粒往往比岩石中原有的矿物颗粒要大，因而仍保留岩石原有多种矿物成分，由原生矿物如石英、长石、云母等所组成。河流泥沙除原生矿物外，易溶和微溶次生矿物被水流所溶解。在进一步风化过程中，复杂的生物化学转变过程使泥沙中增加了有机质，并使有机质转变为土壤有机化合物的复合体即腐殖质。

据资料分析，悬移质泥沙是由轻矿物（相对密度小于 2.9）、重矿物（相对密度大于 2.9）、岩屑和杂质四部分组成，其中轻矿物为泥沙组成的主体，以石英、长石为主；重矿物主要包括角闪石等；岩屑主要集中在大粒径级；杂质以植物碎屑较多，还有工业废弃物，含量较少。

2. 泥沙重矿物的组成

重矿物的种类及含量与流域岩层的分布和组成有关。因此，可通过对不同河段重矿物组成及含量的分析，判断河流的泥沙来源和相对数量。

6.3.4.2 泥沙硬度分析

硬度是表示矿物抵抗外界机械作用的能力。而水轮机过流部件金属材料硬度一般不大于 5，这就是过流金属部件受磨损的基本原因。

泥沙对过流部件磨损的严重程度，不仅与泥沙的硬度有关，也与泥沙的粒径大小有关。因此，泥沙矿物组成与硬度分析中应按不同粒径组泥沙进行分析。表 6.2-1 已列出了主要矿物硬度。

6.3.5 工程设计水平年水沙过程设计

根据工程水沙特性和设计水沙条件，提出工程设计水平年水沙过程设计成果。

（1）设计水平年水沙系列的设计。按照工程大小和工程开发任务的要求，设计水平年水沙系列年拟定为近期和远期。设计水沙系列年一般为 30～50 年，更长为 100 年。

（2）提出设计水平年不同水沙代表系列年组合过程，满足工程的敏感性检验要求。

（3）对大中型工程设计，提出设计水平年水沙系列年逐年逐月逐日水沙过程，包括流量、悬移质含沙量、悬移质泥沙颗粒级配、推移质输沙率、推移质泥沙颗粒级配。

（4）对小型工程设计，提出设计水平年水沙系列年的逐年逐月水沙过程，包括流量、悬移质含沙量、悬移质泥沙颗粒级配、推移质输沙率、推移质泥沙颗粒级配。

（5）对大中型工程不同频率洪水的设计洪水流量过程线，要提出相应的设计洪水泥沙过程线，包括悬移质含沙量、悬移质泥沙颗粒级配、推移质输沙率、推移质泥沙颗粒级配。对小型工程的不同频率设计洪水，可简化估算相应的洪水沙量。

（6）提出工程设计的悬移质分组泥沙粒径及其矿物组成和硬度分析成果。

（7）提出工程设计的库区和坝区、坝下游的泥石流、库岸坍塌分析计算成果和防治措施。

6.4 水库泥沙设计

6.4.1 水库泥沙设计内容

水库泥沙设计是水利水电枢纽工程设计的重要组成部分。水库泥沙设计内容如下。

（1）泥沙因素对工程任务、工程规模和坝（闸）址选择的影响分析。例如，三门峡水库淤积对渭河下游产生的影响，刘家峡水库近坝多沙支流洮河对水电站产生的影响等，都说明工程设计应进行泥沙因素对工程任务、工程规模和坝址选择的影响分析。

（2）水库泥沙问题和泥沙问题严重程度判别。水库泥沙问题主要有以下几种：①泥沙淤积对淹没的影响；②库容损失，包括在库区形成拦门沙坎；③枢纽泥沙问题，包括水电站及泄水（取水）建筑物防沙问题；④泥沙淤积对航运的影响，包括泥沙淤积对库区和枢纽通航建筑物通航的影响问题；⑤水库下游河道的泥沙问题；⑥水库工程施工期泥沙问题等。

针对水库泥沙问题严重程度主要有两种判别方式：①多沙、少沙河流的划分。多沙河流为多年平均含沙量大于 $10kg/m^3$；少沙河流为多年平均含沙量小于 $1kg/m^3$；而一般泥沙河流为多年平均含沙量 1～$10kg/m^3$。但以多年平均含沙量指标作为判别泥沙问题是否严重，只具有相对比较意义。②以库沙比 K_t

指标判别。K_t 为水库正常蓄水位以下的原始库容（m^3）与多年平均入库年输沙量（m^3）的比值，并结合我国制定的主要挡水建筑物设计基准期为50～100年，以库沙比 K_t 小于、大于主要挡水建筑物设计基准期作为判别水库泥沙（淤积）问题是否严重的指标。以 $K_t<100$ 判别为泥沙问题严重的水库，以 $K_t>100$ 判别为泥沙问题不严重的水库，还要注意近坝有无多泥沙支流汇入影响。例如，黄河上游刘家峡水库，在近坝1.5km有多沙支流洮河汇入，导致水电站泥沙问题严重，并形成拦门沙坎，持续淤积抬高，使水库泥沙问题严重。

（3）库容特性分析。分析内容包括水库总库容、干流库容、支流库容大小，水库总库容沿高程分布，干、支流库容沿高程分布。

（4）水库特征水位设计。水库特征水位包括：①初始运用起调水位；②汛期限制水位；③正常蓄水位；④死水位；⑤调水调沙运用水位；⑥设计洪水位、校核洪水位；⑦防洪高水位；⑧防凌蓄水位；⑨最低水位等。从泥沙角度重点要论证初始运用起调水位、汛期限制水位、正常蓄水位、死水位、调水调沙运用水位等。

（5）水库泄流规模设计。水库泄流规模包括各级水位的泄流量，泥沙设计重点关注初始运用起调水位、汛期限制水位、死水位、最低水位的泄流规模（不含水轮机组引水）。

（6）水库泄洪、排沙系统和引水系统（发电、供水、灌溉）各孔洞泄流规模设计。水库的泄洪、排沙系统各孔洞的泄流量为泄洪排沙服务，要计入水库泄流规模；发电、供水、灌溉、通航等的引水流量为兴利服务，不计入水库泄流规模。

（7）水库淤积形态和有效库容设计。水库淤积形态和有效库容包括淤积一定时间的淤积形态、有效库容和淤积平衡条件的淤积形态和有效库容。多泥沙水库一般按水库淤积平衡条件设计水库淤积形态和有效库容。水库淤积平衡后有效库容即由水库滩面以下的槽库容和水库滩面以上的滩库容所组成。若水库无滩地，水库淤积平衡后有效库容为水库有效槽库容。

（8）水库运用时期和运用阶段划分及水库运用方式设计。水库运用时期根据水库任务来划分，一般划分为水库初期运用和后期运用。初期运用的主要任务是水库拦沙，形成水库淤积平衡形态，提高水库排沙能力，达到平衡输沙条件，具备有效库容规模；后期运用的主要任务是水库调水调沙，保持冲淤平衡形态，维持有效库容长期运用。在水库初期运用又根据淤积发展情况划分若干运用阶段；在水库后期运用又根据调水调沙冲淤平衡要求划分调水调沙周期。在水库初期运用要实行“合理拦沙和调水调沙运用相结合”的运用方式，在水库后期运用要实行“合理蓄清排浑和调水调沙运用相结合”的运用方式。无论水库初期运用还是水库后期运用，一切蓄泄调度都要统筹水库和下游要求，实现水库开发任务的综合效益。

（9）设计水平系列年水库和下游河道泥沙冲淤计算。一般需要计算30～50年，水库淤积历时长的要计算100年。一般泥沙问题严重的水库汛期按日、非汛期按月计算，水库泥沙问题不严重的可简化计算。

（10）水库泥沙调度方式设计。水库为多目标开发，要进行水库泥沙调度方式设计，统筹各方面要求。河流近距离和长距离的梯级水库联合运用，要分别进行有联系又有区别的联合运用泥沙调度方式设计。

（11）水库正常运用时期“终极滩面”和“终极有效库容”设计。若水库泄流规模较小，汛期限制水位的泄流规模尚不足以控制水库滩库容淤积损失，在这种情况下，要考虑水库“终极滩面”和“终极有效库容”设计。可按正常运用时期预设20～50年一遇洪水不上滩的滩面高程来设计“终极滩面”和“终极有效库容”。以此“终极滩面”和“终极有效库容”来调洪计算水库校核洪水位，加设计风浪高和设计安全超高，求得设计坝顶高程。

6.4.2 水库淤积控制和长期使用

水库的总库容系水库校核洪水位以下的水库静库容（坝前水位水平面以下的容积），是标示水库工程规模大小的代表性指标。水库长期使用的库容即长期有效库容，是水库泥沙淤积平衡形成相对稳定滩槽后的有效库容，多年平均相对稳定，只有在水库稀遇洪水（运用水位超过滩面）运用时才损失一定的滩库容。

分析水库淤积控制和长期使用的条件主要有以下三方面。

（1）水库要修建在悬移质含沙量不饱和、河道坡降大、砂、卵石河床的峡谷型河段上。建库后有控制泥沙淤积的排沙条件。

（2）合理确定决定侵蚀基准面高低的水库汛期死水位、汛期限制水位及相应的泄流规模。水库汛期死水位是控制汛期排沙和调水调沙输沙平衡的水位指标，水库汛期限制水位是保持滩库容的水位指标，要合理确定。有足够大的泄流排沙能力，能够控制水库汛期在汛期限制水位以下槽库容内运用，能将上游来沙排出水库，保持滩库容相对稳定，槽库容多年平均相对稳定。若无足够大的泄流排沙能力，就不能有效控制运用水位，也就不能有效控制淤积。

(3) 水库设计的泄流排沙规模和水库运用方式，能够满足水库拦沙完成后，在正常运用期的各种水沙条件下多年调节泥沙运用冲淤相对平衡，水库平均排沙比约100%；控制库区滩面高程不变，水库库容相对稳定；同时有利于下游河道行洪安全和输沙减淤，河漫滩平滩流量相对稳定。只有满足水库和下游河道安全，才符合水库长期使用条件。

水库泄流规模设计主要包括水库死水位泄流规模和水库汛期限制水位泄流规模的设计，应当既要满足水库泥沙淤积控制的要求，还要满足下游河道输沙的要求。对于水库初始运用阶段历时较长的（3年以上）亦应有起调水位泄流规模要求。以下介绍水库泄流规模设计的五种方法。

(1) 水电部第十一工程局勘测设计研究院公式。水库死水位泄流能力综合指标：

$$G = \frac{Q_k}{Q_0}\frac{i_k}{i_0} \qquad (6.4-1)$$

式中 Q_k——水库死水位泄流量，m^3/s；

Q_0——造床流量，m^3/s；

i_k——水库冲淤平衡比降；

i_0——原河道比降。

分析已建水库资料后认为G值宜大于0.5，由式(6.4-1)导得水库死水位的泄流规模：

$$Q_k > 0.5Q_0\frac{i_0}{i_k} \qquad (6.4-2)$$

(2) 黄河水利委员会水利科学研究院钱意颖等公式。水库死水位的泄流能力：

$$Q_k > (1.05 \sim 1.1)Q_{造} \qquad (6.4-3)$$

$$Q_{造} = 7.7\overline{Q}_{汛}^{0.85} + 90\overline{Q}_{汛}^{1/3}$$

式中 Q_k——水库死水位泄流量，m^3/s；

$Q_{造}$——造床流量，m^3/s；

$\overline{Q}_{汛}$——汛期平均流量，m^3/s。

(3) 中国水利水电科学研究院姜乃森等方法。以汛期限制水位泄流能力表征水库的泄流规模。水库汛期限制水位的泄流规模约为频率10～20年一遇洪水的洪峰流量。

(4) 清华大学水利水电工程系公式。

1) 水库汛期限制水位的泄流规模为

$$Q_{k1} = k_1\overline{Q}_{汛}^{0.8} \qquad (6.4-4)$$

2) 死水位的泄流规模为

$$Q_{k2} = k_2\overline{Q}_{汛}^{0.6} \qquad (6.4-5)$$

系数$k_1=20\sim30$；系数$k_2=30\sim50$。汛期平均流量较大时，可取较小的系数；汛期平均流量较小时，可取较大的系数。

(5) 黄河水利委员会勘测规划设计研究院涂启华等方法。

1) 汛期限制水位的泄流规模相当于频率20～30年一遇洪水的洪峰流量。

2) 死水位的泄流规模相当于频率3～5年一遇洪水的洪峰流量或多年平均洪峰流量。若设置比死水位还低的冲刷排沙水位，其泄流规模约为死水位泄流规模的80%。

3) 水库初始运用起调水位泄流规模相当于常遇洪水的洪峰流量。

6.4.3 水库淤积部位和淤积末端的控制

6.4.3.1 水库淤积部位的控制

水库淤积部位的控制主要是控制泥沙淤积在正常蓄水位与死水位之间的调节库容内。其次是要控制泄水孔洞进水口不被泥沙淤堵，保持泄水底孔前有较大的坝区冲刷漏斗和“门前清”。有利于水电站防沙、安全正常运行。同时还应控制以下几方面。

(1) 不使水库干、支流相互倒灌淤积形成干、支流拦门沙坎淤堵干、支流库容。

(2) 不使水库干、支流林木水草丛生，形成拦沙带，阻滞泥沙运行到坝前排出水库。

(3) 设置排泄推移质泥沙出库的排沙底孔，使推移质泥沙不流进泄洪排沙孔洞和引水孔洞。

(4) 在水库上游修建拦截推移质泥沙的低坝、谷坊，定期清淤，不使推移质泥沙进入水库淤积抬高库床，抬高回水位增加淹没损失和库容损失。

6.4.3.2 水库淤积末端的控制

应严格控制水库淤积末端上延。

要分析水库淤积末端的位置。涂启华等统计一些水库实测资料，得到水库淤积末端水位高程的判据式为

$$\frac{\Delta H}{H_0} = \frac{0.017}{i_0^{0.326}} \qquad (6.4-6)$$

式中 ΔH——水库淤积末端水位（以汛期平均流量水位代表）与水库汛期限制水位之高差，m；

H_0——水库汛期限制水位与坝址原河道汛期平均水位之高差，m；

i_0——原河道平均比降。

控制水库淤积末端上延的措施主要为控制水库汛期限制水位和死水位，分析水库汛期限制水位的高滩高槽纵剖面淤积末端和死水位河床淤积纵剖面末端，当淤积末端上延影响需要保护的部位时，则要适当降低水库汛期限制水位和死水位，消除水库淤积末端上延影响。

6.4.4 水库运用对泥沙冲淤的控制

6.4.4.1 通过水库运用控制泥沙冲淤的几种类型

1. 水库蓄清排浑运用对泥沙冲淤控制

在来沙多的汛期(或主汛期)水库降低水位冲刷排沙，应避免低水位小流量冲刷排沙；在来沙少的调节期抬高水位蓄水拦沙，应避免淤积末端上延；年内或多年内水库冲淤平衡；下游河道不加重淤积或有所减淤。

2. 水库调水调沙运用对泥沙冲淤控制

水库调水调沙使出库流量、含沙量、泥沙颗粒级配的组合过程和量级优化，使下游河道长距离输沙减淤，有利于河道稳定。

3. 水库滞洪排沙运用对泥沙冲淤控制

水库要有较大的泄流规模，运用时可对各种洪水合理滞洪削峰，发挥大水排沙能力。

4. 水库蓄水拦沙运用对泥沙冲淤控制

水库要充分利用异重流排沙；要使变动回水区不淤积碍航；当拦沙淤积达一定程度时，根据较大流量来水情况，短时间降低水位冲刷排沙，恢复库容，再蓄水拦沙运用，在长时期内保持调节库容。

5. 梯级水库联合运用对泥沙冲淤控制

(1) 利用上游水库下泄大流量冲刷下游水库，上游水库冲刷排沙时，下游水库降低水位排沙；上游水库蓄水拦沙时，下游水库抬高水位拦沙。

(2) 水库联合防洪、防凌、调水调沙、调节径流兴利运用，相辅相成，相互保护有效库容，发挥最大效益。

6.4.4.2 水库运用性能指标

(1) 水库功能指标：①水库运用水位；②水库泄流规模；③水库有效库容；④泄流排沙设施总体布置等。

(2) 泄流排沙设施调度运用。要形成和维持较大范围的坝区冲刷漏斗，解决进水口防淤堵和防沙问题。

(3) 滩库容的保持和利用。控制滩地不受一般洪水和较大洪水泥沙淤积影响，保持滩库容相对稳定。

6.4.5 水库有效库容形态和有效库容计算

6.4.5.1 水库有效库容形态

相对稳定的水库有效库容形态分两类：一是水库淤积平衡有效库容形态；二是水库非淤积平衡有效库容形态。

1. 水库淤积平衡有效库容形态

水库淤积平衡有效库容形态是指水库干流以死水位（排沙水位）为侵蚀基准面，形成的锥体淤积平衡形态。该锥体淤积平衡形态由干、支流输沙平衡河床纵剖面、滩地纵剖面及横断面表示。横断面形态一般为复式河槽，由滩地和河槽构成，河槽包括死水位以下的造床流量河槽和死水位以上的调蓄河槽。水库淤积形成的干、支流滩面以下槽库容形态和滩面以上滩库容形态共同构成水库有效库容形态。

2. 水库非淤积平衡有效库容形态

水库非淤积平衡形态是指水库运用中控制水库淤积在距坝一定范围内冲淤变化的相对稳定的淤积形态，如三角洲淤积形态。拟定水库一定时段内进行周期性运用，在较长时间内抬高水位蓄水拦沙，水库淤积，在较短时间内降低水位冲刷，控制水库在一定范围内的冲淤变化，如此循环运用，保持水库非淤积平衡形态有效库容相对稳定，不需要使水库淤积体推进到坝前形成锥体淤积平衡形态有效库容。

6.4.5.2 水库有效库容计算

水库库容按静库容计算，即以水库正常蓄水位水平线以下库容计算。水库淤积平衡的或非淤积平衡的淤积河底纵剖面和淤积滩地纵剖面都可能超过水库正常蓄水位水平回水线。而在水库正常蓄水位水平回水线以上的淤积体作为水库拦沙淤积体一部分，不损失水库正常蓄水位以下原始库容。所以，水库有效库容计算是考虑水库正常蓄水位水平回水线以下的泥沙淤积，计算水库原始库容的保有库容。要考虑各级水位以下的泥沙淤积，计算水库正常运用期总的及干、支流相应水位下的有效库容，并绘制有效库容曲线。还要按水库淤积形态计算水库总的及干、支流的拦沙量(拦沙淤积体积)。

水库建成运用后淤积过程中的有效库容计算，可依需要分期分析计算提出。

6.4.5.3 水库干、支流“拦门沙坎”对有效库容影响的研究

存在干、支流泥沙倒灌淤积的水库，要分析研究水库干、支流倒灌淤积形成“拦门沙坎”对干、支流有效库容的影响问题。水库运用要尽量减免干、支流倒灌淤积形成“拦门沙坎”而淤堵库容。若形成“拦门沙坎”淤堵库容，要采取工程措施治理。例如，永定河官厅水库妫水河河口“拦门沙”治理，妫水河河口拦门沙疏浚工程。存在干、支流泥沙倒灌淤积的水库，工程设计时，要考虑干、支流倒灌对有效库容的影响。

6.4.5.4 水库有效库容分布

水库有效库容的分布，是指水库正常运用期的有效库容分布，通过水库淤积形态分析计算确定：①水库正常蓄水位下有效库容；②水库汛期限制水位下有效库容；③水库干流有效库容；④水库支流有效库

容；⑤水库校核洪水位下有效库容。

计算水库拦沙库容分布。水库拦沙库容是指水库淤积体的体积，按水库干、支流淤积形态计算。水库淤积末端一般位于水库最高运用水位回水末端上游一定距离处。

6.4.5.5 水库运用限制水位

根据水库任务要求和水库运用方式，在水库正常运用时期要规定水库运用年各时段运用库容要求和相应的限制水位要求。在水库正常运用时期淤积形态形成的有效库容曲线上，查算出水库运用年各时段运用限制水位。如水库主汛期限制水位、后汛期限制水位、防凌限制水位、正常蓄水位、调水调沙运用水位、死水位、最低冲刷排沙水位等，要在水库运用年调度中执行。

6.4.6 异重流孔口排沙问题

利用异重流排沙是水库和水电站排沙设计中的重要问题。进行异重流排沙工程的孔口布置，要了解异重流孔口泄流的运动规律，布置合适的进口高程。异重流的极限吸出高度 h_L 是设计孔口位置的重要数据，其计算公式如下[8]。

（1）对二维圆孔口：

$$h_L=\phi_1\left(\frac{q^2}{\frac{\rho'}{\rho}\eta_g g}\right)^{1/3}+\frac{q'^2}{2\eta_g g h'^2} \quad (6.4-7a)$$

（2）对三维圆孔口：

$$h_L=\phi_2\left(\frac{Q^2}{\frac{\rho'}{\rho}\eta_g g}\right)^{1/5}+\frac{q'^2}{2\eta_g g h'^2} \quad (6.4-7b)$$

$$\eta_g=\frac{\rho'-\rho}{\rho'}$$

以上式中 q'——到达坝前的异重流单宽流量，$m^3/(s\cdot m)$；

h'——坝前异重流厚度，m；

Q——孔口泄量，m^3/s；

ρ'、ρ——异重流、清水的密度，t/m^3；

η_g——重力修正系数；

ϕ_1、ϕ_2——系数，范家骅对浑水的试验结果表明，$\phi_1=0.74\sim0.89$，$\phi_2=0.68\sim0.85$；

g——重力加速度，m/s^2。

由于自然情况的复杂性，异重流孔口出流试验所导出的各种公式应通过实测资料检验后应用。野外观测资料表明，这些公式的结构形式与现实情况基本相似。

过低的排沙孔口并不是很有利，要注意异重流底部的淤积影响孔口有效排沙，要利用孔口高程以下水流增加浑水出流。

6.4.7 抽水蓄能电站泥沙设计

抽水蓄能电站有上水库、水道系统、厂房和下水库，上水库与下水库的组合形式较多，要根据具体情况选择。抽水蓄能电站水泵水轮机组水头（扬程）高，泥沙磨损严重，即使含沙量较小，抽水蓄能电站也应采取相应措施，包括进出水口的工程措施、机组制造材料的选择和运行方式的优化。因而在抽水蓄能电站的设计中，要进行抽水蓄能电站泥沙设计。抽水蓄能电站的泥沙设计应按下列要求进行。

6.4.7.1 库址位置选择

尽量选择入库泥沙量较小的库址；有条件的应选择没有泥沙的库址。

6.4.7.2 有泥沙河流上抽水蓄能电站的泥沙设计

1. 电站工程总体布置

（1）避免进入水轮机的泥沙粒径超过最大许可粒径。

（2）水工建筑物布置时，进出口要考虑泥沙的影响，尽量远离沙源，减少过机含沙量，减小过机泥沙粒径。

（3）当枢纽布置不能满足上述（1）、（2）项要求时，要采取以下工程措施。

1）设置沉沙池。沉沙池要有防淤减淤措施。

2）设置两个下水库。一个为处在上游的拦沙库，一个为供水泵水轮机使用的工作水库，上游的拦沙库除拦挡泥沙外，还将含沙水流通过泄洪洞排至工作水库下游，可基本保证水泵水轮机在接近清水的条件下运行。

2. 应研究上、下水库泥沙调度运行方式

（1）进行水库运用系列年泥沙冲淤计算，提出水库淤积过程，淤积形态，调节库容的变化，抽水蓄能电站进出水口处的含沙浓度分布和冲淤形态，过机含沙量、颗粒级配、矿物组成等。

（2）控制沙量，提出减少上水库和下水库的泥沙淤积量的措施；提出的水库排沙措施及运用方式要考虑抽水蓄能电站正常运行的要求。

（3）应研究减少过机泥沙的措施，减少粗泥沙过机，控制有害含沙量和有害泥沙粒径。

3. 抽水蓄能电站过机含沙量和泥沙组成的计算

（1）采用30年或50年水库淤积计算年限，计算上水库和下水库的各年平均含沙量、泥沙颗粒组成。

（2）计算进入输水系统（水道系统）并通过水轮机的含沙量和泥沙颗粒组成。

（3）广泛收集已建抽水蓄能电站的实际观测资料，分析提出所设计的抽水蓄能电站过机含沙量和泥沙组成的确定方法，用于设计，并通过模型试验检验。

6.4.8 水库泥沙调度设计

为了发挥水库的正常效益，水库需要进行水库泥沙调度设计。

6.4.8.1 防洪、减淤为主综合利用水库泥沙调度

1．水库防洪运用

一般洪水应控制在滩面以下的槽库容内滞蓄运用。控制滩地以上库容满足设计洪水、校核洪水的调洪要求。槽库容内滞洪淤积量能在洪水后冲刷出库，不影响调节库容运用。

2．水库拦沙和调水调沙运用

（1）水库拦截在下游河道淤积严重的粗颗粒泥沙和下游河道水流挟沙力不适应的过饱和泥沙；削减强烈冲刷河床和增大洪峰流量并加速洪水位升高的高含沙量洪水；优化出库流量、含沙量及泥沙颗粒级配的水沙组合过程，发挥大水输大沙作用，提高下游河槽排洪输沙能力，增大下游平滩流量；有利于控制下游河道河势，有利于引水口和航道稳定；调节发电、引水和通航流量，满足兴利要求。

（2）水库缩短下泄“清水”冲刷下游河道的时间，减少下游河床冲刷粗化和降低水流挟沙力的影响；避免下游河道因大量坍滩展宽河槽引起河势重大变化及险情加剧。

6.4.8.2 发电、航运为主综合利用水库泥沙调度

1．发电泥沙调度运用

（1）来水流量较大时，利用泄流排沙底孔，形成和维持坝区冲刷漏斗，发挥坝区冲刷漏斗作用。

（2）在来水流量小时，在一定时段内关闭泄流排沙底孔，使全部水流发电运用，要控制两个淤积高程：①电站进水口前淤积面要较多低于进水口底坎，不使粗颗粒泥沙进入水轮机；②泄洪排沙底孔前的淤积不能淤堵孔口，不能影响闸门启闭。

（3）发电调度服从防洪调度，不影响安全通航要求。

2．航运泥沙调度运用

（1）泥沙调度运用解决通航中碍航的泥沙淤积，包括库区航道、船闸及上下游引航道的泥沙淤积；解决水库下游河道影响通航的险情，结合航道整治、疏浚、清淤等措施，综合解决碍航问题。

（2）要控制水库淤积末端位置相对稳定，解决水库淤积末端移动范围内的碍航淤积。

6.4.8.3 供水、灌溉为主综合利用水库泥沙调度

（1）避免泥沙淤积损失有效调节库容。

（2）控制引水含沙量和引水泥沙粒径，稳定引水条件。

6.4.8.4 滞洪排沙运用水库泥沙调度

一般洪水不滞洪运用，大洪水滞洪运用，保持水库和下游河道冲淤相对平衡，有利于下游河道防洪和航运。

6.4.8.5 多年调节水库泥沙调度

（1）少沙河流水库，其水库泥沙调度主要是及时排泄洪水期泥沙，保持泥沙冲淤相对平衡。

（2）多沙河流水库，其水库泥沙调度主要是控制泥沙在槽库容内冲淤变化，泥沙不在库区滩地淤积，在入库流量较大时降低水位运用，冲刷恢复河槽库容。

6.4.8.6 梯级水库联合泥沙调度

（1）上游水库泄放“清水”冲刷下游水库，但要避免加速下游水库推移质向坝前推进。

（2）上游水库分担防洪和滞洪运用，减少下游水库泥沙淤积；下游水库分担防洪和滞洪运用，减少上游水库泥沙淤积。

（3）梯级水库联合调水调沙运用，联合发挥平水和大水流量的输沙减淤作用；联合调蓄平水和小水削减含沙量；联合增补枯水流量，满足供水、灌溉、航运要求。

6.4.9 水库淤积形态分析计算

水库淤积形态包括纵向淤积形态和横向淤积形态。纵向淤积形态由淤积纵剖面形态表示，横向淤积形态由淤积横断面形态表示。

6.4.9.1 水库淤积纵剖面形态分析

1．水库淤积纵剖面形态类型

水库淤积纵剖面形态一般有五种类型，即三角洲、带状、锥体、倒锥体、锯齿状等类型。水库的纵向淤积形态有单一形式，又有复合形式，并在一定条件下发生转化。

（1）三角洲淤积。图6.4-1为永定河官厅水库纵向淤积形态，淤积末端向洋河和桑干河延伸，异重流倒灌淤积妫水河，河口“拦门沙坎”升高突出。

（2）带状淤积。图6.4-2为少沙河流清江隔河岩水库带状淤积形态。

（3）锥体淤积。图6.4-3为黄河三级支流蒲河巴家嘴水库锥体淤积纵剖面及横断面形态。巴家嘴水库悬移质泥沙颗粒细，年平均含沙量202kg/m³，最

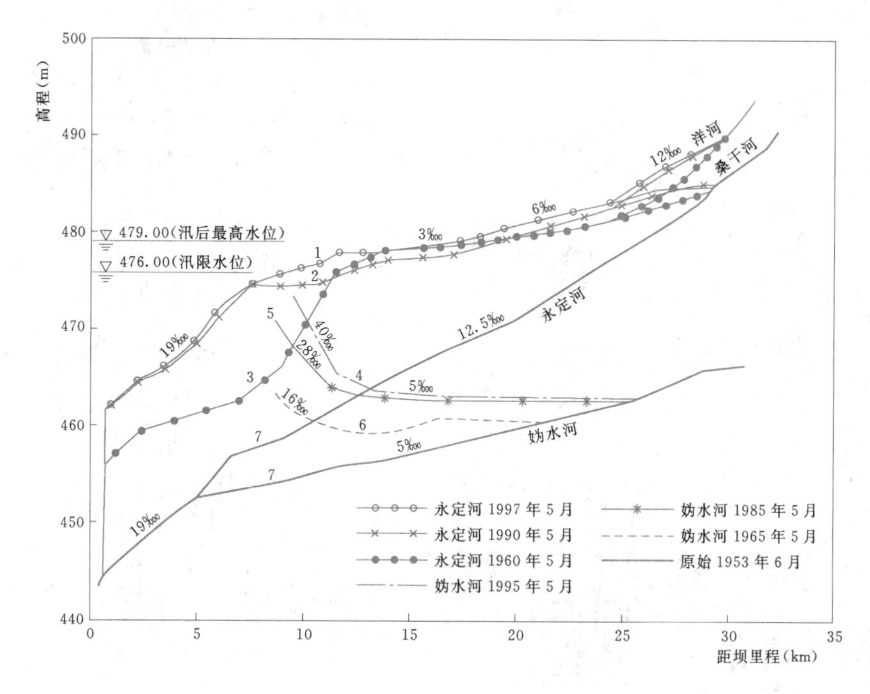

图 6.4-1　永定河官厅水库纵向淤积形态

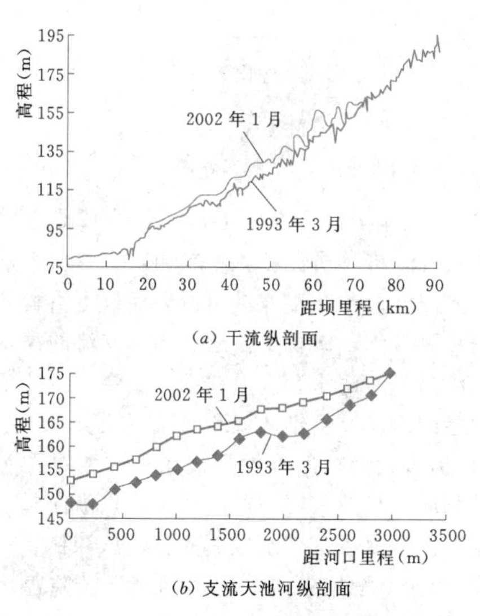

图 6.4-2　清江隔河岩水库带状淤积形态

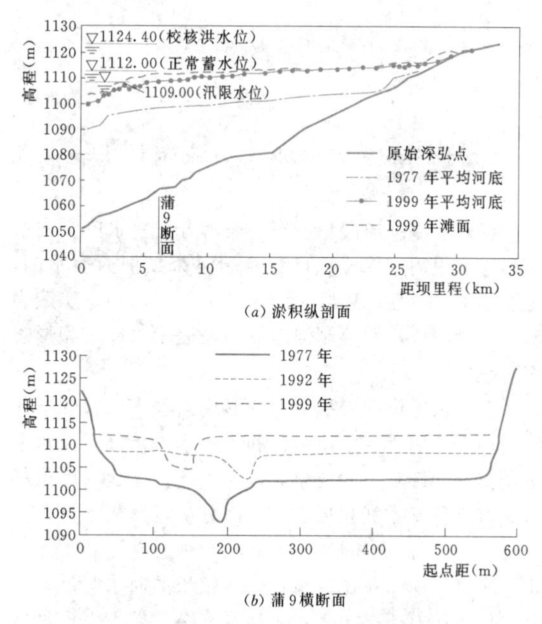

图 6.4-3　蒲河巴家嘴水库锥体淤积纵剖面及横断面形态

大含沙量为 1070kg/m³。由于泥沙细、含沙量高、水库较短，从 1962 年 7 月运用后，一直呈现锥体淤积形态。

(4) 倒锥体淤积[24,38]。图 6.4-4 为广东武思江水库 1993 年实测的倒锥体淤积形态[24]。造成这种淤积形态有以下主要原因：①入库的推移质泥沙多沉积于入水口库段；②入水口回水变动段库面狭窄，缓慢的水流利于泥沙沿程落淤；③由于泥沙沿程落淤，水流含沙量沿程递减，使泥沙淤积沿程减弱等。

浑水倒灌淤积容易形成倒锥体淤积和“拦门沙坎”。

(5) 锯齿状淤积。图 6.4-5 为长江葛洲坝库区

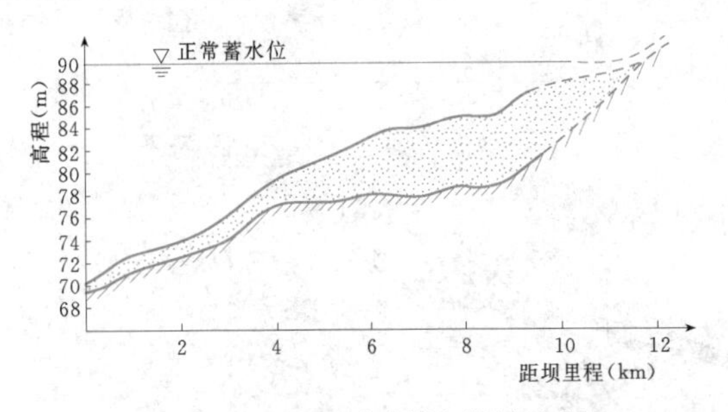

图 6.4-4　武思江水库淤积纵剖面形态

锯齿状淤积纵剖面形态。

水库五种类型的纵向淤积形态都具有过渡的性质，对于能够达到淤积平衡的水库，最终过渡到形成锥体淤积平衡形态。对于非淤积平衡的水库，在水库运用中淤积发展到距坝一定距离时，结合水库放水灌溉，或利用入库洪水降低库水位冲刷水库淤积物，恢复水库库容；库容恢复到一定规模后，水库抬高水位蓄水拦沙，水库淤积，周期性运用，维持水库有一定周期性变化的三角洲非淤积平衡形态。

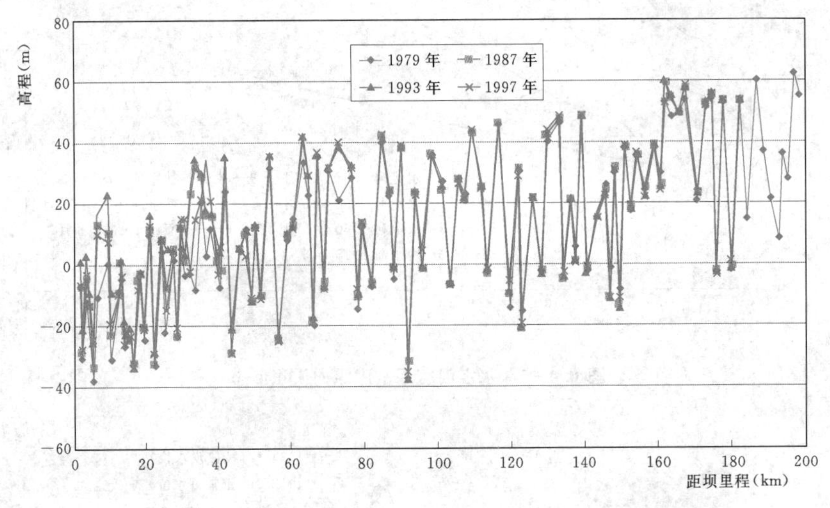

图 6.4-5　长江葛洲坝库区锯齿状淤积纵剖面形态（深泓）

2. 水库纵向淤积形态的表示方法和形成条件

(1) 水库纵向淤积形态的表示方法。水库纵向淤积形态有用河床深泓点高程绘制河床纵剖面表示的，也有用平均河底高程绘制河床纵剖面表示的。实践表明以平均河底高程绘制河床纵剖面表示水库淤积形态相对较好。

(2) 水库纵向淤积形态的形成条件。水库的淤积纵剖面形态因受到水库地形和入库水沙条件以及水库运用方式的影响不同而差异很大，统计已建水库资料归纳有五种基本淤积形态，下面分析其形成条件。

1) 三角洲淤积形态的形成条件主要是：水库蓄水位较高；库水位比较稳定，有较长的回水长度；其蓄水库容相对于多年平均来沙量来讲比较大；泥沙颗粒较粗；含沙量较小。

2) 带状淤积形态的形成条件主要是：水库蓄水位有较频繁的和较大幅度的升降变化；库形狭长，泥沙颗粒较细。

3) 锥体淤积形态的形成条件主要是：水库蓄水位较低；库容相对于来沙量较小；洪水泥沙颗粒较细，含沙量较大，输沙量较大，大多数泥沙能较快运行至坝区淤积。

4) 倒锥体淤积形态的形成条件主要是：水库运用水位较高，推移质泥沙颗粒较粗，推移质来沙量较大，主要泥沙淤积在水库进口段，而以下沿程含沙量小，泥沙颗粒细，淤积少。还有干、支流的浑水或异重流倒灌淤积“清水”区，在干、支流倒灌的汇合口形成“拦门沙坎”倒锥体淤积形态。

5) 锯齿状淤积形态的形成条件主要是：水库沿程宽窄相间，呈藕节形，原河床深泓点纵向起伏落差大，泥沙淤积量少，不足以淤平原河床深槽。

6) 原水电部第十一工程局勘测设计院提出水库淤积纵向形态分类判别指标经验关系，能起到初步判断作用（应按水库实际资料检验）：

a. 当$\frac{SV}{Q}>1$，$\frac{\Delta H}{H_0}<0.1$时，为三角洲淤积。

b. 当$\frac{SV}{Q}<0.25$，$\frac{\Delta H}{H_0}>1$时，为锥体淤积。

c. 当$0.25<\frac{SV}{Q}<1$，$0.1<\frac{\Delta H}{H_0}<1$时，为带状淤积。

以上经验关系表达式中，Q、S分别为入库汛期平均流量（m^3/s）和含沙量（kg/m^3）；V 为水库汛期平均水位下库容（亿 m^3）；ΔH 为水库汛期坝前水位变幅（m）；H_0 为水库汛期泄流底孔进口底坎以上平均水深（m）。

6.4.9.2 水库纵向淤积形态计算

这里介绍的淤积纵比降计算公式，有一定的实测资料作依据，有一定的适用范围，要在应用计算时验证。

1. 水库三角洲淤积河床纵剖面比降计算

水库广义的三角洲淤积形态如图 6.4-6 所示，它包括尾部段、顶坡段、前坡段、沿程淤积段和坝前淤积段等五段，淤积物粒径沿程水力分选，由粗到细。

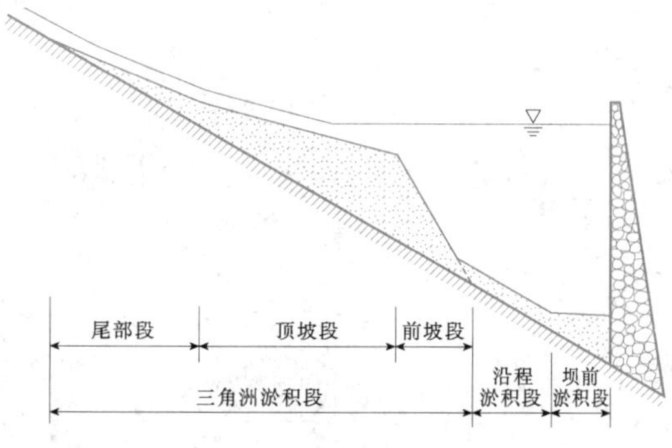

图 6.4-6 三角洲淤积形态

(1) 水库尾部段比降。水库尾部段一般为推移质淤积，多数是沙、砾、卵石推移质淤积，少数为粗泥沙推移质淤积。一方面为准平衡输沙；另一方面随着三角洲向下游推进，尾部段河床淤高并上延淤积。但尾部段比降仍按推移质平衡输沙比降计算。

1) 王士强公式。根据黄河干、支流资料，得

$$i = 2.35 \times 10^{-4} D_{50}^{0.55} q^{-0.83} \tag{6.4-8}$$

式中 i——比降；

D_{50}——床沙中数粒径，mm；

q——多年汛期平均单宽流量，$m^3/(s \cdot m)$。

式 (6.4-8) 不宜用于床沙中数粒径 $D_{50} < 1.0mm$ 的河床，用于沙、卵石推移质淤积尾部段。

2) 焦恩泽公式。根据 15 座水库资料，得

$$i_{尾} = 0.68 i_0 \tag{6.4-9}$$

式中 $i_{尾}$——水库尾部段淤积比降；

i_0——原河道比降。

3) 涂启华、李群娃公式。统计水库尾部段比降与上游天然河道比降的相关关系，以及冲积平原河道的下河段比降和上河段比降关系的资料，建立水库尾部段比降计算关系式：

$$i_{尾} = 0.054 i_{上}^{0.67} \tag{6.4-10}$$

式中 $i_{尾}$——水库尾部段比降；

$i_{上}$——水库尾部段上游天然河段比降。

(2) 三角洲顶坡段比降。三角洲顶坡段为准平衡输沙，随着三角洲向下游推进，顶坡段淤积面升高，但顶坡段比降仍按平衡比降计算。

1) 陈文彪、谢葆玲公式：

$$i = \frac{n^2 g^{5/6} \omega^{5/6} S^{5/6m} B^{0.5}}{k^{5/6m} Q^{0.5}} \tag{6.4-11}$$

式中 i——比降；

g——重力加速度，m/s^2；

n——糙率；

ω——泥沙的沉降速度，m/s；

S——含沙量，kg/m^3；

m、k——同水流挟沙力公式 $S^* = k\left(\frac{v^3}{gh\omega}\right)^m$ 中的指数、系数；

B——水面宽，m；

Q——流量，m^3/s。

2) 韩其为和梁栖蓉公式：

$$i = 47.3 \frac{n^2 \zeta^{0.4} S^{0.678} \omega^{0.73}}{Q^{0.2}} \tag{6.4-12}$$

$$\zeta = \frac{\sqrt{B}}{h}$$

式中 ζ——河相系数；

其他符号意义同前。

对于变动流量则需要采用代表性流量，提出：

$$i_k = \frac{6.11 \times 10^5 n_{k1}^2 W_s^{0.678} \zeta_{k1}^{0.4} \omega^{0.73}}{Q_{k1}^{0.878} T^{0.678}} \tag{6.4-13}$$

式中 Q_{k1}——塑造河床纵剖面的造床流量；

n_{k1}、ζ_{k1}——在流量 Q_{k1} 下的糙率、河相系数值；

T——造床期天数；

W_s——造床期（水库敞泄排沙的时期，不含水库蓄水和滞洪壅水时期）的总输沙量，亿 t。

3) 姜乃森公式：

$$i = A_* \frac{S^{5/6} d_{50}^{5/3} D_{50}^{1/3} B^{1/2}}{Q^{1/2}} \tag{6.4-14}$$

根据黄河、渭河、永定河等水库和河道的汛期平均资料，求得系数 $A_* = 1.21 \times 10^4 \sim 1.68 \times 10^4$，取平均值 $A_* = 1.45 \times 10^4$。

4) 涂启华、朱粹侠公式：

$$i = k \frac{Q_{s出}^{0.5} d_{50} n^2}{B^{0.5} h^{1.33}} \tag{6.4-15}$$

式中 k——系数，与汛期平均来沙系数 $\left(\frac{S}{Q}\right)_{汛}$ 成反比关系，见表 6.4-1；

B、h——按汛期平均流量计算的水面宽、平均水

深，m；

$Q_{s出}$ ——汛期平均出库输沙率，t/s；

d_{50} ——汛期平均出库悬移质泥沙中数粒径，mm；

n ——汛期（主汛期）平均糙率。

式（6.4-15）中系数 k 亦可按 $k=\dfrac{46.8}{\left(\dfrac{S}{Q}\right)_{汛}^{0.454}}$ 关系式计算。该比降公式的验证结果见表6.4-2，表明它适用于不同类型的水库和河流。

表6.4-1　式（6.4-15）的系数 k 值与汛期平均来沙系数关系

$\left(\frac{S}{Q}\right)_{汛}$	<0.0007	0.0007～0.001	0.001～0.003	0.003～0.007	0.007～0.01	0.01～0.05	0.05～0.1	0.1～0.2	0.2～0.4	0.4～0.6	0.6～1.4	1.4～2.8	2.8～6.2	6.2～10	10～20	20～40	>40
k	1200	1000	840	510	350	200	140	112	84	62	45	34	22	17	13	9	7.5

沙质河床河槽水面宽和平均水深可按式（6.4-16）、式（6.4-17）计算：

$$B=38.6Q^{0.31} \quad (6.4-16)$$

$$h=0.081Q^{0.44} \quad (6.4-17)$$

相应过水断面面积 $A=3.127Q^{0.75}$，断面平均流速 $v=0.32Q^{0.25}$。

如果受到河谷的影响，水面宽受到一定的约束，则在保持过水断面面积 $A=3.127Q^{0.75}$ 和过水断面平均流速 $v=0.32Q^{0.25}$ 关系不变的条件下，调整水面宽和水深，使河槽变窄深。当河谷宽小于600m时，$B=34.9Q^{0.31}$，$h=0.089Q^{0.44}$；当河谷宽小于500m时，$B=29.8Q^{0.31}$，$h=0.105Q^{0.44}$；当河谷宽小于400m时，$B=25.2Q^{0.31}$，$h=0.125Q^{0.44}$；当河谷宽小于300m时，$B=18Q^{0.31}$，$h=0.173Q^{0.44}$；当水面宽完全受河谷限制，则水面宽等于河谷宽，按同流量同过水断面面积而增大水深。对于水库尾部段为粗沙、砾石和卵石推移质淤积的河槽，则按 $A=15.2Q^{0.55}$，$v=0.066Q^{0.45}$，$B=73.5Q^{0.22}$，$h=0.207Q^{0.33}$ 计算；若受河谷影响，当河谷宽小于300m时，则按 $B=24.8Q^{0.28}$，$h=0.304Q^{0.33}$ 计算；若完全受河谷影响，则水面宽等于河谷宽，按同流量同过水断面面积而增大水深。

5）武汉水利电力学院河流动力学及河道整治教研组公式：

$$i=\frac{\zeta^{0.4}g^{0.73}S^{0.73/m}\omega^{0.73}n^2}{k^{0.73/m}Q^{0.2}} \quad (6.4-18)$$

式中符号意义同前。

根据河道和水库实际资料确定公式中的各项数据。

6）关于推移质淤积形成的三角洲顶坡段比降。可以参照用推移质淤积三角洲实测资料或水槽试验及模型试验资料建立计算关系式。如谭伟民、白荣隆等研究的推移质淤积比降 i_b 与 $D_{50}/\sqrt[3]{q^2/g}$ 的关系（见图6.4-7），可供参考应用，其中 D_{50} 为推移质淤积物中数粒径（m），q 为单宽流量［m³/（s·m）］，g 为重力加速度（m/s²）。

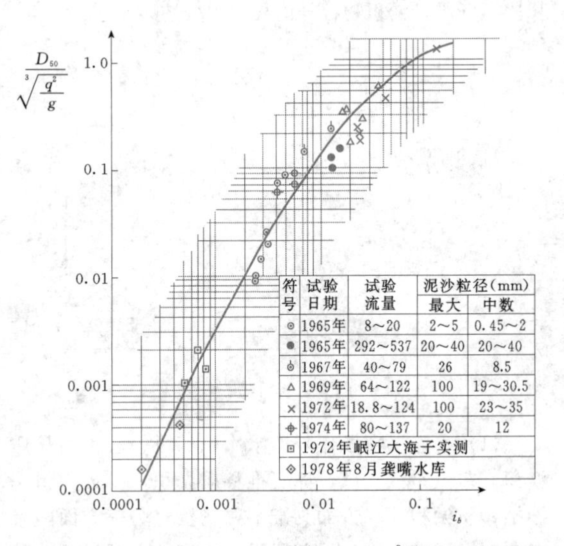

图6.4-7　推移质淤积比降 i_b 与 $D_{50}/\sqrt[3]{q^2/g}$ 的关系

（3）三角洲前坡段比降。

1）王士强公式：

$$\frac{i_{前}}{i_{顶}}=11.4-23.9\frac{i_{顶}}{i_0}$$

式中　$i_{前}$ ——前坡段比降；

$i_{顶}$ ——顶坡段比降；

i_0 ——前坡段下游原河道比降。

2）韩其为公式。计算前坡段长度 $l_{前}$（可求得前坡段比降）：

$$l_{前}=\left(\frac{h_k}{h_b}\right)^2\left(\frac{Q}{B_k\omega}\right) \quad (6.4-19)$$

式中　$l_{前}$ ——前坡段长度，m；

h_k ——平衡水深，m；

B_k ——平衡河宽，m；

h_b ——三角洲顶点水深，m；

ω ——前坡段泥沙的沉降速度，m/s；

Q ——造床流量，m³/s。

表 6.4-2　　式（6.4-15）验证表

水库（河道）	项目	年份（汛期平均）	$Q_入$ (m^3/s)	$S_入$ (kg/m^3)	$Q_{s入}$ (t/s)	$\left(\frac{S}{Q}\right)_汛$ [$(kg\cdot s)/m^6$]	$Q_出$ (m^3/s)	$S_出$ (kg/m^3)	$Q_{s出}$ (t/s)	B (m)	h (m)	d_{50} (mm)	n ($s/m^{1/3}$)	k	$i_测$ (‱)	$i_计$ (‱)
三门峡	潼关—大坝	1964	4120	48.4	199.5	0.012	3930	19.8	78.0	550	3.20	0.034	0.0145	176	1.10	1.09
		1967	3797	46.2	175.6	0.012	3887	42.4	164.7	540	3.15	0.039	0.0145	176	1.70	1.73
		1970	1600	95.3	152.5	0.060	1570	107.8	169.2	433	2.08	0.037	0.0145	140	2.54	2.57
		1971	1270	80.5	102.0	0.064	1290	87.0	112.2	410	1.87	0.039	0.0145	140	2.62	2.61
		1972	1160	32.0	37.1	0.028	1190	43.2	51.4	400	1.80	0.044	0.0145	176	2.70	2.67
		1973	1710	77.0	131.0	0.045	1735	87.6	152.0	440	2.15	0.039	0.0150	140	2.68	2.61
		1974	1145	48.1	55.2	0.042	1140	53.8	61.3	400	1.80	0.031	0.0155	140	2.02	1.87
		1975	2850	34.1	97.2	0.012	2880	43.1	124.0	500	2.77	0.037	0.0155	176	2.01	2.01
盐锅峡	库区	1971～1973	1075	0.55	0.585	0.0005	1065	0.95	1.015	250	4.5	0.023	0.014	980	0.43	0.38
三盛公	库区	1968	2165	4.9	10.6	0.023	1740	6.15	10.7	600	2.1	0.027	0.011	840	1.28	1.36
		1970	987	5.0	4.95	0.005	747	6.55	4.89	440	1.9	0.027	0.014	510	1.15	1.21
闹德海	距坝11km以上库区	1971	12.4	113	1.406	9.1	12.2	162	1.98	42	0.25	0.044	0.023	17	6.0	5.43
		1973	9.4	19.7	0.186	2.1	10.0	33.8	0.338	37	0.23	0.044	0.023	34	6.0	5.34
官厅	三角洲库段	1967	137	37.4	5.12	0.273	137	37.4	5.12	73	0.92	0.031	0.018	84	2.4	2.50
		1968	41	24.0	0.988	0.582	41	24.0	0.988	42	0.65	0.031	0.021	62	2.4	2.31
渭河	交口—陈村	1970	553	121	67.2	0.219	553	121	67.2	225	2.10	0.029	0.02	84	2.05	1.99
		1973	435	167	72.5	0.384	435	167	72.5	165	2.54	0.029	0.02	84	1.93	1.87
渭河	交口—吊桥	1972	126	29	3.64	0.23	126	29	3.64	125	1.0	0.028	0.02	84	1.64	1.61
		1974	266	53	14.1	0.20	266	53	14.1	140	1.77	0.031	0.02	84	1.64	1.55
黄河下游	艾山—泺口	1970	1810	48	81.0	0.026	1810	48	81.0	350	2.53	0.029	0.012	176	1.10	1.03
		1971	1420	39	55.3	0.027	1420	39	55.3	340	2.13	0.026	0.012	176	1.00	0.97
		1972	1130	25.2	28.6	0.022	1130	25.2	28.6	350	2.20	0.035	0.013	176	1.00	1.04
		1973	1800	53.8	96.8	0.030	1800	53.8	96.8	350	2.54	0.029	0.012	176	1.10	1.11

注　式（6.4-15）中的泥沙中数粒径为粒径计法颗粒分析成果，当中数粒径为吸管法（光电仪法）颗粒分析成果时，按关系 $d_{50(粒)}=0.798d_{50(吸)}^{0.812}$ 换算。

当实际水面宽度接近平衡河宽 B_k 时，则 h_b 接近 h_k，可略去式中的 $\left(\frac{h_k}{h_b}\right)^2$ 项。

3）涂启华、李世滢、孟白兰公式。根据三门峡、青铜峡、刘家峡、官厅等水库的资料，建立前坡段比降与坡脚处水深关系（见图 6.4-8）：

$$i_{前} = f(H_{坡脚})$$

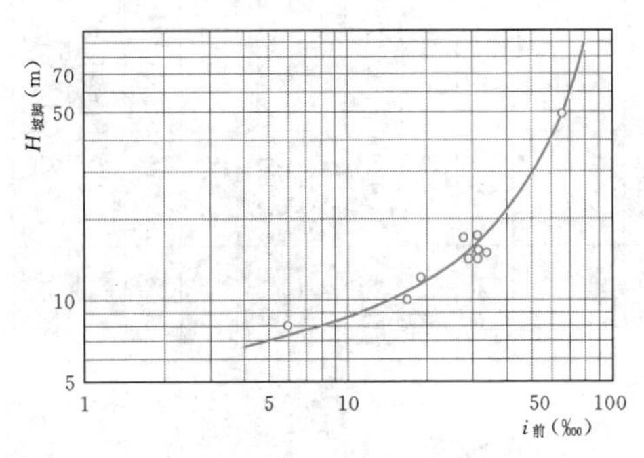

图 6.4-8 三角洲前坡段比降关系图

先试取一前坡段坡脚点，与三角洲顶点连线，得试取的前坡段比降，再按此坡脚处水深，由图 6.4-8 中曲线查得前坡段比降，若与试取的前坡段比降符合，则采用试取的前坡段坡脚点和前坡段比降。否则，另行试算，直至二者相符合为止。

4）经验估算法。根据一些水库资料，统计得到前坡段比降为顶坡段比降的 4～7 倍，或为原河道比降的 1.6～1.9 倍。

5）推移质淤积三角洲的前坡段比降。调查研究已建水库推移质淤积三角洲前坡段资料，结合所设计工程类比分析选定；或按推移质淤积泥沙平均粒径的水下休止坡，考虑动水作用，取较小值。

（4）三角洲前坡段以下沿程淤积比降。实测资料表明，经过三角洲前坡段淤积以后的泥沙颗粒很细，在排沙底孔打开的情况下，前坡段下游的沿程淤积可以视为均匀淤积，淤积比降与原河底比降接近。若排沙底孔未打开，则泥沙水平淤积在坝前段，并向上游延伸。若排沙底孔部分开启，则坝前段淤积比降较原河底比降变缓，或近似按原河底比降 0.5 倍考虑。

2. 考虑水库侵蚀基准面抬高作用的淤积纵剖面比降计算

从水库淤积平衡理论出发，水库淤积塑造新的平衡输沙河道。以水库死水位为水库塑造新河道冲淤平衡河床纵剖面的侵蚀基准面水位，水库死水位下形成造床流量河槽。水库新河床淤积物组成比原河床淤积物组成变细，糙率变小，形成新平衡河道的输沙能力变大，河槽变窄深，河床纵比降比原河道河床纵比降会有很大的减小。水库侵蚀基准面抬高愈多，河床淤积纵剖面比降愈小，但随着水库侵蚀基准面升高，i/i_0 值变小并趋近一个极限值的趋向，这个极限值可能为 $i/i_0=0.01$ 左右。

这里要明确指出，水库死水位是水库新平衡输沙河道的新侵蚀基准面水位。在水库死水位下形成的输沙平衡河床纵剖面的河底线是基准底线。水库汛期调水调沙运用水位在水库死水位至汛期限制水位之间变化，在必要时还可降低水位至死水位以下进行冲刷排沙。

（1）淤积比降和侵蚀基准面抬高的关系。

1）王士强公式。根据一些水库资料，得到如图 6.4-9 所示的关系曲线，可用式（6.4-20）表达：

$$\frac{i}{i_0} = f(Hi_0^{0.2}) \tag{6.4-20}$$

式中 i_0、i——建库前、后的比降；

H——侵蚀基准面抬高值，m。

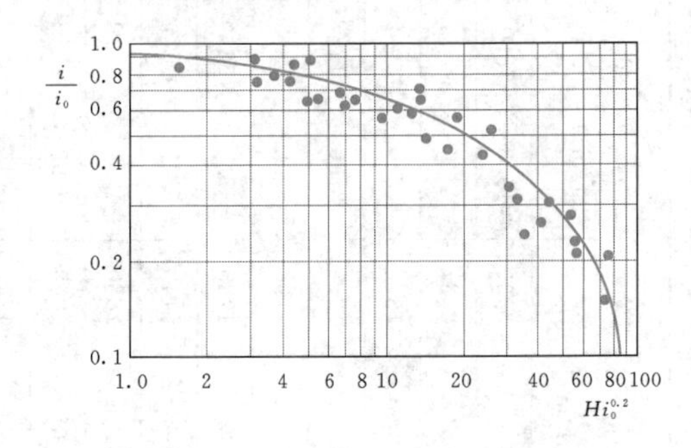

图 6.4-9 $\frac{i}{i_0}$—$Hi_0^{0.2}$ 关系图

2）涂启华、李世滢、孟白兰公式。统计分析黄河、永定河、辽河等河流上已建水库的资料，得到如图 6.4-10 所示的关系曲线，可用式（6.4-21）表达：

$$\frac{i}{i_0} = f(i_0^{0.56}H^{0.68}) \tag{6.4-21}$$

式中符号意义同前。

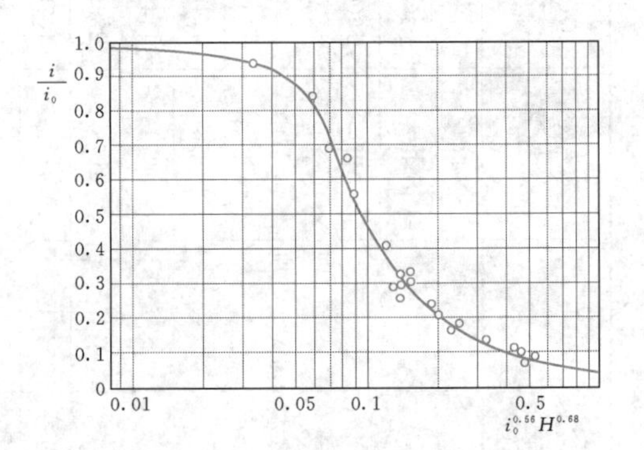

图 6.4-10 $\frac{i}{i_0}$—$i_0^{0.56}H^{0.68}$ 关系图

3）焦恩泽公式：

$$i = 3.8\frac{S^{0.19}i_0^{0.21}}{Q^{0.16}Z^{0.33}} \quad (i\text{以‰计}) \qquad (6.4-22)$$

式中 Z——坝前淤积厚度，m；

Q——汛期平均流量，m^3/s；

S——汛期平均含沙量，kg/m^3。

4）谭颖公式。

a. 统计分析黄河、永定河、渭河、辽河等河流上14个水库实测资料，得到以悬移质淤积为主的水库的经验关系：

$$\frac{i}{i_0} = 19.5\left(\frac{d_{50}}{D_{50}}\right)^{0.1}\left(\frac{1}{HV}\right)^{0.15} \qquad (6.4-23)$$

式中 d_{50}——入库悬移质泥沙中数粒径，mm；

D_{50}——库区天然河床的床沙中数粒径，mm；

H——水库侵蚀基准面抬高值，m；

V——相应于侵蚀基准面高程下的库容，m^3。

b. 统计分析岷江、大渡河、以礼河、汉江、上犹江、乌溪江等河流上15个水库实测资料，得到以推移质淤积为主的水库的经验关系：

$$\frac{i}{i_0} = 0.79(HQi_0)^{-0.17} \qquad (6.4-24)$$

式中 Q——多年平均年入库流量，m^3/s；

其他符号意义同前。

需要指出，水库侵蚀基准面抬高，库区新河道河床纵剖面不是均一比降而是可分多段比降，上述经验关系计算的是其平均比降。

(2) 淤积比降和淤积物粒径的关系。

1）水库淤积物中数粒径的沿程变化计算。涂启华、李世滢、孟白兰统计分析黄河三门峡、青铜峡、盐锅峡水库和永定河官厅水库的资料，得到如下关系式。

a. 粗沙夹砾、卵石淤积河床的库段：

$$D_i = D_0 e^{-0.0422L_i} \qquad (6.4-25)$$

b. 悬移质淤积为主，夹有粗沙推移质淤积的沙质库段：

$$D_n = D_s e^{-0.0109L_n} \qquad (6.4-26)$$

以上式中 D_i、D_n——计算断面的河床淤积物中数粒径，mm；

D_0、D_s——水库推移质淤积段进口上游床沙中数粒径、沙质淤积段进口断面床沙中数粒径，mm；

L_i——距水库推移质淤积段进口断面的里程，km；

L_n——距沙质淤积段进口断面的里程，km。

2）淤积比降和淤积物中数粒径的关系。

a. 涂启华、李世滢、孟白兰公式：

$$i = 0.001D_{50}^{0.7} \qquad (6.4-27)$$

其中，D_{50}以mm计。

b. 钱宁、周文浩公式：

$$i = 37D_{50}^{1.3} \qquad (6.4-28)$$

其中，D_{50}以mm计；i以‰计。

3. 水库滩地淤积纵剖面比降计算

(1) 统计一些水库滞洪淤积滩地的资料，得到水库滩地淤积纵剖面平均比降公式为

$$i_{滩} = \frac{50\times10^{-4}}{\overline{Q}_{洪}^{0.44}} \qquad (6.4-29)$$

式中 $\overline{Q}_{洪}$——水库滞洪淤积滩地时期的洪水平均流量，m^3/s。

(2) 从统计分析实测资料可知，水库滩地比降和河槽比降有一定的比例关系，在水库上段：$i_{滩}/i_{槽}=0.3\sim0.5$；水库下段：$i_{滩}/i_{槽}=0.6\sim0.8$。水库严重滞洪淤积时滩槽淤积比降都很小，此时滩槽比降的比例关系可达0.9左右。洪水过后，库水位下降，河槽冲刷下切，滩地不变，河槽比降变大，滩槽比降的比例关系变为0.5～0.6左右。

4. 水库倒灌淤积形成的倒锥体淤积形态和“拦门沙坎”计算

已有一些实际观测资料和计算方法的研究成果，如参考文献［3］，尚需要更多的观测和研究。涂启华、孟白兰、李世滢等分析三门峡水库南涧河、官厅水库妫水河、刘家峡水库洮河及长江某“盲肠”河段倒锥体淤积形态和“拦门沙坎”的资料，提出如下计算式以供参考。

(1) 倒锥体淤积坡降：

$$i_{倒} = 1.42D_{50}^{1.64} \qquad (6.4-30)$$

当$D_{50}<0.008$mm时，取$i_{倒}=6$‰。

(2) 倒锥体淤积高差（m）：

$$\Delta H_{倒} = aH_{口门淤}^{0.28} \qquad (6.4-31)$$

若水库为逐步抬高水位低壅水拦沙淤积，$a=1.25$；若水库为一次抬高水位高壅水拦沙淤积，$a=2.51$。倒锥体淤积高差指“拦门沙坎”与倒锥体淤积坡脚处的高差。

(3)“拦门沙坎”冲刷计算。当“拦门沙坎”上游河道来水流量较大时，水库降低水位，形成冲刷条件，可以冲刷“拦门沙坎”，分析一些水库降低水位冲刷“拦门沙坎”的资料，得近似计算整个“拦门沙坎”冲刷下切强度：

$$\Delta Z = 0.375\times10^{-4}\left(\frac{Qi}{D_{50}}\right)^{0.52} \qquad (6.4-32)$$

以上式中 D_{50}——淤积物中数粒径，mm；

$H_{口门淤}$——“拦门沙坎”淤积厚度，m；

$\Delta H_{倒}$——倒锥体坡脚处淤积面与“拦门沙坎”淤积面的高差，m；

ΔZ——“拦门沙坎”冲刷下切强度，m/d；

Q——流量，m^3/s；

i——水面比降。

式（6.4-30）～式（6.4-32）经验性强，可结合实际检验或调整，如考虑“拦门沙坎”的宽度和淤积物特性等影响。

6.4.9.3 水库淤积横断面形态

1. 水库淤积横断面形态变化过程

水库蓄水运用后，淤积横断面形态变化经历以下四个阶段。

（1）全断面水平淤积升高。水库蓄水运用初期，壅水水深大，流速小，水流挟沙力小，出现全断面水平淤积抬高的淤积横断面形态。

（2）全断面沿湿周淤积升高。水库经过一定淤积后壅水水深仍较大，流速仍较小，水流挟沙力仍较小，出现全断面沿湿周淤积抬高的淤积横断面形态，但河床淤积厚度较大，两侧淤积厚度较小，形成河槽雏形。

（3）河槽和滩地平行淤积升高。水库淤积发展，壅水水深减小，出现滩槽雏形，在摆动淤积中，滩、槽平行淤积升高。

（4）水库冲淤形成高滩地深河槽。在水库逐步升高水位淤高滩地和逐步降低水位冲刷下切河槽中，形成由汛期限制水位控制滩面和由死水位控制河底的高滩深槽形态。在降低水位下切河床过程中逐步侧蚀展宽河槽，若遇河床和河岸为黏性淤积物组成，抗冲性较强，则河床下切受阻，侧蚀受阻，形成多级台阶窄深河槽和多级跌水陡坎，但冲刷经历时间延长和冲刷流量增大，仍可形成沿程较均匀冲刷。因此，水库运用要避免形成具有抗冲性强的异重流淤积物胶结层。水库拦沙要多拦粗沙多排细沙，形成砂性土淤积物，则容易降低水位冲刷淤积物，形成较大槽库容，有利于调水调沙运用。

在大型水库长距离淤积以及淤积造滩造床过程中，由于淤积物的沿程水力分选，库区沿程滩地和河槽淤积物的组成不同，河岸和河床的可动性不同。因此，上游库段为粗沙淤积物，河床和河岸可动性大，为游荡型河段；中游库段为粗沙、细沙混合淤积物，为过渡型河段；下游库段为细泥沙淤积物，具有黏结力，滩、槽相对稳定，河槽窄深，为蜿蜒型（也称弯曲型）河段。

2. 水库淤积横断面形态计算

水库淤积横断面形态包括死水位水面线以下的造床流量河槽和死水位水面线以上至滩面线之间的调蓄河槽两部分。滩面以上为水库自然河谷形态。水库运用要控制泥沙不上滩淤积，保持汛限水位以上的防洪库容长期有效。

（1）造床流量河槽形态。

水库死水位是水库形成输沙平衡河道的侵蚀基准面，死水位水面线以下的河槽为造床流量河槽。

1）C.T. 阿尔图宁稳定河宽关系：

$$B = A\frac{Q^{0.5}}{i^{0.2}} \tag{6.4-33}$$

式中 B——稳定河槽宽度（简称稳定河床），m；

Q——造床流量，m^3/s；

i——平衡比降；

A——稳定河床系数。

涂启华等统计我国部分水库资料，得系数 A 值与河岸土质和河型的关系。从河岸土质讲，河岸为砂性土，平均 $A=2.2$；河岸为砂壤土，平均 $A=1.7$；河岸为壤性土，平均 $A=1.1$。从河型讲，游荡型河段 $A=2.23\sim5.41$；过渡型河段 $A=1.3\sim1.7$；弯曲型（蜿蜒型）河段 $A=0.64\sim1.15$。

2）河相关系。造床流量河槽河相关系（宽深关系）为

$$\frac{B^m}{h} = \zeta \tag{6.4-34}$$

式中 ζ——河相系数；

m——指数。

在冲积平原河流，$m=0.5$；在山区河流，$m=0.8$。水库淤积造床，具有冲积平原河流特性。这里讲的河相关系是按河段讲的，并不是单个断面河相关系。

一般情况，水库下段河相系数 $\zeta=4\sim6$，水库中段河相系数 $\zeta=8\sim10$，水库上段河相系数 $\zeta=12\sim15$。关于 ζ，当实际资料比较丰富，解决具体工程问题时，较易取得当地及类似条件的实际资料作验证之用。

3）河槽水力几何形态。

a. 武汉水利电力学院河流动力学及河道整治教研组[9,60]。就输沙平衡情况而言，谢鉴衡选用宽深关系式，与水流连续公式、水流阻力公式、水流挟沙力公式联解，求得

$$\left.\begin{aligned} B_k &= \frac{k^{1/5m}\zeta^{0.8}Q^{0.6}}{S^{1/5m}\omega^{0.2}g^{0.2}} \\ h_k &= \frac{k^{1/10m}Q^{0.3}}{\zeta^{0.6}S^{1/10m}\omega^{0.1}g^{0.1}} \end{aligned}\right\} \tag{6.4-35}$$

式中 B_k、h_k——稳定河宽、稳定槽深，m；

k、m——同水流挟沙力公式 $S^*=k\left(\frac{v^3}{gR\omega}\right)^m$ 中的系数、指数；

ω——泥沙的沉降速度，m/s；

其他符号意义同前。

b. 姜乃森根据一些水库的资料，得

$$\left.\begin{aligned} h_k &= 0.652\frac{Q^{0.3}}{\zeta^{0.6}S_{床}^{0.0953}\omega_{床}^{0.1}} \\ B_k &= \zeta^2 h_k^2 \end{aligned}\right\} \quad (6.4-36)$$

式中 $S_{床}$——床沙质泥沙含沙量，kg/m³；

$\omega_{床}$——床沙质泥沙在清水中的沉速，m/s；

其他符号意义同前。

c. 焦恩泽统计实际资料，得

$$\left.\begin{aligned} \frac{A}{D_{50}^2} &= 1.21\left(\frac{Q}{D_{50}^2\sqrt{gD_{50}i}}\right)^{0.75}\left(\frac{S}{\gamma' i}\right)^{-0.09} \\ \frac{B}{D_{50}^2} &= 8.68\left(\frac{Q}{D_{50}^2\sqrt{gD_{50}i}}\right)^{0.36}\left(\frac{S}{\gamma' i}\right)^{0.15} \\ \frac{h}{D_{50}^2} &= 0.14\left(\frac{Q}{D_{50}^2\sqrt{gD_{50}i}}\right)^{0.39}\left(\frac{S}{\gamma' i}\right)^{-0.24} \end{aligned}\right\} \quad (6.4-37)$$

式中 A——过水断面面积，m²；

D_{50}——床沙中数粒径，m；

γ'——浑水容重，t/m³；

S——含沙量，kg/m³；

i——水面比降；

其他符号意义同前。

d. 韩其为研究认为，河槽的平均水深和水面宽计算公式如下。

当库面较开阔，能满足一定的河相关系时，按

$$\left.\begin{aligned} h &= \left(\frac{nQ}{\zeta^2 i^{1/2}}\right)^{3/11} \\ B &= \zeta^2 h^2 \quad \left(\text{即 } \zeta = \frac{\sqrt{B}}{h}\right) \end{aligned}\right\} \quad (6.4-38)$$

当库面窄，不能满足一定的河相关系，B 采用实际河宽时，相对平衡水深为

$$h = \left(\frac{nQ}{Bi^{1/2}}\right)^{3/5} \quad (6.4-39)$$

以上式中 n——糙率；

i——平衡河床纵剖面比降；

其他符号意义同前。

上述河槽水力几何形态计算公式除可适用于造床流量河槽形态计算外，还可计算各级流量河槽的水力几何形态。

4）河槽水力几何形态与流量和含沙量的关系。研究表明：多沙河流的河槽水力几何形态与流量和含沙量有关系，少沙河流的河槽水力几何形态只和流量有关系。

涂启华、张俊华、安催花、张遂业等分析多沙河流黄河下游河槽水力几何形态与流量和含沙量的关系，得到如表 6.4-3 所示的关系。其他多沙河流可根据实测资料，分析河槽平均流速、水面宽、平均水深与流量和含沙量的关系。河槽水力几何形态与流量和含沙量的关系，适用于造床流量河槽和各级流量河槽的水力几何形态计算。

表 6.4-3 黄河下游河槽水力几何形态与流量和含沙量的关系

河段	断面	流量条件 (m³/s)	含沙量条件 (kg/m³)	$v=bQ^mS^u$			$B=cQ^nS^w$			$h=dQ^rS^x$		
				b	m	u	c	n	w	d	r	x
游荡型河段（水面宽自由变化）	花园口	$Q\geqslant1500$	$S>0$	0.082	0.305	0.173	185.0	0.509	−0.615	0.0660	0.186	0.442
		$Q<1500$		0.082	0.350	0.165	48.2	0.470	−0.230	0.2530	0.180	0.065
	高村	$Q\geqslant1500$	$S>0$	0.109	0.305	0.134	50.4	0.509	−0.350	0.1820	0.186	0.216
		$Q<1500$		0.100	0.305	0.200	87.7	0.470	−0.419	0.1140	0.225	0.219
蜿蜒型河段（水面宽受限制影响）	艾山	$Q\geqslant1500$	$0<S<150$	0.163	0.346	−0.046	408.0	0.004	−0.019	0.0150	0.650	0.065
			$S>150$	0.079	0.357	0.080	408.0	0.004	−0.019	0.0310	0.639	−0.061
		$Q<1500$	$0<S<150$	0.156	0.400	−0.185	166.5	0.144	−0.075	0.0385	0.456	0.260
	利津	$Q\geqslant1500$	$0<S<150$	0.085	0.460	−0.107	467.0	0.029	−0.043	0.0250	0.511	0.150
			$S>150$	0.032	0.463	0.080	467.0	0.029	−0.043	0.0670	0.508	−0.037
		$Q<1500$	$0<S<150$	0.308	0.340	−0.200	295.0	0.080	−0.116	0.0110	0.580	0.316

注 v 为平均流速，m/s；B 为水面宽，m；h 为平均水深，m；Q 为流量，m³/s；S 为含沙量，kg/m³。

（2）造床流量计算。造床流量是表征与多年流量、含沙量过程的综合造床作用相当的一个代表流量。一般以水位与滩地齐平时的平滩流量作为造床流量，约相当于多年平均洪峰流量。

1）钱意颖公式：

$$Q_{造} = 7.7\overline{Q}_{汛}^{0.85} + 90\overline{Q}_{汛}^{1/3} \tag{6.4-40}$$

2）涂启华公式：

$$Q_{造} = 56.3\overline{Q}_{汛}^{0.61} \tag{6.4-41}$$

以上式中 $\overline{Q}_{汛}$——汛期平均流量，m^3/s。

3）Н. И. 马卡维耶夫提出该流量下的水流输沙能力（可用流量的高次方和比降的乘积表示）$Q^m i$ 与所经历的时间（以其出现的频率 p 表示）的乘积值 $Q^m ip$ 为最大时，其所对应的流量的造床作用最大，此即为造床流量。在绘制水库的 $Q—Q^m ip$ 关系曲线时，采用水库排沙时期值。计算步骤如下。

a. 计算各级流量在水库排沙时期出现的频率 p（用排沙时期的流量过程分流量级）。

b. 绘制水库排沙时期流量 Q 与比降 i 的关系曲线，计算各级流量相应的比降。

c. 在双对数纸上由实测资料作输沙率与流量的关系曲线，即 $Q_s = aQ^m$ 关系，求出指数 m 值。

d. 计算相应于每一级流量的 $Q^m ip$ 乘积值。

e. 绘制 $Q—Q^m ip$ 关系曲线，从图中查出 $Q^m ip$ 的最大值，相对应于此最大值的流量 Q 即为所求的造床流量。

4）张红武等提出以 $QS^* p^m$ 最大值所对应的流量为造床流量，其中，S^* 为水流挟沙力，指数 $m=0.6$。

5）韩其为提出第一造床流量和第二造床流量的概念。以第一造床流量 Q_{k1} 代表塑造河床纵剖面的流量；以第二造床流量 Q_{k2} 代表塑造河床横剖面的流量，$Q_{k2} > Q_{k1}$。水库造床流量按有效排沙期流量计算。关于第二造床流量 Q_{k2} 的计算，应将有效排沙期各流量级的冲刷量按流量由小到大累计，当累计冲刷量达到50%时的流量就是 Q_{k2}。有效排沙期不含蓄水滞洪和壅水时期。

第一造床流量 Q_{k1} 按式（6.4-42）计算：

$$Q_{k1} = \left(\sum \frac{Q_i^{1+p} t_i}{T}\right)^{\frac{1}{1+p}} \tag{6.4-42}$$

式中 Q_i——将有效排沙期分成若干小时段后的时段流量，m^3/s；

t_i——相应的时段长；

T——有效排沙期时间，$T = \sum t_i$。

含沙量与流量的 p 次方成比例，在冲积性河道和较开阔水库，p 接近1，在山区河流和峡谷型水库，$p=1\sim2$。

（3）调蓄河槽形态。调蓄河槽位于死水位水面线之上，底部高程为死水位水面线的高程，顶部高程为汛期限制水位水面线高程，即滩面线高程。调蓄河槽的岸坡是死水位水面线以上至滩面的岸坡。

涂启华、何宏谋等统计了三门峡、闹德海、青铜峡、盐锅峡、官厅、三盛公、黑松林、巴家嘴等水库资料，得到河槽边坡系数，见表6.4-4。

表 6.4-4　水库河槽边坡系数

部 位	水库死水位以下造床流量河槽		水库死水位以上调蓄河槽				
岸高（m）	2.5～5.0	＞5.0	2.5～5.0	5.0～10	10～15	15～20	＞20
边坡系数	15～25	10～20	7～12	6～11	5～10	4～9	3～7
平均边坡系数	20	15	9.5	8.5	7.5	6.5	5.0

姜乃森分析水库河槽边坡与淤积物中数粒径的关系。依据三门峡、盐锅峡、青铜峡等水库资料，绘出水库河槽边坡与淤积物中数粒径的关系，如图6.4-11所示。

6.4.10 水库糙率计算

6.4.10.1 糙率特性分析

水库综合糙率以 n 表示，它包括床面糙率 n_b 和边壁糙率 n_w 的综合阻力作用。一般来讲，在狭谷段和宽阔段，边壁糙率的作用程度不同，前者显著，后者可忽略不计。

姜乃森等统计分析了河道边壁糙率与床面糙率之比 n_w/n_b 和平均水面宽与水力半径之比 B/R 的关系，点绘成关系图6.4-12。由图可见，当 $B/R>30$ 时，边壁糙率很小，可略而不计；当 $B/R<10$ 时，n_w/n_b 值急剧增大；而当 $B/R<8$ 时，可只考虑边壁阻力的作用。

6.4.10.2 糙率计算方法

1. 豪登—爱因斯坦公式

$$n = \left(\frac{p_b n_b^{3/2} + p_w n_w^{3/2}}{p}\right)^{2/3} \tag{6.4-43}$$

式中 p_b、n_b——河床湿周长度、河床糙率；

p_w、n_w——边壁湿周长度、边壁糙率；

p、n——总湿周长度、综合糙率。

（1）边壁糙率的计算。可以利用枯水流量和洪水

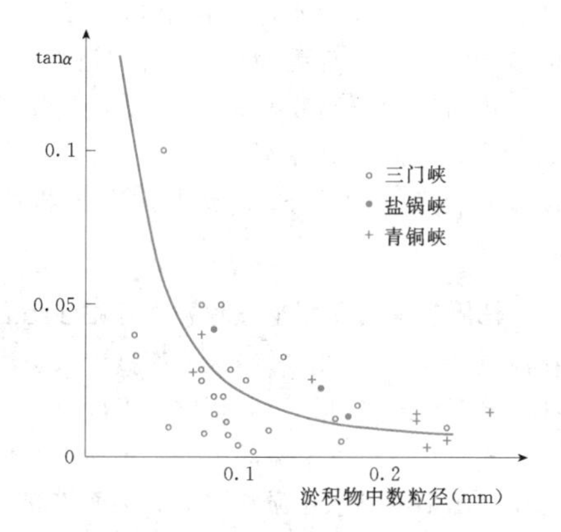

图 6.4-11 水库淤积河槽边坡与淤积物中数粒径关系

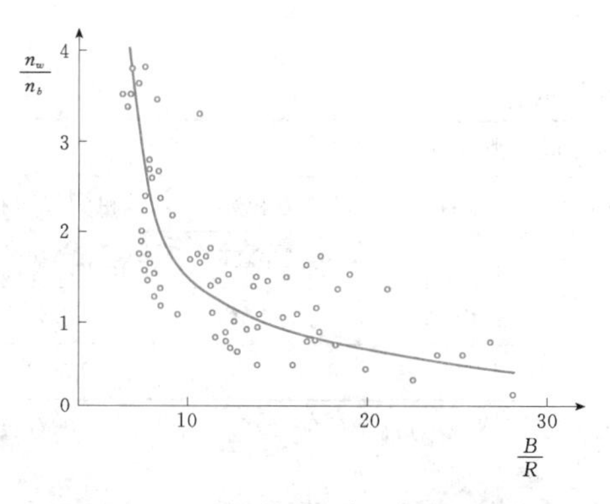

图 6.4-12 边壁糙率与床面糙率的比值和水面宽与水力半径的比值的关系

流量时期的枯水位和洪水位相应的综合糙率和湿周按式（6.4-44）计算得

$$n_w = \left(\frac{p_2 n_2^{3/2} - p_1 n_1^{3/2}}{p_2 - p_1}\right)^{2/3} \quad (6.4-44)$$

式中 n_1、n_2——相应于枯水流量、洪水流量时的综合糙率；

p_1、p_2——相应于枯水流量、洪水流量时的湿周。

用式（6.4-44）可以从枯水流量至洪水流量由小至大计算各级流量相应水位及其湿周的边壁糙率，从而得到边壁糙率与床面糙率的比值和水面宽与水力半径的比值的关系，类似图 6.4-12 的关系。

韩其为、惠遇甲对长江三峡河段天然糙率进行分析，分别提出了边壁糙率表，给出边壁糙率的分级数值，可供参考。

1）韩其为提出的边壁糙率分级。

第一级：峡谷河段，边壁、河床起伏大，多石梁、巨砾，n_w=0.10 左右。

第二级：非峡谷河段，边壁、河底起伏大，n_w=0.06 左右。

第三级：一般山区河道，河谷开阔，有边滩或心滩，边壁糙率与床面糙率差别不大，n_w=0.03～0.04。

第四级：河谷开阔，岸壁、河底均较平顺，n_w=0.025 左右。

2）惠遇甲提出的边壁糙率分级。

第一级：河谷狭窄，悬谷陡壁，边坡锯齿状突出，两岸大块碎石，n_w=0.11～0.22，平均值为 0.15。

第二级：河谷狭窄，呈 U 形，石壁较光滑、完整，岸坡碎石较少，n_w=0.10～0.15，平均值为 0.12。

第三级：河谷开阔，岸坡稍缓，两岸有山嘴梁、风化大碎石，n_w=0.08～0.12，平均值为 0.095。

第四级：河谷开阔，两岸为光滑石壁或风化碎石、岸壁不规整，n_w=0.04～0.08，平均值为 0.06。

第五级：河谷开阔，岸坡多风化碎石，粒径较细，岸边较顺直，n_w=0.04～0.05，平均值为 0.045。

（2）床面糙率的计算。一般情况下可以采用小水流量时期综合糙率代替，或者用下列公式估算，并与小水流量时的综合糙率相比较，两者应相接近。

根据实际资料，可以按韩其为公式计算床面平均糙率：

$$n_s = \frac{D_{50}^{1/6}}{6.5\sqrt{g}}\left(\frac{h}{D_{50}}\right)^{\frac{1}{6}-\frac{1}{4+\lg\left(\frac{h}{D_{50}}\right)}} \quad (6.4-45)$$

式中 D_{50}——床沙中数粒径，m。

在一定水力条件下，可以忽略床面形态糙率的影响时（如床面比较平整），亦可用沙粒糙率近似代表床面糙率。

沙粒糙率 n 与粒径 $D_{50}^{1/6}$ 成正比关系，下述几个公式可以计算沙粒糙率。

1）司笃克公式：

$$n = 0.015D_{50}^{1/6} \quad (6.4-46)$$

2）张友龄公式：

$$n = 0.0166D_{50}^{1/6} \quad (6.4-47)$$

3）奥布瑞因公式：

$$n = 0.01885D_{50}^{1/6} \quad (6.4-48)$$

以上三式中，床沙中数粒径 D_{50} 的单位以 mm 计。

4）涂启华提出沙质河床的糙率为

$$n = 0.052D_{50}^{1/6} \quad (6.4-49)$$

砂、卵石河床的糙率为

$$n = 0.051D_{50}^{1/6} \quad (6.4-50)$$

以上二式中，床沙中数粒径 D_{50} 的单位以 m 计。

2. 综合糙率计算经验公式

(1) 方宗岱、刘月兰公式：

$$n = 0.0507\left(\frac{\sqrt{B}}{h}\right)^{-0.61} \qquad (6.4-51)$$

(2) 韩其为等公式：

$$n = 0.045\left(\frac{\sqrt{B}}{h}\right)^{-0.575} \qquad (6.4-52)$$

(3) 涂启华、孟白兰公式。分析三门峡、盐锅峡、青铜峡、三盛公等水库实测资料，通过水库水面线和河床断面及河床组成的验算，获得综合糙率的计算关系式（表6.4-5）：

$$n = -a\lg\frac{B}{h} + b \qquad (6.4-53)$$

上述水库淤积形态分析计算和水库糙率分析计算的方法，适用于水库的干、支流库区的淤积形态分析计算和糙率计算。水库干流沿程的支流，在各支流河口的河底淤积高程和滩地淤积高程就是相应部位的干流河底淤积高程和滩地高程。以各支流河口处的干流淤积面为支流河口的基准面，由支流自身水沙条件塑造河床和滩地淤积纵剖面和河槽横断面。

6.4.11 梯级水库衔接和水资源利用与泥沙防治

在河流梯级开发中，梯级水库衔接和水资源利用与泥沙防治要合理安排，需要研究以下问题。

(1) 梯级水库淤积末端的范围。包括死水位淤积平衡河床和汛期限制水位淤积滩地纵剖面末端。

(2) 梯级水库淤积平衡的河床纵剖面和滩地纵剖面形态。包括水库分段长度、分段比降和分段淤积物组成。

表6.4-5 水库综合糙率计算关系

宽深比 B/h	项目	河床组成类型						
		细沙	中沙	粗沙	粗沙夹少量细砾	砾石	细颗粒卵石	粗颗粒卵石
<135	a	0.0267	0.0285	0.0305	0.0325	0.0345	0.0426	0.0465
	b	0.0700	0.0747	0.0800	0.0853	0.0906	0.1120	0.1210
≥135	n	0.012～0.013	0.014	0.015	0.016～0.017	0.018～0.019	0.020～0.021	0.022～0.023

注 细沙为粒径小于0.062mm的泥沙；中沙为粒径0.062～0.5mm的泥沙；粗沙为粒径0.5～2.0mm的泥沙；砾石粒径为2.0～16mm；卵石粒径为16～250mm；漂石粒径大于250mm。

(3) 梯级水库在设计运用年限内的沙、砾、卵石推移质输沙量、粒配组成，推移质淤积形态。包括合理处置推移质于库外，不影响水库。

(4) 梯级水库洪水淤积回水曲线和坝下洪水冲淤水位流量关系曲线。包括各种类型、各种等级洪水。

(5) 梯级水库非汛期蓄水运用淤积形态。包括梯级水库非汛期联合蓄水运用和不联合蓄水运用。

(6) 梯级水库联合运用保护有效库容；联合保护航道。包括各种联合运用方式。

(7) 梯级水库联合防洪、防凌、减淤和兴利运用的统筹安排。包括对水库下游影响。

(8) 梯级水库水资源利用和泥沙防治的协调关系。包括水资源利用为主和泥沙防治为主。

要以全河梯级开发和水资源利用与泥沙防治为主线，以大型骨干工程为重点，构成一个体系。

6.4.12 水库悬移质淤积为主的三角洲淤积形态估算方法

涂启华、杨忠敏等研制的估算方法如下。

1. 三角洲各部分淤积量的估算

统计分析已建水库三角洲淤积形态的实测资料，一般可按三角洲尾部段淤积占2%～5%，三角洲顶坡段和前坡段淤积合占65%～75%，沿程淤积段淤积占18%～13%，坝前段淤积占15%～7%进行分配。

2. 三角洲淤积形态的估算

(1) 三角洲淤积代表水位 $\overline{Z}$ 的确定。一般分别采用水库汛期和非汛期的坝前平均水位作为水库汛期和非汛期三角洲淤积代表水位 $\overline{Z}$。在水库蓄水位分阶段逐步升高时，则分阶段叠加三角洲淤积。

(2) 三角洲顶点位置。

1) 计算三角洲顶坡段正常水深 h_k：

$$h_k = \left(\frac{Q}{B}\frac{n}{i_{顶}^{0.5}}\right)^{0.6} \qquad (6.4-54)$$

2) 计算三角洲顶坡段顶点水深：

$$h_0 = (1.1 \sim 1.2)h_k$$

3) 确定三角洲顶点位置：首先计算三角洲顶点高程 $Z_{顶}$（$Z_{顶} = \overline{Z} - h_0$），分析确定三角洲的顶坡段比降、尾部段比降、前坡段比降及淤积量等；然后在计算的三角洲顶点高程的水平线上试定一顶点位置，根据顶坡段比降、尾部段比降和前坡段比降试摆三角洲，试算三角洲淤积量，若试算得到的三角洲淤积量等于汛期和非汛期计算的三角洲淤积量，则试定点即确定为汛期和非汛期三角洲顶点位置，否则另行在计算的三角洲顶点高程的水平线上试定顶点位置计算，直至相符合。

（3）推移质淤积部位的估算。将水库悬移质淤积三角洲顶坡段河床纵剖面末端与天然河底线（平均河底高程线）相交，在该相交点上作垂直线，在该垂直线上设定推移质淤积厚度 ΔZ 点，在该厚度 ΔZ 点上按推移质淤积比降划推移质淤积河底线，上游与天然河底线相交，下游与悬移质淤积河底线相交，得试算的推移质淤积体纵剖面，并考虑推移质淤积沉入悬移质淤积河床的置换层（1～2m），试算推移质淤积量，若试算的推移质淤积量等于设计的水库推移质淤积计算年限的淤积量，则就确定了三角洲推移质淤积体部位。否则，另设 ΔZ 计算，直至符合。

（4）三角洲前坡段、沿程淤积段和坝前淤积段的估算。三角洲前坡段淤积体是以其前坡段比降向前推进。在三角洲前坡段以下则为较细颗粒泥沙或为异重流泥沙的沿程淤积，可近似地按沿天然河床平行淤积到坝前，其余泥沙排泄出库。若运动到坝前的泥沙因未开启底孔排泄而受阻，则在坝前段形成水平淤积抬高，并形成浑液面升高的“浑水水库”，在开启底孔排泄泥沙后消除。

3. 三角洲各段比降估算

按本节前述有关比降计算方法估算。

6.4.13 水库排沙计算方法

夏震寰、王士强、彭守拙等研究的水库排沙计算方法如下。

1. 水库壅水排沙关系

水库壅水排沙计算可采用壅水排沙比 $\eta=\dfrac{Q_{s出}}{Q_{s入}}=f\left(\dfrac{V_W}{Q_{出}}\dfrac{Q_{入}}{Q_{出}}\right)$ 曲线，如图 6.4-13 所示。图中排沙比曲线分别以来水含沙量大小和悬移质泥沙颗粒粗细以及有无异重流作参数。

2. 水库敞泄排沙关系

敞泄排沙计算公式为

$$Q_s=K\frac{Q^{1.6}i^{1.2}}{B^{0.6}} \qquad (6.4-55)$$

式中 Q_s——出库输沙率，t/s；

Q——出库流量，m^3/s；

i——平均水面比降；

B——水面宽，m。

系数 K 的取值变化大，对于滞洪淤积的新淤积物，较易冲刷，平均取 $K=650$；对于壅水淤积物的冲刷，平均取 $K=300$；对于沉积时间较长、较难冲刷的淤积物，平均取 $K=180$。水库敞泄排沙关系如图 6.4-14 所示。图中，$Q_{s入}$、$Q_{s出}$ 为进、出库输沙率

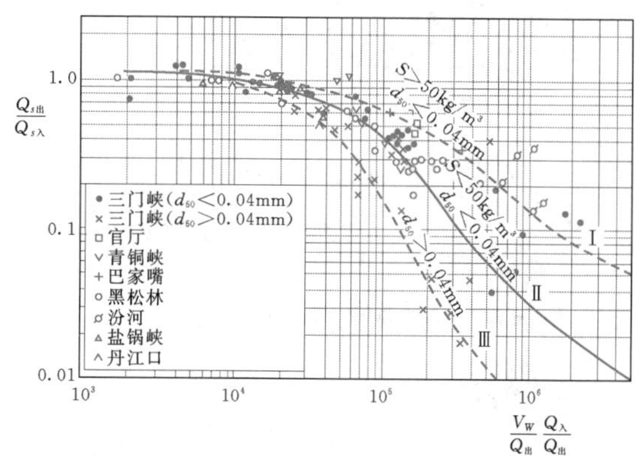

图 6.4-13 水库壅水排沙比 $\eta=f\left(\dfrac{V_W}{Q_{出}}\dfrac{Q_{入}}{Q_{出}}\right)$ 关系曲线

Ⅰ—含沙量高、泥沙颗粒细、有异重流；Ⅱ—一般壅水明流排沙；Ⅲ—泥沙颗粒粗、无异重流

（t/s）；$Q_{入}$、$Q_{出}$ 为进、出库流量（m^3/s）；V_W 为水库蓄水容积（m^3）。

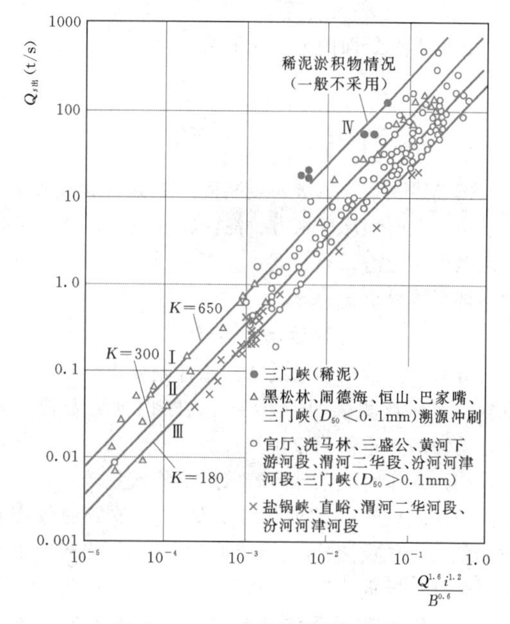

图 6.4-14 水库敞泄排沙关系

6.4.14 水库异重流计算方法

范家骅等研究的水库异重流计算方法如下。

1. 异重流形成的条件

产生异重流的根本原因是清水和浑水的重率差。水库蓄有清水，上游来的浑水就易形成异重流。

2. 异重流潜入的条件

异重流潜入处交界面示意图如图 6.4-15 所示。

异重流潜入后，异重流的水面线出现一个拐点，其弗劳德数 $Fr=1$。由于潜入点在拐点以上，故在潜入点 $Fr_0<1$。根据范家骅等的试验资料，在潜入点

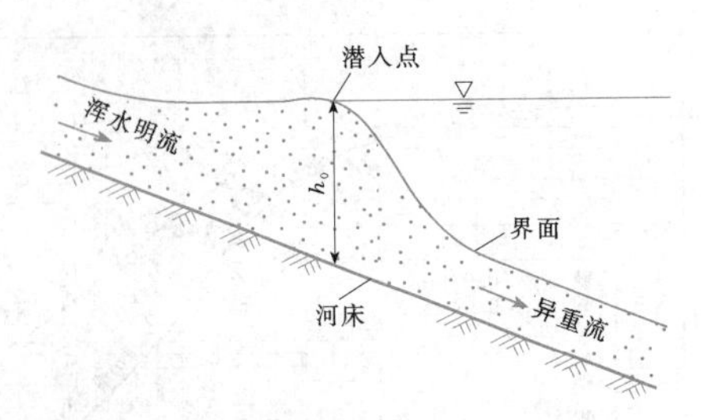

图 6.4-15 异重流潜入处交界面示意图

的弗劳德数为

$$Fr_0 = \frac{v_0}{\sqrt{\frac{\Delta\gamma}{\gamma'}gh_0}} = 0.78 \qquad (6.4-56)$$

$$\Delta\gamma = \gamma' - \gamma$$

式中 v_0 ——异重流潜入点断面平均流速，m/s；

γ'、γ ——浑水、清水容重，kg/m^3；

g ——重力加速度，取 9.81m/s^2；

h_0 ——潜入点断面的平均水深，m。

在潜入点断面的平均水深为

$$h_0 = 1.185\sqrt[3]{\frac{q_0^2}{\frac{\Delta\gamma}{\gamma'}g}} \qquad (6.4-57)$$

按上述关系计算潜入点断面的单宽流量、水深和含沙量。在已知库区水力、泥沙特征值后，就可根据潜入条件确定潜入点位置。不具备潜入条件的水库，则不能形成异重流。

3. 异重流持续运动的条件

异重流持续运动的最基本条件是要求异重流持续发生。实际观测表明，当潜入点断面处异重流一消失，前面的异重流就很快消失。

(1) 入库水流条件。若入库洪峰流量较大，持续时间较长，且有一定的含沙量和一定数量的较细颗粒，就能使异重流持续发生和持续运动。当入库洪峰流量降低，异重流运动就逐渐减弱，甚至消失。

(2) 库区边界条件。异重流除在主流方向流动外，还向其他方向扩散，如在库面过宽处的异重流扩散；在有干、支流汇口处，发生干流向支流或者相反的异重流倒灌，造成异重流沿程损失。

4. 异重流计算

(1) 运动计算。

1) 异重流运动速度和异重流厚度。为了近似计算，将异重流作为二维恒定均匀流处理。

a. 异重流运动速度：

$$v' = \sqrt[3]{\frac{8}{\lambda_m}\frac{\Delta\gamma}{\gamma'}gq'i_0} \qquad (6.4-58)$$

b. 异重流平均厚度：

$$h' = \frac{q'}{v'} = \sqrt[3]{\frac{\lambda_m}{8g}\frac{\gamma'}{\Delta\gamma}\frac{q'^2}{i_0}} \qquad (6.4-59)$$

以上式中 q'——异重流单宽流量，m^3/(s·m)。

根据范家骅等的试验资料，异重流阻力系数 $\lambda_m \approx 0.02 \sim 0.035$，近似取 $\lambda_m = 0.025$，当局部阻力较大时，λ_m 值适当加大。官厅水库的资料表明，其阻力系数 λ_m 值与此相近。

2) 异重流宽度。关于异重流宽度，在峡谷型和河道型水库，可取河底宽度即为异重流宽度；对于湖泊型水库或突然扩散段，异重流扩散后的有效宽度(异重流实占宽度) 可能小于地形宽度，要适当考虑其扩散角的影响。范家骅等根据官厅水库的资料，建立异重流进入断面流速和异重流扩散角与地形扩散角之比值的关系，如图 6.4-16 所示。在无资料时，异重流宽度 B'按一定扩散角确定，近似计算时扩散角可采用 8°。

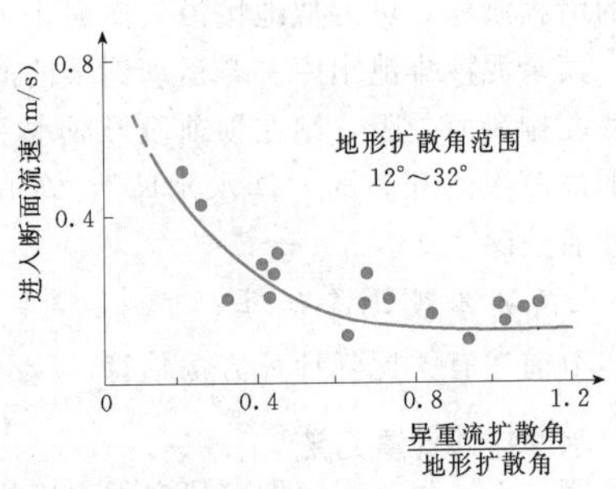

图 6.4-16 异重流扩散的经验关系

(2) 排沙计算。

1) 确定异重流运行到坝前的可能性。确定浑水潜入点位置后，自潜入点至坝前的距离 L 除以异重流流速 v'，即得异重流运抵坝前所需时间，$T_1 = \frac{L}{v'}$。若入库洪峰持续时间 T 短，而异重流运抵坝前所需时间长，即 $T_1 > T$，则异重流不能运行到坝前。若 $T_1 < T$，开启排沙底孔，则能排出异重流泥沙。

2) 计算各断面异重流含沙量。韩其为等认为异重流与明流的挟沙力和不平衡输沙规律是相同的，可用明流不平衡输沙方法进行异重流沿程含沙量变化计算。范家骅等用官厅水库资料 (1956～1959 年) 和三门峡水库资料 (1961 年)，建立了 v'—d_{90} 关系，如图 6.4-17 所示，进行异重流含沙量沿程变化计算，计算步骤如下。

a. 计算一场洪水的时段平均流量。

b. 把异重流潜入点以下库区分成若干段，确定各段的平均底坡、平均宽度，计算各段单宽流量，异重流阻力系数可取 0.025。

c. 以进库含沙量值利用式 (6.4-58) 计算第一

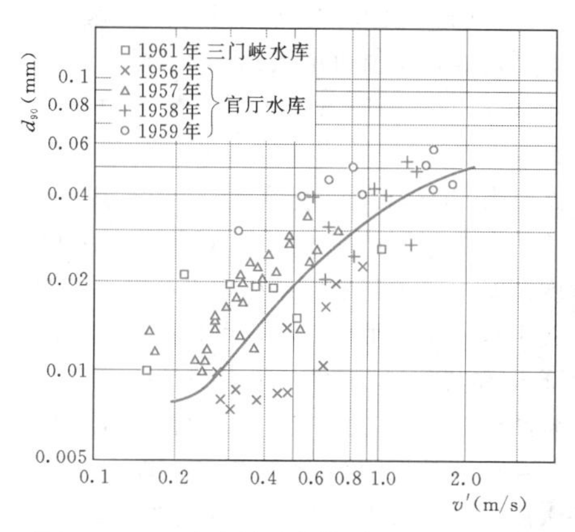

图 6.4-17 水库异重流的 v'—d_{90} 关系曲线

断面异重流流速 v'，即作为第二断面的流速，以此流速从图 6.4-17 求得第二断面该流速所能携带的 d_{90}。

d. 从进库泥沙的级配曲线上求得 d_{90} 相当于这曲线上的百分数 P_2（%），采用式（6.4-60）计算第二断面含沙量值：

$$S_2 = S_0 P_2 \frac{100}{90} \qquad (6.4-60)$$

式中 S_0——潜入断面含沙量或入库含沙量，kg/m³。

e. 依此逐段进行计算，直至求得坝前含沙量。

3）计算可能排出的异重流沙量。

a. 异重流排沙时间计算。根据各个库段长度 ΔL，求出异重流流经各个库段的时间 $\Delta t(\Delta t = \Delta L/v')$，累计异重流流经各库段时间得到异重流从潜入点运行到坝前所需的时间 T_1，则异重流排沙时间为洪水历时 $T-T_1$。

b. 可能排出的异重流沙量：

$$W_{s出} = (T - T_1)\overline{Q}_{入} S_n \qquad (6.4-61)$$

式中 $W_{s出}$——排出的异重流沙量，kg；

T——一次洪水历时，s；

T_1——异重流自潜入点流到坝址所经时间，s；

$\overline{Q}_{入}$——入库洪峰平均流量，m³/s；

S_n——坝前异重流含沙量，kg/m³。

若底孔泄量不足造成出库流量 $Q_{出} < \overline{Q}_{入}$ 时，可通过孔口出流计算出库流量；若出库含沙量基本上和运行到坝前的异重流含沙量相同，则排出的异重流沙量 $W_{s出} = (T - T_1)Q_{出} S_n$。

实际观测资料表明，流到坝前的异重流在孔口泄量较小而被迫发生较大壅水时，会在清水层下面形成"浑水水库"。由于浑液面下沉很慢，就有可能延长排沙时间，其排沙时间远远大于 $(T-T_1)$。在此种情况下，可以利用浑液面沉降速度与含沙量的关系，估计排泄积聚的异重流浑水所需时间。

只要及时开闸，就能排出流到坝前的异重流。

6.4.15 水库泥沙淤积估算方法

对无资料水库或泥沙问题不突出的水库，可在设计精度允许的条件下简化水库泥沙设计，进行水库泥沙淤积的粗略估算。下面介绍略估方法。

6.4.15.1 水库淤积年限和库容淤损率估算

1. *淤积年限估算方法*

Г.И. 沙莫夫根据已建水库淤积资料，分析提出估算公式：

$$W_t = W_0 a^t \qquad (6.4-62)$$

$$a = 1 - \frac{R_0}{W_0}$$

式中 W_t——t 年后水库剩余库容，m³；

W_0——水库的极限淤积库容，m³；

a——参数；

t——淤积时间，a；

R_0——第一年的淤积体积，m³。

作为近似计算：

$$R_0 = R\left[1 - \left(\frac{A}{A_b}\right)^m\right] \qquad (6.4-63)$$

$$W_0 = W\left[1 - \left(\frac{A}{A_b}\right)^n\right] \qquad (6.4-64)$$

式中 R——设计年平均入库沙量，m³；

W——水库总库容，m³；

A——当流量 Q 为最大设计流量的 3/4 倍时，靠近坝身过水断面在自然状况下的过水断面面积，m²；

A_b——靠近坝身过水断面在壅水状况（正常蓄水位或汛期限制水位）下的过水断面面积，m²；

m——指数，一般可取 1.7；

n——指数，与自然河流比降及水库长度有关，当比降小于 0.0001 时，取 1.0～0.8，当比降在 0.0001～0.001 时，取 0.8～0.5，当比降在 0.001～0.01 时，取 0.5～0.33。

求得 R_0 和 W_0，即可按式（6.4-62）求得不同年份 t 年后的剩余库容 W_t 或淤积库容 $(W_0 - W_t)$。为了求得水库不同淤满度 ξ 的淤积年限 t_ξ，有

$$t_\xi = \frac{1 - (1-\xi)^{1-n}}{(1-n)a_{V0}} \qquad (6.4-65)$$

式中 ξ——水库可淤库容的淤满度，%；

a_{V0}——水库初始淤损率，%；

n——水库拦沙率衰减指数。

水库初始淤损率可以测算，而 n 值的确定较难。经已建水库实测资料统计，没有排沙条件或很少排沙的，n 值取 0～0.45；水库排沙较多的，n 值取 0.90～0.95；大多数水库的 n 值取 0.60～0.75。

2. 库容淤损率估算方法

(1) 清华大学水利系和西北水利科学研究所方法。多年平均库容淤损率按式 (6.4-66) 计算：

$$a_V = K\left(\frac{R}{V}\right)^m \qquad (6.4-66)$$

式中的 K、m 值可按下列条件选取。

1) $\frac{V}{W_入}>0.5$，或无底孔情况，$K=m=1$。

2) $0.08<\frac{V}{W_入}<0.5$，$K=1.0$～0.6，$m=1.0$～0.95 (内插取值)。

3) $\frac{V}{W_入}=0.08$ 左右，$K=0.6$，$m=0.95$。

4) $0.03<\frac{V}{W_入}<0.08$，$K=0.6$～0.4，$m=0.95$～0.90 (内插取值)。

5) $\frac{V}{W_入}<0.03$，$K=0.4$，$m=0.9$。

蓄水 T 年后的总淤积量为

$$W_{s淤} = \sum_0^T \Delta W_s = a_V VT$$

以上式中 a_V——多年平均库容淤损率，%；

R——多年平均年入库沙量，m^3；

V——库容，m^3；

ΔW_s——多年平均淤积量，m^3；

$W_入$——多年平均年入库径流量，m^3。

(2) 姜乃森方法。水库长期蓄水运用的库容损失率估计的计算公式为

$$R_s = 0.0002G^{0.95}\left(\frac{V}{F}\right)^{-0.8} \qquad (6.4-67)$$

式中 R_s——多年平均库容损失率，%；

G——流域平均侵蚀模数，t/ ($km^2 \cdot a$)；

V——库容，m^3；

F——流域面积，m^2。

6.4.15.2 水库河床淤积长度和淤积纵剖面形态估算

1. 水库淤积上延距离法

水库最高水位的水平回水末端即为水库淤积起始点，随着水库淤积的发展，淤积起始点向上游延伸，到水库淤积平衡后，淤积起始点上延相对稳定。设 L_0 为水库最高水位水平回水线与天然河底线交点处距坝距离，L 为水库淤积末端距坝的距离。可取 $L/L_0=K$，K 为淤积上延系数。根据一些水库的统计资料，K 值介于 1.0～1.8 之间，天然河床比降大，K 值小，否则 K 值大；若水库水草多，起拦沙作用，淤积上延发展，K 值可增大到 1.8，通常 K 值为 1.2～1.4。以此确定水库淤积末端位置 A 后，按淤积平衡纵比降 i_k 求坝前淤积高程 B 点。作法是根据淤积末端点 A 按比降 i_k 划一直线 AB，以淤积河床河底线和天然河底线所围的纵截面 $\triangle AOB$ 面积乘以水库平均宽度得淤积体积，乘以淤积物干容重得淤积量。

关于水库淤积平衡比降，可采用已建水库淤积平衡比降 i_k 和其天然比降 i_0 比值的经验关系估算。根据资料统计，i_k/i_0 在 0.2～1.0 之间变化，以悬移质淤积为主的水库，平均值为 0.57；以推移质淤积为主的水库，平均值为 0.50。可利用图 6.4-9、图 6.4-10 估算。

2. 水库侵蚀基准面抬高法

水库坝前淤积厚度即为水库侵蚀基准面抬高值。水库运用后侵蚀基准面 (坝前淤积面) 高低与水库运用水位有关，水库淤积平衡后多年平均坝前河床淤积面高程等于死水位减去造床流量水深。涂启华等统计分析已建水库淤积形态实测资料，提出水库淤积平衡后水库淤积长度、分段库长、分段淤积物组成和分段比降的计算方法。求出水库分段比降后，按加权平均求出全库段平均比降，计算步骤如下。

(1) 计算水库淤积长度：

$$L_淤 = 0.485\left(\frac{H_淤}{i_0}\right)^{1.1} \qquad (6.4-68)$$

式中 $L_淤$——水库淤积长度，m；

$H_淤$——坝前淤积高度，m；

i_0——天然河道比降。

若水库淤积长度按规划要求的淤积末端位置已经给定，则计算相应的坝前淤积高度，$H_淤=1.93 i_0 L_淤^{0.909}$。求得坝前淤积高程后，按水库末端位置的河底高程和水库淤积长度即可求出水库淤积平衡纵剖面平均比降，它包括库尾推移质淤积段比降和库区悬移质淤积段比降。

(2) 计算坝前段淤积物中数粒径：

$$\lambda_D = \frac{D_1}{D_0} = 0.059 \times 10^{-4}\,\frac{1}{i^{1.86}H_淤^{1.14}} \qquad (6.4-69)$$

式中 D_0——天然河道河床淤积物中数粒径，mm；

D_1——坝前段河床淤积物中数粒径，mm。

(3) 计算水库分段淤积物中数粒径和分段库长。按表 6.4-6 计算。

(4) 计算水库分段综合糙率：$n=-a\lg\left(\frac{B}{h}\right)+b$，$a$ 值及 b 值与河床组成和河床形态 B/h 有关，参考表 6.4-5，由实测资料率定。

表 6.4-6 水库分段淤积物与分段库长关系表（锥体淤积平衡形态）

项目＼库段	悬移质淤积段			推移质淤积段	说明
	坝前段	第 2 段	第 3 段①	尾部段	
分段淤积物中数粒径 D_i(mm)	D_1	$D_2=1.34D_1$	$D_3=1.54D_2$ $D_3=1.11D_2$	$D_尾=(0.5\sim0.6)D_0$	D_0 为天然河床淤积物中数粒径
库段长度(km)	$L_1=0.26L_淤$	$L_2=0.26L_淤$	$L_3=0.36L_淤$ $L_3=0.48L_淤$	$L_4=0.12L_淤$	

① 对于水库尾部段为粗泥沙推移质淤积的河床，第 3 段为尾部段，$D_3=1.11D_2$，$L_3=0.48L_淤$；对于水库尾部段为沙、砾、卵石推移质淤积的河床，第 3 段为悬移质淤积段，$D_3=1.54D_2$，$L_3=0.36L_淤$。

(5) 计算水库分段河床纵比降。根据水库分段水沙条件（流量、输沙率、含沙量、悬移质中数粒径、河床淤积物中数粒径）和河槽形态及糙率，按式 $i=kQ_{s出}^{0.5}d_{50}n^2/(B^{0.5}h^{1.33})$ 计算，其中系数 k 与 $\left(\frac{S}{Q}\right)_汛$ 成反比关系；按表 6.4-1 取值。并可按式 $i=0.001D_{50}^{0.7}$ 计算，进行比较。

(6) 计算水库淤积平衡河床纵剖面形态。由上述水库分段库长和分段比降的计算，即可求得水库淤积平衡河床纵剖面形态。

(7) 对于水库河床纵比降沿程变化有以下计算公式，亦可应用进行比较。

1) 对于淤积物颗粒较粗（受沙、卵石推移质影响较大）的河床：

$$i=i_0e^{-0.022L_1-0.0109L_n} \tag{6.4-70}$$

2) 对于淤积物颗粒较细（受沙、卵石推移质影响小）的河床：

$$i=i_0e^{-0.0322L_1-0.0126L_n} \tag{6.4-71}$$

以上式中 i——淤积比降；

i_0——水库天然河道比降；

L_1——水库尾部段(推移质淤积段)长度，km；

L_n——距水库淤积末端里程，km。

按上述计算后，得到水库淤积纵剖面与前述(6)计算的水库淤积河床纵剖面若基本相同，可综合选取计算成果；若差别较大，要分析原因，合理选取计算成果。

(8) 计算水库滩地淤积纵剖面形态。按式（6.4-29）计算水库蓄洪和滞洪淤积的分段滩地比降。

6.5 枢组防沙设计

本节所提枢组是指具有水库的枢纽工程，其基本组成包括水库、挡水（沙）、泄水（沙）、输水（沙）等建筑物。枢组可拦蓄和调节洪水、泥沙，调节水位、流量和泥沙组成，达到防洪、防凌、减淤、供水、灌溉、发电、航运、改善水质和养殖等目的，有排沙和防沙问题。

6.5.1 水库枢纽防沙设计的主要内容和方法

6.5.1.1 枢纽防沙设计的主要内容

(1) 分析水沙特性。要考虑洪水泥沙和泥石流及库岸变形。

(2) 分析发电、灌溉、供水引水系统，通航、过木系统，排冰、排污草及防泥雾系统等的排沙、防沙、防淤堵、防磨蚀要求，对枢纽总体布置和泄洪排沙系统设计提出建议，提出枢纽防沙的工程措施。

(3) 研究有利于防沙的水库运用方式和泄水建筑物调度运用方式。

(4) 论证枢纽防沙设计的效果。

6.5.1.2 枢纽防沙设计的方法

(1) 已建枢纽工程防沙设计和实践经验的调查研究。

(2) 枢纽防沙设计的分析计算。

(3) 枢纽防沙设计的河工模型试验。

(4) 在已建枢纽工程上进行枢纽防沙设计的模拟试验。

(5) 对枢纽防沙设计成果进行分析、比较，合理选取。

6.5.2 水沙运动特性分析

6.5.2.1 坝（闸）前河道性水流悬移质含沙量和分组泥沙含沙量垂向分布分析[8]

张瑞瑾提出的二维恒定均匀流平衡情况下相对含沙量沿垂线分布的改进公式为

$$\frac{\overline{S}}{\overline{S}_a}=e^{\frac{\omega}{\kappa u_*}[f(\eta)-f(\eta_a)]} \tag{6.5-1}$$

令 $f(\eta)=2\arctan\sqrt{\eta}+\ln\frac{1+\sqrt{\eta}}{1-\sqrt{\eta}}+\frac{\sqrt{2}}{a^{3/2}}\times$

$$\left[\ln\frac{\eta+\sqrt{2a\eta}+a}{\sqrt{a^2+\eta^2}}+\arctan\left(1+\sqrt{\frac{2\eta}{a}}\right)-\arctan\left(1-\sqrt{\frac{2\eta}{a}}\right)\right]$$

式中 η——相对水深；

$\overline{S_a}$ ——垂线上 $y=a$ 处的时均含沙量，kg/m^3；

a ——距河底很小的数量；

$\overline{S}$ ——垂线上任意点 y 处的时均含沙量。

只要已知 ω 和 u_*，同时已知 $y=a$ 处的时均含沙量$\overline{S_a}$，则整个垂线上任一相对水深 η 处的时均含沙量 $\overline{S}$ 可以求出。

为了计算简便，给出 $f(\eta)$ 与 η 的关系，见表6.5-1。

表 6.5-1　　$f(\eta)$ 与 η 的关系

η	0	0.02	0.1	0.2	0.3	0.4	0.5	0.6	0.8	0.9	0.95	0.99
$f(\eta)$	0	0.809	1.784	2.568	3.168	3.687	4.181	4.665	5.796	6.673	7.450	9.150

式（6.5-1）中的$\frac{\omega}{\kappa u_*}$称为悬浮指标 Z。悬浮指标 Z 的数值愈大，表明悬移质含沙量在垂线上的分布愈不均匀；悬浮指标 Z 的数值愈小，则表明悬移质含沙量在垂线上的分布愈均匀。在防沙设计上要研究分组泥沙的含沙量沿垂线分布。关于 ω 值的确定，将悬移质按粒径大小分组，用每组泥沙中数粒径相应的沉速去求各组悬移质的含沙量垂向分布，再将各组在相同相对水深处的含沙量加起来，得到总含沙量沿垂线分布。例如，图 6.5-1 为某天然河流某水文站断面悬移质含沙量沿垂线分布的实测资料，其中粗泥沙（$d=0.10\sim0.25$mm）含沙量沿垂线分布不均匀，粗泥沙集中在相对水深 0.40 以下的底层，悬浮到相对水深 0.60 以上的很少，较细泥沙（$d=0.025\sim0.05$mm）含沙量沿垂线分布较均匀，而细泥沙（$d=0.007\sim0.01$mm）含沙量沿垂线分布相对均匀。

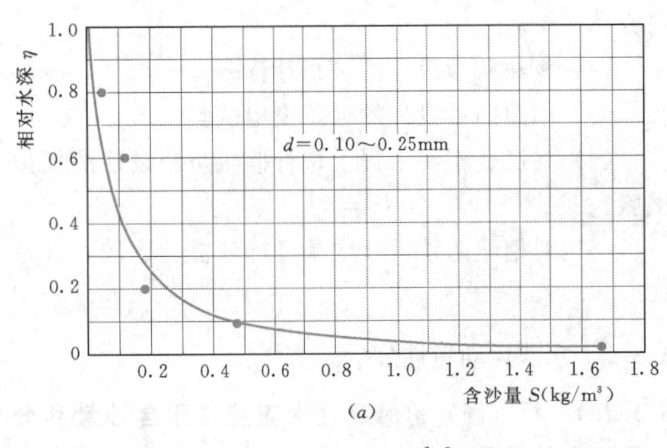

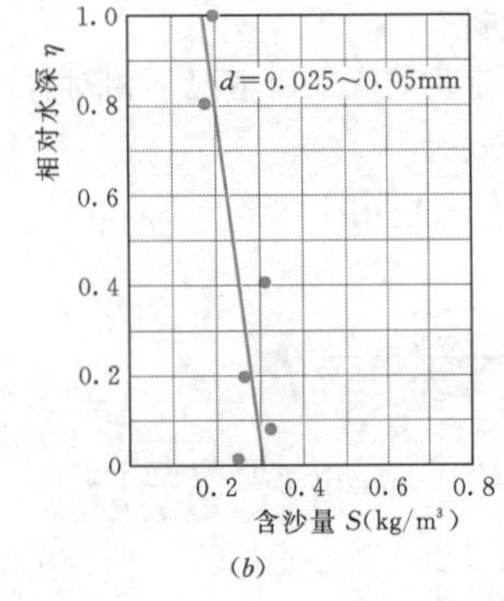

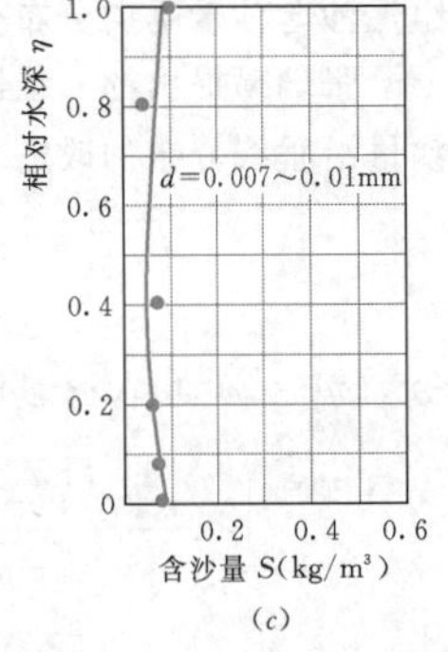

图 6.5-1　某天然河流某水文站断面悬移质含沙量沿垂线分布

张瑞瑾认为二维均匀流河床不冲不淤的平衡悬移质含沙量沿垂线分布的表达式为

$$\frac{S}{\overline{S}}=\frac{\beta(1+\beta)}{(\beta+\eta)^2} \qquad (6.5-2)$$

式中　$\overline{S}$——垂线平均含沙量，kg/m^3；

S——垂线上任一点的含沙量，kg/m^3；

η——相对水深；

β——定值系数，根据实测资料反求确定，β 值越大，则含沙量沿垂线分布越均匀。

在河床不冲不淤的平衡条件下，垂线平均含沙量等于水流挟沙力，即 $\overline{S}=S^*,S^*=k\left(\frac{v^3}{gR\omega}\right)^m$，则有

$$S=k\left(\frac{v^3}{gR\omega}\right)^m\frac{\beta(1+\beta)}{(\beta+\eta)^2} \qquad (6.5-3)$$

根据丁君松等的研究，β 的近似表达式为

$$\beta=0.2Z^{-1.15}-0.11 \qquad (6.5-4)$$

式中　Z——悬浮指标。

坝（闸）前河段为二维均匀流平衡情况下的河道性水流泥沙运动，采用式（6.5-1）～式（6.5-4）时，要先用本河段或相似河段的实测资料检验。

6.5.2.2　水库坝前实测含沙量和泥沙中数粒径垂向分布分析

1. 巴家嘴水库实例分析

图 6.5-2 为水库滞洪运用坝前含沙量和泥沙中数粒径沿垂线分布变化示意图。

图 6.5-3 为 1970 年 8 月 5 日和 8 月 7 日水库蓄洪运用坝前含沙量和泥沙中数粒径沿垂线分布变化示意图。

图 6.5-4 为 1970 年 9 月 17 日 0 时至 18 日 20 时的水库蓄水运用异重流运动到坝前含沙量和泥沙中数粒径沿垂线分布变化示意图。

综上三种情况，得出如下认识：水库高含沙水流蓄洪和蓄水运用时，坝前会发生泥沙淤积，主要是粗泥沙淤积。为了利用高含沙量水流泥沙沉速小的有利

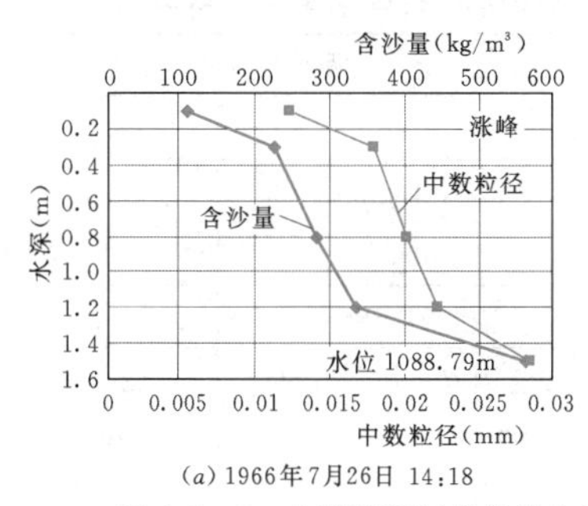

(a) 1966年7月26日 14:18

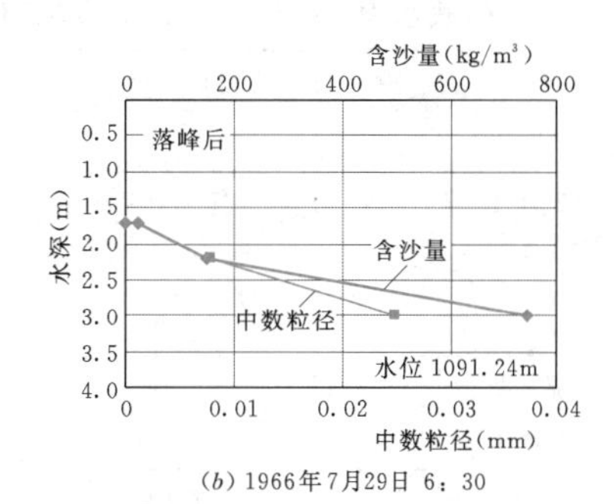

(b) 1966年7月29日 6:30

图 6.5-2 水库滞洪运用坝前含沙量和泥沙中数粒径沿垂线分布变化示意图

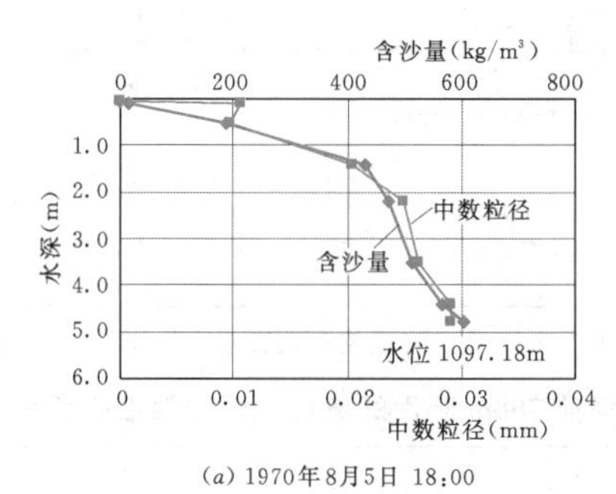

(a) 1970年8月5日 18:00

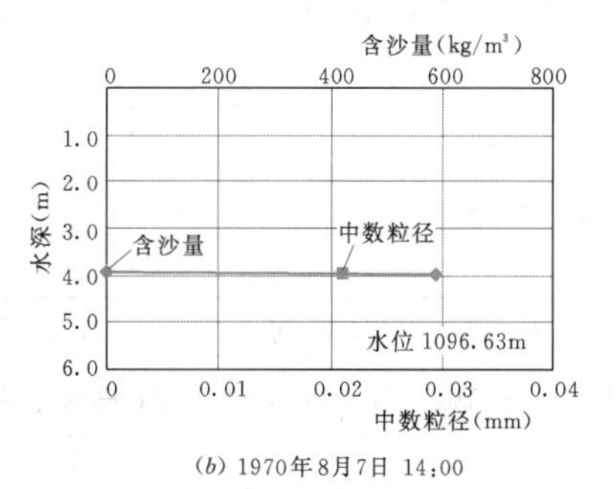

(b) 1970年8月7日 14:00

图 6.5-3 水库蓄洪运用坝前含沙量和泥沙中数粒径沿垂线分布变化示意图

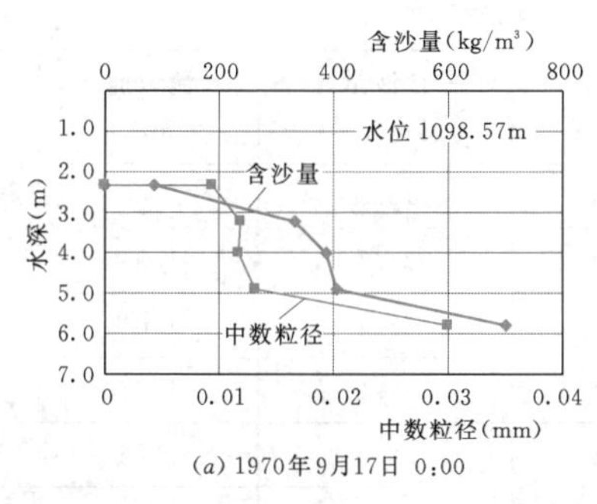

(a) 1970年9月17日 0:00

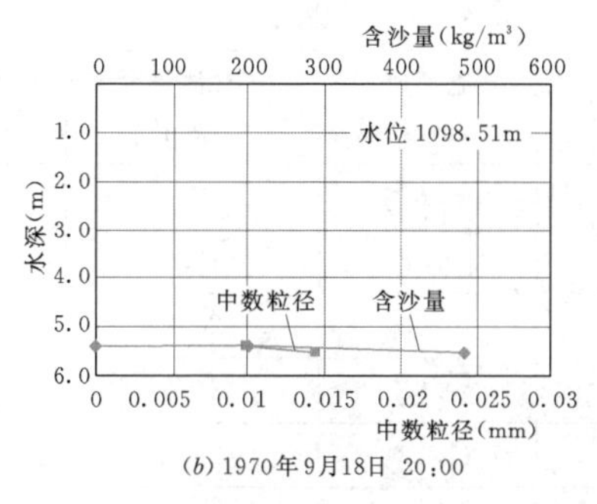

(b) 1970年9月18日 20:00

图 6.5-4 水库蓄水运用异重流运动到坝前含沙量和泥沙中数粒径沿垂线分布变化示意图

条件，更应有较大的泄流规模，以利于枢纽排沙。

2. 三门峡水库实例分析

1989 年 7 月、8 月在三门峡水库进行了日调节模拟试验[18]。表 6.5-2 为坝前异重流的流速、含沙量沿垂线分布，表 6.5-3 为坝前浑水明流的流速、含沙量沿垂线分布。坝前异重流的含沙量沿垂线分布梯度大，坝前浑水明流的含沙量沿垂线分布梯度相对比较均匀。

坝前异重流和浑水明流的泥沙颗粒沿垂线分布，分别见表 6.5-4 和表 6.5-5。由于异重流沿程粗泥沙淤积，故坝前异重流的泥沙颗粒比较细，临近河床的泥沙颗粒级配较粗，而相对水深 0.20 以上的泥沙颗粒分布均匀。水库的浑水明流，来到坝前的泥沙颗粒较粗而且泥沙颗粒沿垂线分布比较均匀。

3. 坝区泥沙模型实验资料分析

下面介绍南京水利科学研究院小浪底坝区模型实验成果[44]。

(1) 小浪底水利枢纽平面布置图见本卷第 2 章图 2.3-1，进水塔上游立视图见本卷第 2 章图 2.3-2。进水塔的布置有利于水库泄洪排沙和进水口防沙、防淤堵。

在库水位 240.00m 以下时进水塔为侧向进水，如图 6.5-5 (a) 所示；在库水位 245.00m 以上时进水塔为正向进水，即水流顺直进入进水塔，如图 6.5-5 (b) 所示，在库水位由 240.00m 向 245.00m 升高时，进水塔由侧向进水过渡为正向进水；在库水位由 245.00m 向 240.00m 降低时，进水塔由正向进水过渡到侧向进水。

表 6.5-2 三门峡水库1989年7月13日坝前异重流的流速、含沙量沿垂线分布

断面位置	距底孔1010m				距底孔约700m			
垂线号	1		2		1		2	
施测时间	7月13日 11:30		7月13日 12:00		7月13日 12:40		7月13日 19:00	
水位(m)	309.46		309.46		309.40		308.00	
水深(m)	20.0		17.5		20.0		15.0	
相对水深	流速(m/s)	含沙量(kg/m^3)	流速(m/s)	含沙量(kg/m^3)	流速(m/s)	含沙量(kg/m^3)	流速(m/s)	含沙量(kg/m^3)
1.0(水面)	0.07	0.16	0.13	0.16	0.09	0.16	0.47	0.53
0.8	0.05	0.24	0.18	0.24	0.27	0.24	0.51	0.62
0.6	0.19	0.44	0.26	0.54	0.35	0.54	(以下因故未测)	0.69
0.4	0.33	1.12	0.26	2.50	0.26	2.04		0.95
0.2	0.06	2.61	0.26	18.5	0.29	5.73		3.75
0.0(河底)	0.06	208	0.29	333	0.74	150		92.2

注 相对水深0.0处,测量位置约在河床以上0.30m处;相对水深1.0处,测量位置约在水面以下0.15m处。

表 6.5-3 三门峡水库1989年8月21日浑水明流坝前700m断面的流速、含沙量沿垂线分布

垂线号	1		2		3	
施测时间	8月21日 19:10~20:20					
水深(m)	12.0		13.3		13.0	
相对水深	流速(m/s)	含沙量(kg/m^3)	流速(m/s)	含沙量(kg/m^3)	流速(m/s)	含沙量(kg/m^3)
1.0(水面)	0.65	18.7	1.48	16.7	1.40	14.1
0.8	0.48	19.5	1.20	21.7	1.94	19.0
0.6	0.53	20.0	0.81	23.7	1.61	20.1
0.4	0.95	24.0	0.42	24.8	1.61	23.8
0.2	1.18	24.6	0.46	28.5	1.73	28.4
0.1	1.13	22.8	0.81	27.5	1.77	22.6
0.0(河底)	1.04	19.1	0.77	31.8	1.36	23.5
垂线平均	0.80	21.5	0.82	24.3	1.68	21.7

注 相对水深0.0处,测量位置约在河床以上0.30m处;相对水深1.0处,测量位置约在水面以下0.15m处。

表 6.5-4 三门峡水库1989年7月13日坝前异重流的泥沙颗粒沿垂线分布

施测时间(月-日)	断面垂线	相对水深	小于某粒径的沙重百分数(%)						d_{50}(mm)
			0.005mm	0.010mm	0.025mm	0.050mm	0.10mm	0.25mm	
7-13	距坝700m,垂线1	1.0	32.9	51.9	81.6	93.8	96.5	97.7	0.009
		0.8	31.6	46.4	71.9	84.2	92.4	97.8	0.011
		0.6	36.9	53.5	88.5	91.1	96.3	100	0.009
		0.4	39.3	55.4	89.7	94.3	98.9	99.2	0.008
		0.2	39.2	58.8	92.3	96.1	99.9	100	0.008
		0.0	14.6	25.2	82.3	98.0	100		0.017

续表

施测时间（月-日）	断面垂线	相对水深	小于某粒径的沙重百分数（%）						d_{50}（mm）
			0.005mm	0.010mm	0.025mm	0.050mm	0.10mm	0.25mm	
7-13	距坝1010m，垂线1	1.0	42.2	57.8	92.1	94.5	99.2	100	0.008
		0.8	42.4	56.5	91.3	95.5	99.8	100	0.008
		0.6	42.6	64.8	91.3	93.9	99.1	100	0.007
		0.4	40.8	64.9	92.9	95.1	99.6	100	0.007
		0.2	43.3	64.1	94.0	96.0	100		0.007
		0.0	10.2	18.9	62.4	88.7	100		0.021

注　相对水深0.0处，测量位置约在河床以上0.30m处；相对水深1.0处，测量位置约在水面以下0.15m处。

表6.5-5　三门峡水库1989年8月21日浑水明流坝前泥沙颗粒沿垂线分布

施测时间（月-日）	断面垂线	相对水深	小于某粒径的沙重百分数（%）						d_{50}（mm）
			0.005mm	0.010mm	0.025mm	0.050mm	0.10mm	0.25mm	
8-21	距坝700m，垂线1	1.0	25.0	41.0	78.0	96.3	99.0	99.5	0.013
		0.8	30.5	46.5	84.0	97.0	100		0.011
		0.6	27.5	42.5	79.5	97.8			0.012
		0.4	22.5	36.5	74.5	97.5	99.9		0.014
		0.2	21.0	34.0	71.0	95.0			0.016
		0.0	28.5	45.0	81.5	94.4	99.6		0.011
8-21	距坝1010m，垂线2	1.0	30.0	46.0	83.0	95.2	99.6		0.011
		0.8	30.0	44.4	80.5	97.5			0.012
		0.6	24.0	38.0	73.0	97.5			0.015
		0.4	22.0	35.0	69.0	93.5	99.8		0.016
		0.2	20.0	33.0	69.0	96.0			0.016
		0.0	18.0	29.0	64.0	92.5	99.9		0.018

注　相对水深0.0处，测量位置约在河床以上0.30m处；相对水深1.0处，测量位置约在水面以下0.15m处。

(2) 图6.5-6(*a*)和图6.5-6(*b*)分别为水库初始运用水位205.00m和逐步升高水位至209.00m蓄水拦沙和调水调沙运用的进水塔前流速、含沙量沿垂线分布。含沙量沿垂线分布上小下大，排沙洞前含沙量大，发电引水洞前含沙量小。

(3) 图6.5-7(*a*)和图6.5-7(*b*)分别为水库在水位205.00m和209.00m拦沙运用持续一段时间后，在坝前泥沙淤积面升高、流速增大、输沙相对平衡时的进水塔前流速、含沙量沿垂线分布。含沙量沿垂线分布相对均匀。

(4) 综合分析实验资料可得如下认识：①水库异重流和壅水明流在相对水深0.33～0.27以下的含沙量和泥沙中数粒径的沿垂线分布梯度增大；②设置底部排沙洞，可排泄异重流和浑水明流的底部高浓度泥沙和粗泥沙，可用较小流量排泄较多沙量；③发电引水洞进口宜布置在相对水深0.40以上的中层范围，可减少过机泥沙，尤其是减少粗泥沙过机；④利用底孔排沙，可减少过机泥沙，有利于泄水孔洞防淤堵；⑤在水库降低水位冲刷和在坝区冲淤平衡时，含沙量和泥沙中数粒径沿垂线分布相对均匀，但底孔仍可发挥排泄底层高浓度泥沙和粗沙的作用，中层发电引水洞含沙量和泥沙中数粒径一般为底部排沙洞含沙量和泥沙中数粒径的80%。

(5) 坝前悬移质含沙量和泥沙中数粒径的横向分布。在坝区冲淤不平衡时，坝前悬移质含沙量和泥沙中数粒径的横向分布不均匀；在坝区冲淤相对平衡时，坝前悬移质含沙量和泥沙中数粒径的横向分布相对均匀，同一高程上各孔洞含沙量和泥沙中数粒径基本相近，泥沙粒径级配也比较相近。

6.5.2.3 水库推移质泥沙运动影响分析

推移质泥沙（包括沙质推移质和砾、卵石推移质）在干、支流回水末端淤积，逐步向前推进。库区较短的水库，推移质在一定时期后可运动到坝前，并通过底孔排泄出库；库区较长的水库，推移质在长时

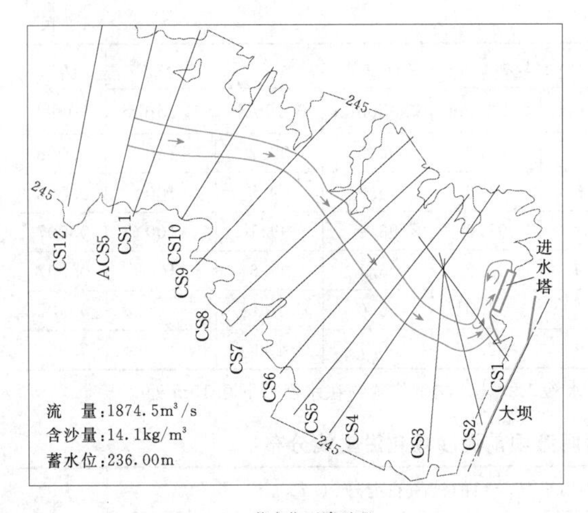

(*a*) 蓄水位下降过程

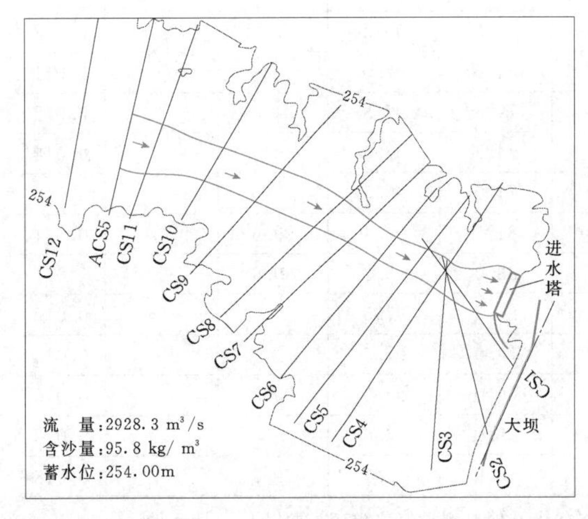

(*b*) 蓄水位上升过程

图 6.5-5 蓄水位下降、上升过程中的流态图

期内运动不到坝前。当水库降低水位接近泄水底孔时，库区会发生强烈的溯源冲刷，加速库区推移质的推进。

6.5.3 枢纽布置的防沙设计

枢纽布置的防沙设计需要收集和分析泥沙资料，包括推移质和悬移质输沙量，推移质输沙率、悬移质含沙量，泥沙粒径、级配、硬度、容重及其运动规律。分析泥沙在库区和坝区的淤积形态和淤积高程。在选择枢纽位置、进行枢纽总体布置方面，在设置泄洪排沙建筑物和发电、供水、灌溉等引水建筑物及通航建筑物方面，在拟定水库运用方式和泄洪排沙设施及发电、供水、灌溉等引水建筑物、通航建筑物的调度运行方式等方面，都要把枢纽布置的防沙设计放在重要地位来考虑。

6.5.3.1 枢纽工程的泥沙危害

(1) 泥沙对水轮机和泄水建筑物的严重磨损；推

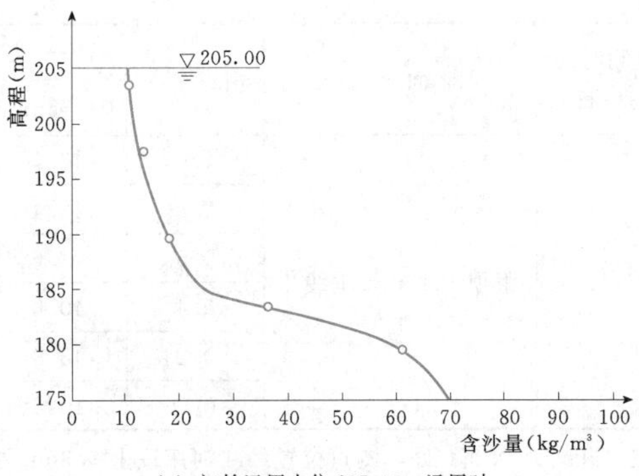

(*a*) 初始运用水位 205.00m 运用时

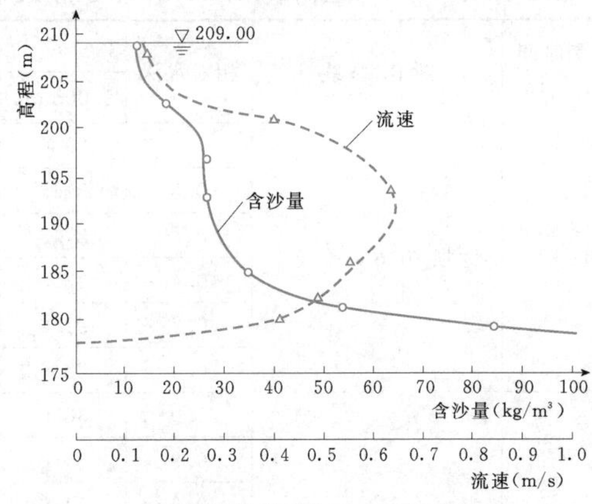

(*b*) 水位逐步升高至 209.00m 运用时

图 6.5-6 进水塔前流速、含沙量沿垂线分布（一）

移质进入引水系统。

(2) 泥沙、水草、污物结合一起堵塞拦污栅。

(3) 泥沙淤堵泄水孔、洞。

(4) 泥沙淤积在闸门前、淤塞门槽，增大启闭力。

(5) 泥沙淤塞机组供、排水系统，温升过高。

(6) 泥沙淤积损失水库调节库容。

(7) 通航建筑物的引航道及口门区泥沙淤积，造成航深不足，影响通航。

(8) 泄洪排沙发生泥雾，造成污染。

为了消除泥沙危害，需要进行枢纽布置的防沙设计。

6.5.3.2 水库枢纽总体布置和进水口布置的型式

(1) 对枢纽总体布置的要求：①根据坝址地形和地质条件，因地制宜；②统筹泄洪排沙和防沙要求；③进行技术、经济比较；④安全运行要求。进行综合分析研究，选择较优的枢纽总体布置方案。

(2) 进水口布置。进水口有两种布置型式：一是集中布置；二是分散布置。进水口有四种布置形态：①进水口位置的平面布置形态；②进水口高程的立面布置形态；③进水口分布的横向布置形态；④进水口

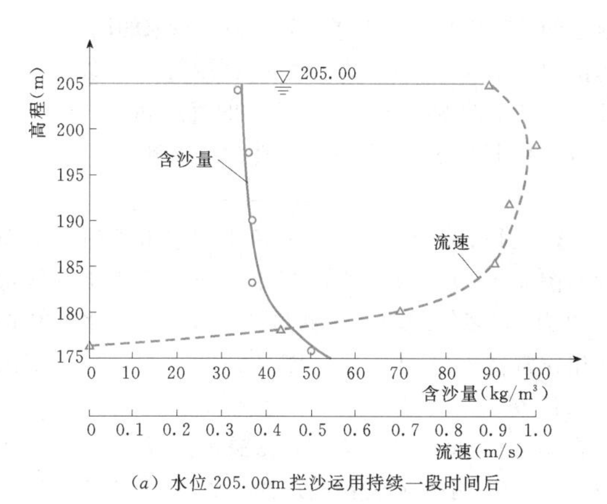

(*a*) 水位205.00m拦沙运用持续一段时间后

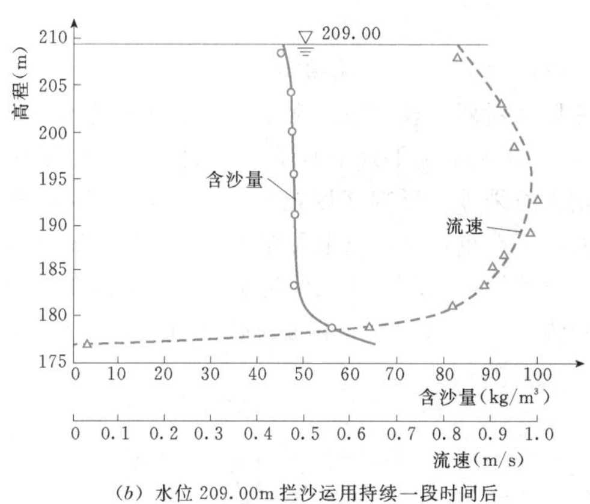

(*b*) 水位209.00m拦沙运用持续一段时间后

图6.5-7 进水塔前流速、含沙量沿垂线分布(二)

型式的断面布置形态。

在地质和地形条件允许的情况下,应选择进水口集中布置型式。

若采取进水口分散布置,则要分析研究产生分汊流路的泥沙冲淤和消长变化,以及这些变化对各进水口防沙、防淤堵可能产生的影响,提出防止不利影响的措施。

【算例6.5-1】 黄河小浪底水利枢纽因地质地形条件,进水塔集中布置在河道左岸风雨沟内,呈"一"字形集中布置型式,见本卷第2章图2.3-1和图2.3-2。上层泄洪排沙和排漂浮物,中层取水发电,下层泄洪排沙和排污物,分左、中、右相间布置,共16个进水口,都受三条排沙洞和三条孔板泄洪洞的冲刷漏斗所控制,保护进水口"门前清"。

若进水塔前滩地和岸坡因库水位降落或地震而发生坍塌或滑坡堵住进水口时,可以自上而下相继开启各层次的进水口逐步冲走泥沙,恢复正常运用。

【算例6.5-2】 长江葛洲坝水利枢纽属低水头水利枢纽,具有航运、发电综合效益。枢纽位于长江三峡出口南津关下游的弯曲展宽段。葛洲坝水利枢纽布置如图6.5-8所示。二江泄水闸是枢纽的主要泄洪排沙建筑物,其左侧为二江电站和2号、3号船闸,右侧为大江电站和1号船闸。

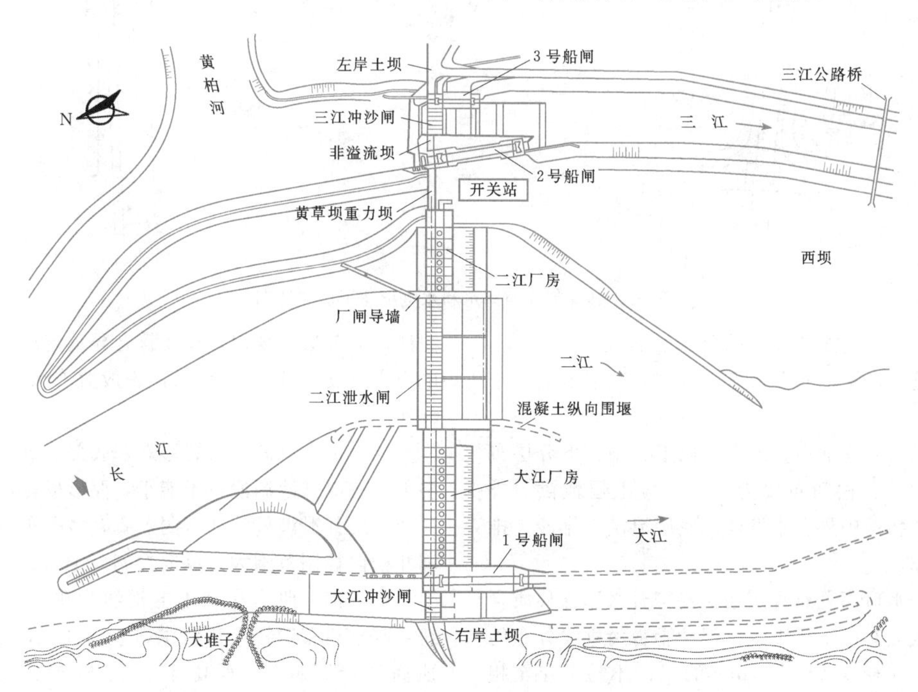

图6.5-8 葛洲坝水利枢纽布置图

为减少粗沙过机，大江、二江电厂均设置导沙坎和排沙底孔。二江电厂前设置高8～9m的混凝土导沙坎，将底沙导向二江泄水闸。大江电厂处在河道凸岸，在横向围堰拆除时，将高程45.00m以下的部分留下形成拦沙坎，拦截到达厂前的泥沙。机组进水口下部设排沙底孔，二江电厂多数机组为一机一孔，大江电厂均为一机二孔。

葛洲坝水利枢纽汛期水位抬高不多，水库仍具有河道特性。在南津关下游弯道环流作用下，泥沙横向输移，底层含沙量大和泥沙粒径粗的浑水流向凸岸大江，表层“清水”流向凹岸二江。这使得二江电站的过机沙量和含沙量小，过机泥沙粒径细，大江电站的过机沙量和含沙量大，过机泥沙粒径粗。二江电厂厂前上下游没有明显淤积，底孔很少运用。大江电厂厂前淤积严重；在底孔开启后，淤积物得到冲刷。机组运行以来，二江机组磨蚀轻，大江机组磨蚀重。

大江航道和三江航道采取“静水通航、动水冲沙”的调度运行方式，大江和三江上游引航道均设置防淤隔流堤；在大江航道1号船闸右侧布置大江冲沙闸，三江航道2号、3号船闸之间布置三江冲沙闸。三江航道的“动水冲沙”效果良好，每年汛末的两次冲沙，每次10～12h，能冲走前期淤积泥沙的50%以上。大江航道动水冲沙必须要有足够大的流量和较长的冲沙历时。利用不通航时间冲沙，冲沙不影响通航。

【算例6.5-3】 郁江西津水利水电枢纽平面布置如图6.5-9所示。坝址多年平均悬移质年输沙量1110万t，多年平均年含沙量0.22kg/m³。水库初期运用正常蓄水位61.50m，库容11.25亿m³，汛期限制水位61.00m，库容10.5亿m³，死水位57.00m，库容6.1亿m³。拦河坝17孔溢流孔闸，堰顶高程51.00m，左侧河床式发电厂房，机组进水口底坎高程38.50m，右侧船闸，上游最低通航库水位57.00m。水库于1961年蓄水运用，至2003年3月施测库区大断面，表明在正常蓄水位下还有库容10.47亿m³，在死水位下还有库容6.18亿m³，由于库区长期大量采砂，影响库区地形。水库运用50年来泥沙问题不严重，引水发电无泥沙问题，只对船闸引航道进行过清淤处理。在机组进水口前冲刷漏斗纵向坡度约为0.084～0.150，在溢流孔闸前淤积地形高。

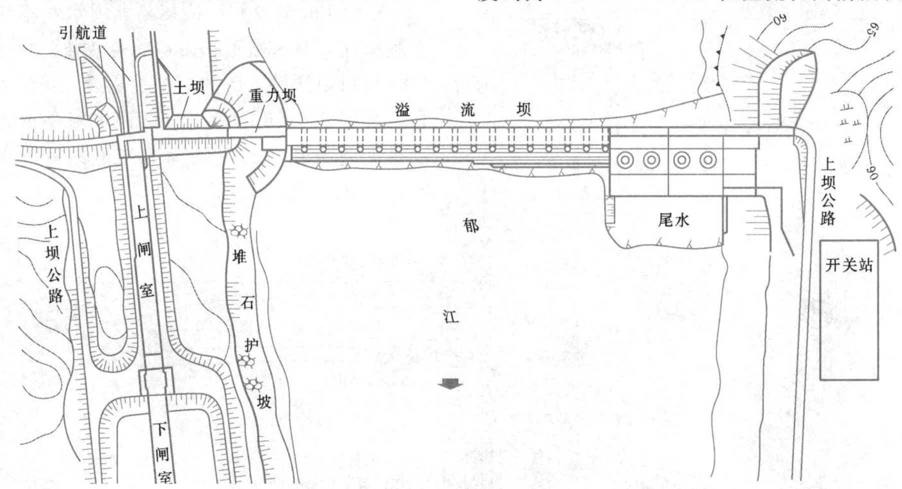

图6.5-9 郁江西津水利水电枢纽平面布置图

综上分析，进水口布置的要点如下。

(1) 进水口平面布置形态，以“一”字形集中布置为优。

(2) 进水口立面布置形态，以上、中、下分层布置和左、中、右相间布置为宜。适应上层泄洪、排沙、排漂浮物；中层引水发电；底层泄洪、排沙、排污草、排冰。

(3) 进水口高程布置形态，要符合水库悬移质含沙量沿垂线分布的上稀下浓、泥沙颗粒沿垂线分布的上细下粗、粒径0.1～0.25mm的泥沙不易上浮至相对水深0.60处以上、推移质推进沿床面间歇性运动、泥沙水力分选等规律，还要符合异重流运动规律。发电引水洞要高于排沙底孔，一般宜布置在相对水深0.50～0.60处。

(4) 进水口断面布置形态，底部泄洪洞泄流规模要大，底部排沙洞泄量不能小，要形成比较大的冲刷漏斗。底部泄洪排沙孔（洞）要有多孔布置，使冲刷漏斗横向控制范围大，纵向控制范围远。

(5) 郁江西津水利水电枢纽为少沙河流水库枢纽，其枢纽布置特点是泄洪排沙的17孔溢流孔闸堰顶高程51.00m，远高于厂房机组进水口高程38.50m，在溢流孔闸前淤积地形高，而机组进水流道河床地形低，但水库高水位蓄水拦沙，机组引水泥沙少，只在船闸引航道要进行清淤处理。黄河上游盐锅峡水电站布置也是机组进水口低于溢流孔闸进水口，因运用水位低，机组被泥沙严重磨损。所以枢纽布置要因地制宜，针对泥沙危害进行防沙设计。

6.5.4 坝前冲刷漏斗形态及其作用分析

坝前冲刷漏斗为泄洪排沙底孔运用时在底孔前形成的冲刷漏斗。若电站的引水洞与泄洪排沙底孔相距较远，泄洪排沙底孔形成的冲刷漏斗不能发展到发电引水洞前，则需在电站下方单独设置排沙底孔，形成电站排沙底孔前的冲刷漏斗，以利于电站防沙。

6.5.4.1 坝前冲刷漏斗形态

冲刷漏斗进口为水库明渠行近流末端。大型水库的坝前冲刷漏斗纵剖面形态一般可分为五段，如图6.5-10所示，自底孔向上游依次为：①底孔前冲深平底段；②冲刷漏斗陡坡段；③冲刷漏斗过渡段；④冲刷漏斗缓坡段；⑤水库淤积纵剖面前坡段。坝前冲刷漏斗横断面形态，自底孔前的窄深形态向坝前冲刷漏斗进口的宽浅形态逐渐变化。当底孔为侧向进水时，则在进水口前形成小冲刷漏斗，转而向上游形成坝前冲刷漏斗河床纵剖面形态。小型水库的坝前冲刷漏斗纵剖面一般可分为两段纵坡，即在孔口影响较大的坝前形成冲刷漏斗陡坡段，向上延伸形成冲刷漏斗缓坡段。

以下介绍坝前冲刷漏斗形态计算方法。

1. 黄河水利委员会勘测规划设计研究院涂启华等方法[18]

(1) 坝前冲刷漏斗纵向形态。

1) 底孔前冲深平底段。

a. 底孔前冲深平底段长度：

$$l_0 = 0.32\left(\frac{Q}{\sqrt{\frac{\gamma_s-\gamma}{\gamma}gD_{50}}}\right)^{1/2} \tag{6.5-5}$$

式中 l_0——孔口前冲深平底段长度，m；

Q——底孔流量，m^3/s；

D_{50}——孔洞前淤积泥沙中数粒径，mm；

γ_s——泥沙容重，取$2.65t/m^3$；

γ——清水容重，取$1.0t/m^3$。

若为单孔或多孔运用，则以单孔或多孔泄流量进行计算。

b. 底孔前冲刷深坑深度采用武汉水利电力学院公式：

$$\frac{h_r}{h_g} = 0.0685\left[\frac{v_g}{\frac{\gamma_s-\gamma}{\gamma}gD_{50}\xi}\left(\frac{h_g}{H}\right)\left(\frac{H-h_s}{H}\right)\right]^{0.63} \tag{6.5-6}$$

$$\xi = 1+0.00000496\left(\frac{d_1}{D_{50}}\right)^{0.72}\left(\frac{10+H}{\frac{\gamma_s-\gamma}{\gamma}D_{50}}\right) \tag{6.5-7}$$

式中 h_r——底孔前冲刷深度，m；

h_g——底孔高度，m；

v_g——底孔进口平均流速，m/s；

H——底孔前（底坎以上）水深，m；

h_s——坝前冲刷漏斗进口淤积厚度（漏斗进口断面河底高程与底孔进口底坎高程之高差），m；

d_1——参考粒径，取1mm；

D_{50}——底孔前淤积泥沙中数粒径，mm。

2) 冲刷漏斗纵坡段。统计分析已建水库资料，由底孔前冲刷深坑平底段上沿起坡的坝区冲刷漏斗纵坡段一般分为四级坡段，可以得出冲刷漏斗纵坡段的分段坡降、分段深度、分段长度和分段漏斗河槽宽度及边坡的经验关系，分述如下。

a. 第1段坡降（自底孔前冲深平底段上口起坡）：

$$i_1 = 0.0055H+0.286D_{50}-0.01 \tag{6.5-8}$$

b. 第2段坡降：

$$i_2 = 0.00126H+0.303D_{50}-0.0106 \tag{6.5-9}$$

c. 第3段坡降：

$$i_3 = 0.000833H+0.286D_{50}-0.01 \tag{6.5-10}$$

d. 第4段坡降。为近坝库区淤积纵剖面前坡段：

$$i_4 = i_{前坡} \tag{6.5-11}$$

以上式中 H——底孔进口底坎以上水深，m；

D_{50}——坝前河床淤积物中数粒径，mm。

3) 坝前冲刷漏斗纵剖面分段高度。冲刷漏斗剖面段分段高度 h_i 的计算以分段坡度落差表示，它是以分段高度 h_i 与坝前冲刷漏斗总高度 H 的比值 (h_i/H) 表示的，见表6.5-6。结合实际可以有一定的变化范围。

4) 冲刷漏斗纵剖面分段长度。分段长度 l 由 $l=h/i$ 可求得，其中 h 为分段高度，i 为分段比降。

图6.5-10为坝前冲刷漏斗纵剖面示意图。图6.5-11为三门峡水库实测坝前冲刷漏斗纵剖面示意图。

(2) 坝前冲刷漏斗河槽形态。

1) 一个底孔泄流时，在泄流底孔前形成冲刷漏斗河槽，河槽底宽约为泄水孔口宽度的2～3倍；河槽下半部边坡坡度约为0.5～0.4，上半部边坡坡度约

表 6.5-6 坝前冲刷漏斗纵剖面分段高度关系（平均情况）

漏斗段别	大漏斗 H(m) / h_i/H	≤10	20	30	40	≥50
1	h_1/H	0.62	0.46	0.35	0.31	0.32
2	h_2/H	0.20	0.25	0.28	0.29	0.30
3	h_3/H	0.10	0.16	0.19	0.21	0.20
4	h_4/H	0.08	0.13	0.18	0.19	0.18

注 坝前冲刷漏斗总高度 H 为漏斗进口断面河底高程与底孔进口底坎高程之差。

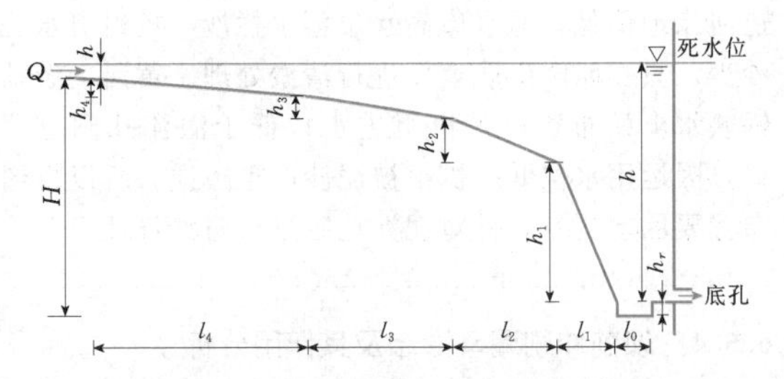

图 6.5-10 坝前冲刷漏斗纵剖面示意图

为 0.25～0.20，平均边坡坡度约为 0.40～0.30。在多底孔泄流时，各个泄流底孔前形成冲刷漏斗河槽，并连成整体的坝前冲刷漏斗河槽。

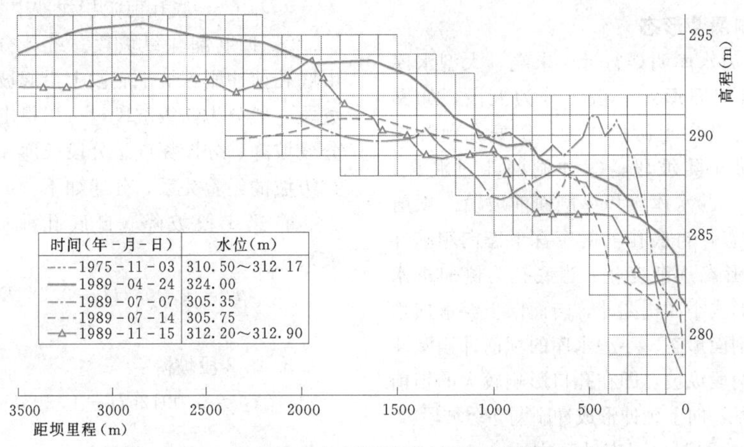

图 6.5-11 三门峡水库实测坝前冲刷漏斗纵剖面示意图

2）自底孔前冲刷漏斗河槽溯向上游，沿程冲刷漏斗河槽是由窄深形态向宽浅形态变化。在纵坡段第2段进口断面河槽底宽约为坝前冲刷漏斗进口断面河槽底宽的 0.6～0.7 倍，其河槽边坡约为底孔前河槽边坡的 0.6～0.7 倍；在坝前冲刷漏斗进口河槽形态即为水库明渠行近流末端河槽形态。图 6.5-12 为黄河三门峡水库于 1989 年 7 月 14 日进行日调节模拟试验时开启一个排沙洞（底孔）时的坝前冲刷漏斗河槽形态沿程变化示意图。

(3) 统计部分水库实测资料，建立坝前冲刷漏斗纵坡和横坡与底孔进口水力要素 $\frac{Qv}{H}$ 的关系（见图 6.5-13）。其中，Q 为底孔进口泄流量（m^3/s）；v 为底孔进口断面平均流速（m/s）；H 为底孔进口坎前水深（m）。

2. 严镜海、许国光方法

(1) 纵坡公式：

$$m = 0.235 - 0.063\lg\left(\frac{Qv}{v_{01}^2 \Delta Z^2}\right) \quad (6.5-12)$$

(2) 横坡公式：

$$m = 0.312 - 0.063\lg\left(\frac{Qv}{v_{01}^2 \Delta Z^2}\right) \quad (6.5-13)$$

以上式中 m——冲刷漏斗坡度；

Q——孔口泄流量，m^3/s；

v——孔口进口断面平均流速，m/s；

ΔZ——冲刷漏斗进口断面河床淤积厚度（即坝前冲刷漏斗总高度），m；

v_{01}——水深 1m 时冲刷漏斗床面泥沙起动流速，m/s。

3. 万兆惠方法

(1) 纵坡公式：

$$m = 0.293 - 0.00156\lg(Qv) \quad (6.5-14)$$

(2) 横坡公式：

$$m = 0.378 - 0.00135\lg(Qv) \quad (6.5-15)$$

4. 其他经验方法

(1) 苏凤玉、任宏斌关于底孔前冲刷深坑平底段计算方法。

1) 平底段长度：

$$L = 0.1794\left(\frac{Q}{\sqrt{\frac{\gamma_s - \gamma}{\gamma} g D_{50}}}\right)^{1/2} \quad (6.5-16)$$

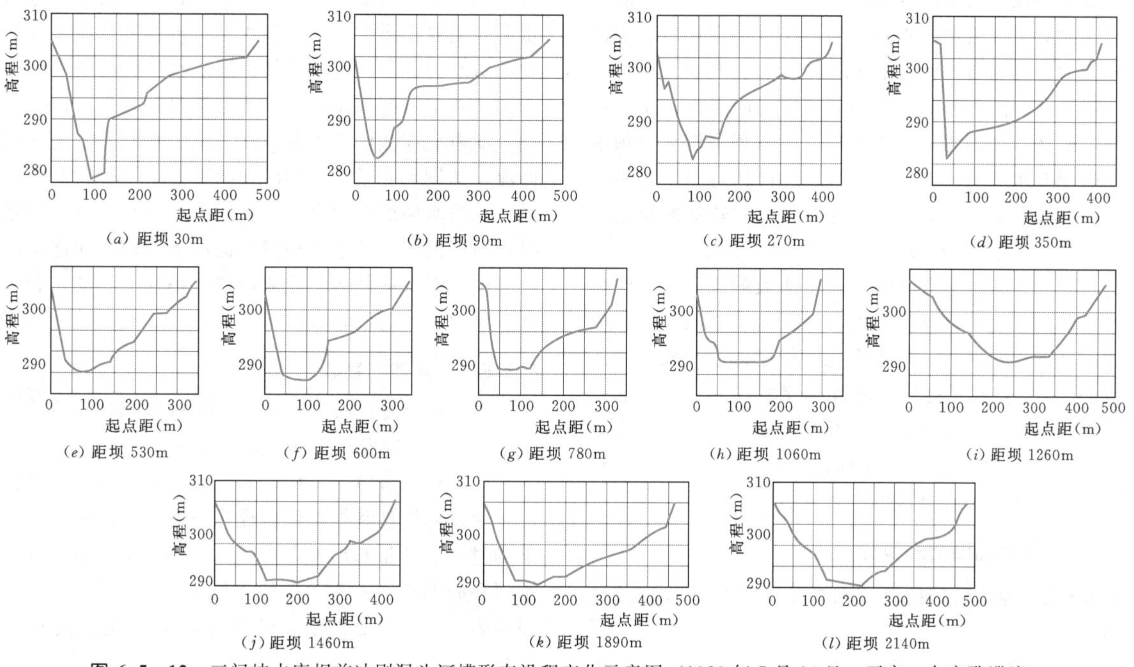

图 6.5-12 三门峡水库坝前冲刷漏斗河槽形态沿程变化示意图（1989 年 7 月 14 日，开启一个底孔泄流）

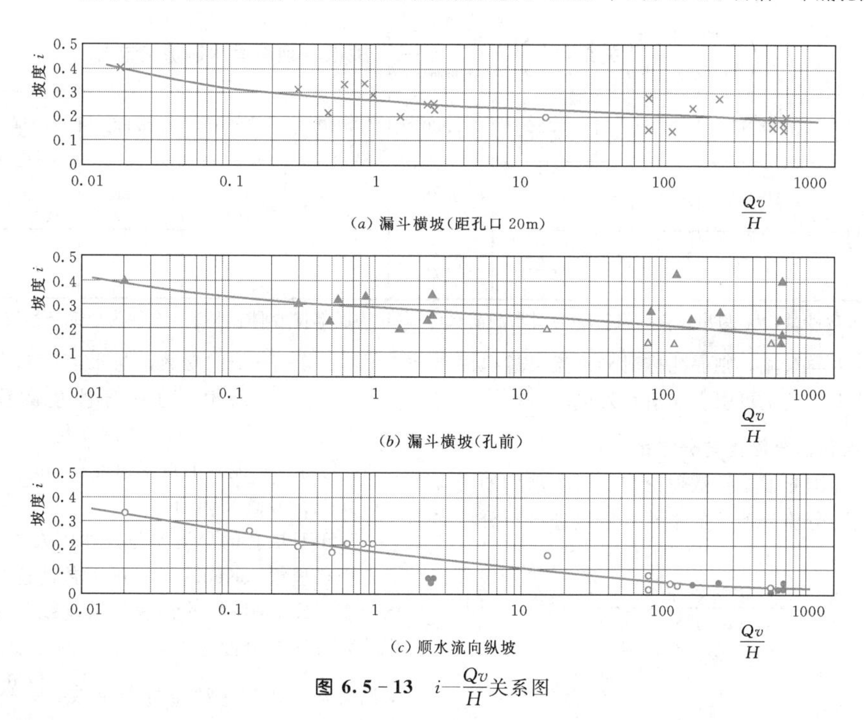

图 6.5-13 $i-\frac{Qv}{H}$关系图

2）孔口前冲刷深度：

$$h_{冲}=0.0889\left(\frac{Q}{\sqrt{\frac{\gamma_s-\gamma}{\gamma}gD_{50}}}\right)^{1/2} \quad (6.5-17)$$

（2）武汉水利电力学院方法。泄水底孔前冲刷漏斗横向坡度，其计算公式为

$$m=0.3-0.05\lg\left(\frac{Qv}{v_{01}^2\Delta Z^2}\right) \quad (6.5-18)$$

式中符号意义同前。

6.5.4.2 坝前冲刷漏斗作用分析

坝前冲刷漏斗的作用：①调节坝前水流泥沙运动流态，或形成异重流，或形成浑水明流；调整流速、

含沙量及泥沙组成的横向分布和垂向分布；发挥底孔排沙尤其是排粗沙的作用，而上层机组进水口引细泥沙低含沙水流或清水发电，减轻水轮机泥沙磨损。②降低孔口前泥沙淤积高程，减少闸门淤积土压力和闸门槽泥沙摩擦力，减少启闭力。③利用较大的坝前冲刷漏斗水域的库容，进行调峰发电运行和调水调沙运用。④控制库区较低的河床纵剖面和较宽的河槽横断面形态，增大调节库容。

要合理布置高程较低，泄量较大的底孔。泄洪排沙底孔的泄量要占水库死水位下总泄量的2/3；为电站防沙的排沙底孔，排沙底孔泄量要占水库死水位泄量的1/5。要有尺度较小而数目较多且分散的小底孔形成的冲刷漏斗横断面。底孔闸门要能微调，灵活调节泄流排沙。底孔尺寸要满足顺畅排泄泥沙、推移质、水草、污物和冰凌等的要求。

6.5.5　泄水孔口防沙设计

6.5.5.1　泄水孔口防淤堵和电站防沙的泄水建筑物布置

主要的泄洪排沙洞要分两层布置，一层高于发电引水洞，主要排泄上层泥沙和水草；一层低于发电引水洞，主要排泄下层泥沙和水草。排沙底孔应布置在发电引水洞下层一定距离处。要求排沙底孔前沿的冲刷漏斗的横坡能控制发电引水洞进口，减少引沙。

要避免在泄洪排沙洞前和发电引水洞前发生立轴回流，加剧洞前含沙量沿水深均匀分布，增大引沙量；在进水塔侧向进水时，要避免在进水塔前形成顺时针向回流，在进水塔前发生泥沙淤积；要在进水塔前形成逆时针向回流，主流沿进水塔前沿流动，利于孔口泄流排沙防淤堵和防沙。

6.5.5.2　排沙洞高程

(1) 排沙底孔设置在(0.15～0.20)H(H为坝前水深)以下接近河底，排沙效果较好。

(2) 根据黄河三门峡、刘家峡、青铜峡、三盛公等水库实际资料和模型试验成果，得到坝前浑水明流下的过机含沙量和出库含沙量的比值与机组引水洞前水深和底部排沙洞前水深的比值关系，见表6.5-7。根据表6.5-7关系可求得坝前浑水明流下过机含沙量。

表6.5-7　$\left(\dfrac{S_i}{S_0}\right)_{全沙}$—$\dfrac{h_i}{h_H}$关系和$\left(\dfrac{S_i}{S_0}\right)_{d>0.05mm}$—$\dfrac{h_i}{h_H}$关系（坝前浑水明流流态）

$\dfrac{h_i}{h_H}$	0.05	0.10	0.20	0.30	0.40	0.50	0.65	0.80	0.95
$\left(\dfrac{S_i}{S_0}\right)_{全沙}$	0.30	0.49	0.62	0.70	0.74	0.77	0.80	0.84	0.94
$\left(\dfrac{S_i}{S_0}\right)_{d>0.05mm}$	0.10	0.15	0.27	0.32	0.35	0.40	0.48	0.61	0.90

注　S_i为过机含沙量；S_0为出库含沙量；h_i为引水洞前水深；h_H为底部排沙洞前水深。全沙为全部悬移质含沙量。

若坝前发生异重流，则底孔排泄异重流，过机泥沙更进一步减少，甚至可引上层清水发电。

6.5.5.3　泄水孔口分流比与分沙比

严镜海、许国光根据扩散理论和三门峡水库的资料提出了三层孔分流分沙下的中孔（机组进口）分沙比关系：

$$\frac{S_2}{S}=\frac{e^{-\beta\bar{y}_1}-e^{-\beta\bar{y}_2}}{(1-e^{-\beta})(\bar{y}_2-\bar{y}_1)} \qquad (6.5-19)$$

$$\beta=\frac{6}{\kappa}\frac{\omega}{u_*}$$

$$u_*=\sqrt{ghi}$$

式中　S_2——中孔（机组引水洞）分流含沙量，kg/m³；

S——坝前平均含沙量，kg/m³；

$\bar{y}_1$、$\bar{y}_2$——底孔分流点、中孔分流点的相对水深；

β——含沙量分布指数；

κ——卡门常数，与水流含沙量有关，如前所述，随着含沙量的变化，κ值在0.27～0.4之间变化；

ω——泥沙的沉降速度，cm/s；

其他符号意义同前。

对于双层孔的分流比与分沙比关系，严镜海、许国光用科里根（Keulegan）的对数流速分布公式与卡林斯基（Kalinske）的含沙量沿垂线分布公式得双层孔的分流比与分沙比关系。底孔的分沙比与分流比成反比关系，并与含沙量分布指数$\beta=\dfrac{6}{\kappa}\dfrac{\omega}{u_*}$成正比关系；表孔分沙比与分流比成正比关系，并与$\beta$成反比关系。显然底孔排沙有利。

一般在小水流量级，全部引水发电，不开排沙洞分流；在平水流量级，引水发电的分流比可达0.7，排沙洞分流比为0.3；在大水流量级，满足机组引水发电运行后，剩余流量由排沙洞分流，流量再大时，由泄洪洞分流。

三门峡水库实测资料表明，位置低的泄流建筑物含沙量大。若以进口底坎高程为300.00m的深水孔的排沙比为1.0，泥沙中数粒径比为1.0，则进口底坎高程为290.00m的隧洞排沙比为1.08，泥沙中数粒径比为1.12；进口高程为280.00m的底孔排沙比为1.35，泥沙中数粒径比为1.43。对于粒径大于0.05mm的泥沙，隧洞含沙量为深水孔含沙量的1.5倍，而底孔含沙量为深水孔含沙量的2.4倍。表6.5-8为三门峡水库1989～1994年汛期发电试验时底孔和隧洞启用率对过机含沙量减少率的影响。它表明，汛期发电期间多开底孔，对减少过机泥沙明显有利，尤其是粒径大于0.05mm的粗沙，过机泥沙可减少60%以上。

6.5.6 通航建筑物防沙设计

通航建筑物防沙设计，主要为通航建筑物平面布置和泥沙防治措施两个方面[9]。

表6.5-8 三门峡水库底孔和隧洞启用率对减少过机泥沙的作用特征（汛期） %

项目＼年份	1989	1990	1991	1992	1993	1994	平均统计
底孔启用率	89.0	91.4	34.6	65.0	33.3	56.5	61.6
隧洞启用率	85.5	85.7	98.1	73.6	89.5	59.4	82.0
悬移质全沙过机含沙量减少率	27.8	42.8	27.4	35.0	12.1	27.0	28.7
d>0.05mm粗沙过机含沙量减少率	61.0	47.5	18.9	43.6	29.8	31.3	38.7

6.5.6.1 通航建筑物平面布置

研究建库后坝区的河床演变、流场变化、泥沙淤积过程、淤积部位和深泓线变化，结合通航建筑物有关流速、流态、水深等水流条件的要求，选定通航建筑物的平面布置，保证顺利通航。要满足下列条件。

（1）顺应河势，将船闸升船机进口和出口布置在靠近稳定深泓线的河岸一侧。

（2）避开河弯凸岸边滩的泥沙淤积。

6.5.6.2 泥沙防治的工程措施

（1）修建独立的引航道。在通航建筑物进口处修建导流墙或导流堤，形成独立的上、下引航道，以改善通航水流条件，减少引航道泥沙淤积。

（2）在船闸、升船机、引航道导流墙或导流堤头部开孔。进一步改善水流条件，减少引航道泥沙淤积。

（3）设置冲沙闸。采取“静水过船，动水冲沙”的方式，在汛期末安排不通航的间隙时间，利用冲沙闸引流，进行动水冲沙，既可将航道内泥沙淤积物冲走，又不影响通航。要研究动水冲刷的水力条件、冲沙时间和冲沙效果。

（4）在邻近船闸和升船机的引航道外侧设置高程较低的泄洪深孔，吸引主流靠近引航道，减少引航道口门淤积。

（5）采取疏浚清淤措施，定期或视淤积状况及时清淤。

6.5.6.3 枢纽建成后的运行管理设计

枢纽建成后安排坝区水流和泥沙冲淤观测，以便及时采取措施，保持航道畅通。

（1）采取水库泥沙调度措施，减少引航道口门一带的淤积，形成有利的航线。

（2）及时疏浚，保证引航道内外畅通。

（3）实施河道整治工程，调整主流线，遏制不利通航的河床演变趋势。

6.5.7 枢纽防沙设计的其他相关问题

（1）水库排沙防淤要有合理的水库运用方式和泥沙调度方式，为枢纽进水口防沙运用提供保障条件。因此，研究水库排沙防淤和枢纽进水口防沙具有同一性要求。

（2）枢纽总体泄流规模和各泄水建筑物的泄流规模要为水库排沙防淤和枢纽进水口防沙提供保障条件。因此，既要研究水库总体泄流规模以满足水库排沙防淤要求，也要研究各泄水建筑物的泄流规模以满足进水口防沙要求。

（3）设置排沙底孔具有水库排沙防淤和枢纽进水口防沙双重作用。因此，合理设置排沙底孔和合理运用排沙底孔，保持孔口“门前清”，是水库排沙防淤和枢纽进水口防沙防淤堵的共同要求。

（4）不能按水库泥沙问题严重程度的判别指标——库沙比K_t值的大小为依据，来确定枢纽工程是否设置排沙设施。水库枢纽工程需要设置排沙设施，为水库排沙防淤和枢纽进水口防沙及水库综合利用调度运用。

6.6 引水及河防工程泥沙设计

6.6.1 引水及引洪工程泥沙设计

引水用于农田灌溉和城市、工业供水；引洪用于放淤改土和处理河道粗沙、放淤滩地等。

引水工程分无坝有闸引水和有坝有闸引水两种可控引水类型。此外还有河岸开口自流引水。

6.6.1.1 引水口平面位置选择

1. 无坝有闸引水口平面位置选择的分析论证

(1) 分析研究利用自然河道水位变化就可以满足引水要求的，可以设置无坝有闸引水口。

(2) 分析引水河段的河型特性。自然河道可归纳为五种河型，针对具体情况分析河型特性：①游荡型要分析历史河势变化，河槽和滩地变化；②蜿蜒型要分析河弯历史变化，河槽和滩地变化；③顺直型要分析边滩变化，主流线变化；④江心洲型要分析主、汊道消长变化，江心滩变化，主流线变化；⑤过渡段型要分析由上游河段河型向下游河段河型过渡的过渡段河型。

(3) 引水河段的河床演变特性：河床冲淤变化，河床和滩地高程变化；水位变化及主流线变化。

(4) 引水河段水沙变化特性：实测水文系列年的历年流量、悬移质输沙率、含沙量、泥沙颗粒级配的变化；实测（估算）推移质输沙率和泥沙颗粒级配的变化。

(5) 引水河段洪水泥沙特性：不同频率洪水的流量和含沙量过程，悬移质泥沙颗粒级配。

(6) 引水河段高含沙洪水“揭河底”冲刷特性分析，泥石流特性分析。

(7) 综合以上的分析资料，从引水安全可靠条件论证引水口的选择，还要进一步考虑下列条件。

1) 建闸地质条件。若建闸地质条件不好，应进行工程处理，满足引水口建闸条件。

2) 引水口正向进水、侧向排沙。引水口设置在弯道顶点下游，离弯道起点的河轴线距离 L 为弯道进口河宽的 4～5 倍，可以参考下列公式计算[9]：

$$L = 2kl \tag{6.6-1}$$

$$l = \frac{B}{2}\sqrt{4\frac{R}{B}+1} \tag{6.6-2}$$

式中 k ——比例系数，根据试验，当取 0.8～1.0 时，相当于凹岸最大水深和最大单宽流量所在之处，引水条件最好；

R ——弯道弯曲半径，m；

B ——弯道进口河宽，m。

3) 水源丰富，能满足引水要求，主流经常靠近引水口；防止引入推移质，防止“揭河底”冲刷。

2. 有坝有闸引水口平面位置选择

除上述无坝有闸引水口平面位置选择需要研究的内容外，还需要进一步考虑以下几方面。

(1) 要求地质条件适宜建坝（闸）。

(2) 坝（闸）调节引水流量和水位，满足引水流量和水位要求。

(3) 避免建坝（闸）对上下游河道有不利影响。

(4) 有冰情河段，要有防冰、排冰措施。

(5) 坝（闸）要有泄洪排沙设施。防坝（闸）上游泥沙淤积，防坝（闸）下游泥沙冲刷。

6.6.1.2 引水角度确定[2,9]

引水角度为引水渠的轴线与河道主流线的交角。引水角度应尽可能小。一些室内试验研究表明，在一定的分流比条件下，引水角度对推移质泥沙进入取水口数量的大小影响不大，但对悬移质泥沙进入取水口数量的大小影响较大。引水角度小，符合正面取水的原则，引水角度一般为 30°～60°。例如，黄河某取水口，口门位于弯道凹岸顶点下游，处于洪、平、枯水主流范围内，引水角度为 40°，进水闸前设置拦沙潜堰，自 1958 年建成以来运用良好，如图 6.6-1 所示。

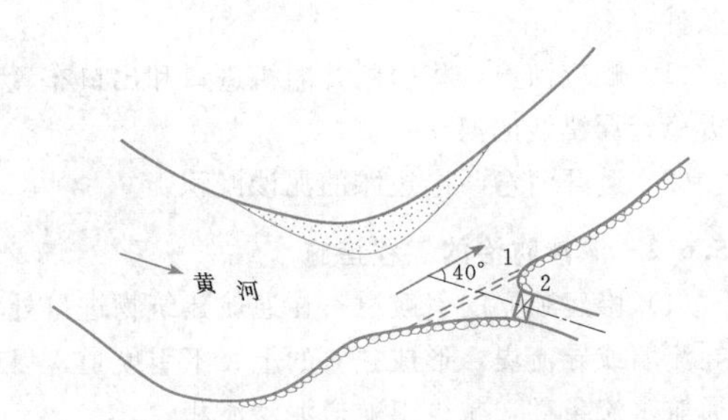

图 6.6-1 黄河某引水口的布置图

1—拦沙潜堰；2—进水闸

6.6.1.3 引水闸底坎高程确定

引水闸进口底坎高程一般要高于紧靠河岸的深水河床底部平均高程 0.5～1.0m，若引水河段推移质运动剧烈、数量大、粒径大，则引水闸进口底坎高程宜高于紧靠河岸的深水河床底部平均高程 1.0～1.5m，或更高一些。对此，先要分析预测引水闸前河床底部平均高程。对于河床有淤积抬高的引水河段，要分析预测设计水平年引水河段河床淤积抬高值，酌定靠近引水闸的河床底部平均高程。对于河床有冲刷下切的引水河段，要分析预测设计水平年引水河段河床冲刷下切值，酌定靠近引水闸的河床底部平均高程；对于河床有冲淤交替变化的引水河段，则考虑其变化幅度的影响酌定靠近引水闸的河床底部平均高程。

引水闸要邻近设置冲沙闸，冲沙闸的底坎高程要低于引水闸底坎高程 1.0～1.5m，或更低些。

6.6.1.4 引水闸前引水渠设计

引水闸前一般有引水渠，要尽量缩短引水渠。引水渠道的冲淤变化与大河的冲淤变化基本同步。引水渠会有周期性冲淤影响，需要通过河道整治工程和导流工程控制河势，稳定流路，防止引水渠口门泥沙淤积，保持引水渠道的畅通。当引水闸关闭时，要采取措施，防止引水闸前的淤积。例如，在停止引水时期，在引水闸前设置拦沙网帘，拦截泥沙于网帘前，开闸时，撤掉网帘即可引水。

当引水闸前存在较长引水渠时，应考虑是否需要采取整治工程措施，稳定长河段的河势，防止引水渠口门淤积。此外，还需适时采取清淤措施。

6.6.1.5 引水防沙设计

(1) 引水防沙设计，即引水和引水建筑物设计要考虑引水防沙，组成一个引水防沙系统。

(2) 利用弯道环流原理，在凹岸布置引水。有坝引水要协调拦河坝、引水闸、冲沙闸的布置，还要有相应的整治措施，如人工弯道、弧形冲沙槽、曲线形导流墙、波达波夫导流装置等。

(3) 利用悬移质泥沙沿垂线分布上稀下浓的特点，上层引水，底层排沙。为了防止底部粗沙被引入，可采用底部冲沙廊道，或分层取水，或设拦沙坎、潜堰等；引水闸前沿拦沙坎的高度取为水深的1/3～1/2，以拦粗沙；山区河流还可采用格栅滤水拦沙的方法。

(4) 水面导流，水底导沙。水面导流装置有导流板、导流船，使其固定在水面，并与水流相斜交，使平行水流产生横向环流。水底导沙装置有导沙坎、挑沙潜坝。应通过水工模型试验确定其位置、形状和尺寸，并在现场试验其效果。

(5) 应用拦河坝（或活动坝）、拦河闸壅水沉沙，引清水排浑水。根据河道来水来沙特点，来沙多时，抬高水位壅水沉沙，以引表层水；来沙少时，结合引水条件，降低水位冲刷淤积物。洪水时敞泄排沙。

6.6.1.6 沉沙池设计和泥沙冲淤计算[48]

在引水闸后或在总干渠后的低洼地区设置沉沙池，沉沙池内分设若干条梭形沉沙条池分期使用，进行沉粗沙排细沙运用。沉沙池前要设置引水渠，引浑水入沉沙池沉沙。

1. 沉沙池前引水渠设计

(1) 提高引水渠输沙能力，使引水渠不淤积，或微冲微淤相对平衡，成为输水输沙入池渠道。

(2) 正确选定引水渠比降，不宜过度用大的比降，导致因入池水位过低而减少沉沙池容积。为此要采取适当措施减小引水渠糙率以减小引水渠比降，如衬砌引水渠道等措施。

(3) 避免因发生沉沙池淤积上延而淤积引水渠的情形，从而减小引水渠输水输沙入池能力。

(4) 引水渠不要太长，避免过多降低沉沙池水位。引水渠断面要适当窄深，少占农田。引水渠要防渗，并衬砌渠道，减少对周边地区的渗水浸没影响。

(5) 引水渠输沙能力设计要和总干渠输沙能力一致。为此，要设计不淤不冲的总干渠和沉沙池前引水渠，并按设计水沙条件进行平衡输沙计算，以选择总干渠和沉沙池前引水渠的河床纵剖面和横断面形态。在此基础上，进行设计引水流量下的自引水闸后经总干渠经沉沙池前引水渠至沉沙池进水闸前的沿程水位计算，考虑通过沉沙池进水闸的水头损失，求得沉沙池的入池水位。

1) 渠道挟沙力公式。一般采用 $S^* = k\left(\dfrac{v^3}{gR\omega_c}\right)^m$ 形式，式中 ω_c 为考虑含沙量影响的悬移质泥沙中数粒径的群体沉速（m/s），系数 k 和指数 m 的值用类似地区渠道的实测资料（平衡输沙资料）确定。例如，黄河下游渠道，一般 $m=1.0$、$k=0.20\sim0.18$。

2) 渠道输沙平衡比降。在黄河下游地区的输沙渠道，微冲微淤下，比降一般在 2.0‱～3.0‱间变化。

3) 渠道糙率。若渠道全部衬砌，且衬砌平整、光滑度好，则糙率 n 值可小到 0.013～0.014；若只渠岸衬砌，渠底为土质，则糙率 n 值为 0.016～0.018；若全为土渠，形态规整，经常输送浑水，则糙率 n 值为 0.018～0.020；若土渠长有稀疏水草，而形态较规整，则糙率 n 值为 0.022 左右。

4) 悬移质非均匀沙清水沉速 ω，可利用具体河流水文年鉴刊布的实际资料，建立不同水温下 $\omega = ad_{50}^n$ 关系；在多沙河流还可建立泥沙群体沉速 ω_c 与清水沉速 ω 的比值 ω_c/ω 同含沙量的关系，计算相应含沙量的泥沙群体沉速。分析黄河下游资料，可得表 6.6-1 泥沙清水沉速和表 6.6-2 泥沙群体沉速的计算关系。

2. 沉沙条池基本尺寸的确定

沉沙池可根据总体设计设置若干沉沙条池分期使用。沉沙条池基本尺寸的确定主要考虑以下因素。

(1) 沉沙池要设总进水闸和尾水闸，控制沉沙条池流量和水位。沉沙条池要呈梭形。条池进水段逐步放宽至中部段进口，长度约占条池总长度的 15%；中

表 6.6-1　不同水温下非均匀沙的沉降速度 $\omega=ad_{50}^{n}$ 系数值

水温（℃）	0～5	5～10	10～15	15～20	20～25	25～30	>30
a	0.385	0.294	0.244	0.235	0.225	0.218	0.208
n	1.79	1.62	1.49	1.38	1.31	1.24	1.16

注　d_{50}为非均匀沙中数粒径，mm。

表 6.6-2　泥沙群体沉速 ω_c 与泥沙的沉降速度 ω 的比值 ω_c/ω 同含沙量的关系

S(kg/m^3)	1.0	5.0	10.0	19.0	30.0	80.0	150.0	200.0	300.0	400.0	500.0	800.0
ω_c/ω	1.50	1.28	1.13	1.00	0.88	0.60	0.42	0.32	0.20	0.12	0.07	0.01

部段为工作段，宽度最宽，沿程宽度相对均匀，其长度约占条池总长度的70%；尾部段逐步收缩至尾水闸前，其长度约占条池总长度的15%。要求挟沙水流进池后，防止在进水段淤塞，将泥沙输向中部段淤积，中部段要淤积得相对均匀，并要将泥沙输向尾部段淤积。尾水闸要调节尾水位和泄流量，壅高水位回水淤积，降低水位溯源冲刷；调整沉沙条池内水面比降和流速、水深等水力要素；控制条池内淤积形态和淤积物组成；满足沉粗沙排细沙和控制出池含沙量和出池泥沙粒径的要求。

（2）控制条池内平均流速。根据沉沙条池的资料，当池内平均流速在0.25～0.30m/s时，含沙水流流经2km就可澄清。所以沉沙条池的长度应不小于2km。池内平均流速初期应在0.25～0.30m/s，后期应在0.50～0.60m/s。要调节尾水位形成壅水沉沙，壅水淤积能达到中部段进口；要降低尾水位形成溯源冲刷，能将泥沙输送到尾部段落淤。

（3）沉沙粒径与相应条池内平均流速的关系。从实测资料可得表6.6-3关系。

控制沉沙粒径，要求沉粗沙排细沙。一般要求将粒径大于0.05mm的泥沙沉下，粒径大于0.1mm的泥沙沉降率为80%～85%，粒径大于0.25mm的泥沙完全沉下。为了肥田，一般只将大于0.03mm的泥沙沉下，要求池内平均流速为0.40～0.50m/s。

（4）沉沙条池长度。来沙主要集中在大水时期，因此沉沙条池长度要适应大水流量沉沙要求。根据经验，沉沙条池长度和流量的关系见表6.6-4。

长江科学院曾就泥沙沉降长度的计算提出以下公式，可供参考。

表 6.6-3　沉沙粒径与相应条池内平均流速的关系

沉落泥沙临界粒径（mm）	0.007～0.010	0.010～0.030	0.030～0.040	0.040～0.060
相应条池内平均流速（m/s）	0.25～0.30	0.30～0.40	0.40～0.50	0.50～0.60

表 6.6-4　沉沙条池长度和流量的关系

流量（m^3/s）	<5	5～10	10～30	30～60	60～100	100～150	150～200
条池长度（km）	2～3	3～4	4～5	5～6	6～8	8～12	12～16

1）当来水含沙量远大于水流挟沙力时：

$$L=k_1\frac{H(v-v_H)}{\omega}\ln\frac{S_0}{S}\qquad(6.6-3)$$

2）当条池淤积趋近平衡，沿程流速较大时：

$$L=k_2\frac{H(v-v_H)}{\omega}\ln\frac{S_0-S_k}{S-S_k}\qquad(6.6-4)$$

以上式中　L——泥沙沉降长度，m；

H——沉沙条池平均水深，m；

v——沉沙条池平均流速，m/s；

ω——泥沙的沉降速度，m/s；

v_H——泥沙止动流速，m/s；

S_0——条池进口断面平均含沙量，kg/m^3；

S——距离L处断面含沙量，kg/m^3；

S_k——沉沙条池水流挟沙力，kg/m^3；

k_1、k_2——系数，k_1取11.1，k_2取10.0。

（5）沉沙条池的宽度以条池工作段即中部段为标准。根据经验，1.0m^3/s流量要求条池宽度为10m，10.0m^3/s流量要求条池宽度为100m，100m^3/s流量要求条池宽度为1000m。这些流量和条池宽度关系，可以结合实际地形适当变化。在水流入池后一般要发生游荡摆动淤积，通过游荡摆动淤积，使条池平行淤高，淤积较平坦。条池首部段逐渐扩张和尾部段逐渐收缩，一般按与水流方向成20°夹角扩张和收缩，小至15°夹角，大至25°夹角，依地形条件而变，要避免发生较大的回流淘刷池堤。

(6) 沉沙条池淤积比降的计算。在淤积初期无明显滩槽，淤积至中期出现水下滩槽雏形，淤积至后期，露出滩槽，直至淤积趋近平衡，滩槽相对稳定。

河槽淤积平衡比降计算式：

$$i=\frac{n^2\zeta^{0.4}S^{0.73}\omega^{0.73}g^{0.73}}{k^{0.73}Q^{0.20}} \qquad (6.6-5)$$

滩地比降可按式(6.6-6)计算：

$$i_{滩}=0.8i_{槽} \qquad (6.6-6)$$

$$\zeta=\frac{\sqrt{B}}{h}$$

以上式中 ζ——河相系数，根据沉沙条池资料，一般取6～8；

k——挟沙力公式 $S^*=k\frac{v^3}{gh\omega_c}$ 中的系数，一般取0.20～0.18；

n——糙率，根据沉沙池淤积资料，一般取0.016～0.018；

ω——泥沙的沉降速度，m/s；

g——重力加速度，m/s^2；

Q——流量，m^3/s；

S——含沙量，kg/m^3。

沉沙后期还可以调节尾水闸门壅高水位沉沙淤积，条池的纵向淤积比降还可减小。在黄河下游，根据经验资料，沉沙条池淤积平衡时，上半段河槽纵向淤积比降约为2.5‰～2.2‰，下半段河槽纵向淤积比降约为2.0‰～1.7‰。后期调节尾水闸门壅高水位沉沙淤积的纵向淤积比降可减小为1‰。

(7) 沉沙条池河槽形态的计算。按平衡河槽形态公式计算。

1) 河槽水面宽(m)：

$$B=\frac{k^{0.2}\zeta^{0.8}Q^{0.6}}{S^{0.2}Q^{0.2}g^{0.2}} \qquad (6.6-7)$$

2) 河槽平均水深(m)：

$$h=\frac{k^{0.1}Q^{0.3}}{\zeta^{0.6}S^{0.1}\omega^{0.1}g^{0.1}} \qquad (6.6-8)$$

沉沙条池后期还要进行小流量壅水放淤细泥沙盖土还耕，一般盖淤厚度为0.2～0.3m。

3. 沉沙条池有效沉沙量的计算

按淤积平衡状态的纵向淤积形态和横向淤积形态，计算沉沙条池的沉沙容积，并按淤积土干容重(一般为$1.3t/m^3$)，求得沉沙条池的沉沙重量。再加上沉沙条池后期改土盖淤较细泥沙0.2～0.3m厚度的沙量(盖淤的淤积土干容重按$1.10\sim1.15t/m^3$计)，即得沉沙条池总有效沉沙量。

4. 沉沙池的总进水闸和尾水闸的控制作用

沉沙条池要在沉沙池的总进水闸和尾水闸的控制下运用。总进水闸控制入沉沙条池的流量、含沙量和泥沙级配，并控制条池进口水位；总尾水闸调节出条池流量、含沙量、泥沙级配和条池尾水位。

5. 沉沙条池出池含沙量与泥沙粒径的控制

出池含沙量与泥沙粒径控制，应考虑以下两方面。

(1) 沉沙条池的退水渠泥沙不淤积；退水入河道泥沙不淤积河道。

(2) 进行退水渠和退水河道水流挟沙力计算，确定出条池流量、含沙量和泥沙粒径的控制指标。为了提高退水渠水流挟沙力，可衬砌退水渠；退水入河道泥沙利用大水输沙。

6. 沉沙条池泥沙冲淤计算

根据沉沙条池的实测资料，分析得出分组泥沙排沙比与水力因素的关系：

$$\left(\frac{S_{出}}{S_{入}}\right)_{分组沙}=e^{-\alpha_i\left(\frac{\omega_i l}{vh}\right)} \qquad (6.6-9)$$

式中 $S_{出}$、$S_{入}$——条池分段出口、入口断面分组泥沙平均含沙量，kg/m^3；

α_i——分组泥沙恢复饱和系数；

ω_i——分组泥沙的清水沉速，m/s；

v——条池分段平均流速，m/s；

h——条池分段平均水深，m；

l——条池分段长度，m。

将粒径大于0.03mm的粗泥沙和粒径小于0.03mm的细泥沙，进行沉沙条池分组泥沙冲淤计算。

沉沙条池分上、中、下三段，进行分段分组泥沙冲淤计算。根据黄河下游沉沙条池实测资料，表6.6-5给出沉沙条池上、中、下段分组泥沙的恢复饱和系数α值。

表6.6-5 黄河下游沉沙条池分组沙恢复饱和系数α值

恢复饱和系数α / 泥沙粒径(mm)	条池上段	条池中段	条池下段
泥沙粒径<0.03	0.084	0.232	0.380
泥沙粒径≥0.03	0.039	0.097	0.155

根据黄河下游沉沙条池资料，得到沉沙条池上、中、下三段分组泥沙中数粒径比与分组泥沙排沙比关系，见表6.6-6。

沉沙池要分若干个条池分期使用，可作出每两个条池为一组的互济互补沉沙运用方式。

表6.6-6 沉沙条池分组泥沙中数粒径比与分组泥沙排沙比关系

粗沙 ($d \geqslant 0.03$mm)	$\frac{S_{出}}{S_{入}}$	0.02	0.08	0.10	0.30	0.50	0.70	1.0
	$\frac{d_{50出}}{d_{50入}}$	0.10	0.43	0.72	0.78	0.84	0.90	1.0
细沙 ($d<0.03$mm)	$\frac{S_{出}}{S_{入}}$	0.02	0.08	0.10	0.30	0.50	0.70	1.0
	$\frac{d_{50出}}{d_{50入}}$	0.016	0.020	0.49	0.57	0.68	0.79	1.0

6.6.1.7 引洪工程用洪用沙设计

引洪工程用洪用沙，一是引洪放淤改土，发展生产；二是处理洪水泥沙放淤滩地，减少河道淤积。

引洪放淤工程的布置也有无坝引洪和有坝引洪两种型式。无坝引洪的引洪口高程要大水时引洪，小水时也能利用。引洪口要建在河道较窄、河床和河岸较稳定的河段。若建在弯道段，应位于弯道凹岸顶点附近。要避免沙、卵石推移质进入，引洪口底部高程高出河床0.5～1.0m或1.0～1.5m。要适应水位变化，增加小水期低水位的引水能力。引洪口要建导流堤，导流堤与水流方向成10°～20°夹角。有坝引洪要建进水闸、冲沙闸。进水闸底坎要高于深水河槽底部高程0.5～1.0m或1.0～1.5m。冲沙闸底坎要低于进水闸底坎1.0～1.5m。进水闸要避免推移质进闸，冲沙闸要排泄泥沙退入河道。

引洪工程由于洪水历时短，来势迅猛，需要在较短时间内引洪放淤，因此引洪输沙渠要渠线较短，将洪水泥沙直接引入放淤区。引洪放淤区域要宽广，可分条渠引洪放淤。最后盖淤土，避免沙化。

引洪放淤要利用高含沙量洪水放淤，削减洪水泥沙，对河道有防洪减淤作用，达到用洪用沙的效果。要进行引洪输沙渠水流挟沙力的计算，使输沙渠将洪水泥沙送至放淤区。水流挟沙力的计算公式为 $S^{*}=k\left(\frac{\gamma'}{\gamma_s-\gamma}\frac{v^3}{gR\omega_s}\right)^m$，由实测资料确定系数$k$值和指数$m$值。根据实测资料分析，高含沙水流放淤时，纵向淤积比降约为2‰～1‰，横向淤积平坦。

结合地形条件，引洪放淤要做到高沙地高放淤，低沙地低放淤。对放淤区分块，渠系规格化，能淤灌能排水。先进行沙地平整。避免淤地起伏不平零星分散。配套工程要完善，保证质量，避免淤区堤、埂溃决，避免引洪冲刷，淤地被冲毁。引洪放淤的渠系工程可作为将来的灌溉渠系工程。

6.6.2 堤防工程布局和泥沙设计

这里介绍堤防工程布局和堤防工程泥沙设计。包括堤线选择、堤防间距、堤防高程、堤防护岸等。

6.6.2.1 堤防工程布局

(1) 安全堤距。设计河道行洪输沙宽度，多泥沙河流堤防要宽滩窄槽，利用宽阔滩地行洪和淤积泥沙。

(2) 控制堤防上延。在下游河段修建堤防后，上游河段洪水位升高，可能淤积上延，需要其上游河段修建大堤。因此，要控制堤防上延。

(3) 干、支流河口段堤防。干、支流河口淤积，向上游溯源淤积，使上游河道水位升高，防洪能力降低。因此，需要研究干、支流堤防包括河口段堤防，形成一个整体。

(4) 堤线走向。按河道平面形态布置堤线。分析河道历史行洪范围，两岸堤线要能包络河道历史行洪范围，但不含河流改道迁徙。

(5) 河滩行洪和河槽行洪。修建堤防以后，要求在设防流量不变和设防水位不变的条件下，河滩行洪能力和河槽行洪能力不减，以维持堤防内过洪能力不变。要从$Q=\frac{Bh^{5/3}i^{1/2}}{n}$和$Q_s=k\left(\frac{Bv^4}{\omega_c}\right)^m$关系中求解。

(6) 堤防护岸。在堤防工程前面要有足够的滩地宽度，预防河势变化以宽滩护堤。还要修建护滩控导工程，对堤岸要有工程防护。

(7) 堤防设防洪水位和堤防高程。控制河道淤积抬高，维持河道排洪能力，保持堤防安全。

(8) 防堤防决口。防堤防决口可分为三种：①防漫决；②防冲决；③防溃决。三种堤防决口都和河道泥沙淤积抬高有关。因此，使河道减淤和不淤积，是防止堤防决口的根本所在。同时要进行行洪滩地治理，放淤泥沙淤堵串沟，淤填堤河，保持滩面平整，减小滩面横比降。

6.6.2.2 堤防工程泥沙设计

1. 堤防工程设计标准

堤防工程防护对象的防洪标准应按照《防洪标准》(GB 50201) 确定。

2. 堤线布置

(1) 按河流平面形态和洪水的主流方向，选择堤线走向。

(2) 在上述基础上结合局部地形和地势，选择高地和直线拉直，避免突然的缩小、放大、急弯。堤线转向应用平缓曲线连接。

(3) 考虑河道整治和河道淤积抬高对河势的影响；考虑上游水库调节洪水、泥沙、防洪减淤对河道的影响；结合河床演变趋势的预估，选择堤线。

(4) 对长距离修建堤防的河道，要适应河流沿程各河段的河型选择堤线。

3. 堤距选择

(1) 按选定的设计洪水，选择自然河谷的若干控制性断面，选定糙率，计算若干控制性断面的自然河槽行洪流量和自然滩地行洪流量，求得总洪水流量，使之符合设计洪水流量。

(2) 拟定不同堤距方案，分别按设计洪水流量、按上述计算所采用的若干控制性断面，分析选定糙率，计算洪水位和平均流速及洪水水面线以下的洪水容积，求出各堤距方案与自然河谷情况下计算的洪水位差值 ΔZ 和平均流速差值。通过比较，选择合适的堤距方案。

(3) 河道洪水流量计算[23]。河道洪水流量可由两部分分别计算求出：

$$Q_{总}=Q_{槽}+Q_{滩}=\left[\frac{1}{n}AR^{2/3}\left(\frac{E_2-E_1}{L}\right)^{1/2}\right]_{槽}+\left[\frac{1}{n}AR^{2/3}\left(\frac{E_2-E_1}{L}\right)^{1/2}\right]_{滩}=\left[\frac{1}{n_{槽}}A_{槽}R_{槽}^{2/3}+\frac{1}{n_{滩}\left(\frac{L_{滩}}{L_{槽}}\right)^{1/2}}A_{滩}R_{滩}^{2/3}\right]\times\left(\frac{E_2-E_1}{L_{槽}}\right)^{1/2} \tag{6.6-10}$$

式中 $Q_{总}$、$Q_{槽}$、$Q_{滩}$——总流量、河槽流量、滩地流量，m^3/s；

$n_{槽}$、$n_{滩}$——河槽、滩地糙率；

$A_{槽}$、$A_{滩}$——河槽、滩地过水断面面积，m^2；

$R_{槽}$、$R_{滩}$——河槽、滩地水力半径，m；

E_1——上游断面能头；

E_2——下游断面能头；

E_2-E_1——出、入口能头差，一般也可以水位差近似代替；

$L_{槽}$、$L_{滩}$——河槽、滩地断面间距，m。

4. 堤顶高程确定

在选定的堤距下，按设计洪水流量计算设计水平年河道冲淤条件下的洪水水面线，加超高值后，确定设计水平年的堤顶高程。

5. 堤岸防护

(1) 分别进行设防洪水流量和造床流量的冲刷深度计算，进行防护设计。

(2) 堤岸防护工程结构和建筑材料要满足抗冲性能要求。

(3) 调查防护堤河段的历史洪水冲刷深度。

(4) 利用防护河段水文站测验资料，制作如下各种相关图，应用于计算。

1) 各级流量的最大流速和平均流速相关图 v_{max}—v_{pj}。

2) 最大流速和平均流速的比值 $\frac{v_{max}}{v_{pj}}$ 与最大单宽流量和平均单宽流量的比值 $\frac{q_{max}}{q_{pj}}$ 相关图。

3) 最大单宽流量和平均单宽流量的比值 $\frac{q_{max}}{q_{pj}}$ 与最大水深和平均水深比值 $\frac{h_{max}}{h_{pj}}$ 相关图。

(5) 选取防护河段若干个有代表性的“计算”断面，设计“计算”断面的水位流量关系曲线。

(6) 计算设防洪水流量；计算造床流量。

(7) 对防护河段各“计算”断面，逐个断面按设计的水位流量关系曲线计算出：①设计洪水流量的水位、相应过水断面面积、水面宽度、平均水深、平均单宽流量、平均流速等要素；②造床流量的水位、相应过水断面面积、水面宽度、平均水深、平均单宽流量、平均流速等要素。

(8) 对防护河段各计算断面：①逐个断面按设计洪水流量算出的 v_{pj}，利用水文站断面实测资料制作的 v_{max}—v_{pj} 相关图，由 v_{pj} 查算出 v_{max}；②算出 $\frac{v_{max}}{v_{pj}}$ 比值；③按 $\frac{v_{max}}{v_{pj}}$—$\frac{q_{max}}{q_{pj}}$ 相关图，查算出 $\frac{q_{max}}{q_{pj}}$；④按设计洪水流量的 q_{pj}，由 $\frac{q_{max}}{q_{pj}}$ 比值，算出 q_{max}；⑤按 $\frac{q_{max}}{q_{pj}}$—$\frac{h_{max}}{h_{pj}}$ 相关图查算出 $\frac{h_{max}}{h_{pj}}$；⑥由 h_{pj} 求得最大水深 h_{max}，即为“计算”断面的设计洪水流量下的最大冲刷水

深；⑦由设计洪水位减去最大冲刷水深，则得设计洪水流量下冲刷最深的河底高程。

同理，逐个断面按造床流量计算即求出造床流量下最大冲刷水深，由造床流量水位减去最大冲刷水深，求出造床流量作用下冲刷最深的河底高程。

对堤岸防护的最大冲刷水深计算，可按堤防工程设计规范推荐的最大冲刷水深公式计算（也要用实测资料检验），与上述方法计算成果进行比较，综合分析选取。并结合防护河段历史洪水最大冲刷水深河底线调查，设计堤岸防护。

6.6.3 河道整治工程泥沙问题

河道整治是通过整治建筑物或采用其他整治手段（如疏浚、爆破等），调整水流结构及局部河床形态，使河道向着有利的方向发展，要根据河道的河床演变特性，有针对性地进行整治，以满足经济社会发展的需要。河道整治一般包括洪水整治、平水整治和枯水整治三类。洪水整治和平水整治旨在防洪，使河床和河势相对稳定，枯水整治旨在保证枯水航道及取水工程的正常运转等。以下介绍有关河道整治工程泥沙问题。

6.6.3.1 泥沙运动和河床演变分析

1. 河型分析

冲积河流有四种基本河型：①顺直型；②蜿蜒型；③分汊型；④游荡型。各种河型河床演变规律不同，因此在具体分析某一河流或河段河床演变规律之前，首先就要分析其河型。进行河道整治要考虑河流或河段的河型。河型在水沙条件发生显著变化后，可以转化，河道整治措施要适应河型转化。

2. 河床演变分析

在具体分析河流或河段的河型后，分析其河床演变特性。一要分析河流或河段历史和现状的河床演变特性；二要分析设计水平年人类活动影响下的河床演变发展趋势。分析内容主要包括河床的冲淤特性和河势演变特性，可以采用实测资料分析、数学模型计算和物理模型试验等手段进行。要分析提出河道冲淤变化的数量和河势演变图，为河道整治工程措施安排和河道整治工程规模确定提供依据。

3. 水流不冲刷流速

不冲刷流速是指在一定的来水来沙条件下，河床或渠道不发生冲刷的临界流速。

(1) B. H. 岗恰洛夫提出水平河床上的水流垂线平均不冲刷流速计算公式为

$$v_{H0} = 3.9h^{0.2}(d + 0.0014)^{0.3} \quad (6.6-11)$$

式中 v_{H0}——水流垂线平均不冲刷流速，m/s；

h——垂线水深，m；

d——均质泥沙颗粒的粒径，m。

可根据给定的水流垂线平均不冲刷流速，决定应用于整治建筑物结构中的抛石粗度。表 6.6-7 为按式（6.6-11）计算的水深 1m 的 $d—v_{H0}$ 数值。

(2) Г. И. 沙莫夫研究的水平河床上的水流垂线平均不冲刷流速计算公式为

$$v_{H0} = 3.83d^{1/3}h^{1/6} \quad (6.6-12)$$

式中符号意义及单位同前。

B. H. 岗恰洛夫认为：对于编柳格中的石块，在水深等于 1m 的水流中，垂线平均不冲刷流速可以加大 20%～30%；对于卵石铺面可以加大 50%～60%；对于结合牢固与平面平整的铺面（石块铺砌紧密）可以加大 80%～100%。

当水深不等于 1.0m 时，表中水流垂线平均不冲刷流速的数值应乘以系数 $x(x = h^{0.2})$，其 x 数值见表 6.6-8。

作用于河床表面是倾斜的斜坡平面的水流垂线平均不冲刷流速 v_H，按培什金（б. А. Пышkин）研究的公式计算：

$$v_H = kv_{H0} \quad (6.6-13)$$

其中
$$k = \sqrt{-\frac{m_0 \sin\theta}{\sqrt{1+m^2}} + \sqrt{\frac{m^2 - m_0^2\cos^2\theta}{1+m^2}}} \quad (6.6-14)$$

表 6.6-7 按式（6.6-11）计算的水深 1m 时的 $d—v_{H0}$ 关系

d (mm)	10	15	25	40	75	100	150	200	300	350
v_{H0} (m/s)	1.00	1.10	1.20	1.50	1.70	2.00	2.20	2.40	2.75	3.00

表 6.6-8 $h—x$ 关 系

h (m)	0.3	0.6	1.0	1.5	2.0	3.0	4.0	5.0
x	0.78	0.90	1.00	1.09	1.15	1.25	1.32	1.38

式中 m——斜坡系数；

m_0——自然斜坡系数；

θ——流向与沙粒所在的斜坡水平线的交角；

其他符号意义同前。

关于非均匀沙的起动流速和水流不冲刷流速，对于冲积平原河流，由于床面泥沙粒配比较均匀，用中数粒径来计算，与实际基本相符。如果床面泥沙粒配很不均匀，用中数粒径来计算是否符合实际，还有待作更深入的研究。对粒径大于10mm的砾、卵石的起动流速和不冲刷流速的研究，还缺乏比较可靠的定量研究成果。

4. 悬移质运动水流不淤流速

悬移质泥沙运动的“不淤流速”为维持泥沙处于悬移状态的平均水流速度。

C. A. 吉尔什堪提出不淤流速的计算公式为

$$v_{H3} = \Gamma Q^{0.2} \quad (6.6-15)$$

式中 v_{H3}——不淤流速，m/s；

Q——流量，m^3/s；

Γ——与泥沙沉降速度有关的系数，见表6.6-9。

式（6.6-15）的应用要根据实测资料检验。

表6.6-9 系数Γ值与泥沙沉降速度ω关系

泥沙沉降速度ω（mm/s）	<1.5	1.5～3.5	>3.5
系数Γ值	0.33	0.44	0.55

现在广泛应用悬移质水流挟沙力公式来分析平衡输沙。

6.6.3.2 河道整治方案和治导线

进行河道整治首先应确定河道的整治方案，河道整治方案应在总结河道整治历史和河型、河床演变分析的基础上，综合考虑防洪、航运等要求确定，必要时需要开展物理模型试验。按蜿蜒型河型治河有相对稳定的弯道深槽和直线段浅槽，可以确定治导线予以整治。治导线描述的是河道经过整治后在设计流量下的流路，通常用平缓连接的两条平行的曲线表示，曲线与曲线之间可以有短的直线段。治导线的设计应从分析河势和水流动力轴线（河道沿流程各断面最大垂线平均流速处的连线称为水流动力轴线）着手，分析确定治导线参数，必要时应进行物理模型试验，以检验治导线参数的合理性。

河道治导线的主要设计参数有设计流量（整治流量）、设计水位、设计河宽、河槽过洪宽度、河湾形态关系等。治导线按照设计参数值和边界条件绘制。

胡一三等[57]根据黄河下游特点，研究的治导线的设计参数如下。

（1）设计流量。以平水河槽为整治对象的河道整治，其设计流量采用平水河槽的平滩流量。

（2）设计水位。采用与设计流量相应的水位。

（3）设计河宽B_0。指经过河道整治后与设计流量相应的直河段的宽度。可采用实测资料分析、河相关系计算等方法，根据设计流量确定。

（4）河湾形态关系。通过弯曲半径、中心角、直线段长度、河湾间距、弯曲幅度及河湾跨度来描述。按照观测资料统计分析，直河段长度$l=(1\sim3)B_0$，河湾间距$L=(5\sim8)B_0$，弯曲幅度$P=(1\sim5)B_0$，河湾跨度$T=(9\sim15)B_0$，弯曲半径$R_0=3250/\phi^{2.2}$。

1）按照李保如[51]的研究成果：

$$R_0 = \frac{K}{\phi^n} \quad (6.6-16)$$

并认为$R_0=(2\sim4)B_0$和$L=(2\sim5)B_0$。

2）按照Н. И. 马卡维耶夫的研究成果：

$$R_0 = 0.004\frac{\sqrt{Q}}{J} \quad (6.6-17)$$

3）按照里勃来的研究成果：

$$R_0 = 40\sqrt{A} \quad (6.6-18)$$

4）按照C. T. 阿尔图宁的研究成果：

$$R_0 \geqslant (4\sim5)B_0 \quad (6.6-19)$$

以上式中 R_0——弯曲半径，m；

Q——造床流量，m^3/s；

ϕ——中心角，以弧度计；

K——常数，取2900～3300；

n——指数，一般取2.20～2.66；

B_0——整治河道宽度，m；

A——造床流量过水断面面积，m^2；

J——河流纵向水面比降。

整治河道稳定河槽平均宽度及稳定河槽平均深度可按造床流量计算：

$$B = A\frac{Q^{0.5}}{J^{0.2}} \quad (6.6-20)$$

$$h = \frac{B^m}{\zeta} \quad (6.6-21)$$

式中 Q——造床流量，m^3/s；

ζ——河相系数。

系数A和指数m与河型及河岸、河床的相对可动性有关，由实测资料确定。

根据C. T. 阿尔图宁的研究成果，弯曲段的平均水深通常要比平直段的平均水深要大，有如下关系：

$$h_{kc} = k_1 h_c \quad (6.6-22)$$

$$h_{km} = k_2 h_c \quad (6.6-23)$$

式中 h_{kc}——弯曲河段稳定河槽的平均水深，m；

h_{km} ——弯曲河段稳定河槽的最大水深，m；

h_c ——平直河段稳定河槽的平均水深，m；

k_1、k_2 ——系数，其值见表6.6-10。

表6.6-10 k_1、k_2 与 $\frac{B_0}{R_0}$ 关系

$\frac{B_0}{R_0}$	0.16	0.20	0.25	0.33	0.50
k_1	1.24	1.27	1.33	1.43	1.60
k_2	1.48	1.84	2.20	2.57	3.00
$\frac{h_{km}}{h_{kc}}$	1.19	1.45	1.65	1.80	1.88

关于式(6.6-20)和式(6.6-21)中的系数 A 和指数 m，按C.T.阿尔图宁的研究，列于表6.6-11。

表6.6-11 式(6.6-20)中的系数 A 值和式(6.6-21)中的指数 m 值

河 段	河槽土质	A		m	
		(1)	(2)	(1)	(2)
山区河流	漂石、圆石、卵石	0.75	0.90	1.00	0.80
山麓河流	卵石、砾石、沙	0.90	1.00	0.80	0.75
中游河段	沙	1.00	1.10	0.75	0.70
下游河段	细沙	1.10	1.70	0.70	0.50

注 表中（1）项的值用于河底受冲刷而河岸不受冲刷的情况，（2）项的值用于河底和河岸均可冲刷的情况。

关于整治河道宽度，亦即多年平均平滩流量的河道宽度，相当于平水河槽的整治标准，在河床河岸稳定、无迁徙和侧蚀拓宽变化的河段，即为造床流量河槽宽度；若有迁徙和侧蚀拓宽变化的，从较长时间考虑，则整治河道宽度要大于造床流量宽度，一般可按2倍造床流量宽度考虑。

以上的经验数值供参考应用。应结合实际河流河段的实测资料，经分析计算后确定。

6.6.3.3 防护建筑物附近的冲刷水深计算

丁坝能引起水流结构的巨大变化，所形成的冲刷坑较大。顺坝与丁坝的不同主要体现在与水流交角上，其局部冲刷的计算方法与丁坝相同。这里介绍丁坝坝头冲刷水深的计算公式。

根据C.T.阿尔图宁的研究[33]，非淹没丁坝头部形成的冲刷坑的最大水深为

$$H_p = K_q K_\alpha K_m H = CH \qquad (6.6-24)$$

式中 H ——丁坝头部的起始水深，m；

K_q ——与比值 $\frac{Q_n}{Q_p}$ 有关的系数，其中 Q_n 为丁坝所堵塞的河床宽度内的最大流量（m^3/s），Q_p 为全部河床宽度的最大流量（m^3/s）；

K_α ——与水流流向和丁坝轴线的交角 α 有关的系数；

K_m ——与丁坝受压边坡系数 m 有关的系数；

C ——冲刷系数。

表6.6-12所列为 K_q、K_α、K_m 的经验数据。式(6.6-24)和表6.6-12的适用性，要根据观测资料验证或调整。

表6.6-12 式(6.6-24)中的系数

$\frac{Q_n}{Q_p}$	0.10	0.20	0.40	0.60	0.80
K_q	2.00	2.65	3.45	3.87	4.20
α	30°	60°	90°	120°	150°
K_α	1.18	1.07	1.00	0.94	0.84
m	0.0	0.5	1.0	2.0	3.0
K_m	1.00	0.91	0.85	0.61	0.50

注 表中系数 K_q、K_α、K_m 值系实验室试验资料得出的结果，适应于沙质河床。

丁坝头部冲刷坑的计算非常复杂，式(6.6-24)适用于对岸冲刷甚微、河宽稳定的情况，计算结果要进行合理性分析。

根据K.B.马特维耶夫的研究，丁坝坝头冲刷深度[60]为

$$h = 27K_1K_2\tan\frac{\alpha}{2}\frac{v^2}{g} - 30d \qquad (6.6-25)$$

$$K_1 = e^{-5.1\sqrt{\frac{v^2}{gb}}}$$

$$K_2 = e^{-0.2m}$$

式中 h ——冲刷后水深，m；

v ——水流对丁坝的行近流速，m/s；

K_1 ——与丁坝在水流法线上的投影长度 b[$b=L\sin\alpha$，其中 L 为丁坝长度(m)]有关的系数；

K_2 ——与丁坝边坡系数 m 有关的系数；

α ——水流轴线与丁坝轴线的交角，当丁坝上挑 $\alpha>90°$ 时，应取 $\tan\frac{\alpha}{2}=1$；

g ——重力加速度，m/s^2；

d ——床沙粒径，m。

6.6.3.4 高含沙量水流在治河中的影响和作用

高含沙量水流有紊流和“濡流”两种类型，一般讲当含沙量在500～700kg/m^3以下时，仍为紊流，含沙量在700kg/m^3以上转为“濡流”。在一条高含沙量的河流里，有时交替出现这两种类型水流。对于

高含沙量紊动水流，与清水紊动水流相比，它有以下的特性[34,50]。

(1) 水流平均流速增大，水流挟沙力增大。

(2) 水流底部流速增大，水流冲击力增强，“揭河底”冲刷剧烈。

(3) 洪水涨率增大，洪峰上涨时间减少，洪峰流量增大，水位陡落猛升。

(4) 迅速形成窄深河槽，河床刷深多，滩地淤积多。

(5) 河势突然变化，河床演变剧烈。

针对上述这些特性，要利用有利于河道输沙减淤的高含沙量水流，要削减对河道防洪不利的高含沙量水流。

6.7 水库运用对下游河道影响分析

河流上修建水库后，水库运用对水库下游河道影响依改变自然水沙情况而有别。

6.7.1 水库下游河道河床演变过程

(1) 水库运用影响下游河道河床演变的第一阶段是水库蓄水拦沙下泄清水或细泥沙低含沙量水流阶段，下游河道发生冲刷造床。主要特征有以下几方面。

1) 在近坝下游河段，河道以河床下切为主，侧蚀展宽为辅。河床冲刷下切到形成抗冲层而相对稳定下来；侧蚀展宽亦较显著，主流线有一定的横向摆动变化。

2) 天然为细泥沙河床的河流，建库后的水库下游河道冲刷距离可以很远，但愈往下游，河床冲刷下切愈趋减弱。在河岸土质极易冲刷的游荡型河段，会出现河床下切和展宽并存并以横向展宽为主的局面。

3) 水库下游的游荡型河段，纵向变形和横向变形都较强烈，但有一定的减弱。蜿蜒型河段以河床下切为主，横向变形相对较小。分汊型河段则加强河床冲刷下切和减弱侧蚀展宽。由游荡型向蜿蜒型过渡的过渡型河段，亦将加强河床冲刷下切和减弱横向侧蚀展宽。

4) 下游河道水流悬移质含沙量的冲刷恢复。水库下泄清水，或下泄细泥沙低含沙量浑水，需要从下游河道河床冲刷和塌岸塌滩等途径来恢复含沙量和泥沙颗粒级配。但是，由于冲刷河床粗化和糙率增大，水流挟沙力降低，水流恢复的含沙量要较天然河流含沙量小，泥沙颗粒级配变粗，恢复的水流挟沙力要比天然河流的水流挟沙力小。

5) 在水库下泄大流量清水或大流量细泥沙低含沙量水流时，下游全线冲刷可以远至河口河段，而在水库下泄小流量清水或小流量细泥沙低含沙量水流时，则发生上冲下淤或段冲段淤的冲淤相间情形。

6) 水库下泄清水或细泥沙低含沙量水流，洪水流量减小，缺少泥沙成滩和还滩，河床既下切又展宽，水位下降，河漫滩平滩流量增大。若使水库合理拦沙和调水调沙运用，优化水沙组合，大水输大沙，提高下游河道输沙能力，使下游河道有泥沙成滩还滩能力，增大造床流量和提高减淤效益，就会使下游河道河槽排洪能力更加增大。

(2) 水库拦沙完成，冲淤相对平衡后，水库“蓄清排浑和调水调沙”运用，下游河道减淤的程度和改善河床演变的程度要依水库合理调水调沙运用方式而定。

6.7.2 水库不同运用方式对下游河道影响分析

6.7.2.1 水库蓄水拦沙运用对下游河道影响分析

(1) 汛期水量减小、流量减小、流量过程趋于均匀化。

水库蓄水运用，使进入水库下游河道的汛期水量和流量减小，流量过程均匀化，有利于输沙的大流量出现几率减少。要分析这种水沙变化带来的影响。

(2) 悬移质含沙量减小及水流挟沙力减小。分析悬移质含沙量减小的原因：一是对冲泻质而言，上游来沙拦截以后，下游河床中缺少泥沙的充分补给；二是对床沙质来说，虽然河床中不乏泥沙补给，但造床流量减小，河床冲刷粗化，水流挟沙力降低。

(3) 水库下游河床冲刷。

1) 下游河床冲刷明显，冲刷距离较长。在一定的水流条件下和河床土质条件下，下游河道河床冲刷距离较长，有的冲刷可达河口地区。

2) 局部侵蚀基准面影响河床冲刷下切。在水库下游河床冲刷过程中，如果遇到局部侵蚀基准面，冲刷就要受到限制。

3) 冲刷速率随时间变化。在水库运用初期，下游河道冲刷发展较快，以后变缓。

河床组成中水流所不能带动的颗粒愈多，则抗冲铺盖层形成愈快，河床冲刷下切的速度也减小得比较快。

(4) 河床冲刷粗化。河床冲刷粗化有以下四种类型。

1) 河床表层为沙，下层为卵石或碎石层的情况。当水库下泄清水将表层泥沙冲走以后，河床急剧粗化，冲刷下切很快受到限制。

2) 砂、砾、卵石河床组成，夹杂有粗沙。水库的调节作用削弱了下泄洪峰，一部分砂、砾、卵石已不为水流所带动，聚集在河床表面，形成抗冲铺盖层。

3）沙质河床粗化。在有很多较细泥沙的河床上，经过水库调节的水流，具有足够的流速可以带动全部泥沙。但是，由于水流挟带较细颗粒的能力一般大于挟带较粗颗粒的能力，这样，在冲刷过程中细的泥沙仍会比粗的泥沙被带走得更多，日久以后河床仍会出现粗化。

4）砂、砾、卵石河床粗化。天然河床为砂、砾、卵石，冲刷时，较小的砂、砾、卵石被陆续推移走而剩下较粗的，最后形成粗颗粒的抗冲粗化层。

（5）河槽形态的调整和河宽的变化。

1）断面形态调整和河宽变化。水流的纵向冲刷将使断面趋于窄深，河相系数$\sqrt{B}/h$值减小。水库的调节作用使下泄流量趋于均匀化，造床流量减小。这样，河漫滩将不再上水。如果滩岸具有一定的抗冲性，不致在清水冲刷中迅速坍塌后退，则水流以冲刷下切河床为主，将呈现多级台阶的深切河槽。

如果水流横向侧蚀能力较强，且主流线仍有横向摆动，而河岸的抗冲性又较小，则滩地将大量坍塌。泥沙来量减少，塌失的滩地不能得到补偿，造成高滩坎后退与河槽展宽。

水库下泄清水，河床冲刷粗化、比降调平，起着阻止或减小下切的作用，转向横向侧蚀加强。主流线的摆动引起河槽的展宽，而河岸的抗冲能力则起着抑制作用。

2）影响河槽形态变化的因素。

a. 河道基本性质。河岸和河床的相对可动性为主要影响因素。如两岸抗冲性较大，主流摆动受到限制，而河床是可冲的，则河床易于冲刷下切，在平水流量大、持续时间长的河道上，河床在较清的平水流量的长时间作用下有可能较快地下切。相反地，如河岸可动性强而河床可动性弱，河床冲刷下切很小，横向侧蚀发展很快，主流线摆动幅度增大，将会引起滩地的大量坍塌和河床的大幅度展宽。

b. 河段位置。河道的冲刷一般自上而下逐步发展。在强烈冲刷的上河段，使河床下切的因素起到主导作用；进入下河段以后，促使河道展宽的因素可能会增加；到了更向下游河段，由于河床不下切，而泥沙来量的大量减少，使滩地坍塌以后得不到泥沙还滩补偿，在展宽不受限制的情况下河道主要表现为展宽。

纵向和横向的水流作用力与河床和河岸的反作用力的对比关系主要通过河床与河岸的相对可冲刷性体现出来。许炯心研究认为，相对坍塌宽度$\frac{\Delta B}{B}$是河岸抗冲性（M）与作用于河岸的水流强度（$0.76\gamma hJ$）比值的函数。根据丹江口水库下游汉江的资料，得出卵石出露河段的相对坍塌宽度关系式为

$$\frac{\Delta B}{B}=0.91-0.27\ln\frac{M}{0.76\gamma hJ} \tag{6.7-1}$$

对于卵石尚未出露的河段：

$$\frac{\Delta B}{B}=0.35-0.14\ln\frac{M}{0.76\gamma hJ} \tag{6.7-2}$$

以上式中　γ——水的容重，kg/m^3；

h——水深，m；

J——比降，‰。

许炯心以Schumm提出的表示河床与河岸组成中小于0.076mm颗粒百分数的加权平均值M来间接标志河岸的抗冲性。

河床下切率表示为

$$\frac{\Delta h}{h}=0.041\left(\frac{D_{50}}{\gamma hJ}\right)^{-0.83} \tag{6.7-3}$$

式中　D_{50}——床沙中数粒径，mm。

对比式（6.7-1）或式（6.7-2）与式（6.7-3），就可以判断水库下游河道的断面形态是以展宽为主，还是以下切为主。

（6）河床纵剖面的调整。在河床横断面调整的同时，河床纵比降也相应调整。若河床为泥沙组成，则随着河床冲刷的发展，河床纵比降随之减缓。在河床形成抗冲层后，河床冲刷下切减小，河床纵比降调平不甚明显。有的河段，河床纵比降在建库以后不但未调平，反而有变陡的现象。这是因为河床表层以下有一层纵坡较陡的卵石层，当冲刷到卵石层露头后，使比降变陡。

（7）河型转化。水库蓄水拦沙运用后，长期下泄清水，改变了下游河道的水流泥沙条件，引起河道断面形态、纵比降和河床组成重新调整，这样便有使下游河道发生河型转化的可能性。

下泄流量的调平和比降的减缓，将使河道的输沙强度减弱；下泄沙量的减少将避免河道堆积抬高并转为侵蚀下切；河床冲刷将使滩槽高差加大与河床粗化，将增加河床的抗冲能力；这些都有利于河道削弱河床演变强度。弯曲型（蜿蜒型）河段和分汊型河段将会变稳定；游荡型河段有可能转化为分汊型河段。对于河岸（滩岸）极易冲刷变形的游荡型河段，仍将保持一定的游荡型特性。

（8）对防洪工程的影响。水库下泄清水，使下游河道冲深，对防洪是有利的。但在下泄清水的初期，河床调整变化十分剧烈，堤岸防护工程和河道整治工程的布局与变化较大的水沙条件不相适应。因此，也会出现一些新的情况。例如，在一定时期内，冲决堤防工程的威胁反而有所增长；水库下泄流量过程趋于均匀，出现水流冲刷上提下挫的范围缩短；在长期平

水作用下，水流集中顶冲淘刷一处的机会增多，容易产生冲刷大险；滩地坍塌以后，不但堤岸失去前卫，而且容易引起河势的变化，带来新的险情；由于泥沙来量减少，甚至在抢险措施上也必须作出相应的改变。

建库以后水库蓄水拦沙下泄清水和滞洪削峰运用，出现平水流量级的历时增加，冲刷河床，坍塌滩地，河势变化大，河道防护工程告急，抢险历时长，抢险工程用料增加，工程局部淘刷加深，水下根石坡度增陡，工程出险时，变为淘空平蛰。

6.7.2.2　水库滞洪排沙运用对下游河道影响分析

这类水库一般都具有泄流规模较大的孔洞，在上游洪峰到来时，水库滞洪壅水，泥沙在库区落淤；洪水过后，库水位降低，库区发生冲刷，淤积的泥沙又排往水库下游河道。水库滞洪排沙运用对下游河道的影响主要有以下方面。

（1）水库滞洪排沙运用使下游河道淤积加重。水库滞洪排沙运用改变入库流量含沙量的自然对应关系。在涨水滞洪阶段洪峰流量削平，水库泥沙落淤，水流含沙量降低；而在落水阶段小水流量冲刷前期滞洪淤积物，挟带大量泥沙出库，水流含沙量增大，下游河道淤积加重。

（2）水库滞洪排沙运用使下游河道趋向散乱。水库滞洪排沙运用使进入下游河道的水沙过程不相适应。进入下游河道的总水量和总沙量不变，但小水期的沙量大幅度增加，所增加的泥沙首先淤在主槽里，而且集中淤积在下游河道的上段。在滞洪削峰时下泄的流量减小，含沙量降低，使下游河槽冲刷，但这种冲刷是将淤积在上段的泥沙又向下段搬运淤积。洪峰被削平以后，下游洪水漫滩机遇减少，或虽有水流漫滩，也因漫滩流量小含沙量低，而淤滩很少。这一系列变化的结果，将使下游河道滩槽高差减小，河床趋向散乱。

6.7.2.3　水库“蓄清排浑”运用对下游河道影响分析

水库“蓄清排浑”运用只在非汛期壅高水位，拦蓄非汛期含沙量较低的水流，水库淤积不多；在汛期降低水位冲刷非汛期淤积物，并将入库泥沙尽量排出库外，水库的这种运用方式保持年内水库冲淤平衡。水库非汛期蓄水，调节径流兴利；汛期降低水位冲刷，径流发电，周而复始长期运用。

（1）水库“蓄清排浑”运用，要有较大规模的泄流排沙设施。水库的泄流排沙能力愈大，愈可改善水库冲淤的水沙条件，保持库容，愈可发挥下游河道大水输沙能力，使水库大水排沙减淤和下游河道大水输沙减淤。

（2）若水库只有较小规模的泄流排沙设施，则由于水库泄流排沙能力小，变成滞洪排沙运用，水库不能大水排沙，下游河道不能大水输沙，这是不利的。一方面，水库不能做到保持年内冲淤平衡，保持库容；另一方面，下游河道洪峰流量减小，小水带大沙，加重河道淤积，平滩流量减小，河床形态恶化。

6.7.2.4　水库防洪减淤为主兼顾供水等综合利用运用对下游河道影响分析

这种类型的水库运用，中心任务是使水库为下游河道长时期的显著减淤，保持和提高下游河道防洪（排洪）能力。为此要以水库减淤和下游河道减淤的运用为中心，合理利用拦沙库容和调水调沙库容，“拦粗沙排细沙”，调节水沙两极分化，优化水沙组合关系，发挥下游河道大水输大沙能力，长距离输沙减淤，使水库和下游河道同时减淤，尽可能延长水库拦沙和调水调沙有效运用为下游河道显著减淤的时间。通过合理控制水库调水调沙和“拦粗沙排细沙”的全沙排沙比，下泄的流量含沙量和泥沙级配过程适应下游河道输沙减淤的水流挟沙力，不发生上冲下淤或段冲段淤的情况，使全下游河道沿程显著减淤，缓和河口淤积延伸，改善河口水沙环境影响。在防洪减淤为主的调度下，统筹综合利用，同时提高兴利效益和下游河道减淤效益。

6.7.2.5　水库日调节运用对下游河道影响分析

由于洪水的大幅度削减，平、枯水时期出现的日调节波对河床演变起着主导作用，河床演变的主要特点如下。

（1）高水河槽趋于稳定、平水河槽渐变明显。高水河槽的稳定主要表现为河岸不再大量冲刷，高洲滩上植被的发育更进一步促进了高洲滩的稳定。平水河槽更为通畅，心滩减少，边滩发育，深潭延长。

（2）水面线调平、水深均匀化。近坝河段的冲刷，使得水位下降。整个下游河段水面比降减小，水深趋于均匀化。同时，由于流量减小，河湾的横向环流强度随之变弱，河槽横断面也趋于均匀化。

（3）浅滩得到改善。深槽淤高，而浅滩冲刷加强，浅滩范围缩小，有的消失。这种变化有利于航运。

（4）日调节运用对近坝下游河段有不稳定出流的波动性影响。流量变幅大，水位变幅大，不利于近坝下游河段的引水和航运。

6.7.2.6　水库群运用对下游河道影响分析

要分析水库群运用对下游河道的影响。以下以黄河和辽河为例简要说明。

1. 黄河干流水库群运用对下游河道的影响

黄河“清水”水量主要来自黄河上游，黄河泥沙主要来自黄河中游。调节能力大的水库有龙羊峡、刘家峡、三门峡、小浪底等水库，分别分布在黄河上、中游。相关水库运用对上游下段宁夏至内蒙古河段、中游下段禹门口至潼关河段及黄河下游河道带来显著的影响。

上游刘家峡水库（1968年）、龙羊峡水库（1986年）先后投入运用后，由于水库调节作用，使黄河汛期水量减少，而非汛期水量占全年水量的比例增加，大水流量出现的几率减少，而平、枯水流量持续历时增加。黄河沙量主要来自汛期，汛期输沙水量减少，致使河道淤积萎缩严重。

2. 辽河流域水库群运用对下游河道的影响

辽河洪水主要来源于左侧支流地区，泥沙则主要来源于上游西辽河和右侧支流柳河。在支流上陆续修建了一批大中型水库，绝大部分位于辽河中上游。

以辽河下游河道水沙条件开始出现显著变化的1968年作为水库群运用起作用的年份。建水库群后，下游的水量和洪峰流量约减小一半左右，而沙量减小幅度更大。由于上游来沙量减少，辽河下游淤积量减小。

6.7.3 水库下游河道冲刷估算

水库建成运用后，水库下游河床将发生一般冲刷，这里介绍冲刷极限状态的估算方法和河床粗化计算。

6.7.3.1 冲刷极限状态法[9]

冲刷极限状态是通过河床冲刷，使流速降低到泥沙的起动流速，河床不再发生冲刷的一种状态。

河床组成为均匀的中细沙，上游下泄水流基本上为清水，当冲刷后流速降低到泥沙的起动流速时，河床冲刷便将停止。这时河道水力因素之间的关系需满足水流连续公式、阻力公式、起动流速公式以及河相关系式。

联解上述公式，即可求得冲刷终止时表达河道比降J、平均水深h和水面宽B的公式为

$$J = 50\frac{n^2\zeta^{0.60}D^{0.84}}{Q^{0.33}} \tag{6.7-4}$$

$$h = 0.58\frac{Q^{0.32}}{D^{0.11}\zeta^{0.64}} \tag{6.7-5}$$

$$B = 0.34\frac{Q^{0.64}\zeta^{0.72}}{D^{0.23}} \tag{6.7-6}$$

$$\zeta = \frac{B^{0.5}}{h}$$

式中 Q——流量，m^3/s；

D——床沙粒径，m；

n——糙率；

ζ——河相系数。

计算中，流量常取造床流量。床沙粒径根据床沙级配确定，对于覆盖层较厚的沙质河床，考虑到冲刷停止时床沙组成将要变粗，作为略估，可选用D_{80}～D_{85}粒径代表。河相系数为河段的造床流量河槽的河相系数。

若河岸是不可冲刷的，则河宽为定值，在联解上述方程时，应将河相关系式剔除，由此可得冲刷终止时河道比降和平均水深公式为

$$J = 138\frac{n^2B^{0.92}D^{1.05}}{Q^{0.92}} \tag{6.7-7}$$

$$h = 0.23\frac{Q^{0.88}}{B^{0.88}D^{0.32}} \tag{6.7-8}$$

按上述公式求得冲刷终止时的河道比降、平均水深和水面宽（或比降、平均水深）后，要进而确定相应的河床纵剖面和水面曲线，须根据冲刷达到极限状态时的边界条件，定出河段出口断面的水面高程（或河底高程），然后按算得的平均水深定出河底高程（或水面高程）；再按算得的河道比降，即可绘出冲刷终止时的河床纵剖面和水面曲线。

若要进行冲刷过程的估算，可在求出冲刷极限状态之后，假定某一种发展模式，如作与极限状态床面相平行的若干线分阶段与原始河床床面交汇，这样就可计算出各阶段的冲刷量及其冲刷历时。

6.7.3.2 河床冲刷粗化计算方法

当河床颗粒组成较粗且级配变幅很大时，由不能起动的粗颗粒为主所形成的抗冲保护层是限制冲刷发展的主要因素，此时水库下游的一般冲刷计算将转化为河床粗化计算。

在一定的水力条件下，河床粗化现象是逐步产生的，当粗化发展到一定程度，床面上聚集了一定数量的粗颗粒时，将形成抗冲保护层，此时河床冲刷便基本停止。

抗冲保护层的主体部分，是由粗颗粒组成。在粗颗粒的缝隙中，由于其掩蔽作用而存在着相当数量的细颗粒。在保护层的底层，则含有大量受到保护层保护的细颗粒。

抗冲保护层的形成，不仅在卵石夹沙河床上出现，在粗沙、细沙组成的河床上也有出现。所不同的是前者由于粗细颗粒的起动流速相差较大，所形成的抗冲保护层比较稳固，而后者则由于粗细颗粒的起动流速相差较小，故抗冲保护层一般不够稳定。

以下介绍谢鉴衡的计算方法[9]。

考虑到床沙组成不同，抗冲粗化层形成过程会有所不同；另外，河床冲刷过程中引起的水力因素变化

对粗化层的形成也有深刻的影响，因此应该区别不同情况分别考虑。

方法一：计算条件为河床组成中粗颗粒含量较少且不均匀，水位和单宽流量在冲刷过程中不变。

河床组成符合上述条件，由清水下泄引起的水库下游冲刷，是属于这类性质的问题。当水库下游水位因河床的一般冲刷而下降时，原则上也可采用这种方法，按下降后的最终水位计算。在上述条件下，抗冲粗化层的计算可以通过水流连续律公式 $q=uh$ 和均质沙起动流速公式 $u_c=5.4\alpha D^{0.36}h^{0.14}$ 联解，得到冲刷达到极限状态时的水深为

$$h=\left(\frac{q}{5.4\alpha D^{0.36}}\right)^{0.88} \quad (6.7-9)$$

式中 h——与单宽流量 q 相应的冲刷后的垂线水深，m；

D——床沙粒径，m；

α——小于1的系数，考虑到水库下游冲刷条件下水流的紊动较强，使起动流速变小，故应乘以系数 α，其数值视具体情况而异。

式（6.7-9）也可改写为如下形式：

$$D=\left(\frac{q}{5.4\alpha h^{1.14}}\right)^{2.78} \quad (6.7-10)$$

式（6.7-9）、式（6.7-10）即在上述计算条件下计算抗冲粗化层的基本方程式。

方法二：计算条件为河床组成中粗颗粒含量较多，水深和流速等水力因素在冲刷过程中变化不大。最小粗化粒径可仍按冲刷前水深和流速计算，大于最小粗化粒径的泥沙也可全部都看成抗冲总保护层的物质，不必分层考虑。粗化颗粒在原床沙粒配曲线中所占的百分数，可根据最大流速和相应水深按式（6.7-10）算得床沙起动粒径 D，再从床沙粒配曲线上查出。

上述计算方法所使用的起动流速公式系均质沙起动流速公式，原则上以改用非均质沙起动流速公式为宜。

6.7.3.3 水库下游河床冲刷粗化计算的泥沙数学模型

中国水利水电科学研究院毛继新、韩其为根据泥沙起动及河床粗化理论公式，建立了水库下游河床冲刷粗化计算的泥沙数学模型，以研究水库下游河道极限冲刷深度与粗化层级配。

1. 河床冲刷粗化计算方程

毛继新、韩其为模型只考虑由于本地床沙遭受冲刷时发生分选，细颗粒冲起多，粗颗粒冲起少，从而使剩下的床沙变粗。

在冲深 Δh 后该床沙粗化级配：

$$p_{1,l}=p_{1,l,0}(1-\lambda^*)^{\left(\frac{D_p}{D_l}\right)^3-1}=p_{1,l,0}\frac{(1-\lambda^*)^{\left(\frac{D_p}{D_l}\right)^3}}{1-\lambda^*} \quad (6.7-11)$$

式中 $p_{1,l,0}$——冲刷开始时该床沙级配；

D_l——第 l 组泥沙的粒径；

$p_{1,l}$——冲刷后该床沙粗化级配，即粗化层级配。

冲刷百分比：

$$\lambda^*=\frac{\Delta h}{h_0+\Delta h} \quad (6.7-12)$$

式中 Δh——冲刷深度，m；

h_0——粗化层厚度，m。

D_p 代表在粗化过程中某个中数粒径（m），可由式（6.7-13）确定：

$$\sum_{l=1}^{n}p_{1,l}=\sum p_{1,l,0}\frac{(1-\lambda^*)^{\left(\frac{D_p}{D_l}\right)^3}}{1-\lambda^*}=1 \quad (6.7-13)$$

实际计算时不必去求 D_p，可先假设 $(1-\lambda^*)^{D_p^3}$，然后求

$$\lambda^*=1-\sum p_{1,l,0}\left[(1-\lambda^*)^{D_p^3}\right]^{D_l^{-3}} \quad (6.7-14)$$

从而得到 $p_{1,l}$，为此可计算一组函数关系：

$$p_{1,l}-\lambda^*-\Delta h$$
$$(l=1,2,3,\cdots,n)$$

$p_{1,l}$ 即在冲深 Δh 后的粗化级配，再加35%的充填空隙或被遮挡的细颗粒即为床沙级配。

2. 河床粗化计算模型

水库下游河道冲刷一般时间长、距离远。现在主要的研究手段是应用数学模型进行长河段长系列年计算，这需要有较丰富的水文、断面及河床组成等资料。在缺乏上述资料的河段，研究局部河段的冲刷情况，可用粗化计算模型进行计算，方法如下。

（1）根据水文系列确定代表流量。该流量要大，否则反映不了强水流条件下的冲刷作用。如在计算长江三峡水库下游河道冲刷时，选择其代表流量为 $45000m^3/s$，相当于平滩流量。

（2）根据断面资料，确定初始平均流速为

$$\overline{v_0}=\frac{Q}{A_0} \quad (6.7-15)$$

计算过程中平均流速为

$$\overline{v}=\frac{Q}{A_0+\Delta A} \quad (6.7-16)$$

以上式中 Q——代表流量，m^3/s；

A_0、ΔA——断面初始过流面积、冲刷面积，m^2；

$\overline{v_0}$、$\overline{v}$——初始断面平均流速、冲刷后断面平均流速，m/s。

(3) 根据河段床沙级配，求解粗化计算方程，即可求得河道极限冲刷深度与粗化层级配。

3. 计算验证

汉江丹江口水库下游黄家港至光化河段，冲刷前为卵石夹沙河床，冲刷后为卵石河床，抗冲层已基本形成，平均冲刷深度2.52m。粗化模型计算结果为极限冲刷深度2.55m，粗化层级配与实际值也吻合较好。

6.8 泥沙数学模型和物理模型

进行数值模拟计算的数学模型和进行实体模型试验的物理模型具有共同的要求：①模型与原型的水流运动及泥沙运动过程和现象服从同一自然规律，模型与原型的运动过程及现象能用相同的物理方程所描述；②表达运动过程与现象的同类物理量相似。必要时，泥沙数学模型计算和物理模型试验要同时进行，相互印证和补充。物理模型包括水工模型与河工模型，两者有许多相似之处，前者主要为水利枢纽、水工建筑物模型试验，后者主要为河道演变、河道整治模型试验。

6.8.1 泥沙数学模型

6.8.1.1 泥沙冲淤计算模型类型

泥沙冲淤计算模型可分为河流动力学法泥沙数学模型和水文水动力学法泥沙数学模型。

河流动力学法泥沙数学模型，根据水流泥沙运动的物理方程式建立方程组，包括水力计算、悬移质（推移质）计算、淤积（冲刷）计算及横断面变形计算等环节，用计算技术联解方程组，用于预测计算。水文水动力学法泥沙数学模型，是依据水文观测资料，对发生的现象进行力学作用分析，建立各项力学和变形计算关系式，逐项求解。

6.8.1.2 泥沙冲淤计算内容

1. 水库泥沙冲淤计算内容

(1) 壅水排沙和淤积及泥沙级配计算。

(2) 敞泄排沙和冲淤及泥沙级配计算。

(3) 水库冲淤形态和水力因素计算。

2. 河道泥沙冲淤计算内容

(1) 泥沙淤积和泥沙级配计算。

(2) 泥沙冲刷和泥沙级配计算。

(3) 河道冲淤形态和水力因素计算。

3. 水库和河道糙率、水位流量关系及水面线计算

(1) 水库和河道河床糙率、滩地糙率和综合糙率计算。

(2) 水库和河道断面水位流量关系计算。

(3) 水库和河道水面线计算。

6.8.1.3 泥沙冲淤计算条件

1. 计算时间步长

在汛期一般按日计算；在非汛期一般按月计算；入库洪水泥沙特别集中的水库，必要时按瞬时过程计算。

2. 计算边界条件

水库泥沙计算的下边界是水库坝前断面的水位变化；河道泥沙计算的下边界是起侵蚀基准面作用的断面的水位变化。

3. 泥沙冲淤计算年限

对于大型水利水电工程，泥沙冲淤计算年限一般为50～100年；对于中小型水利水电工程，泥沙冲淤计算年限一般为30～50年。

涂启华、杨赉斐主编的《泥沙设计手册》[3]介绍的泥沙冲淤计算方法可供选择应用，这里简要介绍部分方法。

6.8.1.4 中国水利水电科学研究院泥沙数学模型（水文水动力学法）

张启舜、曹文洪、张振秋、姜乃森等研制的泥沙数学模型[65-66]，水库壅水排沙计算包括壅水明流排沙和异重流排沙，不进行异重流运动计算。

1. 输沙计算公式与参数的确定

(1) 壅水排沙公式：

$$\eta = -A\lg\frac{V}{Q} + B \tag{6.8-1}$$

式中 A、B——系数、常数，根据水库排沙能力的特点分别选用；

V——蓄水库容，万m^3；

Q——出库流量，m^3/s；

η——排沙比。

1) 壅水排沙关系有以下特点。

a. 窄深河槽排沙能力大。

b. 高含沙量排沙能力大。

c. 细泥沙含量高时排沙能力大。

2) 采用中线时，则式(6.8-1)中的$A=0.58$，$B=1.02$。

(2) 敞泄排沙公式。

1) 水流挟沙力关系式。

a. 冲刷条件下：

$$q_s^* = 19000(\gamma' q i)^c \quad (6.8-2)$$

式中 q_s^* ——河段出口断面单宽输沙率，t/(s·m)；

γ' ——浑水容重，t/m³；

q ——单宽流量，m³/(s·m)；

i ——河段比降；

c ——指数，在库区（三门峡水库）取1.9，在河道（黄河下游）取1.97。

b. 淤积条件下：

$$q_s^* = 8500S^{0.6}(\gamma' q i)^{1.4} \quad (6.8-3)$$

式中 S——河段进口来水含沙量，t/m³。

2）河段冲淤判别指标。

a. 冲刷平衡比降：

$$i_{冲平} = \frac{2\times10^{-3}}{\gamma'}\left(\frac{S}{q}\right)^{1/2} \quad (6.8-4)$$

b. 淤积平衡比降：

$$i_{淤平} = \frac{5.27\times10^{-4}}{\gamma'}\left(\frac{S}{q}\right)^{1/6} \quad (6.8-5)$$

当河段比降 $i<i_{淤平}$，要发生淤积；当河段比降 $i>i_{冲平}$，要发生冲刷；当 $i_{冲平}<i\leqslant i_{淤平}$，为不冲不淤（$i_{淤平}>i_{冲平}$）。

（3）河段冲淤的计算关系式。

1）不平衡输沙方程：

$$q_{s出} = q_s^* + (q_{s进} - q_s^*)e^{-\frac{\alpha\omega}{q}x} \quad (6.8-6)$$

令不平衡输沙系数 $\xi=e^{-\frac{\alpha\omega}{q}x}$：

a. 在淤积情况下，淤积不平衡输沙系数为

$$\xi_1 = e^{-0.175S^{0.8(0.4+0.77\lg S)}\frac{x}{q}} \quad (6.8-7)$$

b. 在冲刷情况下，冲刷不平衡输沙系数为

$$\xi_2 = e^{-0.36(qB)^{0.3}i^{0.5}\frac{x}{q}} \quad (6.8-8)$$

2）河段冲淤量计算式：

$$\Delta W_s = (q_{s进} - q_{s出})\Delta TB \quad (6.8-9)$$

以上式中 q_s^* ——河段水流挟沙力，t/(s·m)；

$q_{s进}$、$q_{s出}$ ——河段进口、出口的单宽输沙率，t/(s·m)；

ΔT——计算时段，s；

B ——河段平均宽度，m。

3）河宽计算。

a. 冲淤铺沙河宽：水流所能及的河宽。

b. 行水河宽：按河相关系式计算。

c. 造床流量河宽：在弯曲型河段，与冲淤铺沙河宽一致；对于游荡型河段，两者的比值小于1。

d. 漫滩河宽：采用河段平均的办法计算。

河相关系式：

$$B = a\frac{Q_p^{0.5}}{i^{0.2}} \quad (6.8-10)$$

式中 a ——系数，因不同河段而异，由实际资料验算确定；

Q_p ——造床流量，m³/s；

i ——河道比降。

求得造床流量下的输沙宽度 B_p，然后根据同一河段比降 i 和系数 a 不变的原则，可求得各流量 Q_i 的输沙宽度 B_i：

$$B_i = C_r B_p\left(\frac{Q_i}{Q_p}\right)^{0.5} \quad (6.8-11)$$

式中 C_r——比例系数，由实际资料率定。

4）滩槽水沙交换模式。

a. 河槽流量 Q_m 和滩地流量 Q_f 计算：

$$Q_m = \frac{B_m}{n_m}h_m^{5/3}i^{1/2} \quad (6.8-12)$$

$$Q_f = \frac{B_f}{n_f}h_f^{5/3}i^{1/2} \quad (6.8-13)$$

求出相应滩槽的单宽流量（$q_f=\frac{1}{n_f}h_f^{5/3}i^{1/2}$，$q_m=\frac{1}{n_m}h_m^{5/3}i^{1/2}$），分别进行滩槽的输沙计算。

b. 考虑滩槽冲淤变化后的平滩流量 Q_p 和滩地流量 Q_f 计算：

$$Q_p = \frac{B_m}{n_m}\Delta h^{5/3}i^{1/2} \quad (6.8-14)$$

$$Q_f = \frac{B_f}{n_f}(h_m - \Delta h)^{5/3}i^{1/2} \quad (6.8-15)$$

Δh 随河槽的河床变形而变化，是滩槽流量分配的决定因素；此外，河槽冲淤取决于河槽流量，因此必须采用迭代法。

c. 滩地输沙率计算。

当本河段滩地流量大于上河段时：

$$Q_{sf本} = Q_{sf上} + \frac{(Q_{f本} - Q_{f上})Q_{sm}}{Q_m} \quad (6.8-16)$$

当本河段滩地流量小于上河段时：

$$Q_{sf本} = Q_{sf上} - \frac{(Q_{f上} - Q_{f本})Q_{sf上}}{Q_{f上}} \quad (6.8-17)$$

以上式中 Q_m、Q_f ——河槽、滩地流量，m³/s；

n_m、n_f ——河槽、滩地糙率；

h_m、h_f ——河槽、滩地水深，m；

Q_p ——平滩流量，m³/s；

Δh——造床流量下水深，m；

Q_{sm} ——河槽输沙率，t/s；

$Q_{f本}$、$Q_{f上}$ ——本河段、上河段滩地流量，m³/s；

$Q_{sf本}$、$Q_{sf上}$ ——本河段、上河段滩地输沙率，t/s。

2. 支流汇入及干、支流倒灌淤积计算

当支流河口不受回水影响时，支流属于非壅水段的沿程冲淤。当支流受到壅水作用时，支流发生壅水淤积，形成三角洲，并往干流推进。

支流对干流倒灌淤积或干流对支流倒灌淤积，在交汇口形成淤积沙坎，自交汇口沙坎处以倒坡形式与倒灌淤积区内的水平淤积面衔接。

3. "揭河底"冲刷计算

给出发生"揭河底"冲刷的两个条件，即

$$\frac{\gamma'}{\gamma_0-\gamma}hi>0.01\text{m} \tag{6.8-18}$$

$$S>500\text{kg/m}^3 \tag{6.8-19}$$

式中　h——平均水深，m；

i——水面比降；

γ'——浑水容重，t/m³；

γ_0——河床淤积物干容重，t/m³；

S——含沙量，kg/m³。

在上述条件满足后，在计算程序中采用增大水流挟沙力来增加"揭河底"时的冲刷。采用式（6.8-20）计算"揭河底"冲刷条件下的水流挟沙力：

$$q_s^*=19000(\gamma' qi)^{1.5} \tag{6.8-20}$$

4. 河口计算模式

河口泥沙淤积计算模式仍是循某一流通宽度输沙向前运动，然后摆动铺沙，逐步呈扇面向前推移。河口海流的输沙类似水库异重流排沙。因此，在计算中将这个控制近海与深海的分界线视为类似于水库的坝址断面，以海平面（潮水位）作为河口水位，类似于水库水位的作用。

计算入海沙量，仍采用类似式（6.8-1）的壅水排沙比公式：

$$\eta=-k_2\lg\frac{V}{Q}+k_1 \tag{6.8-21}$$

式中　η——排沙比，即排入深海（-15m等深线以外）的沙量与进入扇面的沙量之比；

V——流通库容，即某一潮位下按扩散角所计算的库容，m³；

Q——入海流量，m³/s；

k_2、k_1——系数、常数，由河口实测资料分析确定。

本数学模型曾应用于近20个水库和河道的计算。

6.8.1.5　黄河勘测规划设计有限公司泥沙数学模型（水文水动力学法）

黄河勘测规划设计有限公司涂启华、李世滢、安催花、张俊华、曾芹、孟白兰等研制的泥沙数学模型[19,64]，水库壅水排沙计算包括壅水明流和异重流排沙，不进行异重流运动计算。

1. 水库壅水排沙比关系

关于水库壅水排沙和敞泄排沙的判别，以水库壅水排沙比$\eta=1.0$相应的壅水排沙关系指标作为判别指标。

由于水库调节径流运用，出库流量有大于、等于和小于进库流量的不同情形。对此，水库壅水排沙比有$\eta=\frac{Q_{s出}}{Q_{s入}}$和$\eta=\frac{S_出}{S_入}$两种表示。当出库流量大于、等于进库流量时，宜用输沙率排沙比$\eta=\frac{Q_{s出}}{Q_{s入}}$；当出库流量小于进库流量时，宜用含沙量排沙比$\eta=\frac{S_出}{S_入}$，并用出库含沙量与出库流量相乘，算得出库输沙率，再得输沙率排沙比。

（1）考虑水力因素和泥沙因素及库容形态的壅水排沙比计算公式。

1）汛期。

a. 水库未形成高滩深槽时的壅水排沙比关系。当壅水指标$\left(\frac{\gamma'}{\gamma_s-\gamma'}\frac{Q_出}{V_W}\frac{1}{\omega_c}\right)\leqslant0.19$时，为壅水排沙，否则，为敞泄排沙。

（a）当$\left(\frac{\gamma'}{\gamma_s-\gamma'}\frac{Q_出}{V_W}\frac{1}{\omega_c}\right)\geqslant3.8\times10^{-3}$时：

$$\eta=0.4709\lg\left(\frac{\gamma'}{\gamma_s-\gamma'}\frac{Q_出}{V_W}\frac{1}{\omega_c}\right)+1.3397 \tag{6.8-22}$$

（b）当$\left(\frac{\gamma'}{\gamma_s-\gamma'}\frac{Q_出}{V_W}\frac{1}{\omega_c}\right)<3.8\times10^{-3}$时：

$$\eta=0.0997\lg\left(\frac{\gamma'}{\gamma_s-\gamma'}\frac{Q_出}{V_W}\frac{1}{\omega_c}\right)+0.4413 \tag{6.8-23}$$

以上式中　γ_s、γ'——泥沙、浑水的容重，t/m³；

V_W——时段中蓄水库容，m³；

$Q_出$——出库流量，m³/s；

ω_c——泥沙群体沉速，m/s。

b. 水库形成高滩深槽后的壅水排沙比关系。当$\left(\frac{\gamma'}{\gamma_s-\gamma'}\frac{Q_出}{V_W}\frac{1}{\omega_c}\right)\leqslant0.026$时，为壅水排沙，否则，为敞泄排沙。

（a）当$\left(\frac{\gamma'}{\gamma_s-\gamma'}\frac{Q_出}{V_W}\frac{1}{\omega_c}\right)\geqslant5\times10^{-4}$时：

$$\eta=0.4662\lg\left(\frac{\gamma'}{\gamma_s-\gamma'}\frac{Q_出}{V_W}\frac{1}{\omega_c}\right)+1.7389 \tag{6.8-24}$$

（b）当$\left(\frac{\gamma'}{\gamma_s-\gamma'}\frac{Q_出}{V_W}\frac{1}{\omega_c}\right)<5\times10^{-4}$时：

$$\eta=0.1001\lg\left(\frac{\gamma'}{\gamma_s-\gamma'}\frac{Q_出}{V_W}\frac{1}{\omega_c}\right)+0.5304 \tag{6.8-25}$$

2）非汛期。当$\left(\frac{\gamma'}{\gamma_s-\gamma'}\frac{Q_{出}}{V_W}\frac{1}{\omega_c}\right)\leqslant 0.297$时，为壅水排沙，否则，为敞泄排沙。

$$\eta = 0.471\lg\left(\frac{\gamma'}{\gamma_s-\gamma'}\frac{Q_{出}}{V_W}\frac{1}{\omega_c}\right)+1.2483 \tag{6.8-26}$$

（2）考虑多沙、少沙河流水库及库容形态的壅水排沙比关系。根据三门峡水库、巴家嘴水库、汾河水库、官厅水库、刘家峡水库、青铜峡水库的高、低含沙量资料，并区别水库有无高滩深槽条件，拟定相应多沙河流和少沙河流水库壅水排沙比关系见表6.8-1。可根据表中数据制作相应的水库壅水排沙比曲线。

2. 水库敞泄排沙关系

（1）考虑多因素的敞泄排沙计算式：

$$Q_{s出} = 1.15a\frac{S_{入}^{0.79}(Q_{出}\ i)^{1.24}}{\omega_c^{0.45}} \tag{6.8-27}$$

$$a = f(\sum\Delta V_s,\Delta h)$$

$$\Delta h = (H_i - H_{i-1}) - k(h_i - h_{i-1})$$

式中 $Q_{s出}$——出库输沙率，t/s；

$Q_{出}$——出库流量，m^3/s；

$S_{入}$——入库含沙量，kg/m^3；

a——敞泄排沙系数；

i——水面比降；

ω_c——泥沙群体沉速，m/s；

$\sum\Delta V_s$——相对于淤积平衡河床而言的河床累计冲淤量，m^3；

H_i——本时段坝前水位，m；

h_{i-1}——上时段坝前水位，m；

h_i——本时段坝前水深（漏斗进口断面），m；

H_{i-1}——上时段坝前水深（漏斗进口断面），m；

k——坝前水深（漏斗进口断面）与库区正常水深的比值，根据水库实测资料，一般取1.2。

敞泄排沙系数a反映累计冲淤量$\sum\Delta V_s$和坝前河底升降幅度Δh对敞泄排沙强度的影响，应根据水库实测资料验证确定，对于情况相近的水库可类比选定。

表6.8-1 多沙、少沙河流水库壅水排沙比关系

水库类别 \ 壅水指标		$\left(\frac{V}{Q_c}\frac{Q_c}{Q_r}\right)\times10^4$	10000	1000	200	100	70	40	20	9	5	3	2	0.8	0.01
多沙河流水库	排沙比η（%）	无高滩深槽	0	4	12	21	25	35	50	65	79	88	95	103	110
		有高滩深槽	0	5	15	24	30	44	60	76	87	93	98	106	110
少沙河流水库		无高滩深槽	0	2	7	10	15	20	27	40	50	60	68	80	100
		有高滩深槽	0	3	8	15	20	27	38	54	65	74	80	92	108

注 V为时段中蓄水容积，m^3；Q_r、Q_c分别为入库、出库流量，m^3/s。

对于三门峡水库和类似的峡谷型水库，如小浪底、龙门、古贤、碛口等大型水库，其敞泄排沙系数a的计算，按下述条件选用。

1）当$\sum\Delta V_s\geqslant 0.5$亿$m^3$时，若$\Delta h\leqslant 0$，则$a=1-0.2\Delta h$，且不小于1.05；若$\Delta h>0$，则$a=1.05$。

2）当0亿$m^3\leqslant\sum\Delta V_s<0.5$亿$m^3$时，若为敞泄排沙，则无论$\Delta h>0$或$\Delta h\leqslant 0$，$a=1.0$。

3）当-0.5亿$m^3\leqslant\sum\Delta V_s<0$亿$m^3$时，若$\Delta h\leqslant 0$，则$a=0.95$；若$\Delta h>0$，则$a=1-0.1\Delta h$，不大于0.9。

4）当-1.0亿$m^3\leqslant\sum\Delta V_s<-0.5$亿$m^3$时，若$\Delta h\leqslant 0$，则$a=0.85$；若$\Delta h>0$，则$a=1-0.1\Delta h$，不大于0.8。

5）当$\sum\Delta V_s<-1.0$亿m^3时，若$\Delta h\leqslant 0$，则$a=0.75$；若$\Delta h>0$，则$a=0.70$。

关于水库淤积物的可冲刷性，与淤积物土壤特性和固结时间有关，新淤积物易于冲刷，老淤积物较不易冲刷。所以，在对排沙系数a的取值上还可根据淤积物特性进行适当调整。

（2）考虑主要因素的敞泄排沙计算式：

$$Q_{s出} = K\left(\frac{S_{入}}{Q_{入}}\right)^{0.7}(qi)^2 \tag{6.8-28}$$

式中 $Q_{s出}$——出口断面输沙率，t/s；

q——计算河段平均单宽流量，$m^3/(s\cdot m)$；

i——计算河段水面比降；

$\frac{S_{入}}{Q_{入}}$——计算河段进口来沙系数；

$S_{入}$——进口断面平均含沙量，kg/m^3；

$Q_{入}$——进口断面流量，m^3/s；

K——敞泄排沙系数。

关于敞泄排沙系数K的取值，按下述条件选用。

1）$K_1=100\times10^8$：$\Delta h<-3.5m$；$\sum\Delta V_s$ 为剩余70%～100%的淤积物；新淤积物；淤积物干容重小；为高强度冲刷。

2）$K_2=51\times10^8$：$-3.5m\leqslant\Delta h<-2.0m$；$\sum\Delta V_s$为剩余40%～70%的淤积物；有一定固结的淤积物；为中强度冲刷。

3）$K_3=32\times10^8$：$-2.0m\leqslant\Delta h<-0.5m$；$\sum\Delta V_s$为剩余10%～40%的淤积物；有较强固结的淤积物；为低强度冲刷。

4）$K_4=20\times10^8$：$-0.5m\leqslant\Delta h<-0.5m$；$\sum\Delta V_s$为小于10%的剩余淤积物；为沿程冲淤；河床淤积物干容重较大。

对上述 K 值条件，要用水库实测资料验证率定。

已知入库（计算河段进口断面）输沙率 $Q_{s入}$，当计算得出库（计算河段出口断面）输沙率后，即可计算库区（库段）冲淤量。

3．河道输沙关系

（1）黄河龙门—潼关河段输沙关系：

$$Q_{s(龙-潼)}=7.87\times10^{-4}(Q_{龙+河}^{1.072}S_{龙+河}^{0.89})b \tag{6.8-29}$$

式中 $Q_{s(龙-潼)}$——龙门站输送至潼关站的输沙率，t/s；

$Q_{龙+河}$——龙门站和支流汾河河津站合计的流量，m^3/s；

$S_{龙+河}$——龙门站与河津站合计输沙率除以其合计流量所得的平均含沙量，kg/m^3；

b——漫滩水流挟沙力削减系数，取0.80。

当上游建有大型水库拦沙后，则要考虑上游水库下泄清水或低含沙量水流等对龙门—潼关河段河床冲刷下切的影响，随着河床冲刷粗化，水流挟沙力相应降低，因此要对式（6.8-29）引入水流挟沙力调整系数 a：

$$a=\frac{2.885\times10^5}{(\sum\Delta W_s)^{0.635}} \tag{6.8-30}$$

式中 $\sum\Delta W_s$——上游水库运用后龙门—潼关河段的累计冲刷量，t。

当累计冲刷量小于4亿t时，$a=1$；当累计冲刷量大于20亿t时，$a=0.32$；当河床累计冲刷量因水库排沙而回淤到小于4亿t时，$a=1$，但此时乘以系数1.05。

（2）渭河华县—潼关河段输沙关系：

$$Q_{s(华-潼)}=6.7\times10^{-3}(Q_{华+洑}^{0.81}S_{华+洑}^{0.92})b \tag{6.8-31}$$

式中 $Q_{s(华-潼)}$——渭河、洛河下游华县站和洑头站输送至潼关站的输沙率，t/s；

$Q_{华+洑}$——支流渭河华县站和北洛河洑头站合计流量，m^3/s；

$S_{华+洑}$——华县站和洑头站合计输沙率除以其合计流量所得的平均含沙量，kg/m^3；

b——漫滩水流挟沙力削减系数，取0.8。

当分别算得黄河龙门站河段输送至潼关站的输沙率和渭河、洛河下游华县站和洑头站输送至潼关站的输沙率后，即求得潼关站输沙率：

$$Q_{s潼}=Q_{s(龙-潼)}+Q_{s(华-潼)} \tag{6.8-32}$$

求得三门峡水库潼关入库站的来水来沙条件后，即可接着进行潼关站至三门峡大坝的水库泥沙冲淤计算。

（3）黄河下游河道输沙关系[49]。建立黄河下游各河段的输沙关系式，见表6.8-2。区分滩槽水沙运动，当来水流量不大于平滩流量时，只进行河槽输水输沙计算，不考虑槽蓄作用，按稳定流计算；当来水流量大于平滩流量时，考虑槽蓄作用，进行漫滩洪水演进计算，滩、槽分流分沙和泥沙冲淤计算。

当上游有大型水库对下游河道进行拦沙和调水调沙运用后，下游河道的河槽形态将有改善，提高了水流挟沙力，对此，在表6.8-2中各河段河槽输沙公式要引入系数1.0375。当洪水漫滩时，要进行滩槽分流分沙计算，再进行滩地水流挟沙力计算。滩地水流挟沙力公式：$S_n^*=0.22\left(\frac{v_n^3}{gh_n\omega_n}\right)^{0.76}$，式中，$v_n$ 为滩地平均流速（m/s）；h_n 为滩地平均水深（m）；ω_n 为滩地淤积物平均沉速（m/s），高村以上河段 $\omega_n=0.00022m/s$，高村—艾山河段 $\omega_n=0.00025m/s$，艾山—利津河段 $\omega_n=0.00015m/s$。进行滩地水流输沙率计算后，计算滩地淤积，在河段出口断面滩地水沙归槽，与河槽输送的水沙汇合。

4．分组泥沙排沙计算

进行水库悬移质泥沙全沙排沙计算后，再进行分组泥沙排沙计算。

（1）三门峡水库入库站分组泥沙输沙率计算关系。入库站分组泥沙输沙率与全沙输沙率的关系，由实测资料分析确定 $Q_{s分}=kQ_{s全}^m$。

（2）河道分组泥沙输沙关系。黄河龙门—潼关河段分组泥沙输沙率计算公式见表6.8-3。

（3）水库分组泥沙出库输沙率计算关系。由于全沙出库输沙率已计算求得，只需建立粗沙和中沙的出

表 6.8-2 **黄河下游各河段河槽输沙公式**

时段	河段	公式	
汛期(按日算)	铁谢—花园口	$Q_s=0.000675Q^{1.257}e^{0.575}\rho^{0.349}e^{0.0929\Sigma\Delta W_s}X_d^{0.8331}$	(a)
	花园口—高村	$Q_s=0.0003115Q^{1.223}\rho^{0.7817}e^{0.0205\Sigma\Delta W_s}$	(b)
	高村—艾山	$Q_s=0.00046Q^{1.1316}\rho^{0.9209}e^{0.0205\Sigma\Delta W_s}$	(c)
	艾山—利津	$Q_s=0.00035Q^{1.122}\rho^{0.976}e^{0.0381\Sigma\Delta W_s}$	(d)
非汛期(按月算)	铁谢—花园口	$W_s=5.63\times10^{-14}[\ln(100W)]^{14.073}$	(e)
	花园口—高村	$W_s=1.033\times10^{-13}[\ln(100W)]^{13.96}$	(f)
	高村—艾山	$W_s=0.00082W^{1.14}\rho^{0.88}$	(g)
	艾山—利津	$W_s=0.00036W^{1.3}\rho^{0.92}$	(h)

注 Q_s 为计算河段出口断面输沙率，t/s；Q 为计算河段出口断面流量，m^3/s；ρ 为计算河段进口断面含沙量，kg/m^3；X_d 为计算河段进口断面泥沙粒径小于 0.05mm 沙重占总沙重的百分数；$\Sigma\Delta W_s$ 为计算河段从计算开始后起算的河槽累计冲淤量，亿 t；W_s 为计算河段出口断面月输沙量，亿 t；W 为计算河段出口断面月径流量，亿 m^3。

表 6.8-3 **黄河龙门—潼关河段分组泥沙输沙率计算式**

分组泥沙	汛期				非汛期	
	$Q_{s(龙-潼)分}=kQ^m_{龙+河}S^n_{(龙+河)分}b$ (a)				$Q_{s(龙-潼)分}=kQ^m_{龙+河}$ (b)	
	k	m	n	b	k	m
Q_s ($d>0.05$mm)	4.090×10^{-3}	0.99	0.336	0.8	1.27×10^{-3}	1.2
Q_s ($d=0.025\sim0.05$mm)	5.053×10^{-3}	1.30	0.414	0.8	1.08×10^{-3}	1.2
Q_s ($d<0.025$mm)	3.628×10^{-3}	0.98	0.719	0.8	1.50×10^{-3}	1.2

注 b 为漫滩水流挟沙力削减系数，漫滩水流输沙时，取 0.8。

库输沙率计算关系，而细沙出库输沙率由全沙出库输沙率减粗沙和中沙出库输沙率求得。

建立粗沙、中沙二组泥沙的分组泥沙排沙计算式。

1）粗沙（$d>0.05$mm）出库输沙率计算。

a. 当全沙排沙比$\frac{Q_{s出}}{Q_{s入}}\geqslant1.0$时：

$$Q_{s出粗}=Q_{s入粗}\left(\frac{Q_{s出}}{Q_{s入}}\right)^{\frac{0.55}{P^{0.768}_{入粗全}}} \quad (6.8-33)$$

b. 当全沙排沙比$\frac{Q_{s出}}{Q_{s入}}<1.0$时：

$$Q_{s出粗}=Q_{s入粗}\left(\frac{Q_{s出}}{Q_{s入}}\right)^{\frac{0.399}{P^{1.78}_{入粗全}}} \quad (6.8-34)$$

2）中沙（$d=0.025\sim0.05$mm）出库输沙率计算。

a. 当全沙排沙比$\frac{Q_{s出}}{Q_{s入}}\geqslant1.0$时：

$$Q_{s出中}=Q_{s入中}\left(\frac{Q_{s出}}{Q_{s入}}\right)^{\frac{0.02}{P^{3.071}_{入中全}}} \quad (6.8-35)$$

b. 当全沙排沙比$\frac{Q_{s出}}{Q_{s入}}<1.0$时：

$$Q_{s出中}=Q_{s入中}\left(\frac{Q_{s出}}{Q_{s入}}\right)^{\frac{0.0145}{P^{3.435}_{入中全}}} \quad (6.8-36)$$

以上式中 $Q_{入}$、$Q_{出}$——入库、出库输沙率，t/s；

$P_{入粗}$、$P_{入中}$——入库粗沙输沙率与入库全沙输沙率的比值、入库中沙输沙率与入库全沙输沙率的比值。

5. 入库、出库泥沙中数粒径和泥沙群体沉速计算

（1）入库泥沙中数粒径和泥沙群体沉速计算。

1）入库泥沙中数粒径计算。用实测资料，建立来沙中数粒径与来水含沙量的经验关系曲线：

$$d_{50入}=f(S_{入}) \quad (6.8-37)$$

2）入库泥沙群体沉速计算。用三门峡水库潼关站实测资料绘制$\left(\frac{\omega_c}{\omega}\right)^{1/3}=f(S_{入})$关系曲线和$\left(\frac{\omega_c}{\omega}\right)^{1/3}=f\left(\frac{S_{入}}{\omega_c^{1/2}}\right)$关系曲线图，按入库含沙量，在$\left(\frac{\omega_c}{\omega}\right)^{1/3}=f(S_{入})$关系图上查算出相应的$\left(\frac{\omega_c}{\omega}\right)^{1/3}$值，在$\left(\frac{\omega_c}{\omega}\right)^{1/3}=f\left(\frac{S_{入}}{\omega_c^{1/2}}\right)$关系图上由$\left(\frac{\omega_c}{\omega}\right)^{1/3}$值求出相应的$\frac{S_{入}}{\omega_c^{1/2}}$值，然后由$S_{入}$算出相应的入库泥沙群体

沉速 ω_c。

这里 ω 为非均匀沙的清水沉速，采用水文年鉴刊印数据；ω_c 为考虑含沙量影响的泥沙群体沉速，按沙玉清公式 $\omega_c=\omega\left(1-\frac{S_v}{2\sqrt{d_{50}}}\right)^3$ 计算。

不同河流和河段，其 $\left(\frac{\omega_c}{\omega}\right)^{1/3}$—$S_{入}$ 和 $\left(\frac{\omega_c}{\omega}\right)^{1/3}$—$\frac{S_{入}}{\omega_c^{1/2}}$ 及相应的 ω_c—S 的关系曲线不同，但都可以利用实测资料分别建立类似的关系曲线。

(2) 出库泥沙中数粒径和群体沉速计算。

1) 出库泥沙中数粒径计算。由三门峡水库实测资料建立出库泥沙中数粒径计算关系：

a. 当 $\left(\frac{Q_{s出}}{Q_{s入}}\right)_{全沙}\geqslant 1.0$ 时：

$$d_{50出}=d_{50入}\left(\frac{Q_{s出}}{Q_{s入}}\right)_{全沙}^{5.7\times10^{-8}/d_{50入}^{4.625}} \quad (6.8-38)$$

b. 当 $\left(\frac{Q_{s出}}{Q_{s入}}\right)_{全沙}<1.0$ 时：

$$d_{50出}=d_{50入}\left(\frac{Q_{s出}}{Q_{s入}}\right)_{全沙}^{107.3d_{50入}^{1.27}} \quad (6.8-39)$$

2) 出库泥沙群体沉速计算。已知出库泥沙中数粒径和出库含沙量，按沙玉清公式 $\omega_c=\omega\left(1-\frac{S_v}{2\sqrt{d_{50}}}\right)^3$ 计算出库泥沙群体沉速。

6. 库区冲淤量分布计算

库区冲淤量分布按式 (6.8-40) 计算：

$$\frac{\Delta V_{sX}}{\sum\Delta V_s}=\left(\frac{H_X-Z_{\min}}{H_{\max}+\Delta Z-Z_{\min}}\right)^m \quad (6.8-40)$$

统计分析已建水库实测资料，式 (6.8-40) 中水库淤积分布指数 m 按式 (6.8-41) 计算：

$$m=0.485n^{1.16} \quad (6.8-41)$$

式 (6.8-41) 中库容形态指数 n，由库容形态方程确定：

$$\frac{\Delta V_X}{\Delta V_{\max}}=\left(\frac{H_X-H_{\min}}{H_{\max}-H_{\min}}\right)^n \quad (6.8-42)$$

以上式中 ΔV_X——任一高程 H_X 下的库容，m^3；

$\Delta V_{\max}$——最高高程 $H_{\max}$ 下的库容，m^3；

$H_{\min}$——库容为零的高程，m；

ΔV_{sX}——任一高程 H_X 以下的淤积量，m^3；

$\sum\Delta V_s$——水库冲淤分布最高高程以下总淤积量，m^3；

$Z_{\min}$——冲淤分布最低高程，m；

$H_{\max}$——库容曲线最高高程[式(6.8-42)]和计算时段内出现过的最高运用水位[式(6.8-40)]，m；

ΔZ——水库淤积末端高程与计算时段内出现过的最高运用水位的高差，m。

按式 (6.8-40) ～式 (6.8-42)，可以计算水库库容曲线和坝前淤积高程及淤积末端高程。

7. 水库分段淤积物中数粒径及分段库长和分段比降计算

(1) 坝前段淤积物中数粒径。建立坝前段（坝前冲刷漏斗进口上游）淤积物中数粒径的计算式：

$$\lambda_D=\frac{D_1}{D_0}=0.059\times10^{-4}\frac{1}{i_0^{1.86}H_{淤}^{1.14}} \quad (6.8-43)$$

式中 D_0、D_1——天然河道、水库坝前段的淤积物中数粒径，mm；

i_0——原河道平均比降；

$H_{淤}$——坝前(冲刷漏斗进口)淤积厚度，m。

式 (6.8-43) 可用于计算坝前段河槽和滩地淤积物中数粒径，因此，计算坝前段河槽淤积物中数粒径时用天然河道河床中数粒径和坝前河床（冲刷漏斗进口）淤积抬高高度代入计算，计算坝前段滩地淤积物中数粒径时用天然河道滩地中数粒径和坝前（冲刷漏斗进口）滩地淤积抬高高度代入计算。

(2) 水库分段淤积物中数粒径和分段库长。统计分析大、中型水库实测资料，综合归纳大、中型水库淤积平衡时或接近淤积平衡阶段，可按表 6.8-4 中的方法进行水库分段淤积物中数粒径与分段库长计算。表中的尾部段为推移质淤积段，按水库推移质淤积计算年限的推移质淤积量和淤积长度计算，其他段为悬移质淤积段，按水库悬移质淤积平衡计算，但受推移质淤积推进覆盖影响。

一般而言，小水库只分 2 段（推移质淤积段和悬移质淤积段），中型水库可分 3 段或 4 段，大型水库宜分 4 段，见表 6.8-4。

(3) 水库分段比降计算。

1) 考虑水流泥沙因素的输沙比降关系。考虑水库沿程水沙条件和淤积物组成及糙率等因素的分段输沙比降计算式［式 (6.4-15)］为

$$i=k\frac{Q_{S出}^{0.5}d_{50}n^n}{B^{0.5}h^{1.33}}$$

分别将水库沿程不同库段的相关参数值带入上式，可计算出不同库段的输沙比降。

2) 考虑水库侵蚀基准面抬高与水库淤积比降关系。分析已建水库资料，获得如图 6.4-10 和式 (6.4-21) 所示的关系：

表 6.8-4 水库分段淤积物中数粒径与分段库长关系（锥体淤积形态）

库 段	第1段	第2段	第3段	第4段（沙、砾、卵石推移质）	说 明
河床淤积物中数粒径 D_{50}（mm）	D_1 按式(6.8-43)计算	$D_2=1.34D_1$	$D_3=1.54D_2$ $D_3$①$=1.11D_2$	$D_4=(0.5\sim0.6)D_0$	D_0 为尾部段上游床沙中数粒径
库段长度 l_i（m）	$l_1=0.26L$	$l_2=0.26L$	$l_3=0.36L$ $l_3$①$=0.48L$	$l_4=0.12L$	L 为水库总淤积长度

① 对于尾部段为粗泥沙推移质淤积的水库，水库只分3段。

$$\lambda_i=\frac{i}{i_0}=f(i_0^{0.56}H_{淤}^{0.68})$$

根据与水库死水位相应的坝前（冲刷漏斗进口）淤积平衡高程，求得水库坝前淤积厚度 $H_{淤}$，根据库区天然河道河床淤积纵剖面平均比降 i_0，即可按图6.4-10关系曲线求得水库淤积平衡河床纵剖面平均比降。利用图6.4-10关系曲线，亦可逐段由下而上计算库区分段淤积比降，只需分段计算各段起点淤积厚度和各段天然河道平均比降，查算图6.4-10曲线即得。

3）按水库分段淤积物中数粒径计算分段比降。按式（6.4-27）和表6.8-4中的分段淤积物中数粒径相结合进行分段淤积比降的计算。对于尾部段比降则按式（6.4-10）$i_{尾}=0.054i_{上}^{0.67}$ 计算。

在用上述多种方法计算比降后，要综合分析比较，并经已建水库淤积比降验证，合理选取计算结果。

8. 模型验证和应用

利用泥沙数学模型对三门峡水库实测资料进行了验证计算，计算结果与实测值相接近。对黄河下游河道铁谢—利津长河段进行了1969～1988年的验证计算，计算结果与实测值相接近。

该模型已应用于小浪底水库、西霞院水库、巴家嘴水库的规划设计及小浪底、三门峡等水库的运用方式研究中。

6.8.1.6 中国水利水电科学研究院泥沙数学模型

韩其为等研制的水库冲淤过程的计算方法，是采用非均匀沙不平衡输沙理论建立的数学模型。详见参考文献［3］介绍，这里简略介绍。

1. 计算内容

（1）水力因素计算。

1）水面线计算。水面线计算在假设本时段冲淤面积 $\Delta\alpha_{i,j}$ 的条件下进行。当假设的 $\Delta\alpha_{i,j}$ 与计算的不一致时，则重算。

2）求 $A_{i,j}$、$B_{i,j}$。根据求出的水位 $H_{i,j}$，再求 $A_{i,j}$ 及 $B_{i,j}$，以便计算水力因素和含沙量等应用。

3）有异重流条件下的水力因素计算。异重流条件下的水力因素计算包括判别是否产生异重流，以及异重流的宽度，考虑槽蓄后修正的异重流流量，异重流的水深和过水面积等。

（2）悬移质含沙量及级配计算。

1）计算公式。计算悬移质含沙量 S 的方程为

$$\begin{aligned}S_{i,j}&=S_{i,j}^*+(S_{i,j-1}-S_{i,j-1}^*)\sum_{l=1}^{m_1}P_{l,i,j-1}\mu_{l,i,j}+\\&\quad S_{i,j-1}^*\sum_{l=1}^{m_1}P_{l,i,j-1}\beta_{l,i,j}-S_{i,j}^*\sum_{l=1}^{m_1}P_{l,i,j-1}\beta_{l,i,j}=\\&\quad K_1+K_2S_{i,j}^*=F_1(S_{i,j}^*)=F_1[(F_3\omega_{i,j}^{0.92})]=\\&\quad F_1\{F_3[F_4(\lambda_{i,j})]\}=F_5(\lambda_{i,j})=F_6(S_{i,j})\end{aligned}\tag{6.8-44}$$

由于冲刷和淤积时，含沙量公式中的恢复饱和系数相异，故在计算含沙量之前，须首先判别冲淤。

2）冲淤判别。先计算判别含沙量 $S'_{i,j}$。计算 $S'_{i,j}$ 时，先不考虑级配变化，采用 $\lambda=0$，由式（6.8-44）得

$$S'_{i,j}=F_5(0)=F_6(S_{i,j-1})\tag{6.8-45}$$

其中恢复饱和系数按淤积时选取，计算 $S'_{i,j}$ 时不需要试算。

然后采用下列方法判别冲淤：

$$\left.\begin{array}{ll}S'_{i,j}<0.995S_{i,j-1} & \text{出现淤积}\\0.995S_{i,j-1}\leqslant S'_{i,j}\leqslant1.005S_{i,j-1} & \text{出现平衡}\\S'_{i,j}>1.005S_{i,j-1} & \text{出现冲刷}\end{array}\right\}\tag{6.8-46}$$

3）平衡时含沙量与级配的确定。经过判别，如属于平衡，则含沙量和级配为：$S_{i,j}=S_{i,j-1}$，$P_{l,i,j}=P_{l,i,j-1}$。

4）淤积时含沙量与级配计算。

a. 淤积时分选曲线计算。

b. 含沙量计算。

c. 悬移质级配计算。

5）冲刷时含沙量及级配计算。

a. 冲刷时分选曲线计算。

b. 含沙量计算。

c. 悬移质级配计算。

（3）淤积计算。淤积计算包括淤积重量、淤积面积及淤积物级配等计算。

1）淤积重量及干容重计算。

a. 如求初期干容重，则根据淤积物级配，按式（6.8－47）计算：

$$\gamma'_{s,i,j}=\frac{1}{\sum_{l=1}^{m_l}\frac{\gamma'_{l,i,j}}{\gamma'_{s,o,l}}} \qquad (6.8-47)$$

其中，$\gamma'_{s,o,l}$为第l组粒径均匀沙的初期干容重，其值见表6.8－5。

b. 如求稳定干容重，需先求出D_{50}：

$$D_{50,i,j}=D_{m-1}+\frac{D_m-D_{m-1}}{\sum_{k=1}^{m}\gamma'_{k,i,j}-\sum_{k=1}^{m-1}\gamma'_{k,i,j}}\left(0.5-\sum_{k=1}^{m-1}\gamma'_{k,i,j}\right) \qquad (6.8-48)$$

其中，m满足$\sum_{k=1}^{m-1}\gamma'_{k,i,j}\leqslant 0.5$且$\sum_{k=1}^{m}\gamma'_{k,i,j}>0.5$，最后根据$D_{50,i,j}$由表6.8－6查出稳定干容重。

2）淤积物分层厚度及级配计算。

a. 淤积时计算。

表6.8－5　均匀沙的初期干容重

粒径(mm)	0.001～0.0025	0.0025～0.005	0.005～0.01	0.01～0.025	0.025～0.05	0.05～0.10	0.10～0.25	0.25～0.50	0.50～1.0	1.0～2.5	2.5～5.0
初期干容重(t/m^3)	0.20	0.42	0.70	1.02	1.24	1.34	1.37	1.39	1.40	1.44	1.52

表6.8－6　稳 定 干 容 重

淤积物粒径（mm）	＜0.01	0.01～0.05	0.05～0.20	0.20～1.0	1.0～5.0
稳定干容重（t/m^3）	1.10	1.25	1.40	1.50	1.57

a）槽中计算。槽中计算包括本时段槽中虚淤积厚度、分层淤积厚度及分层淤积物级配。

b）滩上淤积物级配计算。由于滩上只淤不冲，故只考虑计算表层级配（实际为虚厚度不超过1t/m^{2}的表层级配）。先求出滩上虚淤积厚度，再求表层级配。

b. 冲刷时计算。由于冲槽不冲滩，故冲刷时只考虑槽中淤积物厚度和级配的变化。

要计算槽中虚冲刷厚度、参加冲刷分选但未冲走的淤积物级配、冲刷后各层淤积物厚度、冲刷后各层淤积物级配等。

（4）横断面变形计算。由于淤积计算中只求出了各断面的淤积面积，故该淤积面积在横断面的分布，则需根据实际冲淤图形，进行概化处理。

横断面实际冲淤图形中最广泛的一类是沿湿周等厚冲淤（称为第一种类型的横断面变形）。根据沿湿周等厚冲淤的原则，再结合变形不超过水面，以及冲刷宽度不大于相对稳定河宽等，进行横断面变形的计算。

2. 数学模型的验证和应用

本模型经过20个以上水库及沉沙池、渠道及河流冲淤资料的验证。验证数学模型时，恢复饱和系数α，一般淤积时$\alpha=0.25$，冲刷时$\alpha=1.0$，挟沙力公式$S^*=k\left(\frac{v^3}{h\omega}\right)^m$，指数$m=0.92$，系数$k$取值范围由实测资料验证确定。

用于多泥沙的河流，如黄河，考虑高含沙量给模型带来的变化，体现在两个方面：一是对沉速需作修正；二是对挟沙力公式指数和系数的修正。

计算中随着库区河床的累计冲淤变化，须对糙率不断修正，按式（6.8－49）计算：

$$n=n_0-\alpha_n\frac{A(J)}{A_0} \qquad (6.8-49)$$

式中　n_0——初始时段的糙率；

α_n、A_0——系数、常数；

$A(J)$——断面累计冲淤面积（冲刷时为负，淤积时为正），m^2。

当淤积很严重时，n可能很小，令n不小于0.008，作为控制下限。

6.8.1.7 长江水利水电科学研究院泥沙冲淤计算数学模型

20世纪70年代，长江水利水电科学研究院韩其为、黄煜龄等研制了不平衡输沙数学模型软件[40]。黄煜龄等开发出了“HELIU—1”软件和“HELIU—2”软件，在软件中考虑了床沙与水体中沙的交换，河床的自动调整，床沙组成自动分选等，不含推移质的计算。详见参考文献[3]。

1. 水库淤积计算方法

(1) 基本方程组的简化。假定：①将整个时段划分成若干个小的计算时段，各时段内，除恢复饱和系数 α 外，其余因素不随时间变化，但在不同的计算时段，发生跳跃；②将整个河段划分成若干小的河段，在河段内考虑流量不变，不同河段是可变的；③忽略微小量。

1) 水面线计算式：

$$Z = Z_0 + \frac{n^2 Q^2 \Delta L}{2}\left(\frac{B^{4/3}}{A^{10/3}} + \frac{B_0^{4/3}}{A_0^{10/3}}\right) + \frac{v_0^2 - v^2}{2g} \tag{6.8-50}$$

2) 悬移质含沙量变化方程：

$$C = S^* + (C_0 - S_0^*)\sum_{i=1}^{m} P_{0,i}\mu_i + S_0^*\sum_{i=1}^{m} P_{0,i}\beta_i - S^*\sum_{i=1}^{m} P_i\beta_i \tag{6.8-51}$$

$$\mu_i = \exp\left[-\frac{\alpha\omega_i(B+B_0)\Delta L}{Q_0+Q}\right]$$

$$\beta_i = \frac{Q+Q_0}{\alpha\omega_i(B+B_0)\Delta L}(1-\mu_i)$$

$$\alpha = \begin{cases} 0.25 & 淤积 \\ 1.00 & 冲刷 \end{cases}$$

3) 水流挟沙力 S^* 计算式：

$$S^* = 0.03\frac{Q^{2.76}B^{0.92}}{A^{3.68}\omega^{0.92}} \tag{6.8-52}$$

$$\omega^{0.92} = \sum_{i=1}^{m} P_i\omega_i^{0.92}$$

4) 淤积时的悬移质级配：

$$P_i = P_{0,i}(1-\lambda)^{\left(\frac{\omega_i}{\omega_{中}}\right)^{0.5}-1} \tag{6.8-53}$$

5) 淤积时的淤积物级配：

$$R_i = \frac{Q_0C_0P_{0,i} - QCP_i}{Q_0C_0 - QC} \tag{6.8-54}$$

6) 冲刷时的悬移质级配：

$$P_{i,l} = \frac{P_{0,i} + |\lambda_l^*|P_{i,l}^*}{1+|\lambda_l^*|} \tag{6.8-55}$$

其中 $$\lambda_l^* = \frac{C'_lQ}{C_0Q_0}$$

7) 冲刷后河床剩余淤积物级配：

$$R_{i,l} = \frac{R_{i,l}^* - \lambda_l^* P_{i,l}^*}{1-\lambda_l^*} \tag{6.8-56}$$

8) 悬移质冲淤引起的河床变形：

$$\Delta D = \frac{(Q_0C_0 - QC)\Delta t}{\gamma_0 B\Delta L} \tag{6.8-57}$$

以上式中 Δt——时段，s；

ΔL——两断面间距，m；

C、S^*——含沙量、水流挟沙力，kg/m³；

Q——流量，m³/s；

v——流速，m/s；

A——面积，m²；

B——水面宽，m；

ω——泥沙的沉降速度，m/s；

λ——淤积百分数；

λ^*——槽中被冲走的各层淤积物百分数；

$R_{i,l}^*$——平均级配；

$P_{i,l}^*$——河床冲起的淤积物级配；

C'_lQ——槽中各层淤积物的补给输沙率；

脚标“0”——已知断面；

脚标“l”——淤积物层数（$l=1,2,\cdots,n$）；

脚标“i”——悬移质颗粒分组数（$i=1,2,\cdots,m$）；

γ_0——悬移质淤积土干容重，kg/m³。

断面特性曲线按下述两种方式处理：①宽阔断面淤积时沿湿周等厚分布，冲刷时仅冲槽不冲滩；②窄深断面按水平状态进行淤积或冲刷。

按上述计算方法研制成“HELIU—1”软件。

(2) 数学模型验证。

1) 长江葛洲坝水库1981～1987年实测资料验证。

2) 汉江丹江口水库1968～1985年实测资料验证。

2. 河道河床冲淤变形计算方法

(1) 基本方程组的简化。在实际计算时对基本方程组进行了简化，将整个计算时段划分成若干小的计算时段，将长河段划分为若干个短河段，按恒定流考虑。

1) 水面线计算式：

$$Z = Z_0 + \frac{n^2 Q^2 \Delta L}{2}\left(\frac{B^{4/3}}{A^{10/3}} + \frac{B_0^{4/3}}{A_0^{10/3}}\right) + \frac{v_0^2 - v^2}{2g} \tag{6.8-58}$$

2) 悬移质含沙量变化方程：

$$C_i = S_i^* + (C_{0,i} - S_{0,i}^*)e^{-Y} + (S_{0,i}^* - S_i^*)Y^{-1}(1-e^{-Y}) \quad (i=1,2,\cdots,8) \tag{6.8-59}$$

其中 $$Y = \frac{\alpha\omega_i\Delta x}{q}$$

$$\alpha = \begin{cases} 0.25 & 淤积 \\ 1.0 & 冲刷 \end{cases}$$

$$S_i^* = K_iS_m^*$$

$$S_m^* = k\left(\frac{v^3}{h\omega_m}\right)^m (其中 m=0.92, k=0.0175)$$

$$\omega_m^{0.92} = \sum_{i=1}^{8} P_i\omega_i^{0.92}$$

K_i 为分组挟沙力系数，采用窦国仁公式：

$$K_i = \frac{\left(\dfrac{P_i}{\omega_i}\right)^{\beta}}{\sum\limits_{i=1}^{8}\left(\dfrac{P_i}{\omega_i}\right)^{\beta}}$$

P_i 为悬移质级配，计算公式为

$$P_i = \begin{cases} P_{0,i} & \text{平衡} \\ \dfrac{G_{s0,i} - \Delta G_{si}}{\sum(G_{s0,i} - \Delta G_{si})} & \text{不平衡} \end{cases}$$

3）悬移质引起的河床变形：

$$\Delta D_1 = \sum_{i=1}^{8} \frac{(Q_0 C_{0,i} - QC_i)\Delta t}{\gamma_{0i} B \Delta L} \qquad (6.8-60)$$

4）推移质输沙率。推移质输沙率用长江水利水电科学研究院提出的推移质输沙率曲线（见图 6.8－1）求得。推移质输沙率曲线的关系为

$$\frac{g_b}{d\sqrt{gd}} = f\left(\frac{v_d}{\sqrt{gd}}\right) \qquad (6.8-61)$$

$$v_d = \frac{\dfrac{m+1}{m}}{\left(\dfrac{h}{d}\right)^{-\frac{1}{m}} v}$$

$$m = 4.7\left(\frac{h}{d_{50}}\right)^{0.06}$$

泥沙起动流速公式（张瑞瑾公式）：

$$v_c = \left(\frac{h}{d}\right)^{0.14} \sqrt{17.6\frac{\rho_s - \rho}{\rho} d + 0.000000605\frac{10 + h}{d^{0.72}}} \qquad (6.8-62)$$

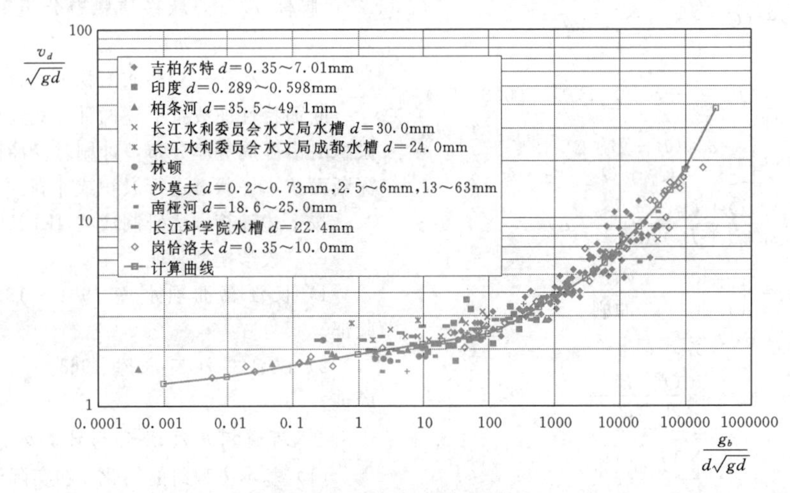

图 6.8－1　推移质输沙率曲线

5）推移质引起的河床变形：

$$\Delta D_2 = \sum_{i=9}^{16} \frac{(G_{b0,i} - G_{bi})\Delta t}{\gamma'_{0i} B \Delta L} \qquad (6.8-63)$$

6）河床总变形：

$$\Delta D = \Delta D_1 + \Delta D_2 \qquad (6.8-64)$$

7）床沙级配计算：

$$P_{b,i} = \frac{G_{ti}}{\sum\limits_{i=1}^{16} G_{ti}} \qquad (6.8-65)$$

以上式中　C_i、S_i^*——分组含沙量、挟沙力，kg/m³；

S_m^*——断面总的挟沙力，kg/m³；

q——单宽流量，m³/（s·m）；

ω_m——非均匀沙平均沉速，m/s；

β——指数，取 1/6；

γ_0——悬移质淤积物干容重，kg/m³；

v_d——近床面流速，m/s；

v_c——床沙起动流速，m/s；

d——粒径，m；

h——水深，m；

g_b——推移质单宽输沙率，kg/(s·m)；

G_b——推移质总输沙率，kg/s；

G_s——断面悬移质输沙率，kg/s；

G_{ti}——河床分组沙剩余量，kg；

ΔD——河床变形厚度，m；

γ'_0——推移质淤积物干容重，kg/m³。

（2）断面形态修改。断面形态修改按沿湿周等厚变形修改。当淤积时，按全断面淤积修改；当冲刷时，按冲槽不冲滩修改。在河床变形计算时，对宽断面分滩槽两部分，统计造床流量时河宽，作为滩槽分界点。

按上述计算方法研制成“HELIU—2”软件。

（3）数学模型验证。

1）汉江丹江口水库下游河床冲淤验算。

2）长江葛洲坝水库下游宜昌—大通河段河床冲

淤验算。

三峡工程于2003年蓄水运用后，长江中下游河道冲淤验证计算，结果较好。

3. 数学模型的应用

上述数学模型已应用于三峡、丹江口、葛洲坝、溪洛渡、向家坝、亭子口等水库的库区泥沙淤积和坝下游河道冲刷计算，以及清江、乌江和金沙江梯级枢纽库区泥沙淤积计算等。

6.8.1.8 武汉大学一维非恒定流河网水沙数学模型

李义天研制的一维非恒定流河网水沙数学模型简述如下[41-42]。

1. 基本方程

除包含一维非恒定流非均匀沙数学模型的基本方程外，还要补充汊点的水流、泥沙方程。

(1) 汊点水流方程。在河网模型中，主河道与支流之间、各分汊河段之间是通过汊点进行连接的。

1) 水流连续方程：

$$Q_m^{n+1}+\sum_{l=1}^{L(m)}Q_{m,l}^{n}+\sum_{l=1}^{L(m)}\Delta Q_{m,l}=S_m\frac{\Delta Z_m}{\Delta t}\quad (m=1,2,\cdots,M)\qquad(6.8-66)$$

式中 M——河网中的汊点总数；

$L(m)$——与汊点 m 相连接的河段数；

Q_m^{n+1}——汊点 m 处除分汇流河段外的其他入流或出流量，m^3/s；

S_m——汊点 m 处的水面面积，m^2；

ΔZ_m——汊点 m 处的水位增量，m。

2) 汊点动量守恒条件。一般情况下，可以近似地认为汊点处各河段端点水位相同，即

$$Z_{m,1}=Z_{m,2}=\cdots=Z_{m,L(m)}=Z_m\quad (m=1,2,\cdots,M)\qquad(6.8-67)$$

同样可以近似地认为汊点处各河段水位增量也相同：

$$\Delta Z_{m,1}=\Delta Z_{m,2}=\cdots=\Delta Z_{m,L(m)}=\Delta Z_m\quad (m=1,2,\cdots,M)\qquad(6.8-68)$$

(2) 汊点泥沙方程。汊点输沙的连续性是指进出每一汊点的输沙量必须与该汊点的泥沙冲淤变化情况一致，即

$$Ql_m^{n+1}S_{m,k}^{n+1}+\sum_{l=1}^{L(m)}Q_{m,l}^{n+1}S_{m,l,k}^{n+1}=\gamma_0A_m\frac{\partial Z_{bm,k}}{\partial t}\quad (m=1,2,\cdots,M)\qquad(6.8-69)$$

式中 $Q_{m,l}^{n+1}$——与汊点 m 相连接的第 l 条河段流入（或流出）该汊点的流量，m^3/s；

$S_{m,l,k}^{n+1}$——与流量相对应的第 k 粒径组的含沙量，kg/m^3；

Ql_m^{n+1}——汊点 m 处除分汇流河段外的其他入流或出流量，m^3/s；

$S_{m,k}^{n+1}$——与之相对应的第 k 粒径组的含沙量，kg/m^3；

$\frac{\partial Z_{bm,k}}{\partial t}$——汊点 m 的河床高程变形情况；

γ_0——淤积物干容重，kg/m^3；

$Z_{bm,k}$——第 k 粒径组的悬移质引起的汊点河床冲淤厚度，m；

A_m——汊点 m 的平面面积，m^2；

其他符号意义同前。

2. 差分方程及若干问题的处理

(1) 非恒定水流方程组的线性化。水流方程的求解采用线性化的圣维南方程组，利用 Preissmann 四点偏心差分格式离散方程，并略去二阶以上小量。

(2) 河网非恒定流隐式方程组的汊点分组解法。根据河网中的汊点分布情况，将河网中的汊点分为NG组，采用汊点分组解法。

(3) 非饱和悬移质运动方程求解。本模型吸收有限分析法的思想，相邻时间层之间用差分法求解，在同一时间层上求悬移质泥沙运动方程的分析解。具体做法如下：在 $n+1$ 时间层，在非耦合解中计算出水力要素后，A、Q、α、ω、B 为已知值，经过化简，悬移质泥沙连续方程式可写为

$$\frac{\partial S}{\partial x}+\frac{1}{u^{n+1}}\frac{\partial S}{\partial t}+\frac{\alpha\omega}{q}(S-S^*)=0$$

式中 u——断面平均流速；

q——单宽流量。

采用对时间层的向前差分，在 $(n+1)$ 时间层上离散上式，得

$$\frac{dS}{dx}+\left(\frac{\alpha\omega}{q}+\frac{1}{u^{n+1}\Delta t}\right)S=\left(\frac{\alpha\omega}{q}S^{*\,n+1}+\frac{S^n}{u^{n+1}\Delta t}\right)$$

式中，u、q、$S^{*\,n+1}$、S^*、S、α、ω 均为随 x 变化的已知函数。须确定水沙参数 u、q、$S^{*\,n+1}$ 及 S 的变化规律，用河段平均值带入并进行化简，可得其解。

(4) 汊点分沙模式。

1) 建立分组粒径的分沙模式。采用张瑞瑾公式，并假定对各悬移质粒径组均适用，则对第 k 组粒径有

$$S_k=S_{pjk}\frac{\beta(1+\beta)}{(\beta+\xi)^2}\qquad(6.8-70)$$

$$\beta=0.2Z^{-1.15}-0.11$$

式中 S_{pjk}——垂线平均含沙量；

β——表示含沙量分布不均匀程度的数值，恒为正；

Z——悬浮指标；

ξ——相对水深，河底为0，水面为1。

在汊点计算河段满足输沙连续方程条件，有

$$\sum_{i=1}^{M} S_{m,i,k} Q_{m,i}^{-} = Ql_{m}^{+} S_{m,k} + \sum_{j=1}^{N} S_{m,j,k} Q_{m,j}^{+} \tag{6.8-71}$$

式中　$Q_{m,i}^{-}$——与汊点 m 相连接流出汊点的第 i 计算河段；

$S_{m,i,k}$——与其相对应的第 k 粒径组含沙量；

M——汊点出流河道的总个数；

$Q_{m,j}^{+}$——与汊点 m 相连接流入汊点的第 j 计算河段；

N——汊点入流河道的总个数。

2）当地形资料不易收集时，在河网地形资料不全的情况下，采用挟沙力模式确定汊点的分沙比。以分流河段进口断面的挟沙力值确定汊点的分沙比。在每个汊点 m 均存在一个比例常数 N_m，使得 $S_i = N_m S_i^*, i = 1,2,\cdots,I_{out}(l)$，即可得汊点方程组，进行汊点分组求解。

（5）非均匀挟沙力级配计算模式。依据悬沙、床沙交换的机理，在输沙平衡时，第 k 粒径组泥沙在单位时间内沉降在床面上的总沙量等于冲起的总沙量，然后根据垂线平均含沙量和河底含沙量之间的关系，确定悬移质挟沙力级配（ΔP_k^*）和床沙级配（ΔP_{bk}）的关系。

（6）糙率的处理模式。采用糙率沿河宽不均匀分布的处理方法，相应于不同水位取不同的糙率值，随着水位的升降，断面自动表现出不同的阻力。

（7）床沙质和冲泻质划分。利用悬浮指标的概念，整理长江中下游河段的实测资料，得出分界粒径对应的沉速和水深、流速的关系。

3. 模型验证及应用

一维非恒定流河网数学模型，可以提供各断面流量、流速、过水面积、水位、含沙量等水流泥沙因子，河段冲淤量、断面冲淤形态以及发展过程等成果，曾应用于长江、淮河、永定河等。

6.8.1.9　南京水利科学研究院河道二维水流泥沙数学模型

陆永军等研制的河道二维水流泥沙数学模型简述如下[43]。

1. 控制方程组

（1）水流运动方程。

1）水流连续方程：

$$\frac{\partial H}{\partial t} + \frac{1}{C_\xi C_\eta}\frac{\partial}{\partial \xi}(huC_\eta) + \frac{1}{C_\xi C_\eta}\frac{\partial}{\partial \eta}(hvC_\xi) = 0 \tag{6.8-72}$$

2）ξ 方向动量方程：

$$\frac{\partial u}{\partial t}+\frac{1}{C_\xi C_\eta}\left[\frac{\partial}{\partial \xi}(C_\eta u^2)+\frac{\partial}{\partial \eta}(C_\xi vu)+vu\frac{\partial C_\eta}{\partial \eta}-v^2\frac{\partial C_\eta}{\partial \xi}\right]=$$
$$-g\frac{1}{C_\xi}\frac{\partial H}{\partial \xi}+fv-\frac{u\sqrt{u^2+v^2}n^2g}{h^{4/3}}+\frac{1}{C_\xi C_\eta}\left[\frac{\partial}{\partial \xi}(C_\eta\sigma_{\xi\xi})+\frac{\partial}{\partial \eta}(C_\xi\sigma_{\eta\xi})+\sigma_{\xi\eta}\frac{\partial C_\xi}{\partial \eta}-\sigma_{\eta\eta}\frac{\partial C_\eta}{\partial \xi}\right] \tag{6.8-73}$$

3）η 方向动量方程：

$$\frac{\partial v}{\partial t}+\frac{1}{C_\xi C_\eta}\left[\frac{\partial}{\partial \xi}(C_\eta vu)+\frac{\partial}{\partial \eta}(C_\xi v^2)+uv\frac{\partial C_\eta}{\partial \xi}-u^2\frac{\partial C_\xi}{\partial \eta}\right]=$$
$$-g\frac{1}{C_\eta}\frac{\partial H}{\partial \eta}-fu-\frac{v\sqrt{u^2+v^2}n^2g}{h^{4/3}}+\frac{1}{C_\xi C_\eta}\left[\frac{\partial}{\partial \xi}(C_\eta\sigma_{\xi\eta})+\frac{\partial}{\partial \eta}(C_\xi\sigma_{\eta\eta})+\sigma_{\eta\xi}\frac{\partial C_\eta}{\partial \xi}-\sigma_{\xi\xi}\frac{\partial C_\xi}{\partial \eta}\right] \tag{6.8-74}$$

其中
$$C_\xi = \sqrt{x_\xi^2 + y_\xi^2}$$
$$C_\eta = \sqrt{x_\eta^2 + y_\eta^2}$$
$$\sigma_{\xi\xi} = 2\nu_t\left(\frac{1}{C_\xi}\frac{\partial u}{\partial \xi}+\frac{v}{C_\xi C_\eta}\frac{\partial C_\xi}{\partial \eta}\right)$$
$$\sigma_{\eta\eta} = 2\nu_t\left(\frac{1}{C_\eta}\frac{\partial v}{\partial \eta}+\frac{u}{C_\xi C_\eta}\frac{\partial C_\eta}{\partial \xi}\right)$$
$$\sigma_{\xi\eta} = \sigma_{\eta\xi} = \nu_t\left[\frac{C_\eta}{C_\xi}\frac{\partial}{\partial \xi}\left(\frac{v}{C_\eta}\right)+\frac{C_\xi}{C_\eta}\frac{\partial}{\partial \eta}\left(\frac{u}{C_\xi}\right)\right]$$

以上式中　ξ、η——正交曲线坐标系中两个正交曲线坐标；

u、v——沿 ξ、η 方向的流速，m/s；

h——水深，m；

H——水位，m；

C_ξ、C_η——正交曲线坐标系中的拉梅系数；

$\sigma_{\xi\xi}$、$\sigma_{\xi\eta}$、$\sigma_{\eta\xi}$、$\sigma_{\eta\eta}$——紊动应力。

ν_t 表示紊动黏性系数，一般情况下，$\nu_t=\alpha u_* h$，$\alpha=0.5\sim1.0$，u_* 表示摩阻流速；对于不规则岸边、整治建筑物、桥墩作用引起的回流，可采用 k—ε 紊流模型 $\nu_t=C_\mu k^2/\varepsilon$，$k$ 表示紊动动能，ε 表示紊动动能耗散率。

4）正交曲线坐标系下，紊动动能输运方程：

$$\frac{\partial hk}{\partial t}+\frac{1}{C_\xi C_\eta}\left[\frac{\partial}{\partial\xi}(uhkC_\eta)+\frac{\partial}{\partial\eta}(vhkC_\xi)\right]=$$

$$\frac{1}{C_\xi C_\eta}\left[\frac{\partial}{\partial\xi}\left(\frac{\nu_t}{\sigma_k}\frac{C_\eta}{C_\xi}\frac{\partial hk}{\partial\xi}\right)+\frac{\partial}{\partial\eta}\left(\frac{\nu_t}{\sigma_k}\frac{C_\xi}{C_\eta}\frac{\partial hk}{\partial\eta}\right)\right]+$$

$$h(G+P_{kv}-\varepsilon) \quad (6.8-75)$$

5）紊动动能耗散率输运方程：

$$\frac{\partial h\varepsilon}{\partial t}+\frac{1}{C_\xi C_\eta}\left[\frac{\partial}{\partial\xi}(uh\varepsilon C_\eta)+\frac{\partial}{\partial\eta}(vh\varepsilon C_\xi)\right]=$$

$$\frac{1}{C_\xi C_\eta}\left[\frac{\partial}{\partial\xi}\left(\frac{\nu_t}{\sigma_\varepsilon}\frac{C_\eta}{C_\xi}\frac{\partial h\varepsilon}{\partial\xi}\right)+\frac{\partial}{\partial\eta}\left(\frac{\nu_t}{\sigma_\varepsilon}\frac{C_\xi}{C_\eta}\frac{\partial h\varepsilon}{\partial\eta}\right)\right]+$$

$$h\left(C_{1\varepsilon}\frac{\varepsilon}{k}-C_{2\varepsilon}\frac{\varepsilon^2}{k}+P_{\varepsilon v}\right) \quad (6.8-76)$$

6）紊动动能产生项：

$$G=\sigma_{\varepsilon\varepsilon}\left(\frac{1}{C_\varepsilon}\frac{\partial u}{\partial\xi}+\frac{v}{C_\xi C_\eta}\frac{\partial C_\xi}{\partial\eta}\right)+$$

$$\sigma_{\xi\eta}\left[\left(\frac{1}{C_\eta}\frac{\partial u}{\partial\eta}+\frac{1}{C_\xi}\frac{\partial v}{\partial\xi}\right)-\right.$$

$$\left.\left(\frac{u}{C_\xi C_\eta}\frac{\partial C_\xi}{\partial\eta}+\frac{v}{C_\xi C_\eta}\frac{\partial C_\eta}{\partial\xi}\right)\right]+$$

$$\sigma_{\eta\eta}\left(\frac{1}{C_\eta}\frac{\partial v}{\partial\eta}+\frac{u}{C_\xi C_\eta}\frac{\partial C_\eta}{\partial\xi}\right) \quad (6.8-77)$$

以上式中 P_{kv}、$P_{\varepsilon v}$——因床底切应力所引起的紊动效应，与摩阻流速 u_* 间的关系为 $P_{kv}=\frac{C_k u_*^3}{h}$，$P_{\varepsilon v}=\frac{C_\varepsilon u_*^4}{h^2}$，$C_k=\frac{h^{1/6}}{n\sqrt{g}}$，$C_\varepsilon=3.6\frac{C_{2\varepsilon}C_\mu^{1/2}}{C_f^{1/4}}$，$C_f=\frac{n^2 g}{h^{1/3}}$；

C_μ、σ_k、σ_ε、$C_{1\varepsilon}$、$C_{2\varepsilon}$——经验常数，采用 Rodi（1984）建议的值为 $C_\mu=0.09$，$\sigma_k=1.0$，$\sigma_\varepsilon=1.3$，$C_{1\varepsilon}=1.44$，$C_{2\varepsilon}=1.92$。

（2）悬沙不平衡输移方程。非均匀悬移质按其粒径大小可分成 n_0 组，用 S_L 表示第 L 组粒径含沙量，P_{SL} 表示此粒径悬沙含沙量所占的比值，则

$$S_L=P_{SL}S$$

$$S=\sum_{L=1}^{n_0}S_L$$

针对非均匀悬移质中第 L 组粒径的含沙量，二维悬移质不平衡输沙基本方程为

$$\frac{\partial hS_L}{\partial t}+\frac{1}{C_\xi C_\eta}\left[\frac{\partial}{\partial\xi}(C_\eta huS_L)+\frac{\partial}{\partial\eta}(C_\xi hvS_L)\right]=$$

$$\frac{1}{C_\xi C_\eta}\left[\frac{\partial}{\partial\xi}\left(\frac{\varepsilon_\xi}{\sigma_s}\frac{C_\eta}{C_\xi}\frac{\partial hS_L}{\partial\xi}\right)+\frac{\partial}{\partial\eta}\left(\frac{\varepsilon_\eta}{\sigma_s}\frac{C_\xi}{C_\eta}\frac{\partial hS_L}{\partial\eta}\right)\right]+$$

$$\alpha_L\omega_L(S_L^*-S_L) \quad (6.8-78)$$

$$S_L^*=P_{SL}^*S^*(\omega)$$

$$S^*(\omega)=\left[\sum_{L=1}^{n_0}\frac{P_{SL}}{S^*(L)}\right]^{-1}=$$

$$K_0\left[\frac{(u^2+v^2)^{3/2}}{h}\right]^m\sum_{L=1}^{n_0}\frac{P_{SL}}{\omega_L^m}$$

式中 S_L^*——第 L 组泥沙的挟沙力；

P_{SL}^*——第 L 组泥沙的挟沙力级配；

ω_L——第 L 组泥沙的沉速；

ε_ξ、ε_η——沿 ξ、η 方向的泥沙扩散系数，假设与水流紊动黏性系数相同，即 $\varepsilon_\xi=\varepsilon_\eta=\nu_t$；

σ_s——经验常数，取 1.0；

K_0——挟沙力系数；

α_L——第 L 组泥沙的含沙量恢复饱和系数。

（3）推移质不平衡输移方程。非均匀推移质按其粒径大小可分成 n_b 组，推移质不平衡输移基本方程为（窦国仁，2001）

$$\frac{\partial hS_{bL}}{\partial t}+\frac{1}{C_\xi C_\eta}\left[\frac{\partial}{\partial\xi}(C_\eta huS_{bL})+\frac{\partial}{\partial\eta}(C_\xi hvS_{bL})\right]=$$

$$\frac{1}{C_\xi C_\eta}\left[\frac{\partial}{\partial\xi}\left(\frac{\varepsilon_\xi}{\sigma_{bL}}\frac{C_\eta}{C_\xi}\frac{\partial hS_{bL}}{\partial\xi}\right)+\frac{\partial}{\partial\eta}\left(\frac{\varepsilon_\eta}{\sigma_{bL}}\frac{C_\xi}{C_\eta}\frac{\partial hS_{bL}}{\partial\eta}\right)\right]+$$

$$\alpha_{bL}\omega_{bL}(S_{bL}^*-S_{bL}) \quad (6.8-79)$$

其中

$$S_{bL}^*=\frac{g_{bL}^*}{\sqrt{u^2+v^2}h}$$

$$S_{bL}=\frac{g_{bL}}{\sqrt{u^2+v^2}h}$$

式中 S_{bL}^*——第 L 组推移质的挟沙力；

g_{bL}^*——单宽推移质输沙率；

S_{bL}——床面推移层的含沙浓度；

α_{bL}——第 L 组推移质泥沙的恢复饱和系数；

ω_{bL}——推移质的沉速；

σ_{bL}——经验常数，取 1。

（4）床沙级配方程。床沙级配方程为

$$\gamma_0\frac{\partial E_mP_{mL}}{\partial t}+\alpha_L\omega_L(S_L-S_L^*)+\alpha_{bL}\omega_{bL}(S_{bL}-S_{bL}^*)+$$

$$[\varepsilon_1P_{mL}+(1-\varepsilon_1)P_{mL0}]\gamma_0\left(\frac{\partial Z_L}{\partial t}-\frac{\partial E_m}{\partial t}\right)=0$$

$$(6.8-80)$$

式中 E_m——综合层厚度；

P_{mL}、P_{mL0}——当时时刻床面混合层内、混合层以下初始床沙级配，当混合层在冲刷过程中波及到原始河床时取 0，否则取 1。

（5）河床变形方程：

$$\gamma_0\frac{\partial Z_L}{\partial t}=\alpha_L\omega_L(S_L-S_L^*)+\alpha_{bL}\omega_{bL}(S_{bL}-S_{bL}^*)$$

$$(6.8-81)$$

河床总冲淤厚度：

$$Z=\sum_{L=1}^{n}Z_L$$

2. 有关问题的处理

（1）边界条件及动边界技术。给定各计算网格点上水位、流速和含沙量初值。水边界采用水位或流速过程；闭边界采用岸壁流速为零。当边滩及心滩随水位升降使边界发生变动时，采用动边界技术。

（2）模型中主要泥沙公式。模型中的主要泥沙公式包括卵石夹沙河床水流的有效挟沙力、沙质河床水流的有效挟沙力、非均匀沙起动概率、非均匀沙的推移质输沙率。

（3）模型主要参数。模型主要有以下参数。

1）挟沙力公式 $S^*=k\left(\frac{v^3}{gh\omega}\right)^m$ 中的系数 k 和指数 m。

2）恢复饱和系数 α。

3）混合层厚度，与床沙特性有关。

4）推移质和悬移质划分，采用悬浮指标 $Z=\frac{\omega}{\kappa u_*}$ 划分，当 $Z\geqslant 5$ 为推移质，当 $Z<5$ 为悬移质。

3. 数学模型的验证与应用

用实测资料对模型进行了验证，符合较好。在三峡、葛洲坝、丹江口、刘家峡、李家峡等水库变动回水区及水库下游河段，以及珠江三角洲等得到应用。

6.8.1.10 黄河勘测规划设计有限公司一维泥沙数学模型

1. 水库一维泥沙数学模型[52]

付健、余欣等研制的水库一维泥沙数学模型简述如下。

（1）基本方程。

1）水流连续方程。

2）水流运动方程。

3）泥沙连续方程（分粒径组）。

4）河床变形方程。

（2）水流挟沙力公式。采用张红武水流挟沙力公式。

（3）分组沙挟沙力计算。采用式（6.8-82）计算分组沙挟沙力：

$$S_k^*=\left\{\frac{P_k\dfrac{S}{S+S^*}+P_{uk}\left(1-\dfrac{S}{S+S^*}\right)}{\sum\limits_{k=1}^{nfs}\left[P_k\dfrac{S}{S+S^*}+P_{uk}\left(1-\dfrac{S}{S+S^*}\right)\right]}\right\}S^* \tag{6.8-82}$$

式中 S——上游断面平均含沙量；

P_k——上游断面来沙级配；

P_{uk}——表层床沙级配。

（4）沉速的计算。单颗粒泥沙沉速按《河流泥沙颗粒分析规程》（SL 42）所推荐的泥沙沉速公式计算。考虑含沙量对沉速的影响，对单颗粒泥沙的沉速作修正，采用张红武挟沙力公式的沉速计算方法计算。

（5）恢复饱和系数。在不同的粒径组采用不同的值，在求解 S 时，取

$$\alpha_k=\frac{0.001}{\omega_k^{0.5}} \tag{6.8-83}$$

试算后判断是冲刷还是淤积，然后用式（6.8-84）重新计算恢复饱和系数：

$$\alpha_k=\begin{cases}\dfrac{\alpha_*}{\omega_k^{0.3}} & S\geqslant S^*\\[2ex]\dfrac{\alpha_*}{\omega_k^{0.7}} & S<S^*\end{cases} \tag{6.8-84}$$

式中 ω_k 的单位为 m/s，α_* 为根据实测资料率定的参数，一般进口断面小些，越往坝前越大。

（6）糙率的计算：

$$n_{t,i,j}=n_{t-1,i,j}-\alpha\frac{\Delta A_{i,j}}{A_0} \tag{6.8-85}$$

式中 $\Delta A_{i,j}$——某时刻各子断面之冲淤面积，m²；

t——时刻。

系数 α、常数 A_0 和初始时刻糙率 n_{t-1}，可根据实测库区水面线、断面形态、河床组成等综合确定。

（7）子断面含沙量与断面平均含沙量的关系。根据泥沙连续方程，建立子断面含沙量与断面平均含沙量的经验关系式：

$$\frac{S_{k,i,j}}{S_{k,i}}=\frac{Q_i S_{k,i}^{*\beta}}{\sum\limits_j Q_{i,j}S_{k,i,j}^{*\beta}}\left(\frac{S_{k,i,j}^*}{S_{k,i}^*}\right)^\beta \tag{6.8-86}$$

其中，i、j、k 分别代表断面、子断面、粒径组。综合参数 β 的大小与河槽断面形态、流速分布等因素有关。β 值增大，主槽含沙量增大；β 值减小，主槽含沙量减小。在水库运用的不同时期、库区的不同河段 β 值应有所不同，一般情况下取 0.6。

（8）床沙级配的计算。采用韦直林的计算方法，设在某一时段的初始时刻，表层级配为 $P_{uk}^{(0)}$，该时段内的冲淤厚度和第 k 组泥沙的冲淤厚度分量分别为 ΔZ_b 和 ΔZ_{bk}，则时段末表层底面以上部分的级配变为

$$P'_{uk}=\frac{h_u P_{uk}^{(0)}+\Delta Z_{bk}}{h_u+\Delta Z_b} \tag{6.8-87}$$

然后重新定义各层的位置和组成。各层的级配组成根据淤积或冲刷两种情况计算。

（9）支流淤积形态的计算。水库浑水或异重流倒灌淤积支流“清水区”形成倒锥体淤积体态，采用式

(6.4－30) 和式 (6.4－31) 计算。

(10) 异重流计算。异重流一般潜入条件为

$$h = \max(h_0, h_n)$$

$$h_0 = \left(\frac{Q^2}{0.6\eta_g g B^2}\right)^{1/3}$$

$$h_n = \left(\frac{fQ^2}{8J_0 \eta_g g B^2}\right)^{1/3}$$

式中 Q、B、J_0、η_g——异重流流量、宽度、河底比降、重力修正系数；

f——异重流阻力系数，取0.025。

(11) 断面修正。按照全断面的冲淤面积进行修正断面，淤积时水平淤积抬高，冲刷时只冲主槽。

(12) 模型验证和应用。本模型进行了黄河小浪底水库建成运用后拦沙初期1999年11月～2006年10月实测资料的验证计算，误差为5%，并应用于小浪底、三门峡、西霞院、天桥、东庄等水库的冲淤计算。

2. 河道一维泥沙数学模型[53]

张厚军、刘继祥等研制的黄河下游一维泥沙数学模型简述如下。

(1) 基本方程。

1) 水流连续方程。

2) 水流运动方程。

3) 泥沙连续方程。

4) 河床变形方程。

恢复饱和系数 α，由实测资料验证确定。

(2) 有关问题的处理。

1) 断面的概化处理。为了能够反映出黄河下游断面形态的基本特征，将其划分为若干个子断面。

2) 动床阻力计算。各河段的初始糙率根据实测资料确定。计算中应考虑河道冲淤变化对糙率的影响。

$$n^{t+\Delta t} = n^t - m\frac{\Delta A_d}{\Delta t} \qquad (6.8-88)$$

式中 $n^{t+\Delta t}$——$t+\Delta t$ 时刻断面的糙率；

n^t——t 时刻断面的糙率；

ΔA_d——Δt 时段内断面冲淤面积（淤积时为正，冲刷时为负）；

m——经验系数。

在计算中对糙率的变化作以下限制：

$$n^{t+\Delta t} = \begin{cases} 1.5n_0 & n^{t+\Delta t} > 1.5n_0 \\ 0.5n_0 & n^{t+\Delta t} < 0.5n_0 \end{cases} \qquad (6.8-89)$$

式中 n_0——初始糙率。

3) 沉速计算。各粒径组泥沙的清水沉速按式 (6.8－90) 计算：

$$\omega = \sqrt{\left(13.95\frac{\nu}{d}\right)^2 + 1.09\frac{\gamma_s-\gamma}{\gamma}gd} - 13.95\frac{\nu}{d} \qquad (6.8-90)$$

浑水沉速按 $\omega_c = \omega(1-S_v)^7$ 计算。

式中 S_v——体积含沙量。

4) 水流挟沙力及挟沙力级配。

a. 水流挟沙力：

$$S^* = C\left(\frac{\gamma'}{\gamma_s-\gamma'}\frac{v^3}{gh\omega_m}\right)^m \qquad (6.8-91)$$

b. 挟沙力级配计算。综合考虑来水来沙条件和河床边界条件，按式 (6.8－92) 计算挟沙力级配 P_k^*。

$$P_k^* = \frac{P_{uk}S_k^{*\prime} + S_k}{\sum_k P_{uk}S_k^{*\prime} + S_k} \qquad (6.8-92)$$

式中 k——粒径组编号；

P_{uk}——表层床沙级配；

S_k——上游断面第 k 组泥沙的平均含沙量；

$S_k^{*\prime}$——第 k 组泥沙的“可能挟沙力”。

5) 床沙级配的调整。时段末分淤积和冲刷两种情况计算床沙级配。

6) 滩槽水沙交换。建立子断面含沙量与断面平均含沙量的经验关系，由式 (6.8－86) 确定。

(3) 模型的验证计算与应用。验证黄河下游，与实测资料在冲淤总量、沿程分布及冲淤过程等方面能够较好地符合。在小浪底水库运用方式研究、黄河下游防洪规划、古贤水利枢纽建议书等项目中得到了应用。

6.8.2 物理模型试验研究方法

6.8.2.1 力学的相似性原理

模型中的水流与实际水流的运动要素之间必须具备一定的关系。两种液流之间的力学相似性，必须满足三方面的条件。

(1) 几何相似性。两种大小不同的液流，如其相应长度的比值都相等，则两种液流成为形体的相似。

(2) 运动相似性。两种大小不同的液流，如其运动的路径已符合几何相似性，而且液体质点流过相应迹线段的相应时间的比值都相等，则这两种液流是运动相似的。

两个运动相似的液流既然相应的时间比尺相等，则相应流速 v 的比值应相等且相应的加速度 a 的比值相等。

(3) 动力相似性。两种大小不同的液流如已符合运动相似的条件，而液体相应质点的质量的比值是相等的，或作用在相应质点上的相应力的比值是相等的，依据动力相似性，实体与模型相似的液流中相应质点的质量 m 的比值应相等，以及一切相应力 F 的比值也是相等的。

6.8.2.2 模型定律

在液体运动的现象中，具有影响的力共有四种，即重力、黏滞力、表面张力及弹性力。在物理模型试验中，通常是选择决定现象本质的主要作用力，根据动力相似性设计模型，进行试验研究。

引用动力相似性的原理，推演出模型定律，即以重力为主要作用力的模型定律称为弗劳德定律，或简称弗氏模型定律；以黏滞力为主要作用力的模型定律称为雷诺定律，或简称为雷氏模型定律。

在几何上相似的正态模型，$\lambda_R=\lambda_l$，而 $\lambda_g=1$，则有

$$\lambda_c^2=1$$

或

$$C_p=C_m \tag{6.8-93}$$

其中，角标 p 和 m 分别表示原型量和模型量。

式（6.8-93）说明：如果模型与实体液流的谢才系数 C 相等，则两者对紊流阻力而言是力学相似的。

根据谢才系数 $C=\dfrac{R^y}{n}$，则有

$$\lambda_n=\lambda_R^y=\lambda_L^y \tag{6.8-94}$$

因此，对于阻力平方区内的紊流而言，只要满足式（6.8-94）的条件，就可以达到紊流阻力的相似性。

首先按弗氏模型定律设计模型，同时使之满足式（6.8-94）的条件，这样就可以满足重力和阻力都相似。

6.8.2.3 物理模型设计的一般考虑

1. 流型和流性

利用缩小的模型研究水工和河工问题时，必须首先确定该水力现象中起作用的主力，依据这一主力起作用的特定模型定律，来选择模型的比尺。为了保证模型与实体的水力现象的相似性，在选择模型的比尺时，还要考虑水流的流型和流性、周界条件。

在水力现象中最一般的流型和流性主要有以下两类。

（1）层流与紊流的流型。如果实体的水流是紊流，则模型中的水流也应该是紊流。反之，实体的水流是层流，则模型中的水流也应该是层流。在绝大多数情况下实体的水流属于紊流，如按弗氏模型定律设计紊流的模型时，应使模型水流的雷诺数 Re_m 大于紊流临界雷诺数 Re_k，亦即使

$$Re_m=\frac{v_mR_m}{\nu_m}>Re_k \tag{6.8-95}$$

紊流临界雷诺数 Re_k 的数值一般随断面型式和局部情况的不同而有差异，对于管道，$Re_k\approx2300$；对于宽阔河槽，$Re_k\approx1000$。

（2）缓流与急流的流性。如果实体的水流是缓流，则模型中的水流也应该是缓流；反之，实体的水流是急流，则模型中的水流也应该是急流。判别缓流和急流，可以弗劳德数作为标准，即

$$Fr<1 \quad 缓流$$

$$Fr>1 \quad 急流$$

如模型按弗氏模型定律设计，则这项条件可以获得保证。

2. 周界条件

研究的水力现象的问题，总是发生在一定的有限的空间范围。这种范围不能任意割取，忽视它和周围环境的联系及相互作用，因此，必须妥善地确定周界条件，使得被研究的范围与天然状态的周界条件相符合。

6.8.2.4 河工模型的设计

凡水平方向的长度比尺（长度及宽度的比尺）与垂直方向的高度比尺相同的模型称为正态模型。凡水平方向的长度比尺与垂直方向的高度比尺不同的模型称为变态模型。变态模型的长度比尺与高度比尺的比值称为变率。

正态模型具备几何上的相似性，河槽中的流速分布不致变形；一般水工建筑物模型都采用正态模型。河工模型也以采用正态模型为佳。如必须采用变态模型，其变率的数值，应在许可范围之内，方不致过大影响实体与模型水流相似的程度。

在变态模型中，经常采用较小的高度比尺及较大的长度比尺，因而模型水深可以显著增加，易于精确测定水位的变化。而且在变态模型中具有较实体为陡的坡度，水流的拖曳力显著增加，对于挟移泥沙的水流运动而言，可以在模型中取得相似的条件。

河工模型也可视研究对象的不同，分为定床模型及动床模型两类。凡河床上无冲刷或淤积现象的河流，或试验研究的对象主要在于探求河流的水位和流量的变化关系（若变化关系也受河床上冲刷或淤积的影响，则例外），多采用定床模型。如研究的对象主要在于探求河床上泥沙的冲淤问题，则必须采用动床模型。

1. 定床模型

在设计固定河床的变态模型时，往往由于试验室面积的限制，首先选定模型的长度比尺 λ_l，然后根据模型河道实际可能达到的最大糙率，估计采用糙率的比尺 λ_n，选定高度比尺 λ_h。水力半径的比尺 λ_R，包含有高度比尺 λ_h 及长度比尺 λ_l 在内，应采取试算的方法来决定高度比尺 λ_h。

由于模型河道实际可能采用的最大糙率是有限度的，这一条件往往成为选择最小高度比尺的决定因素，亦即是选择模型变率 d 的决定因素。

模型的长度比尺及高度比尺确定以后，使模型的水面曲线与实体的水面曲线达到相似的要求。这样，模型的设计工作才算完成。

当在模型加大糙率，不能满足要求时，可以放弃校正糙率方法，依据模型未经加糙的糙率，规定糙率的比尺 λ_n，确定偏离的系数 α，依照流量比尺 $\lambda_Q=\alpha\lambda_l\lambda_h^{3/2}$，用校正流量的方法，来达到模型的水面曲线与实体的水面曲线的相似。

定床模型比尺汇总见表 6.8-7。

表 6.8-7　定床模型比尺汇总

项目＼模型类别	正态模型（弗氏模型定律）	变态模型		备注
		弗氏模型定律	偏离弗氏模型定律	
长度 l	λ_l	λ_l	λ_l	
高度 h	λ_l	λ_h	λ_h	
流速 v	$\lambda_l^{1/2}$	$\lambda_h^{1/2}$	$\alpha\lambda_h^{1/2}$	$\alpha<1$
流量 Q	$\lambda_l^{5/2}$	$\lambda_l\lambda_h^{3/2}$	$\alpha\lambda_l\lambda_h^{3/2}$	
时间 t	$\lambda_l^{1/2}$	$\lambda_l/\lambda_h^{1/2}$	$\lambda_l/\alpha\lambda_h^{1/2}$	
糙率 n	$\lambda_l^{1/6}$	$\lambda_R^{3/2}/\lambda_l^{1/2}$	$\lambda_R^{3/2}/\alpha\lambda_l^{1/2}$	
坡降 J	1	λ_h/λ_l	λ_h/λ_l	
变率 d	1	λ_l/λ_h	λ_l/λ_h	

2. 动床模型

当河道中有泥沙运动的现象存在时，而所研究的对象是有关河床的变形的问题时，必须采用动床模型，要考虑到泥沙运动相似性要求。以下分别说明水库和河道动床模型试验研究方法。

6.8.2.5　水库河床演变动床模型试验研究方法

水库原型方面的水流泥沙问题都应该可以利用水库模型进行复演试验研究。所以，应用全沙动床模型试验方法，在一个模型上复演水库全过程的和分阶段的各种形式的水流泥沙运动，可以同时进行悬沙和底沙的综合试验。

以下阐述水库河床演变动床模型试验研究方法。介绍窦国仁、王国兵等的《黄河小浪底枢纽泥沙模型设计》[44]（模型试验选择 1：80 正态模型、电木粉模型沙）。

泥沙模型试验的经验表明，只有同时满足重力相似和阻力相似，模型中的水流条件才能与原型相似；只有同时满足起动、沉降和挟沙力相似，模型中的冲淤变化才能与原型相似；对于高含沙水流，只有河床切应力 τ_0 与宾汉初始切应力 τ_B 的相似才能保证模型中的流态与原型相似。

1. 水流相似

河道中水流一般处于紊流状态。对于处于紊动状态的水流和含沙水流，黏滞应力和宾汉初始切应力的影响很小，均可忽略不计。因而保证水流相似的条件为重力相似和阻力相似。

$$\lambda_v=\lambda_h^{1/2}\text{ 和 }\lambda_c=\left(\frac{\lambda_h}{\lambda_l}\right)^{1/2}\tag{6.8-96}$$

河道水流一般处于阻力平方区，其糙率比尺：

$$\lambda_n=\frac{\lambda_l^{1/6}}{\lambda_c}\tag{6.8-97}$$

对于 1：80 的正态模型，因 $\lambda_h=\lambda_l=80$，而有 $\lambda_v=8.94$、$\lambda_c=1$、$\lambda_n=2.08$。

小浪底河段的糙率一般约在 0.03～0.05 之间，因而要求模型糙率一般在 0.015～0.025 之间，故模型需要适当加糙。在泥沙模型中采用橡皮加糙较为合适。

2. 挟沙力相似

为了保证模型中的冲淤相似，首先需要满足挟沙力相似，即

$$\lambda_s=\lambda_s^*\tag{6.8-98}$$

在挟沙水流中，如果有宾汉切应力存在，水流只有从克服宾汉切应力做功之后的剩余能量中提取一部分，用于悬浮泥沙而形成水流的挟沙力，故有

$$k_1(\gamma' ih-\tau_B)v=(\gamma_s-\gamma)\frac{S^*}{\gamma_s}\omega h\tag{6.8-99}$$

式中　γ_s、γ'、γ——泥沙颗粒、浑水、清水的容重，kg/m³；

i——比降；

h——水深，m；

S^*——水流挟沙力，kg/m³；

ω——泥沙的沉降速度，m/s；

k_1——水流剩余能量中用于形成挟沙力的部分。

水流底部切应力为

$$\tau_0 = \gamma' ih \tag{6.8-100}$$

由式（6.8-99）得

$$S^* = k_1\left(1-\frac{\tau_B}{\tau_0}\right)\frac{\gamma'\gamma_s}{\gamma_s-\gamma}\frac{iv}{\omega} \tag{6.8-101}$$

$$k = k_1\frac{\gamma'}{\gamma}$$

$$\frac{\gamma'}{\gamma} = 1+\frac{\gamma_s-\gamma}{\gamma}\frac{S}{\gamma_s}$$

通过对黄河实测挟沙力资料以及水槽中用黄河泥沙所做的挟沙力资料的进一步分析，发现 k 值随含沙量的增大而增大。用电木粉在水槽和模型中所得到的挟沙力资料也表明，k 值是随含沙量的增大而增大的。根据现场实测资料和室内试验资料求得

$$k = 0.023\left(1+\alpha\frac{\gamma_s-\gamma}{\gamma}\frac{S}{\gamma_s}\right)^{-5/8} \tag{6.8-102}$$

其中系数 α 对于黄河天然沙为 250，对于电木粉为 50。

式（6.8-101）又可写作

$$S^* = \frac{k}{C_0^2}\left(1-\frac{\tau_B}{\tau_0}\right)\frac{\gamma\gamma_s}{\gamma_s-\gamma}\frac{v^3}{gh\omega} \tag{6.8-103}$$

其中
$$C_0 = \frac{C}{\sqrt{g}}$$

式中 C_0——无尺度谢才系数。

由式（6.8-101）计算的水流挟沙力与实测的水流挟沙力的比较可见，该式较好地反映了黄河的天然实测资料和电木粉的试验资料，因而可以用来确定挟沙力的相似比尺。

$$\lambda_s^* = \lambda_k\lambda_{\left(1-\frac{\tau_B}{\tau_0}\right)}\lambda_{\gamma_s}\lambda_{\gamma_s-\gamma}^{-1}\lambda_i\lambda_v\lambda_\omega^{-1} \tag{6.8-104}$$

电木粉的容重为 1.48t/m³，天然沙的容重为 2.65t/m³，则得 $\lambda_\gamma=0.52$；在正态模型中 $\lambda_i=1$，因此可以得

$$\lambda_{s*} = 0.52\lambda_k\lambda_{\left(1-\frac{\tau_B}{\tau_0}\right)} \tag{6.8-105}$$

式中的 λ_k 可用式（6.8-102）确定，$\lambda_{\left(1-\frac{\tau_B}{\tau_0}\right)}$ 可用式（6.8-100）和 τ_B 公式确定，后者用窦国仁从理论上导出的 τ_B 公式：

$$\tau_B = \sigma_0 k_B\frac{1}{\gamma_s}\frac{S}{\left(1-\frac{S}{S_{\max}}\right)^2} \tag{6.8-106}$$

式中 σ_0——系数，具有应力量纲，对于黄河泥沙，取 8×10^{-4} kg/cm²，对于电木粉，取 1.6×10^{-4} kg/cm²；

S——含沙量，kg/m³；

$S_{\max}$——极限含沙量，kg/m³。

$$k_B = \sum P_i\frac{\delta}{d_i} \tag{6.8-107}$$

窦国仁从理论上导出的极限含沙量为

$$S_{\max} = \frac{\frac{2}{3}\gamma_s}{\sum P_i\left(1+2\frac{\delta}{d_i}\right)^3} \tag{6.8-108}$$

式中 P_i——粒径为 d_i 的泥沙占全部泥沙的比值；

δ——薄膜水厚度，取 0.213×10^{-4}cm。

由于 k 和 τ_B 均与含沙量有关，故挟沙力比尺是随含沙量而变化的，在计算时需要通过试算。当含沙量很小时，如小于 3kg/m³ 时，λ_s 趋于常数并接近 0.55。通过试算求得原型各级含沙量时的挟沙力比尺。由于需要满足式（6.8-98），因而挟沙力比尺也是含沙量比尺。

3. 沉降相似

为了保证淤积部位相似，还需满足沉降相似，即要求沉速比尺与流速比尺保持一定关系。对于正态模型，要求沉速比尺与流速比尺相等，从而有

$$\lambda_\omega = \lambda_v = 8.94 \tag{6.8-109}$$

黄河泥沙颗粒较细，基本上都在黏滞区，因而由斯托克斯公式求得粒径比尺 λ_d 为

$$\lambda_d = \left[\frac{\lambda_\omega}{\lambda_{(\gamma_s-\gamma)}}\right]^{1/2} = 1.61 \tag{6.8-110}$$

天然悬沙的级配并不是固定不变的，有时粗些，有时细些，如果需要，在模型试验中可以根据天然来沙级配的变化而加以调整。

4. 起动相似

为了保证模型上的冲刷相似，还需满足起动流速相似，即起动流速比尺应等于或接近于流速比尺，即

$$\lambda_{v_k} = \lambda_v = 8.94 \tag{6.8-111}$$

为了推求起动流速比尺，必须引用能够同时适合天然沙和模型沙的起动流速公式。窦国仁推导得到的起动流速公式符合这项要求。起动流速按窦国仁公式（6.1-35）计算，算得的原型沙和模型沙起动流速数值以及起动流速比尺均列于表 6.8-8。由表 6.8-8 可见，起动流速比尺基本上在要求的比尺数值 8.94 附近变化，因而模型沙基本上符合起动相似的要求。

表 6.8-8　　原型沙和模型沙起动流速及其比尺

原型		模型		比尺 λ_{v_k}	备注	
水深 (m)	起动流速 (cm/s)	水深 (m)	起动流速 (cm/s)		原型沙	模型沙
5	68.77	6.25	8.90	7.73	$\gamma_s=2.65\text{t/m}^3$	$\gamma_s=1.48\text{t/m}^3$
10	97.30	12.50	11.40	8.54	$d_{50}=0.05\text{mm}$	$d_{50}=0.031\text{mm}$
15	115.72	18.75	13.49	8.58		
20	140.88	25.00	15.35	9.18		
25	159.14	31.25	17.06	9.33		
30	175.94	37.50	18.67	9.42		

5. 异重流相似

模型需要满足异重流相似条件。异重流的形成条件为

$$\frac{v^2}{\frac{\gamma'-\gamma}{\gamma'}gh}=\text{常数} \tag{6.8-112}$$

由于模型已满足重力相似条件，因而应有

$$\lambda_{\gamma'-\gamma}\lambda_{\gamma'}^{-1}=1 \tag{6.8-113}$$

由于清水的容重在原型和模型中相同，因而式(6.8-113)的条件可以改写为

$$\lambda_{\gamma'}=1 \tag{6.8-114}$$

即要求模型浑水容重与原型浑水容重相同。由于模型中的含沙量比尺为变值，只有含沙量很小时才能严格满足式(6.8-114)的要求。尽管不能严格满足式(6.8-114)的要求，但偏离不大，原型中出现异重流的地方在模型中也会出现。

6. 高含沙水流的流态相似

当含沙量很高时，如大于 300kg/m^3 时，宾汉切应力具有较大数值，对高含沙量水流的流态和紊动均有较大影响，因而需要做到宾汉切应力相似，即宾汉切应力比尺应与河底切应力比尺相同。

$$\lambda_{\tau_B}=\lambda_{\tau_0} \tag{6.8-115}$$

由式(6.8-100)得

$$\lambda_{\tau_0}=\lambda_{\gamma'}\lambda_i\lambda_h\approx 80 \tag{6.8-116}$$

实测资料表明，出现高含沙量时泥沙级配较粗，因而模型中的泥沙也需要相应较粗。在保证平均沉速比尺不变的前提下，通过调整模型中的粗、细颗粒含量可以使宾汉切应力比尺保持在 80 左右，即 $\lambda_{\tau_B}=80$，从而可以保证宾汉切应力的基本相似。

许多试验表明，高含沙水流的流态和紊动强度取决于宾汉流体的有效雷诺数，其值为

$$Re_m=\frac{4vh}{\frac{\eta}{\rho'}\left(1+\frac{\tau_Bh}{2\eta v}-\frac{\tau_B^2h}{6\eta v\tau_0}\right)} \tag{6.8-117}$$

式中　ρ'——浑水密度，kg/m^3；

　　　η——刚度系数。

如令 $\frac{\tau_B}{\tau_0}$ 为 D_r，则 D_r 一般小于 1，只有当出现浆河时才接近于 1。因而式(6.8-117)分母括号内第 3 项永远小于第 2 项，并可写出 $\frac{\tau_Bh}{2\eta v}-\frac{\tau_B^2h}{6\eta v\tau_0}=\frac{(3-D_r)\tau_Bh}{6\eta v}$。当含沙量很大从而使 τ_B 很大时，将有 $\frac{(3-D_r)\tau_Bh}{6\eta v}\geqslant 1$，此时式(6.8-117)括号内的 1 可以忽略，因而有效雷诺数简化为

$$Re_m=\frac{24\rho'v^2}{(3-D_r)\tau_B} \tag{6.8-118}$$

由此可得有效雷诺数比尺为

$$\lambda_{Re_m}=\frac{\lambda_{\rho'}\lambda_v^2}{\lambda_{\tau_B}} \tag{6.8-119}$$

由于在高含沙量时已做到 $\lambda_{\tau_B}\approx\lambda_{\tau_0}$，即 $\lambda_{\tau_B}\approx\lambda_{\rho'}\lambda_h$，因而有 $\lambda_{Re_m}\approx 1$，即模型中有效雷诺数与原型中有效雷诺数近似相等，从而保证了模型中流态和紊动强度与原型的基本相似。

7. 冲淤时间比尺

对于含沙量较高的河流，河道的槽蓄作用对输沙量沿程变化有较大影响，不容忽略。因而，在确定模型的冲淤时间比尺时，需引用非恒定流河床冲淤方程，即

$$\alpha\frac{\partial(BhS)}{\partial t}+\frac{\partial(vBhS)}{\partial x}+\frac{\partial(\gamma_0BZ)}{\partial t}=0 \tag{6.8-120}$$

式中　B——河宽，m；

γ_0——河床泥沙（淤积土）干容重，t/m³；

Z——床面高程，m；

x——沿程坐标；

t——时间；

α——系数，对于非恒定流，取1，对于恒定流，取0。

原型河流均为非恒定流，当模型采用分流量级进行试验时，简化为恒定流。

式（6.8-120）可以改写为

$$\frac{\partial(vBhS)}{\partial x}+\frac{\partial}{\partial t}(\gamma_0 BZ+\alpha SBh)=0 \tag{6.8-121}$$

由式（6.8-121）可得冲淤时间比尺关系：

$$\lambda_t=\frac{\lambda_\beta\lambda_{\gamma_0}\lambda_l}{\lambda_v\lambda_s} \tag{6.8-122}$$

$$\lambda_\beta=\frac{1+\dfrac{\alpha_p S_p h_p}{\gamma_{0p}Z_p}}{1+\dfrac{\alpha_m S_m h_m}{\gamma_{0m}Z_m}}=1+\frac{S_p h_p}{\gamma_{0p}Z_p} \tag{6.8-123}$$

在式（6.8-123）中 Z_p 为未知值，是表示河床中冲淤变化幅度的一个特征值。在一般情况下，它应是水深、含沙量和河床泥沙（淤积土）干容重的函数，即

$$Z_p=a\left(\frac{\gamma_{0p}}{S_p}\right)^b \tag{6.8-124}$$

将式（6.8-124）代入式（6.8-123），得

$$\lambda_\beta=1+\frac{1}{a}\left(\frac{S_p}{\gamma_{0p}}\right)^{1-b} \tag{6.8-125}$$

黄河河床泥沙（淤积土）干容重约为1.3t/m³，模型中测得的电木粉淤积干容重约为0.4t/m³，因而 $\lambda_{\gamma_0}\approx 3.25$。根据小浪底模型的大量预备性试验资料，可近似取式（6.8-125）中的 $a=0.05$，$b\approx 0.30$，因而式（6.8-125）又可具体化为

$$\lambda_\beta=1+20\left(\frac{S_p}{\gamma_{0p}}\right)^{0.7} \tag{6.8-126}$$

利用式（6.8-126），可以由式（6.8-122）求出各级含沙量的时间比尺值。

上述模型相似律，可应用于含沙量小的河流和含沙量大的河流。

6.8.2.6 河道河床演变动床模型试验研究方法[6]

1. 河道动床模型的比尺关系式

（1）满足悬移质运动相似的动床模型比尺关系。

1）悬移相似：

$$\frac{\lambda_v\lambda_h}{\lambda_\omega\lambda_L}=1 \tag{6.8-127}$$

$$\frac{\lambda u_*}{\lambda_\omega}=1 \tag{6.8-128}$$

$$\frac{\lambda_\omega\lambda_v}{\lambda_{\frac{\rho_s-\rho}{\rho}}\lambda_d^2}=1 \tag{6.8-129}$$

2）起动相似：

$$\frac{\lambda_{v_c}}{\lambda_v}=1 \tag{6.8-130}$$

3）挟沙相似：

$$\frac{\lambda_s}{\lambda_{s^*}}=1 \tag{6.8-131}$$

$$\lambda_{s^*}=\frac{\lambda_{\rho_s}}{\lambda_{\frac{\rho_s-\rho}{\rho}}} \tag{6.8-132}$$

4）河床变形相似：

$$\lambda_{t'}=\frac{\lambda_l\lambda_{\rho'}}{\lambda_v\lambda_s} \tag{6.8-133}$$

泥沙运动的有关比尺，其中有些如泥沙的密度比尺及粒径比尺，是一经选定就不能更改的；而有些如含沙量比尺和时间比尺则是选定后可以调整的，因为一方面决定这些比尺的公式不一定很确切（如水流挟沙力公式）；另一方面泥沙的悬移相似及起动相似也不一定能得到充分保证，还有动床糙率不容易做到很相似、时间变态不可避免等。调整的依据主要是验证试验，验证试验应在理论指导下进行。

（2）满足砾、卵石推移质运动相似的动床模型比尺关系。

1）起动相似：

$$\frac{\lambda_{v_c}}{\lambda_v}=1 \tag{6.8-134}$$

$$\frac{\lambda_{v_c}}{\left(\dfrac{\lambda_h}{\lambda_d}\right)^{1/2}\lambda_{\frac{\rho_s-\rho}{\rho}}^{1/2}\lambda_d^{1/2}}=1 \tag{6.8-135}$$

2）挟沙相似：

$$\frac{\lambda_{g_b}\lambda_h^{1/10}}{\lambda_{\rho_s}\lambda_d^{11/10}\lambda_v}=1 \tag{6.8-136}$$

由于推移质输沙率关系式的不成熟，上述比尺关系式仅供参考。

3）河床变形相似：

$$\lambda_{t'}=\frac{\lambda_l\lambda_h\lambda_{\rho'}}{\lambda_{g_b}} \tag{6.8-137}$$

由于缺乏可靠的原型实测推移质输沙率资料，以及据此建立的可靠的推移质输沙率公式，所以推移质动床模型不够成熟。采用原型沙的砾、卵石推移质动床模型，要比较可靠一些。推移质动床模型试验，有关比尺主要靠验证试验来确定。

2. 限制条件

设计模型时，为了保证模型与原型水流能基本上为相同的物理方程式所描述，还有两个限制条件必须

同时满足：①模型水流必须是紊流，要求模型雷诺数$Re_m>1000$；②不使表面张力干扰模型的水流运动，要求模型水深$h_m>1.5$cm。

6.8.2.7 物理模型试验涉及的其他问题

1. 悬移质和推移质的同时模拟问题

做河工动床模型试验时，需要同时考虑推移质和悬移质的实际试验问题。将二者结合在一起进行试验时，模型进口来沙量要考虑悬移质来沙量和推移质来沙量并分别加入试验。砾、卵石推移质与悬移质同时模拟，时间比尺很难统一在一起。根据问题的性质，从两者之间选取一个作为实验主体，据此确定时间比尺，而另一个则在模型设计中，尽可能调整有关比尺，使由它所导出的时间比尺与试验主体时间比尺相接近。

2. 模型沙的选择问题

常用的模型沙有塑料沙、电木粉、煤粉、粉煤灰、木屑、人工合成模型沙等。悬移相似和起动相似必须同时满足的模型，选择模型沙比较困难。为了解决这个问题，采用轻质沙作模型沙，以选用密度较小的轻质沙为宜。要寻找化学性质稳定、密度及粒径能够人为调整、不含黏性、不产生沙波、价格低廉、能够大量制备的轻质沙。对于推移质动床模型，模型沙可选天然沙或轻质沙。无论什么模型沙，都要同时满足水流运动及泥沙运动相似，要通过验证试验选择。三峡工程河工模型[21]通过对细颗粒模型沙电木粉和煤粉的密实过程研究，明确了细颗粒模型沙的密实机理，分析了起动流速与泥沙粒径、沉积历时、淤积物干容重、水深变化的关系，给出了模型沙、电木粉和煤灰在沉积密实过程中的干容重计算公式。应用窦国仁起动流速公式计算与试验资料相符合。

3. 模型变率问题

要控制河工模型变率在允许偏离的范围内。对窄深河床和宽浅河床的河工模型变率要区别对待。对水流泥沙运动相似性要求较高，模型变率可取2～3；主要研究河势变化的平面变形和冲淤部位的，模型变率可取4～6；主要研究宽浅型河段，模型变率可取6～10，这些都要根据要求，经过验证试验研究选定。在三峡工程坝区泥沙问题研究中，建造正态模型5座，变态模型2座，变率均为2.0。在三峡水库变动回水区泥沙问题研究中，均采用变态模型，共9座，变率为2和2.5两种。模型变率研究方面，认为在回流区等三维水流条件下，变态模型不能保证模型与原型定量上相似；一般在水深大、弯道急、流速大和精度要求高的模型，不宜采用变态模型。应根据河道特性、研究问题性质和要求等因素在变率小于10、模型宽深比大于2的范围内选定变率[21]。

4. 糙率相似问题

动床模型要做到床面糙率相似是十分不易的。为了解决这个困难，一种做法是寻找不产生沙波的模型沙，另一种做法是采用较小糙率的模型沙，通过在水流中不同水深处加障碍物的办法来调整糙率，但将破坏水流的紊流结构，影响泥沙运动。比较可行的办法是，对所研究的问题至关紧要的流量级，力求做到糙率相似，其他流量级则允许一定程度的偏离。模型沙在各级流量下的糙率应通过水槽预备试验加以确定。

5. 河岸变形的模拟问题

对于河岸变形比较强烈的河段，应该同时模拟河岸变形，做到定性相似且粗略的定量相似。在选择模型河岸材料中，要进行验证试验，检验模型河岸大体上复演原型河岸的演变情况。目前，模拟方法还不成熟。

6. 验证试验问题

验证时段应包括汛期、非汛期，验证时段的河床变形幅度以大一些为宜，通过验证试验调整比尺。调整悬移质含沙量或推移质输沙率比尺；调整时间比尺等。泥沙冲淤时间比尺与水流时间比尺不宜相差过大；阻力相似条件应严格遵守。

参 考 文 献

[1] 严镜海，李昌华．第8章 泥沙［M］//华东水利学院．水工设计手册 第2卷 地质 水文 建筑材料．北京：水利电力出版社，1984.

[2] 张景深，种秀贤，赵伸义．第38章 引水枢纽［M］//华东水利学院．水工设计手册 第8卷 灌区建筑物．北京：水利电力出版社，1984.

[3] 涂启华，杨赉斐．泥沙设计手册［M］．北京：中国水利水电出版社，2006.

[4] 中国水利学会泥沙专业委员会．泥沙手册［M］．北京：中国环境科学出版社，1992.

[5] 清华大学水利系，陕西省水利科学研究所．水库泥沙［M］．北京：水利电力出版社，1979.

[6] 谢鉴衡，魏良琰，李义天．河流模拟［M］．北京：水利电力出版社，1990.

[7] 水利电力部水利水电规划设计总院．水电站泥沙问题总结汇编［G］．1988.

[8] 张瑞瑾，谢鉴衡，王明甫，等．河流泥沙动力学［M］．北京：水利电力出版社，1989.

[9] 谢鉴衡，丁君松，王运辉．河床演变及整治［M］．北京：水利电力出版社，1990.

[10] 韩其为．水库淤积［M］．北京：科学出版社，2003.

[11] 范家骅，吴德一，沈受百，等．浑水异重流试验研

究及其应用［C］//中国水利学会．河流泥沙国际学术讨论会论文集．北京：光华出版社，1980.

［12］ 严镜海，许国光．水利枢纽电站的防沙布置的综合分析［M］//中国水利学会．河流泥沙国际学术讨论会论文集．北京：光华出版社，1980.

［13］ 杨赉斐．第七章 水电工程泥沙、冰凌和回水计算［M］//《中国水力发电工程》编审委员会．中国水力发电工程 工程水文卷．北京：中国电力出版社，2000.

［14］ 涂启华，屈孟浩，张俊华．枢纽工程泥沙问题［M］//赵文林．黄河水利科学技术丛书 黄河泥沙．郑州：黄河水利出版社，1996.

［15］ 黄河泥沙研究工作协调小组．水库泥沙报告汇编［G］.1973.

［16］ 黄河泥沙研究工作协调小组．黄河泥沙研究报告选编（第四集）［G］.1980.

［17］ 杨庆安，龙毓骞，缪凤举．黄河三门峡水利枢纽运用与研究［M］．郑州：河南人民出版社，1995.

［18］ 涂启华，何宏谋．坝区水流泥沙运动和漏斗形态分析研究——兼论日调节运用［M］//三门峡水库运用经验总结项目组．黄河三门峡水利枢纽运用研究文集．郑州：河南人民出版社，1994.

［19］ 李景宗，涂启华，安新代，等．黄河小浪底水利枢纽规划设计丛书 工程规划［M］．北京：中国水利水电出版社，2006.

［20］ 罗义生，林秀山，等．泄水建筑物进水口设计［M］．北京：中国水利水电出版社，2004.

［21］ 潘庆燊，杨国录，府仁寿．三峡工程泥沙问题研究［M］．北京：中国水利水电出版社，1999.

［22］ 长江水利委员会长江勘测规划设计研究院．三峡工程设计论文集（上、下册）［C］．北京：中国水利水电出版社，2003.

［23］ 水利电力部水利水电规划设计院，水利电力部长江流域规划办公室．水利动能设计手册 防洪分册［M］．北京：水利电力出版社，1988.

［24］ 陆国琦，冯炎基，陈仁平，等．华南大型水库泥沙淤积研究［M］．广州：广东科技出版社，1993.

［25］ 侯晖昌，程禹平，等．河流泥沙防治应用研究［R］．广东省水利水电科学研究所，1992.

［26］ 王光谦，胡春宏．泥沙研究进展［M］．北京：中国水利水电出版社，2006.

［27］ 黄河勘测规划设计有限公司．巴家嘴水库除险加固初步设计泥沙分析专题报告［R］.2004.

［28］ 陈文彪，曾志诚．珠江流域水库泥沙问题刍议［J］．人民珠江，1997（5）.

［29］ 电力工业部昆明勘测设计研究院科学研究所．中小型水利水电工程取水防沙问题研究［R］.1995.

［30］ 中国水力发电工程学会水文泥沙专业委员会．中国水力发电工程学会水文泥沙专业委员会第四届学术讨论会论文集［C］.2003.

［31］ 武汉水利电力学院．水力学［Z］．武汉水利电力学院讲义，1959.

［32］ Б.А.培什金．河床整治［R］．武汉水利电力学院讲义，1959.

［33］ С.Т.阿尔图宁，И.А.布佐诺夫．河道的防护建筑物［M］．北京：水利出版社，1957.

［34］ Е.К.拉普科娃．论泥流运动［J］．涂启华，舒敏玫，译．黄河建设，1956（10）.

［35］ 陕西省水利厅．高含沙引水及淤灌技术［M］．北京：水利电力出版社，1995.

［36］ 陕西省水利水土保持厅．水库排沙清淤技术［M］．北京：水利电力出版社，1989.

［37］ 佟二勋．渠首泥沙及防治［M］//赵文林．黄河水利科学技术丛书 黄河泥沙．郑州：黄河水利出版社，1996.

［38］ Gregory L Morris，Jiahua Fan. Reseroir Sedimentation Handbook［M］. McGraw-Hill，1997.

［39］ 黄河水利科学研究院．第六届全国泥沙基本理论学术讨论会论文集［M］．郑州：黄河水利出版社，2005.

［40］ 韩其为，黄煜龄．水库冲淤过程的计算方法及电子计算机的应用［R］//长江水利水电科学研究院．长江水利水电科学研究院成果选编，1974.

［41］ 李义天，尚全民．一维非恒定流泥沙数学模型研究［J］．泥沙研究，1998（1）.

［42］ 李义天．河网非恒定流隐式方程组的汊点分组解法［J］．水利学报，1997（3）.

［43］ 陆永军，徐成伟，左利钦，等．长江中游卵石夹沙河段二维水沙数学模型［J］．水力发电学报，2008，27（4）.

［44］ 窦国仁，王国兵，等．黄河小浪底枢纽泥沙研究［R］．南京水利科学研究院，1993.

［45］ 张红武，屈孟浩．黄河泥沙物理模型试验研究与应用［M］//赵文林．黄河水利科学技术丛书 黄河泥沙．郑州：黄河水利出版社，1996.

［46］ 钱宁，万兆惠．泥沙运动力学［M］．北京：科学出版社，1983.

［47］ 朱鉴远．水利水电工程泥沙设计［M］．北京：中国水利水电出版社，2010.

［48］ 涂启华，李世滢．黄河下游沉沙池的规划设计问题［J］．人民黄河，1980（10）.

［49］ 刘月兰，韩少发，吴知．黄河下游河道冲淤计算方法［M］//黄河水利委员会水利科学研究所．水利科学研究文集．郑州：河南科学技术出版社，1989.

［50］ 涂启华，安催花，万占伟，等．论小浪底水库拦沙和调水调沙运用中的下泄水沙控制指标［J］．泥沙研究，2010（4）.

［51］ 李保如．我国部分河道的整治方法［J］．水利水电技术，1984（9）.

［52］ 付健，安催花，何刘鹏，等．水库泥沙数学模型研究与应用［J］．人民黄河，2011（6）.

［53］ 张厚军，刘继祥，部国明，等．黄河下游水动力学数

学模型的研究与应用［J］．人民黄河，2000（8）．

［54］ Strand R I，Pemberton E L. Reservoir Sedimentation ［M］//Design of Small Dams. U. S. Bureau of Reclamation，1987.

［55］ 张瑞瑾．张瑞瑾文集［M］．北京：中国水利水电出版社，1996.

［56］ 韩其为．悬移质不平衡输沙的研究［M］//中国水利学会．河流泥沙国际学术讨论会论文集．北京：光华出版社，1980.

［57］ 胡一三．中国江河防洪丛书 黄河卷［M］．北京：中国水利水电出版社，1996.

［58］ 余文畴，岳红艳．长江中下游崩岸机理中的水流泥沙运动条件［J］．人民长江，2008（2）．

［59］ 林承坤，张德懋，魏特，等．河流推移质泥沙来源和数量计算的方法——岩矿分析计算方法［C］//中国地理学会．1977年地貌学术讨论会文集．北京：科学出版社，1981.

［60］ 武汉水利电力学院河流动力学及河道整治教研组．河流动力学［M］．北京：中国工业出版社，1961.

［61］ 钱宁．高含沙水流运动［M］．北京：清华大学出版社，1989.

［62］ 詹道江，叶守泽．工程水文学［M］．北京：中国水利水电出版社，2000.

［63］ 武汉水利电力学院河流泥沙工程学教研室．河流泥沙工程学［M］．北京：水利出版社，1981.

［64］ 安催花，郭选英，余欣，等．多沙河流水库水文学泥沙数学模型及应用［J］．人民黄河，2000（8）．

［65］ 曹文洪，张启舜．禹门口至黄河口泥沙冲淤计算方法综合研究及方案计算［R］．中国水利水电科学研究院泥沙研究所，1995.

［66］ 曹文洪，张启舜，等．85国家重点科技攻关增项在工程治理前后新的水沙条件下现行流路行水年限［R］．中国水利水电科学研究院泥沙研究所，1997.

第7章

技术经济论证

本章为《水工设计手册》（第2版）新增内容，共分9节，主要介绍进行水利水电建设项目技术经济论证的方法和技术，包括技术经济论证的要求与基础、资金筹措方案分析、费用分摊、国民经济评价、财务评价、供水项目水价测算、水力发电项目电价测算、不确定性分析与风险分析、方案经济比较等内容。

章主编　尹明万

章主审　周之豪　杨　晴　季　云

本章各节编写及审稿人员

节次	编　写　人	审稿人
7.1	尹明万	周之豪 杨　晴 季　云
7.2	张乐平　尹明万	
7.3	朱　勤　邱忠恩	
7.4	邱忠恩　施熙灿　朱　勤 郭东浦　方国华	
7.5	胡　亮　尹明万　李冬晓	
7.6	尹明万　李冬晓	
7.7	郭东浦　胡　亮	
7.8	尹明万　贾　玲	
7.9	方国华　尹明万	

第7章 技术经济论证

7.1 技术经济论证的要求与基础

7.1.1 论证的目的和任务

水利水电建设项目主要包括防洪、治涝、灌溉、城镇供水、水力发电、航运、水土保持、生态环境保护、跨流域调水以及综合利用等几类。其中水力发电工程又分为常规水力发电工程和抽水蓄能发电工程。综合利用工程是指同时具有两种及两种以上功能的工程。

水利水电工程（尤其是大型工程）具有建设期长、投资大、服务和影响的范围广、运行期长（短则二三十年，长则超百年）等特点。其投资决策关系重大，必须在明确工程的利弊关系、弄清楚其合理性（包括经济合理性）之后，才能作出决策。所以技术经济论证是水利水电建设项目实施之前必须要做的重要工作之一。

从不同部门或拟建项目参与者的角度看，水利水电建设项目技术经济论证主要有三个目的：①为政府有关部门对水利水电工程的立项、审查、审批、建设方案比选等提供科学依据；②为有关金融机构如财团、银行等了解、掌握和判断水利水电建设项目的经济合理性、盈利能力、债务偿还能力、投资风险等提供技术经济信息，方便其为该项目融资；③为项目业主的投资决策和后期经营服务。

水利水电建设项目技术经济论证的主要任务：一是辨识和预计建设项目的各种费用支出、各种功能或用途的经济效益或收益，以及这些费用和效益的基本变化趋势及其所产生的经济后果（包括国民经济和财务两方面）；二是采用国民经济评价和财务评价方法对项目的经济合理性和财务可行性等进行评价，给出评价结果（包括经济合理性、财务生存能力、债务偿还能力、盈利能力、融资可行性、经济风险等），对于项目的产出效果难以用货币量化表示的，无法进行国民经济评价和财务评价，则需要进行费用效果分析；三是计算项目的主要技术经济指标（如单位容量投资、单位电量投资、单位电量成本、单位供水量成本、水价、电价等）。

7.1.2 论证的基本原则

水利水电建设项目技术经济论证是一项政策性、综合性、技术性、专业性都很强的工作，应在国家有关经济政策的指导下，遵循以下基本原则，结合具体建设项目的特点进行。

（1）有无对比原则。要在分析对比有拟建项目和无该项目的情况后，确定项目建设增加的效益和费用。

（2）效益与费用的计算口径一致原则。要将效益与费用限定在同一个范围内，包括国民经济评价中的直接费用与间接费用、直接效益与间接效益和财务评价中的直接费用与直接效益等的计算。

（3）真实反映费用和效益变化规律原则。该原则包括对项目的费用和效益随水文随机性的变化，以及随着时间的推移社会经济发展的变化等重要规律或趋势都要如实反映。例如，对于防洪、治涝等功能不仅要计算多年平均效益，还要计算遇到设计洪水或涝灾年、特大洪水或涝灾年的效益；对于防洪工程减免洪灾损失的效益，还要考虑当地社会经济发展引起财产增加，随着时间的推移防洪效益增加的因素；对于灌溉和城镇供水功能不仅要计算多年平均效益，还要计算遇到设计枯水年和特别枯水年的效益；有的城镇供水项目虽然供水能力很快上去了，但是由于受市场需求或配套设施等的制约，充分发挥效益的时间较长等，对于这种情况要考虑充分发挥效益的过程。

7.1.3 基本术语

对于水利水电建设项目技术经济论证所涉及的常用基本术语，从以下几方面给予简介。

1. 与时间有关的术语

（1）项目计算期、建设期、运行期、折旧年限。

1）项目计算期是为进行经济分析所设定的期限，包括建设期和运行期。

2）建设期是指从项目资金正式投入开始到项目完全建成投产（或竣工）为止所需要的时间。

3）运行期（又称运营期）是由项目主要设施或设备的技术寿命期和经济寿命期的短者决定的。

4）折旧年限是工程经济学和会计学中表示项目运行期长短的一个参数，用于计算固定资产的消耗等。在项目经济评价中，折旧年限一般参考运行期长短和有关规定取值。表7.1－1中给出了常见水利水电工程或设施的折旧年限，供参考。需要指出的是，现实中折旧年限并不完全等于项目或设备的实际可用年限或运行期，与会计政策以及业主有无加速折旧收回投资的意图有关，有的折旧年限较表7.1－1中的值短。此外，科技进步、经济变化等，也会使折旧年限短于功能上的可用年限。

表7.1－1　常见水利水电工程或设施的折旧年限

工程设施	折旧年限	工程设施	折旧年限
1　堤、坝、闸建筑物		5.2　浅井	15
1.1　大型混凝土、钢筋混凝土的堤、坝、闸	50	6　河道整治控导工程	
1.2　中小型混凝土、钢筋混凝土的堤、坝、闸	50	6.1　抛石、砌石护岸	25
1.3　土、土石混合等当地材料的堤、坝	50	6.2　丁坝、顺坝等控导工程	20
1.4　混凝土、沥青等防渗的土、土石、堆石、砌石的堤、坝	50	7　房屋建筑	
1.5　中小型涵闸	40	7.1　金属、钢筋混凝土结构	50
1.6　木结构、尼龙等半永久坝、闸	10	7.2　钢筋混凝土、砖石混合结构	40
2　溢洪设施		7.3　永久性砖木结构	30
2.1　大型混凝土、钢筋混凝土的溢洪道	50	7.4　简易砖木结构	15
2.2　中小型混凝土、钢筋混凝土的溢洪道	40	7.5　临时性土木建筑	5
2.3　混凝土、钢筋混凝土的护砌溢洪道	30	8　金属结构	
2.4　浆砌块石溢洪设施	20	8.1　压力钢管	50
3　溢洪、放水管、洞建筑物		8.2　大型闸阀、启闭设备	30
3.1　大型混凝土、钢筋混凝土的管、洞	50	8.3　中小型闸阀、启闭设备	20
3.2　中小型混凝土、钢筋混凝土管、洞	40	9　机电设备	
3.3　无衬砌的管、洞	40	9.1　大型水轮机、发电机	25
3.4　浆砌石管、洞	30	9.2　中小型水轮机、发电机	20
3.5　砖砌管、洞	20	9.3　大型电力排灌设备	25
4　引水、灌排渠（河）道、管网		9.4　中小型电力排灌设备	20
4.1　大型		9.5　中小型机排、机灌设备	10
4.1.1　混凝土、钢筋混凝土引水渠道	50	10　输配电设备	
4.1.2　一般衬护的土质引排水渠（河）道	50	10.1　铁塔、水泥杆	40
4.1.3　混凝土、沥青等护砌、防渗的渠(河)道	40	10.2　电缆、木杆线路	30
4.1.4　跌水、渡槽、倒虹吸等建筑物	50	10.3　变电设备	25
4.2　中小型		10.4　配电设备	20
4.2.1　一般衬护的土质引排水渠（河）道	40	11　水泵和喷灌设备	
4.2.2　混凝土、沥青等护砌、防渗的渠道	30	11.1　离心泵	12
4.2.3　塑料等护砌、防渗的渠道	25	11.2　深井泵	8
4.2.4　跌水、渡槽、倒虹吸、节制闸、分水闸等渠系建筑物	30	11.3　潜水泵	10
4.3　输、排水管网		11.4　喷灌设备	6
4.3.1　陶管、混凝土、石棉水泥等管网	40	12　工具设备	
4.3.2　钢管、铸铁管网	30	12.1　生产工具、用具，勘测、实验、观测、研究等仪器设备	10
4.3.3　塑料管、PVC管	20	12.2　铁路运输设备、钢质水上运输设备	25
5　水井		12.3　汽车等机动设备	15
5.1　深井	20	12.4　木质水上运输设备	10

（2）投资回收期。投资回收期是指以项目的收益抵偿其全部投资所需要的时间，通常以年表示。投资回收期一般从投资开始年算起，为了避免误解，如果从运行开始年算起要特别注明。根据是否考虑资金的时间价值，投资回收期可以分为静态投资回收期（T_s）和动态投资回收期（T_d）。前者不考虑资金的时间价值，后者要考虑。现在经济评价一般不再计算 T_s。

（3）还款期与还款年限。还款期是指项目还清借款所需的时间，还款年限是指金融机构允许的最长还款期限。二者均以年表示，并均从项目建设期开始时刻算起。如果从运行期开始时刻算起，则需要注明。

2. 与资金有关的术语

（1）投资、总投资、流动资金、成本、总成本费用。

1）投资是指生产者为实现生产经营目标而预先垫支的资金。

2）总投资等于固定资产投资、建设期利息与流动资金之和。

3）流动资金是指维持项目正常运行所需的周转资金。

4）成本是指实现某一既定目标所付出的经济代价，既可以表示为单位产品的成本，也可以表示为项目一定时期内的总成本。按照是否随产量变化，成本又分为固定成本与可变成本（见本章7.8节）。

5）总成本费用是指项目在一定时期内为生产和销售产品或提供服务所发生的全部费用。按年计，它等于年运行费（或经营成本）、折旧费、摊销费及财务费用之和。

（2）年折旧费与年摊销费。固定资产设施或设备在使用过程中要逐渐消耗，因此需要将固定资产原值分摊到运行期各年中，折算到每年的数额就是年折旧费。我国允许的折旧方法有年限平均法、工作量法、双倍余额递减法、年数综合法。水利水电建设项目一般采用年限平均法，折旧年限见表7.1－1。同理，无形资产和递延资产摊销到每年的数额称为年摊销费。无形资产和递延资产的摊销时间一般只有几年，常常平均摊销。

（3）财务费用。财务费用包括运行期的利息支出及其他财务费用（如汇兑损失、金融机构的手续费以及现金折扣等）。

（4）年运行费。年运行费（又称经营成本）是指维持项目正常运行每年所需支付的各项费用。

3. 与利率有关的术语

（1）社会折现率（i_s）。社会折现率是指从整个国民经济角度出发，要求占用社会资金应获得的最低年收益率。它是国民经济评价中衡量建设项目的经济内部收益率指标是否符合要求的基准值，也是计算项目经济净现值采用的折现率。社会折现率由国家有关部门定期根据社会经济发展目标、发展战略、发展优先顺序、发展水平、宏观调控意图、社会投资收益水平、资金供给状况和机会成本以及各类建设项目的收益期长短和收益稳定性等因素综合测定和正式颁布。

（2）财务基准收益率（i_c）。财务基准收益率是指从财务和行业的角度出发，要求占用资金应获得的最低年收益率。它是财务评价中衡量建设项目的财务内部收益率指标是否符合要求的基准值，也是计算项目财务净现值采用的折现率。不同行业的财务基准收益率是不同的。一般由国家或各行业主管部门负责测算和颁布。《建设项目经济评价方法与参数》（以下简称《方法与参数》）（第三版）中颁布的财务基准收益率有两种：一种是项目融资前所得税前财务基准收益率（i_{cb}）；另一种是项目资本金所得税后财务基准收益率（i_{EC}）。

4. 与评价方法有关的术语

（1）静态评价与动态评价。习惯上按评价方法中是否考虑资金的时间价值（利率和利息），划分为静态评价与动态评价。考虑则为动态评价，否则为静态评价。相应的评价方法和评价指标也分为两类。静态指标如静态投资回收期、简单投资收益率、投资利润率、投资利税率、资本金利润率等。动态指标如动态投资回收期、净现值、内部收益率、外部收益率、净现值率、效益费用比等。

（2）国民经济评价。国民经济评价是从国家整体角度出发，分析项目对国民经济的贡献与效率、效果和对社会的影响，评价项目的经济合理性。

（3）财务评价。财务评价是从项目或企业的角度出发，在国家现行财税制度、现行（和预测）价格体系的前提下，计算项目的财务效益和费用，分析财务生存能力、债务偿还能力、市场竞争能力和盈利能力，评价项目的财务可行性。

（4）敏感性分析、风险分析。敏感性分析是指分析不确定性因素变动对建设项目经济效果指标的影响及影响程度的工作。风险分析是指分析建设项目达不到预期目的或不能实现预定目标的偏离程度及其概率的工作。

（5）净现值、净现值率、内部收益率、外部收益率、效益费用比。

1）净现值（NPV）是将项目整个计算期内各年的净现金流量，按给定的折现率（i_0）折算到计算期期初的现值代数和。净现值的经济实质是在计算期内项目的投入获得超过预期（或设定）利率水平的盈利能力。

2）净现值率（*NPVR*）是指净现值与项目全部投资现值的比率。净现值率的经济实质是反映单位投资在整个计算期获得超额盈利的能力或投资使用效率。但是它不能反映单位时间内的投资使用效率，也不能反映全部投入资金的使用效率。

3）内部收益率（*IRR*）是指使项目计算净现值为零时的折现率。内部收益率只与项目净现金流前后时段的比值有关，与现实经济环境无关。现实中，同一个项目可能有一个、或多个内部收益率，也可能没有内部收益率。水利水电建设项目一般都是后期收益型，通常只有一个内部收益率，但并不是项目的年报酬率。内部收益率越接近给定的、代表实际的投资回报率，则它越接近项目的实际报酬率，反之它与项目的实际报酬率差距越大。内部收益率的真实经济含义是使计算的净现值为正或为负的折现率变化区间的分界点，即一边计算的净现值为正，另一边为负。

4）外部收益率（*ERR*）是指使项目计算期内各年费用现金流的终值与各年效益现金流按照给定的折现率（i_0）计算的终值相等时的利率。外部收益率的经济实质是在给定经济环境（或折现率）下，在整个计算期项目单位投入在单位时间的增值，即报酬率。对任何类型的项目，外部收益率都适用，都不会出现问题。在《方法与参数》第一版引进国外经济评价方法时就介绍了该方法；《方法与参数》第一版和第三版作者都提到了它的一些优点，但目前它还没有引起人们的广泛关注。

5）效益费用比（*BCR*，又称费用效益率）是指效益现金流的现值与费用现金流的现值的比值。效益费用比的经济实质是在整个计算期内项目单位投入的产出。

净现值、净现值率、内部收益率、外部收益率、效益费用比是在国民经济评价和财务评价中都可以使用的评价指标。为了区别，国民经济评价中在代表这些指标的符号前面加 *E*，而财务评价中在这些符号前面加 *F*。同一评价指标在两种评价中所采用的计算公式相同（见本章7.5节），但采用的现金流不同。对于各种类型的项目，净现值、内部收益率、外部收益率的关系及其经济含义如图7.1-1所示。

（6）总投资利润率和项目资本金利润率。二者都是财务评价中所用到的静态指标。总投资利润率（*ROI*）是指项目运行期内年平均息税前利润与总投资的比率，反映了总投资的盈利水平，越高越好。项目资本金利润率（*ROE*）是指项目运行期内年平均净利润（*NP*）与资本金（*EC*）的比率，反映了项目资本金的净盈利水平，越高越好。

7.1.4 论证所需基本资料与项目规划设计基础

水利水电建设项目技术经济论证所依据的项目背景、社会经济环境、市场环境、工程技术方案都要与规划设计相一致，需要的基础数据除部分需要技术经济论证人员补充外，主要是从同期有关规划设计成果中获得。

7.1.4.1 基本资料

水利水电建设项目技术经济论证需要掌握的基本情况和基本资料如下。

1. 国家和地方的有关政策与法规

需要了解国家和地方政府现行的、与水利水电建设项目技术经济论证有关的政策与法规。包括产业政策、金融政策（如资本金比例、可用资金渠道、社会折现率、财务基准收益率、汇率等）、财税政策以及扶持水利水电建设项目的优惠政策等；国家及与建设项目有关行业的经济评价规范等；与项目主要投入物和产出物有关的价格规定（如有关评价指标、投资和费用的计算方法、各项费率、人员定额、折旧年限、还款年限、水资源费、原水价格等）。

2. 水利产业政策

国家水利产业政策对水利水电建设项目的技术经济论证有重要影响，在此摘其有关要点予以介绍。国家水利产业政策（1997年）明确定义了各类水利水电建设项目的性质，规定了投资（或资金）来源、价格制定方法或要求，规范了各项收费等。

国家水利产业政策将各种水利水电建设项目划分为两类性质的项目，即甲类项目和乙类项目。甲类项目为以社会效益为主、公益性较强的项目（本章简称为公益性项目或非经营性项目），包括防洪除涝、农田灌排骨干工程、城市防洪、水土保持、水资源保护等项目。乙类项目为以经济效益为主、兼有一定社会效益的项目（本章简称为准公益性项目），包括供水、水力发电、水库养殖、水上旅游及水利综合经营等项目。

公益性项目建设资金主要从中央和地方预算内资金、水利建设基金及其他可用于水利建设的财政性资金中安排，项目的运行费由各级财政预算支付，由政府机构或社会公益机构负责项目建设和运行管理的全过程并承担风险。准公益性项目的建设资金主要通过非财政性的资金渠道筹集，并且必须实行项目法人责任制和资本金制度，项目的运行费由企业营业收入支付。

3. 市场环境及有关需求

与项目主要投入物和产出物有关的市场环境，例如，项目所需的主要建筑材料、劳动力、主要设备的

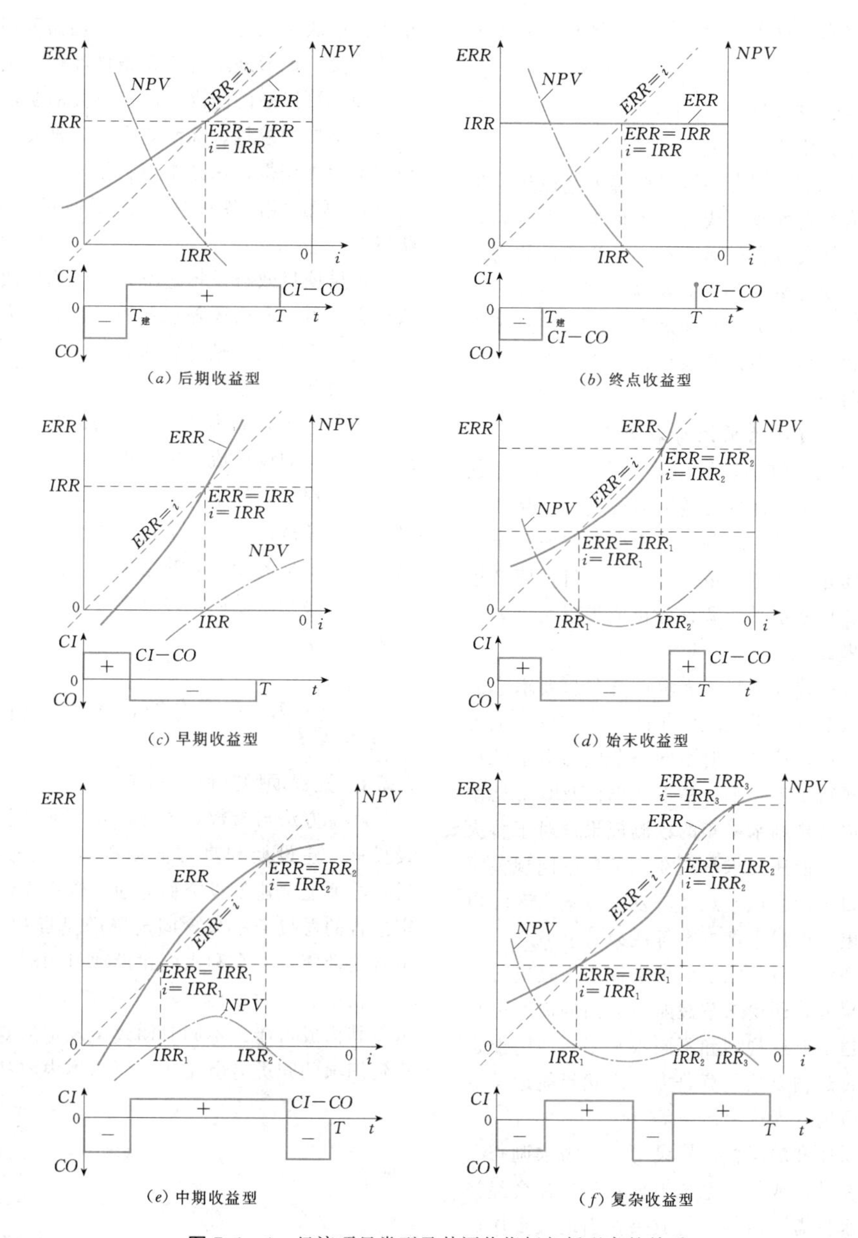

(a) 后期收益型　(b) 终点收益型　(c) 早期收益型　(d) 始末收益型　(e) 中期收益型　(f) 复杂收益型

图 7.1-1　经济项目类型及其评价指标与折现率的关系

供应情况及价格等；项目主要产出物，如发电量、城镇供水量、灌溉供水量的需求对象、需求量的增长情况和现行价格等。

4. 项目规划设计方案及其技术经济基本资料

水利水电建设项目一般由若干建筑物或分项工程构成。在规划设计阶段，这些建筑物可能各自有若干个技术设计方案。项目技术经济论证并不需要全部了解和掌握这些建筑物的每个设计方案，而是要掌握推荐的或需要进行技术经济比较的方案。在这些项目方案中，各个建筑物的设计方案都是配套的。通常需要掌握以下内容：①项目的总体情况、基本功能及其特点。②每项功能在各规划水平年的设计规模及最终规模。例如，水电站的装机容量、年发电量；城镇供水工程的城镇生活供水量、工业供水量；灌溉工程的设计灌溉面积和供水量；防洪工程的保护对象、保护范围、保护标准、设计防洪水位、保护范围内的社会经济情况和财产调查及预测分析成果等。③项目的投资概（估）算成果以及项目各项运行费计算成果或同类项目的调查成果。④每项功能的效益及其发挥过程。⑤项目建设可能导致的不利影响或负效益等。当现成资料不足时，就需要技术经济论证人员做补充调查分析计算。

7.1.4.2 建设项目的需求分析成果

1. 公益性项目的需求分析成果

对于防洪、治涝、生态环境保护等公益性建设项目，基本上没有经营性收入或者收入很少，主要靠政府投资并由财政性资金提供运行费。这类项目的需求分析的共同点主要是分析当地社会需求或公共需求，并弄清楚政府（包括中央政府和地方政府）在有关方面的支付意愿和支付能力以及项目是否符合当时政府的重点支持方向。

2. 准公益性项目的需求分析成果

对于水力发电、航运、城市供水等准公益性项目，以及如农业供水这样的公益性但要销售产品获得一定收入的项目，项目需求调查分析要求掌握关于当地现状年的市场状况及供需情况资料、项目主要产出物的价格体系和价格水平的调查分析成果以及规划水平年的预测成果。

对于水力发电建设项目，需求调查分析要求掌握所在城市或省区的电力系统现状年的电源构成、电力电量平衡情况、调峰情况、对不同季节电力电量的接受能力、是否实行了丰、平、枯水期电价及其价格水平等基本资料以及规划水平年的预测成果。对于特大型水电站项目，可能还要求掌握在该项目不同规模下以及没有该项目下的区域宏观经济发展方案、区域电力发展方案、电力电量平衡方案等成果。

对于航电建设项目，除了要求掌握水力发电方面的需求分析成果外，还要求掌握航运方面的需求分析成果，包括河道的航运规划和不同水平年对河道航运的需求以及各种运输方式的竞争力、现状年航运服务的收费标准、政府有无优惠政策等。

对于城市供水和灌溉供水建设项目，需求调查分析要求掌握所在地区或供水系统内现状年的社会经济及其各行各业水供需平衡的分析成果；当地城乡居民生活供水、工业供水、城市生态环境供水、灌溉供水等的价格、水资源费和排污费征收标准等信息；规划水平年的需水预测成果等。水供需平衡分析还要求给出规划平年的各种供水量成果。

7.1.4.3 建设项目的任务及规模设计成果

水利水电建设项目的作用与任务及规模都是由工程规划设计确定的。此外，下列两种情况也均由工程规划设计确定：①有两种及以上功能的综合利用工程各种任务的主次关系或优先次序等；②为多个地区服务的工程（如供水工程）向各地区各行业提供的产品数量（如供水量）。拟建项目的各种作用或规模的大小不仅取决于当地的需求，而且还需要根据项目所在地的水文、地形地质等工程条件经过有关专业计算确定，如项目提高的防洪标准、重要的防洪水位和调洪库容、洪峰削减量、除涝效果等，都要通过水文分析和调洪计算获得；保证出力、年发电量等要通过水能调节计算获得；各种供水量要通过供水调节计算获得。

建设项目效益发挥过程，一方面取决于需求的增长过程；另一方面还随规划的工程实施方案而变，例如，是一期完成还是分多期完成。

建设项目的建设期、运行期、工程量、各种投资及其过程、运行费及其构成等都与工程设计方案有关，从有关的设计成果中获得。

项目规划设计中的需求、作用、任务、规模等成果，技术经济论证基本上都可直接采用。反之，对于技术经济论证的结果，也会对工程设计方案的比较、方案的补充和改进以及最终推荐方案的确定等有重要影响。

7.2 资金筹措方案分析

7.2.1 建设项目的投资构成

在《方法与参数》中规定建设项目总投资包括建设投资、建设期利息和流动资金。对于水利建设项目，习惯上把建设投资称为固定资产投资，并且在送审报告的总投资中只含固定资产投资和建设期利息，不含流动资金。水利水电建设项目的流动资金的比例一般较小。本章采用的项目投资构成如图7.2-1所示。其构成可能因不同时期政策规定的变化而使某些投资细项的归类有所变化，但总体内容基本不变。

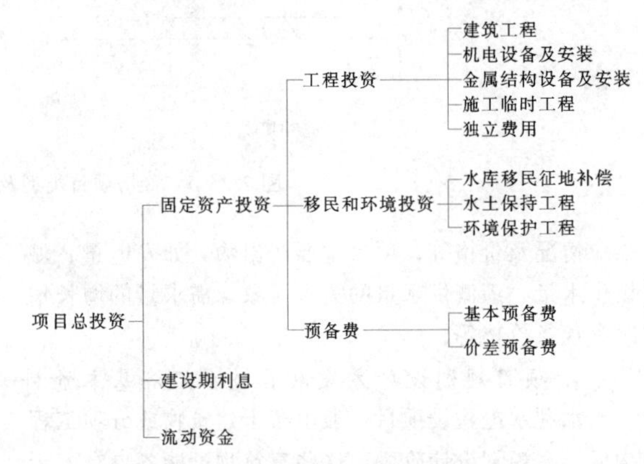

图7.2-1 水利水电建设项目投资构成

建设期利息是指债务资金在建设期内发生的利息，包括银行借款和其他债务资金的利息以及其他融资费用。水利水电建设项目需要筹集的资金包括固定资产投资和流动资金，前者需要在建设期筹集，后者需要在运行期筹集。

水利水电建设项目投资数据由工程设计概（估）算得到。

7.2.2 建设项目的费用构成

7.2.2.1 财务评价中的费用

建设项目财务评价中的费用又称财务支出。水利水电建设项目的财务支出包括项目总投资、年运行费（经营成本）、更新改造投资、流动资金和税金等几部分。水利水电建设项目的年总成本费用包括折旧费、摊销费、财务费用、年运行费（经营成本），如图7.2-2所示。

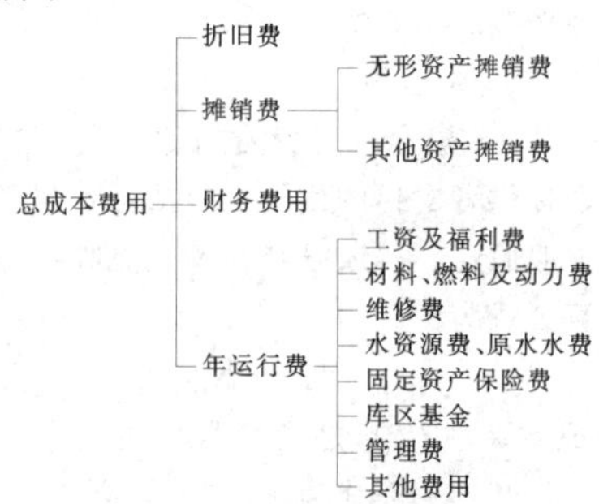

图7.2-2 水利水电建设项目总成本费用构成

7.2.2.2 国民经济评价中的费用

建设项目国民经济评价中的费用包括建设费用、流动资金、经营成本三部分。建设费用指固定资产投资中扣除转移支付后的费用。在有的情况下，建设费用还包括更新改造项目费用、其他融资费用、国外借款等。更新改造项目费用按评价时的价格水平计算。其他融资费用按相关规定或合同签订的各项费用标准计算。涉及国外借款的，应根据国外有关金融机构的相应规定进行计算，包括借款利息。建设项目替代方案的费用计算可适当简化。替代方案费用按评价时的价格水平扣除转移支付费用估算。

7.2.3 资金筹措

水利水电建设项目资金筹措方案又称融资方案。融资方案设计是在对融资环境、融资主体、融资模式和投资产权结构等内容调查分析的基础上，结合项目的性质和资金需要，构造包括资本金和债务资金的融资方案，进行融资结构、融资成本和融资风险分析、债务偿还能力分析或测算。

对于水利公益性项目，如防洪除涝、农田灌排骨干工程、城市防洪、水土保持、水资源保护等项目，往往销售收入小于年运行费或者甚至没有销售收入。根据水利产业政策，建设资金主要从中央和地方预算内资金、水利建设基金及其他可用于水利建设的财政性资金中安排。运行费由各级财政预算支付。如果有一部分销售收入，则运行费与销售收入的差额，则是运行期各年需要财政预算支付的资金。无论所需的建设资金还是运行费，都不采用债务资金渠道融资。因此，只分析建设资金来源，主要是明确中央预算资金、地方预算资金、水利建设基金及其他可用财政性资金的数额和比例。这些资金不需要偿还，不对项目进行债务偿还能力测算。

对于准公益性项目，如城镇供水、水力发电、水库养殖、水上旅游及水利综合经营等项目，必须实行资本金制度。如果销售收入大于年总成本费用，则能够承受一部分债务资金。融资包括对资本金的筹集和债务资金的筹集。既要设计融资方案，也要进行债务偿还能力测算。如果销售收入大于年运行费小于年总成本费用，则属于亏损企业，但可以提取部分折旧费，应在考虑工程更新改造费用和还贷期财务状况等因素的基础上，根据实际情况确定是否进行融资方案设计和债务偿还能力测算。

对于既有公益性功能又有准公益性功能的综合利用项目，如具有防洪、发电和城镇供水的综合利用项目，则需要先将整个项目的总投资和总运行费在各个服务功能间进行分配。属于公益性功能的投资和运行费的筹集按照公益性项目的筹资方法进行；属于准公益性功能的投资筹集按照准公益性项目的筹资方法进行。

公益性项目的资金筹集如前所述，准公益性项目和既有公益性功能又有准公益性功能的综合利用项目的资金筹集相对比较复杂。本节后面的内容主要针对后两类水利水电建设项目。

在建设项目债务资金全部通过银行贷款的情况下，债务偿还能力分析便简化为贷款偿还能力分析。

通常融资方案包含几方面内容：①资本金与债务资金的比例；②资本金来源，可以是单一来源也可以是多种来源；③建设期各年度资本金投入数额；④债务资金来源，可以是单一来源也可以是多种来源；⑤债务资金的成本与偿还等。

各种债务资金统称为借款，但习惯上多把从银行等金融机构的借款称为贷款。有时又不区分借款与贷款。例如，水利建设项目贷款能力指的不仅仅是项目从银行的贷款能力，而是项目所能承受全部债务资金的能力。本章也不严格区分借款与贷款。

7.2.3.1 融资方式及成本

1. 法律法规

国家和地方的有关项目融资法律法规对项目可用

融资方式和融资的成败都有重要影响。项目的融资活动要遵守国家和地方的有关法律法规，要考察融资环境。涉及项目融资的基本法律法规包括公司法、银行法、证券法、税法、合同法、担保法以及投资管理、外汇管理、资本市场管理等方面的法规。外商投资项目还涉及外商投资有关的法规。水利建设项目贷款能力测算可依据《水利建设项目贷款能力测算暂行规定》(水规计〔2003〕163号)。

2. 常见的几种融资方式

按照资金是来自于融资主体的内部还是外部，把融资分为内源融资和外源融资。由于内源融资不需要对外支付利息或股息，故一般首先考虑内源融资，然后再考虑外源融资。

(1) 内源融资（又称内部融资）。即将作为融资主体的既有法人内部的资金转化为拟建项目的投资。既有法人内部融资的方式主要有货币资金、资产变现、企业产权转让、直接使用非现金资产等。

(2) 外源融资（又称外部融资）。即吸收融资主体外部的资金。现阶段我国建设项目外部资金来源主要有以下几种渠道。

1) 中央和地方政府可用于拟建项目的财政性资金。政府对项目投入的资金可以是以权益投资要求回报，或者以债权形式要求回收，也可以是无偿的（如公益项目投资补助）。

2) 商业银行和政策性银行的信贷资金，包括国家政策性银行、国内外商业银行、区域性及全球性国际金融机构的贷款。

3) 证券市场的资金，包括国内外证券市场发行的股票或债券。

4) 非银行金融机构的资金，包括信托投资公司、投资基金公司、风险投资公司、保险公司、租赁公司等的资金。

5) 外国政府提供的信贷资金、赠款，可能以赠款或贷款方式提供。

6) 企业、团体和个人可用于拟建项目的资金。

7) 外国公司或个人的直接投资。

(3) 基础设施采用的几种新型融资方式。水利水电建设项目属于基础设施。我国基础设施项目近几年还采用了一些新型融资方式：①BOT（Build - Operate - Transfer）融资方式，即建设—经营—移交；②PPP（Public - Private - Partnership）融资方式，即公共部门与私人企业合作模式；③TOT（Transfer - Operate - Transfer）融资方式，即移交—经营—移交；④ABS（Asset - Backed - Securitization）融资方式，即资产证券化；⑤PFI（Private - Finance - Initiative）融资方式，是指由私营企业进行项目的建设与运营，从政府或接受服务方收取费用。这些新型融资方式只有特殊的水利水电建设项目才会涉及，本章不具体介绍，读者可查阅有关文献。

3. 项目资金成本

资本金的融资成本以及以某些方式筹得债务资金的成本具有不确定性，难以计算。下面仅介绍采用贷款、债券、租赁等方式筹集的债务资金的成本和成本率的计算方法。

资金成本（K_c）是指项目使用资金而付出的代价，包括资金筹集费（K_g）和资金占用费（K_u）。资金筹集费是指资金筹集过程中所发生的各种费用，包括律师费、资信评估费、公证费、证券印刷费、发行手续费、担保费、承诺费、银团贷款管理费及债券兑付手续费等。融资总额（K_t）扣除资金筹集费即是融资净额（K_n）。资金占用费是指使用资金过程中发生的向资金提供者支付的代价，包括借款利息、债券利息、优先股股息、普通股红利及权益收益等。资金成本的计算公式为

$$K_c = K_u + K_g \tag{7.2-1}$$

资金成本率（K_r）是指筹得单位（净）资金所付出的代价，其计算公式为

$$K_r = \frac{K_c}{K_n} \times 100\% = \frac{K_u + K_g}{K_t - K_g} \times 100\% \tag{7.2-2}$$

采用信贷、债券、租赁等方式筹集的债务资金，都可以用式（7.2-1）计算融资成本，用式（7.2-2）计算资金成本率。筹集的各种债务资金的综合成本率 K_{rav} 可以用式（7.2-3）计算：

$$K_{rav} = \frac{\sum_{j=1}^{m} K_{r,j} K_{n,j}}{\sum_{j=1}^{m} K_{n,j}} \times 100\% \tag{7.2-3}$$

式中 $K_{r,j}$、$K_{n,j}$——第 j 种融资的资金成本率、融资净额；

j——融资种类，$j=1$，2，…，m。

债务资金的综合成本率是比选债务资金融资方案的重要因素之一，在同等满足债务资金的需求和还款要求的情况下，优先选择综合成本率低的融资方案。

7.2.3.2 资本金筹措

资本金属于权益资金，可以通过既有法人项目和新设法人项目两种途径筹集。投资者可按其出资的比例依法享有所有者权益，也可转让其权益，但不得以任何方式抽回出资，除非公司注销或项目转让。项目法人对资本金投资者不承担任何利息和债务；在资本金筹措时，对其盈利能力只能有一个预估，项目建成后实际股利是

否支付和支付多少，要视实际经营效果而定。

在项目融资设计中，应根据项目融资要求，在拟定的融资模式下，设计资本金筹措方案。资本金筹措不完全是为了满足国家的资本金制度要求。项目建设资金的权益资金与债务资金的比例是融资方案设计中必须要考虑的一个重要方面。如果资本金占有比例太小，会导致负债融资的难度和成本的提高，项目运行期的还债压力大；反之，风险可能会过于集中，财务杠杆效应会下降。应根据投资各方及建设项目的具体情况选择项目资本金的比例和出资方式，保证项目顺利建成和正常运营。出资人身份不同（如政府职能部门或控股的国有公司、民营企业、外资企业等），其用于资本金投资的资金来源可能不同、对出资的使用条件也不同。尤其是对资本金报酬率的要求，直接限制了报酬率低的项目可筹集到的资本金数额。

根据《国务院关于调整固定资产投资项目试行资本金制度的通知》（国发〔2009〕27号），国内建设项目资本金占项目总投资的最小比例见表7.2-1，外商投资项目注册资本占项目投资总额的最小比例见表7.2-2。根据有关规范规定，城镇供水项目的最小资本金比例为35%，水电项目的最小资本金比例为20%。资本金可以用货币出资，也可以用实物、工业产权、非专利技术、土地使用权等经过合法的资产评估作价出资。以工业产权、非专利技术作价出资的比例不得超过投资项目资本金总额的20%，国家对采用高新技术成果有特别规定的除外。

表7.2-1　国内建设项目资本金占项目总投资的最小比例

序号	投资行业	资本金占项目总投资的最小比例（%）
1	钢铁、电解铝	40
2	水泥	35
3	煤炭、电石、铁合金、烧碱、焦炭、黄磷、玉米深加工、机场、港口、航运、房地产（保障性住房和普通商品住房除外）	30
4	铁路、公路、城市轨道交通、化肥（钾肥除外）	25
5	保障性住房和普通商品住房、其他	20

注　城镇供水项目适用35%，水电项目适用20%。

表7.2-2　外商投资项目注册资本占项目投资总额的最小比例

序号	投资总额	注册资本占投资总额的最小比例（%）	附加条件
1	300万美元以下（含300万美元）	70	
2	300万～1000万美元（含1000万美元）	50	其中投资总额在420万美元以下的，注册资金不低于210万美元
3	1000万～3000万美元（含3000万美元）	40	其中投资总额在1250万美元以下的，注册资金不低于500万美元
4	3000万美元以上	33.3	其中投资总额在3600万美元以下的，注册资金不低于1200万美元

（1）既有法人项目资本金筹措。既有法人可用于项目资本金的资金来源分为内、外两个。内源主要有：①企业的现金；②未来生产经营中获得的可用于项目的资金；③企业资产变现；④企业产权转让。外源主要有：①企业增资扩股；②发行优先股。

（2）新设法人项目资本金筹措。新设法人项目资本金主要有两种来源方式：一种是在新设法人设立时由发起人和投资人按项目资本金额度要求提供资金；另一种是由新设法人在资本市场上发行股票进行融资。按照资本金制度的相关规定，应由项目发起人或投资人认缴筹集足额资本金提供给新法人。新设法人项目在资本市场筹集资本金的形式主要有：①在资本金市场募集股本资金，包括私募与公募；②由初期设立的项目法人与新的投资者合作，以多种形式增加资本金。

7.2.3.3　债务资金筹措与偿还

债务资金是指项目投资中除项目资本金外，以负债方式取得的资金。

1. 债务资金的融资方式

债务资金的融资方式主要有信贷、债券和租赁三种。信贷融资包括商业银行贷款、政策性银行贷款、外国政府贷款、国际金融机构贷款、银团贷款、出口信贷、股东借款等。债券融资包括企业债券和可转换债券等。租赁融资包括经营租赁和融资租赁。

2. 债务资金筹措方案设计应考虑的主要因素

在债务资金筹措方案设计中考虑的因素主要有债务期限、债务偿还的方式与要求、利率、债务序列、债权保证、违约风险、货币结构与国家风险等。方案设计除了要明确列出债务资金的来源及融资方式之外，还必须具体描述债务资金的一些基本要素。

(1) 借款与偿还资金的时间和数量。要明确每项债务资金可能提供的数量及初期支付时间、借款期和宽限期、分期还款的类型等。

(2) 融资成本。决定融资成本的基本要素对于借款是利息，对于租赁是租金，对于债券是债息。除此之外，有些债务资金还附有一些其他费用，如承诺费、手续费、管理费、牵头费、代理费、担保费、信贷保险费及其他杂费等。应清楚这些附加费用的计算方法及数额。

(3) 建设期利息支付。建设期内是否需要支付利息，将影响融资总额。利息支付一般有三种方式：①项目投产之前不付息，但未清偿的利息要和本金一样计息（即复利计息）；②建设期内要支付利息；③建设期内不但利息照付，而且借款时就以利息扣除的方式贷出资金。后两种情况需要筹集的借款额要比前一种情况大一些。

(4) 附加条件。

(5) 债权保证。应根据所处阶段能做到的深度，对债务人及有关第三方提出的债权保证加以说明。

(6) 利用外债的责任。这类融资方案设计要注意符合国家外债管理和外汇管理的相关规定。

3. 水利水电建设项目贷款能力测算

由于各种水利建设项目的性质比较复杂，盈利能力差别很大。为了规范水利建设项目债务资金筹措，防范和降低风险，《水利建设项目贷款能力测算暂行规定》对水利建设项目贷款或借款能力测算做出了专门的规定，主要有以下几方面。

(1) 适用项目。适用于发电、供水（调水）等具有财务收益的大型水利建设项目。年销售收入大于年总成本费用的水利建设项目必须进行贷款能力测算；年销售收入小于年运行费用的项目可不测算贷款能力；年销售收入大于年运行费用但小于年总成本费用的项目，应在考虑工程更新改造费用和还贷期财务状况等因素的基础上，根据实际情况分析测算项目贷款能力。

(2) 贷款能力测算的目的与方法。水利建设项目贷款能力测算的目的是，通过测算明确项目所能承担的借款额度和所需的资本金，拟定项目建设资金筹措方案，对项目进行科学合理的财务可行性评价，为国家、地方政府及有关投资者决策提供依据。贷款能力测算的计算方法和主要参数应按现行规范中财务评价的有关规定和国家现行的财税、价格政策执行。

(3) 贷款能力测算的主要内容。分析项目产品用户对水价和（或）电价的承受能力，拟定不同的水价、电价方案，分析方案的合理性和可行性，计算项目的财务收益和成本费用，测算项目的借款能力与所需的资本金，在进行综合分析、多方案比选及风险分析的基础上，提出资金筹措方案，进行财务评价。对不同功能的项目和不同规划设计阶段，分析测算的具体内容和深度要求有所不同，并且对出资方要求的承诺方式和证据要求也不同。在项目建议书阶段，贷款能力测算成果中应提出贷款本金额度、资本金额度和建设期利息等指标。在可行性研究阶段，除了要提出上述指标外，还要根据基本落实的贷款银行和贷款额度、贷款利率、还贷年限、还款方式等各种条件与要求，提出资金筹措方案，进行债务偿还能力分析。对于基本上不具备依靠自身收入贷款偿还能力的水利项目，要计算得出建设期和运行期各年需要国家支付多少财政资金。贷款能力测算的多数规定与前面介绍的融资要求和后面介绍的财务评价要求相同。需要注意的是，为合理确定国家资本金和其他投资者资本金的比例与额度，应以还贷期内各年全部资本金都不分配利润的方案作为基本方案。在此基础上，还可分析还贷期内资本金分配利润的方案。更多、更细的规定和要求参见《水利建设项目贷款能力测算暂行规定》。关于城镇供水项目资金筹措方案设计和贷款能力测算见 [算例 7.6-1]。

7.3 费用分摊

7.3.1 费用分摊的目的和原则

7.3.1.1 费用分摊的目的

对于有多种功能的综合利用项目或同时为多个地区服务的项目，往往需要进行费用分摊，目的是为了分清各受益地区和部门应该分摊的经济责任的大小。费用分摊是指在各受益部门或地区之间合理分摊项目的全部或部分投资和年运行费。一般情况下由主要受益部门或地区分摊工程费用，受益小和效益不易定量计算的部门可不参与分摊。

费用分摊首先要分清专用工程、共用工程、兼用工程、补偿工程等的作用和服务对象。专用工程是指某受益部门或地区专用的工程设施，如农田灌溉专用的引水渠首和各级灌排渠、扬水站及其控制闸系；城镇供水专用的取水建筑物、输配水系统和净水设施；坝后式水电站的厂房和机电设备、进水道和尾水道；航运专用的船闸和码头以及专供某一地区的输水渠道等。共用工程是指为两个及两个以上部门或地区共同使用的工程设施，如综合利用水利枢纽的拦河闸坝、溢洪道和水库及跨流域调水工程中为两个及两个以上受水区输水的渠道等。兼用工程是指虽然主要只为某受益部门或地区服务，但兼有各受益部门或地区共用效能的工程设施，如河床式水电站厂房，从作用上看，它是水力发电部门专用的建筑物，但由于它具有挡水的效能，还可节省该段挡水建筑物的费用。补偿工程是指由于兴建水利水电工程，某些部门或地区原有资产受到损失，为维护或补偿这些部门或地区的利益而修建的某些工程设施。

7.3.1.2 费用分摊的原则

（1）专用工程的费用由各受益部门或地区自行承担。

（2）共用工程的费用按受益大小在各受益部门或地区之间分摊。

（3）兼用工程的费用要视不同情况而定。如果是代替共用工程的费用，则在各受益部门之间分摊；如果是专为某部门服务而增加的补充费用，则由专用受益部门承担。

（4）补偿工程的费用要视补偿的性质而定。如拦河修建闸坝时，为维护原有通航、鱼类洄游等效能，以及补偿航运和水产等部门受到的损失而修建的通航建筑物、鱼道等工程设施。费用虽然是为某受益部门或地区投入的，但属于补偿损失的性质，不应由该工程的受益部门或地区承担，而应由项目其他受益部门或地区共同分担；如果受补偿的部门或地区为了扩大原有资产或提高标准要求增大补偿工程的规模，由此增加的费用，原则上应由受补偿的部门或地区承担。

7.3.2 费用分摊方法

一般情况下应根据项目的具体情况，先将其总费用划分为配套、专用和共用三部分或可分离费用与剩余共同费用两部分。其中配套和专用费用或可分离费用由各受益部门承担，共用工程费用或剩余共用费用则需要选择适用的方法分摊。

7.3.2.1 专用费用与共用费用的划分方法

综合利用水利项目的费用是统一估算的，首先，将综合利用水利工程投资按大坝、水电站厂房、通航建筑物、引水工程及其他进行初步划分，包括按工程量计算出的各建筑物的直接投资及按投资比例计算的相应独立费用，其余投资列入其他工程投资。然后，再根据各建筑物的性质和作用，将其分为专用工程和共用工程，据此划分专用工程投资和共用工程投资。典型综合水利项目的主要建筑物和工程的划分方法如下。

1. 水电站厂房

对于坝后式水电站，厂房土建和机电的费用属于发电部门，应全部划入发电专用费用；但对于河床式水电站厂房的土建部分，由于它既是电站的专用工程设施，又起挡水建筑物的作用，其费用应在发电专用和各共用部门之间适当划分。

2. 引水工程

渠首建筑物、控制设备的费用属于供水部门的专用工程费用。引水干支渠的费用若涉及多个受益地区的，应划分为若干段。为两个或两个以上地区输水的渠道工程的费用也属于共用工程费用，应根据各受益部门或地区的引水量比例进行分摊。

3. 通航建筑物

在不通航河流或河段上兴建水利水电工程后，使其变为通航的河流或河段，所建的通航建筑物，不论其规模大小，所需费用均应列为航运部门的专用费用。

在通航河流或河段上兴建水利水电工程所建的通航建筑物，若其规模不超过河流或河段原有通航等级或通过能力，所建的通航建筑物属于恢复河流或河段原有通过能力的补偿性工程，其费用应归为共同工程费用。若其规模超过原有通航等级或通过能力，其超过部分的费用应归为航运部门的专用费用，原有通航等级或通过能力相应的那部分费用归为补偿工程费用，为各受益部门或地区的共用费用。

4. 大坝工程

大坝工程具有防洪专用和为各受益部门或地区共用的双重性，只为满足防洪需要而增加的费用归为防洪专用费用，其余部分归为各受益部门的共用费用。

5. 移民和环境工程

移民和环境工程包括恢复移民原有生产、生活水平以及环境的补偿费用和发展库区区域经济、改善环境两部分，其中前者为补偿费用，为各受益部门或地区的共用费用，后者则需另作研究。

6. 其他设施

对于综合利用工程中的渔业、旅游、卫生部门，一般均需额外投入专用资金，其专用工程费用不计入工程的总费用中。因此，这些部门不参加综合利用工程的费用分摊，但鱼道设施属于补偿工程，其费用为各受益部门或地区的共用费用。

7.3.2.2 可分离费用与剩余共用费用的划分方法

可分离费用是指工程因满足某受益部门或地区的要求而需增加的费用。它是运用边际费用的原理把各部门或地区的专用工程费用最大限度地划分出来，由各部门或地区各自承担，缩小共用工程费用。一般是先计算出不同部门（或地区）参加该工程情况下的总费用，当某个部门（或地区）不参加时所减少的费用即为该部门（或地区）的可分离费用。例如，一项水利水电工程由A、B、C三个部门联合兴建，共同受益，总费用为K_{ABC}，若不考虑C部门的要求，由A、B两部门联合兴建，其费用为K_{AB}，则K_{ABC}与K_{AB}的差值为C部门的可分离费用K_C，即为满足C部门要求而增加的费用；同理，可分别确定A、B两部门的可分离费用K_A、K_B；由于有一部分费用没有分离，故K_A、K_B和K_C之和应小于K_{ABC}，其差值K_D为剩余共用费用，也称为不可分离费用。剩余共用费用按受益大小由各受益部门或地区共同分担。

如果严格按照上述概念进行可分离费用和剩余共用费用的划分，需要大量的设计资料，且工作量大。实际工作中多采用简化方法。

7.3.2.3 共用费用的分摊方法

对于综合利用水利工程费用的分摊，国内外学者研究提出了30余种方法，但却很难找到一种既简单而又具有普适性的方法。比较常用的方法主要有以下四种。

1. 按某些工程指标的比例分摊

通常按各部门或地区所用的库容、引用的水量等指标的比例分摊。分摊时可用单一指标，也可用几个指标综合计算。例如，水库工程，可由各部门按所用的库容或引用水量的比例分摊；灌溉工程，可根据各地区分配的灌溉水量的比例分摊；护岸工程，可按各受益部门或地区利用岸线长度的比例分摊。该分摊方法的计算表达式为

$$K_i = \alpha_i K \tag{7.3-1}$$

$$\alpha_i = \frac{V_i}{\sum_{j=1}^{n} V_j} \tag{7.3-2}$$

式中 K_i——第i受益部门或地区分摊的费用；

K——共用工程的费用；

α_i——第i受益部门或地区应分摊费用的比例系数；

V_i——第i受益部门或地区使用综合利用工程的指标，如库容、水量等；

n——受益部门或地区数。

2. 按某些经济指标的比例分摊

通常是按各部门或地区所获得的经济效益等指标的比例分摊或按单独兴建等效替代工程的费用比例分摊。

3. 按可分离费用与剩余效益分摊

首先需分析计算可分离费用，再根据各受益部门或地区的剩余效益的比例分摊剩余共用费用，两者之和即为各受益部门或地区应承担的份额。这种方法虽然比较复杂，但却比较科学，在美国、日本、印度及欧洲的一些国家得到广泛运用，我国的三峡工程等大型综合利用水利工程的费用分摊曾经采用过该方法。

4. 按各受益部门或地区获得利益的主次地位分摊

主要受益部门或地区承担较大份额，次要受益部门或地区承担较小的份额。通常主要受益部门或地区承担单独兴建等效工程设施的费用，次要受益部门或地区承担联合兴建该工程设施增加的补充费用。例如，多部门联合兴建某工程的费用为K_{12}，主要受益部门单独兴建等效工程的费用为K_1，则两者的差值（$K_2 = K_{12} - K_1$）即为次要受益部门承担的费用。

7.3.3 费用分摊的基本步骤

综合利用或多地区共同利用工程的费用分摊一般可按以下步骤进行。

（1）确定参与费用分摊的部门或地区。根据各部门或地区在项目中所处的地位主次和分享的效益大小，分析确定参加费用分摊的部门或地区，不一定所有部门都必须参加费用分摊。

（2）选择适当的费用分摊方法。根据设计阶段的要求和工程的具体条件，选择适当的费用分摊方法，对于特别重要的综合利用项目，应同时选用2～3种方法，以选取较合理的分摊结果。

（3）划分费用并进行费用现值计算。根据费用分摊的需要，将工程总费用划分为专用费用和共用费用（或可分离费用与剩余共用费用）等，并进行现值计算。

（4）计算费用分摊比例。当采用多种方法进行费用分摊时，应对各成果进行综合分析，以确定一个综合的分摊比例。

7.3.4 费用分摊结果检查

由于综合利用工程的费用分摊是一个比较复杂、各受益部门或地区又十分关心的问题，且常用分摊方法往往只着眼于某个角度，都不尽全面和完善，因此，为了使费用分摊结果尽可能公平合理，容易被各部门或地区接受，可在几种方法的分摊结果的基础上，按表7.3-1中的1～4类工程设施费用进行分析和合理性检查。如果分摊方案明显不合理，就应进行

调整或重新分析计算。

费用分摊结果正确性与合理性的判断准则：①各受益部门或地区分摊的费用总和必须等于工程的总费用；②任一受益部门或地区所分摊的费用应不小于该部门或地区应承担的专用工程费用或可分离费用；③各受益部门或地区所分摊的费用不应超过各自单独兴建最优等效替代工程的费用；④每个受益部门或地区所分摊的费用要小于它可能获得的效益；⑤各受益部门或地区所承担的费用和可获得的效益比较匹配，不存在明显的不公平。

【算例 7.3-1】 采用库容与水量比例法进行费用分摊。

某水利水电综合利用工程具有防洪、发电、灌溉等综合利用效益。水库正常蓄水位 160.00m，总库容 198.2 亿 m^3；死水位 139.00m，死库容 72.3 亿 m^3；灌溉引用水量 40 亿 m^3/a，相应发电引用水量 273 亿 m^3/a。工程由大坝、电站、引水闸等组成，概算投资 287853 万元（概算表略）。按各部门利用库容和水量相结合的方法进行投资分摊。

结合该枢纽的综合利用功能，拟定防洪、发电和灌溉供水三个部门作为参与分摊费用的部门。

(1) 按大坝、电站、引水闸及其他工程初步划分投资。根据概算表的分项目投资划分的结果见表 7.3-1。

(2) 划分专用工程投资与共用工程投资。

1) 发电专用工程投资：电站全部为发电部门使用，故将电站投资全部划归发电部门专用工程投资，共 78737 万元。

2) 灌溉引水专用工程投资：引水闸为供水部门使用，故将引水闸投资全部划归灌溉供水部门专用工程投资，共 27656 万元。

3) 防洪专用工程投资：由于大坝工程具有防洪专用和其他受益部门共用的双重性。按照该工程不承担防洪任务情况下减少的投资作为防洪专用投资，共 18760 万元。

4) 共用工程投资：共用工程投资等于综合利用水利水电工程总投资减去发电、防洪、供水三部门的专用工程投资，为 162700 万元。

(3) 确定各部门利用库容和水量的指标。根据枢纽调度方案，水位在 157.00～160.00m 之间的库容为防洪专用库容 23.8 亿 m^3；水位在 149.00～157.00m 之间的库容为防洪与兴利（发电、灌溉）共用库容（53.4 亿 m^3），并以防洪为主，按主次地位分摊，防洪分摊 2/3，兴利分摊 1/3，分别为 35.6 亿 m^3 和 17.8 亿 m^3；水位在 139.00～149.00m 之间的库容是纯兴利库容，为 48.7 亿 m^3；死水位 139.00m 以下的死库容 72.3 亿 m^3，主要为兴利所用（灌溉需要利用这部分库容抬高水位，发电需要这部分库容加大发电水头）。据此计算，防洪与兴利所用的库容指标分别为 59.4 亿 m^3 和 138.8 亿 m^3。灌溉引水量 40 亿 m^3/a 不能与发电结合，经长系列水文水利计算，相应的发电引用多年平均水量为 273 亿 m^3。

表 7.3-1 某水利水电工程各分项工程投资估算

分 项 工 程	投资（万元）
1 大坝	27163
1.1 建筑工程	20290
1.2 金属结构及安装工程	1800
1.3 其他费用（分摊）	2604
1.4 基本预备费（按前三项合计的 10%计）	2469
2 电站	78737
2.1 建筑工程	7520
2.2 机电设备及安装工程	51870
2.3 金属结构及安装工程	4640
2.4 其他费用（分摊）	7549
2.5 基本预备费（按前四项合计的 10%计）	7158
3 引水闸	27656
3.1 建筑工程	17900
3.2 金属结构及安装工程	4590
3.3 其他费用（分摊）	2652
3.4 基本预备费（按前三项合计的 10%计）	2514
4 水库及枢纽工程的其他费用	154297
工程静态总投资	287853

(4) 计算各部门分摊综合利用工程费用的份额和比例。分别估算各专用工程和共用工程的年运行费、机电设备与金属结构的更新改造费。再计算防洪、发电、灌溉部门的专用工程费用以及它们的共用工程费用现值，结果见表 7.3-2。

先按防洪与兴利所用库容的比例在防洪与兴利之间分摊共用工程费用，再按引用的多年平均水量的比例在发电与灌溉之间分摊兴利的共用工程费用。各部门专用工程费用和所承担的共用工程费用之和即为对应部门总分摊费用。据此比例计算各部门应分担的工程投资。费用分摊计算结果见表 7.3-2。

表 7.3-2 费用分摊计算

划分方式	项目	受益部门			
		防洪	发电	灌溉	合计
按专用与共用划分	专用工程费用（万元）	4881	20487	7196	32564
	共用工程费用（万元）				42333
按库容划分	利用库容（亿 m³）	59.4	138.8		198.2
	利用库容比例（%）	29.97	70.03		100
	按利用库容比例分摊共用费用（万元）	12687	29646		42333
按供水量划分	各部门利用水量（亿 m³）		273	40	313
	各部门利用水量比例（%）		87.2	12.8	100
	按利用水量比例分摊共用费用（万元）		25851	3795	29646
费用分摊结果与比例	各部门分摊总费用（万元）	17568	46338	10991	74897
	各部门分摊费用比例（%）	23.5	61.9	14.6	100

【算例 7.3-2】 长距离供水工程的投资在地区间的分摊。

A、B、C、D 四地区合作兴建一项供水工程解决工农业供水问题，设计供水量 135.67 亿 m³，其中工业供水量 82.81 亿 m³，农业供水量 52.86 亿 m³；水源工程和引水总干渠投资共 181.7 亿元。按引用水量比例在各部门、各地区之间分摊水源工程和总干渠的投资。各地区配套工程的投资由各地区、各部门自行承担，本算例未列入。图 7.3-1 为该供水工程与受水地区的关系示意图，O 点是水源工程所在地。

(1) 专用工程投资和共用工程投资的划分。供水工程的专用工程投资和共用工程投资划分不同于一般综合利用水利水电工程，配套工程明显应由各地区、各部门自行承担；水源工程明显属于共用工程，其投资应由各地区、各部门共同承担；引水渠道工程有的是为一个地区服务的，有的是为两个或两个以上地区服务的，需进行划分。现结合某供水工程情况划分如下。

从图 7.3-1 可以看出，B—C 段和 B—D 段分别属于 C 区和 D 区的专用工程，A—B 段为 B、D、C 三区共用，O—A 段为 A、B、C、D 四区共用。据此分析，对某供水工程投资划分见表 7.3-3。

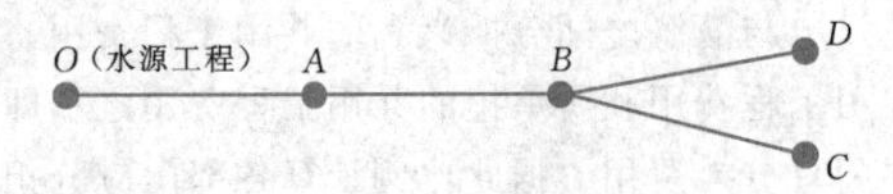

图 7.3-1 某供水工程与受水地区的关系

表 7.3-3 某供水工程投资划分

区段	投资（亿元）	参加分摊地区
B—C	7.56	C
B—D	10.80	D
A—B	40.56	B、C、D
O—A	86.18	A、B、C、D
水源工程	36.60	A、B、C、D

(2) 参与分摊的分段水量计算。投资分摊时各地区供水量应按毛水量计算。工农业供水的保证程度不同，在按供水量分摊投资时应给予不同的权重。至于权重的确定，可视工程情况不同而具体分析，如按工农业供水的保证率确定、按供水对象的输水距离确定等。本算例按供水保证率确定。

1) 根据水源区与供水区年际和年内的不同丰枯遭遇和供需水条件，以旬为单位计算求得各区分水量。

2) 以工业供水保证率（95%）和农业供水保证率（70%）为权重，计算各地区参与投资分摊的水量，结果见表 7.3-4。

(3) 各地区各部门分摊的投资和运行费。①按照每项共用工程对应的各地区计算水量的比例将其总投资分摊到各地区；②在每一地区按照该项工程的工农业用水量计算比例将所分摊的投资进一步分摊到工业和农业；③对每一地区工业、农业所分摊的每项共用工程投资分别求和，即得分摊结果（见表 7.3-5）。

表 7.3-4　　某供水工程供水量计算成果　　单位：亿 m^3

项目		A	B	C	D	合计
渠首供水量	工业	32.70	25.45	11.92	12.74	82.81
	农业	23.70	23.90	5.26		52.86
	合计	56.40	49.35	17.18	12.74	135.67
计算供水量	工业	31.07	24.18	11.32	12.10	78.67
	农业	16.59	16.73	3.68		37.00
	合计	47.66	40.91	15.00	12.10	115.67

表 7.3-5　　某供水工程投资分摊计算成果

项目			A	B	C	D	合计	说明
分摊比例（%）	部门比例	工业	65	59	75	100	68	(1)
		农业	35	41	25	0	32	(2)
	地区比例	B—C段			100		100	(3)
		B—D段				100	100	(4)
		A—B段		60	22	18	100	(5)
		O—A段	41	35	13	11	100	(6)
		水源工程	41	35	13	11	100	(7)
分摊投资（亿元）	B—C段				7.56		7.56	(8) =7.56×(3)
	其中	工业			5.67		5.67	(9) = (8) × (1)
		农业			1.89		1.89	(10) = (8) × (2)
	B—D段					10.80	10.80	(11) =10.8×(4)
	其中	工业				10.80	10.80	(12) = (11) × (1)
		农业				0	0	
	A—B段			24.34	8.92	7.30	40.56	(13) =40.56×(5)
	其中	工业		14.36	6.69	7.30	28.35	(14) = (13) × (1)
		农业		9.98	2.23	0	12.21	(15) = (13) × (2)
	O—A段		35.34	30.16	11.20	9.48	86.18	(16) =86.18×(6)
	其中	工业	22.97	17.79	8.40	9.48	58.64	(17) = (16) × (1)
		农业	12.37	12.37	2.80	0	27.54	(18) = (16) × (2)
	水源工程		15.00	12.81	4.76	4.03	36.60	(19) =36.60×(7)
	其中	工业	9.75	7.56	3.57	4.03	24.91	(20) = (19) × (1)
		农业	5.25	5.25	1.19	0	11.69	(21) = (19) × (2)
	合计		50.34	67.31	32.44	31.61	181.70	(22) = (8) + (11) + (13) + (16) + (19)
	其中	工业	32.72	39.71	24.33	31.61	128.37	(23) = (9) + (12) + (14) + (17) + (20)
		农业	17.62	27.60	8.11	0	53.33	(24) = (10) + (15) + (18) + (21)

本算例是介绍投资分摊方法，对于每项工程的运行费，各地区各行业可按照该工程的投资分摊比例进行分摊。

7.4 国民经济评价

建设项目经济评价包括国民经济评价和财务评价。国民经济评价是从国家整体角度出发，评价项目的经济合理性。财务评价是在国家现行财税制度、现行（和预测）价格体系的前提下，从项目或企业的角度出发，评价项目的财务可行性。

国民经济评价与财务评价主要有以下三个区别。

（1）评价角度不同。国民经济评价是从国家整体的角度考察项目对国民经济的贡献以及需要付出的代价，以确定投资行为的经济合理性；财务评价是从项目财务角度（或企业的角度）考察项目的财务生存能力、债务偿还能力和盈利能力，以确定投资行为的财务可行性。

（2）效益与费用的含义及划分范围不同。国民经济评价从国内资源在宏观上得到合理的配置与利用的角度，关注项目对社会提供的产品和服务及所耗费的资源，考察项目的效益与费用，故补贴不计为项目的效益，税金和国内借款利息均不计为项目的费用；财务评价是根据项目的实际收支情况确定项目的效益与费用，补贴要计为效益，税金和利息要计为费用。国民经济评价对项目引起的间接效益和间接费用即外部效果也要进行分析计算；财务评价只计算项目的直接效益与费用，不计算间接效益与费用。

（3）采用的主要参数不同。国民经济评价采用影子价格、国家统一测定的社会折现率和影子汇率；财务评价采用财务价格（或市场价格）、行业基准收益率和官方汇率，以及项目业主根据自身情况给定的基准收益率或资本金收益率等。

为了使国内资源在宏观上得到合理的配置与利用，项目的取舍必须重视国民经济评价结果。对于国民经济评价结论和财务评价结论都可行的建设项目，应予以通过；两种评价结论都不可行的应予否定。对于国民经济评价结论不可行的项目，一般应予否定。对于一些公益性项目和市场不能有效配置资源的重要项目，如果国民经济评价结论可行，财务评价结论不可行，应重新考虑项目设计方案，必要时可提出政策优惠、财政补贴等措施使该项目具有财务生存能力。

7.4.1 评价的内容

国民经济评价的主要目的：①把国民经济作为一个大系统，合理配置有限资源，使国家获得最大净效益；②真实反映项目对国民经济的净贡献，得出是否对国民经济总目标有利的结论，为项目决策提供科学依据；③引导投资方向，控制投资规模。尤其是国家可以通过调整社会折现率这个重要参数来控制投资总规模，当投资规模膨胀时，可适当提高社会折现率，控制一些项目的通过。同时，有了足够数量的、经过充分论证和科学评价的备选项目，便于各级计划部门从宏观经济角度对项目进行排队和取舍。

水利水电建设项目尤其是大型项目往往规模大，投入和产出都很大，涉及部门多，影响范围广，对国民经济和社会发展影响深远，情况复杂，有许多效益和影响（包括一些主要效益和重要影响）不能用货币表示，甚至有的还不能定量。为了从国家整体角度全面反映水利水电建设项目的国民经济效益和影响，国民经济评价主要包括以下三方面内容。

（1）从国家整体角度，采用影子价格（或经过调整的合理价格），更正被现行政策或市场价格扭曲了的价格关系，分析计算项目的全部费用和效益，计算经济净现值、经济内部收益率、经济效益费用比等国民经济评价指标，并与国家规定的标准比较，判别项目的经济合理性。

（2）除了分析计算直接费用和直接效益外，还要进行必要的间接费用和间接效益分析计算，得出项目的全部费用和效益，作出全面的评价。

（3）采用模拟法，测算项目主要经济评价指标的概率分布，对项目的投资效益进行概率（风险）分析，分析项目的抗风险能力。

7.4.2 评价的基本步骤

（1）了解项目建设技术方案和关于项目经济问题的各种意见，拟定需要开展的研究专题及其工作内容和提纲，确定参加综合经济计算的部门。

（2）搜集基础资料，开展综合经济专题研究。

（3）计算与调整工程费用：①根据项目设计方案及其工程投资估算成果计算工程费用；②补充计算配套工程投资、间接投资、流动资金、年运行费和更新改造费用（包括总额及其年度分配）；③搜集和分析主体工程投资及其构成、年度使用计划、投资估算所采用的单价和计算参数；④将上述各项投资费用调整换算为按影子价格计算的投资费用；⑤调整分年度的投资费用；⑥对综合利用项目和多地区共用项目的投资和年运行费进行分摊。

（4）调查和分析计算工程效益：①调查和分析各种功能的实物量（如年发电量、供水量、减少洪水淹没面积、灌溉面积及其增产量等）及其单价（如发电量的影子电价、供水量的影子水价、每亩耕地灌溉增产效益或农产品的影子价格、减少洪水淹没的人均和亩均综合损失指标、洪灾损失增长率等）；②必要时拟定合理的替代方案或措施、计算替代投资费用；③计算各功能用货币表示的经济效益，分析发挥效益的过程，拟定合理的效益流。

（5）进行国民经济盈利能力分析。

（6）进行不确定性分析，包括敏感性分析和风险（概率）分析。

（7）进行综合经济分析。

（8）对计算成果进行合理性检查，并对项目的国民经济效益和影响进行评价，提出国民经济评价的结论性意见与建议。

7.4.3 评价采用的费用和效益

1. 直接费用

直接费用与直接效益是项目费用与效益计算的主体部分。

项目的直接费用主要指国家为满足项目投入（包括固定资产投资、流动资金及年运行费）需要而付出的代价。水利水电建设项目中的枢纽工程（或河渠工程）投资、水库淹没处理（或河渠占地）补偿投资、年运行费、流动资金等均为水利水电建设项目的直接费用。具体内容见本章7.2节。

2. 直接效益

项目的直接效益主要指它的产出物（或服务）的经济价值（不增加产出的项目的效益表现为对资源或资金投入的节约或对损失的减免）。例如，项目的发电效益，减免的洪涝灾淹没损失，增加的农作物、树木、牧草等主、副产品的价值等。

3. 间接费用

间接费用（又称外部费用）是指国民经济为项目付出了代价，而项目本身并不实际支付的费用。例如，项目建设造成的环境污染和生态破坏。

4. 间接效益

间接效益（又称外部效益）是指项目对社会作出贡献，而项目本身并未得益的那部分效益。例如，防洪项目除了能够减免洪灾直接损失，还能够减免洪灾造成的地域性波及损失和时间后效性波及损失，后两部分就属于间接效益。

只有同时符合以下两个条件的才属于间接费用或间接效益：①项目对与其并无直接关系的其他项目、方面或人产生影响（产生费用或效益）；②这种费用或效益在财务报表（如财务现金流量表）中并没有得到量化反映。

5. 转移支付

转移支付是指国民经济系统内部各部门间所发生的费用和效益的相互转移，并不导致实际的资源消耗（或增加），如项目向国家或地方政府缴纳的各种税金和附加费用、国家对某些项目的补贴、国内借款利息、本国征收的进出口关税等。但是，项目从国外融资的还本付息等不属于转移支付，必须计入项目的费用。转移支付在国民经济评价中既不作为费用也不作为效益，要予以剔除。

7.4.4 影子价格

影子价格是指当社会经济处于某种最优状态时，能够反映社会劳动消耗、资源稀缺程度和对最终产品需求程度的价格。确定影子价格的方法主要有市场均衡价格法、总体均衡分析法、局部均衡分析法、成本分解法等。我国影子价格由国家统一测算和颁布，本章不介绍这些方法。下面只简单介绍劳动力、土地、国际贸易货物等的影子价格。

7.4.4.1 劳动力的影子价格

劳动力的影子价格——影子工资，理论上等于劳动力机会成本与新增资源消耗之和。通常采用影子工资换算系数乘以工程设计概（估）算中的工资计算。根据《方法与参数》（第三版），技术劳动力的影子工资换算系数为1，非技术劳动力的影子工资换算系数一般为0.25～0.8。我国各地区经济发展不平衡，劳动力供求关系存在一定差别，可按照当地非技术劳动力供给富足程度调整影子工资换算系数。

7.4.4.2 土地的影子价格

土地的影子价格应包括土地的机会成本和因土地转变用途所导致的新增资源消耗两部分。城镇土地和农村土地要分别计算。

1. 城镇土地的影子价格

建设项目从国家取得城镇土地使用权通常有三种方式，即协议出让、公开招标、拍卖，从而形成协议价格、招标价格和拍卖价格。招标价格和拍卖价格基本上是市场价格，可作为土地的影子价格（目前我国政府垄断着土地，一些大城市的土地拍卖价格奇高除外）。但是，协议价格往往取决于供需双方的动机，而不是由土地市场供需状况和土地预期收益决定的，故不能作为土地的影子价格，需将协议价格与同类土地公平交易价格比较后确定。此外，城镇土地的影子价格也可以参照各城市制定的分级土地基准地价，按照当地对具体地块出让价格进行修正的方法估算。

2. 农村土地的影子价格

水利水电建设项目占用的土地通常多数是农村土地。农村土地应按土地征用费用调整计算其影子价格，其中，耕地补偿费及青苗补偿费应视为土地机会成本，地上建筑物补偿费及安置补偿费应视为新增资源消耗。如果这些费用已与农民进行了充分协商并获得认可，可直接按财务成本计算其影子价格；如果存在征地费优惠，或在征地中没有进行充分协商，导致补偿和安置补助费低于市场定价，应按当地正常征地补偿标准调整土地的影子价格。此外，在征地过程中收取的征地管理费、耕地占用税及其他税金、耕地开垦费、土地管理费、土地开发费、粮食开发基金、国内借款利息、计划利润等各种税费，属于转移支付，必须剔除。在计算土地机会成本时，需测定征用土地在整个被占用期的逐年净效益，并以所有可能的最大净产出现值之和作为计算土地的机会成本的参考依据，与前面提到的土地补偿费加青苗补偿费之和进行比较以确定土地的机会成本。

7.4.4.3 国际贸易货物的影子价格

项目产出物作为出口物的影子价格等于其离岸价（*FOB*）与影子汇率之积减去出口费用。项目需要的进口物的影子价格等于其到岸价（*CIF*）与影子汇率之积加上进口费用。进口费用或出口费用分别是货物进出口环节在国内所发生的所有相关费用，包括运输、储运、装卸、保险等各种费用支出及物流环节的各种损失、损耗等。

7.4.4.4 水利水电建设项目部分影子价格的估算方法

在没有直接的影子价格资料可用时，水利水电建设项目国民经济评价所需的部分影子价格可按以下方法估算：对费用影响程度大的主要材料分别按外贸或非外贸货物进行影子价格计算。对进口机电设备按外贸货物计算其影子价格。对产出物中主要的农产品可按外贸货物（如水稻、玉米、油料、棉花、大豆、花生等）或非外贸货物计算影子价格。对农副产品（如稻草、麦草、棉梗等）的影子价格，可采用当地市场价格，也可按副产品产值占主产品产值的比例简化计算。电力影子价格可根据电力系统增加单位负荷所增加的容量成本和电量成本之和确定，或者按供电范围内电力用户的支付意愿确定。对作为水电替代方案的火电所耗用的动力原煤的影子价格，在北方和中部地区可按非外贸货物计算其影子价格并参照市场价格确定，在南方沿海地区也可按外贸货物测算其影子价格。

7.4.5 费用计算方法

建设项目的费用包括工程的固定资产投资、年运行费（或经营成本）、流动资金和更新改造费。

1. 固定资产投资

固定资产投资包括由国家、企业和个人以各种方式投入主体工程和配套工程的全部固定资产投资（需要强调的是，要剔除建设期利息），其中除直接投入资金外，还应包括投物投劳的折价。固定资产投资计算的范围应严格与效益口径一致。

（1）主体工程固定资产投资。根据《水利工程设计概（估）算编制规定》（水总〔2002〕116号）计算，通常可直接利用专门的投资估算结果。

（2）配套工程固定资产投资。主要是指为全面实现水利水电工程效益所需要的工程、设备等的投资，如水电站的输变电工程投资、灌区的下级渠道及田间工程投资等，也包括为消除水利水电工程建设带来某些不利影响所需要的补偿设施的投资。配套工程投资不仅与主体工程规模有关，也与主体工程服务对象有关，例如，水电站就近供电，输变电工程投资就少；远距离送电，输变电投资就多。配套工程投资的投入时间与主体工程资金投入时间也不完全同步，一般是在主体工程建设后期根据项目发挥效益的要求逐步投入。配套工程投资可按照典型设计的扩大指标或参照类似工程采用影子价格予以估算。有些配套工程固定资产投资可直接利用专门的投资估算结果，可能部分需要补充计算。

2. 年运行费

国民经济评价中的年运行费可根据工程影子投资按财务年运行费占固定资产投资的比例换算。

3. 流动资金

在项目技术经济论证阶段，流动资金通常按扩大指标估算。

4. 更新改造费

更新改造费在金属结构及机电设备等的经济寿命期末次年开始投入。投入年份及各年投入的数量按照工程的固定资产投资年度计划进行。

7.4.6 效益计算方法

7.4.6.1 国民经济评价效益计算的主要方法与基本内容和步骤

1. 主要方法

水利水电建设项目的直接效益和间接效益（本节均指经济效益，下同）计算，最常用的基本方法主要有以下三种。

（1）增加收益法。以有拟建项目情况下可增加的经济效益作为该项目或功能的效益。可采用该方法进行灌溉、城镇供水、水力发电和航运等功能的效益估算。

（2）减免损失法。以有项目情况下可减免的国民经济损失作为项目或功能的效益。防洪、治涝功能的效益估算多采用该方法。

（3）替代方案法。以最优等效替代方案或措施的费用（包括投资和运行费）作为拟建项目或功能的效益。当国民经济发展目标已定时，均可用该方法估算效益。如拟建水电站常以最优等效火电站的费用作为效益。有些生态环境保护项目的经济效益不易直接计算时，也采用替代保护或恢复措施的费用近似估算。替代方案法计算结果的正确性关键取决于两点：一是该项需要是否为必须要满足的合理需求，如果不是则用该方法计算的经济效益未必是合理的；二是替代方案是否为最优等效。只有与拟建项目具有相同效果，并且一旦拟建项目不能实现时，可以实施的方案才是等效替代方案。

2. 基本内容和步骤

水利水电建设项目经济效益分析计算的基本内容和步骤如下。

（1）调查分析建设项目各功能的影响范围和具体作用。

（2）分析确定项目效益种类和计算范围，并选择合适的计算方法。

（3）分析计算各功能直接效益和间接效益，包括多年平均效益和设计年、特大洪涝年（防洪、治涝功能）、特大干旱年（灌溉、城镇供水功能）的效益，然后计算项目的综合经济效益。

（4）效益的不确定性分析与风险分析。

7.4.6.2 防洪效益的计算方法

1. 主要内容

防洪项目的效益一般包括可减免的洪灾损失和可增加的土地利用价值，有的情况可能没有后一项效益。洪灾损失又分直接损失和间接损失。前者是指洪水淹没区内受洪水直接影响所造成的经济损失；后者是指淹没区内外与洪水没有直接关系但有间接关系而遭受的经济损失。减免洪灾的直接损失计入直接防洪效益，间接损失计入间接防洪效益。减免的洪灾损失通常采用频率法或系列法计算，要求给出多年平均值和特大洪水年的数值。减免的洪灾损失主要包括：①减少的乡村淹没损失，包括洪水淹没、冲毁、淤压各类用地，乡村居民房屋倒塌和财产损失等；②减少的城镇淹没损失，包括工厂、企业、公共设施和居民住宅被淹造成设备、物资财产以及停产、停业损失；③避免铁路、公路、机场、电力、电信、水利工程等重要基础设施被淹导致运行中断、设施毁坏等引起的损失；④可节省的防汛抢险、医疗救护、救灾等费用。

2. 直接防洪效益的计算方法

直接防洪效益的计算一般包括两方面内容，即减免的洪灾直接损失计算和增加的土地开发利用价值计算。

（1）减免洪灾直接损失的计算方法。包括计算一次洪水下减免的洪灾直接损失和减免的多年平均洪灾直接损失。

1）一次洪水下减免的洪灾直接损失。

a. 分析确定计算洪水年和选择典型洪水。计算洪水年应为致灾洪水的年份，该年份的上游来水超下游河道安全泄量标准，若无拟建的防洪措施，就会造成洪灾损失。计算洪水年可以是计算系列中的某一典型大洪水年，也可以是某一频率洪水的年份。

b. 调查分析洪灾损失基础资料。洪灾损失调查基础资料主要分为以下五类：①人口伤亡损失；②城乡房屋、设施和物资损坏造成的损失；③工矿企业停产、商业停业，交通、电力、通信中断等所造成的损失；④农、林、牧、副、渔各业遭受的损失；⑤防洪抢险、救灾等费用支出。

洪灾损失调查分析主要是指对洪水年的淹没范围、淹没程度、淹没区的社会经济情况、各类财产的洪灾损失率及各类财产的损失增长率等进行调查分析，有条件的应进行普查。对洪水淹没范围很大，进行普查有困难的情形，可选择有代表性的地区和城镇进行典型调查。洪灾损失基础资料的调查分析可根据《已成防洪工程经济效益分析计算及评价规范》（SL 206）的规定进行，并以此为基础进行计算洪水年下的单位综合损失指标，其中农村以亩均综合损失值表示，城镇以人均综合损失值表示。对于过去的综合损失指标，应根据防洪受益区洪灾损失增长率和物价变化进行调整和修正。

c. 分析计算洪水淹没实物指标。以有、无项目情况下的淹没面积（农村）和受淹人口（城镇）等实物指标的差值作为该年以实物指标表示的防洪效益。

d. 计算防洪工程减免的直接经济损失。用各洪水年减免的受灾实物指标和相应的损失单价计算有防洪措施下减免的洪灾直接损失。若防洪区域中各小区的单位综合损失值不同，应先以小区为单元分别计算，再汇总。

2）减免的多年平均洪灾直接损失。减免的多年平均洪灾直接损失的计算是在各次洪水下的减免洪灾直接损失计算基础上进行的。其常见计算方法有综合损失指标法、系列法和频率法。

a. 综合损失指标法。该方法是直接采用洪灾综合损失指标直接估算区域多年平均直接防洪效益。适用于有综合损失指标资料可用，并且精度要求不太高的情况。

【算例 7.4-1】 采用综合损失指标计算区域多年平均直接防洪效益。

某水利工程位于 A 江的上游、中游交界处，具有防洪、发电等综合效益，没有增加土地利用价值的效益。其防洪效益主要体现在它与中下游堤防和分蓄洪工程组成防洪体系，可减少下游民垸分洪几率、分蓄洪区的运用机会、洲滩的洪灾损失，以及减少两岸干堤保护区在特大洪水时的经济损失和人员伤亡。有、无该工程下防护区内多年平均洪水淹没面积和亩均综合损失的调查计算结果见表 7.4-1。下面计算其多年平均直接防洪效益。

首先分别求出有、无工程情况下各区的受淹面积差值，再将差值分别乘以相应地区的亩均综合损失，即可得到受益区获得的多年平均直接防洪效益，即 140285 万元。

表 7.4-1　多年平均直接防洪效益计算表

项目 \ 地区		民垸	分蓄洪区	洲滩地	两岸平原	合计
受淹面积（万亩）	无工程	11.02	26.23	52.18	5.7	95.13
	有工程	1.35	2.26	12.78	1.1	17.49
亩均综合损失（元）		4643	1951	690	4660	
减免的综合损失（万元）		44898	46765	27186	21436	140285

b. 系列法。该方法又分典型系列法和长系列法。以实际洪水资料为基础，选取一段洪水资料比较完整、代表性较好，并具有一定长度的实际年系列，计算各年有、无防洪项目情况下的洪灾损失及其多年平均值，两者差值即为防洪项目的多年平均直接防洪效益。

如果系列中有重现期大于洪水系列年限的大洪水，则要将该次大洪水先从系列中抽出来，并按其重现期计算多年平均损失值，再将与计算洪水系列年限对应的部分加入洪水系列的洪灾损失中。如果系列中缺少大洪水年，应补充大洪水年的资料，并将大洪水的洪灾损失按该洪水出现的频率或重现期计算年均损失值，再将与计算洪水系列年限对应的部分加入按系列法计算的防洪效益中。这样才可以避免由于系列中大洪水年过多或缺少造成计算的防洪效益偏大或偏小的问题。例如，长江三峡工程可行性研究和初步设计中均采用了长系列实际年排序和特大洪水另作处理的方法计算其多年平均直接防洪效益。首先，用宜昌站 1860～1992 年共 133 年系列的逐年洪水流量和城陵矶、汉口站逐年的水文资料，计算出各致灾洪水年有、无三峡工程情况下的洪灾损失值；其次，将水文系列中洪水重现期远大于水文系列 133 年的 1860 年和 1870 年两次历史特大洪水从上述排序中提出来，按其重现期（据历史洪水调查，1860 年和 1870 年洪水于 1153～1992 年各出现一次，重现期为 840 年）计算其经验频率，并按重现期平均洪灾损失值；然后计算洪水系列的洪灾损失值、各特大洪水年的年平均洪灾损失值；最后计算三峡工程多年平均直接防洪效益。

c. 频率法。该方法又分经验频率法和理论频率法两种。频率法也是以洪水统计资料为基础拟定多个洪水频率，一般不少于五个，分别计算各频率下有、无防洪项目的洪灾损失，以各频率洪水所代表的概率为权重分别计算它们的多年平均损失值 $\overline{S}_B$、$\overline{S}_A$，其计算公式见式（7.4-1）；两者的差值（$\overline{S}_A-\overline{S}_B$）即为防洪项目的多年平均直接防洪效益。

$$\overline{S}=\sum_{i=1}^{m}\Delta p_i\overline{S}_i \tag{7.4-1}$$

其中

$$\Delta p_i = p_i - p_{i-1}$$

$$\overline{S}_i=\frac{S_i+S_{i-1}}{2}$$

式中　$\overline{S}$——多年平均直接防洪效益；

p_i、p_{i-1}——相邻的两频率值；

i——频率段序号，$i=1, 2, 3, \cdots, m$；

m——频率段数；

S_i、S_{i-1}——频率 p_i、p_{i-1} 的洪灾损失。

频率法考虑了洪灾损失与洪水频率的关系，但不适用于那些由多种洪水来源组成的洪水淹没区，主要是因为其洪水遭遇组成、峰量关系、洪水典型选择和各频率洪水在地区上的代表性等问题短期内难以研究清楚，不易选出具有代表性的频率洪水。

【算例 7.4-2】 采用频率法计算多年平均直接防洪效益。

某防洪项目，在有、无防洪项目条件下，经调查和预测，各频率下的洪灾损失见表 7.4-2，根据表中

表 7.4-2　　多年平均直接防洪效益计算

洪峰流量 (m^3/s)	频率 p_i	Δp_i	无工程情况下多年平均损失（万元）			有工程情况下多年平均损失（万元）		
			S_{Ai}	$\overline{S}_{Ai}$	$\Delta p_i\overline{S}_{Ai}$	S_{Bi}	$\overline{S}_{Bi}$	$\Delta p_i\overline{S}_{Bi}$
40000	1.00		—					
		0.30		7500	2250			
48000	0.70		15000					
		0.20		22500	4500			
56000	0.50		30000					
		0.30		45000	13500			
66000	0.20		60000					
		0.10		80000	8000			
79000	0.10		100000					
		0.04		150000	6000			
99000	0.06		200000			1500		
		0.03		250000	7500		22500	675
121000	0.03		300000			30000		
		0.02		350000	7500		45000	900
143000	0.01		400000			60000		
		0.01		450000	4500		80000	800
可能最大	—		500000			100000		
多年平均损失					53250			2375

数据和实际年系列，按频率法计算其多年平均直接防洪效益。项目的多年平均直接防洪效益等于无、有工程情况下的多年平均洪灾损失之差，即 50875 万元。

防洪效益是随经济社会发展逐年增加的，调查计算基准年、正常运行期内各年的多年平均直接防洪效益在数量上是不一样的，因此，必须用洪水损失年均增长率进行换算。例如，三峡工程按 1992 年生产水平和价格水平计算的多年平均直接防洪效益为 25 亿元；根据调查和预测，按洪灾损失年增长率 3%计算，工程建设 20 年后即正常运行期第一年的防洪效益为 46 亿元。工程正常运行期 41 年内，各年防洪效益的平均值为 88 亿元，为正常运行期第一年的 191%，为 1992 年的 352%。

(2) 增加土地开发利用价值的计算方法。防洪项目实施后，由于防洪标准提高，可使土地开发利用的价值发生改变（如使部分荒芜的河滩地变为耕地；使原来只能季节性使用的土地变为全年使用；使原来只能种低产作物的耕地变为种高产作物；使原来农业用地变为城镇和工业用地等），从而增加了土地的开发利用价值。如果因防洪受益区土地开发利用价值的增加使其他地区的土地开发利用价值减少，则这部分减少值要从受益区增加值中扣除。再用防洪项目的费用占有、无项目方案的总投入差值的比例分摊土地增加价值，得到防洪项目增加的土地开发利用价值。

3. 间接防洪效益的计算方法

防洪项目除了有直接防洪效益外还有间接防洪效益，主要包括减免地域性波及损失和时间后效性波及损失两方面的效益。地域性波及损失是指淹没区内因洪水淹没造成工业停产、农业减产、交通运输受阻中断，致使其他地区因原材料供应不足等造成的经济损失；时间后效性波及损失是指洪水期后，洪灾影响继续使原淹没区内外生产、生活水平下降，工农业产值减少所造成的损失。

通常情况下，间接洪灾损失的大小与洪水大小以及直接淹没对象有关，洪水越大，破坏作用越大，间接损失也越大；直接洪灾损失中工矿企业、交通运输损失比重大的地区，其间接损失大于农业区或住宅区的间接损失。对于间接洪灾损失，目前国内外尚无成熟的计算方法。一般是通过对已发生洪水引起的间接损失作大量调查分析，估算不同行业和部门的间接损失，推算其与直接损失的比例关系，用百分数 α 表示。如美国建议采用的 α 值：住宅区 15%、商业 37%、工业 45%、公用事业 10%、公共产业 34%、农业 10%、公路 25%、铁路 23%；澳大利亚建议采用的 α 值：住宅区 15%、商业 37%、工业 45%；我国防洪工程间接效益多按防洪直接效益的 20%～30%估算。

在实际工作中，如果短期内难以取得项目的间接防洪效益资料，可根据其直接洪灾损失构成，参照国内外有关资料初步匡算间接防洪效益。具体计算时，可将直接洪灾损失分为四类：①农业损失（包括农、林、牧、副、渔五业）；②工商业损失；③交通运输损失；④住宅损失（包括公私房屋和其他财产）。之后，各项直接洪灾损失分别乘以相应的间接损失系数 α，相加后即可得出间接防洪效益。

7.4.6.3 治涝效益的计算方法

1. 主要内容

治涝效益是指治涝项目在排除当地降雨造成的涝

灾中所减免的损失，包括直接效益和间接效益。直接效益主要为项目可减免的农作物损失，在大涝年份还包括减免的林、牧、副、渔各业损失；减免的房屋、财产和工程等毁坏损失；减免的工矿企业停产，商业停业，交通、电力、通信中断等损失，以及减少的抢排涝水及救灾费用支出等。间接治涝效益主要指减免因农业原料不足造成的农副业、工业产值损失，以及减轻灾区疾病传染、精神痛苦和环境卫生条件恶化等。对难以定量的减免损失，可定性说明。由于治涝间接效益与直接效益相比较小，一般可不考虑。但如果排除涝水导致该地区地下水位下降能附带产生治碱、治渍效益，应计入治涝效益。

2. 计算方法

治涝效益与防洪效益的计算方法相似，应以有、无项目对比可减免的涝灾损失计算，要求给出多年平均值和特大涝水年的数值。计算方法通常有频率法、内涝积水量法、雨量涝灾相关法以及系列法等。

(1) 频率法。该方法（又称频率曲线法）以涝区的长系列暴雨资料和调查及预测的经济资料为基础，按治涝项目的设计标准，对比有、无治涝项目情况下的受灾面积、灾情严重程度等，绘制有、无项目情况下的涝灾损失频率曲线，两条曲线间的面积即为该项目的治涝效益。

(2) 内涝积水量法。通过暴雨径流关系，推求有、无治涝项目条件下可排除的涝水量及其相应的未能排除的涝区积水量，再以涝区积水量大小求出有、无治涝项目时的涝灾损失，其差值即为治涝效益。该方法主要适用于平原圩区。

(3) 雨量涝灾相关法。根据历年暴雨和涝灾损失等资料，建立涝灾损失与暴雨量关系，再按治涝项目的建设标准，推算超过治理标准后可能致灾的范围和程度，并以此求出有、无治涝项目时的涝灾损失差值，其差值即为治涝效益。

(4) 系列法。该方法（又称年系列法）从实际资料中选取一定长度且代表性较好的年降雨系列，逐年计算在有、无治涝项目情况下的涝灾面积，以治涝项目多年平均减少的涝灾面积和单位面积的涝灾损失计算多年平均治涝效益。该方法主要适用于有多年受灾面积统计资料的地区。

7.4.6.4 灌溉效益的计算方法

1. 主要内容

灌溉效益主要体现为提高农作物产量和质量的效益。一方面，由于各地的气候、土壤、作物品种和农业措施等条件不同，灌溉效益存在着地区差别；另一方面，由于降水量的随机性，导致灌溉水量和灌溉效益也存在年际之间的波动。因此，须选用足够长的降雨系列，分别计算多年平均效益、设计年效益和特大干旱年效益。节水灌溉项目可改善灌溉条件和节约水资源。如果项目节省的水量还有一部分可用于增加城镇供水或进一步扩大灌溉面积，可根据实际情况计算这部分水量的效益。如果是灌溉效益与治涝、治碱、治渍效益联系密切的项目，可结合起来计算项目的综合效益。

2. 计算方法

常见计算方法主要有分摊系数法、生产成本扣除法和缺水损失法。

(1) 分摊系数法。考虑水利和农业技术措施对作物增产的综合作用，并通过有、无灌溉项目对比，用灌溉效益分摊系数将农作物的总增产效益在水利工程和农业技术措施之间合理分摊。这种方法的关键在于合理确定分摊系数。

灌溉效益分摊系数是指灌溉工程在农作物总增产效益中灌溉工程应分摊的比例。它受作物的品种、年降水量、地区的类型和农业技术的发展程度等多方面因素影响，须在大量试验和调查资料的基础上分析确定。对于干旱地区、干旱年份或耐旱能力差、农业技术措施含量低的作物，一般灌溉效益分摊系数较大；对于湿润地区、湿润年份或抗旱能力强、农业科技措施含量高的作物，灌溉分摊系数较小。例如，西北干旱地区各种农作物的灌溉效益分摊系数多在0.6左右，而南方湿润地区则在0.4左右。

多年平均灌溉效益（B_{aw}）的计算公式为

$$B_{aw}=\sum_{j=1}^{m}A_j\varepsilon_j[(y_j-y_{0j})p_{y,j}+(z_j-z_{0j})p_{z,j}] \tag{7.4-2}$$

式中 j——农作物种类；

A_j——灌溉工程规划中第 j 种农作物的种植面积；

y_j、z_j——有灌溉工程条件下，第 j 种农作物主、副产品在计算期内的多年平均单位面积产量；

y_{0j}、z_{0j}——无灌溉工程条件下，第 j 种农作物主、副产品在计算期内的多年平均单位面积产量；

ε_j——第 j 种农作物的灌溉效益分摊系数；

$p_{y,j}$、$p_{z,j}$——第 j 种农作物主、副产品的价格。

对规划工程，设计年和特大干旱年的灌溉效益均可按式（7.4-2）计算，各参数采用相应典型预测值。对于已成工程的灌溉效益，一般可采用实际资料进行计算。

【**算例 7.4-3**】 采用分摊系数法计算灌溉效益。

某灌溉工程设计灌溉面积35万亩，灌溉农作物以稻麦倒茬为主、复种指数为1.8，各种作物的种植比例为小麦40%、水稻80%、棉花18%、油菜和蚕豆等40%、其他2%。

（1）多年平均灌溉效益计算。该灌区需要灌溉工程补水灌溉的作物包括水稻、小麦、棉花等，需计算灌溉效益；绿肥、油菜、蚕豆及其他作物不需灌溉，不用计算灌溉效益。

根据拟建灌区历年产量、附近灌区产量和小区灌溉试验产量等资料，分析和预测灌区今后40～50年内各种农作物在有、无项目情况下的多年平均亩产量；根据灌区附近地区试验成果，选取各种农作物的灌溉效益分摊系数，据此求得水稻、小麦和棉花的灌溉亩增产量（见表7.4-3）。

表 7.4-3　　农作物多年平均灌溉亩增产量及灌溉效益

农作物 项　目	水　　稻		小　　麦		棉　花	合　计
	有项目	无项目	有项目	无项目		
种植面积（万亩）	28	28	14	14	6.33	
亩产量（kg/亩）	560	325	410	205		
亩增产量（kg/亩）	235		205			
灌溉效益分摊系数	0.4		0.3			
亩灌溉增产量（kg/亩）	94.0		61.5		15	
灌溉增产量（万 kg）	2632		861		95	
灌溉效益（万元）	4738		1722		1235	7695

水稻、棉花等农产品的影子价格可按外贸出口货物考虑，即根据进出口贸易的实际情况及其进出口费用计算，水稻（谷子）为1.8元/kg、棉花为13元/kg；小麦的影子价格按进口货物计算，为2.0元/kg。计算得到该灌溉工程正常运行期的多年平均灌溉效益（见表7.4-3）。

（2）设计年和特别干旱年的灌溉效益计算。该灌溉工程的设计保证率为80%，设定特别干旱年的保证率为90%～95%。根据当地降雨资料分析，选定1989年为设计代表年，1978年为特别干旱年。据分析，在设计代表年，若有灌溉工程基本上不缺水，产量正常，若无灌溉工程则水稻、棉花、小麦分别缺水$260m^3$/亩、$120m^3$/亩、$50m^3$/亩；特别干旱年，若有灌溉工程即使再采用其他可利用的供水能力，也只能满足需水量的80%，农作物产量受到一定影响，若无灌溉工程则水稻、棉花、小麦分别缺水$320m^3$/亩、$150m^3$/亩、$80m^3$/亩。根据设计代表年和特别干旱年的缺水面积、产量情况和效益分摊系数，计算出设计年和特别干旱年各种作物的灌溉效益分别见表7.4-4和表7.4-5。可见，设计年灌溉效益为多年平均灌溉效益的1.56倍；特大干旱年的灌溉效益为多年平均灌溉效益的1.96倍，为设计年的1.25倍。

（2）生产成本扣除法。分别将有、无灌溉工程情况下的农业技术措施费用及合理利润从方案的农业产值中扣除，得出两个不含农业技术成本的“净产值”，再以两方案的“净产值”之差作为灌溉效益。这种方法忽略了农业技术措施对提高作物产量和品质的作用，不适合农业技术措施的投入占总投入比例较大、对农业总效益有较大贡献的情况，只适用于在有、无灌溉工程条件下农业技术措施基本相似的地区。

表 7.4-4　　设计年（1989年）农作物灌溉亩增产量及灌溉效益

农作物 项　目	水　　稻		小　　麦		棉　花	合　计
	有项目	无项目	有项目	无项目		
亩产量（kg/亩）	560	210	410	160		
亩增产量（kg/亩）	350		250			
灌溉效益分摊系数	0.45		0.35			
亩灌溉增产量（kg/亩）	157.5		87.5		20	
灌溉增产量（万 kg）	4410		1225		126	
灌溉效益（万元）	7938		2450		1638	12026

表 7.4-5　　特别干旱年（1978年）农作物灌溉亩增产量及灌溉效益

项目＼农作物	水稻		小麦		棉花	合计
	有项目	无项目	有项目	无项目		
亩产量（kg/亩）	500	140	380	120		
亩增产量（kg/亩）	360		260			
灌溉效益分摊系数	0.55		0.45			
亩灌溉增产量（kg/亩）	198		117		22	
灌溉增产量（万kg）	5544		1638		139	
灌溉效益（万元）	9979		3276		1807	15062

（3）缺水损失法。按缺水使农业减产造成的损失计算，即有、无灌溉工程条件下，农作物减产系数的差值乘以灌溉面积及单位面积的正常产值计算灌溉效益 B_{aw}。每种农作物效益计算公式为

$$B_{aw}=(d_0-d)AYp_a \tag{7.4-3}$$

式中　d_0、d——无、有灌溉工程的多年平均减产系数；

A——项目规划的灌溉面积；

Y——不缺水情况下农作物的单位面积产量；

p_a——农作物的影子价格。

在计算长系列中某年的灌溉效益时，减产系数 d_0、d 应根据该年降雨、水资源状况测定。有灌溉工程条件下，灌溉需水量得到满足的年份，农作物不缺水，减产系数 d 等于零。

此外，灌溉效益一般均计至田间作物，应注意其在骨干工程与田间配套工程之间进行合理分摊。

7.4.6.5　城镇供水效益的计算方法

1. 主要内容

城镇供水效益应包括工矿企业供水效益和城镇生活供水效益，以多年平均效益、设计年效益和特大干旱年效益表示。

由于城镇生活用水的重要性和保证率均高于工矿企业用水，其经济效益应大于工业用水，但生活用水的经济价值难以准确定量，因此，城镇生活供水效益可按与工业供水效益相同来计算，也可在工业供水效益计算成果的基础上乘以一个价格系数（此系数应不小于城镇生活用水保证率与工矿企业用水保证率的比值）。

此外，在计算城镇供水效益时需特别注意效益与费用口径一致。若是向城镇水厂提供水源，则拟建项目的城镇供水效益要以相应的供水规模所需水源建设费用占水源、水厂和管网等建设总费用的比例来分摊其全部城镇供水效益；如拟建项目是直接供水至用户，则费用包括水源、水厂和管网等的全部费用，供水效益无须分摊。

有的城镇供水项目或灌区供水项目也向乡村人畜供水，可用替代方案法计算最优等效替代工程或节水措施所需的年费用作为向乡村人畜供水的效益。该效益也可根据乡村生活用水户可接受的水价计算。

2. 计算方法

城镇供水效益计算的常用方法有分摊系数法、替代方案法、缺水损失法和影子价格法等。缺水损失法只适用于现有供水工程不能满足城镇工矿企业用水或居民生活用水需要，导致较多工矿企业停产、减产或严重影响居民正常生活用水的情况，如应急供水、临时供水、补充供水等供水工程。不适用于区域整体协调发展规划中的供水工程效益计算。影子水价法的应用常因资料缺乏和工作量大等受到限制。下面介绍最常用的两种方法。

（1）分摊系数法。该方法是目前国内在计算城镇供水效益中最常用的方法，主要适用于方案优选后的供水项目。

按照《水利建设项目经济评价规范》（SL 72）的规定，该方法是以供水工程的费用占供水范围内整个工矿企业生产费用的比例作为供水效益分摊系数，分摊有该供水工程后工矿企业的增产值。为了避免出现供水工程投资越大供水效益越大的不合理现象，对该方法进行了适当的改进和完善。改进完善后的分摊系数法是按照供水范围内全部工业供水工程的投资费用折现总值占工业生产（含工业供水工程）投资费用折现总值的比例分摊供水后，工矿企业生产增加的毛产值估算工业供水效益，工业供水工程和工业生产的投资费用均包括固定资产投资、流动资金和年运行费等，计算公式如下：

$$B_{indw}=\frac{W}{q}\frac{C_w}{C_{ind}+C_w} \tag{7.4-4}$$

式中　B_{indw}——计算年的工业供水效益；

W——工业供水量；

q——工业万元产值取水量；

C_w、C_{ind}——供水范围内城镇供水工程、工业生产项目的投资费用的折现值；

$\frac{C_w}{C_{ind}+C_w}$——分摊系数。

（2）替代方案法。该方法在欧美国家及日本等国被广泛采用，是比较合理的方法。它是以最优等效替代方案所需的年费用来计算供水效益。该方法主要适用于有兴建等效替代工程条件或可实施节水措施并且节水量足够的区域。在计算中制定最优等效替代方案是关键。

构成替代方案的替代措施可以包括以下一项或多项：①开发当地地表水或地下水；②跨流域调水；③海水淡化；④采用节水措施（如提高水的重复利用率、污水净化、减少输水损失以及改进生产工艺、降低用水定额）；⑤挤占农业用水或其他一些耗水量大的工矿企业（包括将某些耗水量大的工矿企业迁移到水资源丰富的地区）的水量等。

【算例 7.4-4】 用替代方案法计算城镇供水效益。

Z 地区水资源缺乏，为改善缺水状况，拟建一跨地区引水工程从外区域引水约 26 亿 m^3，净供水量约 20 亿 m^3，向该地区中 A、B、C 子区提供城镇生活、工业生产及农业灌溉用水，并相机向 C 子区补充一定量的生态用水。下面采用替代方案法计算其城镇供水效益。

（1）研究和选择替代方案。调查研究后认为，一旦该项目从区域外集中水源调水不能实现，则将立足于各受水子区或其邻近区域的水资源的进一步开发利用（小规模引水），尽可能满足用水需求。根据“最优等效”的原则拟定如下替代方案。

1）A 子区在流经 Z 地区西部的 I 河流上兴建 J 水库，多年平均向 A 子区净供水 1 亿 m^3，工程投资约 71 亿元。

2）B 子区分别由流经 Z 地区南部 E 河流上的已建水库 W、北部河流 S 上的 G 水库、D 水库提水，多年平均向 B 子区净供水 2 亿 m^3，工程投资约 83 亿元，年抽水耗电量约 8 亿 kW·h。

3）C 子区分别从 W 水库和 N 江上 L 水库提水，多年平均向 C 子区净供水约 17 亿 m^3，年抽水耗电量约 23 亿 kW·h，工程投资约 500 亿元。

（2）替代方案的费用。替代方案的费用包括工程投资和年运行费，按计算期 55 年（包括工期 5 年，运行期 50 年）、折现率 10%计算单方水的年折算费用。单位水量费用各区分别为 A 子区 5.0 元/m^3、B 子区 3.9 元/m^3、C 子区 3.0 元/m^3。

（3）拟建工程的城镇供水效益。拟建工程的城镇供水效益等于各子区等效替代措施的年折现费用，为 63.8 亿元，该项目单方水供水效益为 3.2 元/m^3。

7.4.6.6 发电效益的计算方法

1. 主要内容

无论是常规水电站还是抽水蓄能电站，发电功能效益主要包括容量效益和电量效益两部分。

2. 常规水电站发电效益的计算方法

常规水电站的发电效益计算通常采用替代方案法和影子电价法。

（1）替代方案法。以最优等效替代方案的费用作为水电站的发电效益。考虑到我国的电力系统的电源结构基本上以燃煤电站为主，因此，在水电站的经济分析中常常以燃煤电站的费用作为水电站的发电效益。

由于最优等效替代方案中的替代容量和替代电量需在电力系统中按有、无设计电站进行电力电量平衡和生产模拟，而这种模拟计算非常复杂，故在技术经济论证中大都采用简化方法，即考虑水电站和替代电站在机组检修、空闲容量、厂用电等运行特性上的差异，以容量替代系数 1.1 和电量替代系数 1.05 来计算替代容量和替代电量。水电站的节煤量采用替代电量与度电煤耗进行计算。

在计算中要注意三点：①一般按水电站的必需容量乘以容量替代系数后即得替代电站的容量，也就是说容量效益计算中应扣除生产季节性电能的重复容量；②对于部分以供水、防洪等用途为主的项目，由于其装机容量和发电量都很小（这类项目在北方干旱地区相当多，也包括在供水渠道上修建的水电站），在规划设计时未被纳入电力系统的整体规划和电力电量平衡，故可不计其容量效益，仅计算电量效益；③流域梯级开发中调蓄能力大的大型水库电站项目，尤其是“龙头水库”，除了直接效益外，还需根据电站单独运行、梯级联合运行以及有关的电力电量平衡结果，计算相应的间接效益，包括容量效益和电量效益。

（2）影子电价法。按照电力系统吸收拟建电站的有效容量和有效电量，采用两部制电力和电量影子价格，或采用一部制电量影子价格计算发电效益。该方法的关键是合理确定影子价格。各电网的影子电价由主管部门根据长远电力发展规划统一进行预测，并定期公布。缺乏资料时，项目的影子电价或采用按成本分解法计算拟建项目和最优等效替代方案在计算期内的平均边际成本；或采用项目所在电网规划期内增加电量的平均边际成本。

考虑到项目的影子价格尤其是作为产出物的电量影子价格的计算比较复杂，而且容量效益的影子价格更难计算，一般在大中型常规水电站的国民经济评价中不采用影子电价法。但有些小型水电站的国民经济评价仍采用该法，在缺乏影子价格资料的情况下，近似采用同期所在电网或地区的上网电价替代。

3. 抽水蓄能电站发电效益的计算方法

抽水蓄能电站发电效益计算一般情况下都采用替代方案法，有条件的也可采用影子电价法。

当采用替代方案法时，需分别进行有、无拟建抽水蓄能电站情况下的系统电力电量平衡模拟，以计算两者的容量差和电量差。尤其是在各季的典型日电力电量平衡图中，须合理安排各个电站的工作位置，明确拟建抽水蓄能电站的调峰位置和填谷位置。根据两方案的系统装机容量差估算项目的替代容量及其投资和运行费，进而得出拟建电站的容量效益；根据系统燃料消耗差估算拟建电站的节煤效益。

抽水蓄能电站的容量效益很大，但发电量效益往往较小且具有不确定性。应采用两部制电价以充分反映抽水蓄能电站的效益特点，避免因采用一部制电价而出现影子电价很高的现象。

抽水蓄能电站启动迅速、运行灵活，能更好地满足系统动态运行的需要，如担任调频、调相、负荷调整、负荷跟踪和紧急事故备用等，因此具有除上述容量效益和节煤效益外，还具有动态效益。理论上也应计入这些动态效益，以全面评价抽水蓄能电站的经济合理性。但是，目前尚无定量计算抽水蓄能电站动态效益的成熟方法，往往只能进行定性的分析。这方面有待进一步探索解决。

7.4.6.7 航运效益的计算方法

1. 主要内容

水利水电建设项目的航运效益通常包括扩大航道通过能力、增加客货运量所带来的效益；河道原有通过能力范围内，由于航道条件改善，使航运成本降低和航道维护费用减少所带来的效益。同时，还应包括负效益，即消除项目建成后对航运造成的不利影响所需的费用。

由于水利工程改善航道的效益是通过船舶效益来实现的，因此航运效益的计算应从航运系统和运输全过程考虑，需与相应的船舶、港口码头合并计算效益。

2. 计算方法

水利水电建设项目的航运效益通常采用替代方案法和有无对比法计算。

（1）替代方案法。以最优等效替代方案的费用作为拟建项目的航运效益。替代措施可以是疏浚、整治天然航道，或者修建铁路、公路分流，或者两方面相结合等。在运量较小的中小型河流上，无拟建项目时的航运替代方案可采用修建公路（原为不通航的中小河流）或整治天然河道结合公路分流（原为通航的中小河流）；在运量较大的大江大河上，无拟建项目时的航运替代方案可采用整治天然河道结合铁路分流的方案。

替代方案的规模要以拟建项目的设计通航能力与天然航道通航能力之差来确定。由于扩大的通航能力很大一部分要在该项目建成后相当长的一段时间才能发挥作用，因此替代方案中的替代措施及其替代能力应与此规律相适应，逐渐投入，以免投资积压。

（2）有无对比法。通过有、无拟建项目方案的对比，按正常运量、转移运量和诱发运量，分析计算航运效益，主要包括：①替代公路或铁路运输所能节省的运费；②提高或改善港口靠泊条件和航运条件所能节省的运输、中转及装卸等的费用；③缩短旅客和货物在途时间、缩短船舶停港时间、缩短潮汐河道待潮、待泊时间带来的效益；④提高航运质量，减少航运事故所带来的效益。各项计算方法如下。

1）节省运输费用的效益（$BNAV_1$）。

$$BNAV_1 = C_w L_w Q_n + C_z L_z Q_z + \frac{1}{2} C_{\min} L_{\min} Q_g - \left(Q_n + Q_z + \frac{1}{2} Q_g\right) C_y L_y \quad (7.4-5)$$

式中 C_w、C_z、C_y——无项目、原相关线路（或转运线路）、有项目时的单位运输费用，元/(t·km)；

L_w、L_z、L_y——无项目、原相关线路、有项目时的运输距离，km；

$C_{\min}$——无项目时各种可行的运输方式中最小的单位运输费用，元/(t·km)；

$L_{\min}$——与诱发运输量相应的运输距离，km；

Q_n、Q_z、Q_g——正常运输量、转移运输量、诱发运输量，万 t/a。

2）缩短运输时间的效益（$BNAV_2$）。包括缩短旅客在途时间的效益（$BNAV_{21}$）、缩短货物在途时间的效益（$BNAV_{22}$）和缩短船舶在港口停留时间的效益（$BNAV_{23}$）等。

a. 缩短旅客在途时间的效益（$BNAV_{21}$）：

$$BNAV_{21} = \frac{1}{2}(T_n Q_{np} + T_z Q_{zp}) b \quad (7.4-6)$$

式中 T_n、T_z——正常客运、转移客运中旅客节约的时间，h/人；

Q_{np}、Q_{zp}——正常客运、转移客运的旅客人数，万人次/a；

b——旅客的单位时间价值（按人均国民收入计算），元/h。

b. 缩短货物在途时间效益（$BNAV_{22}$）：

$$BNAV_{22} = \frac{pQT_s i_s}{365 \times 24} \quad (7.4-7)$$

式中 p——货物的影子价格，如果缺乏影子价格可采用市场价格近似替代，元/t；

Q——货物运输量，万 t/a；

T_s——有项目时缩短的货物运输时间，h；

i_s——社会折现率。

c. 缩短船舶在港口停留时间的效益（$BNAV_{23}$）：

$$BNAV_{23} = C_{sf} T_{sf} SP \quad (7.4-8)$$

式中 C_{sf}——船舶停留每天所需的费用，万元/(艘·d)；

T_{sf}——船舶年均缩短的停留时间，d；

SP——船舶数量，艘。

3）提高航运质量的效益（$BNAV_3$）。

$$BNAV_3 = \partial Qp + P_{sh} MNAV \Delta J + BNAV_{31} \quad (7.4-9)$$

式中 ∂——有项目时航运货物损失降低率；

P_{sh}——航运事故平均损失费（可参照现有事故赔偿及处理情况拟定），万元/次；

$MNAV$——航运交通量，t·km；

ΔJ——有项目时航运事故降低率，次/(万 t·km)；

$BNAV_{31}$——有项目所减免难行和急流航道的费用，万元/a。

7.4.6.8 其他水利效益的计算

水利水电建设项目除有上述主要功能效益外，可能还有水土保持、水产养殖、水利旅游、改善水质、牧业、滩涂开发等效益，这些效益的计算原则和方法可参考相关的专业规范或专著进行。

7.4.7 国民经济评价指标与经济费用效果

7.4.7.1 评价指标与判据

根据我国现行有关规范的规定，国民经济盈利能力评价的主要指标有以下几方面。

1. 经济内部收益率（EIRR）

有关规范认为经济内部收益率 EIRR 表示项目占用的费用对国民经济的净贡献能力，是相对指标。其计算公式为

$$\sum_{t=1}^{n}(ECI_t - ECO_t)(1+EIRR)^{-t} = 0 \quad (7.4-10)$$

式中 ECI_t、ECO_t——第 t 年的经济效益和经济费用；

$(ECI_t - ECO_t)$——第 t 年的经济净效益流量；

n——计算期年数。

判别准则：经济内部收益率 EIRR 不小于社会折现率 i_s 的项目经济上是可以接受的，否则应予以拒绝。i_s 由国家实时正式颁布。《方法与参数》（第三版）规定，当前一般项目的 i_s 取 8%，对于长期受益且风险较小的项目，对属于或主要为社会公益性质的水利建设项目，可降低到 6%。

值得注意的是：①i_s 反映的是在一定时期全社会的经济投入的产出效率，是年利率或年报酬率的概念，具有很强的阶段性、现实性和社会性；而 EIRR 完全是由项目经济净效益流量中先后时段净效益值的比例关系决定的一个折现率，不具有实际年报酬率的经济实质。两个实质不同的指标进行比较是否恰当值得商榷。②国际上早就有反映个别项目会出现没有 EIRR 或有两个 EIRR 的情况，亚洲开发银行的经济评价文件提醒，这样的情况要用其他指标判断，不能用 EIRR。

2. 经济净现值（ENPV）

经济净现值是用社会折现率 i_s 将项目计算期内各年的净效益折算到建设期初（建设起点）的现值之和。它反映的是年报酬率高于 i_s 的那部分国民经济效益。ENPV 的计算公式为

$$ENPV = \sum_{t=1}^{n}(ECI_t - ECO_t)(1+i_s)^{-t} \quad (7.4-11)$$

判别准则：经济净现值 ENPV 不小于零的项目经济上是可以接受的，否则应予以拒绝。经济净现值愈大，项目的经济效果愈好。

3. 经济效益费用比（EBCR）

经济效益费用比 EBCR 是项目效益现值与费用现值之比，其经济实质是在整个计算期内项目单位经济投入的产出。EBCR 的计算公式为

$$EBCR = \frac{\sum_{t=1}^{n} ECI_t (1+i_s)^{-t}}{\sum_{t=1}^{n} ECO_t (1+i_s)^{-t}} \quad (7.4-12)$$

判别准则：经济效益费用比 EBCR 不小于 1 的项目，经济上是可接受的，否则应予以拒绝。

现阶段我国外汇储备量很大，水利水电建设项目需要或产出的外汇在其资金总投入或总产出中的比例一般较小，不构成制约因素，可不进行外汇效果分析。

现行经济评价规范结合我国实际情况和现行规定设计了一套基本报表，通过这些报表可以比较简便地直接计算出一系列评价指标（如经济内部收益率、经济净现值、经济效益费用比等）。表 7.4-6 为水利水电建设项目国民经济效益费用流量表。

表 7.4-6 水利水电建设项目国民经济效益费用流量表

项目 \ 年序	建设期			运行期			合计
	第1年	…	…	…	…	第 n 年	
1 效益流量 ECI_t							
1.1 项目各项功能的效益							
1.1.1 ×××							
1.1.2 ×××							
1.2 回收固定资产余值							
1.3 回收流动资金							
1.4 项目间接效益							
1.5 项目负效益							
2 费用流量 ECO_t							
2.1 固定资产投资（含更新改造投资）							
2.2 流动资金							
2.3 年运行费							
2.4 项目间接费用							
3 净效益流量（ECI_t-ECO_t）							
4 累计净效益流量							

评价指标
经济内部收益率：
经济净现值： （$i_s=$ ）
经济效益费用比： （$i_s=$ ）

注 项目各项功能的效益要根据该项目的实际情况计算。

7.4.7.2 经济费用效果分析

对于效益难以货币化的水利建设项目需要进行经济费用效果分析，比较项目的效果与费用，判断其有效性或经济合理性。该费用与前面国民经济盈利能力评价中的经济费用属于同一概念。费用可采用经济费用流量计算，用现值或年值表示。效果应采用便于说明项目效能的指标和常用计量单位，且要便于计算和同类项目的比较。民生水利项目和中、小型生态环境保护项目可不计算国民经济评价指标，只进行社会和环境效果评价。

7.5 财务评价

财务评价的目的是为政府有关部门对建设项目的立项、审查、审批、建设方案比选提供科学依据；为金融机构等了解项目的盈利能力、债务偿还能力、投资风险等提供技术经济信息，以便其向该项目融资；为项目业主（包括各出资方）的投资决策服务；为后期的经营管理服务。

7.5.1 财务评价的内容与方法

财务评价是在国家现行财税制度和市场价格体系下，在初步确定的建设方案、投资估算和融资方案的基础上进行的。根据国家水利产业政策，水利水电建设项目分为公益性和准公益性两类项目（见本章 7.1 节）。这两类建设项目的财务评价内容有所不同。对于公益性项目，通常财务收入小于年运行费或者甚至没有财务收入，主要分析项目的财务生存能力，尤其是对于国民经济评价效益好但财务效益不好的项目，要求通过财务分析明确需要政府给予的、使项目维持正常运行和具备财务生存能力的优惠政策或财务补贴措施及其力度。对于准公益性项目，如果财务收入大于年总成本费用，要全面进行财务评价，包括分析财务生存能力、债务偿还能力、市场竞争能力和盈利能力、判别项目的财务可行性；如果财务收入大于年运行费小于年总成本费用，则重点分析财务生存能力，根据具体情况确定是否进行偿债能力分析。各类项目都需要结合具体情况，编制财务评价报表，计算财务评价指标和单位功能指标的投资或成本等。

通常财务评价工作可归纳为财务评价的准备工作和财务分析两个部分。准备工作是指财务评价基础数据与参数的确定、估算与分析；财务分析通常包括财务生存能力、偿债能力和盈利能力及不确定性分析。实际工作中这两部分互有交叉。

一般水利水电建设项目财务分析可分为融资前分析和融资后分析，一般宜先进行融资前分析，在融资前分析结论满足要求的情况下，初步拟定融资方案，再进行融资后分析。

融资前分析排除了融资方案变化的影响，从项目总获利的角度，考察项目方案设计的合理性，其分析成果作为初步投资决策和融资方案研究的基础。融资前分析只进行盈利能力分析，并以项目投资现金流量（或借款为零情况下）计算项目财务内部收益率 $FIRR_b$ 和财务净现值 $FNPV_b$ 等指标。

融资后分析以融资前分析成果和初步拟定的融资方案为基础，考察项目在拟定融资条件下的财务生存能力、偿债能力、市场竞争能力和盈利能力，并判断项目方案在融资条件下的财务可行性。融资后分析成果用于比选融资方案，帮助投资者作出融资决策。

融资后的盈利能力分析包括动态分析和静态分析。动态分析包括两个层次：一是从全体资本金出资者的角度，分析并编制项目资本金的现金流入与流出表，计算所得税后项目资本金的财务内部收益率、财务净现值等指标，并根据分析成果考察项目资本金可获得的报酬率水平；二是分别从资本金各出资方的角度，分析和考察各出资方获得的报酬率水平。静态分析主要是计算项目的总投资收益率（*ROI*）和资本金净利润率（*ROE*）。

7.5.2 费用分析

水利水电建设项目的财务支出包括项目总投资、年运行费（经营成本）、更新改造投资、流动资金和税金等几部分。其项目投资构成和项目总成本费用构成分别如图 7.2-1 和图 7.2-2 所示。

7.5.2.1 投资计算

水利水电建设项目总投资包括固定资产投资、建设期利息和流动资金。

1. 固定资产投资

固定资产投资采用工程概（估）算成果。根据资本保全原则，当项目建成投入运行时，固定资产投资和建设期利息形成固定资产、无形资产和其他资产三部分。难以计算无形资产和其他资产的项目，则近似认为项目的固定资产等于固定资产投资加建设期利息。

2. 建设期利息

明确了融资方案或借款协议的，可按不同融资方式的相应计算方法或借款协议计算建设期利息。没有融资方案或借款协议的，可根据项目需要的借款资金流和中国人民银行公布的五年以上年贷款利率计算建设期利息。国内借款的建设期利息，在规划、设计阶段可假定当年借款在年中支用，按半年计息，其后年份按全年计息；还款当年在年末偿还。国外借款及其他借款的建设期利息以及承诺费等计算按借款协议的规定计算。建设期利息在项目投产后要计入固定资产原值，成为折旧费的计算基础。

3. 流动资金

流动资金安排在项目投产第一年投入，在计算期末一次回收，并计入项目的效益。流动资金实际上可能是变化的。在运行初期由于项目投入运行的规模逐年增加，需要的流动资金也逐年增加；即使达到设计规模后，也会因为有关价格变动、市场变化等引起所需流动资金量的变化。流动资金估算可采用扩大指标估算法或分项详细估算法。在技术经济论证阶段，一般采用前一方法。扩大指标估算法可参照同类已建工程流动资金占销售收入、经营成本的比例，或单位产量占用流动资金的数额估算。缺乏资料时，供水、灌溉工程可按 1.5 个月的运行费（或经营成本）考虑，或按年运行费的 10%计算；水电站工程根据工程规模的大小，采用 10～15 元/kW 估算。流动资金一般由企业自有资金或银行短期借款解决。鉴于水利工程流动资金占总投资比重较小，前期工作阶段流动资金可全部按照资本金筹集。

7.5.2.2 年费用计算

水利水电建设项目年总成本费用等于折旧费、摊销费、财务费用和年运行费之和。按照《方法与参数》的划分，年运行费包括材料费、燃料及动力费、维修费、工资及福利及其他费用等。按照《水利建设项目经济评价规范》（SL 72—94）的划分，年运行费包括：①工资及福利费（对于水利项目又称职工薪酬）；②材料、燃料及动力等费用；③维修费；④水资源费；⑤原水水费；⑥固定资产保险费；⑦库区基金（只有水电站项目有）；⑧管理费；⑨其他费用。显然，有的费用是属于根据项目特点单列的，其他费用的内容比《方法与参数》中的其他费用的内容少。无论某些运行费细项的归类如何变化，只要总的运行费符合实际，就不会影响财务评价的正确性。对于借款数额大的水利水电建设项目还贷期和还贷后以及整个经营期的年平均总成本费用一般有较明显的差别，因此应分别计算。

1. 折旧费

年折旧费等于固定资产原值与折旧率之积。水利水电建设项目折旧率应分别按照发电设备和土建工程的折旧年限（见表7.1-1）进行计算，或采用综合折旧率（综合折旧年限的倒数）。

2. 无形资产和其他递延资产的摊销费

无形资产和其他递延资产应该在相应资产开始投入使用的若干年内平均摊销。对于水电站项目，无形资产应当自第一台（批）机组发电起在预计使用年限内分期平均摊销，其他递延资产应当自第一台（批）机组发电起至工程全部竣工止的期限内分年平均摊销。

3. 财务费用

财务费用包括运行期的利息支出及其他财务费用。在水利水电建设项目财务评价中，通常只考虑利息支出，包括长期借款利息、流动资金借款利息和短期借款利息三部分。

（1）长期借款利息。它是指建设期间的借款余额（含未支付的建设期利息）在各年产生的利息，要根据所选择的还款方式（如等额还本付息方式、等额还本利息照付方式或者更适合项目收入现金流和支出现金流特点的其他还款方式）计算。

（2）流动资金借款利息。对于流动资金借款，目前企业是按期末偿还、下期初再借的方式处理，并按一年期借款利率计息。财务评价中对流动资金的借款可以在计算期最后一年末偿还，也可在还完长期借款后安排还款，利息根据还款方式计算。

（3）短期借款利息。项目评价中的短期借款是指运营期间由于资金的临时需要而发生的短期借款。其数额应在财务计划现金流量表中得到反映，其利息应计入总成本费用表中的利息支出项。短期借款按照随借随还的原则处理，即当年借款尽可能于下年偿还。短期借款利率采用一年期借款利率。

4. 职工薪酬

职工薪酬包括职工工资和福利费。职工工资按运营人员定员乘以人均工资水平计算。一般情况下，水电站项目定员按电厂定员的有关规定或董事会有关决议确定的定员计算；水利项目按照项目规模和有关规范的规定计算定员。人均工资水平按有关水利水电企业上年度平均工资水平确定。福利费可按国家和项目所在地以及有关水利水电企业的相关规定计算。缺乏资料时，可参考表7.5-1中的福利费率计算。

表7.5-1　以工资总额为基数的福利费等的费率

序　号	项　目	费率（%）
1	职工福利费	14
2	工会经费	2
3	职工教育经费	1.5
4	养老保险费	20
5	医疗保险费	9
6	工伤保险费	1.5
7	生育保险费	1
8	职工失业保险基金	2
9	住房公积金	12（水利项目10）
10	合计	63（水利行业61）

5. 材料费和燃料及动力费

材料费是指水利水电工程运行和维护过程中消耗的原材料、辅助材料、备品备件等的费用。材料费按类似工程近三年实际统计资料计算。在缺乏资料时水电项目材料费可参照表7.5-2进行计算；水利项目一般可参考类似项目按固定资产投资的一定比率估算。燃料及动力费主要为水利水电工程运行过程中的抽水电费、北方地区冬季取暖费及其他所需的燃料等。抽水电费应根据泵站特性、抽水水量和电价等计算确定；取暖费和其他费用可根据所在地区近三年同类水利建设项目统计资料分析计算。对于运行期消耗原材料、燃料、动力比较多的建设项目，需将比较大的费用（如扬水工程、抽水蓄能电站的电量和电费）单独列出，以便于方案比较。

表7.5-2　水力发电建设项目材料费及其他费用参数

装机容量（MW）	材料费（元/MW）	其他费用（元/MW）
≤300	4000	35000
300～1200	3500	30000
1200～3000	3000	25000
＞3000	2500	20000

6. 维修费

维修费是工程设施及设备的维护和修理所需要的用费，包括日常需要的维修费和每年提取的大修基金。维修费一般按固定资产原值乘以维修费率计算。维修费率可根据同类水利水电工程近三年的统计资料分析计算。不同类型的工程项目，维修内容和费率不同。缺乏资料时可按固定资产原值的1.0%～2.5%计算。在生产定员中没有配备电站大修人员需采用其他维修企业进行电站大修时，可适当提高维修费率。对于中小型工程，或者需要维修费较多的工程维修费率可适当提高。对于大中型水电项目在设计阶段如果缺乏资料，可按水电站发电量和 0.001 元/(kW・h) 的单价计算。

7. 水资源费与原水水费

水资源费按项目所在地区相关规定计算。一般根据供水水源种类、用水行业不同而不同，且往往水资源越紧张的地区，水资源费标准越高。目前供水工程的水资源费按照工程取水量（及分行业供水量占总供水量的比例）计算。常规水电站耗水比例很小，一般按照年发电量计算，其标准以各地区有关规定为准。2009 年 7 月 6 日，国家发展和改革委员会、财政部和水利部联合发布了水力发电用水的水资源费征收标准的规定：自 2009 年 9 月 1 日起，由流域管理机构审批取水的中央直属和跨省（自治区、直辖市）水利工程水力发电用水的水资源费征收标准为 0.003～0.008 元/(kW・h)，其中：取水口所在地省（自治区、直辖市）以前制定的同类水力发电用水水资源费征收标准低于 0.003 元/(kW・h) 的，按 0.003 元执行；高于 0.008 元/(kW・h) 的，按 0.008 元执行；在 0.003～0.008 元/(kW・h) 之间的，维持不变。

有的供水工程部分或全部供水量要从上游项目买水，原水水费需要单列。原水水费按照购水协议规定的购水量和原水水价计算。该原水水费一般包含了水资源费，不再计算水资源费。

有的供水项目可能没有代收水资源费的权限且其售水价格中也不含水资源费，则不需要计算水资源费。

8. 固定资产保险费

固定资产保险费按保险公司有关规定计算。在规划设计阶段，如果缺乏资料，可按固定资产原值的 0.25%计算。

9. 库区基金

库区基金是指水库蓄水后，为维护库区和岸坡安全及改建设施维护需花费的费用。库区基金只有水电项目有。库区基金根据国家现行规定，发电项目按 0.001～0.008 元/ (kW・h) 计算，发电量小的取高值。

10. 管理费

管理费主要包括水利工程管理机构的差旅费、办公费、咨询费、审计费、诉讼费、排污费、绿化费、业务招待费、坏账损失等。可根据近三年临近地区同类水利建设项目统计资料分析计算。

11. 其他费用

其他费用是指水利水电建设项目除上述各项费用以外的其他支出。其他费用可按类似工程近期实际资料计算。在缺乏资料时水电项目可参照表 7.7－2 进行计算；水利项目一般可参考类似项目按固定资产原值一定比率估算。

《水利建设项目经济评价规范》（SL 72）给出了水库、堤防、供水、灌溉等工程的有关费用计算参数，见表 7.5－3～表 7.5－5，缺乏实际调查统计资料时可参考采用。

表 7.5－3　水库工程成本测算费率参数

序号	成本项目	费　率	计算基数			备　注
			发电	防洪	供水（含灌溉）	
1	材料费	发电 2～5 元/kW，防洪供水 0.1%	装机容量	固定资产原值		
2	燃料及动力费	0.1%	固定资产原值	固定资产原值		
3	维修费	1%	固定资产原值	固定资产原值		
4	职工薪酬	162%	工资总额	工资总额		
5	管理费	1%～2%	职工薪酬	职工薪酬		
6	库区基金	0.001～0.008 元/(kW・h)	上网电量			
7	水资源费	根据各省（自治区、直辖市）有关规定执行	年发电量		年引水量	
8	其他费用	发电 8～24 元/kW，防洪、供水 10%	装机容量	第 1～第 4 项之和		水电站装机容量<30 万 kW 用 24 元/kW，装机容量≥30 万 kW 用 8 元/kW
9	固定资产保险费	0.25%	固定资产原值			与保险公司有协议时按协议执行
10	折旧费、摊销费	根据折旧年限（摊销年限）拟定	固定资产原值、递延资产			

表 7.5-4 堤防工程年运行费计算费率参数

方法	成本项目	费率				计算基数
		费率单位	一级堤防	二级堤防	三级及三级以下堤防	
一	工程维护费	万元/km	6～8	4～6	3～4	堤防（或河道）长度
	管理费		8	6	5	
二	工程维护费	%	1.0	1.2	1.4	固定资产原值
	管理费		0.5	0.4	0.3	

表 7.5-5 供水、灌溉工程成本测算率参数

序号	成本项目	费率				计算基数
		输水工程			泵站工程、机电井	
		管涵	渠道	隧洞		
1	工程维护费（%）	1.0～2.5	1.0～1.5	1.0	1.5～2.0	固定资产原值
2	管理费（%）	1.0	0.5	0.3	1.0	固定资产原值
3	抽水电费				电量和电价	抽水水量、扬程
4	水资源费	水资源费价格，元/m^3				多年平均年引水量
5	原水水费	原水价格，元/m^3				购买原水水量
6	固定资产保险费（%）	0.25				固定资产原值
7	折旧费（%）	3～4	2～2.5	2	3～3.5	固定资产原值

7.5.2.3 税费计算

税金和有关行政性收费等的内容和计算方法都要依据国家和当地政府的现行规定。水利水电建设项目的税金主要包括增值税、销售税金附加和所得税。销售税金附加包括城市建设维护税和教育费附加、所得税等。

增值税是流转税，也是价外税，不直接进入水利水电建设项目的产品价格，而是作为计算城市建设维护税和教育费附加的计算基数。应纳增值税额等于销项税减进项税。水利水电项目的进项税比较少，而且在规划设计阶段很不明确，故可近似按零考虑，即按照增值税等于销售收入与增值税率之积计算。一般项目增值税率（*TR*）为17%，自来水项目为13%。城市建设维护税率根据纳税人所在地区选取，市区为7%，县城和镇为5%，农村为1%；教育费附加率为3%。

项目年利润等于当年发电、供水等各项销售收入以及各种服务收入之和扣除总成本费用、城市建设维护税以及教育费附加等。年利润总额要先用于弥补以前年度亏损。弥补亏损年限不得超过五年。年利润总额扣除允许弥补的以前年度亏损后的余额，为应纳税所得额。所得税（*TAX*）等于应纳税所得额与所得税率之积。一般盈利企业所得税率为25%。有的项目运行初期享受所得税减免的优惠政策，具体要遵照当时当地的政策规定。

7.5.3 效益分析

7.5.3.1 财务效益的计算原则

水利水电建设项目的财务效益是指项目实施后所获得的销售（包括营业或服务）收入和补贴收入。其计算原则如下。

(1) 只计算直接收入，不计算间接效益。即只计算在现行财务政策和收费制度下，项目发挥各种功能实际能够得到的财务收入；项目的某些功能虽然对生态环境和社会有效益，甚至对当地居民或其他企业有经济效益，但是项目却没有财务收入，则该项功能的财务效益为零。

(2) 财务效益计算口径应与财务费用计算口径一致。从功能和环节两个方面都要一致。前一方面，如某个项目同时具有防洪、发电、供水、航运、生态环境保护等功能，如果是对整个综合利用项目进行财务评价，则效益与费用计算都要包括项目各个功能的财务收入和支出。如果是对某一功能（或部门）进行财务评价，则效益与费用都只计算该功能的财务收入和支出；对于综合利用项目先要进行费用分摊（见本章7.3节），只有分摊给该功能的部分计入费用中。例如，发电方面包括发电和输电两环节，发电的效益与

费用必须包括相同的环节；城镇供水方面包括水源、输水、自来水、污水处理等环节，则城镇供水的效益与费用也必须包括相同的环节。如果是从项目业主的角度进行财务评价，则效益只计算该项目能够给业主带来的财务收入；如果还能给别的部门或企业产生财务收入，但是项目业主实际得不到，就不计入；如果能分得一部分，则只计入分得的部分。相应的共用工程费用也要以项目业主实际分担的为准。

(3) 财务效益的计算要反映水文现象的随机性和水利水电工程的特征，如水电机组逐步投入运行、供水能力逐步发挥作用、水库调节能力随着泥沙淤积逐渐减小、丰平枯季电价、分时电价、丰枯水价、两部制水价等。

(4) 财务效益的计算要用财务价格。包括价格基准年、预测的设计水平年的市场价格、有关方面认可的价格、同期同类工程同类产品的价格等。

(5) 项目财务效益计算不仅要考虑静态情况，还应考虑动态变化。包括商品数量和价格随时间的变化趋势。这对项目业主进行建设方案比选和决策尤其重要。

7.5.3.2 财务效益的计算方法

水利水电建设项目常见功能的财务效益计算方法如下。

(1) 常规水电站和抽水蓄能电站的发电收入为电量销售收入与容量销售收入之和。有的情况没有容量销售收入。电量销售收入等于有效上网电量与上网电价之积。如果项目所在电网实行了年内不同季节、日内不同时段的分时上网电价制度，则项目发电量也要按照对应季节和时段计算。有效上网电量为电站多年平均发电量扣除厂用电量和弃水电量。容量销售收入等于有效上网容量与容量价格之积。

(2) 供水总收入等于向各地区的各种供水收入之和。每种供水收入等于供水量与供水价格之积。要注意水价中是否含水资源费、污水处理费以及其他“搭车收费”等，这些都不属于项目的收入，如果含有，则要在水价中扣除或在支出中要同时列出。水资源费属于地方政府，污水处理费属于污水处理部门，各种“搭车收费”属于政府。

(3) 旅游收入等于门票收入与各项旅游收费服务项目的收入之和。门票收入等于旅游人数与门票价格之积。单项旅游收费服务项目的收入等于享受该项服务的人数与该项价格之积。

(4) 水产养殖，如果是由水库供水给养殖户，可按照供水收入计算方法计算；如果是由水库提供养殖空间，则养殖收入等于所提供的养殖空间与单位空间价格之积。

(5) 一般水利水电工程不能够收取航运费，即航运收入为零，即使为航运提供了某些方便。如果个别项目有航运收费权，则其航运收入按照批准的收费项目和收费标准计算。

财务效益计算中要注意：①其价格一般可采用现行价格（价格基准年的价格）和以现行价格体系为基础的预测价格。有要求时可考虑价格变动因素；在运行期内的投入和产出估算表格可采用含增值税价格，若采用不含增值税价格，应予以说明。②项目得到的增值税返还以及其他税费返还、价格补贴以及其他补贴等都要计入财务收入。

7.5.4 财务生存能力分析

财务生存能力分析就是通过现金流量平衡分析，检查项目是否存在财务生存问题，并提出解决措施或者得出财务不可行的结论。

财务生存能力分析的主要内容如下。

(1) 在财务分析辅助表和损益表的基础上，编制财务收支现金流量表。

(2) 考察各年投资、融资和经营活动所产生的各项现金流入与流出，计算净现金流量和累计盈余资金。

(3) 分析每年是否有足够的净现金流量维持正常运营，如果全为正，则没有问题；如果个别年份出现负值，则要看以前年度余留下来的累计盈余资金是否能够弥补该年的不足，若不能就会出现资金无法维持正常建设或运营的问题。

(4) 分析每年的累计盈余资金是否全为正，若有负值，肯定出现资金无法维持正常建设或运营的问题。

(5) 研究解决财务问题的措施：分析出现资金缺口的年份以及各年资金短缺数额和累计短缺数额；如果是个别年份，且累计短缺数额不大，则进一步分析是否能够通过短期借款或延长还款年限（需要与贷款金融机构商量并征得同意），以渡过难关；如果项目的整体财务指标尚可，只是前期出现资金缺口，则分析是否能够通过提高资本金比例，克服财务问题；如果出现资金缺口的年份多、累计数额大，则可能在给定的外部条件下，项目在财务上是根本不可行的。对于公益性项目，如果出现资金缺口无法通过短期贷款解决，则应考虑增加财政资金投入予以解决，或减免某些税费。

(6) 如果项目国民经济评价结论较好，只是财务评价不可行，在给定条件下有财务生存问题，则要进一步分析需要什么政策措施或多少财政资金补贴解决项目的财务生存问题。

7.5.5 债务偿还能力分析

债务偿还能力分析又称贷款能力测算，是以融资方案分析的结果为依据的，其结果又会影响融资方案。

7.5.5.1 财务收入的开支顺序

掌握了各项开支的轻重缓急以及纳税政策后，才能够合理安排债务偿还资金。企业或项目的财务收入用于各项开支的顺序一般根据其紧迫性、重要性和有关规定安排使用。通常顺序是：职工薪酬、材料等生产经营支出、缴纳流转税、维修费、偿还借款利息、折旧费和摊销、偿还借款本金；当年利润总额大于零时，先弥补以前年度（五年以内）亏损，再缴纳所得税，余下的才是企业税后利润。在资金紧张年份，维修费中的大修基金可以后于偿还借款利息提取。还款资金主要用折旧费、摊销费、借款利息和未分配利润，前三项下的资金用于还款是不交所得税的，所以应尽量多用。所得税后的利润减去法定公积金和应付利润后，才是可用于还贷的利润。每年可用于还款的实际资金数额随该年的实际收入变化，如果收入太少，不仅利润没有，而且折旧费和摊销费也可能无法足额提取。

债务偿还能力分析应通过计算利息备付率（*ICR*）、偿债备付率（*DSCR*）和资产负债率（*LOAR*）等指标，同时通过编制资产负债表，分析判断财务主体的债务偿还能力。

7.5.5.2 利息备付率（*ICR*）

利息备付率（*ICR*）是指在借款偿还期内的息税前利润（*EBIT*）与应付利息（*PI*）的比值，它是从付息资金来源的充裕性角度反映项目偿付债务利息的保障程度和支付能力。利息备付率高，说明利息偿付的保障程度高。利息备付率应当大于1，并结合偿债人的要求确定。利息备付率应分年计算，其计算公式为

$$ICR_t = \frac{EBIT_t}{PI_t} \qquad (7.5-1)$$

式中 $EBIT_t$——第 t 年的息税前利润；

PI_t——第 t 年计入总成本费用的应付利息。

7.5.5.3 偿债备付率（*DSCR*）

偿债备付率（*DSCR*）是指在还款期内每年可用于还本付息的资金（*EBITDA－TAX*）与当年应还本付息金额（*PD*）的比值。它表示当年还本付息的资金保障程度。偿债备付率高，表明资金保障程度高。通常要求偿债备付率大于1，并结合债权人的要求确定。偿债备付率应分年计算，其计算公式为

$$DSCR_t = \frac{EBITDA_t - TAX_t}{PD_t} \qquad (7.5-2)$$

式中 $EBITDA_t$——第 t 年的利息税前利润加折旧费和摊销费；

TAX_t——第 t 年的企业所得税；

PD_t——第 t 年的应还本付息金额，包括还本金额和计入总成本费用的全部利息，融资租赁费用可视同借款偿还，运行期内的短期借款本息也应纳入计算。

注意：①如果在运行期内有维持运营的投资，则可用于还本付息的资金应扣除维持运营的投资；②如果有的项目部分年份不能足额提取折旧费和摊销费，则要按实际提取额计算。

7.5.5.4 资产负债率（*LOAR*）

资产负债率（*LOAR*）是指各期末负债总额（*TL*）与资产总额（*TA*）的比率，也要按年计算。其计算公式为

$$LOAR_t = \frac{TL_t}{TA_t} \qquad (7.5-3)$$

式中 TL_t——第 t 年末负债总额；

TA_t——第 t 年末资产总额。

适度的资产负债率，表明企业经营安全、稳健，具有较强的融资能力，也表明企业和债权人的风险较小。对该指标的分析，应结合国家宏观经济状况、行业发展趋势、企业所处竞争环境等具体条件判定。项目财务评价中，在长期债务还清后，可不再计算资产负债率。

7.5.5.5 还款方式与还款期

在借款时，金融机构一般提供多种还款方式供融资方选择。建设项目常见的还款方式主要有等额还本付息、等额还本利息照付、按最大能力还款等，按最大能力还款方式的还款过程不确定。下面分别介绍各种方式的计算方法。

1. 等额还本付息方式

等额还本付息方式即已知现值 P 和还款期数 n，求每期期末等额收回多少资金 A，到 n 期末正好全部收回本利和。每年还款额 A 的计算公式为

$$A = P\frac{i(1+i)^n}{(1+i)^n - 1} \qquad (7.5-4)$$

式中 $\frac{i(1+i)^n}{(1+i)^n - 1}$——资金回收系数，通常用（$A/P$，$i$，$n$）表示；

P——各年借款折算到还款第一年年初的现值（假定在年末还

款)；

i——约定年利率；

n——还款年数。

等额还本付息有三种情况：①要求从借款开始（包括建设期）还款，需要每一笔借款分别计算。P 为某一笔借款额，A 为该笔借款的年还款额；n 为该笔还款年数。②要求从运行期第一年年末开始还款，可多笔借款一起计算，P 为各年借款折算到运行期第一年年初的现值总和；n 为运行期中的实际还款年数；比前一种情况还款年数少，在相同借款额和利率下每年还款额要大一些。③要求借款时就把当年的利息扣除，这种情况类似第一种情况，只是借款后实际拿到的资金比借款额少，第一年不再付息。

2. 等额还本利息照付方式

等额还本，借款利息在建设期（或宽限期）内即开始按年支付。

$$A_t = (P_{0,t} + 0.5K_t)i \tag{7.5-5}$$

$$A_k = \frac{KZ}{TH} \tag{7.5-6}$$

式中 A_t、A_k——第 t 年支付的利息、本金；

$P_{0,t}$——第 t 年年初的借款本金累计；

K_t——第 t 年的借款；

KZ——累计借款总额；

TH——还款年数。

另一种情况是等额还本，借款利息累计到建设期末（或宽限期终了）开始按年支付。计算方法见有关文献。

3. 最大能力还款方式

在初步测算借款能力时，基本方案要按照项目的最大还款能力偿还。从投入运行年开始还款，每年的还款额不完全确定，还款年数由试算得到。

技术经济论证人员要按照不同还款方式，根据项目现金流试算还款期。如果还款期小于还款年限则符合还款要求。如果不符合要求，则要调整融资方案，或者选择其他还款方式。最终选择既符合还款年限要求，又符合项目现金流的融资方案和还款方式。

对于常规水力发电项目、抽水蓄能项目、供水项目和城市污水处理项目等，商业银行要求的还款期限为 25 年。在特殊情况下可能有一定的还款宽限期。在项目论证阶段一般不考虑宽限期。当项目能够在还款期限内还清借款，则可以认为符合还贷要求；否则，应调整融资方案（如提高资本金率），或要求提高产出物的价格或其他优惠政策，有时甚至要求改进工程设计方案以降低成本费用。

7.5.6 盈利能力分析

项目的盈利能力主要从两方面分析：一是看有关盈利能力的评价指标；二是看项目投资现金流量表中的盈利过程。评价指标的优点是以一个参数就能表示出盈利的整体特点，但不能反映不同年份的情况；盈利过程的优点是能够反映项目各年盈利情况的全貌，但是却不能简明地表明整体特点。因此，要结合起来分析。

盈利能力分析的主要指标包括项目投资财务内部收益率、财务净现值、资本金财务内部收益率、投资回收期、总投资利润率、项目资本金利润率等，可根据项目的特点及财务分析的目的、要求等选用。

7.5.6.1 财务内部收益率（*FIRR*）与判据

有关规范认为项目财务内部收益率（$FIRR$）表示项目的财务净贡献能力，是相对指标。从计算式可知，它是使财务净现金流的计算现值为零时的折现率。$FIRR$ 的计算公式为

$$\sum_{t=0}^{n}(FCI_t - FCO_t)(1 + FIRR)^{-t} = 0 \tag{7.5-7}$$

式中 FCI_t——第 t 年财务效益（或收入）；

FCO_t——第 t 年财务费用；

$(FCI_t - FCO_t)$——第 t 年的财务净现金流量；

n——计算期年数。

判别准则是，财务内部收益率（$FIRR$）不小于给定的财务折现率（i_c），项目在财务上是可以接受的，否则应予以拒绝。

项目财务评价一般要进行融资前所得税前分析、融资后分析，分别计算财务内部收益率。财务内部收益率的判别标准要采用表 7.5-6 中的相应值。有时还要根据要求计算资本金各出资方的内部收益率，其判别标准是资本金出资方所要求的最低年报酬率。

项目资本金财务内部收益率（$FIRR_{EC}$）和投资各方财务内部收益率（$FIRR_k$）分别是从项目资本金整体的角度、资本金各个出资方的角度，用不同现金流计算出的内部收益率，都可用式（7.5-7）计算。习惯上，它们的用途分别如下。

(1) 融资前分析（假定借款比例为零）中的所得税前的各项指标计算所采用的收入现金流中都没有扣除所得税。$FIRR_b$ 反映不扣所得税情况下项目全部财务投入的内部收益率，供有关部门立项、评审和审核时参考，也供有关金融机构参考。只要 $FIRR_b \geqslant i_{cb}$，就是可以接受的。i_{cb} 为行业（融资前所得税前的）财务基准收益率，由国家统一测算和颁布，现行值见表 7.5-6。所得税后的各项指标计算所采用的收入现金流中都扣除了所得税。$FIRR_l$ 反映扣除所得税后平均每年项目的内部收益率，供项目业主参考。

表 7.5-6 水利水电建设项目财务基准收益率

行业名称	融资前所得税前财务基准收益率 i_{cb}（%）	项目资本金所得税后财务基准收益率 i_{EC}（%）
种植业	6	6
畜牧业	7	9
渔业	7	8
农副食品加工	8	8
营造林	8	9
火力发电	8	10
抽水蓄能电站	8	10
水库发电工程	7	10
调水、供水工程	4	6

注 表中数据摘自《方法与参数》(第三版)。

(2) 融资后分析的各种指标计算都要以具体的融资方案为前提。项目资本金财务内部收益率和外部收益率以及净现值计算所采用的收入现金流中均扣除了所得税。项目资本金财务内部收益率（$FIRR_{EC}$）是从项目资本金整体的角度计算的。只要 $FIRR_{EC} \geqslant i_{EC}$，就能接受。$i_{EC}$ 是项目业主所期望的最低收益率。如果没有明确的 i_{EC}，可以近似取资本金各出资方所期望的收益率标准 i_{ck} 以出资数量的加权平均值，也可参考表 7.5-6。

(3) 资本金出资各方财务内部收益率和外部收益率是在分析项目资本金总盈利能力后再计算的。所采用的收入现金流是扣除了所得税后的每方分得的利润，支出现金流是每方的实际出资过程。各方给定的利率标准 i_{ck} 可能不同，只要每方 k 都满足 $FIRR_k \geqslant i_{ck}$，则各方都能接受。

上述各种情况下的财务内部收益率都可以用式(7.5-7)计算，但分别采用不同的财务效益与财务费用现金流，和不同的判别标准。

以上是国内外多数官方、金融机构和人员的习惯观念和做法。然而有时用财务内部收益率法判断可能会出现问题，原因和处理办法参见本章 7.4 节国民经济评价。

7.5.6.2 财务净现值（FNPV）与判据

财务净现值指按给定的折现率（一般采用行业基准收益率 i_c）计算的项目计算期内各年净现金流量的现值之和。它是评价项目总财务净盈利能力的指标。其计算公式为

$$FNPV = \sum_{t=1}^{n}(FCI_t - FCO_t)(1+i_c)^{-t} \tag{7.5-8}$$

式中 i_c——给定的财务折现率（同基准收益率），取值可参见表 7.5-6。

财务净现值也有所得税前净现值和所得税后净现值之分。一般情况下，财务评价必须计算项目所得税后的财务净现值。当 $FNPV \geqslant 0$ 时，项目财务上可行，否则不可行。

7.5.6.3 总投资利润率（ROI）与判据

总投资利润率（ROI）是指项目运行期内年平均息税前利润（$EBIT$）与总投资（TI）的比率，其计算公式为

$$ROI = \frac{EBIT}{TI} \times 100\% \tag{7.5-9}$$

式中 $EBIT$——运行期内年平均息税前利润；

TI——项目总投资。

总投资利润率（ROI）是一个静态指标，反映项目总投资的盈利水平，越高越好。一般若 ROI 高于同行业的收益率参考值，就表明项目的盈利能力满足要求，但是由于其中含有借款利息和税金等，所以 ROI 对政府主管部门和金融机构有一定参考意义，而对项目业主来说意义并不直接。

7.5.6.4 项目资本金利润率（ROE）与判据

项目资本金利润率（ROE）是指项目运行期内年平均净利润（NP）与资本金（EC）的比率，其计算公式为

$$ROE = \frac{NP}{EC} \times 100\% \tag{7.5-10}$$

式中 NP——项目正常年份扣除所得税后的净利润；

EC——项目资本金。

项目资本金利润率（ROE）是一个静态指标，反映项目资本金的净盈利水平，越高越好。ROE 高于同行业的净利润率参考值，表明项目资本金净盈利能力满足要求。ROE 对于项目业主有直接的参考意义。

以上四个指标是《方法与参数》（第三版）中列出的。其他常见的指标还有财务外部收益率（$FERR$）、财务净现值率（$FNPVR$）、财务效益费用比（$FBCR$），可以用作从不同角度判别项目的财务盈利能力。

7.5.6.5 财务外部收益率（FERR）与判据

财务外部收益率（$FERR$）是指使项目计算期内财务费用现金流的终值与财务效益现金流按照给定的折现率（一般采用行业基准收益率 i_c）计算的终值相等时的利率。财务外部收益率的经济实质是

在一定经济环境下，整个计算期内项目单位财务投入在单位时间的增值，即全部投入的报酬率。其计算公式为

$$\sum_{t=1}^{n} FCO_t(1+FERR)^{n-t} = \sum_{t=1}^{n} FCI_t(1+i_c)^{n-t} \tag{7.5-11}$$

采用财务外部收益率进行财务评价的判别准则是：若 $FERR \geqslant i_c$，在财务上可以接受该项目；若 $FERR < i_c$，则应予以拒绝。财务外部收益率的用法和适用范围与财务内部收益率相似，但具有另外的优点：①财务外部收益率判别式两端的经济实质是相同的，都是年报酬率的概念，对具有任何形式支出和收益现金流的项目用该方法判别都适用，都不会出现问题；②该方法可以得到实际或给定经济环境下项目的报酬率。

7.5.6.6 财务净现值率（*FNPVR*）与判据

财务净现值率（*FNPVR*）是财务净现值与项目全部投资（或工程总投资）现值的比率。财务净现值率的经济实质是反映单位投资在整个计算期获得超额盈利的能力或投资使用效率。但是它不能反映单位时间内的投资使用效率，也不代表全部资金的使用效率。如果两个项目的计算期不一样长，采用财务净现值率指标就不好判断哪个项目的投资效率更高。财务净现值率的最大化，一般会使有限投资取得最大的净贡献。它是多方案评价与选优的一个重要评价指标。计算 *FNPVR* 同样需要事先给定一个折现率 i_c，其计算公式为

$$FNPVR = \frac{FNPV}{I_p} = \frac{\sum_{t=1}^{n}(FCO_t - FCI_t)(1+i_c)^{-t}}{\sum_{t=1}^{n} I_t(1+i_c)^{-t}} \tag{7.5-12}$$

式中 I_p——项目全部投资（或工程总投资）现值。

采用财务净现值率进行经济评价的判别准则是：若 $FNPVR \geqslant 0$，在财务上可以接受该项目；若 $FNPVR < 0$，则应拒绝。

用财务净现值率进行方案比较时，以财务净现值率较大的方案为优。当对有资金约束的多个独立方案进行比较和排序时，则宜按照财务净现值率从大到小将项目排序，并依此次序选择满足资金约束条件的项目组合方案，使总 *FNPV* 实现最大化。

在多方案比较时，财务净现值指标虽然能反映每个方案的盈利水平，但是由于没有考虑各方案投资额的大小，因而不能直接反映资金的利用效率。为了考察资金的利用效率，可以采用财务净现值率指标作为财务净现值的补充指标。

7.5.6.7 财务效益费用比（*FBCR*）与判据

财务效益费用比（*FBCR*），又称财务费用效益率，是财务效益现金流的现值与费用现金流的现值的比值。财务效益费用比的经济实质是在整个计算期内项目单位投入的产出。其计算公式为

$$FBCR = \frac{\sum_{t=1}^{n} FCI_t(1+i_c)^{-t}}{\sum_{t=1}^{n} FCO_t(1+i_c)^{-t}} \tag{7.5-13}$$

采用财务效益费用比进行经济评价的判别准则是：若 $FBCR \geqslant 1$，则在财务上可以接受该项目，否则应予以拒绝。

财务效益费用比 *FBCR* 与财务净现值率 *FNPVR* 都是相对指标，都从不同角度反映了资金使用的产出效率，但是它们的实质性差别为：*FBCR* 反映的是总投入的产出效率，*FNPVR* 反映的是总投资获得超额利润的效率。

7.5.7 财务评价结论

完成各项财务分析后，要对各项财务指标进行汇总，并结合不确定性分析的结果，作出项目财务评价的结论。

7.5.7.1 防洪、治涝等公益性水利项目

根据水利部有关文件规定，防洪、治涝等公益性水利项目财务可行的标准之一是工程建成后维持工程正常运行的经费有合理、可靠的来源，同时单位功能或单位使用效益的总成本相对较低（有的情况，可能只要求单位功能或单位使用效益的投资较小或经营成本较小，但要注意这些要求的经济合理性和适用条件是有差别的）。

7.5.7.2 水力发电、城市供水等项目

水力发电、城市供水等以经济效益为主、兼有社会效益的项目，这类项目财务评价可行需同时满足三个条件。

（1）应具有债务偿还能力。即在还款期限内能够还清借款。水利水电工程的还款年限一般为20～25年，特大型水利水电工程为30年。

（2）应具有盈利能力。即当财务内部收益率不小于行业财务基准收益率时，项目方案在财务上是可以接受的。而项目投资财务内部收益率、资本金财务内部收益率和投资各方财务内部收益率可以有不同的判别标准。对于水电工程项目投资财务内部收益率可取7%～8%、资本金财务内部收益率可取10%或按水电行业有关规定取值；对于城镇供水项目的资本金财务

内部收益率可比同期长期贷款利率高2～3个百分点，资本金出资各方财务内部收益率可以有不同的标准。

（3）电价、水价应具有竞争力。即上网电价不高于同一供电地区同期投产的其他电站的上网电价；供水工程水价不高于同一供水地区同期投产的其他水源工程或节水措施的供水价格。当所评价工程的原水与其他工程的原水不可比时，如在输水工程、净水工程等的成本明显不同时，要将该项目的用户终端水价与同地区、同类用户的其他工程的用户终端水价进行比较，必要时还要进行当地用水户的水价承受能力分析。只有拟建项目的电价、水价对于电网、受水区是可以接受的，项目上马时机才比较成熟。

财务评价要求制作一些基本报表，如财务现金流量表、利润及利润分配表、财务计划现金流量表、资产负债表和借款还本付息计划表等。这些表格应采用有关规范的格式。

【算例7.5-1】 常规水电站财务评价。

某水电站项目位于第二松花江上游 J 市东南16km处，是一个以发电为主，兼有防洪、灌溉及城市供水等综合利用的大型项目。电站在系统中担负调峰、调频和事故备用等任务。电站装机容量1000MW，多年平均发电量19.2亿kW·h，施工工期为62个月，第一台机组于第6年2月末发电，到第6年年末全部机组投入运行。

根据《方法与参数》（第三版）和《水电建设项目经济评价规范》（DL/T 5441）及现行财税制度与价格等，对该项目进行财务评价。

（1）资金筹措及借款条件。

1）建设期投资。根据工程投资估算，价格基准年为2008年，工程静态投资为464452万元，价差预备费为22325万元，固定资产投资为486777万元，工程总投资为543354万元。年度投资及融资计划见表7.5-7。资本金为总投资的20%，其余为国内银行借款，年利率为5.94%，还款年限为25年，按等额还本付息方式偿还，从第7年开始还款。

2）流动资金。流动资金按10元/kW计取，共计1000万元。其中30%为自有资金，其余为国内银行借款，年利率为5.31%。流动资金随机组投产投入使用，利息计入发电成本，本金在计算期末一次收回。

3）建设期利息。经计算，建设期利息为55577万元。

（2）总成本费用计算。对总成本费用的各组成部分计算如下。

1）折旧费。按固定资产原值和综合折旧率4%计算，正常运行年的折旧费为21694万元，运行初期的折旧费按电量比例计算。

表7.5-7　投资计划与资金筹措表　　单位：万元

序号	项目＼年序	第1年	第2年	第3年	第4年	第5年	第6年	合计
1	总投资	65082	74771	108509	162981	97992	34019	543354
1.1	固定资产投资	63614	70129	99673	147907	76836	28618	486777
1.2	建设期利息	1468	4642	8836	15074	21156	4401	55577
1.3	流动资金	0	0	0	0	0	1000	1000
2	资金筹措	65082	74771	108509	162981	97992	34019	543354
2.1	资本金	14186	15639	22227	32983	17134	6382	108551
	其中：用于流动资金	0	0	0	0	0	300	300
2.2	借款	50896	59132	86282	129998	80858	27637	434803
2.2.1	长期借款	50896	59132	86282	129998	80858	26937	434103
	其中：本金	49428	54490	77446	114924	59702	22536	378526
2.2.2	流动资金借款	0	0	0	0	0	700	700
2.3	其他短期借款	0	0	0	0	0	0	0
2.4	其他	0	0	0	0	0	0	0

注　表中第6年建设期利息为扣除利用当年发电收益还款后剩余利息。

2）摊销费。可暂不考虑。

3）财务费用。还贷期各年财务费用见表7.5-8。

4）材料费。主要包括生产运行过程中实际消耗的原材料、辅助材料、备品配件等，以电站装机容量为基数，按3.5元/kW计算，每年350万元。

5）工资及福利费。根据水利部颁《水利工程管理单位编制定员试行标准》（SLJ 705—81）规定计算，管理单位定员120人，人均年工资30000元，福利费按工资总额的63%计算。工资及福利费每年587万元。

6）维修费。按固定资产原值的1%估算，每年5424万元。

7）库区基金。以上网电量为计算基数，标准0.001元/(kW·h)，每年191万元。

8）固定资产保险费。按固定资产原值的0.25%提取，每年1356万元。

9）水资源费。发电用水按0.002元/(kW·h)计算，平均每年384万元。

10）其他费用。以装机容量为基数，按30元/kW估算，每年3000万元。

年运行费为以上4）～10）项之和，平均每年11292万元。

运行期各年的总成本费用详见表7.5-8。

（3）财务收入、税金、利润。

1）收入。该项目具有发电、防洪、灌溉等综合利用功能。鉴于防洪属非经营性功能，没有财务收入，灌溉水费征收困难，因此财务收入只计算发电收入。水电站年均发电量为19.20亿kW·h，扣除0.5%的厂用电后上网电量为19.104亿kW·h，按税后项目全部投资财务内部收益率8.391%测算上网电价为0.346元/(kW·h)（经与电网中同期规划的电站项的上网电价比较，该上网电价是比较低的），相应的资本金财务内部收益率为11.61%。电站在正常运行期年售电收入66100万元。

2）税金。按增值税税率17%、城市建设维护税率5%、教育费附加率3%、所得税税率25%计算，年营业税金及附加为851万元，还贷期每年可向国家缴纳所得税为1367万～7514万元，还贷后每年可向国家缴纳8057万～13480万元所得税。

项目收入、税金及利润具体计算结果见表7.5-9。

（4）财务生存能力和债务偿还能力分析。根据项目财务收支流量表，运行期各年净现金流量均没有出现负值，不存在财务生存问题。

在还款过程中，首先利用折旧费偿还借款，剩余部分利用未分配利润偿还。摊销费暂不考虑。

按前述计息方式计算，建设期利息为55577万元，债务资金额为434103万元。以等额还本付息方式还款，每年还38722万元。在全部机组投产运行前，年利息备付率小于2，一般在1.25～1.90之间，此后，利息备付率均大于2，偿债备付率在1.20～1.35之间；由资产负债表可以看出，项目的资产负债率最高达79.94%，随着工程发电效益的发挥，还款计划逐步实施，资产负债率在逐年下降，到第25年下降至0.23%，还贷后资产负债率趋于0。说明该项目具有较好的偿债能力。满足借款偿还要求后，项目还有一定的分红能力。该电站借款还本付息计划见表7.5-10，资产负债情况见表7.5-11，资金来源与运用情况见表7.5-12。

（5）盈利能力分析。从表7.5-9中可以看出，从第7年开始，年销售收入为66100万元，还贷期利润总额为5469万～30057万元；还完借款后，年利润总额为32228万元，在折旧提计结束后，年利润总额达53923万元。不同时期各年可供分配的利润变化较大，具体见表7.5-9。

所得税前和所得税后项目全部投资财务内部收益率分别为9.148%、8.391%；所得税前和所得税后项目全部投资财务外部收益率分别为8.303%、8.096%，投资回收期为14.64年，项目盈利能力较好。资本金财务内部收益率为11.61%，财务外部收益率为10.204%，大于基准收益率10%，说明项目资本金盈利能力较好。

财务现金流量（全部投资）见表7.5-13，资本金现金流量见表7.5-14。

（6）财务敏感性分析。该算例中资金筹措方式、投资、运行费及电量等的变化后果将会在固定资产投资、发电效益、运行费上表现出来，表7.5-15给出了这三种变量单独变化对项目财务净现值和财务内部收益率的敏感性分析结果。财务敏感性分析如图7.5-1所示。

（7）财务评价结论。该项目财务评价指标汇总见表7.5-16。项目全部投资财务内部收益率所得税前、所得税后分别为9.148%、8.391%；投资回收期为14.64年；项目资本金财务内部收益率为11.61%、外部收益率为10.204%，满足水电行业投资目标收益率10%的要求。

工程自开工建设第6年发电机组开始投入运行，各年发电销售收入均能够满足总成本费用支出，项目在还贷期有较好的偿债能力，同时也具有较好的财务生存能力，项目在财务上是可行的。

表 7.5-8　发电成本费用估算表

序号	项目＼年序	第6年	第7年	第8年	…	第19年	第20年	第21年	…	第29年	第30年	第31年	…	第35年	第36年	合计
	装机容量（MW）	1000	1000	1000	…	1000	1000	1000	…	1000	1000	1000	…	1000	1000	
	厂供电量（亿 kW·h）	15.721	19.104	19.104	…	19.104	19.104	19.104	…	19.104	19.104	19.104	…	19.104	19.104	589
1	总成本费用（万元）	48227	58806	58038	…	45888	44352	42725	…	33021	33021	15168	…	11327	11327	1214145
1.1	折旧费（万元）	17852	21694	21694	…	21694	21694	21694	…	21694	21694	3842	…	0	0	542354
1.2	修理费（万元）	4463	5424	5424	…	5424	5424	5424	…	5424	5424	5424	…	5424	5424	167169
1.3	工资及福利等（万元）	483	587	587	…	587	587	587	…	587	587	587	…	587	587	18087
1.4	保险费（万元）	1116	1356	1356	…	1356	1356	1356	…	1356	1356	1356	…	1356	1356	41792
1.5	材料费（万元）	350	350	350	…	350	350	350	…	350	350	350	…	350	350	10850
1.6	其他费用（万元）	3000	3000	3000	…	3000	3000	3000	…	3000	3000	3000	…	3000	3000	93000
1.7	摊销费（万元）	0	0	0	…	0	0	0	…	0	0	0	…	0	0	0
1.8	财务费用（利息支出）（万元）	20491	25823	25054	…	12905	11369	9742	…	37	37	37	…	37	37	323228
1.9	库区维护费（万元）	157	191	191	…	191	191	191	…	191	191	191	…	191	191	5888
1.10	水资源费（万元）	315	382	382	…	382	382	382	…	382	382	382	…	382	382	11777
2	经营成本（万元）	9883	11289	11289	…	11289	11289	11289	…	11289	11289	11289	…	11289	11289	348564

表 7.5-9　利润及利润分配表　单位：万元

序号	项目＼年序	第6年	第7年	第8年	…	第19年	第20年	第21年	…	第29年	第30年	第31年	…	第35年	第36年	合计
1	销售收入	54395	66100	66100	…	66100	66100	66100	…	66100	66100	66100	…	66100	66100	2037391
2	营业税金及附加	699	851	851	…	851	851	851	…	851	851	851	…	851	851	26222
3	总成本费用	48227	58806	58038	…	45888	44352	42725	…	33021	33021	15168	…	11327	11327	1214145
4	补贴收入	0	0	0	…	0	0	0	…	0	0	0	…	0	0	0
5	利润总额	5469	6443	7211	…	19361	20897	22524	…	32228	32228	50081	…	53923	53923	797023
6	弥补亏损（五年以内）	0	0	0	…	0	0	0	…	0	0	0	…	0	0	0
7	应纳所得税额	5469	6443	7211	…	19361	20897	22524	…	32228	32228	50081	…	53923	53923	797023
8	所得税	1367	1611	1803	…	4840	5224	5631	…	8057	8057	12520	…	13481	13481	199256
9	税后利润	4102	4832	5408	…	14521	15673	16893	…	24171	24171	37561	…	40442	40442	597767
10	公积金	410	483	541	…	1452	1567	1689	…	2407	2407	3746	…	4034	4034	59459
11	公益金	0	0	0	…	0	0	0	…	0	0	0	…	0	0	0
12	可供分配利润	3692	4349	4867	…	13069	14106	15204	…	21754	21754	33805	…	36398	36398	16367
13	应付利润	2165	2165	2165	…	2165	2165	2165	…	2165	2165	2165	…	2165	2165	67116
14	未分配利润	1526	2184	2703	…	10904	11940	13038	…	19589	19589	31640	…	34233	34233	470875
15	累计未分配利润	1526	3710	6413	…	80646	92587	105625	…	248482	268071	299711	…	436642	470875	
16	息税前利润	25960	32266	32265	…	32266	32266	32266	…	32265	32265	50118	…	53960	53960	
17	息税折旧摊销前利润	43812	53960	53959	…	53960	53960	53960	…	53959	53959	53960	…	53960	53960	

表 7.5-10　　借款还本付息计划表

序号	项目 \ 年序	第1年	第2年	第3年	第4年	第5年	第6年	第7年	…	第19年	第20年	…	第24年	第25年	合计
1	借款及还本付息（万元）								…			…			
1.1	年初借款本息累计（万元）	0	50896	110028	196309	326307	407165	434103	…	216625	190770	…	71053	36551	
1.1.1	本金（万元）	0	49428	103918	181364	296288	355990	378526	…	216625	190770	…	71053	36551	
1.1.2	建设期利息（万元）	0	1468	6110	14945	30019	51175	55577	…	0	0	…	0	0	
1.2	本年借款（万元）	49428	54490	77446	114924	59702	22536	0	…	0	0	…	0	0	378526
1.3	本年应计利息（万元）	1468	4642	8836	15074	21156	24855	25786	…	12868	11332	…	4221	2171	377652
1.4	本年还本付息（万元）	0	0	0	0	0	20454	38722	…	38722	38722	…	38722	38722	756178
2	偿还借款的资金来源（万元）								…			…			
2.1	还贷折旧（万元）	0	0	0	0	0	0	12937	…	19525	19525	…	19525	19525	342537
2.2	还贷摊销（万元）	0	0	0	0	0	0	0	…	0	0	…	0	0	0
2.3	计入成本的利息支出（万元）	0	0	0	0	0	20454	25786	…	12868	11332	…	4221	2171	322076
2.4	还贷利润（万元）	0	0	0	0	0	0	0	…	6330	7866	…	14977	17026	91566
2.5	其他（万元）	0	0	0	0	0	0	0	…	0	0	…	0	0	0
2.6	还款资金来源合计（万元）	0	0	0	0	0	20454	38722	…	38722	38722	…	38722	38722	756178
	利息备付率							1.25	…	2.50	2.84	…	7.58	14.61	
	偿债备付率							1.35	…	1.27	1.26	…	1.21	1.20	

表 7.5-11

资产负债表

序号	项目＼年序	第1年	第2年	第3年	第4年	第5年	第6年	第7年	…	第19年	第20年	…	第29年	第30年	…	第35年	第36年
1	资产（万元）	65082	139853	248361	411342	509334	545290	535020	…	392996	379112	…	391116	413122	…	601625	639902
1.1	流动资产总值（万元）	0	0	0	0	0	20789	32213	…	150518	158329	…	365580	409280	…	601625	639902
1.1.1	流动资产（万元）	0	0	0	0	0	1000	1000	…	1000	1000	…	1000	1000	…	1000	700
1.1.2	累计盈余资金（万元）	0	0	0	0	0	19789	31213	…	149518	157329	…	364580	408280	…	600625	639202
1.2	在建工程（万元）	65082	139853	248361	411342	509334	524501	0	…	0	0	…	0	0	…	0	0
1.3	固定资产净值（万元）	0	0	0	0	0	0	502807	…	242477	220783	…	25536	3842	…	0	0
1.4	无形及递延资产净值（万元）	0	0	0	0	0	0	0	…	0	0	…	0	0	…	0	0
2	负债及所有者权益（万元）	65082	139853	248361	411342	509334	545290	535020	…	392996	379112	…	391116	413122	…	601625	639902
2.1	流动负债总额（万元）	0	0	0	0	0	700	700	…	700	700	…	700	700	…	700	700
2.2	长期借款（万元）	50896	110028	196309	326307	407165	434103	421166	…	190770	163379	…	0	0	…	0	0
	负债小计（万元）	50896	110028	196309	326307	407165	434803	421866	…	191470	164079	…	700	700	…	700	700
2.3	所有者权益（万元）	14186	29825	52052	85035	102169	110487	113155	…	201526	215033	…	390416	412422	…	600925	639202
2.3.1	资本金（万元）	14186	29825	52052	85035	102169	108551	108551	…	108551	108551	…	108551	108551	…	108551	108551
2.3.2	资本公积金（万元）	0	0	0	0	0	0	0	…	0	0	…	0	0	…	0	0
2.3.3	累计盈余两金（万元）	0	0	0	0	0	410	893	…	12329	13896	…	33383	35800	…	55732	59777
2.3.4	累计未分配利润（万元）	0	0	0	0	0	1526	3710	…	80646	92587	…	248482	268071	…	436642	470875
	资产负债率（%）	78.2	78.67	79.04	79.33	79.94	79.74	78.85	…	48.72	43.28	…	0.18	0.17	…	0.12	0.11

表 7.5－12　　资金来源与运用表

序号	项目＼年序	第 1 年	第 2 年	第 3 年	第 4 年	第 5 年	第 6 年	第 7 年	…	第 19 年	…	第 30 年	…	第 35 年	第 36 年	合计
	装机容量（MW）	0	0	0	0	0	1000	1000	…	1000	…	1000	…	1000	1000	
1	资金来源（万元）	65082	74771	108509	162981	97992	57341	28137	…	41055	…	53923	…	53923	54923	1883730
1.1	利润总额（万元）	0	0	0	0	0	5469	6443	…	19361	…	32228	…	53923	53923	797023
1.2	折旧费（万元）	0	0	0	0	0	17852	21694	…	21694	…	21694	…	0	0	542354
1.3	摊销费（万元）	0	0	0	0	0	0	0	…	0	…	0	…	0	0	0
1.4	长期借款（万元）	50896	59132	86282	129998	80858	26937	0	…	0	…	0	…	0	0	434103
1.5	流动资金借款（万元）	0	0	0	0	0	700	0	…	0	…	0	…	0	0	700
1.6	其他短期借款（万元）	0	0	0	0	0	0	0	…	0	…	0	…	0	0	0
1.7	资本金（万元）	14186	15639	22227	32983	17134	6382	0	…	0	…	0	…	0	0	108551
1.8	其他（万元）	0	0	0	0	0	0	0	…	0	…	0	…	0	0	0
1.9	回收固定资产余值（万元）	0	0	0	0	0	0	0	…	0	…	0	…	0	0	0
1.10	回收流动资金（万元）	0	0	0	0	0	0	0	…	0	…	0	…	0	1000	1000
2	资金运用（万元）	65082	74771	108509	162981	97992	37552	16712	…	32860	…	10222	…	15646	16346	1244527
2.1	固定资产投资（万元）	63614	70129	99673	147907	76836	28618	0	…	0	…	0	…	0	0	486777
2.2	建设期利息（万元）	1468	4642	8836	15074	21156	4401	0	…	0	…	0	…	0	0	55577
2.3	流动资金（万元）	0	0	0	0	0	1000	0	…	0	…	0	…	0	0	1000
2.4	所得税（万元）	0	0	0	0	0	1367	1611	…	4840	…	8057	…	13481	13481	199256
2.5	应付利润（万元）	0	0	0	0	0	2165	2165	…	2165	…	2165	…	2165	2165	67116
2.6	长期借款本金偿还（万元）	0	0	0	0	0	0	12937	…	25855	…	0	…	0	0	434103
2.7	流动资金本金偿还（万元）	0	0	0	0	0	0	0	…	0	…	0	…	0	700	700
2.8	其他短期借款本金偿还及弥补亏损（万元）	0	0	0	0	0	0	0	…	0	…	0	…	0	0	0
3	盈余资金（万元）	0	0	0	0	0	19789	11424	…	8195	…	43700	…	38277	38577	639202
4	累计盈余资金（万元）	0	0	0	0	0	19789	31213	…	149518	…	408280	…	600625	639202	

表 7.5-13 财务现金流量表

序号	项目＼年序	第1年	第2年	第3年	第4年	第5年	第6年	第7年	第8年	…	第29年	第30年	…	第36年	合计
	装机容量（MW）	0	0	0	0	0	1000	1000	1000	…	1000	1000	…	1000	
1	现金流入（万元）	0	0	0	0	0	54395	66100	66100	…	66100	66100	…	67100	2038391
1.1	发电销售收入（万元）	0	0	0	0	0	54395	66100	66100	…	66100	66100	…	66100	2037391
1.2	回收固定资产余值（万元）	0	0	0	0	0	0	0	0	…	0	0	…	0	0
1.3	回收流动资金（万元）	0	0	0	0	0	0	0	0	…	0	0	…	1000	1000
2	现金流出（万元）	63614	70129	99673	147907	76836	41568	13751	13943	…	20197	20197	…	25621	1061818
2.1	固定资产投资（万元）	63614	70129	99673	147907	76836	28618	0	0	…	0	0	…	0	486777
2.2	流动资金（万元）	0	0	0	0	0	1000	0	0	…	0	0	…	0	1000
2.3	经营成本（万元）	0	0	0	0	0	9883	11289	11289	…	11289	11289	…	11289	348564
2.4	营业税金及附加（万元）	0	0	0	0	0	699	851	851	…	851	851	…	851	26222
2.5	所得税（万元）	0	0	0	0	0	1367	1611	1803	…	8057	8057	…	13481	199256
3	净现金流量（万元）	−63614	−70129	−99673	−147907	−76836	12827	52349	52157	…	45903	45903	…	41479	976572
4	累计净现金流量（万元）	−63614	−133743	−233416	−381323	−458159	−445332	−392983	−340826	…	685834	731736	…	976572	
5	所得税前净现金流量（万元）	−63614	−70129	−99673	−147907	−76836	14194	53960	53960	…	53960	53960	…	54960	1175827
6	税前累计净现金流量（万元）	−63614	−133743	−233416	−381323	−458159	−443965	−390005	−336046	…	797109	851069	…	1175827	

计算指标	所得税前	所得税后
财务内部收益率（%）：	9.148	8.391
财务净现值（万元）：	56188.7 （$i_c=8\%$）	17850.6 （$i_c=8\%$）
投资回收期（年）：	14.20	14.64

表 7.5-14 资本金现金流量表

序号	年序 项目	第1年	第2年	第3年	第4年	第5年	第6年	第7年	…	第19年	…	第29年	第30年	…	第36年	合计
	装机容量（MW）	0	0	0	0	0	1000	1000	…	1000	…	1000	1000	…	1000	
1	现金流入（万元）	0	0	0	0	0	54395	66100	…	66100	…	66100	66100	…	67100	2038391
1.1	发电销售收入（万元）	0	0	0	0	0	54395	66100	…	66100	…	66100	66100	…	66100	2037391
1.2	回收固定资产余值（万元）	0	0	0	0	0	0	0	…	0	…	0	0	…	0	0
1.3	回收流动资金（万元）	0	0	0	0	0	0	0	…	0	…	0	0	…	1000	1000
2	现金流出（万元）	14186	15639	22227	32983	17134	38823	52510	…	55740	…	20234	20234	…	25658	1439923
2.1	资本金（万元）	14186	15639	22227	32983	17134	6382	0	…	0	…	0	0	…	0	108551
2.2	借款本金偿还（万元）	0	0	0	0	0	0	12937	…	25855	…	0	0	…	0	434103
2.3	借款利息支付（万元）	0	0	0	0	0	20491	25823	…	12905	…	37	37	…	37	323228
2.4	经营成本（万元）	0	0	0	0	0	9883	11289	…	11289	…	11289	11289	…	11289	348564
2.5	营业税金及附加（万元）	0	0	0	0	0	699	851	…	851	…	851	851	…	851	26222
2.6	所得税（万元）	0	0	0	0	0	1367	1611	…	4840	…	8057	8057	…	13481	199256
3	净现金流量（万元）	−14186	−15639	−22227	−32983	−17134	15572	13590	…	10360	…	45865	45865	…	41442	598467
计算指标																
内部收益率（%）：11.61																
净现值（万元）：24245.7　（i_{EC}=10%）																

表 7.5-15 财务敏感性分析表

敏感性因素	变化率（%）	财务内部收益率 FIRR（万元）	财务净现值 FNPV（万元）	敏感性因素	变化率（%）	财务内部收益率 FIRR（万元）	财务净现值 FNPV（万元）
基本方案	0	8.391	17850	5. 财务收入	−10	7.517	−21464
1. 固定资产投资	+20	6.893	−57914	6. 财务收入	+5	8.810	37503
2. 固定资产投资	+10	7.592	−20033	7. 运行费	+20	8.092	4172
3. 固定资产投资	−5	8.837	36788	8. 运行费	+10	8.242	11010
4. 财务收入	−20	6.587	−60776	9. 运行费	−5	8.464	21266

表 7.5-16 财务评价指标汇总表

序号	项 目	数 值	备 注
1	总投资（万元）	543354	
1.1	固定资产投资（万元）	486777	
1.2	建设期利息（万元）	55577	
1.3	流动资金（万元）	1000	
2	上网电价 [元/(kW·h)]	0.346	
3	发电销售收入总额（万元）	2037391	
4	发电成本费用总额（万元）	1214145	
5	营业税金及附加总额（万元）	26222	
6	发电利润总额（万元）	797023	
7	盈利能力指标		
7.1	投资利润率（%）	9.92	
7.2	投资利税率（%）	12.04	
7.3	全部投资财务内部收益率（%）	8.391	所得税后
7.4	全部投资财务净现值（万元）	17850	所得税后（i_c=8%）
7.5	资本金财务内部收益率（%）	11.61	所得税后
7.6	资本金财务净现值（万元）	24245.7	所得税后（i_{EC}=10%）
8	债务偿还能力指标		
8.1	借款偿还期（a）	22.6	
8.2	资产负债率（%）	79.94	最大值

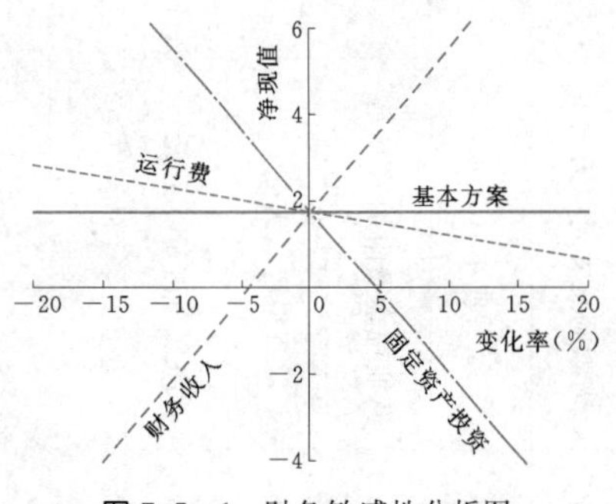

图 7.5-1 财务敏感性分析图

7.6 供水项目水价测算

7.6.1 测算的目的及考虑要素

供水项目水价设计就是根据拟建项目的经济特点和项目供水运营特点以及受水地区的水资源特点和水价制度，设计或选择合适的水价体系。包括对水费计算环节、地区或地点的明确，不同供水对象和不同时间水价的确定以及水费构成的确定等。水价测算是在给定或设计的水价体系下，对各水平年的各种水价进行定量测算。

7.6.1.1 进行拟建供水项目水价测算的主要目的

(1) 根据选定水价体系的测算结果，清楚地反映拟建项目供水价格的高低；结合供水量就可以知道各项供水收入，进而可以分析不同时期的水费收入结构以及整个项目的财务收支平衡情况，评判项目的财务可行性。

(2) 用测算的供水价格与市场中现行水价和(或)其他新建或同期规划供水项目的水价进行比较，分析该项目的水价竞争能力。

(3) 用测算的供水价格与各种用水户的水价承受能力比较，分析该项目的供水价格是否能够被用户所接受。如果不被接受，就要研究降低水价的方案或措施，如修改工程设计方案、调整供水项目不同时期的盈利率预期、免除某种供水的某些税费或对某种供水给予一定财政补贴等。

(4) 根据多种水价体系的测算结果及其对项目和对用水户的合理性分析，就能比较各种水价体系的优劣，推荐最适合的水价体系。

7.6.1.2 进行拟建供水项目水价测算需要考虑的主要因素

(1) 拟建供水项目的供水范围、种类和各种供水的水量及其增长过程等。

(2) 拟建供水项目供水范围当地的现行水价体系和水价水平，近期建设的类似水利建设项目的供水价格。

(3) 国家关于供水价格测算或核算的有关规定，以及当地政府对水价的要求，供水范围内有无分区测算水价的要求。

(4) 拟建供水项目的技术经济特点，包括融资方案、还贷能力、供水成本等。

(5) 拟建供水项目供水对象的水价承受能力等。

7.6.2 水价设计的基本原则

(1) 遵守国家水利产业政策、国家和当地政府水价政策的原则。根据规定决定各种供水是否考虑还本付息、税费、利润及利润水平。

(2) 遵循经济规律的原则和谁受益谁补偿的原则。各行业水价测算以其各供水环节的成本为依据，供水效益为参考，水价承受能力为制约；供水质量要求高、供水成本高、供水效益好、水价承受能力强的用水行业制定较高水价，反之制定较低水价。坚持谁受益谁补偿，以水价计算的供水收益要能够补偿供水系统的成本并适当盈利，以保证供水项目或整个供水系统的正常运行和财务方面的良性循环。对于财务效益很差的农业用水户，水价要尽量做到补偿供水工程的运行费。

(3) 对不同行业实行不同水价的原则。由于不同行业的供水保证率、水质标准、用水效益以及水价承受能力不同，水价也应不同。对于同一项目向不同地区供水的是否按地区分别制定水价，要根据项目的具体情况和当地政府的要求决定。

(4) 充分考虑用水户承受能力的原则。要分析预测农业、工业、城乡生活等用水户的水价承受能力，并予以充分考虑。要使制定的各行业用水户终端水价低于同期的、相应的水价承受能力。如果出现某种水价高于用水户水价承受能力的情况，就需要在不同行业间、不同水平年间调整水价，如果调整后仍然不能满足要求，就要分析研究项目所需要的财务补贴或减免税费的措施等。例如，农业是弱势产业，为扶持农业发展，提高其竞争能力，政府应该对农业用水采取相应的支持和补贴政策，而且农业供水的保证率较低，水质要求也较低，一般采取低水价政策。

(5) 推行定额用水制度。不论是生活用水、二三产业用水，还是农业用水，都要实行定额用水制度，即定额内基准水价、超定额累进加价，或超过部分不予供水。以促进用水户节约用水和满足低收入群体的基本生活用水需求（这需要在运行管理中根据实际情况制定和实施）。既要符合来水变化规律、供水边际成本规律、用水边际效益规律，还要符合节约用水的需要。在条件适合的情况下，要以用水定额为基础制定阶梯制水价。

(6) 建立适时调价机制。现行有关规范要求水利水电产品价格测算和项目财务评价，统一以某年的价格为基准进行计算。这样做的优点是：①计算相对比较简单；②人为因素较少，便于多个项目计算成果的横向比较。其缺点是：①实际上供水工程或系统的供水量、其他各种物价、运行管理人员的工资和福利以及日常管理费、工程维护修理费等都是随着时间的变化而变化的，对于时间跨度比较长的情况，采取一个(套)固定价格很难做到符合实际；②由于缺乏对运行费的预见性，在项目规划设计阶段可能漏掉较优方案。除了规划阶段测算的水价外，还要求在运行阶段建立适时调价机制，定期或不定期地根据经营成本的实际上升情况核算和调整水价。

(7) 用水户参与制度。由于供水具有高度的垄断性，一般无法通过市场交换的方式形成合理、高效的水价。因此，水价的制定和调整要增加透明度，举行听证会，接受社会和用水户的监督。

前四个原则是建设项目在规划设计阶段进行水价设计在技术层面上需要遵守的。后三个原则是从政府或地区的角度提出来的，主要是针对运行管理阶段的水价调整和管理的。

7.6.3　水价设计方法和测算要求

7.6.3.1　水价体系设计方法

供水项目水价体系设计方法主要有单一水价、两部制水价、阶梯式水价、丰枯水价等。在规划设计阶段最常用的是单一水价。下面只介绍单一水价的测算方法。

单一水价就是针对一种供水只采用一种价格形式计算水费。价格形式可以是按照供水量、供水面积（如亩）或供水时间等方面的单价。供水项目技术经济论证只按照供水量设计和测算水价。这也符合我国水资源管理和水价制度的发展趋势。

7.6.3.2　水价测算方法

从所依据的价格基础是否变化的角度，水价测算方法可分为固定价格法和动态价格法。固定价格法就是以某一年为价格基准年。与水价测算有关的各种价格均以基准年为准，不同水平年固定不变，进行供水价格测算和建设项目的财务评价。动态价格法就是在基准年的价格基础上，进一步考虑各种主要价格的变化趋势预测未来各年它们的价格，并用于测算各规划水平年的供水价格和建设项目的财务评价。

以上各种水价都可以采用固定价格法和动态价格法测算。目前的有关规范规定的、现实中普遍采用的都是固定价格法。实际上我国长期保持着相当高的物价上涨趋势，用固定价格法测算的水价往往偏于保守。在具体建设项目的论证过程中和在运行管理阶段，要不断地、反复地进行水价测算和经济论证。为了提高成果的前瞻性，在广东省的对港供水价格测算以及在新疆、山东的个别地方的水价测算中已采用了动态价格法。

7.6.3.3　水价测算要求

拟建供水项目水价测算的基本要求如下。

（1）根据拟建供水项目的特点和所在地区的实际情况以及现行水价制度要求选择合理的水价（体系）设计方法。规划设计阶段常选单一水价。

（2）根据项目的规划设计要求和业主的管理收费权限或条件，明确水价所包括的环节（例如，对于城市供水之原水、自来水、污水处理等环节；对于农业供水之各级渠道或分水处），并且要与项目财务评价包括的环节一致。在用水户水价承受能力分析时要采用终端水价。下面介绍全成本水价的概念，可根据具体情况参考选用项目水价相应包括的环节和内容。全成本水价全面地反映水作为一种特殊商品的资源价值和环境价值（包括外部性影响）以及商品水提供者在其中的物化劳动价值。该水价主要包括资源成本、工程成本、环境成本、利润和税收等五个部分。可用如下公式表示为

$$P_w = P_{wr} + P_{pc} + P_{ec} + P_b + P_t \qquad (7.6-1)$$

式中　P_w——全成本水价；

P_{wr}——水的资源成本，目前的表现形式为水资源费；

P_{pc}——供水工程成本，包括供水各个环节的工程成本；

P_{ec}——用水的环境成本，即为消除用水所带来的负面环境影响所必须付出的代价，目前在实践中主要考虑污水处理费；

P_b——供水利润；

P_t——供水税金及附加费。

（3）在单一水价体系下，用试算的方法，结合供水项目财务评价要求，测算各水平年、各行业的供水水价以及项目的综合水价。

（4）国家水利产业政策和《水利工程供水价格管理办法》针对不同种类供水的水价作了规定，符合规划设计阶段的，水价测算中要予以遵守。例如：①农业供水、生态环境供水等属于公益性质，水价测算只需要测算单位水量的经营成本和成本，没有债务资金及其利息，也不考虑税费和利润。有的甚至只考虑运行费，不考虑投资回收的问题。②城镇供水（包括生活供水、二三产业供水等）属于以经济效益为主，兼有社会公益的性质，要考虑工程投资回收、还本付息、税费和利润。利润率按国内商业银行长期贷款利率加2～3个百分点确定或按当地有关政策规定。③对于城镇生态环境供水分不同情况，有的投资和运行费全部由政府财政资金负担，项目按照计划供水，不需要测算水价；有的则是按照政府规定的价格供水。④水利工程用于水力发电并在发电后还用于其他兴利目的的用水，其水价（元/m^3）按照用水水电站所在电网销售电价［元/（kW·h）］的0.8%核定，发电后其他用水价格按照低于相应用水标准核定；如果仅用于水力发电，其水价按照电网销售电价的1.6%～2.4%核定；如果是梯级水电站用水，第一级用水价格按上述原则核定，第二级及以下各级用水价格应逐级递减。

（5）在采用试算方法寻找合理价格的过程中，相同用水行业不同水平年的水价要保持相对比较平稳的变化趋势，最好与实际水价变化趋势比较接近。不同行业间的水价确定要综合考虑供水成本差异、水质差异、保证率差异以及用水户水价承受能力的差异等。

（6）拟建项目水价测算常常是项目规划设计和财务评价的一部分。因此，水价测算要注意：①要采用与项目规划设计和财务评价一致的基础数据；②同时有公益性供水和以经济效益为主供水的，需要先将各类供水的工程投资和费用进行分摊，再分别测算各类水价；③既要符合有关水价政策，又要考虑到项目财务可行性要求；④当项目有公益性供水，而在财务上

却主要依靠经营性功能维持运营的情况，常常需要给出公益性供水的单位水量经营成本和成本、在公益性供水不同水价方案下应该给予的财政补贴以及对项目财务可行性的影响与解决措施建议等。

7.6.4 用水户的水价承受能力分析

用水户的水价承受能力（或经济承受能力）没有十分明确的定量界限。国内外都是通过分析水费占用水户经济收入的比例或者占总支出的比例，并调查访问用水户的感受以及不同水价条件下的用水行为反应等经验方法，分析总结出用水户的水价承受能力。

水价承受能力要在针对用水区域的社会经济调查和用水调查的基础上，以现状年的数据为基础，以分析预测结果为参考，以国内外的有关经验系数为借鉴，大致地分析估算出城镇居民生活用水户、农业用水户和工业用水户对各自水价的承受能力。这些分析的经验方法如下。

（1）城镇居民对生活水价的承受能力。根据国内外研究资料，城市居民生活承受水价可按家庭水费支出占家庭收入的比例考虑，该比例大约在0.8%～5%之间较为适宜。

（2）农业用水户对水价的承受能力。对我国中西部部分主要产粮区的农业水价、灌区的水费收支与农民的人均年纯收入现状进行调查结果表明，水费往往占亩均投入的10%以上。有相当一部分农业供水成本高于现实中的供水水价。若按补偿成本的原则来计算水价，多数地区超过农民的承受能力范围。

有关分析认为，当农业水费占年净收入的4%～8%时，农民普遍认为水价合理或基本合理，愿意交纳水费，表明水价在农民承受能力的范围之内。当农业水费占农民年均纯收入的比例突破6%时，灌区会有部分农民认为水价偏高。若超过8%时，灌区绝大多数农民认为水价过高，很难接受。可以认为，农业水费占年净收入的8%是农民对农业水价承受能力的上限。

（3）工业用水户对水价的承受能力。工业用水户可承受水价根据工业用水成本占工业产值的比重来测算。根据世界银行和一些国际贷款机构的研究成果，当工业水费支出（工业取水量×水价）占工业产值的比重（水费支出指数）为3%时，将引起工业用水户对用水量的重视；达到6.5%时将引起企业对节水的重视，工业用水户不仅节约用水、合理用水，还会主动采取污水资源化、减污增效等措施。

7.6.5 水价的合理性分析

拟建项目水价的合理性分析主要包括以下几方面。

（1）水价体系是否反映了拟建供水项目的投资和运行特点，是否符合当地水价制度，是否有利于项目供水效益的充分发挥并减少运行管理中的财务风险。

（2）按照推荐的水价，项目是否具有财务可行性或财务生存能力，盈利水平是否合适。

（3）按照推荐的水价，近期水平年是否与供水地区的现状水价接近，长期变化趋势是否合理。尤其是与当地或附近地区同期投入运行的供水项目的水价比较，是否有竞争优势。

（4）项目对各行业的供水价格是否低于用水户的水价承受能力。如果测算出的水价高于同期同种用水户的水价承受能力，则说明水价太高，应该采取措施降低水价。

【算例7.6-1】 供水项目水价测算。

某城市自来水项目主要包括水库枢纽工程、输水工程、自来水厂及供水管网等。以2005年为价格基准年，项目固定资产投资为5.5亿元，年供水量为4500万m^3，供水量有效系数为0.88。用水户为城市生活用水和工业用水，水价计算环节与设计时的工程费用计算一致，均到自来水环节，不包括污水处理环节。工程总工期为4年，2006年开始建设，预期2010年投入运行，运行期40年，综合折旧率为2.5%。根据该项目未来供水运行的实际特点和该市现行水价制度，选用单一水价体系，要求用固定价格法和动态价格法测算水价。

根据国家的水利产业政策，该项目属于以经济效益为主，并兼有一定社会效益的准公益性项目，要实行资本金制度，需要测算贷款能力，水价要按照有关政策规定测算。

（1）融资方案。从资本金和债务资金两方面筹措项目的固定资产投资。如果项目需要的流动资金较少，可另行解决。城镇供水行业，融资前所得税前财务基准收益率为4%，允许的资本金最小比例为35%，资本金内部收益率按照比商业银行长期贷款利率高两个百分点控制，即8%。资本金来源初步调查结果见表7.6-1。债务资金利用长期借款，年利率取6%，投产后开始还款。当年借款按半年计息，以后年份按全年计息。包括建设期还款年限25年，项目投产后按最大能力还款方式偿还。根据现行有关规定采用固定价格法，分别按照借款比例55%、60%、65%等三个方案进行水价设计和测算、项目财务评价指标计算和还款能力分析，资金筹措方案见表7.6-2。经测算，该项目借款能力为固定资产投资的60%。经综合比较选定融资方案2，即资本金比例为40%，借款比例为60%，资本金为2.2亿元，贷款本金为3.3亿元，建设期利息为4173万元。

表 7.6-1　　资本金来源初步调查结果

项　　目	当地政府资金	三家政府控制企业	两家企业	三家企业
可出资（万元）	3000	13000	15000	25000
最低回报率要求（%）	无	5	7	10
累计可用资金（万元）	3000	16000	31000	56000

表 7.6-2　　资金筹措方案（固定价格法）

融资方案	还款年限	固定资产投资（万元）			建设期利息（万元）	总投资（万元）	借款比例	资本金财务内部收益率（%）
		资本金	借款	合计				
方案 1	25	19250	35750	55000	4521	59521	0.65	8.00
方案 2	25	22000	33000	55000	4173	59173	0.60	
方案 3	25	24750	30250	55000	3826	58826	0.55	

（2）成本费用计算。运行期，项目每年总成本费用为3693.08万元，包括以下各项：①折旧费，按照年限平均法计算，年折旧费为1479.3万元，没有无形资产和递延资产摊销。②财务费用，根据借款在各年产生的利息和各年的还贷情况逐年计算。③维修费，按固定资产原值的2%计算，为1183.5万元。④职工薪酬（工资与福利之和）为217.5万元，按定员人数为50人，人均年工资3万元，共计为150万元；根据当地情况，福利费按职工工资总额的45%计算，共计为67.5万元。⑤水资源费，按当地现行标准0.06元/m^3和供水量计算，为270.0万元。⑥燃料及动力费，按供水量和费率0.05元/m^3匡算，为225.0万元。⑦其他费用，按职工薪酬、燃料及动力费、维修费、水资源费之和的15%估算，为284.4万元。

（3）各项税费计算。增值税率采用13%。营业税金及附加包括城市建设维护税和教育费附加，以增值税为基础计征，税率分别采用5%和3%，共8%。根据当地现行情况所得税率为21%。

（4）水价承受能力分析。根据该市的社会经济调查和发展规划资料，分析计算和预测现状年和各规划水平年的GDP增长、城镇家庭收入、工业用水量和用水定额等。按照用水户的水价承受能力分析方法，以家庭水费支出占其总纯收入的比例、工业水费占工业产值的比例计算出不同比例与各水平年生活用水和工业用水的可承受水价的关系，见表7.6-3。根据当地的实际情况，并参考国内外其他地区的经验，分别选用水费占居民收入的2.5%、占工业年产值的3.0%计算生活可承受水价和工业可承受水价。水价承受能力检验用测算的生活和工业最终水价与表中对应水平年的可承受水价比较。

表 7.6-3　　不同用水户水费占比与可承受水价的关系　　单位：元/m^3

水平年 \ 水费占比 \ 用水行业	城镇生活			工　业	
	2.0%	2.5%	3.0%	2.5%	3.0%
2005	1.595	2.002	2.398	2.36	2.85
2010	3.146	3.905	4.675	4.97	5.97
2020	5.720	7.117	8.525	8.03	9.62
2030	8.019	9.977	11.924	12.25	14.72
2040	10.021	12.474	14.905	17.15	20.61

（5）水价试算与项目财务评价指标计算。城镇生活供水保证率比工业供水的略高，按理说城镇生活供水价格应比工业供水价格高或相同，但是该市属于水资源短缺地区，总体上要求企业的用水效率和效益较高。测算的工业水价承受能力比城镇生活水价承受能力高。现状也是工业水价比生活水价高（含污水处理

表 7.6－4　　水价测算及财务指标计算（固定价格法）

水价方案	借款比例（%）	借款额（万元）	水价（元/m^3）							项目全部投资			资本金		
			水价分项	2010～2019年	2020～2029年	2030～2039年	2040年以后	分项均价	项目综合水价	净现值（万元）	内部收益率（%）	还款年数	资本金额（万元）	净现金流现值（万元）	内部收益率（%）
方案1	65	35750	生活供水水价	1.22	1.55	1.81	2.20	1.70	2.31	37067	7.31	26.50	19250	28435	8.00
			工业供水水价	1.71	2.33	2.72	3.52	2.57							
			生活最终水价	1.99	2.58	3.07	3.73								
			工业最终水价	2.41	3.27	3.87	4.92								
方案2	60	33000	生活供水水价	1.25	1.55	1.85	2.25	1.73	2.35	38195	7.38	24.60	22000	30602	7.99
			工业供水水价	1.75	2.33	2.78	3.60	2.61							
			生活最终水价	2.02	2.58	3.11	3.78								
			工业最终水价	2.45	3.27	3.93	5.00								
方案3	55	30250	生活供水水价	1.25	1.60	1.95	2.25	1.76	2.40	39827	7.47	22.84	24750	33207	8.00
			工业供水水价	1.75	2.40	2.93	3.60	2.67							
			生活最终水价	2.02	2.63	3.21	3.78								
			工业最终水价	2.45	3.34	4.08	5.00								
方案4	60	33000	生活供水水价	1.44	1.44	1.44	1.44	1.44	1.94	29922	7.33	24.20	22000	22638	8.04
			工业供水水价	2.16	2.16	2.16	2.16	2.16							
			生活最终水价	2.21	2.47	2.70	2.97								
			工业最终水价	2.86	3.10	3.31	3.56								

费，生活 1.40 元/m^3，工业 2.05 元/m^3）。该项目工业水价与生活水价大致按照水价承受能力的比例关系拟定。因为现行水价较低，当地政府希望项目供水价格先低后高，便于推行。以价格基准年的价格为准，分别针对前面拟定的三套融资方案及其借款比例，按照水价先低后高设计和试算；此外，针对融资方案2，按照各水平年生活和工业供水水价不变的情况（即表 7.6-4 中水价方案 4）进行了测算。该方案生活和工业最终水价仍在变化，是因为该市未来的污水处理价格（不属于该项目）在逐渐提高所致。试算结果见表 7.6-4。可见在各方案中项目全部投资的财务内部收益均大于 4%，财务净现值指标均为正，除水价方案 1 外还款年数均小于 25 年。借款比例低的水价方案，在满足相同资本金内部收益率要求下，还款年数较短，但由于要求的资本金内部收益率比借款利率高，而且资本金比例高的水价方案要多扣税费，因此，分项平均水价和综合水价反而要高一些。

（6）财务生存能力与债务偿还能力分析。该项目投入运行后，各年净现金流均不小于零，财务生存能力符合要求。首先安排借款利息还贷，其次利用折旧费还贷，最后再用税后利润还贷。固定价格法的税后利润还贷比例取 20%，动态价格法取 18%。盈余公积金按税后利润的 10%提取。根据有关要求，项目还贷期间不进行利润分配。对于给定的三套融资方案和相应水价方案，除水价方案 1 外，项目均能在 25 年内还清借款。

（7）水价设计及财务评价结论。

1）该项目按资本金内部收益率 8%控制设计供水价格，各水价方案项目全部投入的内部收益率为 7.31%～7.47%，适当大于给定的 4%标准，财务净现值为 22922 万～39827 万元，均大于零，符合盈利能力要求。

2）除水价方案 1 的还款年数超过还款年限外，其他水价方案的还款年数均小于还款年限，债务偿还能力符合要求。

3）各水平年生活和工业的终端水价均低于相应用水户同期的水价承受能力，是可承受的。并且水价与水价承受能力的比例是逐渐降低的，说明用水户的水费相对负担是逐渐改善的。

4）综合分析选择水价方案 2 作为推荐水价方案。

综合上述几点，该项目财务上是可行的，融资方案和水价设计是比较合理的。

（8）动态价格法测算水价。实际上有关价格资料都是变化的，为了便于对比和参考，下面简单介绍在前面推荐的水价方案 2 同样的借款比例和资本金内部收益率要求下的动态价格法水价测算结果。以当地及我国以往和近期的实际资料，统计分析得到的各主要影响因子（费用项目价格）的变化趋势及预测选用值见表 7.6-5。以价格基准年为准，动态地推算各年的各项费用等，测算的动态价格法水价见表 7.6-6，与相同融资方案采用固定价格法的比较，要高不少。例如，2020 水平年，生活供水水价要高 51.5%，工业供水水价要高 51.6%。值得注意的是，对未来各种价格的预测往往是有误差的，为了弥补此不足，还需要进行不同价格变化趋势的多情景分析。

表 7.6-5　有关费用项目价格的年均变化率

分　项	实际统计平均值	预测选用值			
		2010～2019 年	2020～2029 年	2030～2039 年	2040 年以后
工资及福利费	0.1471	0.140	0.120	0.100	0.085
燃料及动力费	0.0711	0.070	0.065	0.060	0.058
维修管理费及其他费用	0.0523	0.050	0.040	0.038	0.035
固定资产价格	0.0623	0.045	0.035	0.028	0.025
物价总指数	0.0477	0.04	0.03	0.02	0.02

表 7.6-6　动态价格法水价测算结果（借款比例 60%，控制资本金内部收益率 8%）　单位：元/m^3

水平年 水价分项	2010～2019	2020～2029	2030～2039	2040 以后
生活供水水价	2.10	2.35	2.70	3.15
工业供水水价	2.94	3.53	4.05	5.04
生活最终水价	2.87	3.38	3.96	4.68
工业最终水价	3.64	4.47	5.20	6.44

7.7 水力发电项目电价测算

7.7.1 水力发电项目电价测算的目的与要求

拟建水电项目需要在前期工作中测算上网电价，其主要目的是：①上网电价作为水电站财务评价的基础和有关报表编制的依据；②上网电价可供项目业主、银行、政府等决策参考；③便于与电网中同期投入的电站进行比较，分析其市场竞争能力。

根据国家发展和改革委员会颁布的《上网电价管理暂行办法》(2003) 规定，在水电项目可行性研究阶段，电站的上网电价应根据发电项目经济寿命周期，按照合理补偿成本、合理确定收益和依法计入税金的基本原则进行测算，其中合理收益以资本金内部收益率为控制指标，数量上等于长期国债利率加一定百分点。此外，也可根据有关部门指定的其他财务指标要求测算上网电价，如偿还借款要求、全部投资财务内部收益率要求或者同时满足还贷要求和财务内部收益率要求等。有时还要求分别测算还贷期的上网电价和还贷后的上网电价。

7.7.2 电力系统的电价体系及其特点

世界各国采用的电价体系（或制度）通常有单一制电价、两部制电价、峰谷分时电价、丰枯季节电价和阶梯电价等几种形式。前四种同时适用于上网端和用户端，只是具体定量不同；后一种适用于用户端。下面以用户端为例，分别介绍这几种电价体系的特点。

1. 单一制电价

单一制电价是按用电户的实际用电量或用电容量乘以单一电价的电费收入。目前单一制电量电价应用的较为广泛，但对于采用租赁制经营管理模式的抽水蓄能电站，大都应用单一制容量电价。

2. 两部制电价

两部制电价是将电价分为基本电价和电量电价两部分，计算电费收入时按照用电容量乘以基本电价和按照用电量乘以电量电价所得的电费收入之和作为总电费收入。两部制电价较好地反映了电商品的容量和电量双重属性。

3. 峰谷分时电价

峰谷分时电价是将一天划分成峰、平、谷三个时段，各时段的电量采用不同价格计算电费收入。由于常规水电站和抽水蓄能电站具有良好的运行特点，系统的经济可靠运行要求将水电安排在日负荷图上的峰荷位置，而从时间上划分峰、平、谷时段时，高峰时段则与峰荷位置相对应。因此，采用这种电价结构，可提高水电站，特别是调节性能好的常规水电站和抽水蓄能电站的收入水平。为此，国发〔1985〕72 号文，规定低谷电价可比现行电价低 30%～50%，高峰电价可比现行电价高 30%～50%；1987 年水电财字第 101 号文进一步规定，峰谷分时电价以电网平均电价为基础，按实际情况上浮或下浮，峰谷电价可适当拉大，高峰电价可为低谷电价的 2～4 倍。

4. 丰枯季节电价

丰枯季节电价是根据年内水文现象的丰枯变化规律，采用丰水期低电价、枯水期高电价的一种电价制度。它适用于水电比重较大的电网。一般丰水期间的电价可比平均电价低 30%～50%，枯水期的电价可比平均电价高 30%～50%。

5. 阶梯电价

阶梯电价全称为阶梯式累进电价，是将用户用电量设置为若干个阶梯计算电费收入。第一阶梯为基数电量，每千瓦时电价最低；第二阶梯电量再增加一部分，增加电量的电价提高一些；以后各阶梯依此类推。该方法适用于居民生活用电，可以提高能源利用效率。

7.7.3 常规水电站上网电价的测算方法

上网电价测算方法与财务评价相同（见本章 7.5 节），过程相反。财务评价是根据国家现行财税制度，以上网电价为已知条件，分析项目财务主体获得的财务收入，编制财务报表，计算相应的资本金财务内部收益率等指标。而根据期望的财务指标要求，测算上网电价，通常采用试算的办法，即首先假设一个电价，然后进行财务评价，计算相应的财务指标，与期望的财务指标进行比较，如不满足要求，则重新计算，直至满足要求为止。

【算例 7.7-1】 常规水电站上网电价测算。

某水电站位于云南省德宏傣族景颇族自治州潞西市境内，距昆明市 850km 左右，距边境口岸重镇瑞丽市 45km，是一座以发电为主，兼顾防洪和灌溉的综合利用项目。水库正常蓄水位 872.00m，死水位 845.00m，调节库容 6.79 亿 m^3，具有年调节能力。电站向云南省电网供电，装机容量 240MW，多年平均发电量 10.25 亿 kW·h，保证出力为 68MW。

工程总工期为 4 年，静态总投资为 20.5 亿元，其中各年依次为 4.51 亿元、6.97 亿元、4.92 亿元、4.10 亿元。考虑到防洪和灌溉属于公益性功能，且理论上分摊投资不大，因此，财务上其投资和运行费用全部由电站担负。资金筹措方案为：项目资本金为 6.15 亿元，占总投资的 30%；国内银行借款 14.35 亿元，占 70%。银行借款条件为：借款年利率

6.12%，还款年限25年。

(1) 电价制度与上网电量。云南省电网实行的用户端丰枯峰谷电价制度见表7.7-1。根据1960～2001年42年的长系列径流资料计算，电站多年平均发电量为10.25亿kW·h，经设计水平年电网电力电量平衡计算，可被电网吸收的有效电量为8.60亿kW·h，扣除厂用电后的上网电量为8.56亿kW·h，对照电网电价制度各时段电量见表7.7-2。

表7.7-1　云南省丰枯峰谷电价制度　%

来水期	日均电价比	高峰时段电价比（9：00～12：00；18：00～23：00）	平段电价比（7：00～9：00；12：00～18：00）	低谷时段电价比（23：00～次日7：00）
丰水期（6～10月）	90	135	90	45
平水期（5月、11月）	100	150	100	50
枯水期（12月～次年4月）	115	172.5	115	57.5

注　表中各项电价比均为相应电价与基准电价的比值。

表7.7-2　电站对照电价制度的上网电量　单位：亿kW·h

来水期	高峰时段（9：00～12：00；18：00～23：00）	平段（7：00～9：00；12：00～18：00）	低谷时段（23：00～次日7：00）	小计
丰水期（6～10月）	2.16	1.39	1.31	4.86
平水期（5月、11月）	0.99	0.15	0.10	1.24
枯水期（12月～次年4月）	1.99	0.27	0.20	2.46
合计	5.14	1.81	1.61	8.56

(2) 电站上网电价测算。电价测算中采用的主要数据：经营期为30年，每年经营成本为5331万元；适用增值税17%，所得税25%，城市建设维护税5%，教育费附加3%。

拟定资本金财务内部收益率方案为8%、10%、12%，采用一部制电价制度测算的电价见表7.7-3。表中第二行是按照全部投资财务内部收益率8%为控制条件测算结果。

表7.7-3　一部制上网电价测算成果

方案序号	一部制电价[元/(kW·h)]	资本金财务内部收益率（%）	全部投资财务内部收益率（%）
方案1	0.303	8	7.21
方案2	0.329	9.71	8
方案3	0.334	10	8.15
方案4	0.365	12	9.04

根据一部制电价测算结果和丰枯峰谷电价制度规定的电价比值关系可换算得到该电站的丰枯峰谷电价。以方案3为例，电价测算结果见表7.7-4。

表7.7-4　丰枯峰谷电价制度下电站电价

单位：元/(kW·h)

来水期	高峰时段电价	平段电价	低谷时段电价
丰水期	0.375	0.250	0.125
平水期	0.416	0.278	0.139
枯水期	0.479	0.319	

7.7.4 抽水蓄能电站上网电价的测算方法

7.7.4.1 抽水蓄能电站的运行特点

抽水蓄能电站在电网负荷高峰期发电，低谷期抽水蓄能，具有削峰填谷功能，还有调频、调相、紧急事故备用和黑启动等功能，是保障电力系统安全、稳定、经济运行的重要措施之一。与常规水电站相比，抽水蓄能电站财务成本中多出抽水费用。由于在抽水和发电的循环过程中存在能量损失，综合效率一般在75%～80%，抽水电量往往比发电量多25%～40%。年发电利用小时数较之常规水电站和火电站都小很多，一般只有800～1200h之间。因此，抽水蓄能电站单位电量的发电成本相对较高，如果按照一部制电价测算上网电价则较高。

国内外出现了电网企业统一建设经营与电力企业独立建设经营两种管理模式，相应存在着不同的上网电价制度。下面将分别介绍抽水蓄能电站的这两种建设经营管理模式及其相应的电价测算要求。然后介绍抽水蓄能电站上网电价测算的可避免成本法。

7.7.4.2 电网企业统一建设经营管理模式

在电网企业统一建设经营管理模式下，抽水蓄能电站由电网企业统一建设经营，作为电网的组成部分，所有权和经营权以及调度运行权都归电网公司。电网负责电站的资金筹措、建设管理、运营管理和资金偿还。电站的上网电价不单独核定，而是由有关物价管理部门在调整核定售电端电价时统筹解决。

例如，北京十三陵抽水蓄能电站采用了这种模式。它由华北电网公司和北京市共同融资建设，向北京地区供电。华北电网公司负责该电站的调度运行和经营管理，统一核算其发电成本、还本付息、利润等，对电站在财务上实行材料费、检修维护费、管理费等指标考核，电站仅是按照电网调度要求运行。经营核算的具体实施步骤为：由电网财务部门采用现行财务评价方法，按照电站还本付息、运行成本、税金和合理的资本金收益率要求进行核算，经由物价部门批准后平摊加价到用户。

7.7.4.3 电力企业独立建设经营管理模式

在电力企业独立建设经营管理模式下，抽水蓄能电站由独立的发电有限公司负责融资建设。电站运行后通过与电网公司签订上网电价合同或竞价上网获得收入，满足电站还本付息、运行成本、规定税金和合理的资本金收益率要求。根据收入核算方法可分为单一制峰谷电价、两部制电价和租赁制电价三种模式。

1. 单一制峰谷电价

单一制峰谷电价制度一方面采用低谷时段的电价和消耗的电量计算抽水费用，并计入发电成本；另一方面采用上网电量与高峰时段电价计算电站收入。它把上网电量作为计算收入的唯一依据，其优点是方法简单、容易理解、使用方便。但是，由于抽水蓄能电站的装机容量发电利用小时数较少，年际之间的稳定性也较差，往往发电收入不稳定。在前期核定上网电价时，对将来实际发电量的准确估计成为一个难题。在上网电价核定批复后，如果实际发电量超过设计发电量，则发电公司将会得到超额回报；反之，发电公司的资本金回报率将低于预期。电站的市场预测风险将全部由发电公司承担。此外，由于电站的效益与发电量紧紧捆在一起，发电量越多，效益越高，会造成电站不愿意参加电网调峰，更不愿为电网提供事故备用等动态服务。而电站公司一厢情愿的多发电量不利于电网的安全、经济和稳定运行，也与抽水蓄能电站的自身价值特点相背离，电网也不允许。

采用单一制峰谷电价的典型代表电站是浙江宁波溪口抽水蓄能电站。该电站成立了独立的公司，注册资本金2600万美元，其中宁波电业局占75%，香港宁兴（集团）有限公司占25%。该电站两台机组总装机容量为80MW，1998年6月投入运行。按照单一制电价核算的上网电价为0.621元/(kW·h)，抽水电价为0.23元/(kW·h)。

2. 两部制电价

两部制电价能够较好地反映抽水蓄能电站的价值特点，国内外应用较普遍，如国内的浙江天荒坪、江苏沙河、湖北天堂等抽水蓄能电站。容量电费的计算与可用容量挂钩，相对比较稳定；电量电费按照实际上网电量计算，变化较大。二者之和为抽水蓄能电站的电费收入。

两部制电价的优点是：①抽水蓄能电站收入相对有保证，比一部制峰谷电价较稳定，有利于电站吸引投资；②有利于激励发电厂最大限度地提高机组的可用率和实施厂内优化调度；③有利于电网灵活调度。缺点是：①收费计算比较复杂；②电力公司要承担上网电量预测不准的风险。

抽水蓄能电站两部制上网电价的设计，除了按照满足还本付息、折旧、经营成本、规定税收和资本金合理利润的原则外，关键是还要正确把握容量价格和电量价格之间的比例关系。理论上，容量电费应以固定成本为基础，电量电费应以变动成本为基础。电力企业的成本项目主要有燃料费、购入电力费、水费、折旧费、维修费、工资及福利、材料费和其他费用等。这些费用项目中，有的属于固定成本，有的属于变动成本，但有些项目归属并不明确，如何准确地划分仍然是不容易的。因此，在两部制电价的设计上，不同的电站可能有不同划分方法。以天荒坪抽水蓄能电站为例，华东电网有限公司认定的两部制电价公式如下：

$$p_N = \frac{[C_{m3} + C_f + C_z + (C_{m2} + C_{m1} + C_{m8}) \times 70\% + C_{m4} + C_{m5} + B_b]}{N_2 \eta} \tag{7.7-1}$$

$$p_E = \frac{[E_{pw} p_{pw} + (C_{m2} + C_{m1} + C_{m8}) \times 30\% + C_{m6} + C_{m7} + B_l]}{E_2} \tag{7.7-2}$$

式中　　p_N、p_E——电站的容量电价、电量电价；

C_{m3}、C_f、C_z——管理费用、财务费用、折旧费；

C_{m2}、C_{m1}、C_{m8}——维修费、材料费、其他费用；

C_{m4}、C_{m6}、C_{m5}、C_{m7}——工资及福利费、库区基金、容量、电量销售相应的销售及附加税金；

B_b、B_l——所得税前利润、资本金利润；

N_2、E_2、η——发电上网容量、发电上网电量、容量可用率；

E_{pw}、p_{pw}——抽水耗电量、抽水电价。

2000年原国家计划委员会批复了天荒坪抽水蓄能电站的上网电价，容量电价为549.8元/(kW·a)，电量电价为0.309元/(kW·h)，抽水电价为0.214元/(kW·h)。2002年原国家计划委员会批复了湖北天堂抽水蓄能电站的上网电价，容量电价为388.8元/(kW·a)，电量电价为0.457元/(kW·h)。

3. 租赁制电价

电网租赁经营模式是发电公司将电站的调度权出租给电网公司。电网公司在工程的可调容量和调节库容范围内，根据电力系统的需求对电站进行调度，电站的运行管理及维护仍由发电公司负责。租赁费用按照电站还本付息、折旧、经营成本、税金和合理的资本金收益率要求进行核算。一般情况下以每年每千瓦固定费用的方式表示，而与电站的发电量无关。这种经营模式，避免了容量、电量价值的复杂计算问题，既给予电网公司充分的调度权，又保证了发电公司的合理回报，且有利于电网的稳定、经济运行。

目前，国内许多抽水蓄能电站都采用这种模式，例如，广州抽水蓄能电站，该电站建成初期曾采用电量加工经营模式。由广东电网提供低谷电量，经电站加工为高峰电后送回电网，电网按照高峰电量支付加工费。加工费经由广东省物价局批准，包括电站成本、还本付息、税收和利润。1994年，该电站在广东电网的实际发电量仅为4.82亿kW·h，大大低于10亿kW·h的设计预期值，由于该电站建设前与电网公司之间并无发电量的定量约定，实际发电量的决策权完全取决于电网公司，从而导致电站业主（广州抽水蓄能电站联营公司）的经营严重亏损。

从1995年起，联营公司与电网公司商谈改变经营模式，由电量计费改为容量租赁。该电站一期工程装机容量1200MW，其中50%是由广东电网和大亚湾核电站联合租赁，各出一半容量租赁费，租赁后的容量由广东电网统一调度使用，电网保证核电不参加调峰运行。该电站一期工程的另外50%容量的使用权出售给香港中华电力公司，其费用低于香港其他调峰电源成本，但又高于该电站的实际营运成本，对双方都有利。电站的运行管理由广州抽水蓄能电站联营公司负责，由港方支付运行管理费用。香港中华电力公司在租赁该电站一期50%容量后，关停了香港电网中燃气轮机472MW。

该电站二期工程则由广东电网单独租赁。广东电网租赁该电站后，不仅充分发挥了它固有的调峰、调频、调相和紧急事故备用等功能，而且在利用广西、贵州等省（自治区）丰水期的弃水电量加工成广东电网所需电量方面也收获了不菲的经济效益。

目前，国家发展和改革委员会已按租赁经营模式相继批复了几个大型抽水蓄能电站的租赁价格，其中浙江桐柏抽水蓄能电站为403元/(kW·a)、山东泰安抽水蓄能电站为459元/(kW·a)、江苏宜兴抽水蓄能电站为561元/(kW·a)、安徽琅琊山抽水蓄能电站为446元/(kW·a)、河北张河湾抽水蓄能电站为491元/(kW·a)。

7.7.4.4 可避免成本法

1. 有关上网电价的政策规定及计算方法

《中华人民共和国电力法》规定的电价制定原则是“同网、同质、同价”，但实现该原则还需要较长时间。1996年原电力工业部657号文印发的《关于规范购电合同管理的暂行办法》规定“上网电价结构原则采用两部制电价。实行两部制的容量电价反映容量成本水平，电量电价反映电量成本水平”。1998年原电力工业部289号文印发了《抽水蓄能电站经济评价暂行办法》，其中第3.3.2条款规定上网电价应采用项目所在电网发布的上网容量和上网电量的预测电价进行财务评价。当电网未发布预测电价时，可按边际理论测算上网电价进行财务评价。1999年3月国家电力公司颁布的《抽水蓄能电站经济评价暂行办法实施细则》（简称《实施细则》），进一步明确了采用两部制电价进行财务评价，在预可行性研究和可行性研究阶段要以可避免容量成本和电量成本测算容量和电量价格的方法。还规定在同等程度满足用电要求的前提下，进行有、无设计电站两种情况的电源优化组合规划，确定设计方案（有拟建电站）和替代方案（无拟建电站）的最优电源结构，然后对两个方案分别进行电力电量平衡和费用计算（包括容量费用和电量费用计算）。在此基础上，采用下面公式计算容量价格（p_N）和电量价格（p_E）：

$$C_{bN} = C_{tN} - (C_{sN} - C_{pN}) \tag{7.7-3}$$

$$p_N = \frac{C_{bN}}{N_2} \tag{7.7-4}$$

$$C_{bE} = C_{tE} - (C_{sE} - C_{pE}) \tag{7.7-5}$$

$$p_E = \frac{C_{bE}}{E_2} \qquad (7.7-6)$$

式中 C_{bN}、C_{bE}——电站的可避免容量成本、电量成本；

C_{tN}、C_{tE}——替代方案的容量费用、电量费用；

C_{sN}、C_{sE}——设计方案的容量费用、电量费用；

C_{pN}、C_{pE}——抽水蓄能电站的容量费用、电量费用。

2. 容量费用计算方法

拟建抽水蓄能电站的容量费用（C_{pE}）由固定成本、固定税金和投资利润所组成。

（1）固定成本包括折旧费、摊销费、固定修理费、工资及福利、固定资产保险费，各项成本取值应依据系统替代方案电站的相应资料而定。

（2）固定税金主要为以容量销售收入为基数计算的营业税金及附加。

（3）投资利润按系统替代方案电站的总投资及基准投资利润率计算。

投资利润率应合理体现电力行业的投资利润水平，应考虑通货膨胀率和银行利率等因素而定，一般可高于同期银行借款利率1～2个百分点。投资利润率也可按系统替代方案的资本金满足基准收益率10%和满足借款偿还要求把握。

3. 电量费用计算方法

拟建抽水蓄能电站的电量费用（C_{pE}）包括可变经营成本、燃料费和可变税金。

（1）可变经营成本包括可变修理费、材料费和其他费用等，按系统替代方案电站的统计资料取值。

（2）燃料费应通过有、无设计电站两种情况的电力电量平衡和生产模拟进行计算。计算公式为

$$C_{bm} = C_{tm} - (C_{sm} - C_{pm}) \qquad (7.7-7)$$

式中 C_{bm}、C_{tm}、C_{sm}、C_{pm}——拟建电站的可避免燃料费、替代方案、设计方案、拟建电站的燃料费。

（3）可变税金主要为以电量销售收入为基数计算的营业税金及附加。可避免成本法测算的电价是抽水蓄能电站的限电价，高于这个价格，则意味着用户将付出高于其他电源的电价。

【算例7.7-2】 抽水蓄能电站上网电价测算。

某抽水蓄能电站距*D*市约60km，建成后并入*DB*电网，承担系统调峰、填谷及紧急事故备用等任务。该电站有4台机组，总装机容量1200MW，年发电量18.6亿kW·h，年抽水用电量24.09亿kW·h。建设期7年，第一台机组于第7年2月投产发电。静态投资为410965万元，价差预备费为零，计入建设期利息后工程总投资为470596万元。工程投资分年度使用计划见表7.7-5。资本金为总投资的20%，其余为国内银行借款，年利率为5.94%，还款年限20年，工程投产后按等额还本付息方式偿还；自筹资金作为资本金参股分红。

表7.7-5　工程投资分年度使用计划　单位：万元

年序	第1年	第2年	第3年	第4年	第5年	第6年	第7年	合计
投资	25836	47441	67155	78518	53360	95019	43636	410965

省略有关财务分析计算过程，下面介绍在基本方案下，用个别成本法和可避免成本法的电价测算成果以及发电利用小时数对抽水蓄能电站上网电价的影响。

（1）基本方案下两种方法测算的上网电价对比。用个别成本法测算的结果。以资本金财务内部收益率10%为控制条件，测算得到两部制上网容量价格为558元/(kW·a)，上网电量价格为0.262元/(kW·h)，折算成一部制电价为0.587元/(kW·h)，租赁制电价为599元/(kW·a)，相应全部投资内部收益率近似8%。用可避免成本法计算的结果。两部制上网容量价格为906元/(kW·a)，上网电量价格为0.262元/(kW·h)，折算成一部制电价为0.792元/(kW·h)，相应资本金财务内部收益率为21.96%，全部投资财务内部收益率为12.66%。

（2）关于上网电价的敏感性分析。抽水蓄能电站的发电年利用小时数是影响其上网电价的敏感因素之一。根据国内外已建抽水蓄能电站的实际运行情况，装机容量年发电利用小时数大多在800～1200h。本算例将两部制电价中的电量价格固定为0.262元/(kW·h)，资本金财务内部收益率依次控制在7%、8%、9%和10%，分别拟定装机容量年利用小时数为800h、1000h和1200h，对上网容量价格、一部制电价、租赁制电价和全部投资财务内部收益率进行了测算，其结果见表7.7-6。

表7.7-6　　上网电价测算成果

<table>
<tr><th rowspan="2">序号</th><th rowspan="2">年发电利用小时数(h)</th><th rowspan="2">期望年发电量(亿kW·h)</th><th colspan="2">两部制电价</th><th rowspan="2">一部制电价[元/(kW·h)]</th><th rowspan="2">租赁制电价[元/(kW·a)]</th><th rowspan="2">资本金财务内部收益率(%)</th><th rowspan="2">全部投资财务内部收益率(%)</th></tr>
<tr><th>容量价格[元/(kW·a)]</th><th>电量价格[元/(kW·h)]</th></tr>
<tr><td rowspan="4">1</td><td rowspan="4">800</td><td rowspan="4">9.6</td><td>506</td><td>0.262</td><td>0.836</td><td>527</td><td>7</td><td>6.91</td></tr>
<tr><td>526</td><td>0.262</td><td>0.859</td><td>547</td><td>8</td><td>7.28</td></tr>
<tr><td>549</td><td>0.262</td><td>0.885</td><td>570</td><td>9</td><td>7.66</td></tr>
<tr><td>572</td><td>0.262</td><td>0.911</td><td>593</td><td>10</td><td>8.00</td></tr>
<tr><td rowspan="4">2</td><td rowspan="4">1000</td><td rowspan="4">12.0</td><td>502</td><td>0.262</td><td>0.718</td><td>529</td><td>7</td><td>6.91</td></tr>
<tr><td>523</td><td>0.262</td><td>0.737</td><td>550</td><td>8</td><td>7.30</td></tr>
<tr><td>545</td><td>0.262</td><td>0.757</td><td>573</td><td>9</td><td>7.65</td></tr>
<tr><td>569</td><td>0.262</td><td>0.778</td><td>590</td><td>10</td><td>8.00</td></tr>
<tr><td rowspan="4">3</td><td rowspan="4">1200</td><td rowspan="4">14.4</td><td>498</td><td>0.262</td><td>0.639</td><td>530</td><td>7</td><td>6.91</td></tr>
<tr><td>519</td><td>0.262</td><td>0.655</td><td>551</td><td>8</td><td>7.30</td></tr>
<tr><td>541</td><td>0.262</td><td>0.671</td><td>573</td><td>9</td><td>7.65</td></tr>
<tr><td>565</td><td>0.262</td><td>0.689</td><td>597</td><td>10</td><td>8.00</td></tr>
</table>

7.8　不确定性分析与风险分析

建设项目技术经济论证往往是根据过去的数据和经验，预测、分析和判断项目未来的情况和经济性，存在着各种不确定性或风险。特别是水利水电建设项目经济评价，由于所采用的数据绝大多数来自于测算和估算，加之水利水电建设既是同大自然作斗争又牵涉复杂的社会、经济和环境问题，涉及的因素多，牵涉面广，许多因素难以准确定量，所采用的预测方法手段往往有一定局限性，因此，项目实施后实际情况难免与预测情况有所不同，既可能比预期的好，也可能比预期的差。

水利水电建设项目不确定性分析和风险分析的目的主要是：①分析这些不确定因素对经济评价指标的影响，考察项目在经济上的可靠性；②预测经济评价指标发生变化的范围，估计工程获得预期效果的风险程度，为项目决策提供依据；③提出预警和风险防范对策，即在方案的设计、比较以及决策中适当趋利避害，并在工程的规划、设计、施工和运行管理中事先采用适当的措施或备案，控制、减小、分散或转移风险。

项目经济评价中的不确定性分析理论上包括敏感性分析、盈亏平衡分析和风险分析（又称概率分析）。有关规范将风险分析从不确定性分析中分离出来，这是从不同项目或不同评价目的和要求的实际需要来划分的。一般，盈亏平衡分析只用于财务评价，敏感性分析和风险分析可同时用于财务评价和国民经济评价。在水利水电建设项目的国民经济评价和财务评价中，不确定性分析主要进行敏感性分析，必要时可对项目财务评价进行盈亏平衡分析。对于特别重要的水利水电建设项目还应进行风险分析。

7.8.1　敏感性分析

敏感性分析就是分析并测定各种因素的变化对项目给定经济评价指标的影响程度，判断指标对外部条件发生不利变化时的承受能力。找出最为敏感的几种因素，便于针对其不利变化事先设计好应对策略。由于水利水电建设项目存在许多具有不确定性的因素，项目经济评价中只能选择若干种比较重要的、变化较大并且影响较大的因素进行敏感性分析。敏感性分析通常只分析各种因素的变化幅度及其影响，并不研究确定每种因素发生某个幅度变化的概率有多大。依据每次变动因素的数目多寡，敏感性分析又可分为单因素敏感性分析和多因素敏感性分析，将在下面分别说明。

7.8.1.1　敏感性分析的方法与步骤

通常水利水电建设项目敏感性分析的计算步骤如下。

1. 选择不确定因素

一般视项目具体情况，选择可能发生且对经济评价结果会产生较大不利影响的因素。水利水电建设项目敏感性分析通常选用的敏感因素主要有建设投资、建设工期、有效电量（或供水量）及其价格、贷款条件等，或者直接选择投资、运行费和效益等经济量作为敏感因素。由于水利水电工程效益的随机性大，因而工程效益的变化除考虑一般变化幅度外，特别要考虑大洪水年或连续枯水年以及特别枯水年出现时对防洪、发电、供水等效益的影响程度。

2. 确定各因素的变化幅度及其增量

原则上应根据现实社会中的实际变化幅度和对未来的变化预期，并结合被评价项目的具体情况分析确定。一些文献建议，在资料缺乏时，可参照下列变化范围选用。

（1）固定资产投资：±10%～±20%。

（2）效益和运行费：±10%～±20%。

（3）建设期年限：增加或减少1～2年。

（4）利率：提高或降低1～2个百分点。

投资和运行费及利率要多关注增加的影响，效益要多关注减少的影响。值得注意的是：水利水电工程的运行期或使用寿命一般很长。相对于运行期来说，建设期较短，而且工程建设普遍实行招投标制度，投资和工期一般控制较好（发生重大工程地质条件变化、重大灾害影响、宏观经济环境重大变化、因国家宏观调控和项目资金链断裂等导致停工或拖延工期等异常情况除外），前面给出的固定资产投资和建设期年限变化幅度通常是比较合适的。至于效益和运行费的变化幅度，如果是考虑除价格变化外的其他因素引起的变化，可能是比较适当的，但是却不足以反映计算期内价格变化所引起的变化幅度。由于各种能源资源的价格（如石油、天然气、煤炭以及生物能源等）具有明显的长期上升趋势（尽管从中短期看有升有降）。尤其是，电力价格、供水价格、防洪除涝保护对象的经济价值和生态环境保护的经济价值也都是呈比较快的长期上升趋势，水利水电工程的多数投入物在运行期内的价格也是呈明显的上升趋势。在长达几十年的运行期内，水利水电工程产出物和投入物的价格可能提高几倍。为了增加评价结果的前瞻性，减少项目投资就决策和方案选择的失误，在条件允许和需要的情况下可针对价格变化做补充分析评价。

3. 选定进行敏感性分析的评价指标

由于可供选用的评价指标较多，因此没有必要全部进行敏感性分析，一般可只对将要采用的主要经济评价指标，如国民经济评价中的经济净现值（*ENPV*）和经济内部收益率（*EIRR*），财务评价中的财务净现值（*FNPV*）、财务内部收益率（*FIRR*）和固定资产投资借款偿还期等进行分析。

4. 敏感性分析计算

在计算出基本方案经济评价指标的基础上，按选定的因素和变动幅度逐一计算其相应的评价指标和敏感度指标（*SI*），同时将所得到的结果绘成图表，以利分析研究和决策。

依据每次变动因素的数目多寡，敏感性分析可分为单因素敏感性分析和多因素敏感性分析。现分别说明如下。

7.8.1.2 单因素敏感性分析

单因素敏感性分析是指每次只变动一个因素的敏感性分析。

敏感因素的变化可以用相对值或绝对值表示。相对值是使每个因素都从基准值取值变动一个幅度，计算每次变动对所选定的评价指标的影响，并用式（7.8-1）计算敏感度指标（Sensitivity Indicator，SI），再根据不同因素的*SI*大小排序，可以得到敏感性程度排序。用绝对值表示的因素变化可以得到敏感性分析结果，这种敏感性程度排序可用列表或作图的方式来表述（见图7.5-1）。计算敏感度指标的公式为

$$SI=\frac{\Delta f/f}{\Delta x/x} \tag{7.8-1}$$

式中　SI——敏感性因子的敏感度指标；

x、$\Delta x/x$——敏感性因子及其变化比例；

f、$\Delta f/f$——评价指标及其变化比例。

7.8.1.3 多因素敏感性分析

每次变动两个或两个以上因素的敏感性分析称为多因素敏感性分析。要求同时变动的因素互相独立。多因素敏感性分析的结果用表格的形式更容易表达。

7.8.1.4 敏感性分析应注意的问题

动态经济分析计算出的评价指标完全取决于效益流和费用流。为计算方便，敏感性分析大多都是假定各年的效益都增减同一百分比来进行测算的（对待费用也是如此），不对各年的变化幅度进行调整。这样做，虽然可能与实际情况有些出入，但一般总体上误差不大，且计算简便，因而目前一般都这样做。但是在工期的敏感性分析中，不能延用上述的方式，而应当对其效益流和费用流发生的时间进行修正，否则，就可能出现较大的误差，甚至导致计算结果失真。这主要是因为工期延长后，不仅投资的年限增长，运行费用增加，总投资费用增大，而且效益发生的时间也相应推后，效益滞后对工程经济效果影响甚为敏感。如某水电站在基本条件下的经济净现值为131亿元，工期延长两年后的经济净现值只有95亿元，两者相差36亿元，效益降低27.5%。因此，在敏感性分析中一

定要注意对费用流和效益流的发生时间进行修正。

此外，相当一部分具有盈利能力的水利水电建设项目常常被单独成立为一个公司，进行独立财务核算，缺乏财务调配能力；或者有的项目虽然不是一个独立公司，但是业主的经济实力不强。对于这样的情况，即从长期看项目整体的经济性较好，但是可能因为固定资产投资太大或运行初期经济性不太好，而给业主带来关键性的财务困难。在这种情况下，业主可能更加关心建设期和运行期初期的资金或财务风险。规划设计人员，在做不确定性分析和风险分析时，可以针对业主的实际需要做更多更细但带有关键性的分析工作。例如，对于水电项目或供水项目可以增加分析在建成后若干年内出现两三年连续枯水的概率有多大，会不会亏损，债务偿还和资金链有没有问题等。如果出现这样的不利情况，需要采取什么样的对策。

7.8.2 盈亏平衡分析

盈亏平衡分析就是根据项目的产销量、成本和利润三者之间的关系，找出使项目总收入等于总支出的盈亏平衡点（即不赔不赚的生产规模或销售规模），以便知道项目的盈利空间和承受因市场变化等因素导致产量或销量降低而不致亏损的余地。一般盈亏平衡分析是以项目达到设计正常运行年份为前提的。一般盈亏平衡点越低（占设计生产规模的比例越小），项目的盈利空间越大，亏损的可能性越小。

对跨流域调水工程项目可以增加在运行初期水平年售水量比设计值减少的盈亏平衡分析。

下面介绍盈亏平衡分析的常见方法。

7.8.2.1 产品成本

1. 固定成本、可变成本与总成本

不随产品产量增减而变化的费用称为固定成本。随产品产量增减而增减的费用称为可变成本。总成本等于固定成本与可变成本之和。严格地讲，不论什么费用都不可能完全地、绝对地与产品的产量无关。但是在一定的时间内，项目或企业不可能马上更换设备、改变投资回收计划或改组管理结构等，所以像行政管理费、厂房与设备折旧费等，就可以视为固定费用。

在实际工作中，除了那些明显能划分的费用加以区分外，对于一些介于二者之间的费用如大量材料、大型零配件、工人工资和其他支出等则采取以下方法处理。

（1）按比例把某项费用分为可变费用和固定费用。如将工人工资中直接从事计件工作的工资列为可变费用；而将计时工人的工资列为固定费用。这样就可根据计件工人工资所占的比重，将工资的一定百分比列为可变费用。

（2）大体随产量变化的费用划为可变费用，如原料与主要材料、生产用电等；大体上不随产量变化的费用划为固定费用。

（3）参考类似项目费用变动率来确定固定费用及可变费用。所谓费用变动率系指增加一个单位产量，生产费用的增加量。

项目或企业的总成本与产品产量的关系可能是线性关系（见图7.8-1中的C_1），也可能是非线性关系（可用二次曲线拟合，见图7.8-1中的C_2），分别可用式（7.8-2）和式（7.8-3）表示为

$$C_1 = F + Vx \tag{7.8-2}$$

$$C_2 = k_1x^2 + k_2x + k_3 \tag{7.8-3}$$

式中 C_1、C_2——费用函数；

k_1、k_2、k_3——费用函数的系数；

F、V——固定费用、可变费用率或单位产品的可变成本。

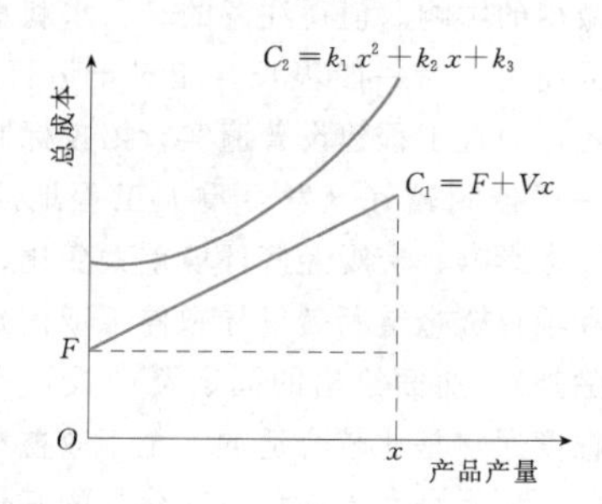

图7.8-1 产品产量与总成本关系曲线

2. 平均成本

平均成本（$\overline{C}$）等于总成本除以产品总数。以线性函数为例，用式（7.8-4）表示为

$$\overline{C} = \frac{F+Vx}{x} = \frac{F}{x} + V \tag{7.8-4}$$

式中 $\overline{C}$——产品的平均成本；

其他符号意义同前。

从式（7.8-4）可以看出：在一定条件下（即F，V不变），平均成本的大小取决于产品数量的多少，产品数量越大，平均成本越小，反之，亦然。所以产品数量过少是不利的。

3. 边际成本

边际成本（又称增量成本），即在一定生产水平下增加一个单位产量而增加的成本。边际成本是盈亏平衡分析中的一个重要概念，它与单位产品的平均成本有本质的不同，正确运用边际成本概念，有利于项目或企业经营决策。盈亏分析是从企业的角度进行分析的，税费也要算在费用里。水利水电建设项目的城

市建设维护税和教育费附加以及所得税等是随产量或销售收入变化的，应计入可变费用中。即前面 F、V、k_1、k_2、k_3 都是在包含税费的情况下测算的参数，如 V 等于单位产品的可变费用和单位产品负担的税费之和。

7.8.2.2 盈亏分析计算

对企业或经营单位一年内的收入进行比较，收入大于支出（包括税费）即为盈利，反之即为亏损，不亏不盈（利润等于零）即为盈亏平衡，该点称之为盈亏平衡点（BEP）。下面介绍盈亏平衡点的直接推求方法。

1. 收入和成本函数都为线性函数时的盈亏分析

盈亏平衡点可用以下四种方式表示。

（1）用生产能力利用率（R_0）表示：

$$R_0 = \frac{x_0}{x_e} \times 100\% \qquad (7.8-5)$$

（2）用产量（x_0）表示：

$$x_0 = \frac{F}{p - V} \qquad (7.8-6)$$

（3）用销售收入（B_0）表示：

$$B_0 = \frac{F}{1 - V/p} \qquad (7.8-7)$$

（4）用销售价格（p_0）表示：

$$p_0 = V + \frac{F}{x_0} \qquad (7.8-8)$$

式中 x_0、x_e——盈亏平衡点对应的产量和设计产量；

p、p_0——设计采用的和与盈亏平衡点对应的产品销售价格。

2. 收入函数为线性函数、成本函数为非线性函数时的盈亏平衡分析

设收入函数为线性函数，即 $B(x) = px$，成本函数为非线性函数，即 $C_2(x) = k_1x^2 + k_2x + k_3$。则盈亏平衡点的产量 x_0 为

$$x_0 = \frac{(p - k_2) - \sqrt{(p - k_2)^2 - 4k_1k_2}}{2k_1} \qquad (7.8-9)$$

水利水电建设项目技术经济论证中盈亏平衡分析较常遇到的就是以上两种情况。如果在实际中遇到特别复杂的情况可用模拟试算法推求盈亏平衡点。

3. 利用盈亏平衡点评价项目经营状态

表 7.8-1 列出了一般情况下项目经营状态好坏的评判指标，可结合水利水电建设项目的具体特点参考运用。

表 7.8-1 利用盈亏平衡点评判项目经营状态

生产能力利用率（%）	70 以下	70～75	76～85	86～90	90 以上
经营安全状态	健康	较健康	不太好	病重	病危

7.8.3 风险分析

风险分析就是分析某些不确定因素出现不同状态的可能性（或概率）以及考虑这些状态下给定指标的结果（可能是经济指标，也可能是实物指标）。《水利建设项目经济评价规范》（SL 72—94）规定："对于特别重要的大型水利建设项目，还应通过模拟法，确定主要经济评价指标的概率分布。"

7.8.3.1 风险的基本概念

1. 风险的定义

关于风险存在多种说法。在实际工作中，通常人们对风险与不确定性并不严加区分，有时甚至交替使用。就字面而言，风险指遭遇危险、受损失或伤害的可能或机会。早在 1921 年，经济学家奈特在其经典名著《风险、不确定性和利润》中就提出：概率型随机事件的不确定性就是风险；非概率型随机事件就是不确定性。在统计、精算、保险等领域内，比较认同奈特的观点，同时也加进了风险会造成破坏或伤害的含义。美国水资源委员会曾对风险和不确定性做过如下区分：风险是指各种可能的后果可以用已知的或能用专家们一致估计的概率分布去描述；而不确定性是指多种可能的后果不能用已知的或专家们一致估计的概率分布去描述。

2. 风险的分类与识别

项目计算期内可能发生变化的风险因素很多，对于水利水电建设项目技术经济论证考虑的主要风险因素可归纳为以下六类。

（1）收益风险：产出品的数量与价格。

（2）投资风险：土建工程量、设备选型与数量、土地征用和拆迁安置费、人工费、材料价格、机械使用费等。

（3）融资风险：资金来源、供应量与供应时间等。

（4）建设期风险：工期延长。

（5）运营成本风险：投入的各种原料、材料、燃料、动力的需求量与预测价格、劳动力工资、各种管理费等。

（6）政策风险：税率和附加费率、利率、汇率及通货膨胀率等。

风险因素识别时要注意：①要根据具体水利水电工程的特点，所处的自然、社会和经济环境，分析判断上述哪些因素的影响比较重要，哪些因素的影响可以忽略，予以筛选；②分清主要风险因素中，各自影响的是费用还是效益，还是对二者都有影响；③分清主要风险因素之间的相互关系，对于独立的因素要分别设立风险变量，对于几个有较强伴随关系的因素只能选一个作为风险变量。

风险分析的难点是如何确定主要风险因素发生的各个状态及其对应的概率。①要充分利用有关统计资料（如水文、气象、气候、经济等）进行分析估算；②根据具体情况分析参考类似工程的经验参数；③要遵循最可能发生对经济评价较为不利的原则。

7.8.3.2 简单情形下的风险分析方法

分析技术法是一种将输入变量的不确定性估计转化为投资效果评价标准（或指标）概率分布的精确数学方法。由于这种方法是一种解析计算，因而只能适用于比较简单的方案，且风险变量（因素）不能太多（2～3个），风险因素较容易确定，如勘探方案、设备更换方案等。

分析技术法的计算原理甚为简单。设风险变量的不确定性可用离散概率分布来描述，各风险变量（因素）相互独立，针对给定的评价指标可计算出各风险变量取值的各种组合状态的概率（P_k）和评价指标值（F_k），最终求得评价指标的数学期望值F。例如，某项目有三个风险变量（V_1、V_2、V_3），它们分别有四个、五个、三个取值，则有$n=4\times5\times3=60$种组合状态。数学期望值下的计算公式为

$$F=\sum_{k=1}^{n}F_kP_k \tag{7.8-10}$$

式中 k——所选风险变量各自出现一个状态的组合状态。

在风险变量和组合状态数都不是很多的情形下，常采用列表法、概率树法或蒙特卡罗法计算数学期望值F。如果直接计算每个组合状态下的评价指标值（F_k）可能工作量很大，可以在不影响计算精度的前提下，采取节省工作量的内插方法。即在其他风险变量取值保持不变，只改变一个风险变量的情况下，可以采用内插方法计算某些组合状态的F_k。

7.8.4 未来价格变化引起的需要注意的问题

一方面，水利水电建设项目的多数投入物和产出物的价格在国内外市场上都存在长期上涨趋势，是常态或大概率事件，尤其是在我国，近几十年这些价格上涨得相当快，对经济评价结果的可靠性有至关重要的影响。另一方面，经济评价规范明确指定采用价格基准年的固定价格进行评价，虽然在敏感性分析中含有投资、运行费、效益正负变化一定幅度的要求，除了含有其他因素的影响外还含有价格变化的影响。实际上这样的变化幅度远远不足以反映长期价格变化的影响。尽管该方法符合项目的立项、评审、审批以及融资等要求，但基于固定价格方法结果的实际可用期限较短，长了就有大误差。如果在运行期发现用该方法计算的产品价格太低，导致财务生存问题，因此水利水电项目可以向政府要求提价，以解决财务生存问题，弥补错误，但有的错误是难以弥补的。如果项目选错或者项目建设方案选错，则难以发现，更无法更改。因此，建议在条件许可的情况下，尤其是特大型项目的评价或者投资与运行费特点差别很大的项目建设方案比较时，除了按照现行规范和政策进行评价外，还应该补充进行考虑未来价格变化趋势的经济评价，其结果可供有关方面参考。该补充评价的最大难点是很难准确预测未来价格。该补充评价需要注意的主要问题有以下几方面。

（1）补充评价要建立在对水利水电建设项目主要投入物和产出物价格长期资料的统计分析和未来趋势预测，以及对未来宏观经济发展趋势的预测和分析判断的基础上。并且，补充评价只能追求方向正确、基本评价或比较结论正确，不能苛求精确。

（2）除了要有一套基本价格变化趋势外，还要选择几套趋势进行多情景分析。

（3）对未来价格变化宜采用复利形式的年均价格变化率（可分期）。

（4）要注意有些投入物价格与产出物价格的区别，水利水电建设项目的主要产出物的价格受国家控制或干扰，可能不符合该商品价格的统计规律。对此要做补充分析。

（5）还要注意拟建项目的特殊情况。如有些通过竞标获得开发权的项目、BOT项目等，可能对主要产出物或服务项目的价格事先有协议，未来价格要按照相关协议的规定进行分析预测，不能直接用价格统计资料或不适宜的模型进行分析预测。

7.9 方案经济比较

7.9.1 方案经济比较及其要求

水利水电建设项目方案比较要综合考虑功能效益、经济投入与产出、对社会和环境的影响以及各种风险因素等。本节主要介绍如何从经济角度进行方案比较。

方案经济比较是指对不同方案的经济效果进行评价比较并选择相对最优的方案。选择的基础是多方案经济分析比较。经济效果评价的指标包括两大类：一

类是以货币单位计量的经济价值总量的指标，如净现值、净年值、费用现值、费用年值等；另一类是反映资金利用效率的指标，如差额投资内部收益率、效益费用比等。方案经济比较的目的是想筛选出经济效果相对较好的方案，因此要综合考虑这两类指标。

水利水电建设项目方案经济比较的基本要求如下。

(1) 水利水电建设项目的设计标准、工程规模、工程布局、主要设计方案及技术指标等，应通过几种可能方案的全面分析对比，合理确定。各方案的这些差异基本都可在经济上体现出来。各方案比较考虑的因素较多，经济比较是其中的重要因素之一。

(2) 方案比选应依据国民经济评价结果确定。在与国民经济评价结果不发生矛盾的情况下，也可根据财务评价结果确定。

(3) 参与经济比较各方案的整体功能均应达到项目的目标要求；经济或财务指标均要达到可以接受的水平；各方案的研究深度、价格水平等应具有可比性，其分析计算范围、计算口径和基准点、计算原则和方法应协调一致。

(4) 方案经济比较可按各个方案所含全部因素的全部费用、效益或效果进行；也可仅就各个方案所含不同因素的相对费用、效益或效果进行比选。

(5) 在对各方案的同类经济指标进行比较时，如果指标间数值差异不大，不能仅以指标大小直接判定方案的优劣。只有当各方案的经济指标差距较大且估算和测算的误差不足以使评价结论出现逆转时，才能认定比较方案有显著差异或优劣。

(6) 水利水电建设项目方案经济比较主要依据在经济分析的基本条件下对各方案的经济指标进行比较，必要时还可进行不确定性分析和风险分析，通过综合分析，合理选定方案。

7.9.2 不同情况下的经济比较方法

以下介绍的方案经济比较方法及其评判指标，对国民经济评价和财务评价都适用，不再进行区分。

7.9.2.1 各种情况下方案经济比较方法的选择

方案经济比较的情形多样，比较方法也较多。进行经济比较时，应根据各方案的不同特点，有针对性地选择适宜的比较方法。常用的比较方法有效益比选法、费用比选法、最低价格法、最小费用法、最大效果法、增量分析法等。下面介绍不同情形下适宜的方案经济比较方法。

1. 无资金约束且计算期相同情况下方案经济比较方法的选择

水利水电建设项目方案经济比较最常见的情况是无明显资金约束且计算期基本相同。在这个大前提下，又可细分不同情形，见表7.9-1。不同细分情形下方案间经济比较的适宜方法汇总于该表。具体适用条件简述如下。

(1) 当比选方案的费用及效益都可以货币化时，方案经济比较可视项目的具体条件和资金情况，采用效益比选法、费用比选法和最低价格法。效益比选法包括差额投资内部收益率法、净现值法、净年值法。费用比选法包括费用现值法和费用年值法。采用最低价格法时，各方案都要以净现值为零或相同利润率为基准推算产品价格。

(2) 当参与比较的各方案效益或效果相同或基本相同时，可采用费用比选法。

(3) 对于效益无法货币化、需进行费用效果分析的项目，在各方案效果相同的情形下，宜采用最小费用法进行方案比选，费用最小的最优；在费用相同的情形下，宜采用最大效果法进行方案比选，效果最大的最优；当各方案的效果与费用均不相同且差别较大时，宜采用增量分析法进行比较。

综上所述，在效益和费用都可以货币化的情况下，最通用的方法是差额投资内部收益率法、净现值法、净年值法；人们最习惯采用的是差额投资内部收益率法。由于在每个方案的经济评价时，都已经计算了净现值指标，因此实际上直接采用净现值法最方便。在费用可以货币化、效益难以或无法货币化的情况下，最通用的方法是增量分析法。其余方法都是在特殊情况下才能使用的比较方法，但有的相对比较简便，如费用现值法、费用年值法、最低价格法、最大效果法等。

净现值法是计算和比较每一个方案的净现值，净现值大的方案较优。净现值小于零的方案都是不可行的。经济净现值和财务净现值指标的计算公式分别见式(7.4-11)和式(7.5-8)。净年值法则是计算和比较每一个方案的净年值，净年值大的方案较优。同样净年值小于零的方案也是不可行的。费用现值法是计算和比较每一个方案的费用现值，费用现值小的方案较优。费用年值法是计算和比较每一个方案的费用年值，费用年值小的方案较优。费用现值法和费用年值法都只能用于参比方案的效益或效果相同的情形。最小费用法包括费用现值法和费用年值法。实际方案中各年的费用常常是不等的，因此需要折算成费用现值或费用年值才好比较。净年值、费用现值和费用年值的计算方法可参见有关文献。下面将重点介绍差额投资内部收益率法和增量分析法。

2. 对有资金约束的处理

在有资金约束的情况下，则需要先将明显不符合资金约束的方案剔除，然后再对其余方案分别按照表7.9-1的情形和方法进行互斥方案的比较。

表 7.9-1　不同情形下方案经济比较的适宜方法

货币化情形	效益与费用情形	适宜方法
效益和费用都可以货币化	效益和费用都不相同	差额投资内部收益率法、净现值法、净年值法
	效益相同或基本相同	差额投资内部收益率法、净现值法、净年值法、费用现值法、费用年值法
费用可以货币化、效益难以或不能货币化	效果和费用都不相同	增量分析法
	效果相同、费用不同	费用现值法、费用年值法
	效果不同、费用相同	最大效果法

注　1. 本表的适用条件为无资金约束，计算期相同。
2. 参比方案的计算期不同时，只能采用表中对应情形的年值法。

3. 对计算期不同的处理

在参比方案的计算期不同或差别大的情况下，应采用表 7.9-1 中对应情形的年值法，如净年值法、费用年值法。《方法与参数》（第三版）还推荐了适用于计算期不同情况的最小公倍数法和研究期法。

7.9.2.2　差额投资内部收益率法

差额投资内部收益率法是以参选两方案中投资较大的方案（设为方案 1）的费用流和效益流分别减去另一方案（设为方案 2）的费用流和效益流，得到差额方案的费用流和效益流，并计算其内部收益率（即差额投资内部收益率，记作 ΔIRR）。如果 ΔIRR 大于给定折现率 i_0，则方案 1 优；如果等于 i_0，则两方案经济性相同；如果小于 i_0，则方案 2 优。进行多个方案比选时，应按投资现值由小到大依次两两比较。

差额投资内部收益率的计算公式为

$$\sum_{t=1}^{n}[(CI_{t1}-CI_{t2})-(CO_{t1}-CO_{t2})](1+\Delta IRR)^{-t}=0 \qquad (7.9-1)$$

式中　ΔIRR——差额投资内部收益率，对于国民经济评价是 $\Delta EIRR$，对于财务评价是 $\Delta FIRR$；

CI_{t1}、CI_{t2}——方案 1、方案 2 的效益流；

CO_{t1}、CO_{t2}——方案 1、方案 2 的费用流；

t——时段，a。

要注意，差额投资内部收益率法也可能遇到与内部收益率法相类似的问题。这时应采用净现值法或净年值法进行方案经济比较。

7.9.2.3　增量分析法

增量分析法是比较各方案的增量效果费用比（REC）。当增量效果费用比不小于基准指标（REC_0）时，费用大的是经济效果好的方案；否则，费用小的是经济效果好的方案。给定的基准指标（REC_0）是项目可接受的增量效果费用比的最低要求，要根据国家经济状况、行业特点和以往同类项目的该指标水平综合确定。进行多个方案比较时，应按费用由大至小依次两两比较。增量效果费用比的计算公式为

$$REC=\frac{E_1-E_2}{C_1-C_2} \qquad (7.9-2)$$

式中　REC——增量效果费用比；

E_1、E_2——方案 1、方案 2 的效果；

C_1、C_2——方案 1、方案 2 的费用，用现值或年值表示。

【算例 7.9-1】　水电站装机容量方案经济比较。

某水电站计算期为 50 年，其中建设期为 6 年，第 65 个月第一台机组开始发电。给定折现率为 8%。设计有两个装机容量方案，两方案的主要技术经济参数见表 7.9-2，费用流和效益流见表 7.9-3，需要进行方案经济比较。

表 7.9-2　某水电站两个装机容量方案的主要技术经济参数

方案	机组台数（台）	装机容量（万 kW）	多年平均年发电量（亿 kW·h）	第 6 年发电量（亿 kW·h）	工程投资（亿元）	NPV（亿元）	IRR（%）
方案 1	5	50	17.34	11.24	37.20	17.60	12.216
方案 2	4	40	15.84	11.09	34.00	16.42	12.299

表 7.9-3　　某水电站两个装机容量方案的费用流和效益流　　单位：万元

方案	项目	第1年	第2年	第3年	第4年	第5年	第6年	第7～第50年
方案1	CO_1	48000	58000	58000	58000	79200	97617	20640
	CI_1	0	0	0	0	0	50571	78030
	CI_1-CO_1	−48000	−58000	−58000	−58000	−79200	−47046	57390
方案2	CO_2	48000	58000	58000	58000	60000	71440	19200
	CI_2	0	0	0	0	0	49896	71280
	CI_2-CO_2	−48000	−58000	−58000	−58000	−60000	−21544	52080
方案1－方案2	CO_1-CO_2	0	0	0	0	19200	26177	1440
	CI_1-CI_2	0	0	0	0	0	675	6750
	$(CI_1-CI_2)-(CO_1-CO_2)$	0	0	0	0	−19200	−25502	5310

方案1和方案2的净现值都大于零，经济内部收益率都大于给定折现率，表明在经济上这两方案都是可接受的。

净现值法的比较结果：方案1的净现值 NPV_1 大于方案2的净现值 NPV_2，多1.18亿元，说明方案1优于方案2。

差额投资内部收益率法的比较结果：两方案的差额投资内部收益率 ΔIRR 为11.276%，明显大于给定折现率，也说明方案1优于方案2。

综合比较结论：方案1优于方案2，增加一台机组是合理的。

参 考 文 献

[1] 中国技术经济研究会．技术经济手册 理论方法卷［M］．北京：中国科学技术出版社，1990.

[2] 中国技术经济研究会．技术经济手册 水利卷［M］．北京：中国科学技术出版社，1990.

[3] 徐寿波．技术经济学［M］．南京：江苏人民出版社，1990.

[4] 雷诺兹．微观经济学［M］．北京：商务印书馆，1984.

[5] 黎安田，邱忠恩，王忠法，等．大型水利水电工程综合经济评价理论与实践［M］．北京：科学出版社，1996.

[6] 唐纳德 G．纽南．工程经济分析［M］．张德旺，译．北京：水利电力出版社，1987.

[7] 吴恒安．实用水利经济学［M］．北京：水利电力出版社，1986.

[8] 施熙灿．水利工程经济［M］．北京：水利电力出版社，1985.

[9] 国家计委投资司，建设部标准定额研究所．建设项目经济评价方法与参数［M］．北京：中国计划出版社，1990.

[10] 国家计划委员会，建设部．建设项目经济评价方法与参数［M］．2版．北京：中国计划出版社，1993.

[11] 国家发展改革委，建设部．建设项目经济评价方法与参数［M］．3版．北京：中国计划出版社，2006.

[12] 《投资项目可行性研究指南》编写组．投资项目可行性研究指南［M］．北京：中国电力出版社，2005.

[13] 国家统计局．中国统计年鉴（2001—2009）［M］．北京：中国统计出版社，2001—2009.

[14] 国家统计局国民经济综合统计司．新中国五十年统计资料汇编［G］．北京：中国统计出版社，1999.

[15] 水利部计划司．中国水利统计年鉴（2000—2008）［M］．北京：中国水利水电出版社，2000—2008.

[16] SL 72—94 水利建设项目经济评价规范［S］．北京：中国水利水电出版社，1994.

[17] SL 206—98 已成防洪工程经济效益分析计算及评价规范［S］．北京：中国水利水电出版社，1998.

[18] DL/T 5441—2010 水电建设项目经济评价规范［S］．北京：中国电力出版社，2011.

[19] 国家电力公司．抽水蓄能电站经济评价暂行办法实施细则［R］．1999.

[20] 宋国防，贾湖，等．工程经济学［M］．天津：天津大学出版社，2000.

[21] 王浩，尹明万，秦大庸，等．水利建设边际成本与边际效益评价［M］．北京：科学出版社，2004.

[22] Economics Office. Guidelines for Economic Analysis of Projects［R］. Economics and development resourse center，1987.

[23] 叶善根．关于收益率准则的若干问题［J］．工业技术经济，1984.

[24] 陈守伦．一个现金流有几个内部回收率问题的研究［J］．水利经济，1990（4）.

[25] 尹明万．对内部收益率经济实质的探讨［J］．水利经济，1993（4）.

[26] 饶扬德．技术经济中内部收益率的修正问题研讨

[J]. 工业技术经济，2003 (1).
[27] 王曙光. 用外部收益率取代内含报酬率的思考 [J]. 商业研究，2003 (8).
[28] 高杰. 常规投资项目的外部收益率研究 [J]. 数学的实践与认识，2003 (9).
[29] 陆宁，王成玉，蔡爱云，等. 外部收益率替代内部收益率的适性分析 [J]. 长安大学学报（社会科学版），2005 (1).
[30] 尹明万. 水利水电工程动态投资计算方法及其应用 [J]. 四川水力发电，1996 (2).
[31] 张文泉，常青云，等. 非常规投资项目收益率指标评价研究 [J]. 现代电力，2007 (4).
[32] 尹明万. 关于最优等效替代法的实质及其应用条件的研究 [J]. 四川水力发电，1993 (1).
[33] 邵卫云. 长距离引水供水工程到户水价的测算探讨 [J]. 水利水电技术，2009 (40).
[34] 于洪涛，吴泽宁. 跨流域调水工程投资分摊方法研究进展与展望 [J]. 人民黄河，2009 (1).

《水工设计手册》（第2版）编辑出版人员名单

总 责 任 编 辑　王国仪

副总责任编辑　穆励生　王春学　黄会明　孙春亮

阳　淼　王志媛　王照瑜

第2卷　《规划、水文、地质》

责任编辑　王志媛　王若明

文字编辑　王若明　刘向杰

封面设计　王　鹏　芦　博

版式设计　王　鹏　王国华　黄云燕

描图设计　王　鹏　樊啟玲

责任校对　张　莉　黄淑娜　梁晓静　吴翠翠

出版印刷　焦　岩　孙长福　王　凌

排　　版　中国水利水电出版社微机排版中心